무료 동영상 강의가 있는

전산응용기계제도 기능사 실기

Computer Aided Mechanical Drawing

김철희 · 정창훈 · 탁덕기 · 허대호 공저

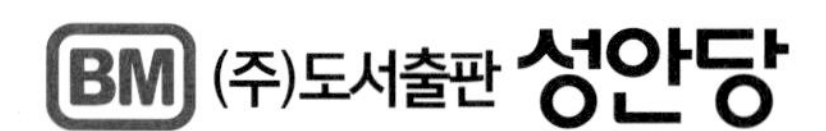

머리말

PREFACE

이 책은 전산응용기계제도기능사 자격을 취득하기 위한 실기 수험서입니다. 기계 제도를 잘 알지 못하면서 CAM이나 설계를 하는 것은 숫자를 모르면서 수학을 하는 것과 마찬가지입니다. 가공을 하더라도 도면은 볼 줄 알아야 합니다. 제도자의 자질 중 가장 중요한 것은 다른 사람이 이해할 수 있는 도면을 만들 수 있어야 한다는 것입니다. 이를 위해서는 당연히 기계 제도의 일반적인 규격과 실제 도면 작성에 대해 잘 알고 있어야 합니다. 일반적인 규칙을 무시한 채 도면을 작성하면 설계자의 의도를 다른 사람에게 정확히 전달할 수 없습니다.

기계 제도란, '기계의 모양, 구조, 치수, 재료, 가공 방법 등과 같은 모든 정보를 도형, 문자, 기호로 표시하여 3차원의 기계를 2차원의 종이 위에 정해진 규칙에 따라 문자 및 기호로 표시하여 나타내는 것'이라고 정의할 수 있습니다. 기계 제도를 할 때 기억해야 할 주요 원칙은 다음과 같습니다.

1. 규칙에 충실하라.
2. 제도를 효율적으로 하라.
3. 제작할 때 잘못이 발생하지 않도록 하라.
4. 오해의 소지가 없도록 하라.
5. 제작자의 입장에서 제도하라.

이와 같은 마음가짐을 바탕으로 컴퓨터를 제도의 도구로 활용하여 기계 제도의 능력을 개발함으로써 전산응용기계제도기능사를 취득하는 데 조금이나마 도움이 되었으면 합니다.

끝으로 이 책이 출간될 때까지 많은 시간과 노력을 아끼지 않고 도움을 준 김경철, 민충원, 이다인, 송현우, 경민준, 강수현에게 감사의 마음을 전합니다.

저자 일동

FREEVIDEO

성안당 이러닝(http://bm.cyber.co.kr/) 사이트에 접속하여 로그인 한 후 무료 동영상강의를 학습할 수 있습니다([개설과정 전체]-[기타]-[무료강의]).

목차

CONTENTS

Part 0 전산응용기계제도기능사 **시험의 개요**

Part 1 전산응용기계제도기능사 실기시험에 필요한 **최적의 수검 환경 설정하기**

C O N T E N T S

Part ❸ 전산응용기계제도기능사 실기 따라하기

전산응용기계제도기능사
0
PART

전산응용기계제도기능사 시험의 개요

전자 · 컴퓨터 기술의 급속한 발전에 따라 기계 제도 분야에서도 컴퓨터에 의한 설계 및 생산 시스템(CAD/CAM)이 광범위하게 이용되고 있습니다. 그러나 이러한 시스템을 효율적으로 적용하고 응용할 수 있는 인력은 부족한 편입니다. 전산응용기계제도기능사는 산업 현장에서 필요로 하는 기능 인력을 양성하기 위한 목적으로 실시되는 자격 제도입니다.

Craftsman Compter Aided Architectural Drawing

CHAPTER 1

자격 시험의 응시

전산응용기계제도기능사의 응시에 필요한 사항들에 대해 알아보겠습니다.

1 | 자격 검정 홈페이지 '큐넷'

한국산업인력공단에서 운영하는 '큐넷'은 국가 기술 자격에 대한 정보 제공은 물론 접수, 시행, 관리 등과 같은 다양한 업무를 수행합니다.

▲ 큐넷 홈페이지(www.q-net.or.kr)

2 | 자격 취득 절차

한국산업인력공단의 일정에 따라 연간 필기 · 실기 5회의 정기시험이 있습니다(큐넷 홈페이지 http://www.q-net.or.kr의 시험 일정 참고).

1 시험 일정

❶ 원서 접수 시간은 원서 접수 첫날 10:00부터 마지막 날 18:00까지이다.

❷ 필기시험 합격 예정자 및 최종 합격자 발표 시간은 해당 발표일 09:00이다.

❸ 필기시험

- **시험 과목:** 기계 설계 제도
- **시험 시간:** 60분
- **합격 기준:** 100점 만점, 60점 이상(60문항 중 36문제 이상)

❹ 실기시험

- **시험 과목:** 기계 설계 제도 실무
- **시험 시간:** 작업형(5시간 정도)
- **합격 기준:** 도면 완성(2D: 부품 상세도 1장, 3D: 렌더링 1장) 제출, 100점 만점, 60점 이상

3 | 시험 정보

1 시험 수수료

❶ 필기: 14,500원
❷ 실기: 23,300원

2 직무 내용

CAD 시스템을 이용하여 산업체에서 제품 개발, 설계, 생산 기술 부문의 기술자들이 기술 정보를 목적에 따라 산업표준규격에 준하여 도면으로 표현하는 업무를 수행하는 직무이다.

4 | 필기시험 출제 기준

직무 분야	기계	중직무 분야	기계제작	자격 종목	전산응용기계제도 기능사	적용 기간	2022.1.1.~2024.12.31.

필기 검정 방법	객관식	문제 수	60	시험 시간	1시간

필기 과목명	출제 문제 수	주요 항목	세부 항목	세세 항목
기계설계제도	60	1. 2D도면작업	1. 작업환경 설정	1. 도면 영역의 크기 2. 선의 종류 3. 선의 용도 4. KS 기계제도 통칙 5. 도면의 종류 6. 도면의 양식 7. 2D CAD 시스템 일반 8. 2D CAD 입출력장치
			2. 도면 작성	1. 2D 좌표계 활용 2. 도형 작도 및 수정 3. 도면 편집 4. 투상법 5. 투상도 6. 단면도 7. 기타 도시법
			3. 기계 재료 선정	1. 재료의 성질 2. 철강 재료 3. 비철금속 재료 4. 비금속 재료
		2. 2D도면관리	1. 치수 및 공차 관리	1. 치수 기입 2. 치수보조기호 3. 치수공차 4. 기하공차 5. 끼워맞춤공차 6. 공차관리 7. 표면거칠기 8. 표면처리 9. 열처리 10. 면의 지시기호
			2. 도면출력 및 데이터 관리	1. 데이터 형식 변환(DXF, IGES)
		3. 3D형상모델링 작업	1. 3D형상모델링 작업 준비	1. 3D 좌표계 활용 2. 3D CAD 시스템 일반 3. 3D CAD 입출력장치
			2. 3D형상모델링 작업	1. 3D 형상모델링 작업
		4. 3D형상모델링 검토	1. 3D형상모델링 검토	1. 조립구속조건 종류

필기 과목명	출제 문제 수	주요 항목	세부 항목	세세 항목
기계설계제도	60		2. 3D형상모델링 출력 및 데이터 관리	1. 3D CAD 데이터 형식 변환 (STEP, STL, PARASOLID, IGES)
		5. 기본측정기 사용	1. 작업계획 파악	1. 측정 방법 2. 단위 종류
			2. 측정기 선정	1. 측정기 종류 2. 측정기 용도 3. 측정기 선정
			3. 기본측정기 사용	1. 측정기 사용 방법
		6. 조립도면해독	1. 부품도 파악	1. 기계 부품 도면 해독 2. KS 규격 기계 재료 기호
			2. 조립도 파악	1. 기계 조립 도면 해독
		7. 체결요소설계	1. 요구기능 파악 및 선정	1. 나사 2. 키 3. 핀 4. 리벳 5. 볼트 · 너트 6. 와셔 7. 용접 8. 코터
			2. 체결요소 선정	1. 체결요소별 기계적 특성
			3. 체결요소 설계	1. 체결요소 설계 2. 체결요소 재료 3. 체결요소 부품 표면처리 방법
		8. 동력전달요소 설계	1. 요구기능 파악 및 선정	1. 축 2. 기어 3. 베어링 4. 벨트 5. 체인 6. 스프링 7. 커플링 8. 마찰차 9. 플랜지 10. 캠 11. 브레이크 12. 래칫 13. 로프
			2. 동력전달요소 설계	1. 동력전달요소 설계 2. 동력전달요소 재료 3. 동력전달요소 부품 표면처리 방법

5 | 실기시험 출제 기준

직무 분야	기계	중직무 분야	기계제작	자격 종목	전산응용기계제도기능사	적용 기간	2022.1.1.~2024.12.31.

○ **직무 내용**

산업체에서 제품개발, 설계, 생산기술 부문의 기술자들이 기술정보를 목적에 따라 산업표준 규격에 준하여 도면으로 표현하는 업무를 수행하는 직무이다.

○ **수행 준거**

1. CAD 프로그램을 활용하여 제도 규칙에 따른 2D 도면을 작성하고, 확인하여 가공 및 제작에 필요한 2D도면 정보를 도출할 수 있다.
2. 기계설계 규정에 따라 치수 및 공차를 표현하고, 도면 데이터를 관리할 수 있다.
3. CAD 프로그램을 사용자 작업 환경에 맞도록 설정하고, 모델링할 수 있다.
4. 형상 설계 오류를 사전에 검증하고 수정하여, 가공 및 제작에 필요한 형상에 관한 정보를 도출할 수 있다.
5. 기계가공 전후의 결과를 기본측정기를 이용하여 정량적으로 나타낼 수 있다.
6. 기계장치의 정확한 설치 조립을 위하여, 조립도와 부품도를 파악할 수 있다.

실기 검정 방법	작업형	시험 시간	5시간 정도

실기 과목명	주요 항목	세부 항목	세세 항목
기계설계 제도실무	1. 2D도면작업	1. 작업환경 설정하기	1. 보조 명령어를 이용하여 CAD 프로그램을 사용자 환경에 맞게 설정할 수 있다. 2. 도면 작도에 필요한 부가 명령을 설정할 수 있다. 3. 도면 영역의 크기를 설정하고 작도를 제한할 수 있다. 4. 선의 종류와 용도에 따라 도면층을 설정할 수 있다. 5. 작업 환경에 적합한 템플릿을 제작하여 도면의 형식을 균일화 시킬 수 있다.
		2. 도면작성하기	1. 정확한 치수로 작도하기 위하여 좌표계를 활용할 수 있다. 2. 도면 요소를 선택하여 작도, 지우기, 복구를 수행할 수 있다. 3. 도형작도 명령을 이용하여 여러 가지 도면 요소들을 작도 및 수정할 수 있다. 4. 도면 요소를 복사, 이동, 스케일, 다중 배열 등 편집하고 변환할 수 있다. 5. 선분을 분할하고 도면 요소를 조회하여 활용할 수 있다. 6.자주 사용되는 도면 요소를 블록화하여 사용할 수 있다. 7. 관련 산업표준을 준수하여 도면을 작도할 수 있다. 8. 요구되는 형상에 대하여 파악하고, 이를 2D CAD 프로그램의 기능을 이용하여 작도할 수 있다. 9. 요구되는 형상과 비교 · 검토하여 오류를 확인하고, 발견되는 오류를 즉시 수정할 수 있다.
	2. 2D도면관리	1. 치수 및 공차 관리하기	1. KS 및 ISO 규격 또는 사내 규정에 맞는 도면 유형을 설정하여 도면 요소의 투상 및 치수 등 관련 정보를 생성할 수 있다. 2. 생성된 관련 정보를 수정하고 편집할 수 있다. 3. 대상물의 치수에 관련된 가공상에 적합한 공차를 표현할 수 있다. 4. 대상물의 모양, 자세, 위치 및 흔들림에 관한 기하공차를 표현할 수 있다. 5. 대상물의 표면거칠기를 고려하여 다듬질공차 기호를 표현할 수 있다.

실기 과목명	주요 항목	세부 항목	세세 항목
기계설계 제도실무	2. 2D도면관리	2. 도면 출력 및 데이터 관리하기	1. 요구되는 데이터 형식에 맞도록 저장하거나 출력할 수 있다. 2. 프린터, 플로터 등 인쇄 장치의 설치와 출력 도면 영역 설정으로 실척 및 축(배)척으로 출력할 수 있다. 3. CAD 데이터 형식에 대하여 각각의 용도 및 특성을 파악하고 이를 변환할 수 있다. 4. 작업된 도면의 용도 및 활용성을 파악하고 분류하여 저장할 수 있다.
	3. 3D형상모델링 작업	1. 3D형상모델링 작업 준비하기	1. 명령어를 이용하여 3D CAD 프로그램을 사용자 환경에 맞도록 설정할 수 있다. 2. 3D형상모델링에 필요한 부가 명령을 설정할 수 있다. 3. 작업 환경에 적합한 템플릿을 제작하여 도면의 형식을 균일화 시킬 수 있다.
		2. 3D형상모델링 작업하기	1. KS 및 ISO 관련 규격을 준수하여 형상을 모델링할 수 있다. 2. 스케치 도구를 이용하여 디자인을 형상화할 수 있다. 3. 디자인에 치수를 기입하여 치수에 맞게 형상을 수정할 수 있다. 4. 기하학적 형상을 구속하여 원하는 형상을 유지시키거나 선택되는 요소에 다양한 구속 조건을 설정할 수 있다. 5. 특징형상 설계를 이용하여 요구되어지는 3D형상모델링을 완성할 수 있다. 6. 연관복사 기능을 이용하여 원하는 형상으로 편집하고 변환할 수 있다. 7. 요구되어지는 형상과 비교, 검토하여 오류를 확인하고 발견되는 오류를 즉시 수정할 수 있다.
	4. 3D형상모델링 검토	1. 3D형상모델링 검토하기	1. 3D형상모델링의 관련 정보를 도출하고 수정할 수 있다. 2. 각각의 단품으로 조립형상 제작 시 적절한 조립 구속조건을 사용하여 조립품을 생성할 수 있다. 3. 조립품의 간섭 및 조립 여부를 점검하고 수정할 수 있다. 4. 편집기능을 활용하여 모델링을 하고 수정할 수 있다.
		2. 3D형상모델링 출력 및 데이터 관리하기	1. KS 및 ISO 국내외 규격 또는 사내 규정에 맞는 2D 도면 유형을 설정하여 투상 및 치수 등 관련 정보를 생성할 수 있다. 2. 도면에 대상물의 치수에 관련된 공차를 표현할 수 있다. 3. 대상물의 모양, 자세, 위치 및 흔들림에 관한 기하공차를 도면에 표현할 수 있다. 4. 대상물의 표면거칠기를 고려하여 다듬질공차 기호를 표현할 수 있다. 5. 요구되는 데이터 형식에 맞도록 저장하거나 출력할 수 있다. 6. 프린터, 플로터 등 인쇄 장치를 설치하고 출력 도면 영역을 설정하여 실척 및 축(배)척으로 출력할 수 있다. 7. 3D CAD 데이터 형식에 대한 각각의 용도 및 특성을 파악하고 이를 변환할 수 있다. 8. 작업된 도면의 용도 및 활용성을 파악하고 분류하여 저장할 수 있다.
	5. 기본측정기 사용	1. 작업계획 파악하기	1. 작업지시서와 도면으로부터 측정하고자 하는 부분을 파악할 수 있다. 2. 작업지시서와 도면으로부터 측정 방법을 파악할 수 있다.

실기 과목명	주요 항목	세부 항목	세세 항목
기계설계 제도실무	5. 기본측정기 사용	2. 측정기 선정하기	1. 제품의 형상과 측정 범위, 허용공차, 치수 정도에 알맞은 측정기를 선정할 수 있다. 2. 측정에 필요한 보조기구를 선정할 수 있다.
		3. 기본측정기 사용하기	1. 측정에 적합하도록 측정물을 설치할 수 있다. 2. 측정기의 0점 세팅을 수행할 수 있다. 3. 측정오차 요인이 측정기나 공작물에 영향을 주지 않도록 조치할 수 있다. 4. 작업표준 또는 측정기의 사용법에 따라 측정을 수행할 수 있다. 5. 측정기 지시값을 읽을 수 있다. 6. 측정된 결과가 도면의 요구사항에 부합하는지 판단할 수 있다.
	6. 조립도면해독	1. 부품도 파악하기	1. 수요자의 요구사항에 따라 기계 조립 도면을 해독할 수 있다. 2. 기계 조립 도면에 따라 유공압 장치조립, 전기장치조립 도면을 구분하여 해독할 수 있다. 3. 기계 조립의 수정 보완을 위하여 조립 도면의 설계 변경 내용과 개정 내용을 확인할 수 있다.
		2. 조립도 파악하기	1. 기계 부품 도면을 파악하기 위하여 조립도 내의 부품리스트를 작업 계획에 반영할 수 있다. 2. 기계 부품 도면에 따라 각 기계 부품의 치수 공차를 해석할 수 있다. 3. 기계 부품 도면에 따라 표면 거칠기와 열처리 유무를 확인할 수 있다.

6 | 실기시험 채점 기준

1 전산응용기계제도기능사 작업형 실기시험 채점 기준표(2D)

항목 번호	주요 항목	채점 세부 내용	항목별 채점 방법	배점	종합	득점
1	투상법 선택과 배열	올바른 투상도 수의 선택	전체 투상도 수에서 1개당 3점 감점	15	27	
		단면도 수의 선택	단면 불량 또는 누락 1개소당 2점 감점	7		
		합리적 도시 및 투상선 누락	상관선 및 투상선 누락과 불량 1개소당 1점 감점	5		
2	치수 기입	중요 치수	"2개소"당 누락 및 틀린 경우 1점 감점	5	12	
		일반 치수	"2개소"당 누락 및 틀린 경우 1점 감점	4		
		치수 누락	"2개소"당 누락 1점 감점	3		
3	치수공차 및 끼워맞춤 기호	올바른 치수공차 기입	"2개소"당 누락 및 틀린 경우 1점 감점	3	8	
3	치수공차 및 끼워맞춤 기호	끼워맞춤 공차 기호	"2개소"당 누락 및 틀린 경우 1점 감점	3		
		치수공차, 끼워맞춤 공차 누락	"2개소"당 누락 1점 감점	2		

4	기하공차 기호	올바른 데이텀 설정	"1개소"당 누락 및 틀린 경우 1점 감점	3	8	
		기하공차 기호의 적절성	"2개소"당 누락 및 틀린 경우 1점 감점	3		
		기하공차 기호 누락	"2개소"당 누락 1점 감점	2		
5	표면 거칠기 기호	기하공차부 표면 거칠기 기호	"2개소"당 누락 및 틀린 경우 1점 감점	3	8	
		중요부 표면 거칠기 기호	"2개소"당 누락 및 틀린 경우 1점 감점	3		
		표면 거칠기 기호 기입과 누락	"3개소"당 누락 1점 감점	2		
6	재료 선택 및 처리	올바른 재료 선택	재료 선택 불량 1개소당 1점 감점	4	7	
		열처리 및 표면 처리 적절성	상: 3점, 중: 2점, 하: 1점	3		
7	주서 및 부품란	상세도의 올바른 척도 지시	척도 누락 및 불량 1개소당 1점 감점	2	7	
		맞는 수량 기입	누락 및 틀린 경우 1개소당 1점 감점	2		
		올바른 주서 기입	상: 3점, 중: 2점, 하: 1점	3		
8	도면의 외관	도형의 균형 있는 배치	상: 3점, 중: 2점, 하: 1점	3	8	
		선의 용도에 맞는 굵기 선택	상: 3점, 중: 2점, 하: 1점	3		
		용도에 맞는 문자 크기 선택	상: 2점, 하: 1점	2		
합 계					85	

* 상: 모두 맞은 경우, 중: 틀린 것이 2개 이내인 경우, 하: 틀린 것이 4개 이내인 경우

2 전산응용기계제도기능사 작업형 실기시험 채점 기준표(3D 모델링)

항목 번호	주요 항목	채점 세부 내용	배점	종합	득점
1	형상투상	㉠ (1)번 부품은 올바르게 투상하였는가?	1	3	
		㉡ (3)번 부품은 올바르게 투상하였는가?	1		
		㉢ (5)번 부품은 올바르게 투상하였는가?	1		
2	형상 질량	㉠ (1) 부품의 질량이 정확한가?	1	3	
		㉡ (3) 부품의 질량이 정확한가?	1		
		㉢ (5) 부품의 질량이 정확한가?	1		
3	형상 편집	㉠ 모따기 형상은 올바르게 투상하였는가?	1	2	
		㉡ 라운드 형상은 올바르게 투상하였는가?	1		
4	3차원 배치	㉠ 각 부품의 특성을 잘 나타냈는가?	2	3	
		㉡ 각 부품 번호의 올바른 작성	1		
5	표제란 부품란	㉠ 부품 수량의 올바른 기입	1	2	
		㉡ 부품 재질의 올바른 작성	1		
	도면 외관	㉠ 선의 용도에 맞는 굵기 출력	1	2	
		㉡ 요구 사항에 맞는 출력	1		
합계				15	
총점					100

2

CHAPTER

출제되는 문제 도면과 작성해야 할 도면의 이해

전산응용기계제도기능사 자격 시험에서 출제되는 문제 도면과 작성해야 할 도면에 대해 알아보겠습니다.

1 | 출제되는 시험 문제지와 도면

국가기술자격 실기시험문제

자격 종목	전산응용기계제도기능사	과제명	도면 참조

※ 문제지는 시험종료 후 반드시 반납하시기 바랍니다.

비번호		시험일시		시험장명	

※ 시험시간 : 5시간

1. 요구 사항

※ 지급된 재료 및 시설을 사용하여 아래 작업을 완성하시오.

가. 부품도(2D) 제도

1) 주어진 문제의 조립도면에 표시된 부품번호 (①, ④, ⑤)의 부품도를 CAD 프로그램을 이용하여 A2용지에 척도는 1:1로 하여, 투상법은 제3각법으로 제도하시오.

2) 각 부품들의 형상이 잘 나타나도록 투상도와 단면도 등을 빠짐없이 제도하고, 설계 목적에 맞는 기능 및 작동을 할 수 있도록 치수 및 치수공차, 끼워 맞춤 공차와 기하 공차 기호, 표면거칠기 기호, 표면처리, 열처리, 주서 등 부품 제작에 필요한 모든 사항을 기입하시오.

3) 제도 완료 후 지급된 A3(420×297) 크기의 용지(트레이싱지)에 수험자가 직접 흑백으로 출력하여 확인하고 제출하시오.

나. 렌더링 등각 투상도(3D) 제도

1) 주어진 문제의 조립도면에 표시된 부품번호 (①, ④, ⑤)의 부품을 파라메트릭 솔리드 모델링을 하고, 모양과 윤곽을 알아보기 쉽도록 뚜렷한 음영, 렌더링 처리를 하여 A2용지에 제도하시오.

2) 음영과 렌더링 처리는 예시 그림과 같이 형상이 잘 나타나도록 등각 축 2개를 정해 척도는 NS로 실물의 크기를 고려하여 제도하시오.(단, 형상은 단면하여 표시하지 않습니다.)

3) 부품란 "비고"에는 모델링한 부품 중 (①, ④) 부품의 질량을 **g 단위**로 소수점 첫째자리에서 반올림하여 기입하시오.

- 질량은 렌더링 등각 투상도(3D) **부품란의 비고**에 기입하며, 반드시 **재질과 상관없이 비중을 7.85**로 하여 계산하시기 바랍니다.

4) 제도 완료 후, 지급된 A3(420×297) 크기의 용지(트레이싱지)에 수험자가 직접 흑백으로 출력하여 확인하고 제출하시오.

다. 도면 작성 기준 및 양식

1) 제공한 KS 데이터에 수록되지 않은 제도규격이나 데이터는 과제로 제시된 도면을 기준으로 하여 제도하거나 ISO규격과 관례에 따라 제도하시오.
2) 문제의 조립도면에서 표시되지 않은 제도규격은 지급한 KS규격 데이터에서 선정하여 제도하시오.
3) 문제의 조립도면에서 치수와 규격이 일치하지 않을 때는 해당 규격으로 제도하시오. (단, 과제도면에 치수가 명시되어 있을 때는 명시된 치수로 작성하시오.)
4) 도면 작성 양식과 3D 렌더링 등각 투상도는 아래 그림을 참고하여 나타내고, 좌측상단 A부에 수험번호, 성명을 먼저 작성하고, 오른쪽 하단에 B부에는 표제란과 부품란을 작성한 후 제도작업을 하시오. (단, A부와 B부는 부품도(2D)와 렌더링 등각 투상도(3D)에 모두 작성하시오.)

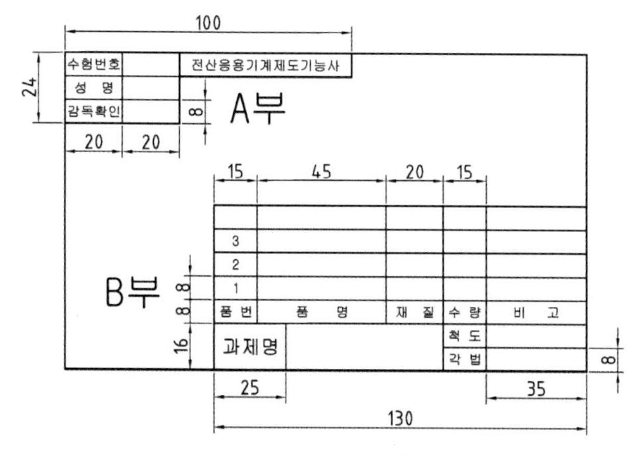

▲ 도면 작성 양식(부품도 및 등각 투상도)

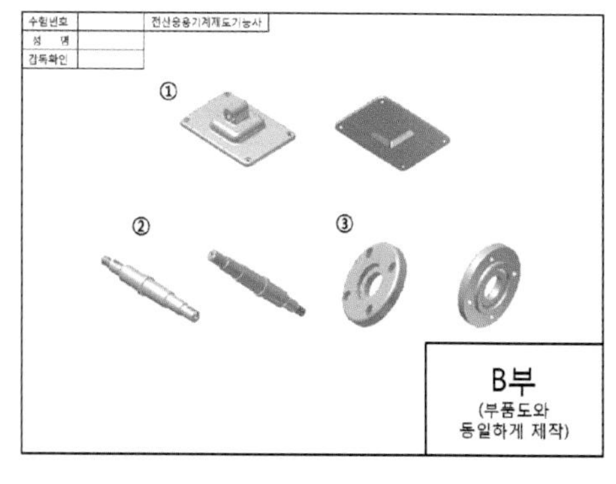

▲ 3D 렌더링 등각 투상도 예시

5) 도면의 크기 및 한계 설정(Limits), 윤곽선 및 중심 마크 크기는 다음과 같이 설정하고, a와 b의 도면의 한계선(도면의 가장자리 선)이 출력되지 않도록 하시오.

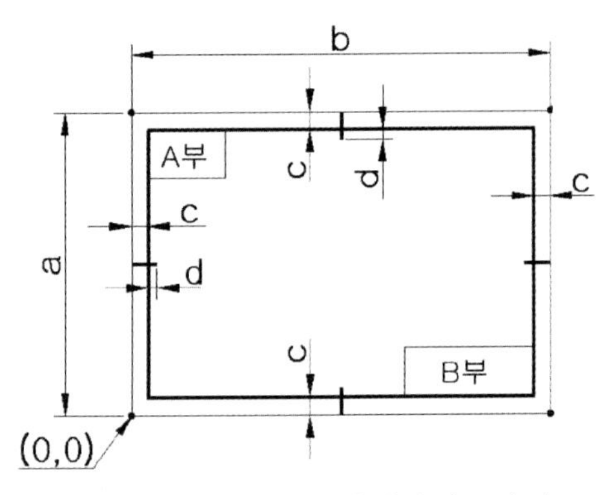

구분	도면의 한계		중심마크	
기호 / 도면크기	a	b	c	d
A2(부품도)	420	594	10	5

▲ 도면의 크기 및 한계설정, 윤곽선 및 중심 마크

6) 선 굵기에 따른 색상은 다음과 같이 설정하시오.

선 굵기	색상	용도
0.70 mm	하늘색(Cyan)	윤곽선, 중심 마크
0.50 mm	초록색(Green)	외형선, 개별주서 등
0.35 mm	노란색(Yellow)	숨은선, 치수문자, 일반주서 등
0.25 mm	빨강(Red), 흰색(White)	치수선, 치수보조선, 중심선, 해칭선 등

※ 위 표는 Autocad 프로그램 상에서 출력을 용이하게 하기 위한 설정이므로 다른 프로그램을 사용할 경우 위 항목에 맞도록 문자, 숫자, 기호의 크기, 선 굵기를 지정하시기 바랍니다.

7) 문자, 숫자, 기호의 높이는 7.0mm, 5.0mm, 3.5mm, 2.5mm 중 적절한 것을 사용하시오.

8) 아라비아 숫자, 로마자는 컴퓨터에 탑재된 ISO표준을 사용하고, 한글은 굴림 또는 굴림체를 사용하시오.

2. 수험자 유의사항

※ 다음 유의사항을 고려하여 요구사항을 완성하시오.

1) 시작 전 감독위원이 지정한 곳에 본인 비번호로 폴더를 생성한 후 이 폴더에서 비번호를 파일명으로 작업 내용을 저장하고, 작업이 끝나면 비번호 폴더 전체를 감독위원에게 제출하시오. (파일제출 후에는 도면(파일) 수정 불가) 그리고 시험 종료 후 PC의 작업 내용은 삭제합니다.
2) 수험자에게 주어진 문제는 비번호, 시험일시, 시험장명을 기재하여 반드시 제출합니다.
3) 마련한 양식의 A부 내용을 기입하고 감독위원의 확인 서명을 받아야 하며, B부는 수험자가 작성합니다.
4) 정전 또는 기계 고장으로 인한 자료 손실을 방지하기 위하여 수시로 저장합니다.
   - 이러한 문제 발생 시 "작업정지시간 + 5분"의 추가 시간을 부여합니다.
5) 수험자는 제공된 장비의 안전한 사용과 작업 과정에서 안전수칙을 준수합니다.

6) 연속적인 컴퓨터 작업 시에는 신체에 무리가 가지 않도록 적절한 몸 풀기(스트레칭) 동작을 취하여야 합니다.
7) 도면에는 문제와 관련 없는 불필요한 낙서나 특이한 기록사항 등을 기재하여서는 안되며, 인적사항 기재란 외의 부분에 도면과 관련 없는 특수한 표시를 하거나 특정인임을 암시하는 경우 전체를 0점 처리합니다.
8) 다음 사항에 대해서는 채점 대상에서 제외하니 특히 유의하시기 바랍니다.
   가) 기권
      ① 수험자 본인이 수험 도중 기권 의사를 표시한 경우
   나) 실격
      ② 시험 시작 전 program 설정을 조정하거나 미리 작성된 Part program(도면, 단축키 셋업 등) 또는 LISP 등과 같은 Block(도면양식, 표제란, 부품란, 요목표, 주서 및 표면 거칠기 등)을 사용한 경우
      ③ 채점 시 도면 내용이 다른 수험자와 일부 또는 전부가 동일한 경우
      ④ 파일로 제공한 KS 데이터에 의하지 않고 지참한 노트나 서적을 열람한 경우
      ⑤ 수험자의 장비조작 미숙으로 파손 및 고장을 일으킨 경우
   다) 미완성
      ① 시험시간 내에 부품도(1장), 렌더링 등각투상도(1장)를 하나라도 제출하지 아니한 경우
      ② 수험자의 직접 출력시간이 10분을 초과한 경우 (다만, 출력시간은 시험시간에서 제외하며, 출력된 도면의 크기 또는 색상 등이 채점하기 어렵다고 판단될 경우에는 감독위원의 판단에 의해 1회에 한하여 재출력이 허용됩니다.)
         – 단, 재출력 시 출력 설정만 변경해야 하며 도면 내용을 수정하거나 할 수는 없습니다.
      ③ 요구한 부품도, 렌더링 등각 투상도 중에서 1개라도 투상도가 제도되지 않은 경우(지시한 부품번호에 대하여 모두 작성해야 하며, 하나라도 누락되면 미완성 처리)
   라) 오작
      ① 요구한 도면 크기에 제도되지 않아 제시한 출력용지와 크기가 맞지 않는 작품
      ② 투상법이나 척도가 요구사항과 전혀 맞지 않은 도면
      ③ 전반적으로 KS 제도규격에 의해 제도되지 않았다고 판단된 도면
      ④ 지급된 용지(트레이싱지)에 출력되지 않은 도면
      ⑤ 끼워 맞춤공차 기호를 부품도에 기입하지 않았거나 아무 위치에 지시하여 제도한 도면
      ⑥ 끼워 맞춤 공차의 구멍 기호(대문자)와 축 기호(소문자)를 구분하지 않고 지시한 도면
      ⑦ 기하공차 기호를 부품도에 기입하지 않았거나 아무 위치에 지시하여 제도한 도면
      ⑧ 표면거칠기 기호를 부품도에 기입하지 않았거나 아무 위치에 지시하여 제도한 도면
      ⑨ 조립상태(조립도 혹은 분해조립도)로 제도하여 기본지식이 없다고 판단되는 도면

※ 출력은 수험자 판단에 따라 CAD 프로그램 상에서 출력하거나 PDF 파일 또는 출력 가능한 호환성 있는 파일로 변환하여 출력하여도 무방합니다.

- 이 경우 폰트 깨짐 등의 현상이 발생될 수 있으니 이점 유의하여 CAD 사용 환경을 적절히 설정하여 주시기 바랍니다.

3 지급재료 목록

		자격종목	전산응용기계제도기능사		
일련 번호	재료명	규격	단위	수량	비고
1	프린터 용지	트레이싱지 A3(297×420)	장	2	1인당

※ 국가기술자격 실기시험 지급재료는 시험종료 후(기권, 결시자 포함) 수험자에게 지급하지 않습니다.

4 도면

자격 종목	전산응용기계제도기능사	과제명	○○○○○○	척도	1 : 1

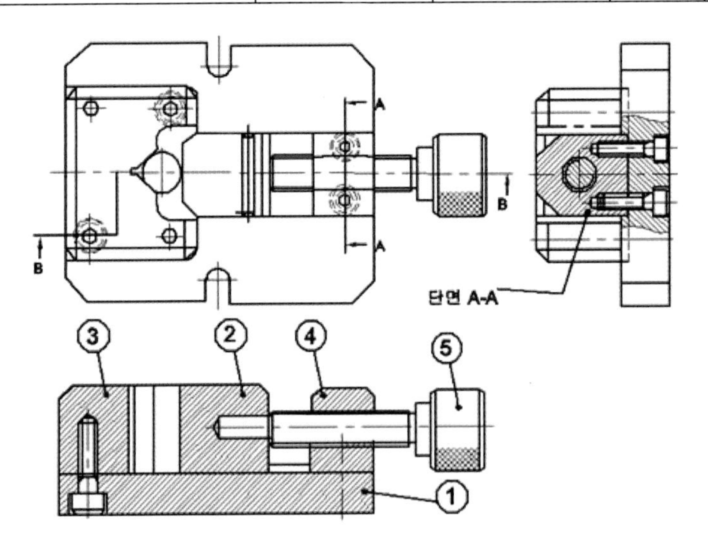

2 | 부품도(2D) 제도, 렌더링 등각 투상도(3D) 제도 실격 및 채점 예시

1 클램프 바이스 부품 상세도 모범 답안

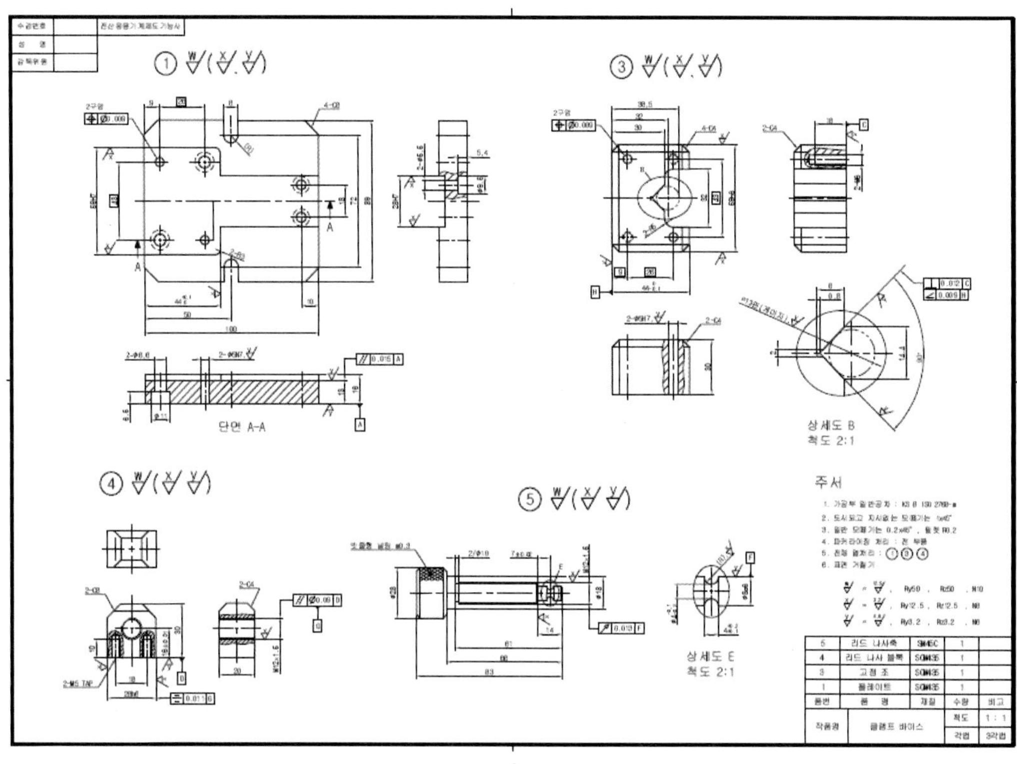

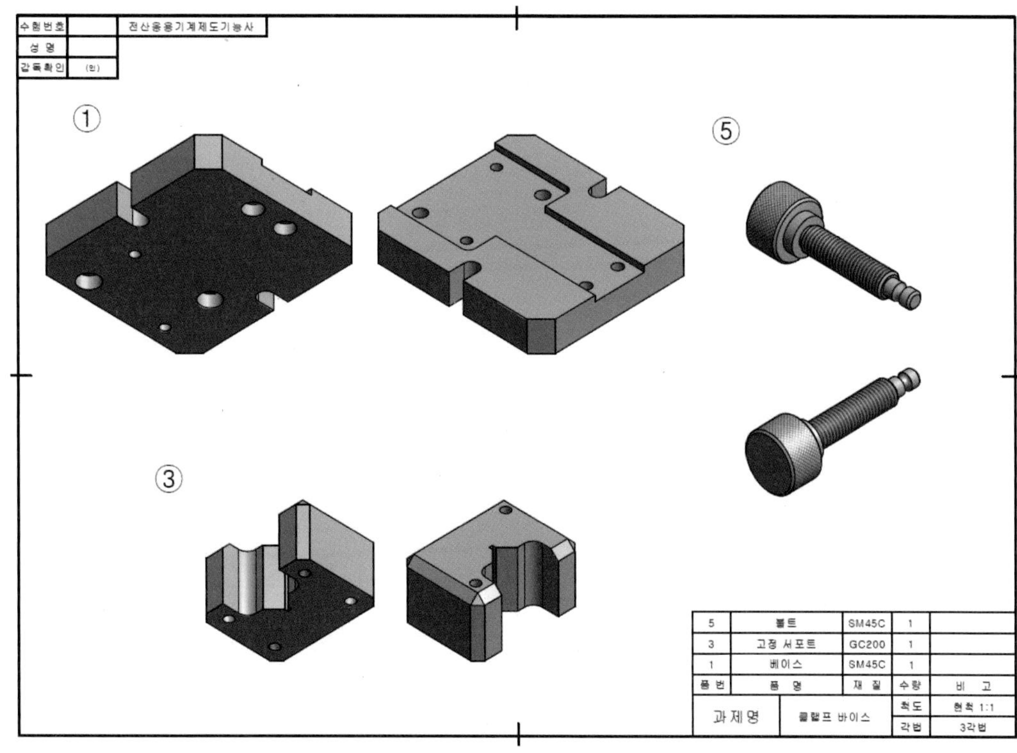

2 탁소율 합격, 득점 68점

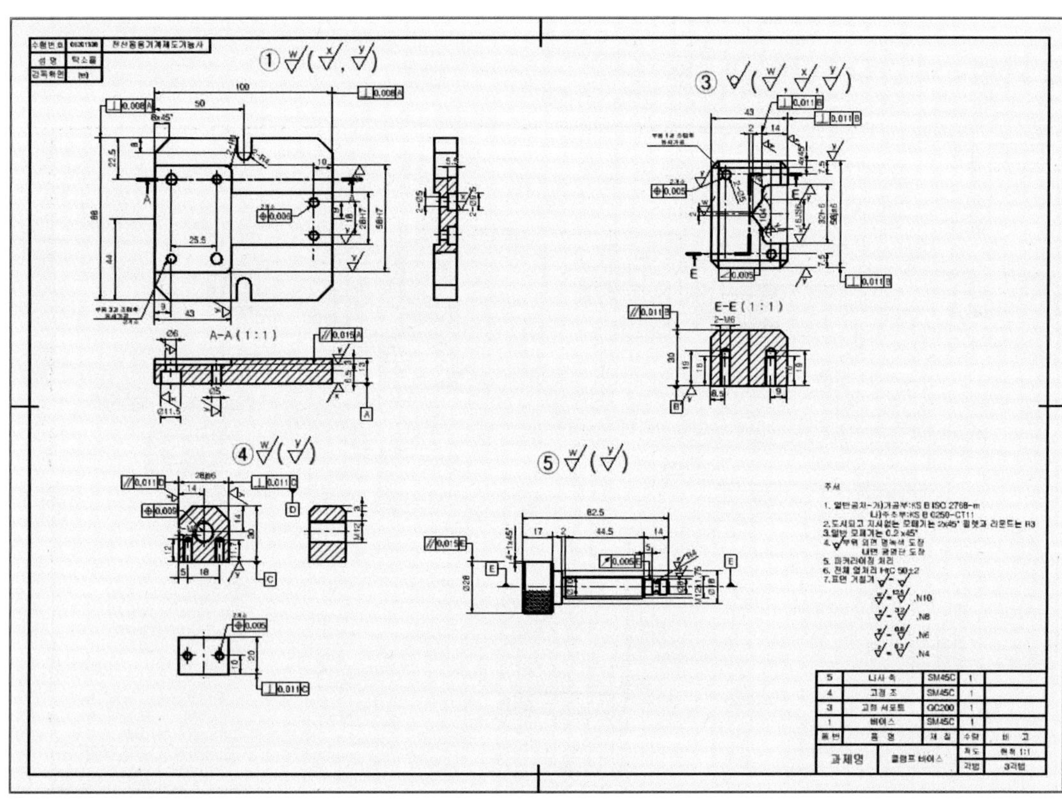

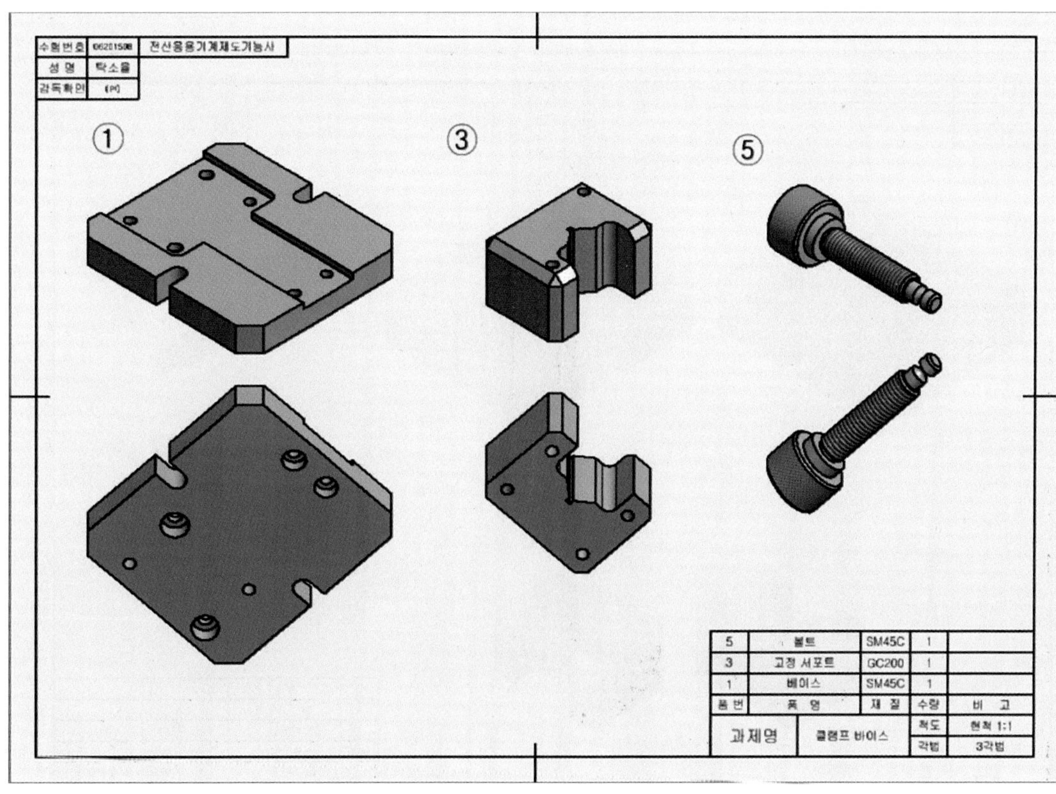

3 탁소율 전산응용기계제도기능사 작업형 실기시험 채점(2D)

항목 번호	주요 항목	채점 세부 내용	항목별 채점 방법	배점	종합	득점
1	투상법 선택과 배열	올바른 투상도 수의 선택	전체 투상도 수에서 1개당 3점 감점	15	27	24
		단면도 수의 선택	단면 불량 또는 누락 1개소당 2점 감점	7		
		합리적 도시 및 투상선 누락	상관선 및 투상선 누락과 불량 1개소당 1점 감점	5		
2	치수 기입	중요 치수	"2개소"당 누락 및 틀린 경우 1점 감점	5	12	4
		일반 치수	"2개소"당 누락 및 틀린 경우 1점 감점	4		
		치수 누락	"2개소"당 누락 1점 감점	3		
3	치수공차 및 끼워맞춤 기호	올바른 치수공차 기입	"2개소"당 누락 및 틀린 경우 1점 감점	3	8	6
		끼워맞춤 공차 기호	"2개소"당 누락 및 틀린 경우 1점 감점	3		
		치수공차, 끼워맞춤 공차 누락	"2개소"당 누락 1점 감점	2		
4	기하공차 기호	올바른 데이텀 설정	"1개소"당 누락 및 틀린 경우 1점 감점	3	8	6
		기하공차 기호의 적절성	"2개소"당 누락 및 틀린 경우 1점 감점	3		
		기하공차 기호 누락	"2개소"당 누락 1점 감점	2		
5	표면 거칠기 기호	기하공차부 표면 거칠기 기호	"2개소"당 누락 및 틀린 경우 1점 감점	3	8	5
		중요부 표면거칠기 기호	"2개소"당 누락 및 틀린 경우 1점 감점	3		
		표면 거칠기 기호 기입과 누락	"3개소"당 누락 1점 감점	2		
6	재료 선택 및 처리	올바른 재료 선택	재료 선택 불량 1개소당 1점 감점	4	7	1
		열처리 및 표면 처리의 적절성	상: 3점, 중: 2점, 하: 1점	3		
7	주서 및 부품란	상세도의 올바른 척도 지시	척도 누락 및 불량 1개소당 1점 감점	2	7	4
		맞는 수량 기입	누락 및 틀린 경우 1개소당 1점 감점	2		
		올바른 주서 기입	상: 3점, 중: 2점, 하: 1점	3		
8	도면의 외관	도형의 균형 있는 배치	상: 3점, 중: 2점, 하: 1점	3	8	5
		선의 용도에 맞는 굵기 선택	상: 3점, 중: 2점, 하: 1점	3		
		용도에 맞는 문자 크기 선택	상: 2점, 하: 1점	2		
합 계					85	55

* 상: 모두 맞은 경우, 중: 틀린 것이 2개 이내인 경우, 하: 틀린 것이 4개 이내인 경우

4 탁소율 전산응용기계제도기능사 작업형 실기시험 채점(3D 모델링)

항목 번호	주요 항목	채점 세부 내용	배점	종합	득점
1	형상투상	㉠ (1)번 부품은 올바르게 투상하였는가?	2	6	6
		㉡ (3)번 부품은 올바르게 투상하였는가?	2		
		㉢ (5)번 부품은 올바르게 투상하였는가?	2		
2	형상 편집	㉠ 모따기 형상은 올바르게 투상하였는가?	1	2	2
		㉡ 라운드 형상은 올바르게 투상하였는가?	1		
3	3차원 배치	㉠ 각 부품의 특성을 잘 나타냈는가?	2	3	1
		㉡ 각 부품 번호의 올바른 작성	1		
4	표제란 부품란	㉠ 부품 수량의 올바른 기입	1	2	2
		㉡ 부품 재질의 올바른 작성	1		
	도면 외관	㉠ 선의 용도에 맞는 굵기 출력	1	2	2
		㉡ 요구 사항에 맞는 출력	1		
합계				15	13
총 점					68

5 경철댁 합격, 득점: 64점

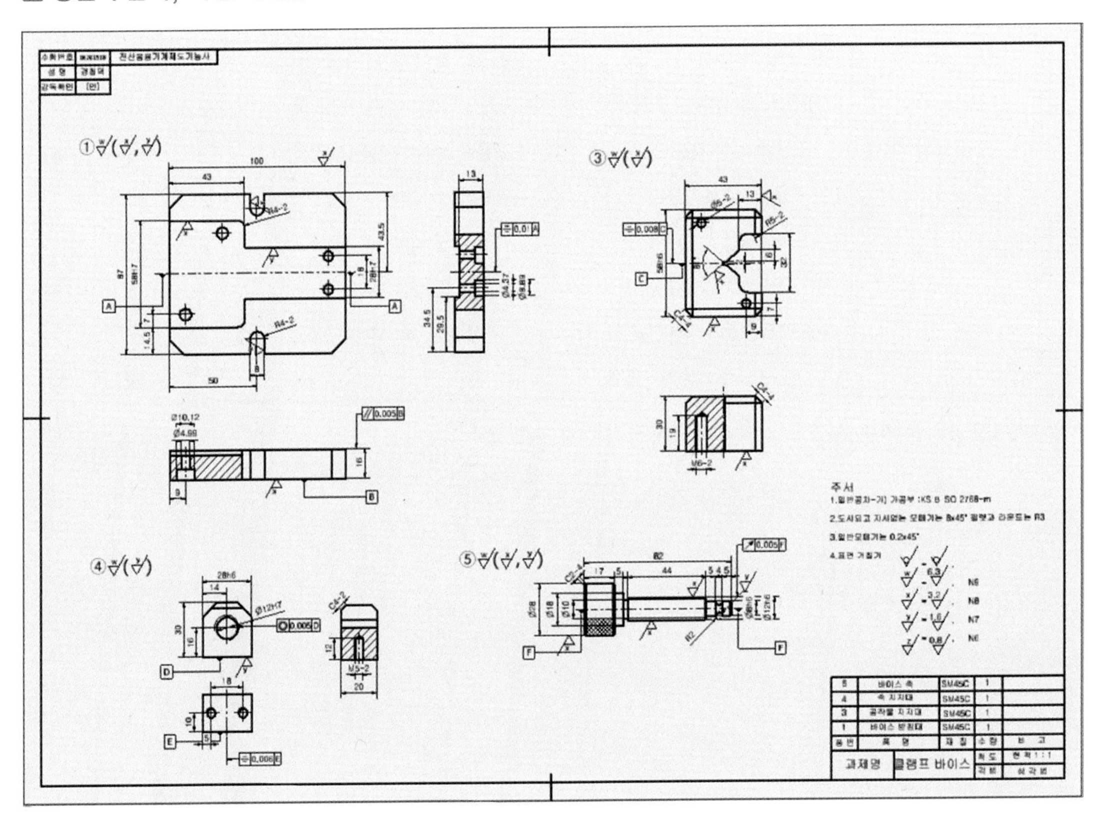

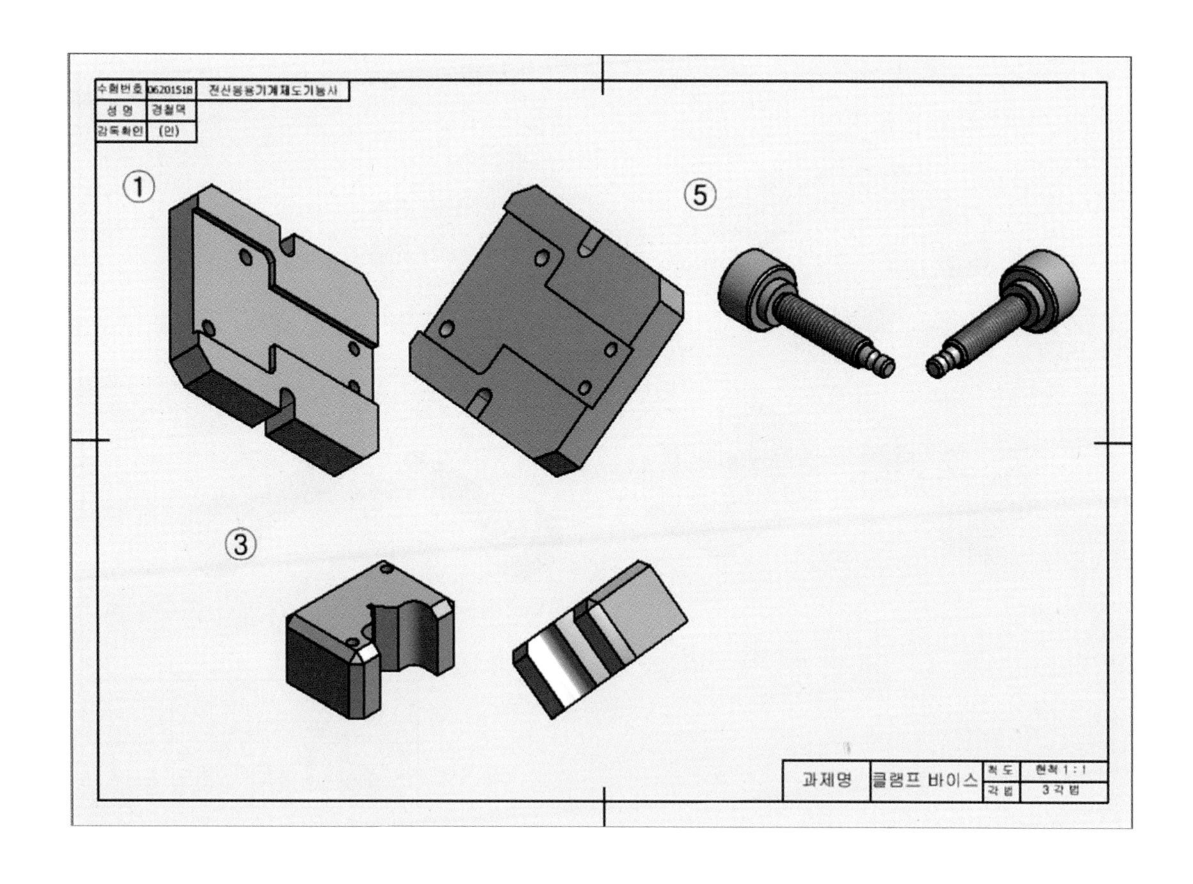

6 홍길동 불합격, 실격(득점: 0점), 실격 사유: 끼워 맞춤 공차 누락

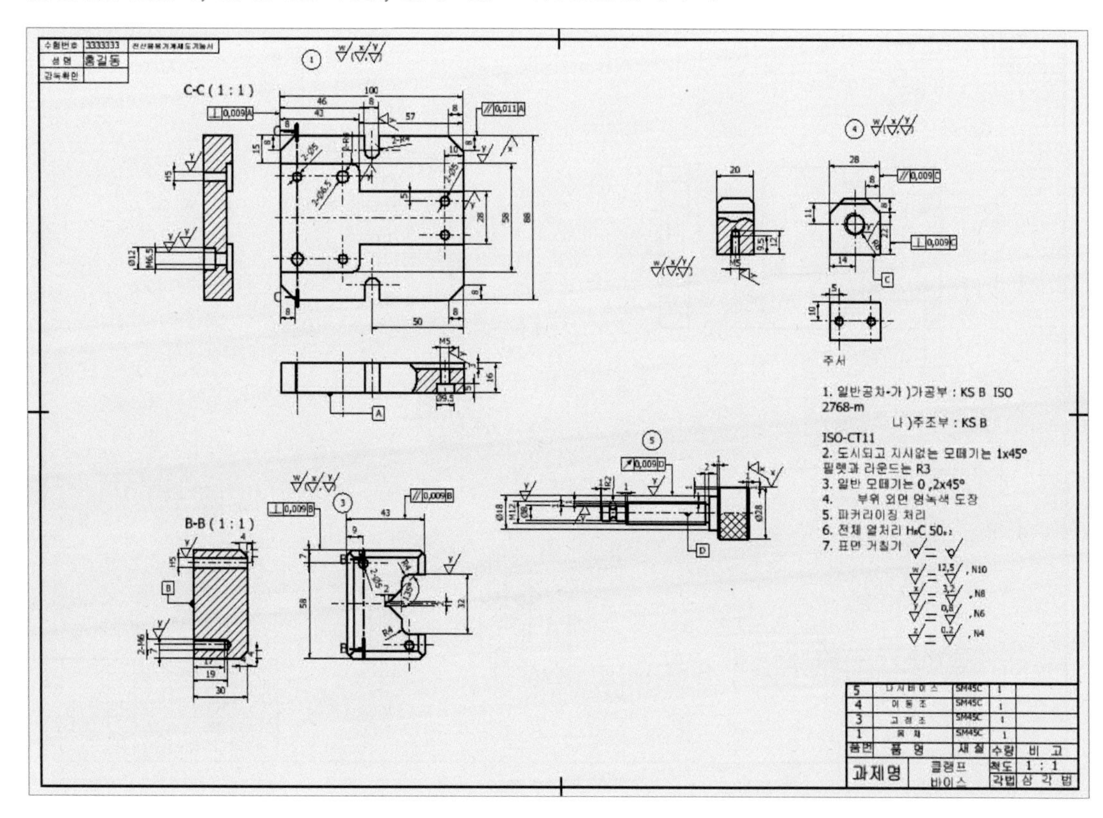

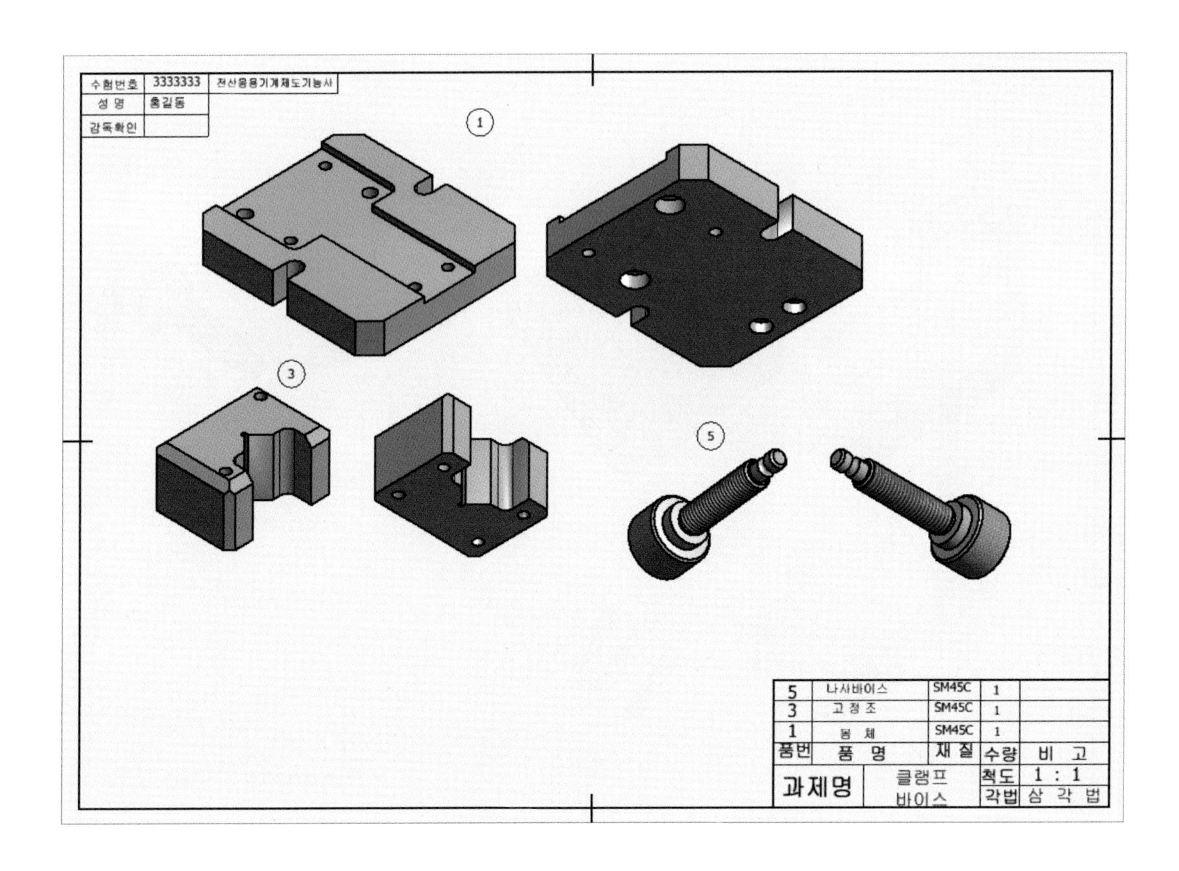

7 익산댁 불합격, 실격(득점: 0점), 실격 사유: 끼워 맞춤 공차 누락

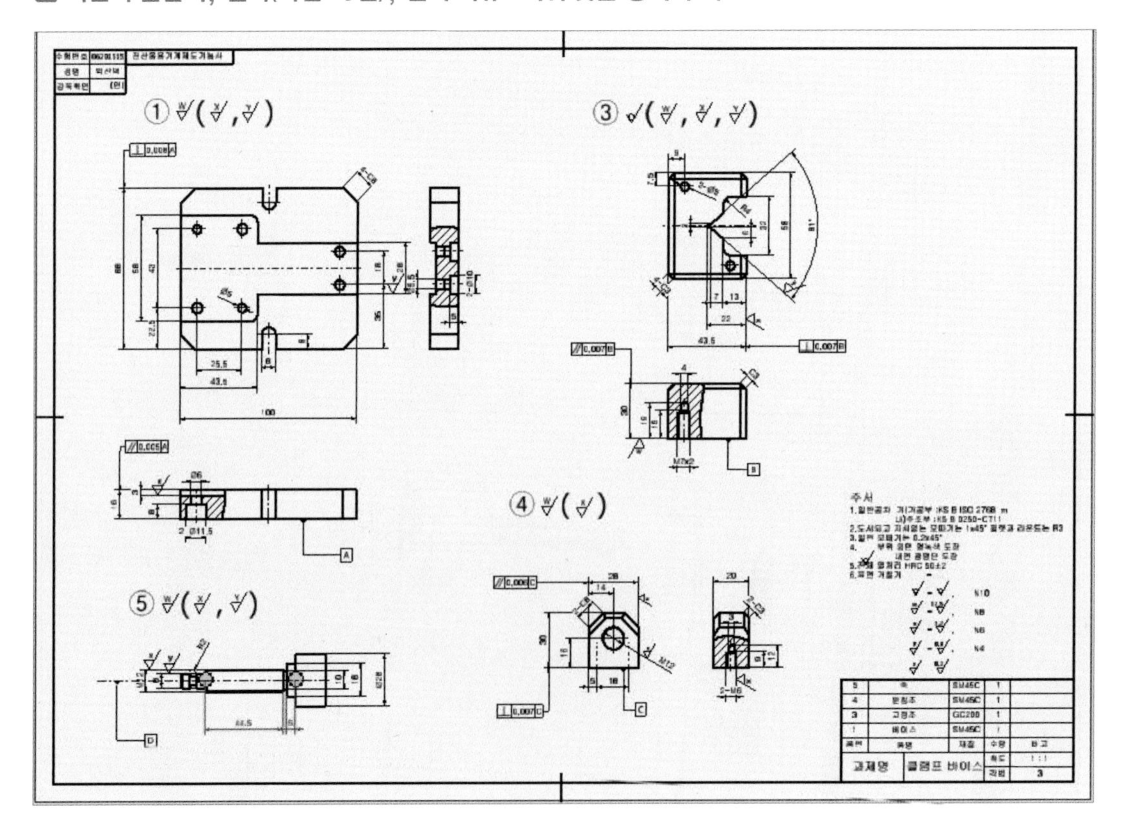

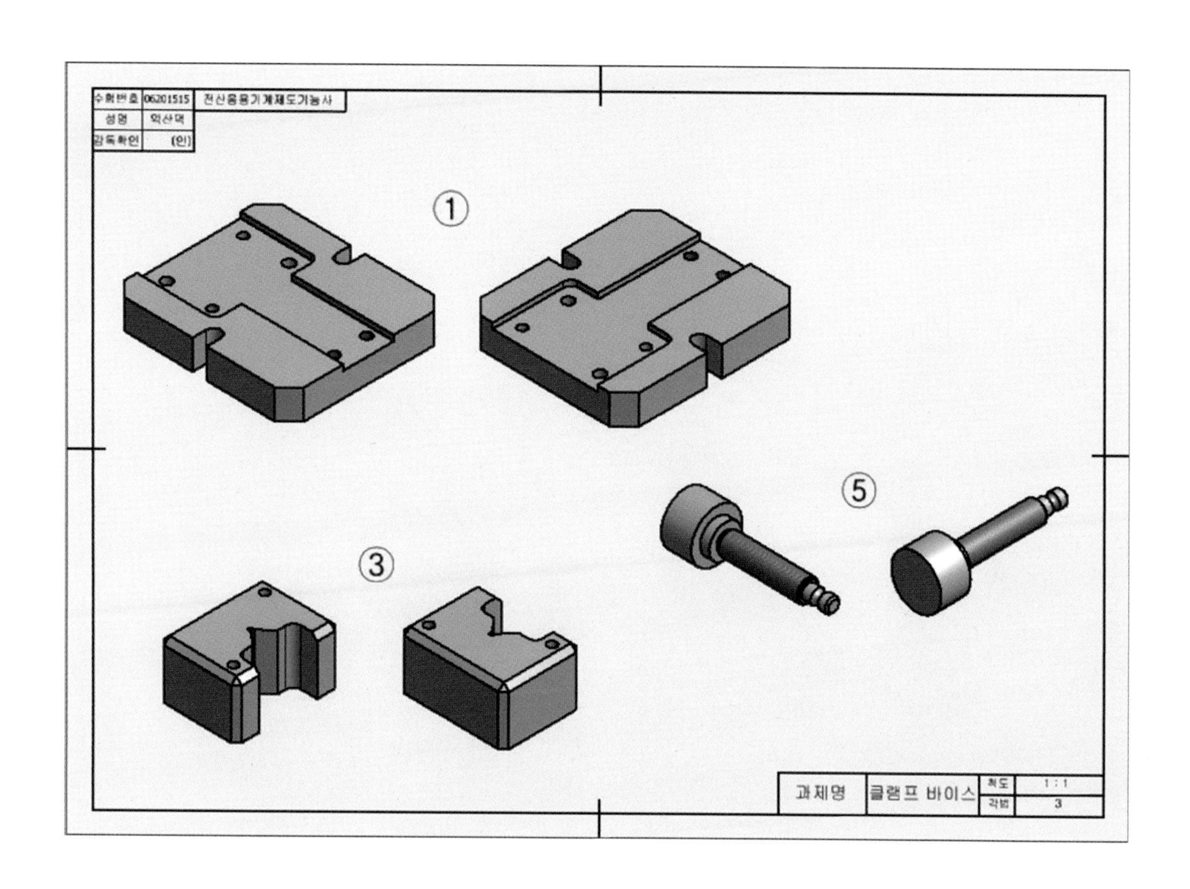
수험번호
06201515
전산응용기계제도기능사
성명
(인)
①
⑤
③
과제명
클램프 바이스
척도
1 : 1
각법
3

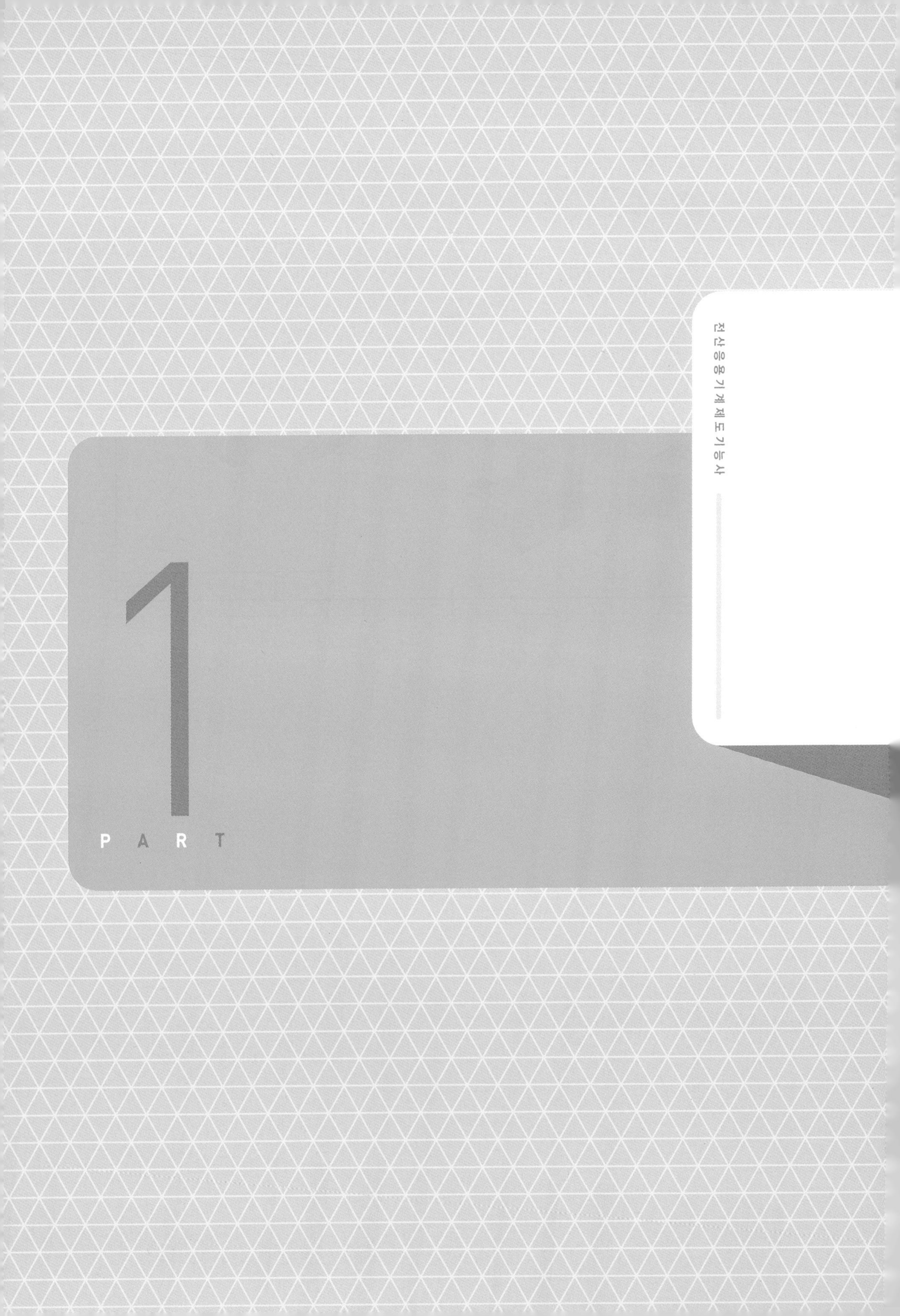
전산응용기계제도기능사
1
PART

전산응용기계제도기능사 실기시험에 필요한 최적의 수검 환경 설정하기

서울에서 부산으로 가는 방법은 다양합니다. 걸어서 가면 힘이 들 뿐만 아니라 시간도 많이 소요되지만, 비행기를 타고 가면 편하고 한 시간 정도면 도착할 것입니다. 이와 마찬가지로 전산응용기계제도기능사 시험을 치를 때 여러 가지 환경을 설정해놓으면 무척 편리할 것입니다. 이번 파트에서는 전산응용기계제도기능사 시험을 치르는 데 있어서 최소한의 환경 설정을 해 놓으면 편리한 기능들을 중심으로 알아보겠습니다.

Craftsman Compter Aided Architectural Drawing

CHAPTER 1

렌더링 등각 투상도(3D) 제도 수검 환경 설정(인벤터 프로그램 환경)

이 장의 내용은 매우 중요합니다. 수험 도면이 주어졌을 때 3D 모델링과 2D 도면 작성은 과제에 맞게 모델링, 투상도 배치, 단면도 작성 등을 해나가면 됩니다. 하지만 제도 수검 환경 설정은 과제와는 별개이기 때문에 반복 숙달해야 합니다. 그래야만 남는 시간을 과제 수행에 사용할 수 있습니다.

1 | 바탕 화면에서 인벤터(Inventor)를 실행하고 도면 준비하기

1 인벤터 실행하기

01 바탕 화면에서 [Autodesk Inventor Professional 2014]를 더블클릭하여 프로그램을 실행시킵니다.

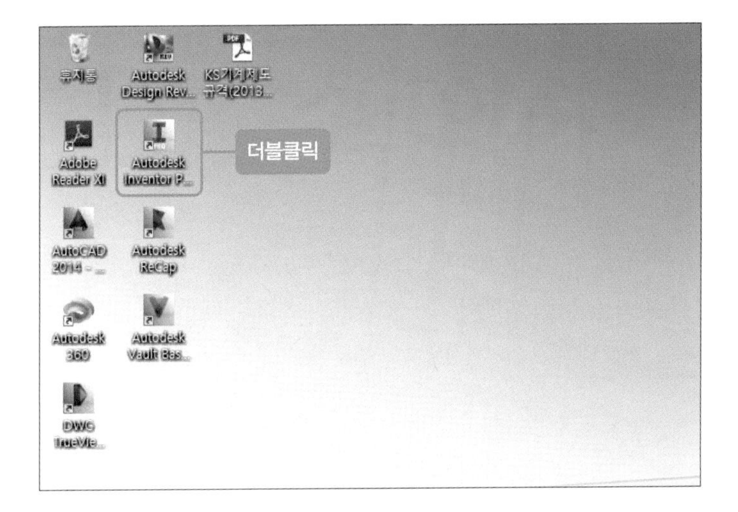

02 인벤터를 실행시켜 다음과 같은 화면이 나타나면 [새로 만들기]를 클릭합니다.

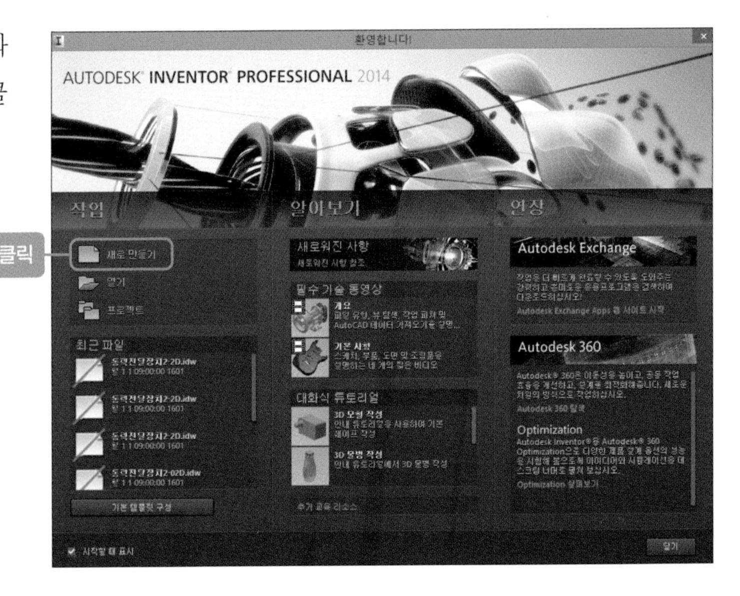

03 3D 모델링을 하기 위해 [새 파일 작성] 창의 [부품-2D 및 3D 객체 작성]에서 'Standard.ipt'를 클릭합니다.

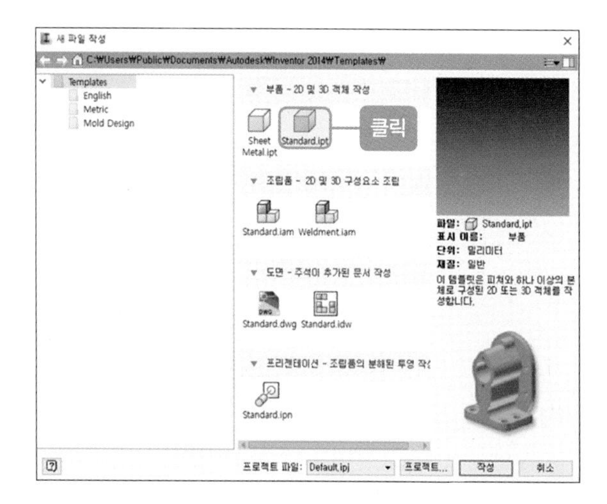

04 실행시키면 3D 모델링을 할 수 있는 화면이 나타납니다.

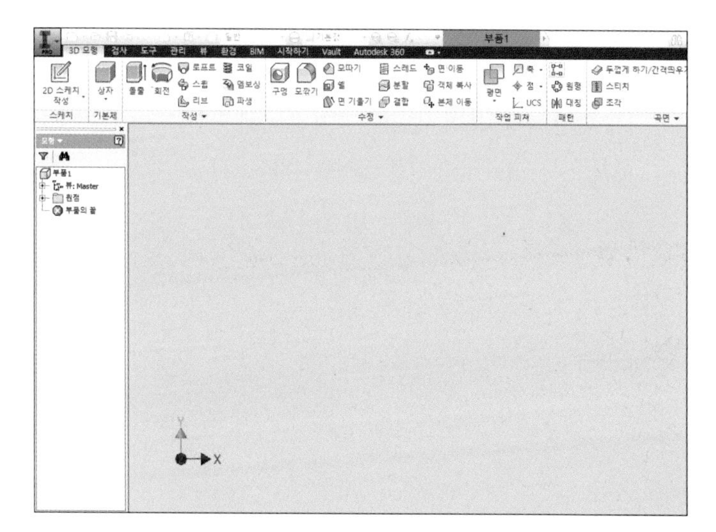

❷ 도면 준비하기

01 왼쪽 탐색기에서 [원점-XY 평면]을 클릭한 후 [2D 스케치 작성] 을 클릭합니다.

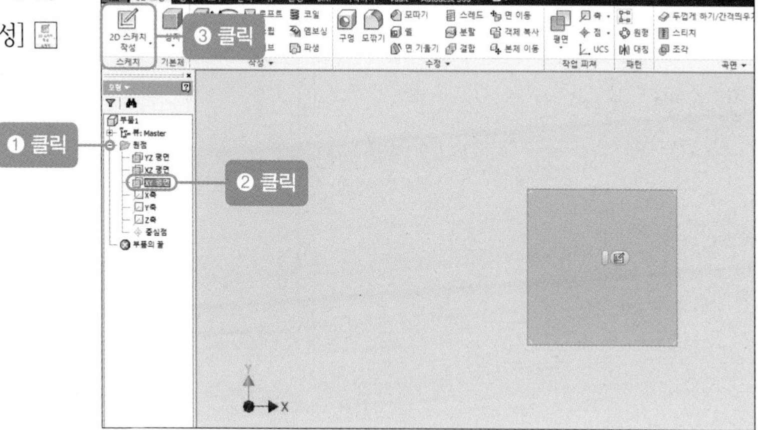

02 다음과 같은 화면에서 기초 스케치를 시작합니다.

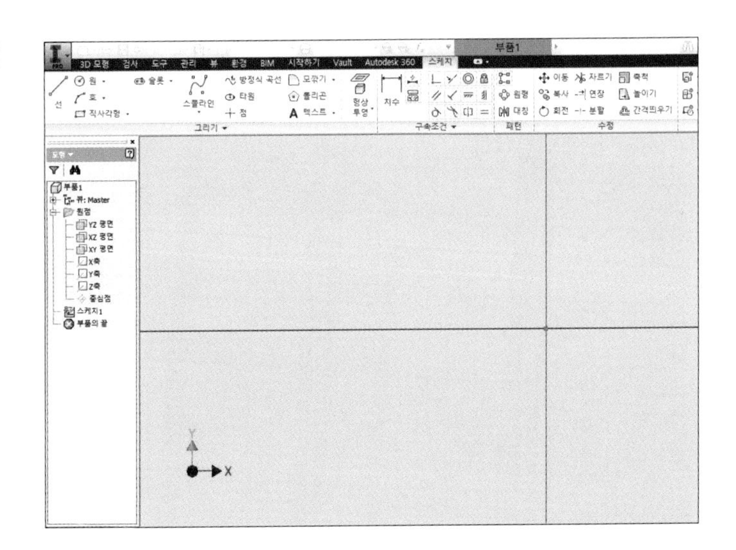

03 3D 모델링 도면이나 2D 도면을 나타내려면 [새 파일 작성–도면–주석이 추가된 문서 작성]에서 [Standard.idw]를 클릭합니다.

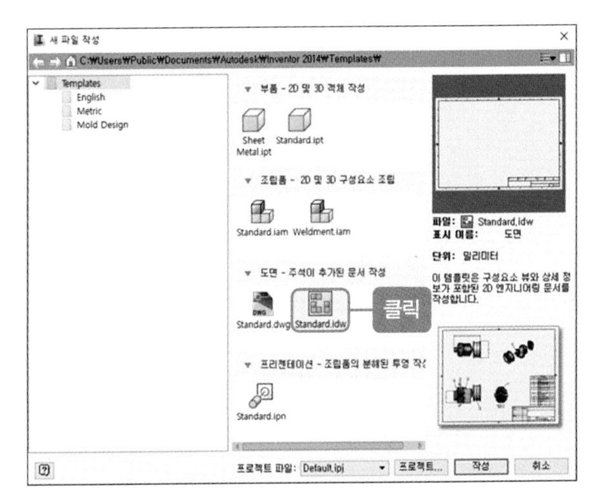

04 다음과 같은 화면에서 도면 만들기를 시작합니다.

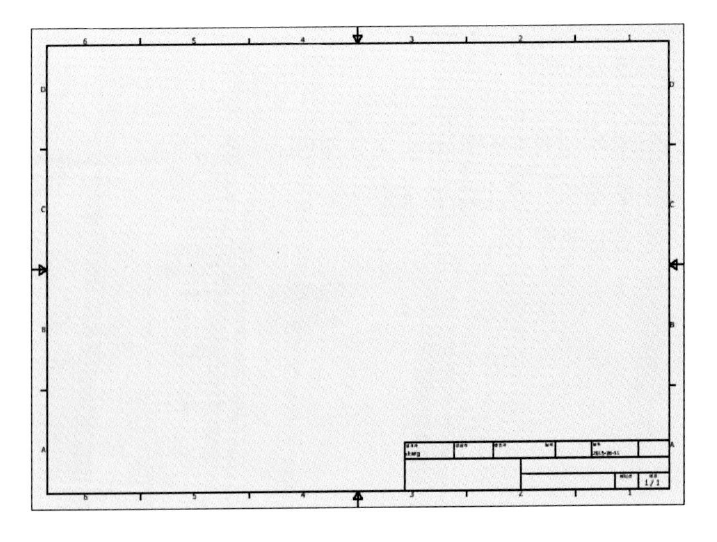

2 | 수험자 저장 폴더를 생성하고 저장하기

1 수험자 저장 폴더 생성하기

01 바탕 화면에서 마우스 오른쪽 버튼을 눌러 [새 폴더(N)]를 클릭합니다.

02 폴더명에 'A00(00은 본인의 비번호)'을 입력합니다(예 비번호가 01이면 A01, 15번이면 A15)

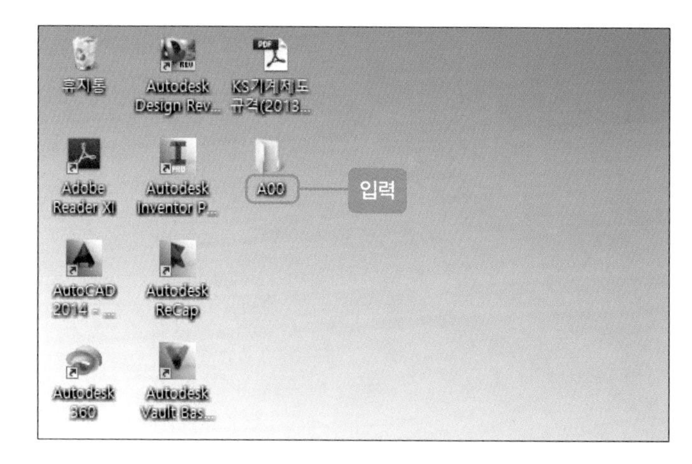

03 방금 생성한 폴더를 더블클릭하여 폴더를 엽니다.

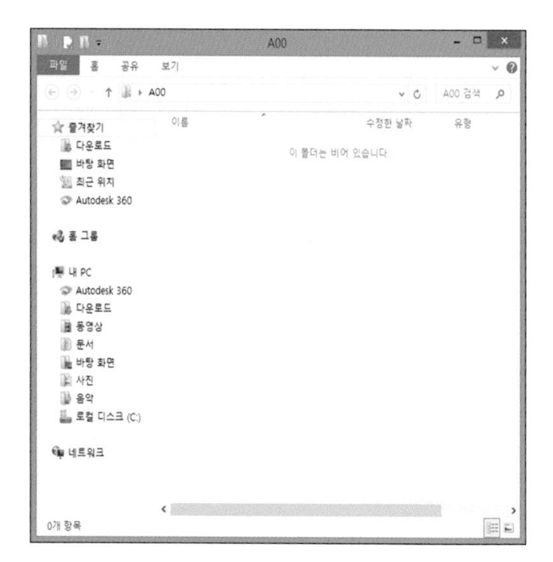

2 수험자 저장 폴더에 저장하기

01 3D 모델링이 끝나면 바로 저장을 합니다. [다른 이름으로 저장-다른 이름으로 저장]을 클릭합니다(또는 [저장]을 클릭해도 무방합니다).

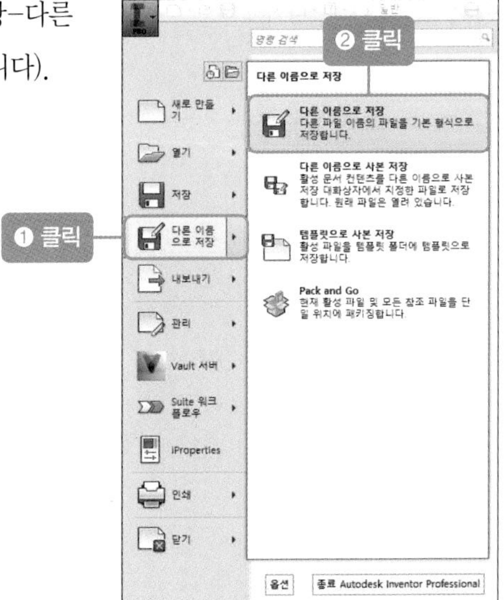

02 바탕 화면의 'A00(각 수험자들의 비번호 폴더)'을 더블클릭합니다.

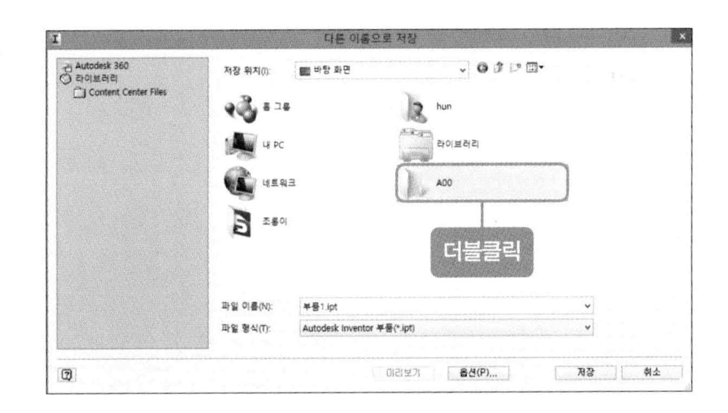

03 파일 이름에 'A00-본체'를 입력하고 [저장] 버튼을 클릭합니다.

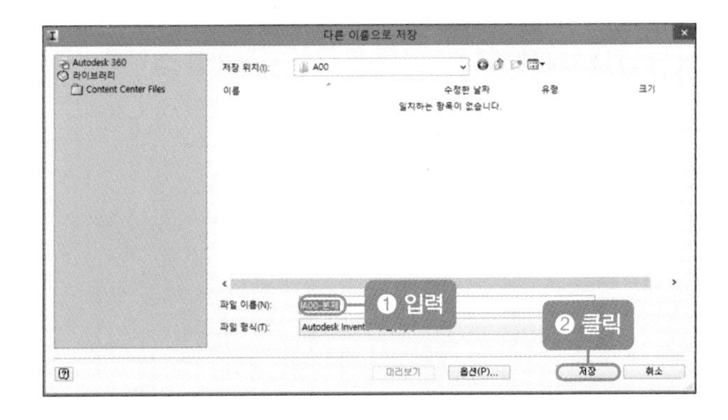

04 저장한 후 기존에 열어두었던 A00 폴더를 확인합니다. 다른 3D 모델링도 'A00-부품 이름'을 입력하고 저장하면 됩니다.

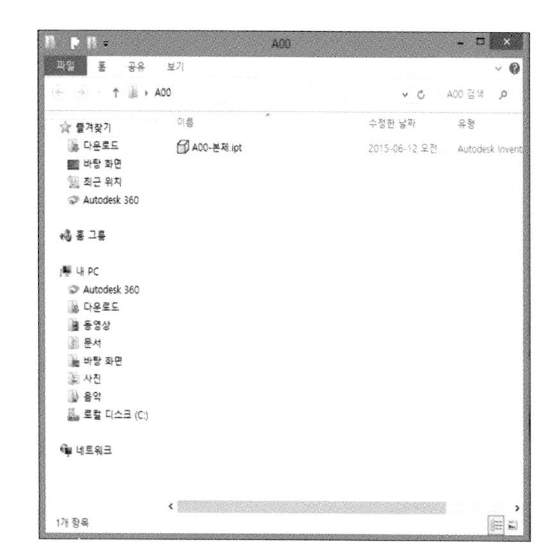

05 3D 도면이 완성되면 [다른 이름으로 저장 -다른 이름으로 저장]을 클릭합니다(또는 [저장]을 클릭해도 무방합니다).

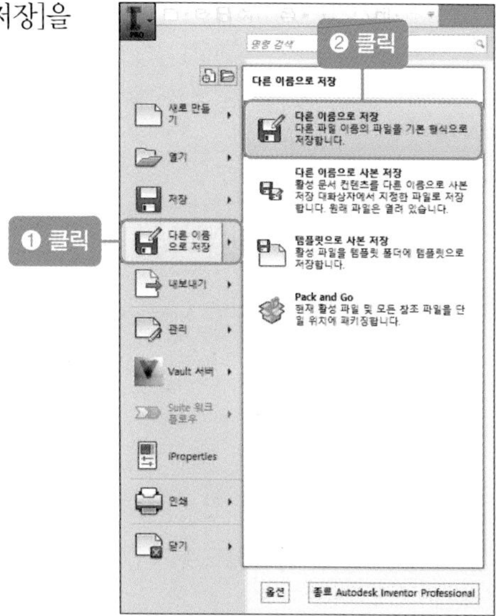

06 바탕 화면의 'A00(각 수험자들의 비번호 폴더)'을 더블클릭합니다.

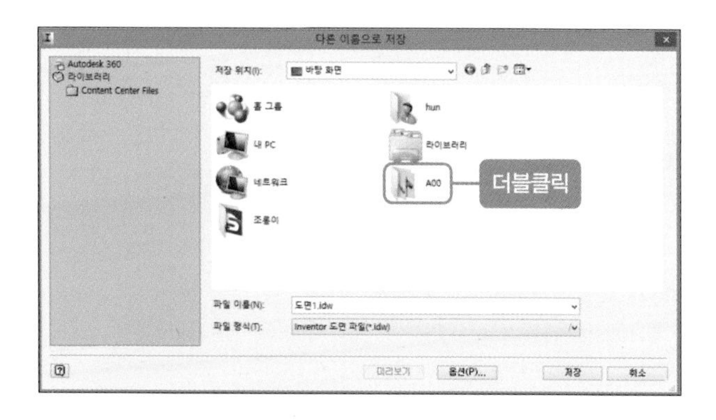

07 파일 이름에 'A00-3D'를 입력하고 [저장] 버튼을 클릭합니다.

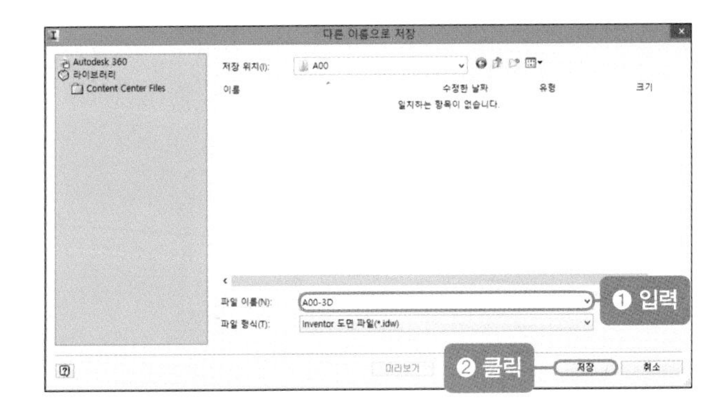

08 기존에 열어두었던 A00 폴더를 확인합니다.

09 2D 도면이 완성되면 [다른 이름으로 저장-도면]을 클릭합니다(또는 [저장]을 클릭해도 무방합니다).

10 바탕 화면의 'A00(각 수험자들의 비번호 폴더)'을 더블클릭합니다.

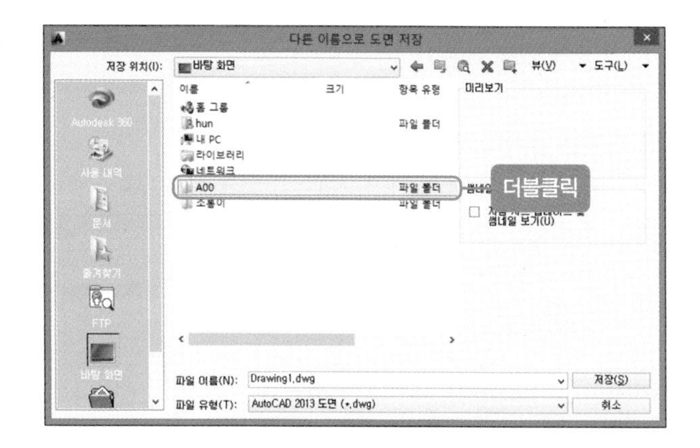

11 파일 이름에 'A00-2D'를 입력하고 [저장] 버튼을 클릭합니다.

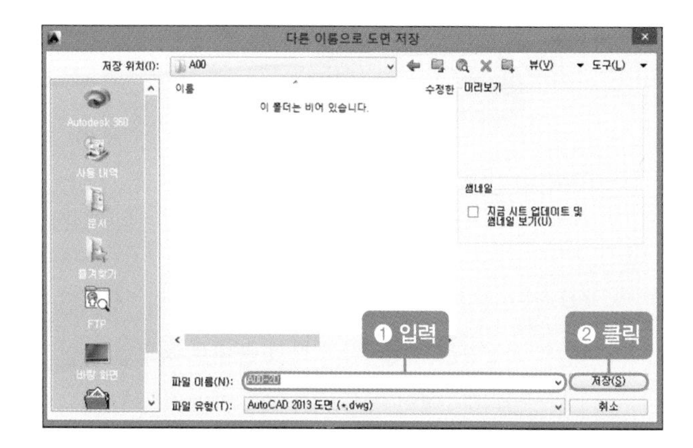

12 기존에 열어두었던 'A00 폴더'를 클릭하여 저장되었는지 확인합니다.

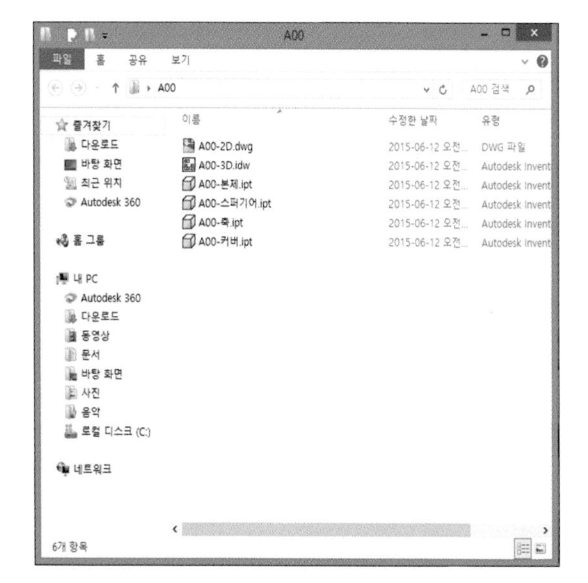

3 | 프로젝트 만들기

1 새로운 프로젝트 만들기

01 '프로젝트' 버튼을 클릭하여 프로젝트 창이 나타나면 [새로 만들기] 버튼을 클릭합니다.

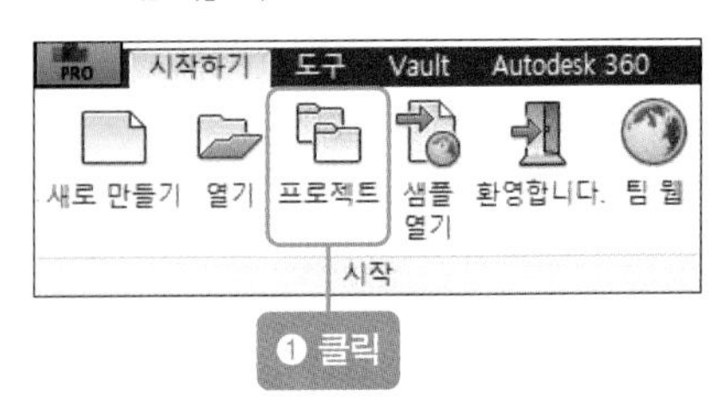

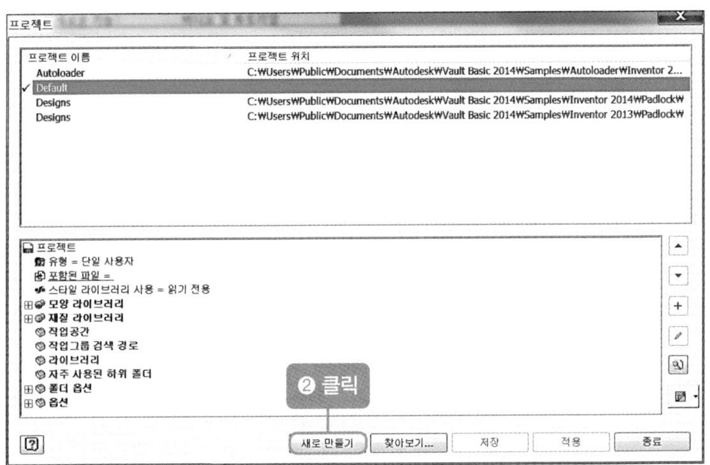

02 프로젝트 파일을 새로 생성할 때 사용합니다. 생성된 파일의 확장자는 '*.ipj'이며 작업 폴더로 지정한 폴더에 생성됩니다. 여러 명이 네트워크 작업을 하지 않으므로 '새 단일 사용자 프로젝트(U)'를 선택합니다.

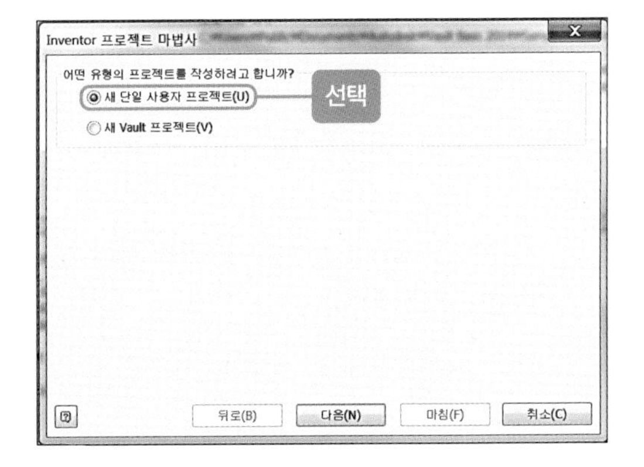

> **Tip** 새 단일 사용자 프로젝트: 개인 단위의 작업을 위한 프로젝트 파일 작성
> 새 Vault 프로젝트: 그룹 단위의 네트워크 작업을 위한 프로젝트 파일 작성

03 '이름(N)'란에 프로젝트 파일의 이름(기계)을 입력한 후 '프로젝트(작업 공간) 폴더(W)'에 저장될 위치를 지정하고 [다음] 버튼을 클릭합니다.

> **Tip** 따로 지정하지 않을 경우에는 [사용자-내문서-Inventor] 폴더에 생성됩니다.

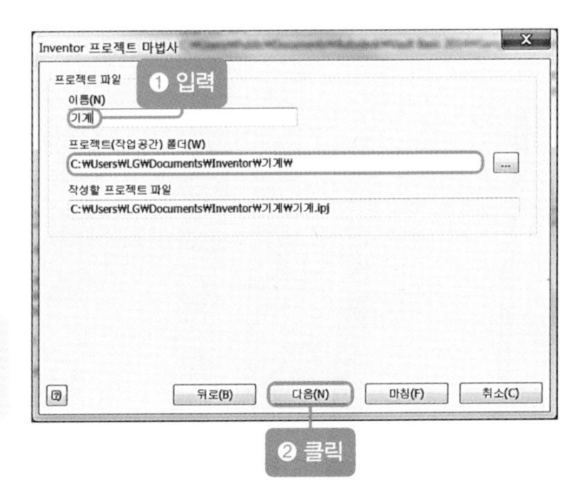

04 라이브러리는 선택하지 않고 [마침] 버튼을 클릭합니다.

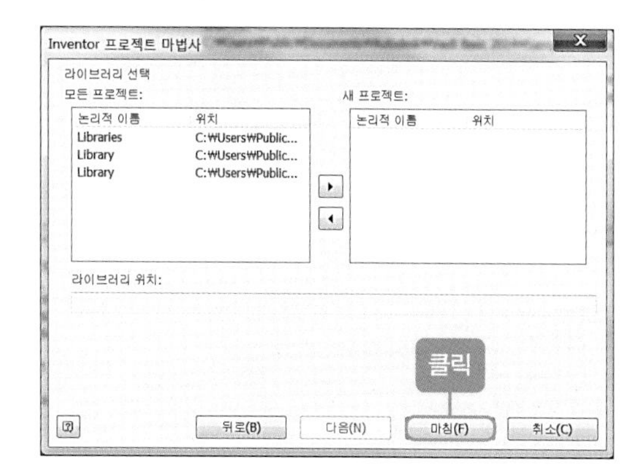

05 [확인] 버튼을 클릭하여 프로젝트 생성을 마칩니다.

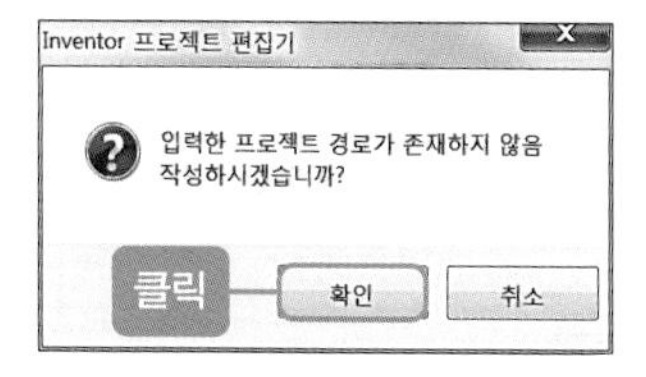

06 '기계'라는 프로젝트 파일이 생성된 것을 알 수 있습니다.

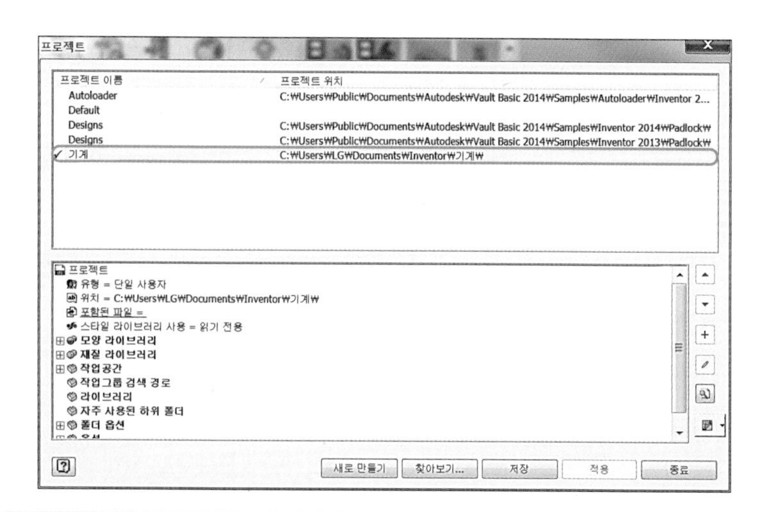

Tip 생성된 프로젝트 기계 앞에 ✓ 표시가 없을 경우 더블클릭 하여 표시가 생기도록 설정합니다.

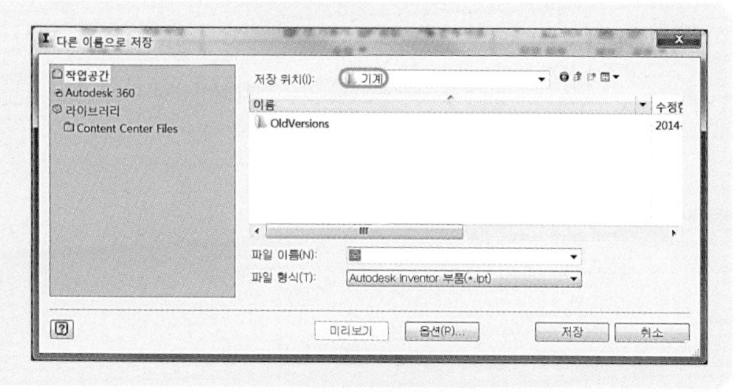

2 프로젝트 편집 창 알아보기

01 파일의 저장 위치를 지정하는 파일 위치, 옵션, 설정, 저장할 때 유지할 파일의 버전 수 및 다중 사용자 모드를 보여줍니다. 임의의 경로 범주를 두 번 누르기하여 내용을 표시합니다. 범주를 편집하려면 마우스 오른쪽 버튼을 클릭한 후 메뉴 옵션을 클릭합니다.

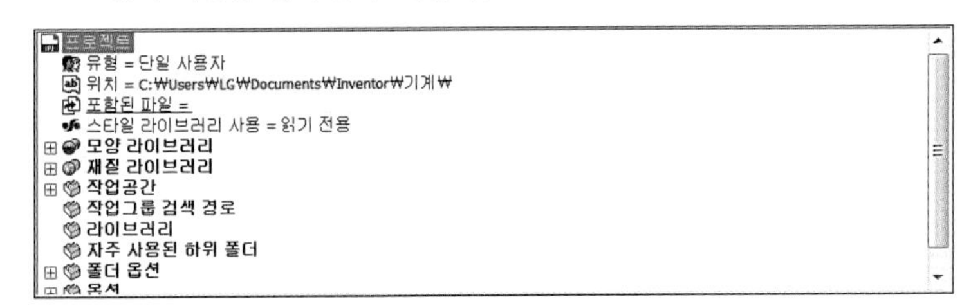

프로젝트

① 유형: 현 프로젝트의 설정 타입으로, 마우스 오른쪽 버튼을 이용하여 Vault와 단일 사용자의 변환이 가능합니다.

② 위치: 현재 작업 폴더의 경로를 알 수 있습니다.

③ 포함된 파일: 기존에 제작되었던 프로젝트 파일을 현재 프로젝트로 포함시킵니다.

④ 스타일 라이브러리 사용: 스타일 라이브러리의 변경 여부를 결정합니다(예, 읽기 전용, 아니오)

- 예: 설계자가 스타일을 작성하고 편집한 후 스타일 라이브러리에 저장할 수 있습니다(스타일 라이브러리의 폴더 옵션에 정의된 스타일 라이브러리를 사용)
- 읽기 전용: 설계자가 작성한 스타일 라이브러리가 저장되지 않습니다.
- 아니오: 스타일 라이브러리의 폴더에 있는 스타일을 사용하지 않고 문서나 템플릿 내에 저장되어 있는 스타일 라이브러리를 사용합니다.

⑤ 라이브러리: 라이브러리 폴더를 지정합니다.

⑥ 자주 사용된 하위 폴더: 프로젝트 내의 서브 폴더를 열기 창에 위치시켜 서브 폴더를 빠르게 클릭할 수 있도록 합니다.

⑦ 폴더 옵션: 템플릿 및 스타일, 콘텐츠 센터 파일이 저장되는 위치를 지정

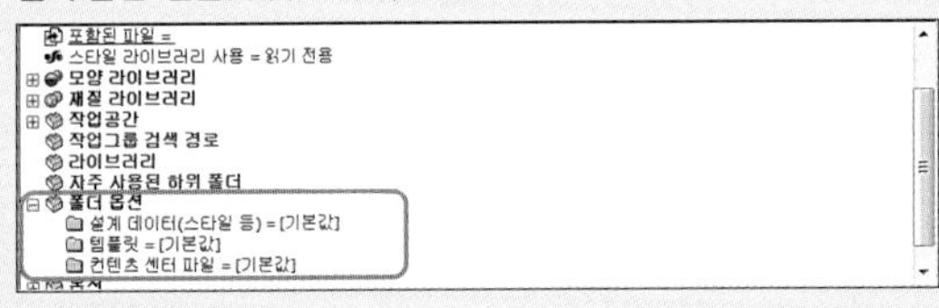

- 설계 데이터(스타일 등): 경로를 지정하면 기본값이 아닌 사용자가 지정한 스타일 경로를 사용합니다.
- 템플릿: 경로를 지정하면 사용자가 지정한 템플릿 경로를 사용합니다.
- 콘텐츠 센터 파일: 경로를 지정하면 사용자가 지정한 라이브러리 경로를 사용합니다.

⑧ 옵션: 기존 프로젝트 파일을 불러올 때 사용합니다.

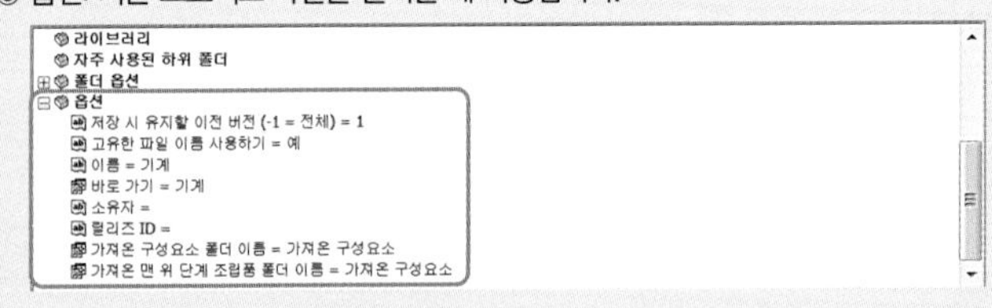

- 저장 시 유지할 이전 버전: 저장 시 이전 버전의 개수를 정의합니다.
  - −1: 저장할 때마다 이전 버전 저장
  - 0: 이전 버전 저장하지 않음.
  - 1: 이전 버전을 1개만 저장
  - 2: 이전 버전을 2개만 저장
- 고유한 파일 이름 사용하기: 마우스 오른쪽 버튼을 클릭하여 예 또는 아니오를 선택할 수 있습니다.

4 | 최적의 수검자 응용 프로그램 옵션 환경 설정하기

1 스케치 환경 설정

01 [도구 – 응용 프로그램 옵션]을 클릭합니다.

02 스케치 환경을 설정합니다.

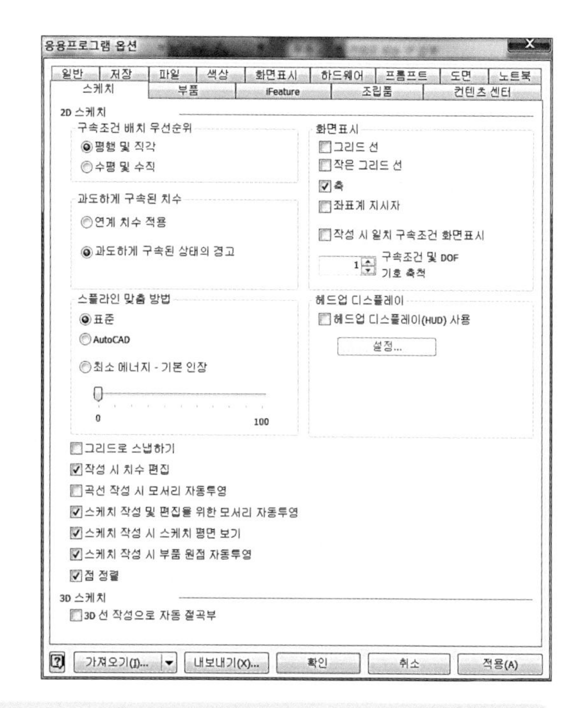

Tip

- 구속 조건 배치 우선순위
  - 평행 및 직각: 스케치 생성 시 자동 구속 조건이 평행과 직각을 우선으로 생성
  - 수평 및 수직: 스케치 생성 시 자동 구속 조건이 수평과 수직을 우선으로 생성
- 과도하게 구속된 치수
  - 연계 치수: 구속 조건이 부여된 스케치에 치수 적용 시 자동 연계 치수로 적용
  - 과도하게 구속된 상태의 경고: 구속 조건이 부여된 스케치에 치수 적용 시 경고 메시지 창
- 화면 표시
  - 모눈 선: 화면에 모눈 표시

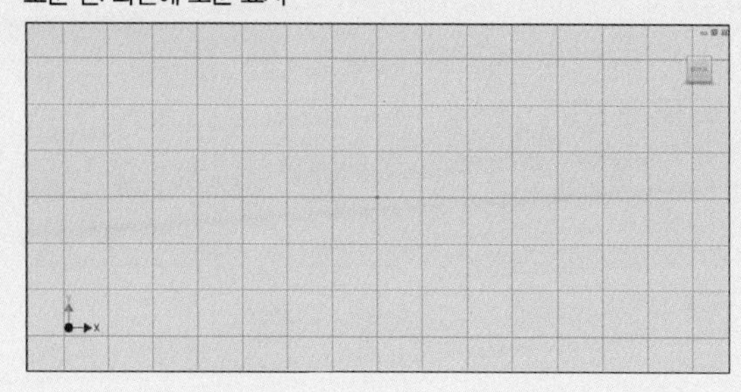

- 작은 모눈 선: 모눈 안에 더 작은 모눈 표시

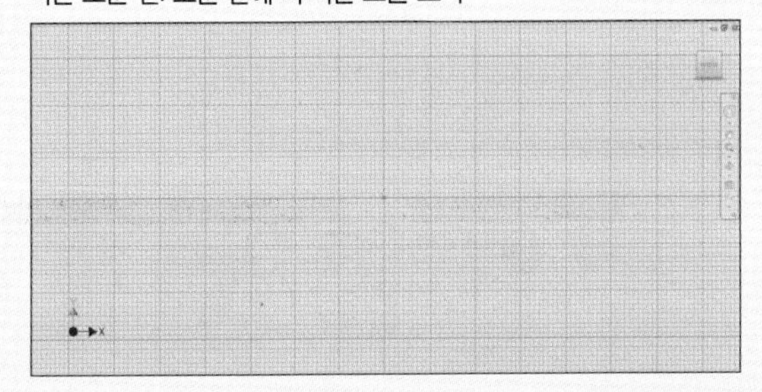

- 축: 화면에 좌표축 표시

- 좌표계 지시자: 원점에 좌표계 표시

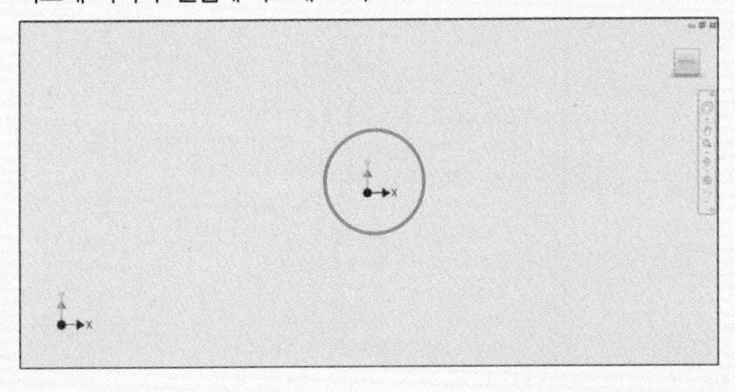

☐ 그리드로 스냅하기
☑ 작성 시 치수 편집
☐ 곡선 작성 시 모서리 자동투영
☑ 스케치 작성 및 편집을 위한 모서리 자동투영
☑ 스케치 작성 시 스케치 평면 보기
☑ 스케치 작성 시 부품 원점 자동투영
☑ 점 정렬
3D 스케치
☐ 3D 선 작성으로 자동 절곡부

- 그리드로 스냅하기: 스케치 작업 시 모눈 눈금 간격으로 마우스가 이동
- 작성 시 치수 편집: 치수를 부여하면 자동으로 [치수 변경] 창 생성
- 곡선 작성 시 모서리 자동 투영: 모서리 선과 연관 있는 스케치 생성 시 부품의 모서리 라인 자동 투영
- 스케치 작성 및 편집을 위한 모서리 자동 투영: 새 스케치 작성 시 선택된 면의 모서리를 스케치 평면에 참조 형상으로 투영
- 스케치 작성 시 스케치 평면 보기: 스케치 평면이 새 스케치에 대한 뷰와 평행하도록 창을 다시 설정
- 스케치 작성 시 부품 원점 자동 투영: 원점에 대한 기본 설정을 지정

• 3D 스케치
  - 3D 선 작성으로 자동 절곡부: 자동으로 필렛 적용

더 알아보기 환경 설정하기

01 일반 환경 설정하기

일반 환경의 주석 축척(치수나 문자의 크기)을 '1'에서 '1.5'로 바꿉니다.

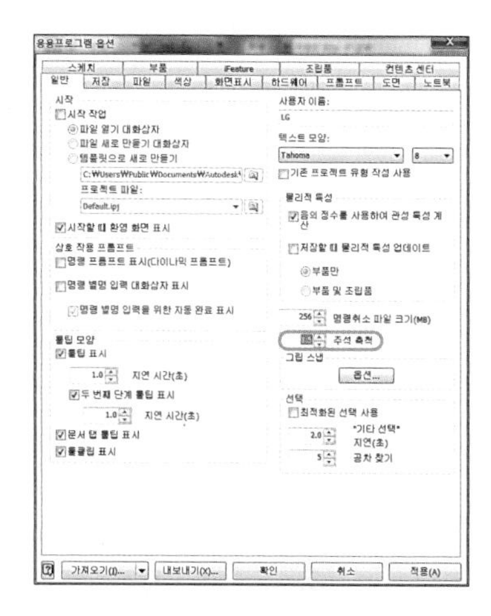

02 색상 환경 설정하기

색상 환경에서 색상 체계를 하늘로, 배경을 1 색상으로 바꿉니다(바꾸지 않아도 상관없지만 구속 시 구분하기가 쉽습니다).

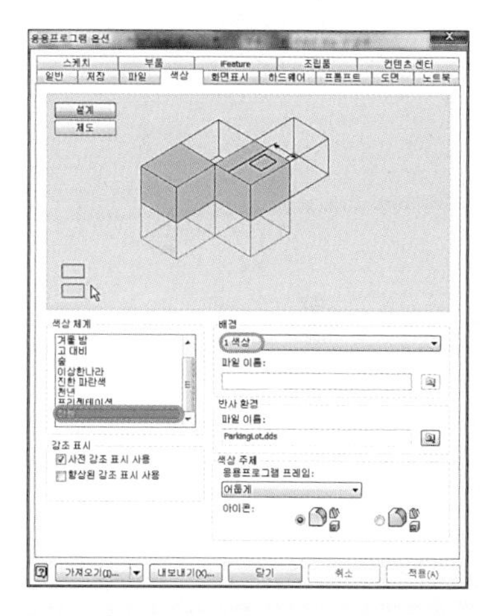

03 화면 표시 환경 설정하기

AutoCAD를 사용했던 유저는 인벤터에서 화면 확대 · 축소 시 마우스 스크롤 방향이 반대이므로 [방향 반전]을 이용하여 같게 만들어줍니다.

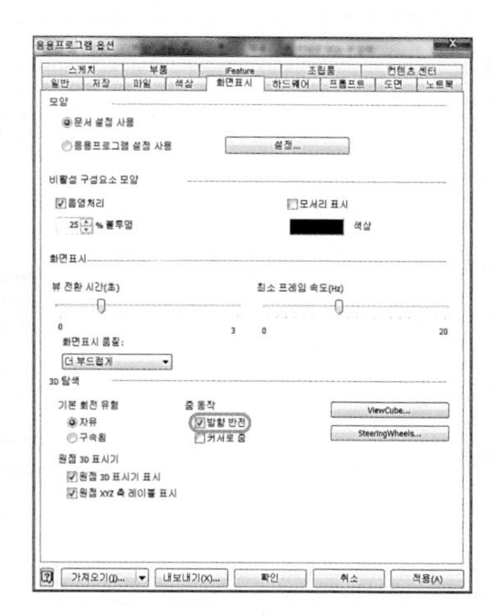

04 비주얼 스타일 변경

화면의 오른쪽 뷰큐브(View Cube) 아래의 '탐색 막대'를 이용하여 변경합니다.

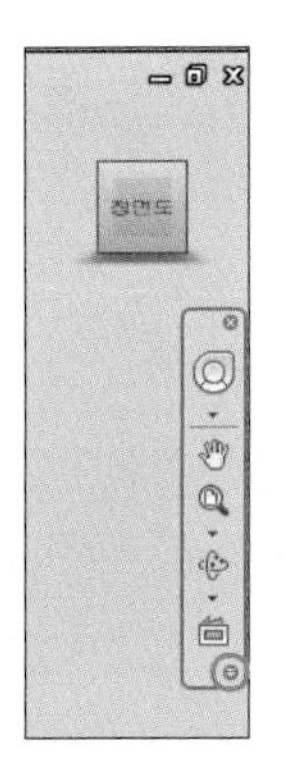

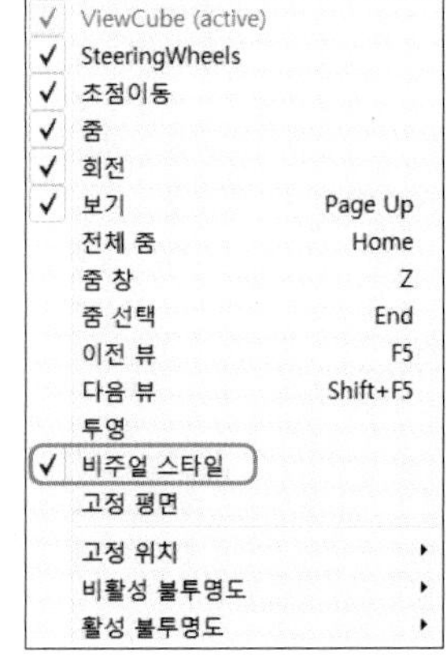

05 모서리로 음영 처리

도면에 작도한 물체를 선과 면으로 나타냅니다.

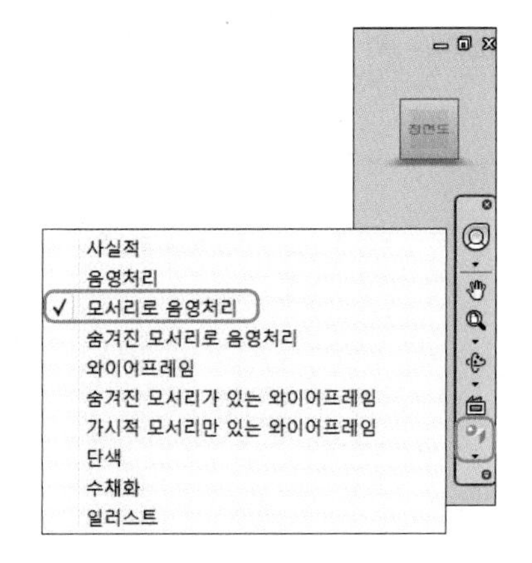

06 렌더링 제도 시 필요한 환경 설정은 렌더링 표제란 작성에서 자세히 다루겠습니다.

5 | 렌더링 등각 투상도(3D) 표제란 작성하기

1 수험지 양식란(윤곽선) 작성하기

01 바탕 화면에서 [Inventor] 아이콘을 더블클릭하면 프로그램이 실행됩니다. 다음과 같은 창이 나타나면 [새로 만들기]를 클릭합니다.

02 [새 파일 작성] 창이 나타나면 [Standard. idw]를 클릭한 후 [작성] 버튼을 누릅니다.

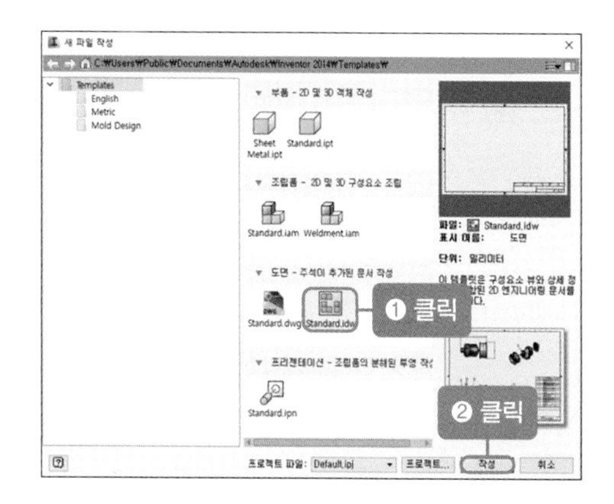

03 탐색기의 '시트 1'을 마우스 오른쪽 버튼을 눌러 [시트 편집]을 클릭합니다.

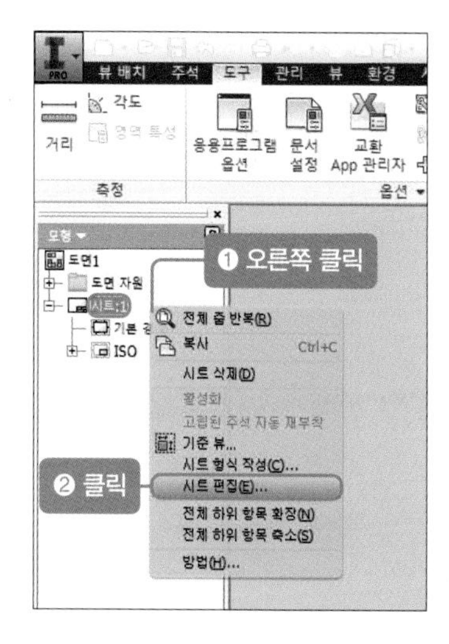

04 [시트 편집] 창에서 크기를 'A2'로 선택한 후 [확인] 버튼을 클릭합니다(일반적으로 A3로 설정되어 있습니다).

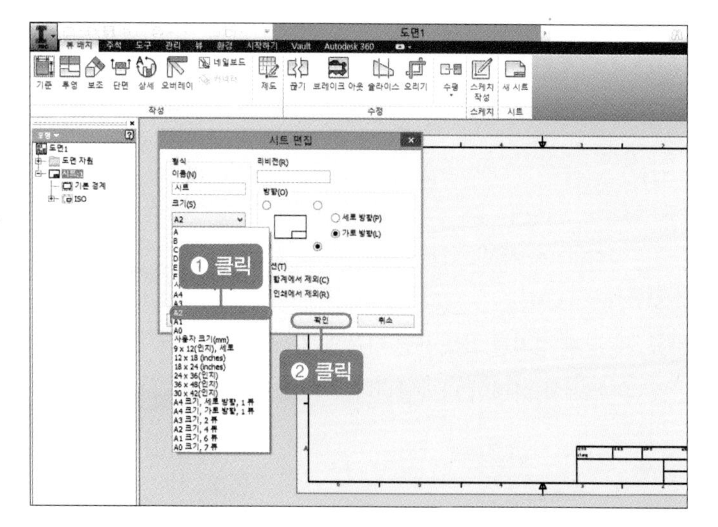

05 탐색기 시트 1의 '기본 경계'를 클릭한 후 마우스 오른쪽 버튼을 눌러 [삭제] 버튼을 클릭합니다.

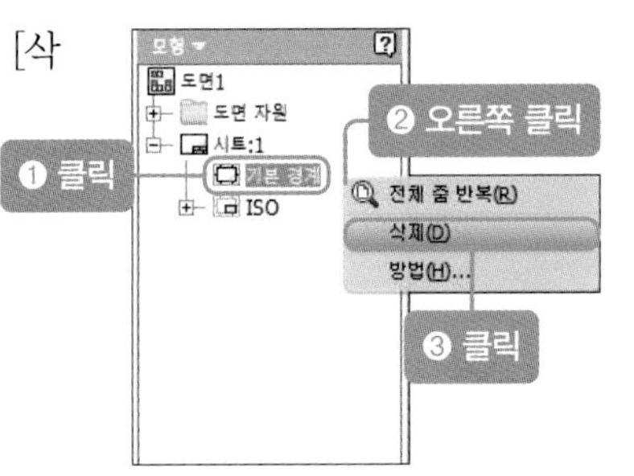

06 탐색기의 'ISO'를 클릭한 후 마우스 오른쪽 버튼을 눌러 [삭제] 버튼을 클릭합니다.

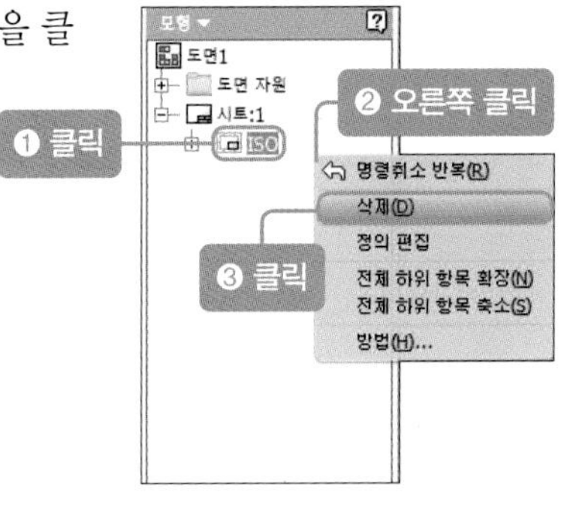

07 탐색기의 [경계]를 클릭한 후 마우스 오른쪽 버튼을 눌러 [새 경계 정의]를 클릭합니다.

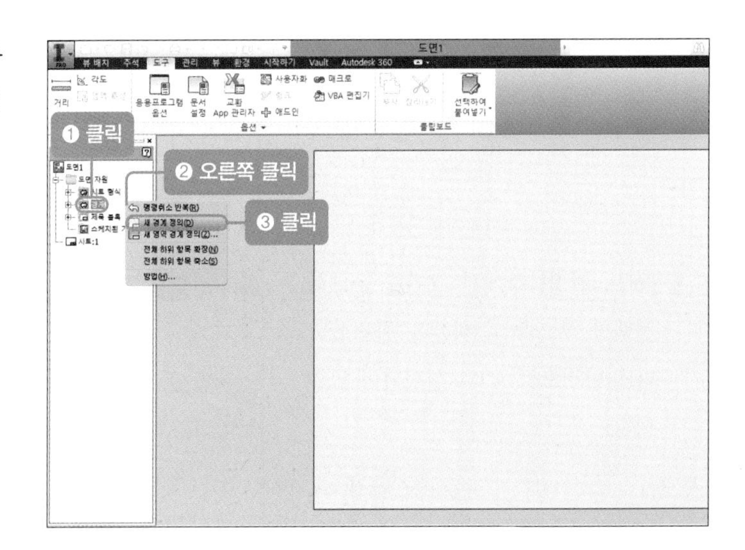

08 새 경계 정의를 클릭하면 다음과 같은 스케치 화면이 나타납니다.

09 [직사각형] 아이콘을 클릭한 후 임의의 직사각형을 그립니다.

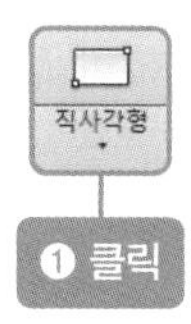

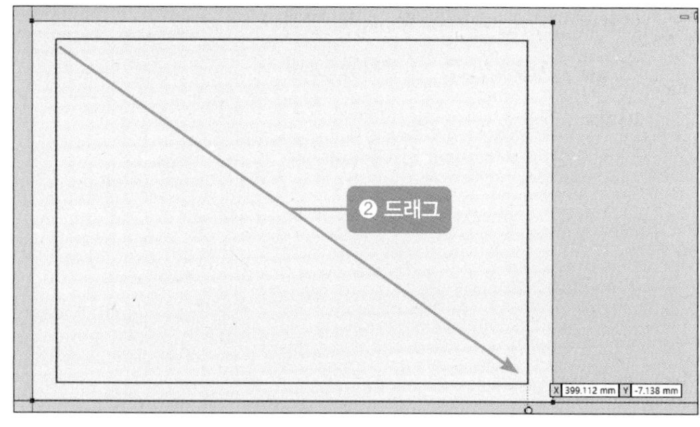

10 [치수] 아이콘을 클릭한 후 직사각형의 각 점과 도면 경계의 각 점을 클릭하고 다음과 같이 치수선을 위와 왼쪽으로 놓습니다. 치수를 더블클릭하여 10mm로 수정합니다.

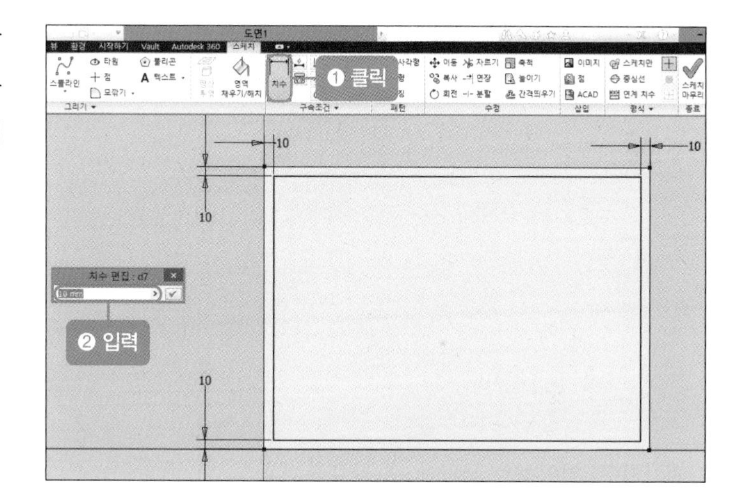

11 [선] 아이콘을 클릭한 후 '중심 마크'를 그리기 위해 상하좌우의 중심점을 클릭하고 15mm 직선을 그립니다.

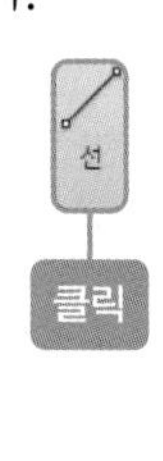

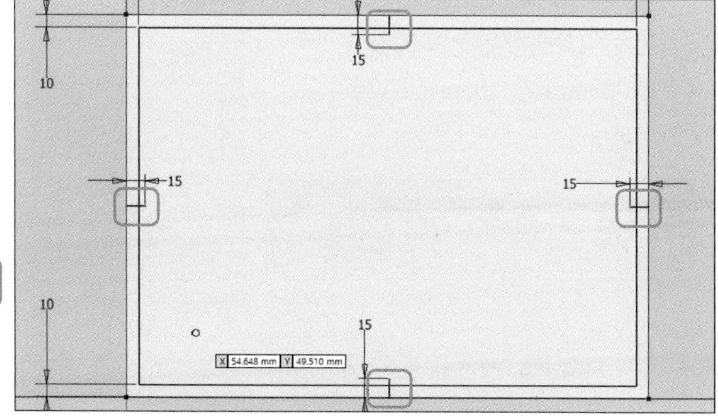

12 [선] 아이콘을 클릭한 후 왼쪽 위에 가로축, 세로축으로 선 3개를 그립니다.

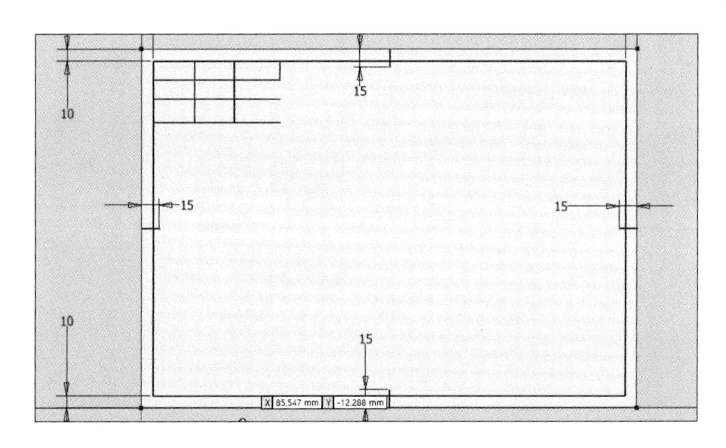

13 [자르기] 아이콘을 클릭한 후 필요 없는 선을 지웁니다.

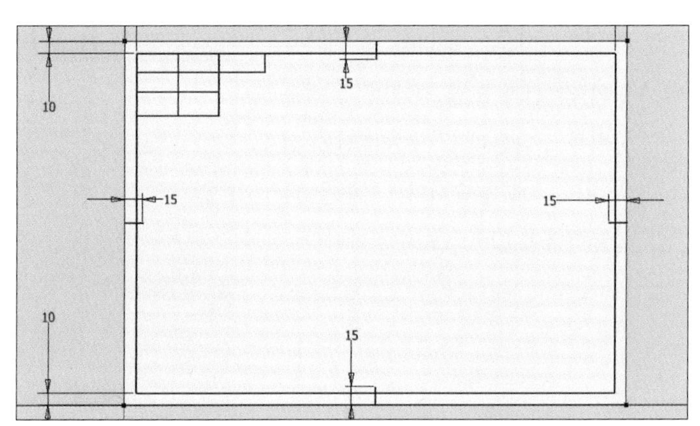

14 [치수] 아이콘을 클릭한 후 가로축의 선 사이의 치수를 '8mm'로, 세로축의 선과 세로축 선 사이의 치수를 '20mm'와 '100mm'로 각각 수정합니다.

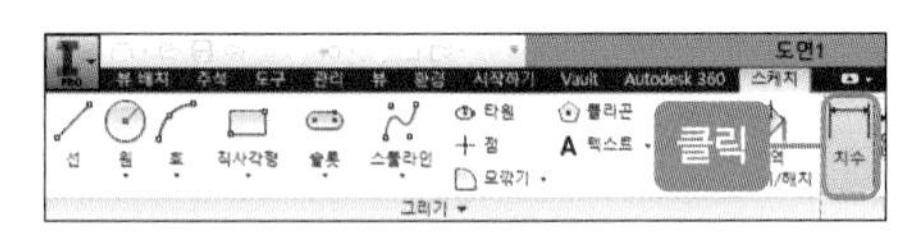

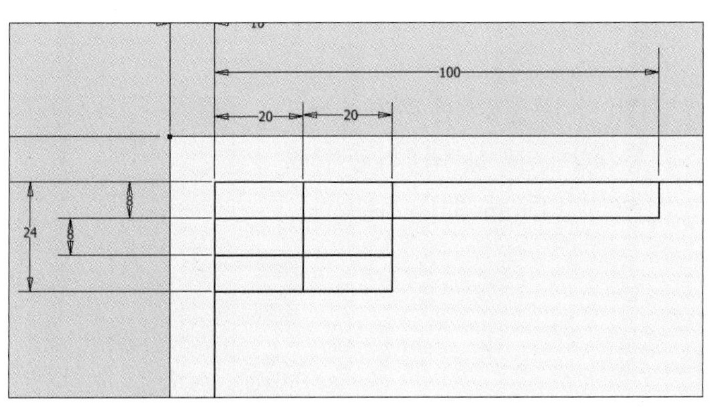

15 [선] 아이콘을 클릭한 후 대각선을 각각 그립니다.

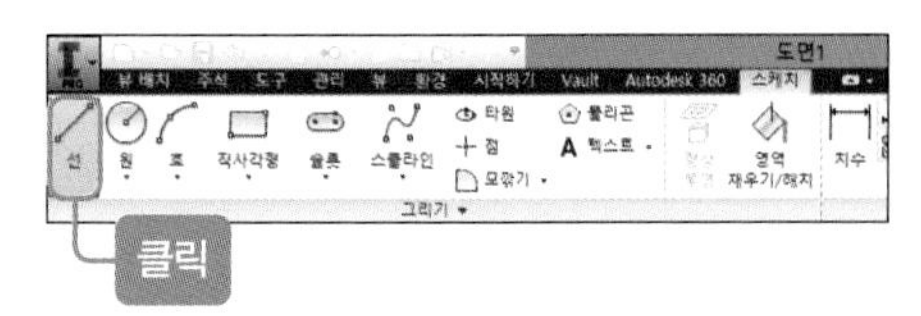

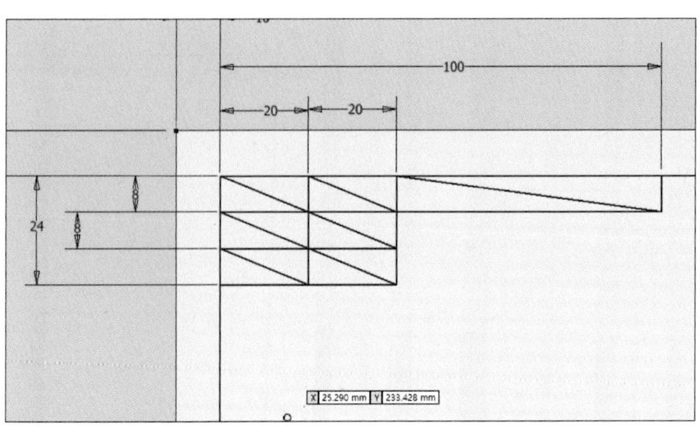

16 대각선을 모두 클릭한 후 [스케치 만] 아이콘을 클릭합니다.

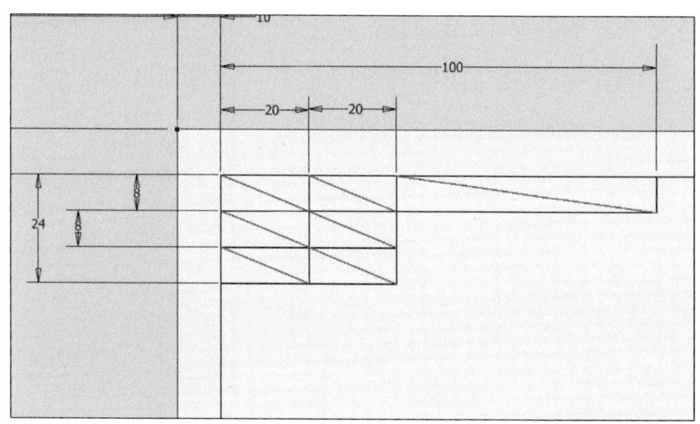

17 [텍스트] 버튼(A 텍스트)을 클릭한 후 텍스트 형식의 창에서 '중심 자리 맞추기'( ), '중간 자리 맞추기'( )를 클릭합니다. 그리고 '크기'란에는 '3.50'를, 텍스트 입력 영역에는 '수험 번호'를 입력한 후 [확인] 버튼을 클릭합니다.

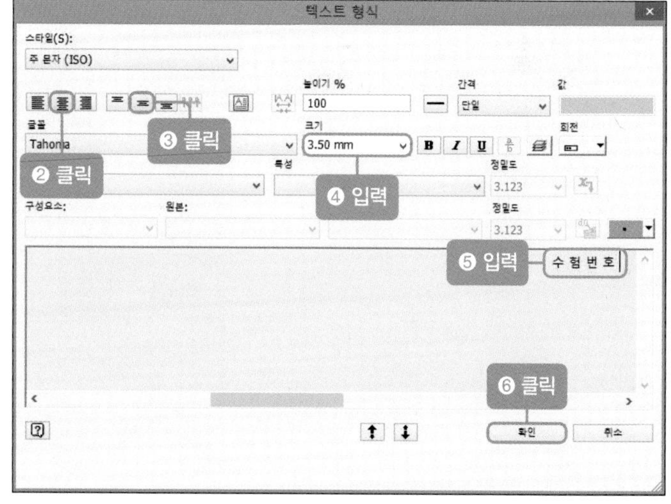

18 텍스트를 작성하면 다음과 같은 그림이 나타납니다.

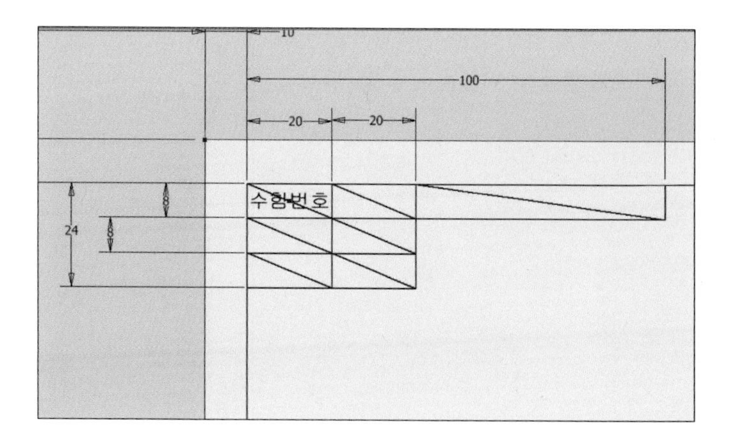

19 위와 같은 방법으로 다음과 같이 입력합니다(수험 번호와 성명 부분에는 본인의 수험 번호와 성명을 입력하면 됩니다).

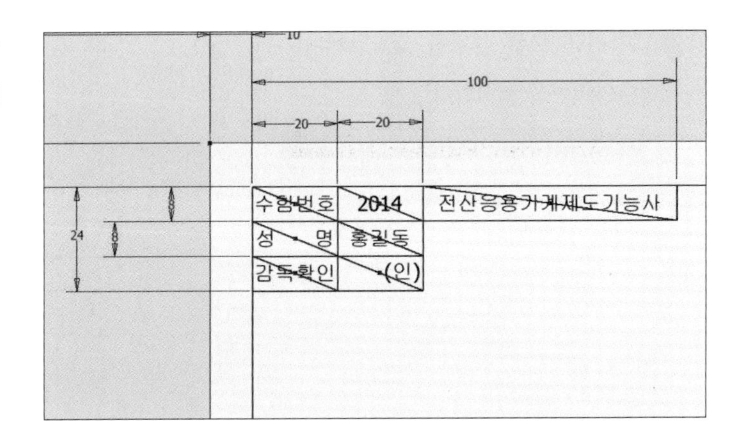

20 주석의 [도면층 편집]을 클릭합니다.

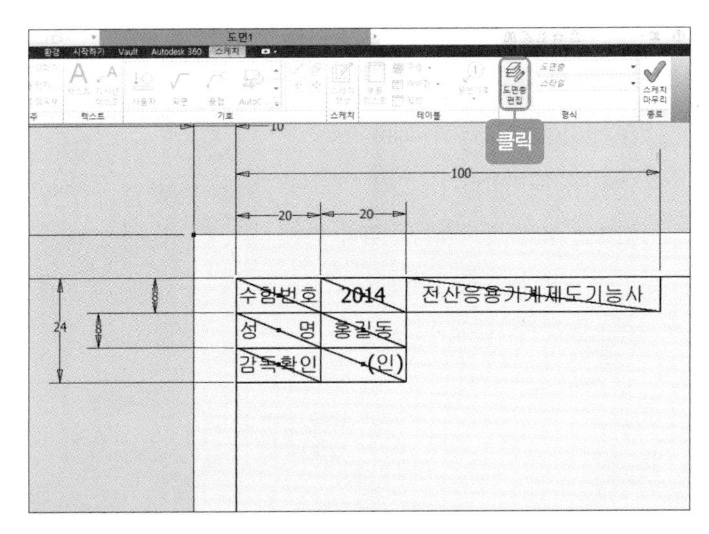

21 도면층의 외형선(ISO)을 클릭한 후 [새로 만들기] 버튼을 클릭합니다.

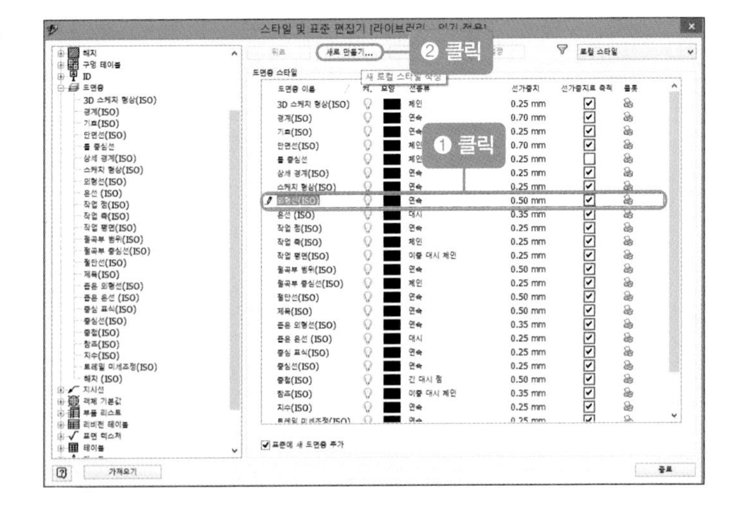

22 위와 같은 방법으로 도면층을 3개 더 만듭니다.

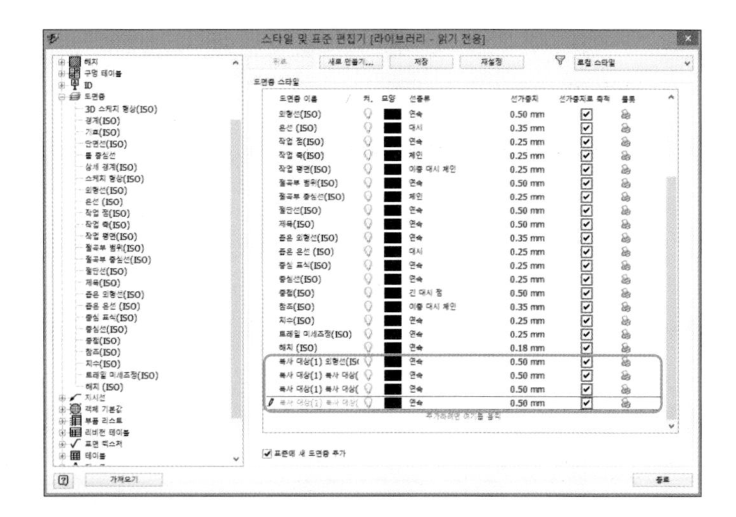

23 도면층 이름을 각각 클릭한 후 01 윤곽선, 02 외형선, 03 가는 실선, 04 문자로 수정하고 선가중치는 윤곽선(0.7), 외형선(0.5), 가는 실선(0.25), 문자(0.35)로 수정합니다.

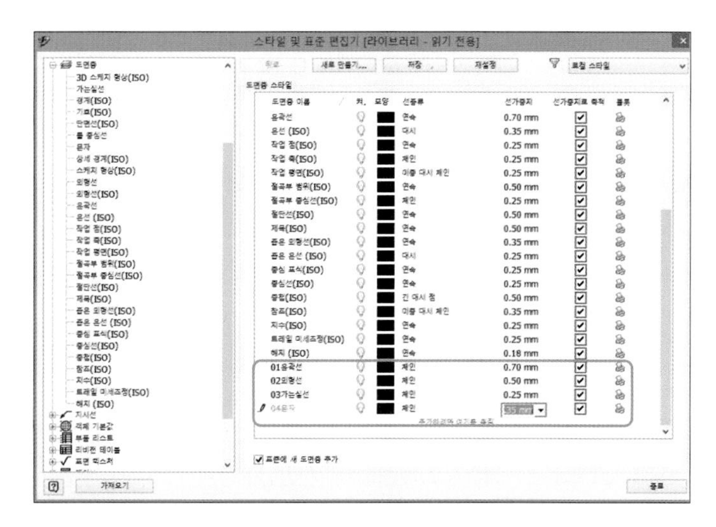

24 저장을 클릭하면 도면층이 위로 올라옵니다(이름 앞에 숫자가 있어야 맨 위로 올라옵니다).

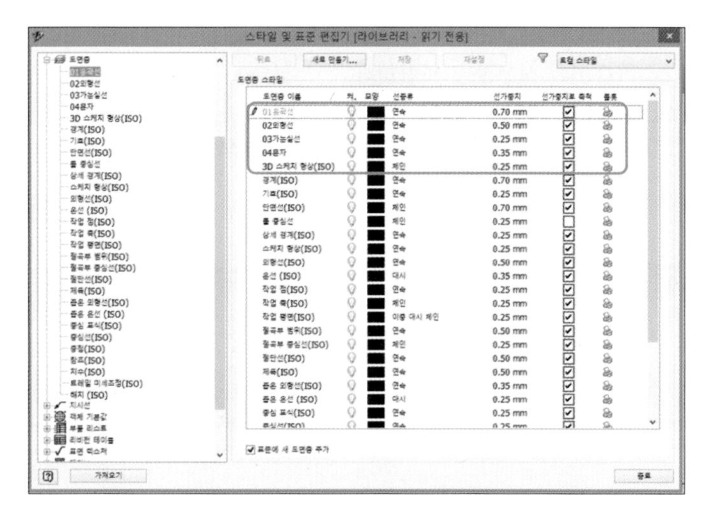

25 윤곽선(직사각형)을 클릭한 후 도면층을 '01 윤곽선'으로 바꿉니다.

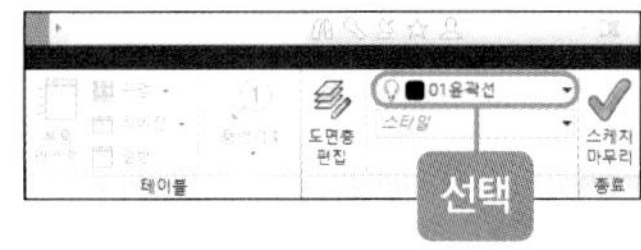

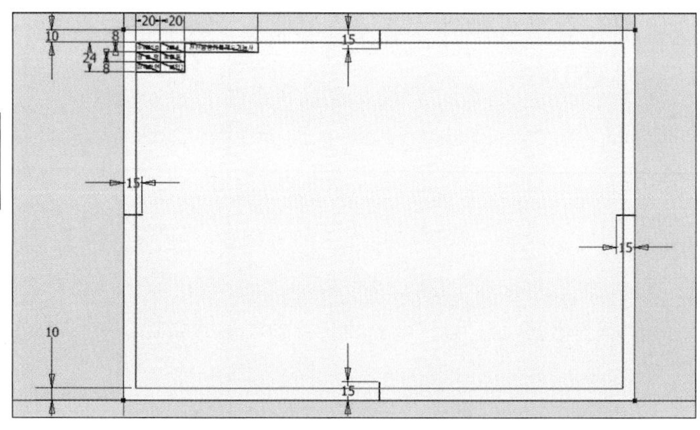

26 중심 마크를 클릭한 후 도면층을 '02 외형선'으로 바꿉니다.

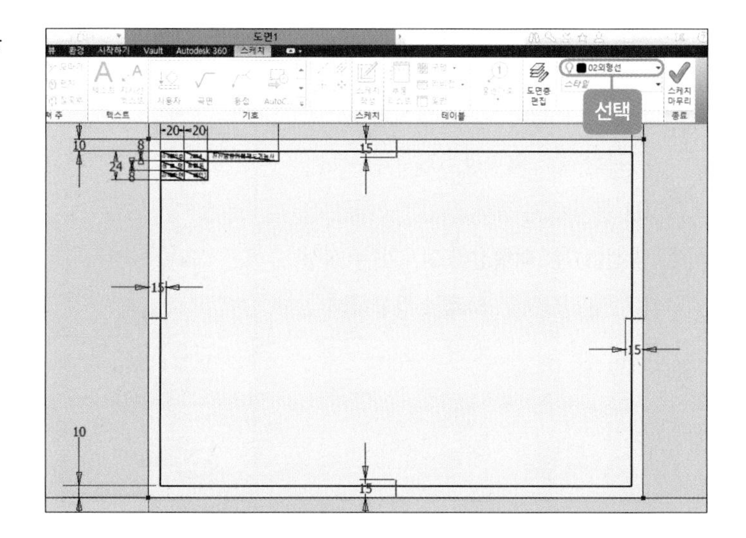

27 인적 사항란의 가로축 선 4개와 세로축 선 3개를 클릭한 후 도면층을 '03 가는 실선'으로 바꿉니다.

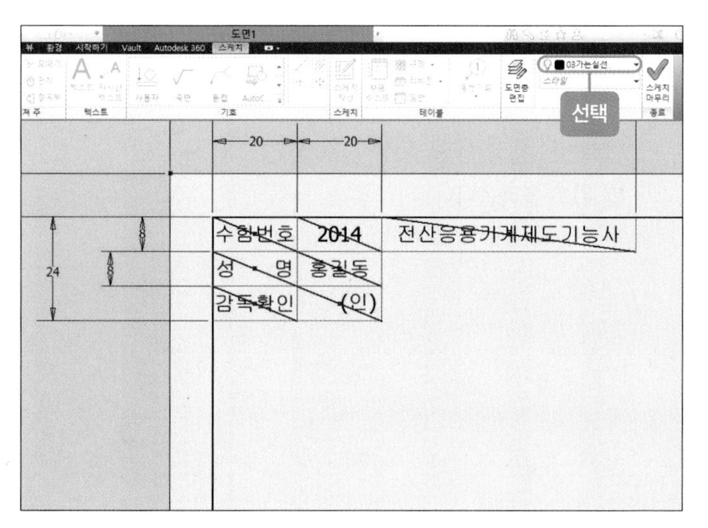

28 문자를 모두 클릭한 후 도면층을 '04 문자'로 바꿉니다.

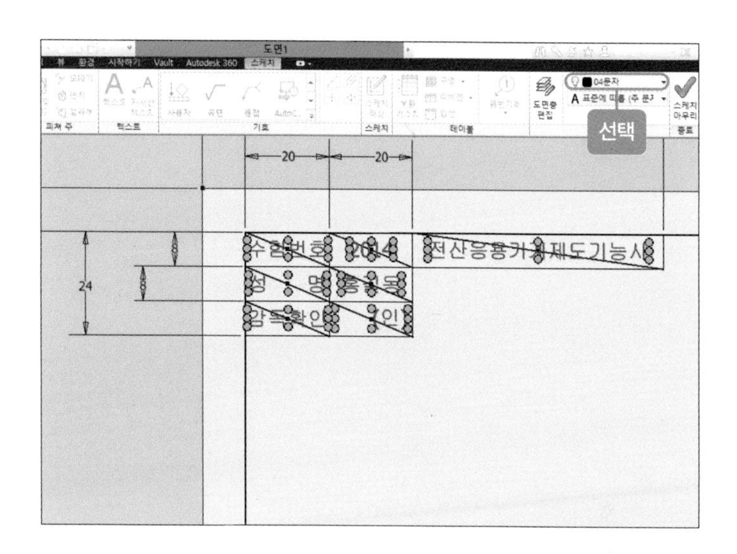

29 탐색기의 [경계]를 클릭한 후 마우스 오른쪽 버튼을 눌러 [경계 저장]을 클릭합니다.

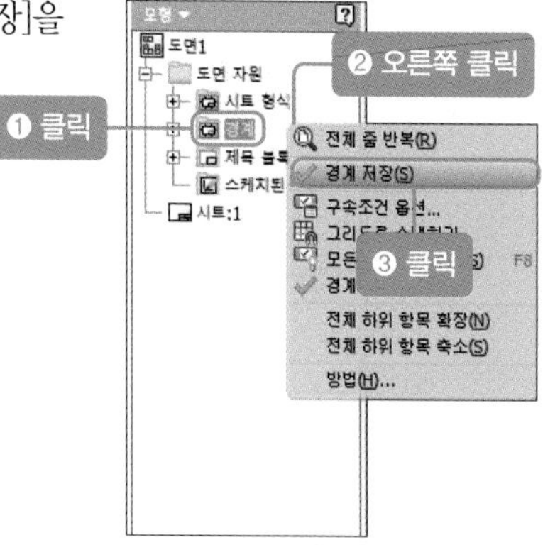

30 경계 이름에 '윤곽선'을 입력한 후 [저장] 버튼을 클릭합니다.

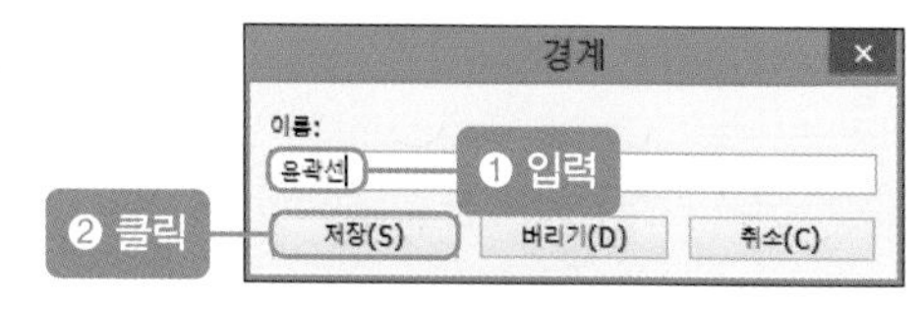

31 왼쪽의 경계에서 [윤곽선]을 클릭한 후 마우스 오른쪽 버튼을 눌러 [삽입] 버튼을 클릭합니다.

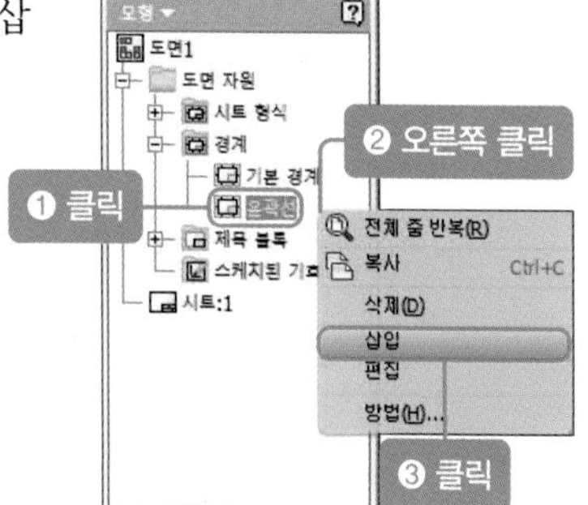

32 윤곽선을 삽입하면 다음과 같은 그림이 나타납니다.

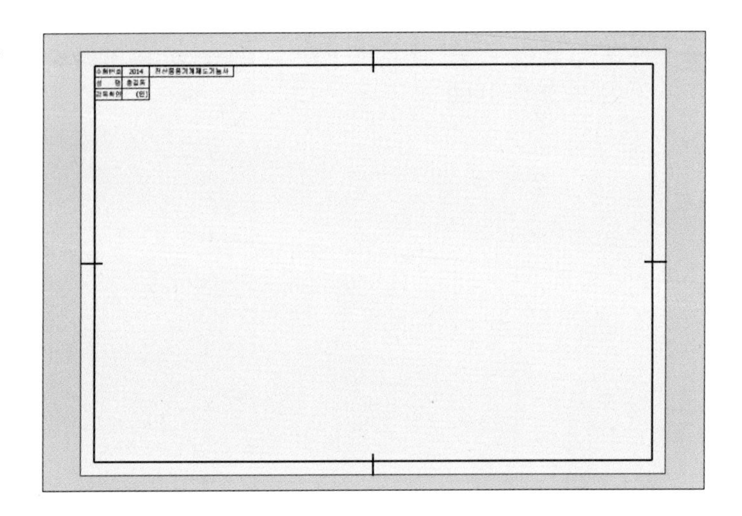

2 표제란 작성하기

01 탐색기의 경계에서 [제목 블록]을 클릭한 후 마우스 오른쪽 버튼을 눌러 [새 제목 블록 정의]를 클릭합니다.

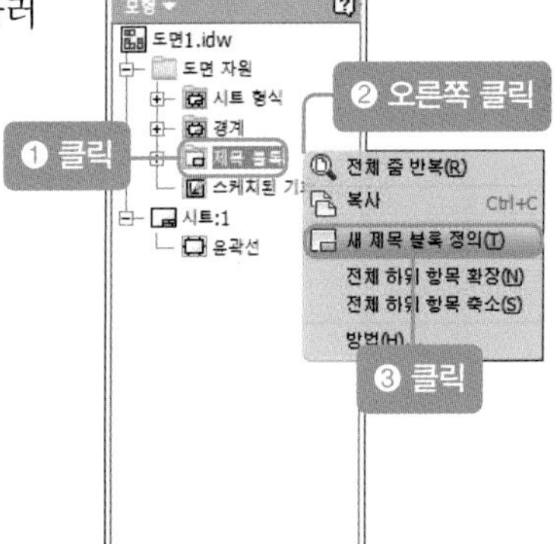

02 [직사각형] 아이콘을 클릭한 후 임의의 직사각형을 그립니다.

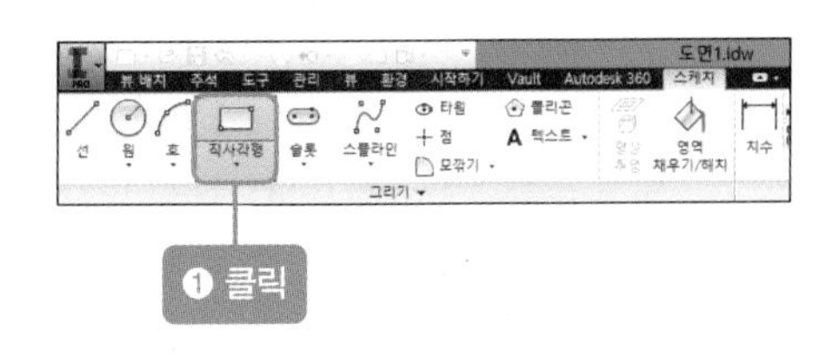

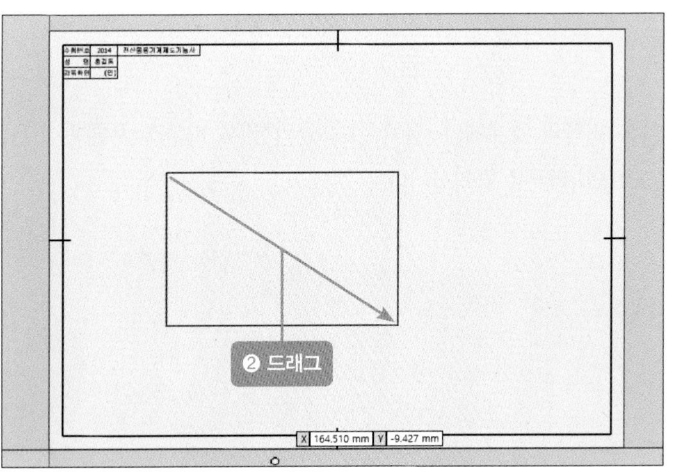

03 [선] 아이콘을 클릭한 후 가로축으로 선 5개를 그립니다.

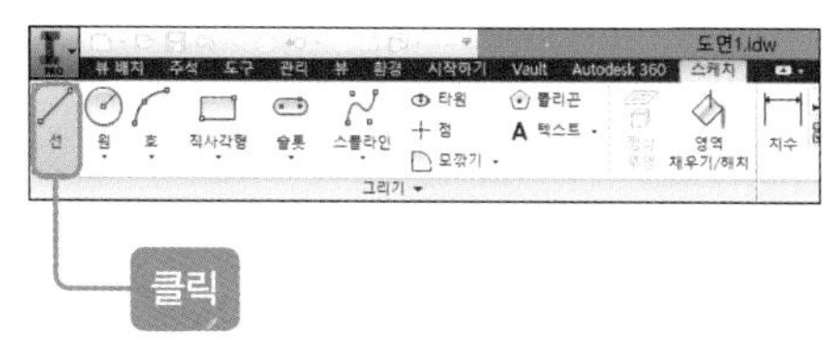

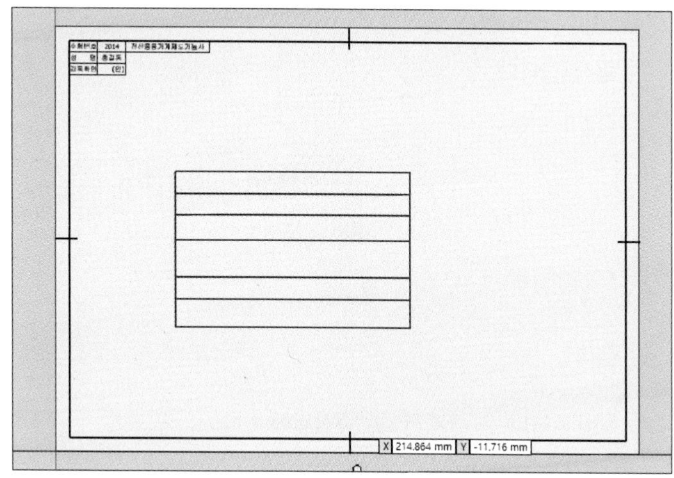

04 [치수] 아이콘을 클릭한 후 치수선을 넣습니다.

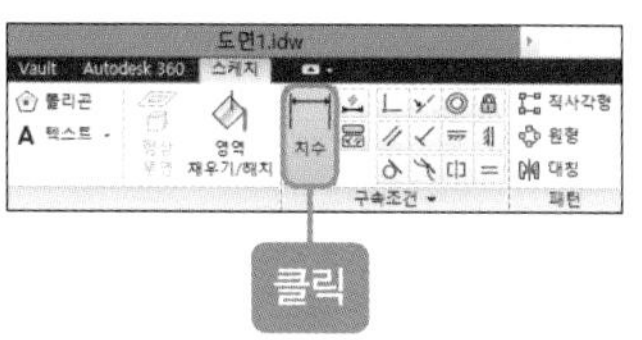

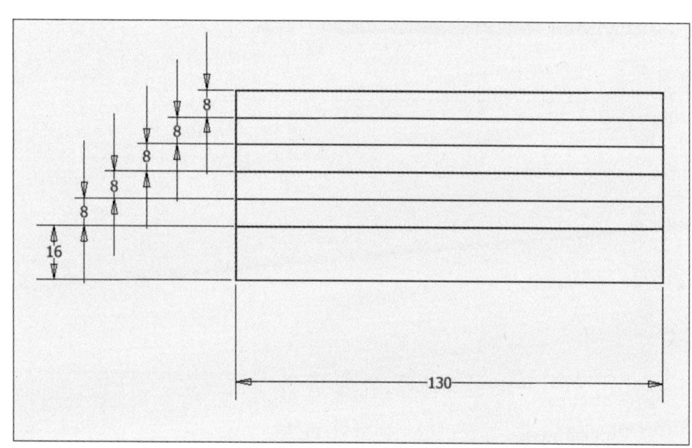

05 [선] 아이콘을 클릭한 후 세로축으로 선 5개를 그립니다.

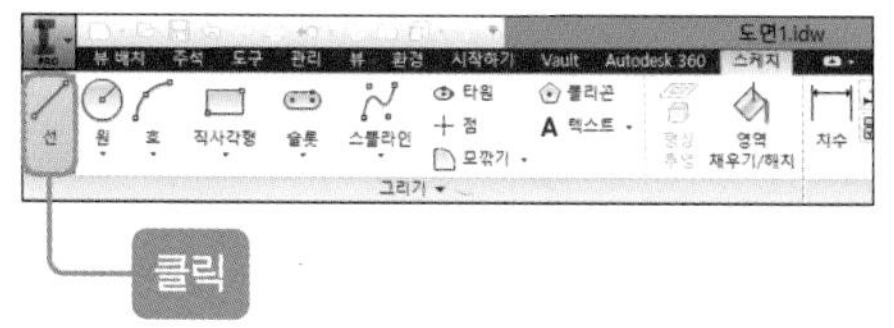

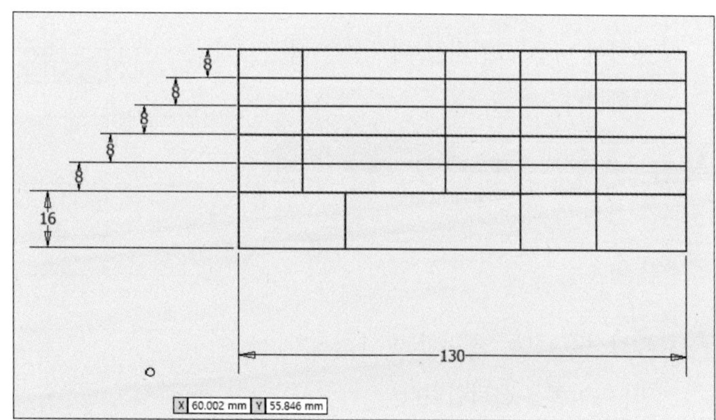

06 [치수] 아이콘을 클릭한 후 치수선을 넣습니다.

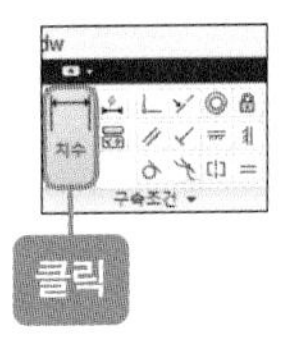

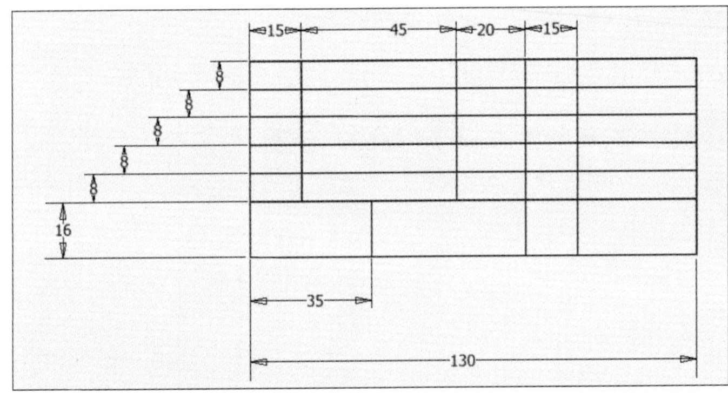

07 [선] 아이콘을 클릭한 후 중심점에서 선을 그립니다.

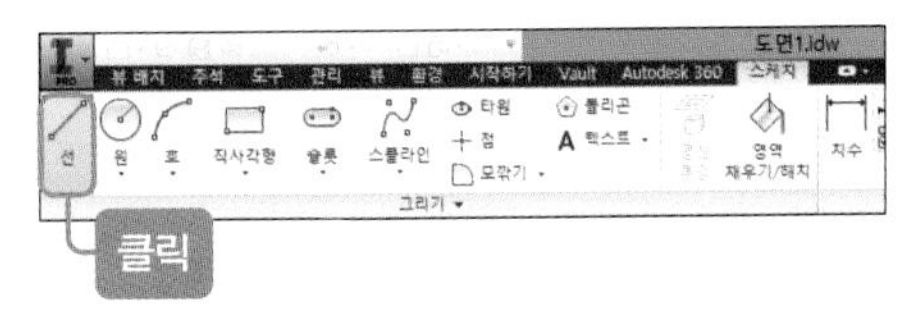

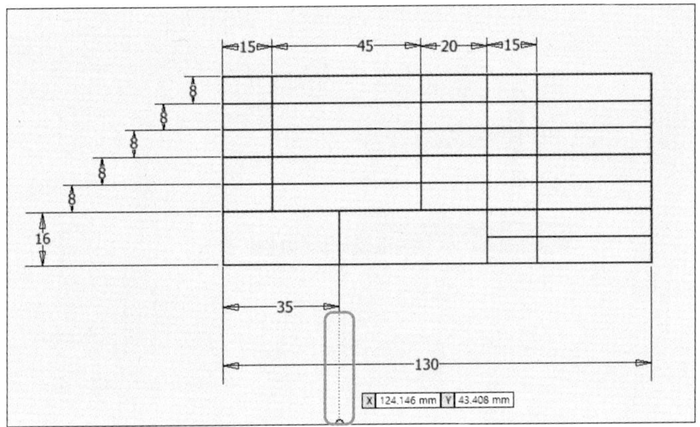

08 [선] 아이콘을 클릭한 후 아래 두 줄만 대각선을 그립니다. 그리고 대각선을 클릭하고 [복사] 아이콘을 이용하여 다음 그림처럼 대각선을 복사합니다.

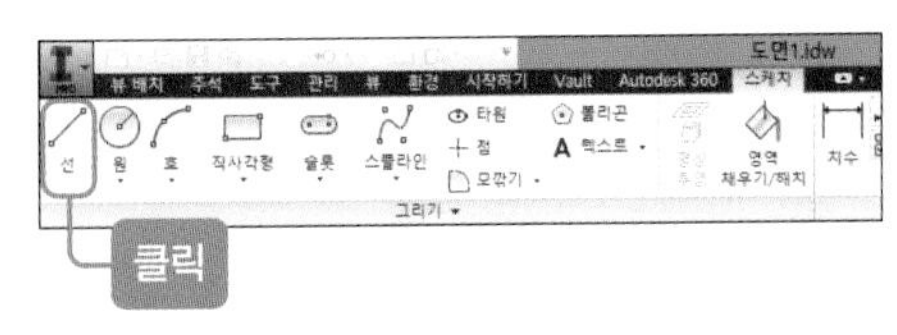

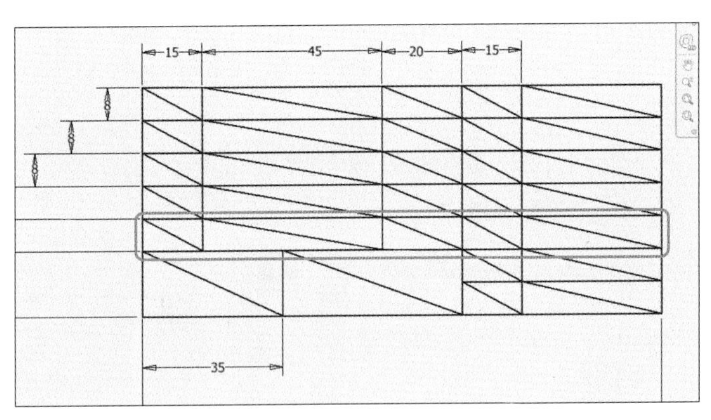

09 대각선을 모두 클릭한 후 [스케치만] 아이콘을 클릭합니다.

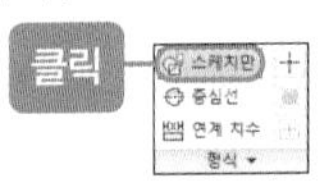

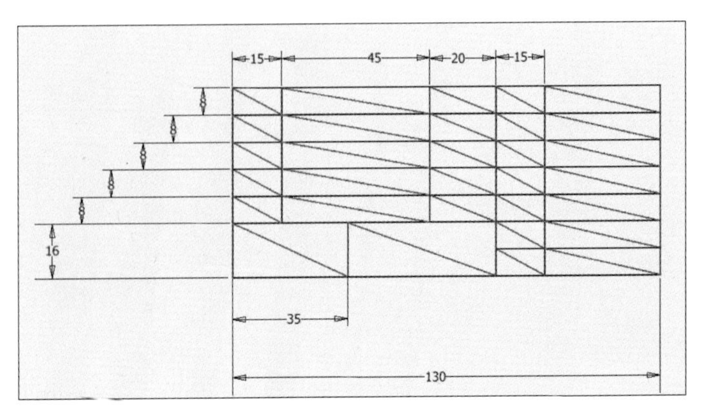

10 [텍스트] 아이콘을 클릭한 후 '중심 자리 맞추기', '중간 자리 맞추기'를 클릭합니다. '크기'란에 '5.00'을, 텍스트 입력 영역에는 '작품명'을 입력한 후 [확인] 버튼을 클릭합니다.

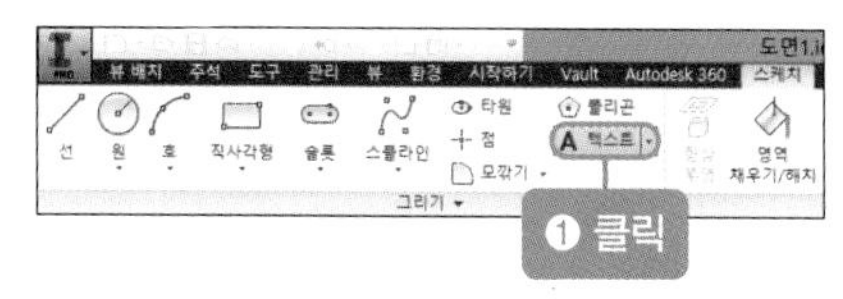

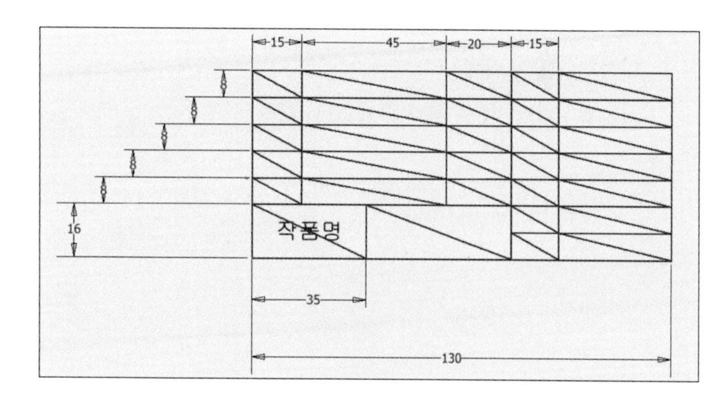

11 텍스트를 작성하면 다음과 같은 그림이 나타납니다.

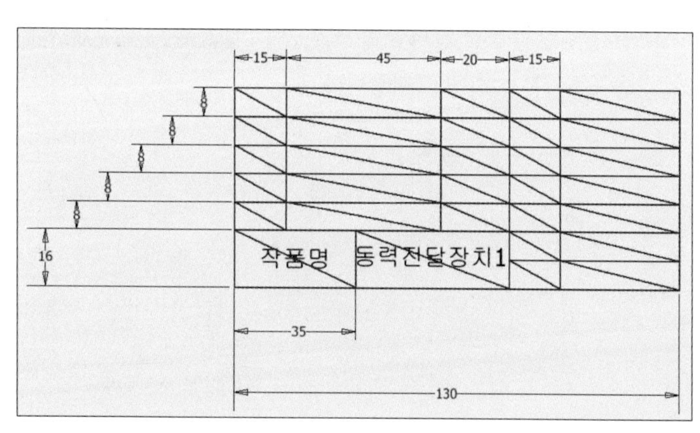

12 위와 같은 방법으로 '동력 전달 장치 1'을 입력한 후 [확인] 버튼을 클릭합니다.

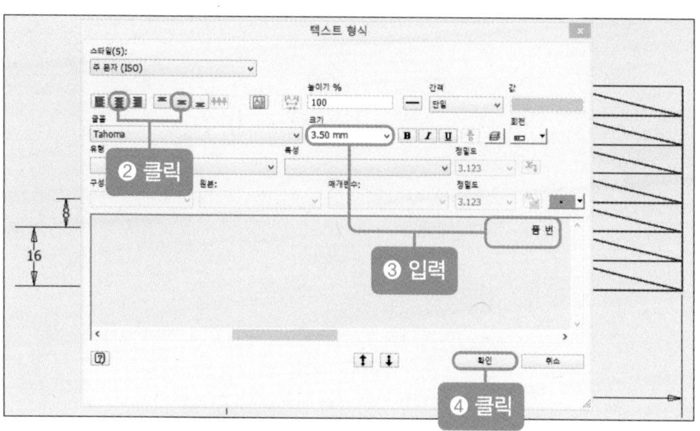

13 [텍스트] 아이콘을 클릭한 후 '중심 자리 맞추기','중간 자리 맞추기'를 클릭합니다. 그리고 '크기'란에 '3.50'을, 텍스트 입력 영역에는 '품번'을 입력한 후 [확인] 버튼을 클릭합니다.

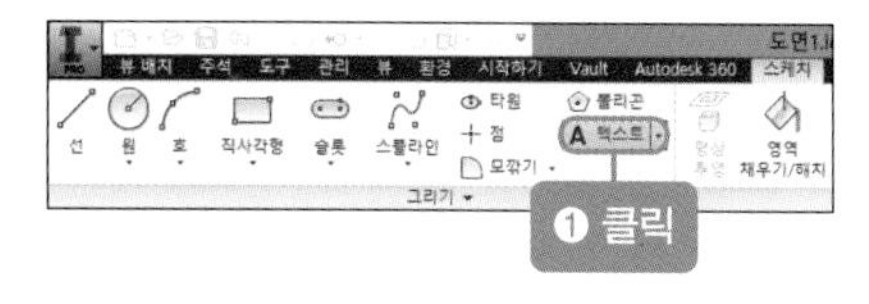

14 텍스트를 작성하면 다음과 같은 그림이 나타납니다.

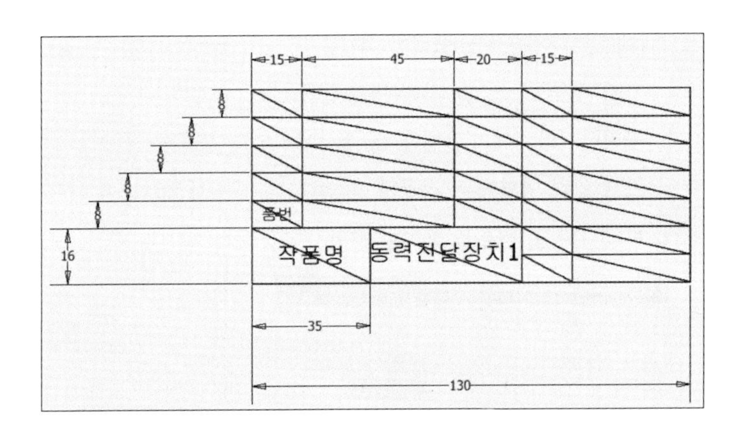

15 위와 같은 방법으로 다음과 같이 입력합니다(문제지에서 척도를 'NS'로 하라고 하면 'NS'로 적으면 됩니다).

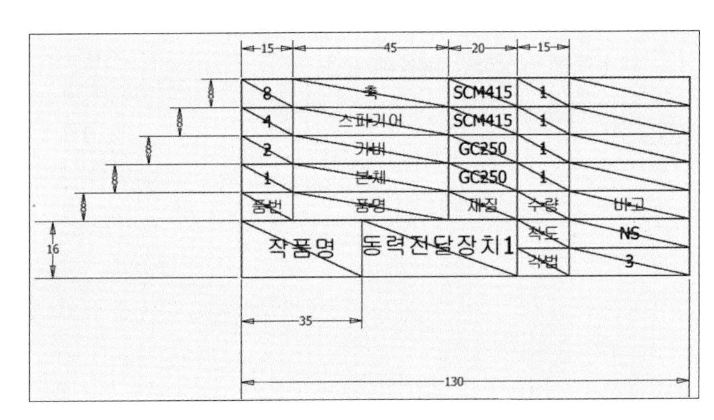

16 빨간색 선 부분을 클릭한 후 도면층을 '03 가는 실선'으로 바꿉니다.

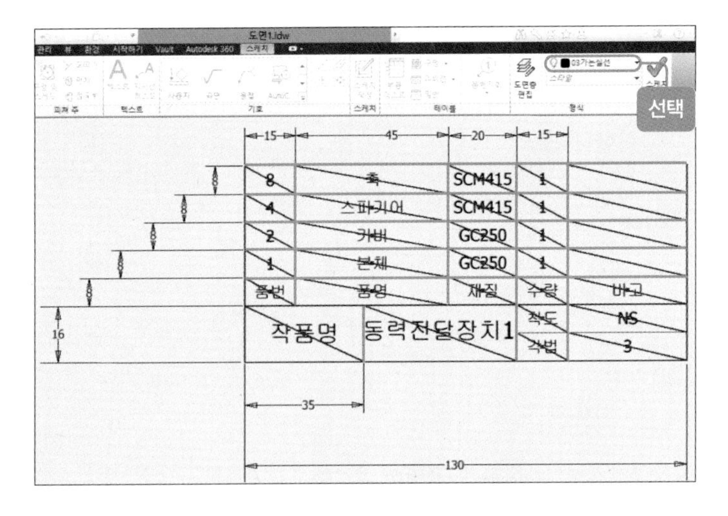

17 빨간색 선 부분을 클릭한 후 도면층을 '01 윤곽선'으로 바꿉니다.

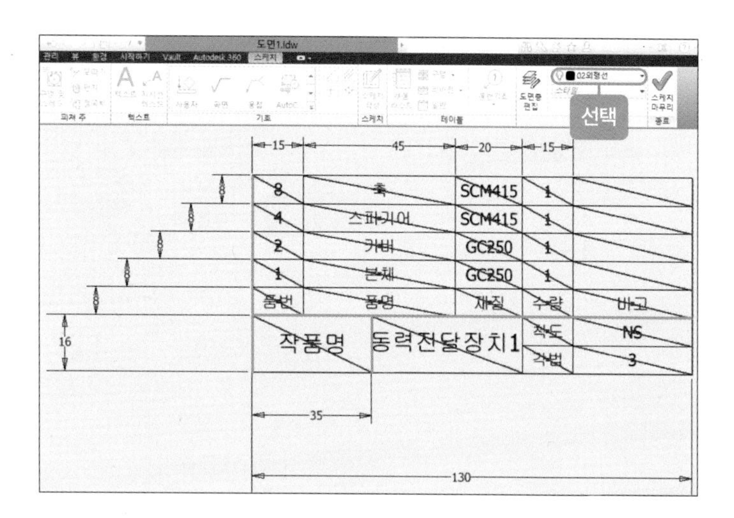

18 문자를 모두(작업명, 동력 전달 장치 1 제외) 클릭한 후 도면층을 '04 문자'로 바꿉니다.

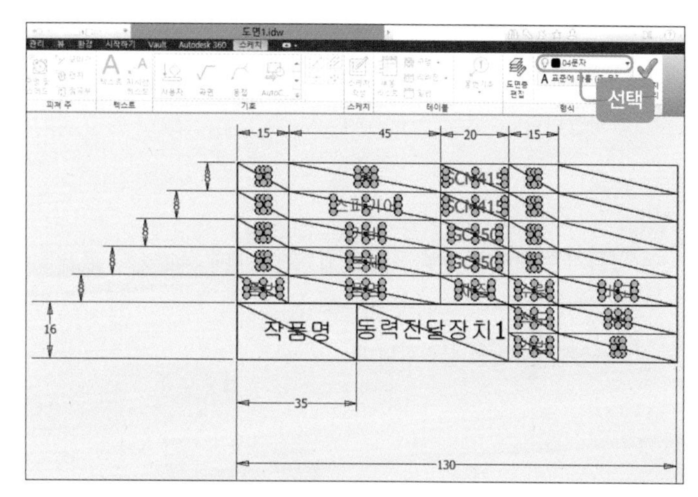

19 '작업명'과 '동력 전달 장치 1'을 클릭한 후 도면층을 '02 외형선'으로 바꿉니다.

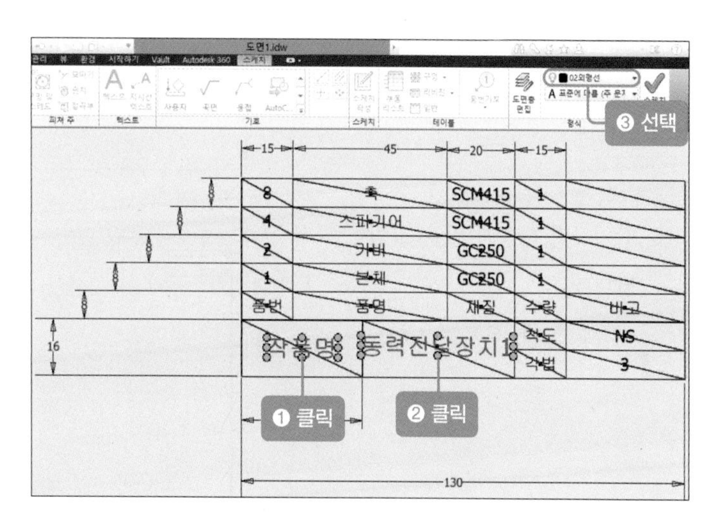

20 탐색기의 [제목 블록]을 클릭한 후 마우스 오른쪽 버튼을 눌러 [제목 블록 저장]을 클릭합니다.

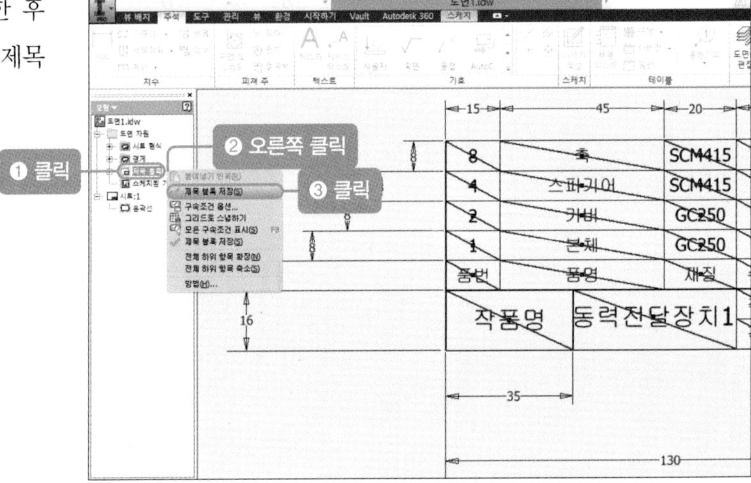

21 [제목 블록] 대화상자의 이름에 '표제란'을 입력한 후 [저장] 버튼을 클릭합니다.

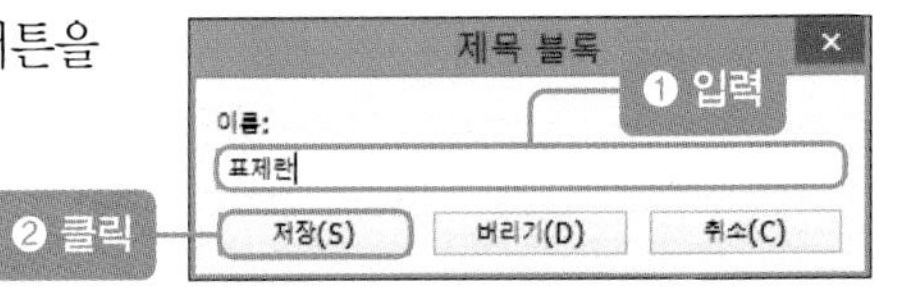

22 탐색기의 제목 블록에서 [표제란]을 클릭하고 마우스 오른쪽 버튼을 눌러 [삽입] 버튼을 클릭합니다.

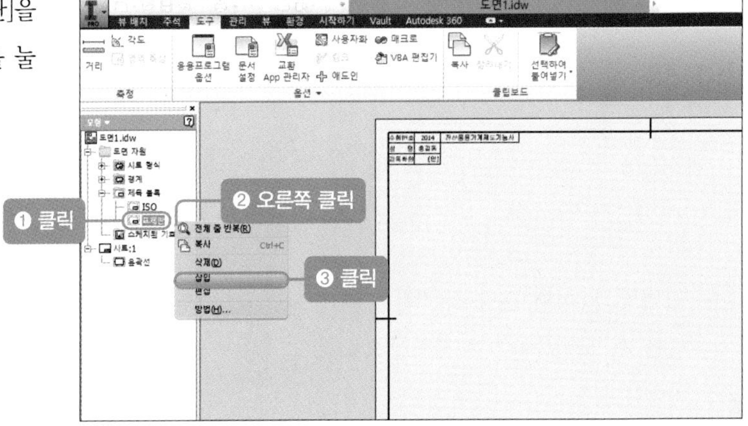

23 삽입하면 다음과 같은 그림이 나타납니다.

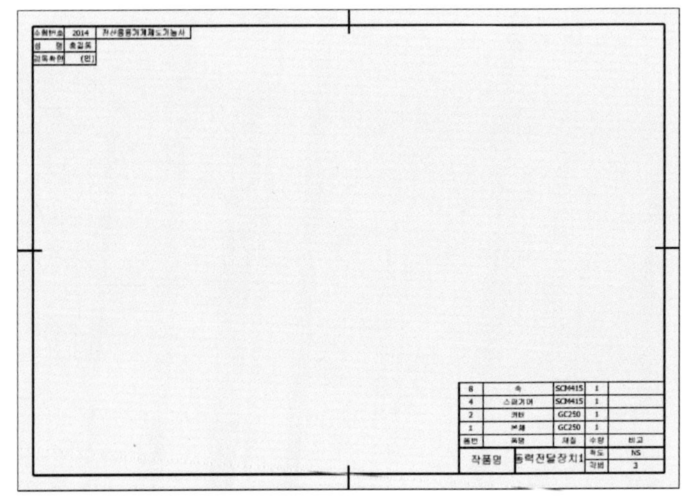

❸ 각법 설정하기

01 관리 도구에서 [스타일 편집기]를 클릭합니다.

02 표준의 '기본 표준(ISO)'을 클릭한 후 [뷰 기본 설정] 탭을 클릭합니다. 그런 다음 투영 유형의 [삼각법]을 클릭하고 [저장] 버튼을 클릭한 후 창을 닫습니다.

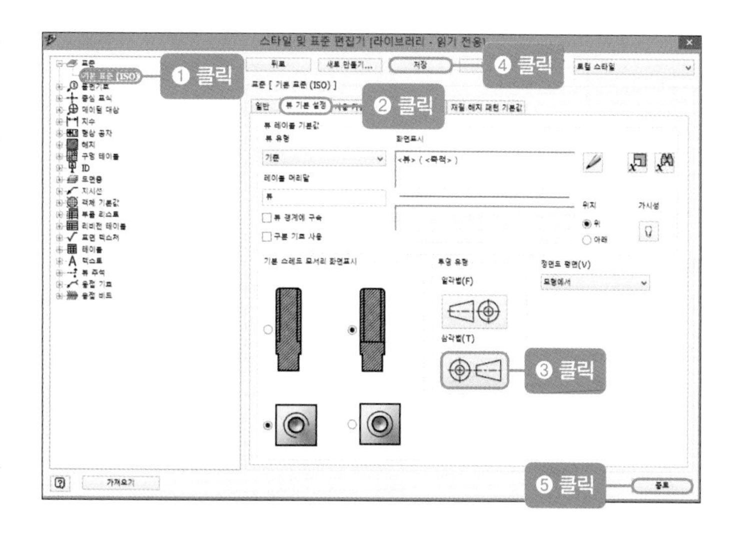

6 | 렌더링 등각 투상도(3D) 출력하기

01 [파일-인쇄-인쇄]를 클릭합니다.

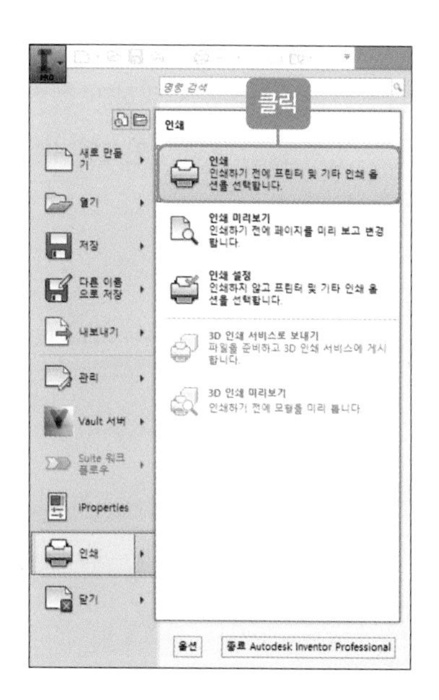

02 프린터를 선택한 후 [축척] 항목의 [최적 맞춤]을 클릭하고 [미리 보기] 버튼을 누릅니다.

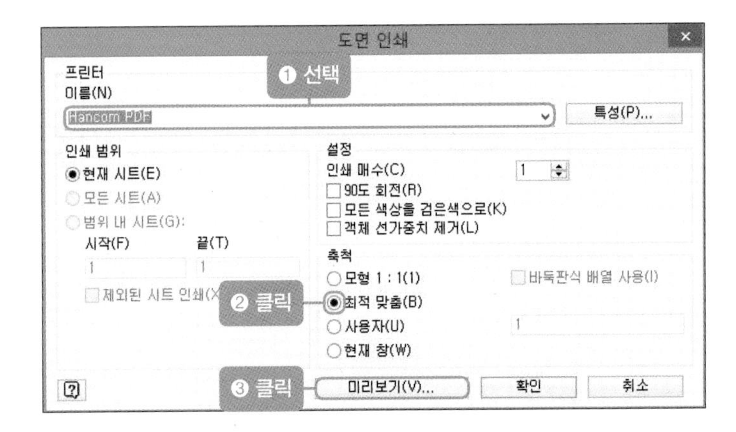

03 확인한 후 이상이 없으면 [인쇄] 버튼을 클릭합니다.

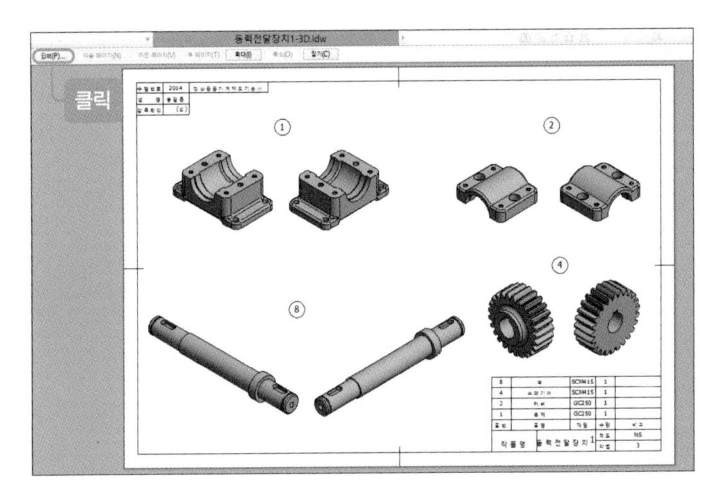

04 [확인] 버튼을 클릭하면 동력 전달 장치 1 3D 도면이 인쇄됩니다.

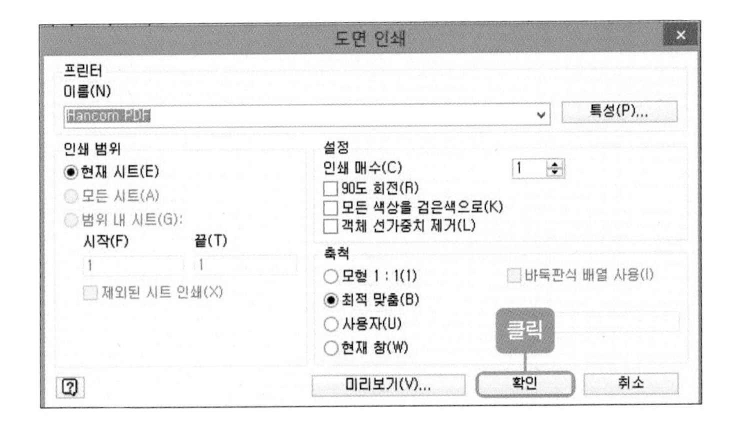

CHAPTER 2

부품도(2D) 제도 수검 환경 설정(CAD 프로그램 환경)

부품 상세도(2D)의 경우, 용지 크기는 A2로 작성한 후 A3로 출력하여 제출해야 합니다. 실기시험에서 캐드 2D의 환경을 설정하는 데에는 여러 가지 방법이 있지만, 이 책에서는 최소한의 시간으로 쉽게 설정하는 방법을 선택하여 먼저 윤곽선을 그린 후 환경을 설정하겠습니다.

1 | 바탕 화면에서 실행하기(CAD)

01 바탕 화면에서 [AutoCAD 2014]를 더블클릭하여 실행시킵니다.

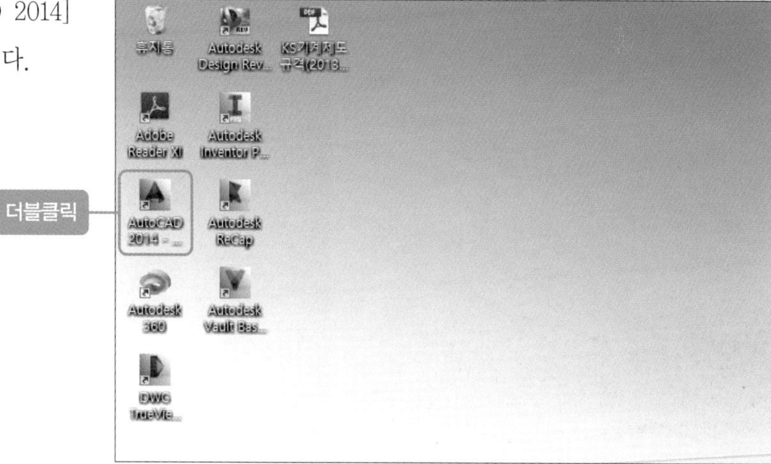

02 AutoCad를 실행시켜 다음과 같은 화면이 나타나면 [새로 만들기]를 클릭합니다(단, [환영합니다] 창 뒤에 2D 도면 창이 있을 경우에는 창을 닫아도 됩니다).

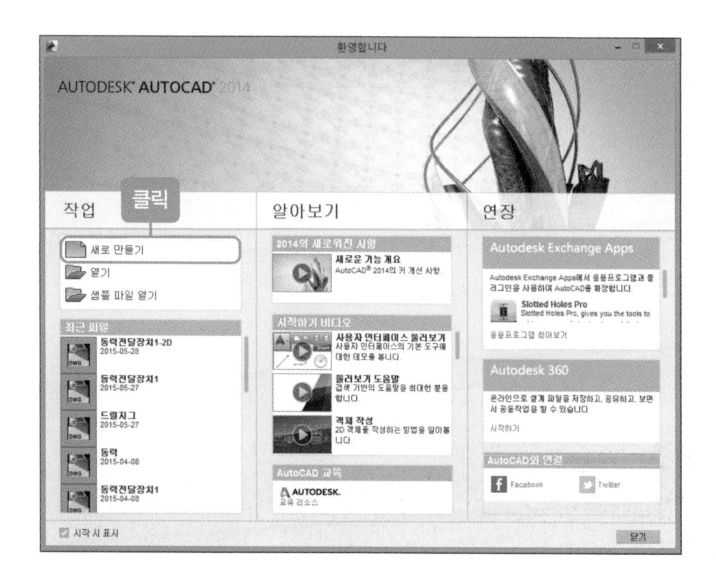

03 [2D 도면] 창이 나오게 하려면 'ac-adiso.dwt'를 클릭한 후 [열기] 버튼을 클릭합니다.

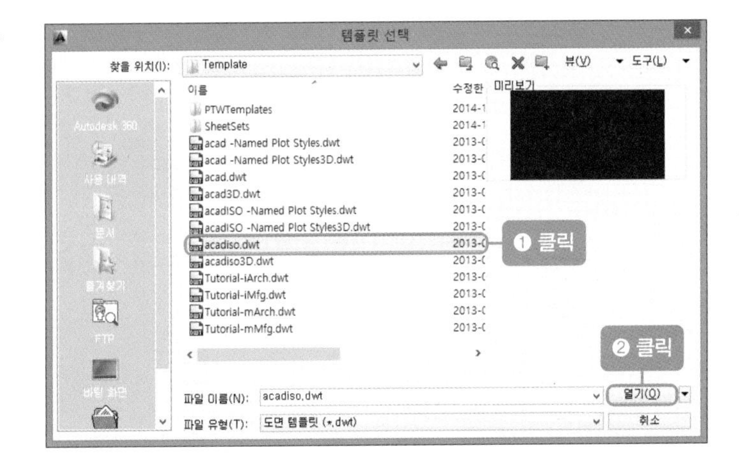

04 실행시키면 2D 도면을 그릴 수 있는 화면이 나타납니다.

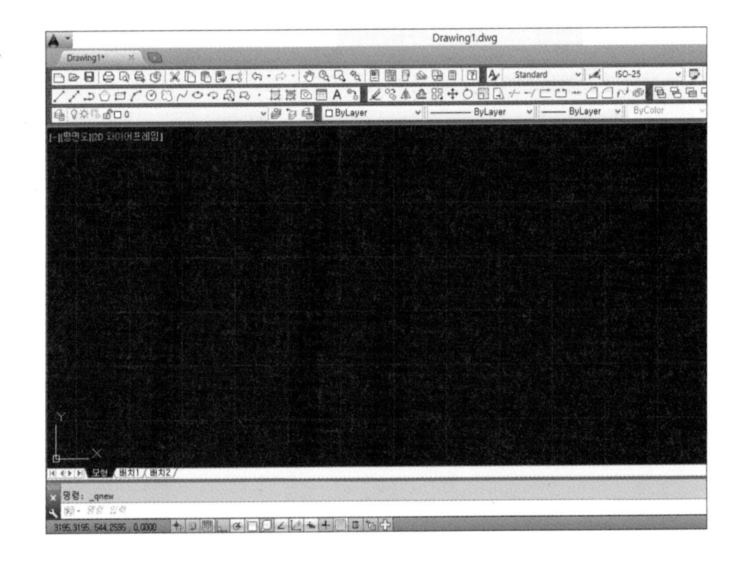

2 | 도면 크기 설정하기(A2 594×420)

01 [AutoCAD] 프로그램을 실행시켜 명령어 창에 'limits(한계)'를 입력합니다.

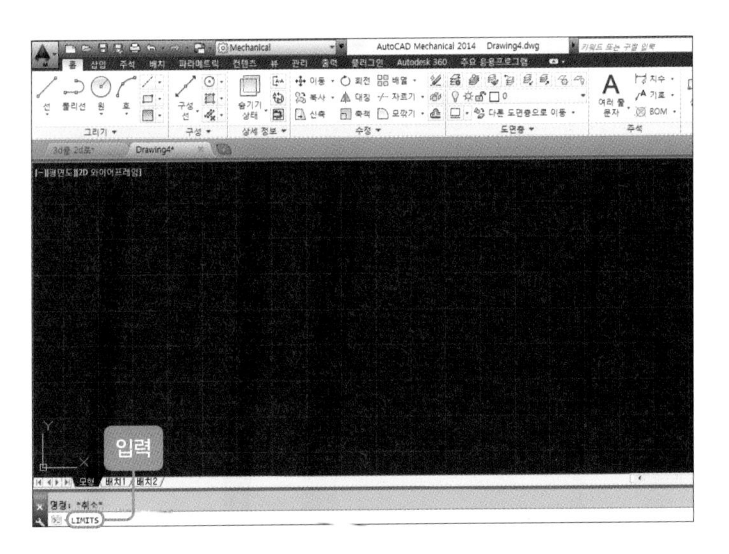

02 왼쪽 아래 구석 지정에 '0,0'을 입력합니다.

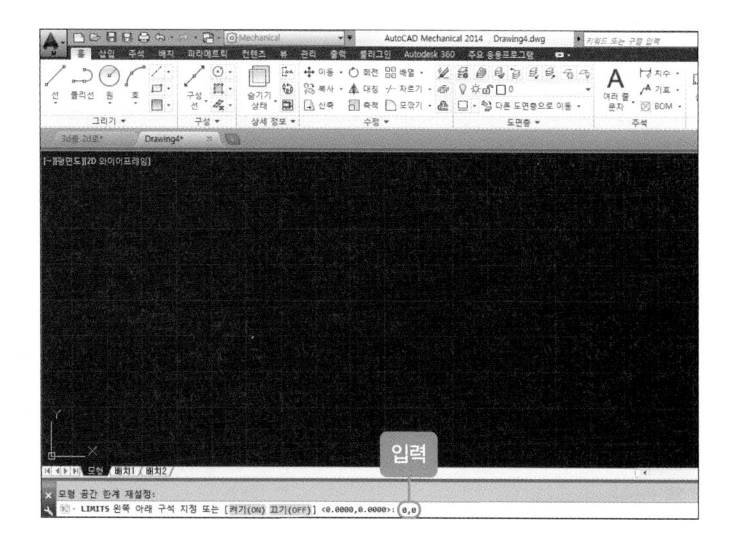

03 오른쪽 위 구석 지정에 '594, 420'을 입력합니다.

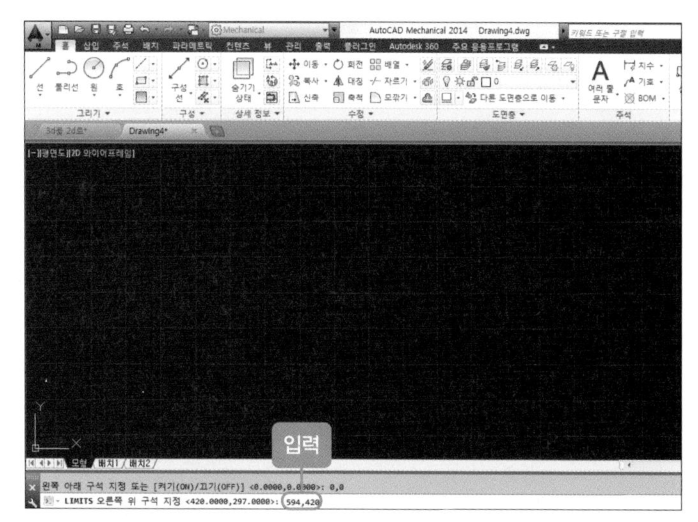

3 | 윤곽선 그리기

01 [명령어] 창에 'RECTANG(직사각형)'을 입력합니다.

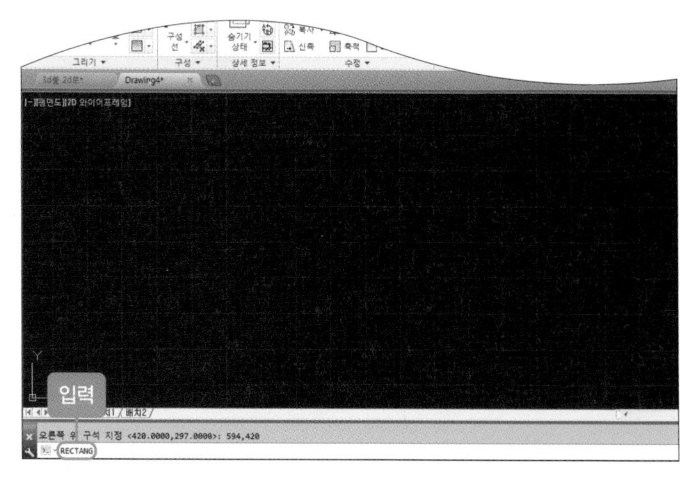

02 첫 번째 구석점 지정에 '0,0'을 입력합니다.

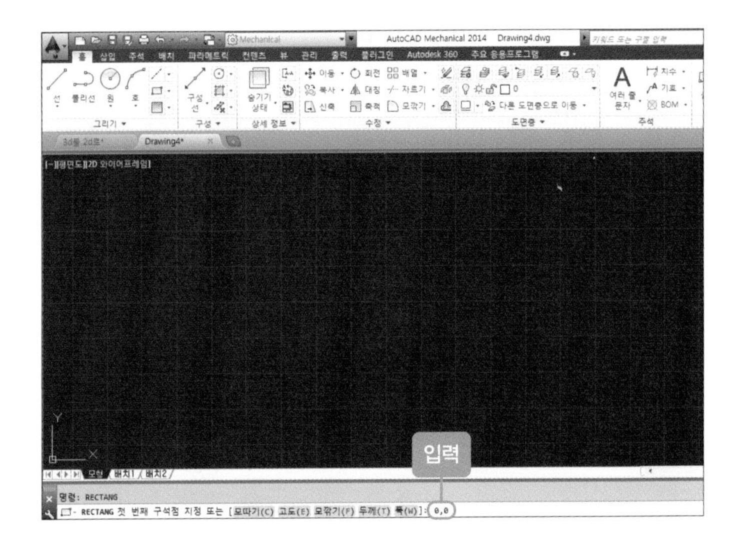

03 다른 구석점 지정에 '594,420'을 입력합니다.

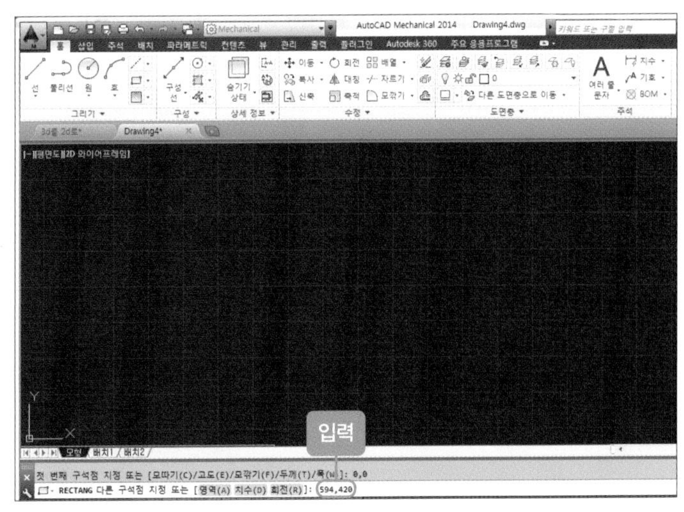

04 명령어 창에 'zoom(확대)'을 입력합니다.

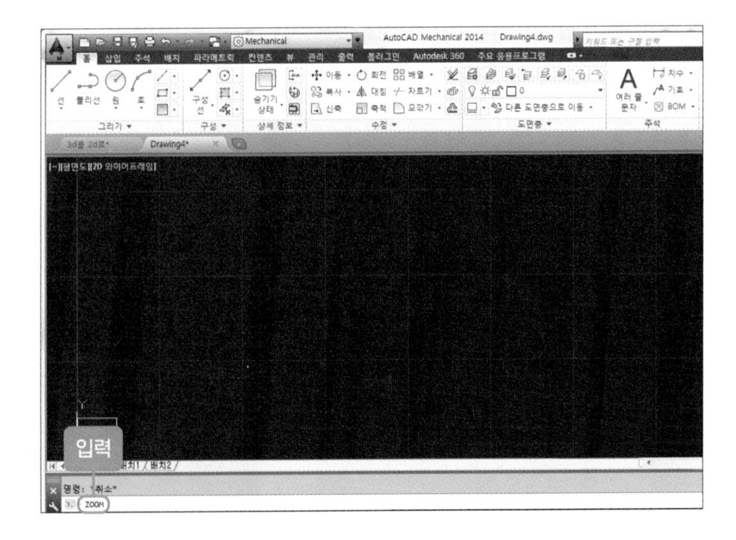

05 'a(all)'을 입력합니다.

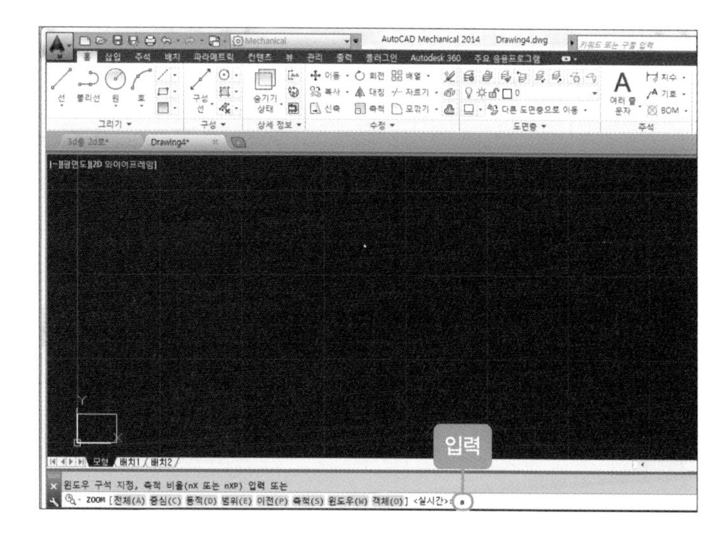

06 화면이 꽉 차게 됩니다.

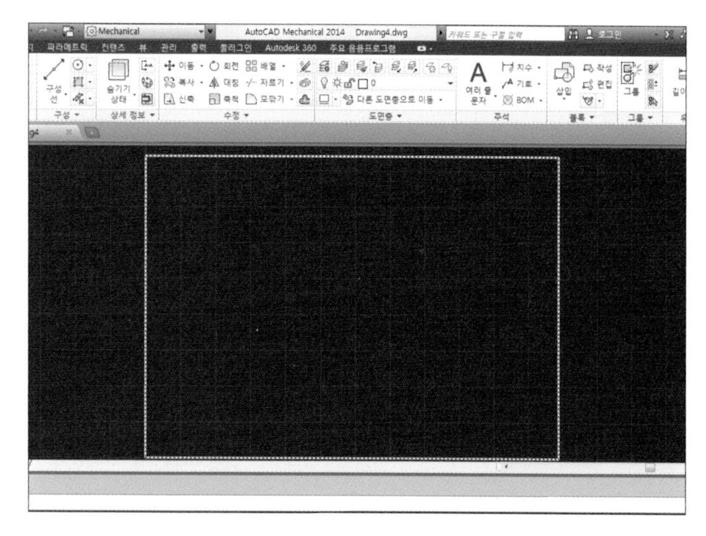

07 [명령어] 창에 'offset(간격 띄우기)'을 입력합니다.

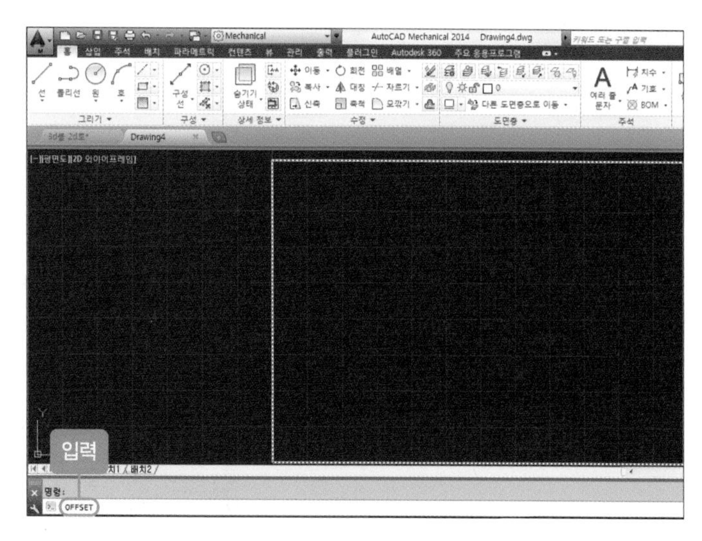

08 간격 띄우기 거리 지정에 '10'을 입력합니다.

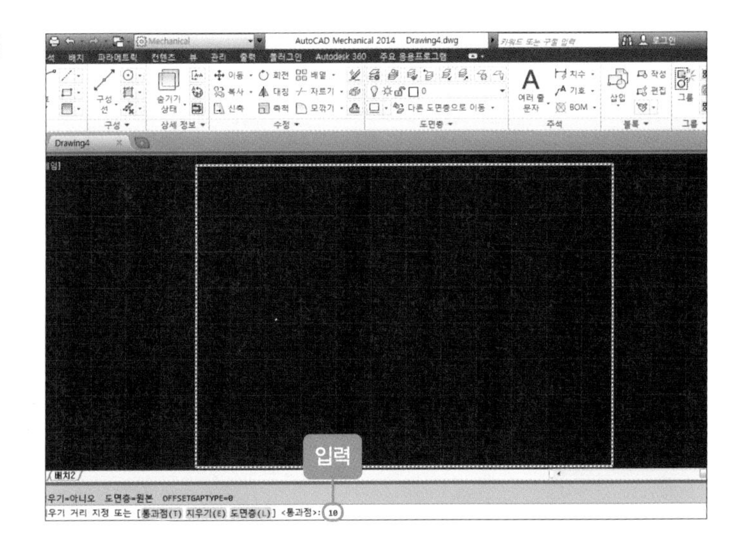

09 다음과 같이 테두리 안쪽으로 간격 띄우기를 합니다.

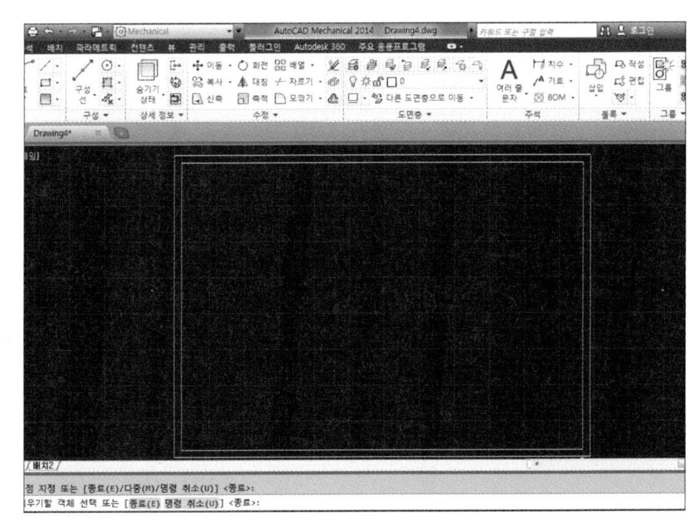

4 | 중심 마크 그리기

01 명령어 창에 'line(선)'을 입력합니다.

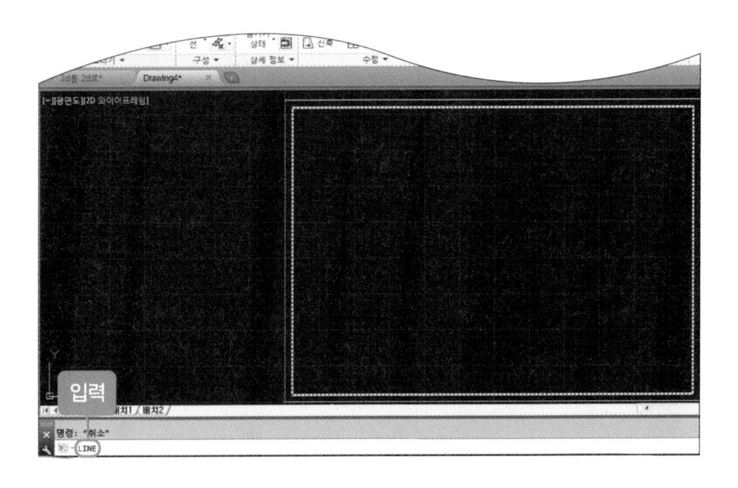

02 중심 마크를 그리기 위해 중심에 십자가를 그립니다.

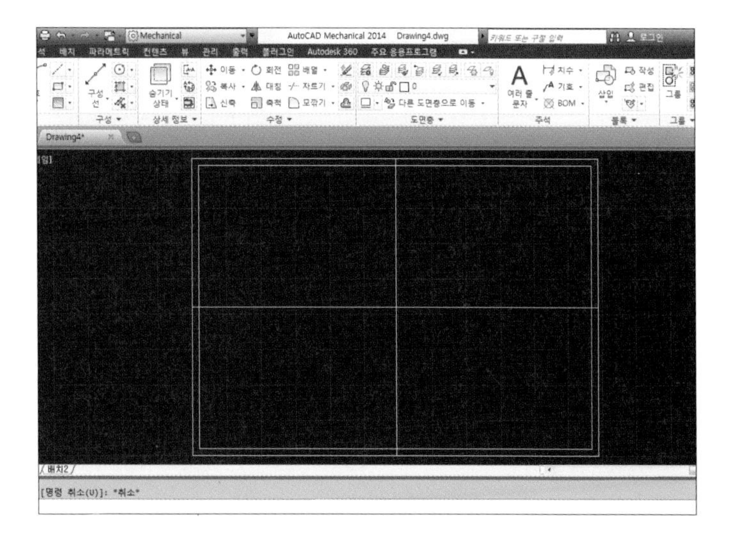

03 명령어 창에 'trim(자르기)'을 입력합니다.

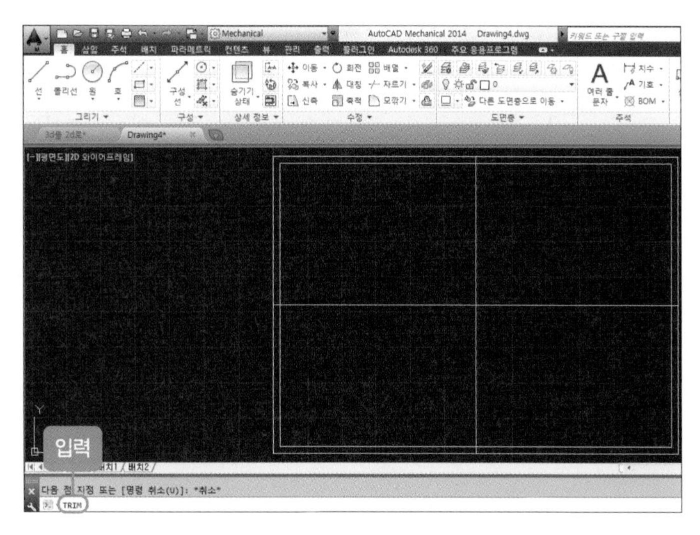

04 중심 마크만 놔두고 자릅니다.

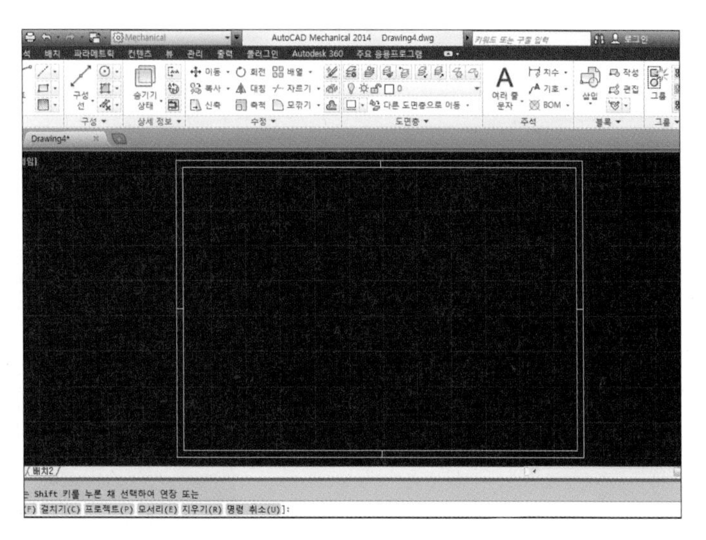

05 바깥쪽 테두리를 클릭합니다.

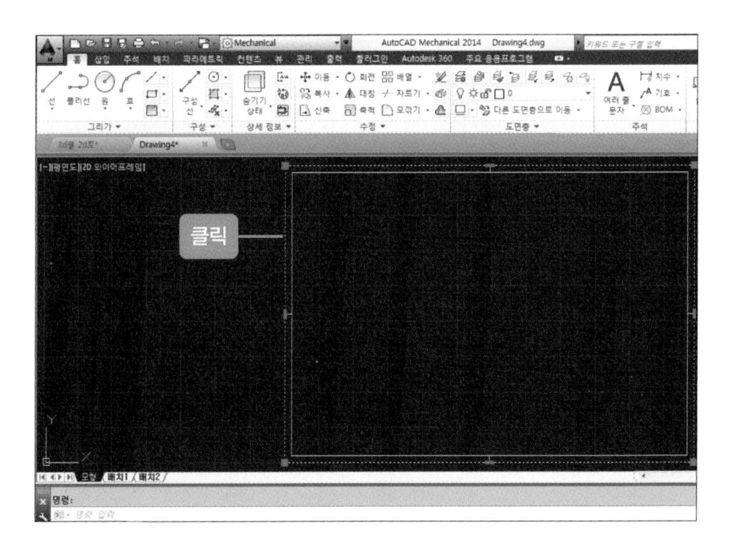

06 Delete로 바깥쪽 테두리를 지우면 다음과 같은 그림이 나타납니다.

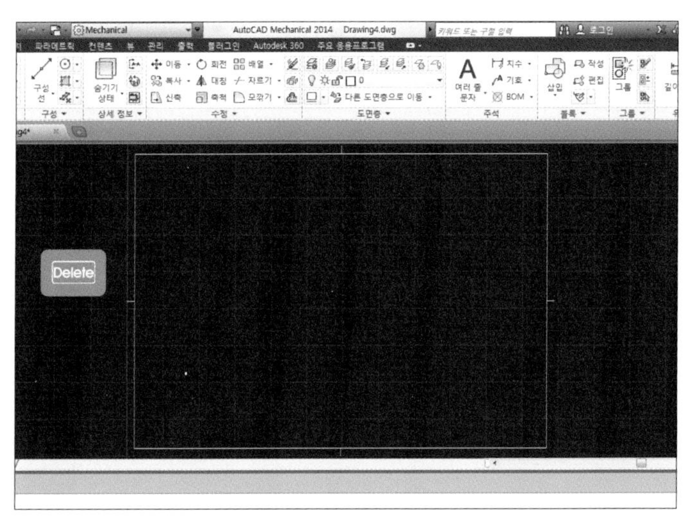

5 | 도면층 생성하기(문제 조건에 맞게 선 색깔, 선 종류 등 설정)

01 [명령어] 창에 'layer(도면층)'를 입력합니다.

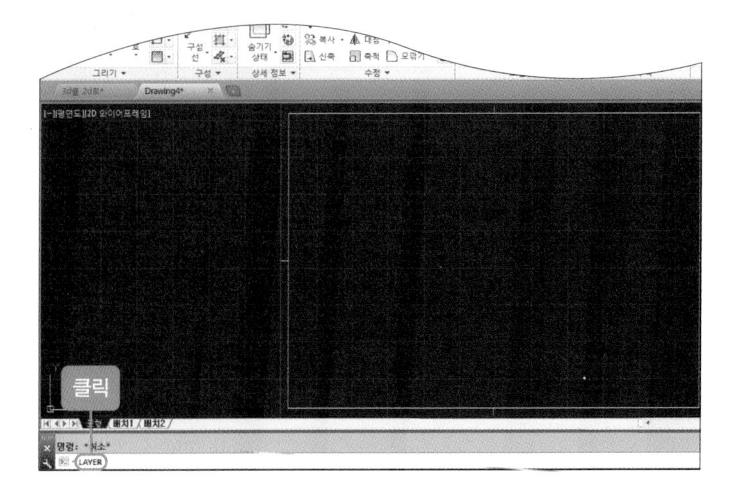

02 새 도면층을 만들기 위해 [새 도면층] 아이콘( )을 클릭합니다.

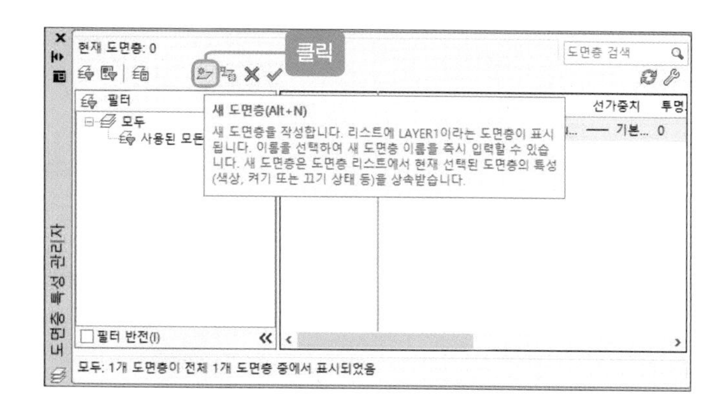

03 이름에 '윤곽선'을 입력합니다.

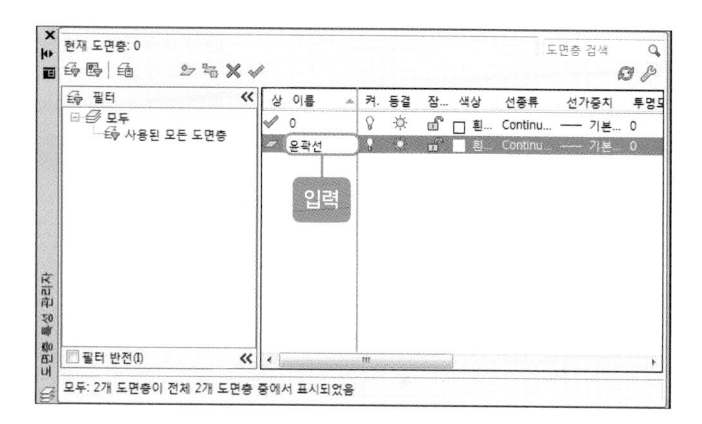

04 위와 같은 방법으로 다른 도면층을 생성합니다.

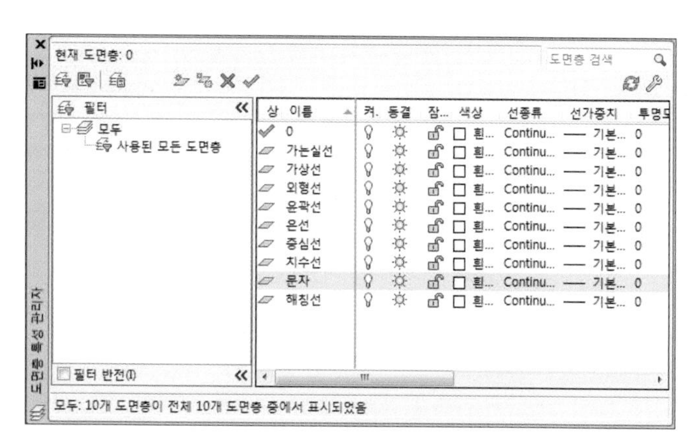

05 각 도면층의 색상을 선택합니다.

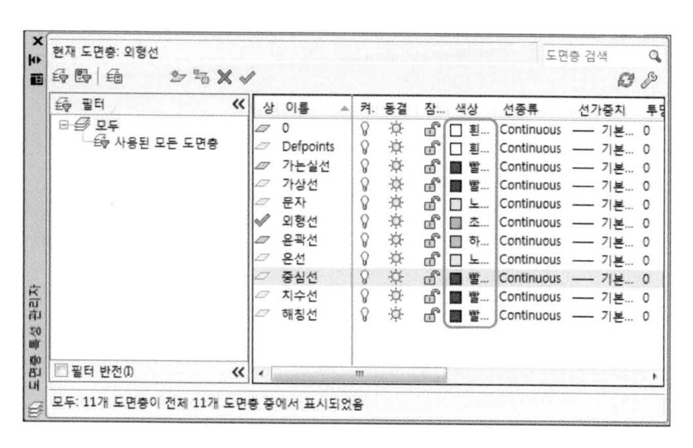

6 | 선 종류 설정하기

01 도면층의 '선 종류'를 클릭한 후 다음 그림과 같은 창이 나타나면 [로드] 버튼을 클릭합니다.

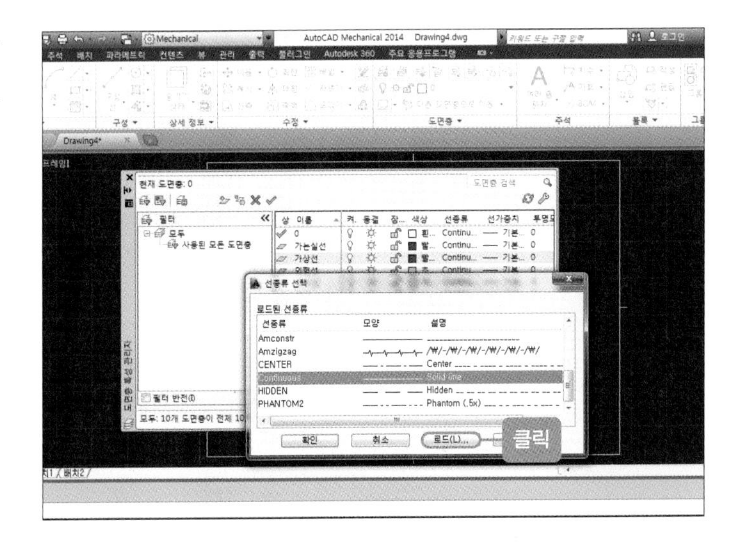

02 'CENTER2'를 클릭한 후 [확인] 버튼을 클릭합니다.

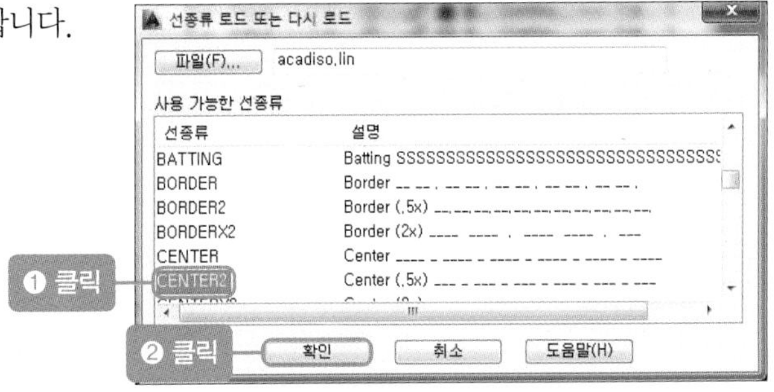

03 도면층의 '선 종류'를 클릭한 후 창이 나타나면 [로드] 버튼을 클릭합니다. 'HIDDEN2'를 클릭한 후 [확인] 버튼을 클릭합니다.

04 도면층의 '선 종류'를 클릭한 후 창이 나타나면 [로드] 버튼을 클릭합니다. 'PHANTOM2'를 클릭한 후 [확인] 버튼을 클릭합니다.

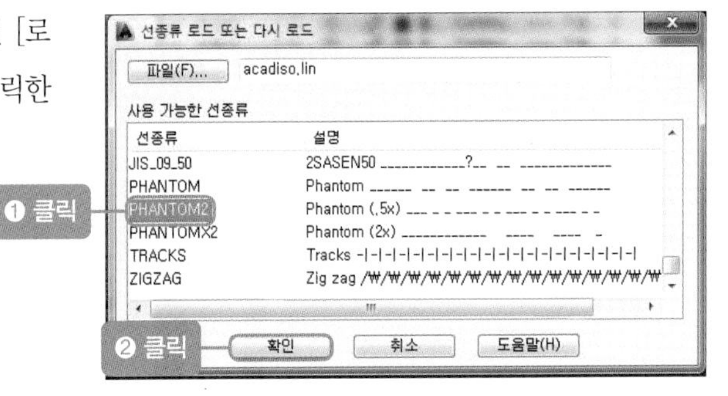

05 중심선의 선 종류는 'CENTER2'로, 은선의 선 종류는 'HIDDEN2'로, 가상선의 선 종류는 'PHANTOM2'로 선택합니다.

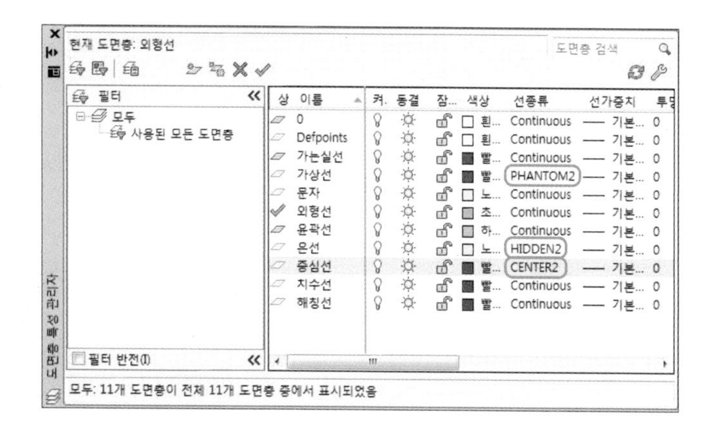

06 외형선을 클릭한 후 위쪽의 ☑를 클릭하고 창을 닫습니다.

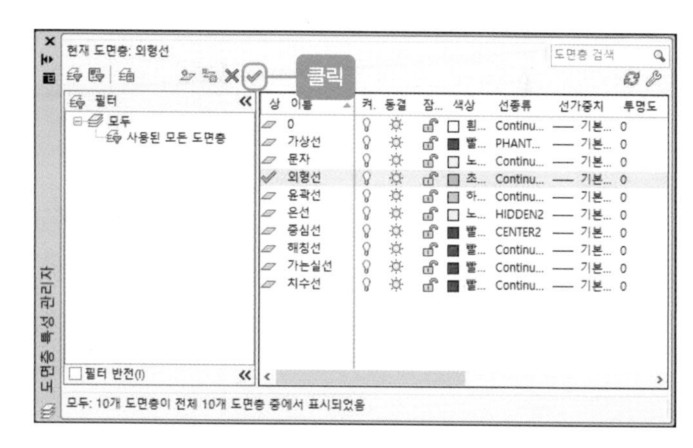

07 테두리는 '윤곽선'으로, 중심 마크는 '외형선'으로 바꿉니다.

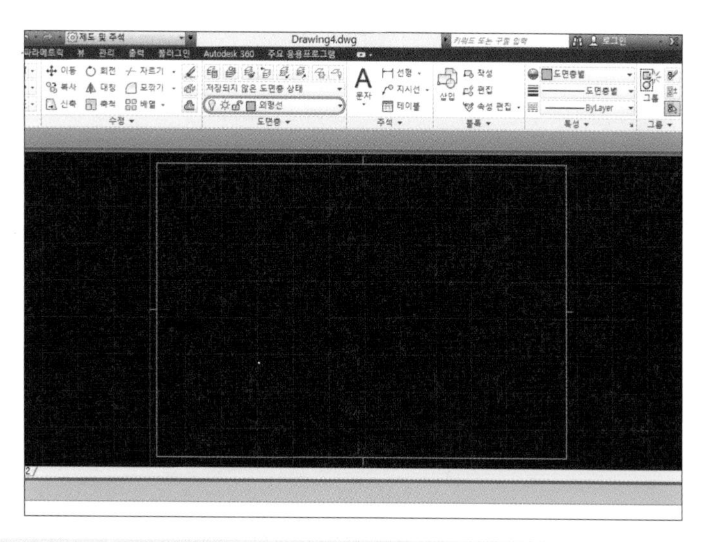

Tip 도면층에서 선의 굵기를 설정해도 무방하지만 출력에서 선 굵기를 확인하여 출력하므로 선 굵기 설정은 출력에서 하겠습니다.

7 | 문자 설정하기

01 [명령어] 창에 'style(문자 스타일)'을 입력합니다.

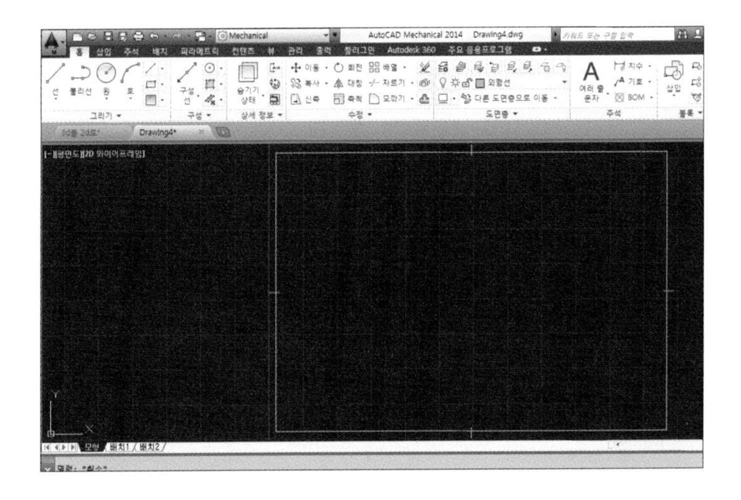

02 [새로 만들기] 버튼을 클릭합니다.

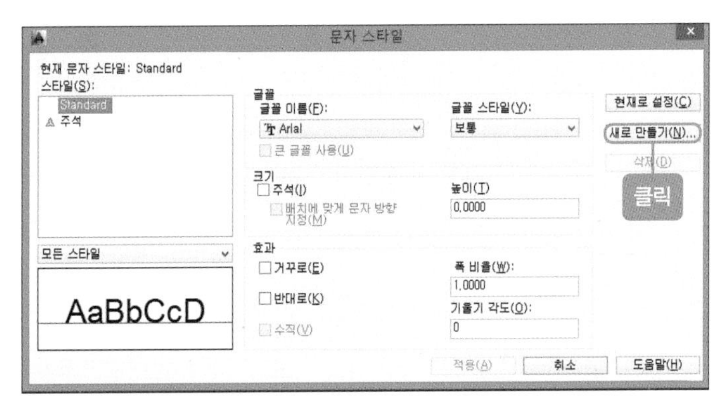

03 스타일 이름에 'ISOCP'를 입력한 후 [확인] 버튼을 클릭합니다.

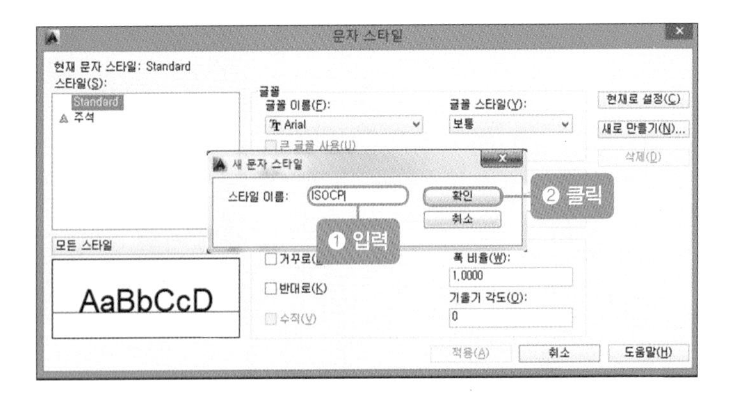

04 스타일에서 'ISOCP'를 클릭한 후 SHX 글꼴은 'isocp.shx', 큰 글꼴은 'whgtxt.shx'를 선택하고, 높이에 '3.5'를 입력합니다.

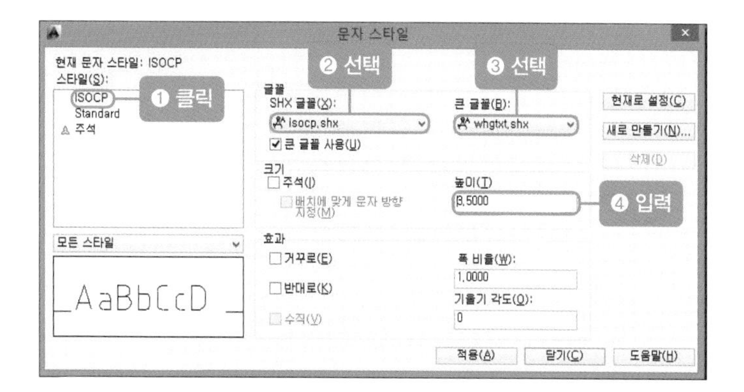

05 01~04와 같은 방법으로 '굴림'을 만듭니다.

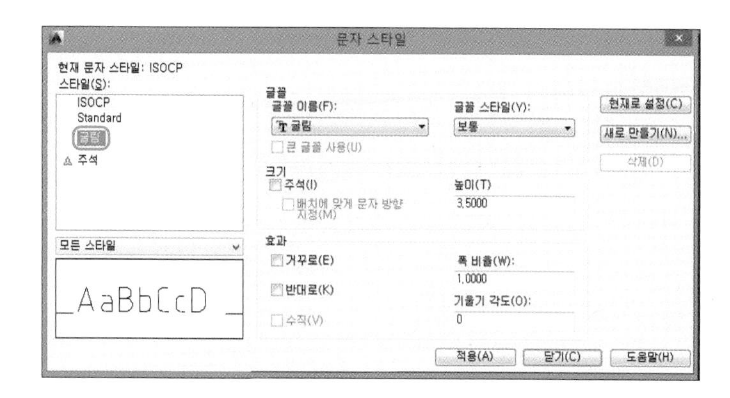

8 | 치수 환경 설정하기

01 [명령어] 창에 'ddim(치수 대화상자)'을 입력합니다.

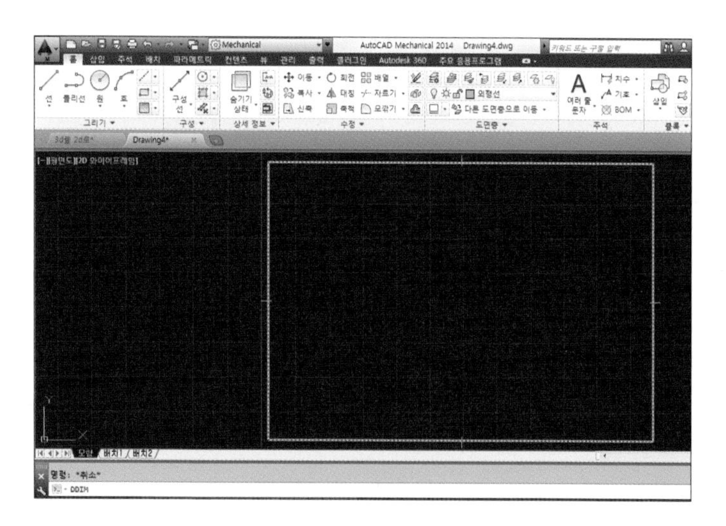

02 [새로 만들기] 버튼을 클릭합니다.

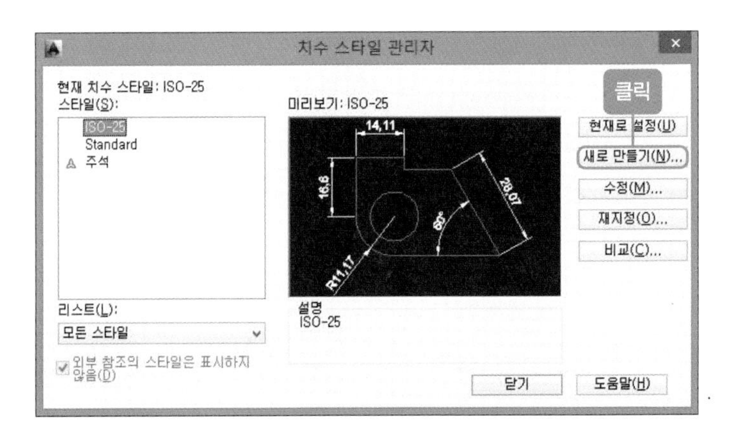

03 [새 스타일 이름]란에 임의의 이름(2014)을 입력한 후 [계속] 버튼을 클릭합니다.

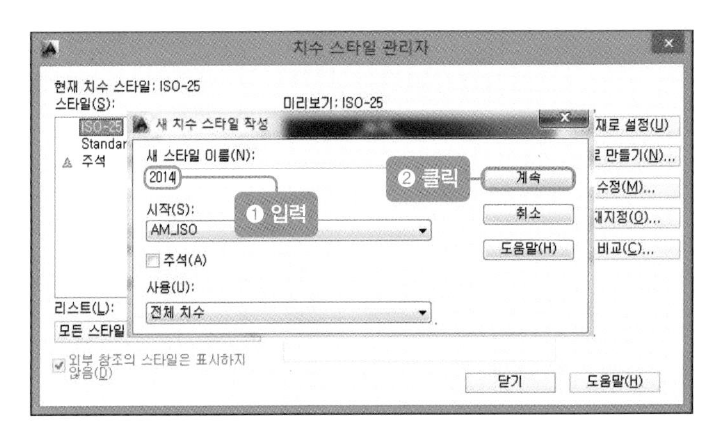

04 [선] 탭을 클릭한 후 그림과 같이 설정합니다.

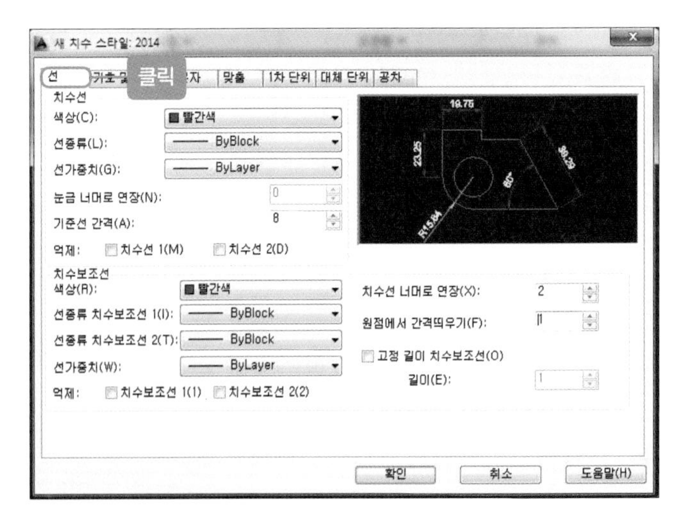

05 [기호 및 화살표] 탭을 클릭한 후 그림과 같이 설정합니다.

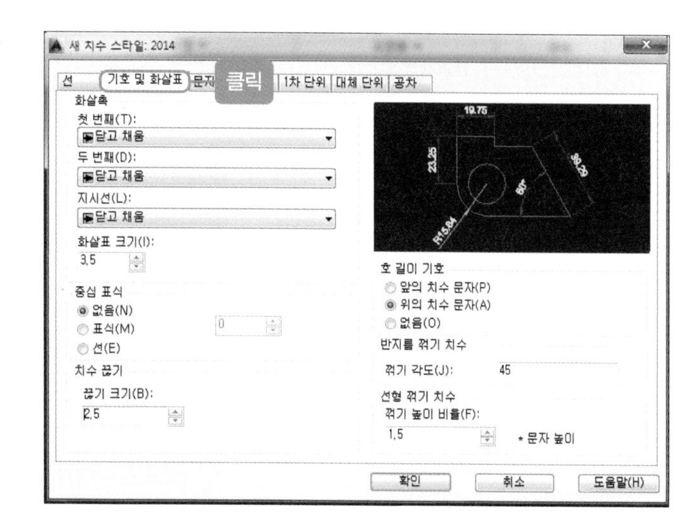

06 [문자] 탭을 클릭한 후 다음과 같이 설정하고 [확인] 버튼을 클릭합니다.

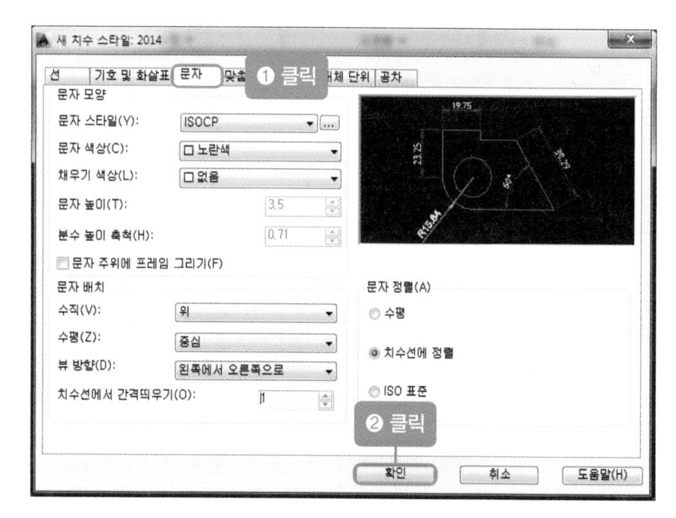

07 새로 만든 치수 스타일 이름을 클릭한 후 [현재로 설정]을 클릭합니다.

9 | 부품도(2D) 표제란 작성하기

01 'line' 명령어로 도면 오른쪽 밑에 표제란을 그립니다. 빨간색 선은 '가는 실선'으로, 초록색 선은 '외형선'으로 합니다.

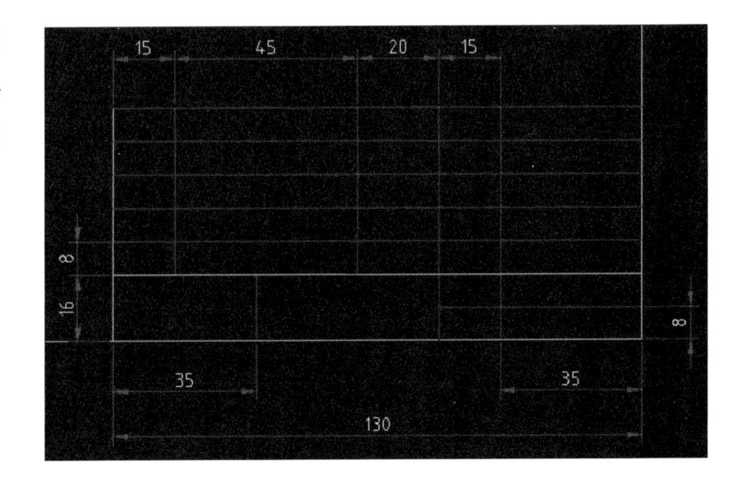

02 'text' 명령어로 다음 그림과 같이 입력합니다(표제란의 왼쪽 참고).

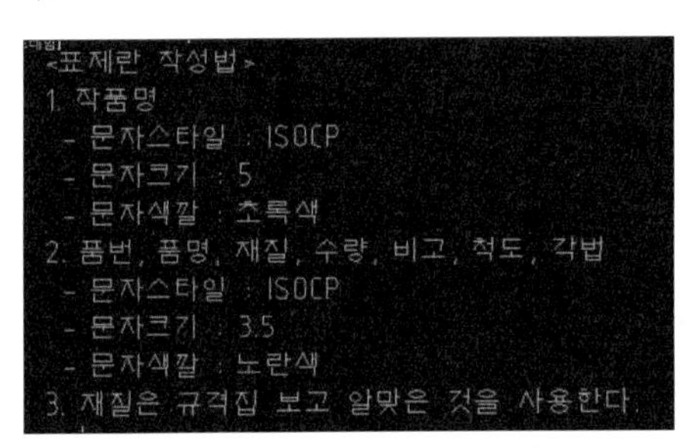

<표제란 작성법>

1. 작품명
   - 문자스타일 : ISOCP
   - 문자크기 : 5
   - 문자색깔 : 초록색
2. 품번, 품명, 재질, 수량, 비고, 척도, 각법
   - 문자스타일 : ISOCP
   - 문자크기 : 3.5
   - 문자색깔 : 노란색
3. 재질은 규격집 보고 알맞은 것을 사용한다

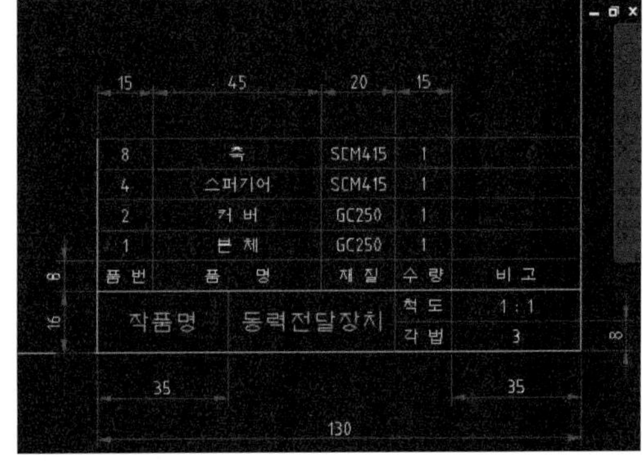

03 도면 왼쪽 위에 'line' 명령어로 인적 사항란을 그립니다. 빨간색 선은 '가는 실선'으로, 초록색 선은 '외형선'으로 합니다.

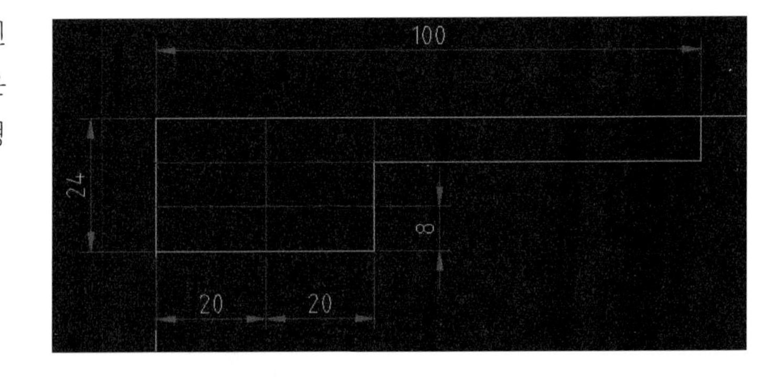

04 'text' 명령어로 다음 그림과 같이 입력합니다(인적 사항란의 오른쪽 참고.)

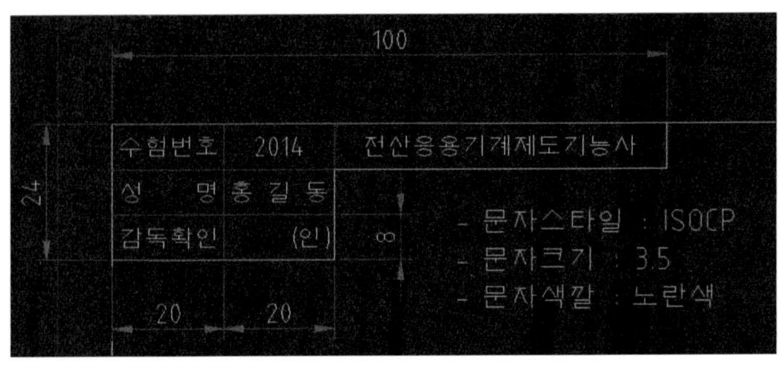

10 | 부품도(2D) 출력하기

01 [인쇄] 아이콘을 클릭한 후 출력할 프린터를 선택합니다. 그런 다음 용지 크기를 [A3]로 선택하고 플롯 대상을 [한계]로 설정합니다. 그리고 [플롯의 중심]을 체크하고 [미리 보기] 버튼을 클릭한 후 [확인] 버튼을 클릭합니다.

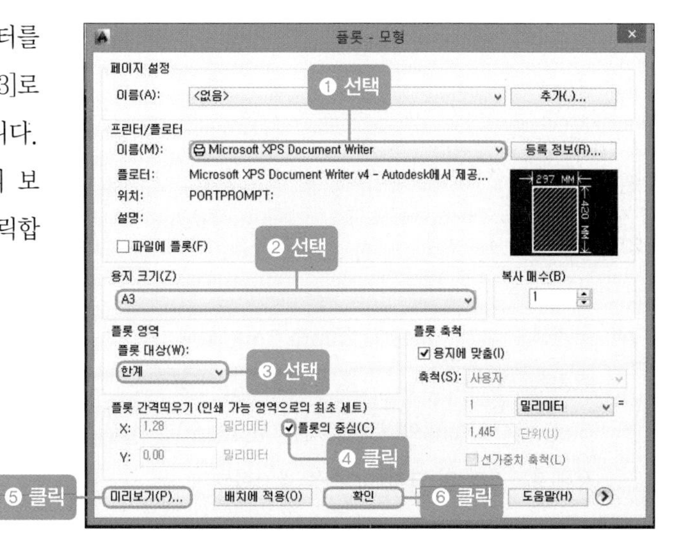

02 선가중치를 설정하기 위해 메뉴 펼치기 아이콘(⊙)을 클릭합니다.

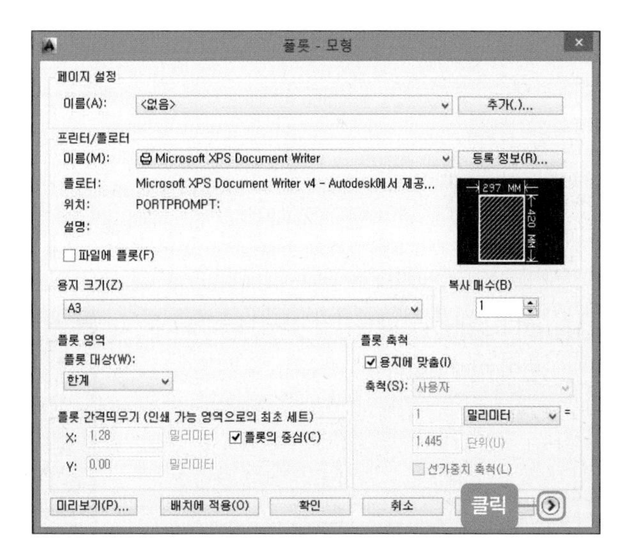

03 플롯 스타일 테이블을 'acad.ctb'로 선택한 후 도면 방향을 '가로'로 선택합니다.

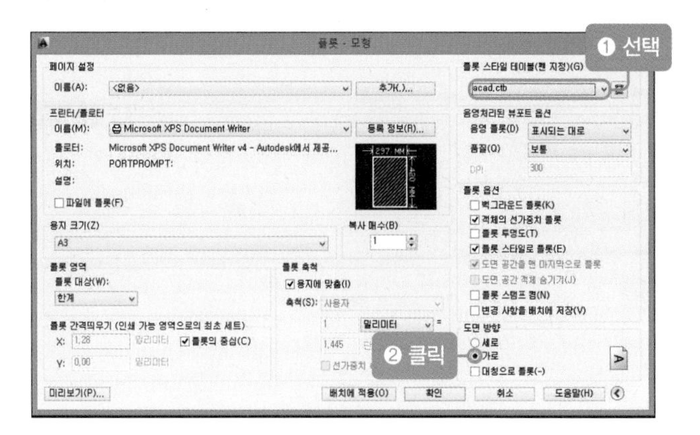

04 선가중치를 바꿔야 하므로 [편집]을 클릭합니다.

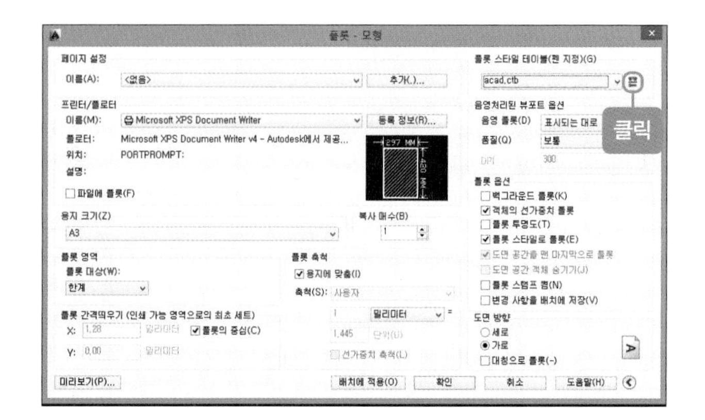

05 빨간색의 선가중치는 '0.25mm', 노란색의 선가중치는 '0.35mm', 초록색의 선가중치는 '0.5mm', 하늘색의 선가중치는 '0.7mm'로 설정한 후 [저장 및 닫기] 버튼을 클릭합니다.

06 [확인] 버튼을 클릭하면 프린터로 2D 도면이 인쇄됩니다.

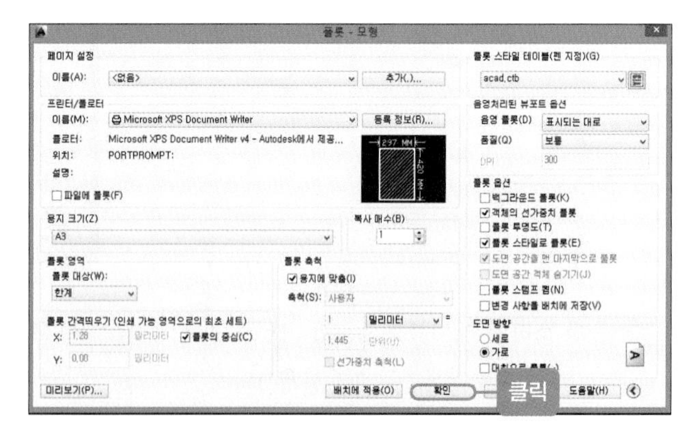

MEMO

전산응용기계제도기능사
2
PART

전산응용기계제도기능사 실기시험에 필요한 기본 기능 익히기

인벤터 및 CAD 명령어는 약 1,000개가 넘습니다.
그러나 전산응용기계제도기능사 실기를 치를 때에는 약 30여 가지이면 충분합니다.
이번 파트에서는 필요한 명령어는 무엇이며, 도면 작성에 어떻게 사용되는지 알아보겠습니다.

Craftsman Compter Aided Architectural Drawing

CHAPTER 1

인벤터(Inventor)의 기본 아이콘 기능

전산응용기계제도 실기 렌더링(3D) 부품 작성에 필요한 기본 기능에 대해 알아보겠습니다.

1 | 시작하기

01 바탕 화면의 인벤터(Inventor) 바로 가기 아이콘을 클릭합니다.

02 인벤터(Inventor)가 실행되면 그림과 같은 메인 화면이 생성됩니다.

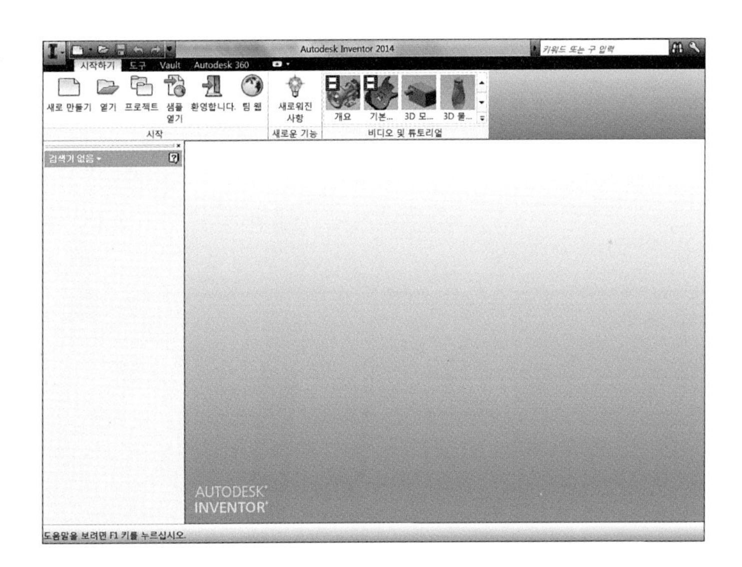

03 [시작하기] 탭에서 [새로 만들기]를 클릭합니다.

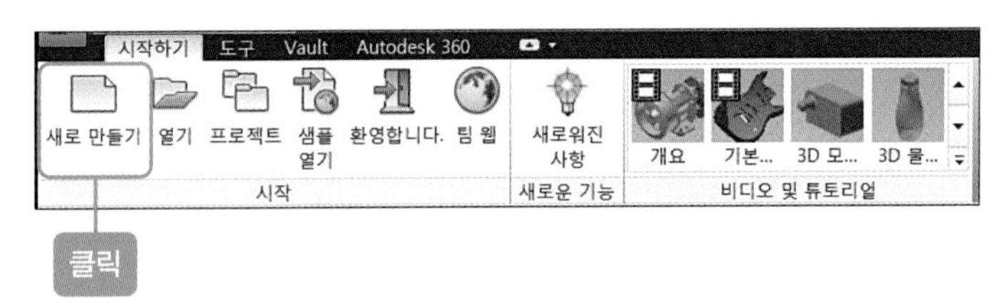

04 [새 파일] 작성창에서 'Standard.ipt'를 클릭하여 스케치합니다.

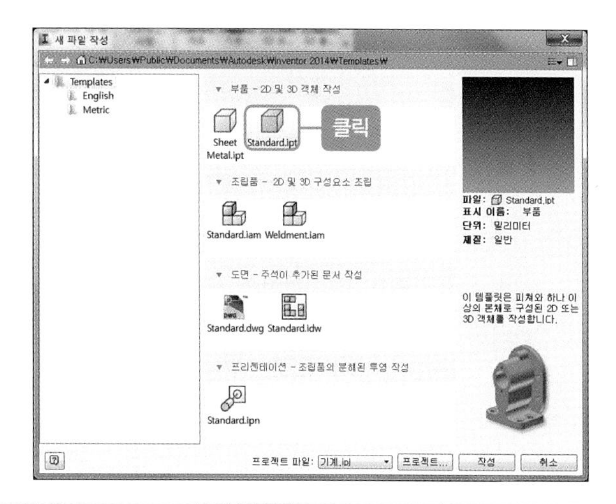

Tip

- 부품 파일: 하나의 부품을 포함하는 파일이며, 확장자는 .ipt입니다.
- 조립품 파일: 1개 이상의 부품을 포함하는 파일이며, 확장자는 .iam입니다.
- 2D 도면 파일: 파일들을 불러들여 2D 도면을 작성할 수 있는 환경이며, 확장자는 .idw입니다.
- 분해도 파일: 조립도를 불러들여 분해도를 만들 수 있는 환경이며, 확장자는 .ipn입니다.

◎ 주의

- Standard.ipt: 일반 부품 작성 시 이용
- Sheet Metal.ipt: 판금 제품 작성 시 이용
- Weldment.iam: 용접 제품 작성 시 이용

2 | 스케치하기

01 다음과 같은 화면이 생성됩니다.

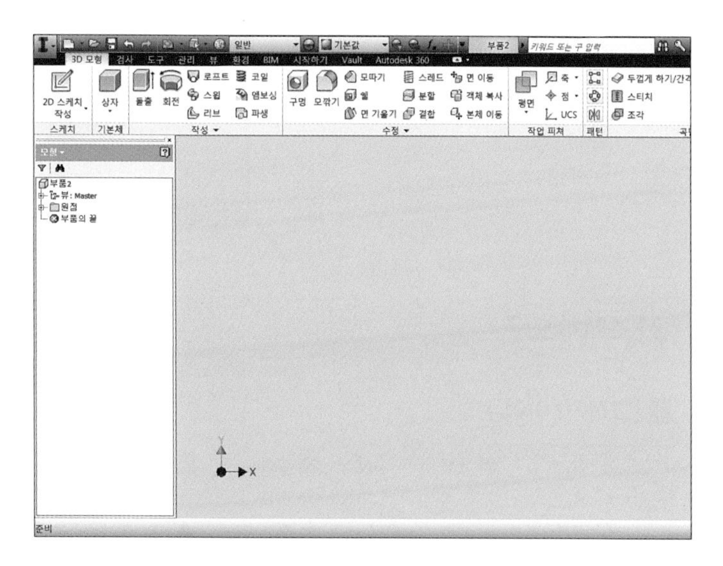

02 [2D 스케치 작성] 아이콘을 클릭합니다.

03 왼쪽 모형에서 스케치를 할 평면을 선택하거나 직접 작업 평면을 선택합니다.

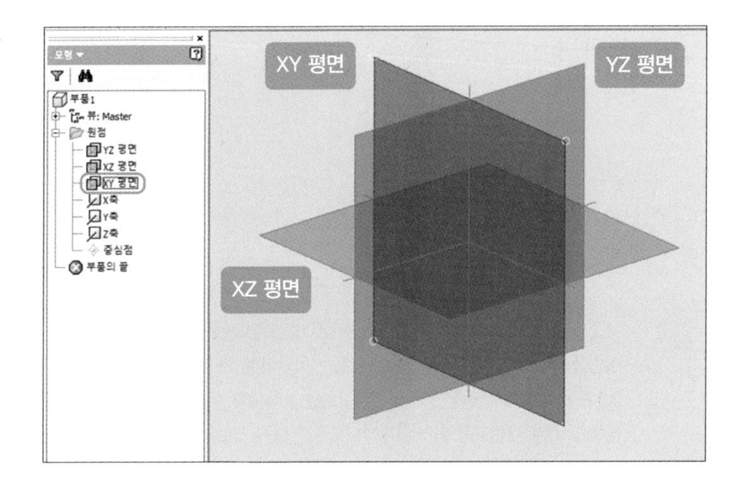

04 XY 평면에서 스케치 작업을 실행합니다.

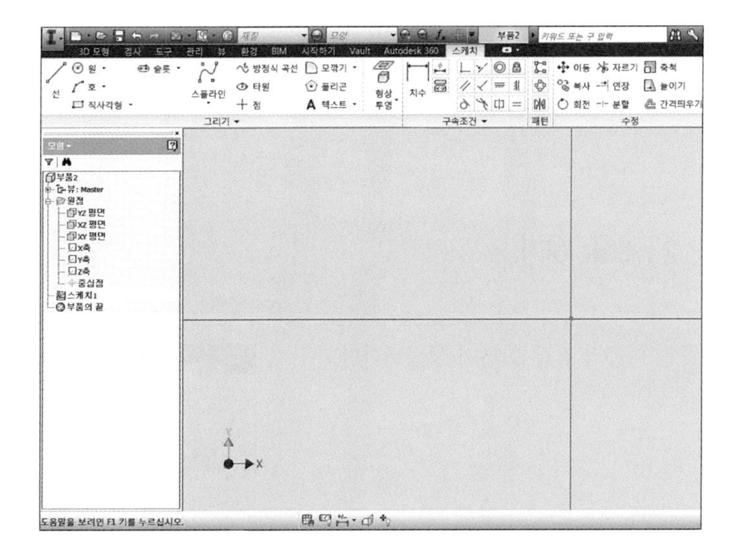

3 | 스케치 도구

1 [그리기] 아이콘

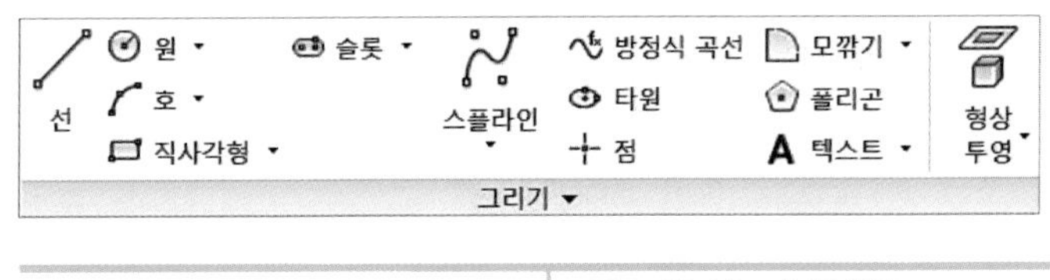

선	• 점과 점을 잇는 직선을 생성 • 점에서 마우스 드래그 시 호를 생성

원	원 원 중심점	중심점을 지정한 후 원주상의 점을 반지름으로 하는 원 생성
	원 접선	3개의 선이 접하는 원을 생성
호	호 접선	시작점과 끝점을 클릭한 후 원주상의 한 점을 클릭하여 호를 생성
	호 탄젠트	이미 생성된 선이나 호에 접하는 호를 생성
	호 중심점	첫 번째 중심점을 지정한 후 호의 시작점과 끝점을 지정하여 생성
직사각형	직사각형 2점 직사각형	첫 번째 시작점을 클릭한 후 반대쪽 대각선 포인트를 클릭하여 생성
	직사각형 3점 직사각형	직사각형의 세 점을 클릭하여 직사각형을 생성
	직사각형 두 점 중심	2개의 점으로 중심, 폭 및 길이를 정의하여 직사각형을 작성
	직사각형 세 점 중심	3개의 점으로 중심, 방향 및 인접 면을 정의하여 직사각형을 작성
슬롯	슬롯 중심 대 중심	중심의 배치와 거리 및 폭에 의해 정의되는 선형 슬롯을 작성
	슬롯 전체	방향, 길이 및 폭에 의해 정의되는 선형 슬롯을 작성
	슬롯 중심점	중심점, 슬롯 호 중심의 위치 및 슬롯 폭에 의해 정의되는 선형 슬롯을 작성
	슬롯 3점 호	세 점 중심 호와 슬롯 폭에 의해 정의되는 호 슬롯을 작성
	슬롯 중심점 호	중심점, 두 점 중심 호 및 슬롯 폭에 의해 정의되는 호 슬롯을 작성
스플라인	스플라인 제어 꼭지점	점과 점을 잇는 곡선 형태의 스플라인을 생성
	스플라인 보간	선택한 두 곡선 사이에 부드러운 연속 곡선을 생성
방정식 곡선		사용자 지정 방정식으로부터 곡선을 작성
타원		중심점, 주요 축과 보조 축을 사용하여 타원을 작성
점		스케치 상에 점이나 중심점을 생성
	모깎기	뾰족한 모서리를 지정한 반지름값에 의해 라운딩합니다.
	모따기	뾰족한 모서리를 직선으로 잘라냅니다.
다각형		모서리의 개수에 따른 외, 내접의 다각형 생성

텍스트		텍스트	글씨를 생성
		항상 텍스트	선, 호 또는 원을 따르는 글씨를 생성
형상투영		형상투영	기존 모형에서 모서리, 꼭짓점, 곡선 등을 현재 스케치 평면에 투영
		절단 모서리 투영	모든 절단 모서리를 현재 스케치 평면에 투영
		플랫 패턴 투영	판금의 펼쳐진 형상으로 투영(판금 모드에서 사용)
		3D 스케치에 투영	활성 2D 스케치의 형상을 선택된 면에 투영

2 [구속 조건] 아이콘

	일반 치수	스케치 면에 치수를 배치
	자동 치수	선택된 스케치 형상에 누락된 치수와 구속 조건을 적용
	구속 조건 표시	구속 조건 정보를 표시
	일치	선택한 두 객체가 일치하게 구속
	동일선 상	선택한 두 객체가 동일선 상에 놓이게 구속
	동심	2개의 원이나 호의 중심점을 일치하게 구속
	고정	선택한 객체를 그 자리에 고정
	평행	선택한 두 객체를 평행하게 구속
	직각	선택한 두 객체를 직각으로 구속
	수평	선 또는 점과 점을 수평으로 구속
	수직	선 또는 점과 점을 수직으로 구속
	접선	선택한 두 객체가 접하게 구속(하나 이상은 호 포함)
	부드럽게	G2 구속 조건으로 부드럽게 구속

대칭	중심선을 중심으로 객체를 대칭으로 구속
동일	길이 또는 지름을 동일하게 구속

3 [패턴 및 수정] 아이콘

이동 자르기 축척
복사 연장 늘이기
회전 분할 간격띄우기
패턴 수정

1. [패턴] 아이콘

직사각형	선택한 객체를 열과 행의 개수만큼 배열
원형	선택한 객체를 중심점을 기준으로 각도와 개수만큼 배열
대칭	중심선을 기준으로 대칭의 객체를 생성

2. [수정] 아이콘

이동	선택한 객체를 점에서 점으로 이동, 복사할 때 사용
자르기	선택한 객체의 교차된 부분을 자를 때 사용
축척	선택한 객체의 형상을 균등하게 늘리거나 줄일 때 사용
복사	선택한 객체를 1개 이상 복사할 때 사용
연장	선택한 경계까지 선 또는 곡선을 연장할 때 사용
늘리기	지정된 점을 사용하여 선택한 형상을 늘릴 때 사용
회전	선택한 객체를 점을 기준으로 회전, 복사할 때 사용
분할	2개 이상의 단면으로 나눌 때 사용
간격 띄우기	선택한 객체를 간격을 띄워 복사할 때 사용

4 그 밖의 아이콘

부품 만들기
구성요소 만들기
블록 작성
배치
이미지
점
ACAD
삽입
구성
중심선
형식 ▾
스케치 마무리
종료

1. [배치] 아이콘

부품 만들기	선택한 객체에서 부품 파일을 작성
구성 요소 만들기	블록 또는 본체에서 부품 및 조립품 파일을 작성
블록 작성	2D 스케치 형상으로 스케치 블록을 작성

2. [삽입] 아이콘

이미지	그림 파일을 삽입
점	엑셀에서 지정한 정확한 X, Y, Z 위치에 스케치 점을 배치
ACAD	2D AutoCAD에서 작업된 데이터를 스케치로 가져옴.

3. [형식] 아이콘

구성	선택한 스케치 형상을 구성 형상으로 변경하거나 스케치 구성 형상으로 새 형상을 작성
중심점	점과 중심점 사이에서 점 작성 모드를 전환
중심선	선택한 스케치 선을 구성 중심선으로 변경하거나 중심선 스케치 형상으로 새 형상을 작성
연계 치수	스케치 치수를 '형상 변경 연동'에서 '형상 변경에 의해 연동됨'으로 전환

CHAPTER

전산응용기계제도기능사 실기에 필요한 기본 기능

3D 모델링은 평면에 물체의 단면이나 외형과 관련하여 먼저 스케치를 작성하고, 여기에 돌출, 회전, 스윕 등의 작업을 하여 3D 모델링을 생성하는 것이 일반적인 작업 과정입니다. 여기서는 스케치를 하는 데 필요한 선, 자르기, 복사 등과 돌출, 회전 등의 작업을 배우게 됩니다.

1 [선] 아이콘( )

'선'은 어떤 물체를 3D로 형상화시키기 위한 가장 작은 단위라고 할 수 있습니다. 보통 선은 물체의 윤곽, 수평 또는 수직 선, 중심선, 대각선, 구성선 등을 그릴 때 많이 사용합니다. [선] 아이콘을 이용하여 다음 예시의 그림을 그려봅시다.

01 [선] 아이콘을 클릭한 후 중앙에 있는 원점을 클릭합니다.

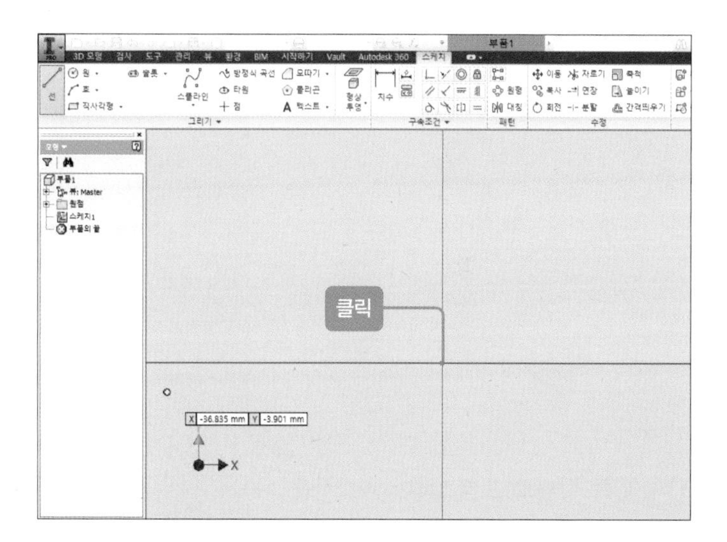

02 가로 및 세로 길이가 '30mm'인 정사각형을 그립니다(그릴 때 수평, 수직으로 이동).

❶ 원점을 기준으로 하여 마우스를 오른쪽으로 이동한 후 치수에 '30mm'를 입력합니다.
❷ 1번이 끝나는 점에서 위로 마우스를 이동한 후 치수에 '30mm'를 입력합니다.
❸ 2번이 끝나는 점에서 왼쪽으로 마우스를 이동한 후 치수에 '30mm'를 입력합니다.
❹ 3번이 끝나는 점에서 아래로 마우스를 이동한 후 치수에 '30mm'를 입력합니다.

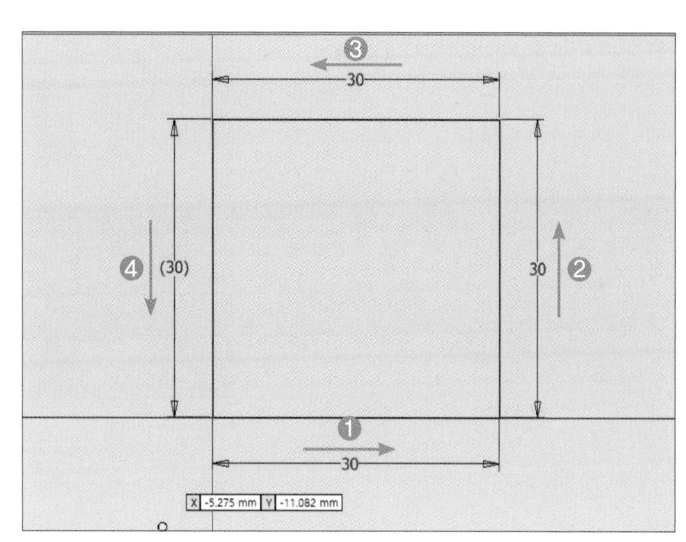

03 정사각형 안에 가로, 세로의 선을 임의의 위치에 각각 2개를 그린 후 치수를 8mm로 기입합니다.

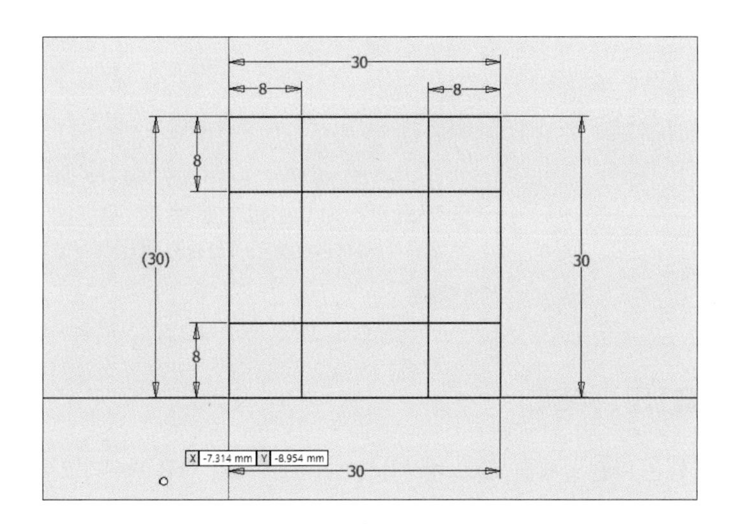

04 마우스를 이용하여 녹색 점(끝점)을 클릭합니다.

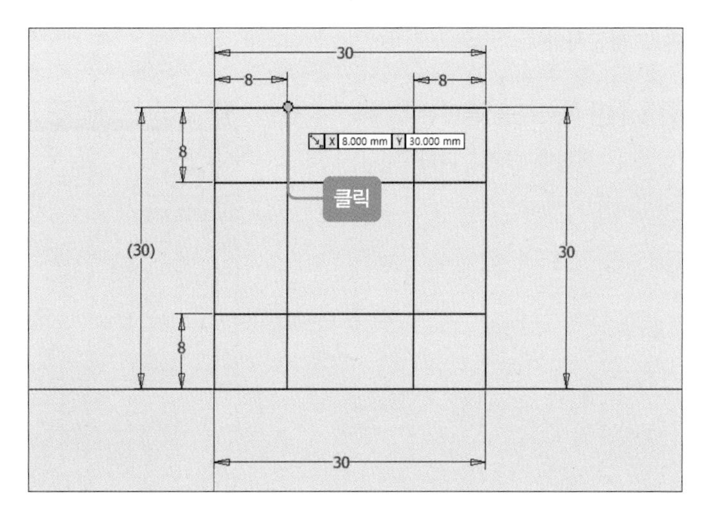

05 왼쪽 아래로 드래그하여 대각선을 그립니다.

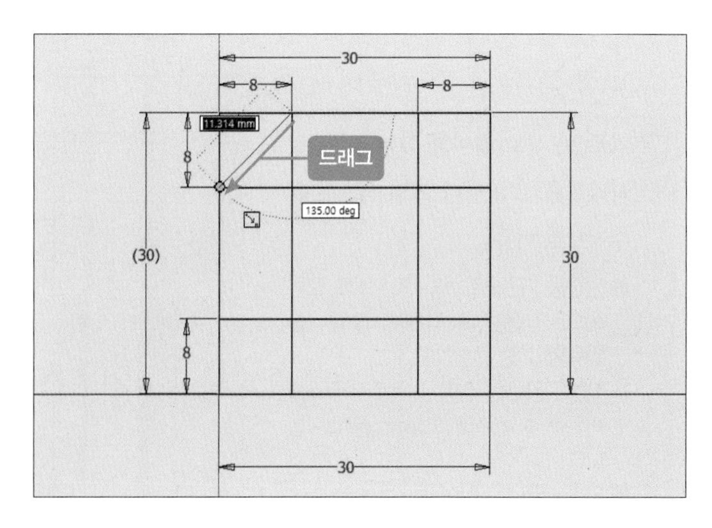

06 05를 참고하여 대각선을 그립니다.

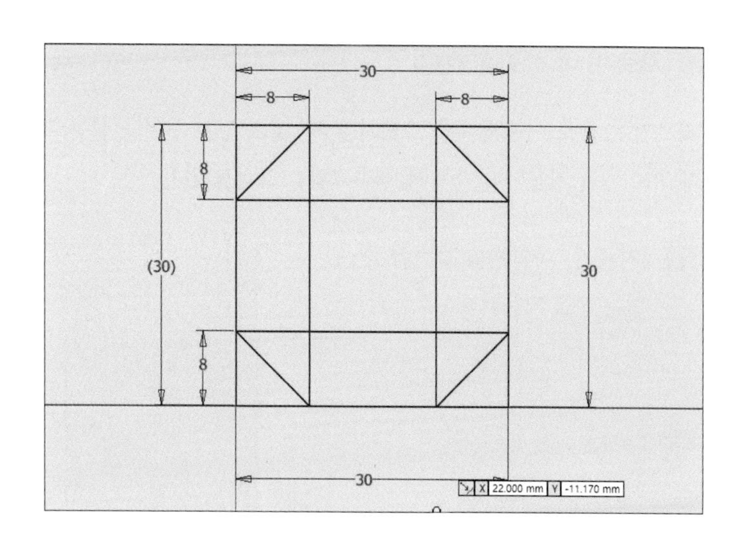

07 정사각형의 중앙에 중심선을 그립니다(그릴 때 수평, 수직으로 이동).

❶ 정사각형의 왼쪽 선에 중심점에서 왼쪽으로 3mm 이동한 후 클릭합니다.
❷ 오른쪽으로 마우스를 이동하여 치수에 '36mm'를 입력합니다(가로축의 중심선).
❸ 정사각형의 위 선에 중심점에서 위로 3mm 이동한 후 클릭합니다.
❹ 아래로 마우스를 이동하여 치수에 '36mm'를 입력합니다(세로축의 중심선).

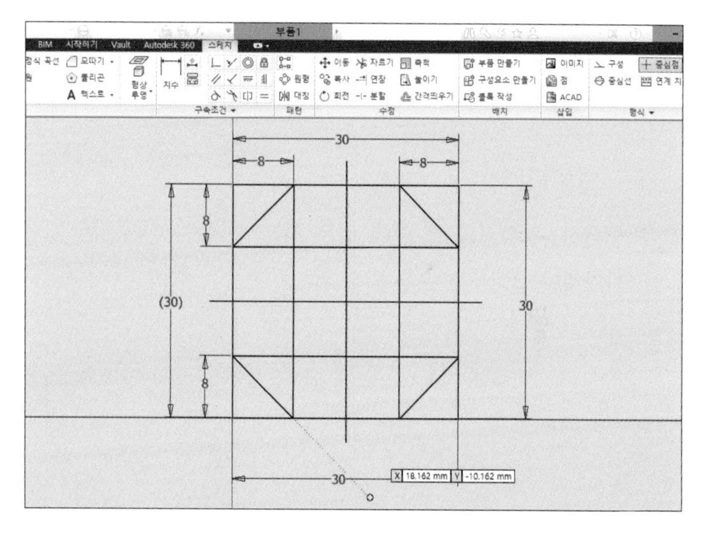

08 2개의 가로 및 세로축의 선을 클릭한 후 [중심선] 아이콘을 클릭합니다.

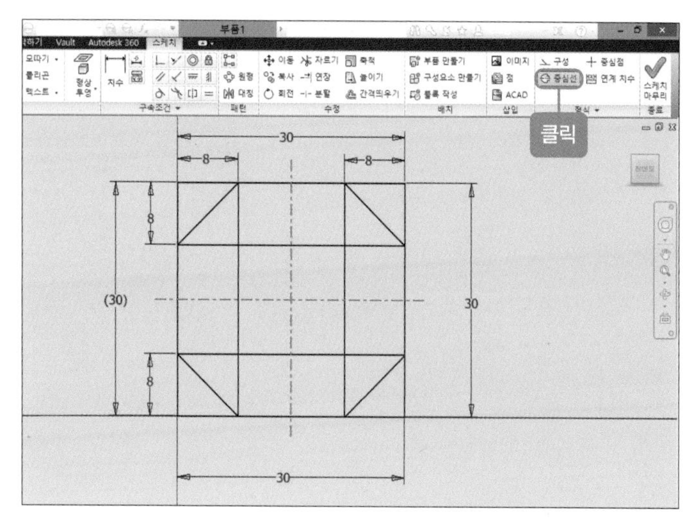

2 [자르기] 아이콘(자르기)

'자르기'는 주로 어떤 물체를 스케치할 때, 필요 없는 선이나 잘못 그린 선을 지울 때 가장 많이 사용합니다. [자르기] 아이콘을 이용하여 다음 예시의 그림을 그려봅시다.

01 [자르기] 아이콘을 클릭한 후 필요 없는 선을 지웁니다.

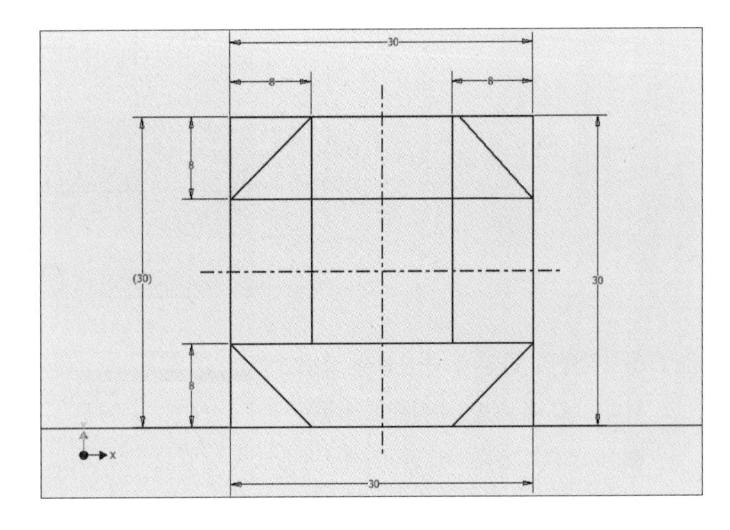

02 중심선, 팔각형과 그 안에 있는 직사각형만 남겨두고 모두 지웁니다.

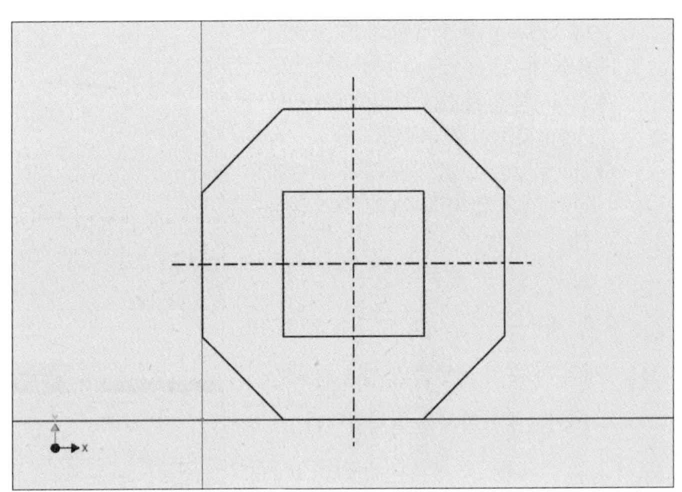

❸ [복사] 아이콘(복사)

'복사'는 주로 어떤 스케치나 형상이 여러 개가 필요할 때 많이 사용합니다. 복사를 사용하면 쉽게 형상을 만들 수 있을 뿐만 아니라 시간도 절약됩니다. [복사] 아이콘을 이용하여 다음 예시의 그림을 그려봅시다.

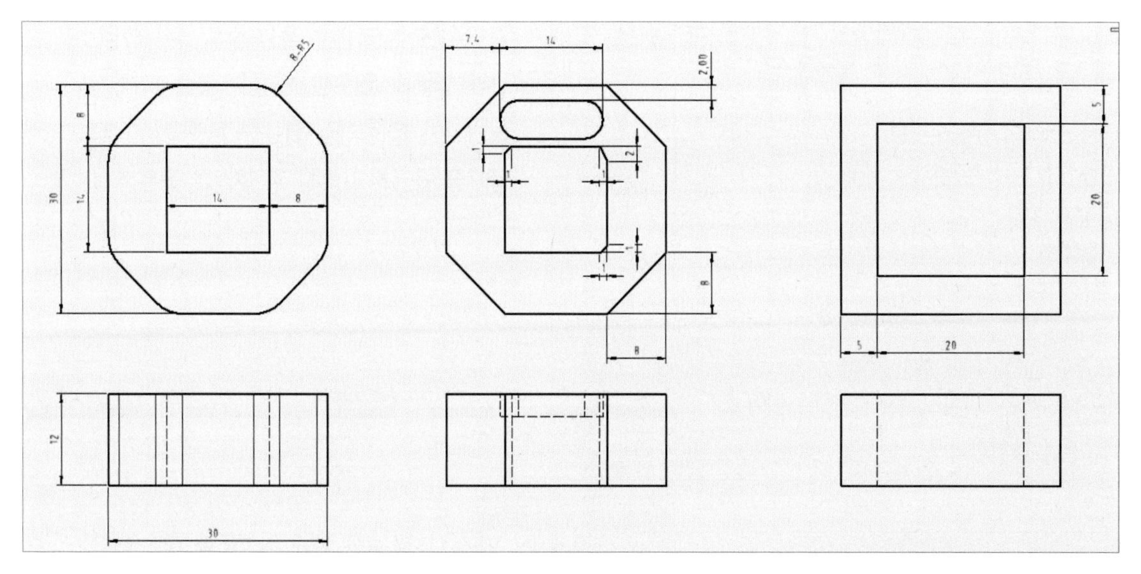

01 [복사] 아이콘을 클릭한 후 복사할 스케치를 클릭합니다.

❶ [복사] 대화상자에서 [선택]을 클릭합니다.

❷ 팔각형과 중심선, 직사각형을 모두 클릭합니다.

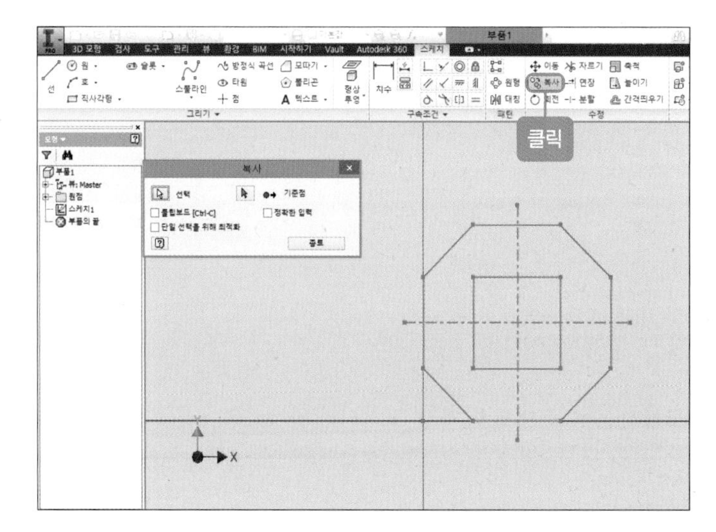

02 마우스를 이용하여 스케치의 기준점을 클릭합니다.

❶ [복사] 대화상자에서 '기준점'을 클릭합니다.

❷ 마우스를 이용하여 팔각형의 아래 부분에 있는 녹색 점을 클릭합니다.

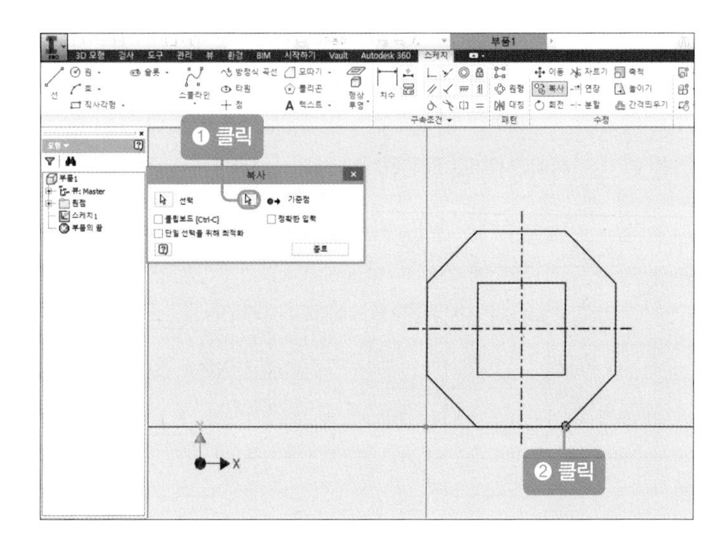

03 원하는 위치로 드래그하여 마우스를 클릭합니다.

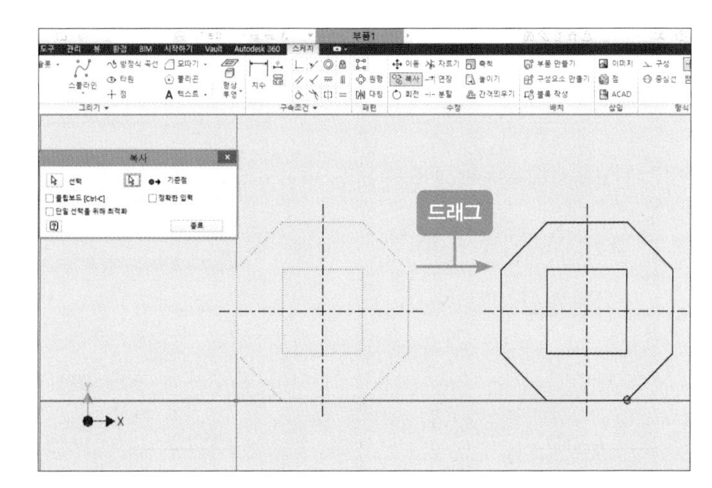

4 [모깎기] 아이콘(모깎기)

'모깎기'는 주로 마모 방지 및 모서리의 날카로운 부분을 매끄럽게 하기 위하여 라운드를 주는 것을 말합니다. [모깎기] 아이콘을 이용하여 다음 예시의 그림을 그려봅시다(2D 스케치의 모깎기). 형상화를 시킨 후에 사용하는 모깎기와 동일한 방법입니다.

01 [모깎기] 아이콘을 클릭한 후 모깎기할 선 1개를 클릭합니다.

❶ 왼쪽에 있는 팔각형의 원점과 수직하는 선을 클릭합니다.

❷ 치수에 5mm를 입력합니다.

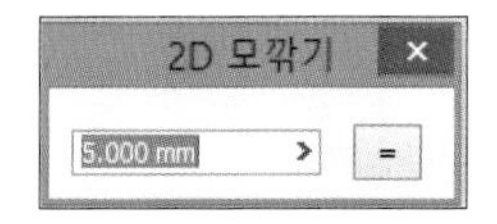

02 01에서 클릭한 선의 꼭짓점과 만나는 선을 클릭합니다. 01에서 클릭한 선을 기준으로 오른쪽 위에 있는 대각선을 클릭합니다.

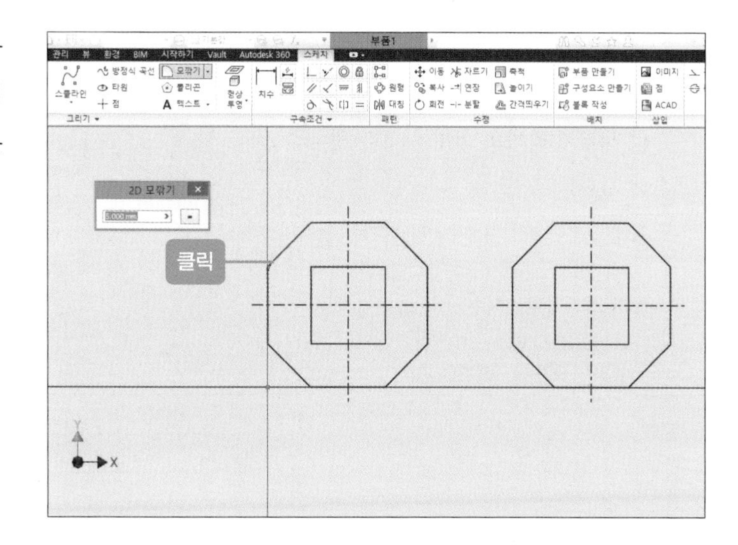

03 01, 02를 참고하여 팔각형의 각 꼭짓점을 5mm로 모깎기를 합니다.

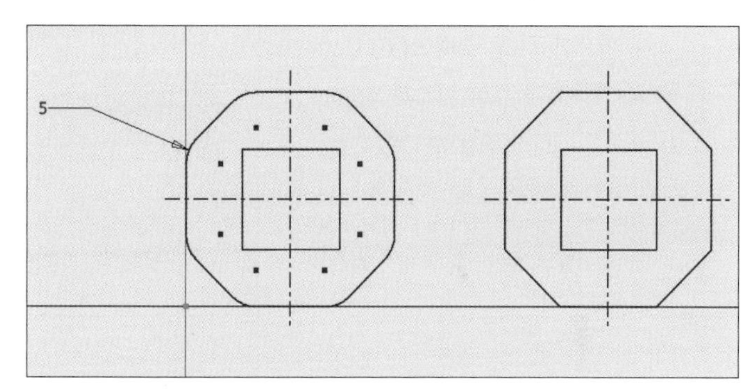

5 [모따기] 아이콘(모따기)

'모따기'는 주로 모서리의 날카로운 부분, 마모를 방지하기 위하여 사용합니다. 모따기는 다양한 방법으로 할 수 있습니다(거리, 거리1와 거리2, 거리와 각도). [모따기] 아이콘을 이용하여 다음 예시의 그림을 그려봅시다(2D 스케치의 모따기). 형상화를 시킨 후에 사용하는 모따기와 동일한 방법입니다.

01 [모따기] 아이콘을 클릭한 후 모따기가 필요한 선을 클릭합니다(가로 및 세로 모따기 거리가 똑같은 경우에 사용)

❶ 오른쪽의 팔각형 안에 있는 직사각형 왼쪽 선과 위 선을 클릭합니다.
❷ 거리 치수를 '1mm'로 입력한 후 [확인] 버튼을 클릭합니다.

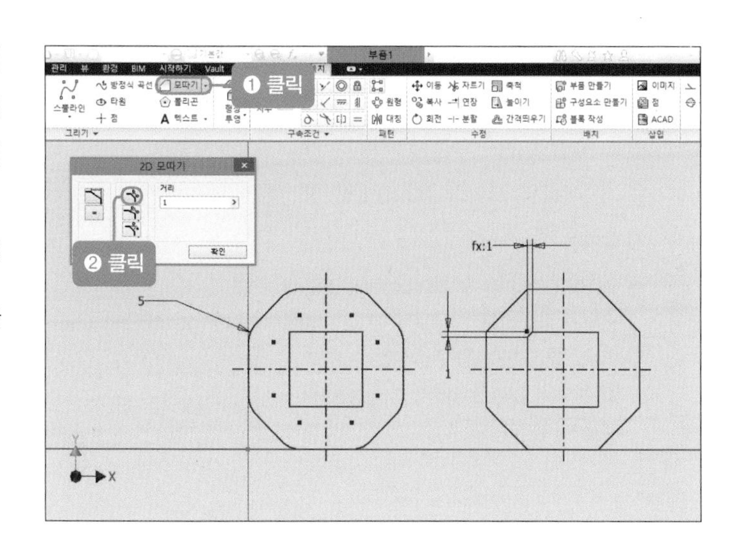

02 [모따기] 아이콘을 클릭한 후 모따기가 필요한 선을 클릭합니다(가로 및 세로 모따기의 거리가 다를 경우에 사용).

❶ 오른쪽의 팔각형 안에 있는 직사각형 위 선과 오른쪽 선을 클릭합니다.
❷ 거리1(가로) 치수를 '1mm', 거리2(세로) 치수에 '2mm'를 입력한 후 [확인] 버튼을 클릭합니다.

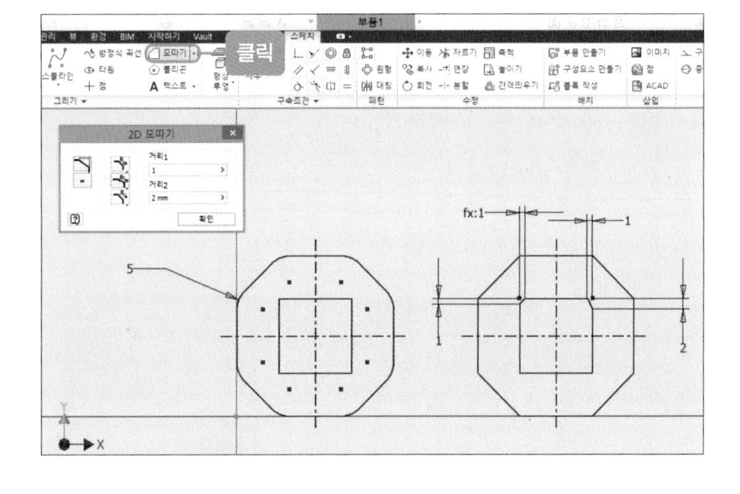

03 [모따기] 아이콘을 클릭한 후 모따기가 필요한 선을 클릭합니다(모따기 시 각도가 필요한 경우에 사용).

❶ 오른쪽의 팔각형 안에 있는 직사각형의 아래 선과 오른쪽 선을 클릭합니다.
❷ 거리(가로)치수를 1mm, 각도 치수에 '45°'를 입력한 후 [확인] 버튼을 클릭합니다.

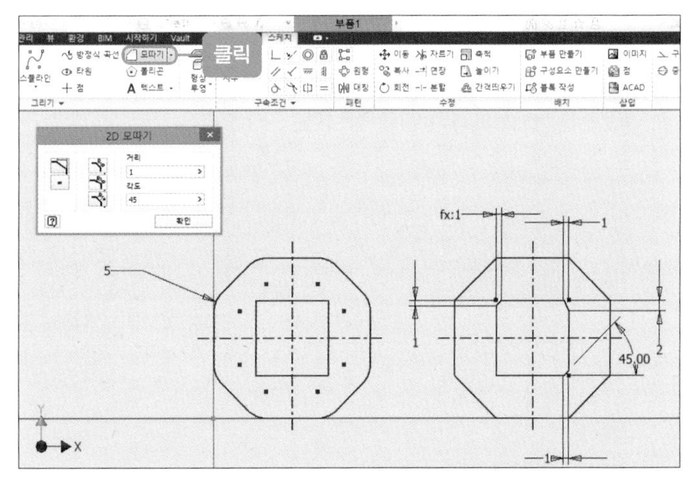

6 [직사각형] 아이콘(직사각형)

직사각형은 어떤 물체의 윤곽을 그리기 위한 가장 큰 단위라고 할 수 있습니다. 직사각형은 3D로 형상화할 때 가장 많이 사용되는 아이콘입니다. [직사각형] 아이콘을 이용하여 다음 예시의 그림을 그려봅시다.

01 [직사각형] 아이콘을 클릭한 후 원하는 위치에 마우스를 클릭하고 가로 및 세로의 길이가 '30mm'인 정사각형을 그립니다.

❶ X축이 0이 되는 임의의 위치에 마우스를 클릭합니다.
❷ 마우스를 오른쪽 위로 움직인 후 가로 및 세로의 길이를 '30mm'로 입력하고 Enter 를 누릅니다.

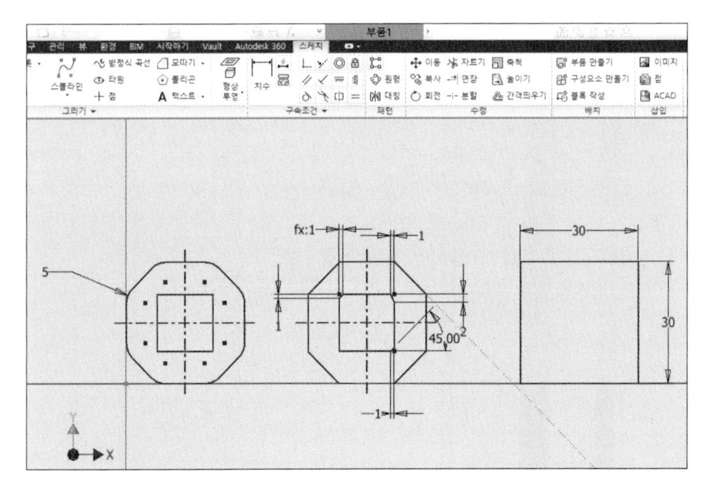

7 [간격 띄우기] 아이콘(간격띄우기)

간격 띄우기는 2D 스케치에서 스케치를 한 후 상 · 하 · 좌 · 우, 안쪽 · 바깥쪽으로 복사할 수 있는 기능입니다. 즉, 2D 스케치에서의 [복사] 아이콘과 동일하다고 생각하면 됩니다. [간격 띄우기] 아이콘을 이용하여 다음 예시의 그림을 그려봅시다.

01 [간격 띄우기] 아이콘을 클릭한 후 간격 띄우기할 스케치를 클릭합니다. 그런 다음 정사각형을 클릭합니다.

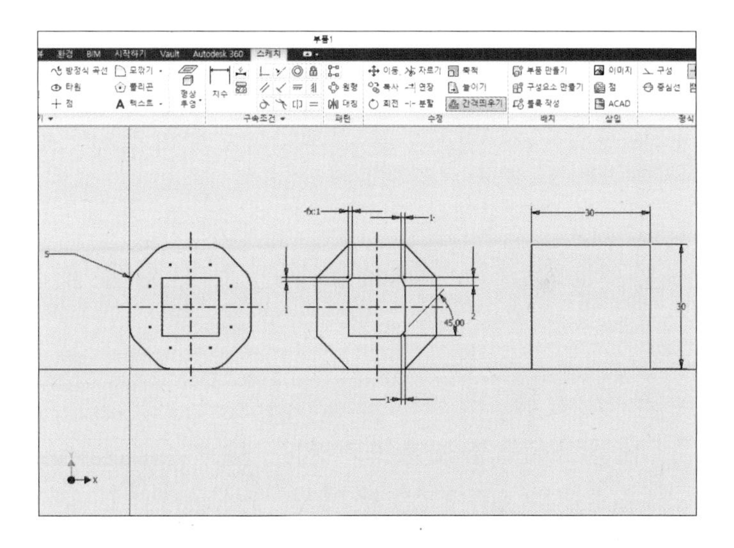

02 마우스를 직사각형 안으로 이동하여 임의의 위치에서 클릭합니다(치수 기입이 필요할 경우 기입할 것).

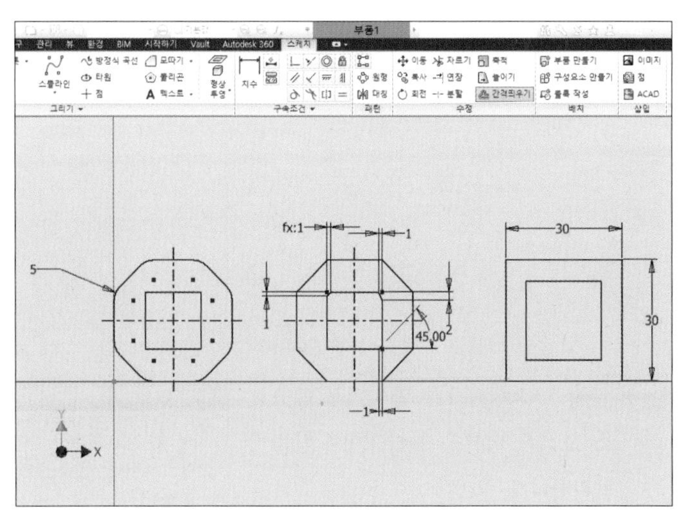

8 [형상투영] 아이콘( )

형상투영은 [작업 평면] 아이콘을 사용하거나 다른 스케치 평면의 선을 나타낼 때 주로 사용합니다. 절단 모서리 투영과 키보드의 F7을 많이 사용하기도 합니다. [형상투영] 아이콘을 이용하여 다음 예시의 그림을 그려봅시다.

01 마우스 오른쪽 버튼을 눌러 스케치 마무리를 클릭합니다.

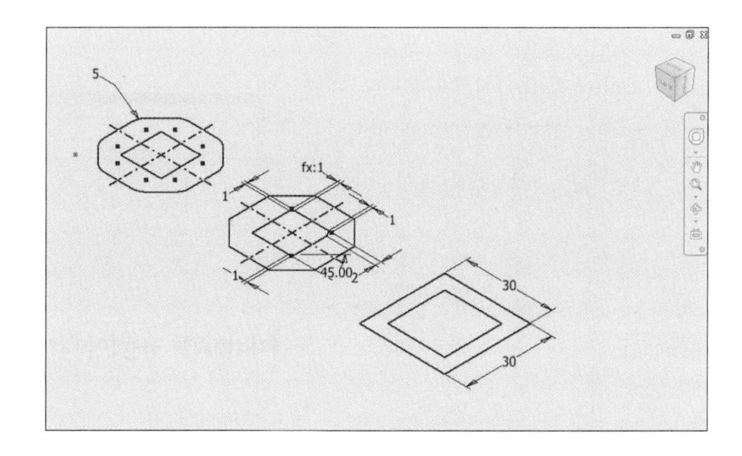

02 [돌출] 아이콘을 클릭한 후 [프로파일]을 클릭하고 왼쪽에 있는 팔각형을 클릭합니다. 방향 1을 클릭하고 치수에 '12mm'를 입력한 후 [확인] 버튼을 클릭합니다.

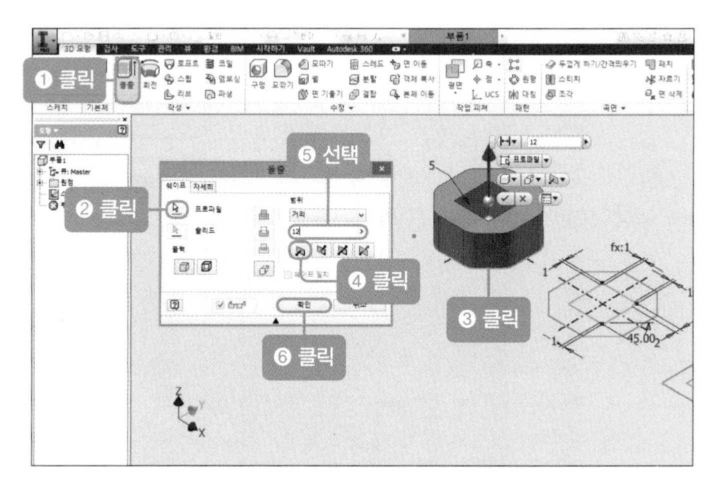

03 '돌출 1-스케치 1'을 클릭하고 마우스 오른쪽 버튼을 눌러 [가시성]을 클릭합니다.

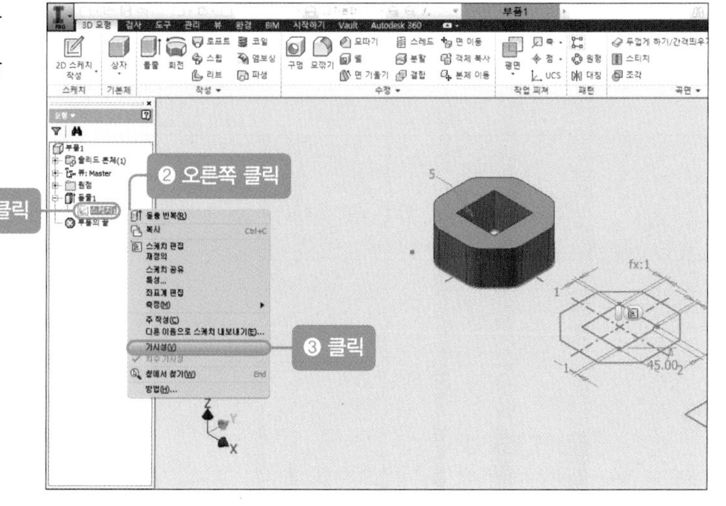

04 12mm로 돌출시킵니다.

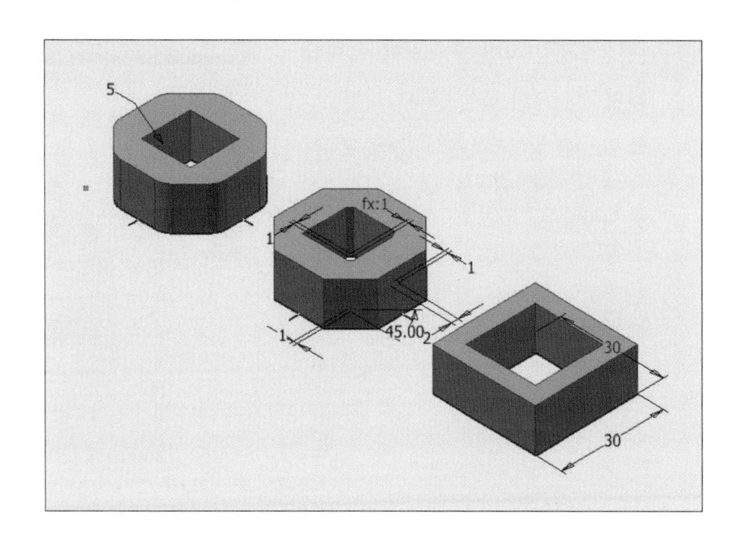

05 '돌출 1-스케치 1'을 클릭한 후 마우스 오른쪽 버튼을 눌러 [가시성]의 체크를 해제합니다.

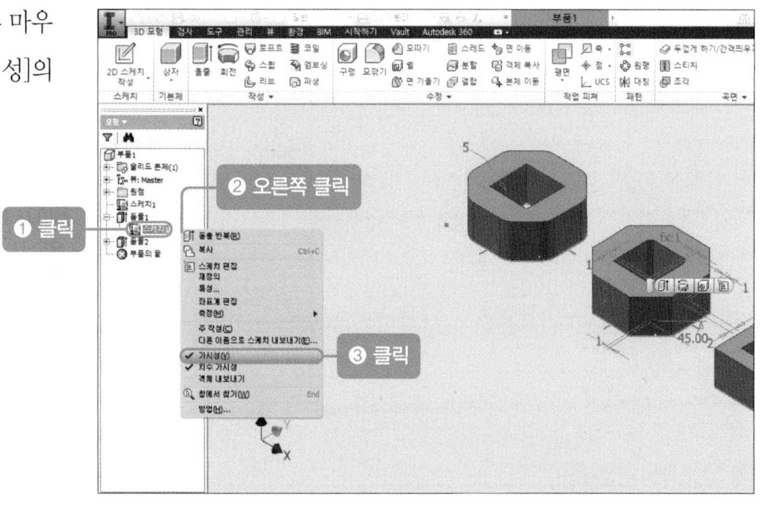

06 왼쪽에 있는 팔각형의 윗면을 클릭한 후 [2D 스케치 작성] 아이콘을 클릭합니다.

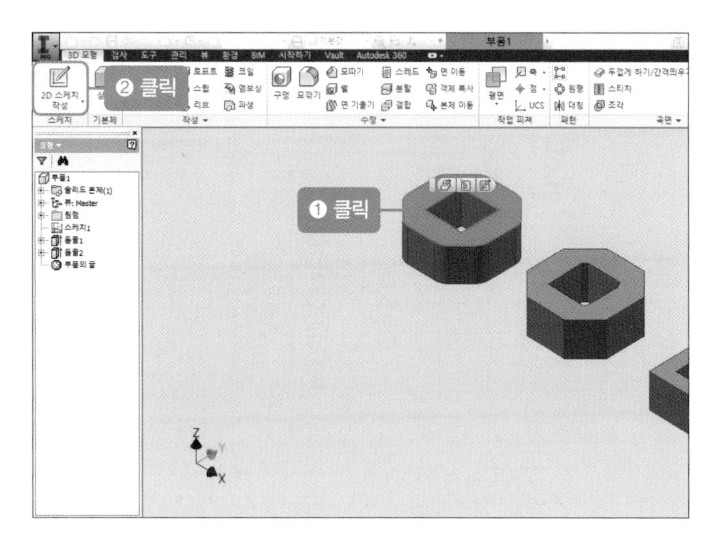

07 [형상투영] 아이콘을 클릭한 후 형상 투영이 필요한 선을 클릭합니다.

❶ 두 번째 팔각형과 정사각형의 테두리를 모두 클릭합니다.
❷ 형상투영이 되면 선이 녹색으로 바뀝니다.

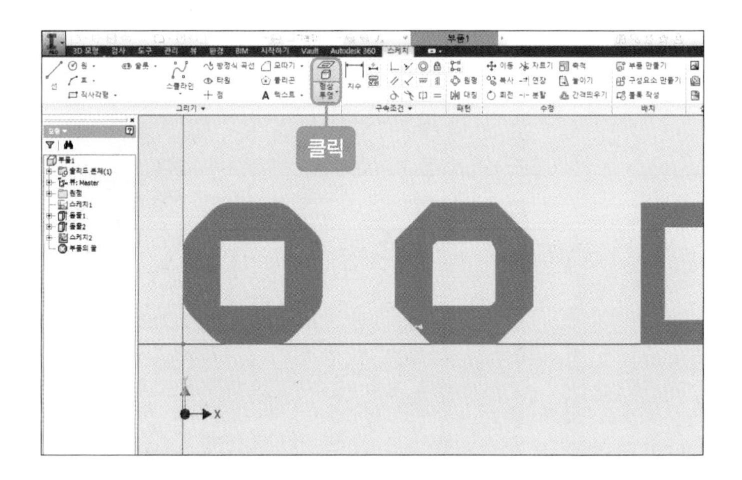

08 F7을 누르면 절단된 모습으로 나타납니다.

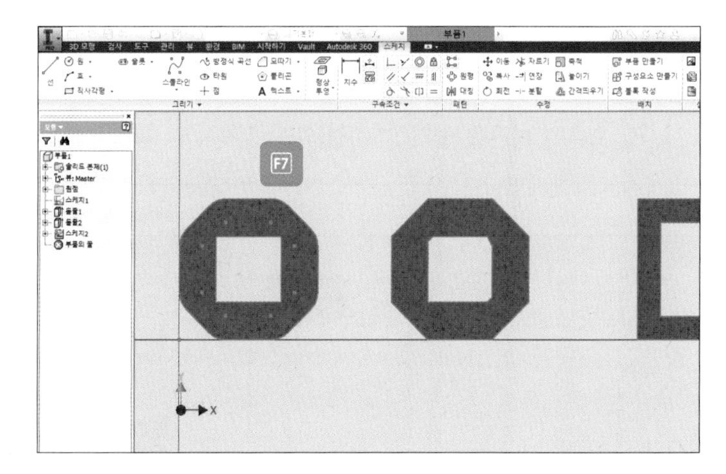

❾ [회전] 아이콘( )

기어, 커버, 축, 벨트 풀리 등 회전체를 만들 때 많이 사용합니다. [회전] 아이콘을 이용하여 다음 예시의 그림을 그려봅시다.

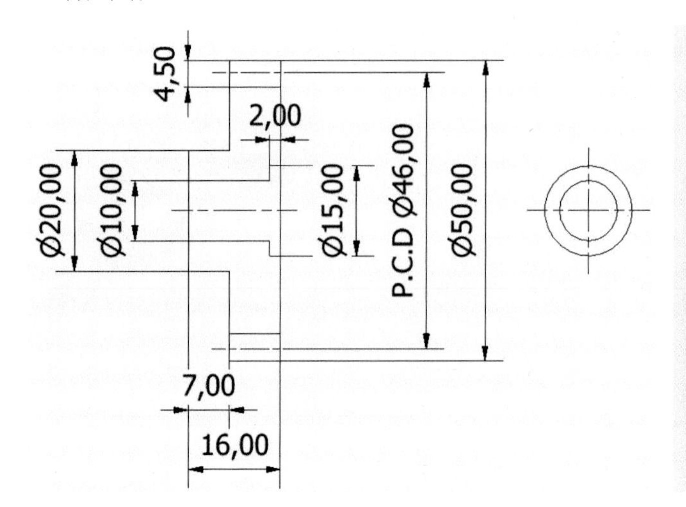

스퍼기어 요목표		
기어 치형		표 준
공 구	모듈	2
	치형	보통이
	압력각	20°
전체 이 높이		4.5
피치원 지름		Ø46
잇 수		23
다듬질 방법		호브 절삭
정밀도		KS B ISO 1328-1.4급

01 [선] 아이콘을 이용하여 임의의 위치에서 스퍼기어의 이뿌리원까지 그립니다(지름 치수는 일반 선과 중심선을 클릭하면 됩니다).

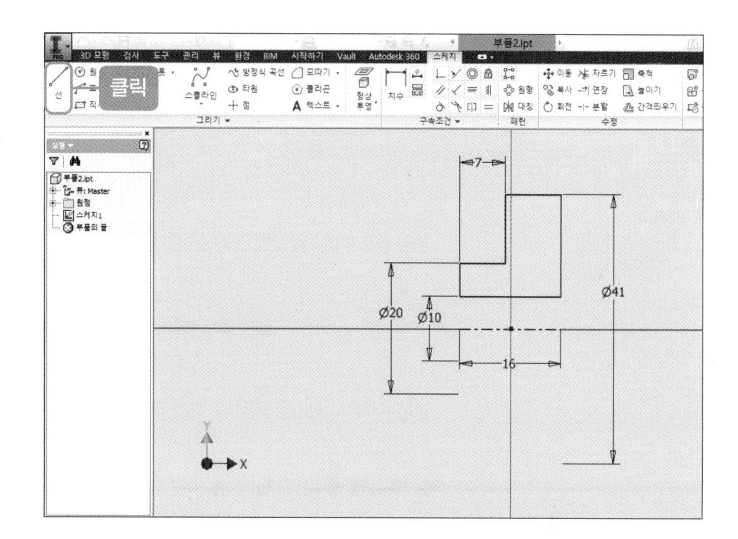

02 마우스 오른쪽 버튼을 눌러 [스케치 마무리]를 클릭합니다.

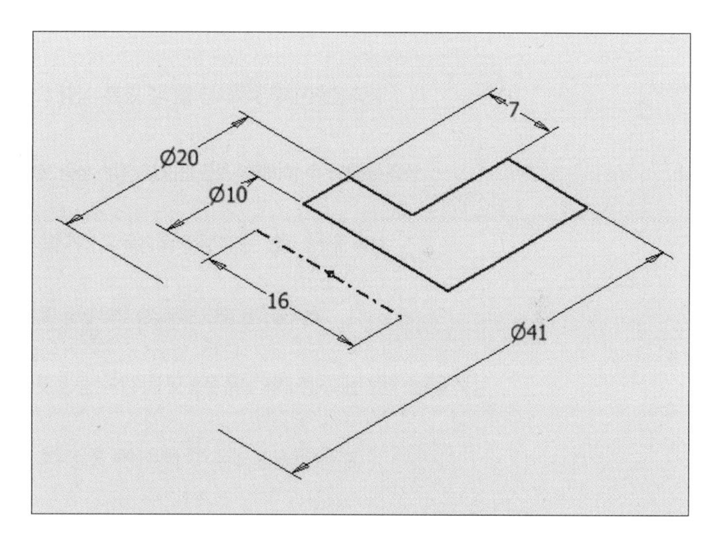

03 [회전] 아이콘을 클릭한 후 [프로파일]을 클릭하고 자신이 그린 스케치를 클릭합니다. [회전] 대화상자에서 '축'을 클릭한 후 중심선을 클릭하고 [확인] 버튼을 누릅니다.

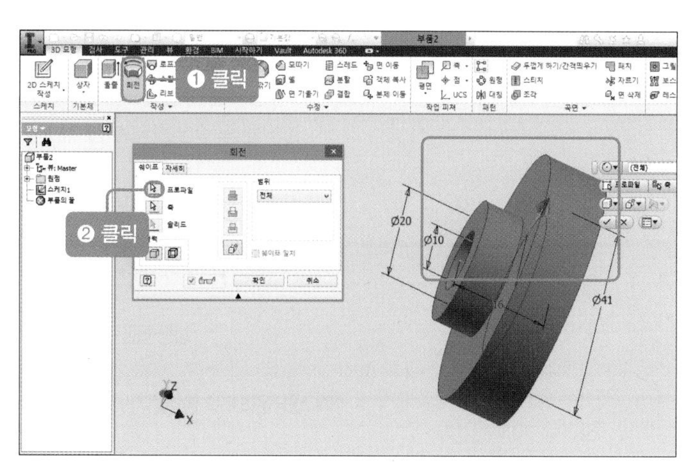

04 빨간색 면을 클릭한 후 [2D 스케치 작성] 아이콘을 클릭합니다.

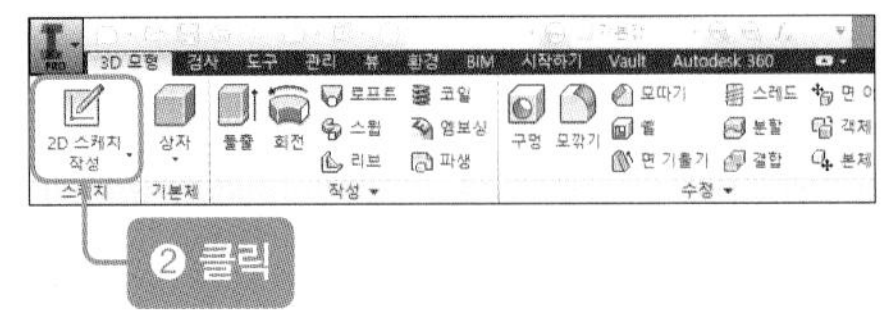

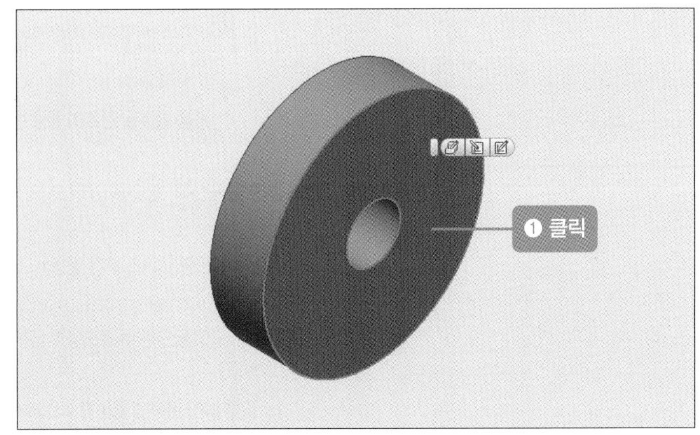

05 [원] 아이콘을 클릭한 후 중앙의 중심점을 클릭하고 마우스를 움직인 다음, 치수에 '15mm'를 입력합니다.

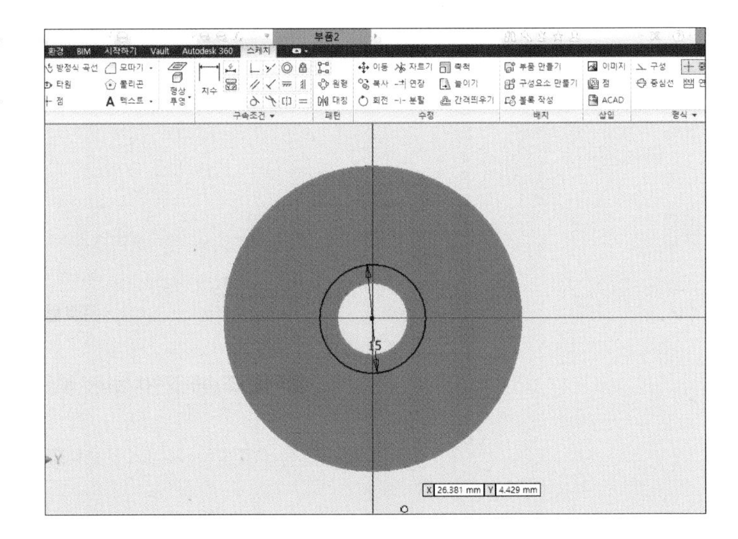

06 마우스 오른쪽 버튼을 눌러 스케치 마무리를 클릭합니다.

07 [돌출] 아이콘을 클릭한 후 [프로파일]을 클릭하고 빨간색 원을 클릭합니다. [돌출] 대화상자에서 '차집합'과 '방향2'를 클릭하고 치수에 '2mm'를 입력한 후 [확인] 버튼을 누릅니다.

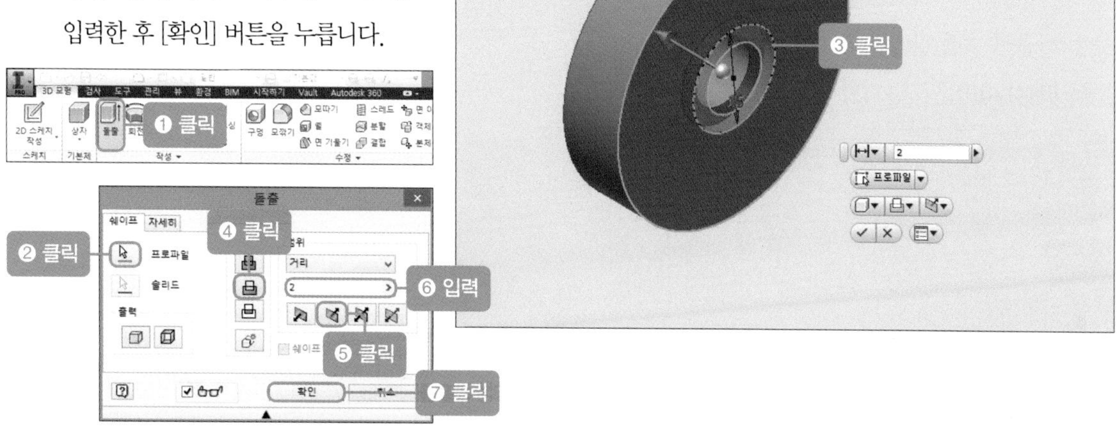

08 돌출시키면 구멍이 뚫립니다.

⑩ [호] 아이콘(호)

호는 원의 일종이라고 할 수 있습니다. 보통 원의 일부분만 그릴 때나 스퍼기어의 치형을 만들 때 주로 사용합니다. 그리고 3점 호와 중심점 호를 가장 많이 사용합니다. 호 아이콘을 이용하여 다음 예시의 그림을 그려봅시다.

01 빨간색 원을 클릭한 후 [2D 스케치 작성] 아이콘을 클릭합니다.

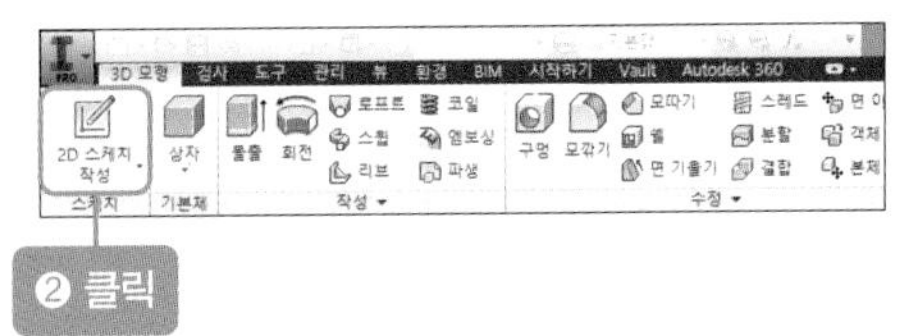

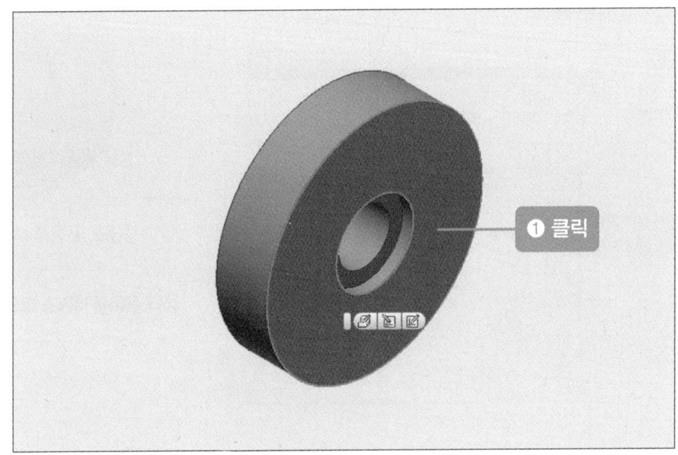

02 [원] 아이콘을 클릭한 후 46mm, 50mm의 원을 그립니다.

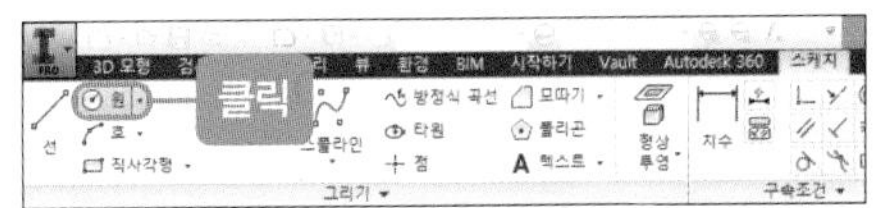

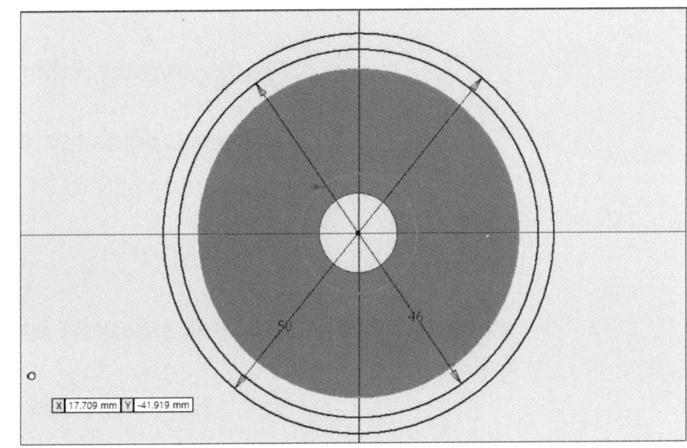

03 [선] 아이콘을 클릭한 후 중심점을 클릭하고 세로축으로 선 1개를 그립니다.

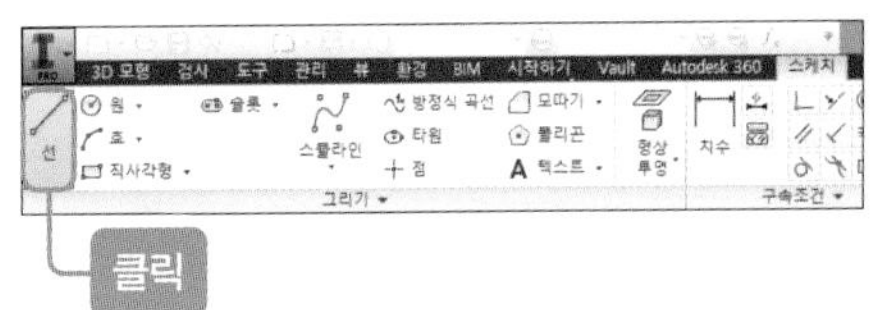

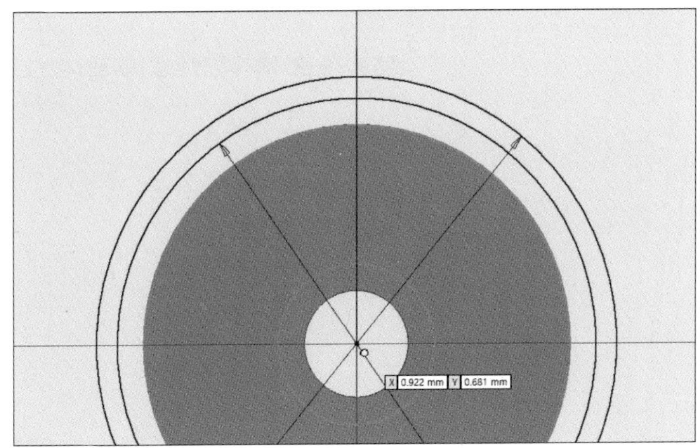

04 [간격 띄우기] 아이콘을 클릭한 후 방금 전에 그렸던 세로축의 선을 클릭하고 왼쪽으로 '3개의 선'을 만듭니다.

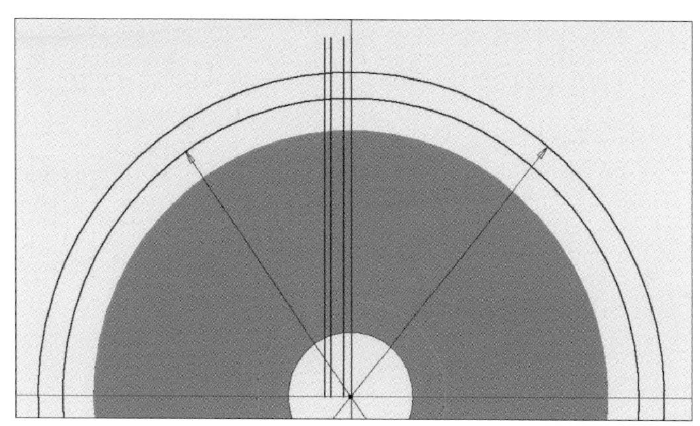

05 [치수] 아이콘을 클릭한 후 첫 번째-두 번째 선 / 두 번째-세 번째 선 / 두 번째-네 번째 선을 클릭하여 치수를 각각 '0.5mm', '1mm', '1.57mm'로 수정합니다.

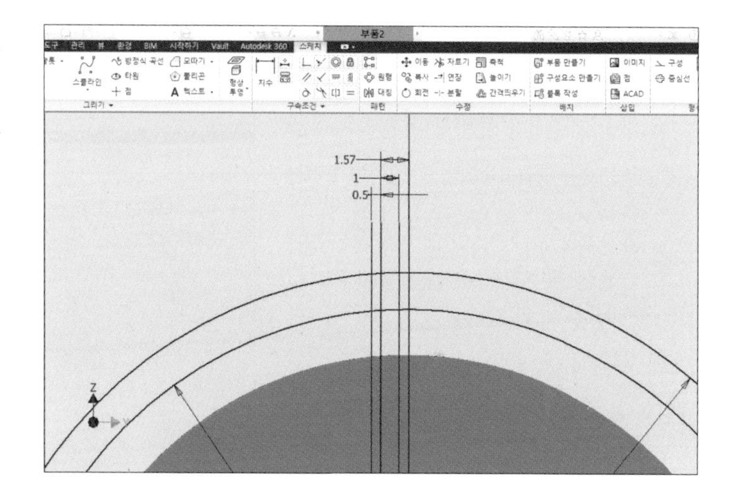

06 [호] 아이콘을 클릭한 후 호를 그립니다.

❶ '이끝원과 세 번째 선'이 만나는 점, '이뿌리원과 첫 번째 선'이 만나는 점, '피치원과 두 번째 선'이 만나는 점을 클릭하여 '치형 반쪽'을 그립니다.

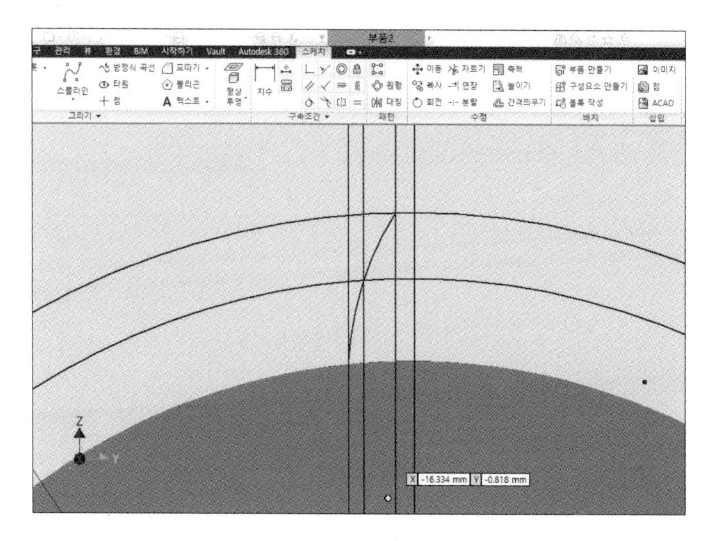

11 대칭 아이콘(대칭)

'대칭'은 데칼코마니라고 할 수 있습니다. 축을 기준으로 하여 반대편에 똑같은 스케치나 형상을 나타내는 것입니다. 대칭 아이콘을 이용하여 다음 예시의 그림을 그려봅시다.

01 대칭 아이콘을 클릭한 후 대칭할 스케치를 클릭합니다.

❶ [대칭] 대화상자에서 '선택'을 클릭합니다.

❷ 호로 그린 치형 반쪽을 클릭합니다.

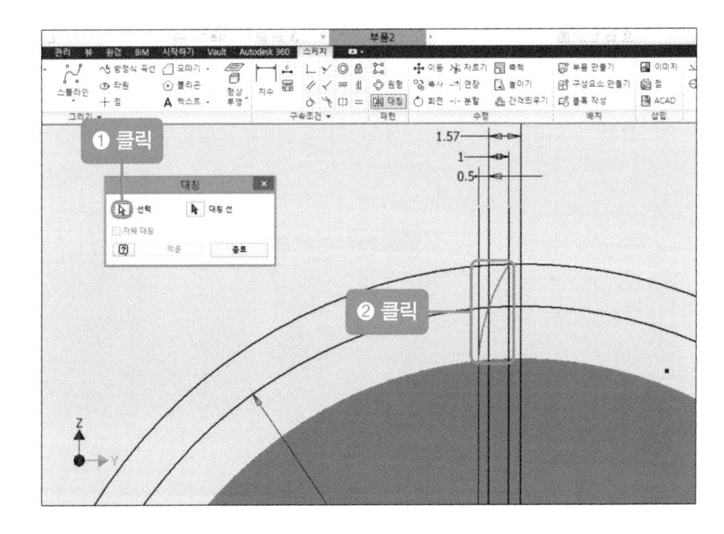

02 대칭 기준선을 클릭합니다.

❶ [대칭] 대화상자에서 '대칭선'을 클릭합니다.

❷ 왼쪽에서 세로축의 네 번째 선(원의 중심점을 지나는 선)을 클릭합니다(대칭의 기준선).

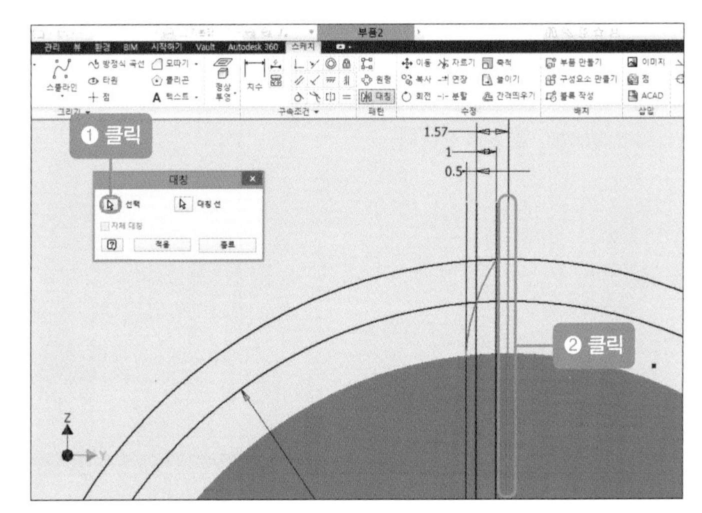

03 대칭시키면 치형이 완성됩니다.

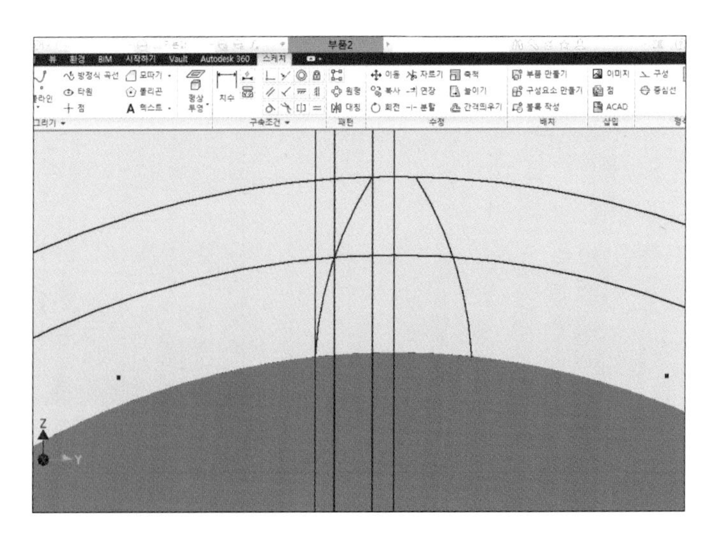

⑫ [원형 패턴] 아이콘(원형)

'원형 패턴'은 호 또는 원 패턴으로 배열하는 것이며, 보통 원통(형), 스퍼기어에서 많이 사용됩니다. [원형 패턴] 아이콘을 이용하여 다음 예시의 그림을 그려봅시다.

01 우선 원형 패턴할 기어의 이를 만들어 봅시다. 치형을 제외하고 나머지 선과 원을 모두 클릭한 후 [구성] 아이콘을 클릭합니다.

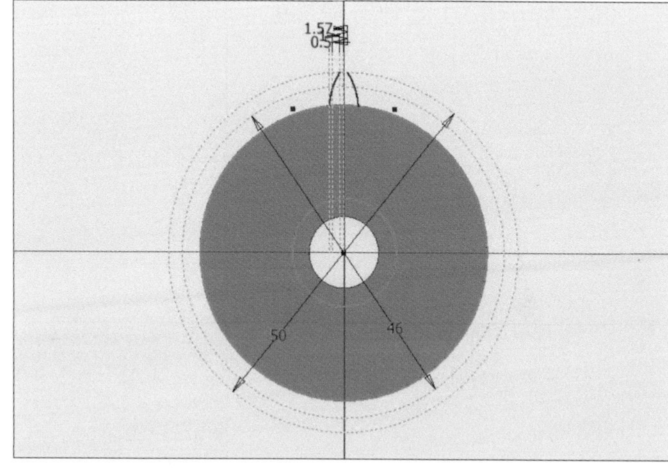

02 [호] 아이콘을 클릭한 후 치형의 호를 그립니다.

❶ 원의 중심점을 클릭합니다.
❷ 치형 아래의 각 끝점을 클릭합니다.
❸ 치형 위의 각 끝점을 클릭합니다.

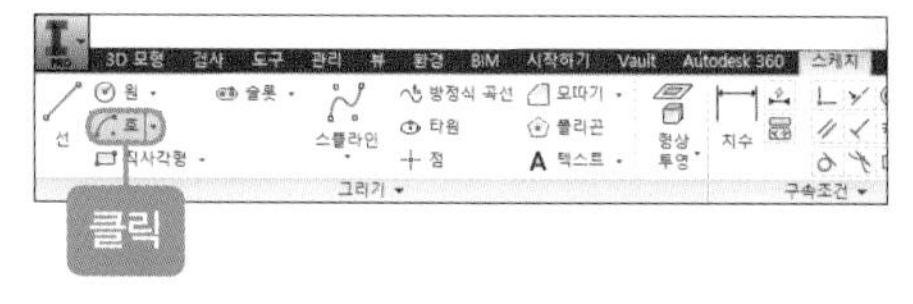

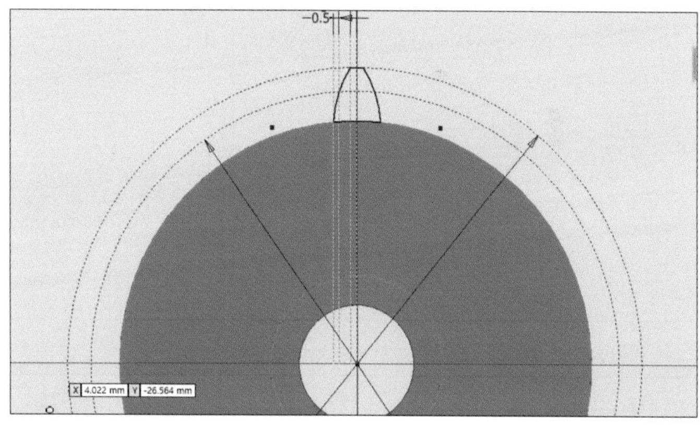

03 마우스 오른쪽 버튼을 눌러 [스케치 마무리]를 클릭합니다.

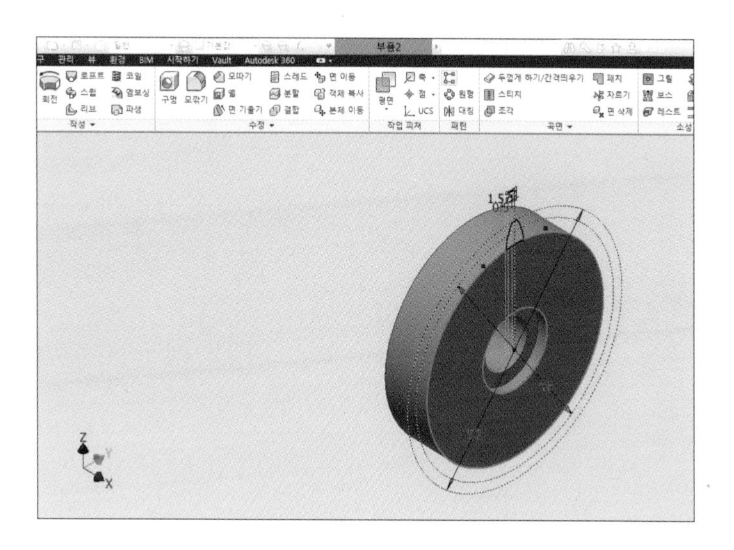

04 [돌출] 아이콘을 클릭한 후 [프로파일]을 클릭하고 치형을 클릭합니다. [돌출] 대화상자에서 '합집합'과 '방향2'를 클릭한 후 치수에 '9mm'를 입력하고 [확인] 버튼을 클릭합니다.

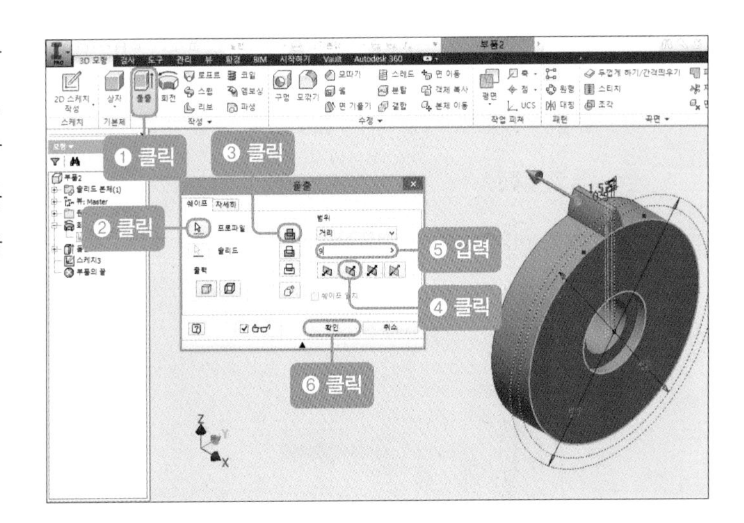

05 [원형 패턴] 대화상자에서 '피쳐'를 클릭한 후 탐색기에서 [돌출2]를 클릭합니다.

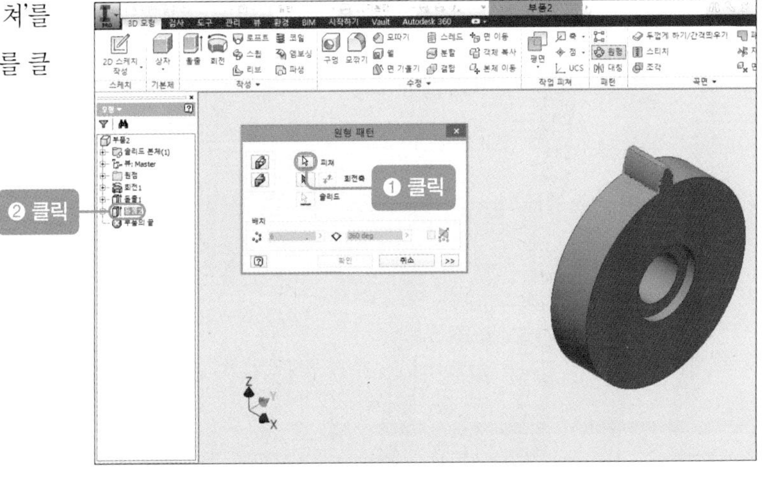

06 [원형 패턴] 대화상자에서 '회전축'을 클릭한 후 스퍼기어에서 '중심축'을 클릭합니다(중심축 외에 둥근면도 기준이 될 수 있습니다).

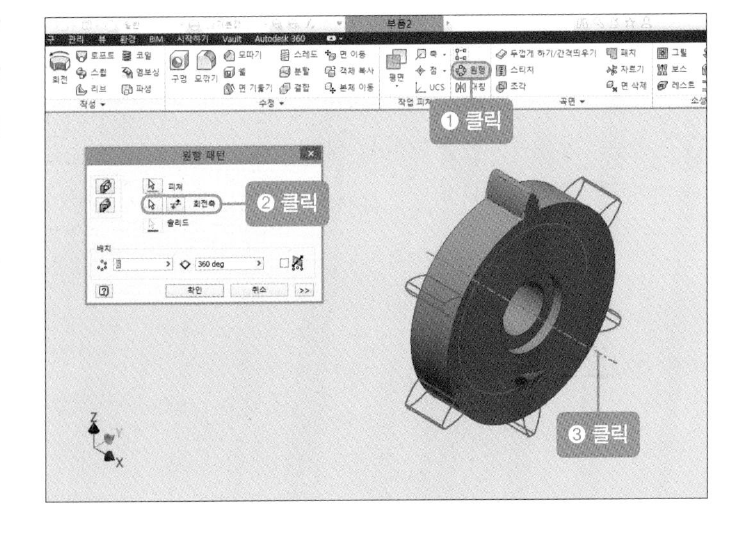

07 배치 수에 '23'을 입력한 후 [확인] 버튼을 클릭합니다.

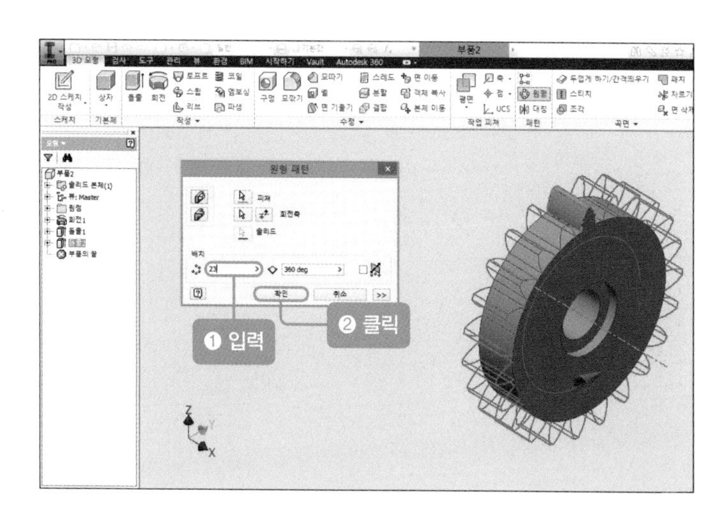

08 기어 치형이 잇수만큼 생성됩니다.

⑬ [직사각형 패턴] 아이콘(▦)

직사각형 패턴은 행과 열로 배열하는 것입니다. 보통 본체 등에서 많이 사용됩니다. 행으로 할 경우에는 방향1, 열로 할 경우에는 방향2, 행과 열로 할 경우에는 2개 모두 선택하고 입력하면 됩니다. [직사각형 패턴] 아이콘을 이용하여 다음 예시의 그림을 그려봅시다.

01 [원] 아이콘을 클릭한 후 중심점을 클릭하고 '5mm'의 원을 그립니다.

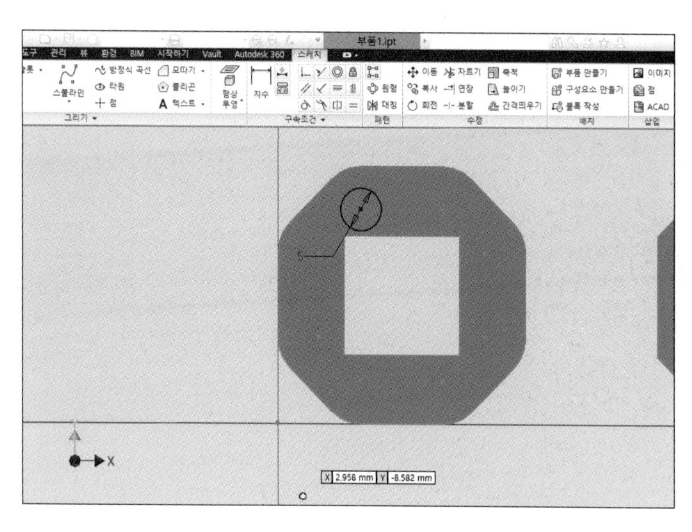

02 [직사각형 패턴] 대화상자에서 '형상'을 클릭하고 원을 클릭합니다.

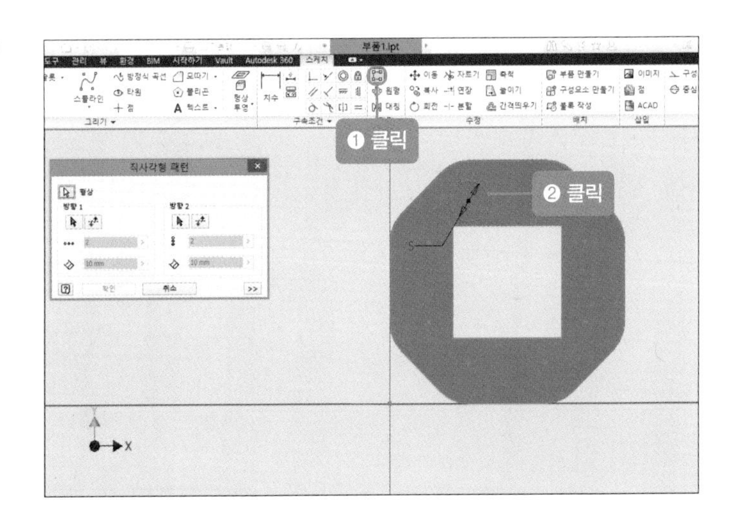

03 방향1(행)을 클릭한 후 모형에서 팔각형의 위 선을 클릭합니다. 그런 다음 개수와 거리를 입력합니다.

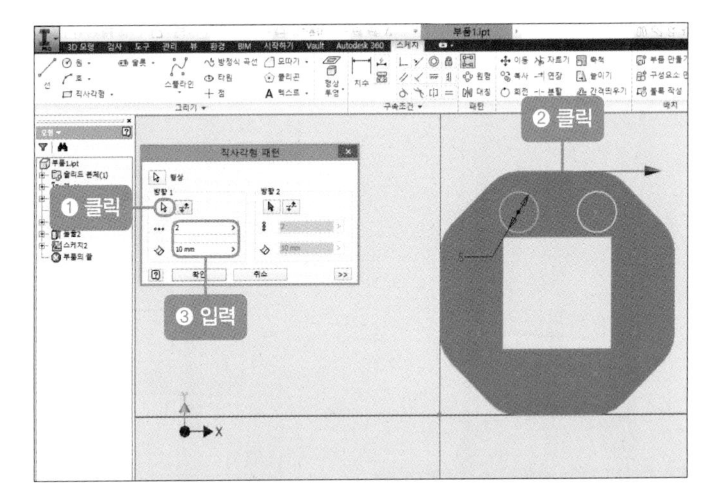

04 방향을 클릭한 후 개수와 거리를 입력합니다(방향 2=열).

❶ 방향2(열)를 클릭하고 모형에서 팔각형의 오른쪽 선을 클릭합니다.
❷ 개수와 거리를 입력합니다.

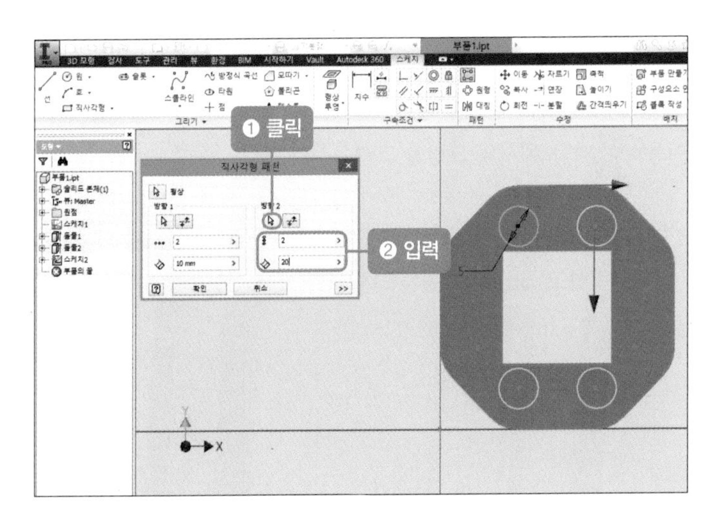

05 원이 행과 열로 복사됩니다.

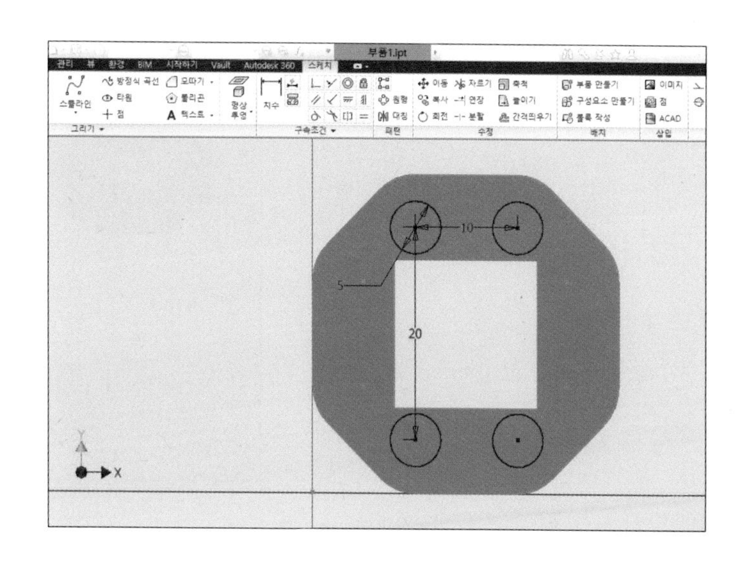

⓮ [슬롯] 아이콘(슬롯)

슬롯은 쉽게 키홈이나 키 등을 그릴 때 사용합니다. [슬롯] 아이콘을 이용하여 다음 예시의 그림을 그려봅시다.

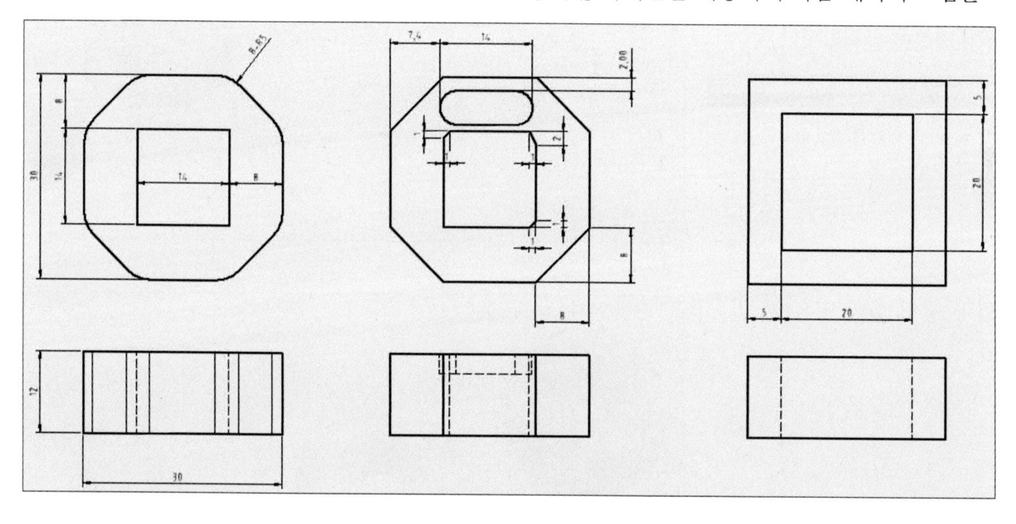

01 [슬롯] 아이콘을 클릭한 후 임의의 위치에 거리 '9mm', 지름 '5mm'인 슬롯을 그립니다.

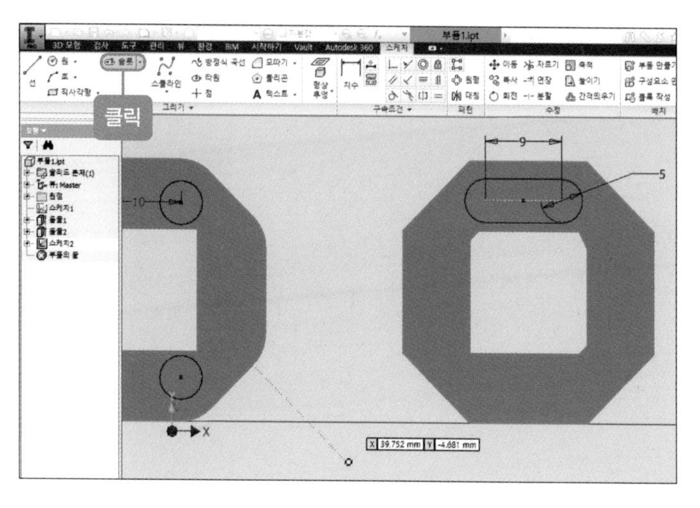

02 마우스 오른쪽 버튼을 눌러 스케치를 마무리합니다.

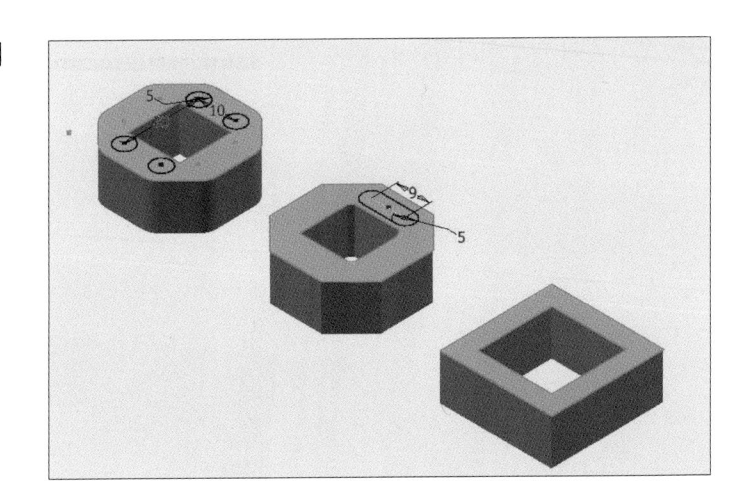

03 [돌출] 아이콘을 클릭한 후 프로파일을 클릭하고 슬롯을 클릭합니다. [돌출] 대화상자에서 [차집합]과 [방향2]를 클릭하고 치수를 '3mm'로 입력한 후 [확인] 버튼을 클릭합니다.

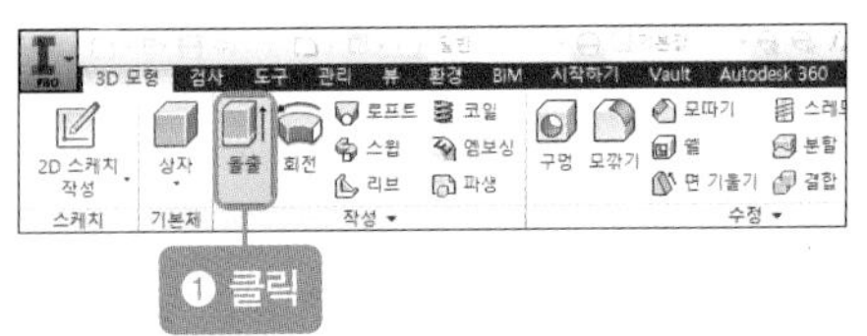

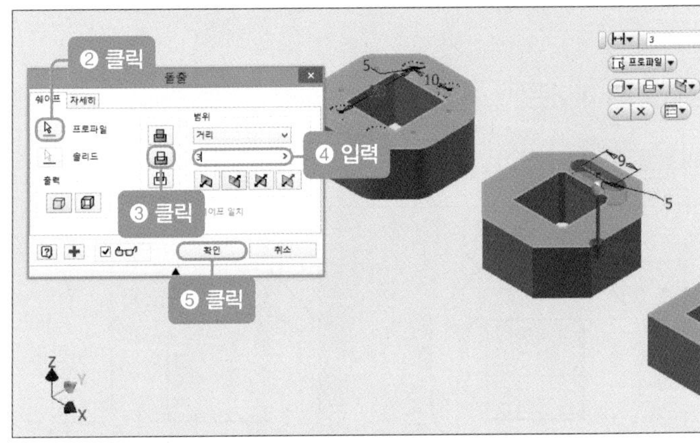

04 다음 그림과 같이 슬롯(키홈)이 만들어집니다.

CHAPTER

3 기본 기능을 이용한 부품 만들기

이번에는 기본 기능을 이용하여 부품을 만들어 보겠습니다.

1 부품 만들기

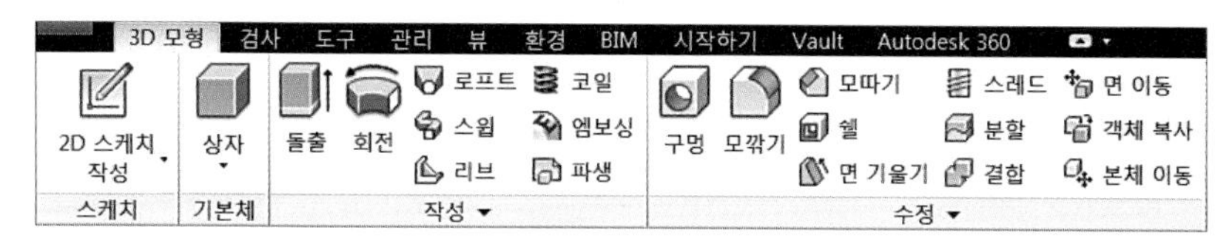

1. 시작하기

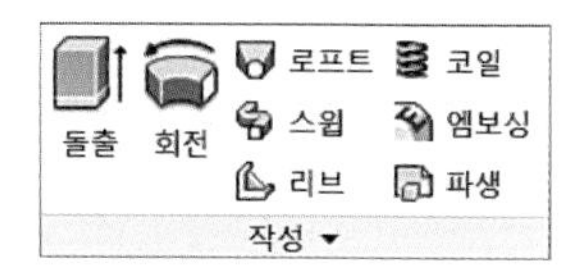

2. 돌출()

직선 경로를 따라 스케치 프로파일을 투영하며, 솔리드와 함께 곡면을 작성하려는 경우에 사용합니다.

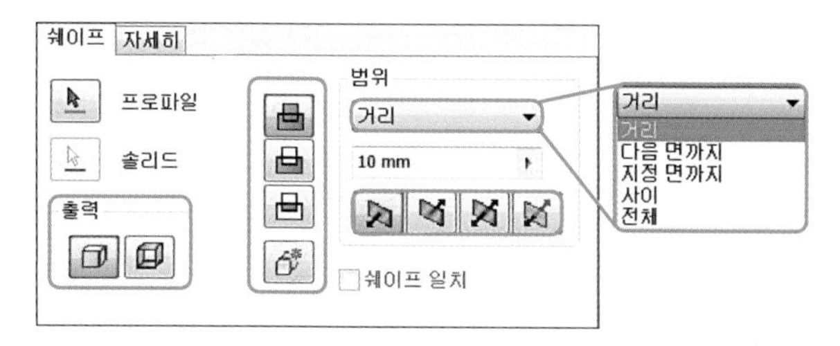

Tip 프로파일: 돌출할 객체를 선정

• 출력

출력

솔리드: 속이 꽉 찬 솔리드 모델로 생성합니다.
곡면: 프로파일의 선을 돌출해 면만 생성합니다.

• 유형

합집합: 원래 객체와 현재 생성된 객체를 합칩니다.

차집합: 원래 객체에서 현재 생성된 객체를 제거합니다.

교집합: 원래 객체와 현재 생성된 객체의 겹치는 부분만 남깁니다.

새 솔리드: 원래의 객체와 떨어진 별개의 새로운 객체를 생성합니다.

• **범위**

거리: 돌출 거리를 입력하여 프로파일을 돌출합니다.

다음 면까지: 최종 돌출시킬 방향 면을 선택합니다.

지정 면까지: 사용자가 정해주는 평면까지 돌출합니다.

사이: 시작 및 끝 종료 평면을 선택하여 돌출합니다.

전체: 돌출 방향을 클릭하거나 양방향으로 동일하게 돌출합니다.

• **방향**

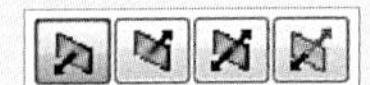

정방향: 해당 스케치가 작성된 면에서 + 방향으로 돌출됩니다.

역방향: 해당 스케치가 작성된 면에서 - 방향으로 돌출됩니다.

대칭: 해당 스케치가 작성된 면에서 양방향으로 돌출됩니다.

비대칭: 방향을 입력할 수 있는 창이 추가됩니다.

• **반전: +, - 방향을 바꿔줍니다.**

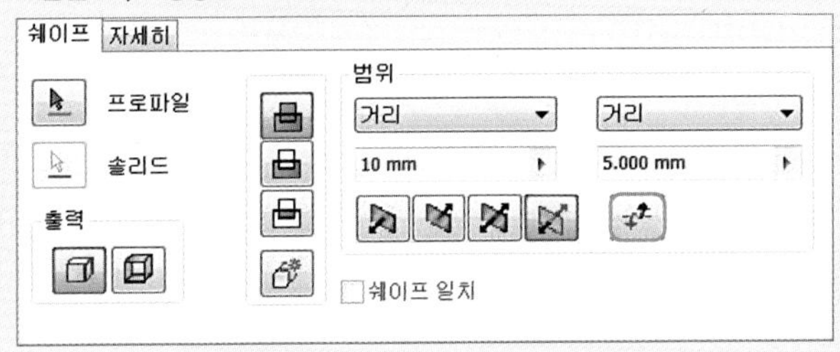

• **자세히**

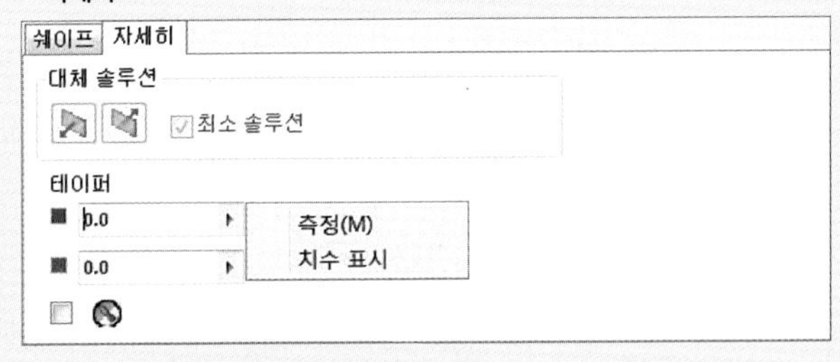

• **테이퍼**

각도를 +로 했을 때: 돌출 방향에서 퍼지는 모양이 생성됩니다.

각도를 -로 했을 때: 돌출 방향에서 좁아지는 모양이 생성됩니다.

※ 측정: 마우스를 이용하여 원하는 크기로 설정합니다.

3. 회전( )

중심축을 선택한 후 프로파일을 회전시켜 피쳐를 생성합니다. 프로파일과 중심축은 동일한 평면 상에 있어야 합니다.

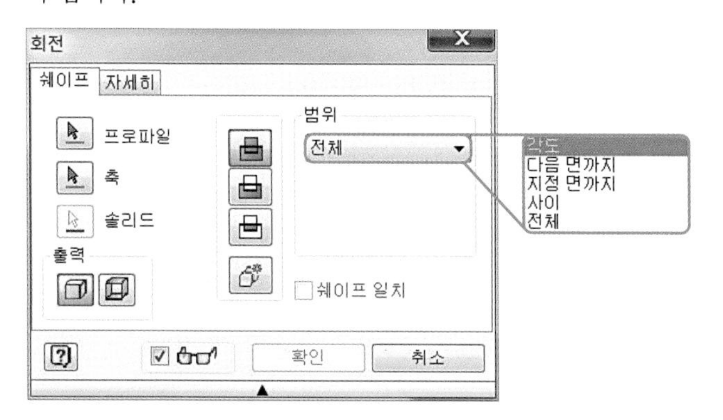

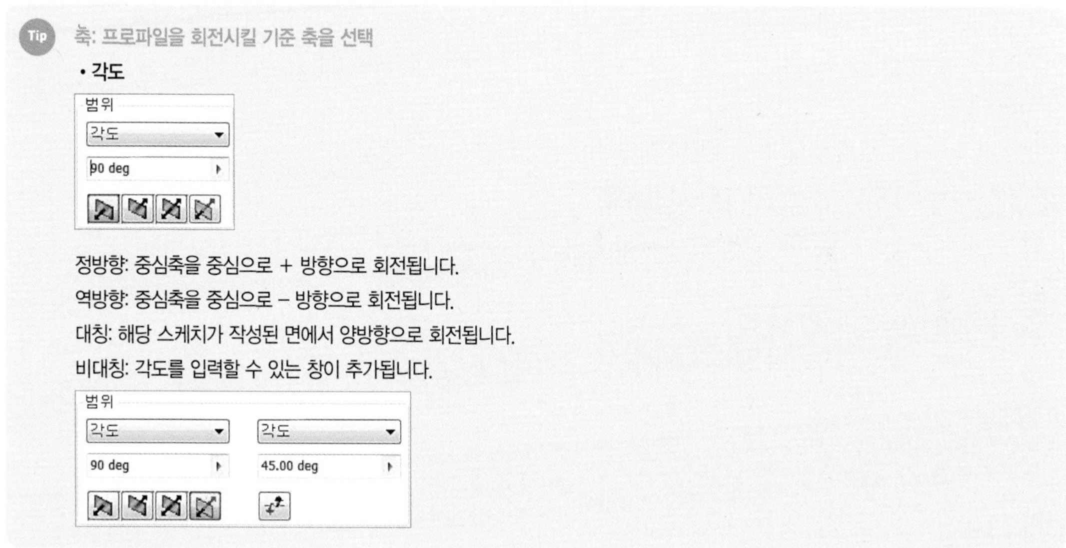

Tip 축: 프로파일을 회전시킬 기준 축을 선택

• 각도

정방향: 중심축을 중심으로 + 방향으로 회전됩니다.

역방향: 중심축을 중심으로 – 방향으로 회전됩니다.

대칭: 해당 스케치가 작성된 면에서 양방향으로 회전됩니다.

비대칭: 각도를 입력할 수 있는 창이 추가됩니다.

4. 로프트( )

여러 단면 또는 부품 면을 연결하여 3D 형상을 생성합니다.

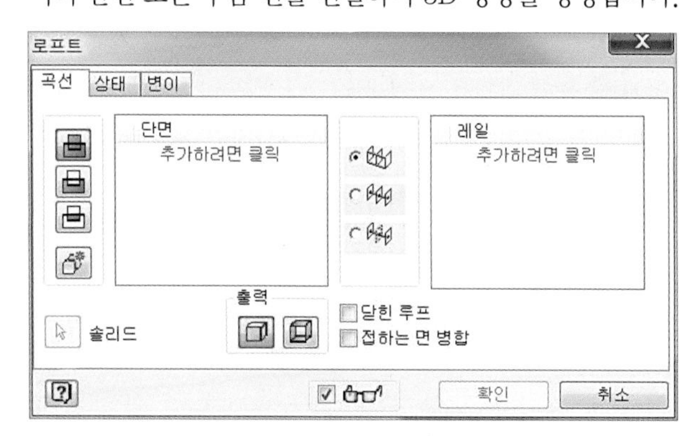

- **단면**: 로프트에 포함할 단면을 지정합니다.
- **레일**: 모서리를 이용하여 생성합니다.

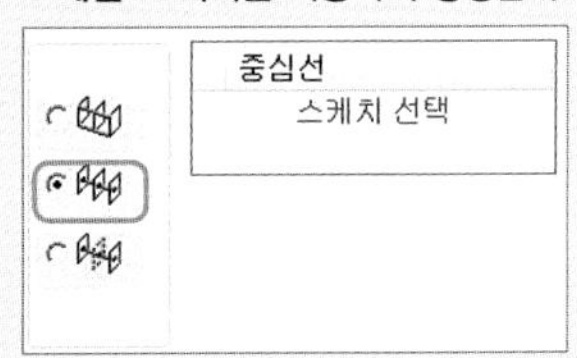

  – 중심선: 단면의 중심을 기준으로 생성합니다.

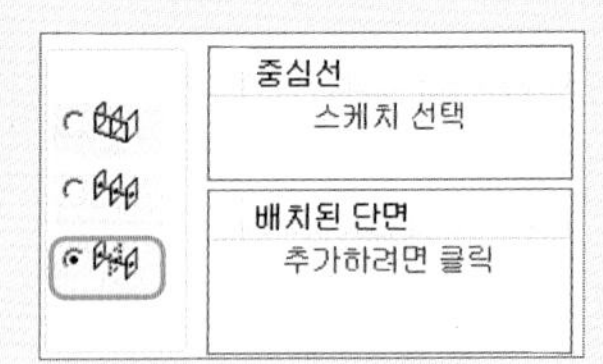

- **면적 로프트**: 중심선을 따라 횡단면 영역 제어를 통해 생성합니다.

5. 스윕( )

하나의 프로파일이 경로를 따라 생성됩니다.

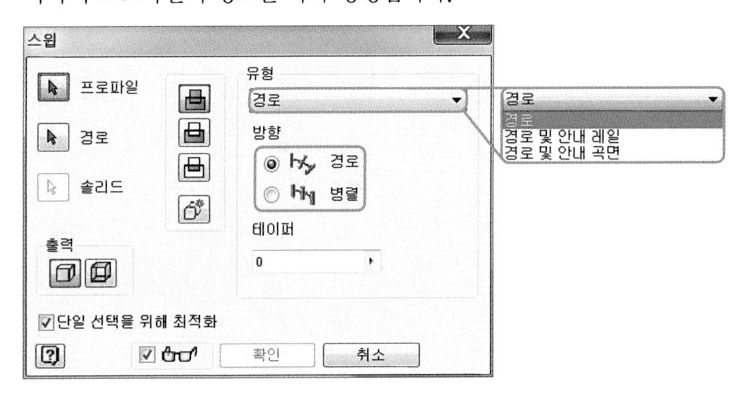

- **유형 – 경로**: 경로를 따라 스윕 피쳐를 생성합니다.
  – 방향
    경로: 경로를 따라 일정하게 유지합니다.
    병렬: 원본 프로파일과 평행하게 생성합니다.
- **유형 – 경로 및 안내 레일**: 경로 및 안내 레일을 따라 스윕 피쳐를 생성합니다.

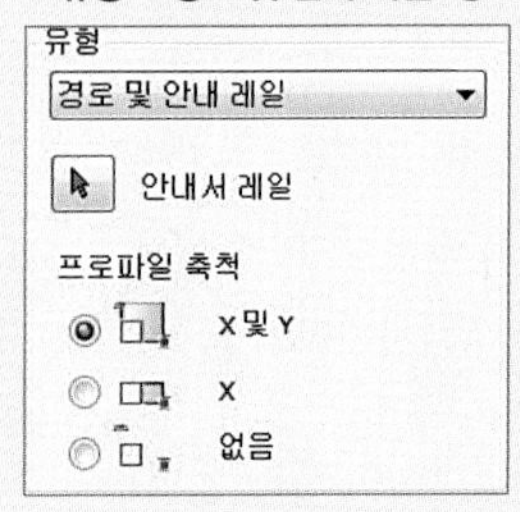

  – 프로파일 축척: 스윕된 단면이 안내 레일과 일치하도록 축척되는 방법을 지정합니다.
    X 및 Y: 스윕이 진행될 때 축척을 X 및 Y 방향으로 조정합니다.
    X: 스윕이 진행될 때 축척을 X 방향으로 조정합니다.

없음: 일정한 쉐이프와 크기로 유지하며 비틀림만 제어합니다.

• **유형 – 경로 및 안내 곡면**: 경로 및 안내 곡면을 따라 스윕 피쳐를 생성합니다.

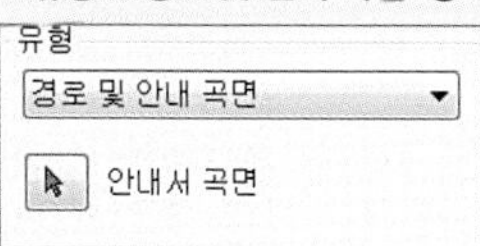

• **안내서 곡면**: 스윕된 프로파일의 비틀림을 제어하는 곡면을 지정합니다.

6. 리브()

리브(닫힌 박막 지지 쉐이프)와 웹(열린 박막 지지 쉐이프)을 작성합니다.

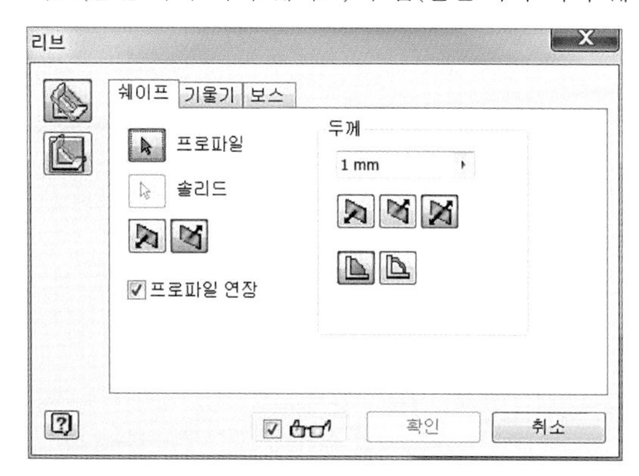

Tip

• **쉐이프**: 단일 스케치의 열린 프로파일을 선택한 후 리브 또는 웹의 방향을 조절합니다.

• **범위**: 리브 또는 웹의 종료를 지정합니다.

– 다음 면까지: 다음 면에서 리브 또는 웹을 종료합니다.

– 유한: 리브 또는 웹 종료에 특정 거리를 설정합니다.

• **기울기**: 각도가 있는 경우 기울기의 기준이 되는 점을 지정합니다.

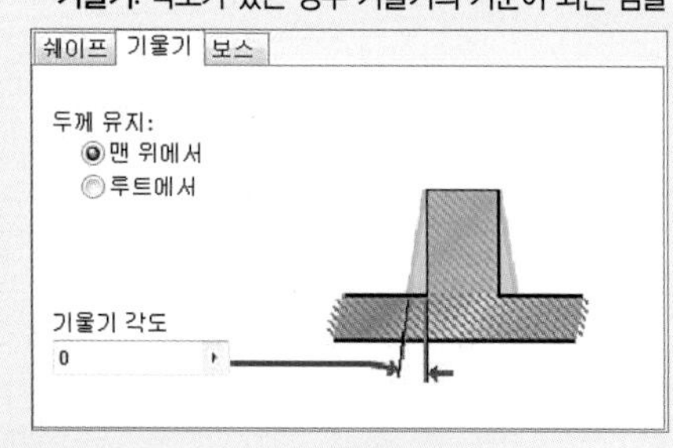

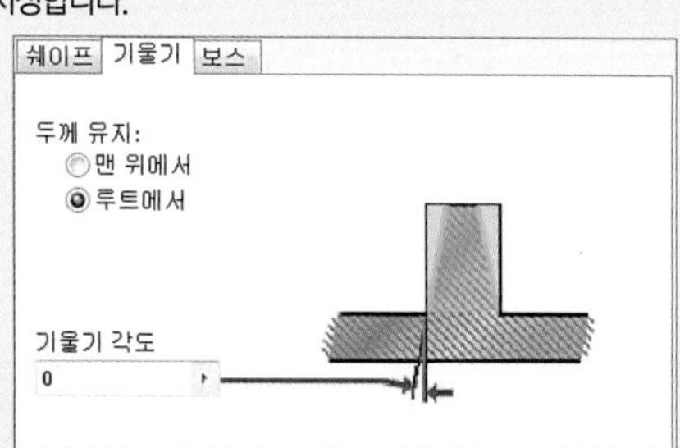

• **보스**: 리브의 치수를 지정합니다.

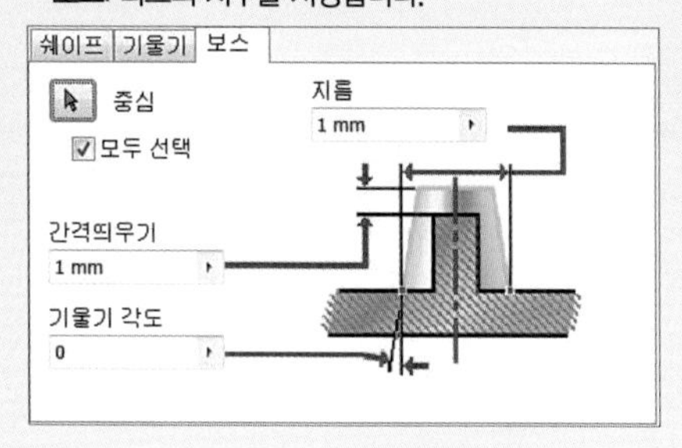

7. 코일( )

스프링 또는 원통형 곡면 위의 스레드(나사)와 같은 객체를 만드는 데 사용합니다.

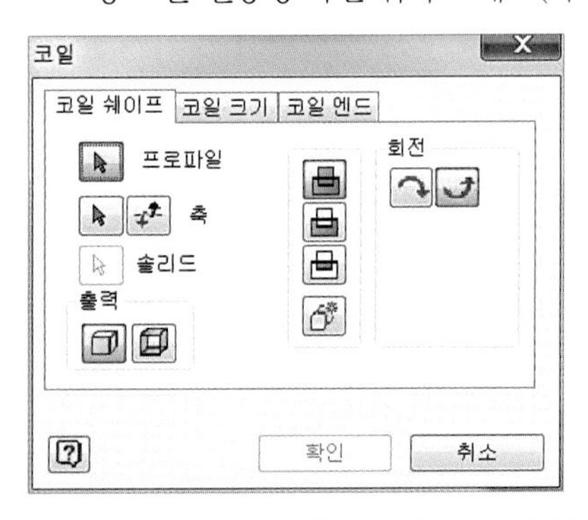

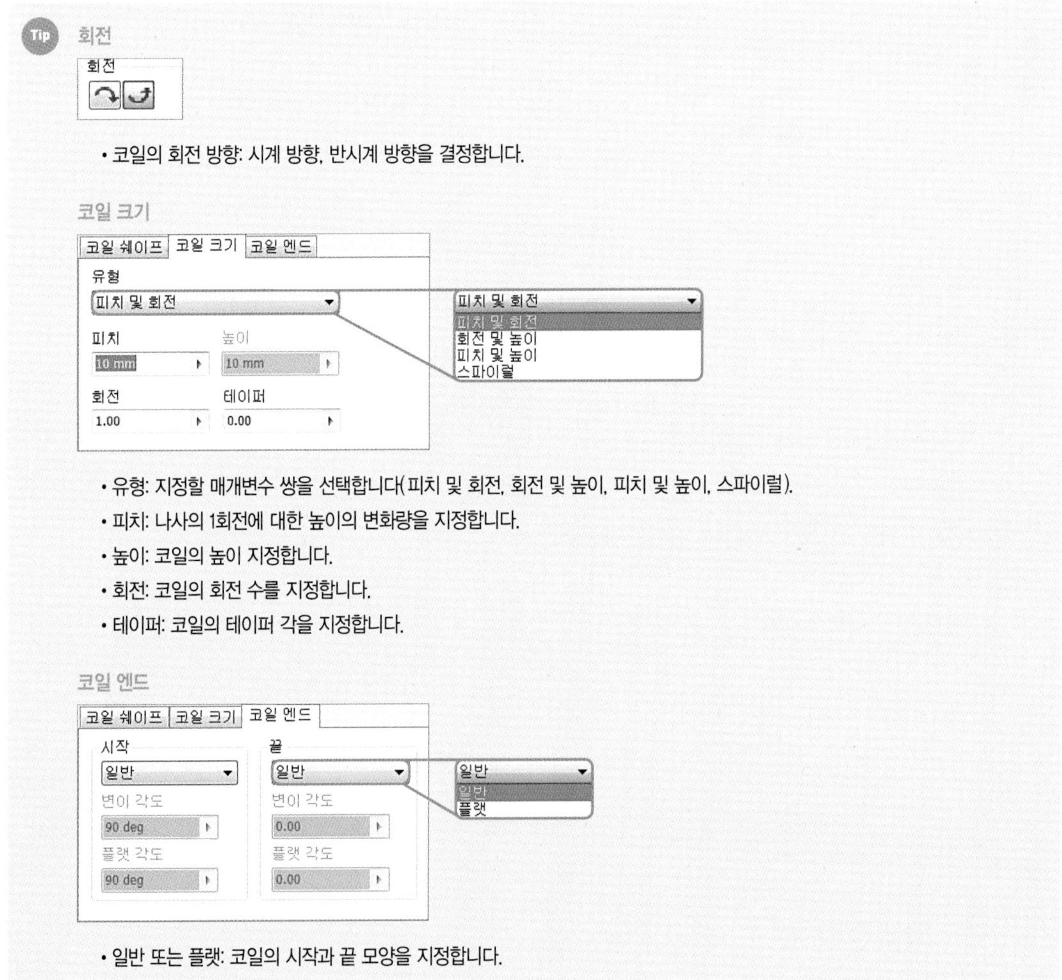

회전

• 코일의 회전 방향: 시계 방향, 반시계 방향을 결정합니다.

코일 크기

• 유형: 지정할 매개변수 쌍을 선택합니다(피치 및 회전, 회전 및 높이, 피치 및 높이, 스파이럴).
• 피치: 나사의 1회전에 대한 높이의 변화량을 지정합니다.
• 높이: 코일의 높이 지정합니다.
• 회전: 코일의 회전 수를 지정합니다.
• 테이퍼: 코일의 테이퍼 각을 지정합니다.

코일 엔드

• 일반 또는 플랫: 코일의 시작과 끝 모양을 지정합니다.

8. 엠보싱( )

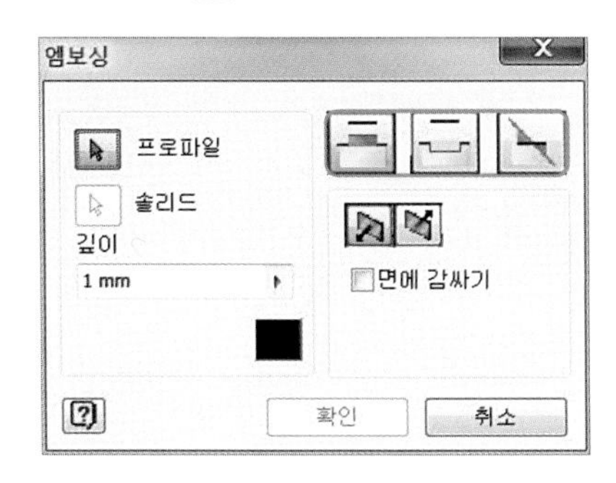

- 면으로부터 엠보싱: 깊이를 설정합니다.
- 면으로부터 오목: 깊이를 설정합니다.
- 평면으로부터 엠보싱/오목: 테이퍼 각도를 설정합니다.

9. 파생( )

다른 파일의 부품 또는 조립품을 사용하여 부품을 기준 구성 요소로 작성하거나 기존의 구성 요소를 부품 파일에 삽입합니다.

2 만든 부품 수정하기

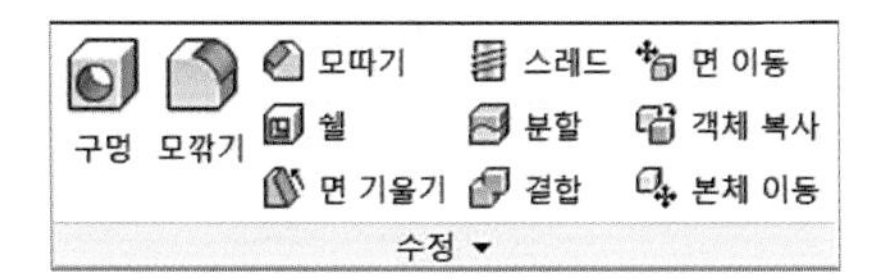

1. 구멍( )

부품 및 조립품 환경에서 사용자 스레드와 드릴점 유형을 사용하여 거의 모든 설계 요구 사항에 맞게 구멍 유형을 작성할 수 있습니다.

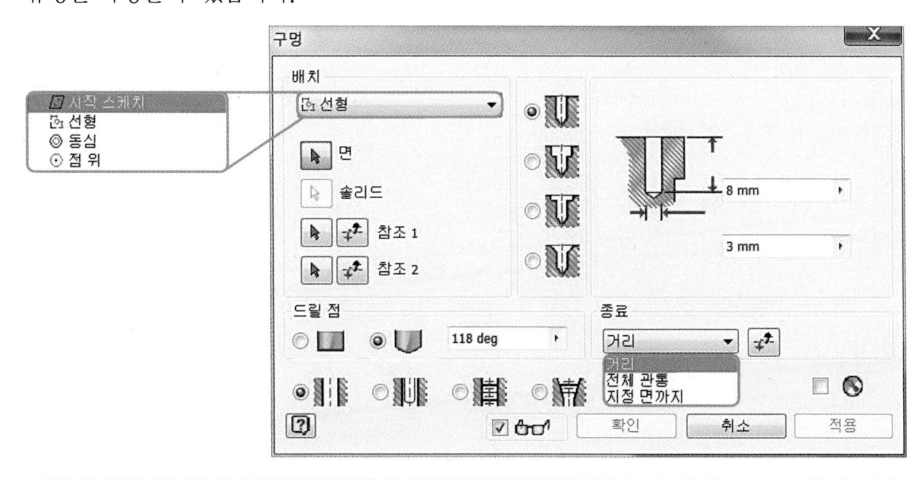

배치

- 시작 스케치: 이미 작성된 스케치 위의 점을 참조해 구멍을 작성합니다.
- 선형: 구멍을 배치할 면을 선택한 후 구멍 위치에 치수를 기입할 2개의 모서리(참조 1, 참조 2)를 선택하여 기입합니다.
- 동심: 구멍을 배치할 면 또는 작업 평면을 선택한 후 구멍과 동심인 원형 모서리 또는 원통형 면을 선택합니다.
- 점위: 구멍 중심으로 설정할 작업점을 선택한 후 구멍 축에 수직인 평면형 면이나 작업 평면 또는 구멍 축과 평행인 모서리 또는 축을 선택합니다.

드릴 구멍의 유형

드릴, 카운터 보어, 접촉 공간, 카운터 싱크 등을 선택하여 치수를 기입합니다.

- **드릴 점**: 드릴 점에 대한 플랫 또는 각도점을 설정합니다.
  아래쪽 화살표를 클릭하여 각도 치수를 지정하거나, 적용할 수 있으면 모형의 형상을 선택하여 사용자 각도를 측정하거나, 치수를 표시합니다. 각도의 양의 방향은 구멍 축에서 반시계 방향으로 측정되며 평면형 면에 수직입니다.

  – 플랫: 드릴이 끝나는 부분을 평평하게 작성합니다.
  – 각도: 드릴이 끝나는 부분의 드릴 각도를 지정합니다.

종료

  – 거리: 구멍의 거리를 설정합니다.
  – 전체 관통: 구멍이 생성되는 방향으로 관통합니다.
  – 지정 면까지: 지정해준 면까지 구멍을 작성합니다.

뚫은 구멍의 모양 선택하기

  – 단순 구멍: 스레드(나사산)가 없는 단순 구멍을 만듭니다.
  – 틈새 구멍: 선택된 조임쇠에 맞는 구멍을 만듭니다.

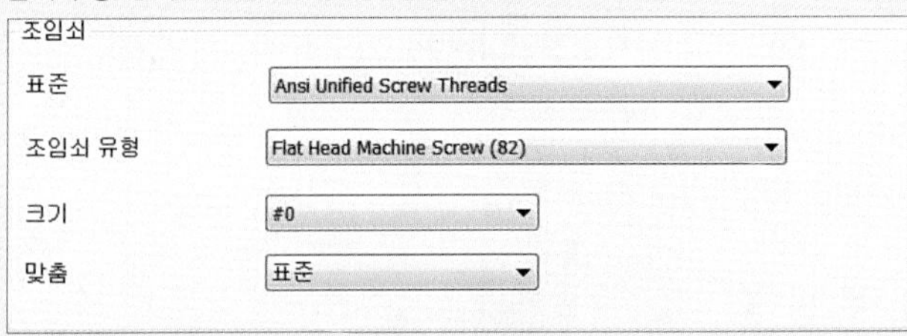

  – 표준: 리스트에서 조임쇠에 대한 규격을 선택합니다.
  – 조임쇠 유형: 리스트에서 조임쇠 유형을 선택합니다.
  – 크기: 조임쇠 크기를 선택합니다.
  – 맞춤 구멍: 맞춤의 유형을 설정(꼭끼는, 표준, 헐거운)합니다.

- **탭 구멍**: 아래 조건에 따라 스레드(나사산)가 있는 구멍을 생성합니다.

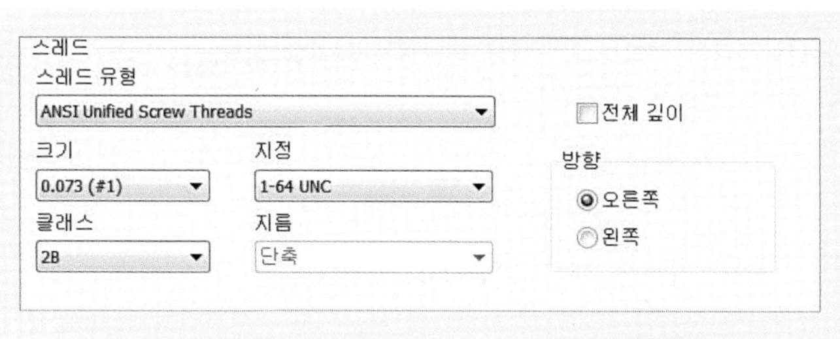

- 스레드 유형: 아래쪽 화살표를 클릭하여 스레드 유형을 선택합니다.
- 크기: 선택된 스레드 유형에 따라 호칭 크기 리스트를 제공합니다.
- 지정: 나사산의 점에서 축과 평행하게 측정되는 다음 스레드의 일치점까지 거리를 정의합니다.
- 클래스: 아래쪽 화살표를 사용하여 내부 스레드에 맞는 클래스를 선택합니다.

  예 영국식 스레드를 선택한 경우 A – 외부 스레드 B – 내부 스레드

  2B – 일반 용도

  3B – 높은 정확성과 맞춤 요구 사항
- 지름: 구멍 피쳐에 사용된 지름 유형에 대한 값을 표시(※ 값은 문서 설정에서만 변경 가능)합니다.
- 전체 깊이: 구멍의 전체 깊이 스레드를 지정합니다.
- 방향: 스레드가 감기는 방향을 지정(오른나사, 왼나사)합니다.

• **테이퍼 탭 구멍**: 테이퍼 나사가 있는 구멍을 생성합니다(테이퍼 탭 구멍을 카운터보어와 함께 사용할 수 없습니다).

2. 모깎기( )

하나 이상의 모서리 또는 면에 모깎기 또는 라운드를 추가합니다.

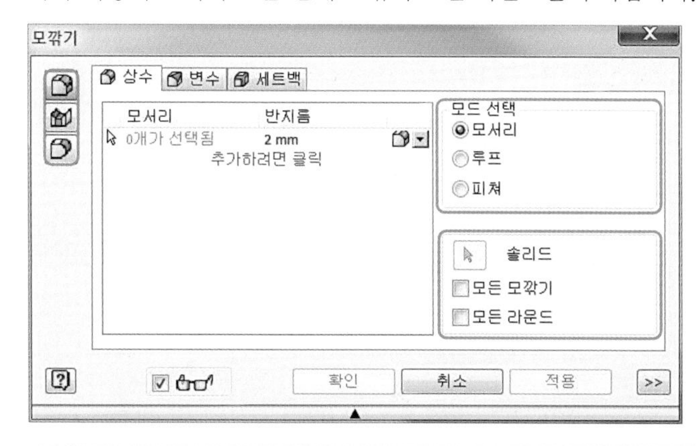

- 모서리 모깎기: 하나 이상의 부품 모서리에 모깎기 또는 라운드를 추가합니다.
- 면 모깎기: 모서리를 공유할 필요가 없는 선택된 두 면 세트 사이에 모깎기 또는 라운드를 추가합니다.
- 전체 둥근 모깎기: 3개의 인접 면에 접하는 변수 반지름 모깎기 또는 라운드를 추가(리브와 같은 외부 부품 피쳐를 캡 또는 라운드 처리하는 데 사용)합니다.

상수 | 변수 | 세트백

- 상수: 일정한 반지름으로 모깎기를 합니다.

– 변수: 반지름을 변화시킬 경우에 사용합니다.

– 세트백: 교차하는 모서리의 모깎기 사이에 접하는 연속 변이를 정의합니다.

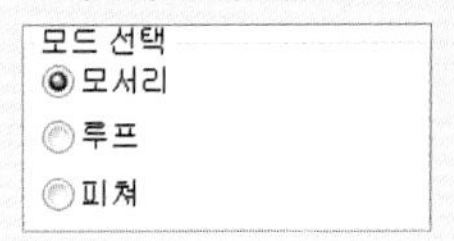

– 모서리: 단일 모서리를 선택하거나 제거합니다.

– 루프: 면에서 닫힌 루프의 모서리를 선택하거나 제거합니다.

– 피쳐: 피쳐와 다른 면 사이의 교차점을 초래하지 않는 피쳐의 모든 모서리를 선택하거나 제거합니다(조립품 환경에서 사용될 경우 부품 피쳐만 선택 가능)

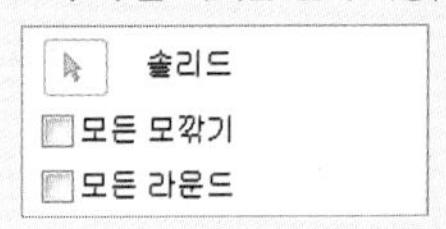

– 솔리드: 다중 본체 부품에 포함되는 솔리드를 선택합니다(단일 본체 부품에는 사용할 수 없습니다).

– 모든 모깎기: 남아 있는 오목 모서리와 구석을 모두 선택하거나 제거합니다.

– 모든 라운드: 남아 있는 볼록 모서리와 구석을 모두 선택하거나 제거합니다.

※ 별도의 모서리 집합이 필요하며 조립품 환경에서는 사용할 수 없다.

– 현재 선택을 기반으로 모깎기 미리 보기를 제공

3. 모따기

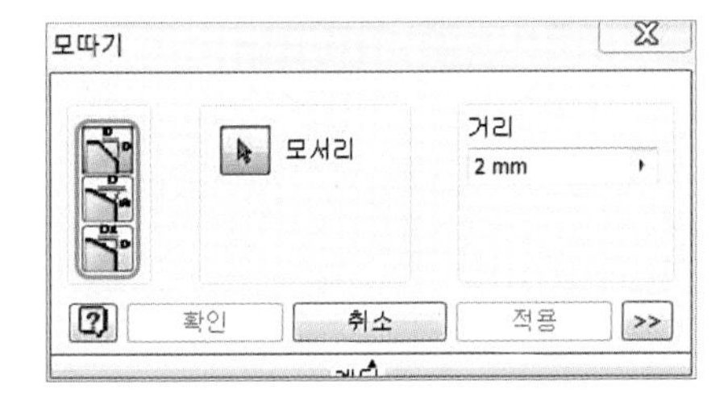

Tip

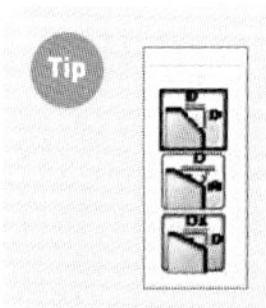

- 거리: 양쪽의 거리가 같은 경우에 지정합니다.
- 거리 및 각도: 한 변의 길이와 그 사이각을 지정합니다.
- 두 거리: 양쪽의 거리가 다른 경우에 각각 지정합니다.

4. 쉘

부품 내부에서 재질을 제거하여 지정된 두께의 벽으로 속이 빈 구멍을 작성합니다.

- 내부: 부품 내부에 쉘 벽 간격 띄우기를 합니다. 원래 부품의 외부 벽은 쉘의 외부 벽이 됩니다.
- 외부: 부품 외부에 쉘 벽 간격 띄우기를 합니다. 원래 부품의 외부 벽은 쉘의 내부 벽이 됩니다.
- 양쪽 면: 부품의 내부와 외부에 동일한 거리의 쉘 벽 간격 띄우기를 합니다. 쉘 두께의 반을 부품의 두께에 추가합니다.

• 솔리드: 다중 본체 부품 파일에서 포함된 솔리드 본체를 선택합니다. 부품이 하나만 있는 경우 사용할 수 없습니다.

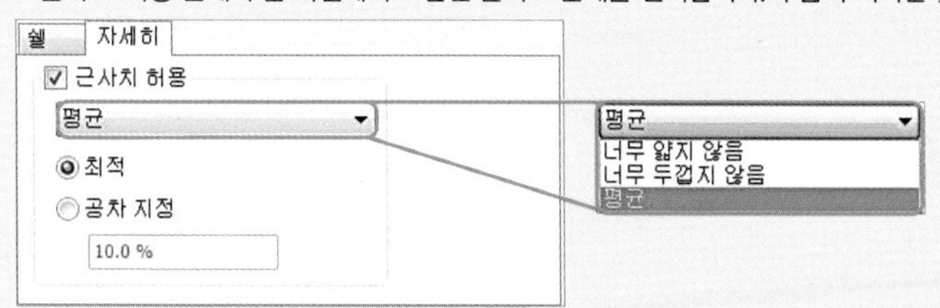

• 근사치 허용: 정확한 솔루션이 없는 경우 쉘 피쳐를 계산할 때 지정된 두께로부터 편차를 허용합니다.
- 평균: 편차는 지정된 두께보다 두꺼운 경우와 얇은 경우 두 가지 모두 허용됩니다.
- 너무 얇지 않음: 최소 두께를 입력합니다. 편차는 지정된 두께보다 두꺼워야 합니다.
- 너무 두껍지 않음: 최대 두께를 입력합니다. 편차는 지정된 두께보다 얇아야 합니다.

• 최적: 최소 계산 시간을 허용하는 공차를 사용하여 계산합니다.
• 공차 지정: 지정된 공차를 사용하여 계산합니다.

5. 면 기울기()

부품의 지정된 면에 각도를 적용합니다.

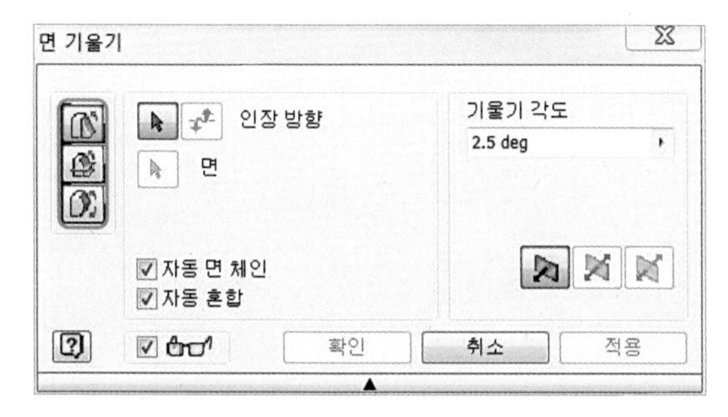

• 고정된 모서리: 한 면당 하나 이상의 고정된 인접 연속 모서리에 대한 기울기를 작성합니다. 면이 추가됩니다.
• 고정된 평면: 평면형 면이나 작업 평면을 지정하고 인장 방향을 결정합니다. 인장 방향은 선택한 면이나 평면에 수직입니다.
• 분할선: 2D 또는 3D스케치에 대한 기울기를 작성합니다. 모형에는 분할선 위와 아래에 기울기가 적용됩니다.

전산응용기계제도기능사
3
PART

전산응용기계제도기능사 실기 따라하기

전산응용기계제도기능사 실기 문제에 출제되는 유형에는 여러 가지가 있는데 그중에서 대표적인 동력 전달 장치, 드릴 지그, 탁상 바이스를 따라 그려보는 장입니다. 어렵고 힘들더라도 열심히 공부한다면 좋은 결과가 있을 것입니다.

Craftsman Compter Aided Architectural Drawing

CHAPTER

1

동력 전달 장치 1 따라하기

동력원(전동기)에서 발생한 동력을 일을 하는 작업 요소까지 전달하기 위한 매개 장치를 '동력 전달 장치'라고 합니다. 동력 전달 장치 1은 벨트를 풀리의 홈에 끼워 동력을 전달하는 V벨트 동력 전달 장치입니다. 동력원에서 발생한 동력을 V벨트를 통해 V벨트 풀리에 전달하면 2개의 베어링으로 지지된 축을 통해 스퍼기어로 전달됩니다. 이렇게 전달된 동력은 스퍼 기어에 연결된 다른 기계 장치에 전달되어 일을 하게 됩니다.

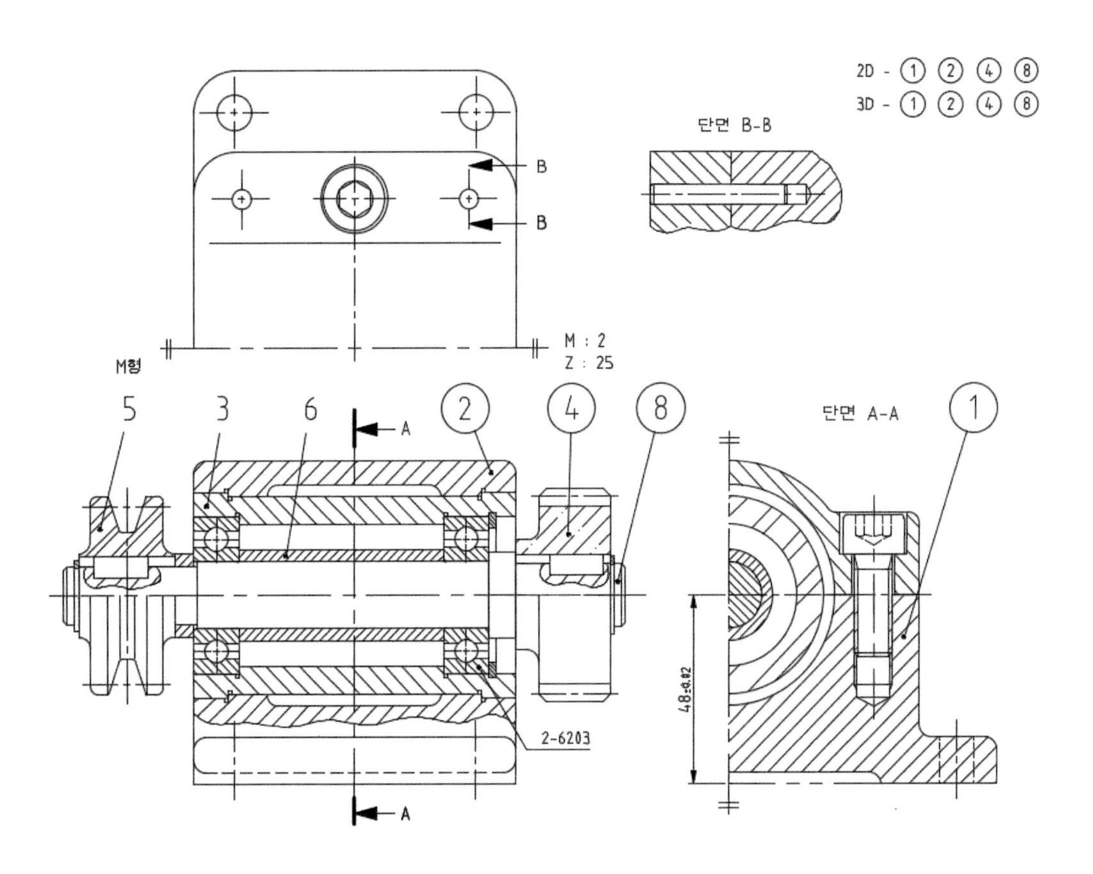

[1] 동력 전달 장치에서 중요한 기계 요소인 품번 ❶, ❷, ❹, ❽ 부품 만들기

1 | 축 부품 만들기(품번 ❽)

1 스케치하기(품번 ❽)

01 바탕 화면에서 [Inventor] 아이콘을 더블클릭하면 프로그램이 실행됩니다. 다음과 같은 창이 나타나면 [새로 만들기] 버튼을 클릭합니다.

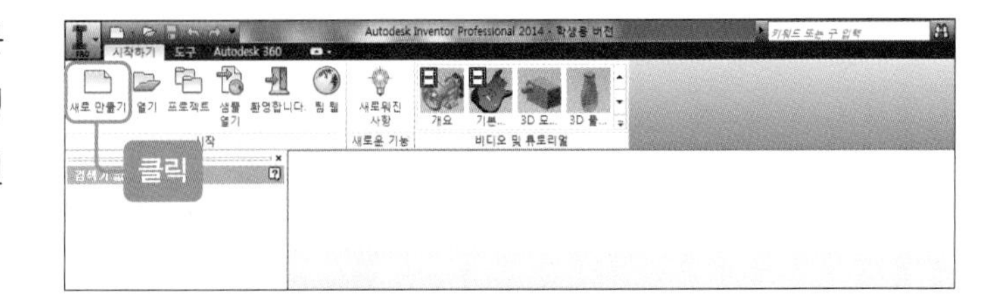

02 [새 파일 작성] 창이 나타나면 'Standard.ipt'를 클릭한 후 [작성] 버튼을 누릅니다.

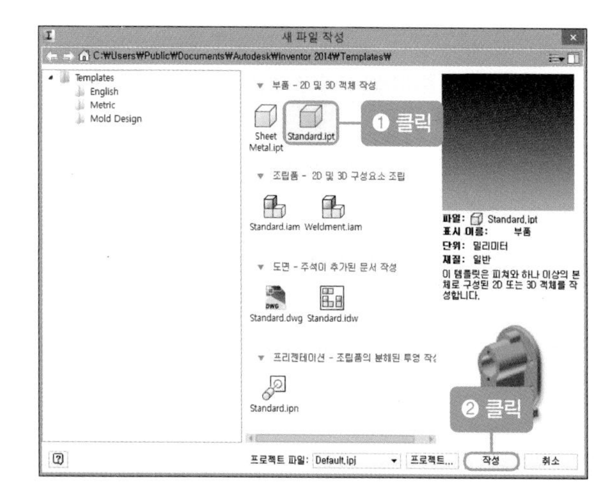

03 작업 평면을 선택하기 위해 탐색기의 [원점-XY 평면]을 클릭한 후 [2D 스케치 작성] 아이콘을 클릭합니다.

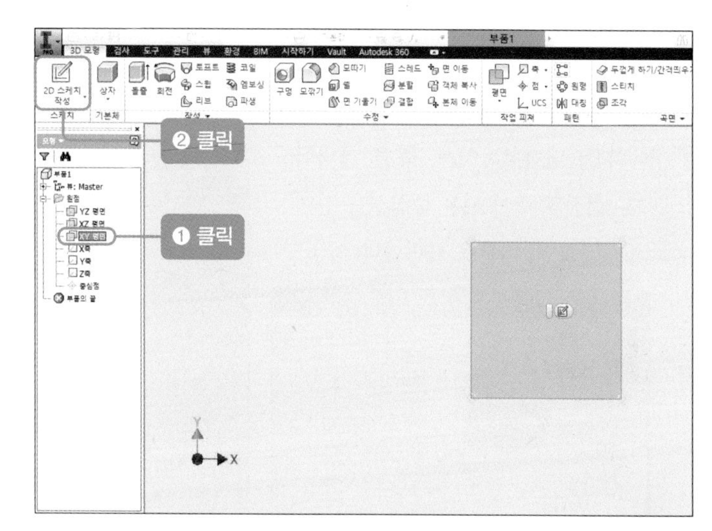

04 [선] 아이콘을 클릭한 후 증분 좌표를 이용하여 그린 후 스케치를 마무리합니다.

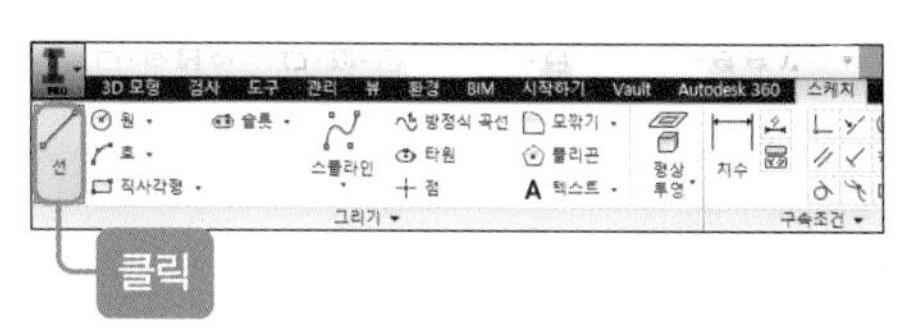

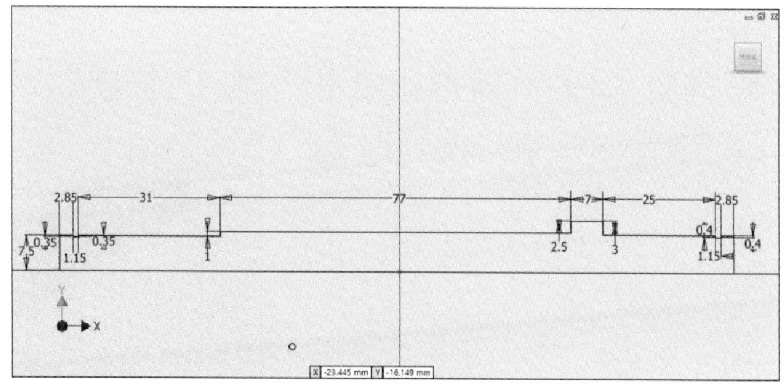

2 축 회전을 이용한 입체 만들기(품번 ⑧)

01 [회전] 아이콘을 클릭한 후 [회전] 대화상자가 나타나면 [프로파일]을 클릭합니다.

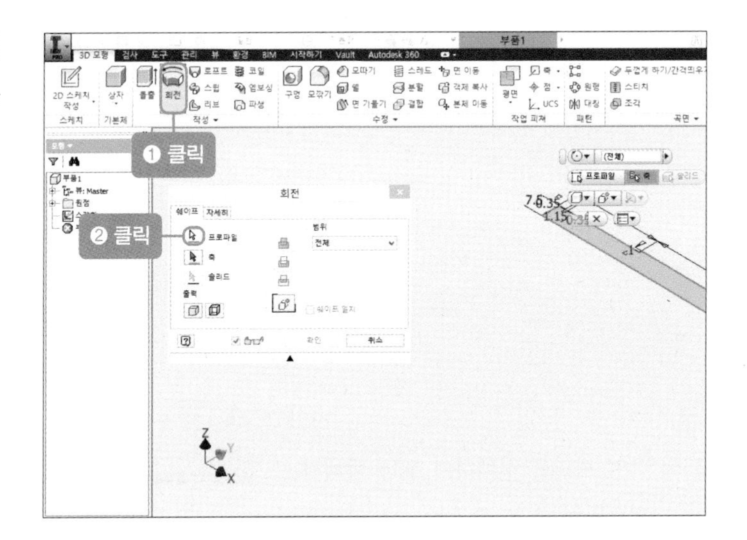

02 [회전] 대화상자에서 '축'을 클릭한 후 회전의 축이 되는 중심선을 선택하고 [확인] 버튼을 클릭합니다.

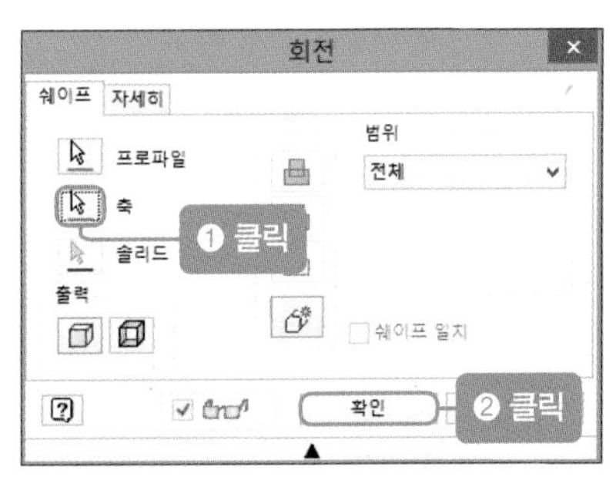

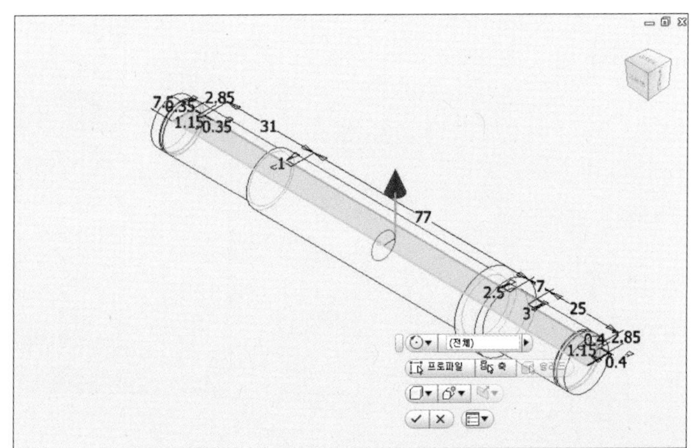

03 [회전] 대화상자의 [확인] 버튼을 클릭하면 다음과 같이 모델링됩니다.

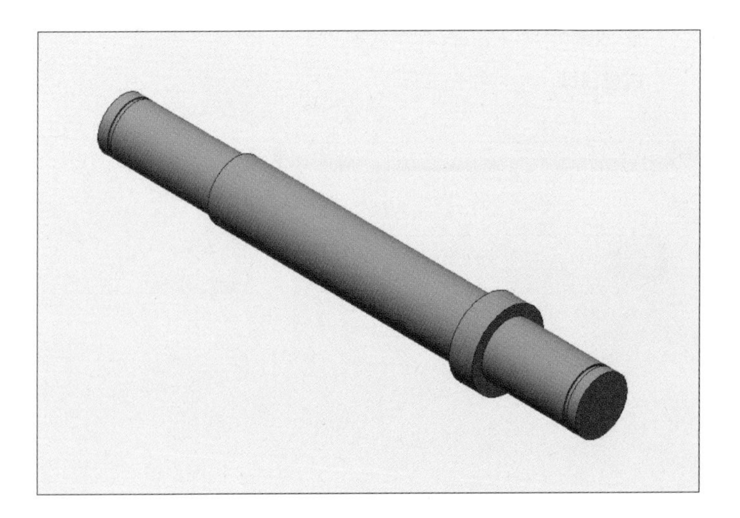

3 축 모따기하기(품번 8)

01 [모따기] 아이콘을 클릭하여 [모따기] 대화상자가 나타나면 [모서리]를 선택하고 축의 모형에서 양끝 모서리를 선택하여 '거리' 치수를 '1mm'로 수정합니다.

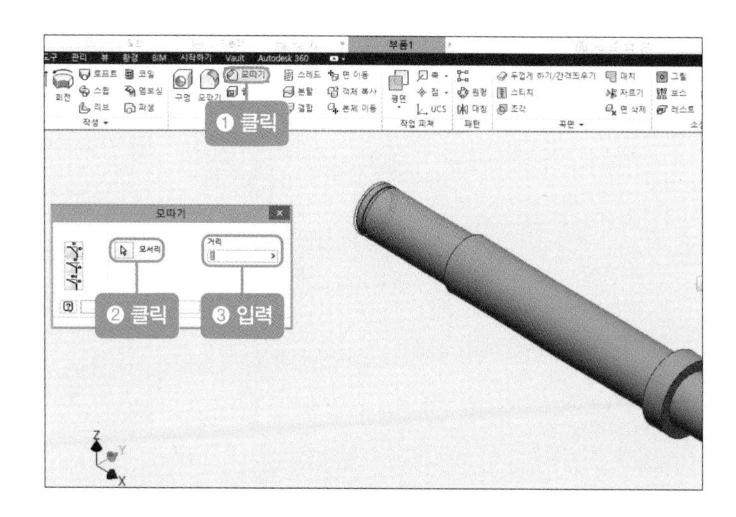

02 [모따기] 대화상자의 [확인] 버튼을 클릭하면 다음과 같이 모따기됩니다.

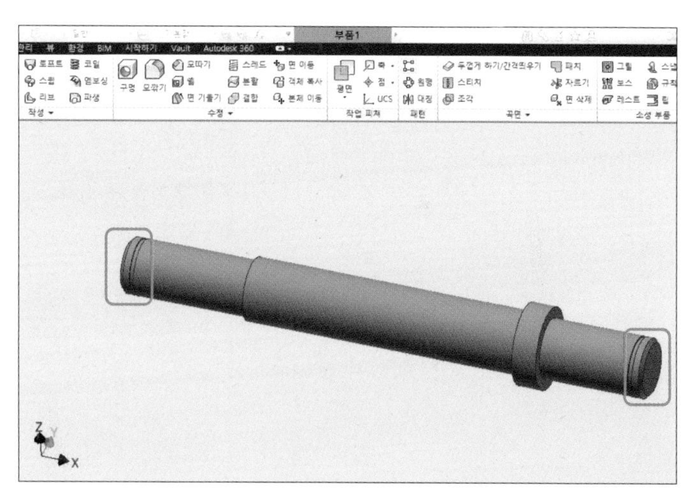

4 축의 키홈 만들기(품번 8)

01 탐색기의 [원점-XY 평면]을 클릭한 후 [평면] 아이콘을 클릭합니다.

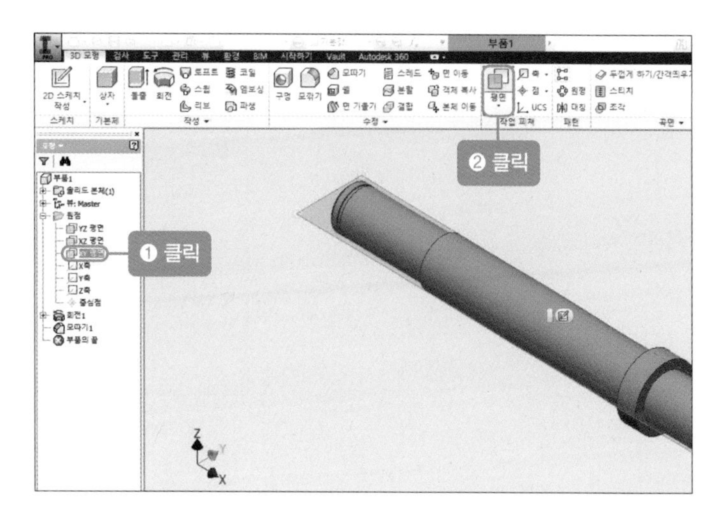

02 작업 평면을 위로 올리고 치수를 '8mm'로 수정한 후 [✓]를 클릭합니다.

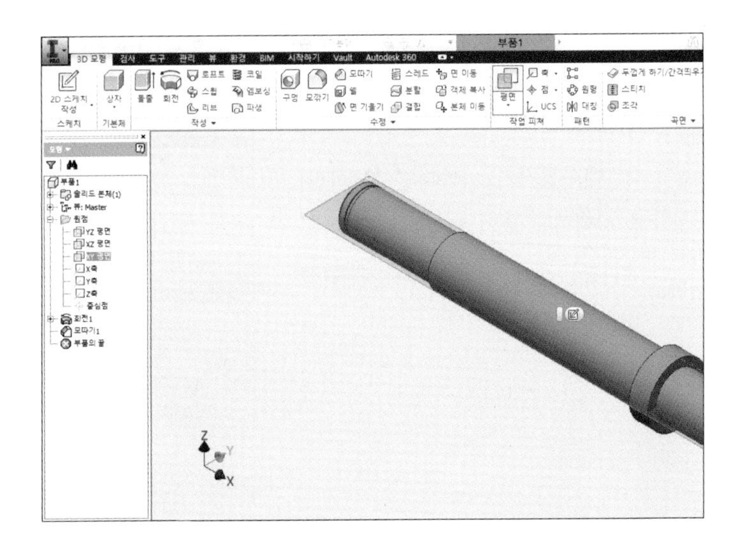

03 [작업 평면]을 클릭한 후 [2D 스케치 작성] 버튼을 클릭합니다.

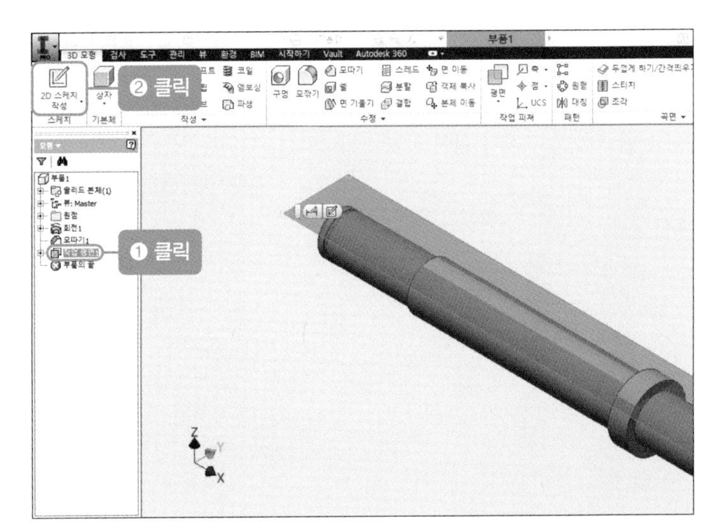

04 F7을 누른 후 [절단 모서리 투영]을 클릭합니다.

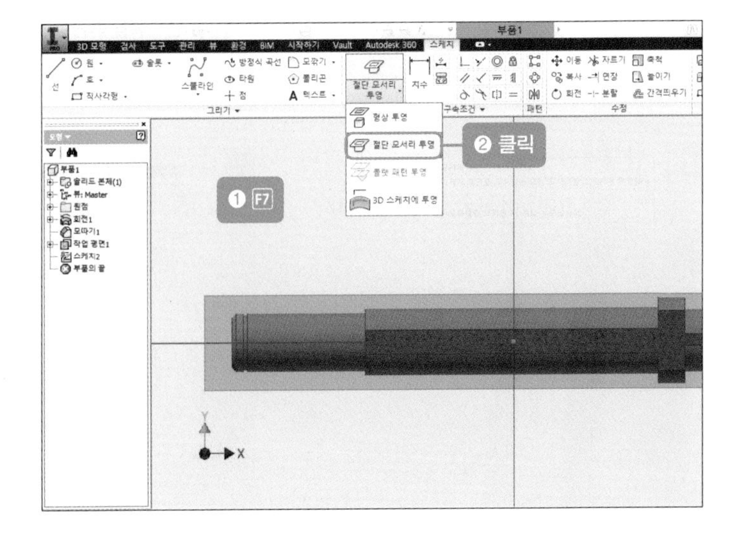

05 [선] 아이콘을 클릭한 후 가로축의 중심선을 그립니다.

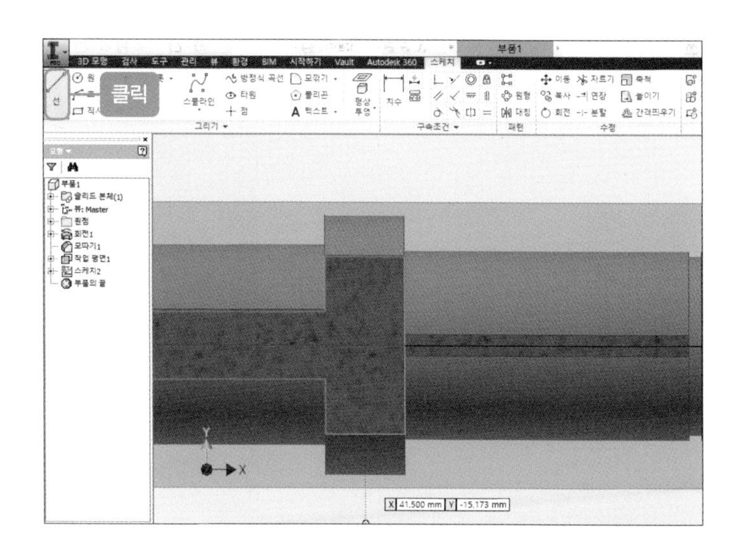

06 [슬롯] 아이콘을 클릭한 후 가로축의 중심선에서 임의의 점 한 곳(P1)을 클릭하고 치수를 '9mm'로 수정합니다.

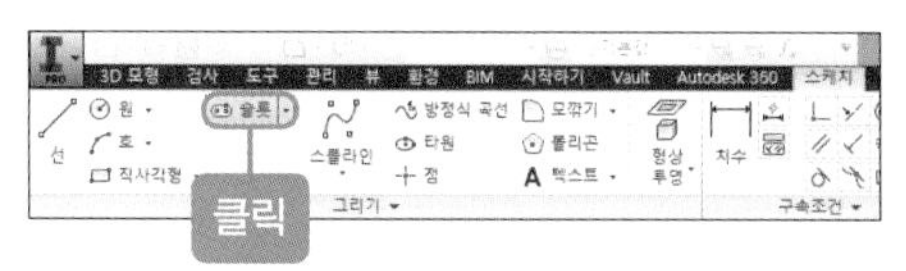

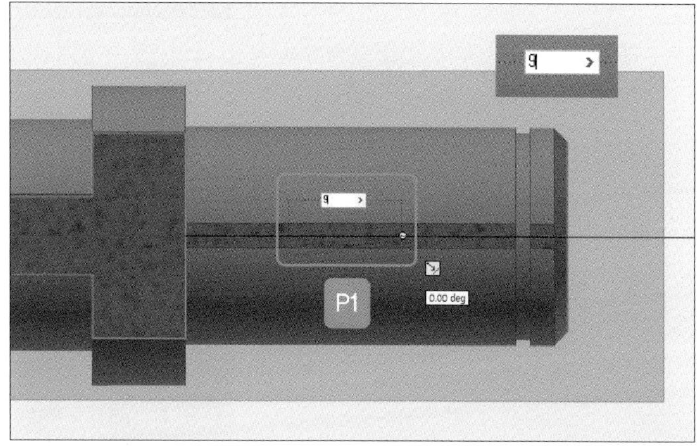

07 슬롯의 지름을 '5mm'로 수정합니다.

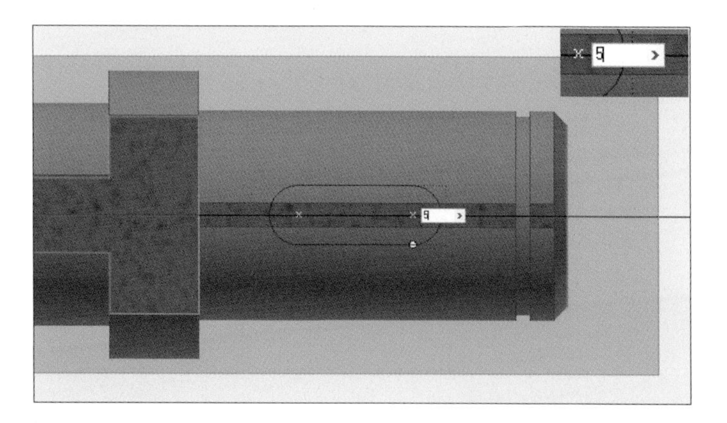

08 슬롯을 그리면 다음과 같은 그림이 나타납니다.

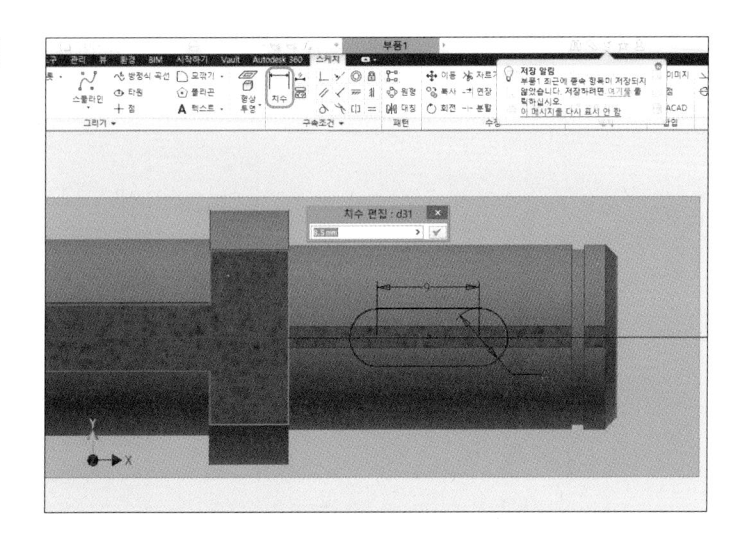

09 [치수] 아이콘을 클릭한 후 슬롯의 우측 원과 축의 우측 선을 클릭하고 치수선을 위에 넣습니다. 치수를 더블클릭하여 '8.5mm'로 수정합니다.

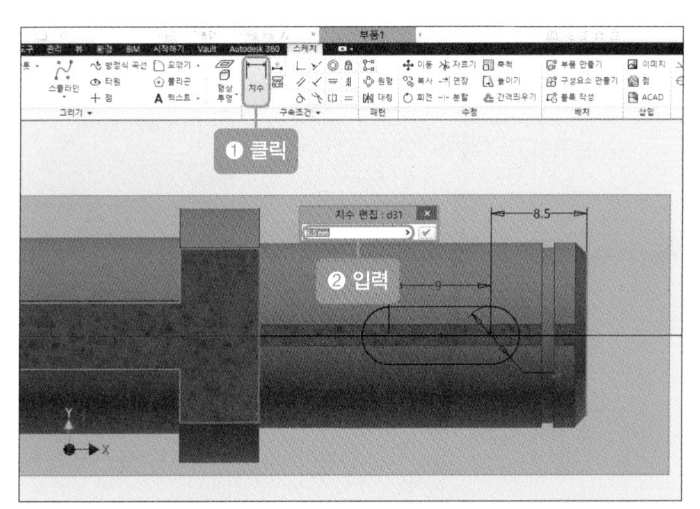

10 마우스 오른쪽 버튼을 눌러 [스케치 마무리]를 클릭합니다.

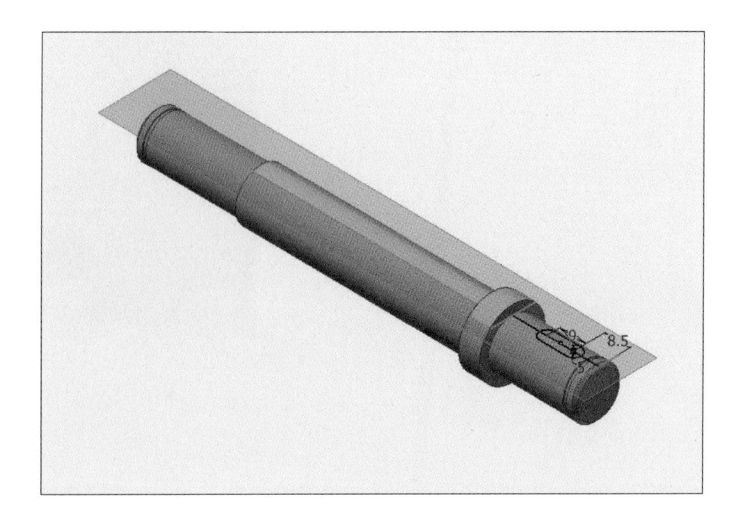

11 [돌출] 아이콘을 클릭한 후 [프로파일]을 클릭하고 방금 전에 그렸던 키홈을 클릭합니다. 그런 다음 [돌출] 대화상자에서 다음과 같이 클릭하고 치수를 '3mm'로 수정한 후 [확인] 버튼을 클릭합니다.

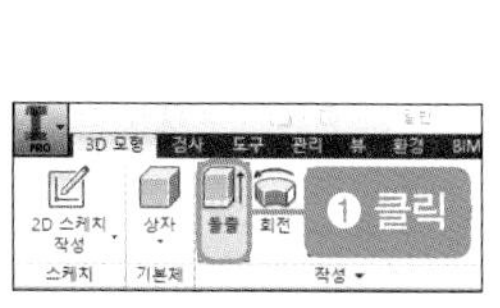

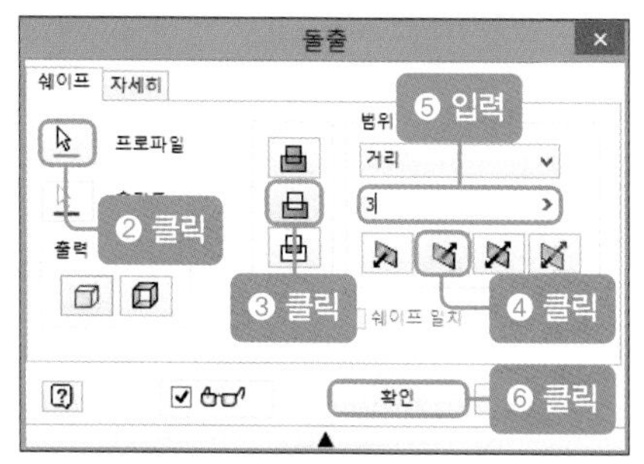

12 돌출시키면 다음과 같은 그림이 나타납니다.

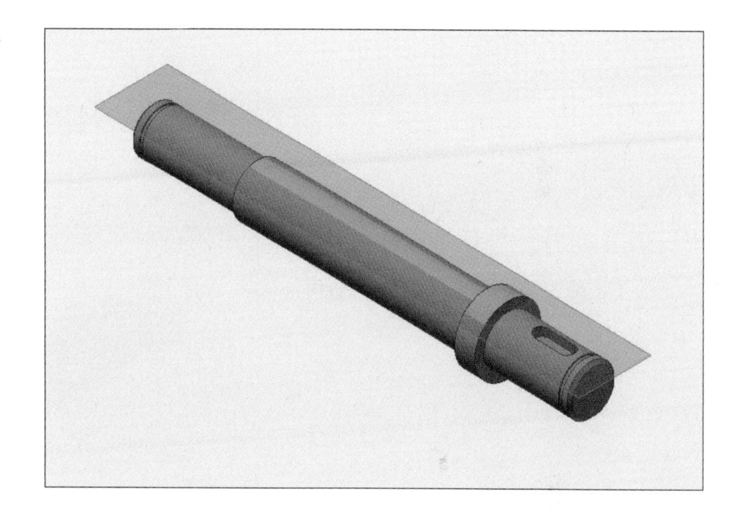

13 '작업 평면 1'을 클릭한 후 마우스 오른쪽 버튼을 눌러 [가시성]의 체크를 해제합니다.

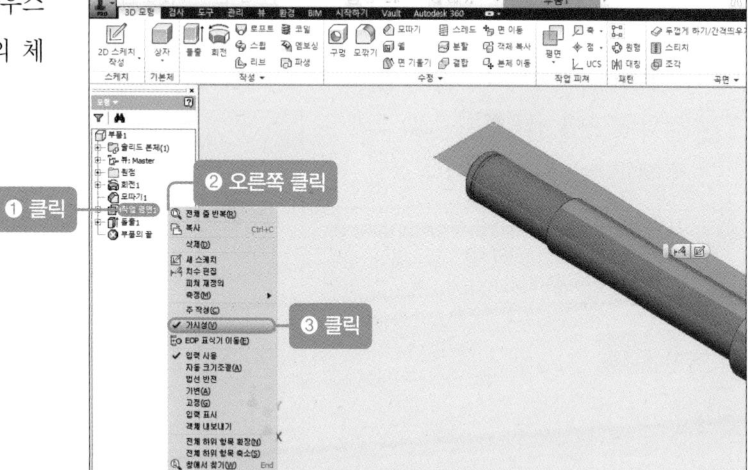

14 탐색기의 [원점-XY 평면]을 클릭 한 후 [평면] 아이콘을 클릭합니다.

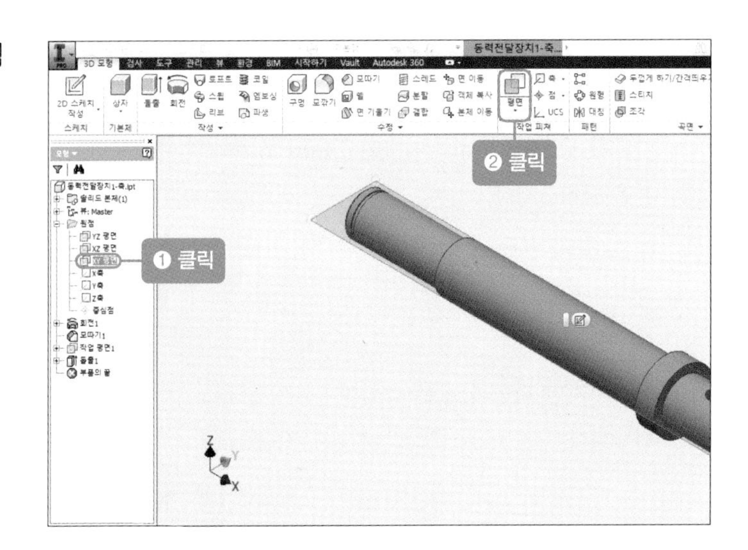

15 작업 평면을 위로 올리고 치수를 '7.5mm'로 수정한 후 [✓]를 클릭합니다.

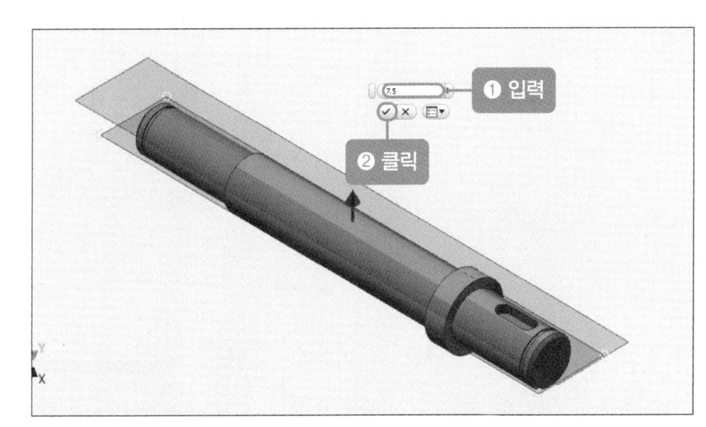

16 [작업 평면]을 클릭한 후 [2D 스케치 작성] 버튼을 클릭합니다.

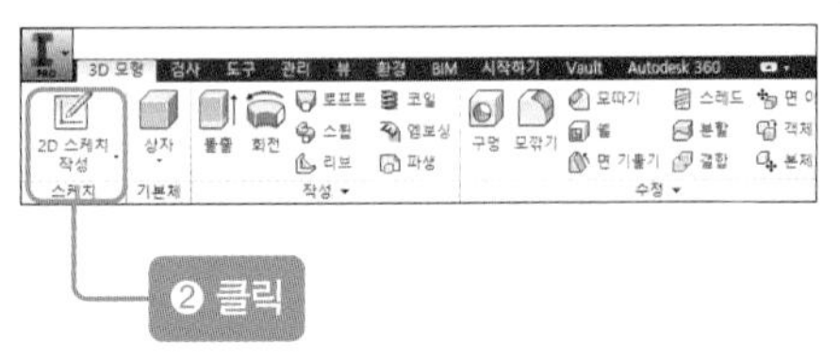

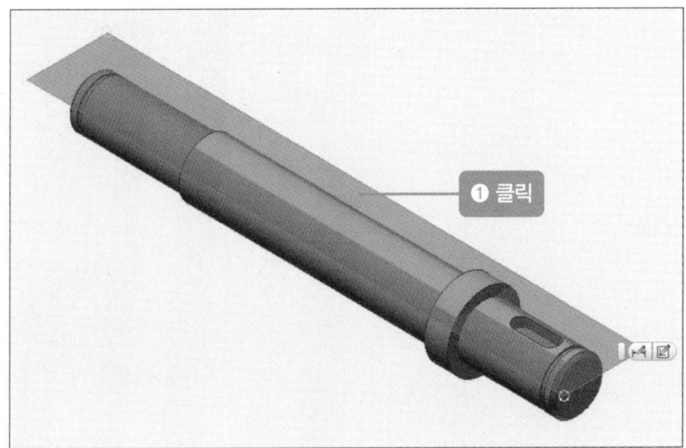

17 F7을 누른 후 [절단 모서리 투영]을 클릭합니다.

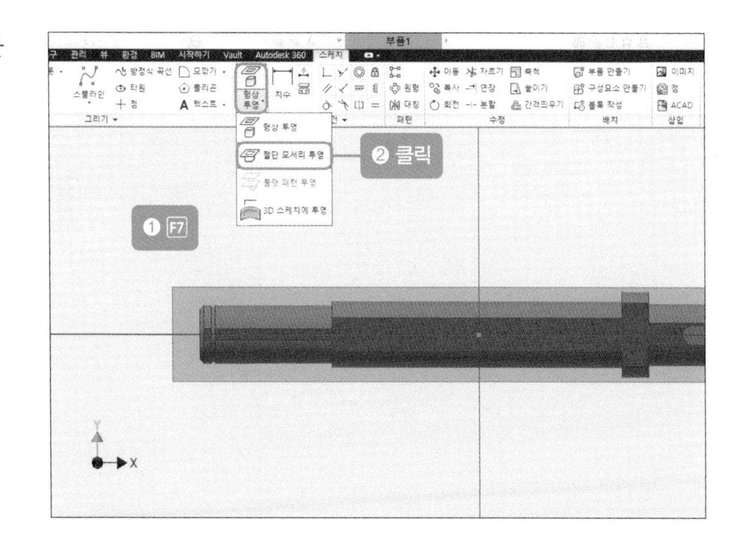

18 [선] 아이콘을 클릭한 후 다음 가로축의 중심선을 그립니다.

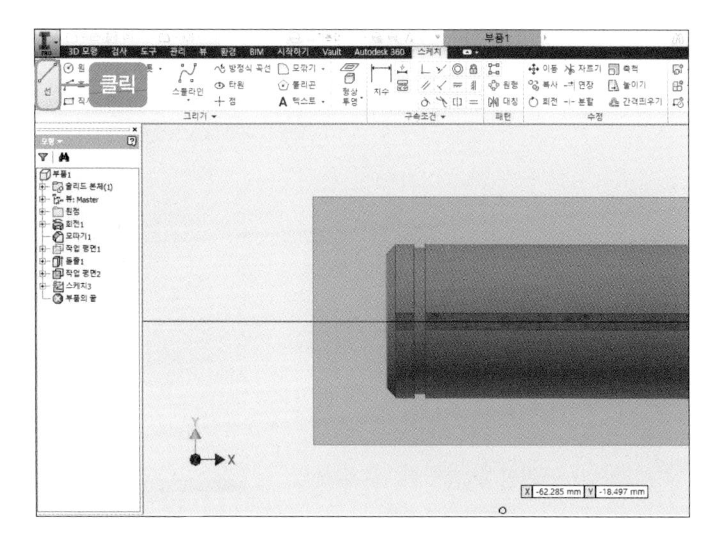

19 [슬롯] 아이콘을 클릭한 후 가로축의 중심선에서 임의의 점 한 곳(P1)을 클릭하고 치수를 '9mm'로 수정합니다.

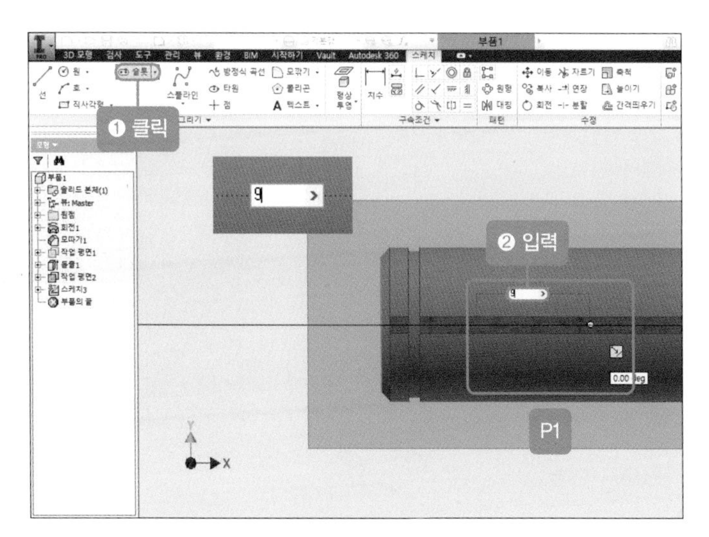

20 슬롯의 지름을 '5mm'로 수정합니다.

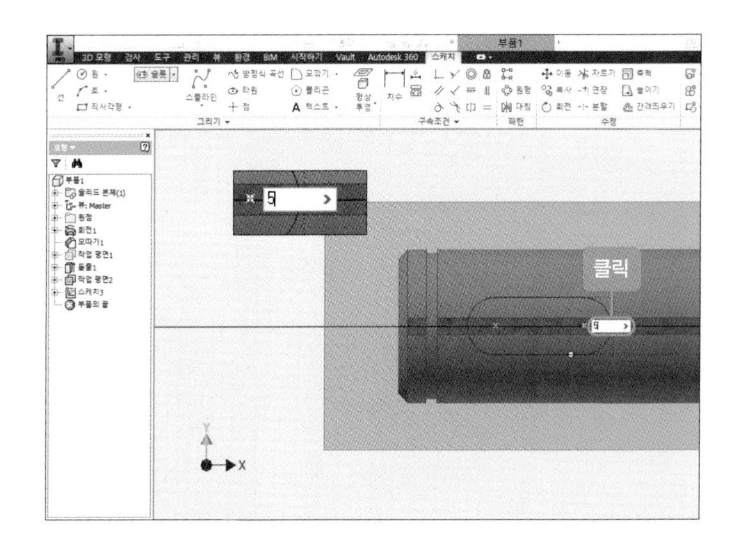

21 슬롯을 그리면 다음과 같은 그림이 나타납니다.

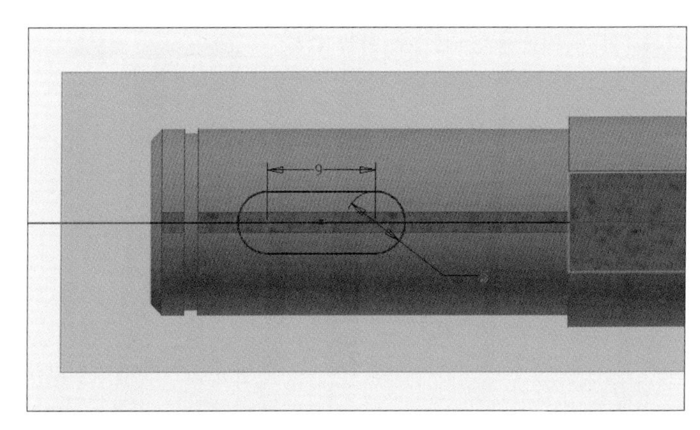

22 [치수] 아이콘을 클릭한 후 슬롯의 좌측 원과 축의 좌측 선을 클릭하고 치수선을 위에 넣습니다. 치수를 더블클릭하여 '10.5mm'로 수정합니다.

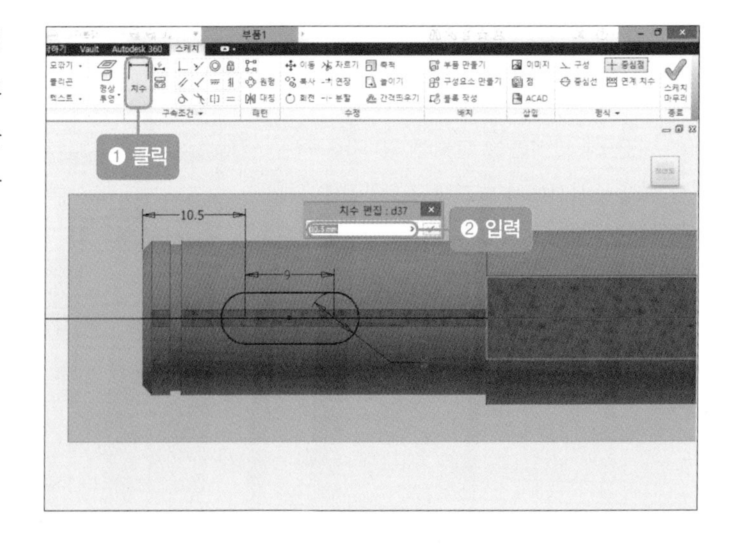

23 마우스 오른쪽 버튼을 눌러 [스케치 마무리]를 클릭합니다.

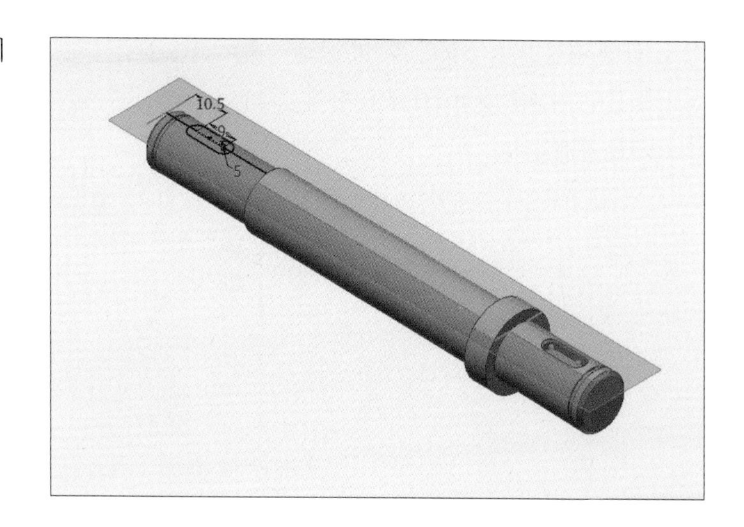

24 [돌출] 아이콘을 클릭한 후 [프로파일]을 클릭하고 방금 전에 그렸던 키홈을 클릭합니다. [돌출] 대화상자에서 다음과 같이 클릭하고 치수를 '3mm'로 수정한 후 [확인] 버튼을 클릭합니다.

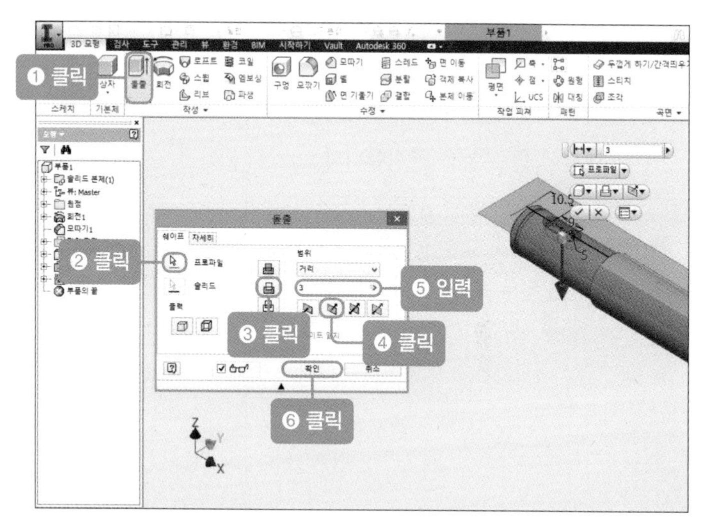

25 돌출시키면 다음과 같은 그림이 나타납니다.

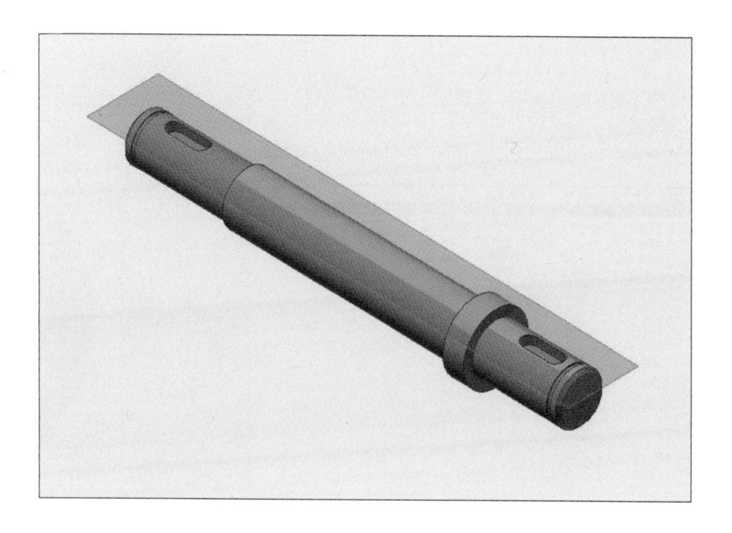

26 '작업 평면 2'를 클릭한 후 마우스 오른쪽 버튼을 눌러 [가시성]의 체크를 해제합니다.

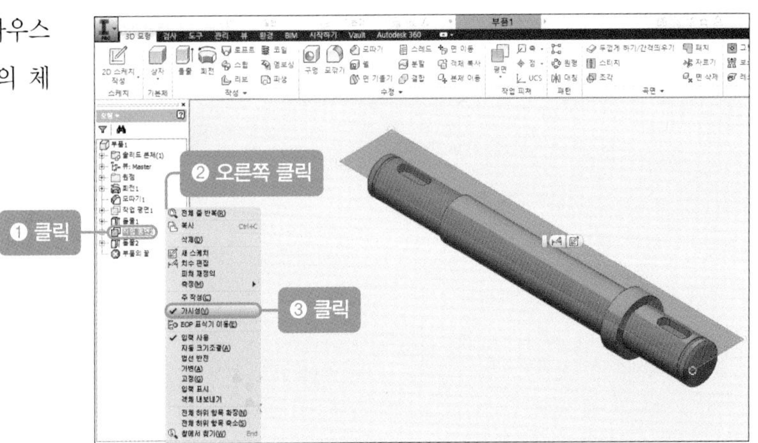

5 축의 양 센터 만들기(품번 ❽)

01 [2D 스케치 작성] 아이콘을 클릭한 후 빨간색 원 부분을 클릭합니다.

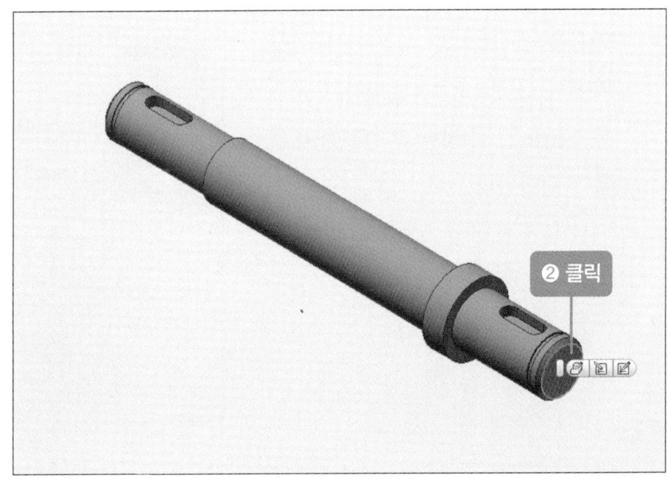

02 [점] 아이콘을 클릭한 후 원의 중심을 클릭합니다.

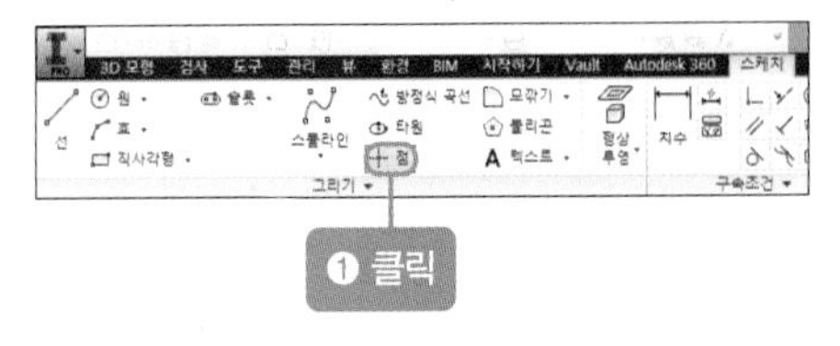

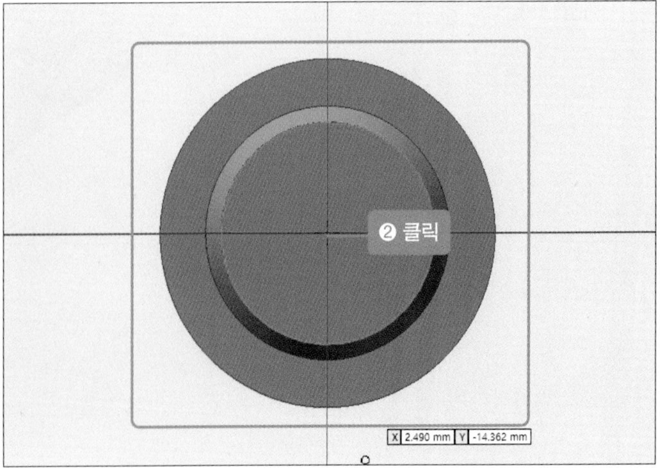

03 마우스 오른쪽 버튼을 눌러 [스케치 마무리]를 클릭합니다.

04 [구멍] 아이콘을 클릭한 후 다음 [구멍] 대화상자와 같이 설정하고 [확인] 버튼을 클릭합니다.

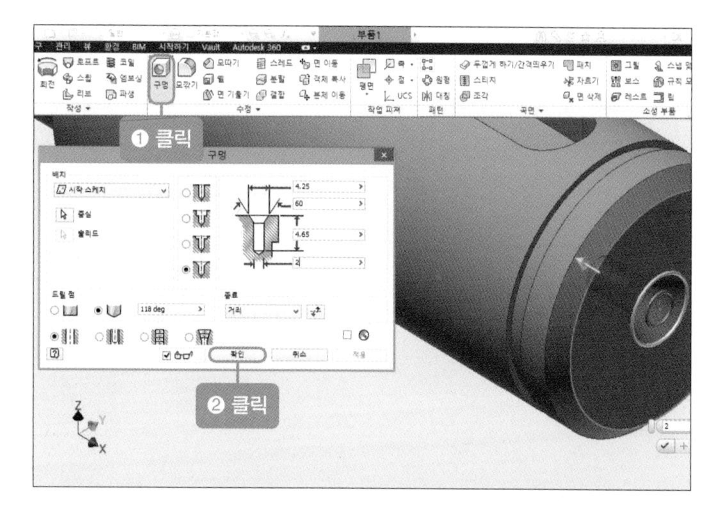

05 구멍을 뚫으면 센터 구멍이 완성됩니다.

06 01~05와 같이 반대쪽도 센터 구멍을 만듭니다.

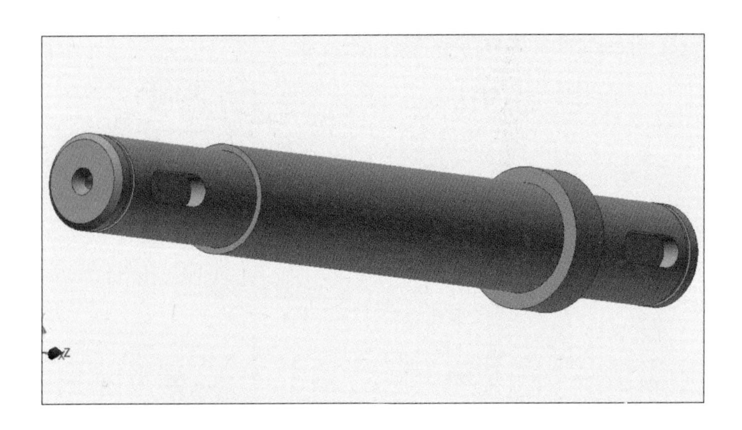

07 축이 완성됩니다.

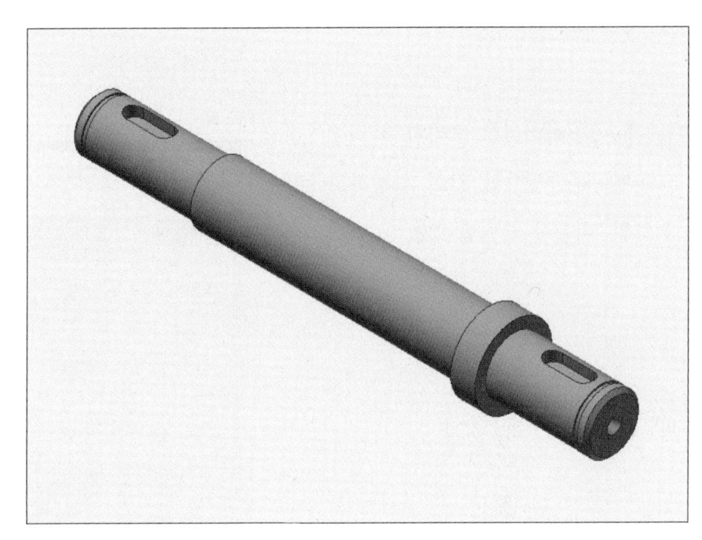

2 | 스퍼기어 부품 만들기(품번 ❹)

1 스퍼기어 스케치하기(품번 ❹)

01 바탕 화면에서 [Inventor] 아이콘을 더블클릭하면 프로그램이 실행됩니다. 다음과 같은 창이 나타나면 [새로 만들기] 버튼을 클릭합니다.

02 [새 파일 작성] 창이 나타나면 'Standard.ipt'를 클릭한 후 [작성] 버튼을 클릭합니다.

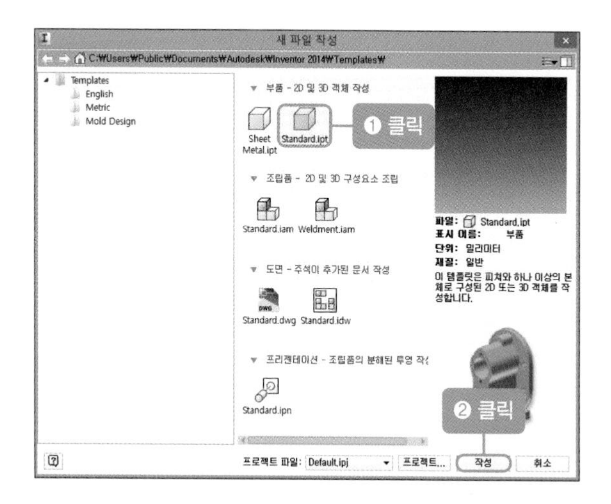

03 탐색기의 [원점-XY 평면]을 클릭한 후 [2D 스케치 작성] 아이콘을 클릭합니다.

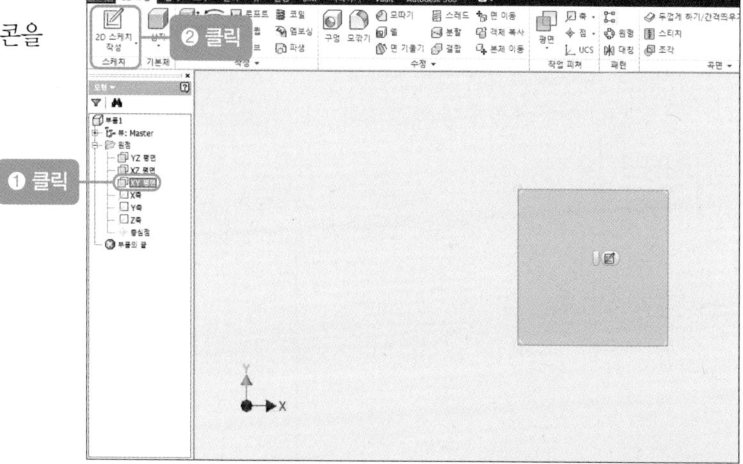

04 [선] 아이콘을 클릭한 후 25mm 선 1개를 그립니다.

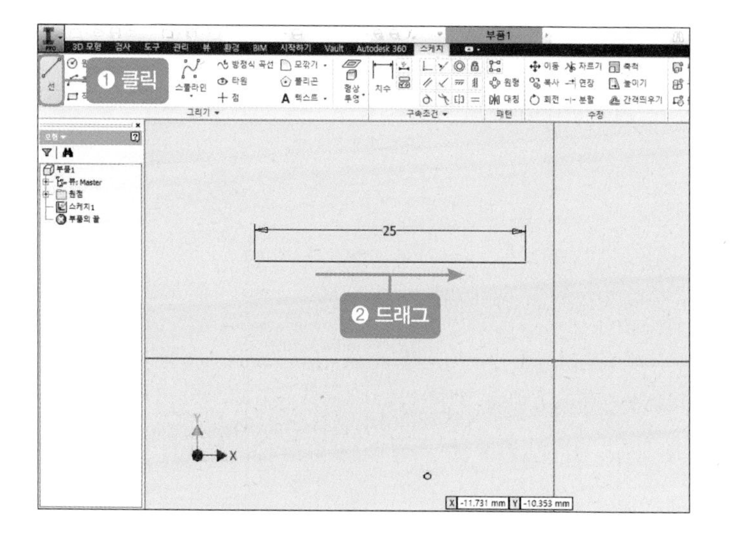

05 방금 전에 그렸던 선을 클릭한 후 [중심선] 아이콘을 클릭합니다.

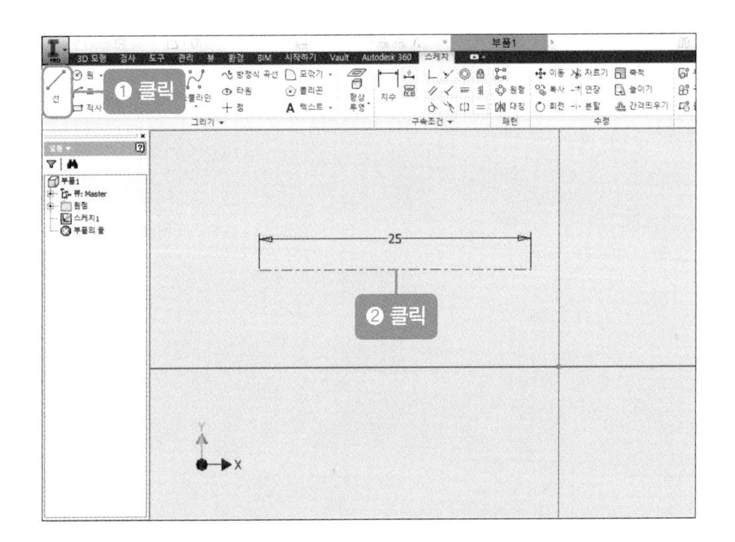

06 구속 조건에서 [고정] 아이콘을 클릭한 후 선의 중심점과 좌표계의 중심을 클릭하면 다음과 같은 그림이 나타납니다.

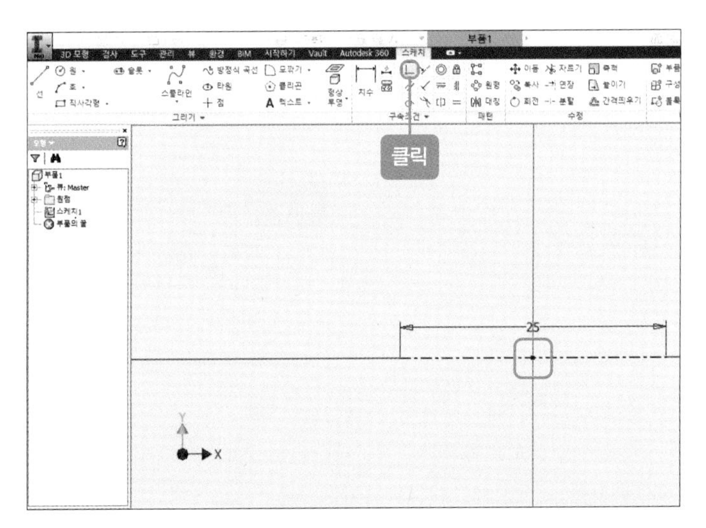

07 [선] 아이콘을 클릭한 후 기본 스케치를 합니다.

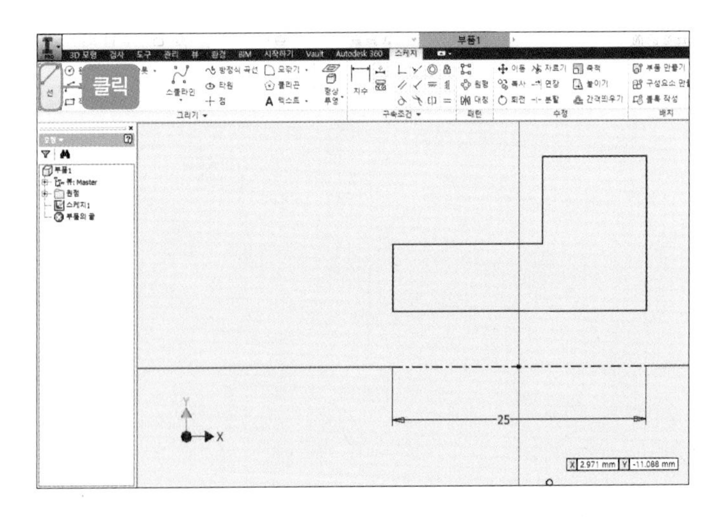

08 [치수] 아이콘을 클릭한 후 치수를 넣습니다(지름 치수는 해당하는 선과 중심선을 클릭하면 됩니다).

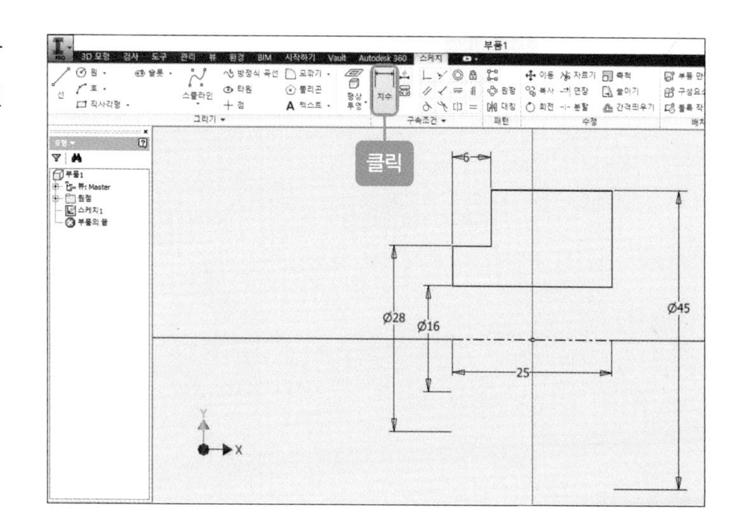

09 마우스 오른쪽 버튼을 눌러 [스케치 마무리]를 클릭합니다.

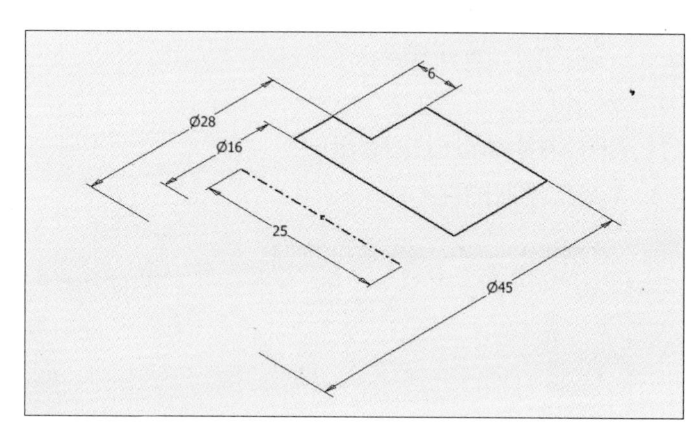

❷ 스퍼기어 회전 기능을 이용하여 기초 원 만들기(품번 ❹)

01 [회전] 아이콘을 클릭한 후 [프로파일]을 클릭하고 스케치를 클릭합니다. 그런 다음 축을 선택하고 중심선을 클릭합니다.

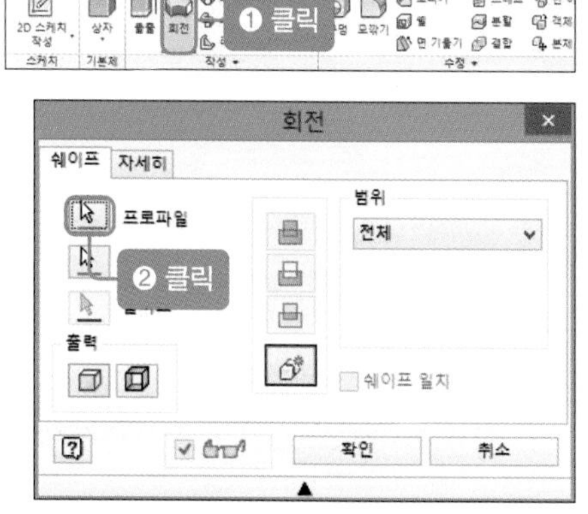

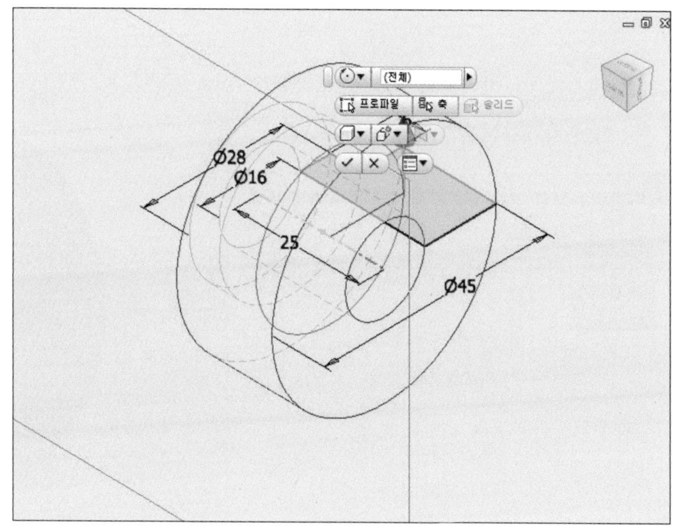

02 회전시키면 다음과 같은 그림이 나타납니다.

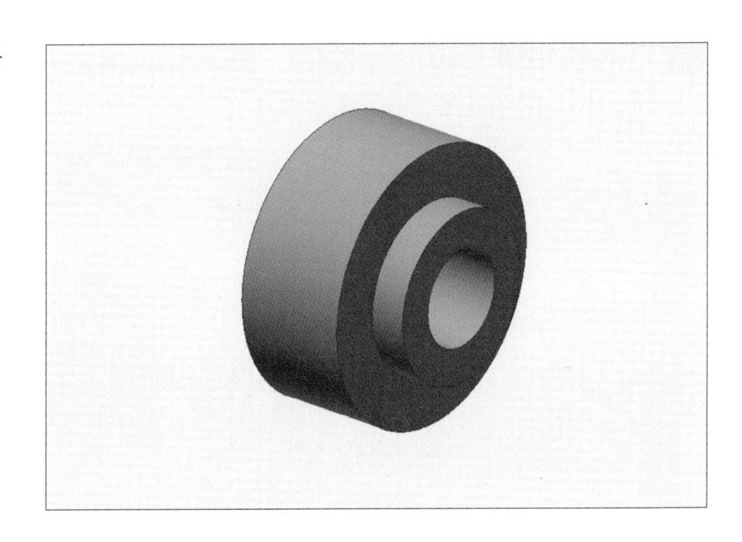

3 스퍼기어 키홈 만들기(품번 ④)

01 [2D 스케치 작성] 아이콘을 클릭한 후 원을 클릭합니다.

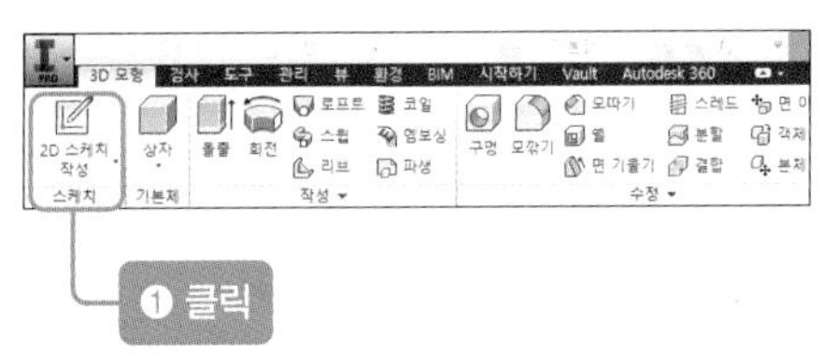

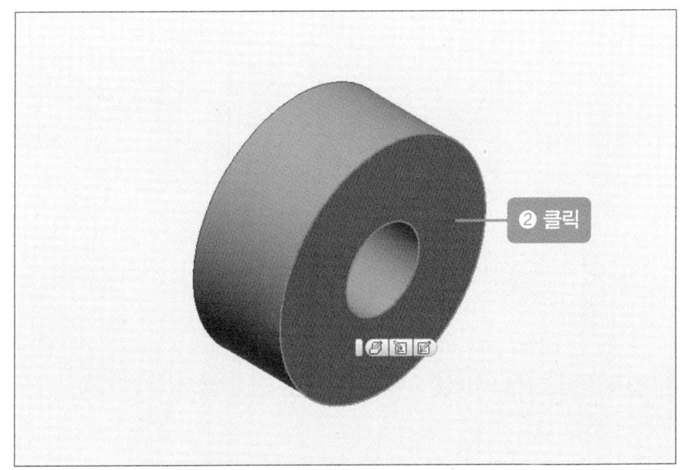

02 [직사각형] 아이콘을 클릭한 후 임의의 직사각형을 그립니다.

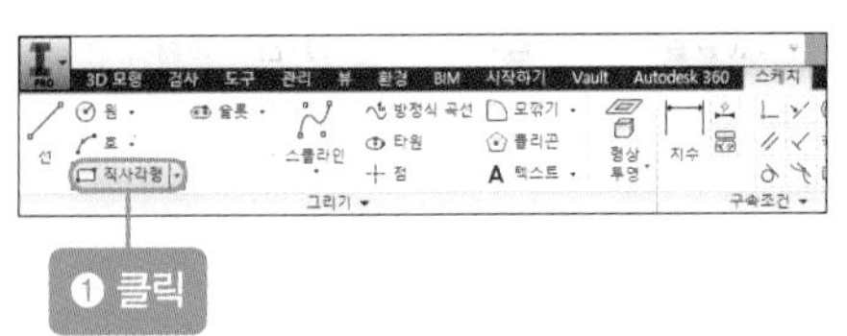

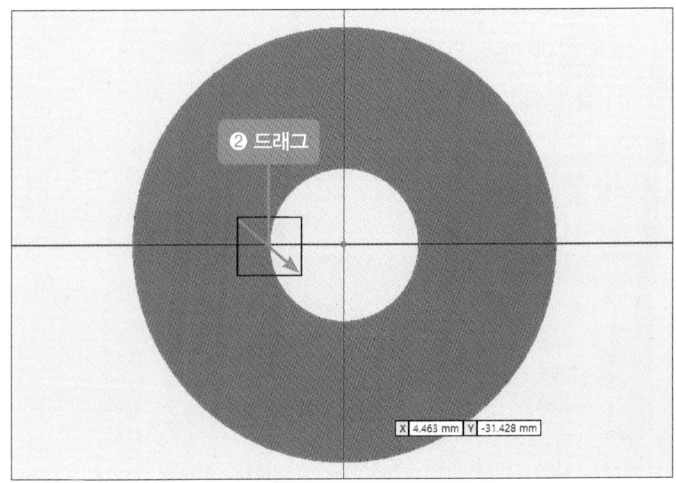

03 [치수] 아이콘을 클릭한 후 키홈 부분의 치수를 넣습니다. 그런 다음 [스케치 마무리] 아이콘을 클릭합니다.

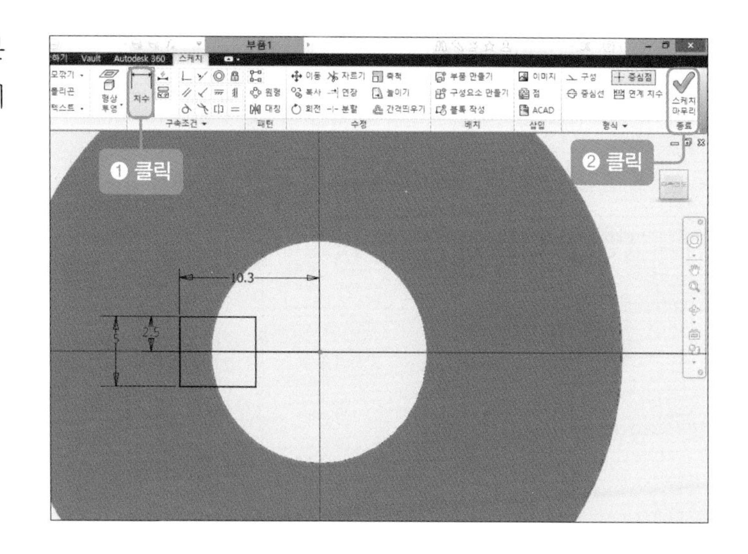

04 [돌출] 아이콘을 클릭한 후 [프로파일]을 클릭한 후 키홈 스케치를 클릭합니다. 그런 다음 [돌출] 대화상자의 [차집합]을 클릭하고 치수를 '25mm'로 수정한 후 [확인] 버튼을 클릭합니다.

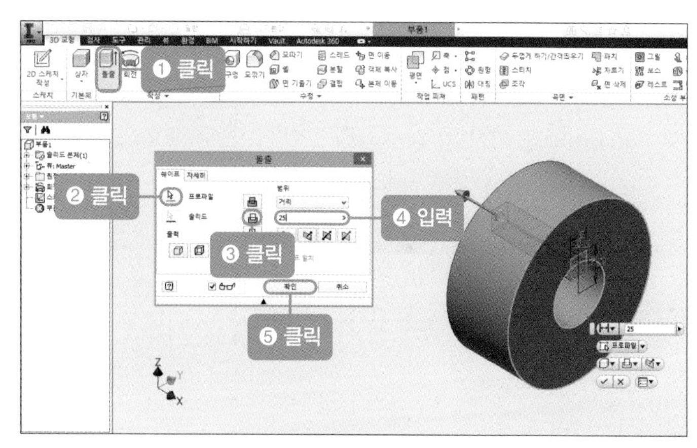

05 돌출시키면 다음과 같은 그림이 나타납니다.

4 스퍼기어 이 형상 스케치하기

01 [2D 스케치 작성] 아이콘을 클릭한 후 빨간색 부분의 원을 클릭합니다.

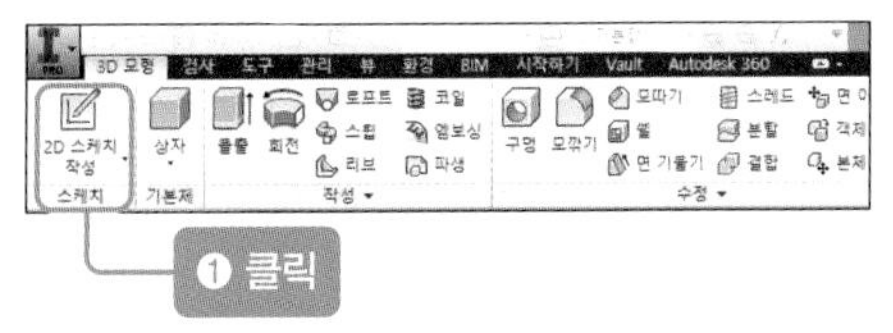

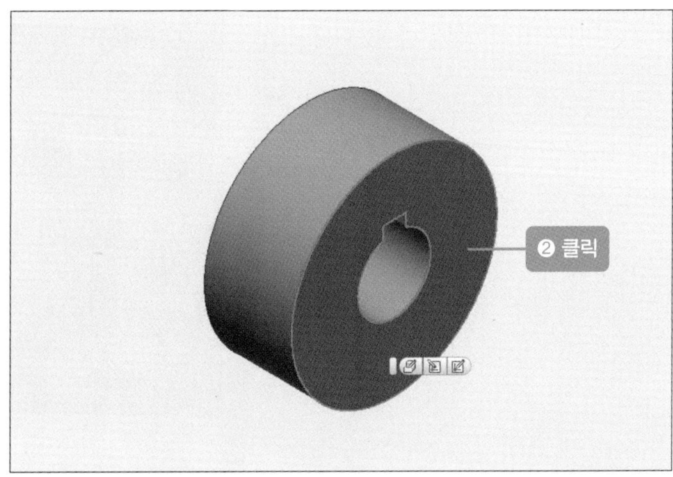

02 [원] 아이콘을 클릭한 후 이끝원(54mm)과 피치원(50mm)을 그립니다(이끝원 계산법: 피치원+2M).

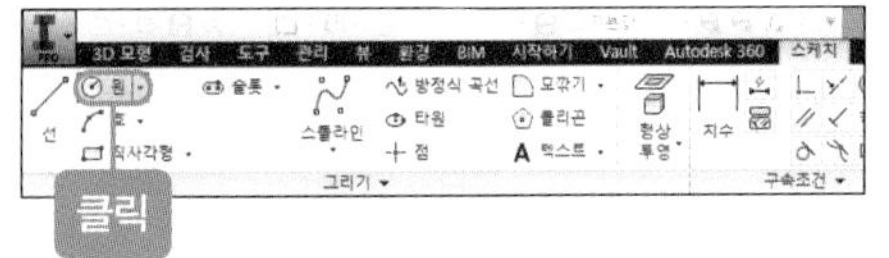

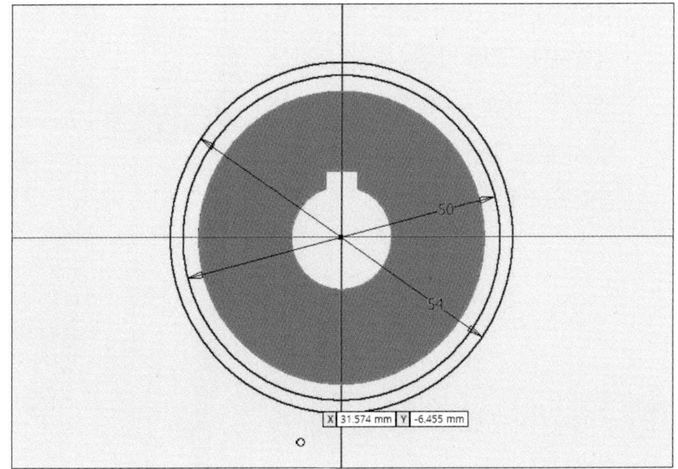

03 [선] 아이콘을 클릭한 후 중심점에서 세로축으로 선 1개를 그립니다.

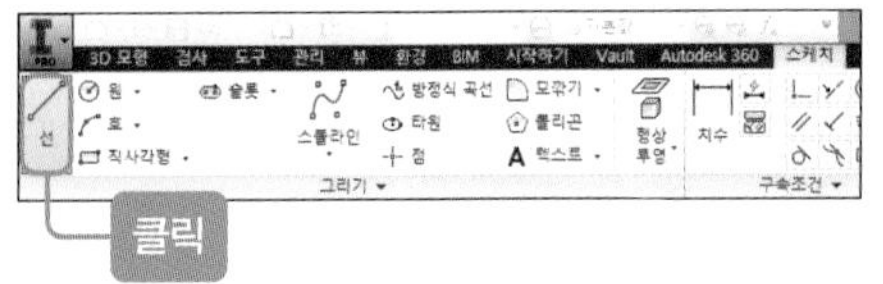

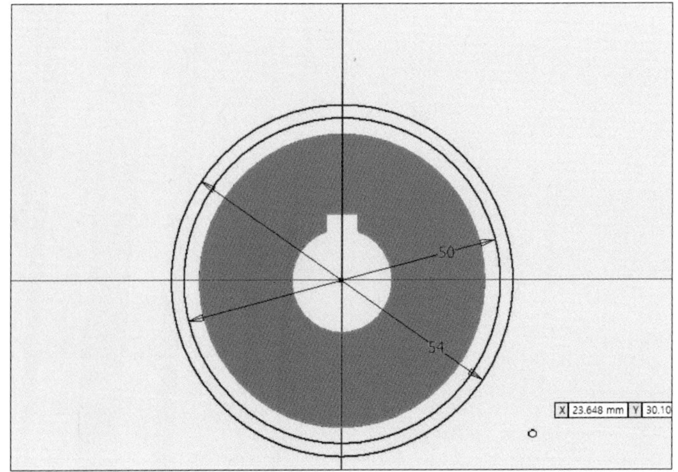

04 [간격 띄우기] 아이콘을 클릭한 후 좌측으로 3개의 선을 만듭니다.

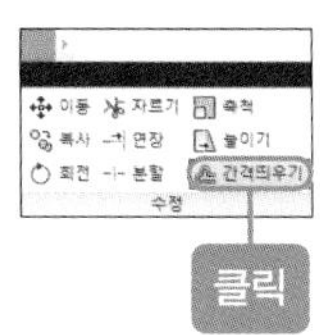

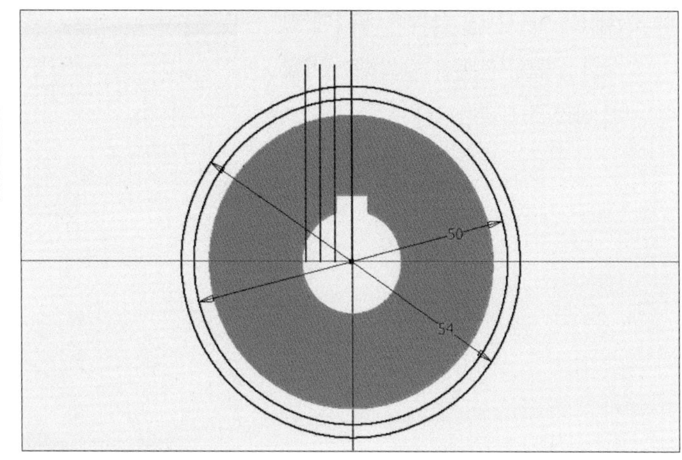

05 [치수] 아이콘을 클릭한 후 좌측에서 첫 번째 선과 두 번째 선을 클릭하고 치수를 '0.5mm(M/4)'로 수정합니다. 그런 다음 두 번째 선과 세 번째 선을 클릭하고 치수를 '1mm(M/2)'로 수정합니다. 마지막으로 두 번째 선과 네 번째 선을 클릭하고 치수를 '1.57mm(0.785×M)'로 수정합니다.

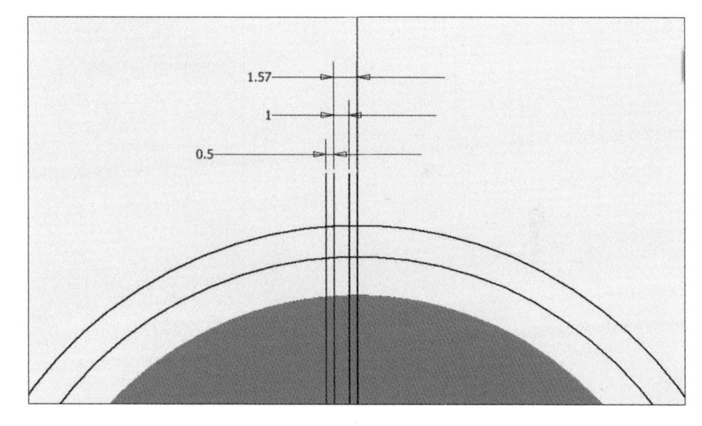

06 [호] 아이콘을 클릭한 후 이끝원과 세 번째 선이 만나는 점/이뿌리원과 첫 번째 선이 만나는 점/피치원과 두 번째 선이 만나는 점을 클릭하여 치형 반쪽을 그립니다.

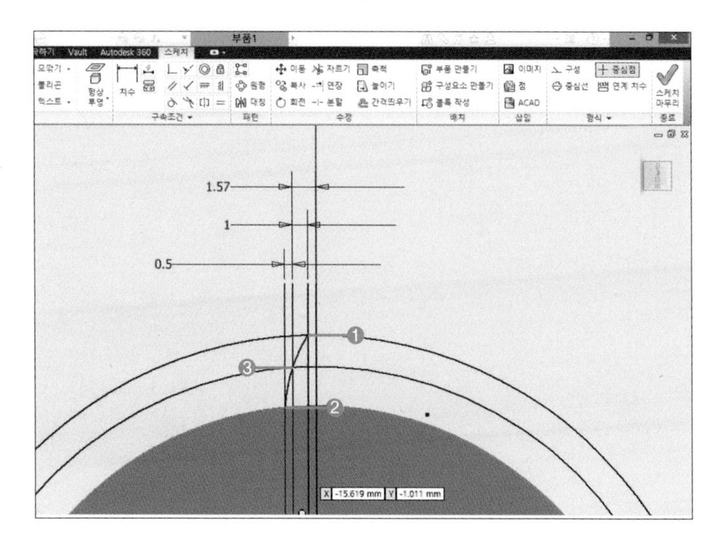

07 [대칭] 아이콘을 클릭한 후 [대칭] 대화상자의 '선택'을 클릭하고 치형의 반쪽을 클릭합니다.

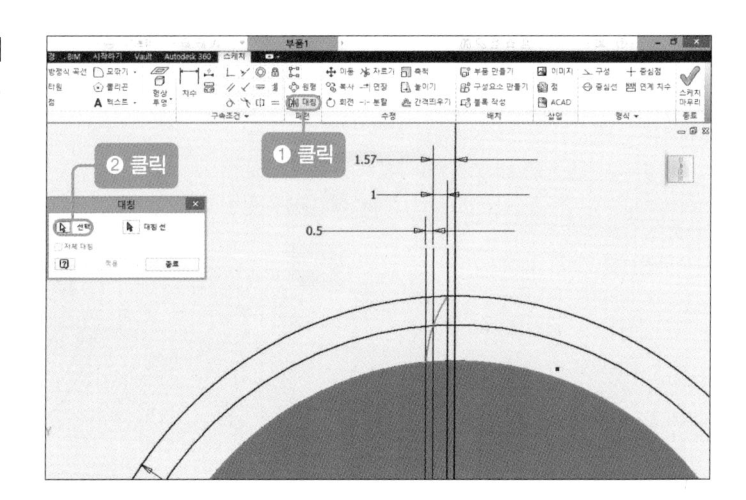

08 [대칭] 대화상자의 '대칭선'을 클릭한 후 네 번째 선을 클릭합니다.

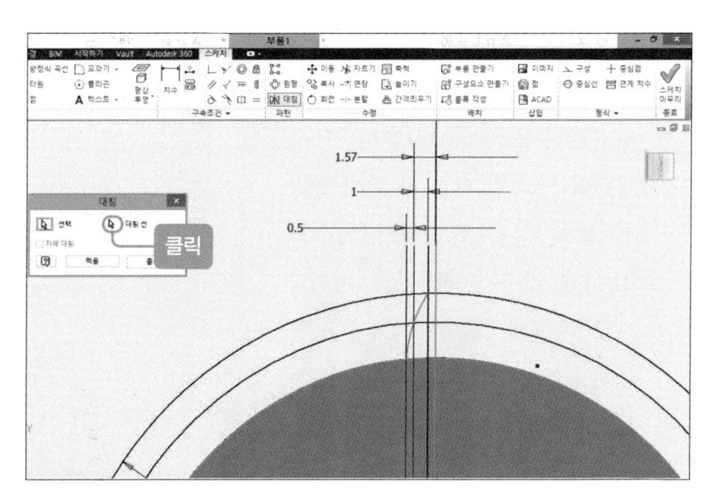

09 대칭시키면 치형이 완성됩니다.

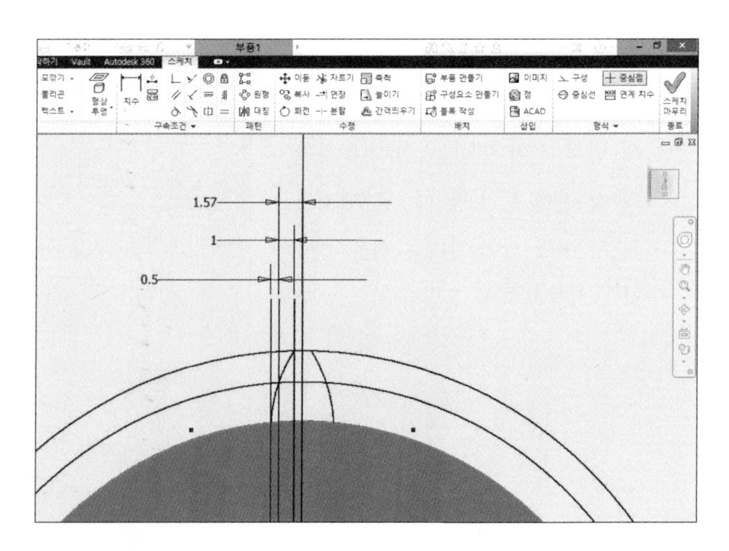

10 치형을 제외한 나머지 선을 클릭한 후 [구성] 아이콘을 클릭합니다.

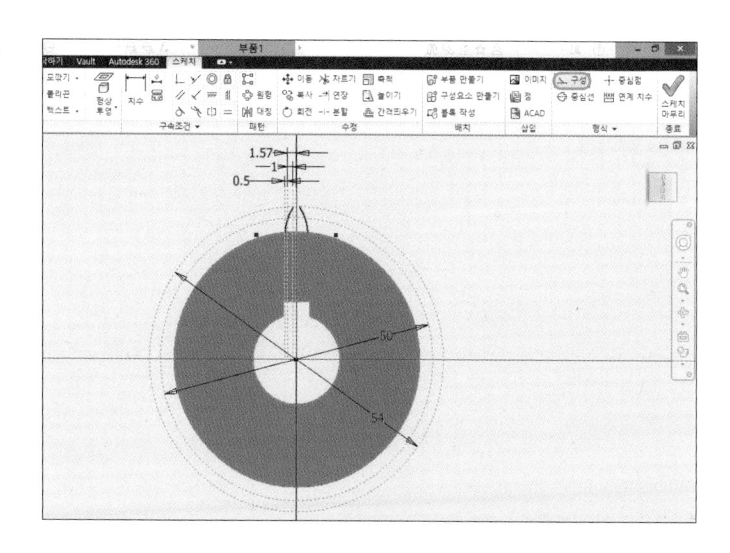

11 [호 중심점] 아이콘을 클릭한 후 원호를 그립니다.

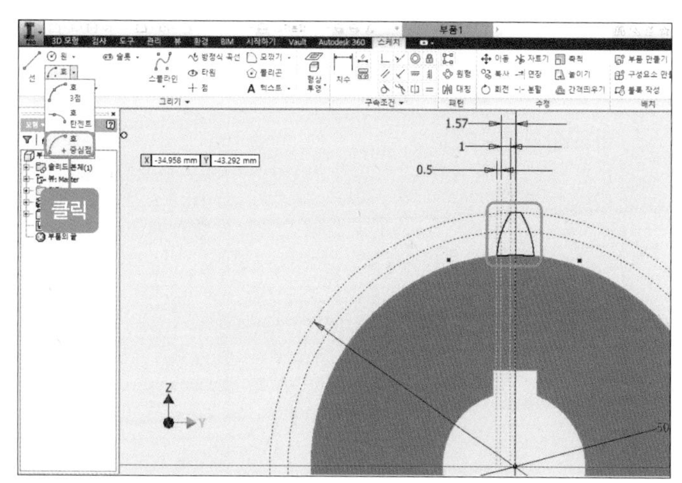

5 스퍼기어 이 형상 만들기(품번 ④)

01 [돌출] 아이콘을 클릭한 후 [프로파일]을 클릭하고 치형을 클릭합니다. [돌출] 대화상자의 [생성] 버튼을 클릭하고 치수를 '19mm'로 수정한 후 [확인] 버튼을 클릭합니다.

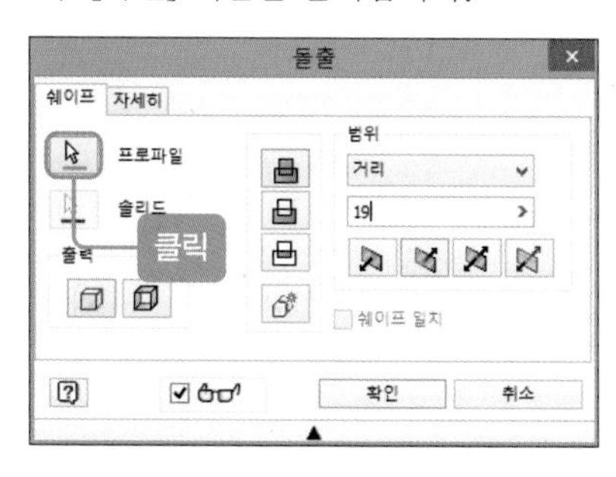

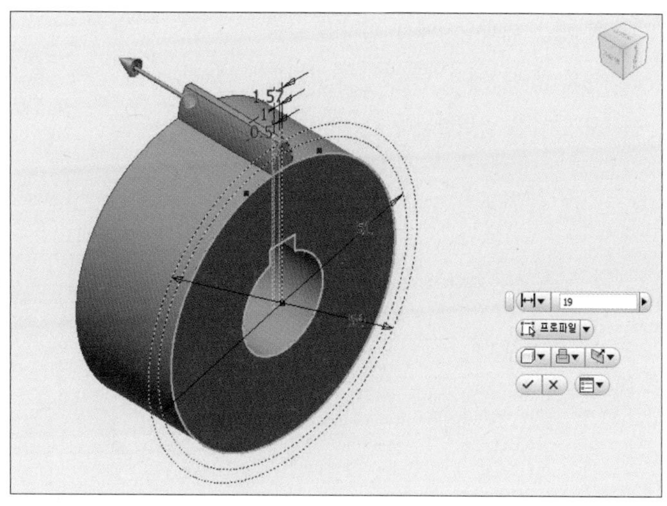

02 [모따기] 아이콘을 클릭한 후 치형의 양끝 모서리를 1mm씩 모따기를 합니다.

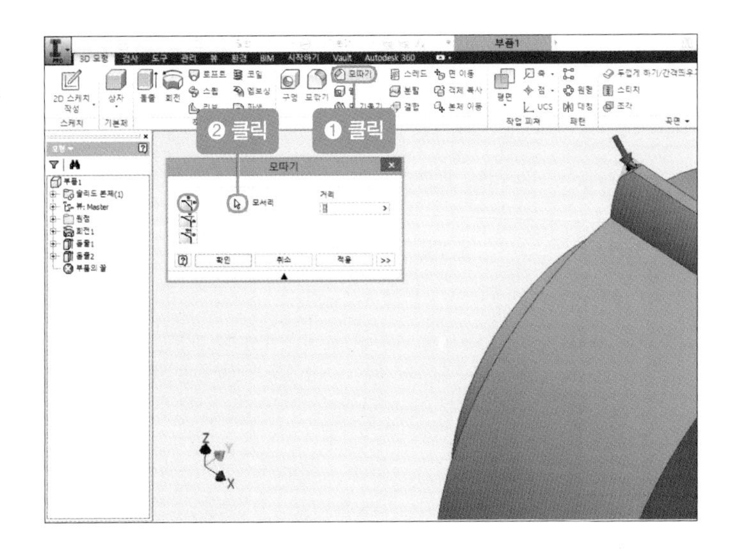

03 [모깎기] 아이콘을 클릭한 후 이뿌리원과 치형이 닫는 부분을 0.5mm씩 모깎기합니다.

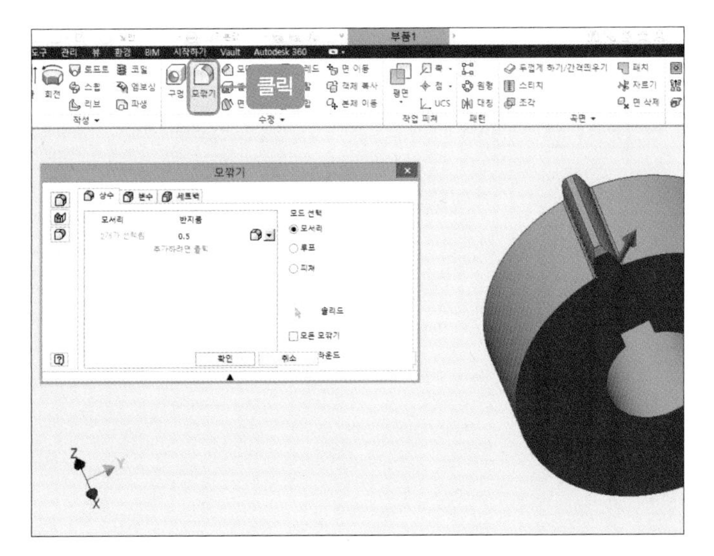

04 [원형 패턴] 아이콘을 클릭한 후 [원형 패턴] 대화상자에서 '피쳐'를 클릭하고 탐색기에서 '돌출2', '모따기1', '모깎기1'을 클릭합니다.

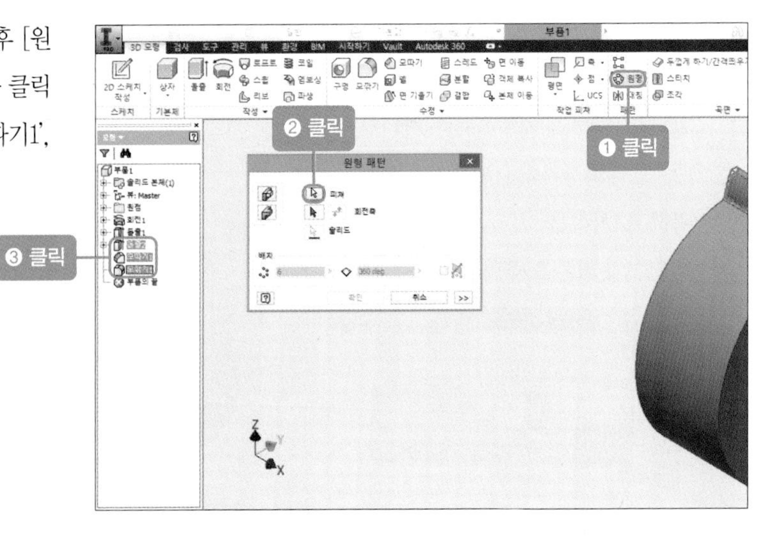

05 [원형 패턴] 대화상자에서 '회전축'을 클릭한 후 스퍼기어 모형에서 중심축을 클릭합니다. 그리고 배치를 '25'로 수정한 후 [확인] 버튼을 클릭합니다.

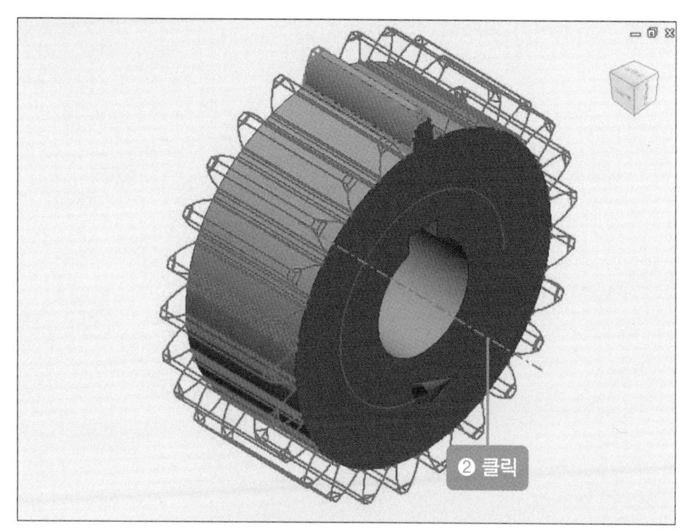

06 원형 패턴시키면 다음과 같은 그림이 나타납니다.

07 [모깎기] 아이콘을 클릭한 후 모서리 부분을 3mm로 모깎기합니다.

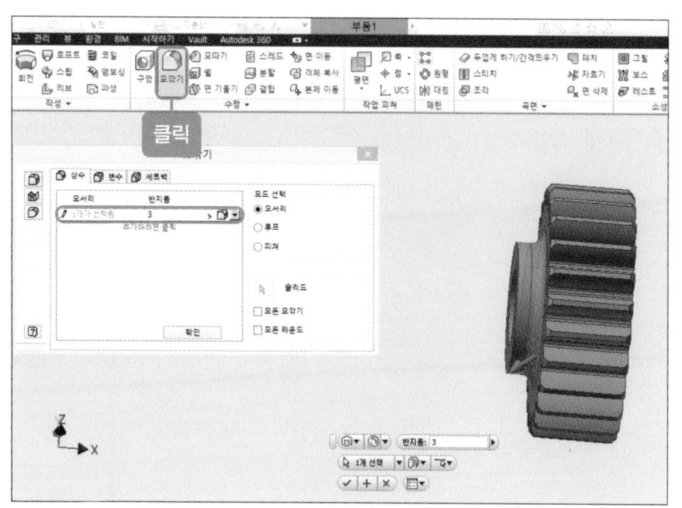

08 스퍼기어가 완성됩니다.

3 | 본체 부품 만들기(품번 ❶)

1 기본 본체 스케치하기(품번 ❶)

01 바탕 화면에서 [Inventor] 아이콘을 더블클릭하면 프로그램이 실행됩니다. 다음과 같은 창이 나타나면 [새로 만들기] 버튼을 클릭합니다.

02 [새 파일 작성] 창이 나타나면 'Standard.ipt'를 클릭한 후 [작성] 버튼을 클릭합니다.

03 탐색기의 [원점-XY 평면]을 클릭한 후 [2D 스케치 작성] 아이콘을 클릭합니다.

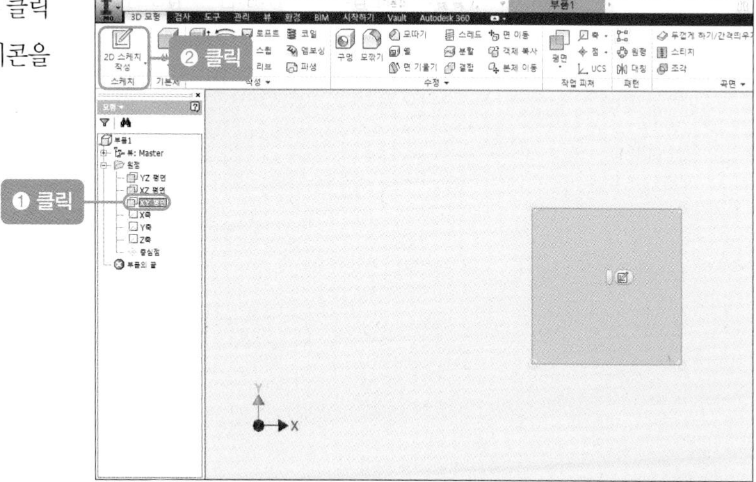

04 [직사각형] 아이콘을 클릭한 후 임의의 사각형을 그립니다.

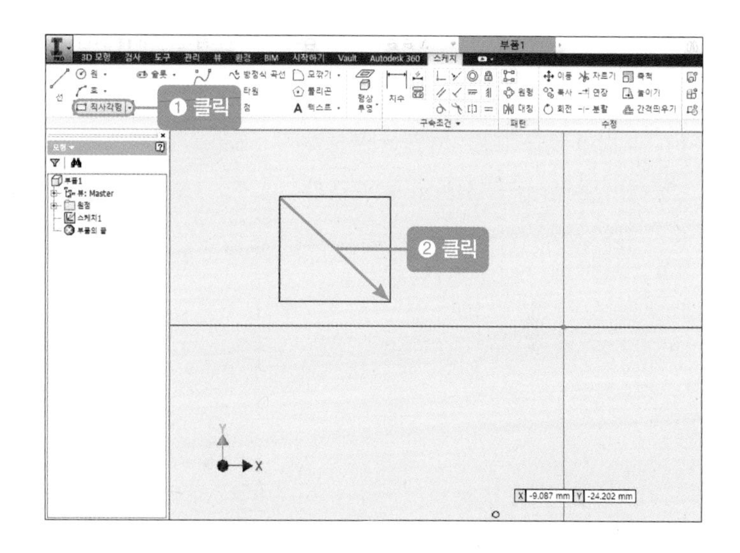

05 [선] 아이콘을 클릭한 후 좌측 중심점에서 우측 중심점까지 선을 그립니다.

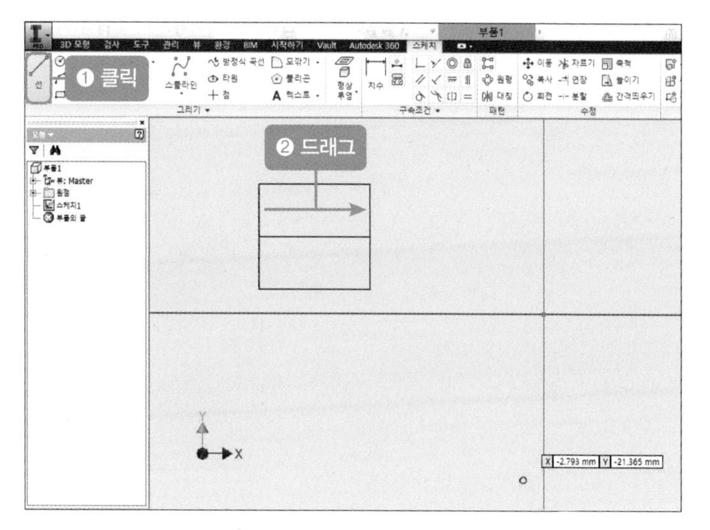

06 [일치 구속 조건] 아이콘을 클릭한 후 직사각형의 중심선에서 중심점을 클릭하고 중앙의 중심점을 클릭합니다.

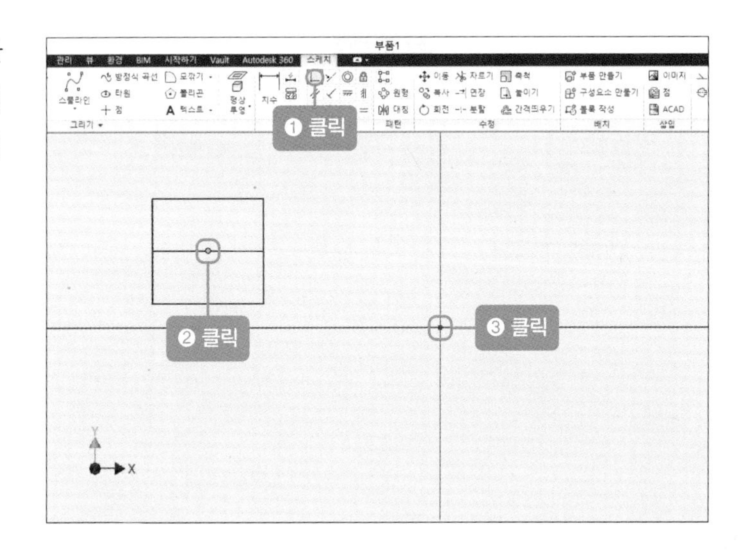

07 [치수] 아이콘을 클릭한 후 직사각형의 가로 및 세로의 치수선을 다음과 같이 넣습니다. 치수를 더블클릭하여 '85mm', '141mm'로 수정합니다.

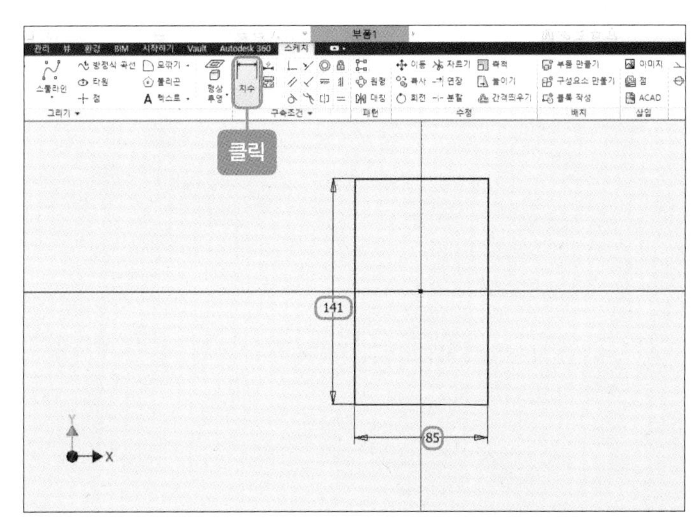

08 마우스 오른쪽 버튼을 눌러 [스케치 마무리]를 클릭합니다.

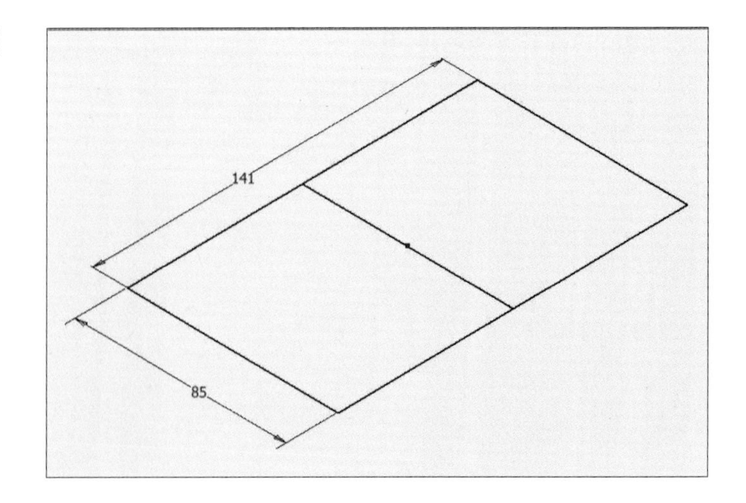

2 본체 형상 만들기(품번 ①)

01 [돌출] 아이콘을 클릭한 후 [프로파일]을 클릭하고 직사각형을 클릭합니다. 치수에 '48mm'를 입력한 후 [확인] 버튼을 클릭합니다.

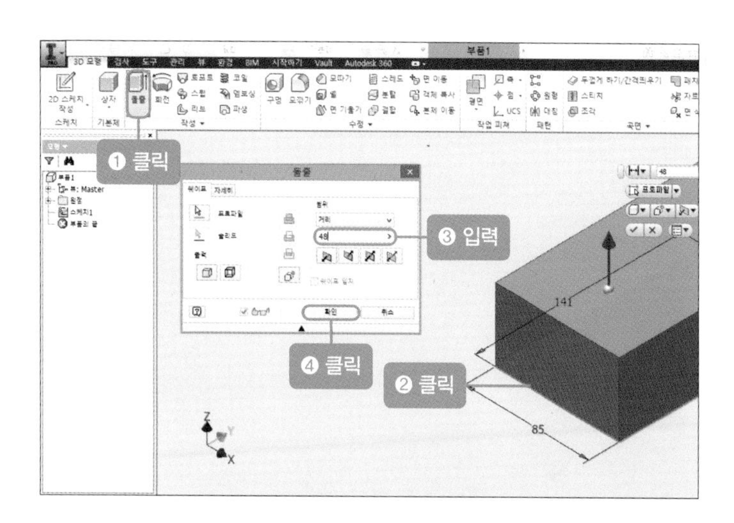

02 돌출시키면 다음과 같은 그림이 나타납니다.

03 직사각형의 빨간색 면을 클릭한 후 [2D 스케치 작성] 버튼을 클릭합니다.

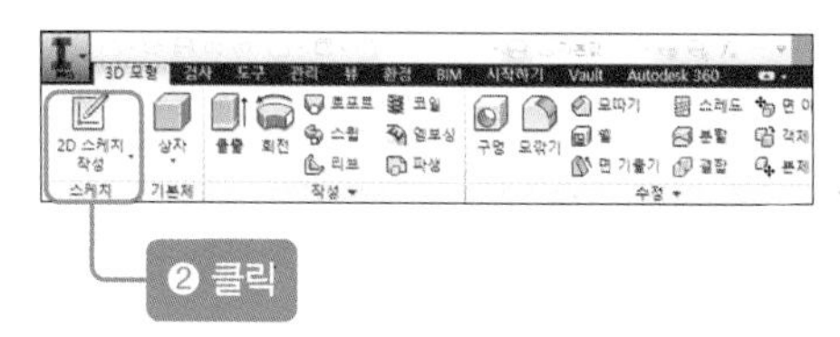

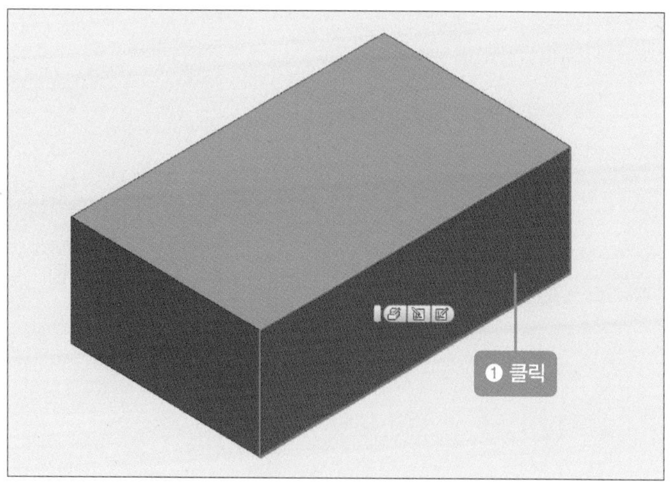

04 [직사각형] 아이콘을 클릭한 후 좌측, 우측, 아래쪽에 임의의 직사각형을 그립니다.

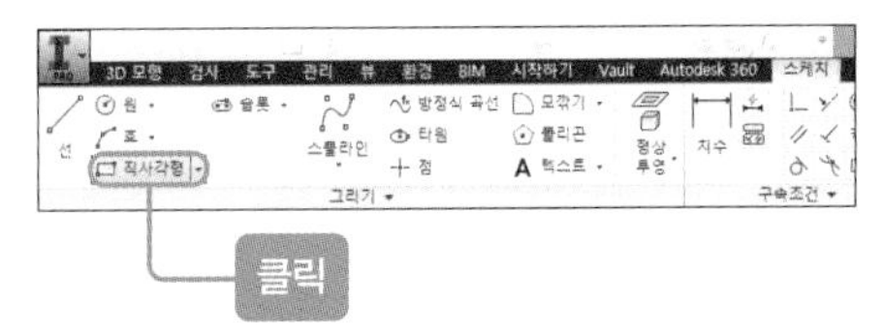

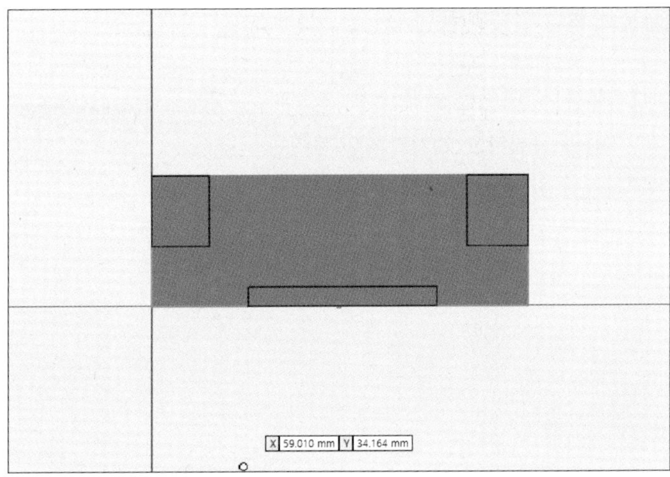

05 [치수] 아이콘을 클릭한 후 방금 전에 그렸던 직사각형을 각각 클릭하여 다음과 같이 치수선을 넣고 치수를 더블클릭하여 치수를 수정합니다.

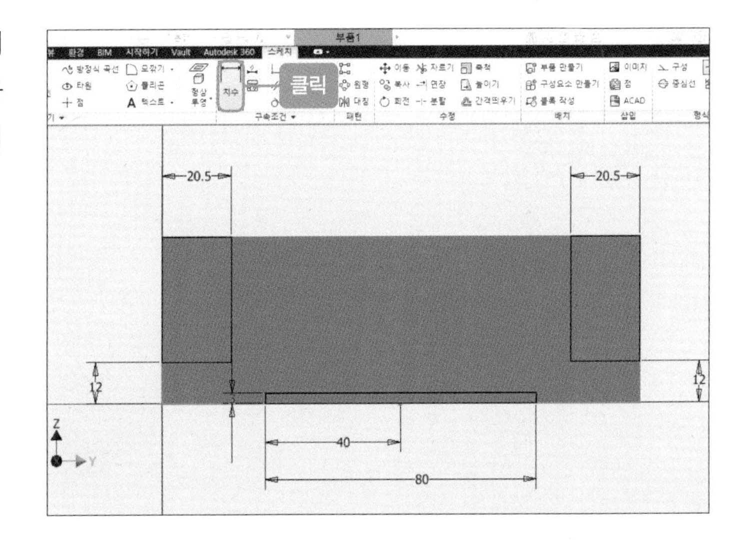

06 마우스 오른쪽 버튼을 눌러 [스케치 마무리]를 클릭합니다.

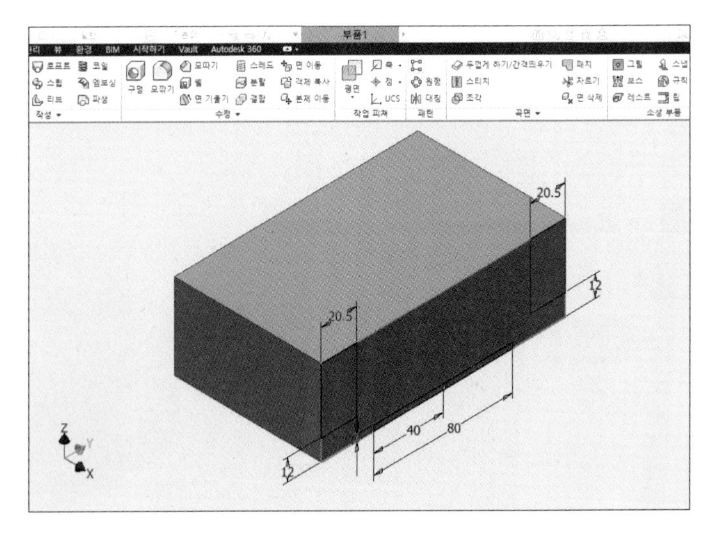

07 [돌출] 아이콘을 클릭한 후 [프로파일]을 클릭하고 다음과 같이 클릭합니다. 그런 다음 [돌출] 대화상자에서 차집합을 선택하고 다음과 같이 클릭하여 수정한 후 치수를 '85mm'로 수정하고 [확인] 버튼을 클릭합니다.

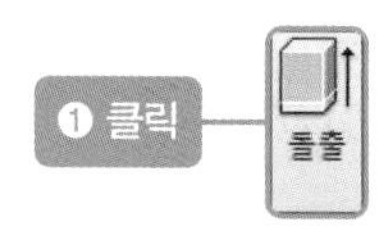

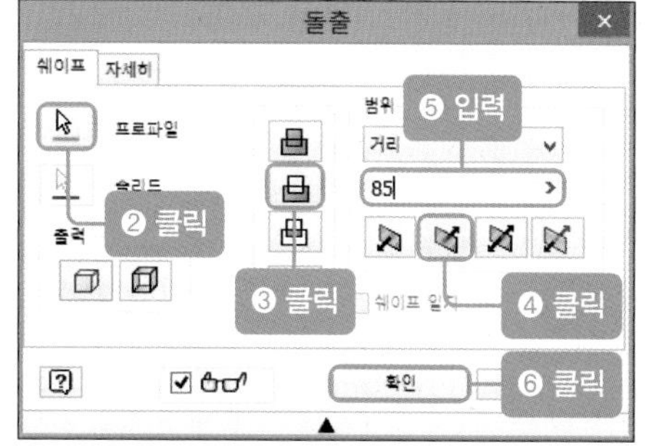

08 돌출시키면 다음과 같은 그림이 나타납니다.

❸ 축 및 베어링 자리 형상 만들기(품번 ❶)

01 탐색기의 [원점-YZ 평면]을 클릭한 후 [스케치 작성] 버튼을 클릭합니다.

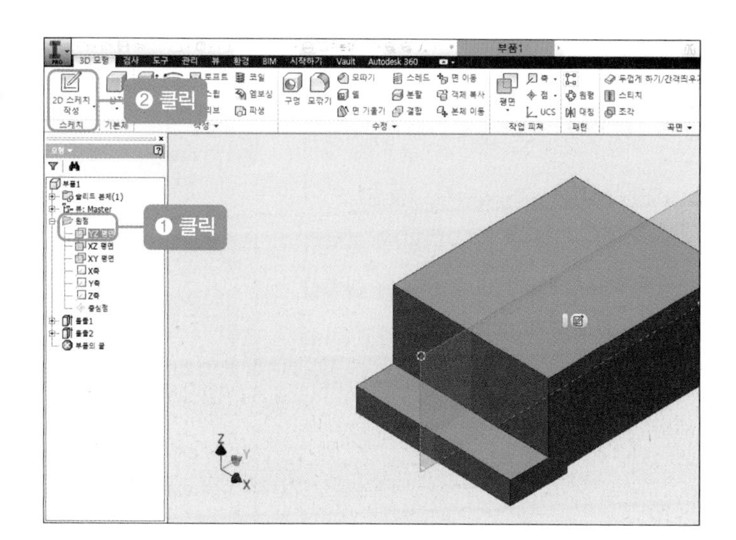

02 F7을 눌러 절단된 모형이 나오면 [절단 모서리 투영]을 클릭합니다.

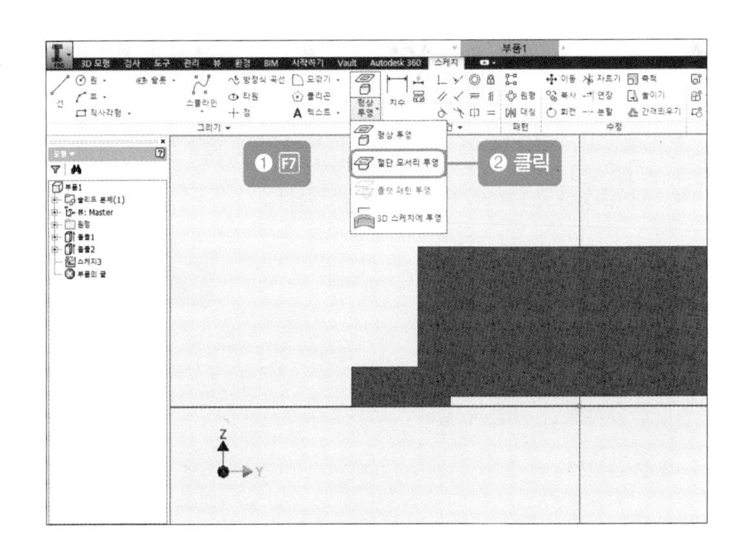

03 [원] 아이콘을 클릭한 후 직사각형 윗부분의 중심점에서 '56mm'의 원을 그립니다.

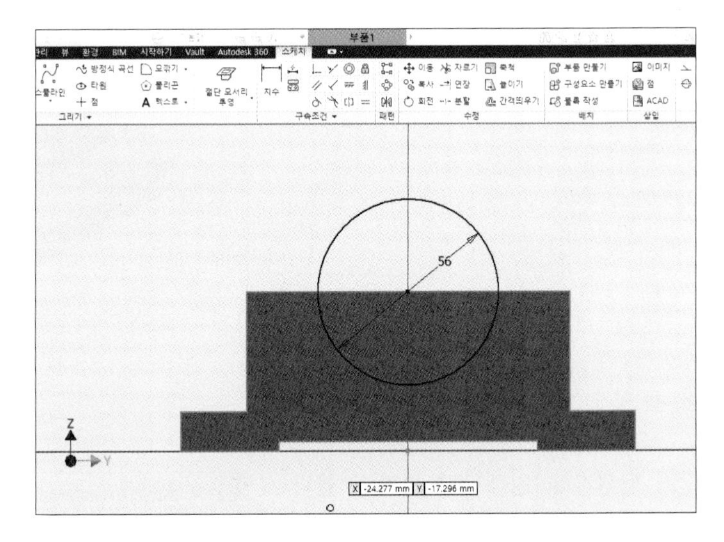

04 마우스 오른쪽 버튼을 눌러 [스케치 마무리]를 클릭합니다. [돌출] 아이콘을 클릭한 후 [프로파일]을 클릭하고 원을 클릭합니다. [돌출] 대화상자에서 다음과 같이 클릭하고 치수를 '46mm'로 수정한 후 [확인] 버튼을 클릭합니다.

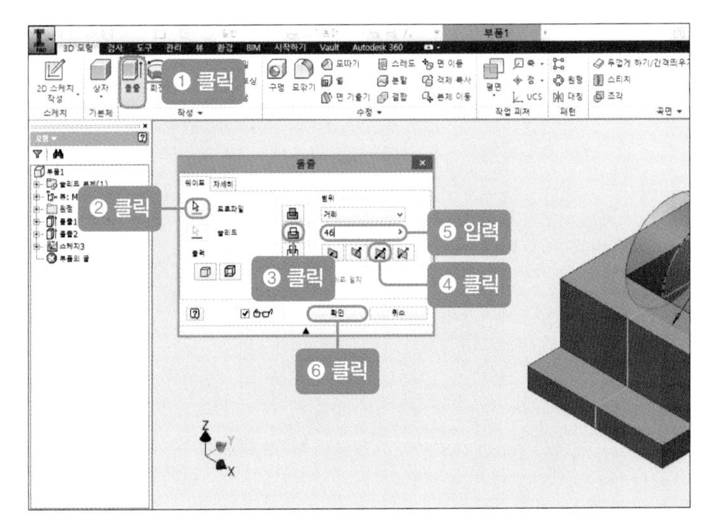

05 돌출시키면 다음과 같은 그림이 나타납니다.

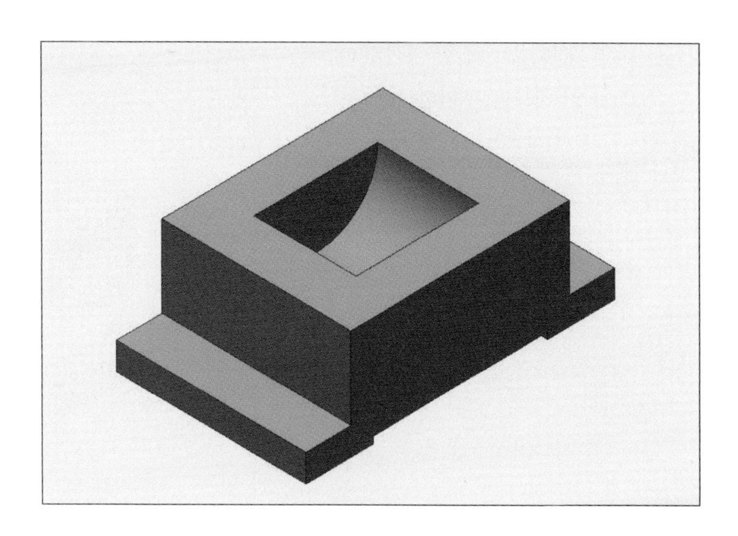

06 [평면] 아이콘을 클릭한 후 직사각형의 빨간색 부분을 클릭합니다.

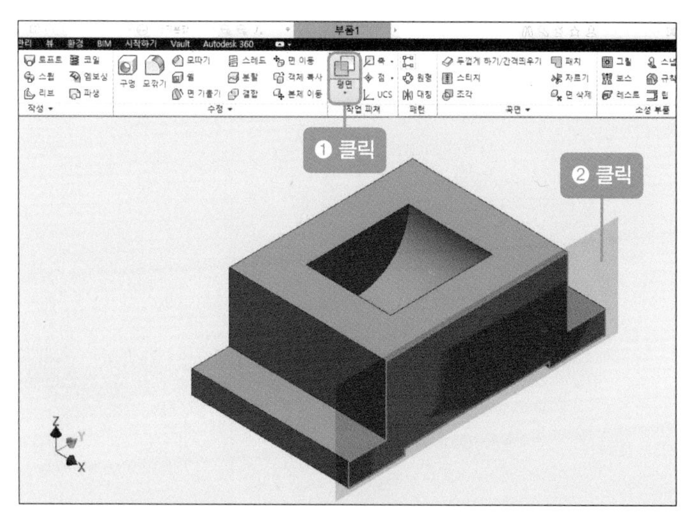

07 작업 평면을 좌측으로 당긴 후 치수를 '-9mm'로 수정하고 ✓를 클릭합니다.

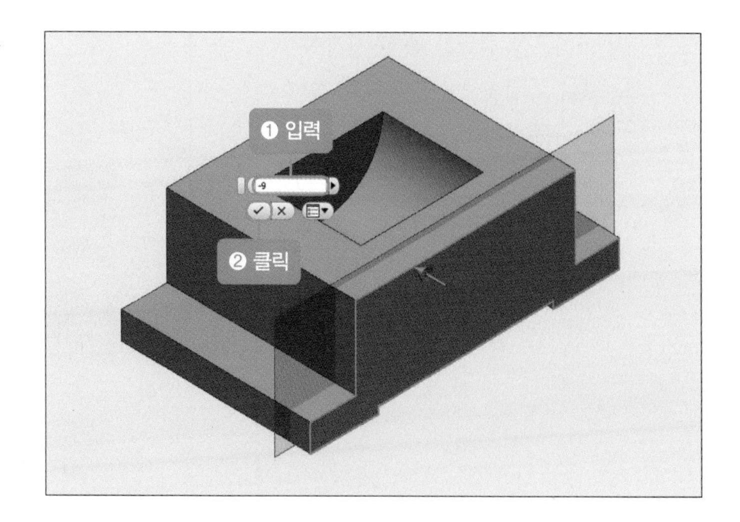

08 [작업 평면]을 클릭한 후 [2D 스케치 작성] 버튼을 클릭합니다.

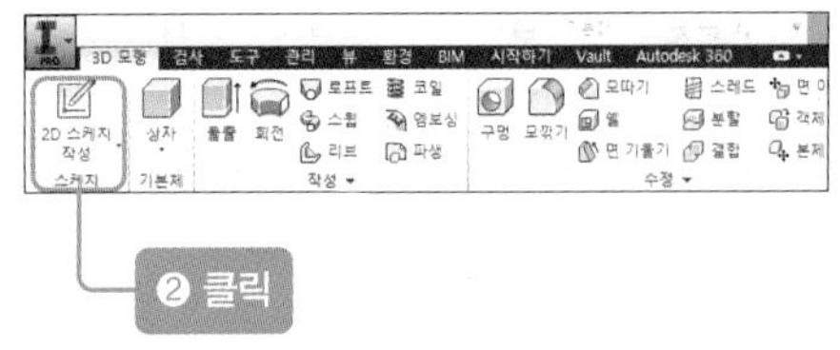

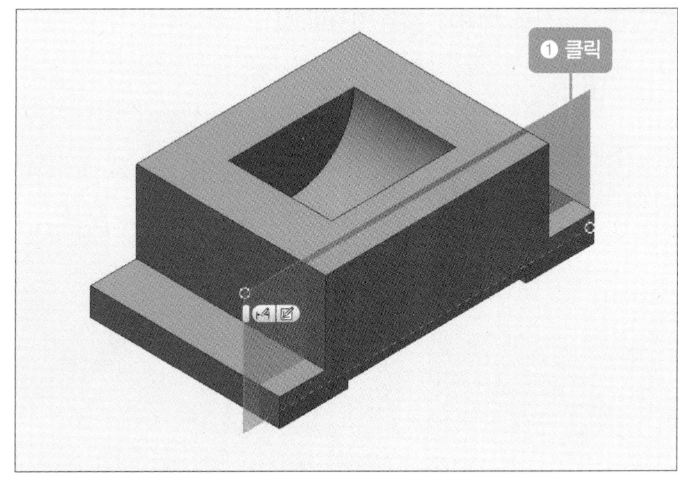

09 F7을 눌러 절단된 모형이 나오면 [절단 모서리 투영]을 클릭합니다.

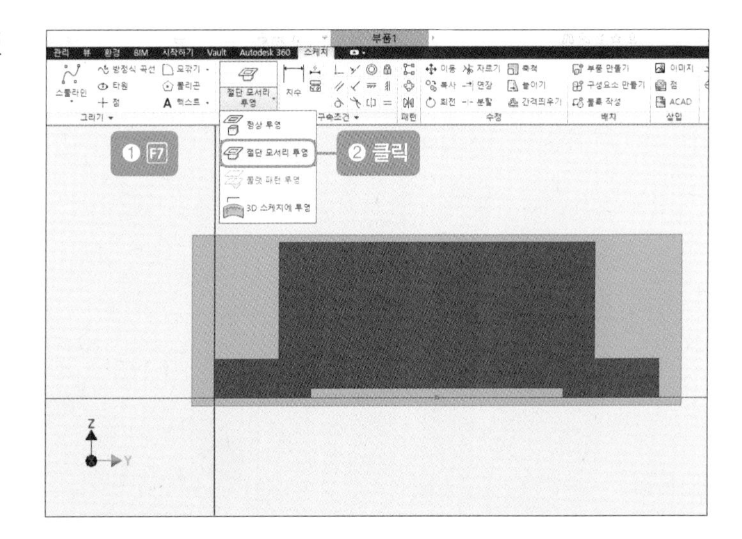

10 [원] 아이콘을 클릭한 후 직사각형 윗부분의 중심점에서 50mm의 원을 그립니다.

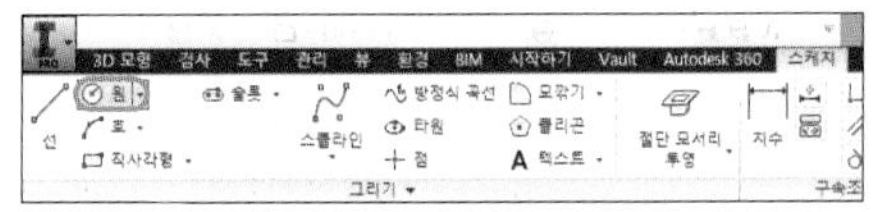

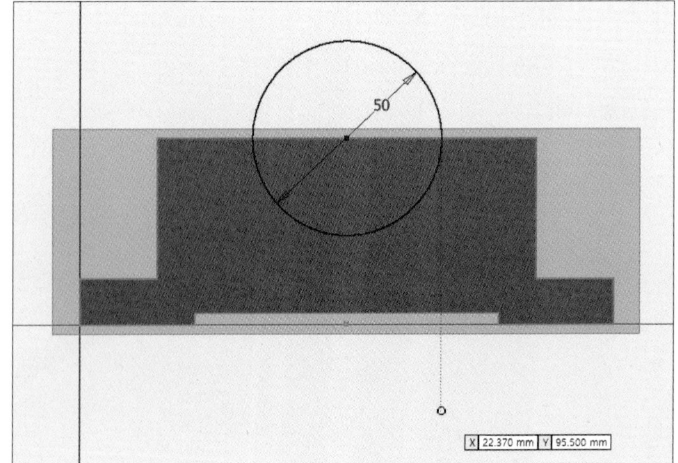

11 마우스 오른쪽 버튼을 눌러 [스케치 마무리]를 클릭합니다.

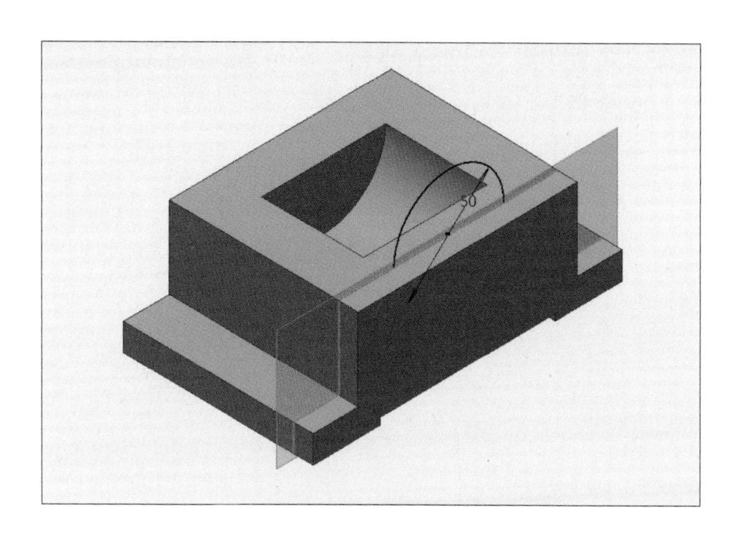

12 [돌출] 아이콘을 클릭한 후 [프로파일]을 클릭하고 원을 클릭합니다. [돌출] 대화상자에서 다음과 같이 클릭하고 치수를 '67mm'로 수정한 후 [확인] 버튼을 클릭합니다.

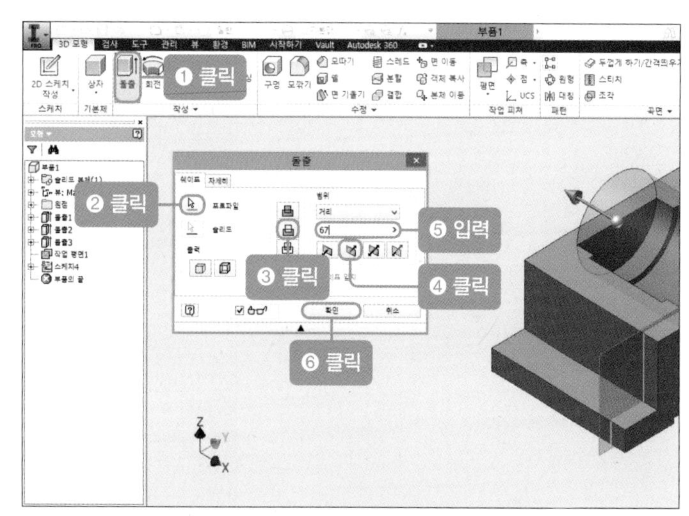

13 돌출시키면 다음과 같은 그림이 나타납니다.

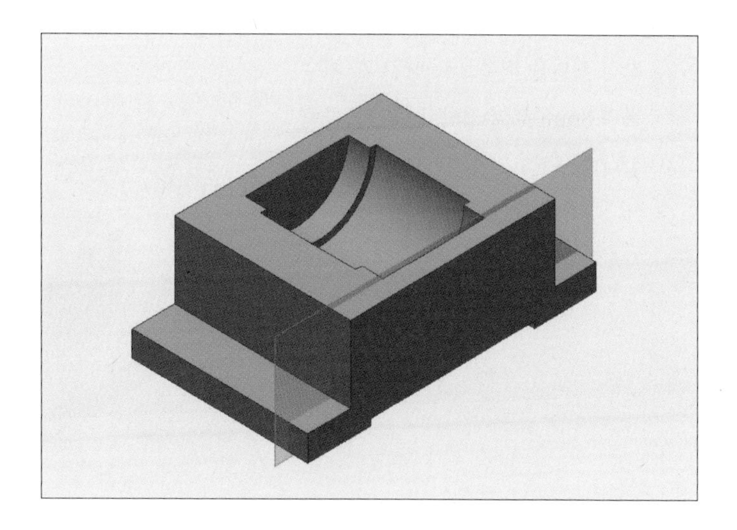

14 작업 평면1을 클릭한 후 마우스 오른쪽 버튼을 눌러 [가시성]의 체크를 해제합니다.

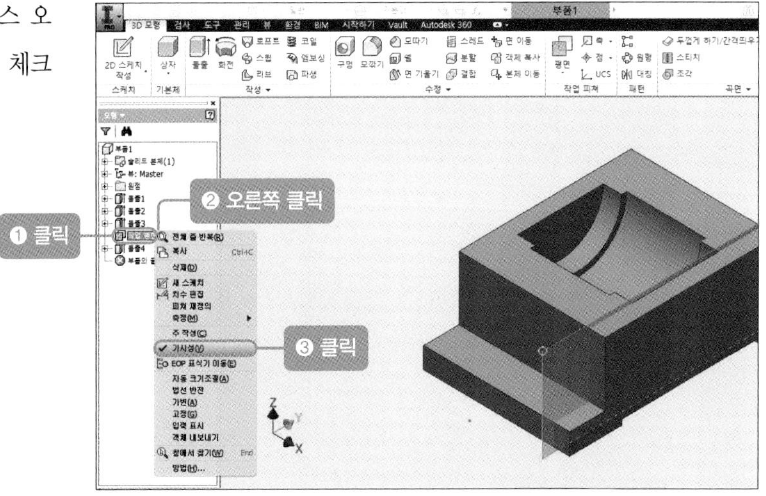

15 [평면] 아이콘을 클릭한 후 직사각형의 빨간색 부분을 클릭합니다.

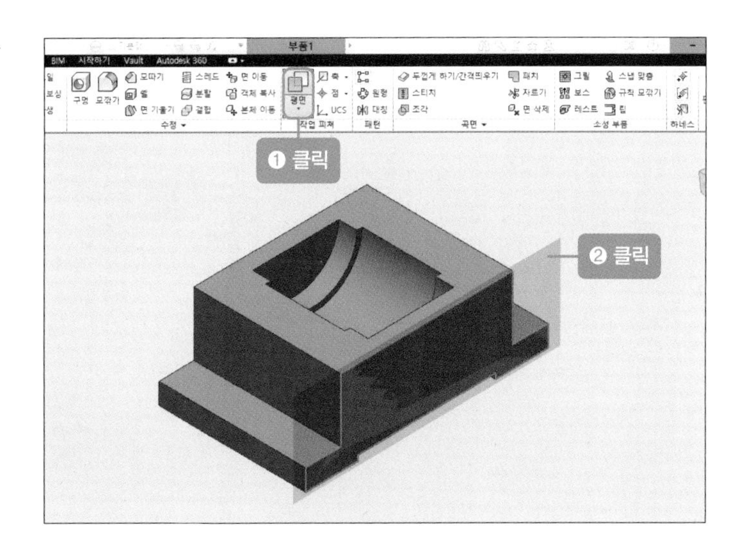

16 작업 평면을 좌측으로 당긴 후 치수를 '–8mm'로 수정하고 ☑를 클릭합니다.

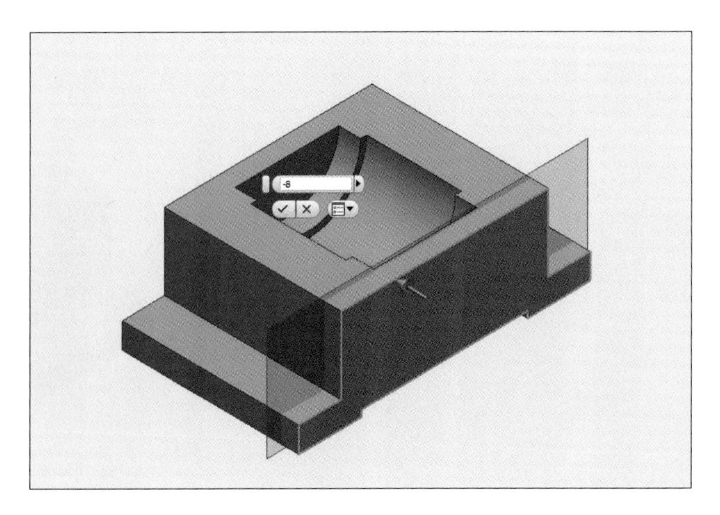

17 [작업 평면]을 클릭한 후 [2D 스케치 작성] 버튼을 클릭합니다.

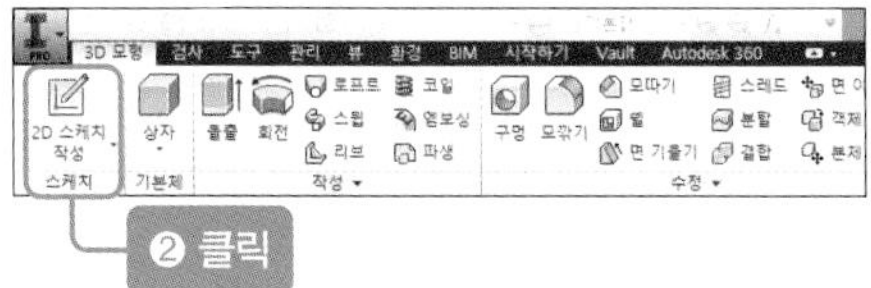

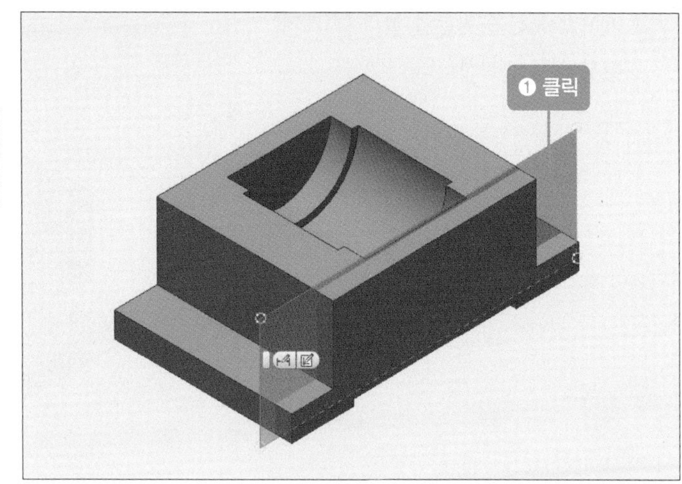

18 F7을 눌러 절단된 모형이 나오면 [절단 모서리 투영]을 클릭합니다.

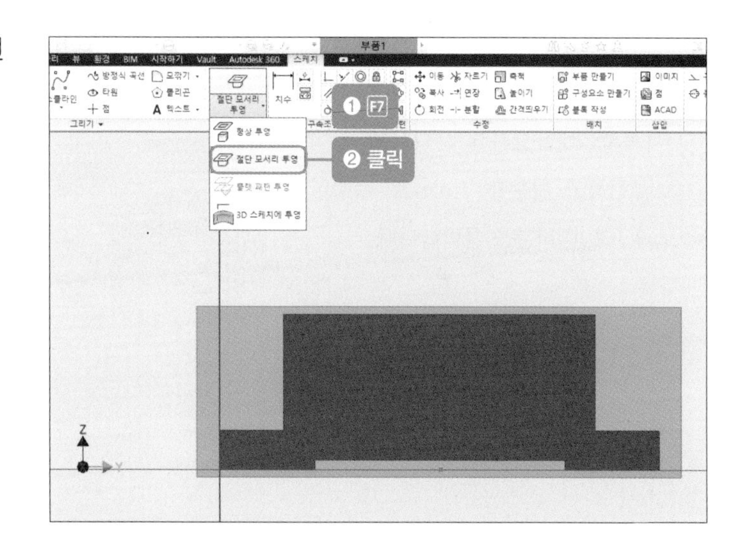

19 [원] 아이콘을 클릭한 후 직사각형 윗부분의 중심점에서 54mm의 원을 그립니다.

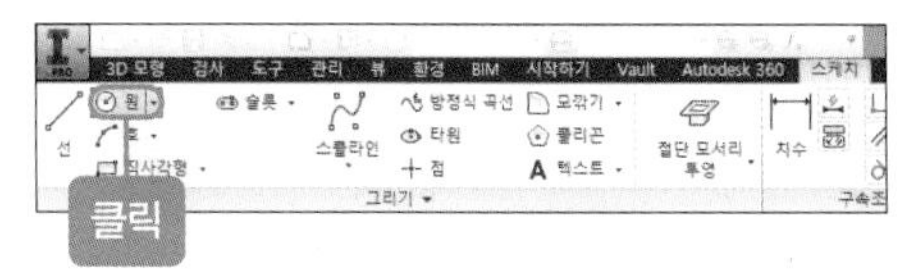

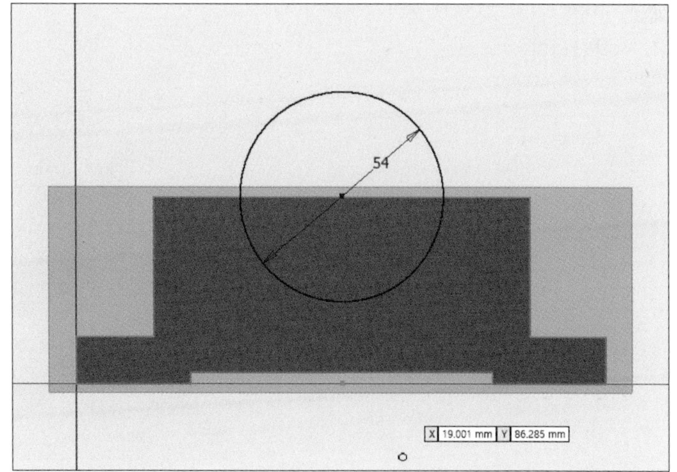

20 마우스 오른쪽 버튼을 눌러 [스케치 마무리]를 클릭합니다.

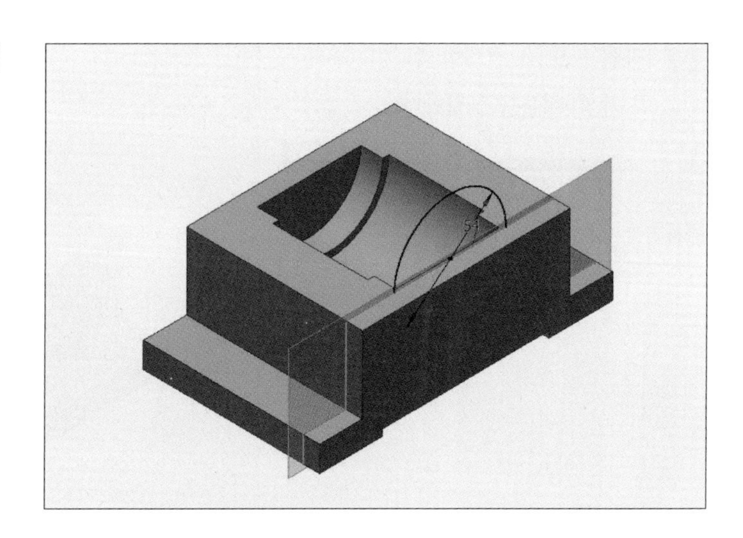

21 [돌출] 아이콘을 클릭한 후 [프로파일]을 클릭하고 원을 클릭합니다. [돌출] 대화상자에서 다음과 같이 클릭하고 치수를 '1mm'로 수정한 후 [확인] 버튼을 클릭합니다.

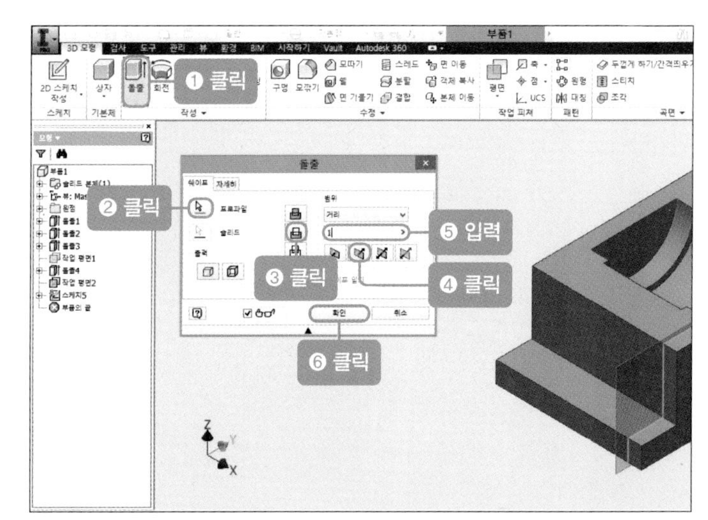

22 돌출시키면 다음과 같은 그림이 나타납니다.

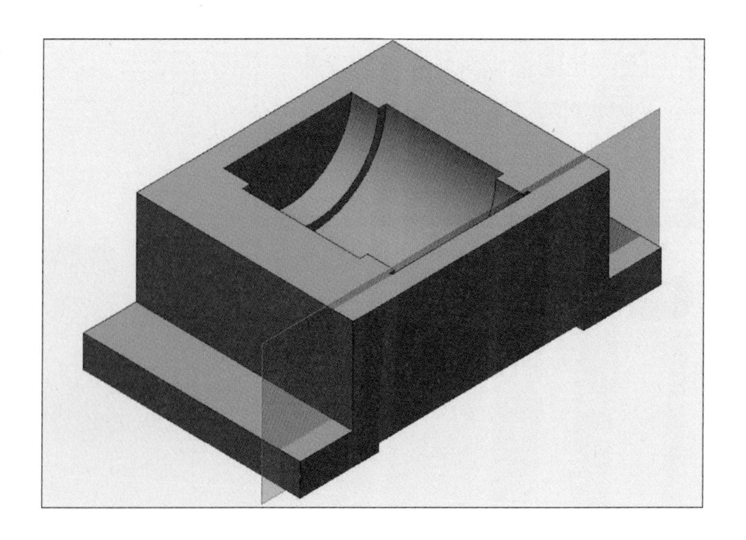

23 [작업 평면]을 클릭한 후 [2D 스케치 작성] 버튼을 클릭합니다.

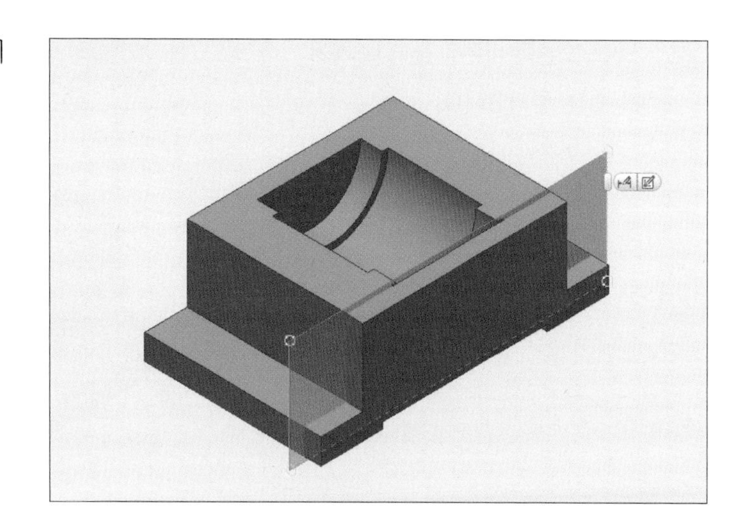

24 F7을 눌러 절단된 모형이 나오면 [절단 모서리 투영]을 클릭합니다.

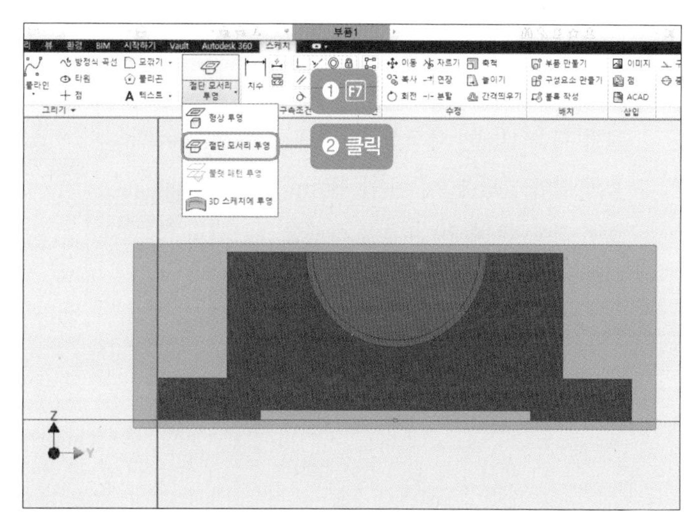

25 [원] 아이콘을 클릭한 후 직사각형 윗부분의 중심점에서 52mm의 원을 그립니다.

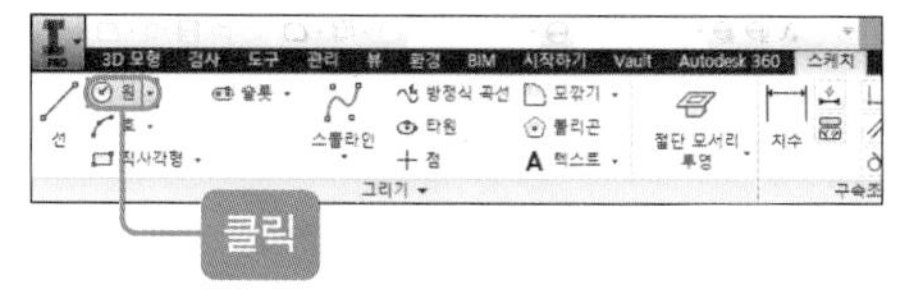

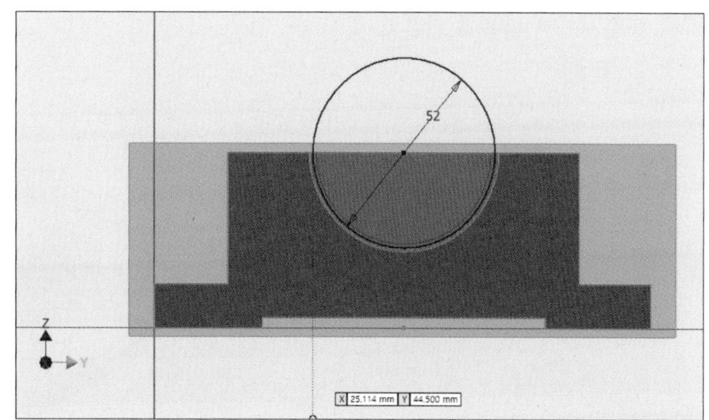

26 마우스 오른쪽 버튼을 눌러 [스케치 마무리]를 클릭합니다.

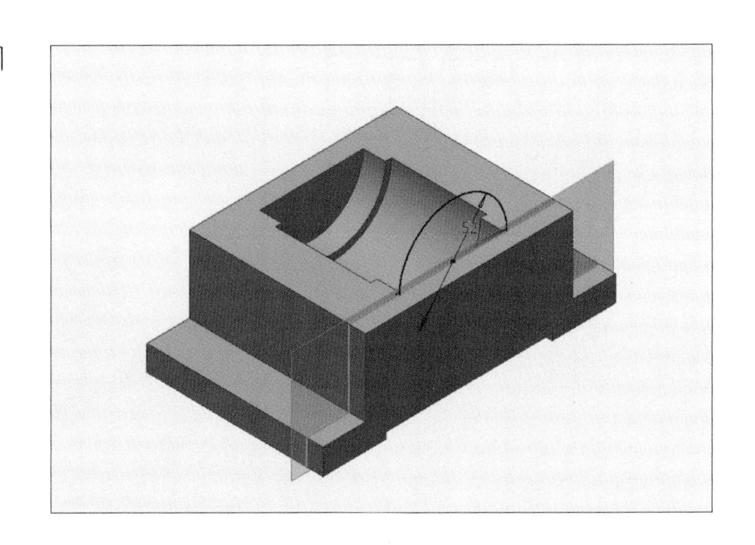

27 [돌출] 아이콘을 클릭한 후 [프로파일]을 클릭하고 원을 클릭합니다. 그런 다음 [돌출] 대화상자에서 다음과 같이 클릭하고 치수를 '8mm'로 수정한 후 [확인] 버튼을 클릭합니다.

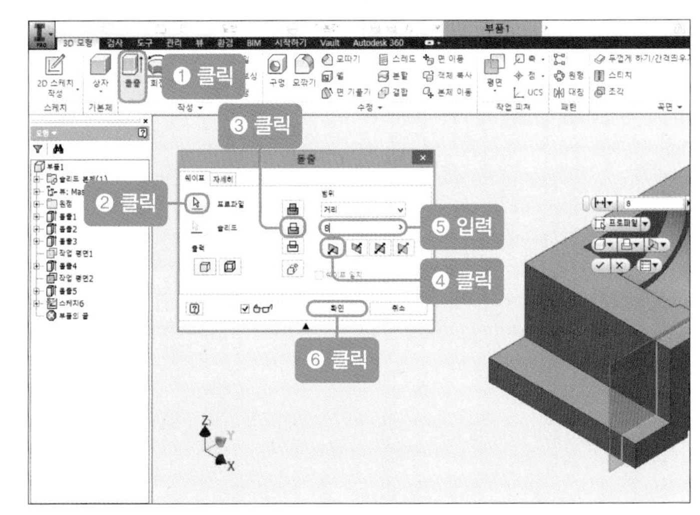

28 돌출시키면 다음과 같은 그림이 나타납니다.

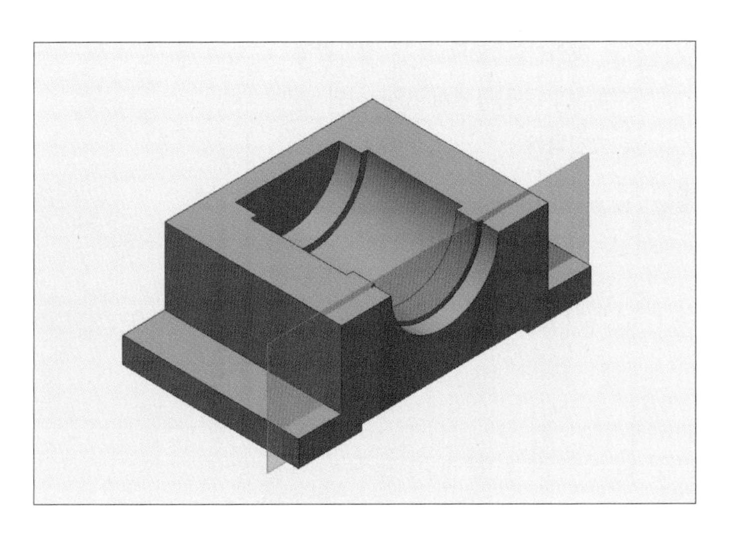

29 '작업 평면2'를 클릭한 후 마우스 오른쪽 버튼을 눌러 [가시성]의 체크를 해제합니다.

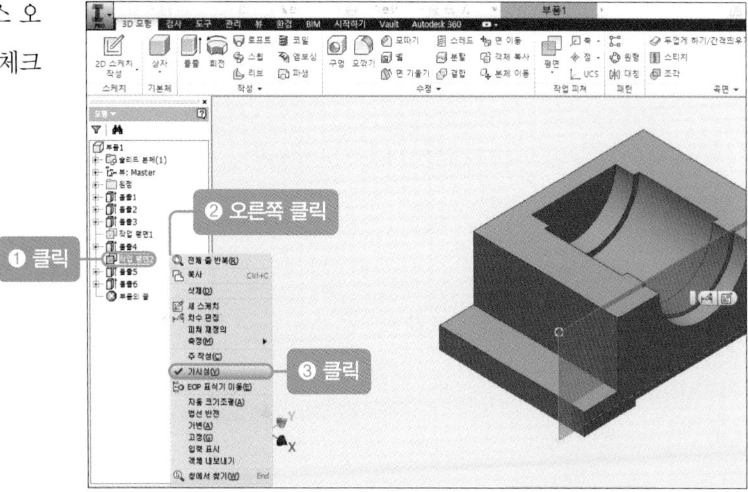

30 [대칭] 아이콘을 클릭한 후 [대칭] 대화상자의 피쳐를 클릭하고 탐색기에서 '돌출5', '돌출6'을 클릭합니다.

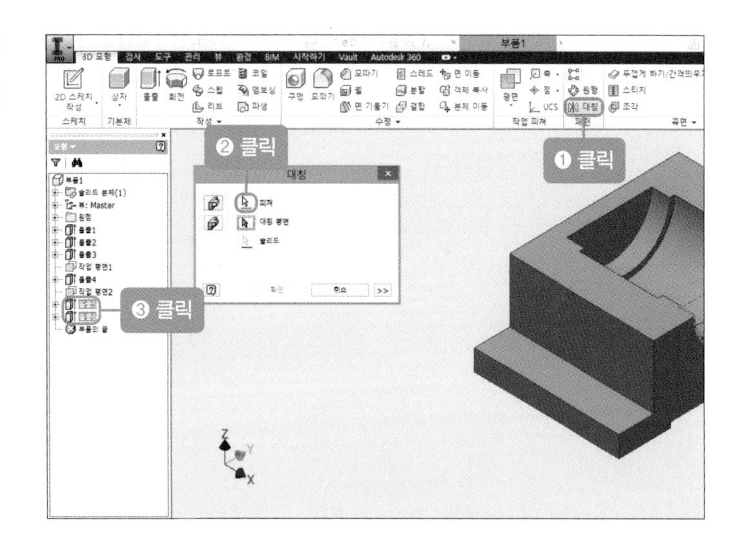

31 [대칭] 대화상자의 [대칭 평면]을 클릭한 후 탐색기의 [원점-YZ 평면]을 클릭하고 [확인] 버튼을 클릭합니다.

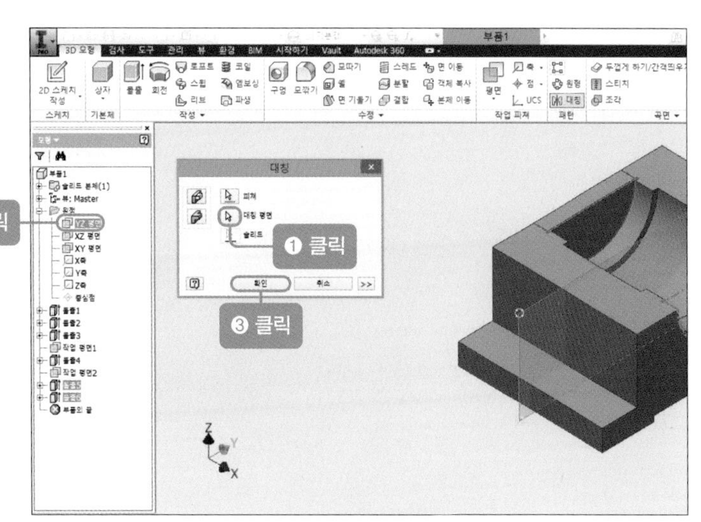

32 대칭시키면 다음과 같은 그림이 나타납니다.

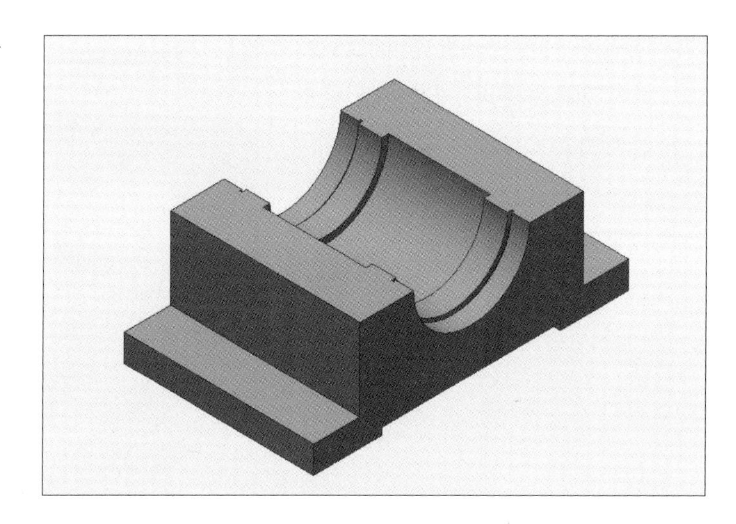

33 [모깎기] 아이콘을 클릭한 후 반지름을 '10.5mm'로 수정합니다. 그런 다음 그림과 같이 클릭하고 [확인] 버튼을 클릭합니다.

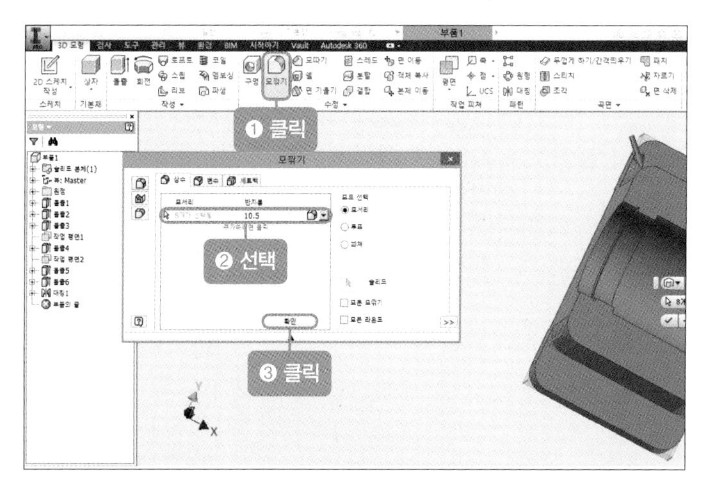

34 모깎기시키면 다음과 같은 그림이 나타납니다.

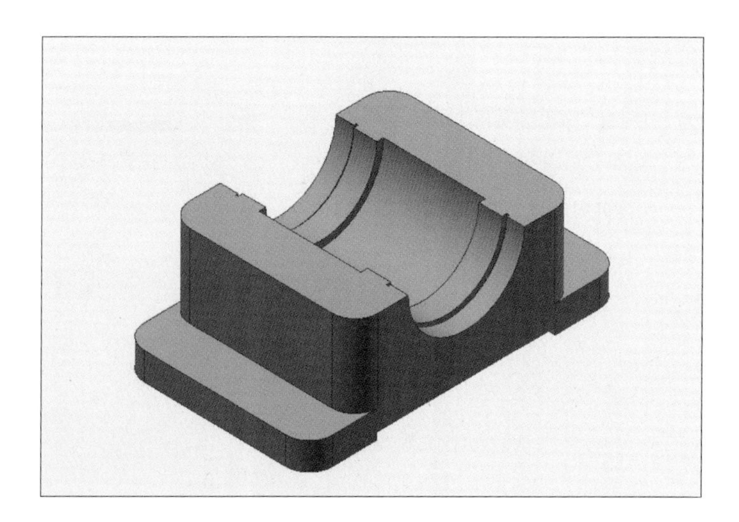

4 본체 암나사 내기 및 고정 볼트 구멍 만들기(품번 ①)

01 직사각형의 빨간색 부분을 클릭한 후 [2D 스케치 작성] 버튼을 클릭합니다.

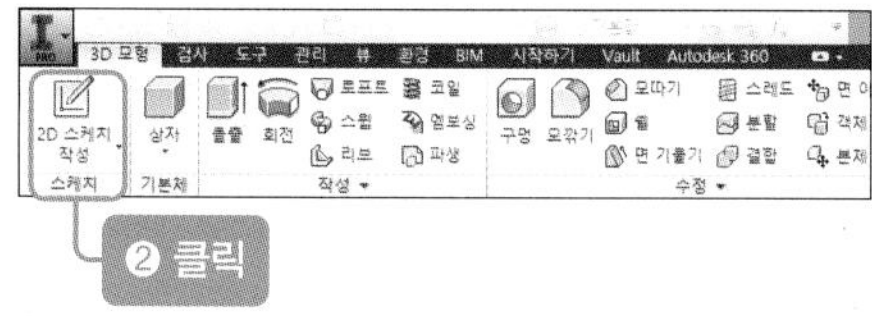

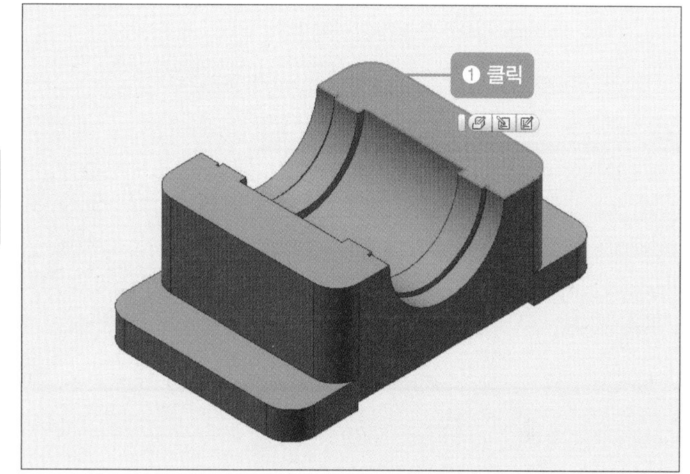

02 [점] 아이콘을 클릭한 후 임의의 위치에 점 3개를 클릭합니다.

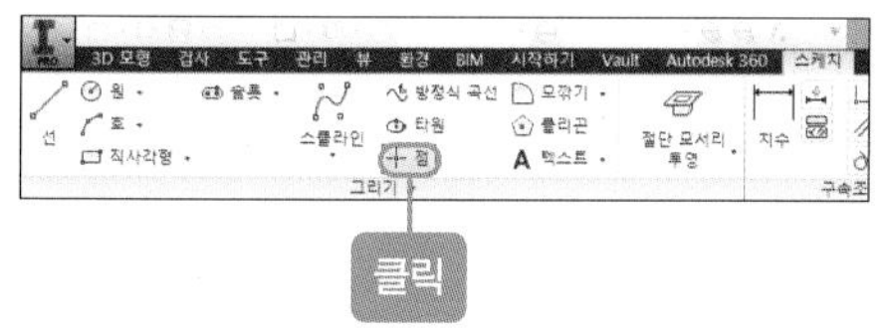

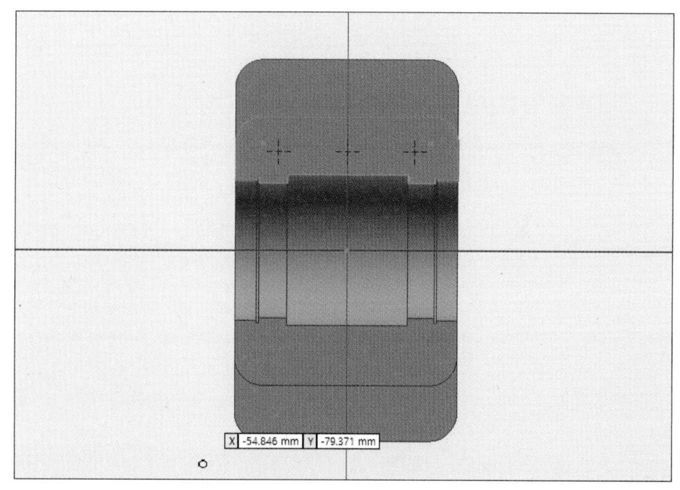

03 [치수] 아이콘을 클릭한 후 다음과 같이 치수선을 넣고 치수를 각각 수정합니다. 마우스 오른쪽 버튼을 눌러 [스케치 마무리]를 클릭합니다.

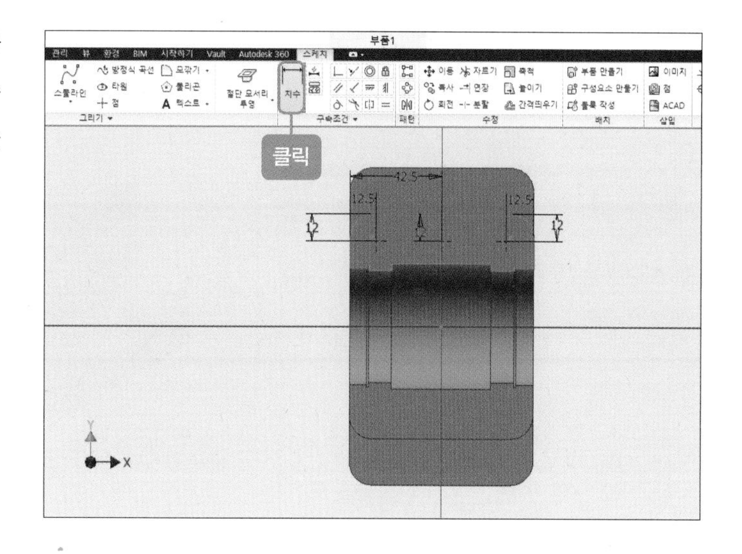

04 빨간색 부분의 2개 중심점을 클릭하고 [구멍] 아이콘을 클릭합니다. 다음 그림과 같이 설정하고 [확인] 버튼을 클릭합니다.

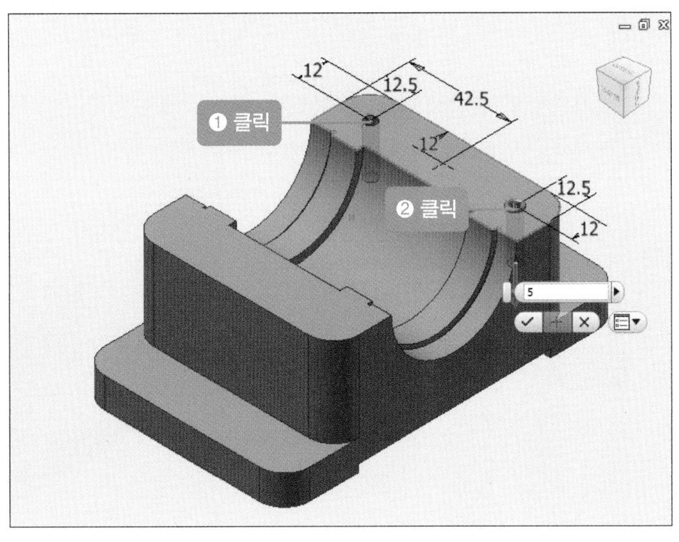

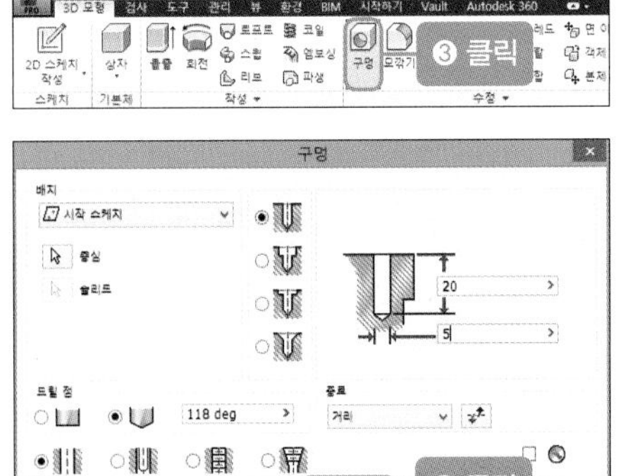

05 [구멍 1-스케치]를 마우스 오른쪽 버튼을 눌러 [스케치 공유]를 클릭합니다.

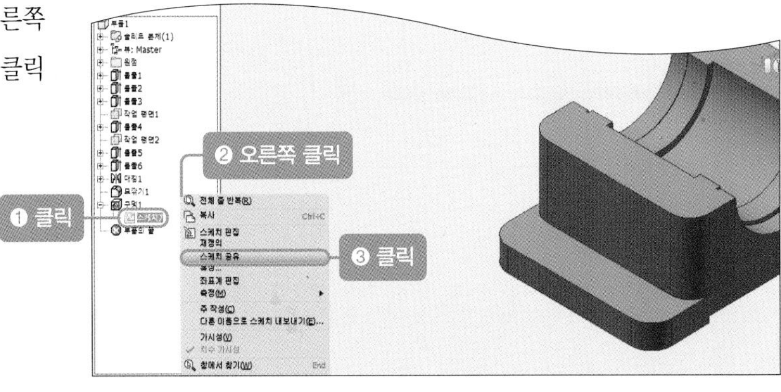

06 가운데 중심점을 클릭한 후 [구멍] 아이콘을 클릭합니다. 다음 그림과 같이 설정하고 [확인] 버튼을 클릭합니다.

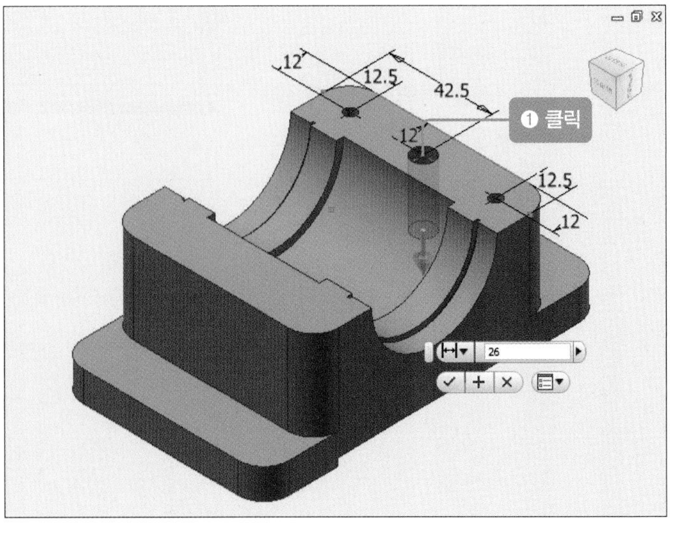

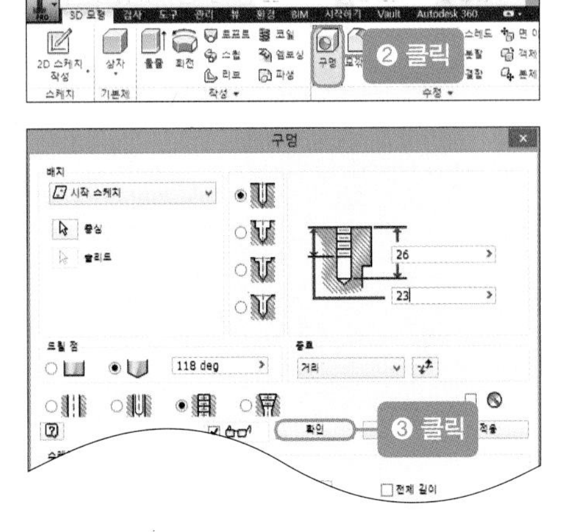

07 [구멍 1-스케치]를 마우스 오른쪽 버튼을 눌러 [가시성]의 체크를 해제합니다.

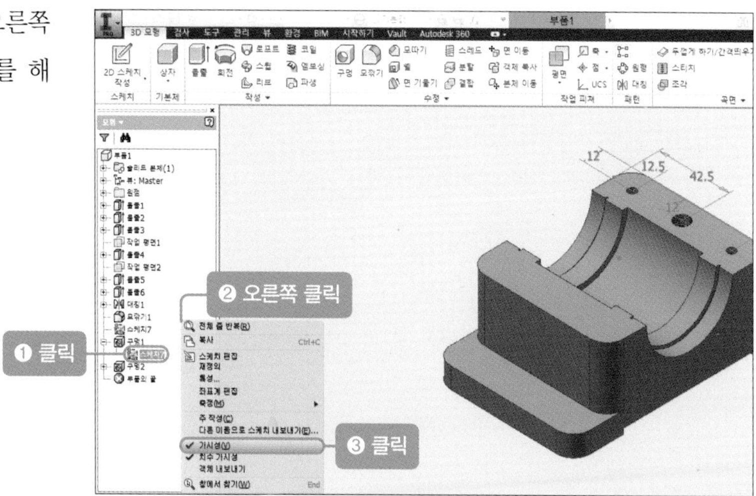

08 직사각형의 빨간색 부분을 클릭하고 [2D 스케치 작성] 버튼을 클릭합니다.

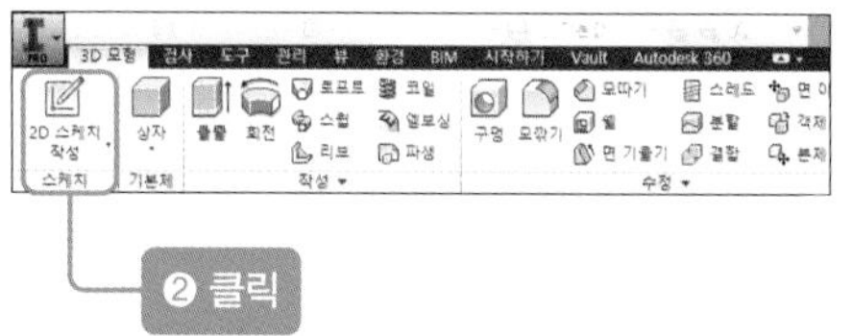

09 [점] 아이콘을 클릭한 후 원호의 중심점을 각각 클릭합니다.

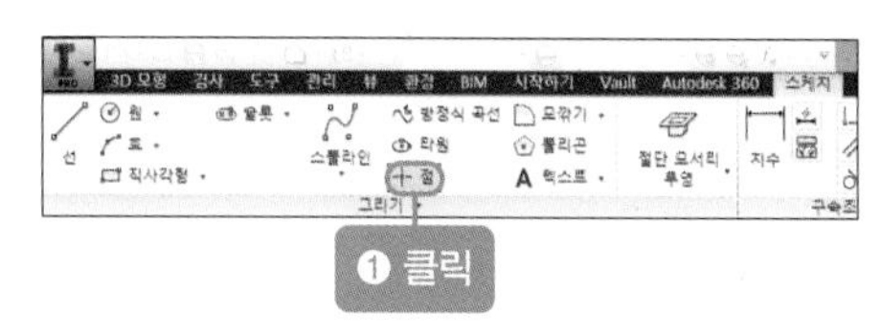

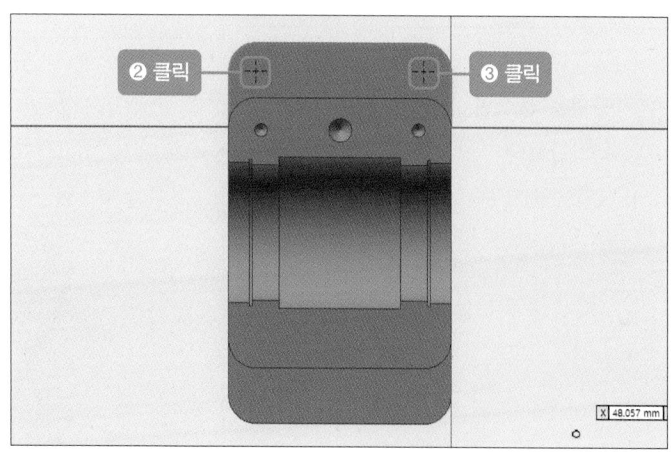

10 마우스 오른쪽 버튼을 눌러 [스케치 마무리]를 클릭합니다.

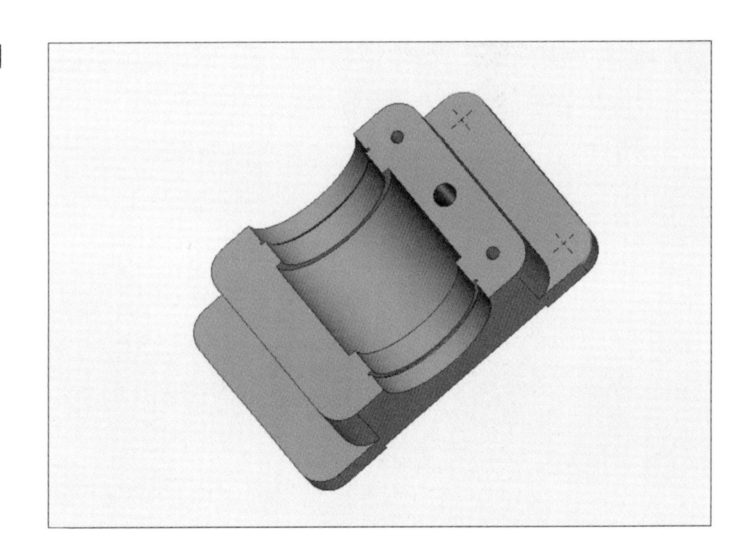

11 [구멍] 아이콘을 클릭한 후 다음 그림과 같이 2개의 중심점을 클릭 및 설정한 후 [확인] 버튼을 클릭합니다.

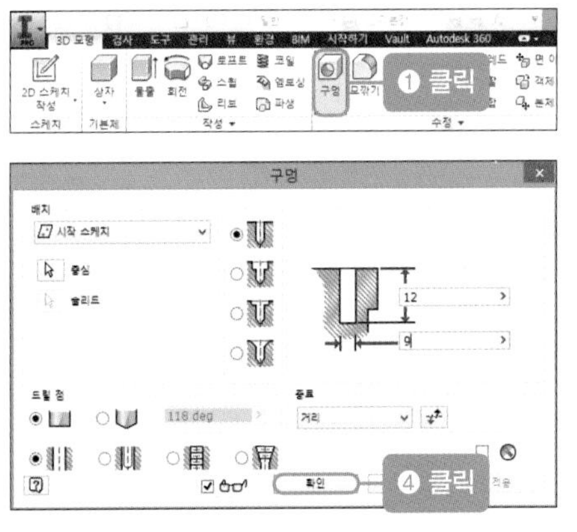

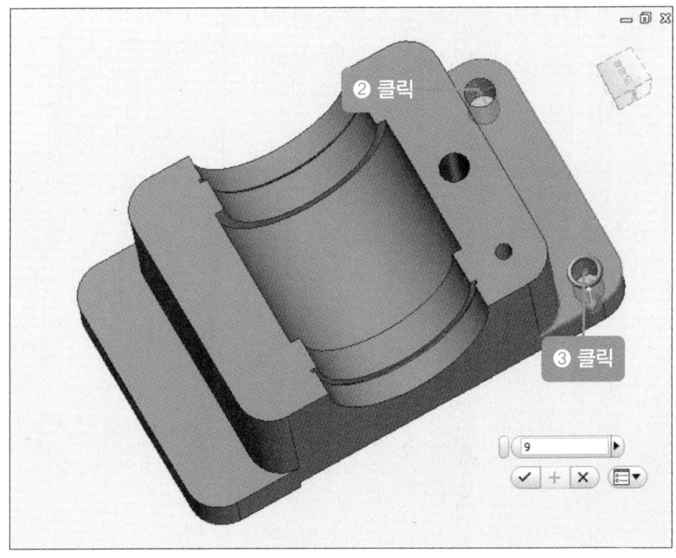

12 구멍을 뚫으면 다음과 같은 그림이 나타납니다.

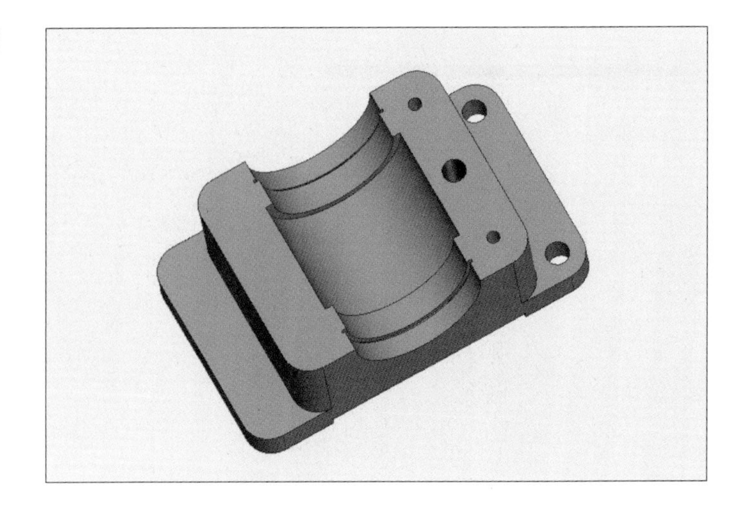

13 [대칭] 아이콘을 클릭한 후 [대칭] 대화상자의 피쳐를 클릭하고 탐색기에서 '구멍1', '구멍2', '구멍3'을 클릭합니다.

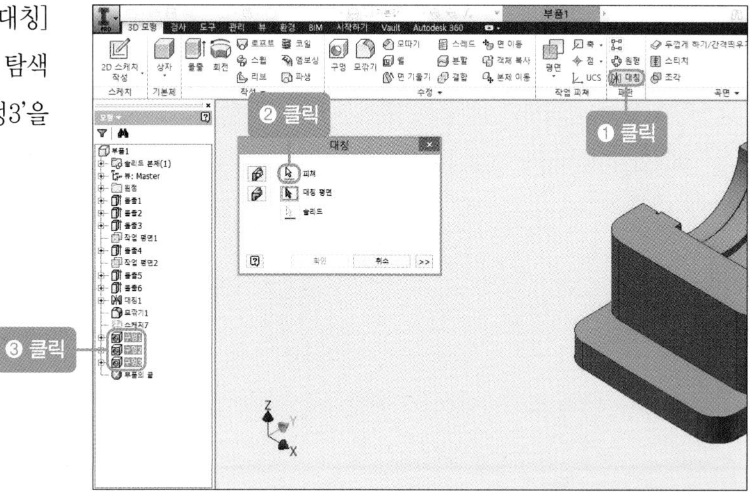

5 본체 모깎기(라운드)하기(품번 ❶)

01 [대칭] 대화상자의 '대칭 평면'을 클릭한 후 탐색기의 [원점-XZ 평면]을 클릭하고 [확인] 버튼을 클릭합니다.

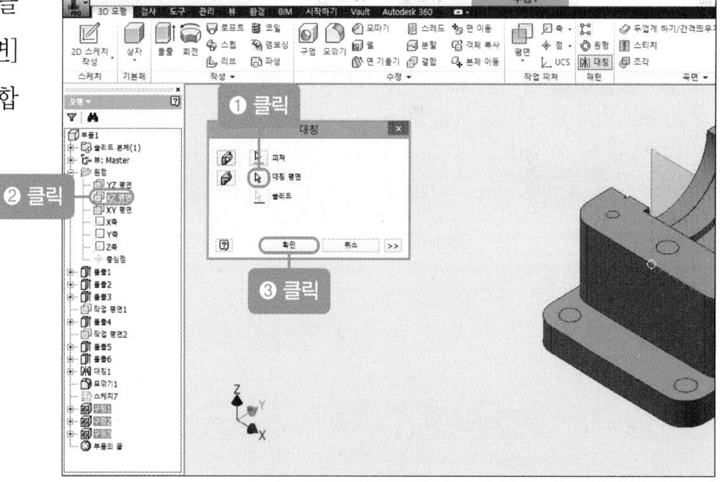

02 대칭시키면 다음과 같은 그림이 나타납니다.

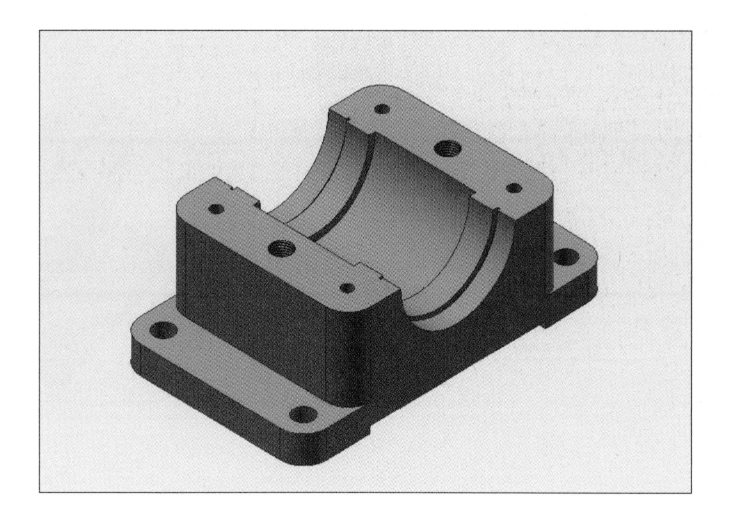

03 [모깎기] 아이콘을 클릭한 후 반지름을 '3mm'로 수정합니다. 다음 그림과 같이 클릭하고 [적용] 버튼을 클릭합니다.

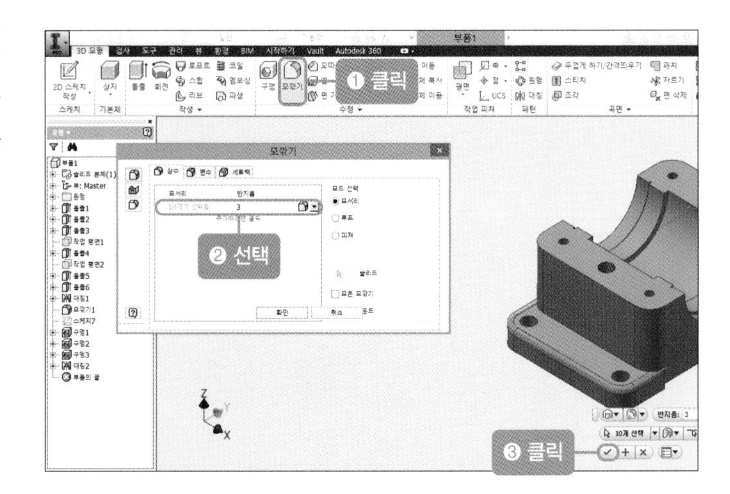

04 다음 그림과 같이 클릭한 후 [적용] 버튼을 클릭합니다.

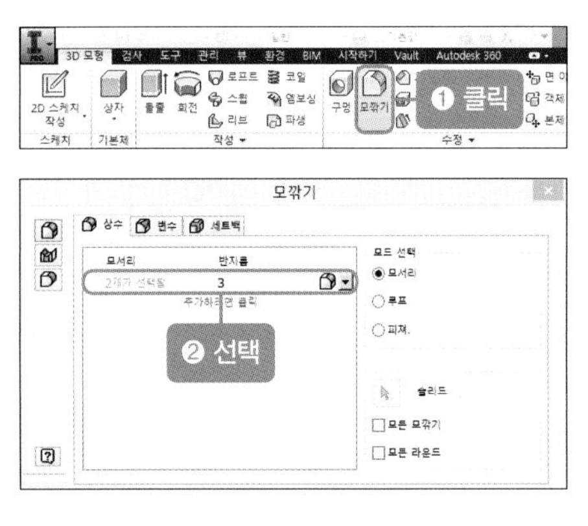

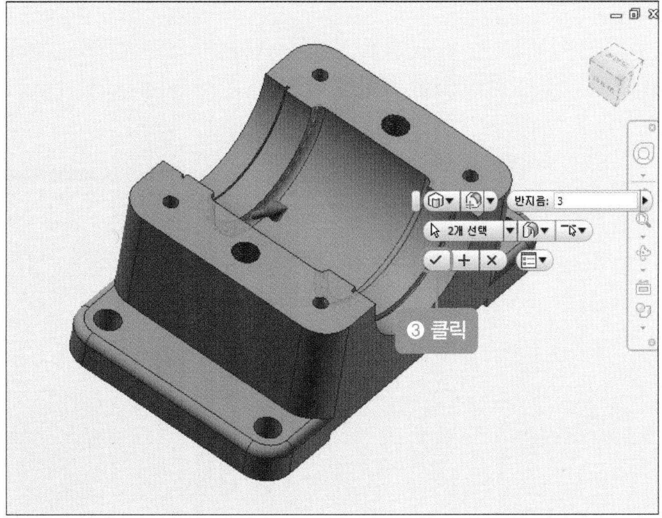

05 다음 그림과 같이 클릭한 후 [적용] 버튼을 클릭합니다.

06 다음 그림과 같이 클릭한 후 [적용] 버튼을 클릭합니다.

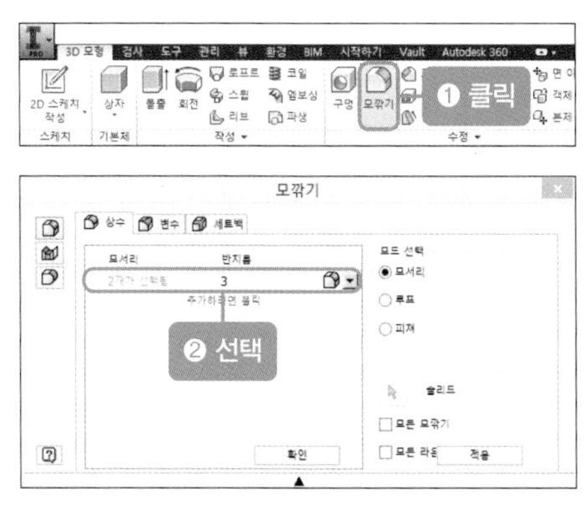

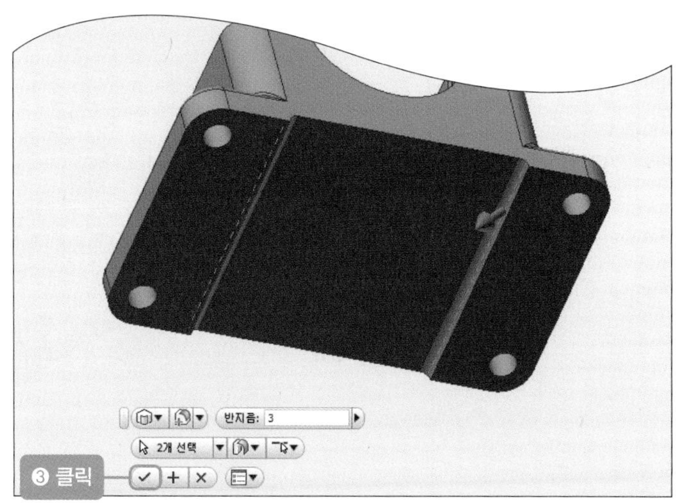

07 다음 그림과 같이 클릭한 후 [확인] 버튼을 클릭합니다.

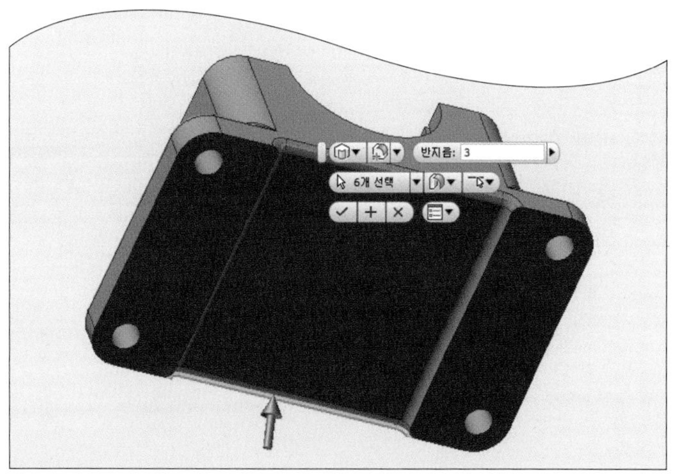

08 [모따기] 아이콘을 클릭한 후 [모따기] 대화상자의 '모서리'를 선택하고 거리를 '1mm'로 수정합니다. 작은 원 4개의 모서리를 각각 클릭한 후 [확인] 버튼을 클릭합니다.

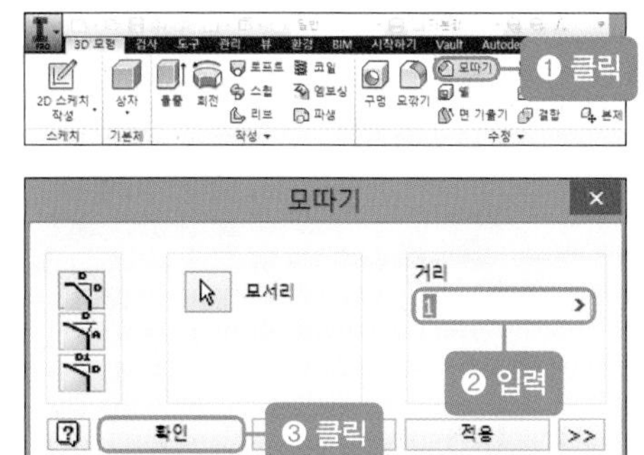

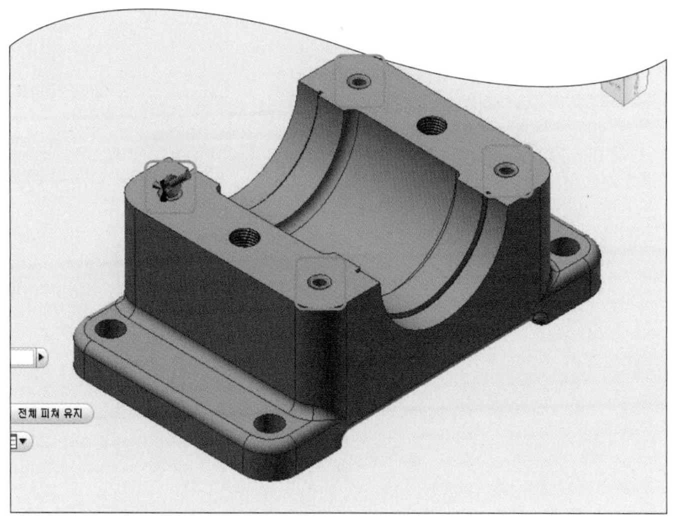

09 다음 그림과 같이 본체가 완성됩니다.

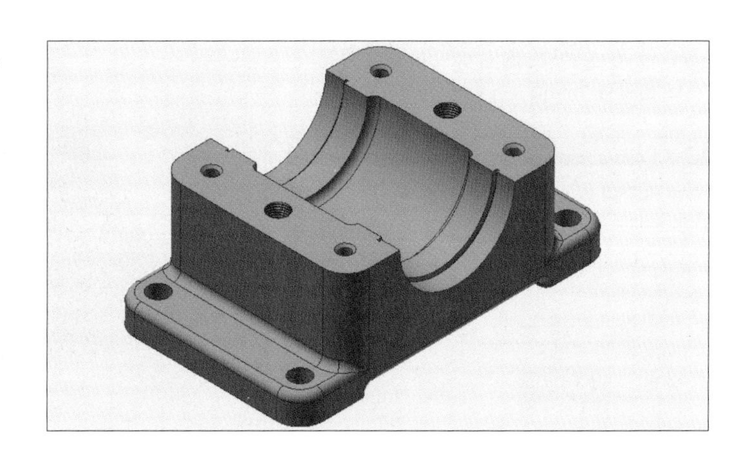

4 | 커버 부품 만들기(품번 ❷)

1 커버 스케치하기(품번 ❷)

01 바탕 화면에서 [Inventor] 아이콘을 더블클릭하면 프로그램이 실행되고 다음과 같은 창이 나타나면 [새로 만들기] 버튼을 클릭합니다.

02 [새 파일 작성] 창이 나타나면 'Standard.ipt'를 클릭한 후 [작성] 버튼을 클릭합니다.

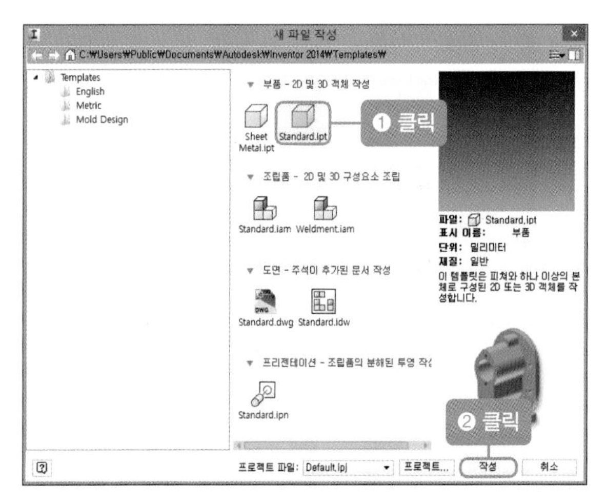

03 탐색기의 [원점-XY 평면]을 클릭한 후 [2D 스케치 작성] 아이콘을 클릭합니다.

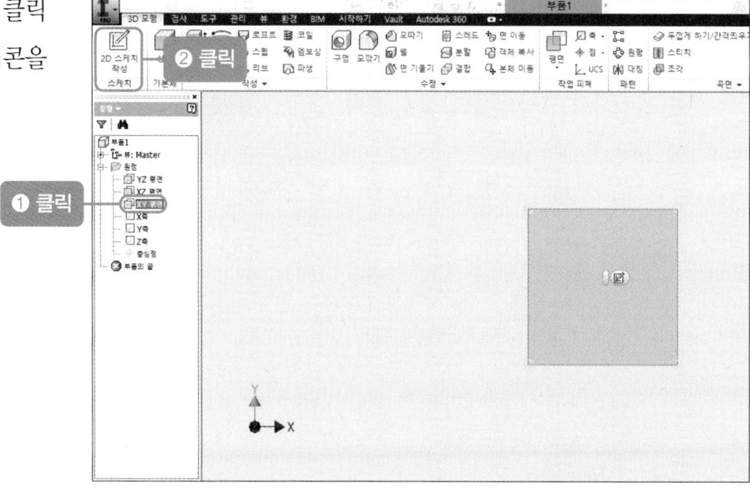

04 [직사각형] 아이콘을 클릭한 후 임의의 사각형을 그립니다.

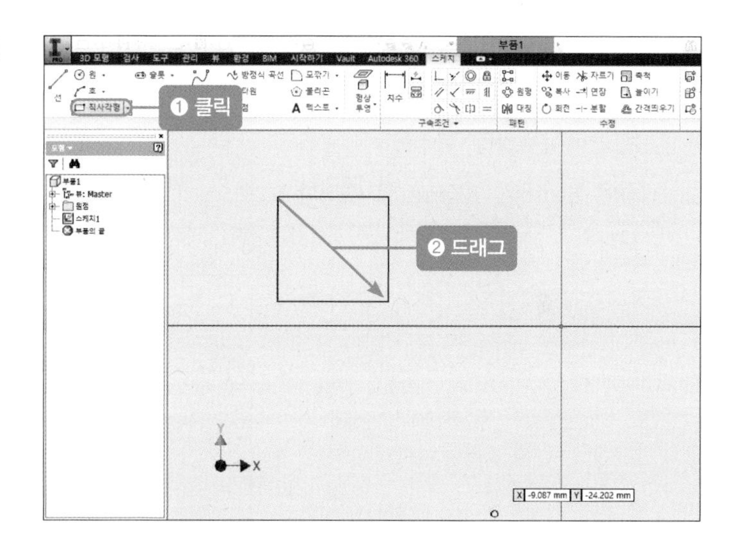

05 [선] 아이콘을 클릭한 후 좌측 중심점에서 우측 중심점까지 선을 그립니다.

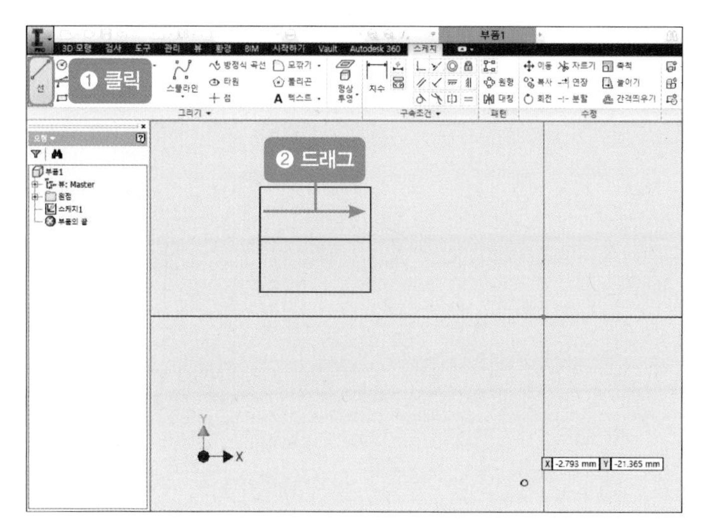

06 [일치 구속 조건] 아이콘을 클릭한 후 직사각형의 중심선에서 중심점을 클릭하고 중앙의 중심점을 클릭합니다.

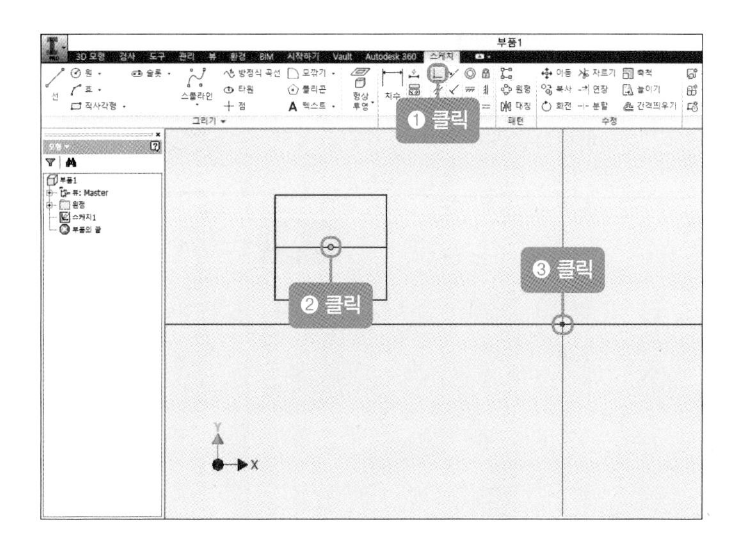

07 [치수] 아이콘을 클릭한 후 직사각형의 가로 및 세로의 치수선을 다음과 같이 넣습니다. 치수를 더블클릭하여 '85mm', '100mm'로 수정합니다.

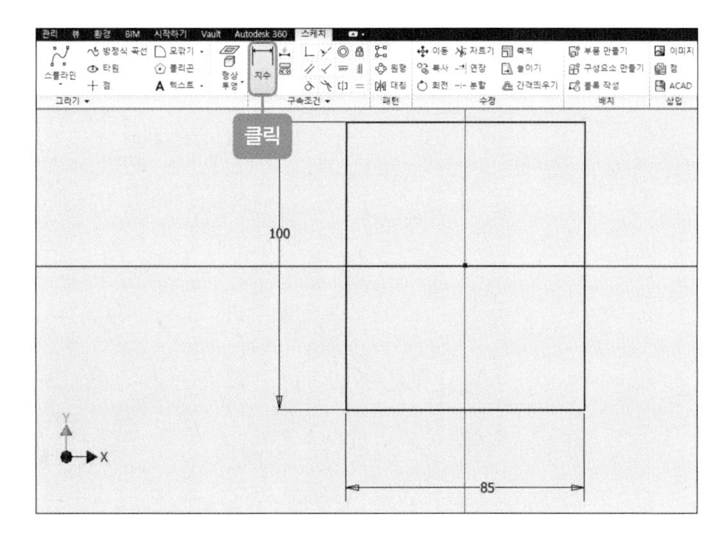

08 마우스 오른쪽 버튼을 눌러 [스케치 마무리]를 클릭합니다.

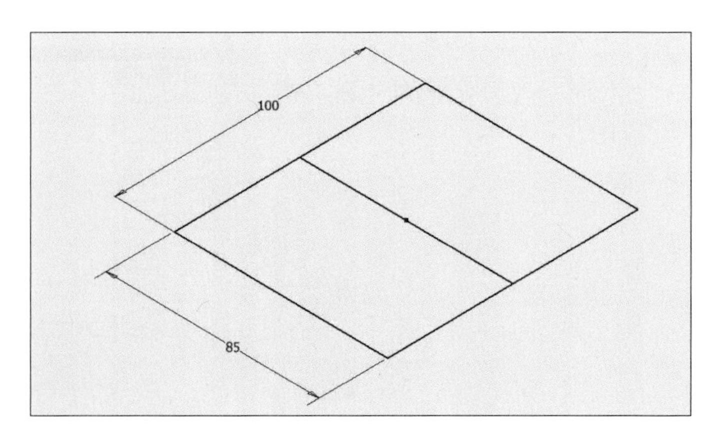

2 커버 형상 만들기(품번 ②)

01 [돌출] 아이콘을 클릭한 후 [프로파일]을 클릭하고 직사각형을 클릭합니다. 그런 다음 치수에 '34mm'를 입력하고 [확인] 버튼을 클릭합니다.

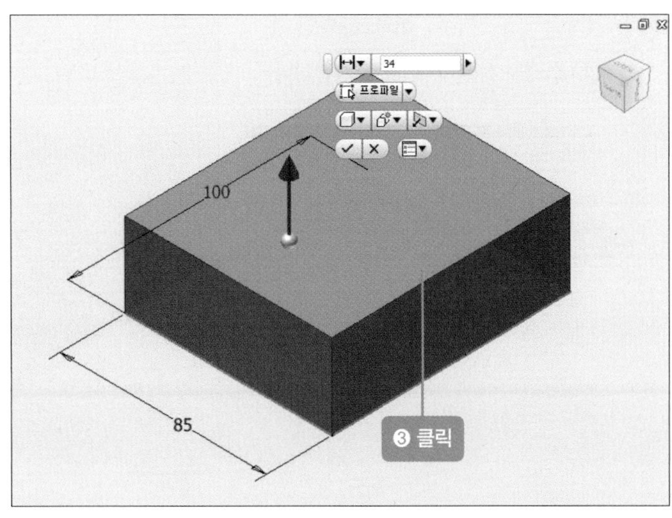

02 돌출시키면 다음과 같은 그림이 나타납니다.

3 커버 외형 형상 만들기(품번 ❷)

01 직사각형의 빨간색 면을 클릭한 후 [2D 스케치 작성] 버튼을 클릭합니다.

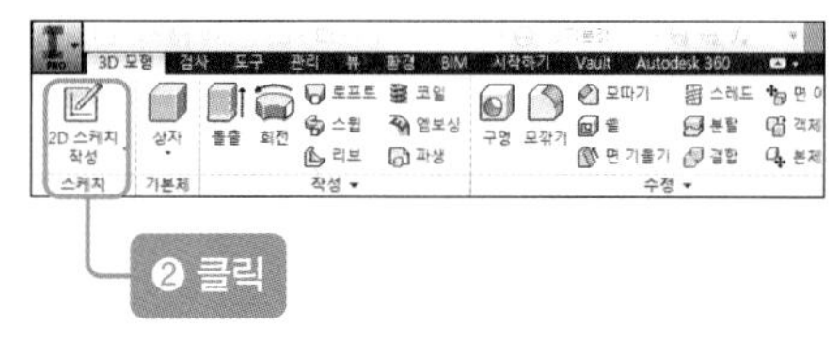

02 [선] 아이콘을 클릭한 후 직사각형의 좌측과 우측 부분에 임의의 선을 그립니다.

03 [치수] 아이콘을 클릭한 후 방금 전에 그렸던 직선을 각각 클릭하고 다음과 같이 치수선을 넣습니다. 치수를 더블클릭하여 '21mm'로 수정합니다.

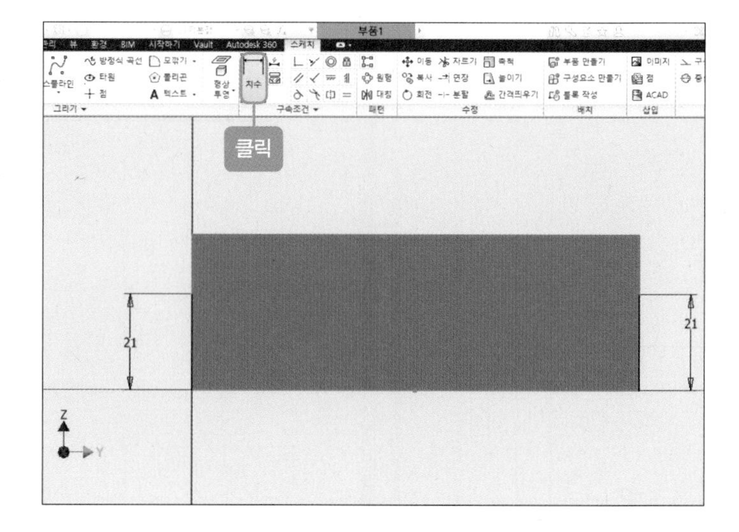

04 [원] 아이콘을 클릭한 후 직사각형의 아래 부분 중심점에서 직사각형 윗부분과 만나도록 원을 그립니다.

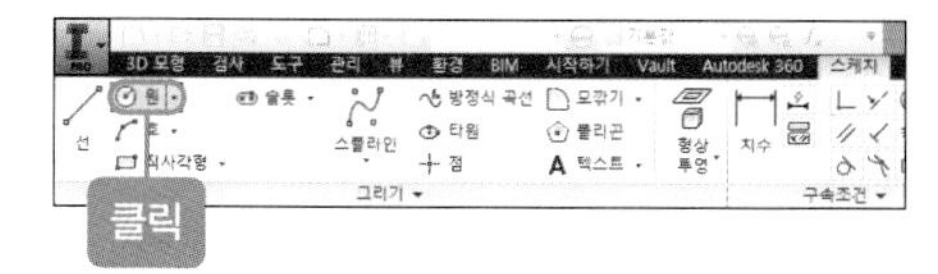

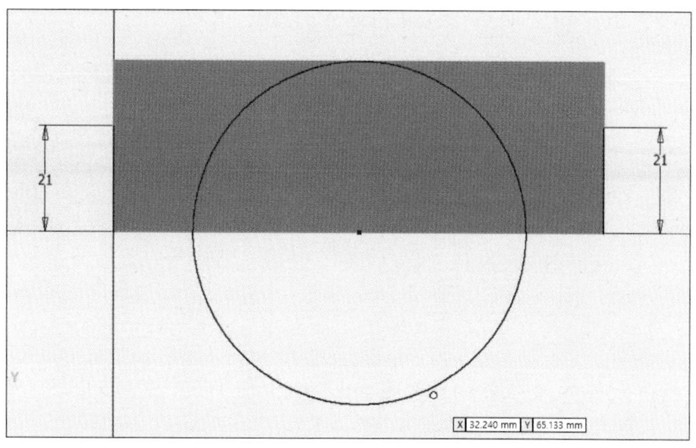

05 [선] 아이콘을 클릭한 후 직사각형의 좌측에 그렸던 선(윗부분 꼭지점)을 클릭하고 우측에 그렸던 선(윗부분 꼭지점)을 클릭하여 선을 그립니다.

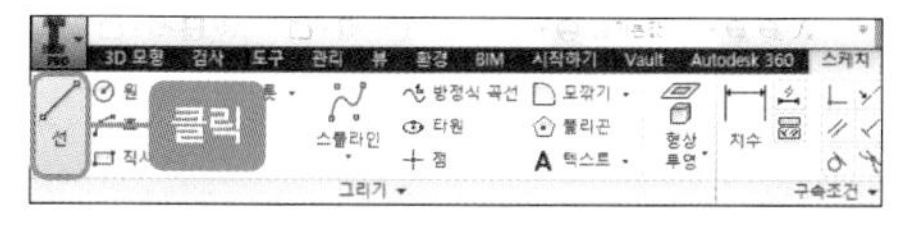

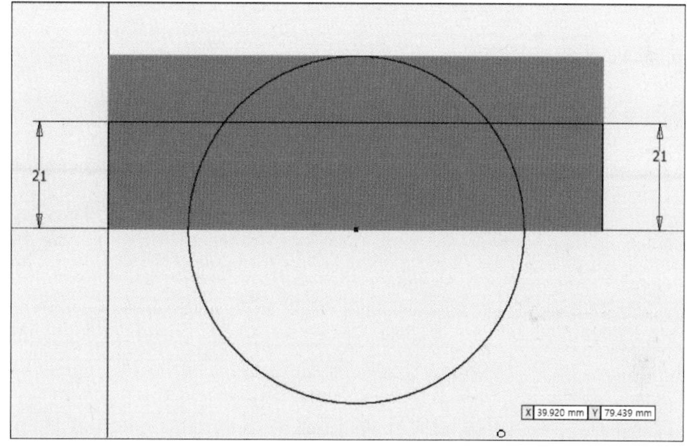

06 [자르기] 아이콘을 클릭한 후 필요 없는 선을 지웁니다(지울 때 모형이 변할 경우 치수선을 지운 후에 지웁니다).

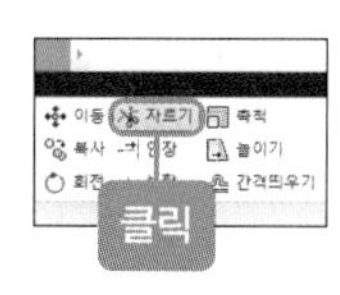

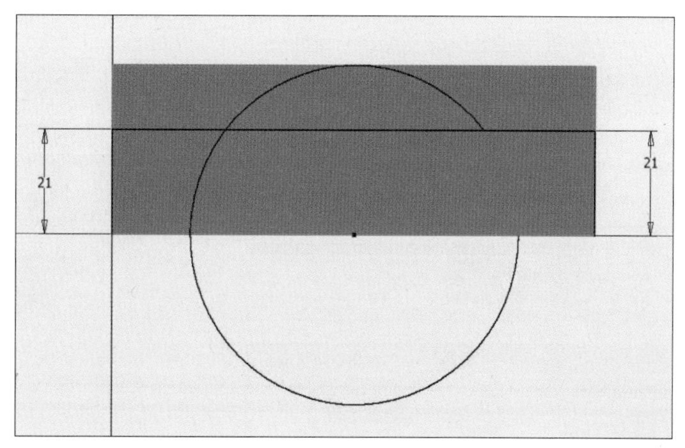

07 필요 없는 선을 지우면 다음과 같은 그림이 나타납니다.

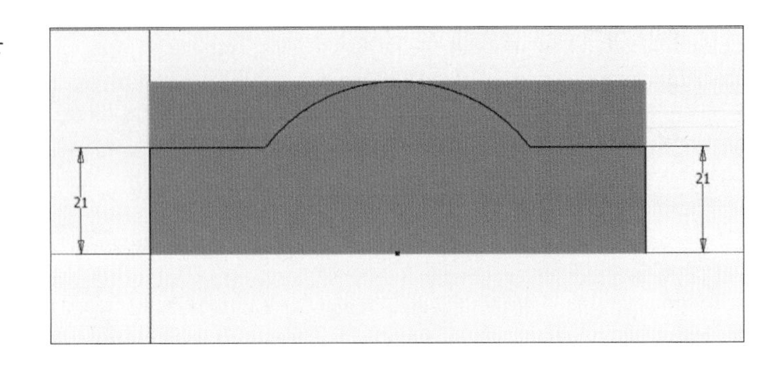

08 마우스 오른쪽 버튼을 눌러 [스케치 마무리]를 클릭합니다.

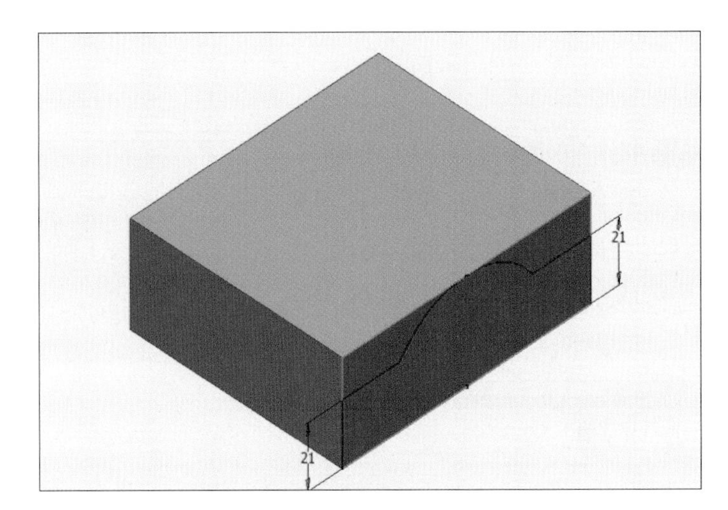

09 [돌출] 아이콘을 클릭한 후 [프로파일]을 클릭하고 직사각형의 빨간색 부분을 클릭합니다. [돌출] 대화상자에서 다음과 같이 클릭한 후 치수를 '85mm'로 수정하고 [확인] 버튼을 클릭합니다.

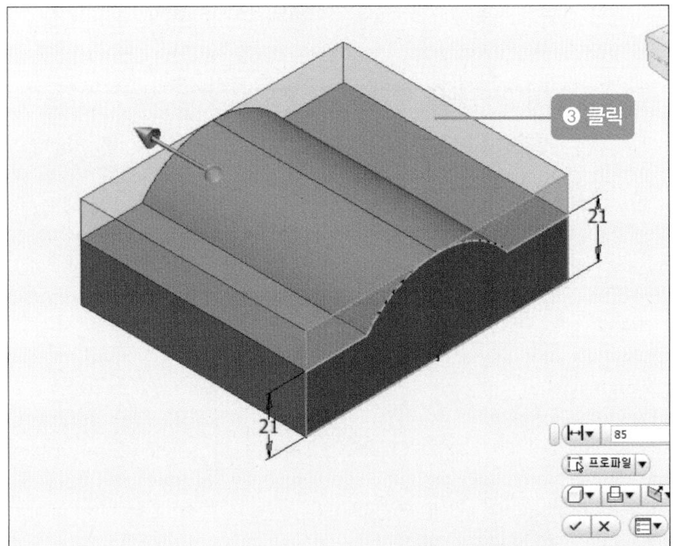

10 돌출시키면 다음과 같은 그림이 나타납니다.

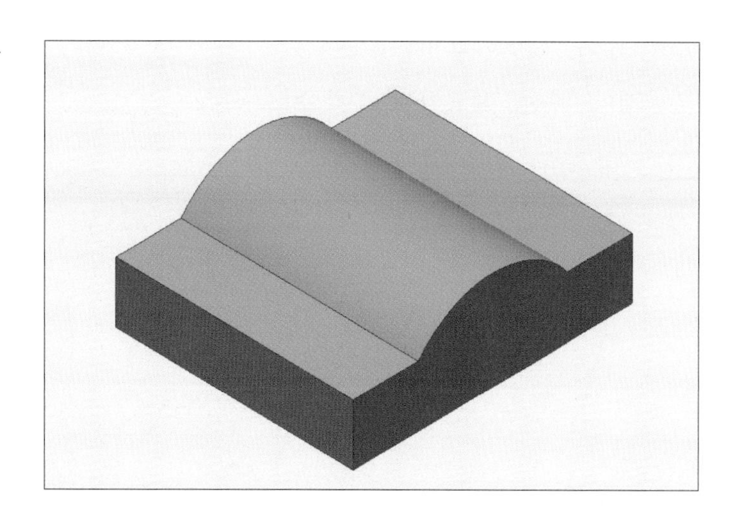

4 본체와 결합에 필요한 커버 볼트 구멍 만들기(품번 ②)

01 직사각형의 빨간색 부분을 클릭한 후 [2D 스케치 작성] 버튼을 클릭합니다.

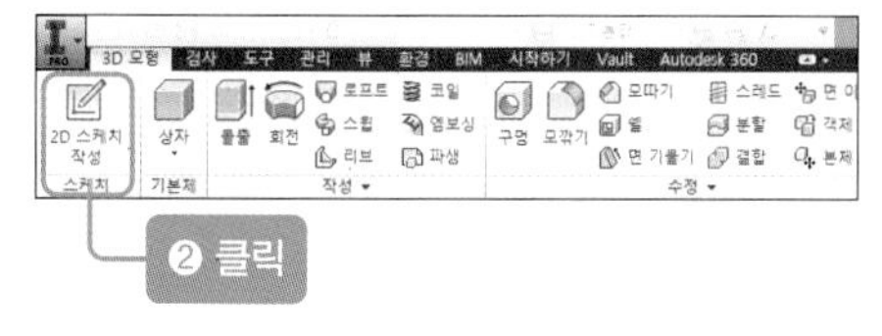

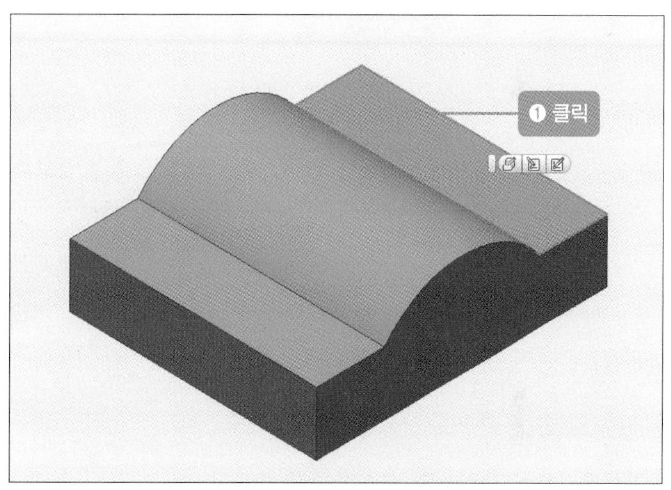

02 [점] 아이콘을 클릭한 후 임의의 위치에서 점 3개를 클릭합니다.

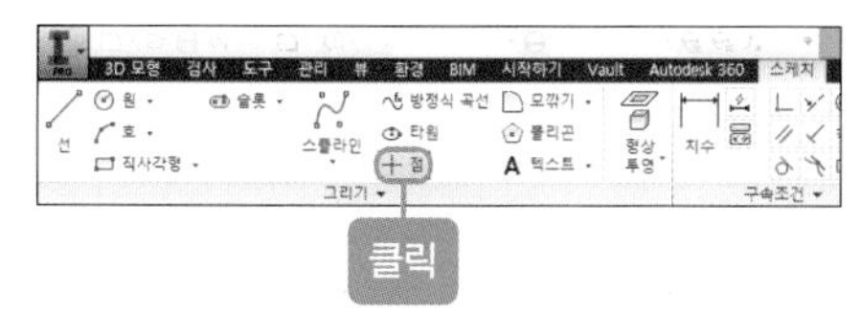

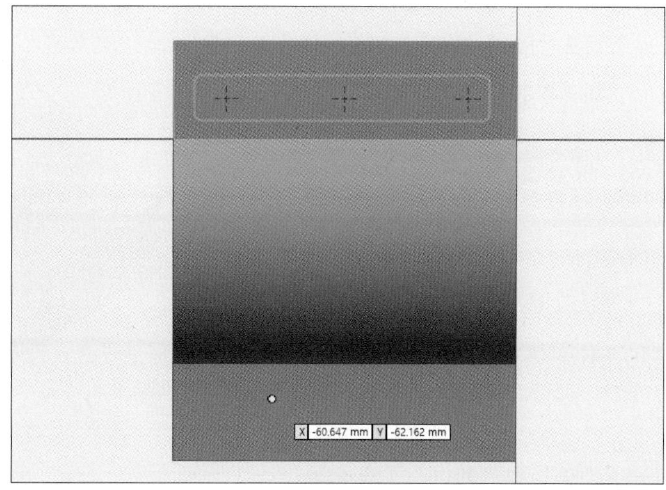

03 [치수] 아이콘을 클릭한 후 다음과 같이 치수선을 넣고 치수를 각각 수정합니다.

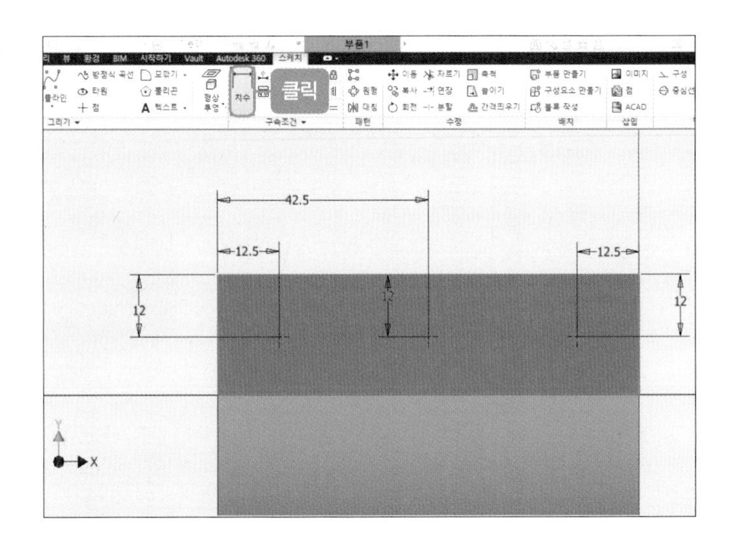

04 마우스 오른쪽 버튼을 눌러 [스케치 마무리]를 클릭합니다.

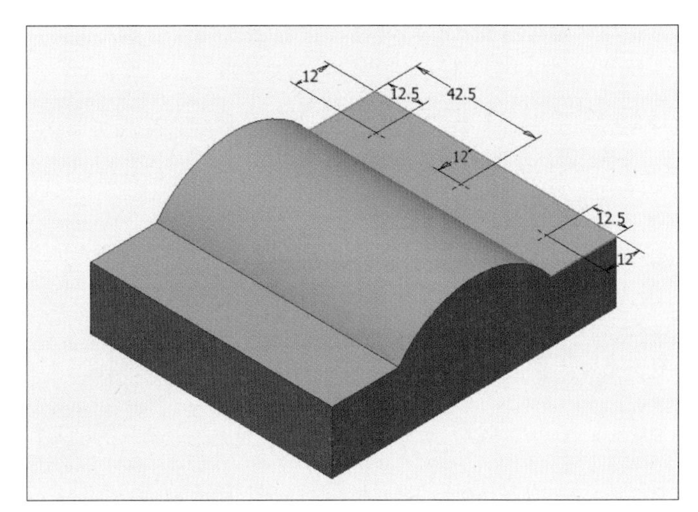

05 빨간색 부분의 2개 중심점을 클릭한 후 [구멍] 아이콘을 클릭합니다. 다음 그림과 같이 설정하고 [확인] 버튼을 클릭합니다.

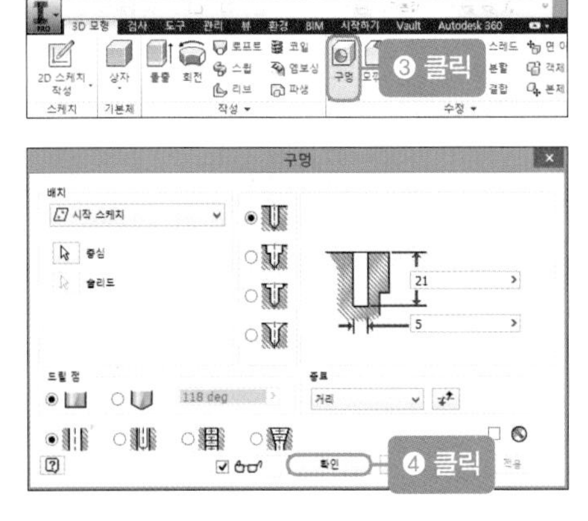

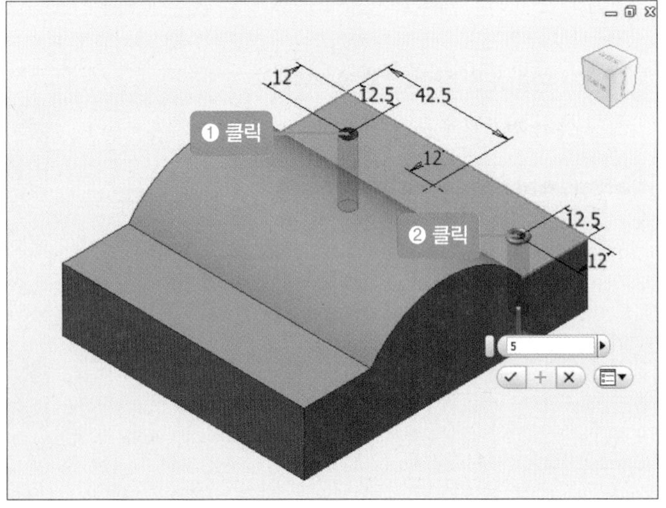

06 [구멍 1-스케치]를 마우스 오른쪽 버튼을 눌러 [스케치 공유]를 클릭합니다.

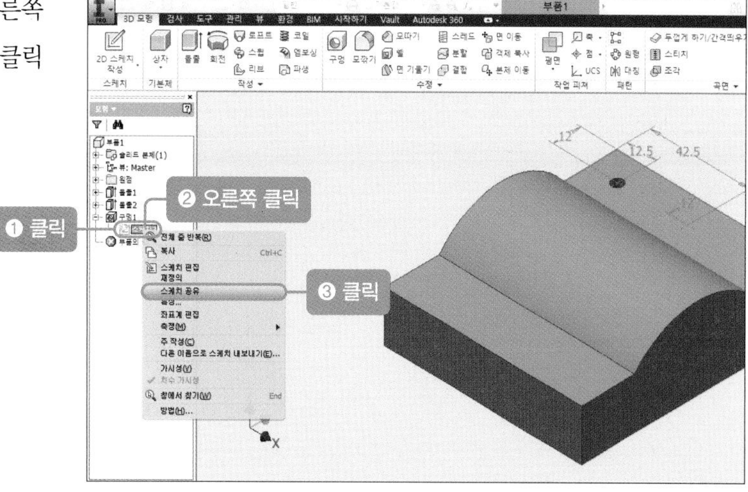

07 가운데 중심점을 클릭한 후 [구멍] 아이콘을 클릭합니다. 다음 그림과 같이 설정하고 [확인] 버튼을 클릭합니다.

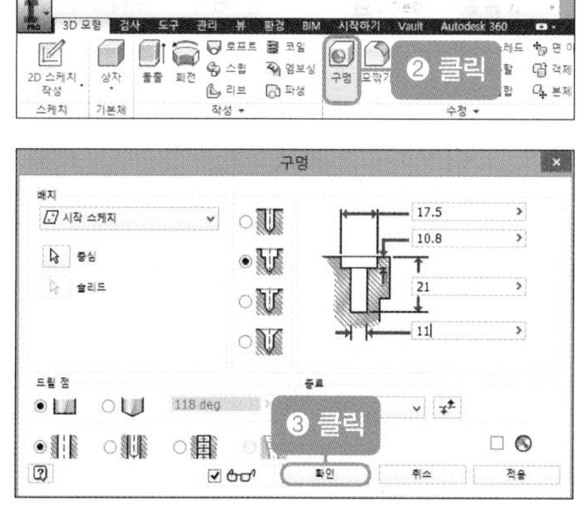

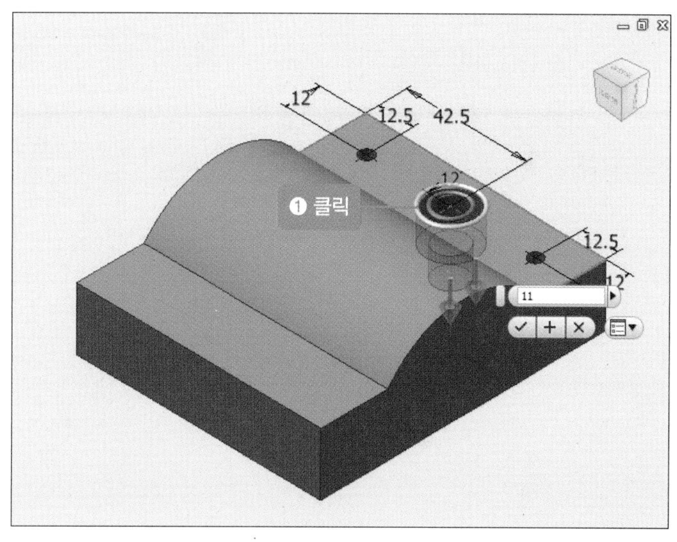

08 [구멍 1-스케치]를 마우스 오른쪽 버튼을 눌러 [가시성]의 체크를 해제합니다.

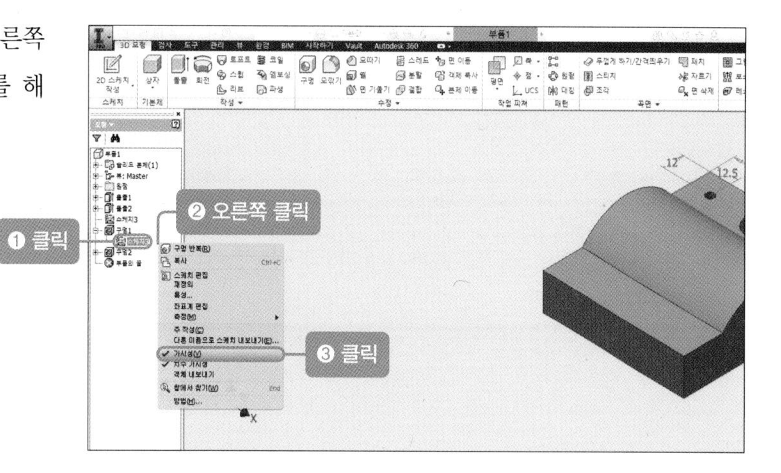

09 [대칭] 아이콘을 클릭한 후 [대칭] 대화상자의 피처를 선택하고, 탐색기에서 '구멍1', '구멍2'를 클릭합니다.

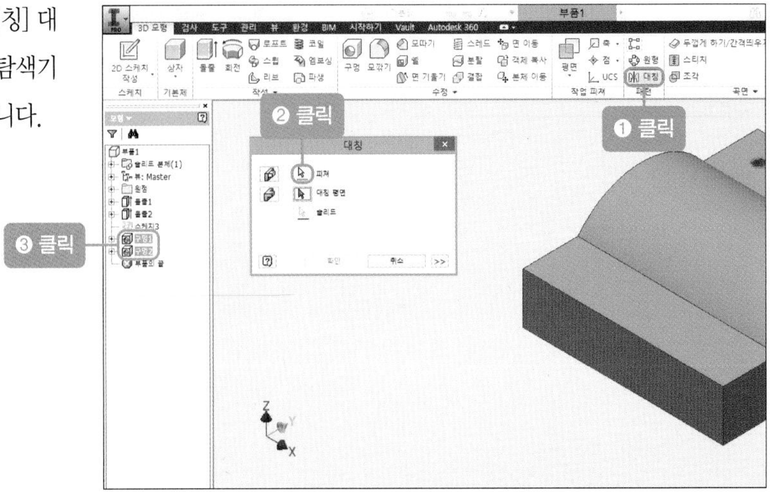

10 [대칭] 대화상자의 [대칭 평면]을 선택한 후 탐색기의 [원점-XZ 평면]을 클릭하고 [확인] 버튼을 클릭합니다.

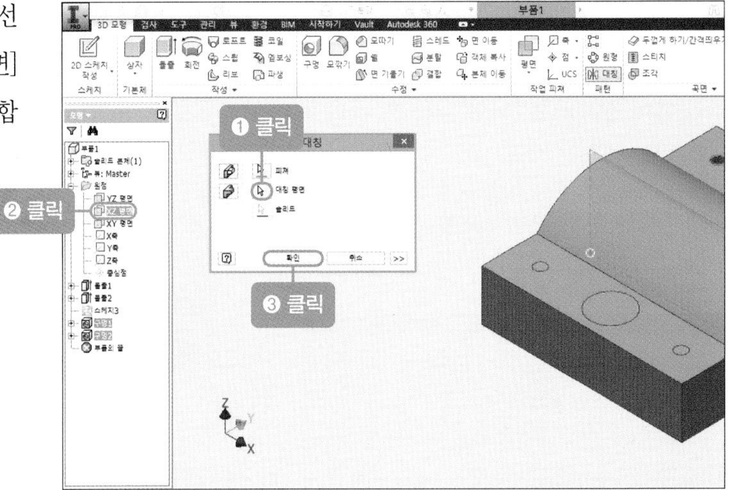

11 대칭시키면 다음과 같은 그림이 나타납니다.

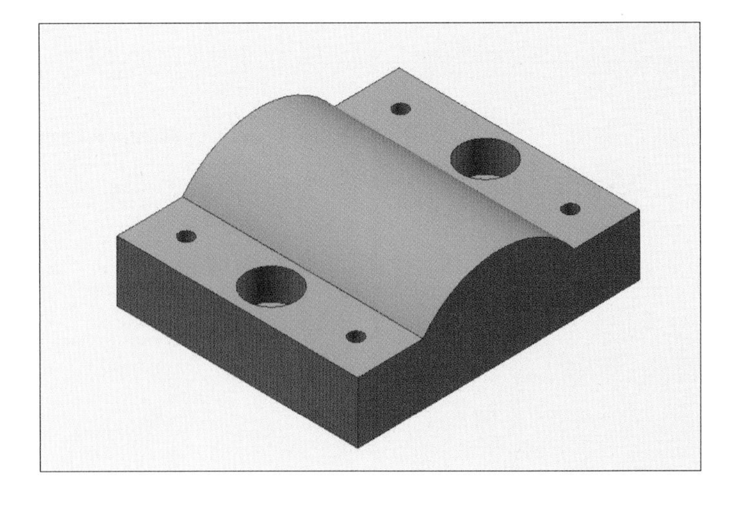

12 [모따기] 아이콘을 클릭한 후 [모따기] 대화상자의 '모서리'를 선택하고 거리를 '1mm'로 수정합니다. 다음 그림과 같이 작은 원 4개의 보서리를 각각 클릭합니다.

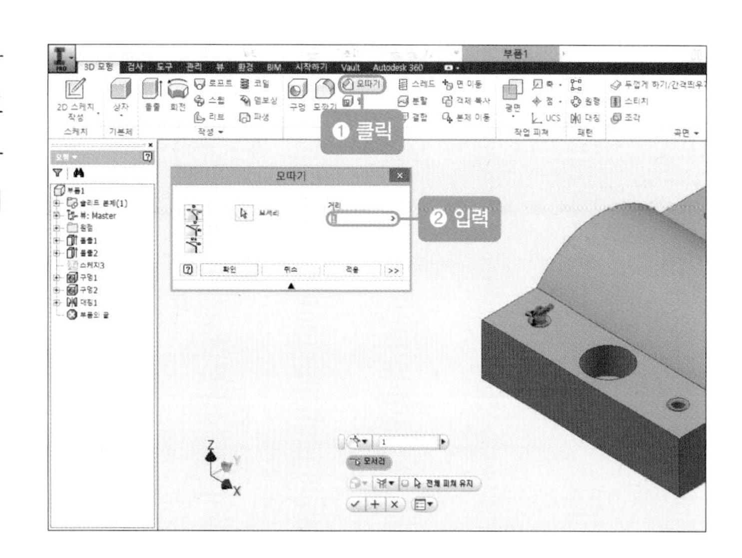

13 회전시켜 뒷면에 있는 작은 원 4개의 모서리를 각각 클릭한 후 [확인] 버튼을 클릭합니다.

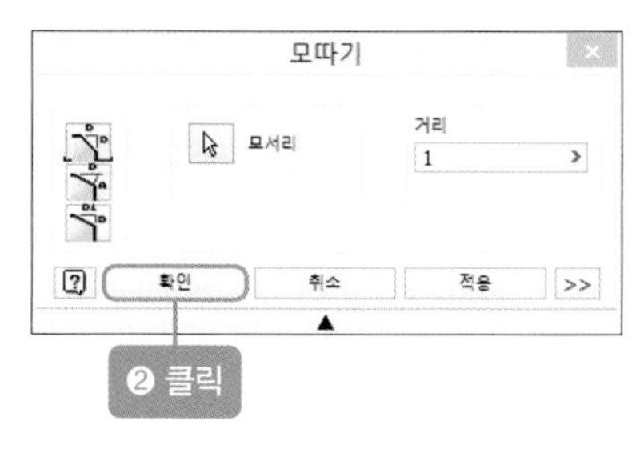

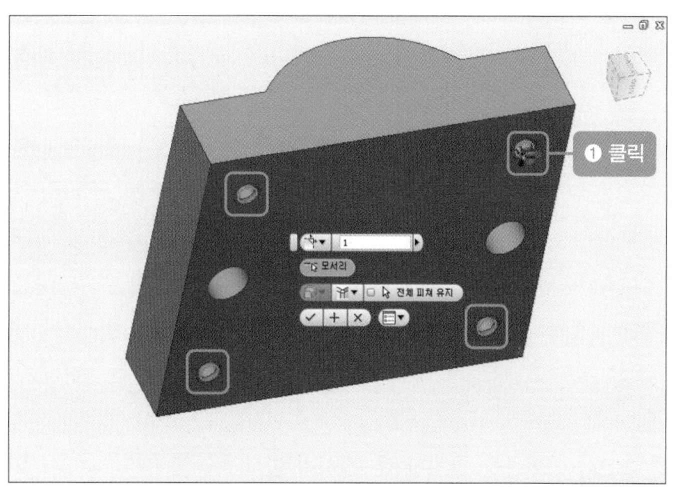

14 모따기시키면 다음과 같은 그림이 나타납니다.

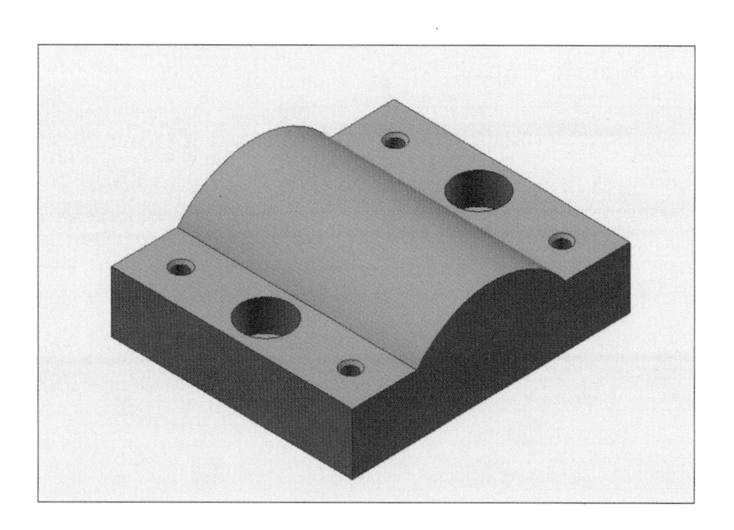

⑤ 축 및 베어링 자리 형상 만들기(품번 ②)

01 탐색기의 [원점-YZ 평면]을 클릭한 후 [2D 스케치 작성] 버튼을 클릭합니다.

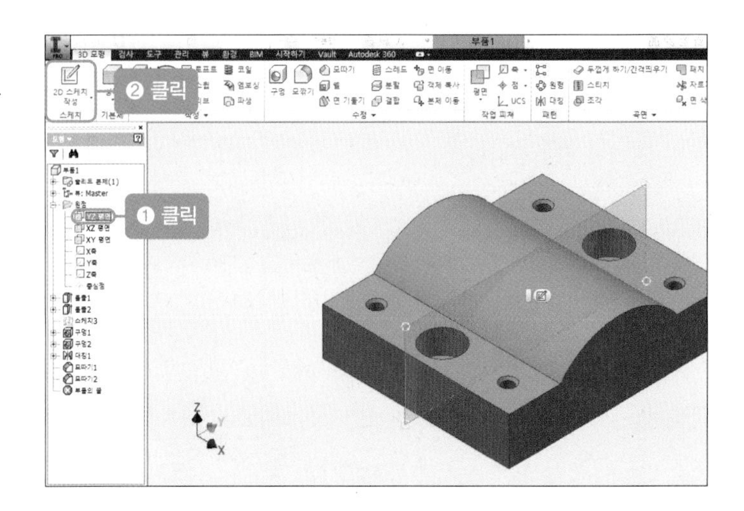

02 F7을 눌러 절단된 모형이 나타나도록 합니다.

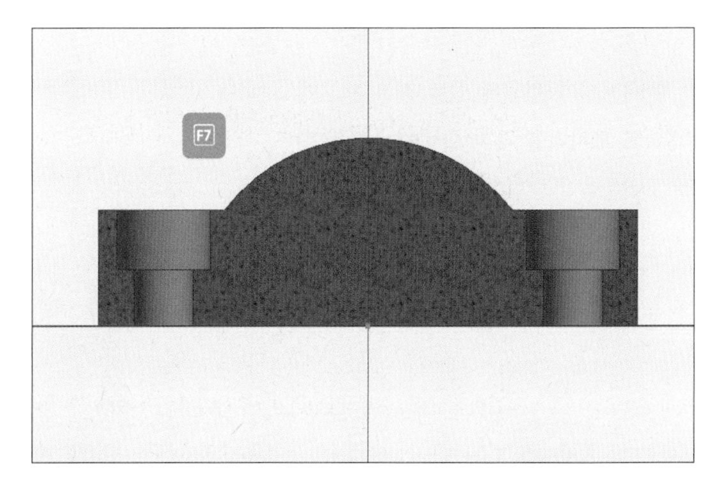

03 [원] 아이콘을 클릭한 후 직사각형의 아래 부분 중심점을 클릭하고 56mm의 원을 그립니다.

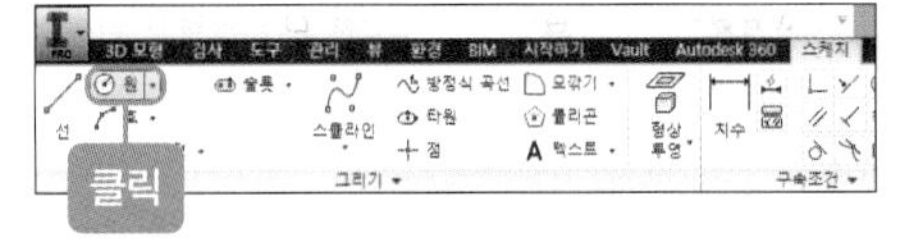

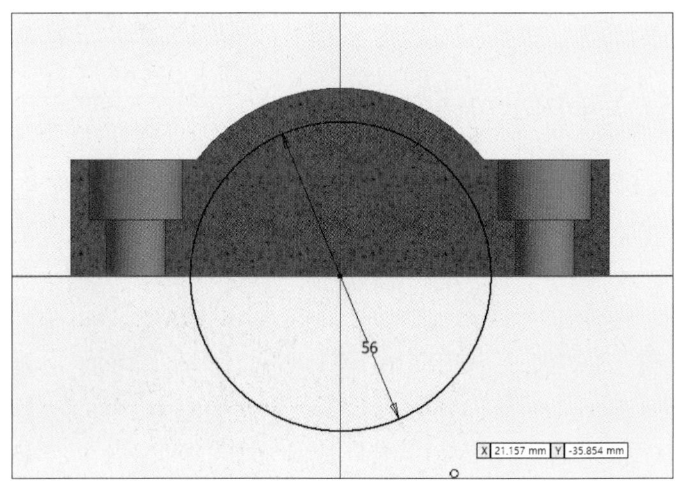

04 마우스 오른쪽 버튼을 눌러 [스케치 마무리]를 클릭합니다.

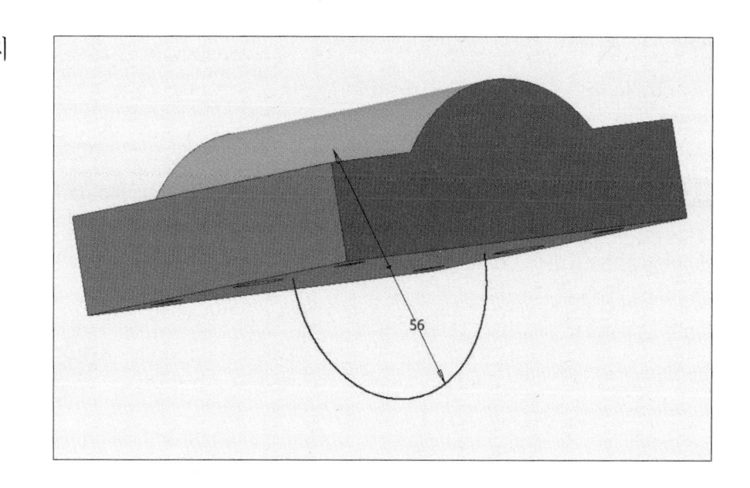

05 [돌출] 아이콘을 클릭한 후 [프로파일]을 클릭하고 원을 클릭합니다. [돌출] 대화상자에서 다음과 같이 클릭하고 치수를 '46mm'로 수정한 후 [확인] 버튼을 클릭합니다.

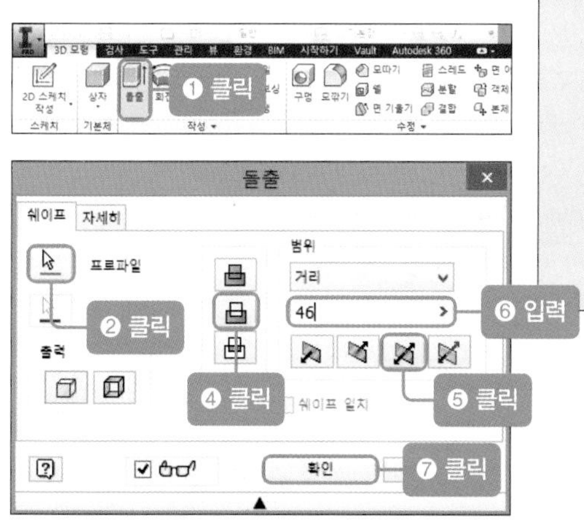

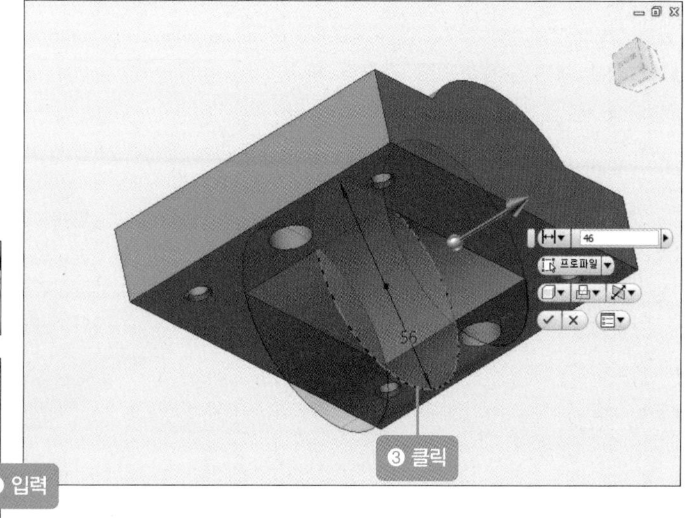

06 돌출시키면 다음과 같은 그림이 나타납니다.

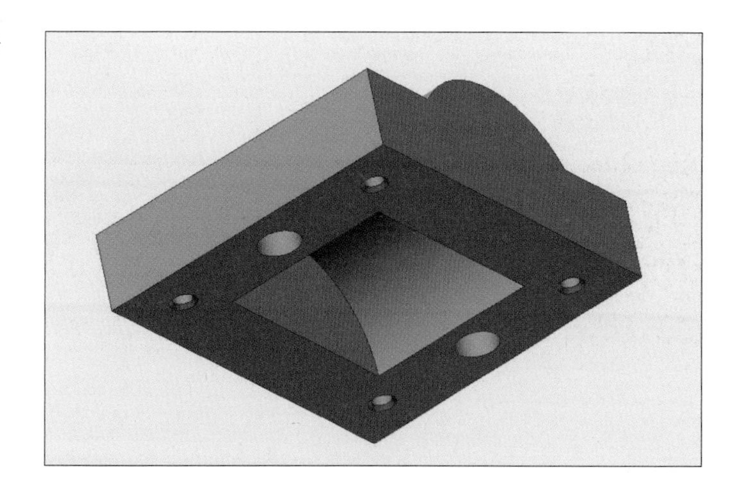

07 [평면] 아이콘을 클릭한 후 직사각형의 빨간색 부분을 클릭합니다.

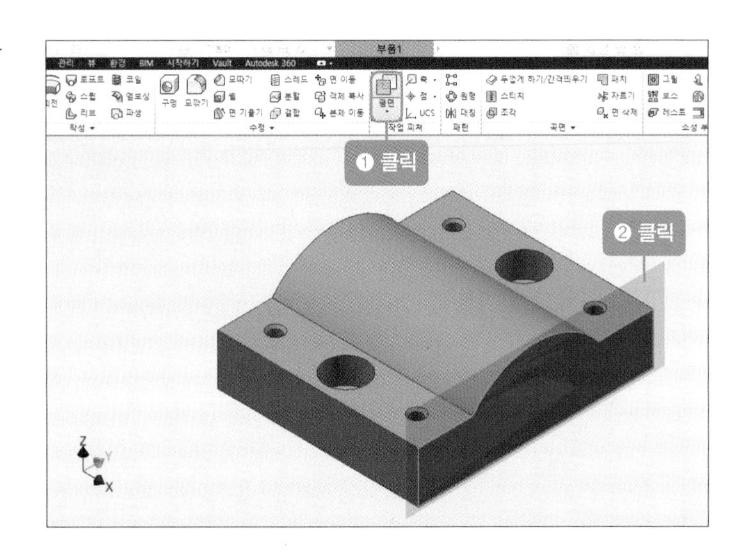

08 작업 평면을 좌측으로 당긴 후 치수를 '-9mm'로 수정하고 [✓]를 클릭합니다.

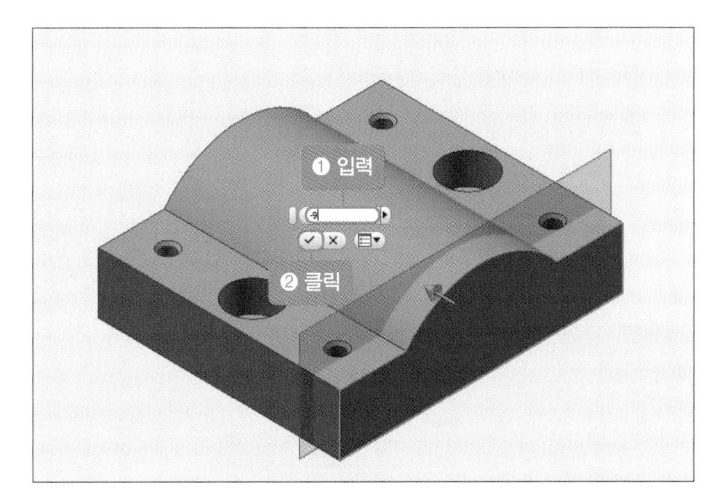

09 [작업 평면]을 클릭한 후 [2D 스케치 작성] 버튼을 클릭합니다.

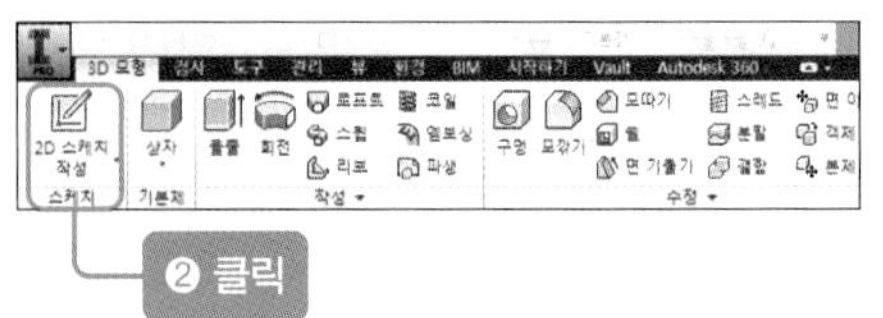

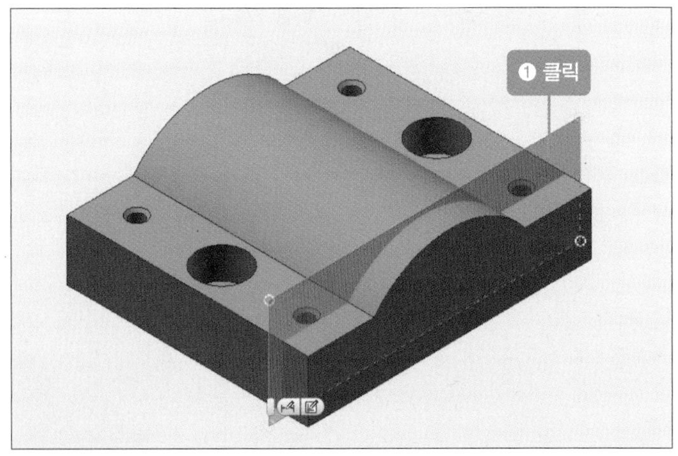

10 F7을 눌러 절단된 모형이 나타나도록 합니다.

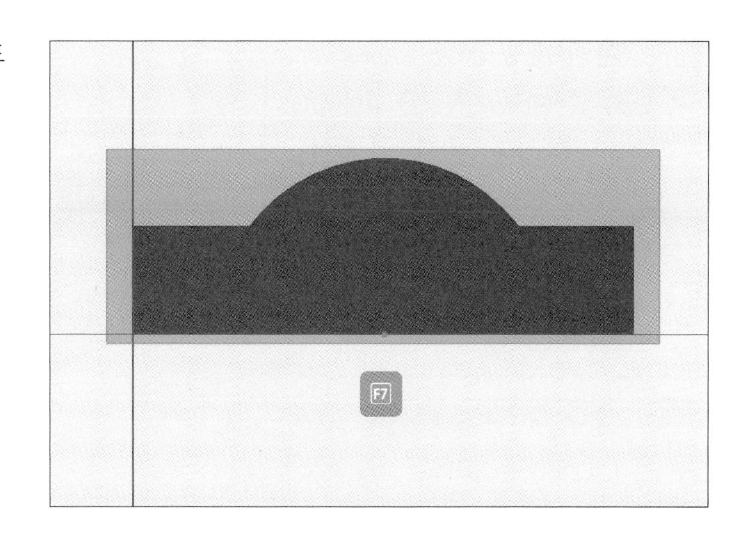

11 [원] 아이콘을 클릭한 후 직사각형의 아래 부분 중심점에서 50mm의 원을 그립니다.

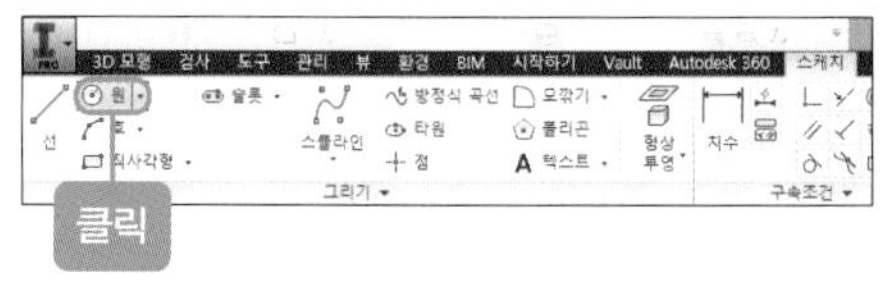

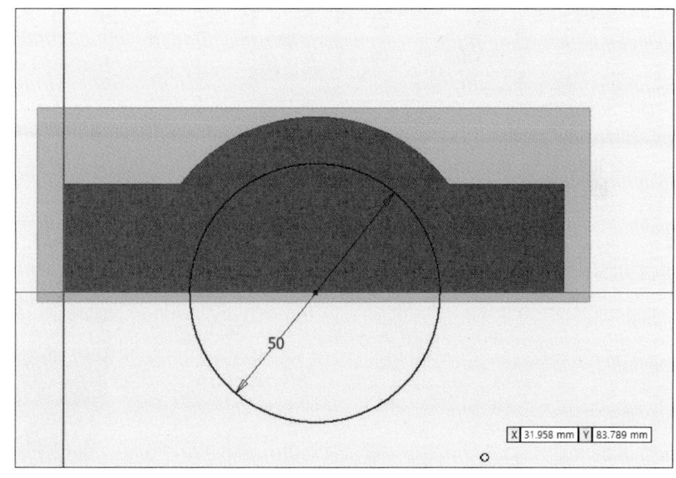

12 마우스 오른쪽 버튼을 눌러 [스케치 마무리]를 클릭합니다.

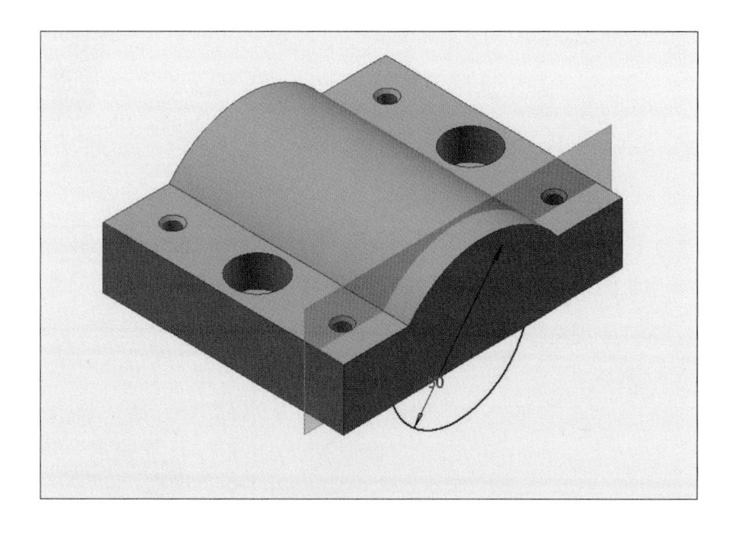

13 [돌출] 아이콘을 클릭한 후 [프로파일]을 클릭하고 원을 클릭합니다. [돌출] 대화상자에서 다음과 같이 클릭하고 치수를 '67mm'로 수정한 후 [확인] 버튼을 클릭합니다.

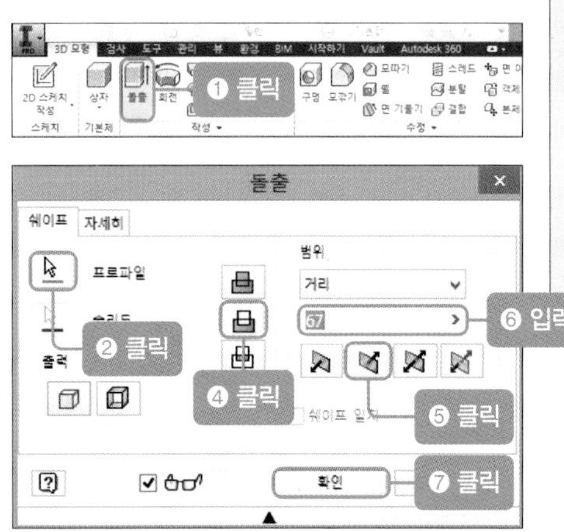

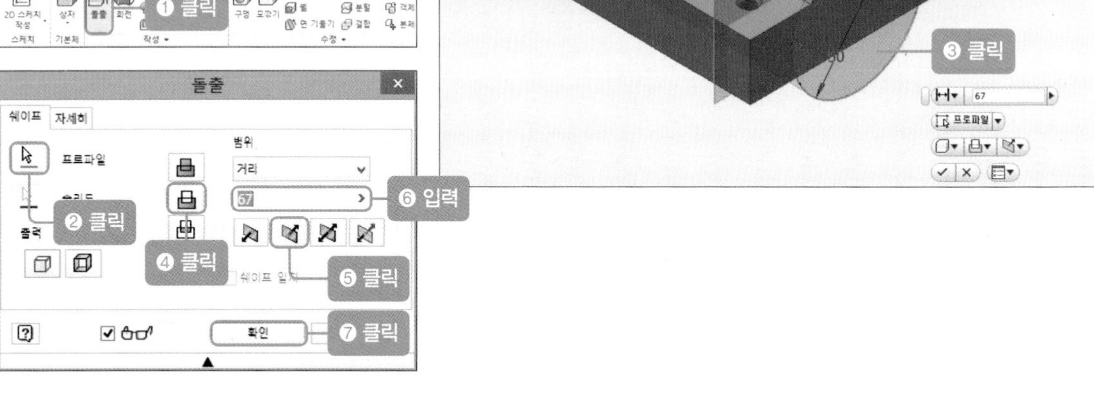

14 돌출시키면 다음과 같은 그림이 나타납니다.

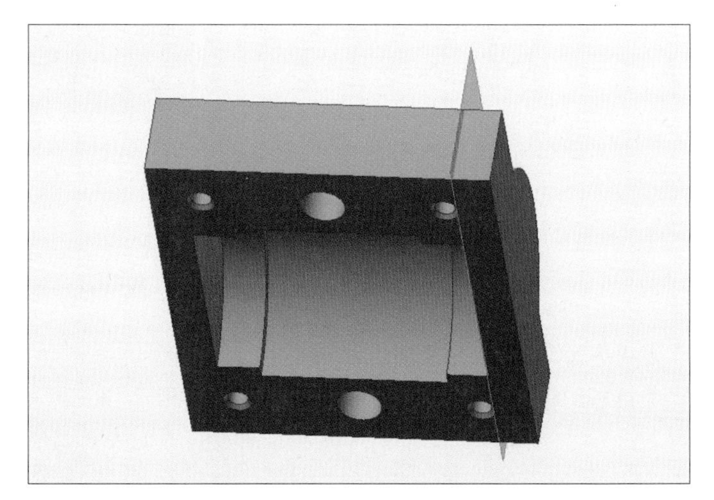

15 [작업 평면1]을 클릭한 후 마우스 오른쪽 버튼을 눌러 [가시성]의 체크를 해제합니다.

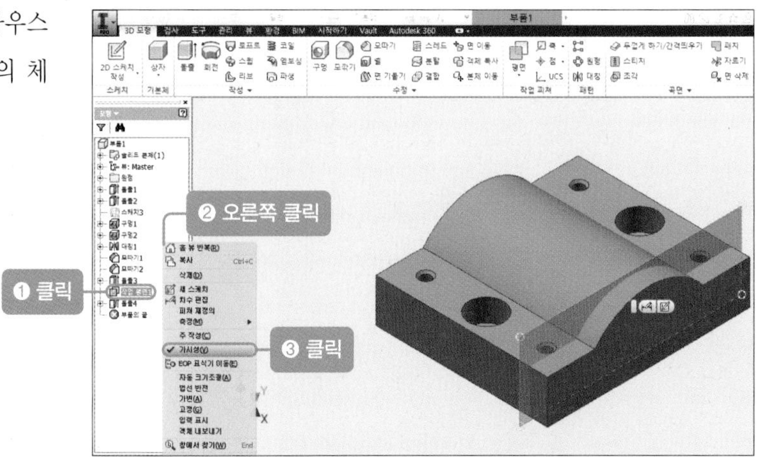

16 [평면] 아이콘을 클릭한 후 직사각형의 빨간색 부분을 클릭합니다.

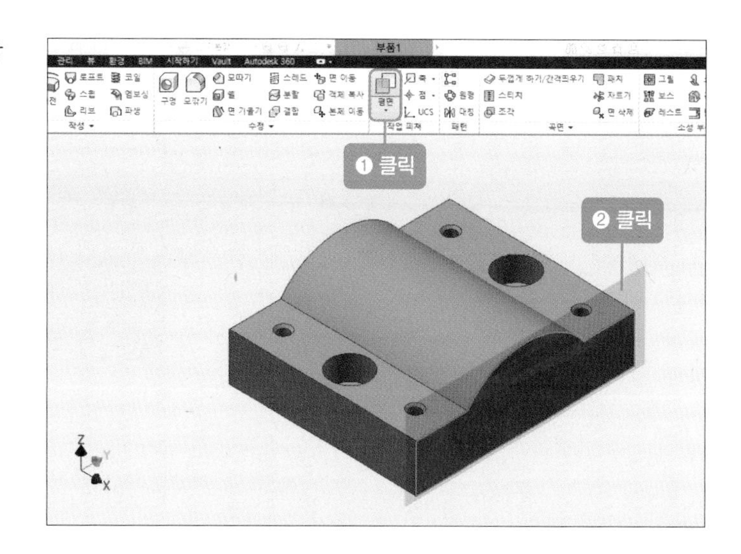

17 작업 평면을 좌측으로 당긴 후 치수를 '-8mm'로 수정하고 ✓를 클릭합니다.

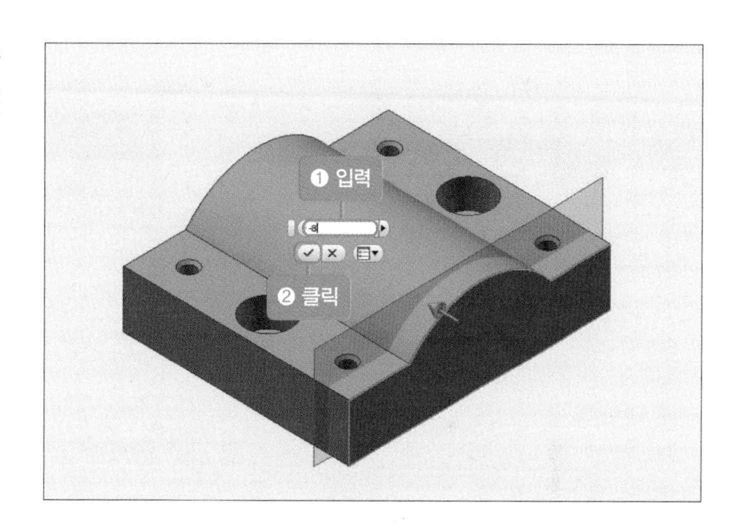

18 [작업 평면]을 클릭한 후 [2D 스케치 작성] 버튼을 클릭합니다.

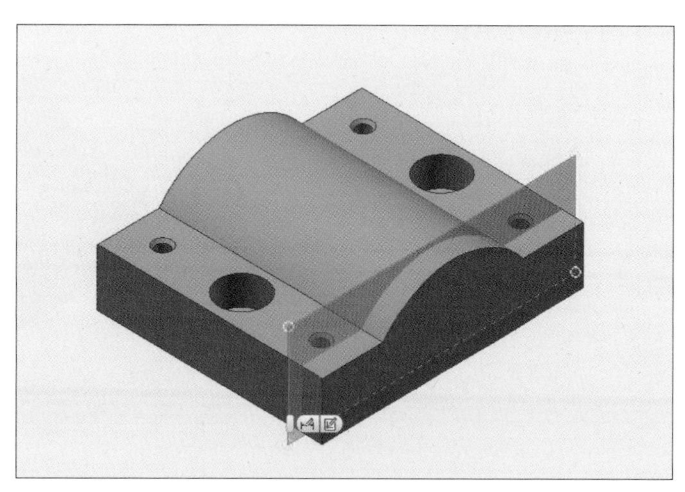

19 F7을 눌러 절단된 모형이 나타나도록 합니다.

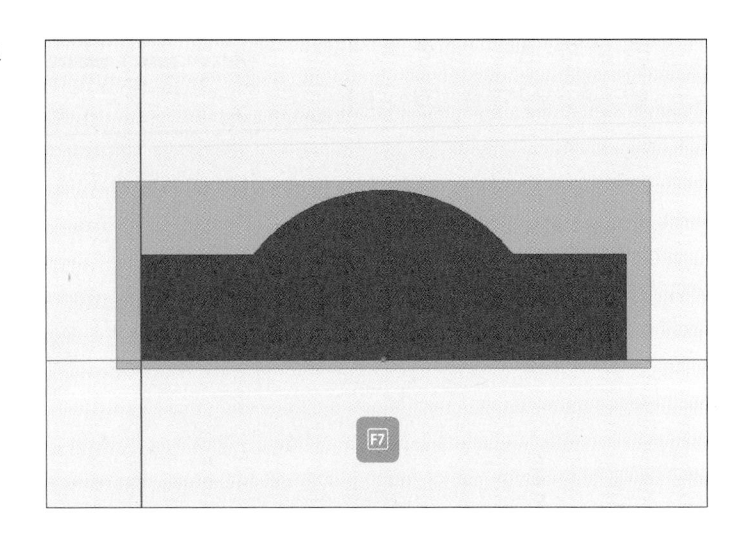

20 [원] 아이콘을 클릭한 후 직사각형의 아래 부분 중심점에서 54mm의 원을 그립니다.

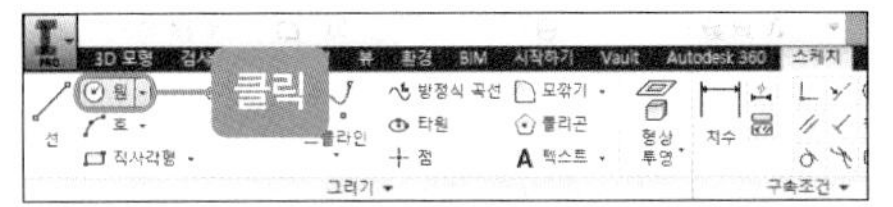

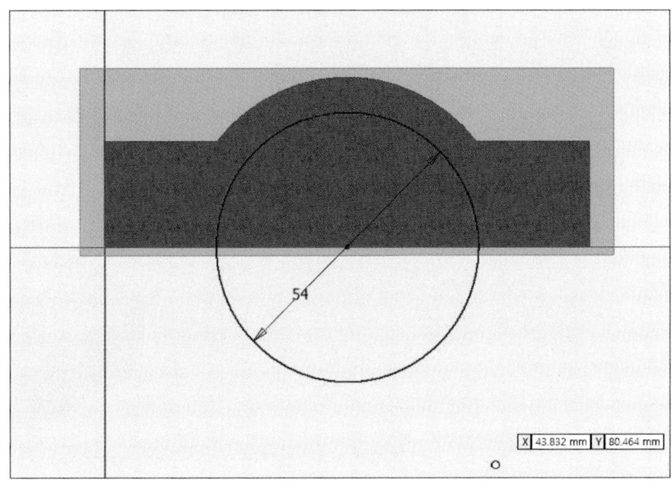

21 마우스 오른쪽 버튼을 눌러 [스케치 마무리]를 클릭합니다.

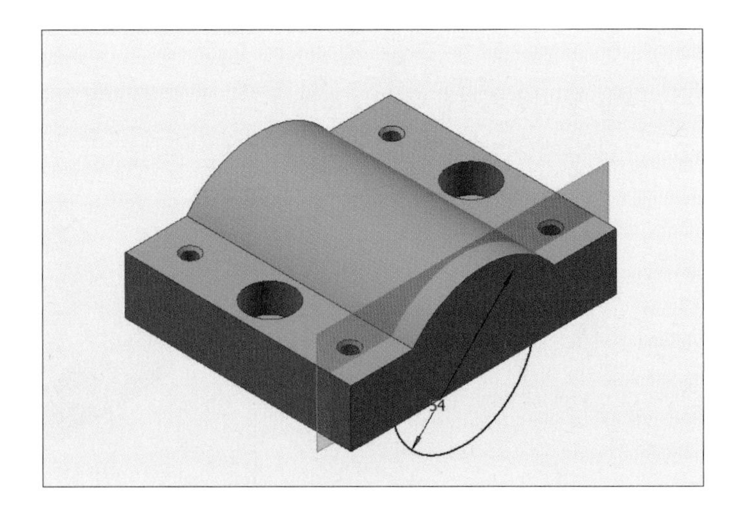

22 [돌출] 아이콘을 클릭한 후 [프로파일]을 클릭하고 원을 클릭합니다. 그런 다음 [돌출] 대화상자에서 다음과 같이 클릭하고 치수를 '1mm'로 수정한 후 [확인] 버튼을 클릭합니다.

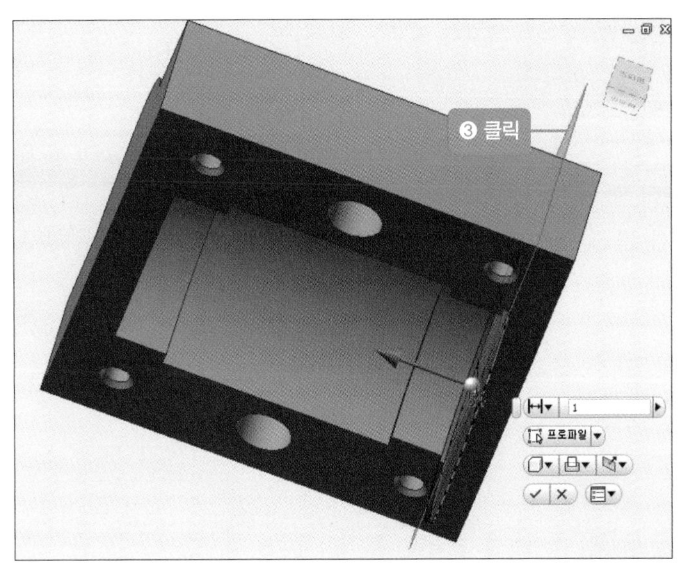

23 돌출시키면 다음과 같은 그림이 나타납니다.

24 [작업 평면]을 클릭한 후 [2D 스케치 작성] 버튼을 클릭합니다.

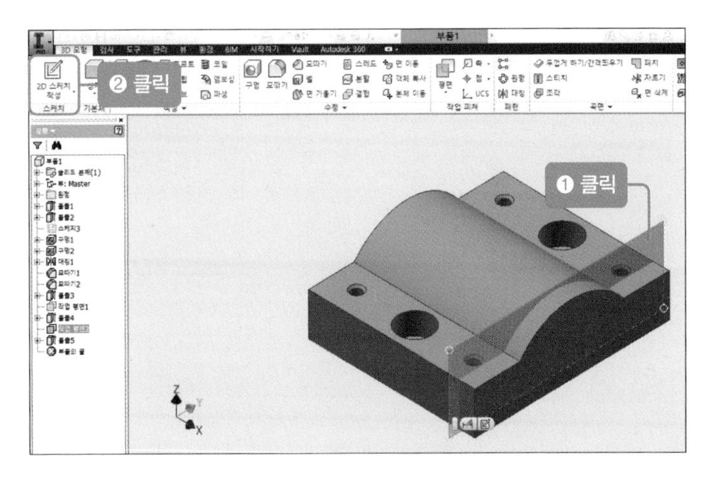

25 F7을 눌러 절단된 모형이 나타나도록 합니다.

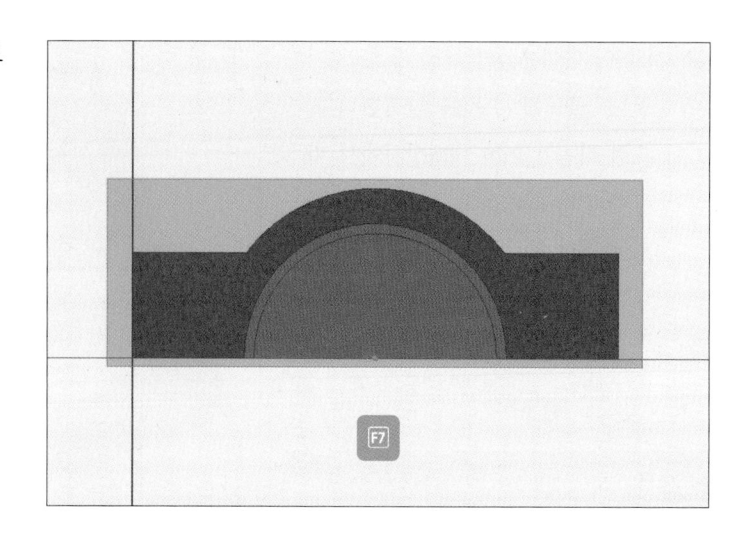

26 [원] 아이콘을 클릭한 후 직사각형의 아래 부분 중심점에서 52mm의 원을 그립니다.

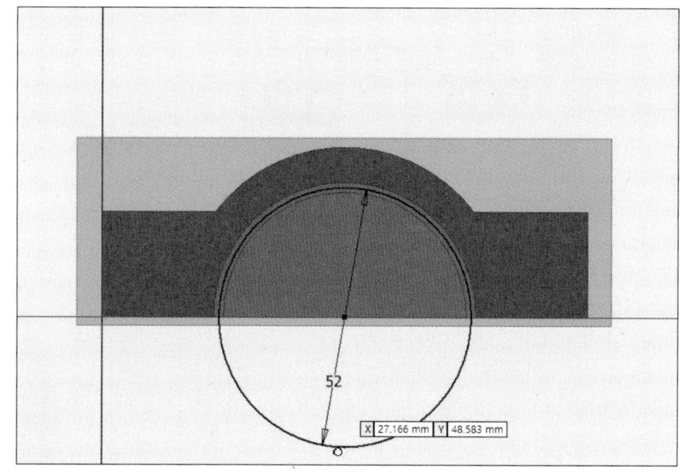

27 마우스 오른쪽 버튼을 눌러 [스케치 마무리]를 클릭합니다.

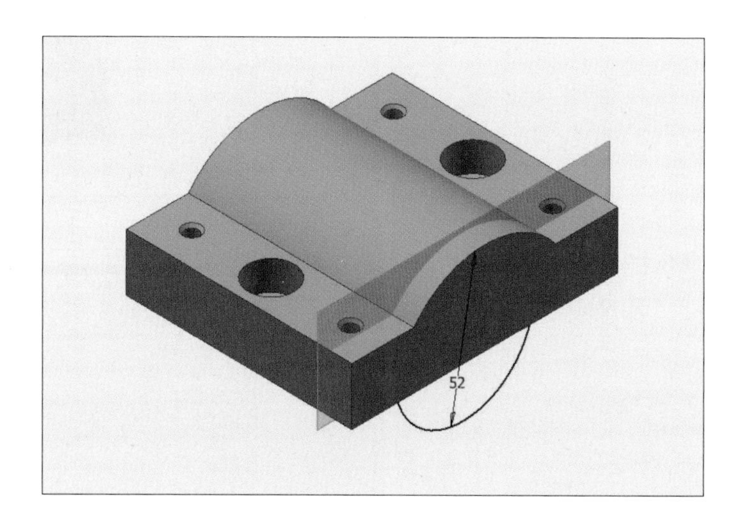

28 [돌출] 아이콘을 클릭한 후 [프로파일]을 클릭하고 원을 클릭합니다. 그런 다음 [돌출] 대화상자에서 다음과 같이 클릭하고 치수를 '8mm'로 수정한 후 [확인] 버튼을 클릭합니다.

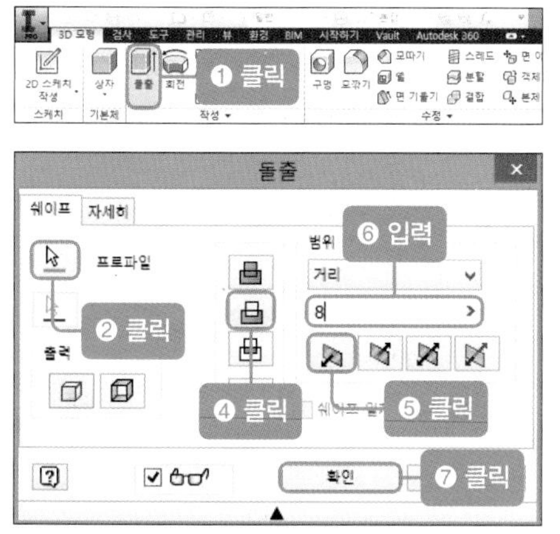

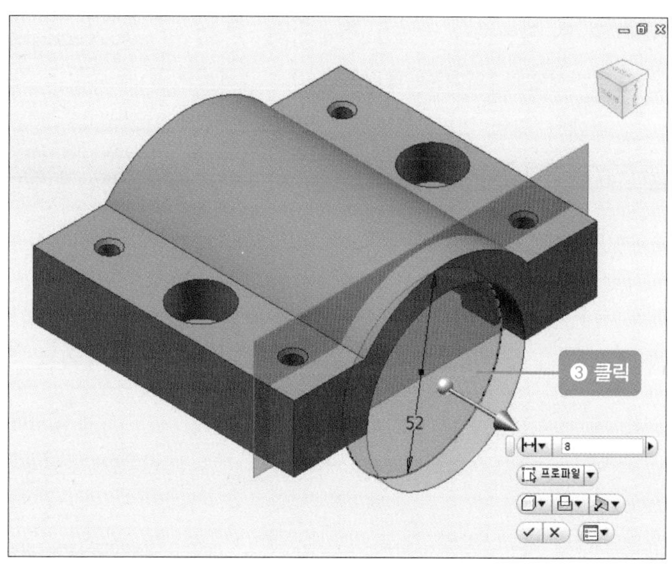

29 돌출시키면 다음과 같은 그림이 나타납니다.

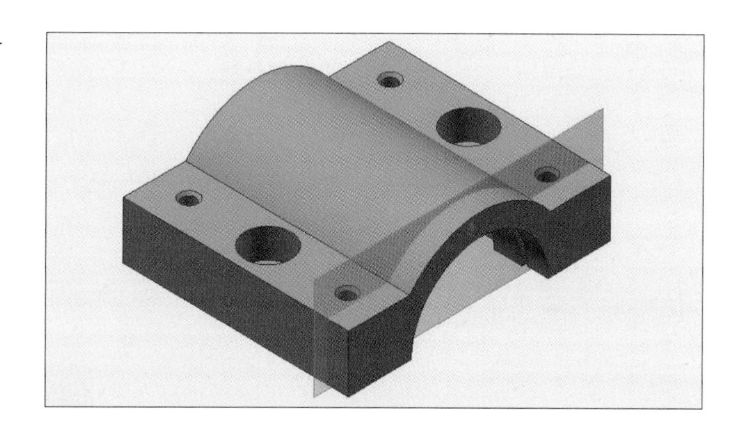

30 [작업 평면 2]를 클릭한 후 마우스 오른쪽 버튼을 눌러 [가시성]의 체크를 해제합니다.

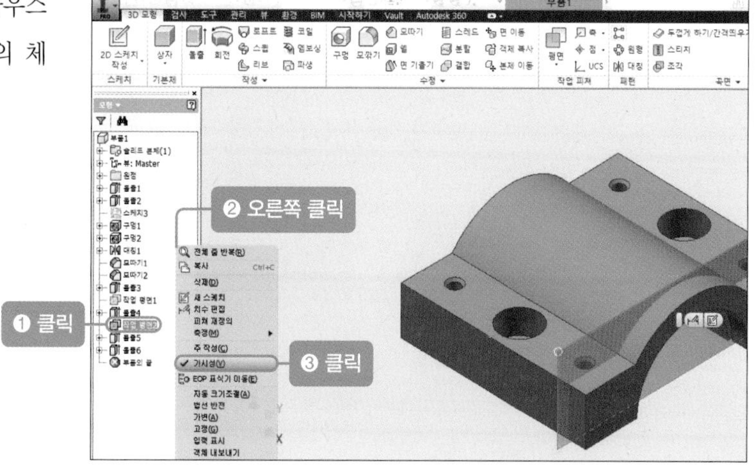

31 [대칭] 아이콘을 클릭한 후 [대칭] 대화상자의 [피처]를 클릭하고 탐색기에서 '작업 평면2', '돌출5', '돌출6'을 클릭합니다.

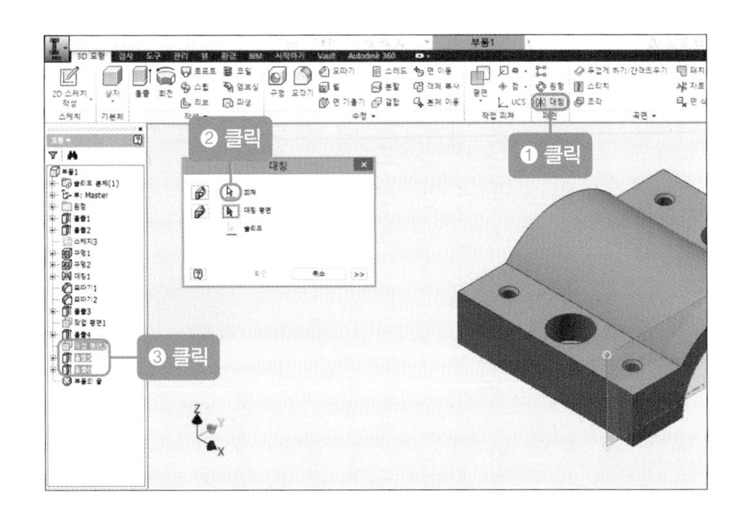

32 [대칭] 대화상자의 [대칭 평면]을 클릭한 후 탐색기의 [원점-YZ 평면]을 클릭하고 [확인] 버튼을 누릅니다.

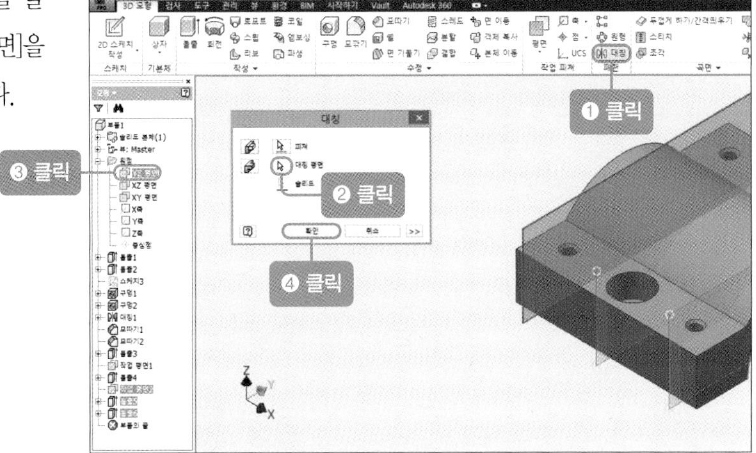

33 대칭시키면 다음과 같은 그림이 나타납니다.

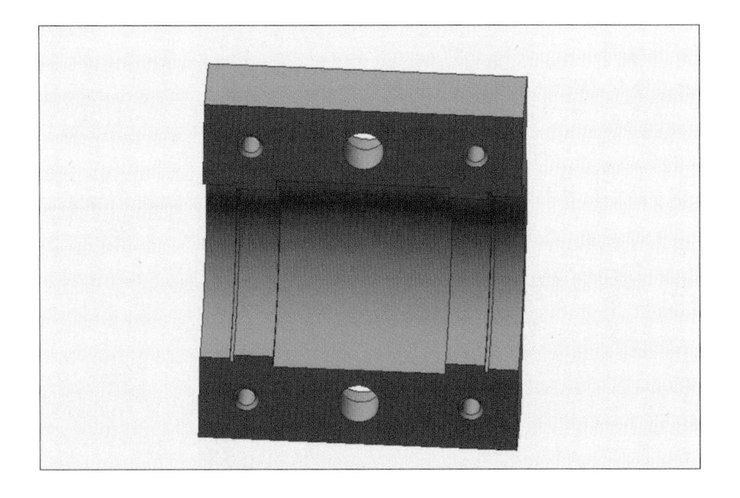

6 모깎기(라운드)하기(품번 ❷)

01 [모깎기] 아이콘을 클릭한 후 반지름을 '3mm'로 수정합니다. 그런 다음 그림과 같이 클릭하고 [확인] 버튼을 클릭합니다.

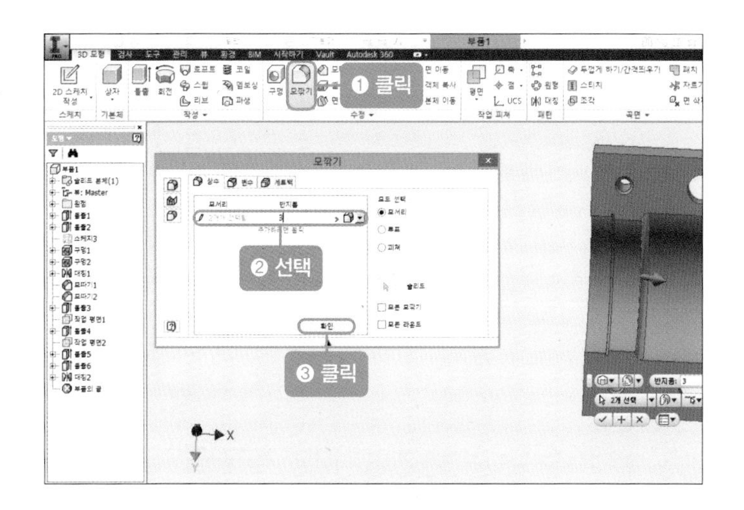

02 모깎기시키면 다음과 같은 그림이 나타납니다.

03 [모깎기] 아이콘을 클릭한 후 반지름을 '3mm'로 수정합니다. 그런 다음 그림과 같이 클릭하고 [적용] 버튼을 클릭합니다.

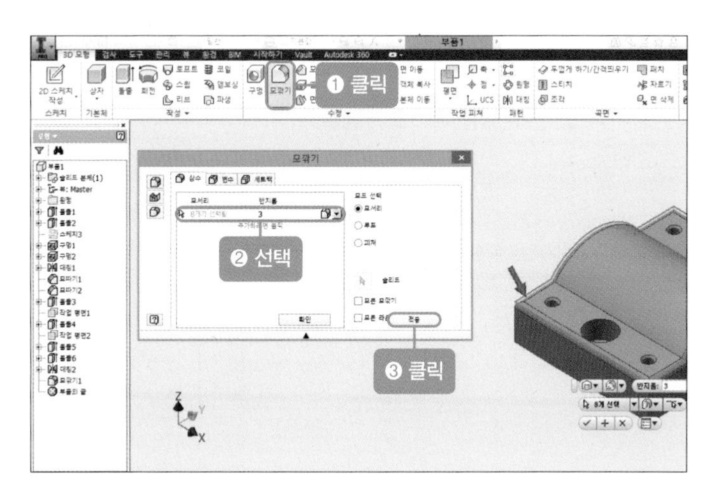

04 반지름을 '10.5mm'로 수정한 후 다음 그림과 같이 클릭하고 [확인] 버튼을 클릭합니다.

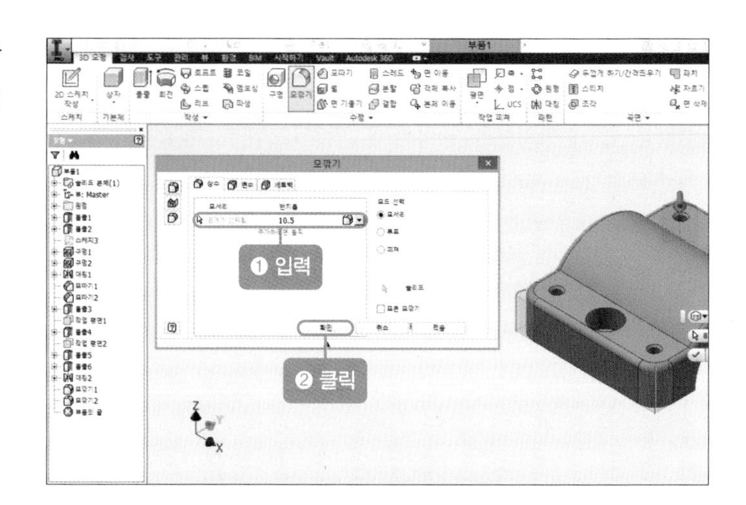

05 다음 그림과 같이 커버가 완성됩니다.

[2] 부품을 렌더링(3D) 출력하기

1 미리 작성된 렌더링(3D) 표제란 가져오기

01 미리 만들어 놓은 3D 표제란을 불러옵니다.

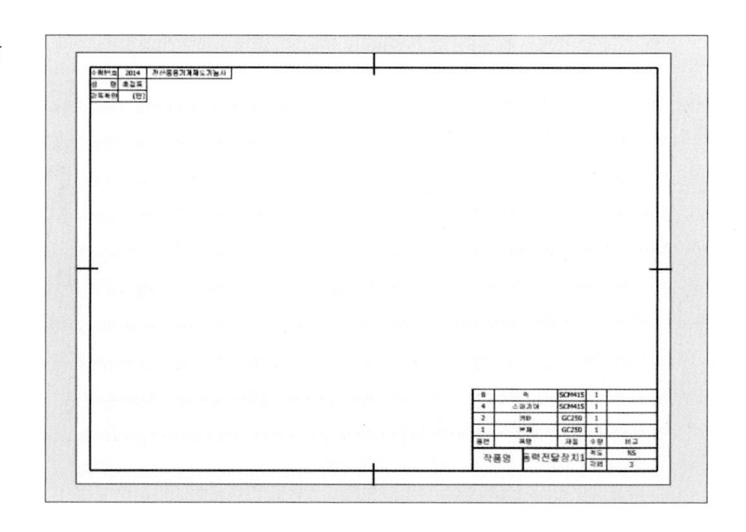

02 기준을 클릭한 후 도면 뷰 창에서 빨간색으로 된 [열기] 아이콘을 클릭하여 저장되어 있는 부품을 가져옵니다.

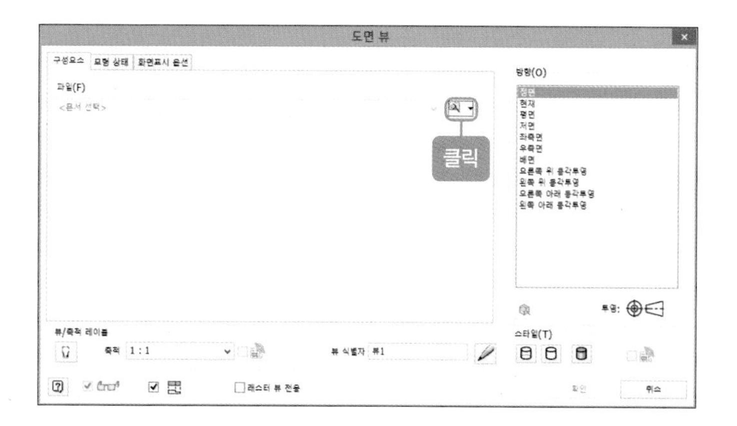

03 파일 경로를 클릭한 후 빨간색의 [뷰 방향 변경] 아이콘을 클릭합니다.

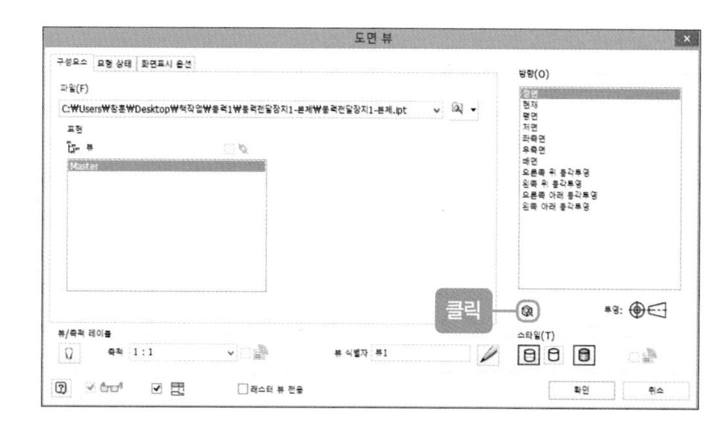

04 F6을 누르고 마우스를 화면에서 더블클릭하여 본체 모형이 화면에 모두 나오도록 한 후 [사용자 뷰 마침] 아이콘을 클릭합니다.

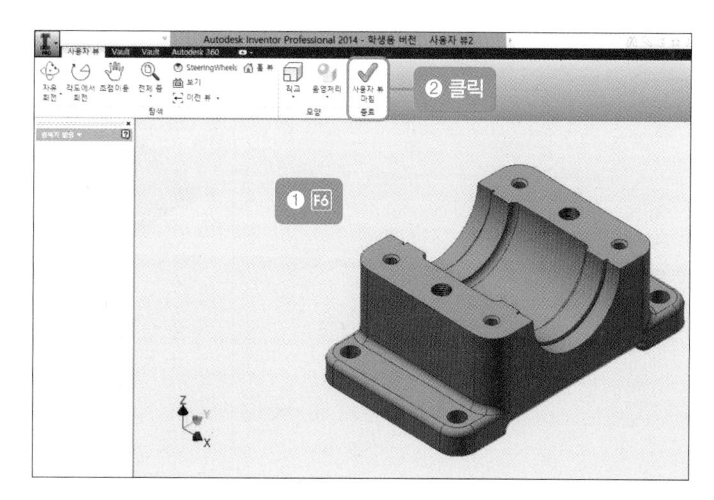

05 스타일에서 은선 제거 및 음영 처리를 클릭한 후 축척을 1:2로 합니다. 그런 다음 [화면 표시] 옵션을 클릭합니다(문제지에서 척도가 1:1일 경우 무조건 축척을 1:1로 하고, 척도가 NS일 경우 실물의 크기를 고려하여 축척을 합니다).

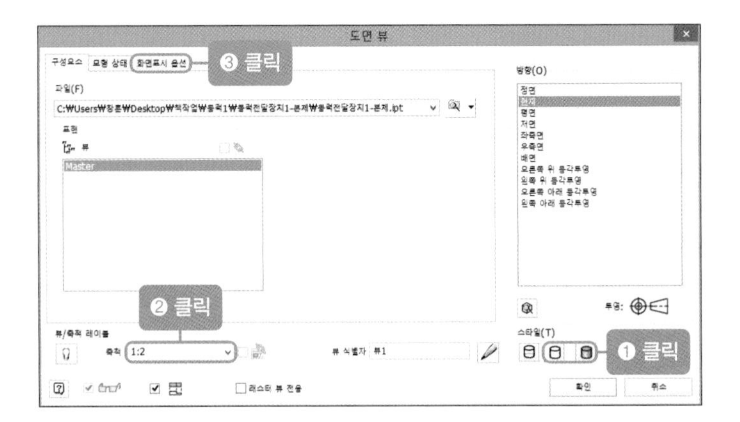

06 [화면 표시] 옵션에서 접하는 모서리와 원근법에 따라 선택하고 [확인] 버튼을 클릭합니다.

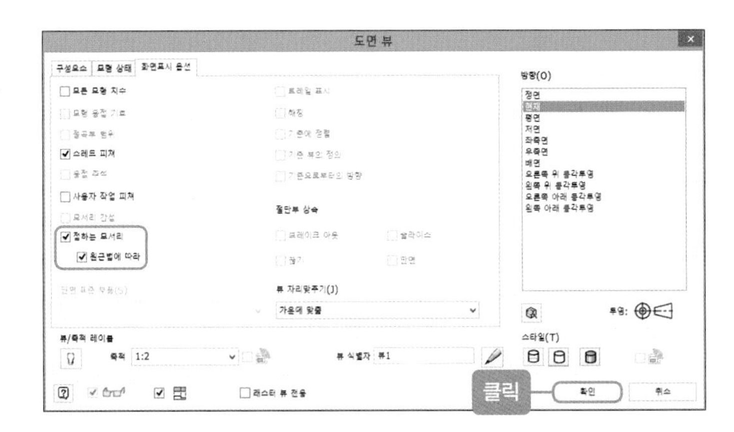

07 형상이 잘 나오는 등각 축 하나를 더 추가시킵니다.

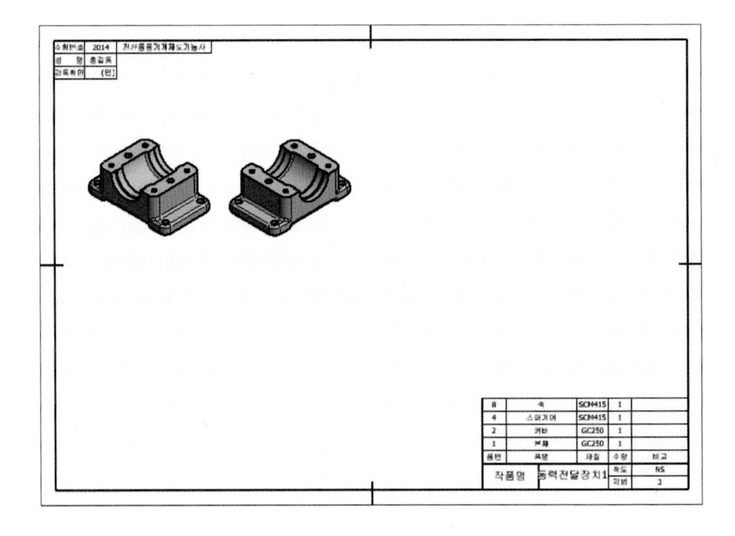

08 02~07과 같이 다른 부품들도 투영시킵니다(도면의 크기와 실물의 크기를 고려하여 축척을 합니다).

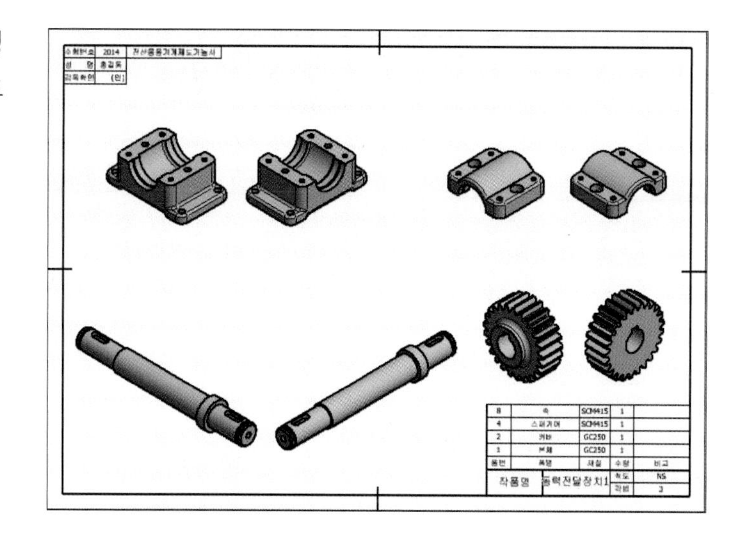

09 스케치 작성 아이콘을 클릭합니다.

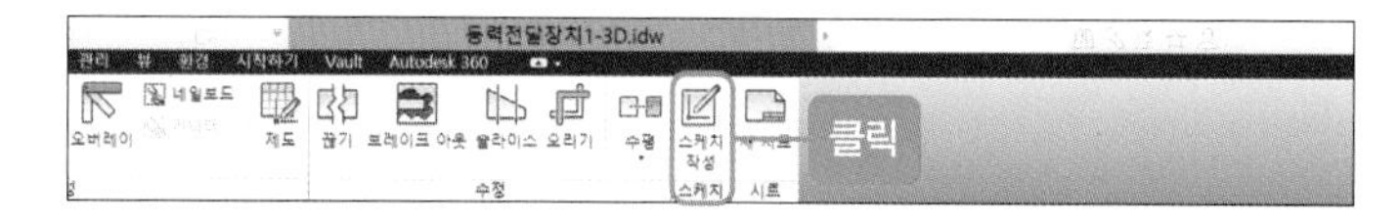

10 [원] 아이콘을 클릭한 후 지름 12mm의 원을 그립니다.

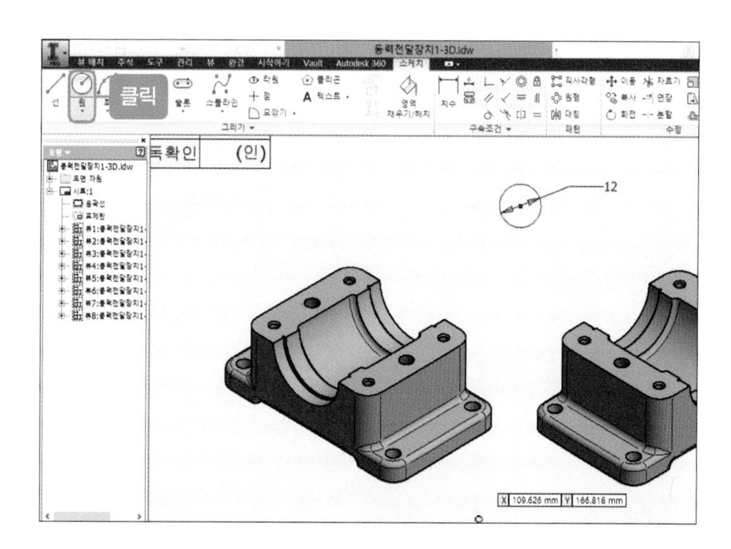

11 텍스트 아이콘을 클릭한 후 텍스트 형식 대화상자의 빨간색 부분을 클릭하고 1(품번)을 입력합니다.

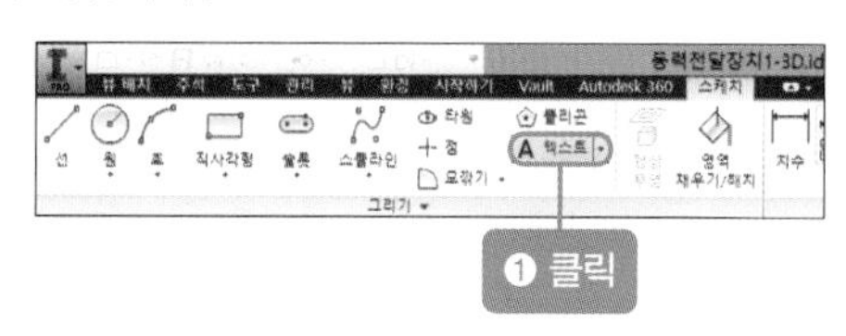

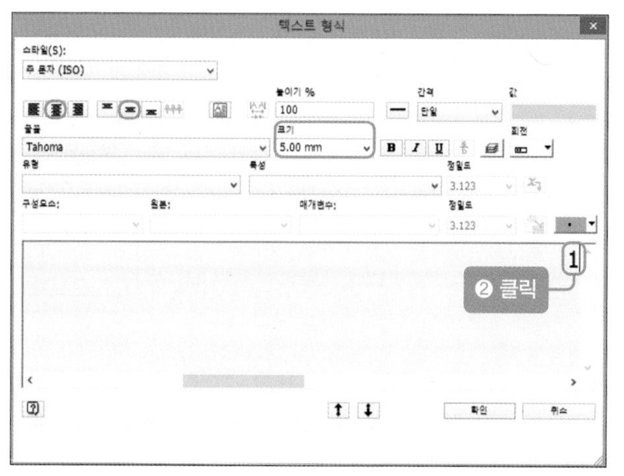

Tip 키보드에서 'ㅇ' 한자 키로 원문자를 선택한 후 글자 크기를 '10'으로 설정하는 방법도 있습니다.

12 다음 그림과 같이 본체에 대한 품번이 기입됩니다.

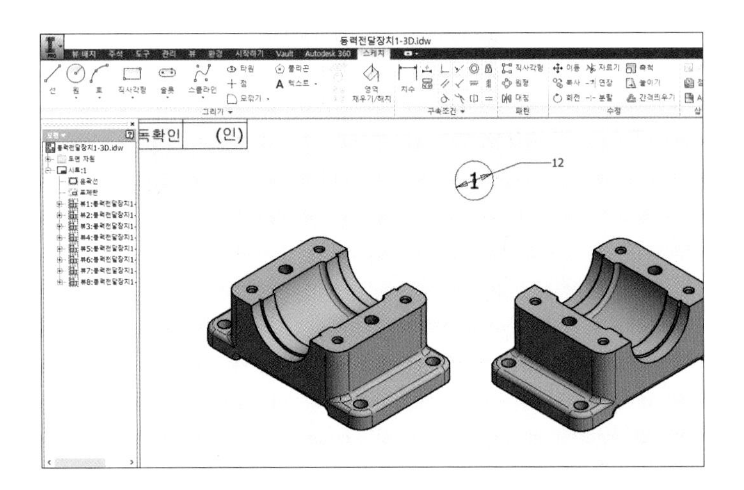

13 10~12와 같이 각 부품의 품번을 기입한 후 [스케치 마무리]를 클릭합니다.

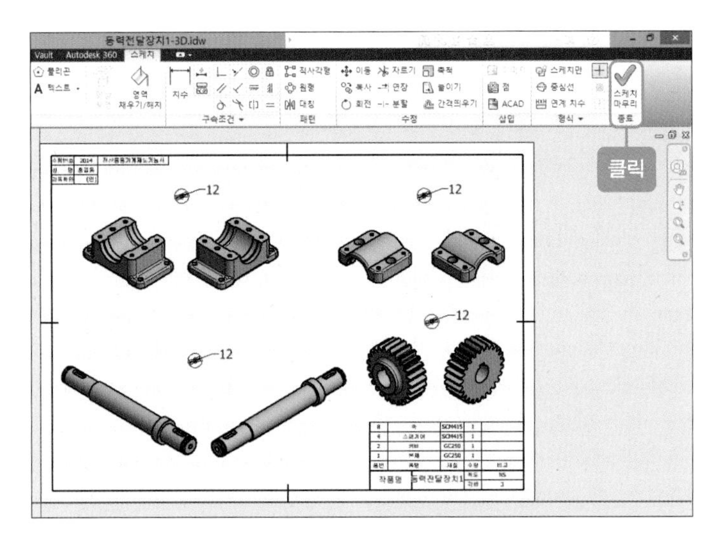

14 동력 전달 장치 1 3D 도면이 완성됩니다.

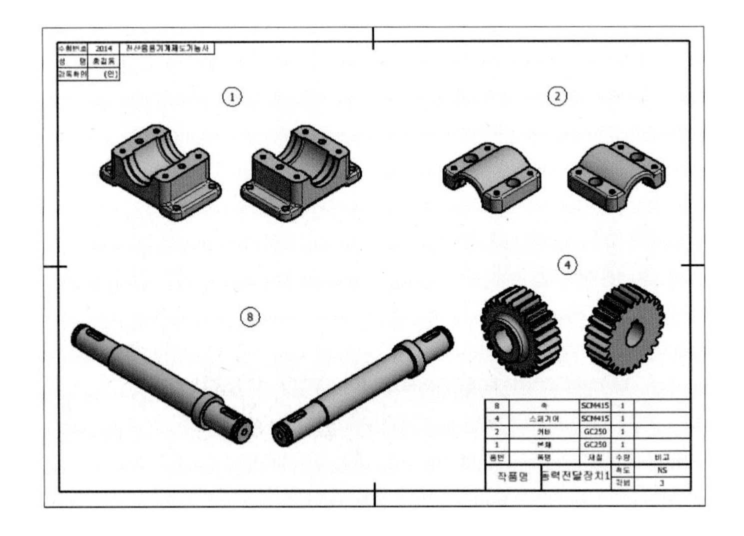

15 [파일-인쇄-인쇄]를 클릭합니다.

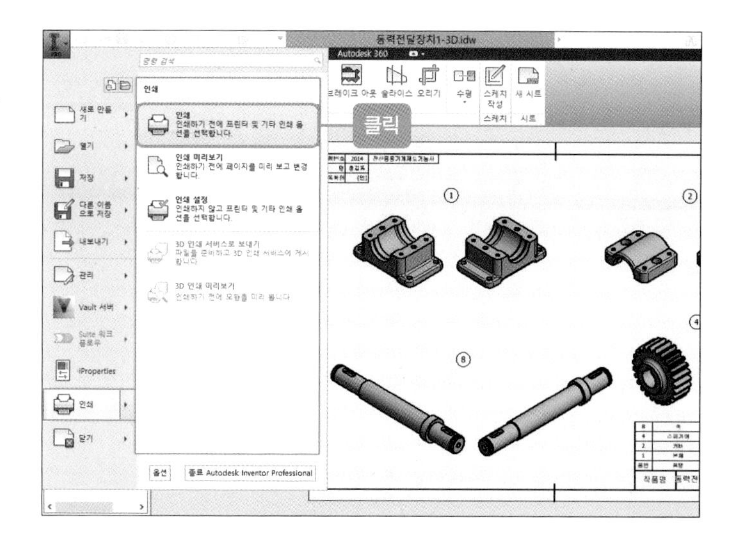

16 프린터를 선택한 후 축척을 최적 맞춤으로 클릭하고 미리 보기를 누릅니다.

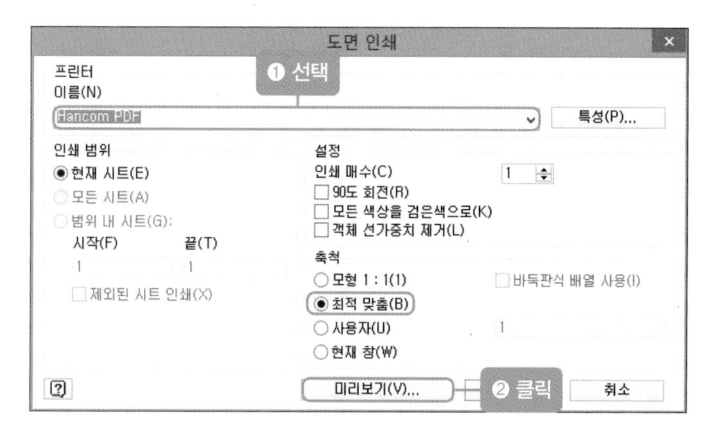

17 [확인] 버튼을 클릭한 후 이상이 없으면 [인쇄] 버튼을 클릭합니다.

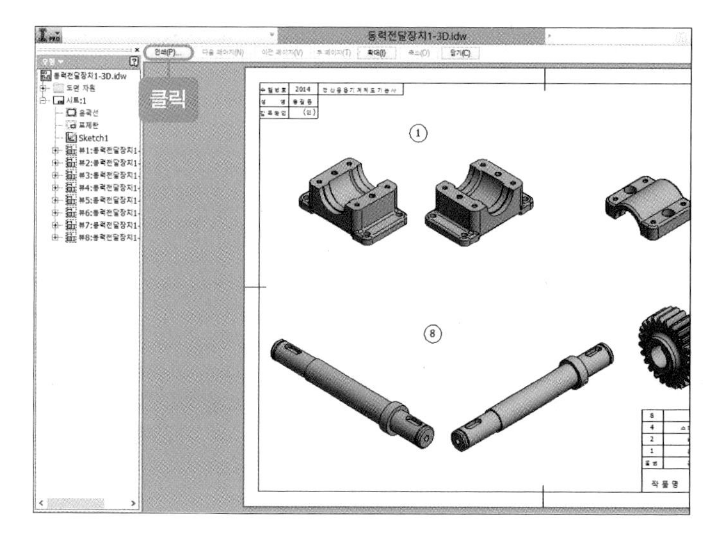

18 [확인] 버튼을 클릭하면 동력 전달 장치 1 3D 도면이 인쇄됩니다.

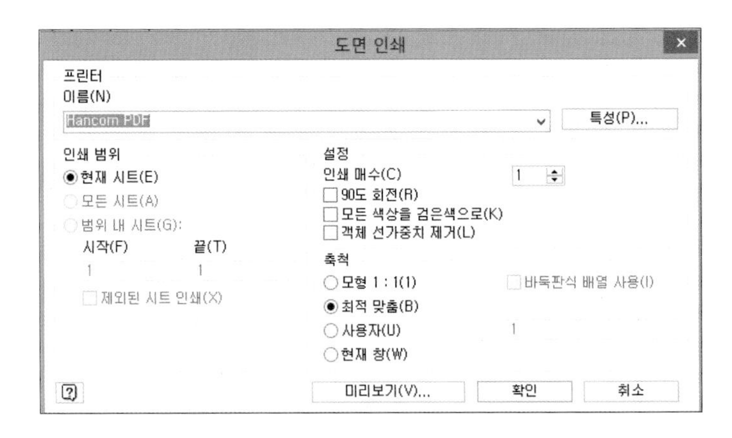

[3] 2D 부품 상세도 작성하기

1 용지 크기 설정하기(A2)

01 바탕 화면에서 [Inventor] 아이콘을 더블클릭하면 프로그램이 실행됩니다. 다음과 같은 창이 나타나면 [새로 만들기] 버튼을 클릭합니다.

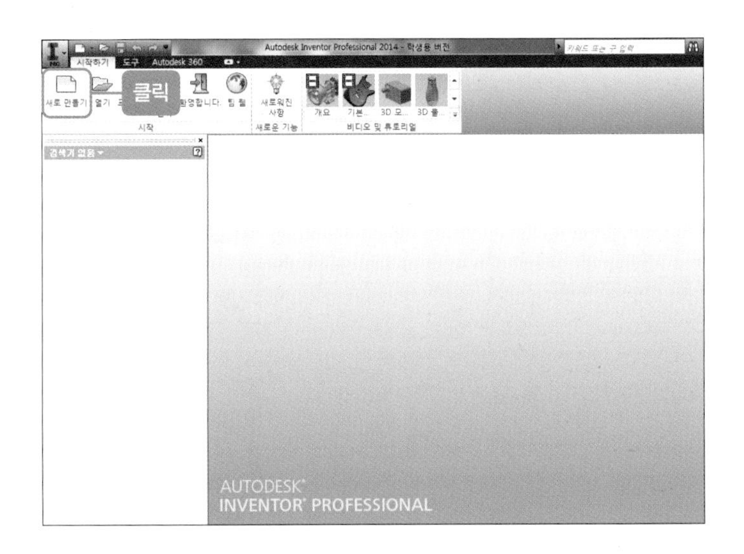

02 [새 파일 작성] 창이 나타나면 'Standard.idw'를 클릭한 후 [작성] 버튼을 클릭합니다.

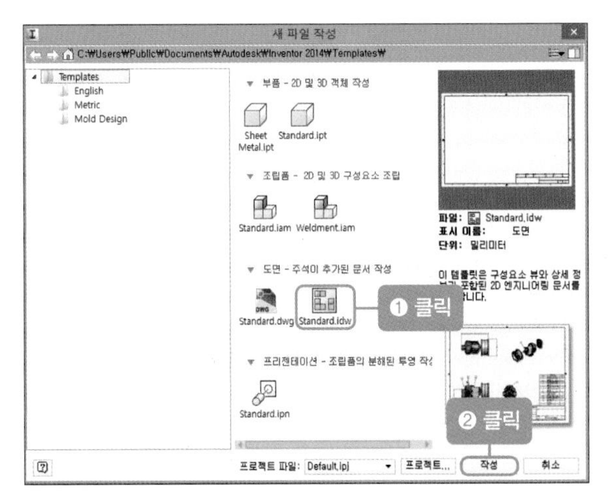

03 왼쪽의 탐색기에서 '시트 1'을 클릭한 후 마우스 오른쪽 버튼을 눌러 [시트 편집]을 클릭합니다.

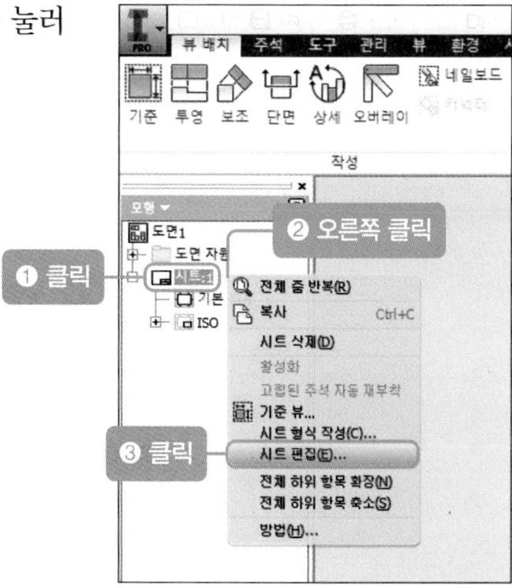

04 [시트 편집]에서 크기를 'A2'로 선택한 후 [확인] 버튼을 클릭합니다.

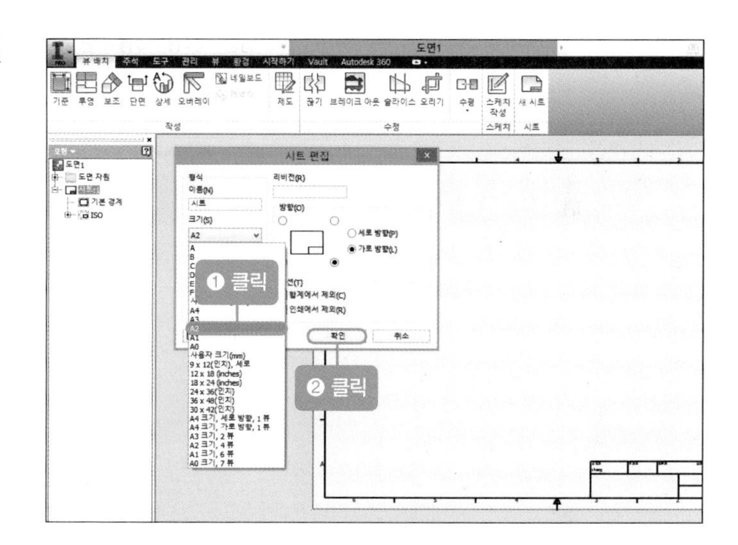

2 각법 설정하기

01 관리 도구에서 [스타일 편집기]를 클릭합니다.

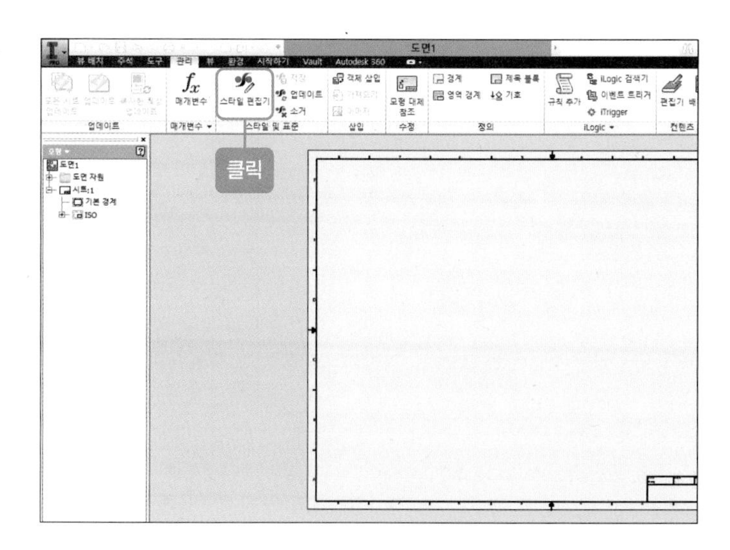

02 표준에서 기본 표준(ISO)을 클릭한 후 [뷰 기본 설정] 탭을 클릭합니다. [투영 유형]을 [삼각법]으로 선택한 후 [저장] 버튼을 클릭하고 창을 닫습니다.

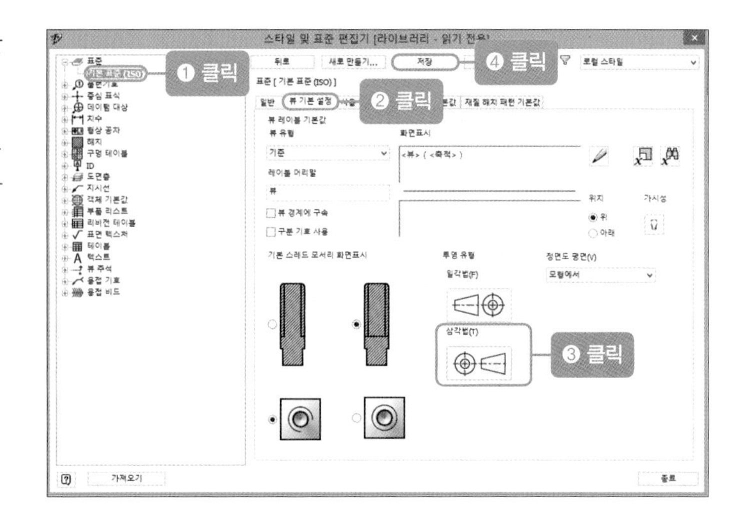

③ 부품 기준 뷰 설정하기

01 기준을 클릭한 후 도면 뷰 창에서 [열기] 아이콘을 클릭합니다.

02 부품 본체 ❶의 파일 경로를 클릭한 후 [뷰 방향 변경] 아이콘을 클릭합니다.

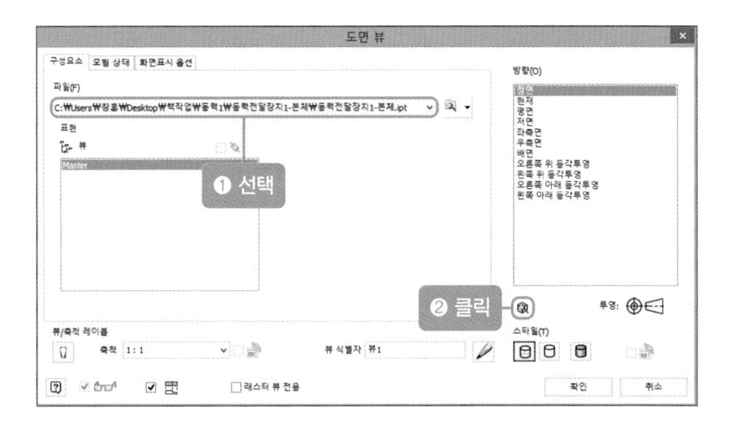

03 본체에서 빨간색 부분을 클릭한 후 우측 아이콘 창에서 [보기]를 클릭합니다.

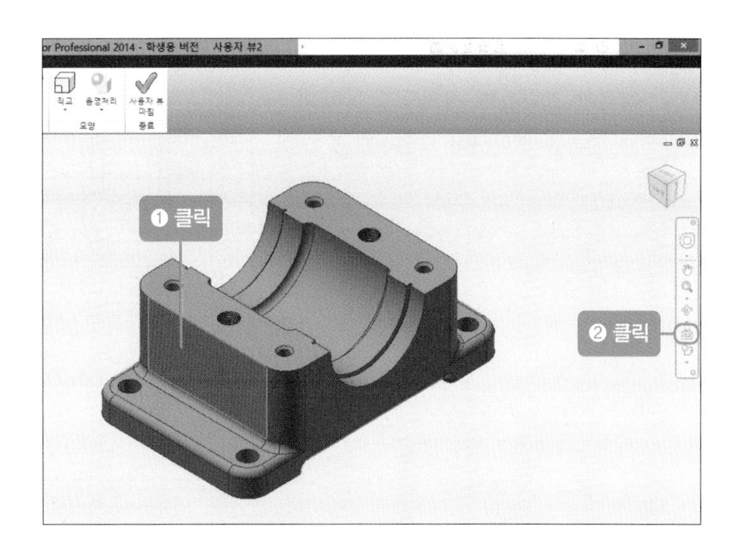

04 다음과 같은 그림이 나오면 [사용자 뷰 마침]을 클릭합니다.

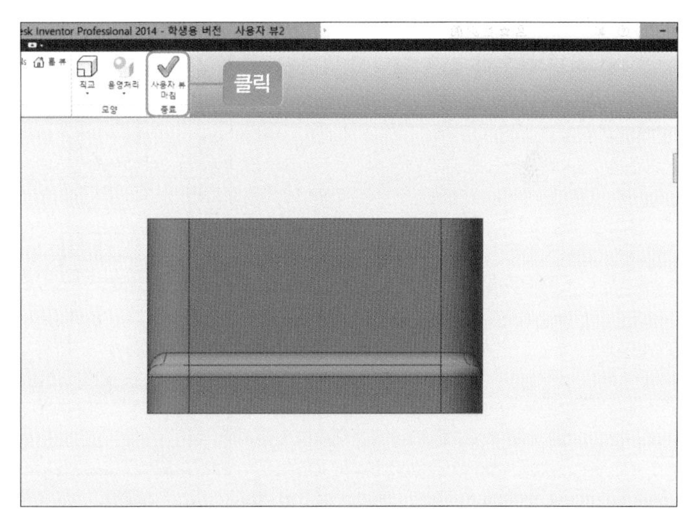

4 각 부품을 2D 면도로 변경하기(3D 인벤터를 2D 캐드로 변환하기)

01 마우스로 도면을 클릭하면 다음과 같이 본체의 정면도가 나타납니다.

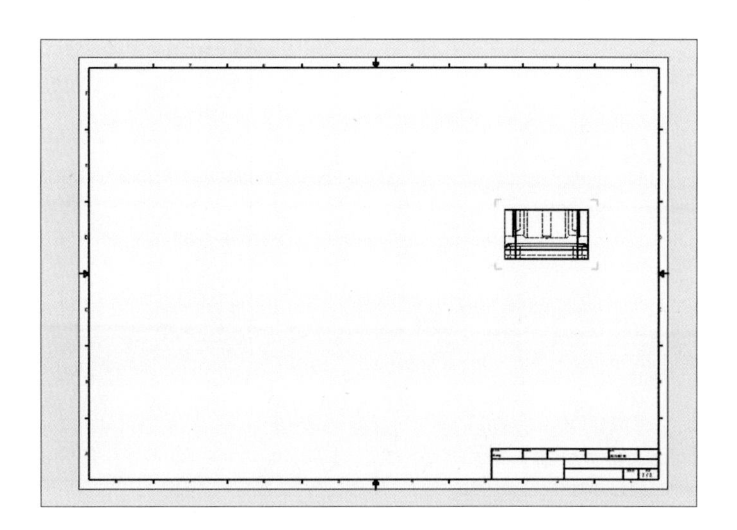

02 정면도를 기준으로 마우스를 위로 올려서 클릭하여 평면도를 나타내고 우측을 클릭하여 우측면도를 나타냅니다.

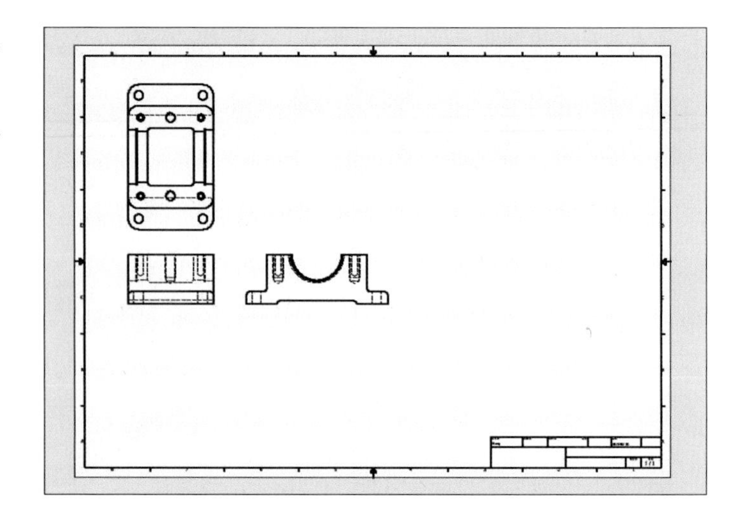

03 나머지 부품들도 위와 같은 방법으로 하면 다음과 같은 그림이 나타납니다.

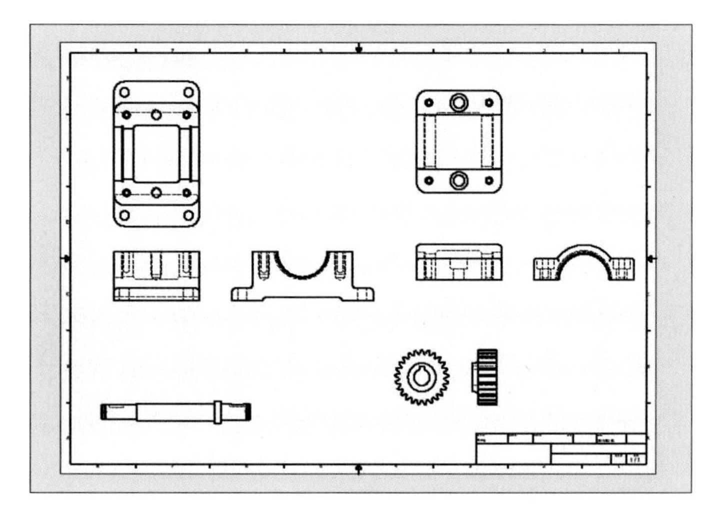

04 [파일] 메뉴의 [다른 이름으로 저장]에서 [다른 이름으로 사본 저장]을 클릭합니다.

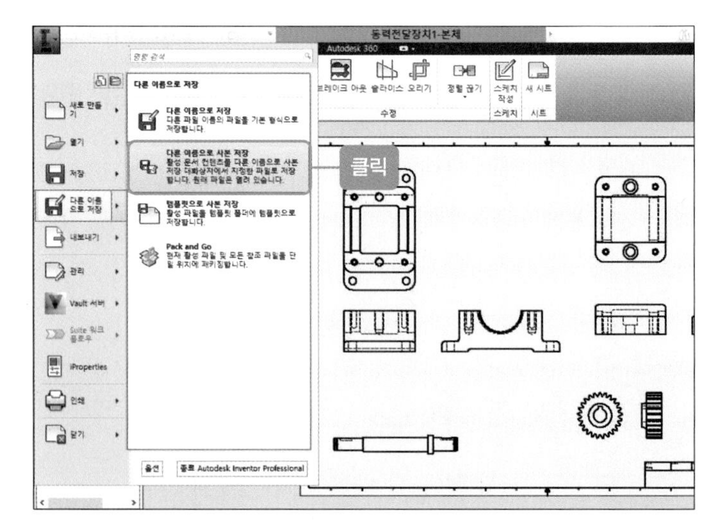

05 저장 위치를 선택한 후 파일 이름을 입력합니다. 그리고 파일 형식을 AutoCAD 도면(*.dwg)으로 선택한 후 [저장] 버튼을 클릭합니다.

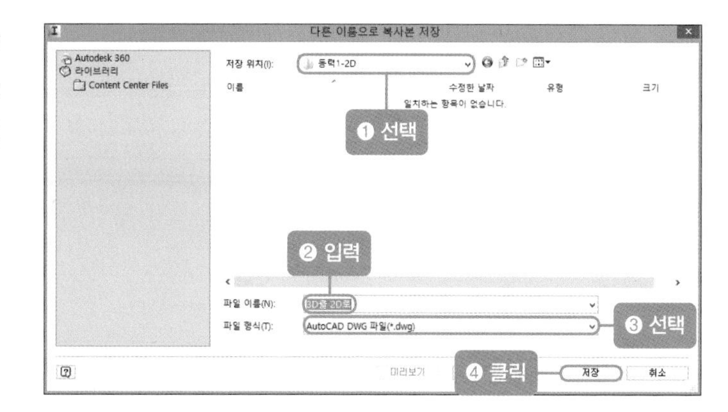

06 파일 버전을 버전에 맞게 선택한 후 [다음] 버튼을 클릭합니다.

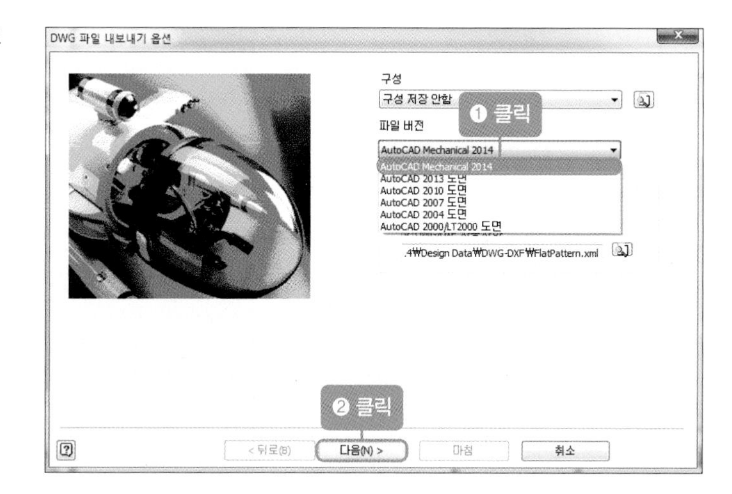

07 다음 그림과 같이 선택한 후 마침을 클릭합니다.

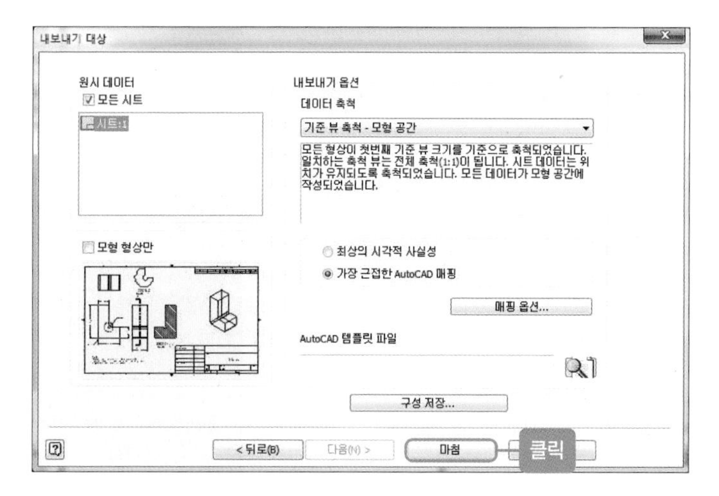

08 파일 형식을 AutoCAD 도면(*.dwg)으로 저장한 파일을 열면 다음과 같은 그림이 나타납니다.

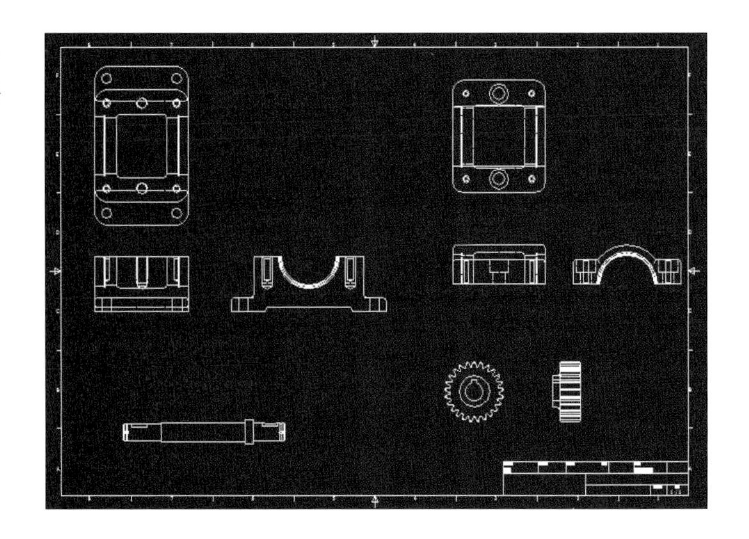

09 3D에서 2D로 변환시켰던 파일을 열어서 2D를 복사합니다. 그리고 미리 작성된 표제란 파일에 다음 그림과 같이 2D 도면 파일을 붙여 넣습니다.

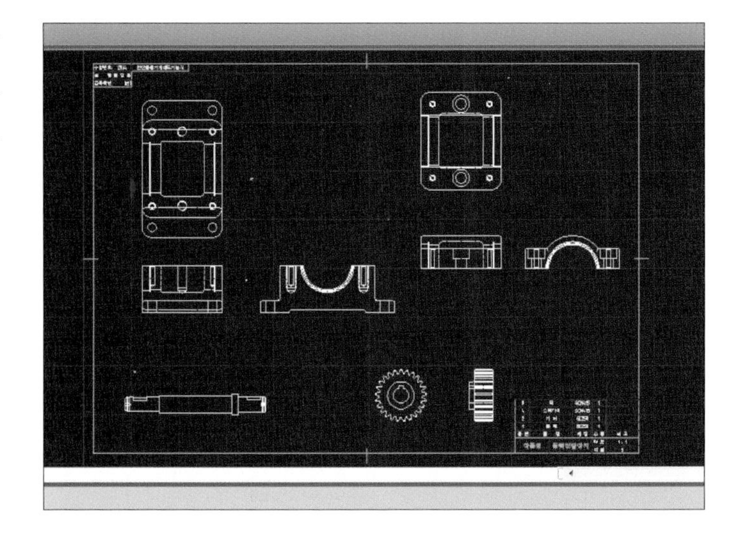

10 2D 도면을 전체 블록으로 지정하여 선을 외형선으로 바꿉니다.

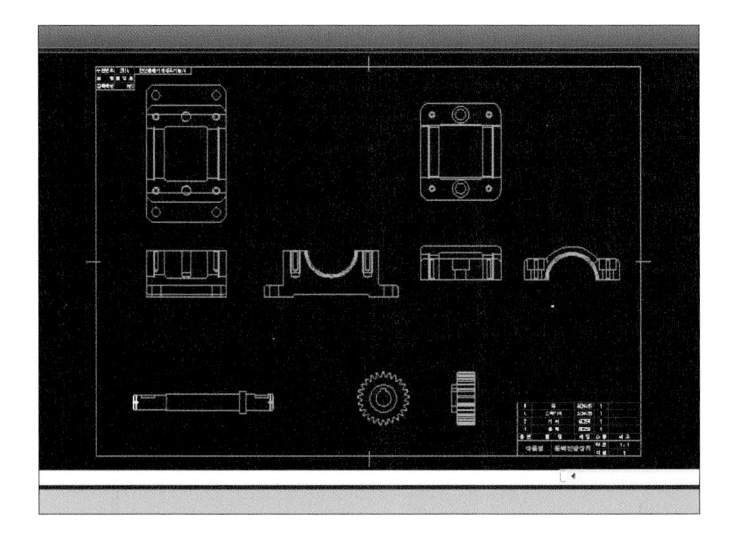

11 문제 도면(본체)을 보고 본체의 평면도에서 필요 없는 선을 전부 지웁니다. 다음 그림과 같이 2D 스케치를 수정(선, 자르기 명령어를 이용) 및 단면도(선, 해칭, 모따기, 스플라인 명령어를 이용)를 그리면서 도면층을 이용해 다음 그림과 같이 선을 바꿉니다. 지시선 명령어와 단락 문자 명령어를 이용해 지시선을 그린 다음 B', B, 단면 B-B'를 작성합니다(문자 크기: 5, 문자 색깔: 초록색).

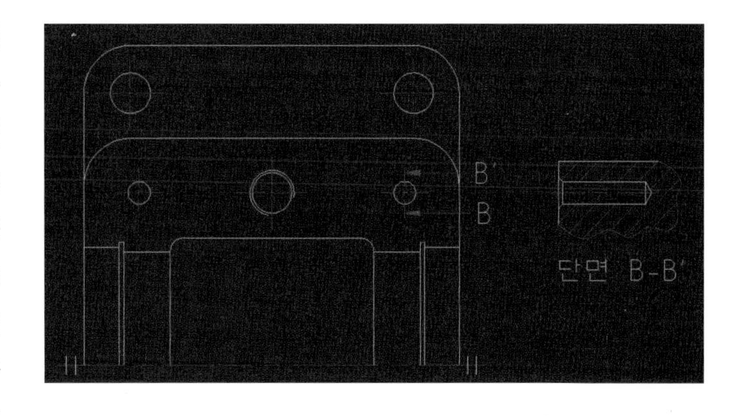

12 문제 도면(본체)을 보고 본체의 정면도에서 필요 없는 선을 전부 지웁니다. 다음 그림과 같이 2D 스케치를 수정(선, 자르기, 타원, 스플라인, 해칭 명령어를 이용) 및 확대도(객체 축척 명령어를 이용)를 그리면서 도면층을 이용해 다음 그림과 같이 선을 바꿉니다. 지시선 명령어와 단락 문자 명령어를 이용해 지시선을 그린 다음 A', A, A'', A''(5:1)를 작성합니다(문자 크기: 5, 문자 색깔: 초록색).

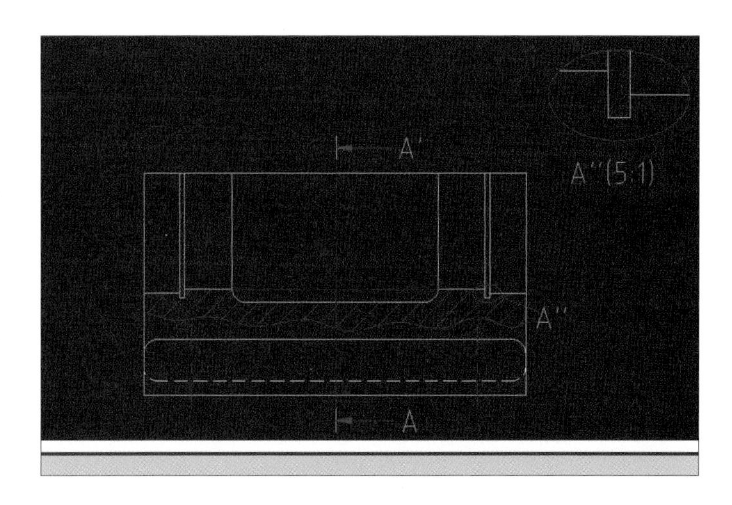

13 문제 도면(본체)을 보고 본체의 우측면도에서 필요 없는 선을 전부 지웁니다. 다음 그림과 같이 2D 스케치를 수정(선, 자르기, 해칭 명령어를 이용)한 후 도면층을 이용해 다음 그림과 같이 선을 바꿉니다. 단락 문자 명령어를 이용해 단면 A-A'를 작성합니다(문자 크기: 5, 문자 색깔: 초록색).

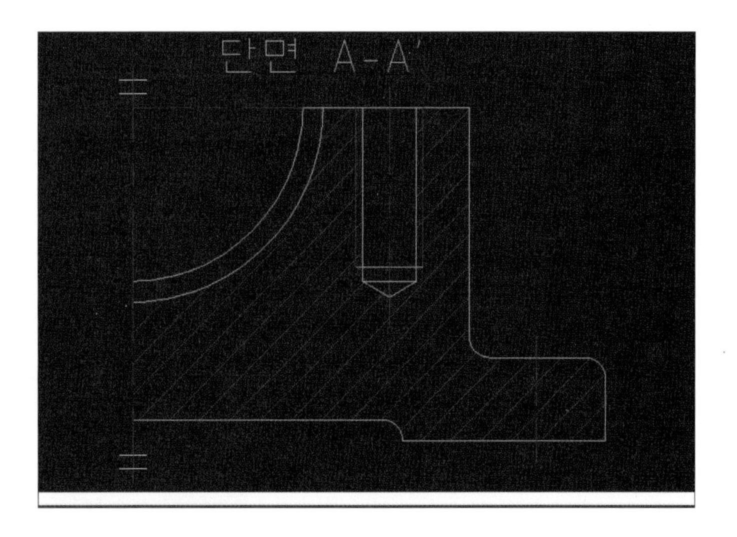

14 다음 그림과 같이 치수 및 끼워맞춤 공차, 기하 공차(분해, 문자 수정, 지시선, 단락 문자, 기하학적 공차, 직사각형, 선, 자르기 명령어를 이용)를 기입합니다. Ø에는 '%%C'를 입력합니다.

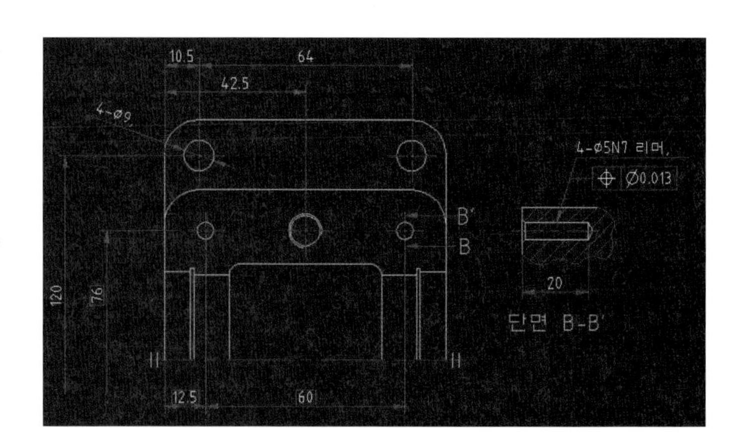

15 다음 그림과 같이 치수 및 끼워맞춤 공차, 기하 공차(분해, 문자 수정, 기하학적 공차, 지시선, 자르기 명령어를 이용)를 기입합니다. 공차에 '+0.05^+0.02', '-0.02^-0.05'를 입력한 후 블록 지정을 하고 글자색을 빨간색으로 바꾼 다음 마우스 오른쪽 버튼을 눌러 스택을 누릅니다. 다시 블록 지정을 하고 마우스 오른쪽 버튼을 눌러 스택 특성으로 들어가서 문자 크기를 66%로 합니다. 데이텀 화살표는 지시선을 더블클릭하여 특성 창에서 선 및 화살표로 가서 화살표를 데이텀 삼각형 채우기로 바꿉니다. Ø에는 '%%C'를 입력합니다.

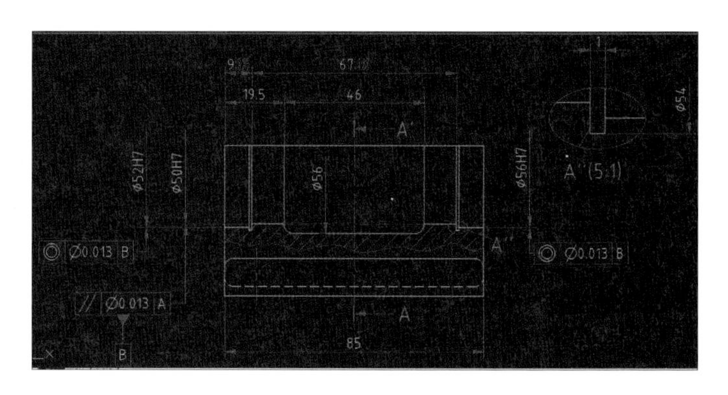

16 다음 그림과 같이 치수 및 공차, 데이텀(분해, 문자 수정, 지시선, 단락 문자, 기하학적 공차, 자르기 명령어를 이용)을 기입합니다. 데이텀 화살표는 지시선을 더블클릭하여 특성 창에서 선 및 화살표로 가서 화살표를 데이텀 삼각형 채우기로 바꿉니다. ±에는 '%%P'를 입력합니다.

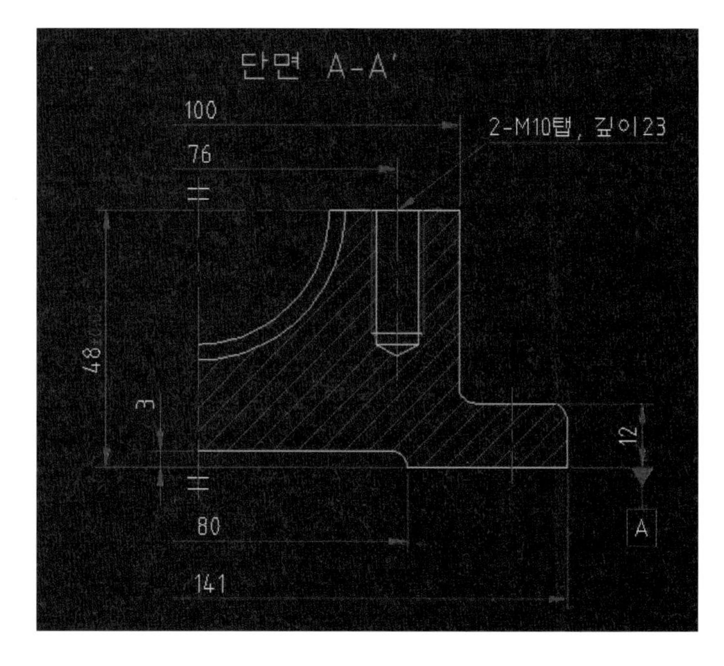

17 문제 도면(커버)을 보고 커버의 평면도에서 필요 없는 선을 전부 지웁니다. 다음 그림과 같이 2D 스케치를 수정(선, 자르기 명령어를 이용) 및 단면도(선, 해칭, 모따기, 스플라인 명령어를 이용)를 그리면서 도면층을 이용해 다음 그림과 같이 선을 바꿉니다. 지시선 명령어와 단락 문자 명령어를 이용해 지시선을 그린 다음 D', D, 단면 D-D'를 작성합니다(문자 크기: 5, 문자 색깔: 초록색).

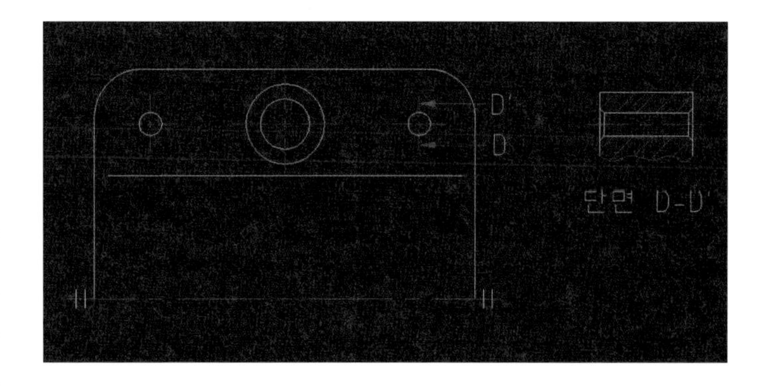

18 문제 도면(커버)을 보고 커버의 정면도에서 필요 없는 선을 전부 지웁니다. 다음 그림과 같이 2D 스케치를 수정(선, 해칭, 타원, 자르기 명령어를 이용) 및 확대도(객체 축척 명령어를 이용)를 나타내면서 도면층을 이용해 다음 그림과 같이 선을 바꿉니다. 지시선 명령어와 단락 문자 명령어를 이용해 지시선을 그린 다음 C', C, C(5:1)을 작성합니다(문자 크기: 5, 문자 색깔: 초록색).

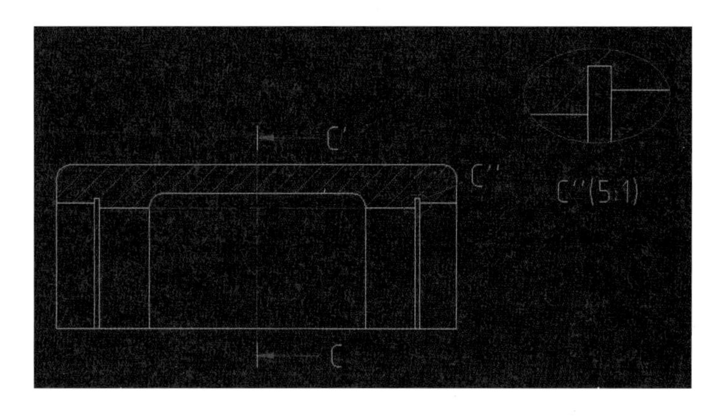

19 문제 도면(커버)을 보고 커버의 우측면도에서 필요 없는 선을 전부 지웁니다. 다음 그림과 같이 2D 스케치를 수정(선, 해칭, 자르기 명령어를 이용)하면서 도면층을 이용해 다음 그림과 같이 선을 바꿉니다. 단락 문자 명령어를 이용해 단면 C-C'를 작성합니다(문자 크기: 5, 문자 색깔: 초록색).

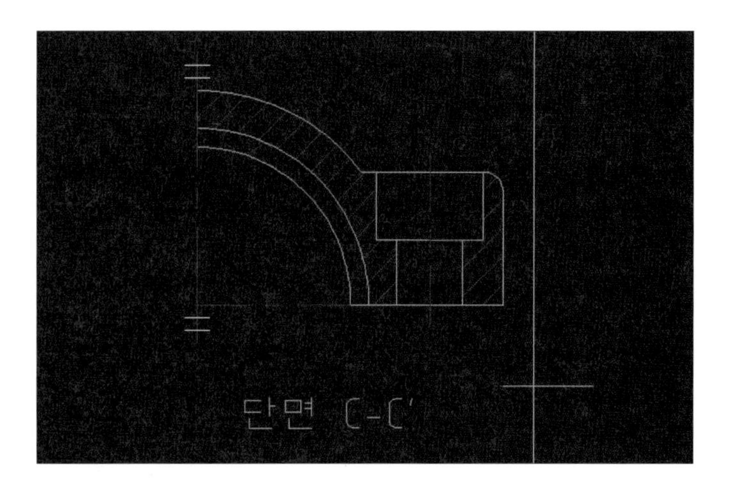

20 다음 그림과 같이 치수 및 끼워맞춤 공차, 기하 공차(분해, 문자 수정, 단락 문자, 기하학적 공차, 지시선, 직사각형, 선 명령어를 이용)를 기입합니다. Ø에는 '%%C'를 입력합니다.

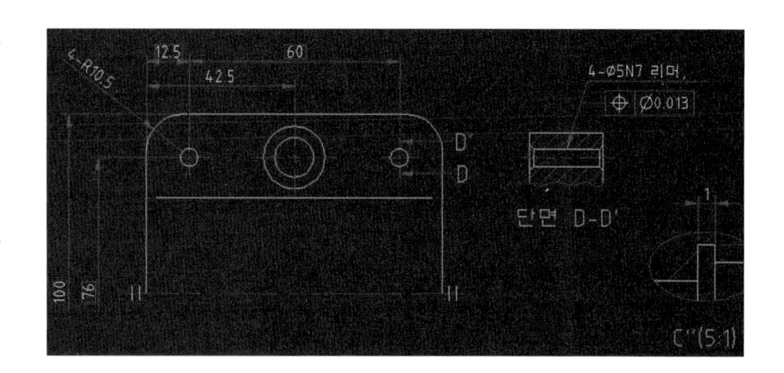

21 다음 그림과 같이 치수 및 끼워맞춤 공차, 공차, 기하 공차(분해, 문자 수정, 기하학적 공차, 지시선 명령어를 이용)를 기입합니다. 공차에 '+0.05^+0.02', '-0.02^-0.05'를 입력한 후 블록 지정을 하고 글자색을 빨간색으로 바꾼 후 마우스 오른쪽 버튼을 눌러 스택을 누릅니다. 다시 블록 지정을 하고 마우스 오른쪽 버튼을 눌러 스택 특성으로 들어가서 문자 크기를 66%로 합니다. 데이텀 화살표는 지시선을 더블클릭하여 특성 창에서 선 및 화살표로 가서 화살표를 데이텀 삼각형 채우기로 바꿉니다. Ø에는 '%%C'를 입력합니다.

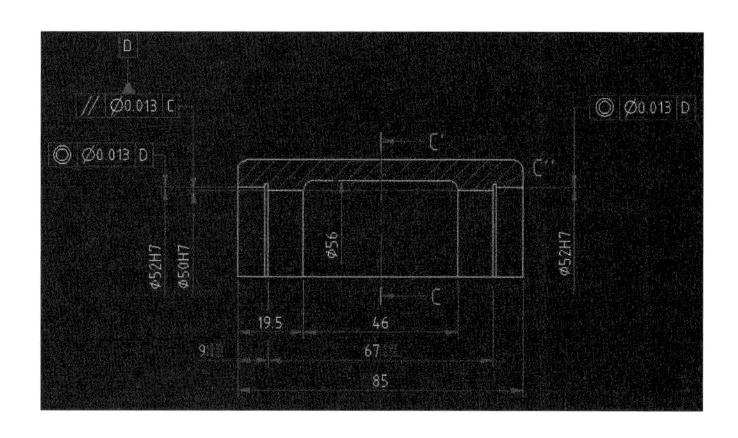

22 다음 그림과 같이 치수 및 데이텀(문자 수정, 기하학적 공차, 지시선 명령어를 이용)을 기입합니다. 데이텀 화살표는 지시선을 더블클릭하여 특성 창에서 선 및 화살표로 가서 화살표를 데이텀 삼각형 채우기로 바꿉니다. Ø에는 '%%C'를 입력합니다.

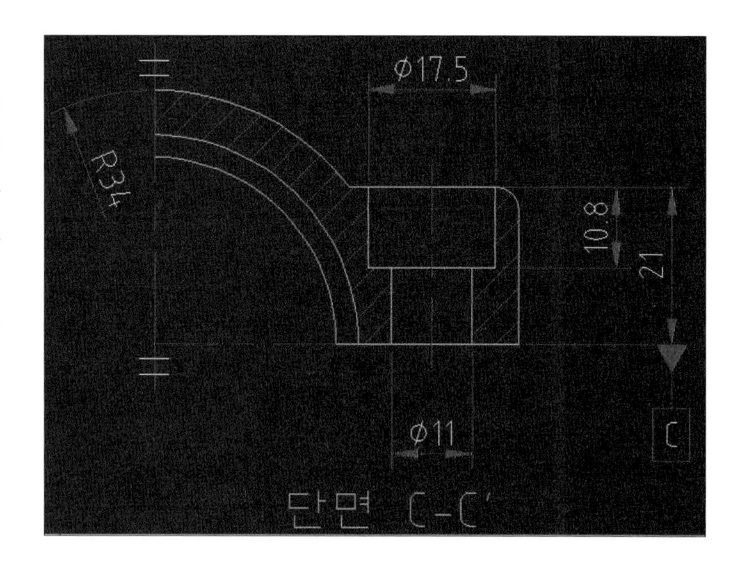

23 문제 도면(축)을 보고 축의 필요 없는 선을 전부 지웁니다. 다음 그림과 같이 2D 스케치를 수정(선, 타원, 해칭, 스플라인, 자르기 명령어를 이용) 및 확대도(객체 축척 명령어를 이용)를 나타내면서 도면층을 이용해 다음 그림과 같이 선을 바꿉니다. 단락 문자 명령어를 이용해 E, F, E(5:1), F(5:1)을 작성합니다(문자 크기: 5, 문자 색깔: 초록색)

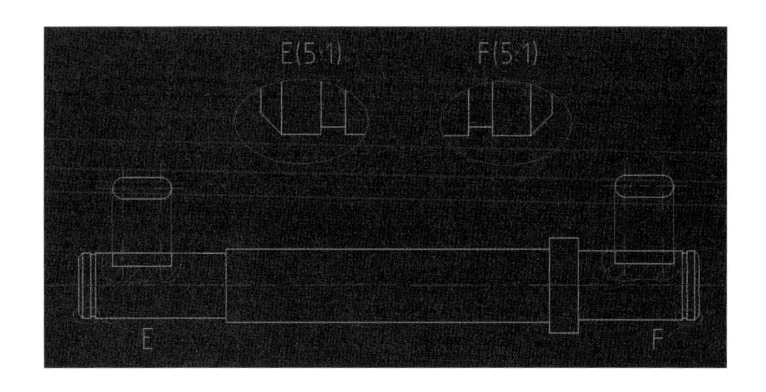

24 다음 그림과 같이 치수, 데이텀, 기하 공차, 끼워맞춤 공차, 공차(분해, 문자 수정, 기하학적 공차, 지시선, 선, 단락 문자 명령어를 이용)를 기입합니다. 공차에 '+0.1^ 0, +0.2^ 0', '0^-0.011, +0.014^ 0'을 입력한 후 블록 지정을 하고 글자색을 빨간색으로 바꾼 후 마우스 오른쪽 버튼을 눌러 스택을 누릅니다. 다시 블록 지정을 하고 마우스 오른쪽 버튼을 눌러 스택 특성으로 들어가서 문자 크기를 '66%'로 합니다. 데이텀 화살표는 지시선을 더블 클릭하여 특성 창에서 선 및 화살표로 가서 화살표를 데이텀 삼각형 채우기로 바꿉니다. Ø에는 '%%C'를 입력합니다.

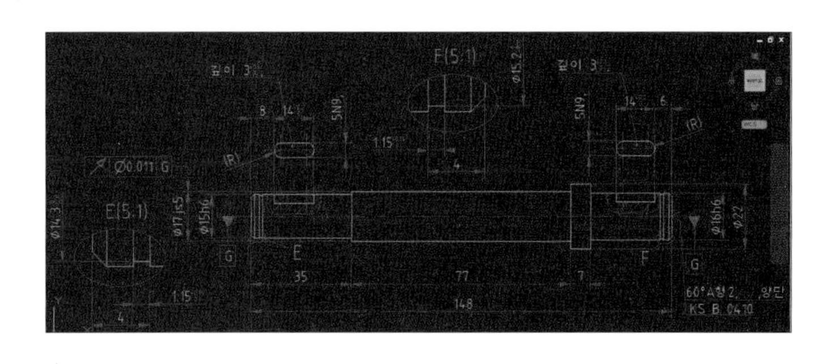

25 문제 도면(스퍼기어)을 보고 스퍼기어의 필요 없는 선을 전부 지웁니다. 2D 스케치를 수정(선, 자르기, 해칭 명령어를 이용)하면서 도면층을 이용해 다음 그림과 같이 선을 바꿉니다.

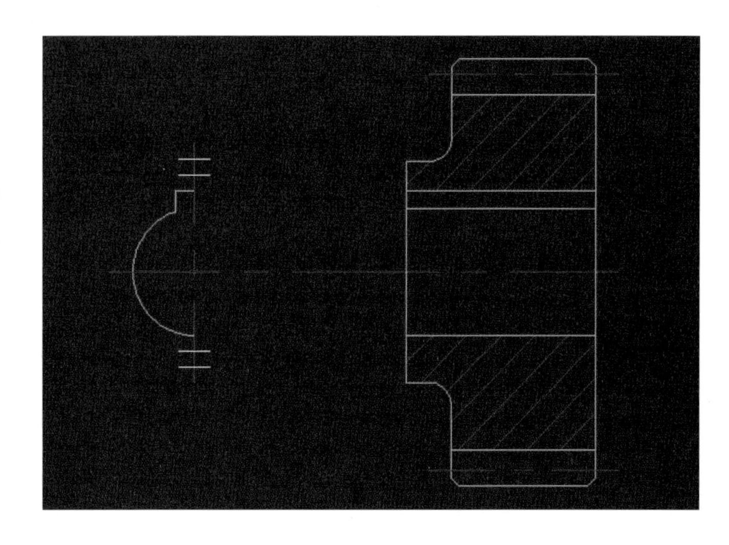

26 다음 그림과 같이 치수, 데이텀, 기하 공차, 끼워맞춤 공차, 공차(분해, 문자 수정, 기하학적 공차, 지시선 명령어를 이용)를 기입합니다. 그런 다음 공차에는 '+0.1^ 0'을 입력하고 블록 지정을 한 다음 글자색을 빨간색으로 바꾸고 마우스 오른쪽 버튼을 눌러 스택을 누릅니다. 다시 블록 지정을 한 후 마우스 오른쪽 버튼을 눌러 스택 특성으로 들어가서 문자 크기를 '66%'로 합니다. 데이텀 화살표는 지시선을 더블클릭하여 특성 창에서 선 및 화살표로 가서 화살표를 데이텀 삼각형 채우기로 바꿉니다. Ø에는 '%%C'를 입력합니다.

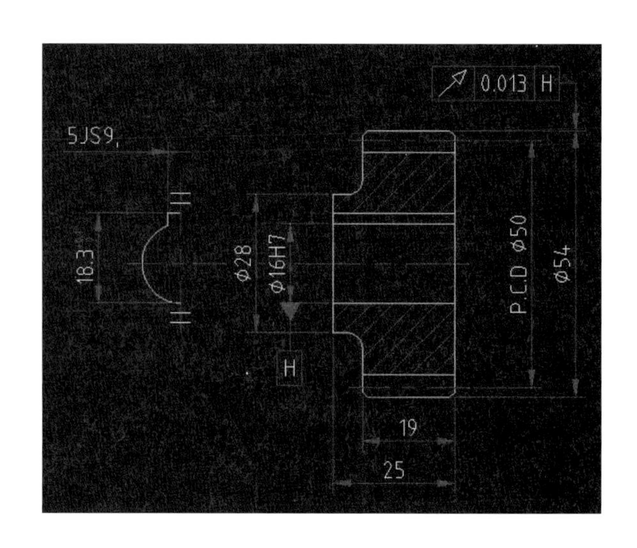

27 다음 그림과 같이 스퍼기어 요목표(선, 단락 문자 명령어를 이용)를 만듭니다.

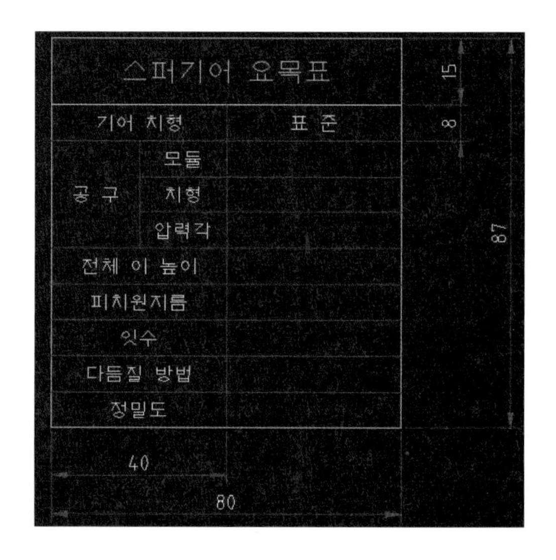

28 스퍼기어 요목표(단락 문자 명령어를 이용)에 다음 그림과 같이 기입합니다(전체 이 높이: 2.25*M, 피치원 지름: M*Z, 이끝원 지름: 피치원 지름+(2*M)).

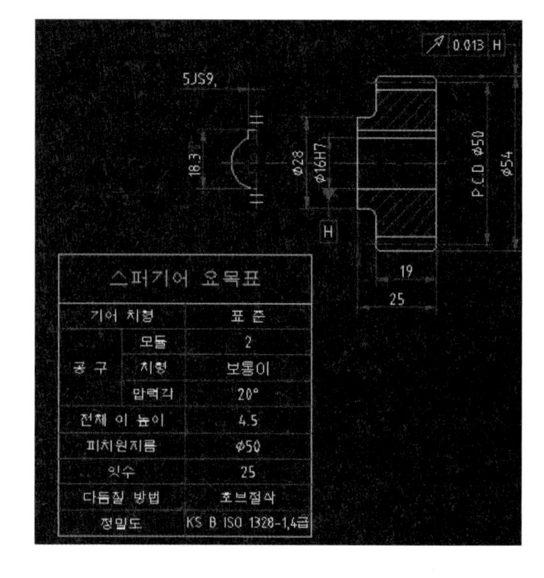

29 다음 그림과 같이 품번, 표면 거칠기 기호를 그립니다.

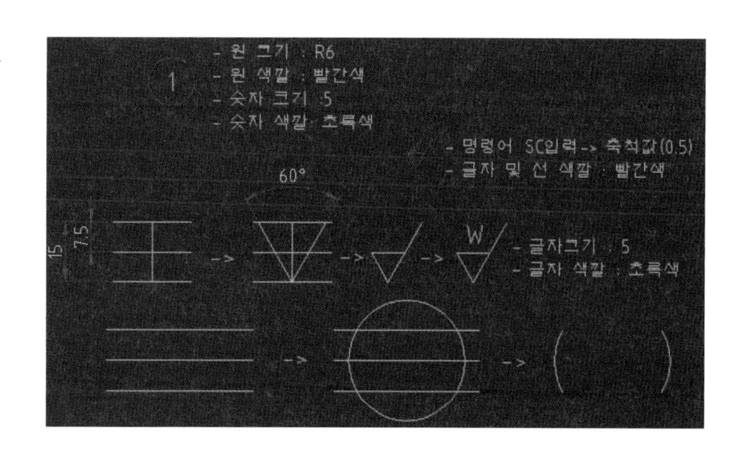

30 w는 서로 끼워맞춤이 없는 기계 가공 부분, 자리 파기 부분 등에 기입합니다. x는 끼워맞춤만 있고 마찰 운동은 하지 않는 가공면 부분, 커버와 몸체의 끼워맞춤 부분, 키홈 부분, 기타 축과 회전체와의 끼워맞춤 부분 등에 기입합니다. y는 래핑 부분, 데이텀 부분, 베어링 부분, 베어링과 같은 정밀 가공된 기계 요소의 끼워맞춤 부분, 끼워맞춤 후 서로 마찰 운동하는 부분, 기타 KS · ISO와 같이 정밀한 규격품의 끼워맞춤 부분 등에 기입합니다. 그리고 품번과 전체 표면 거칠기를 기입합니다.

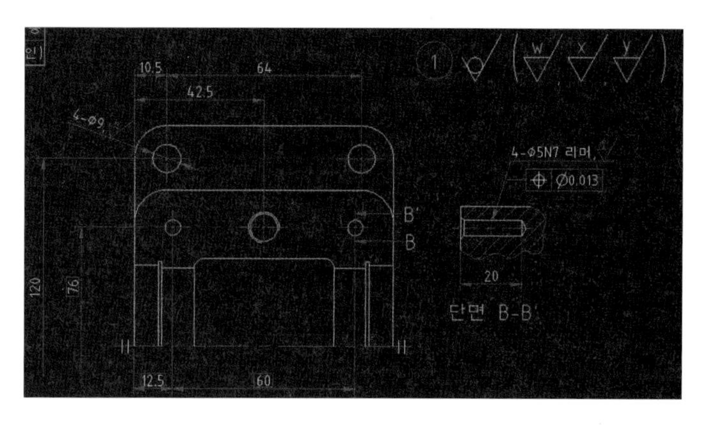

31 w는 서로 끼워맞춤이 없는 기계 가공 부분, 자리 파기 부분 등에 기입합니다. x는 끼워맞춤만 있고 마찰 운동은 하지 않는 가공면 부분, 커버와 몸체의 끼워맞춤 부분, 키홈 부분, 기타 축과 회전체와의 끼워맞춤 부분 등에 기입합니다. y는 래핑 부분, 데이텀 부분, 베어링 부분, 베어링과 같이 정밀 가공된 기계 요소의 끼워맞춤 부분, 끼워맞춤 후 서로 마찰 운동하는 부분, 기타 KS · ISO와 같이 정밀한 규격품의 끼워맞춤 부분 등에 기입합니다.

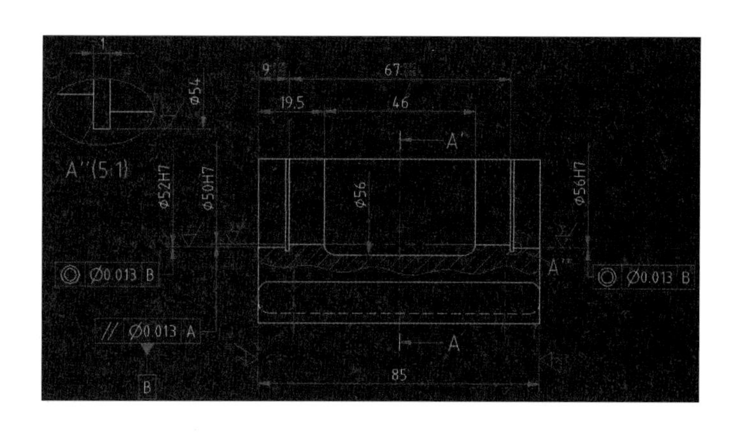

32 w는 서로 끼워맞춤이 없는 기계 가공 부분, 자리 파기 부분 등에 기입합니다. x는 끼워맞춤만 있고 마찰 운동은 하지 않는 가공면 부분, 커버와 몸체의 끼워맞춤 부분, 키홈 부분, 기타 축과 회전체와의 끼워맞춤 부분 등에 기입합니다. y는 래핑 부분, 데이텀 부분, 베어링 부분, 베어링과 같이 정밀 가공된 기계 요소의 끼워맞춤 부분, 끼워맞춤 후 서로 마찰 운동하는 부분, 기타 KS · ISO와 같이 정밀한 규격품의 끼워맞춤 부분 등에 기입합니다.

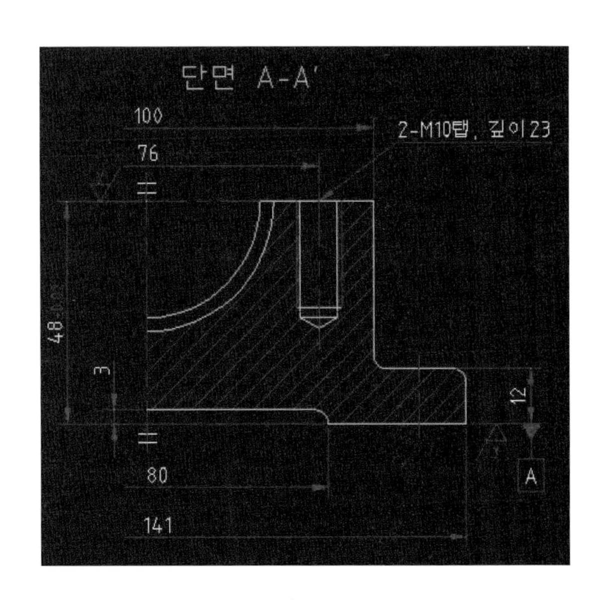

33 w는 서로 끼워맞춤이 없는 기계 가공 부분, 자리 파기 부분 등에 기입합니다. x는 끼워맞춤만 있고 마찰 운동은 하지 않는 가공면 부분, 커버와 몸체의 끼워맞춤 부분, 키홈 부분, 기타 축과 회전체와의 끼워맞춤 부분 등에 기입합니다. y는 래핑 부분, 데이텀 부분, 베어링 부분, 베어링과 같이 정밀 가공된 기계 요소의 끼워맞춤 부분, 끼워맞춤 후 서로 마찰 운동하는 부분, 기타 KS · ISO와 같이 정밀한 규격품의 끼워맞춤 부분 등에 기입합니다. 그리고 품번, 전체 표면 거칠기를 기입합니다.

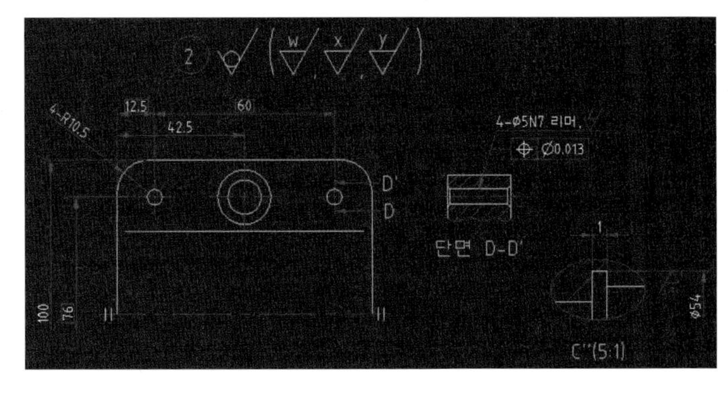

34 w는 서로 끼워맞춤이 없는 기계 가공 부분, 자리 파기 부분 등에 기입합니다. x는 끼워맞춤만 있고 마찰 운동은 하지 않는 가공면 부분, 커버와 몸체의 끼워맞춤 부분, 키홈 부분, 기타 축과 회전체와의 끼워맞춤 부분 등에 기입합니다. y는 래핑 부분, 데이텀 부분, 베어링 부분, 베어링과 같이 정밀 가공된 기계 요소의 끼워맞춤 부분, 끼워맞춤 후 서로 마찰 운동하는 부분, 기타 KS · ISO와 같이 정밀한 규격품의 끼워맞춤 부분 등에 기입합니다.

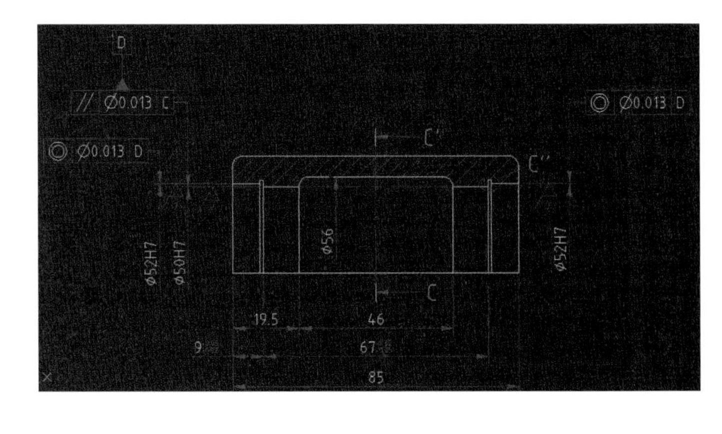

35 w는 서로 끼워맞춤이 없는 기계 가공 부분, 자리 파기 부분 등에 기입합니다. x는 끼워맞춤만 있고 마찰 운동은 하지 않는 가공면 부분, 커버와 몸체의 끼워맞춤 부분, 키홈 부분, 기타 축과 회전체와의 끼워맞춤 부분 등에 기입합니다. y는 래핑 부분, 데이텀 부분, 베어링 부분, 베어링과 같이 정밀 가공된 기계 요소의 끼워맞춤 부분, 끼워맞춤 후 서로 마찰 운동하는 부분, 기타 KS · ISO와 같이 정밀한 규격품의 끼워맞춤 부분 등에 기입합니다.

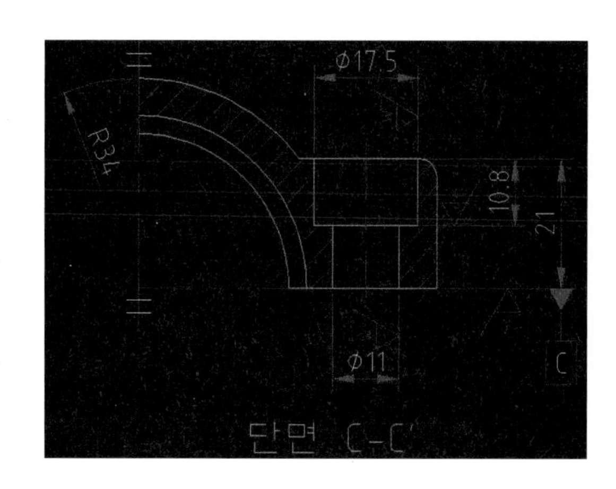

36 w는 서로 끼워맞춤이 없는 기계 가공 부분, 자리 파기 부분 등에 기입합니다. x는 끼워맞춤만 있고 마찰 운동은 하지 않는 가공면 부분, 커버와 몸체의 끼워맞춤 부분, 키홈 부분, 기타 축과 회전체와의 끼워맞춤 부분 등에 기입합니다. y는 래핑 부분, 데이텀 부분, 베어링 부분, 베어링과 같이 정밀 가공된 기계 요소의 끼워맞춤 부분, 끼워맞춤 후 서로 마찰 운동하는 부분, 기타 KS · ISO와 같이 정밀한 규격품의 끼워맞춤 부분 등에 기입합니다. 그리고 품번, 전체 표면 거칠기를 기입하고, 열처리를 기입합니다(KS 규격집을 참고하여 기입할 것).

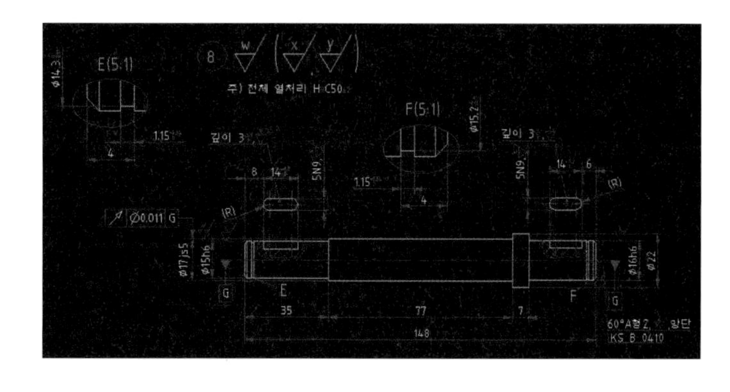

37 w는 서로 끼워맞춤이 없는 기계 가공 부분, 자리 파기 부분 등에 기입합니다. x는 끼워맞춤만 있고 마찰 운동은 하지 않는 가공면 부분, 커버와 몸체의 끼워맞춤 부분, 키홈 부분, 기타 축과 회전체와의 끼워맞춤 부분 등에 기입합니다. y는 래핑 부분, 데이텀 부분, 베어링 부분, 베어링과 같이 정밀 가공된 기계 요소의 끼워맞춤 부분, 끼워맞춤 후 서로 마찰 운동하는 부분, 기타 KS · ISO와 같이 정밀한 규격품의 끼워맞춤 부분 등에 기입합니다. 그리고 품번, 전체 표면 거칠기를 기입하고, 열처리를 기입합니다(KS 규격집을 참고하여 기입할 것).

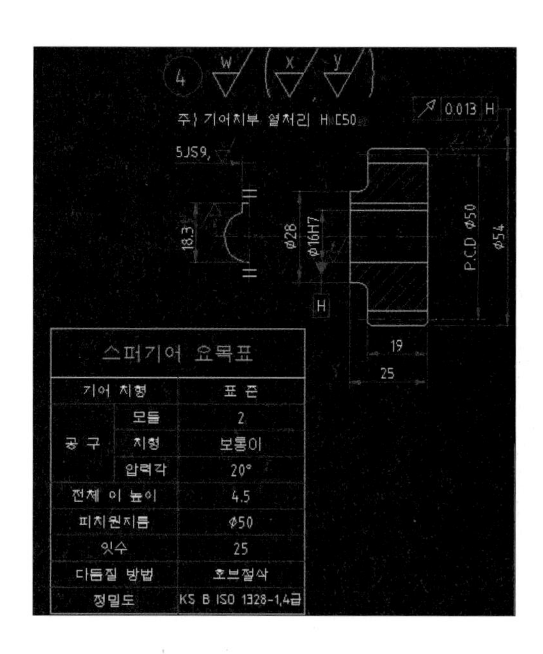

스퍼기어 요목표		
기어 치형		표 준
공 구	모듈	2
	치형	보통이
	압력각	20°
전체 이 높이		4.5
피치원지름		Ø50
잇수		25
다듬질 방법		호브절삭
정밀도		KS B ISO 1328-1,4급

38 주서는 다음 그림과 같이 작성합니다(KS 규격집을 참고할 것).

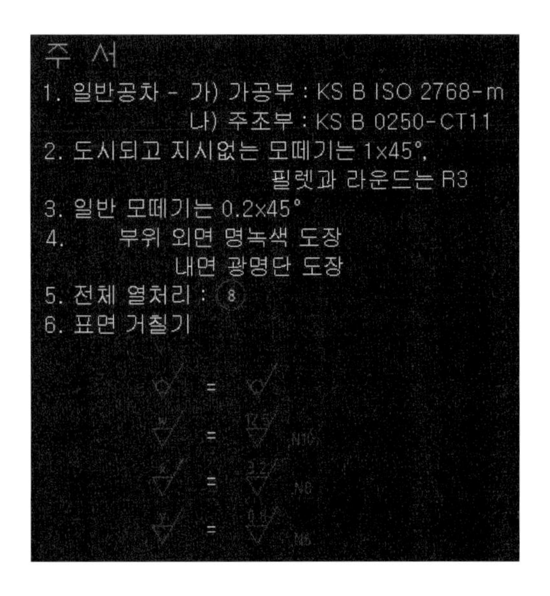

39 동력 전달 장치 1에 대한 전체 2D 도면이 완성됩니다.

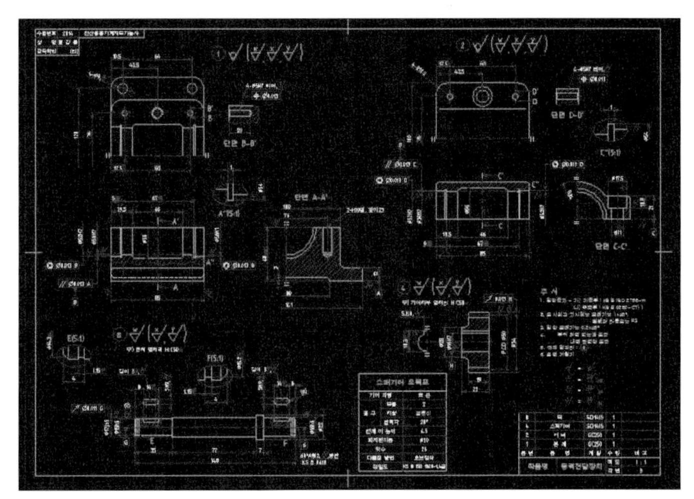

[4] 동력 전달 장치 1 부품 상세도 작성 시 필요한 공차 기입하기 (KS 규격을 적용하는 방법)

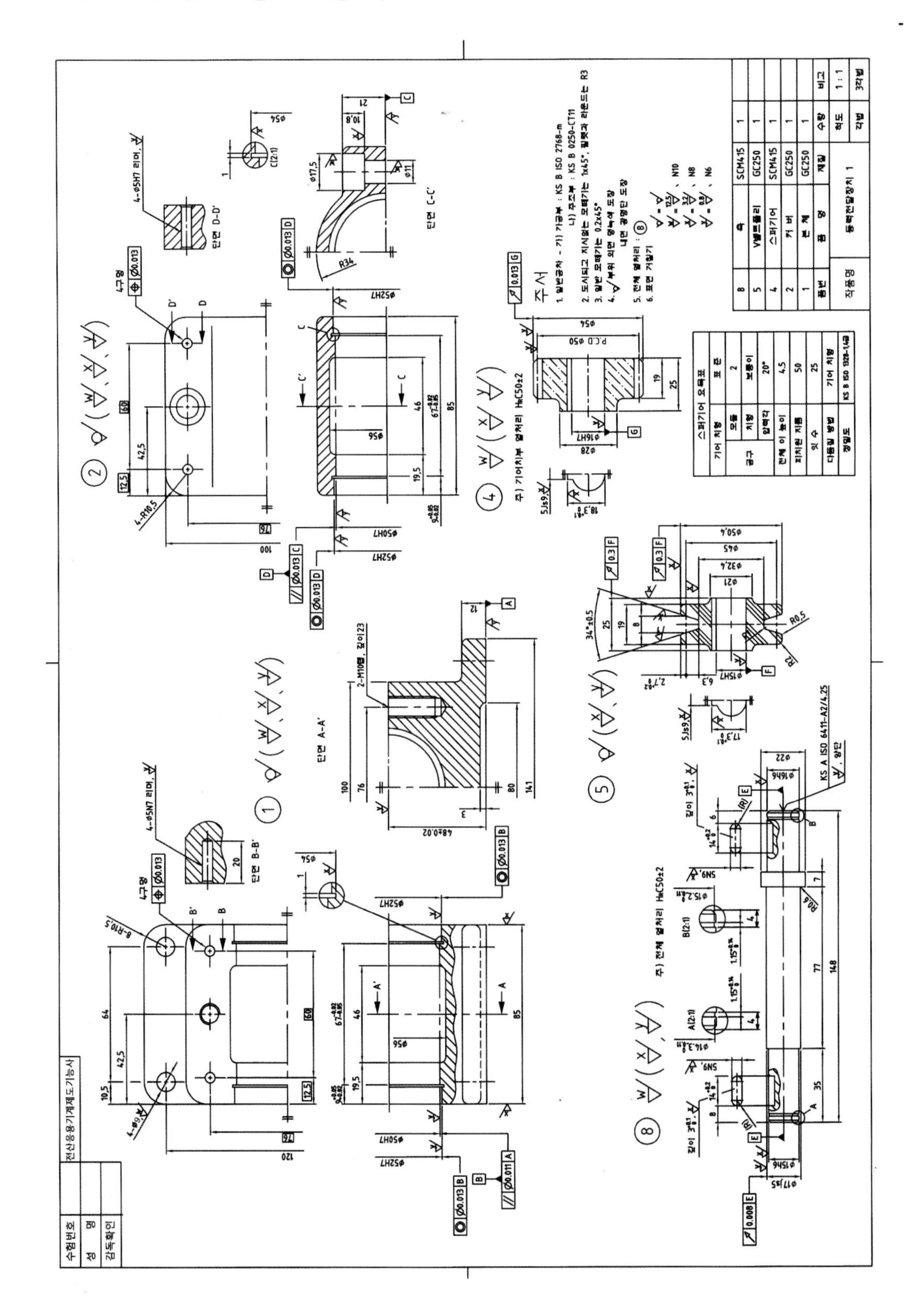

1 키(평행 키)홈

① 평행 키가 적용된 축의 지름(d=15mm)을 자를 사용하여 다음 그림과 같이 측정합니다.

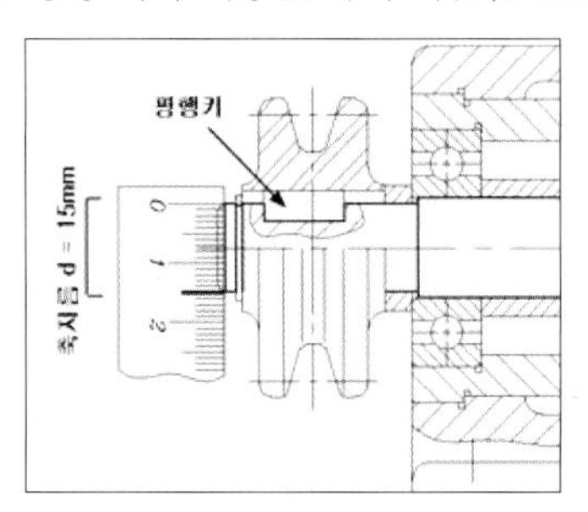

② KS 규격 '21. 평행 키(키홈)'을 참조하면, 적용하는 축 지름 d가 12 초과~17 이하에 해당하므로 기준 치수(5mm) 및 허용차(보통형, N9), t1의 기준 치수(3.0mm) 및 허용차를 확인합니다.

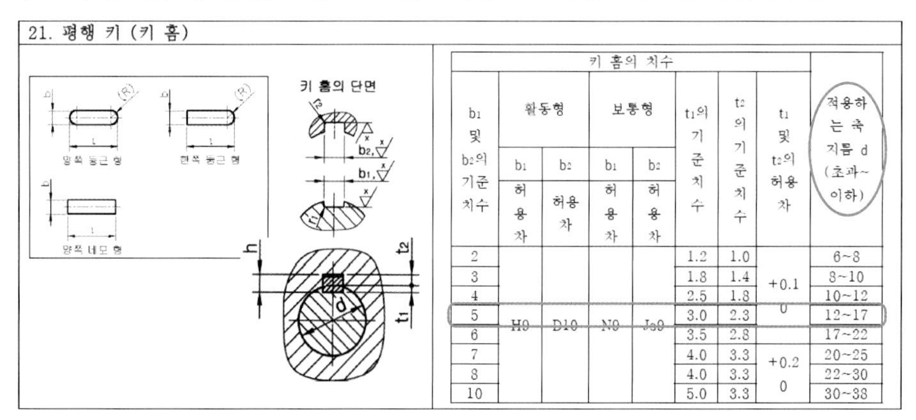

키 홈의 치수								적용하는 축 지름 d (초과~이하)
b_1 및 b_2의 기준 치수	활동형		보통형		t_1의 기준 치수	t_2의 기준 치수	t_1 및 t_2의 허용차	
	b_1 허용차	b_2 허용차	b_1 허용차	b_2 허용차				
2	H9	D10	N9	Js9	1.2	1.0	+0.1 0	6~8
3					1.8	1.4		8~10
4					2.5	1.8		10~12
5					3.0	2.3		12~17
6					3.5	2.8	+0.2 0	17~22
7					4.0	3.3		20~25
8					4.0	3.3		22~30
10					5.0	3.3		30~38

③ 다음과 같이 제도합니다(8mm, 14mm는 자로 잽니다).

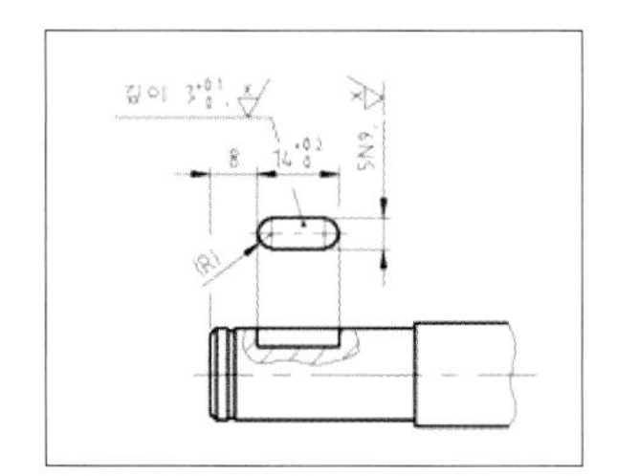

2 C형 멈춤 링용 홈

① C형 멈춤 링이 적용된 축의 지름도 앞의 키홈의 제도와 마찬가지로 15mm입니다.

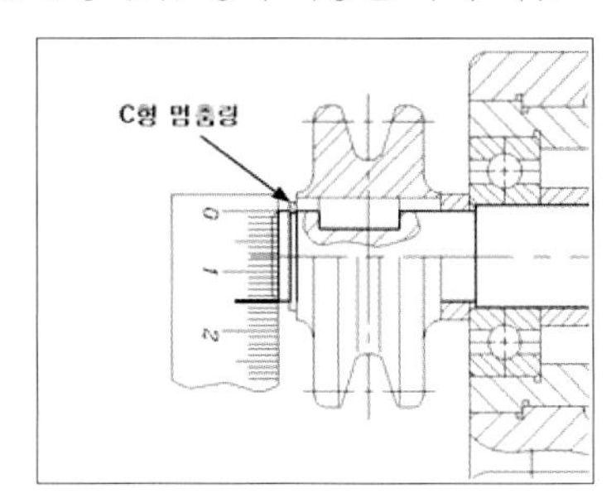

② KS 규격 '19. 멈춤 링 – (1) C형 멈춤 링–축용 멈춤 링'을 참조하여 기준 치수 및 허용차를 확인합니다.

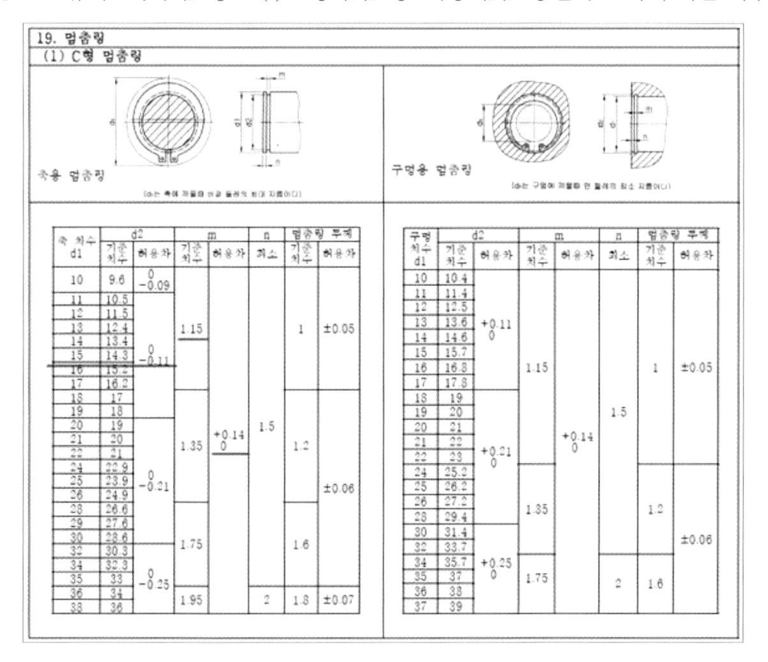

19. 멈춤링

(1) C형 멈춤링

축용 멈춤링

축 치수 d1	d2 기준치수	d2 허용차	m 기준치수	m 허용차	n 최소	멈춤링 두께 기준치수	멈춤링 두께 허용차
10	9.6	0 / −0.09					
11	10.5						
12	11.5						
13	12.4		1.15			1	±0.05
14	13.4						
15	14.3	0 / −0.11					
16	15.2						
17	16.2						
18	17						
19	18						
20	19				1.5		
21	20		1.35	+0.14 / 0		1.2	
22	21						
24	22.9						
25	23.9	0 / −0.21					±0.06
26	24.9						
28	26.6						
29	27.6						
30	28.6		1.75			1.6	
32	30.3						
34	32.3						
35	33	0 / −0.25					
36	34		1.95		2	1.8	±0.07
38	36						

구멍용 멈춤링

구멍 치수 d1	d2 기준치수	d2 허용차	m 기준치수	m 허용차	n 최소	멈춤링 두께 기준치수	멈춤링 두께 허용차
10	10.4						
11	11.4						
12	12.5						
13	13.6	+0.11 / 0					
14	14.6						
15	15.7						
16	16.8		1.15			1	±0.05
17	17.8						
18	19						
19	20				1.5		
20	21						
21	22			+0.14 / 0			
22	23	+0.21 / 0					
24	25.2						
25	26.2						
26	27.2		1.35			1.2	
28	29.4						
30	31.4						±0.06
32	33.7						
34	35.7	+0.25 / 0					
35	37		1.75		2	1.6	
36	38						
37	39						

③ 다음과 같이 제도합니다.

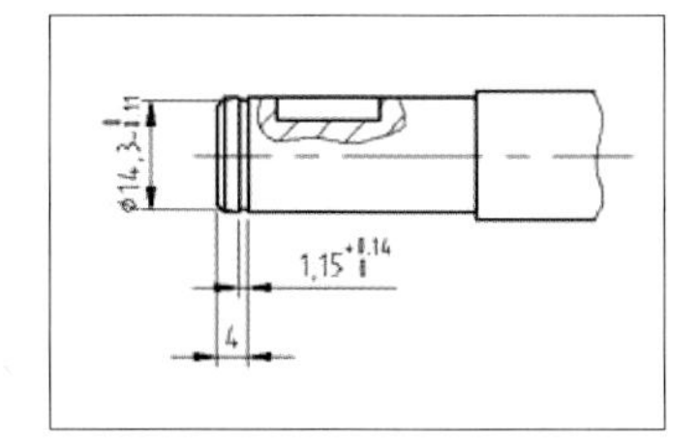

2 | 베어링 조립부 끼워맞춤

1 베어링의 끼워맞춤 공차

① 베어링의 호칭 번호 6203에서 안지름 번호가 '03'이므로 안지름은 '17mm'입니다.

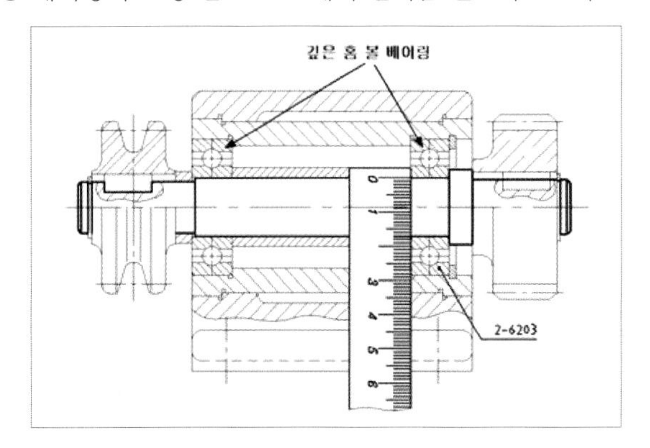

② KS 규격 '32. 베어링의 끼워맞춤 – 내륜 회전 하중 또는 부정 하중 – 볼 베어링'을 참조하면, 베어링의 안지름이 17mm이면 축의 지름도 같으므로 '18 이하'에 해당하며, 허용차 등급은 'js5'가 됩니다.

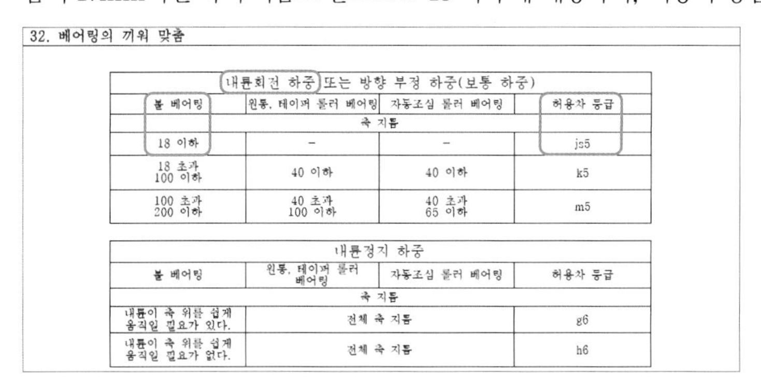

32. 베어링의 끼워 맞춤

내륜회전 하중 또는 방향 부정 하중(보통 하중)			
볼 베어링	원통, 테이퍼 롤러 베어링	자동조심 롤러 베어링	허용차 등급
축 지름			
18 이하	–	–	js5
18 초과 100 이하	40 이하	40 이하	k5
100 초과 200 이하	40 초과 100 이하	40 초과 65 이하	m5

내륜정지 하중			
볼 베어링	원통, 테이퍼 롤러 베어링	자동조심 롤러 베어링	허용차 등급
축 지름			
내륜이 축 위를 쉽게 움직일 필요가 있다.	전체 축 지름		g6
내륜이 축 위를 쉽게 움직일 필요가 없다.	전체 축 지름		h6

③ 다음과 같이 제도합니다.

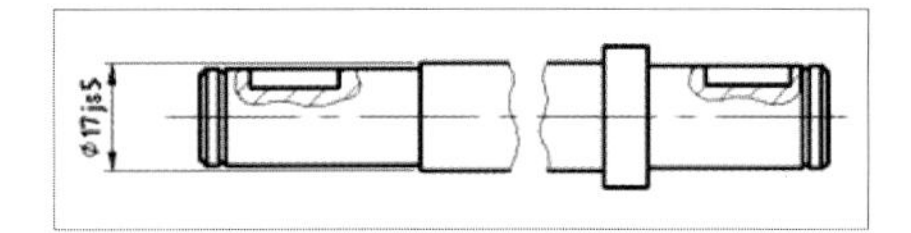

2 베어링 구석 홈 부 둥글기

① 베어링의 호칭 번호가 6203이므로 KS 규격 '23. 깊은 홈 볼 베어링'에서 베어링의 내 · 외륜의 모깎기 치수가 r=0.6임을 확인합니다.

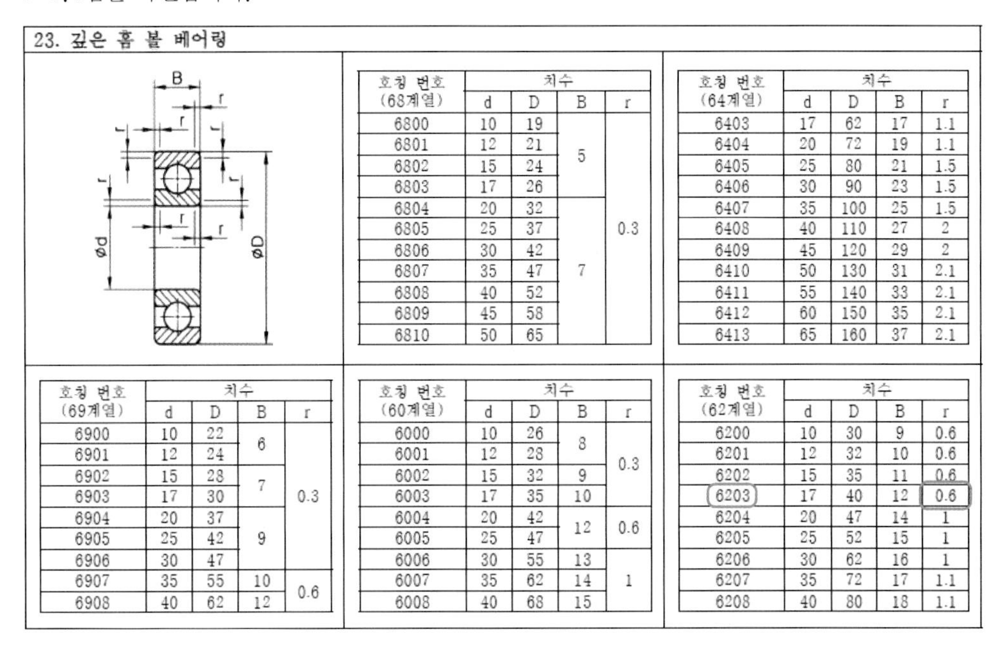

23. 깊은 홈 볼 베어링

호칭 번호 (68계열)	d	D	B	r
6800	10	19	5	0.3
6801	12	21		
6802	15	24		
6803	17	26		
6804	20	32	7	
6805	25	37		
6806	30	42		
6807	35	47		
6808	40	52		
6809	45	58		
6810	50	65		

호칭 번호 (64계열)	d	D	B	r
6403	17	62	17	1.1
6404	20	72	19	1.1
6405	25	80	21	1.5
6406	30	90	23	1.5
6407	35	100	25	1.5
6408	40	110	27	2
6409	45	120	29	2
6410	50	130	31	2.1
6411	55	140	33	2.1
6412	60	150	35	2.1
6413	65	160	37	2.1

호칭 번호 (69계열)	d	D	B	r
6900	10	22	6	0.3
6901	12	24		
6902	15	28	7	
6903	17	30		
6904	20	37	9	
6905	25	42		
6906	30	47		
6907	35	55	10	0.6
6908	40	62	12	

호칭 번호 (60계열)	d	D	B	r
6000	10	26	8	0.3
6001	12	28		
6002	15	32	9	
6003	17	35	10	
6004	20	42	12	0.6
6005	25	47		
6006	30	55	13	1
6007	35	62	14	
6008	40	68	15	

호칭 번호 (62계열)	d	D	B	r
6200	10	30	9	0.6
6201	12	32	10	0.6
6202	15	35	11	0.6
6203	17	40	12	0.6
6204	20	47	14	1
6205	25	52	15	1
6206	30	62	16	1
6207	35	72	17	1.1
6208	40	80	18	1.1

② KS 규격 '31. 베어링 구석 홈 부 둥글기'에서 베어링의 모깎기 치수(r 또는 r1)가 r=0.6이므로 축의 홈 부 둥글기는 '0.6'입니다.

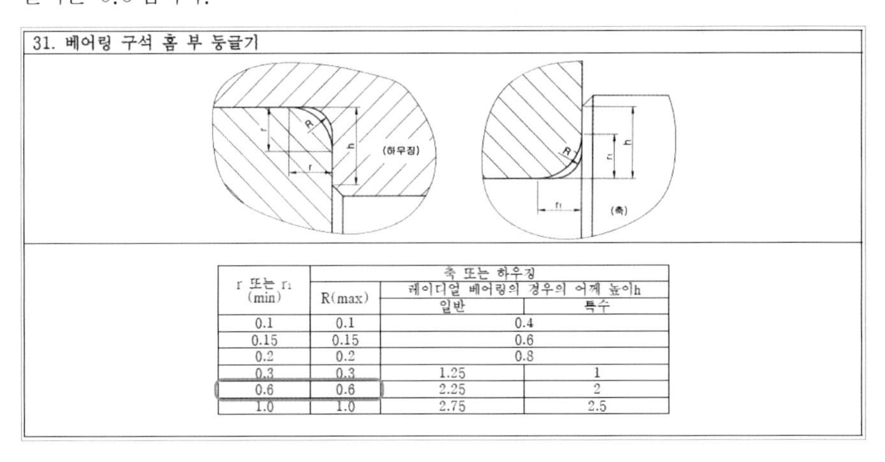

31. 베어링 구석 홈 부 둥글기

r 또는 r_1 (min)	R(max)	축 또는 하우징 레이디얼 베어링의 경우의 어깨 높이h 일반	특수
0.1	0.1	0.4	
0.15	0.15	0.6	
0.2	0.2	0.8	
0.3	0.3	1.25	1
0.6	0.6	2.25	2
1.0	1.0	2.75	2.5

③ 다음과 같이 제도합니다.

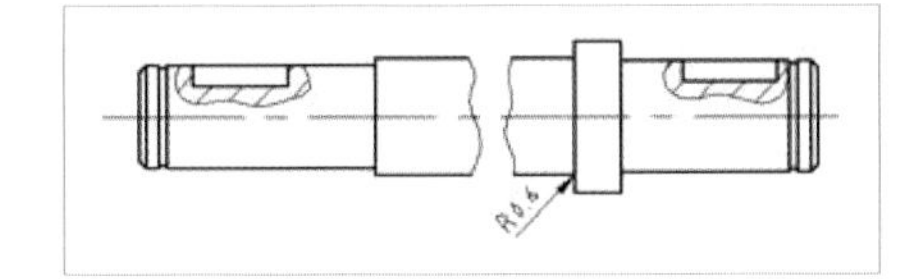

3 흔들림 공차

① 베어링 조립부는 베어링의 내륜과 접촉하여 고속으로 회전하는 부분으로, 흔들림이 있을 경우 진동과 소음이 발생하여 베어링의 수명이 단축될 수 있으므로 흔들림 공차를 반드시 적용해야 합니다.

② 베어링 조립부의 지름이 17mm이므로 KS 규격 '3. IT 공차'를 참조해야 하는데, 앞에서 베어링의 끼워맞춤 허용차 등급이 5등급이었으므로 같은 IT 5급인 8㎛(0.008mm)를 적용합니다.

3. IT 공차　　　　단위 : ㎛

치수 초과	등급 이하	IT4 4급	IT5 5급	IT6 6급	IT7 7급
–	3	3	4	6	10
3	6	4	5	8	12
6	10	4	6	9	15
10	18	5	8	11	18
18	30	6	9	13	21
30	50	7	11	16	25
50	80	8	13	19	30
80	120	10	15	22	35
120	180	12	18	25	40
180	250	14	20	29	46
250	315	16	23	32	52
315	400	18	25	36	57
400	500	20	27	40	63

③ 다음과 같이 제도합니다.

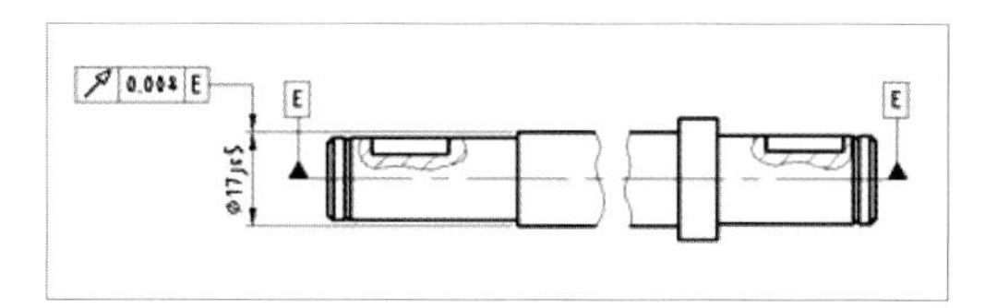

4 양끝 센터

① KS 규격 '47. 센터 구멍'에서 A형, 호칭 지름 d=2, D=4.25를 확인합니다.

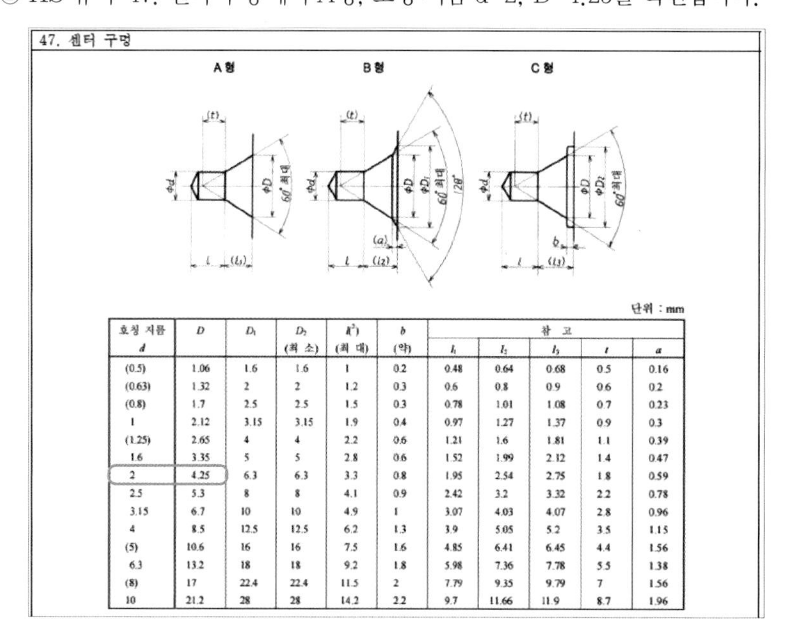

47. 센터 구멍

단위 : mm

호칭 지름 d	D	D_1	D_2 (최 소)	$l^{2)}$ (최 대)	b (약)	참 고 l_1	l_2	l_3	t	a
(0.5)	1.06	1.6	1.6	1	0.2	0.48	0.64	0.68	0.5	0.16
(0.63)	1.32	2	2	1.2	0.3	0.6	0.8	0.9	0.6	0.2
(0.8)	1.7	2.5	2.5	1.5	0.3	0.78	1.01	1.08	0.7	0.23
1	2.12	3.15	3.15	1.9	0.4	0.97	1.27	1.37	0.9	0.3
(1.25)	2.65	4	4	2.2	0.6	1.21	1.6	1.81	1.1	0.39
1.6	3.35	5	5	2.8	0.6	1.52	1.99	2.12	1.4	0.47
2	4.25	6.3	6.3	3.3	0.8	1.95	2.54	2.75	1.8	0.59
2.5	5.3	8	8	4.1	0.9	2.42	3.2	3.32	2.2	0.78
3.15	6.7	10	10	4.9	1	3.07	4.03	4.07	2.8	0.96
4	8.5	12.5	12.5	6.2	1.3	3.9	5.05	5.2	3.5	1.15
(5)	10.6	16	16	7.5	1.6	4.85	6.41	6.45	4.4	1.56
6.3	13.2	18	18	9.2	1.8	5.98	7.36	7.78	5.5	1.38
(8)	17	22.4	22.4	11.5	2	7.79	9.35	9.79	7	1.56
10	21.2	28	28	14.2	2.2	9.7	11.66	11.9	8.7	1.96

② KS 규격 '48. 센터 구멍의 표시방법'을 숙지합니다.

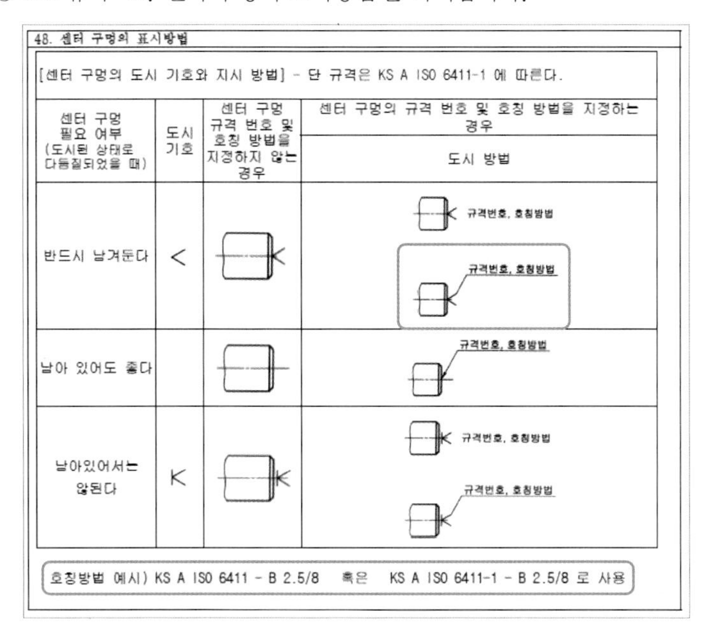

48. 센터 구멍의 표시방법

[센터 구멍의 도시 기호와 지시 방법] - 단 규격은 KS A ISO 6411-1 에 따른다.

센터 구멍 필요 여부 (도시된 상태로 다듬질되었을 때)	도시 기호	센터 구멍 규격 번호 및 호칭 방법을 지정하지 않는 경우	센터 구멍의 규격 번호 및 호칭 방법을 지정하는 경우
			도시 방법
반드시 남겨둔다	<		규격번호, 호칭방법 규격번호, 호칭방법
남아 있어도 좋다			규격번호, 호칭방법
남아있어서는 않된다	K		규격번호, 호칭방법 규격번호, 호칭방법

호칭방법 예시) KS A ISO 6411 - B 2.5/8 혹은 KS A ISO 6411-1 - B 2.5/8 로 사용

③ 다음과 같이 제도합니다.

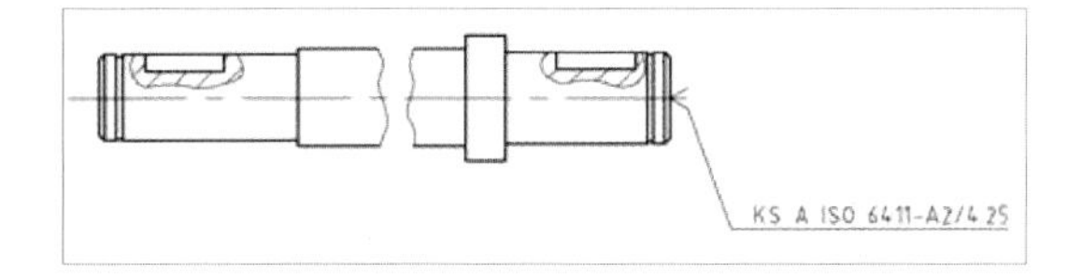

3 | 스퍼기어(품번 ④)

1 요목표

① KS 규격 '49. 요목표' 중에서 스퍼기어 요목표를 참고하여 요목표를 그립니다.

49. 요목표

스퍼기어 요목표		
기어 치형		표준
공 구	모듈	□
	치형	보통이
	압력각	20°
전체 이 높이		□
피치원 지름		□
잇 수		□
다듬질 방법		호브절삭
정밀도		KS B ISO 1328-1, 4급

베벨 기어 요목표	
기어 치형	글리슨 식
모듈	□
치형	보통이
압력각	20°
축 각	90°
전체 이 높이	□
피치원 지름	□
피치원 추각	□
잇 수	□
다듬질 방법	절삭
정밀도	KS B 1412, 4급

② 요목표 중에서 M(모듈)과 Z(잇수)는 다음 그림과 같이 문제지에서 주어지므로 그대로 옮겨 적습니다. 그리고 피치원 지름 D=M(모듈)×Z(잇수)=2×25=50mm입니다.

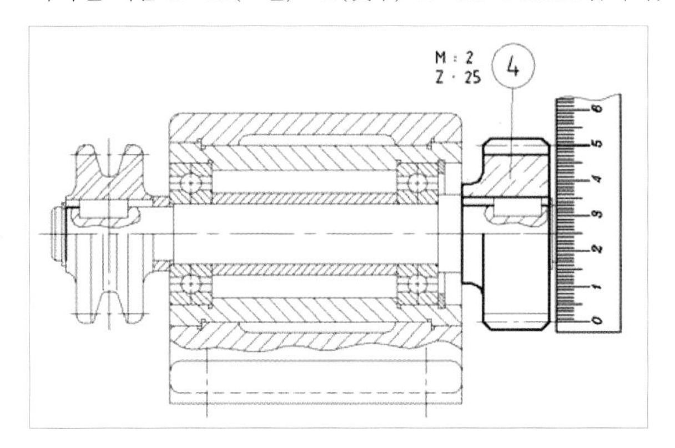

③ 전체 이 높이는 다음 그림과 같이 2.25M=2.25×2=4.5mm입니다.

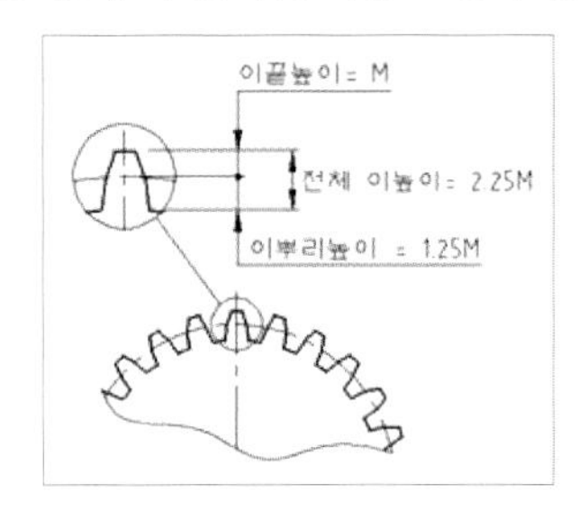

④ 다음과 같이 요목표를 그립니다.

스퍼기어 요목표		
기어 치형		표 준
공구	모듈	2
	치형	보통이
	압력각	20°
전체 이 높이		4.5
피치원 지름		50
잇 수		25
다듬질 방법		기어 치형
정밀도		KS B ISO 1328-1, 4급

2 이끝원 지름

다음 그림과 같이 이끝원 지름=피치원 지름(D)+2M=50+4=φ54가 되므로 다음 그림의 오른쪽과 같이 제도합니다.

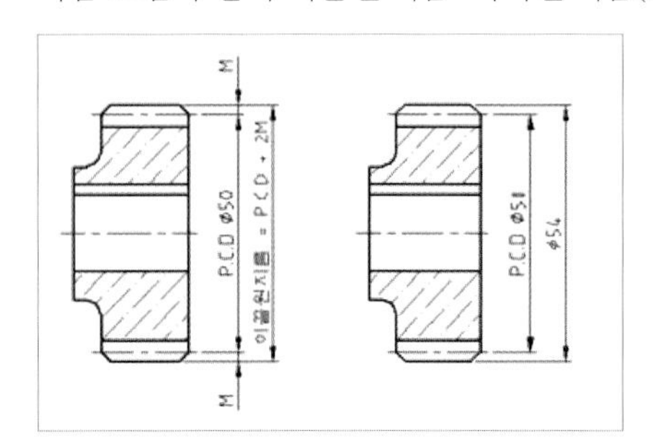

3 흔들림 공차

① 기어는 구동 기어의 이가 회전함에 따라 종동 기어의 이 홈에 들어가 치면을 눌러 회전을 전하는 기계 요소로, 이끝원 지름에 흔들림 공차를 적용해야 합니다.

② 앞에서 계산한 이끝원 지름이 φ54이므로 IT 5급을 적용하면 0.013mm(13㎛)입니다.

3. IT 공차 단위 : ㎛

치수 등급		IT4 4급	IT5 5급	IT6 6급	IT7 7급
초과	이하				
–	3	3	4	6	10
3	6	4	5	8	12
6	10	4	6	9	15
10	18	5	8	11	18
18	30	6	9	13	21
30	50	7	11	16	25
50	80	8	13	19	30
80	120	10	15	22	35
120	180	12	18	25	40
180	250	14	20	29	46
250	315	16	23	32	52
315	400	18	25	36	57
400	500	20	27	40	63

③ 다음과 같이 제도합니다.

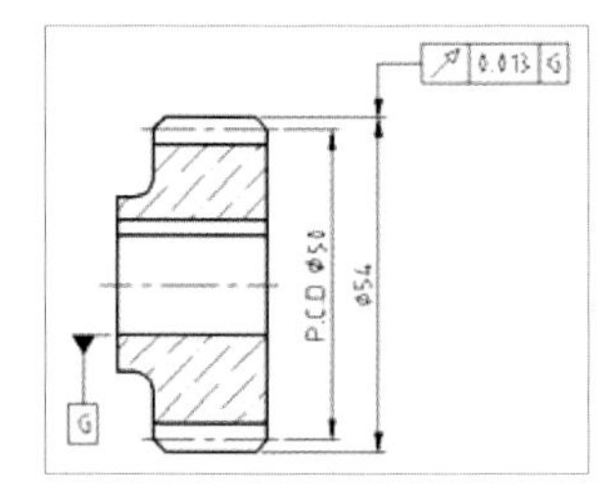

4 평행 키홈

① 다음 그림과 같이 평행 키홈이 적용된 축의 지름은 '16mm'입니다.

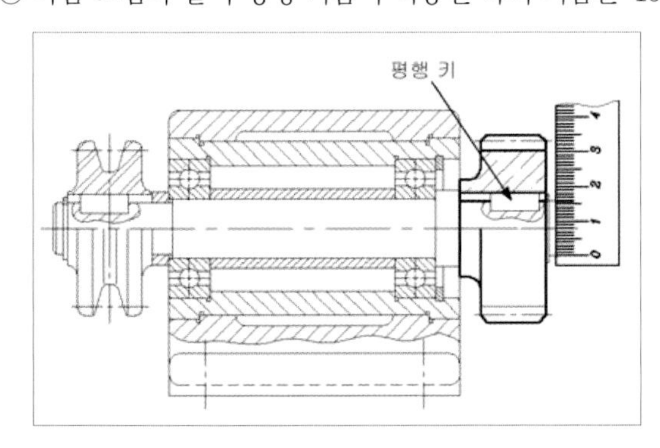

② KS 규격 '21. 평행 키(키홈)'에서 해당 부분의 규격을 확인합니다.

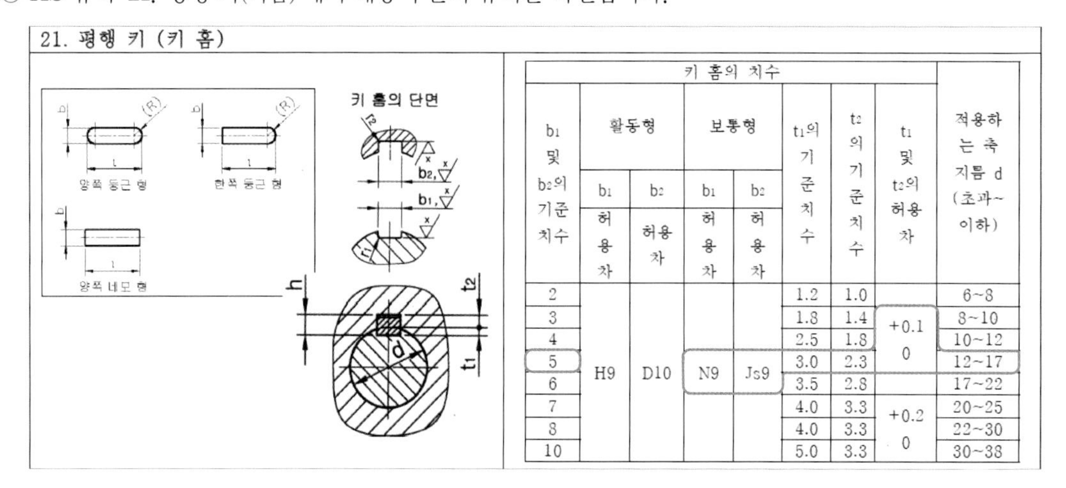

21. 평행 키 (키 홈)

b1 및 b2의 기준치수	키 홈의 치수 활동형 b1 허용차	b2 허용차	보통형 b1 허용차	b2 허용차	t1의 기준치수	t2의 기준치수	t1 및 t2의 허용차	적용하는 축지름 d (초과~이하)
2	H9	D10	N9	Js9	1.2	1.0		6~8
3					1.8	1.4	+0.1 0	8~10
4					2.5	1.8		10~12
5					3.0	2.3		12~17
6					3.5	2.8		17~22
7					4.0	3.3	+0.2 0	20~25
8					4.0	3.3		22~30
10					5.0	3.3		30~38

③ 다음과 같이 제도합니다.

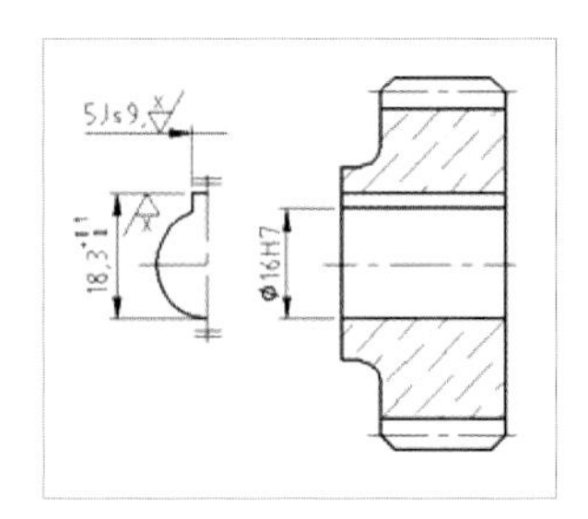

4 | 본체(품번 ❶)

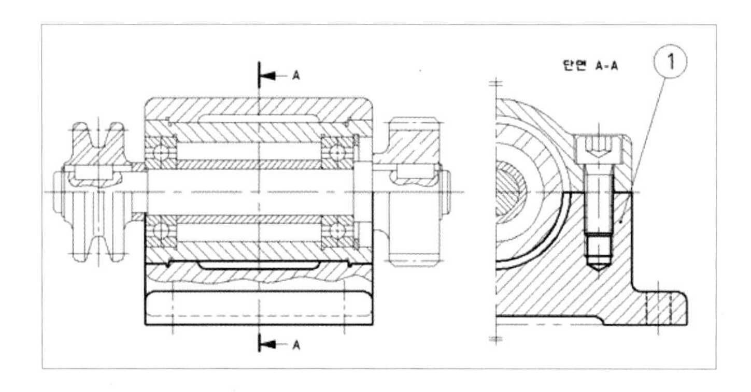

1 기하공차 적용하기

① 평행도 및 동심도 공차

– 바닥면을 기준으로 φ50 구멍에 평행도를 규제합니다.

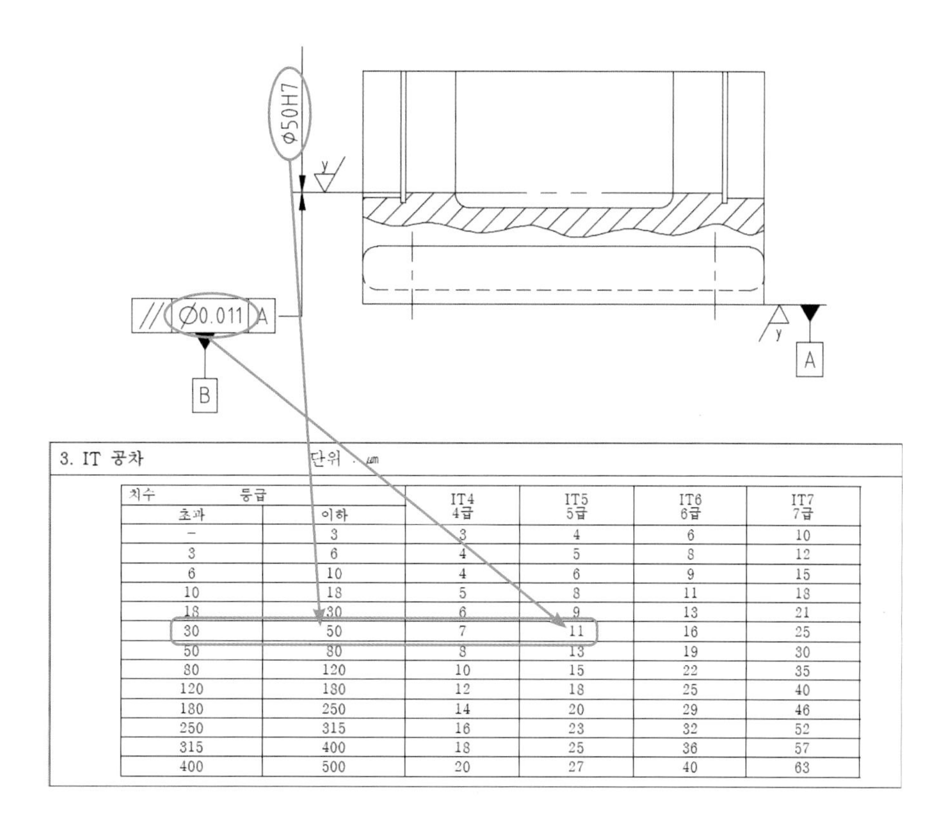

3. IT 공차 단위 : ㎛

치수 등급 초과	이하	IT4 4급	IT5 5급	IT6 6급	IT7 7급
–	3	3	4	6	10
3	6	4	5	8	12
6	10	4	6	9	15
10	18	5	8	11	18
18	30	6	9	13	21
30	50	7	11	16	25
50	80	8	13	19	30
80	120	10	15	22	35
120	180	12	18	25	40
180	250	14	20	29	46
250	315	16	23	32	52
315	400	18	25	36	57
400	500	20	27	40	63

② φ50 구멍을 기준으로 양쪽의 φ52 구멍에 동심도(동축도)를 규제합니다.

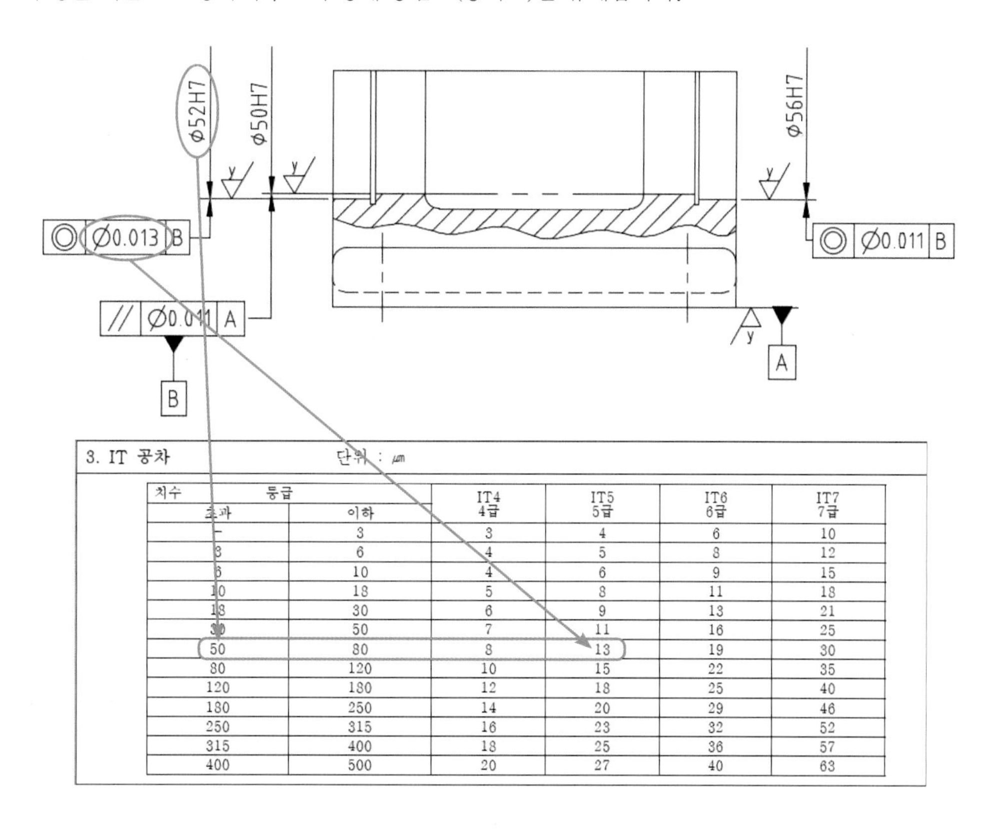

3. IT 공차 단위 : ㎛

치수 등급 초과	이하	IT4 4급	IT5 5급	IT6 6급	IT7 7급
–	3	3	4	6	10
3	6	4	5	8	12
6	10	4	6	9	15
10	18	5	8	11	18
18	30	6	9	13	21
30	50	7	11	16	25
50	80	8	13	19	30
80	120	10	15	22	35
120	180	12	18	25	40
180	250	14	20	29	46
250	315	16	23	32	52
315	400	18	25	36	57
400	500	20	27	40	63

2 위치도 공차

① 핀 결합부인 φ5 구멍에 위치도 공차를 규제합니다.

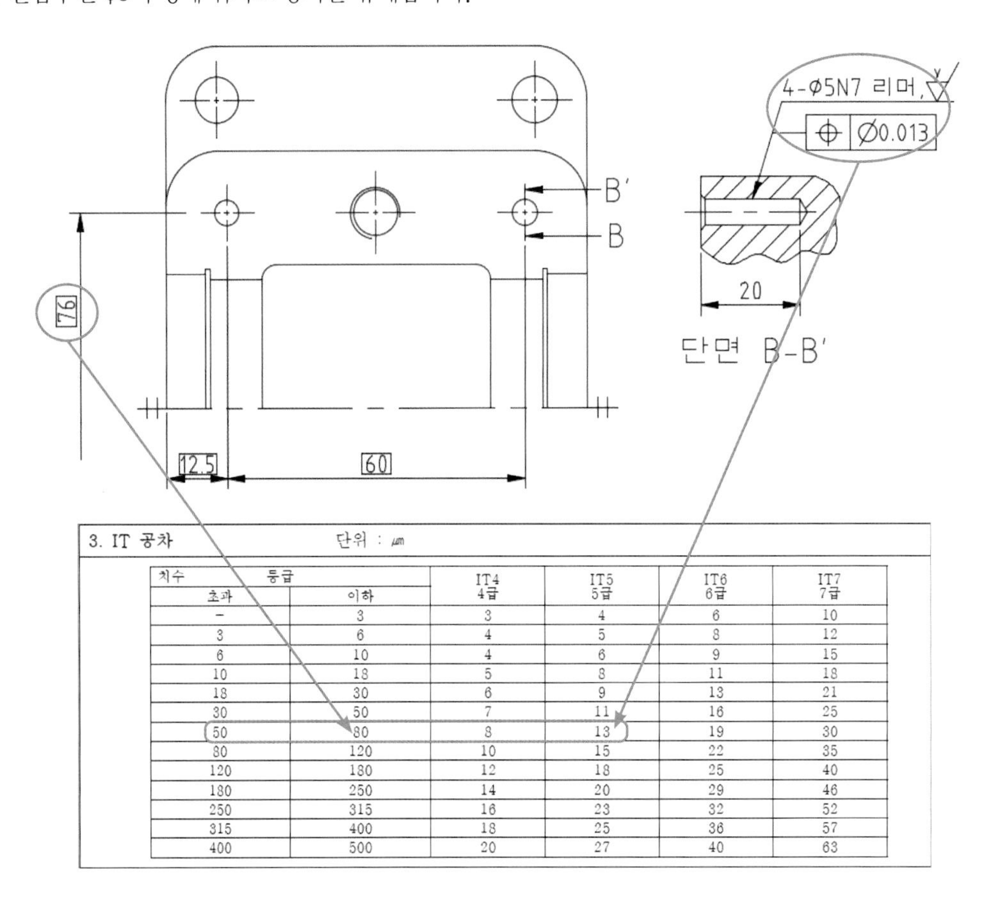

3. IT 공차 단위 : ㎛

치수 초과	이하	IT4 4급	IT5 5급	IT6 6급	IT7 7급
–	3	3	4	6	10
3	6	4	5	8	12
6	10	4	6	9	15
10	18	5	8	11	18
18	30	6	9	13	21
30	50	7	11	16	25
50	80	8	13	19	30
80	120	10	15	22	35
120	180	12	18	25	40
180	250	14	20	29	46
250	315	16	23	32	52
315	400	18	25	36	57
400	500	20	27	40	63

CHAPTER

2

동력 전달 장치 2 따라하기

동력 전달 장치 2는 모든 부품들을 인벤터로 작성하고, 2D 부품 상세도도 인벤터로 제도하여 출력하겠습니다. 또한 V벨트 동력 전달 장치로 축간 거리가 5m 이하, 속도비 1: 7, 속도는 10~15m/s에 사용되며, 전동 효율은 90~90% 정도입니다.

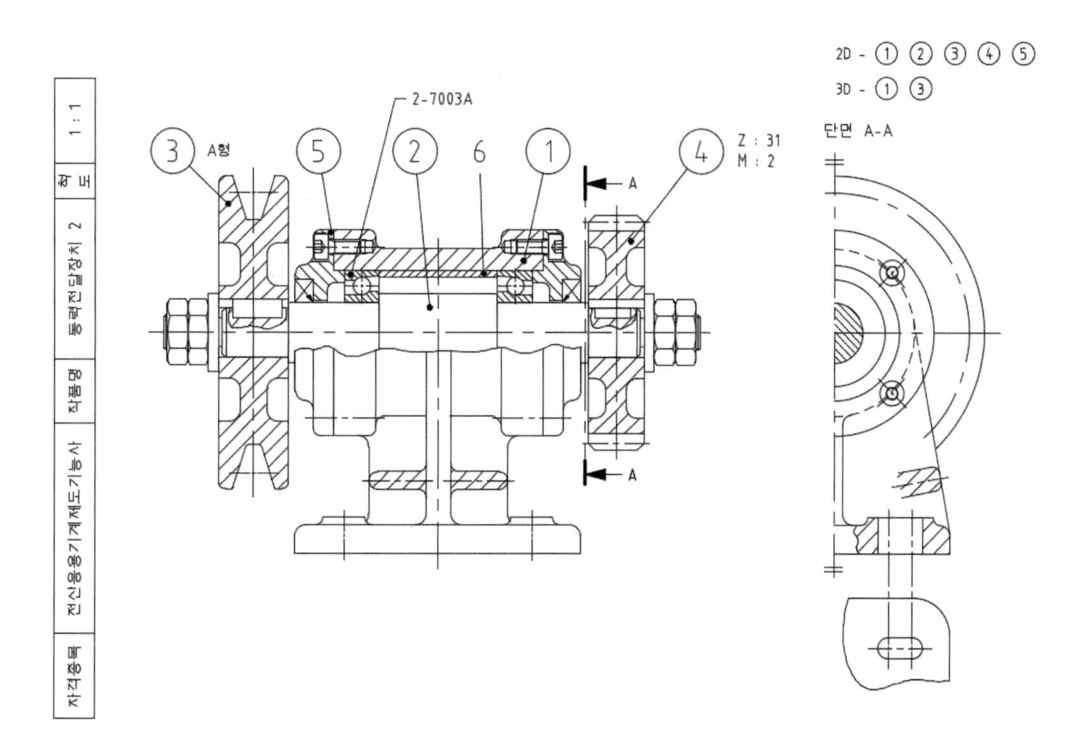

[1] 동력 전달 장치 2에서 중요한 기계 요소인 품번 ❶, ❸ 부품 만들기

1 | V벨트 풀리 부품 만들기(품번 ❸)

01 바탕 화면에서 [Inventor] 아이콘을 더블클릭하면 프로그램이 실행됩니다. 다음과 같은 창이 나타나면 [새로 만들기]를 클릭합니다.

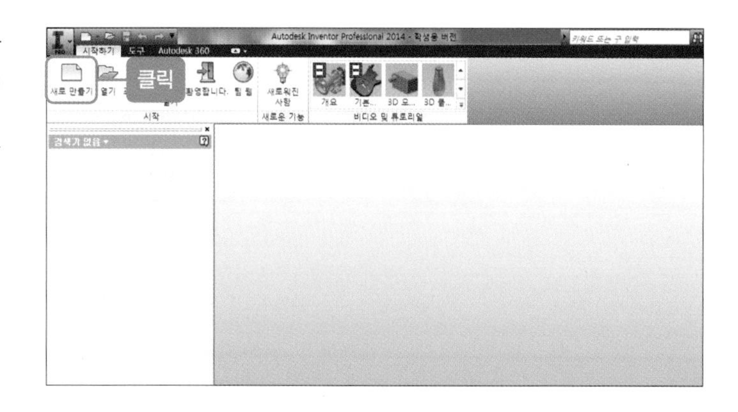

02 [새 파일 작성] 창이 나타나면 'Standard.ipt'를 클릭한 후 [작성] 버튼을 누릅니다.

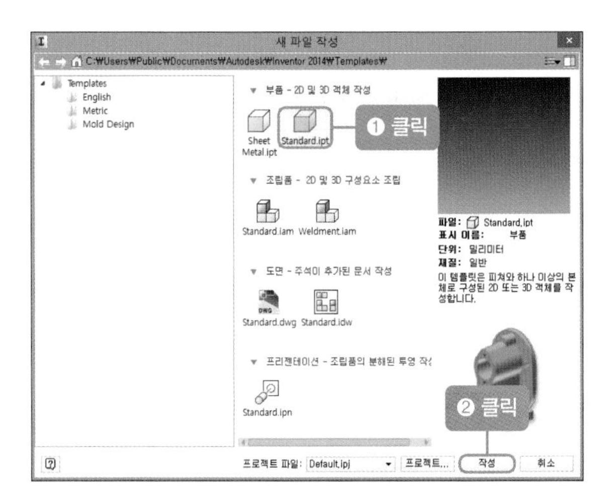

03 탐색기의 [원점-XY 평면]을 클릭한 후 [2D 스케치 작성] 아이콘을 클릭합니다.

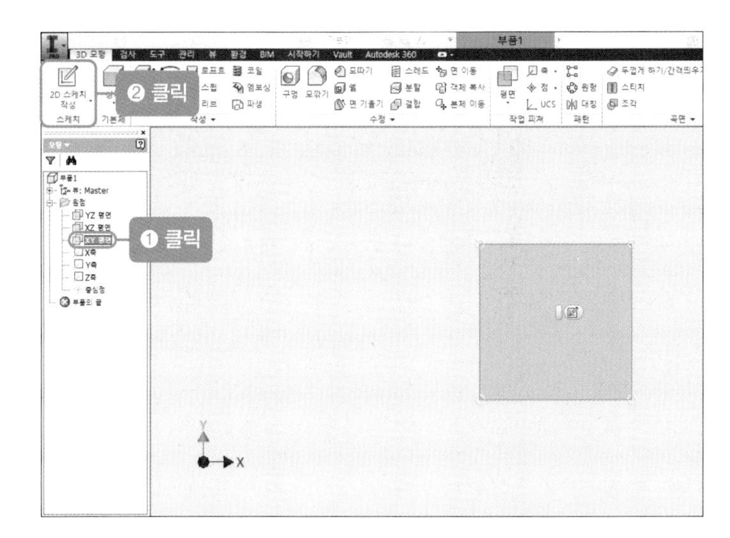

04 [직사각형] 아이콘을 클릭한 후 임의의 사각형을 그립니다.

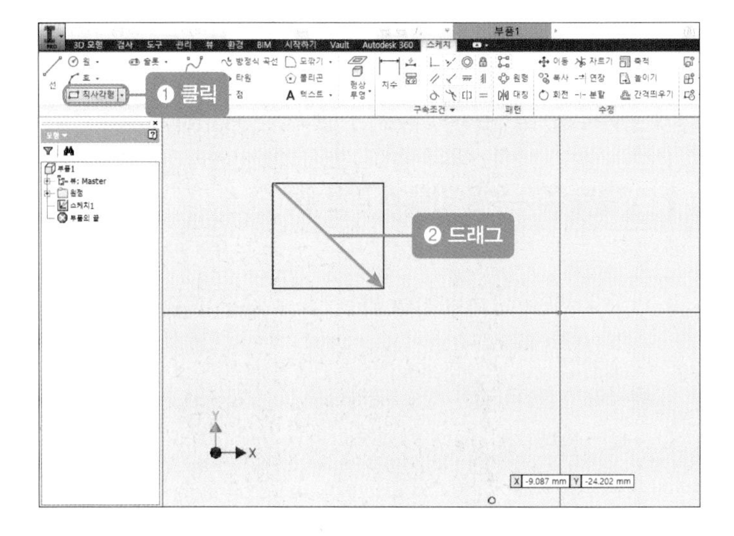

05 [일치 구속 조건] 아이콘을 클릭한 후 직사각형의 아래 부분 중심점을 클릭하고, 좌표계의 중심을 클릭합니다.

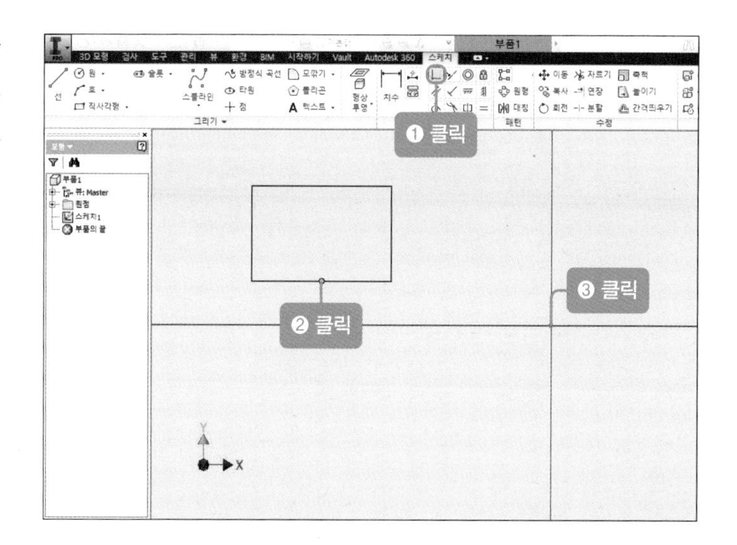

06 직사각형의 아래 부분 선을 클릭한 후 [중심선] 아이콘을 클릭하면 다음과 같이 직사각형의 아래 부분 선이 중심선으로 바뀌어 나타납니다.

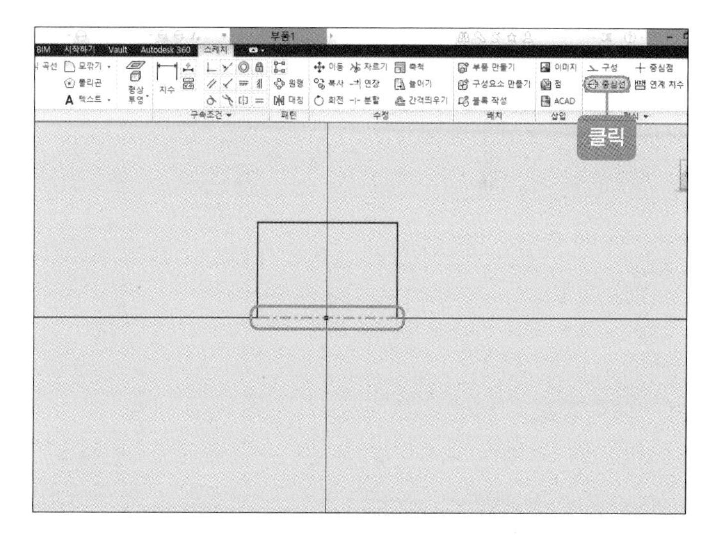

07 [치수] 아이콘을 클릭한 후 직사각형의 가로 및 세로를 각각 클릭하여 다음과 같이 치수선을 넣습니다. 치수를 더블클릭하여 치수를 '20mm', '88mm'로 수정합니다.

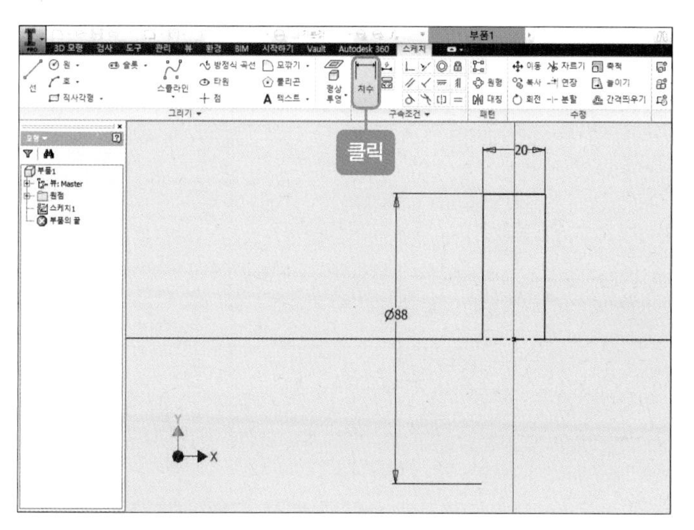

08 [선] 아이콘을 클릭한 후 가로축으로 선 1개를 그립니다.

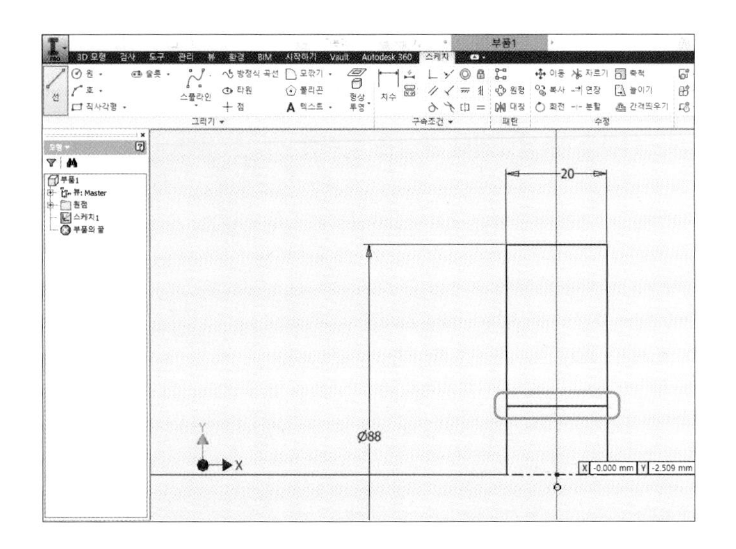

09 [간격 띄우기] 아이콘을 클릭한 후 방금 전에 그렸던 직선을 클릭하고 위로 4개의 선을 만듭니다.

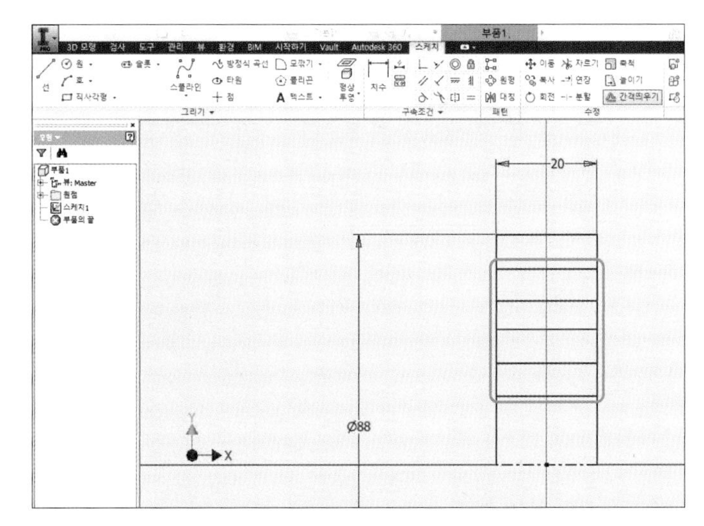

10 [치수] 아이콘을 클릭한 후 치수를 기입합니다.

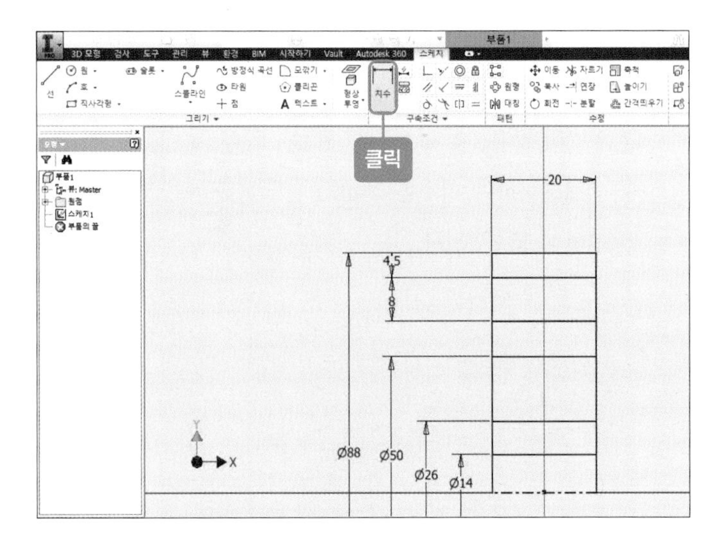

11 [선] 아이콘을 클릭한 후 세로축에 중심선을 그립니다.

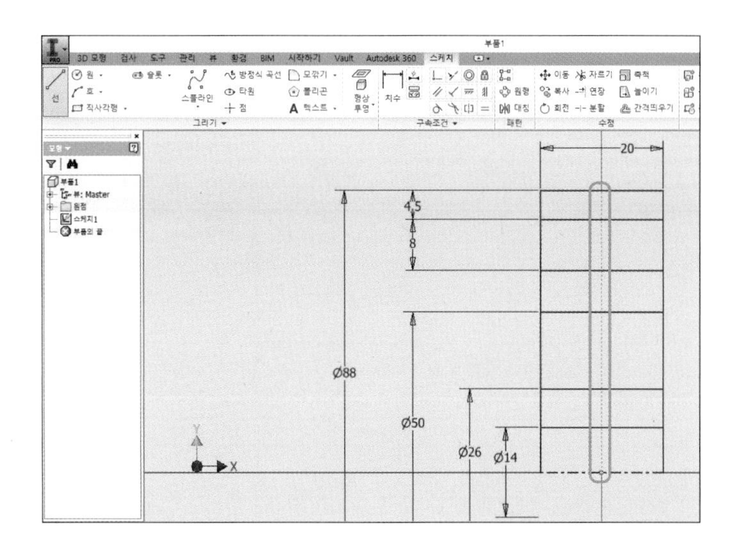

12 V홈을 만들기 위해 다음과 같이 임의의 대각선 2개를 그립니다.

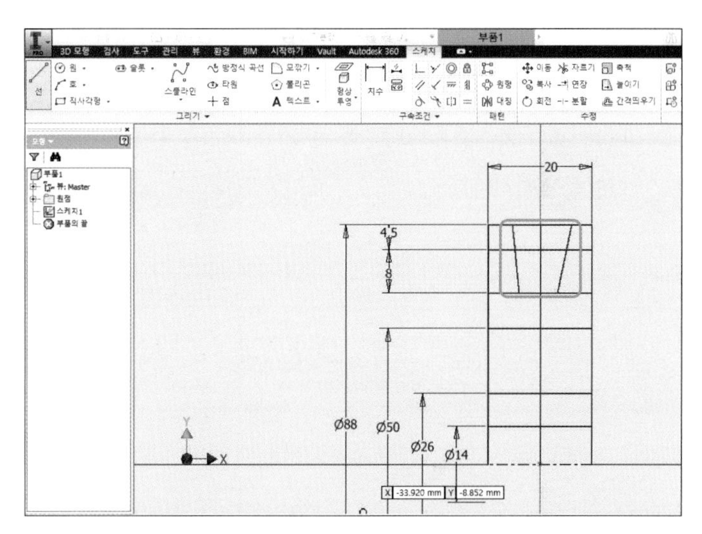

13 [자르기] 아이콘을 클릭한 후 필요 없는 선을 지웁니다(지울 때 모형이 변할 경우 치수선을 지우고, 지운 후에 다시 기입해야 합니다).

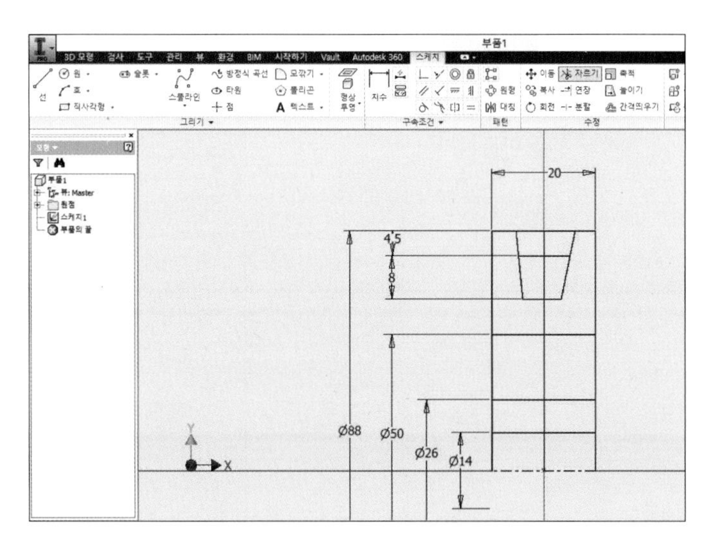

14 [치수] 아이콘을 클릭한 후 V홈의 치수를 기입합니다.

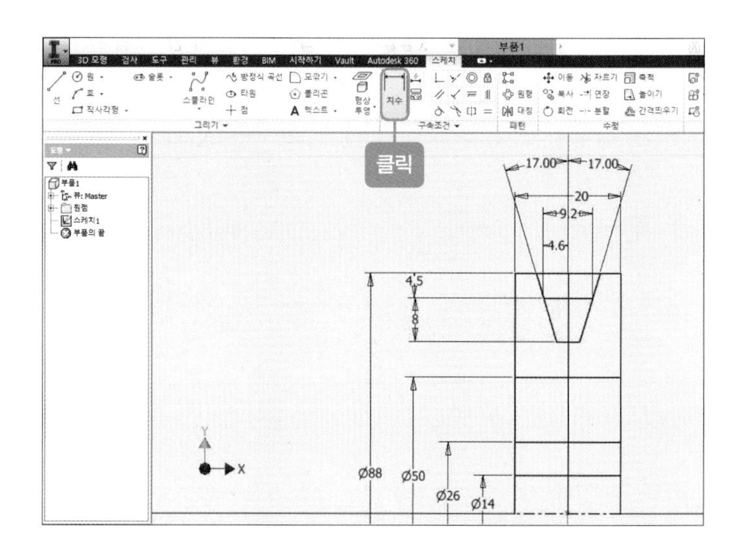

15 [자르기] 아이콘을 클릭한 후 필요 없는 선을 지웁니다(지울 때 모형이 변할 경우 치수선을 지운 후 다시 기입해야 합니다).

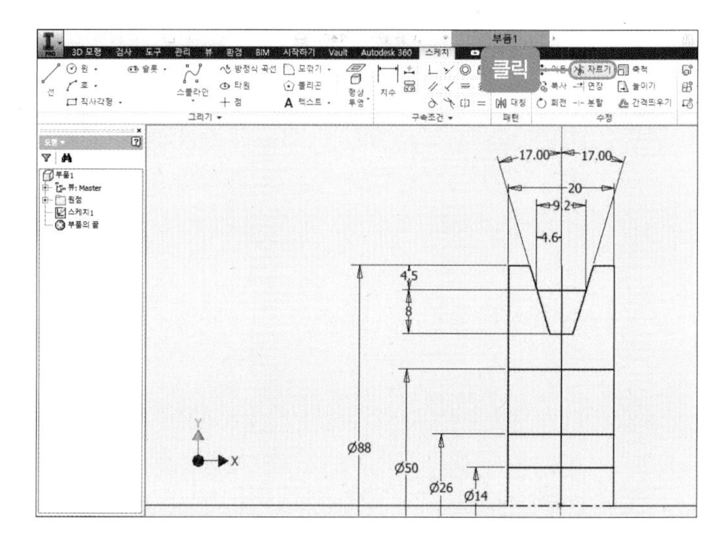

16 간격 띄우기 아이콘을 클릭한 후 세로축의 중심선을 클릭하고 좌, 우로 1개씩 선을 만듭니다.

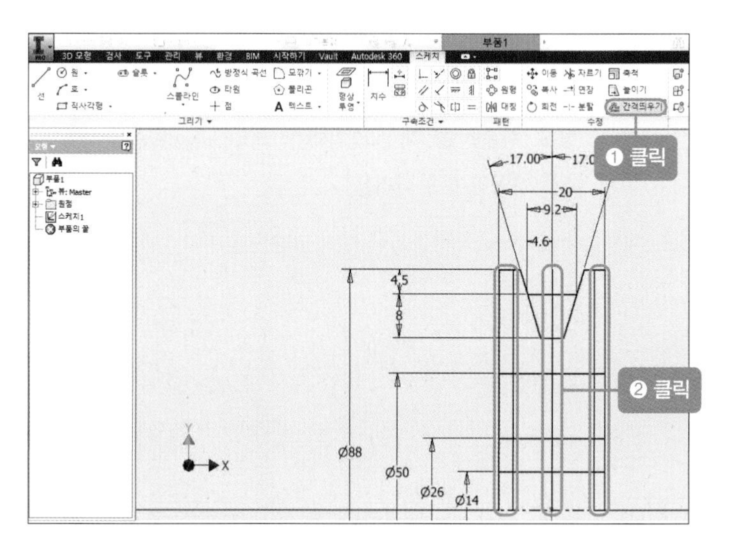

17 [치수] 아이콘을 클릭한 후 세로축의 두 번째 선과 세 번째 선 / 두 번째 선과 네 번째 선을 클릭하여 다음과 같이 치수를 넣습니다. 치수를 더블클릭하여 '4mm', '8mm'로 수정합니다.

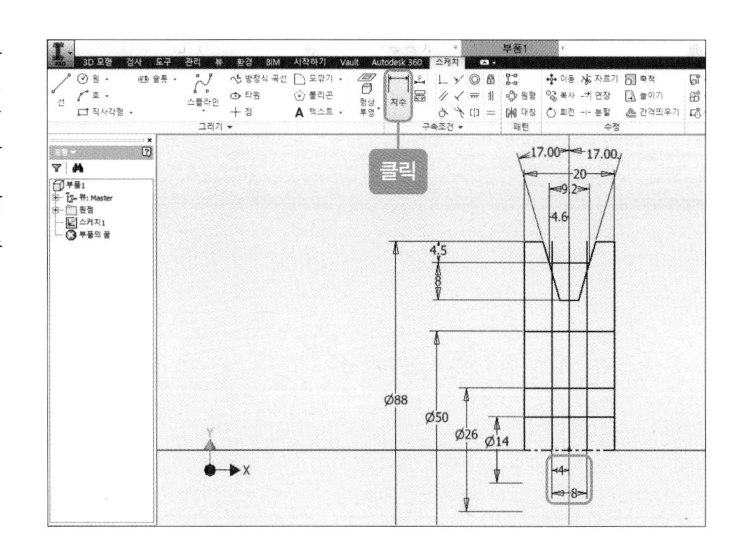

18 [자르기] 아이콘을 클릭한 후 필요 없는 선을 지웁니다(지울 때 모형이 변할 경우 치수선을 지운 후 다시 기입해야 합니다).

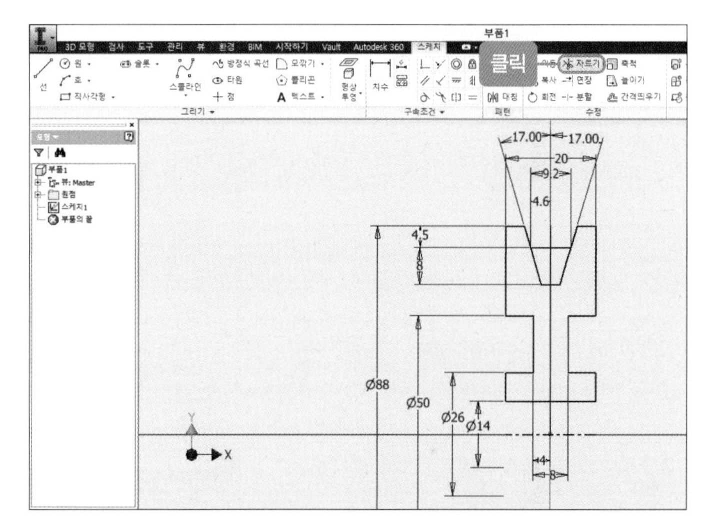

19 [모깎기] 아이콘을 클릭한 후 3mm로 모깎기합니다(모깎기는 회전 이후 3차원에서 작업해도 상관없습니다).

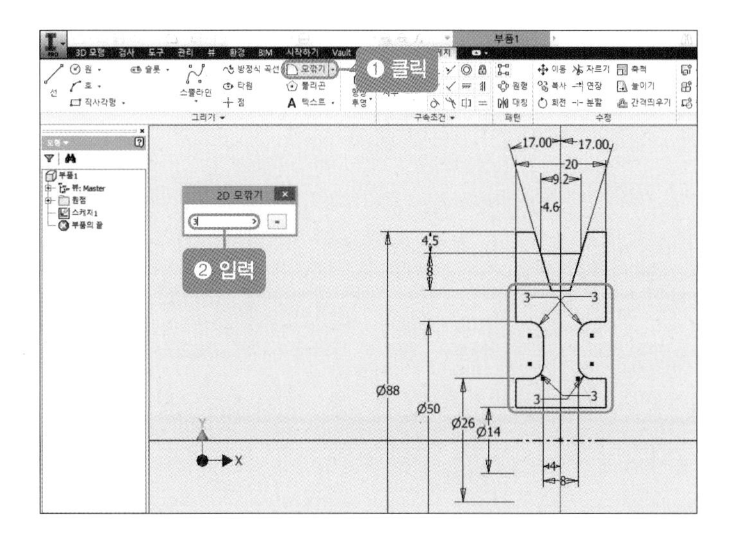

20 [모깎기] 아이콘을 클릭한 후 2mm로 모깎기합니다.

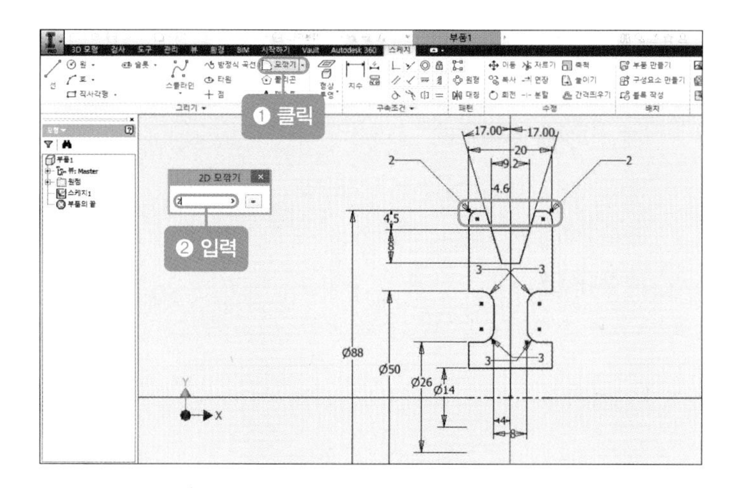

21 [모깎기] 아이콘을 클릭한 후 0.5mm로 모깎기합니다.

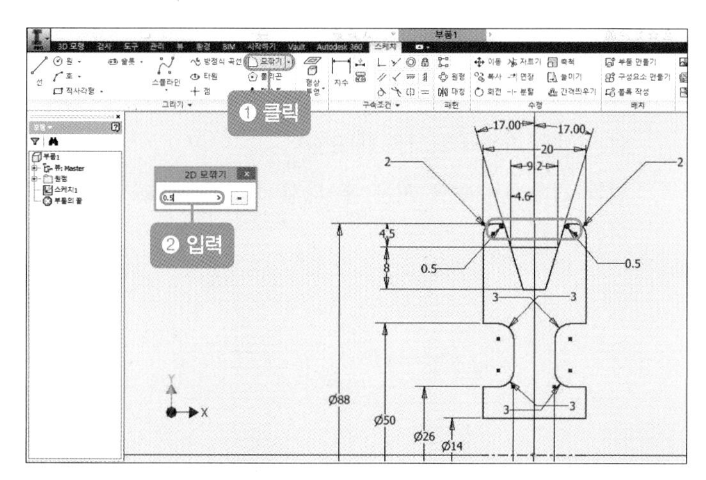

22 [모깎기] 아이콘을 클릭한 후 1mm로 모깎기합니다.

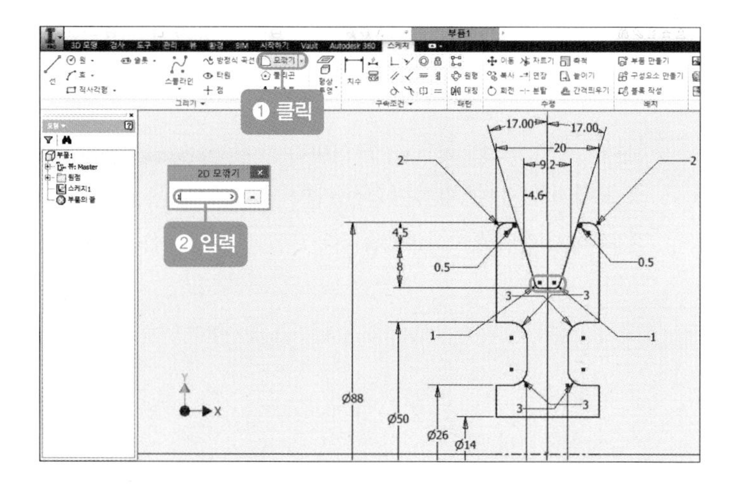

23 마우스 오른쪽 버튼을 눌러 [스케치 마무리]를 클릭합니다.

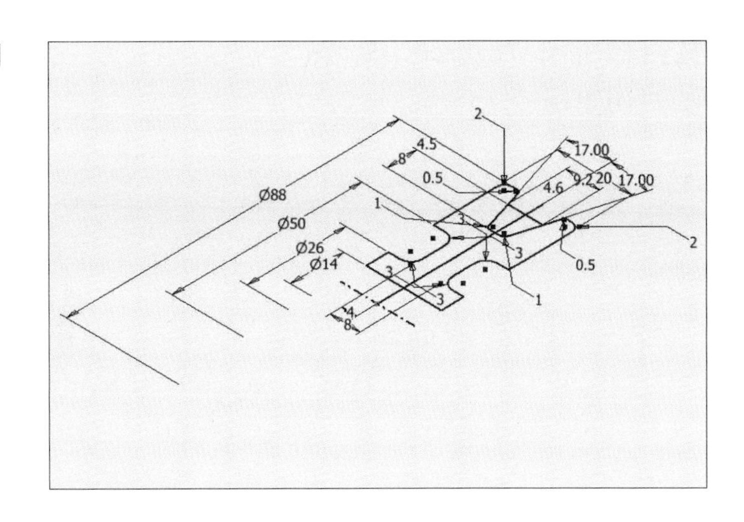

2 | V벨트 풀리 회전 기능을 이용하여 입체 만들기(품번 ❸)

01 [회전] 아이콘을 클릭한 후 [프로파일]을 클릭하고 빨간색 부분을 클릭합니다.

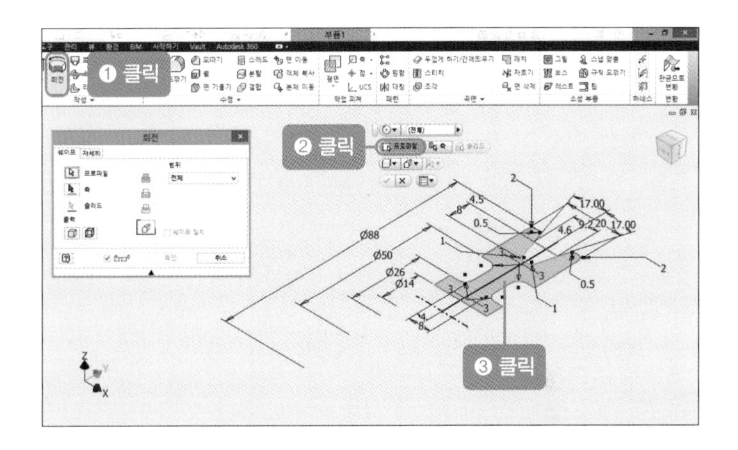

02 축을 클릭한 후 가로축의 중심선을 클릭하고 [확인] 버튼을 클릭합니다.

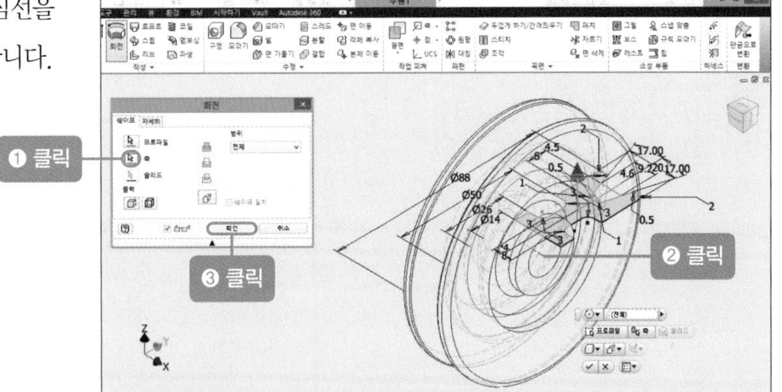

03 회전시키면 다음과 같은 그림이 나타납니다.

3 | V벨트 풀리 키홈 만들기

01 빨간색 부분을 클릭한 후 [2D 스케치 작성] 아이콘을 클릭합니다.

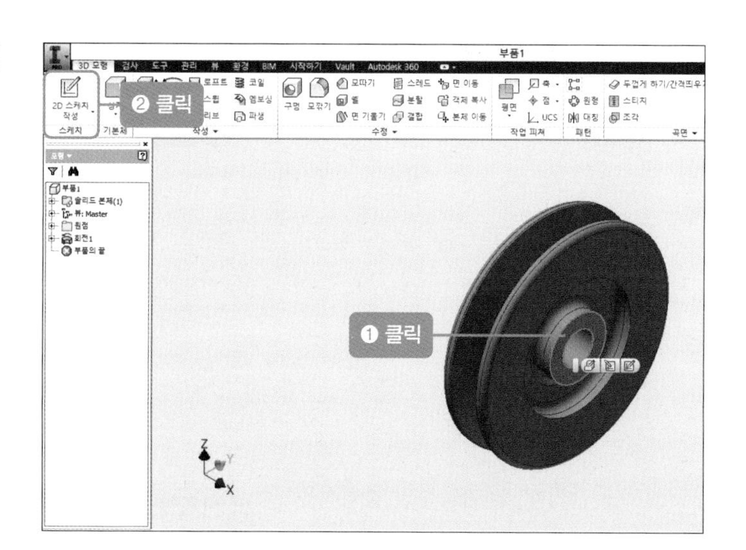

02 [직사각형] 아이콘을 클릭한 후 임의의 직사각형을 그립니다.

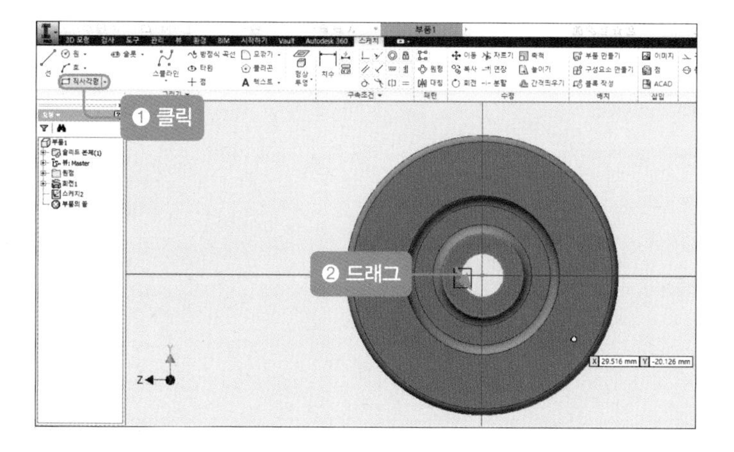

03 [치수] 아이콘을 클릭한 후 치수를 기입합니다.

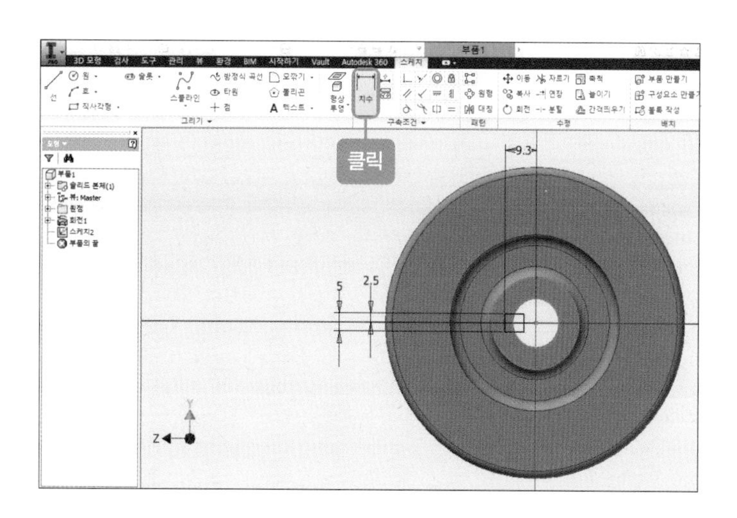

04 마우스 오른쪽 버튼을 눌러 [스케치 마무리]를 클릭합니다.

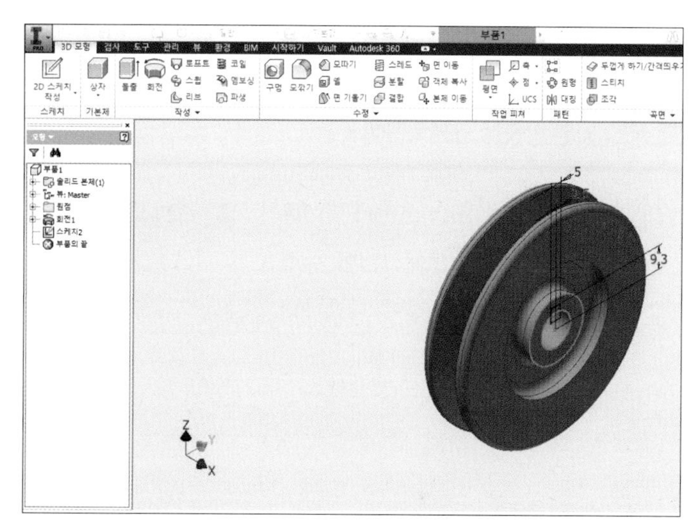

05 [돌출] 아이콘을 클릭한 후 [프로파일]을 클릭하고 방금 전에 만든 키홈을 클릭합니다. 돌출 상자의 차집합과 방향2를 클릭한 후 치수에 20mm를 입력하고 [확인] 버튼을 클릭합니다.

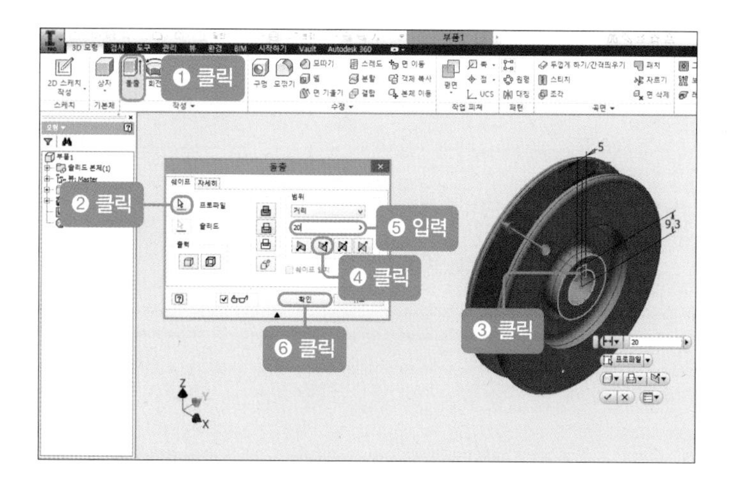

06 V벨트 풀리가 완성됩니다.

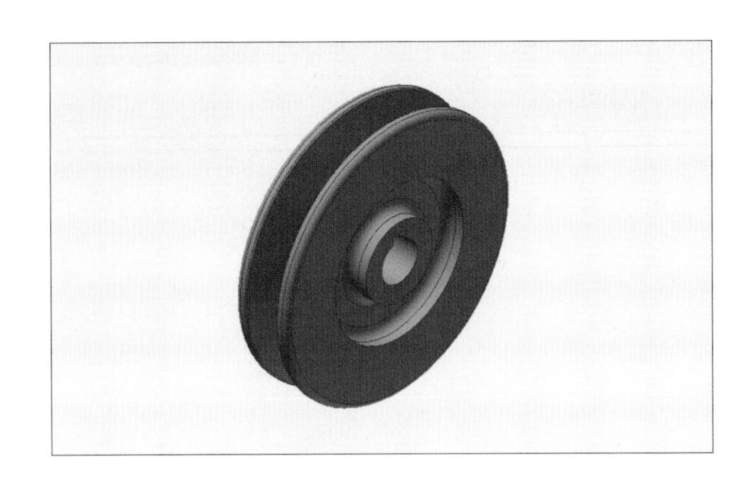

4 | 본체 부품 만들기(품번 ❶)

1 본체 기본 받침대 스케치하기

01 바탕 화면에서 [Inventor] 아이콘을 더블클릭하면 프로그램이 실행되고 다음과 같은 창이 나타나면 [새로 만들기]를 클릭합니다.

02 [새 파일 작성] 창이 나타나면 'Standard.ipt'를 클릭한 후 [작성] 버튼을 클릭합니다.

03 탐색기의 [원점-XY 평면]을 클릭한 후 [2D 스케치 작성] 아이콘을 클릭합니다.

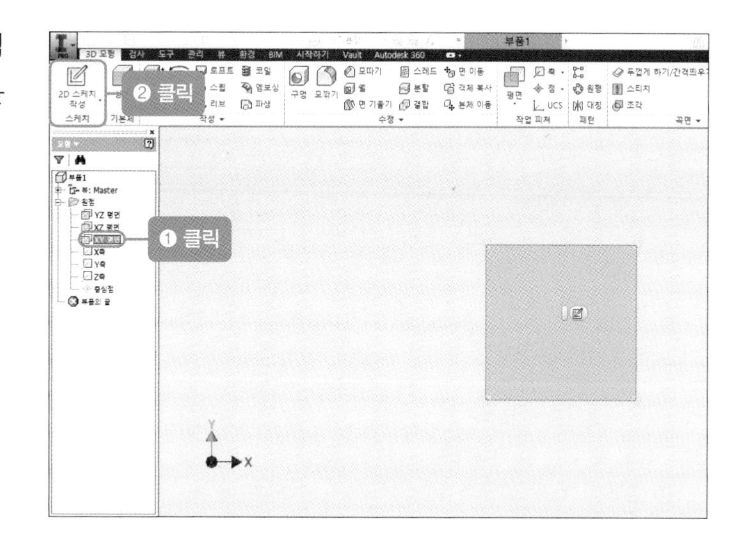

04 [직사각형] 아이콘을 클릭한 후 임의의 사각형을 그립니다.

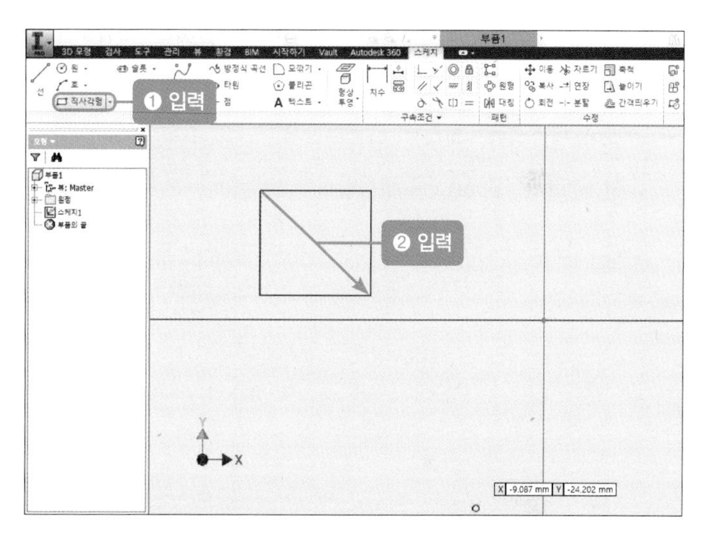

05 [선] 아이콘을 클릭한 후 왼쪽 중심점에서 오른쪽 중심점까지 선을 그립니다.

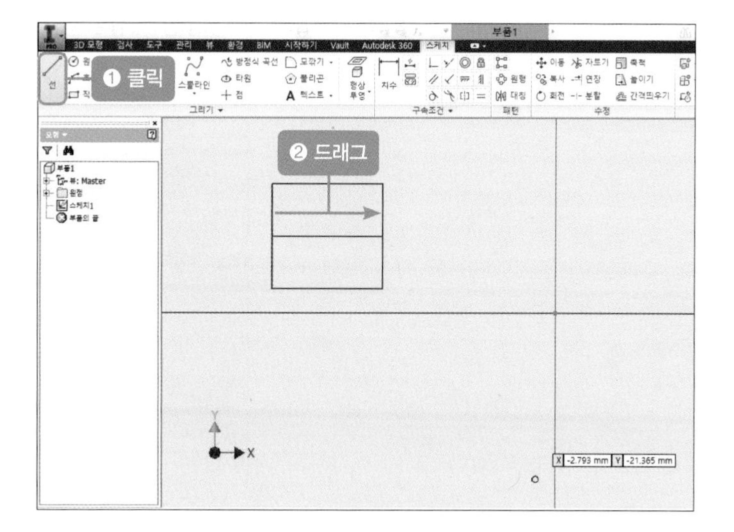

06 [일치 구속 조건] 아이콘을 클릭한 후 직사각형의 중심선에서 중심점을 클릭하고 좌표계의 중심을 클릭합니다.

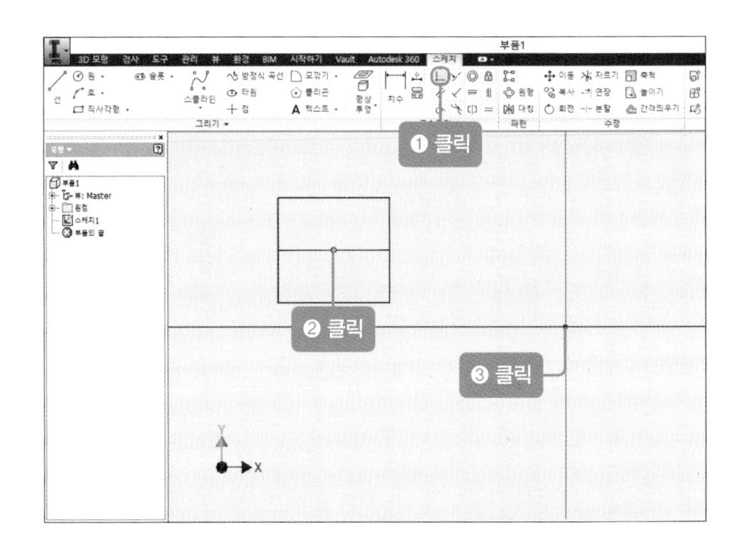

07 [치수] 아이콘을 클릭한 후 직사각형의 가로 및 세로의 치수선을 다음과 같이 넣습니다. 치수를 더블클릭하여 '82mm', '68mm'로 수정합니다.

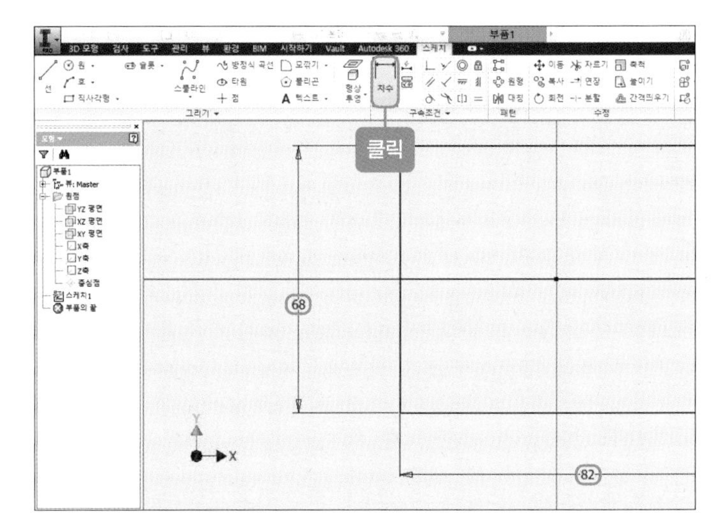

08 마우스 오른쪽 버튼을 눌러 [스케치 마무리]를 클릭합니다.

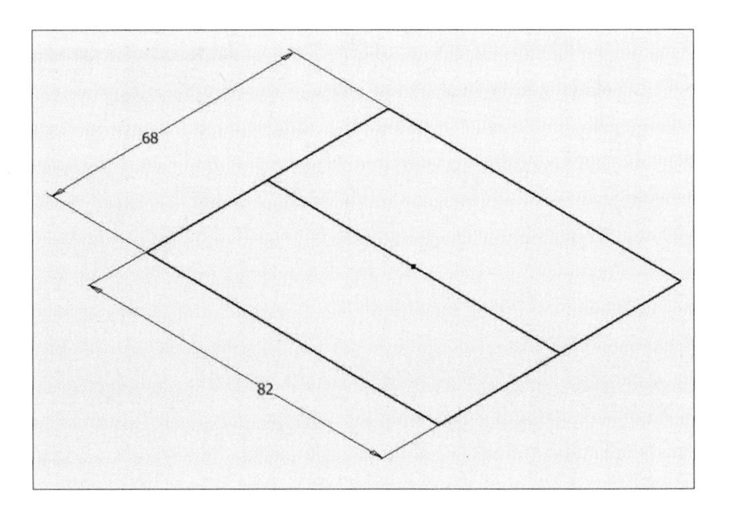

2 본체 받침대 만들기(품번 ❶)

01 [돌출] 아이콘을 클릭한 후 [프로파일]을 클릭하고 직사각형을 클릭합니다. 치수에 '8mm'를 입력한 후 [확인] 버튼을 클릭합니다.

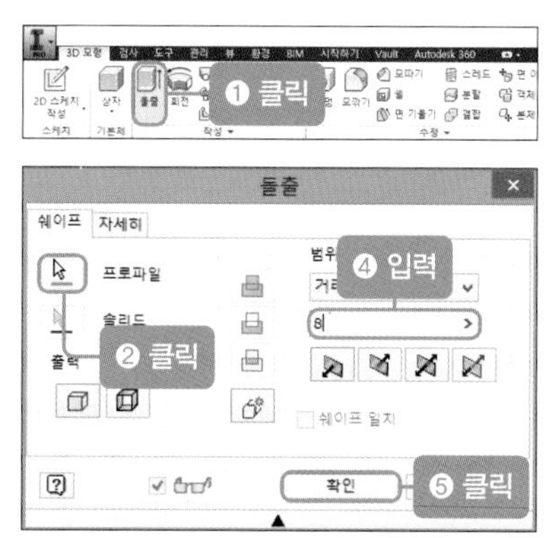

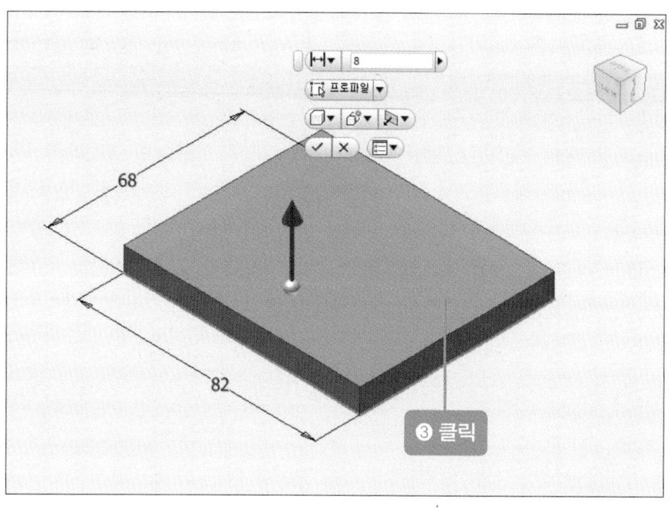

02 돌출시키면 다음과 같은 그림이 나타납니다.

03 [모깎기] 아이콘을 클릭한 후 반지름을 '10mm'로 하고 네 모서리를 클릭한 다음 [확인] 버튼을 클릭합니다.

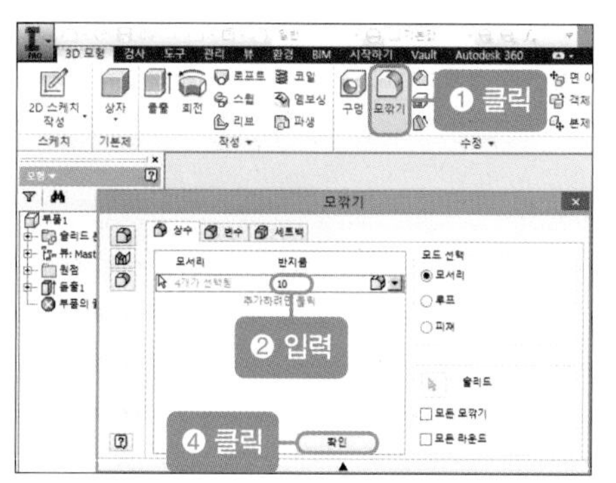

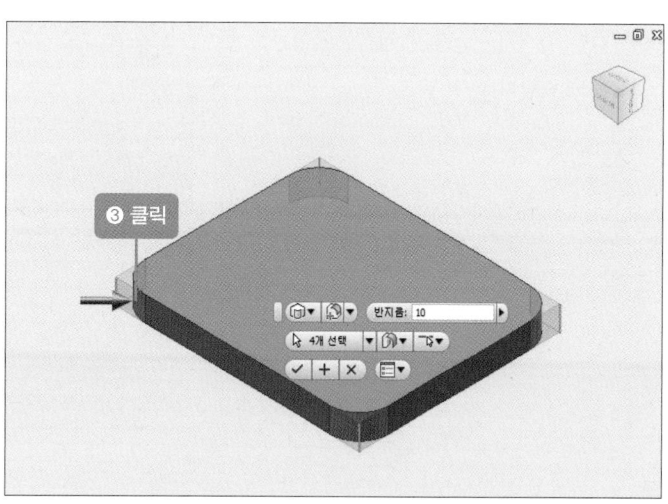

04 반지름을 '3mm'로 수정한 후 위 모서리를 클릭하고 [확인] 버튼을 클릭합니다.

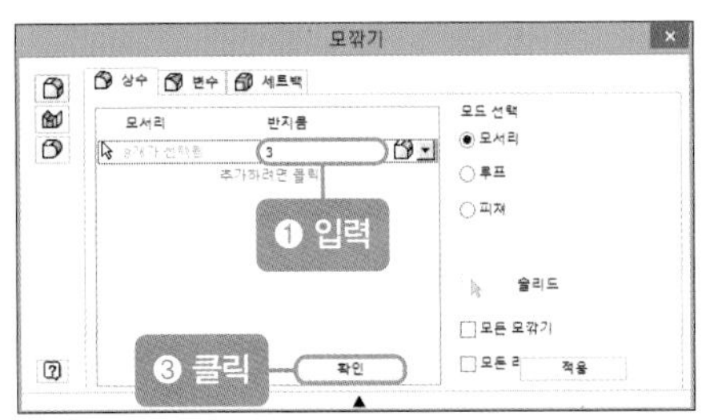

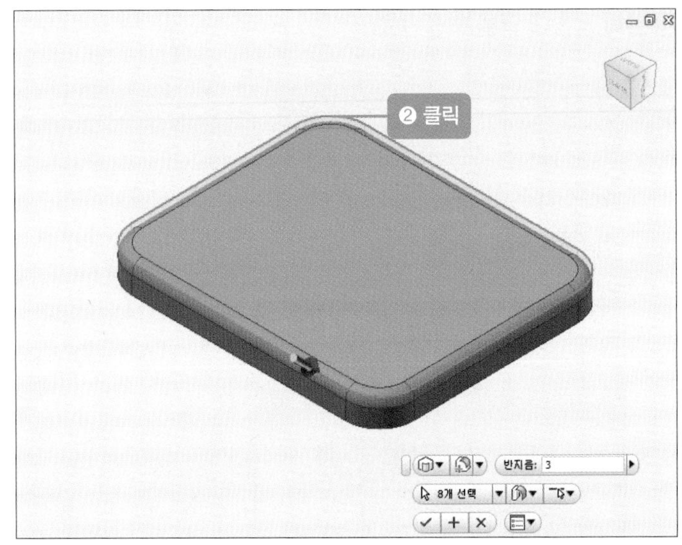

05 모깎기시키면 다음과 같은 그림이 나타납니다.

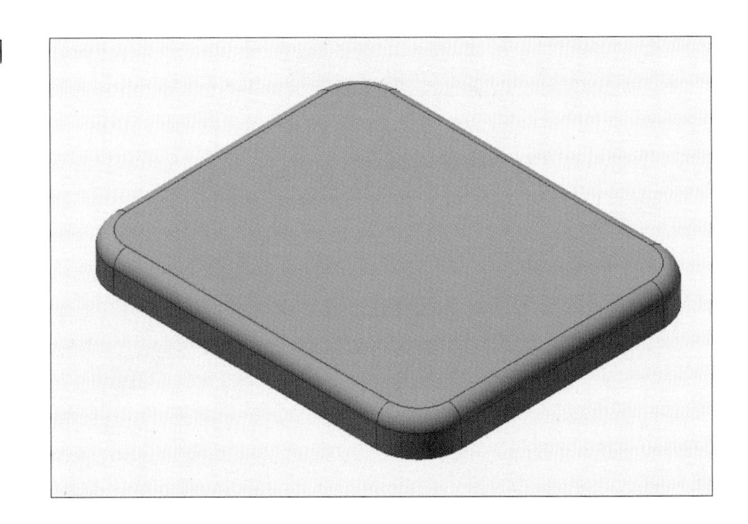

06 탐색기에서 [원점-XZ 평면]을 클릭한 후 [2D 스케치 작성] 아이콘을 클릭합니다.

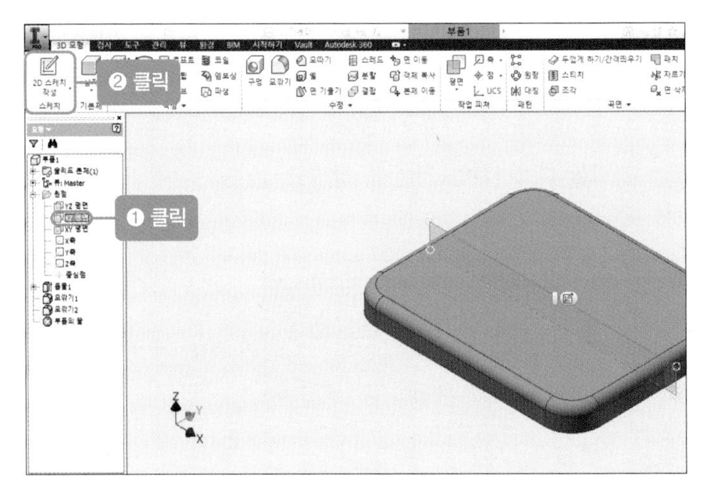

❸ 본체 원통 스케치하기

01 F7을 눌러 절단된 모형이 나오면 [절단 모서리 투영]을 클릭합니다.

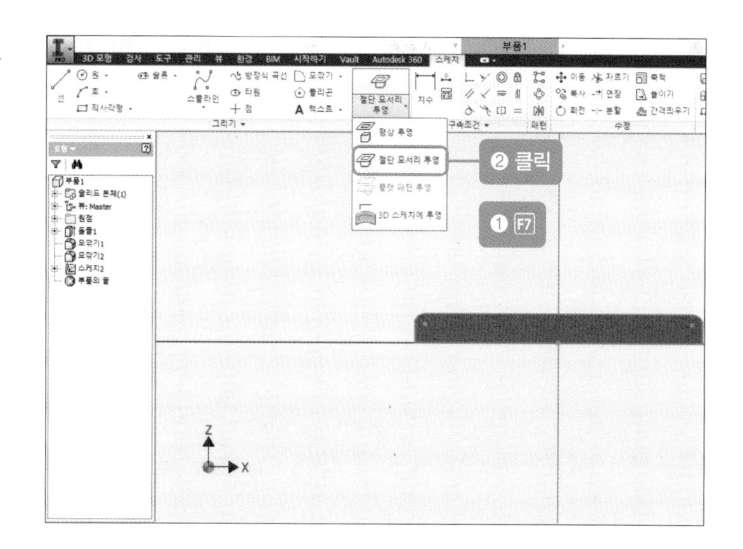

02 [선] 아이콘을 클릭한 후 직사각형의 아래 부분 중심점을 클릭하고 위로 62mm의 세로 축 중심선을 그립니다.

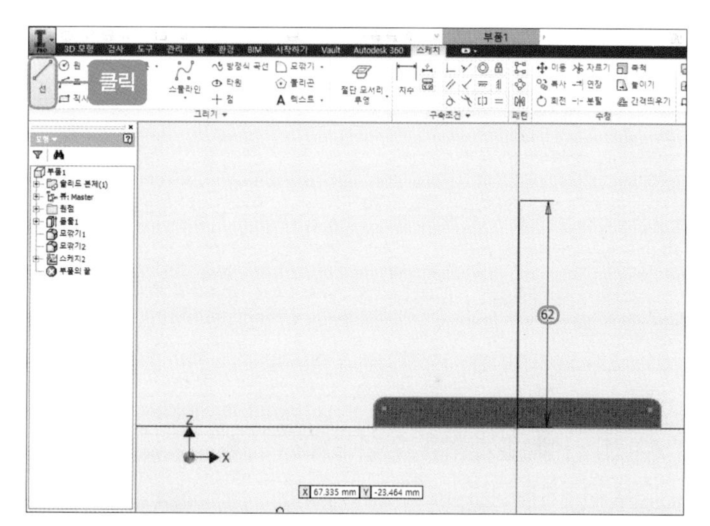

03 [직사각형] 아이콘을 클릭한 후 임의의 위치에 임의의 직사각형을 그립니다.

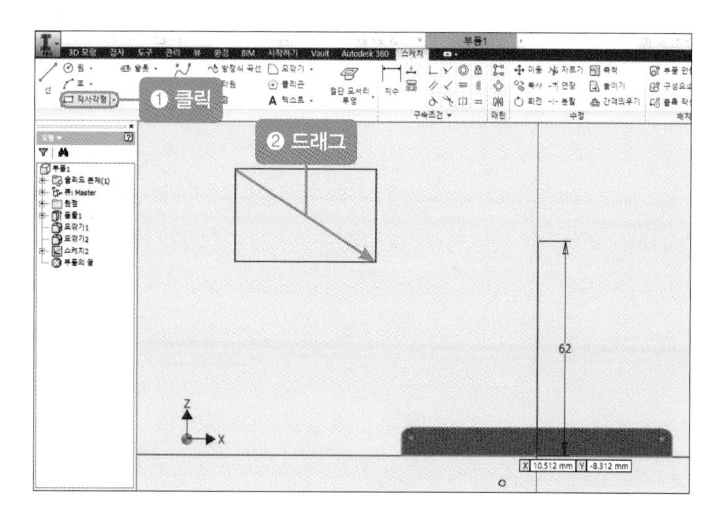

04 [일치 구속 조건] 아이콘을 클릭한 후 방금 전에 그렸던 직사각형의 아래 부분 중심점을 클릭하고 세로축의 중심선 위 부분 점을 클릭합니다.

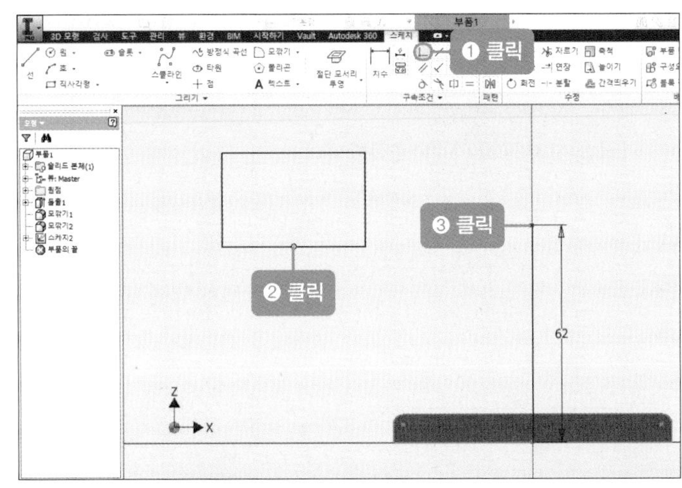

05 직사각형의 아래 부분 선을 클릭한 후 [중심선] 아이콘을 클릭하면 다음과 같이 직사각형의 아래 부분 선이 중심선으로 바뀌어 나타납니다.

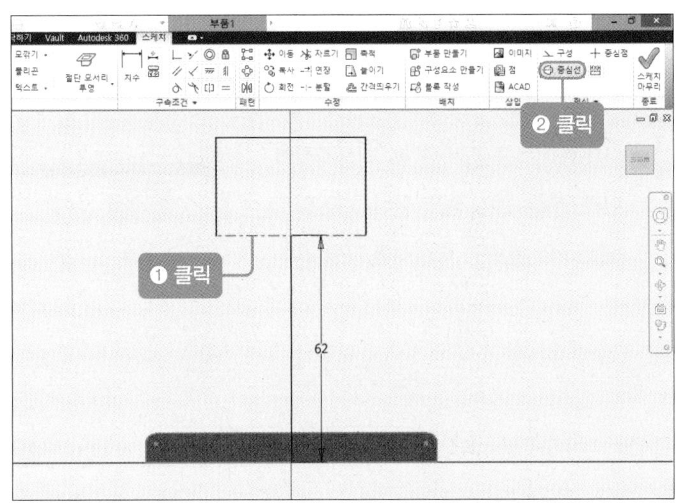

06 [선] 아이콘을 클릭한 후 가로축으로 선 2개를 그립니다.

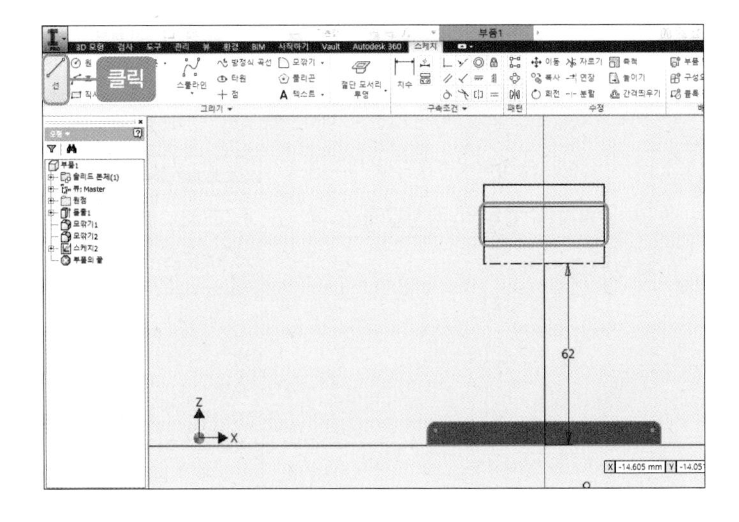

07 [치수] 아이콘을 클릭한 후 위에서부터 가로축의 선을 클릭하고 가로축의 중심선을 클릭한 후 다음과 같이 치수선을 넣습니다. 치수를 더블클릭하여 '58mm', '47mm', '35mm'로 수정합니다.

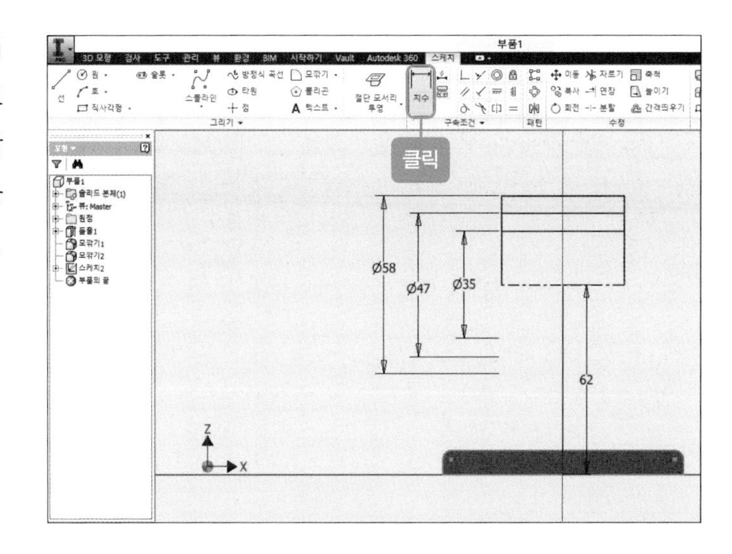

08 [선] 아이콘을 클릭한 후 세로축으로 선 2개를 그립니다.

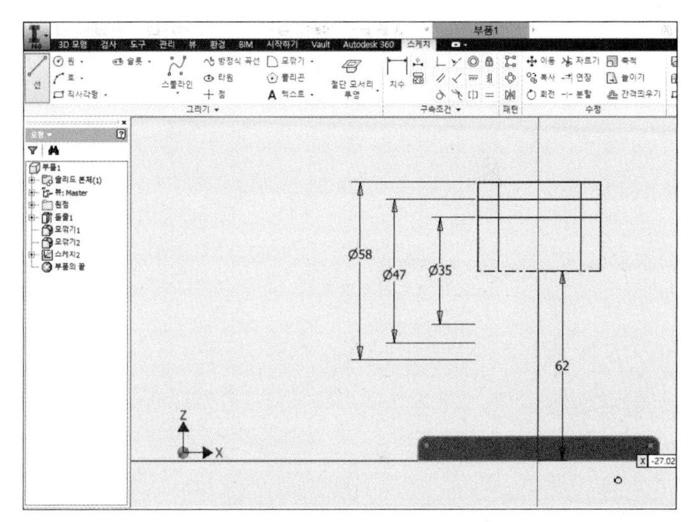

09 [치수] 아이콘을 클릭한 후 직사각형의 왼쪽에서 첫 번째 선과 네 번째 선, 첫 번째 선과 두 번째 선, 세 번째 선과 네 번째 선을 각각 클릭하여 다음과 같이 치수선을 넣습니다. 치수를 더블클릭하여 '60mm', '12mm', '12mm'로 수정합니다.

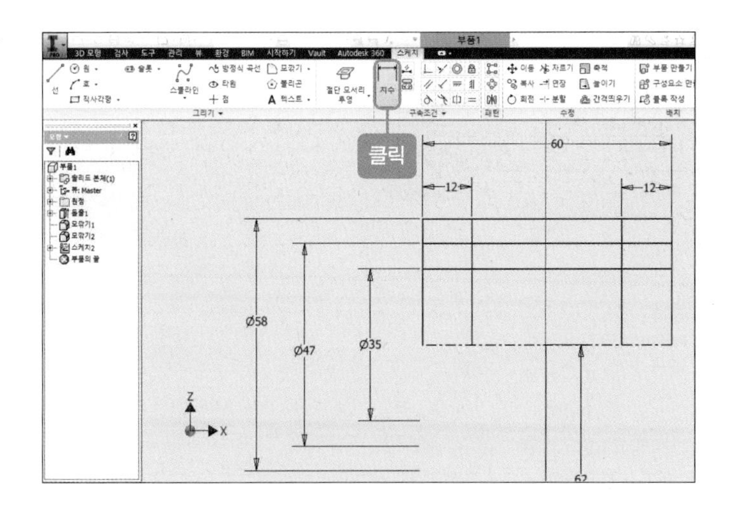

10 [자르기] 아이콘을 클릭한 후 필요 없는 선을 잘라냅니다(지울 때 모형이 변할 경우 치수선을 지우고 지웁니다).

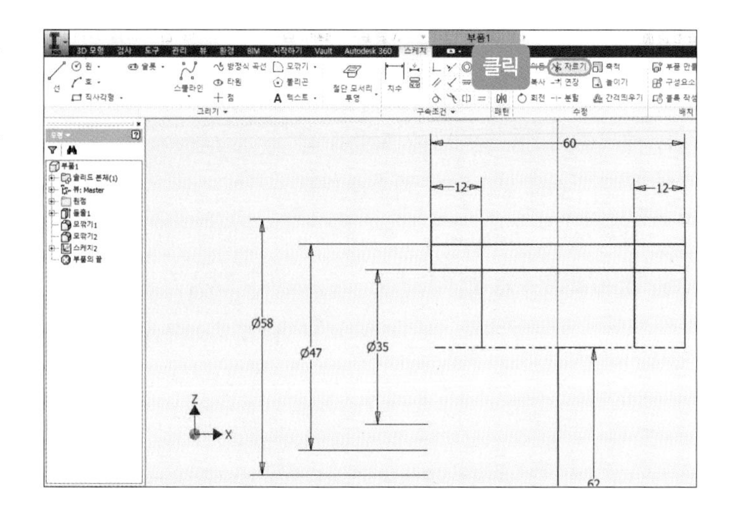

11 필요 없는 선을 지우면 다음과 같은 그림이 나타납니다.

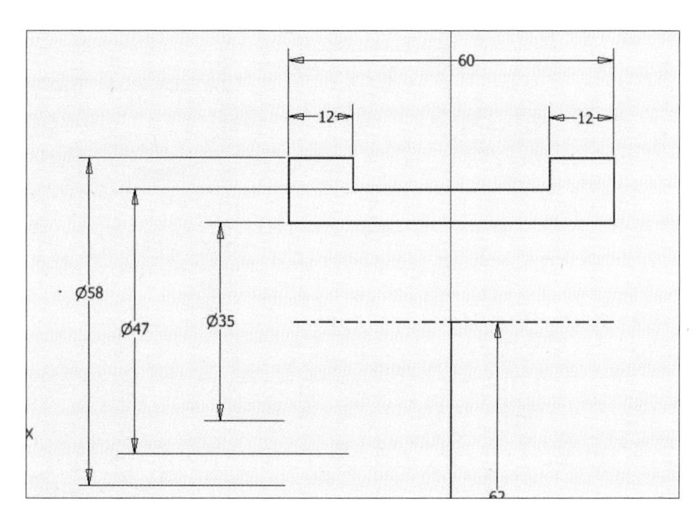

12 [모깎기] 아이콘을 클릭한 후 3mm로 모깎기합니다.

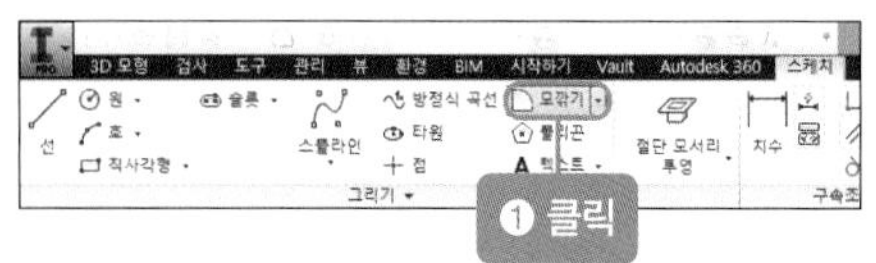

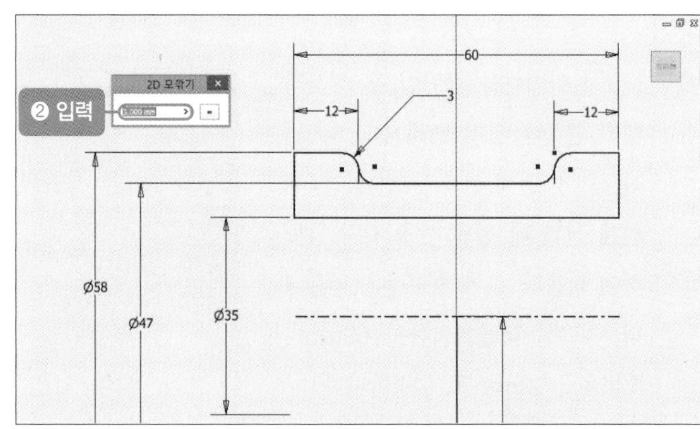

13 [자르기] 아이콘을 클릭한 후 다음 그림과 같이 지웁니다.

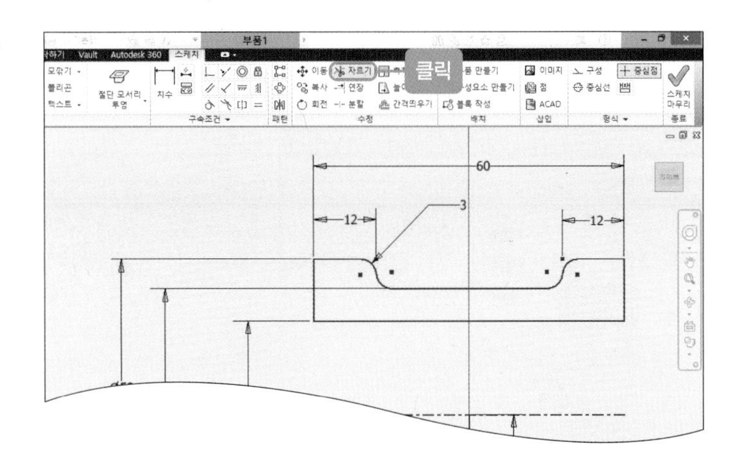

14 마우스 오른쪽 버튼을 눌러 [스케치 마무리]를 클릭합니다.

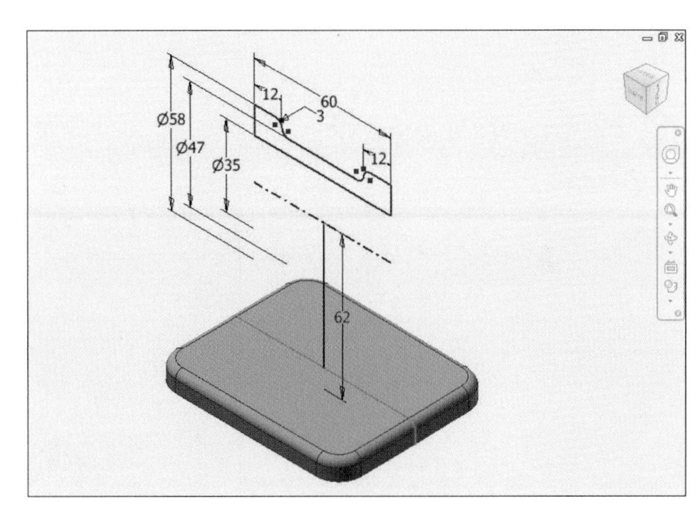

4 본체 원통 형상 만들기(품번 ❶)

01 [회전] 아이콘을 클릭한 후 [프로파일]을 클릭하고 빨간색 부분을 클릭합니다.

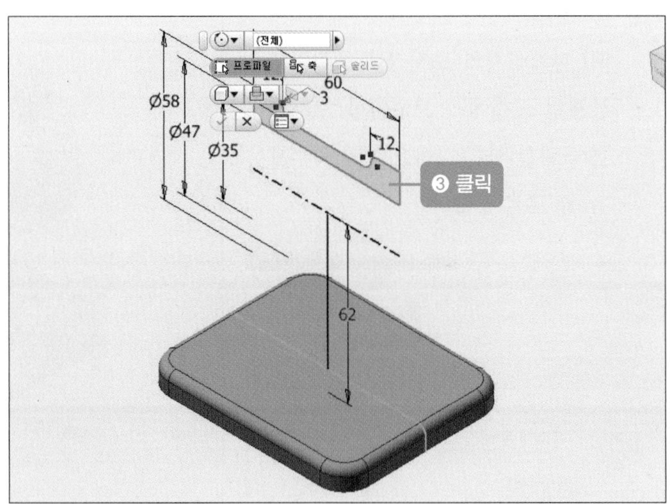

02 축을 클릭한 후 가로축의 중심선을 클릭하고 [확인] 버튼을 클릭합니다.

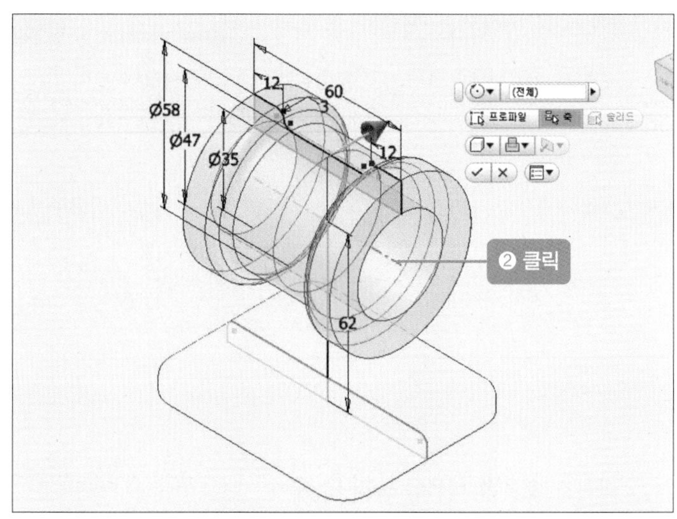

03 회전시키면 다음과 같은 그림이 나타납니다.

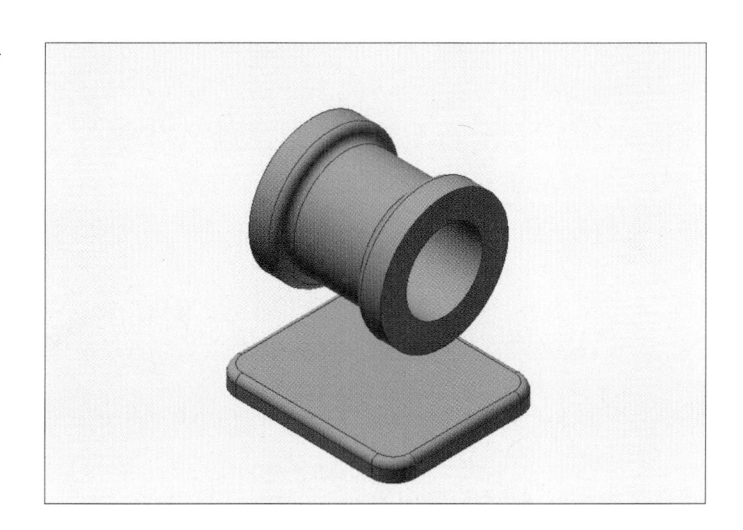

04 [모따기] 아이콘을 클릭한 후 [모따기] 대화상자의 모서리를 클릭하고 본체의 모형에서 모따기할 모서리를 클릭합니다. 그리고 거리 치수를 '1mm'로 수정합니다.

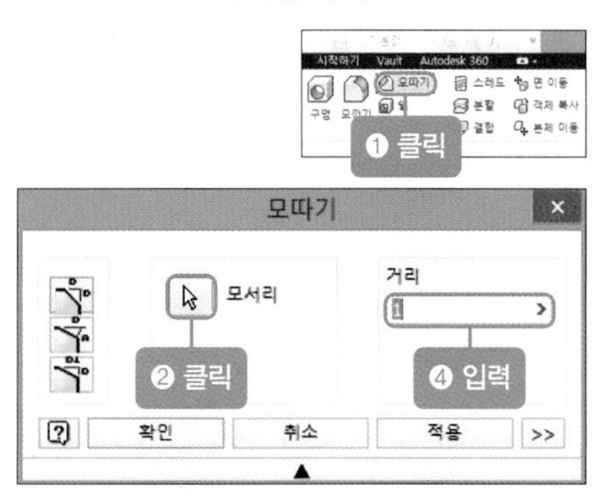

05 회전시켜 반대쪽 모서리를 클릭한 후 [확인] 버튼을 클릭합니다.

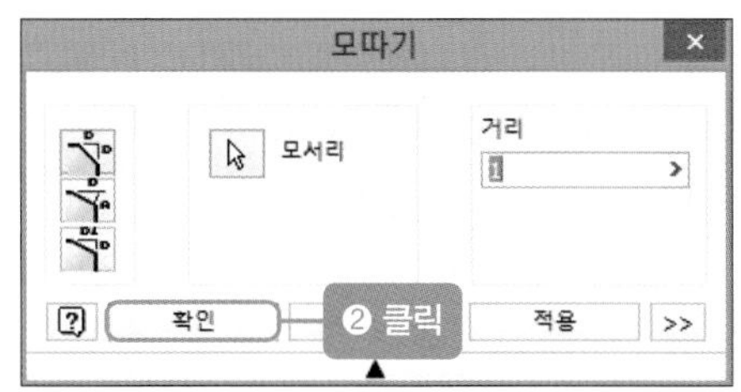

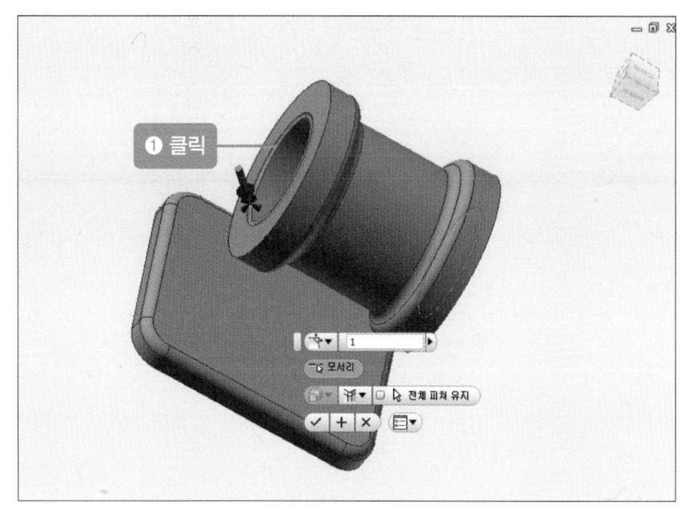

06 모따기하면 다음과 같은 그림이 나타납니다.

5 본체 원통의 암나사 만들기

01 원통의 빨간색 부분을 클릭한 후 [2D 스케치 작성] 아이콘을 클릭합니다.

02 [선] 아이콘을 클릭한 후 원통의 가로축과 세로축으로 중심선을 그립니다.

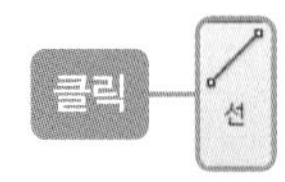

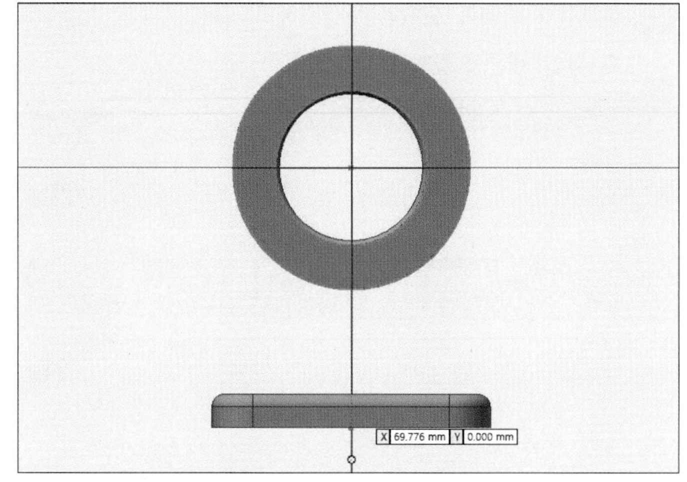

03 원통의 중심점을 클릭하고 대각선 2개를 그립니다.

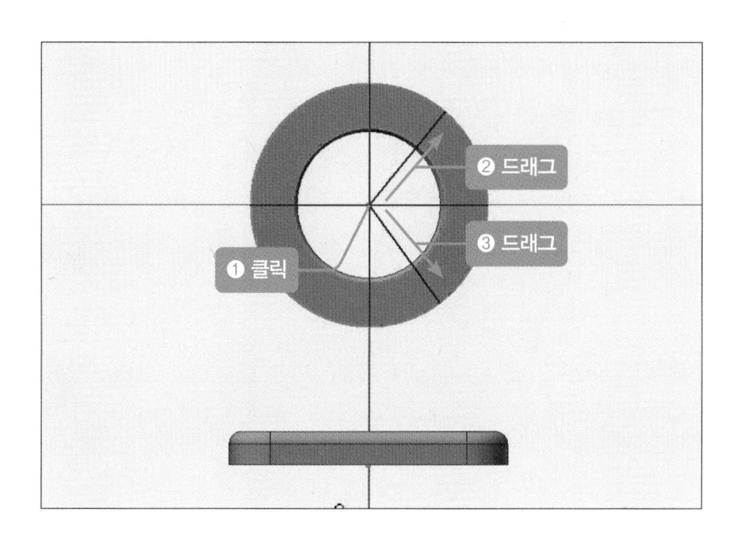

04 [치수] 아이콘을 클릭한 후 가로축의 중심선과 위 · 아래 대각선을 각각 클릭하고 다음과 같이 치수선을 넣습니다. 치수를 더블클릭하여 '45°'로 수정합니다.

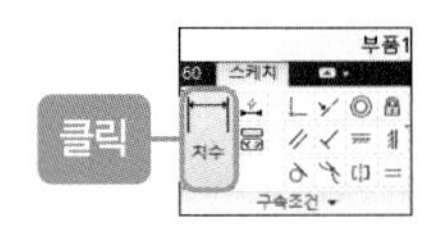

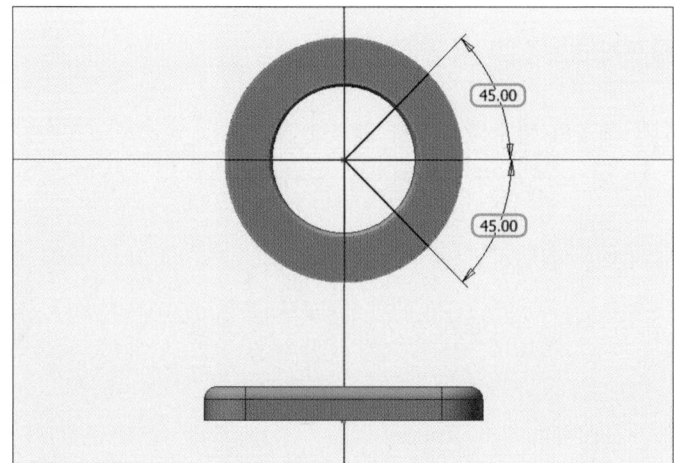

05 [대칭] 아이콘을 클릭한 후 [대칭] 대화상자의 선택을 클릭하고 대각선 2개를 클릭합니다.

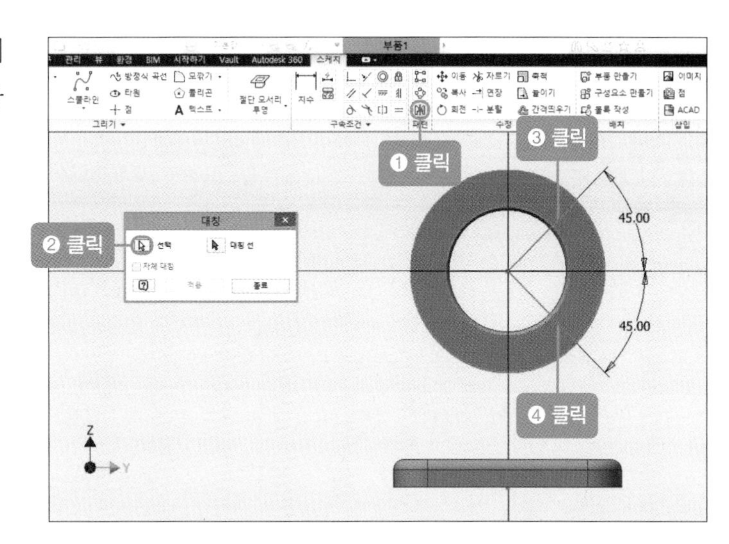

06 [대칭] 대화상자의 대칭선을 클릭한 후 세로축의 중심선을 클릭하고 [적용] 버튼을 누릅니다.

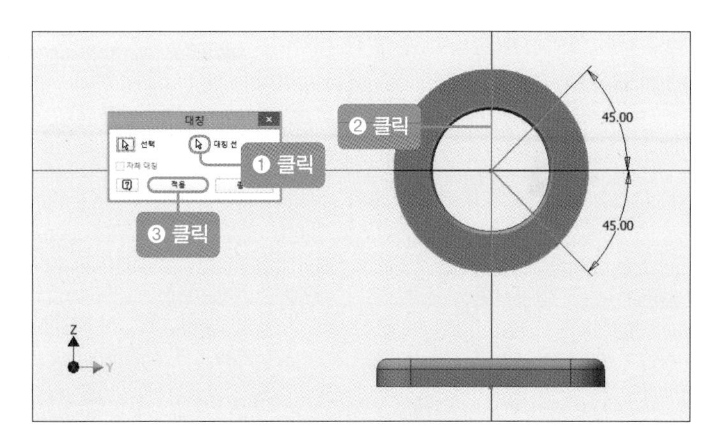

07 대칭시키면 다음과 같은 그림이 나타납니다.

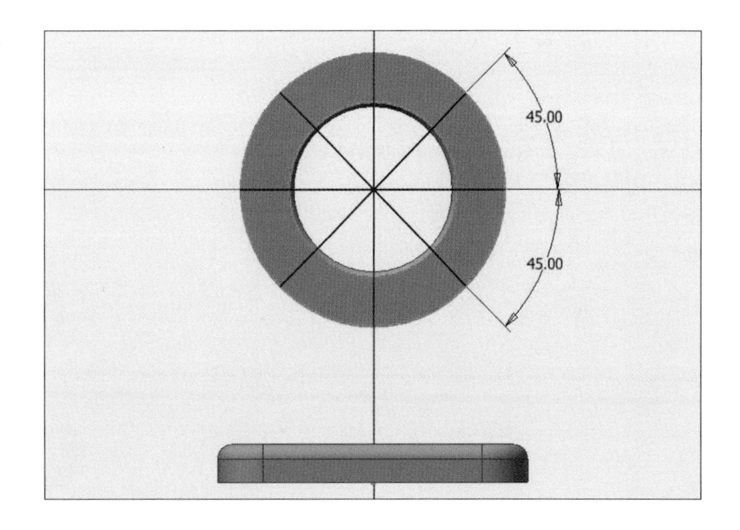

08 [원] 아이콘을 클릭한 후 원통의 중심점을 클릭하고 48mm의 원을 그립니다.

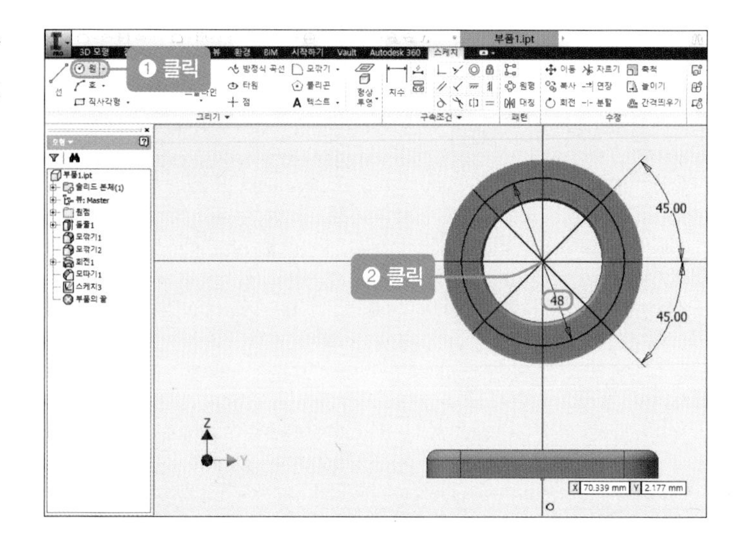

09 [점] 아이콘을 클릭한 후 원과 대각선이 만나는 점을 각각 클릭합니다.

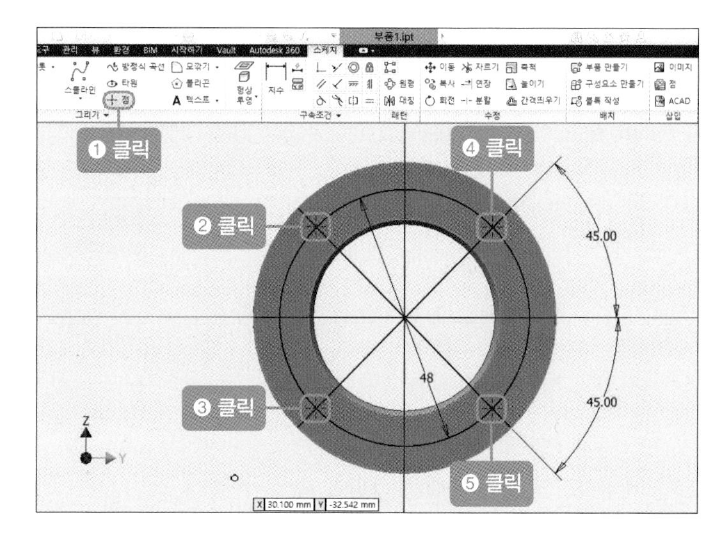

10 마우스 오른쪽 버튼을 눌러 [스케치 마무리]를 클릭합니다.

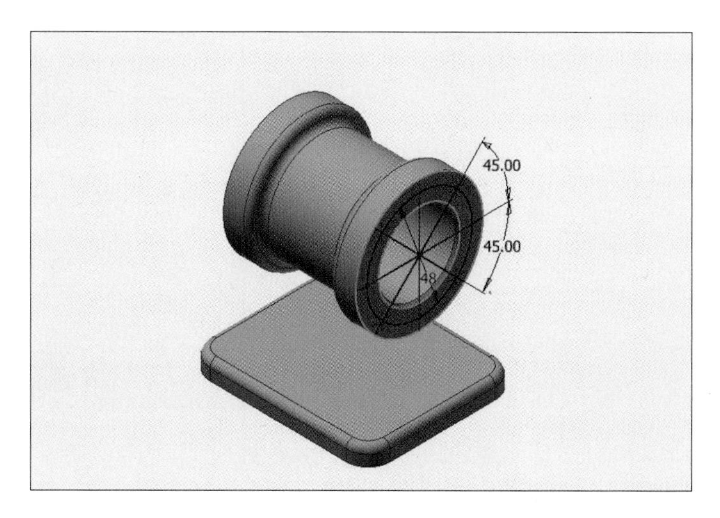

11 [구멍] 아이콘을 클릭한 후 다음 그림과 같이 설정하고 [확인] 버튼을 클릭합니다.

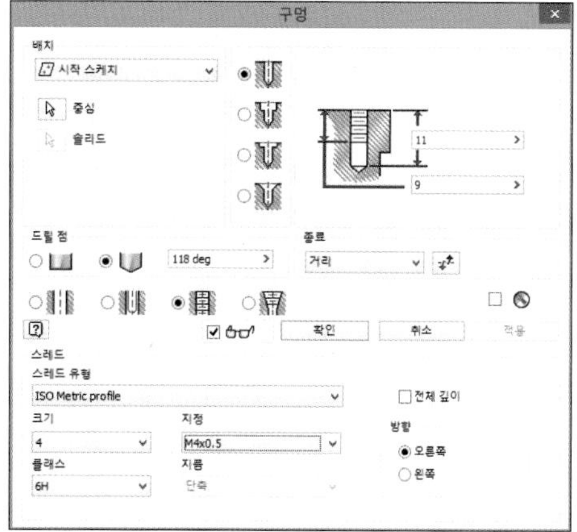

12 구멍을 뚫으면 다음과 같은 그림이 나타납니다.

13 [대칭] 아이콘을 클릭한 후 [대칭] 대화상자의 [피쳐]를 클릭하고 탐색기에서 '구멍1'을 클릭합니다.

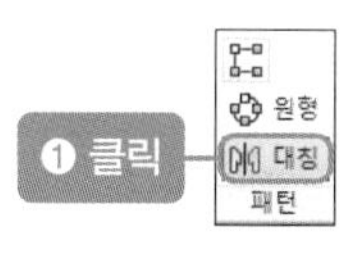

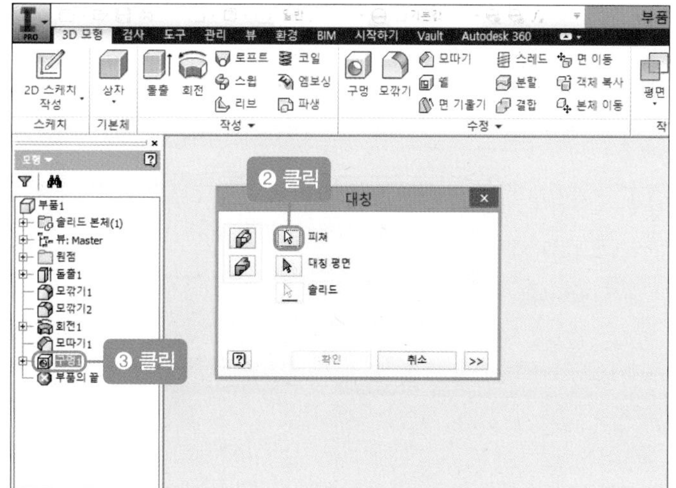

14 [대칭] 대화상자의 대칭 평면을 클릭한 후 탐색기의 [원점-YZ 평면]을 클릭하고 [확인] 버튼을 클릭합니다.

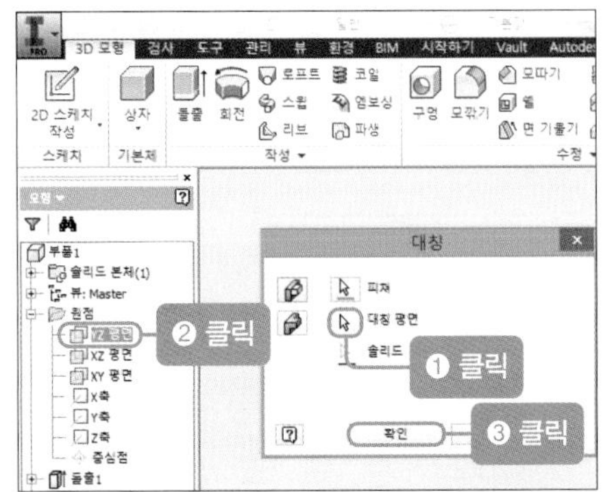

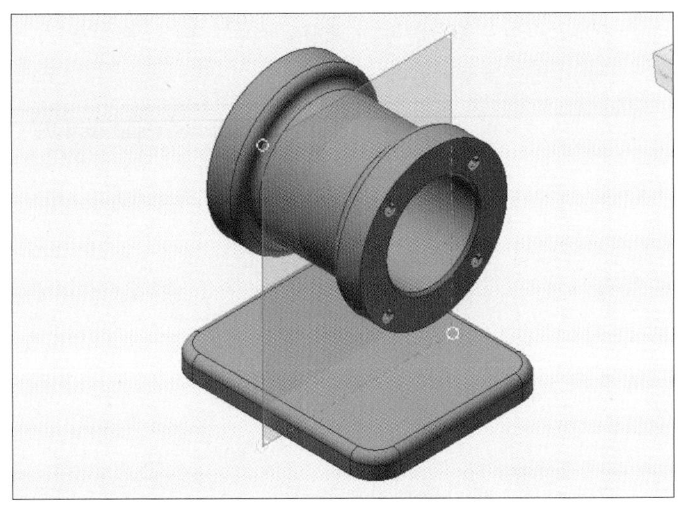

15 대칭시키면 다음과 같은 그림이 나타납니다.

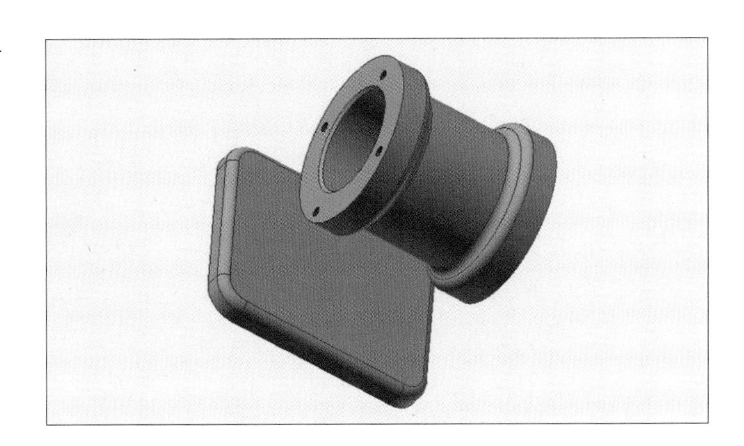

6 본체 받침대 고정 구멍 만들기(품번 ①)

01 직사각형의 빨간색 부분을 클릭하고 [2D 스케치 작성] 아이콘을 클릭합니다.

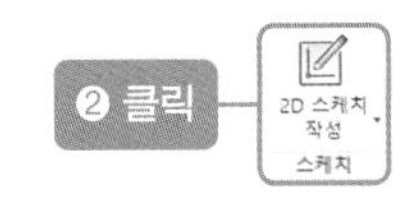

02 F7을 눌러 절단된 모형이 나오도록 합니다.

03 [선] 아이콘을 클릭한 후 가로축으로 선 2개, 세로축으로 선 1개를 그립니다.

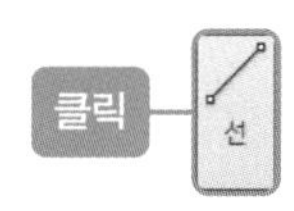

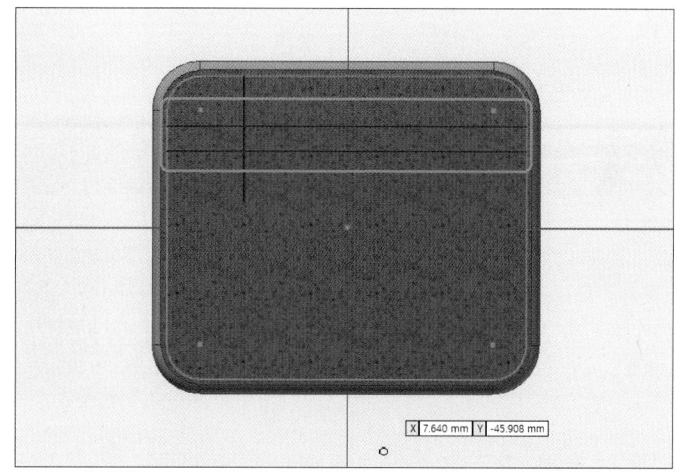

04 [치수] 아이콘을 클릭한 후 형상투영된 직사각형의 위 부분 선과 가로축의 첫 번째 선, 가로축의 첫 번째 선과 가로축의 두 번째 선, 형상투영된 직사각형의 왼쪽 선과 세로축의 첫 번째 선을 클릭하고 다음 그림과 같이 치수선을 넣습니다. 치수를 더블클릭하여 '8mm', '7mm', '11mm'로 수정합니다.

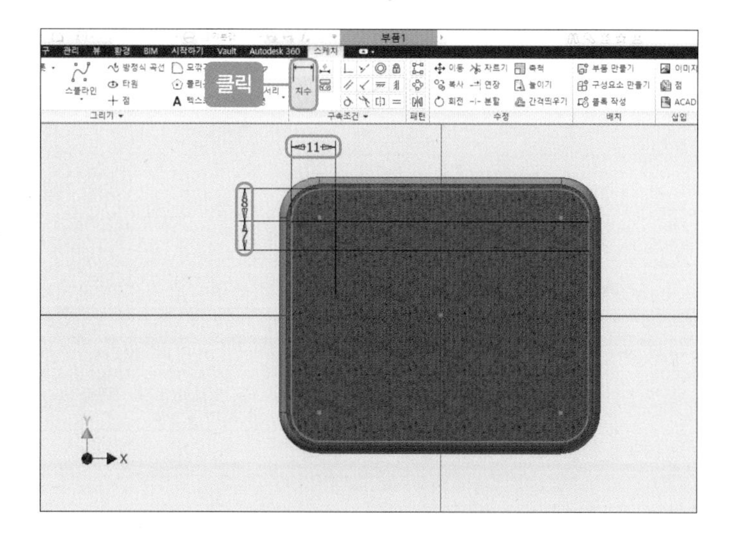

05 [원] 아이콘을 클릭한 후 가로축과 세로축의 선이 만나는 점을 각각 클릭하여 12mm의 원 2개를 그립니다.

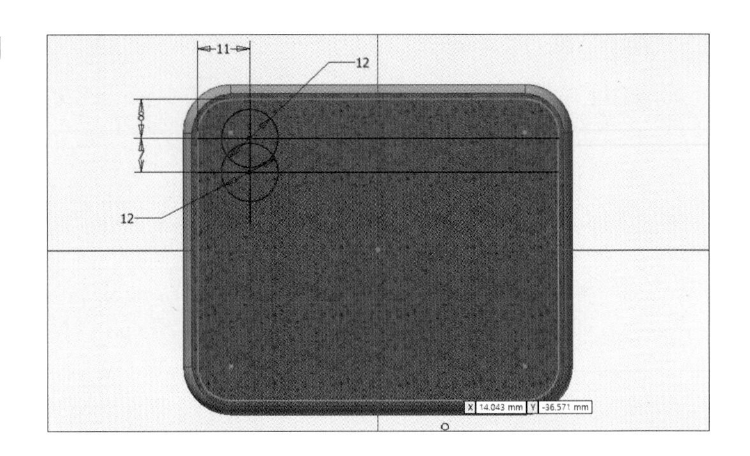

06 [선] 아이콘을 클릭한 후 위의 원 왼쪽 중심점과 아래의 원 왼쪽 중심점을 클릭하여 접선을 그립니다. 오른쪽도 동일한 방법으로 합니다.

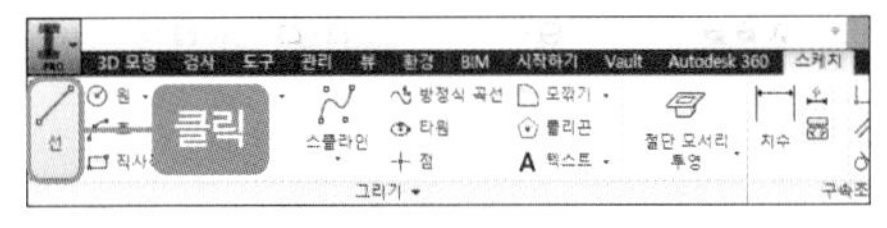

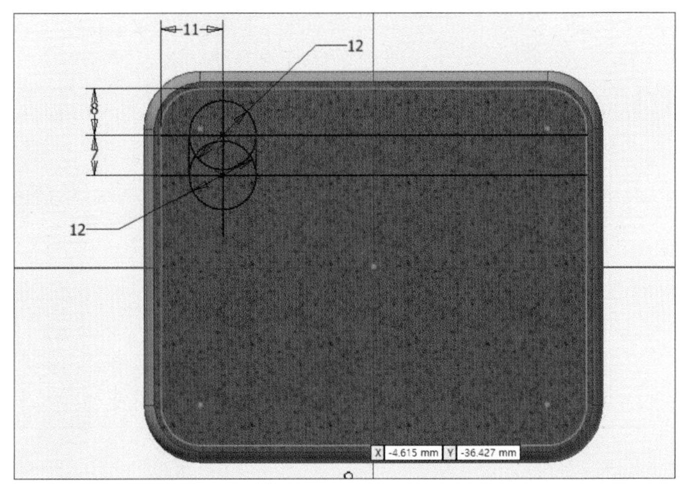

07 [자르기] 아이콘을 클릭한 후 필요 없는 선을 지웁니다.

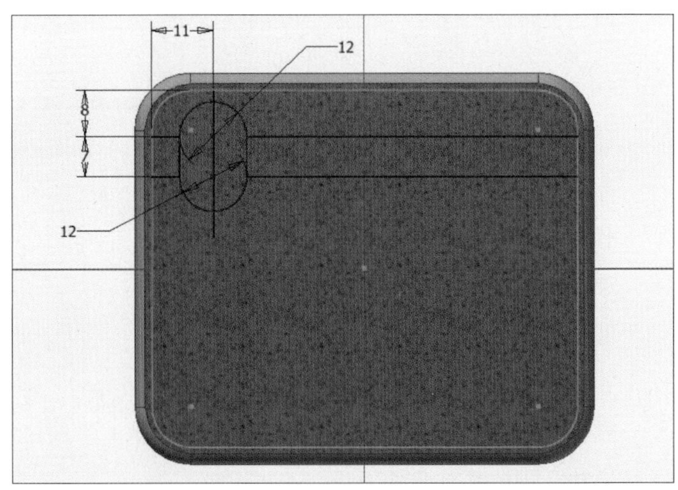

08 마우스 오른쪽 버튼을 눌러 [스케치 마무리]를 클릭합니다.

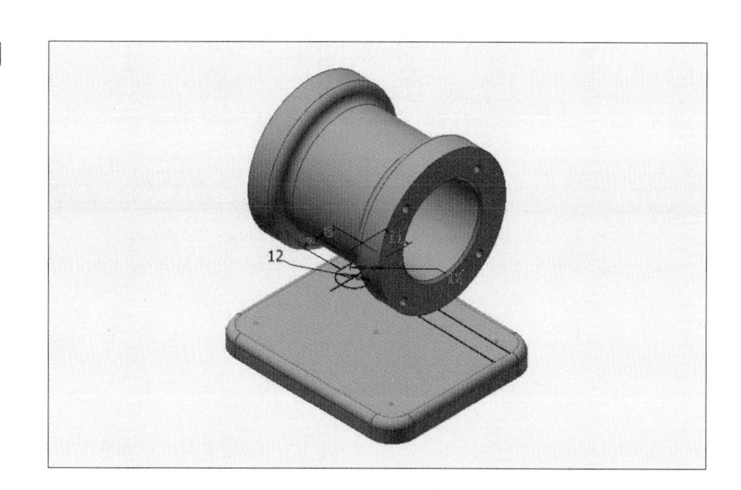

09 [돌출] 아이콘을 클릭한 후 [돌출] 대화상자의 [프로파일]을 클릭하고 방금 전에 그렸던 것을 클릭합니다. [돌출] 대화상자에서 '접합'과 '방향 1'을 클릭하고 치수에 '2mm'를 입력한 후 [확인] 버튼을 클릭합니다.

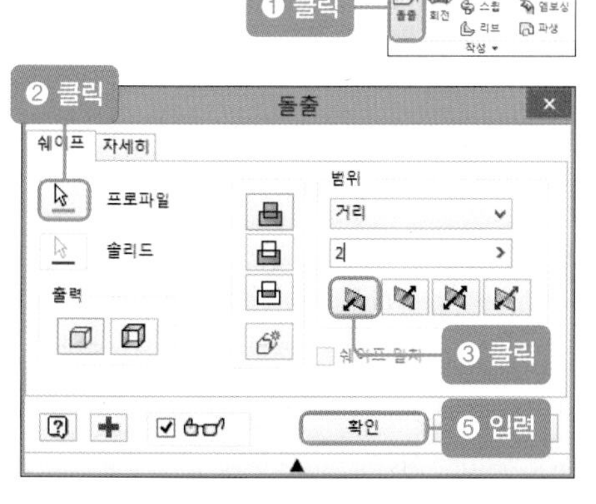

10 돌출시키면 다음과 같은 그림이 나타납니다.

11 원의 빨간색 부분을 클릭한 후 [2D 스케치 작성] 아이콘을 클릭합니다.

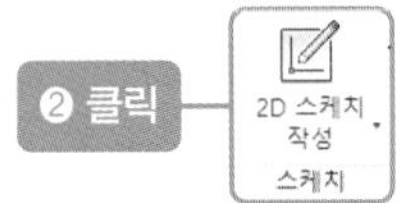

12 F7을 눌러 절단된 모형이 나오도록 합니다.

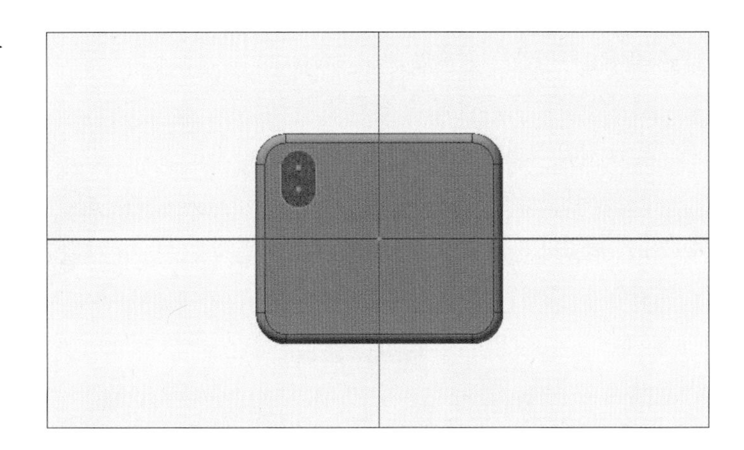

13 [원] 아이콘을 클릭한 후 원의 중심점을 각각 클릭하여 6mm의 원을 2개 그립니다.

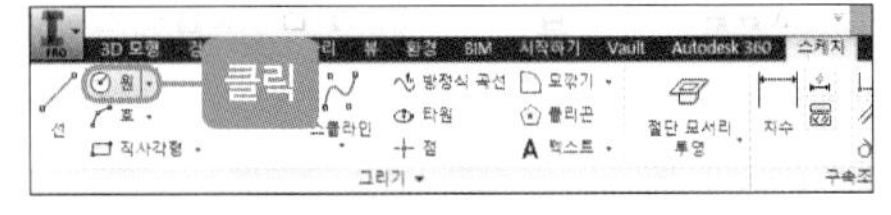

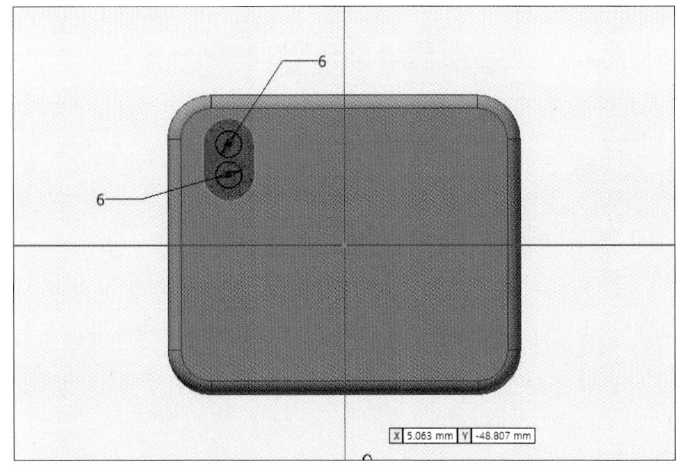

14 [선] 아이콘을 클릭한 후 위의 원 왼쪽 중심점과 아래의 원 왼쪽 중심점을 클릭하여 접선을 그립니다. 오른쪽도 동일한 방법으로 합니다.

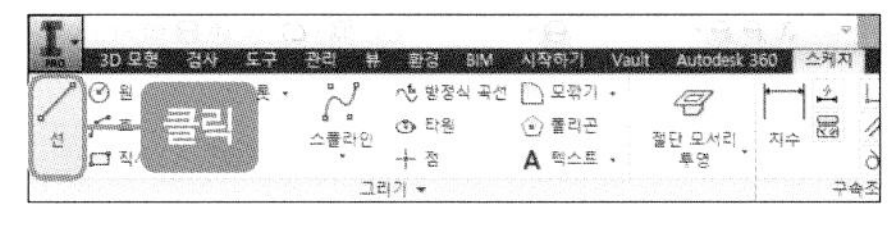

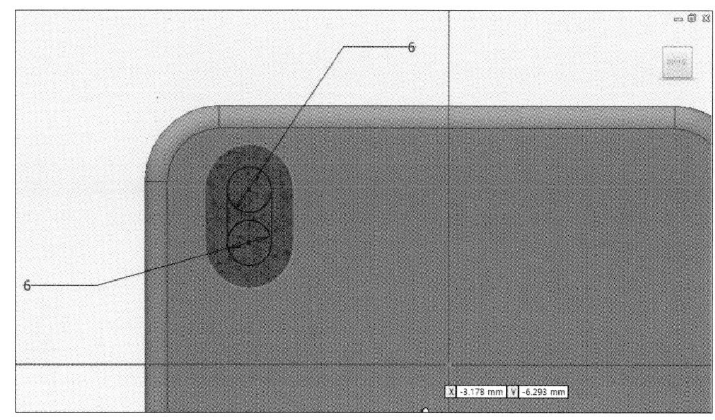

15 [자르기] 아이콘을 클릭한 후 필요 없는 선을 지웁니다.

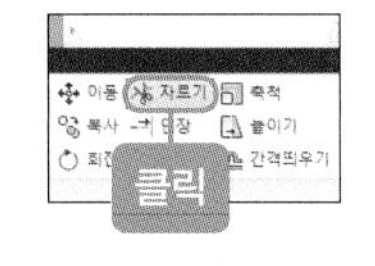

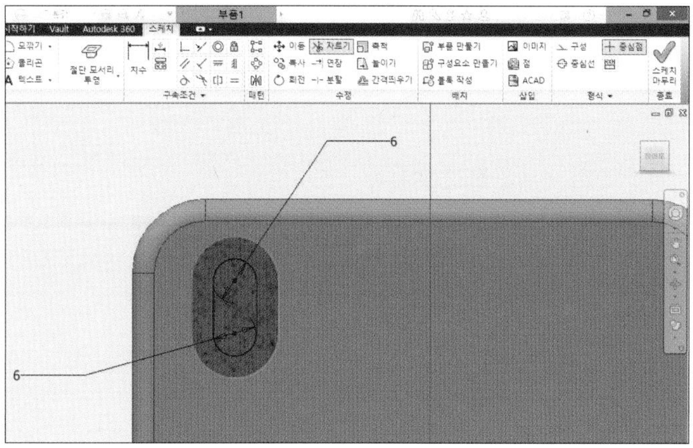

16 스케치 마무리를 한 후 [돌출] 아이콘을 클릭합니다. 그런 다음 [프로파일]을 클릭하고 방금 전에 그렸던 스케치를 클릭합니다. 돌출 상자에서 '차집합'과 '방향2'를 클릭하고 치수를 '10mm'로 수정한 다음 [확인] 버튼을 클릭합니다.

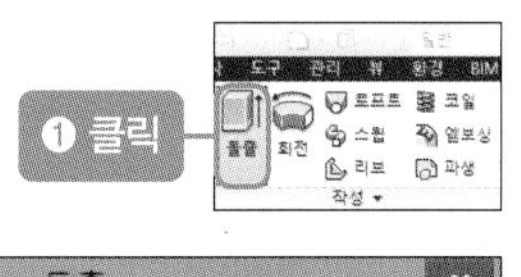

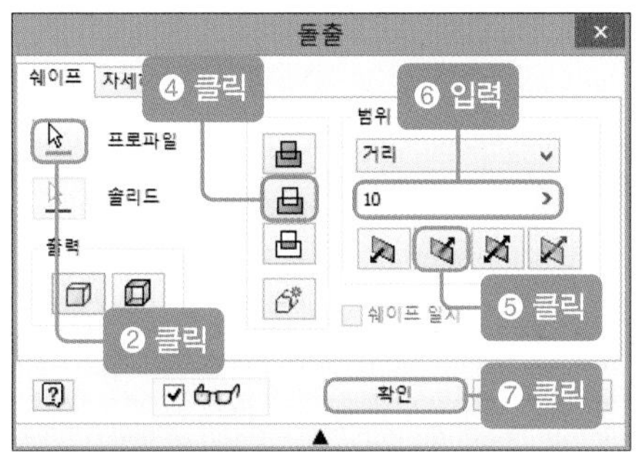

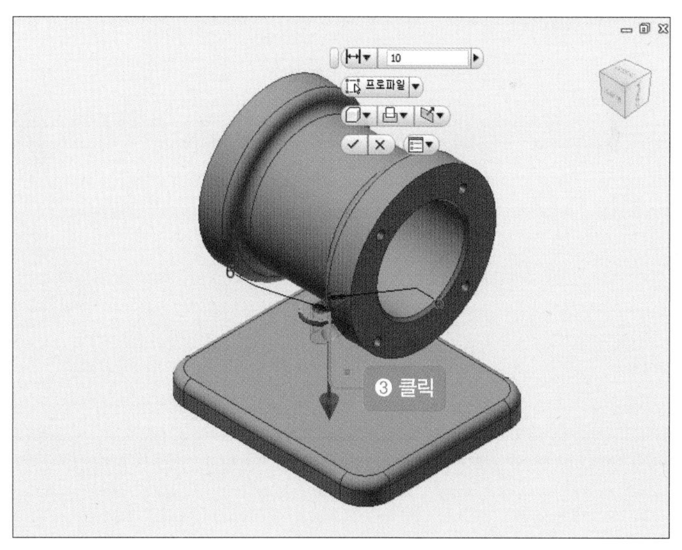

17 돌출시키면 다음과 같은 그림이 나타납니다.

18 [모깎기] 아이콘을 클릭한 후 반지름을 '2mm'로 수정합니다. 그런 다음 모서리를 클릭하고 [확인] 버튼을 클릭합니다.

19 모깎기시키면 다음과 같은 그림이 나타납니다.

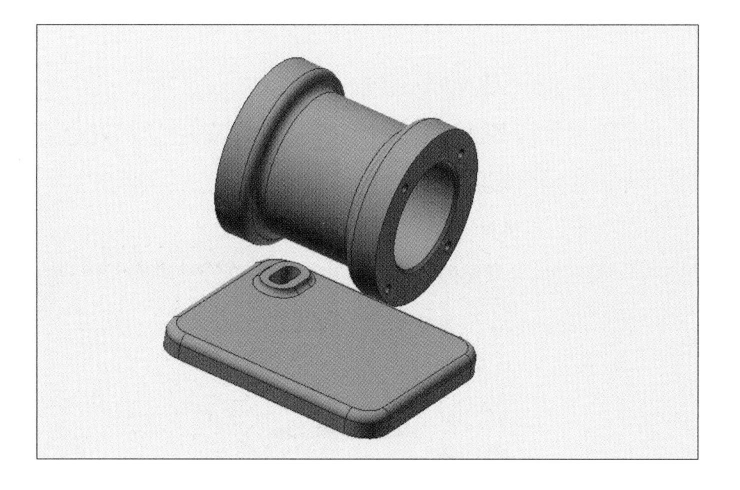

20 [직사각형 패턴] 아이콘을 클릭한 후 [피쳐]를 클릭하고 탐색기에서 돌출2, 돌출3, 모깎기3을 클릭합니다.

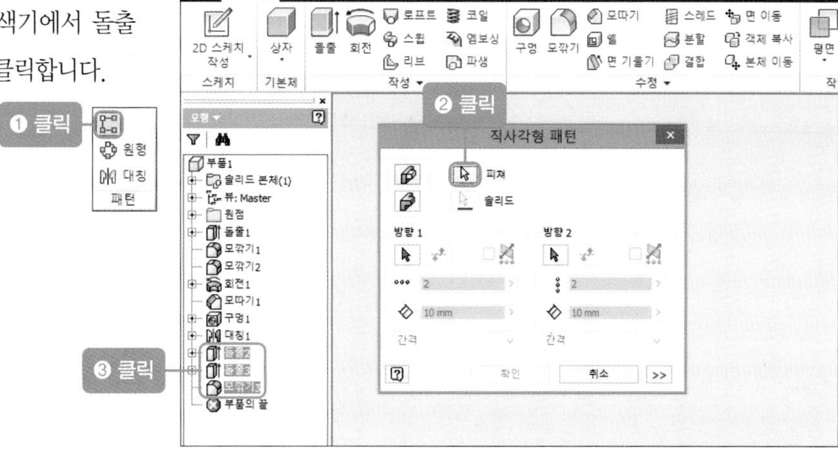

21 직사각형 패턴의 대화상자에서 방향1의 흰색 화살표를 클릭한 후 탐색기의 [원점-YZ 평면]을 클릭합니다. 그런 다음 개수에 '2', 거리에 '54mm'를 입력합니다.

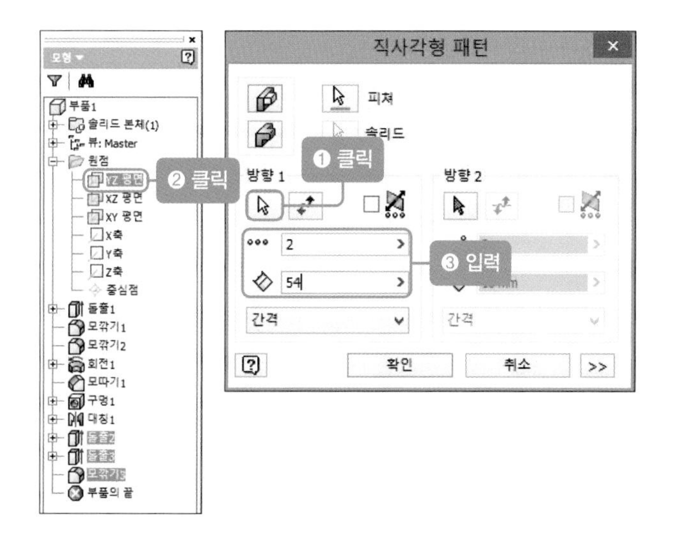

22 직사각형 패턴 상자에서 방향2에서 흰색 화살표를 클릭한 후 탐색기의 [원점-XZ 평면]을 클릭합니다. 그런 다음 개수에 '2', 거리에 '39mm'를 입력하고 [확인] 버튼을 클릭합니다.

23 돌출시키면 다음과 같은 그림이 나타납니다.

7 본체 리브 만들기

01 탐색기의 [원점-YZ 평면]을 클릭한 후 [2D 스케치 작성] 아이콘을 클릭합니다.

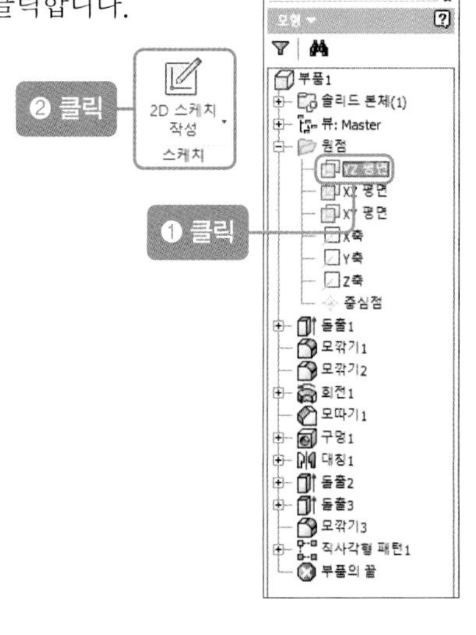

02 F7을 눌러 절단된 모형이 나오면 [절단 모서리 투영]을 클릭합니다.

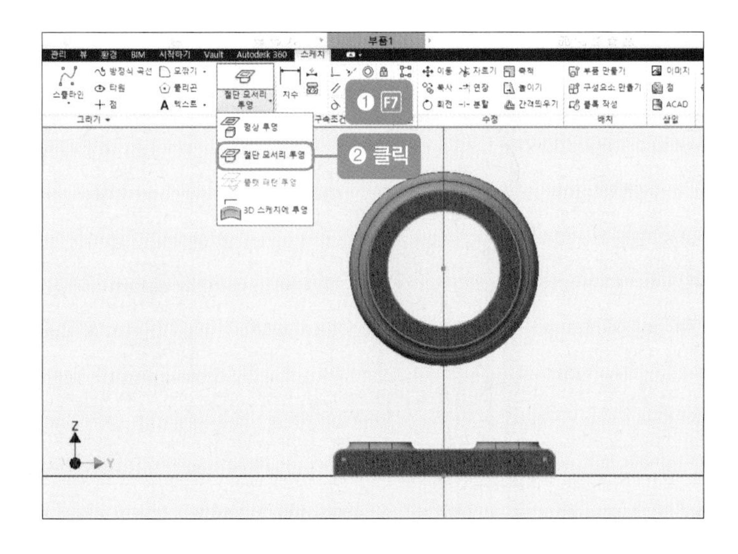

03 [원] 아이콘을 클릭한 후 원의 중심점을 클릭하고 47mm의 원을 그립니다.

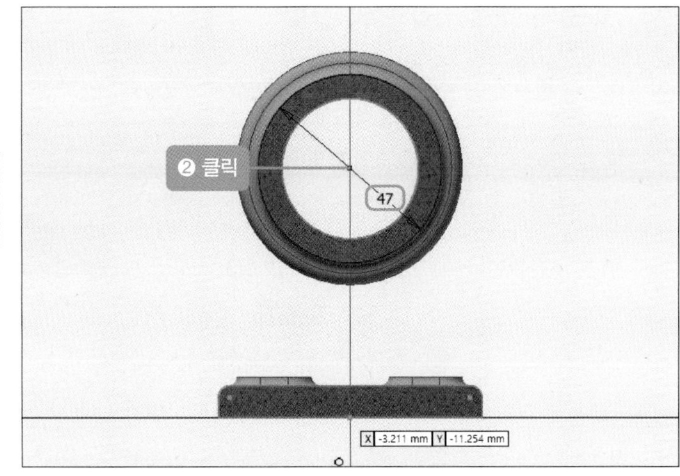

04 [선] 아이콘을 클릭한 후 원의 중심점을 클릭하고 직사각형 아래 부분의 중심점을 클릭합니다.

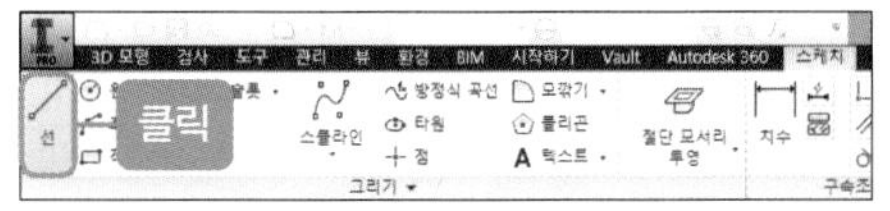

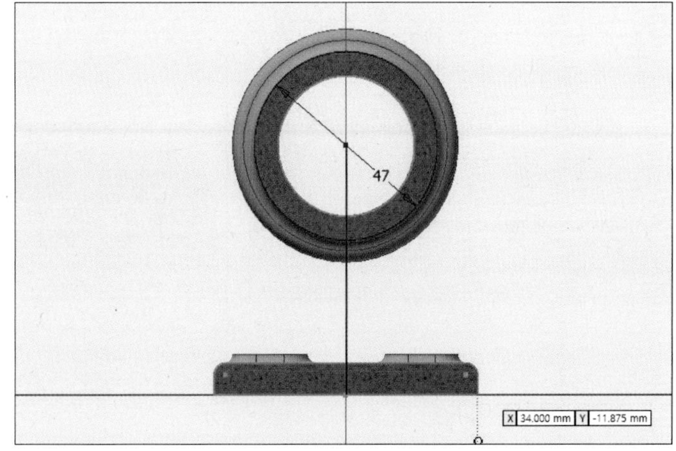

05 [간격 띄우기] 아이콘을 클릭한 후 세로축의 중심선을 클릭하고 왼쪽, 오른쪽에 선을 만듭니다.

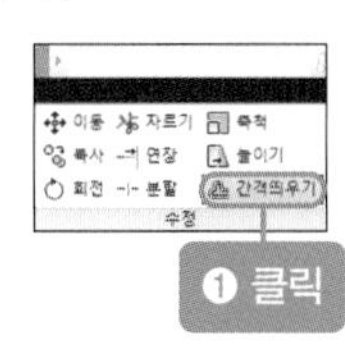

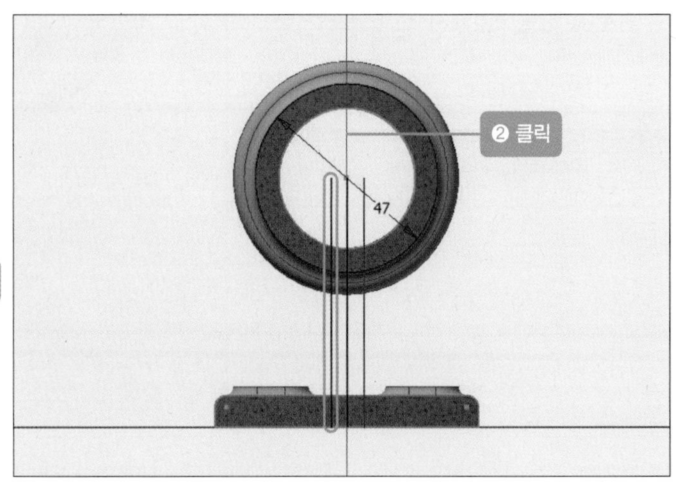

06 [치수] 아이콘을 클릭한 후 세로축의 첫 번째 선과 두 번째 선, 첫 번째 선과 세 번째 선을 클릭하고 다음과 같이 치수선을 넣습니다. 치수를 더블클릭하여 '2.5mm', '5mm'로 수정합니다.

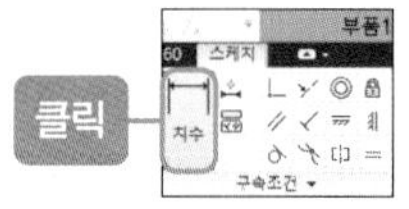

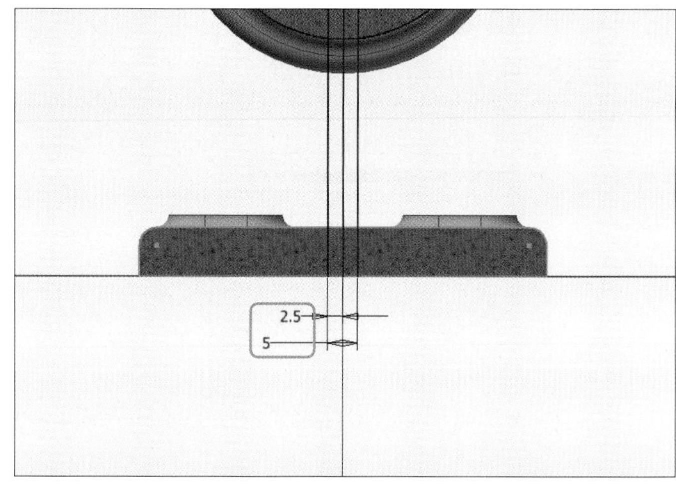

07 [선] 아이콘을 클릭한 후 직사각형의 위 부분 선에서 세로축의 첫 번째 선과 세 번째 선을 클릭하여 가로축에 선을 그립니다.

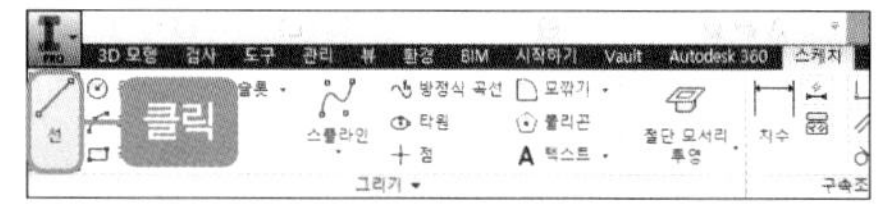

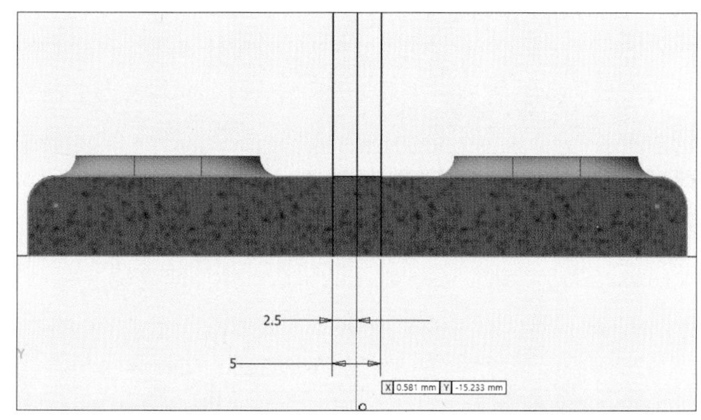

08 [원] 아이콘을 클릭한 후 임의의 위치에 지름 6mm인 원 2개를 그립니다.

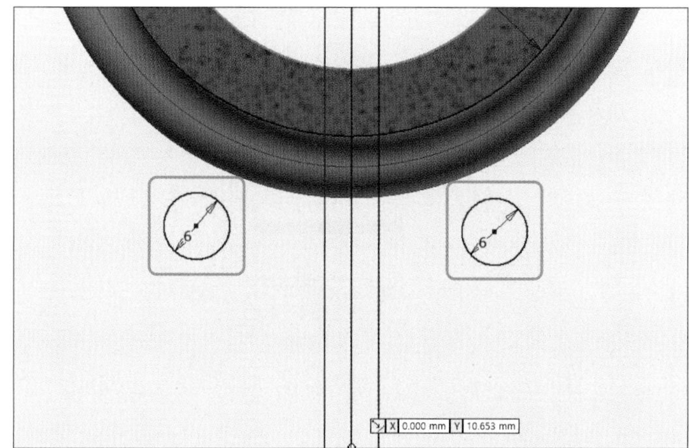

09 구속 조건의 [접선] 아이콘을 클릭한 후 왼쪽에 있는 Ø6 원을 클릭하고 중앙에 있는 Ø47 원을 클릭합니다.

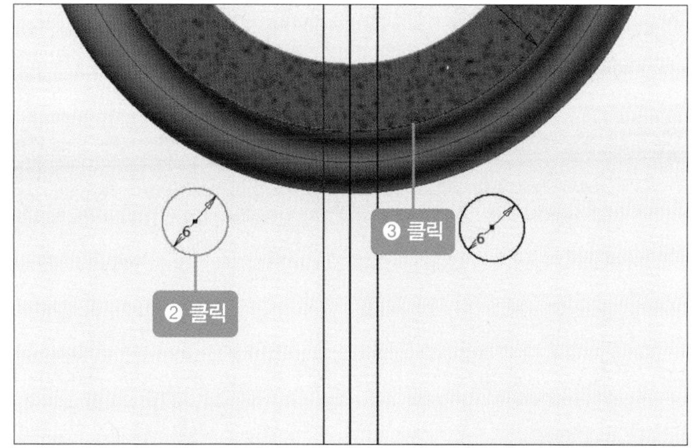

10 왼쪽에 있는 Ø6 원을 클릭한 후 그 옆에 있는 세로 선을 클릭합니다.

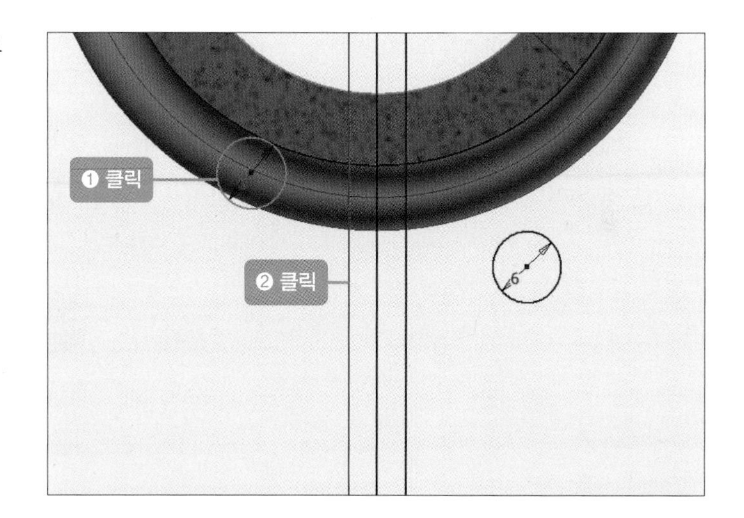

11 09, 10을 참고하여 오른쪽 원도 접하게 합니다.

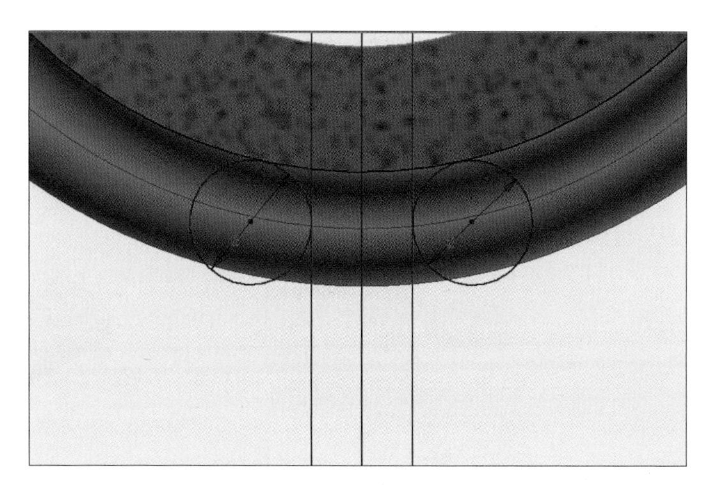

12 [자르기] 아이콘을 클릭한 후 필요 없는 선을 지웁니다.

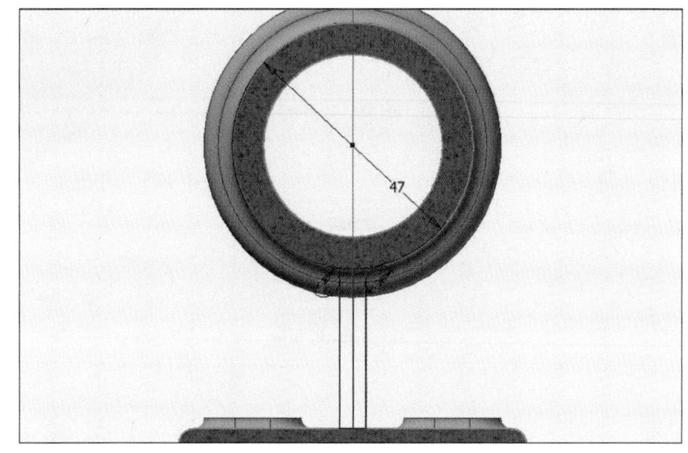

13 마우스 오른쪽 버튼을 눌러 [스케치 마무리]를 클릭합니다.

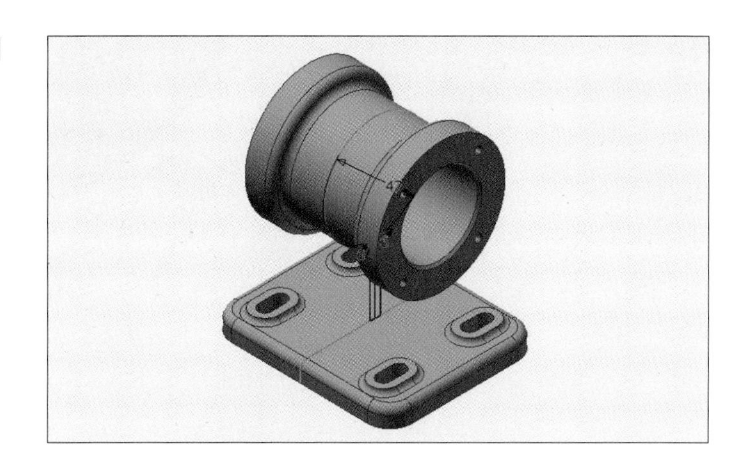

14 [돌출] 아이콘을 클릭한 후 [프로파일]을 클릭하고 방금 전에 그렸던 리브를 클릭합니다. 돌출 상자에서 접합과 대칭을 클릭하고 치수를 '40mm'로 수정한 후 [확인] 버튼을 클릭합니다.

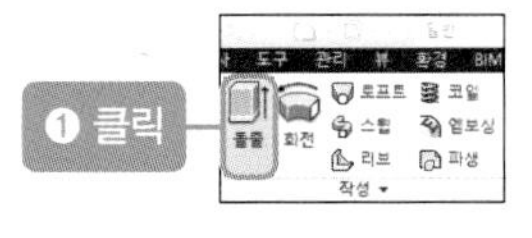

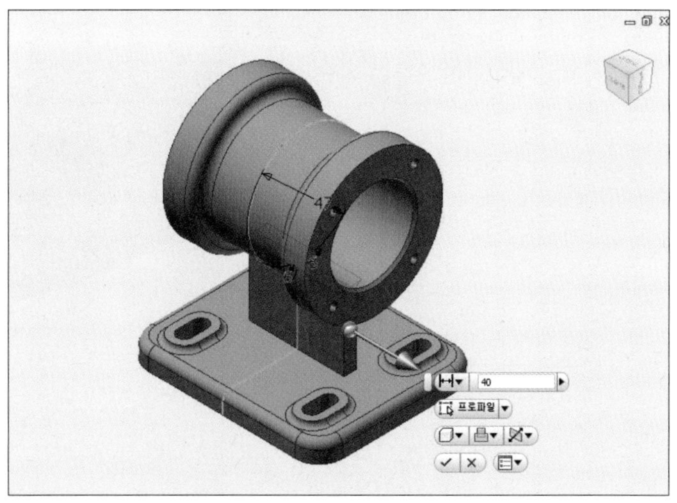

15 돌출시키면 다음과 같은 그림이 나타납니다.

16 탐색기에서 [원점-YZ 평면]을 클릭한 후 [2D 스케치 작성] 아이콘을 클릭합니다.

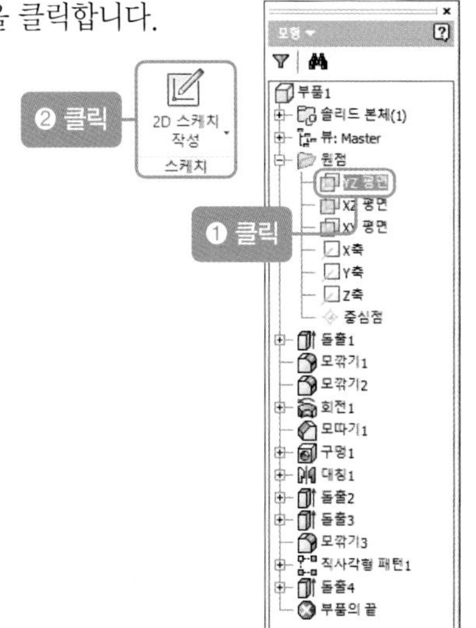

17 F7을 눌러 절단된 모형이 나오면 형상투영 아이콘의 [절단 모서리 투영]을 클릭합니다.

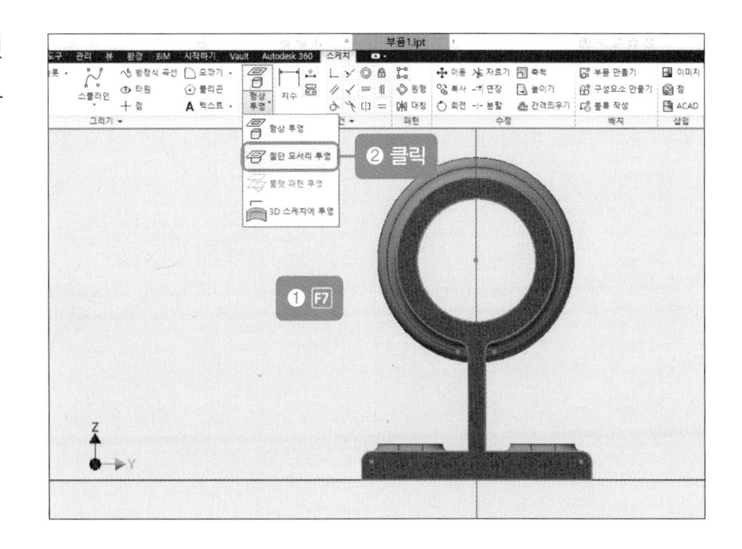

18 [선] 아이콘을 클릭한 후 원의 왼쪽 중심점을 클릭하고 직사각형의 모깎기된 부분 쪽으로 선을 내려서 접점이 생길 때 클릭합니다(오른쪽도 동일하게 합니다).

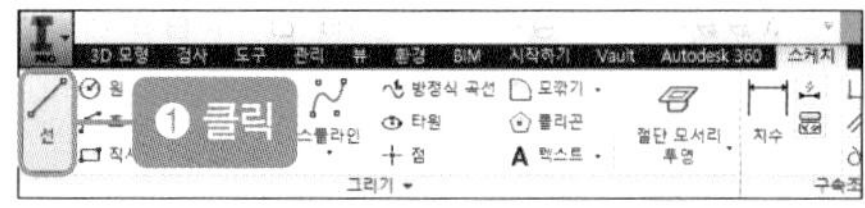

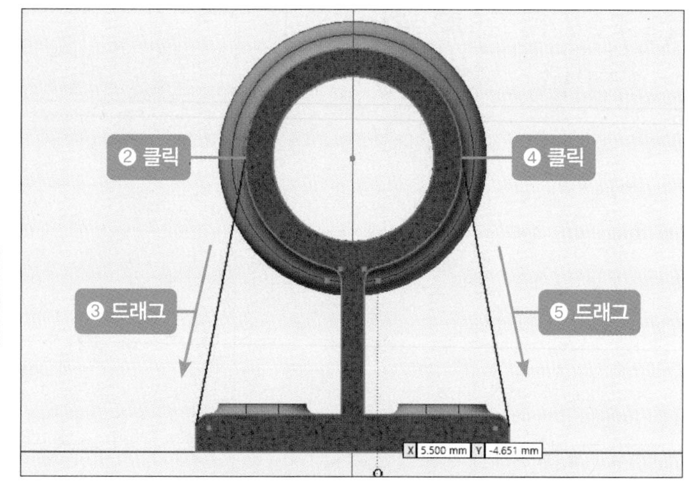

19 '선'과 [원] 아이콘을 이용하여 테두리를 그린 후 [자르기] 아이콘으로 필요 없는 선을 지웁니다.

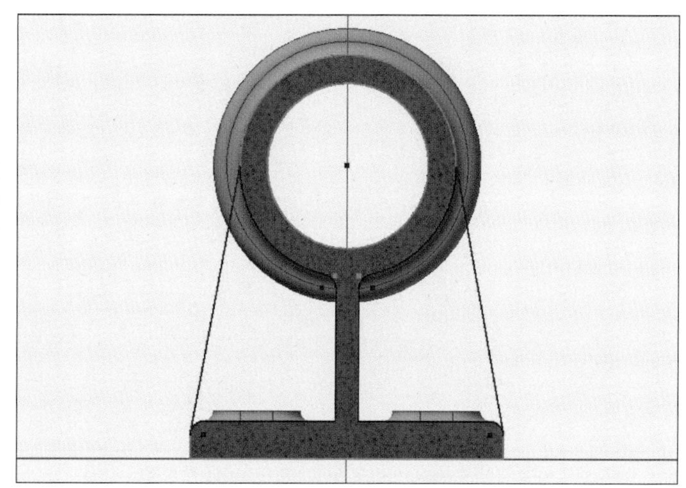

20 마우스 오른쪽 버튼을 눌러 [스케치 마무리]를 클릭합니다.

21 [돌출] 아이콘을 클릭한 후 [프로파일]을 클릭하고 양쪽의 리브 부분을 클릭합니다. 돌출 상자에서 접합과 대칭을 클릭하고 치수를 '7mm'로 수정한 후 [확인] 버튼을 클릭합니다.

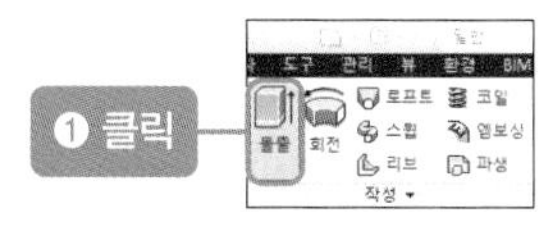

22 돌출시키면 다음과 같은 그림이 나타납니다.

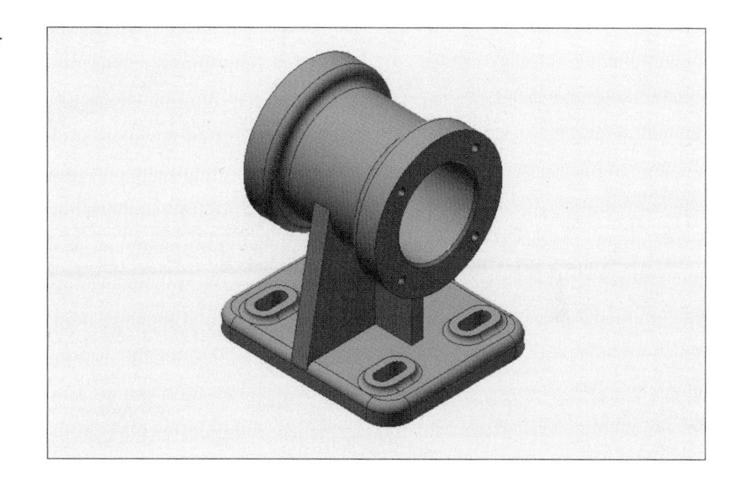

23 [모깎기] 아이콘을 클릭한 후 반지름을 '3mm'로 수정하고 다음 그림과 같이 모서리를 클릭합니다.

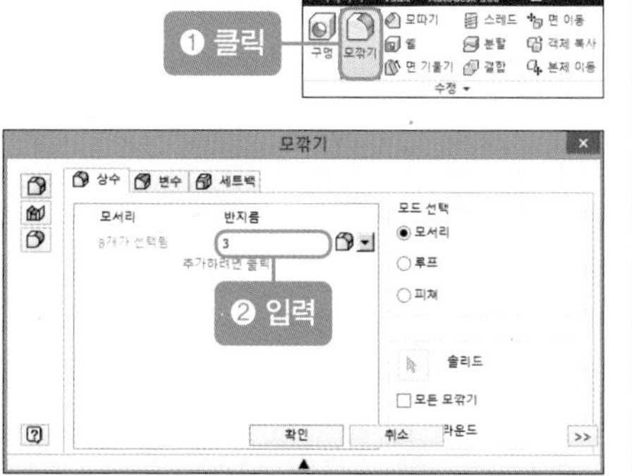

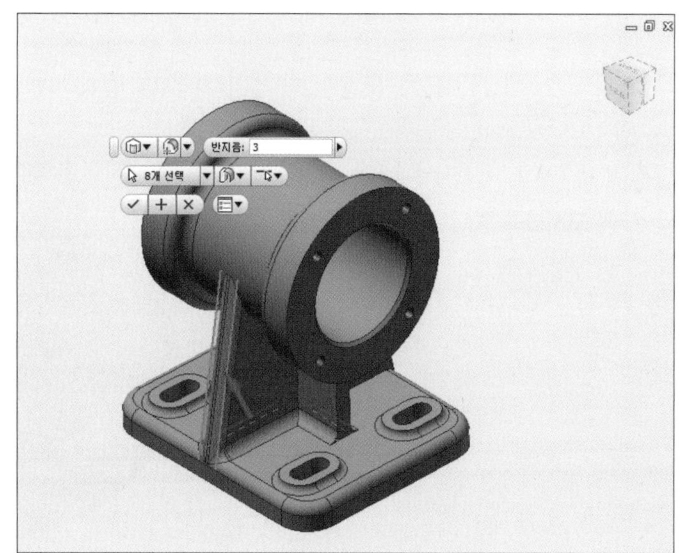

24 반대쪽으로 회전시켜 23과 동일하게 모서리를 클릭합니다.

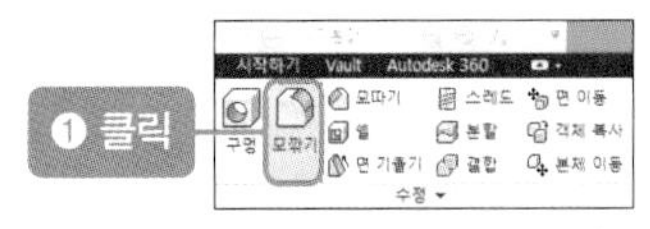

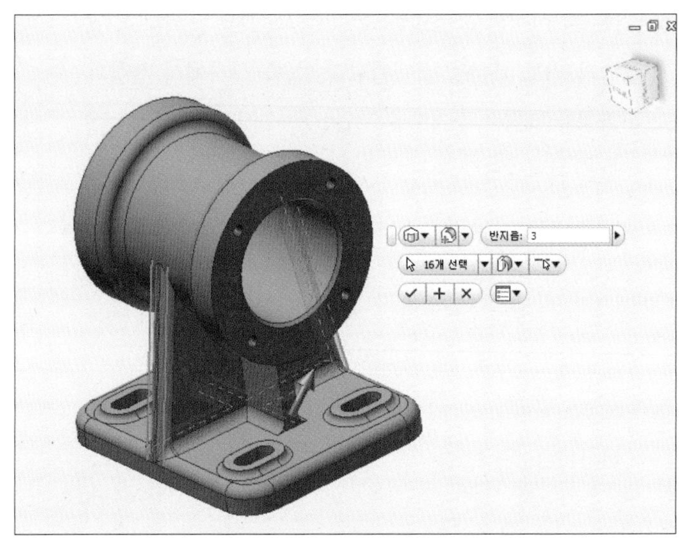

25 회전시켜 다음 그림과 같이 모서리를 클릭합니다.

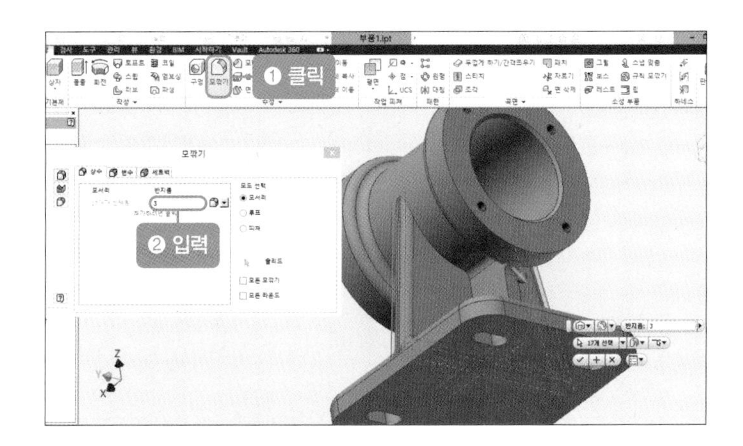

26 반대쪽으로 회전시켜 25와 동일하게 모서리를 클릭한 후 [적용] 버튼을 누릅니다.

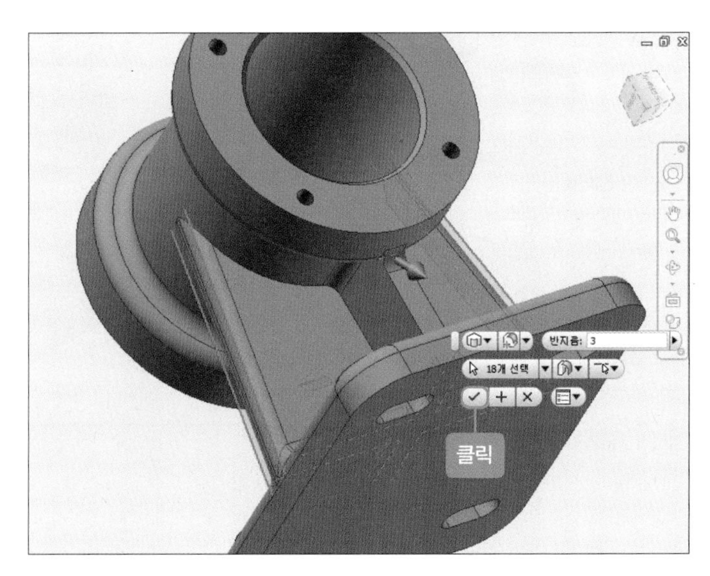

27 [모깎기] 아이콘을 클릭한 후 반지름을 '2.5mm'로 수정하고 다음 그림과 같이 모서리를 클릭합니다.

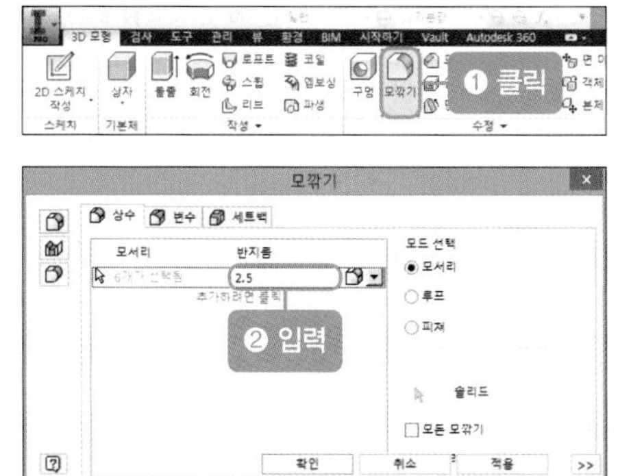

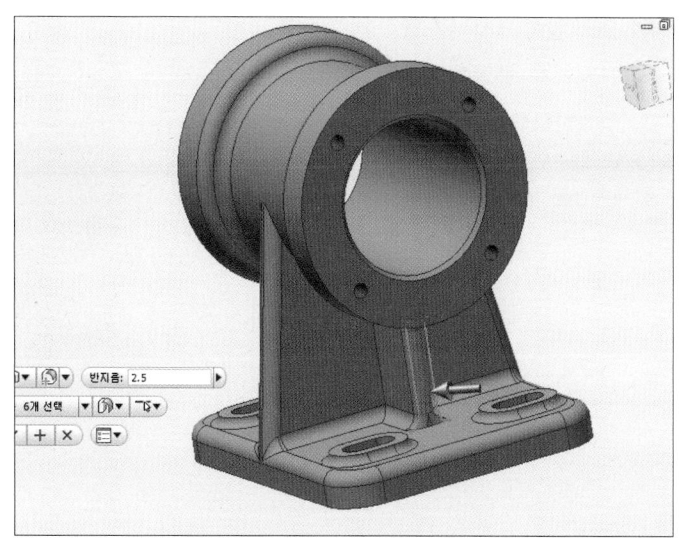

28 반대쪽으로 회전시켜 27과 동일하게 모서리를 클릭한 후 [적용] 버튼을 누릅니다.

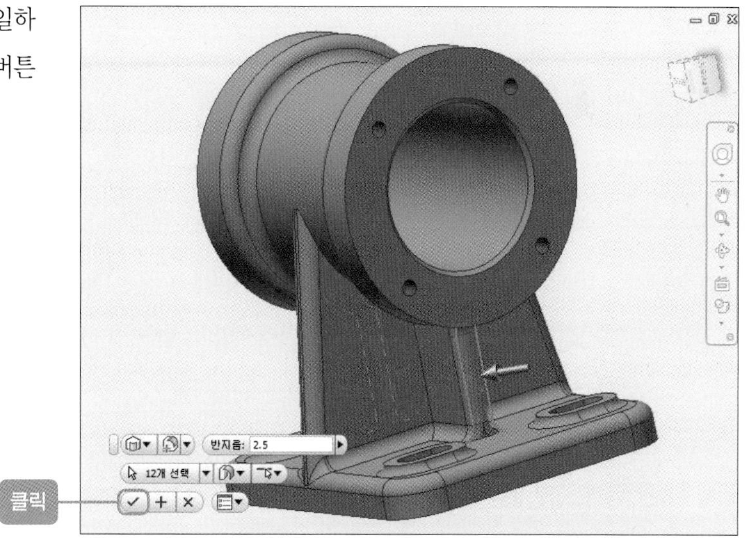

29 반지름을 '3mm'로 수정한 후 다음 그림과 같이 모서리를 각각 클릭하고 [적용] 버튼을 누릅니다.

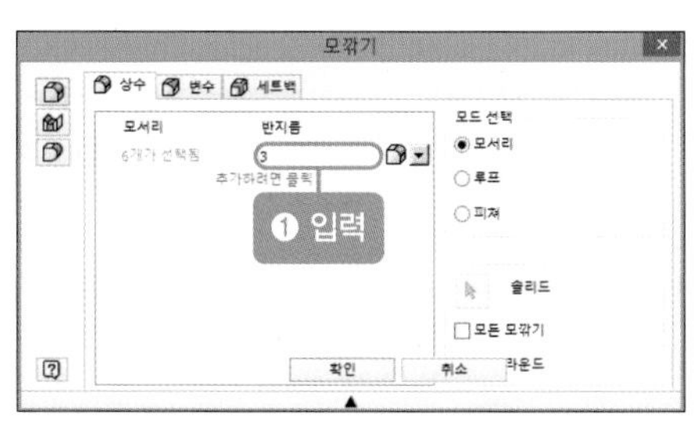

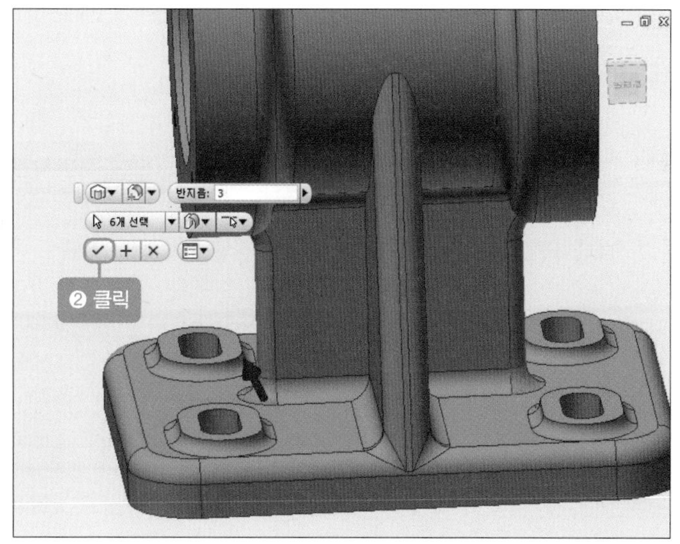

30 먼저 앞쪽 모서리를 클릭한 후 뒤쪽 모서리를 클릭하고 [확인] 버튼을 클릭합니다.

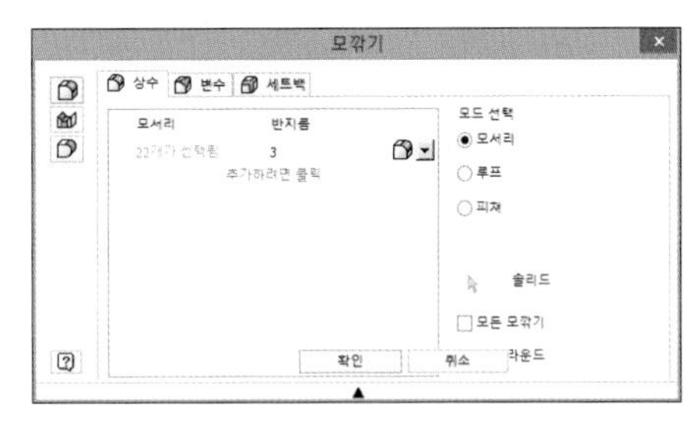

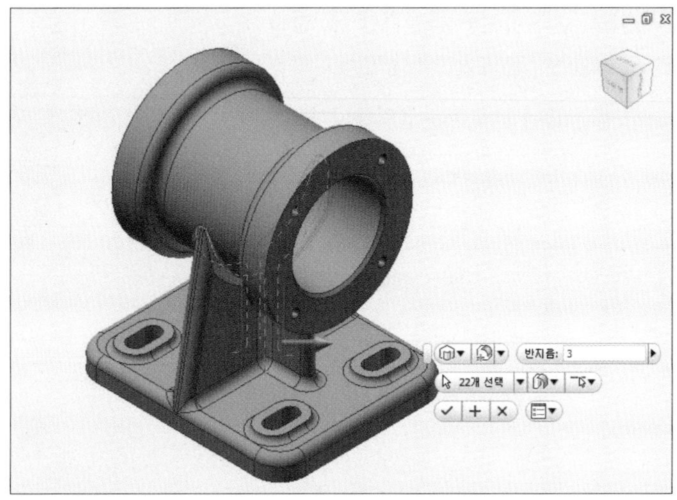

31 본체가 완성됩니다.

[2] 동력 전달 장치 2 부품 상세도 작성하기(2D 인벤터로 작성하기)

1 | 축 부품 상세도 작성하기(품번 ❷)

1 저장된 축 부품 가져오기(품번 ❶)

01 바탕 화면에서 [Inventor] 아이콘을 더블클릭하여 다음과 같은 창이 나타나면 [열기] 버튼을 클릭합니다.

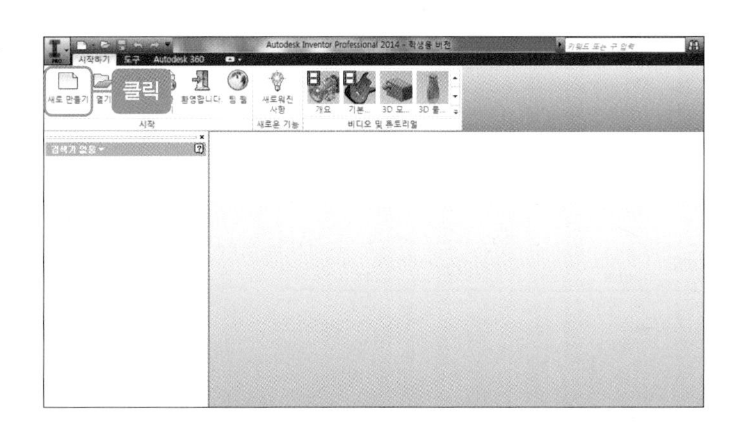

02 [열기] 창이 나타나면 경로를 지정한 후 '동력 전달 장치 2-2D 표제란'을 클릭하고 [열기] 버튼을 누릅니다.

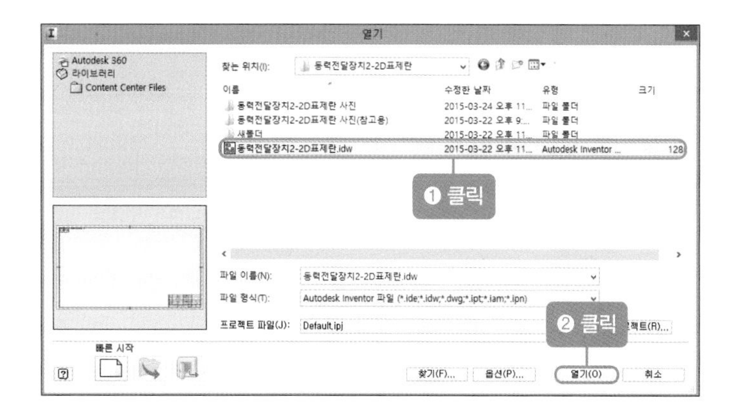

03 [파일-다른 이름으로 저장]을 클릭합니다.

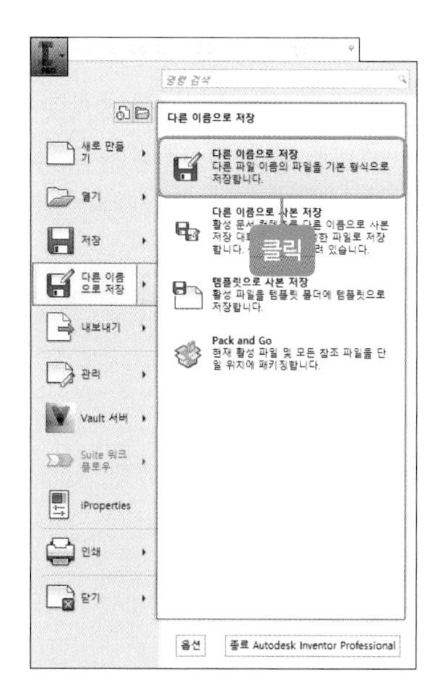

04 경로를 지정한 후 파일 이름을 '동력 전달 장치 2-2D'로 수정하고 [저장] 버튼을 클릭합니다.

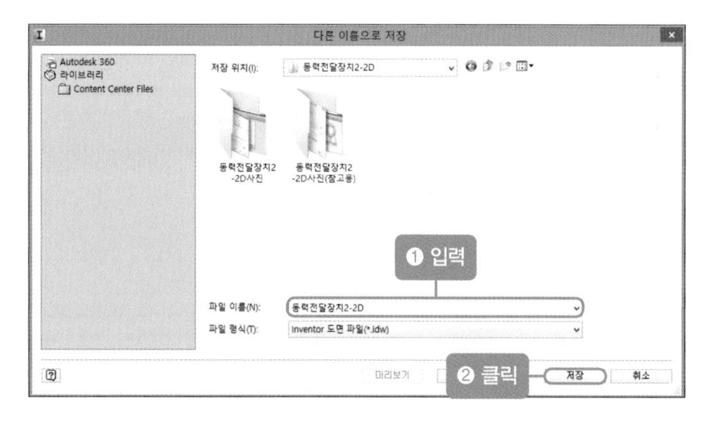

05 기준을 클릭한 후 [도면 뷰] 창에서 [기존 파일 열기] 아이콘을 클릭합니다.

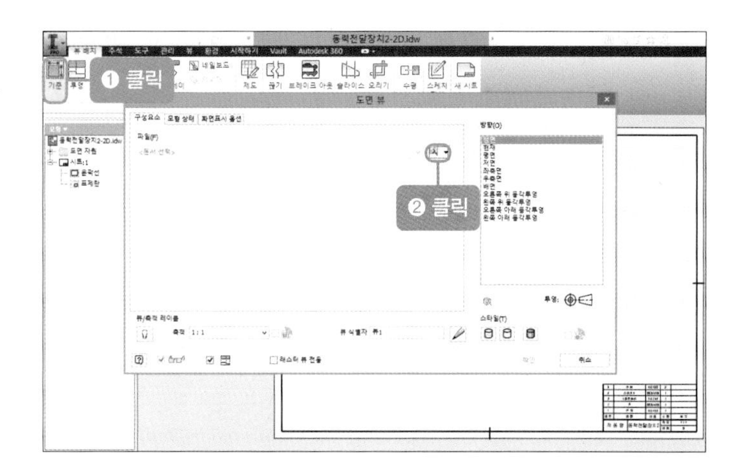

06 파일 경로(축 3D)를 클릭한 후 [뷰 방향 변경] 아이콘을 클릭합니다.

07 F6을 누른 후 투영([뷰 방향] 아이콘을 이용하여 우측면도 클릭)하고 [사용자 뷰 마침] 아이콘을 클릭합니다.

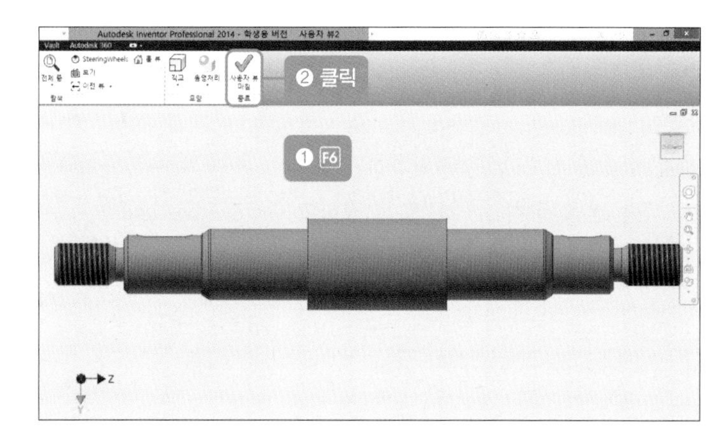

2 축 외형선 작성하기(품번 ②)

01 스타일에서 은선만 클릭한 후 축척을 1:1로 하고, [확인] 버튼을 클릭합니다.

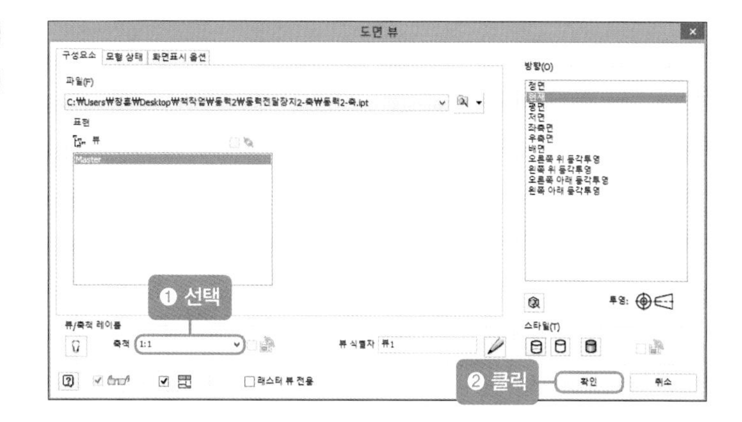

02 마우스를 위쪽으로 올려 축의 평면도가 생기면 마우스 왼쪽 버튼을 누릅니다. 그런 다음 축의 평면도를 생성하기 위해 마우스 오른쪽 버튼을 눌러 [작성]을 클릭합니다.

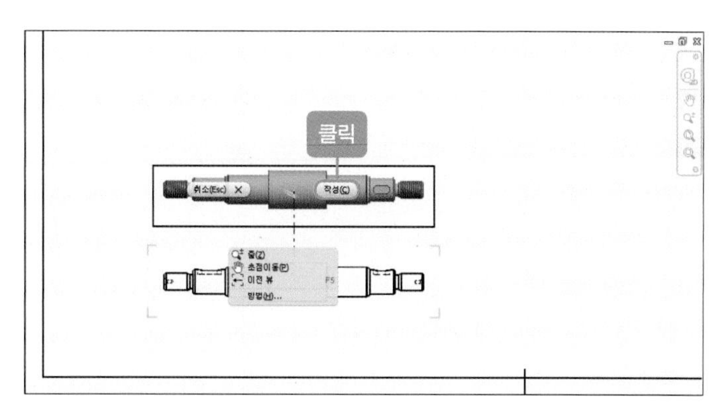

03 축의 평면도에서 필요 없는 선을 클릭한 후 마우스 오른쪽 버튼을 눌러 [가시성]의 체크를 해제합니다.

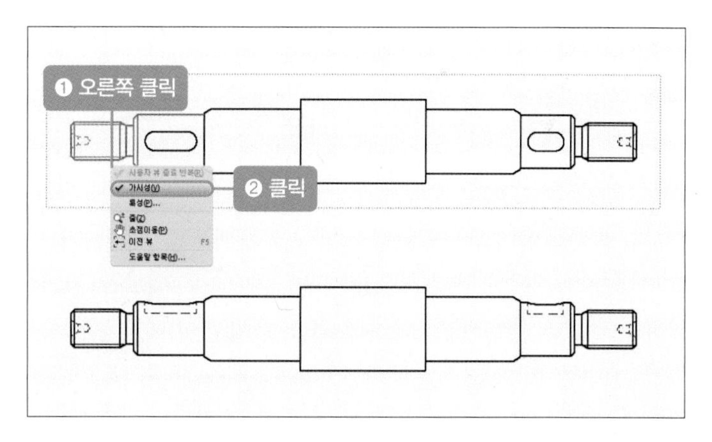

04 축의 평면도에서 필요 없는 선을 모두 클릭한 후 [가시성]의 체크를 해제하면 평면도에서 필요한 키홈 부분만 남습니다.

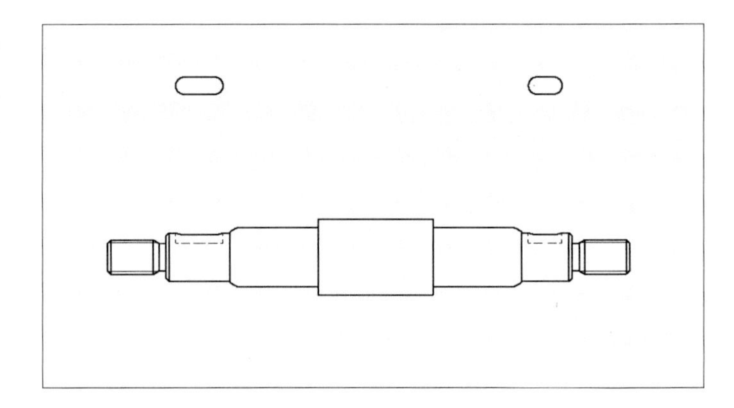

05 축의 정면도와 평면도 선을 모두 클릭한 후 선의 도면층을 '02 외형선'으로 바꿉니다.

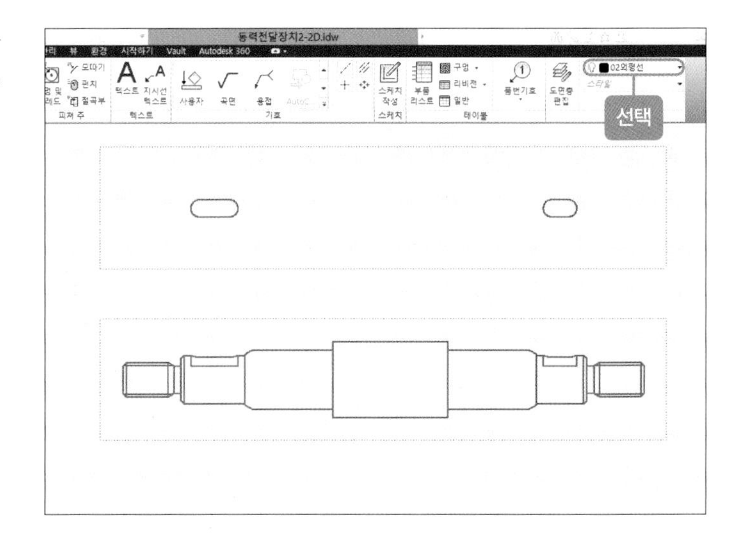

06 축의 양쪽 나사산을 클릭한 후 선의 도면층을 '06 가는 실선'으로 바꿉니다.

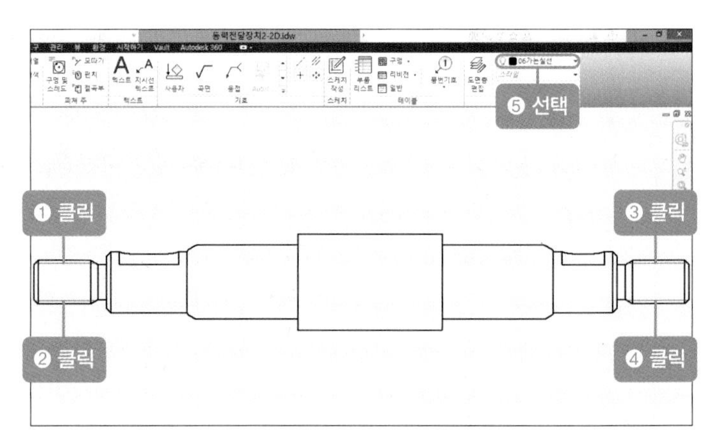

07 축의 정면도를 클릭한 후 [스케치 작성] 아이콘을 클릭합니다.

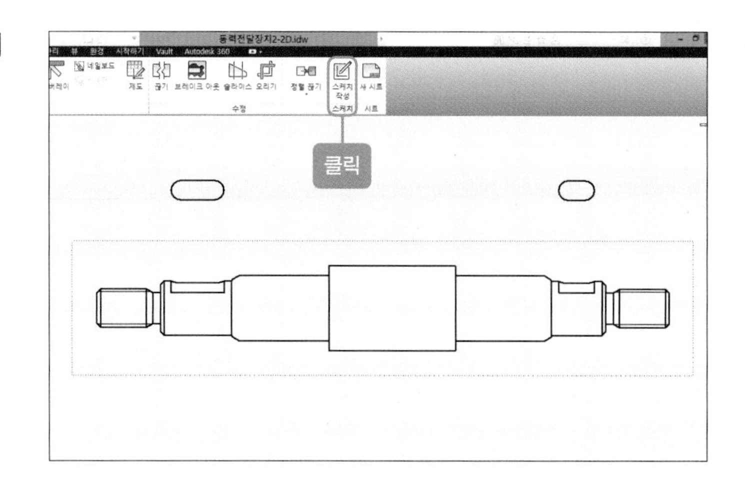

08 축의 정면도 선을 모두 클릭한 후 [형상투영] 아이콘을 클릭합니다.

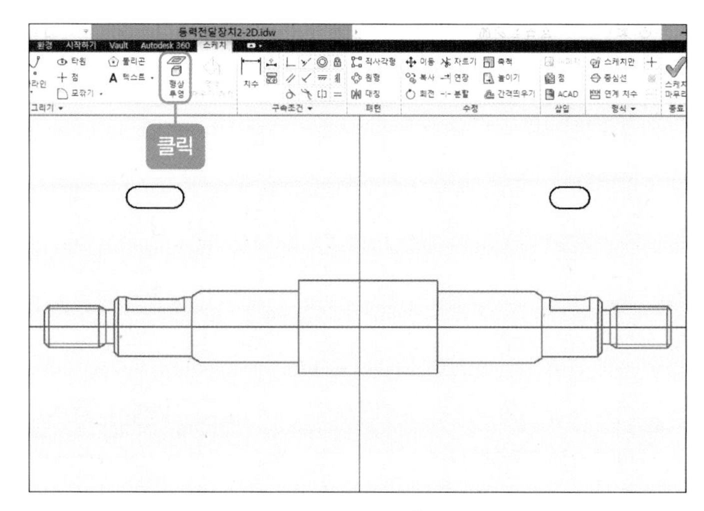

09 [선] 아이콘을 클릭한 후 축의 왼쪽 꼭짓점으로 이동합니다. 그런 다음 X에 '-87mm', Y에 '0mm'를 입력합니다.

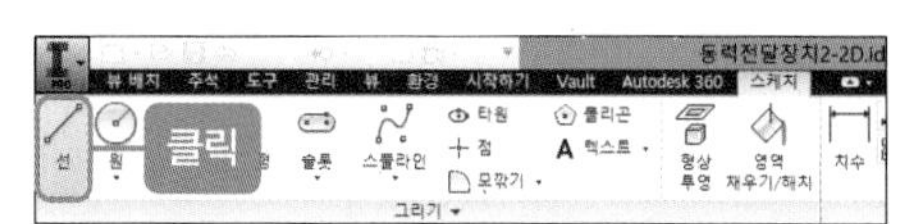

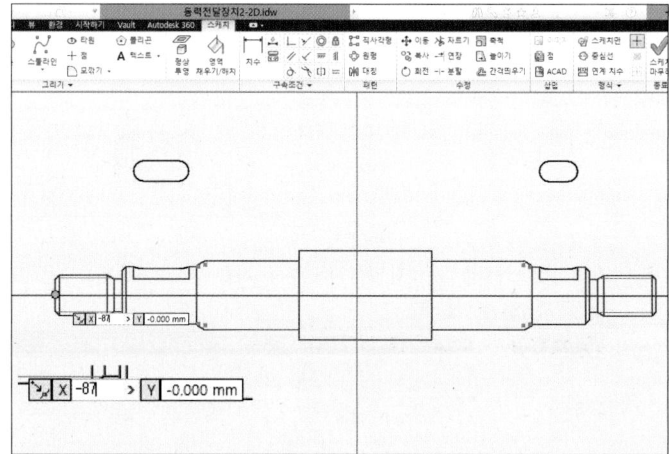

10 마우스를 오른쪽으로 이동한 후(Y: 0mm), 치수에 '174mm'를 입력합니다.

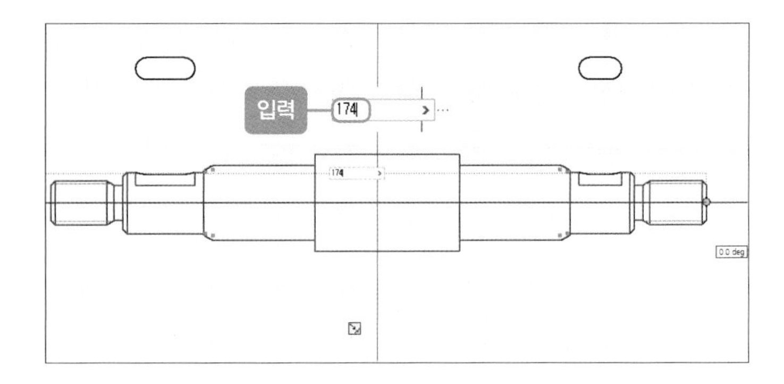

3 축과 키홈 중심선 작성하기

01 방금 전에 그렸던 축의 중심선을 클릭한 후 선 도면층을 '03 중심선'으로 바꿉니다.

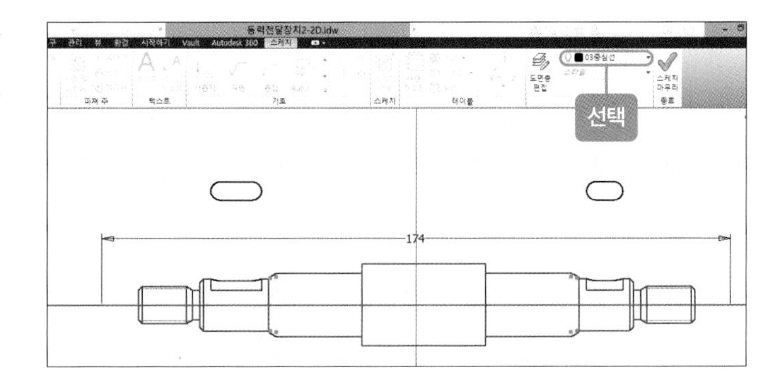

02 마우스 오른쪽 버튼을 눌러 [스케치 마무리]를 클릭합니다.

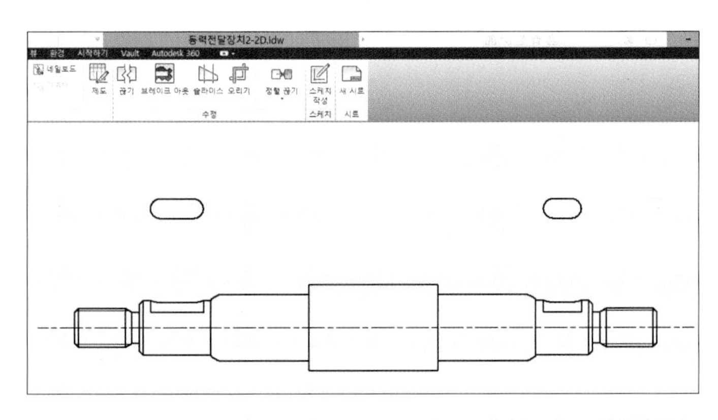

Tip 위와 같이 스케치를 이용하지 않을 경우 '주석-기호-중심선 이등분'을 이용해도 상관없지만, 이 경우 중심선의 간격(1점 쇄선의 길이)이 일정하지 않을 수 있습니다.

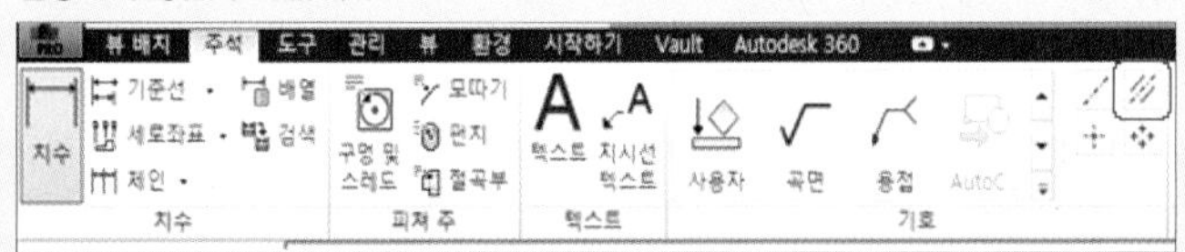

원이나 호 부분에서는 중심선 표식 아이콘을 이용하여 중심선을 쉽게 그릴 수 있습니다.

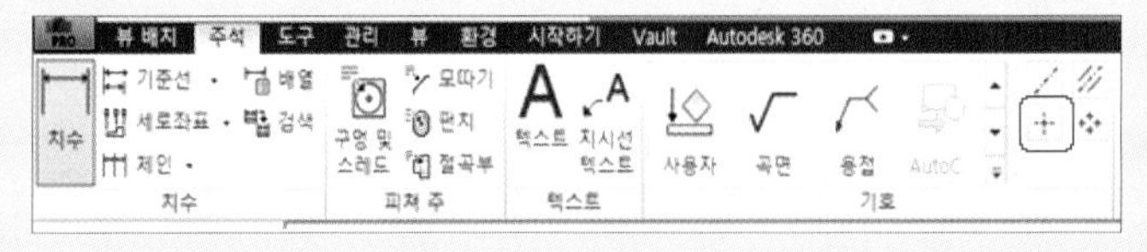

03 축의 평면도를 클릭한 후 [스케치 작성] 아이콘을 클릭합니다. 그런 다음 축의 평면도 선을 모두 클릭하고 [형상투영] 아이콘을 클릭합니다. [선] 아이콘을 클릭한 후 키홈에 가로(좌: 20mm, 우: 16mm) 및 세로(각각 11mm) 축의 중심선을 그립니다.

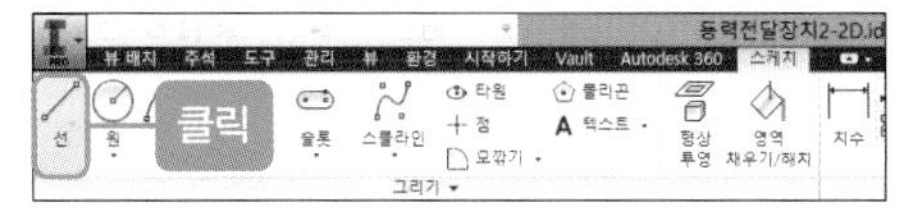

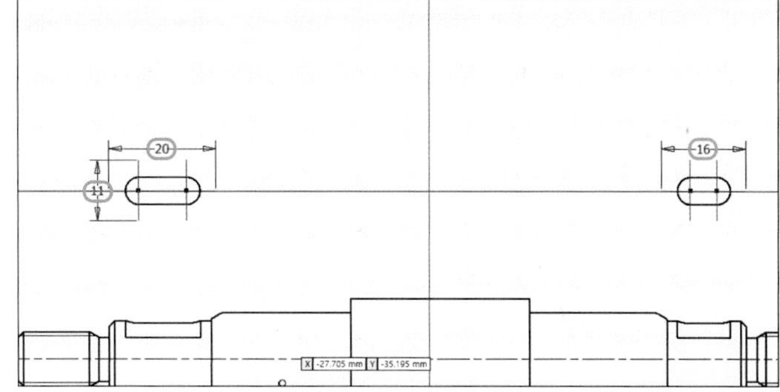

04 키홈의 중심선을 모두 클릭한 후 선 도면층을 '03 중심선'으로 바꿉니다.

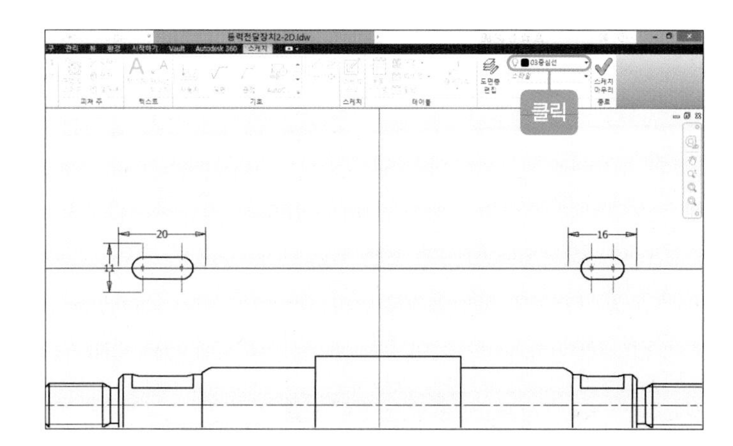

05 마우스 오른쪽 버튼을 눌러 [스케치 마무리]를 클릭합니다.

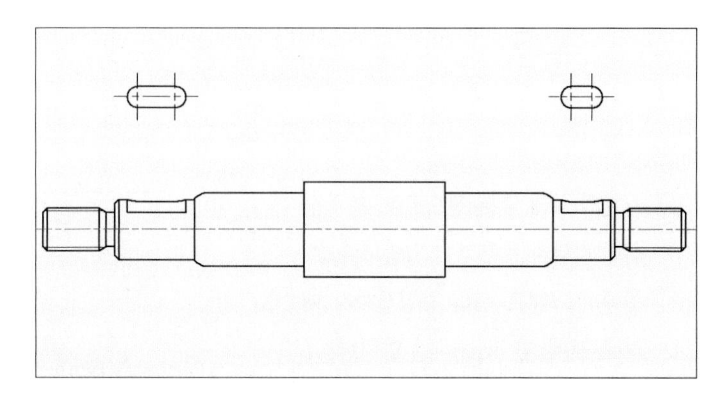

06 축의 정면도를 클릭한 후 [스케치 작성] 아이콘을 클릭합니다.

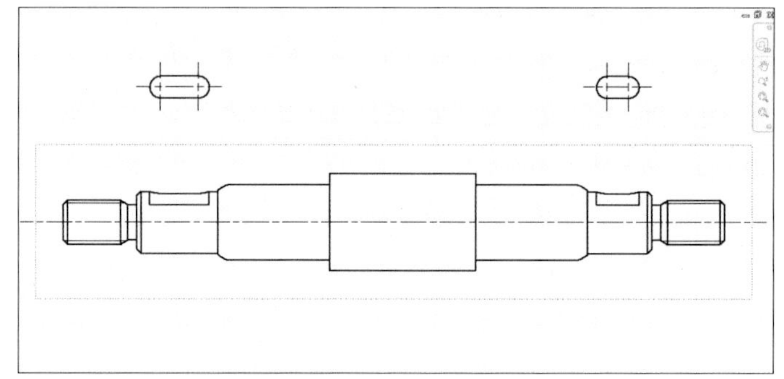

07 축의 정면도 선을 모두 클릭한 후 [형상투영] 아이콘을 클릭합니다.

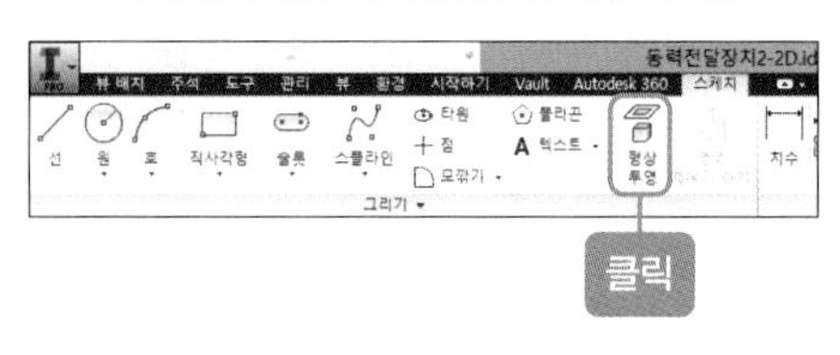

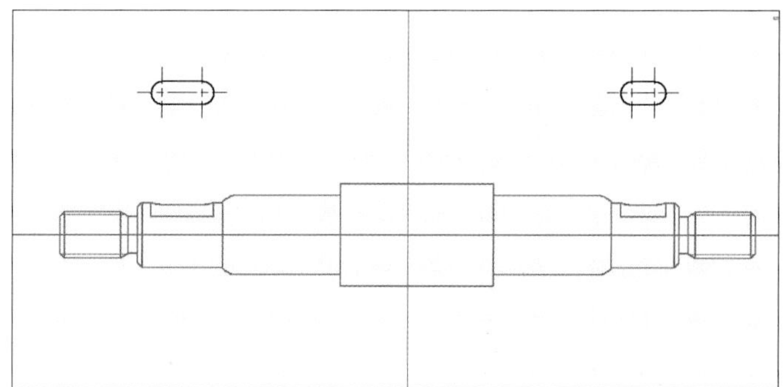

08 [선] 아이콘을 클릭한 후 축과 커버의 오일실 부착 부분에 선을 그립니다(간격: 2.3mm).

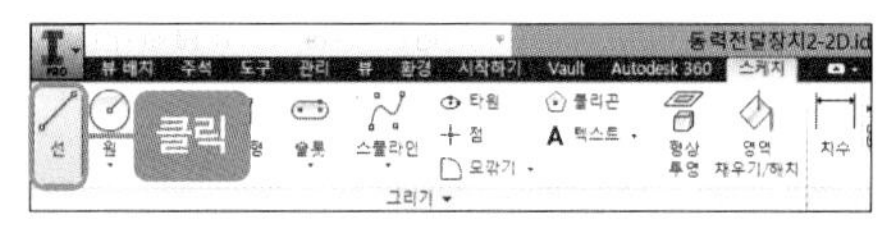

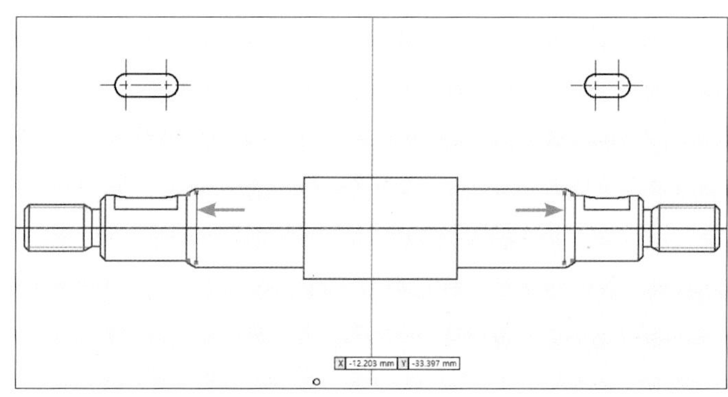

09 키홈의 아래 부분 선으로 가면 중심점이 나타나는 부분이 있습니다. 이곳에서 그대로 축의 중심선까지 내려 Y값에 '0.5mm'를 입력한 후 Enter를 누릅니다.

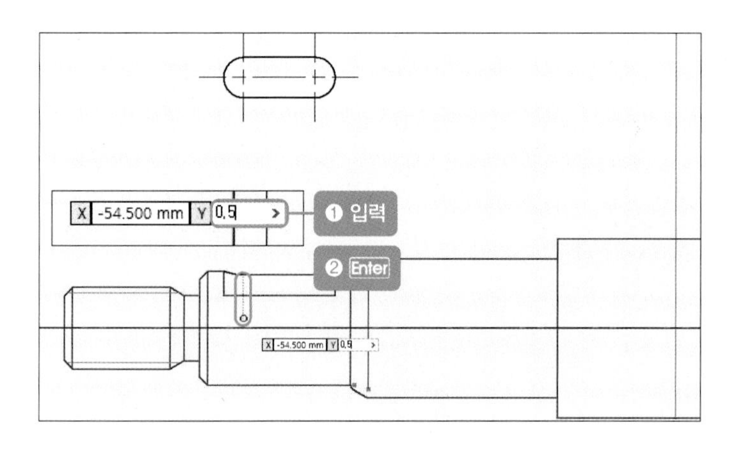

10 마우스를 그대로 위로 올려 '10mm'를 입력한 후 Enter를 누릅니다.

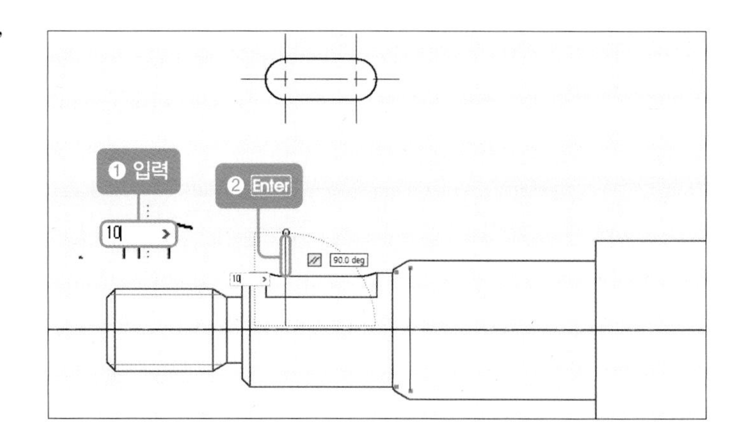

11 나머지 키홈 부분의 중심선을 09~10을 참고하여 그립니다.

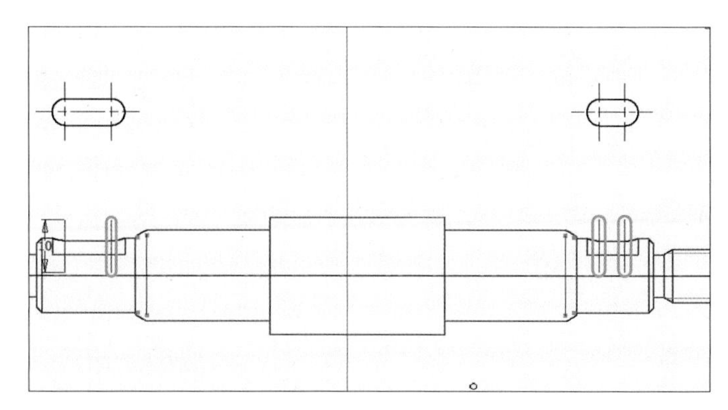

12 키홈 부분의 중심선을 모두 클릭한 후 선의 도면층을 '03 중심선'으로 바꿉니다.

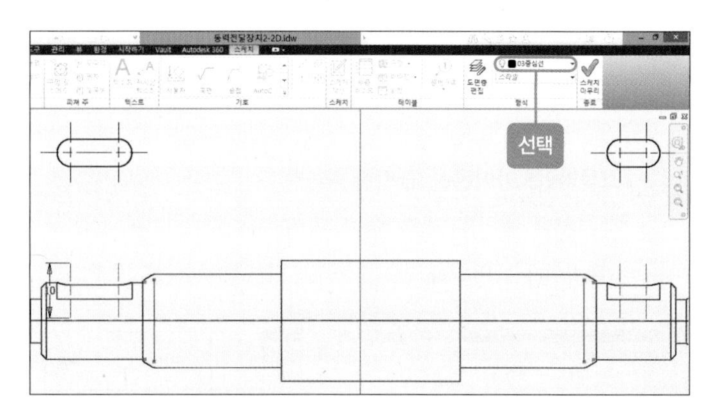

13 축과 커버의 오일실 부착 부분에 그린 선을 각각 클릭한 후 선의 도면층을 '02 외형선'으로 바꿉니다.

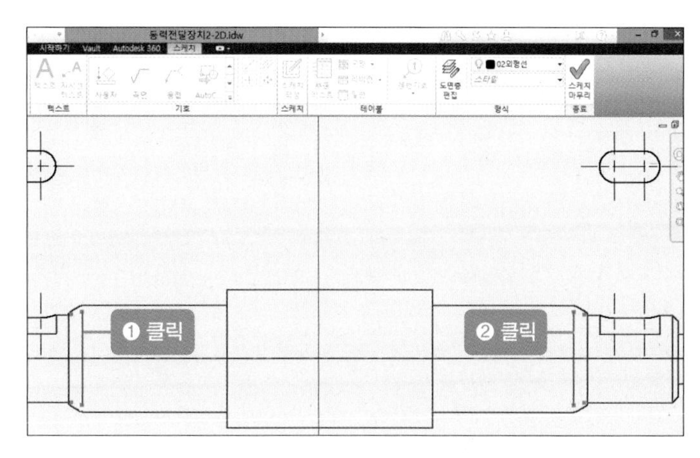

14 마우스 오른쪽 버튼을 눌러 [스케치 마무리]를 클릭합니다.

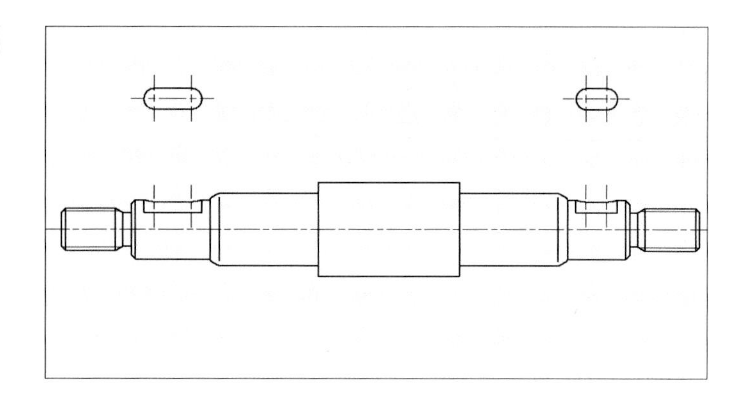

4 축 키 자리 국부 단면도 작성하기(품번 ❷)

01 축의 정면도를 클릭한 후 [스케치 작성] 아이콘을 클릭합니다.

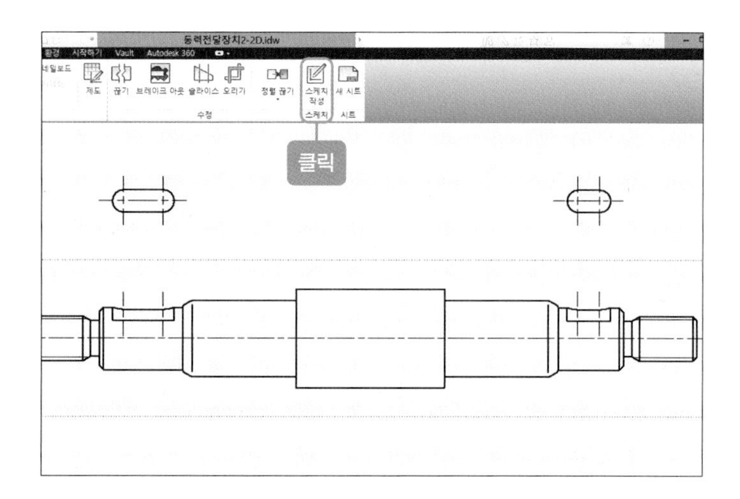

02 [스플라인] 아이콘을 클릭한 후 키 홈 부분에 해칭(단면)을 넣기 위해 스플라인을 그립니다.

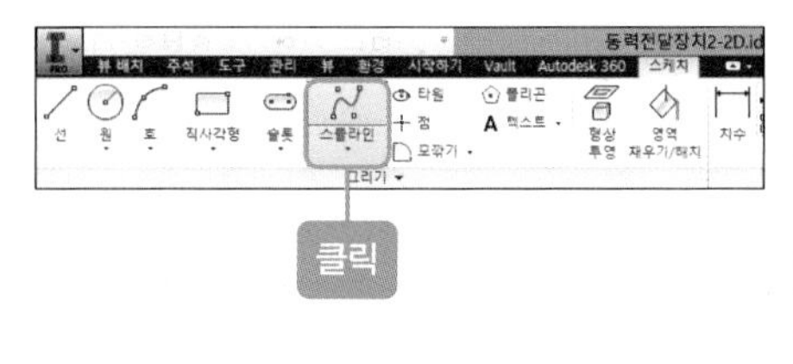

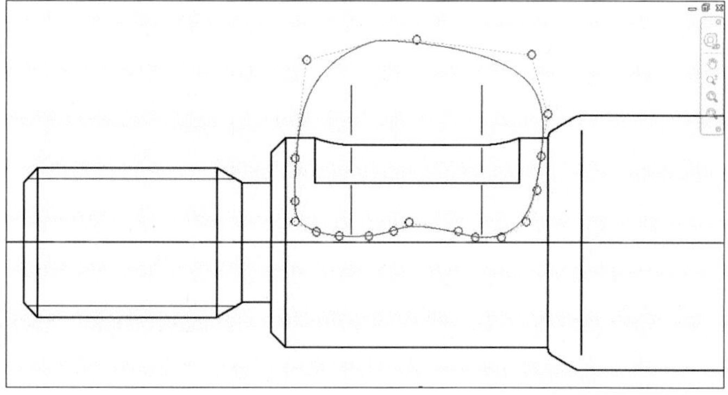

03 마우스 오른쪽 버튼을 눌러 [스케치 마무리]를 클릭합니다. 그런 다음 축의 정면도를 클릭하고 [브레이크 아웃] 아이콘을 클릭합니다.

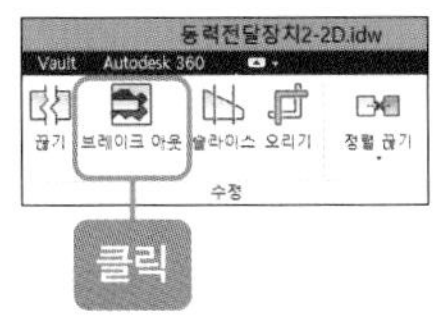

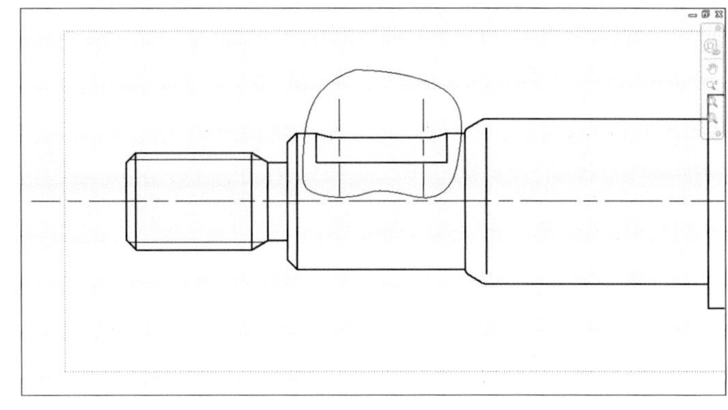

04 방금 전에 그렸던 스플라인이 선택됩니다. [브레이크 아웃] 대화상자에서 '깊이'(축의 스플라인 주변에 빨간색 선으로 되어 있는 선=단면을 할 부분–축의 중심 부분이므로 2D로 표현된 부분의 가장 높은 부분)를 클릭한 후 [확인] 버튼을 클릭합니다.

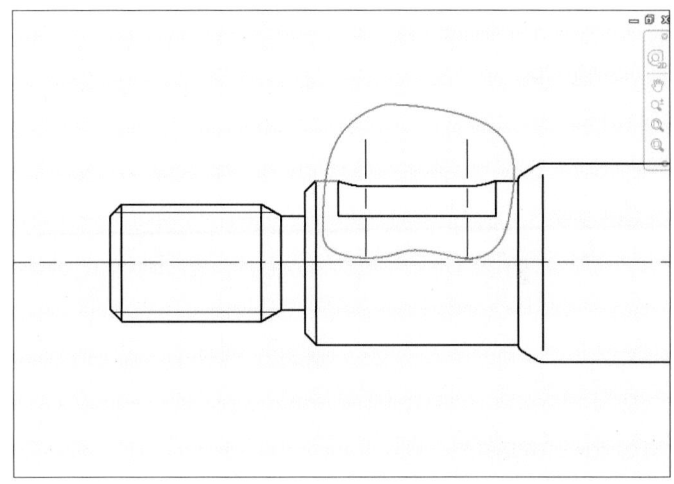

05 키홈과 스플라인 안에 해칭(단면)이 나타납니다.

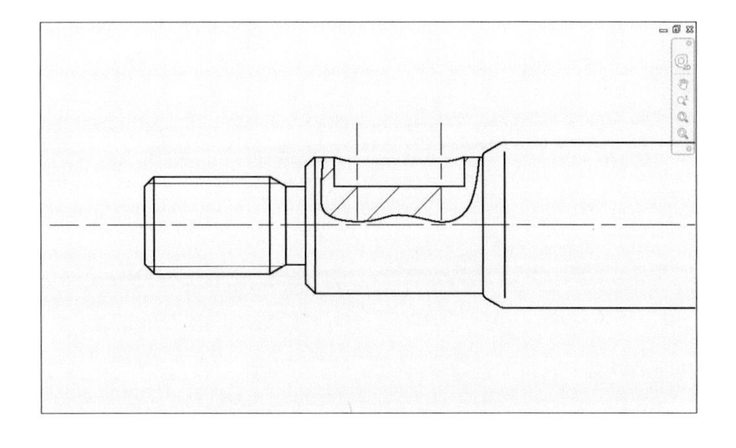

06 반대쪽 키홈 부분도 01~05를 참고하여 해칭(단면)을 나타냅니다.

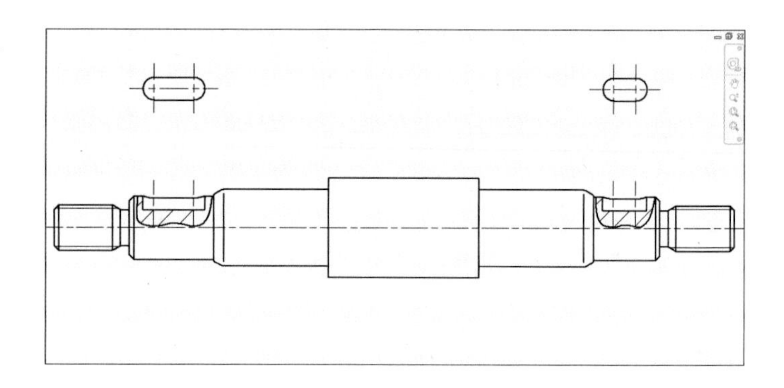

07 스플라인과 해칭선을 각각 클릭한 후 선의 도면층을 '07 해칭선'으로 바꿉니다.

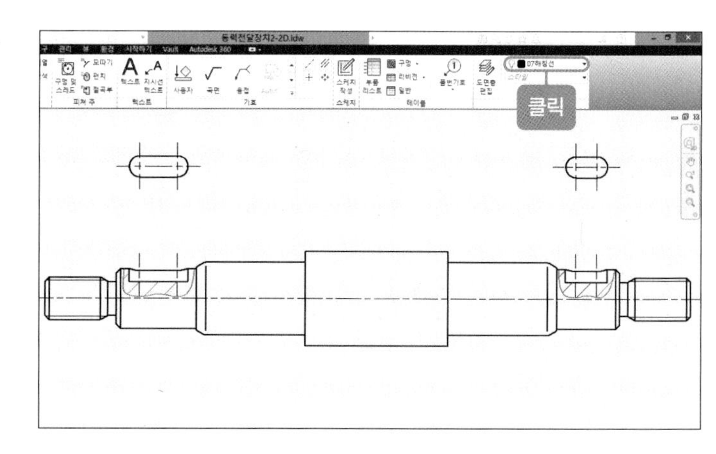

5 축 치수 기입하기

01 주석 메뉴에서 [치수] 아이콘을 클릭한 후 왼쪽 빨간색 선 위와 아래 꼭짓점을 클릭합니다.

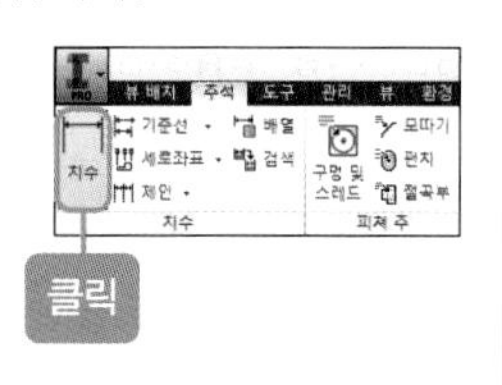

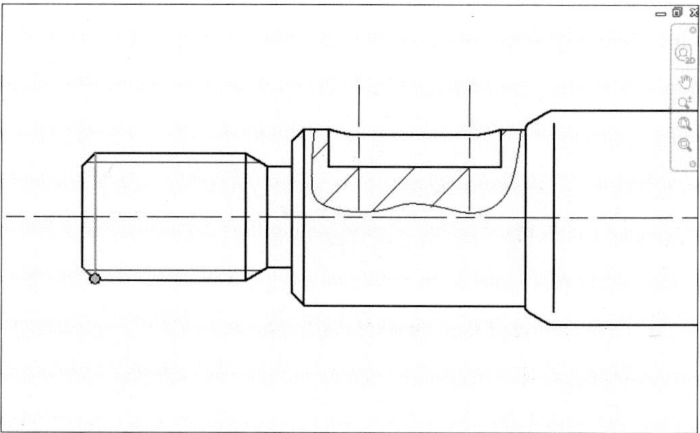

02 치수선을 왼쪽으로 끌어당긴 후 적당한 위치에서 클릭합니다. [치수 편집] 대화상자에서 〈◇〉 표시 왼쪽에는 'M', 오른쪽에는 'x1.25'를 입력하고 [확인] 버튼을 클릭합니다.

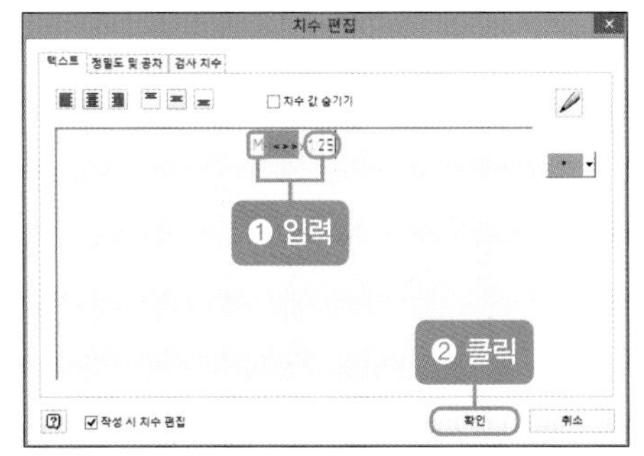

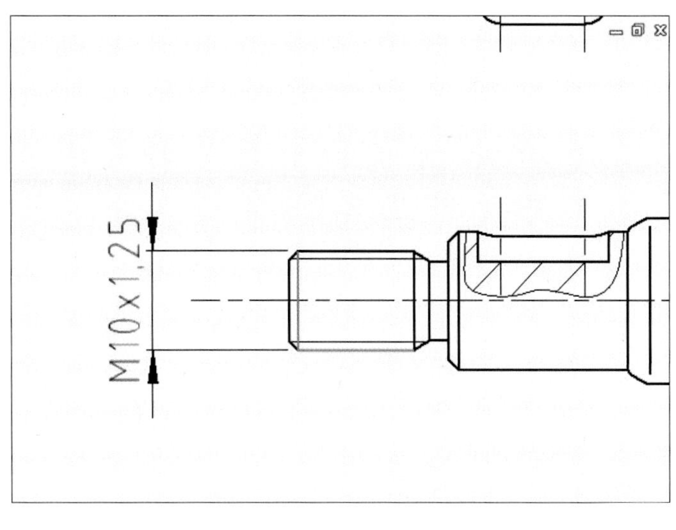

03 치수를 입력하면 길어지므로 치수를 아래(왼쪽)에 넣습니다.

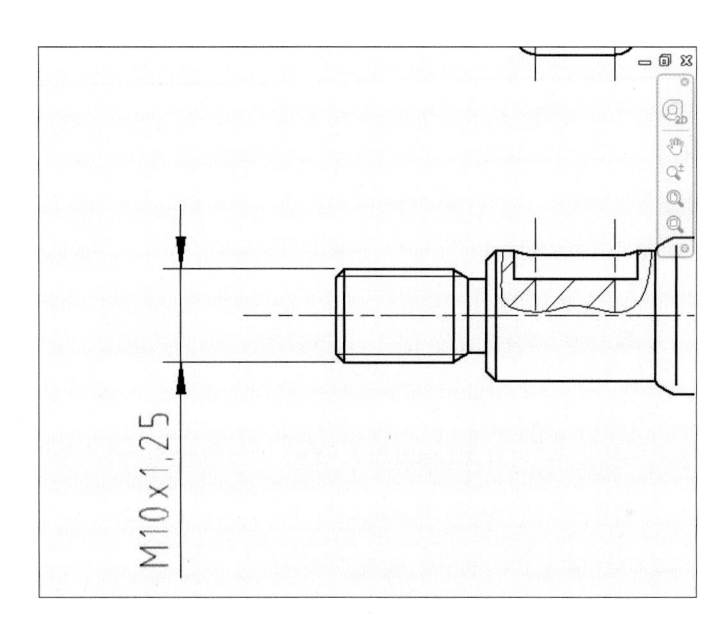

04 01~03을 참고하여 나머지 필요한 부분에도 치수를 기입합니다.

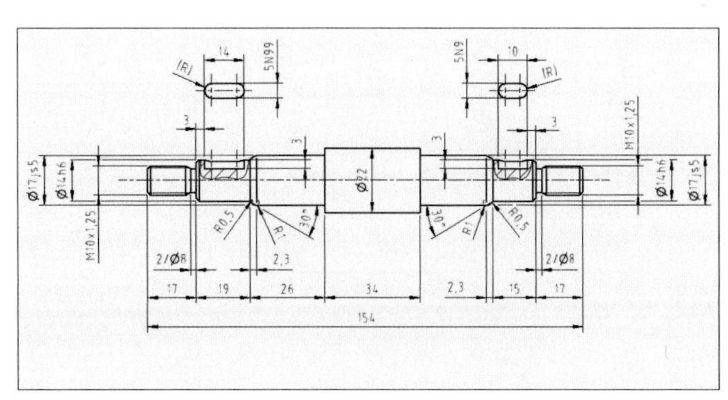

6 축의 공차 기입하기(품번 ②)

01 치수의 공차를 넣기 위해 공차가 필요한 치수를 더블클릭합니다. [치수 편집] 대화상자의 [정밀도 및 공차] 탭에서 [공차 방법]을 [편차]로 선택합니다. 아래 상한 및 하한값에 각각 '-0.02', '-0.04'를 입력하고 [확인] 버튼을 클릭합니다.

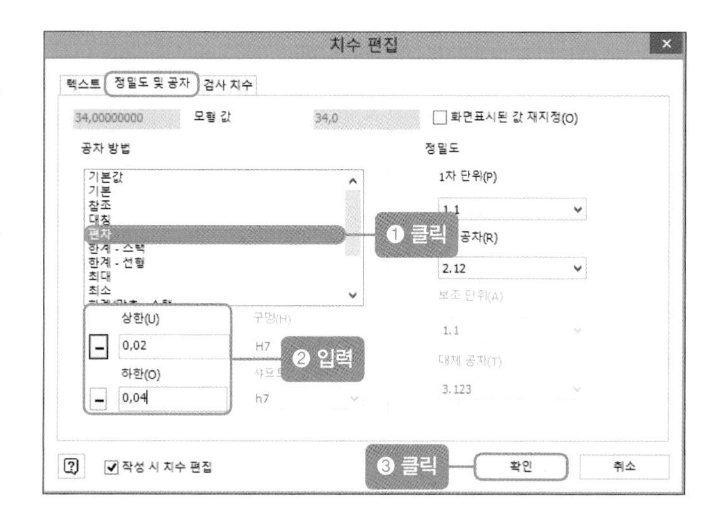

02 01을 참고하여 공차가 필요한 부분에 공차를 기입합니다.

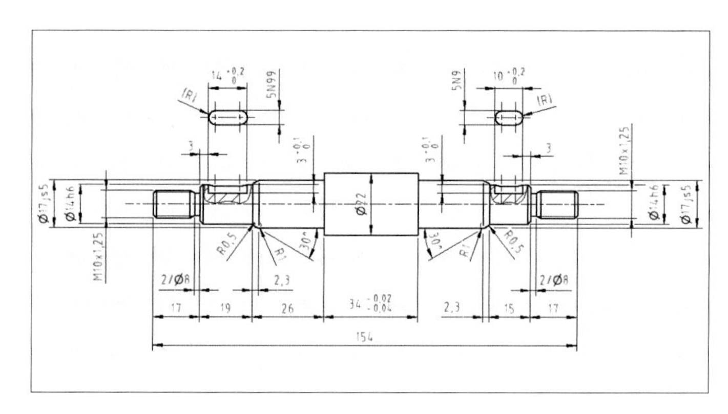

03 [형상공차] 아이콘을 클릭한 후 왼쪽 Ø17js5 치수선 위 화살표로 가면 점이 생깁니다. 그 점을 클릭하고 ㄱ 표시와 같이 지시선을 만듭니다.

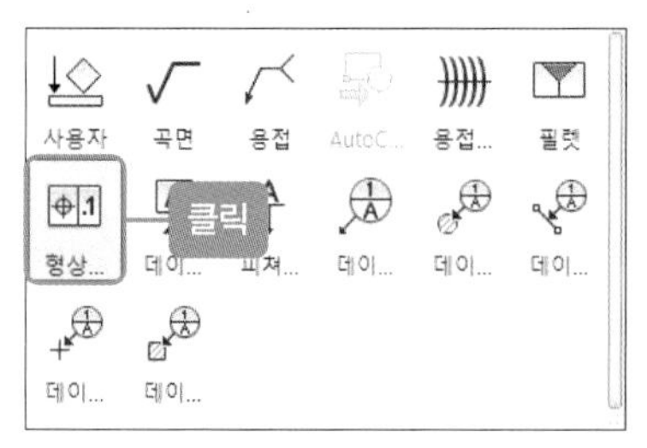

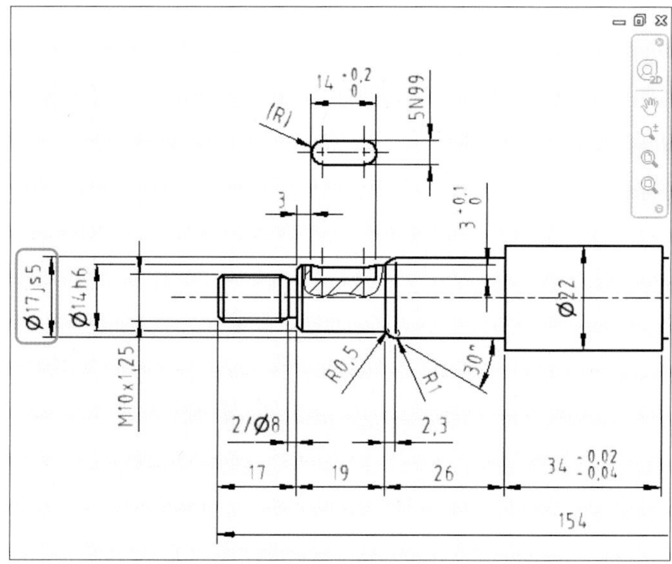

04 [형상공차] 대화상자에서 기호는 ↗, 공차에 'Ø0.008', 데이텀에 'B'를 입력합니다.

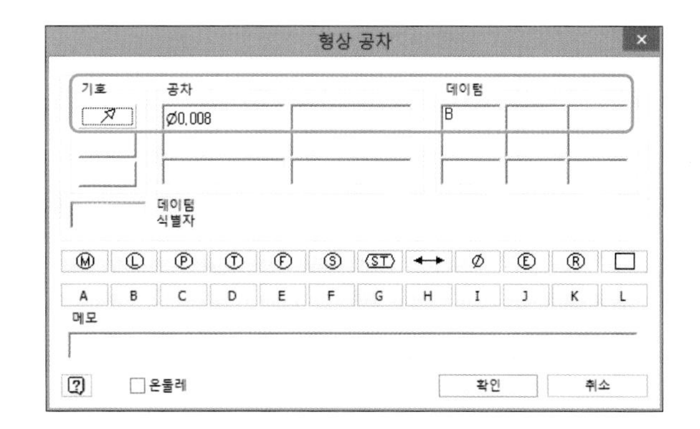

05 형상공차를 기입하면 형상공차가 생깁니다.

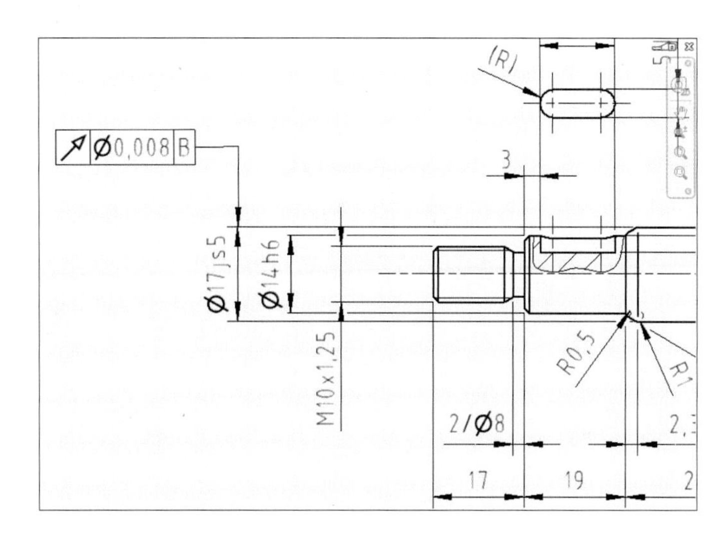

06 03~05를 참고하여 반대쪽에도 형상공차를 기입합니다.

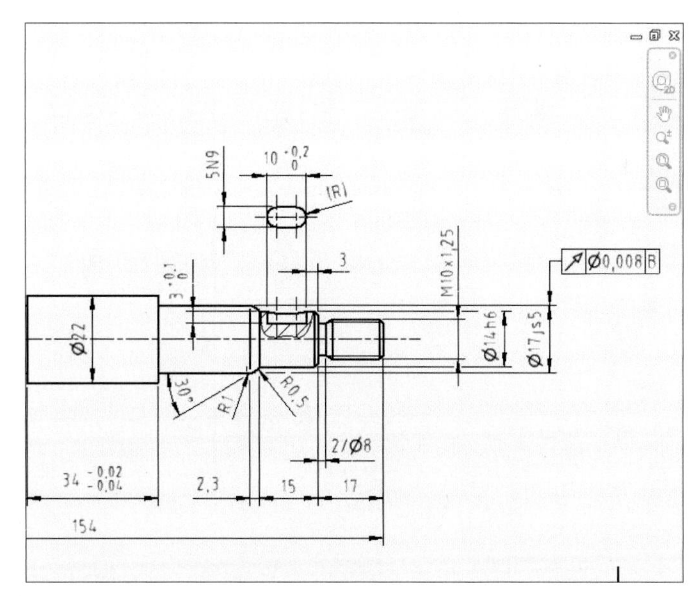

7 축의 데이텀 작성하기

01 [데이텀 식별자 기호] 아이콘을 클릭한 후 왼쪽 축의 중심선으로 이동하여 적절한 위치에서 클릭하고 마우스를 아래로 내립니다.

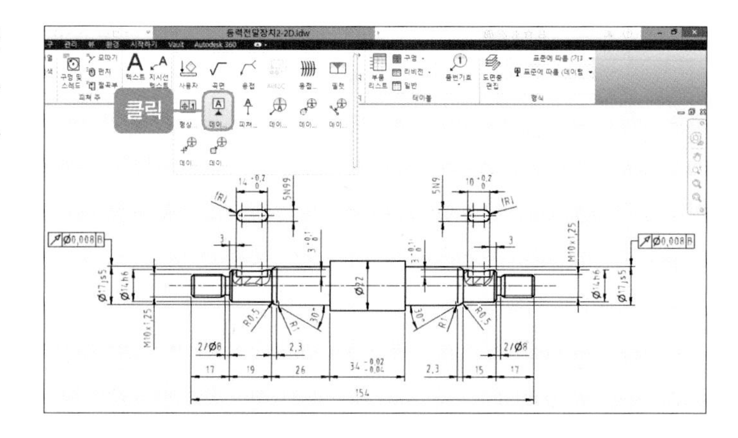

02 지시선은 다음 그림과 같이 만듭니다.

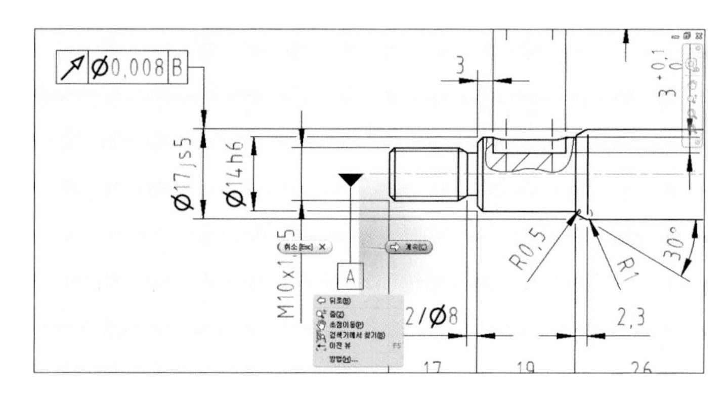

03 데이텀값을 'B'로 수정하고 [확인] 버튼을 클릭합니다.

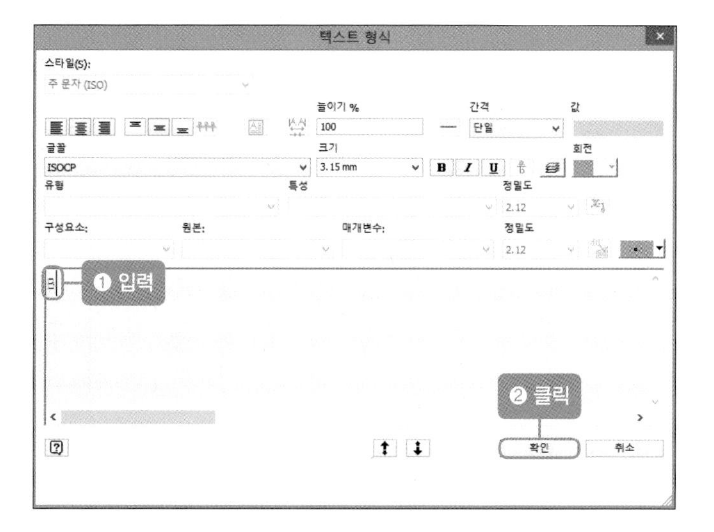

04 데이텀을 기입하면 다음 그림과 같이 나타납니다.

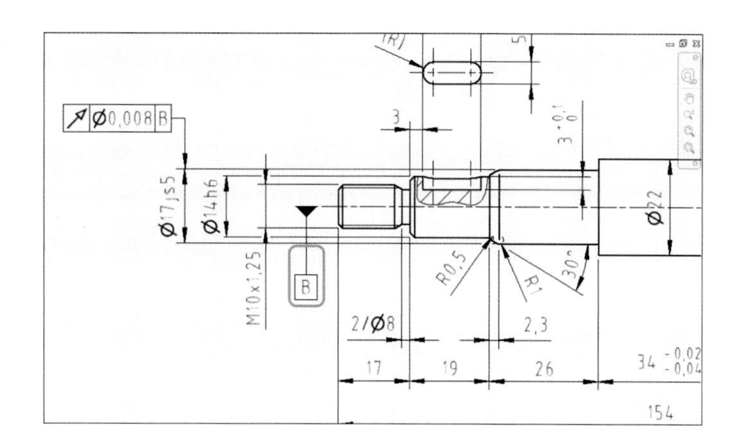

05 01~04를 참고하여 반대쪽에도 데이텀을 기입합니다.

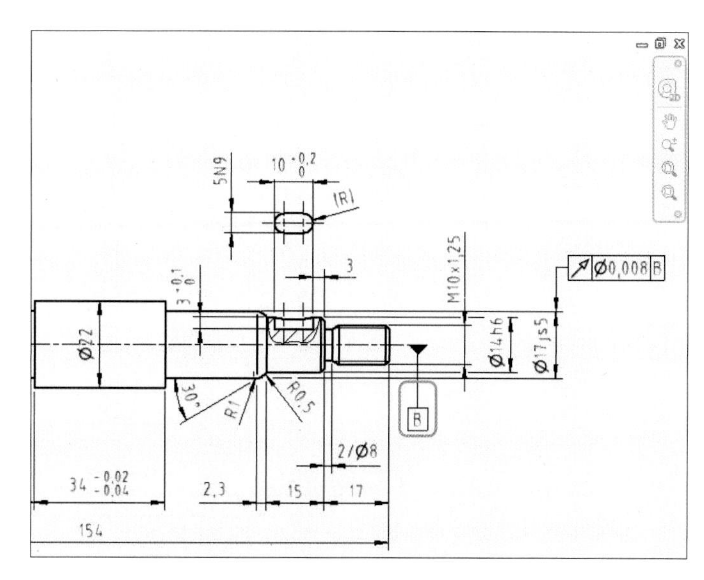

06 축의 정면도를 클릭한 후 [스케치 작성] 아이콘을 클릭합니다.

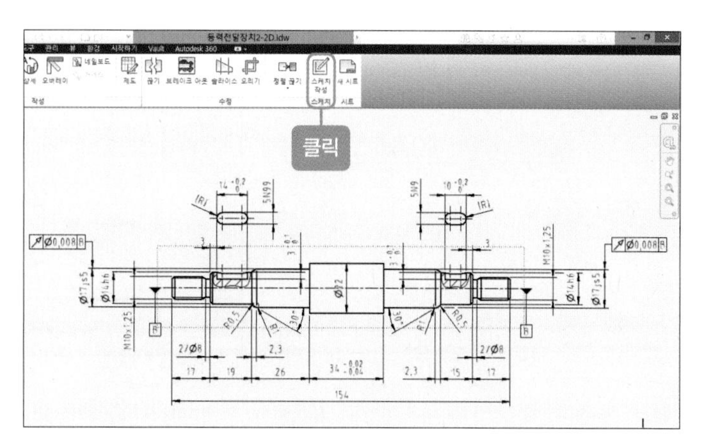

07 축의 정면도 선을 모두 클릭한 후 [형상투영] 아이콘을 클릭합니다.

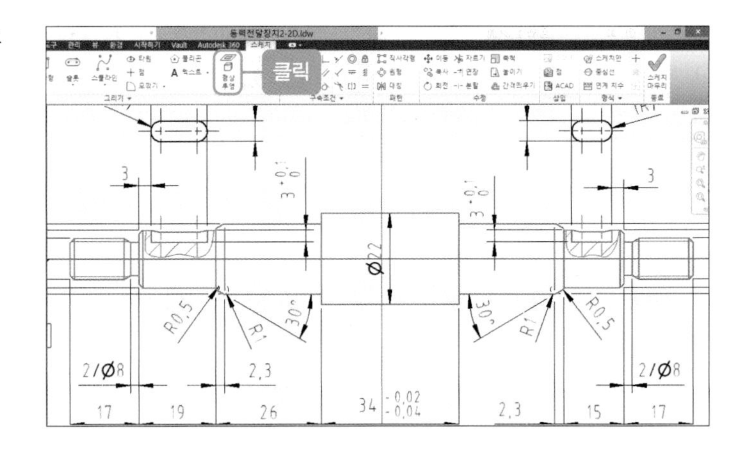

08 [선] 아이콘을 클릭한 후 센터 구멍 지시선을 그리기 위해 가장 먼저 대각선을 그립니다. 대각선 길이는 '3mm', 각도는 '30°' 또는 '60°'로 합니다.

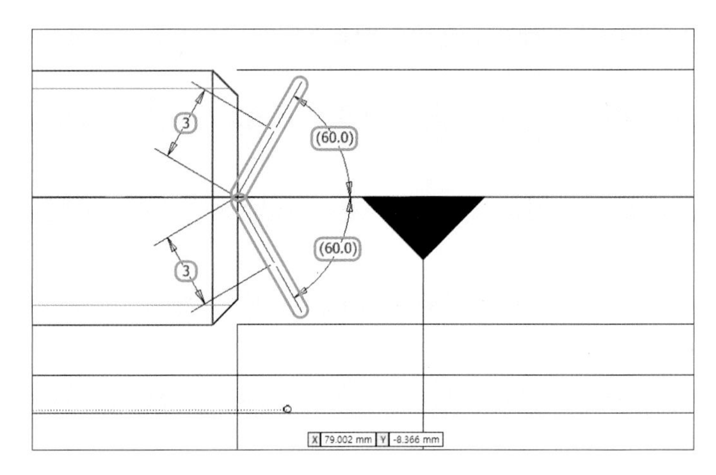

09 아래의 대각선 꼭짓점을 클릭한 후 사선을 그리고 직선을 그립니다.

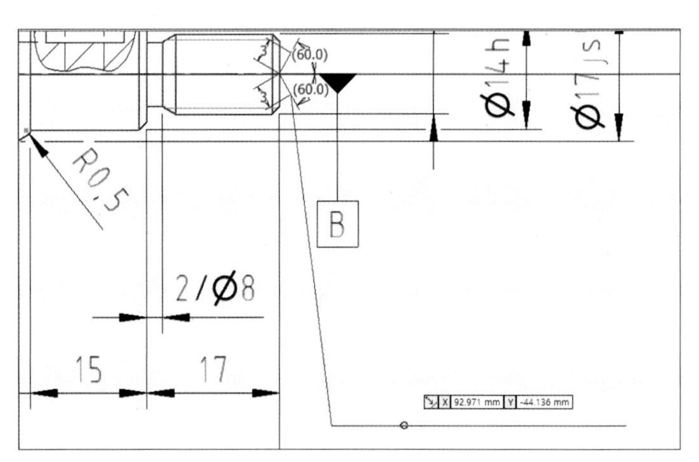

10 [텍스트] 아이콘을 클릭한 후 스타일을 'ISOCP'로 선택합니다. 그런 다음 "KS A ISO 6411-A2/4.25 양단"이라고 입력하고 [확인] 버튼을 클릭합니다.

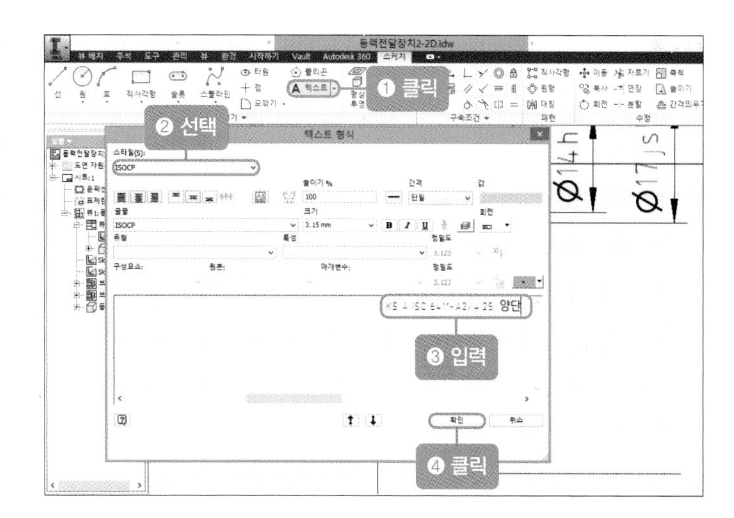

11 센터 구멍 지시선을 모두 클릭한 후 선 도면층을 '06 가는 실선'으로 바꿉니다.

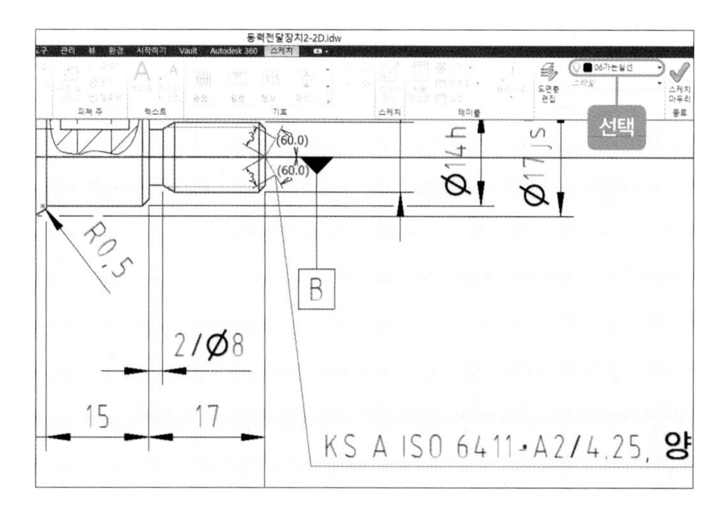

12 센터 구멍 지시 문자를 클릭한 후 선 도면층을 '08 문자'로 바꿉니다.

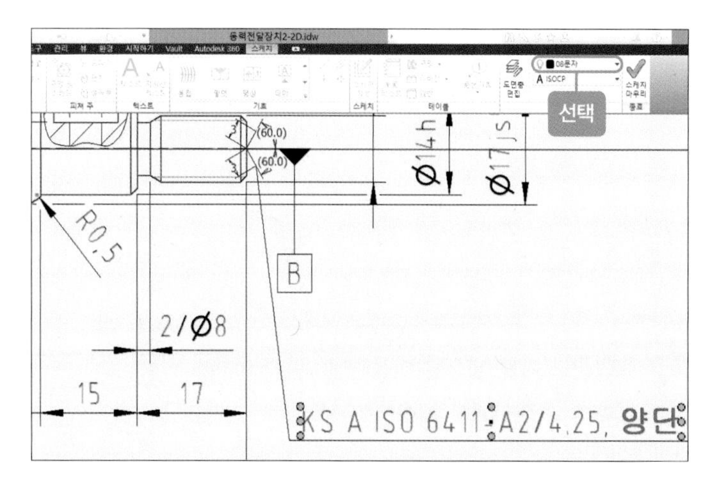

13 축의 일부가 완성됩니다.

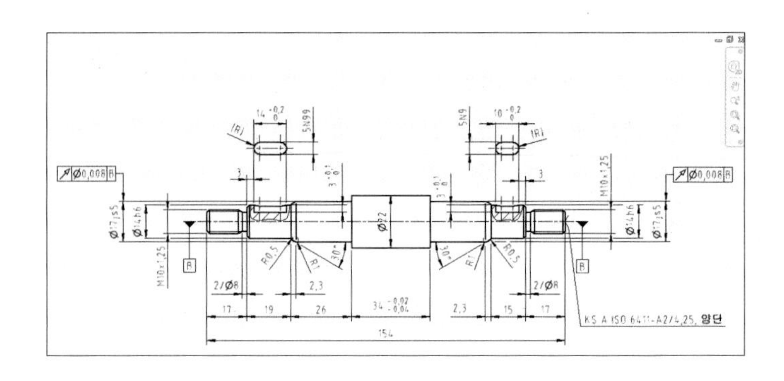

14 [곡면] 아이콘을 클릭한 후 왼쪽 Ø17js5 치수선의 원하는 위치에서 클릭합니다. 그런 다음 마우스를 위쪽으로 올려 다음과 같이 나오면 [계속] 버튼을 클릭합니다.

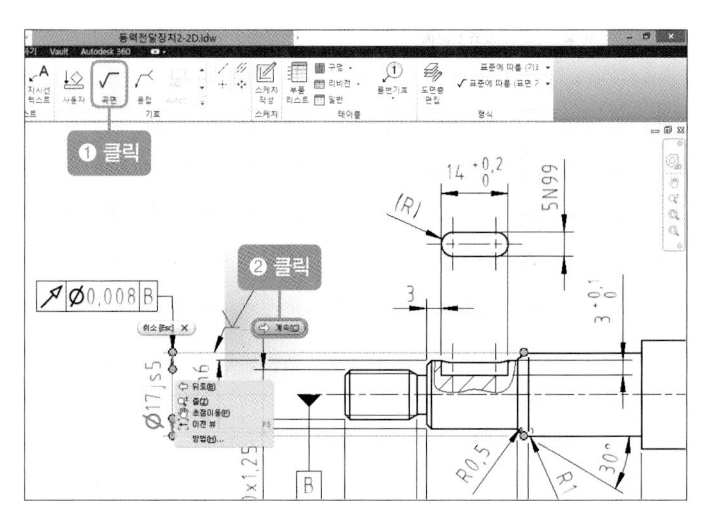

8 축의 거칠기 표시하기(품번 ❷)

01 표면 유형에서 두 번째 유형을 선택한 후 A 입력란에 'y'를 입력하고 [확인] 버튼을 클릭합니다.

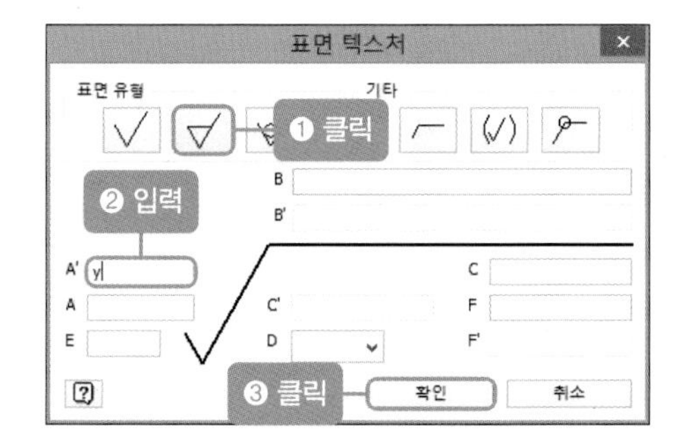

02 표면 거칠기를 넣으면 다음과 같은 그림이 나타납니다.

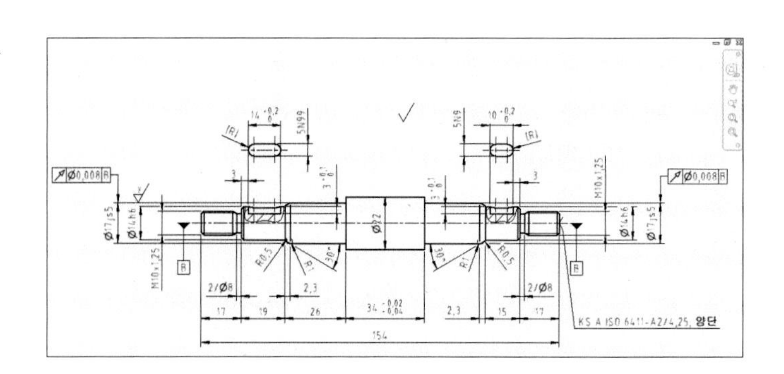

03 01~02를 참고하여 나머지 표면 거칠기도 기입합니다.

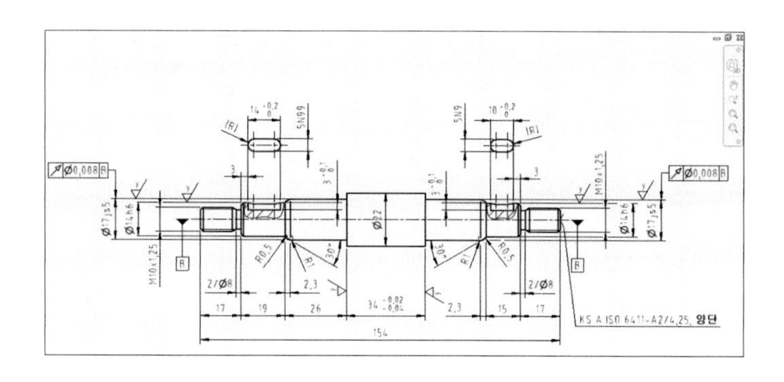

2 | V벨트 풀리 부품 상세도 작성하기(품번 ❸)

1 V벨트 풀리 가져오기(품번 ❸)

01 [기준] 아이콘을 클릭한 후 파일 경로(V벨트 풀리 3D)를 클릭하고 [뷰 방향 변경] 아이콘을 클릭합니다.

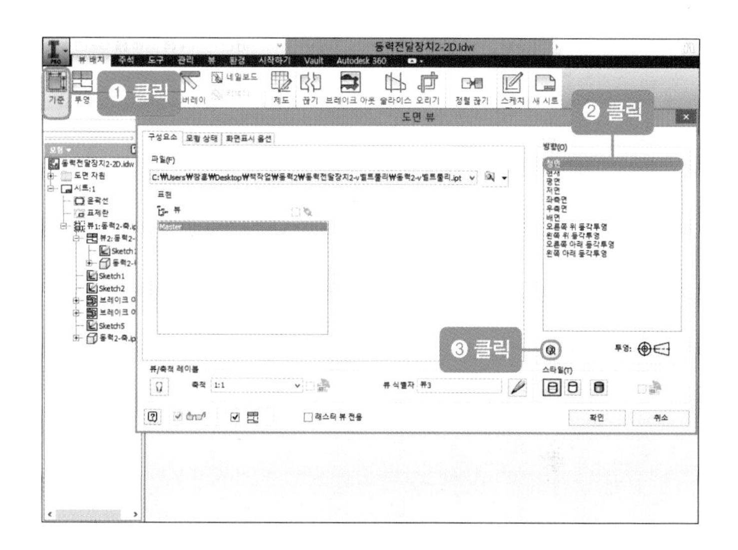

02 F6을 누른 후 투영([뷰 방향] 아이콘을 이용하여 일반도 클릭)하고 [사용자 뷰 마침] 아이콘을 클릭합니다(단, 키홈이 위로 갈 것).

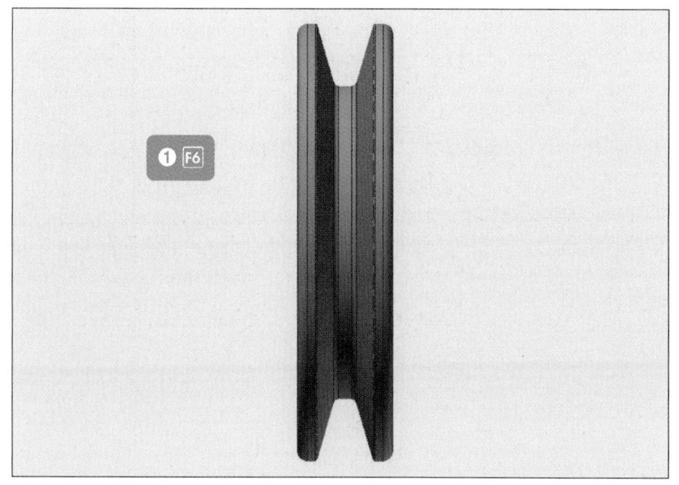

03 스타일에서 은선만 클릭한 후 축척을 1:1로 하고, [확인] 버튼을 클릭합니다.

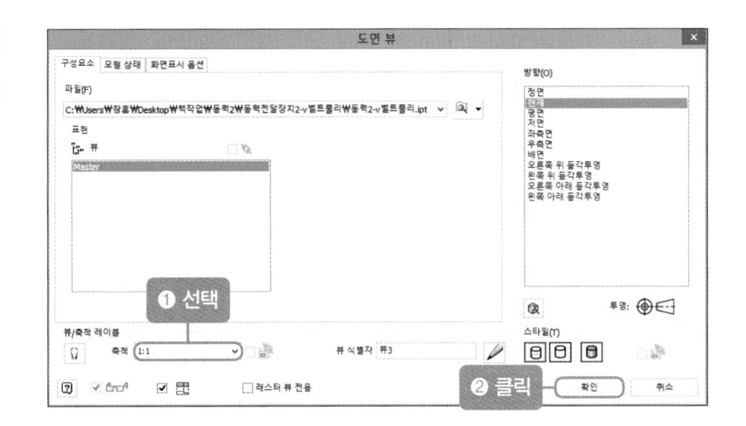

04 마우스를 오른쪽으로 옮겨 V벨트 풀리의 우측면도가 생기면 마우스 왼쪽 버튼을 누릅니다. 그런 다음 V벨트 풀리의 우측면도를 생성하기 위해 마우스 오른쪽 버튼을 눌러 [작성]을 클릭합니다.

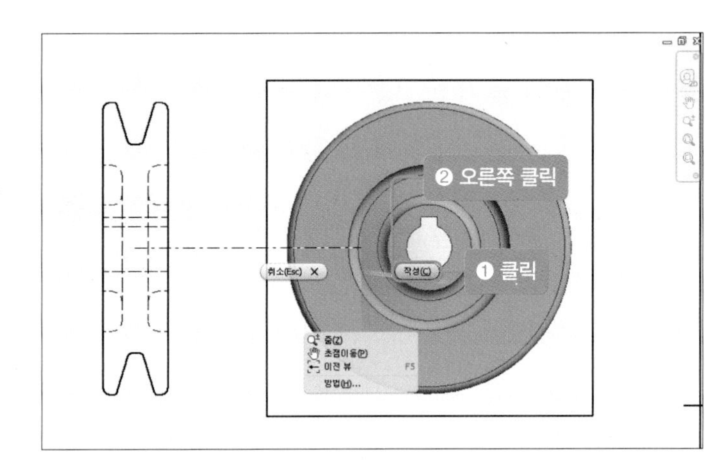

② V벨트 풀리 단면도 만들기

01 V벨트 풀리의 정면도를 클릭한 후 [스케치 작성] 아이콘을 클릭합니다.

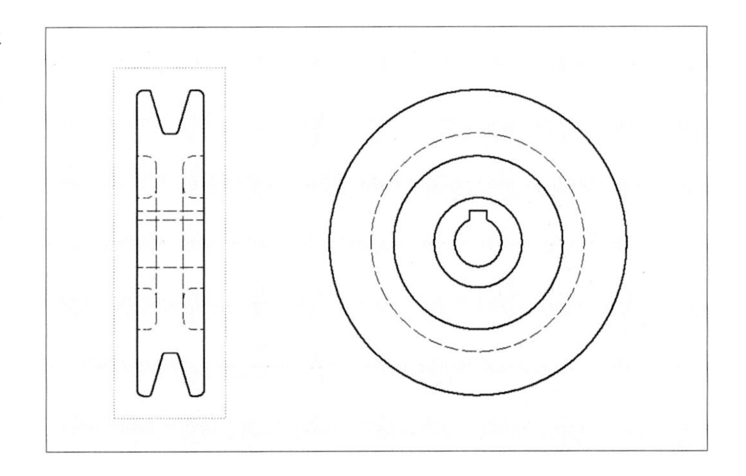

02 [직사각형] 아이콘을 클릭한 후 임의의 직사각형을 그립니다.

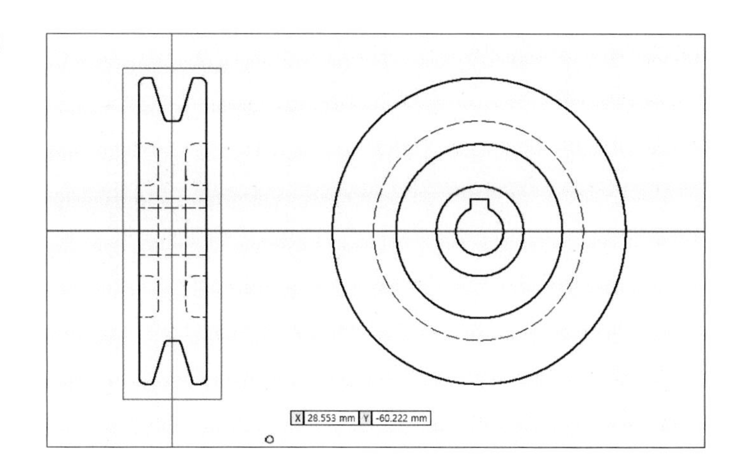

03 마우스 오른쪽 버튼을 눌러 [스케치 마무리]를 클릭한 후 V벨트 풀리의 정면도를 클릭합니다. 그런 다음 [브레이크 아웃] 아이콘을 클릭합니다.

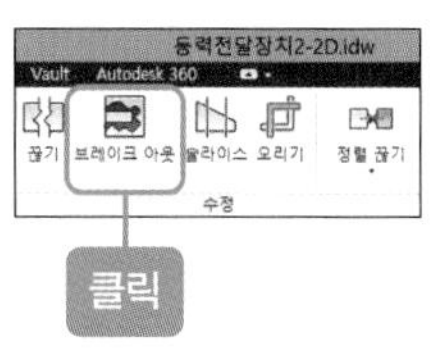

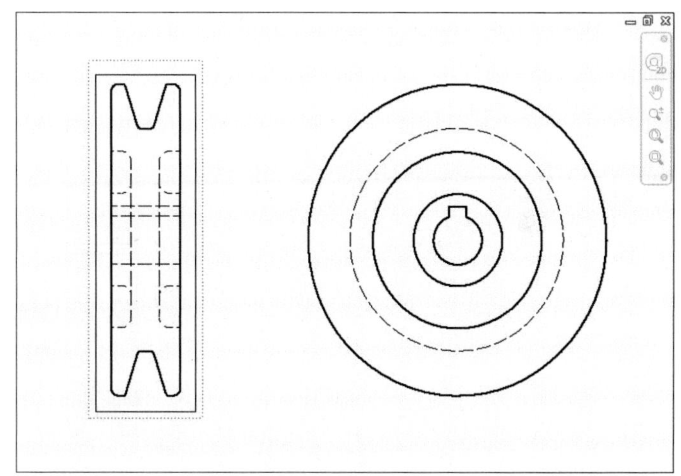

04 방금 전에 그렸던 직사각형이 선택됩니다. 브레이크 아웃 상자에서 '깊이'를 클릭한 후 V벨트 풀리의 우측면도에서 키홈의 위 부분 선(빨간색 선)을 클릭하고 [확인] 버튼을 클릭합니다. V벨트 풀리에 해칭(단면)이 나타납니다.

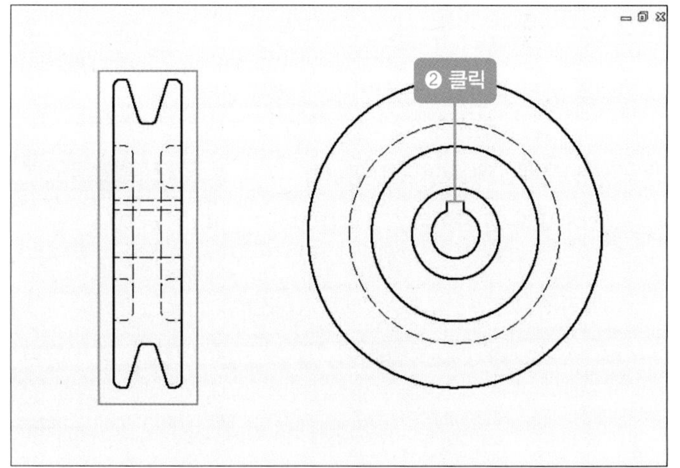

05 V벨트 풀리의 내부에 해칭(단면)이 나타납니다.

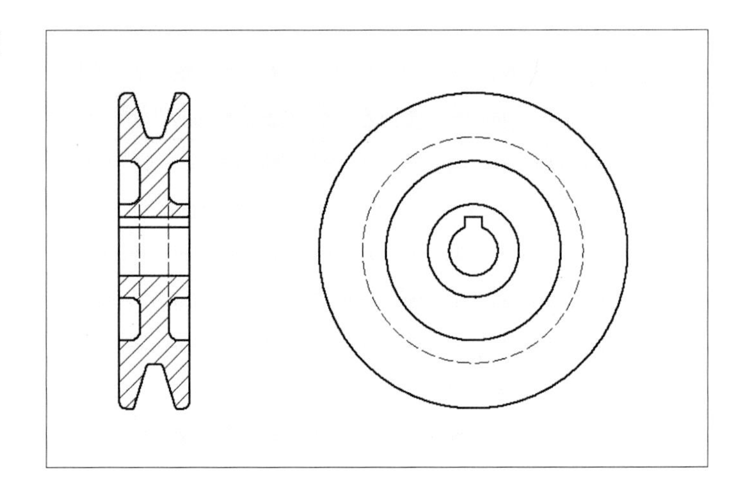

06 V벨트 풀리의 정면도에서 필요 없는 선(은선으로 된 선 2개)을 클릭한 후 마우스 오른쪽 버튼을 눌러 [가시성]의 체크를 해제합니다.

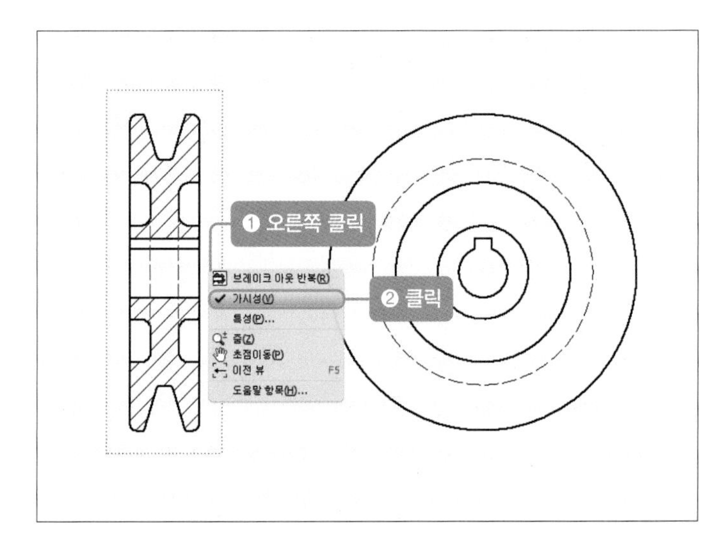

❸ V벨트 풀리 중심선 작성하기(품번 ❸)

01 V벨트 풀리의 정면도를 클릭한 후 [스케치 작성] 아이콘을 클릭합니다.

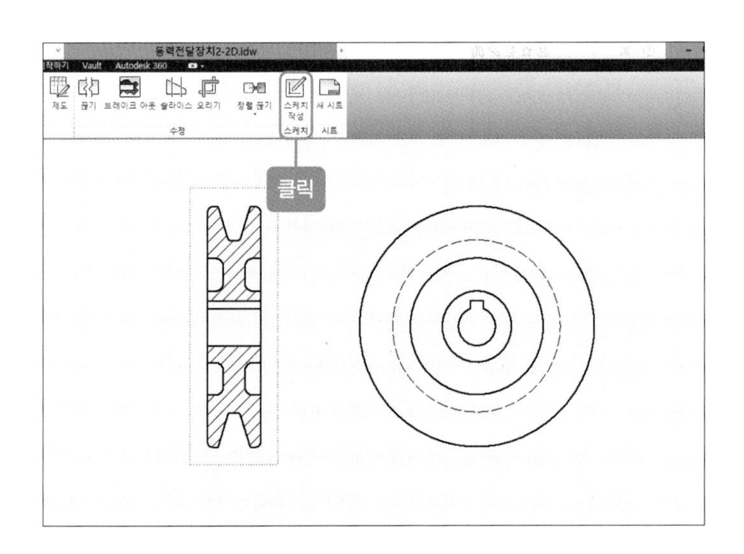

02 V벨트 풀리의 정면도 선을 모두 클릭한 후 [형상투영] 아이콘을 클릭합니다.

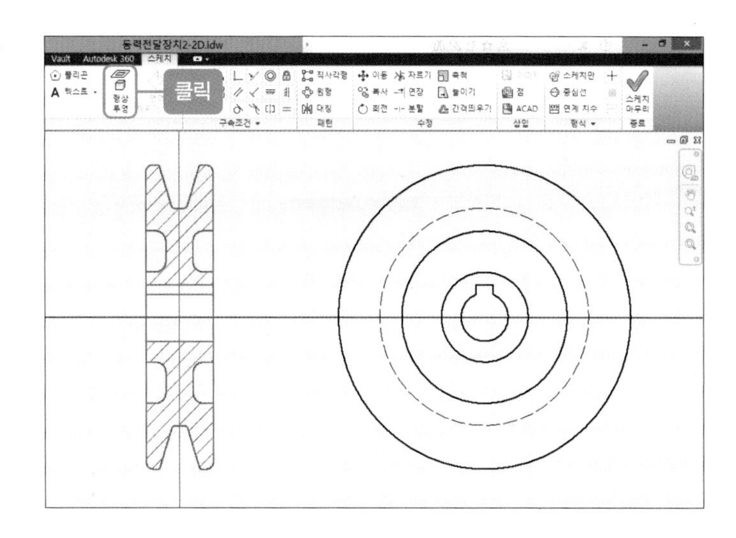

03 '선'과 [치수] 아이콘을 이용하여 V홈 사이에 직선을 그린 후 그 직선과 V홈 밑변을 클릭하고 다음과 같이 치수선을 넣습니다. 그런 다음 치수를 더블클릭하여 '8mm'로 수정하고 방금 전에 그렸던 직선의 양 사이드에 8.4mm의 직선을 각각 그립니다.

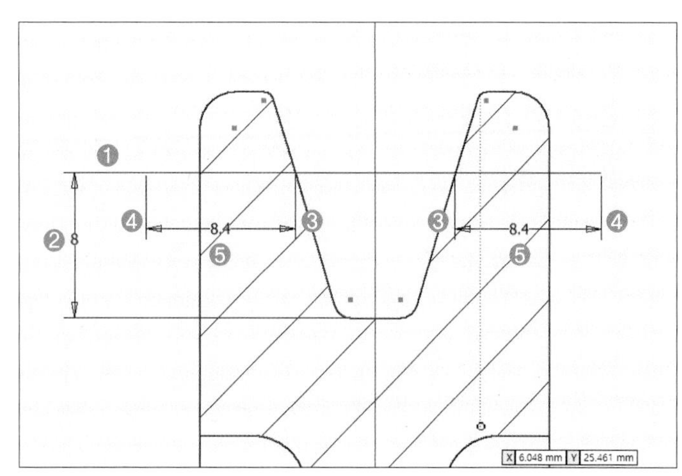

04 03을 참고하여 아래 부분에 있는 V홈의 중심선을 그립니다.

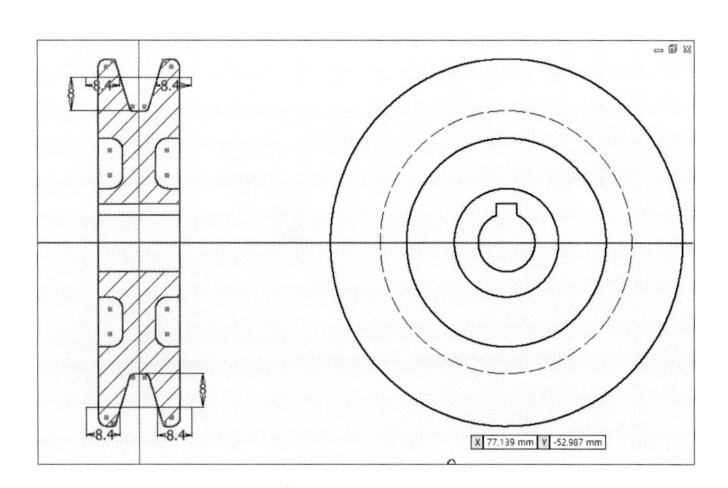

05 V홈 사이의 있는 직선을 각각 클릭한 후 선 도면층을 '03 중심선'으로 바꿉니다.

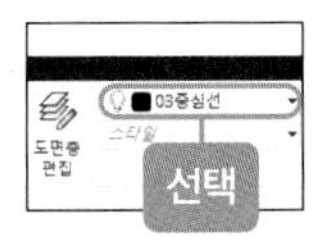

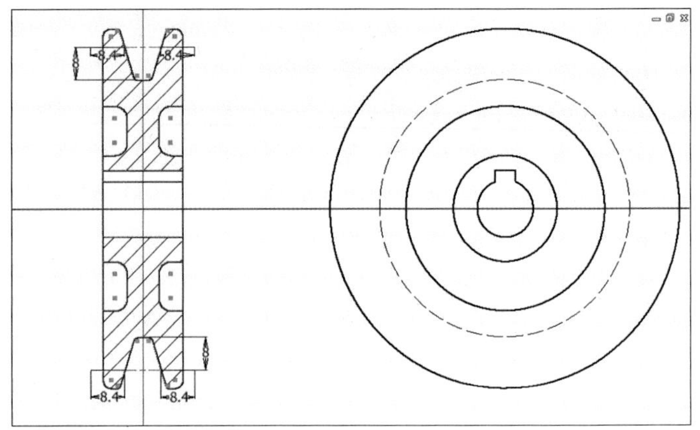

06 V홈 양 사이드 직선을 각각 클릭하고 선 도면층을 '06 가는 실선'으로 바꿉니다. 그리고 마우스 오른쪽 버튼을 눌러 [스케치 마무리]를 클릭합니다.

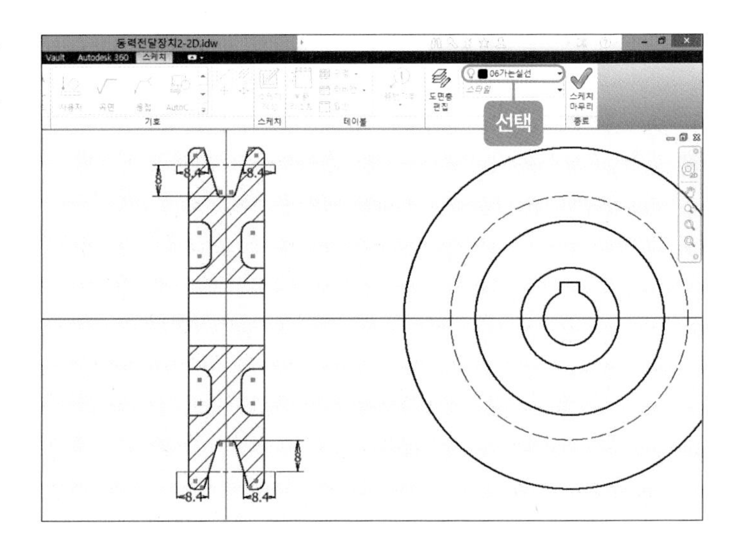

07 [중심선] 아이콘을 클릭한 후 V벨트 풀리의 정면도에서 축 구멍 왼쪽 중심점을 클릭하고 오른쪽 중심점을 클릭합니다.

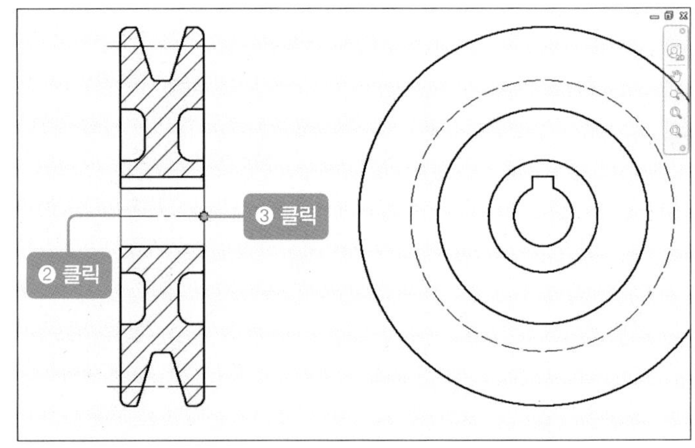

08 마우스 오른쪽 버튼을 눌러 [작성]을 클릭합니다.

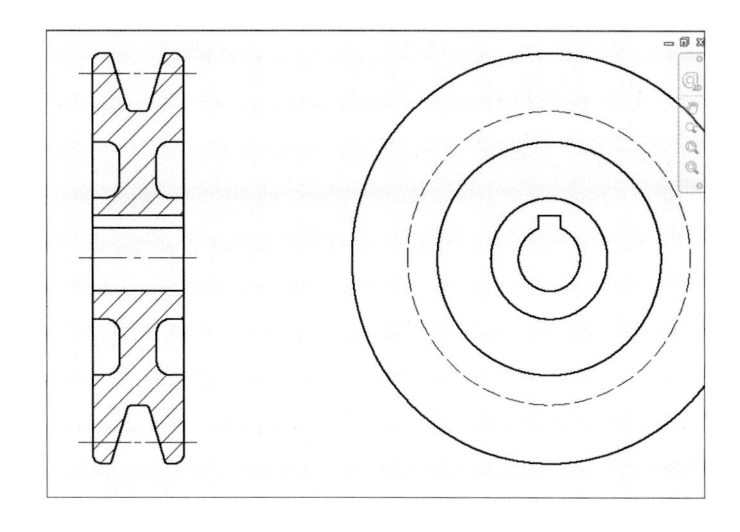

09 [중심선] 아이콘을 클릭한 후 V홈의 밑변 중심점을 각각 클릭하고 마우스 오른쪽 버튼을 눌러 [작성]을 클릭합니다. 그런 다음 중심선을 클릭하고 위, 아래로 늘립니다.

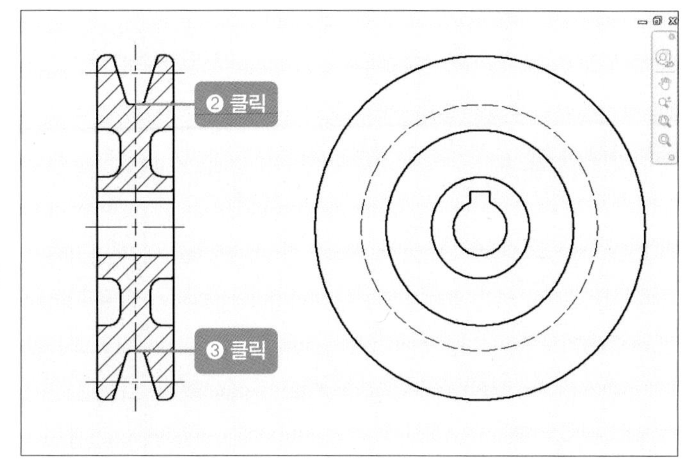

10 V벨트 풀리의 모든 선을 클릭한 후 선 도면층을 '02 외형선'으로 바꿉니다.

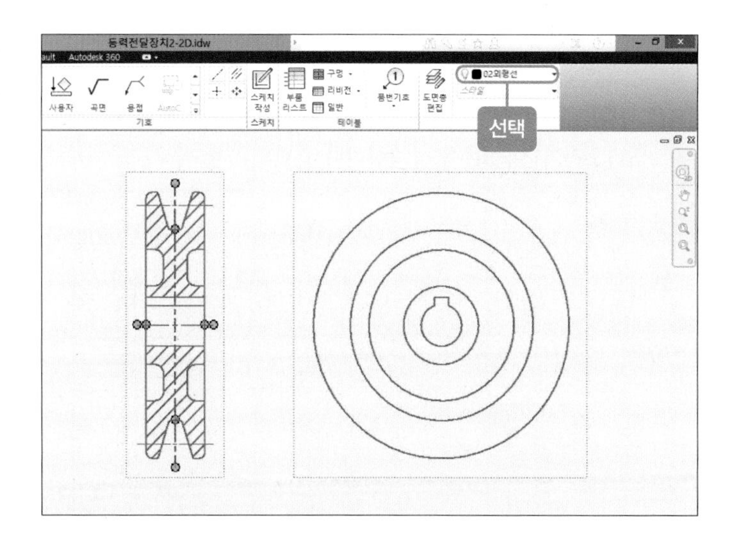

11 V벨트 풀리의 정면도에서 해칭(단면)선을 클릭한 후 선 도면층을 '07 해칭선'으로 바꿉니다.

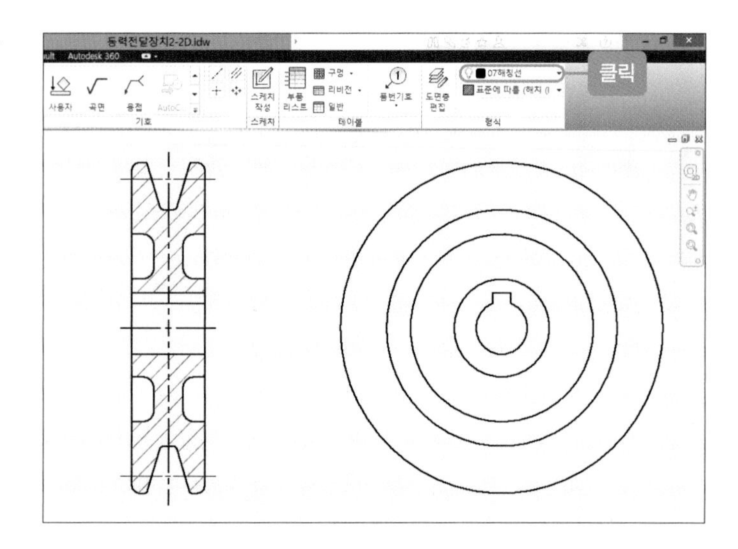

12 V벨트 풀리의 정면도에서 V벨트 풀리 중심선 2개를 클릭한 후 선 도면층을 '03 중심선'으로 바꿉니다.

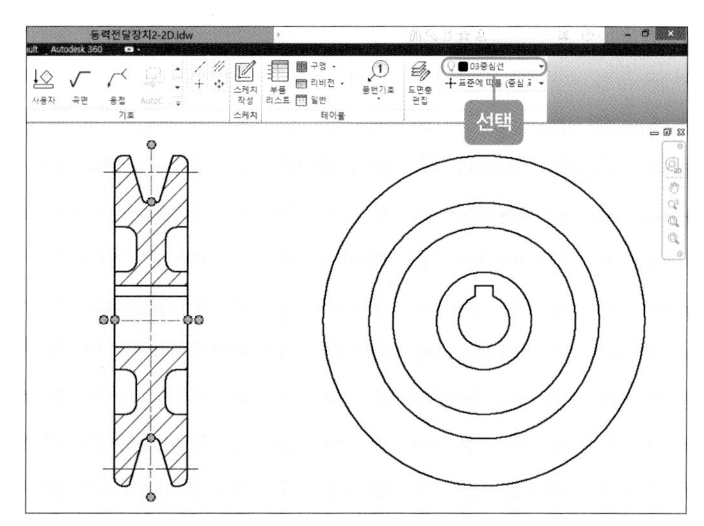

13 V벨트 풀리의 우측면도를 클릭한 후 [오리기] 아이콘을 클릭합니다.

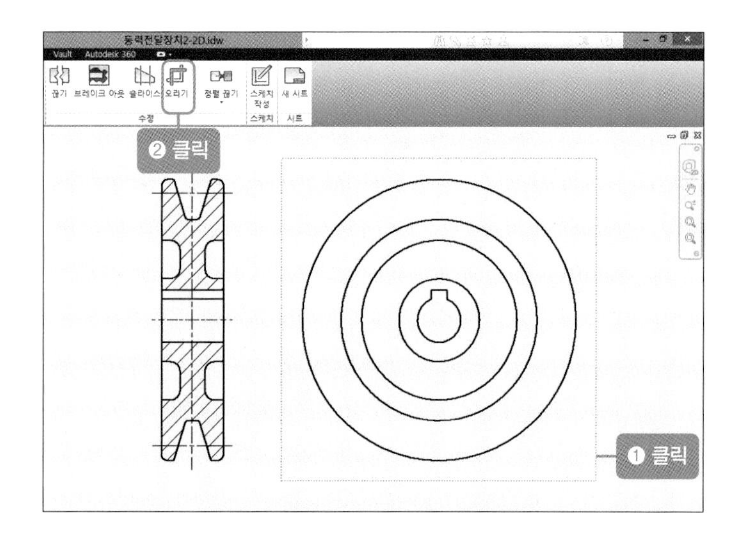

4 V벨트 풀리 키홈 작성하기

01 키홈의 중심점에서 마우스를 임의의 위치까지 위로 올린 후 클릭합니다(단, 마우스를 위로 올릴 때에는 V벨트 풀리의 이끝원을 벗어나야 합니다).

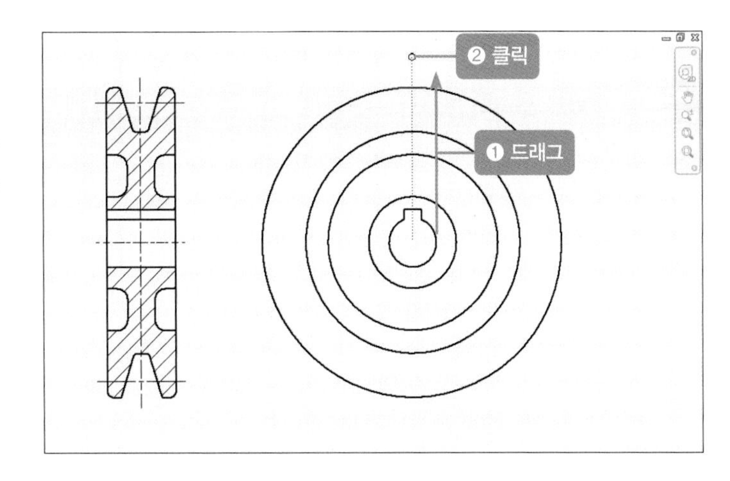

02 오른쪽에 임의의 직사각형을 그립니다(단, 직사각형이 V벨트 풀리의 이끝원을 지나야 합니다).

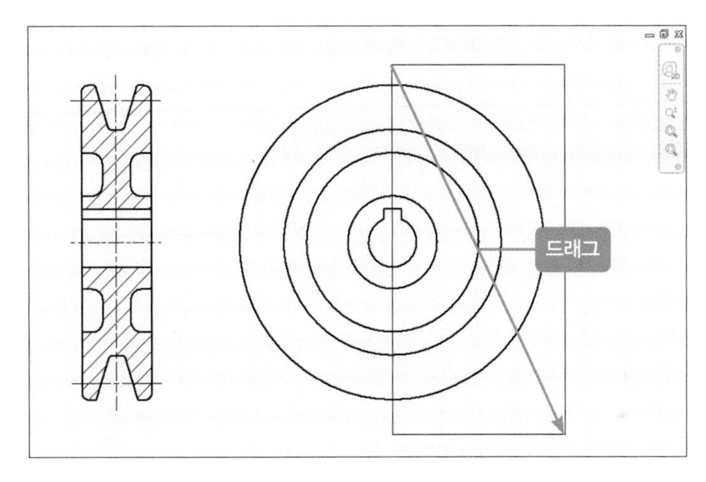

03 직사각형으로 덮여 있던 부분만 투영됩니다.

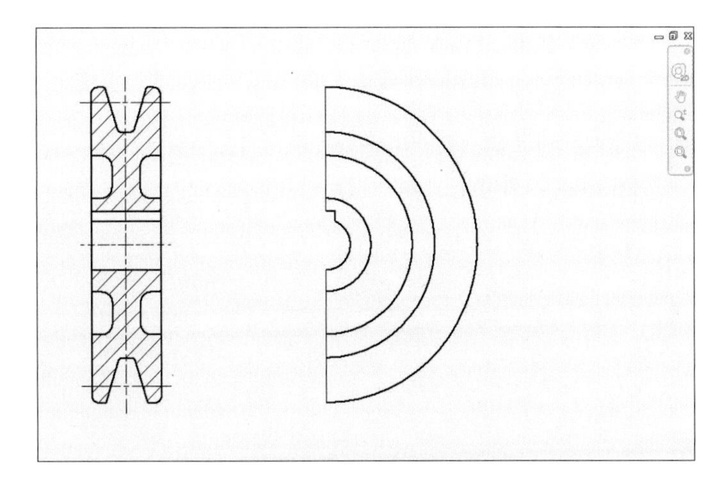

04 키홈 부분만 남겨두고 나머지 선들은 클릭한 후 마우스 오른쪽 버튼을 눌러 [가시성]의 체크를 해제합니다. V벨트 풀리의 우측면도를 클릭하고 [스케치 작성] 아이콘을 클릭합니다.

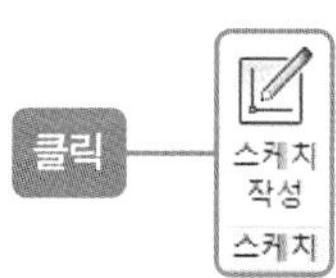

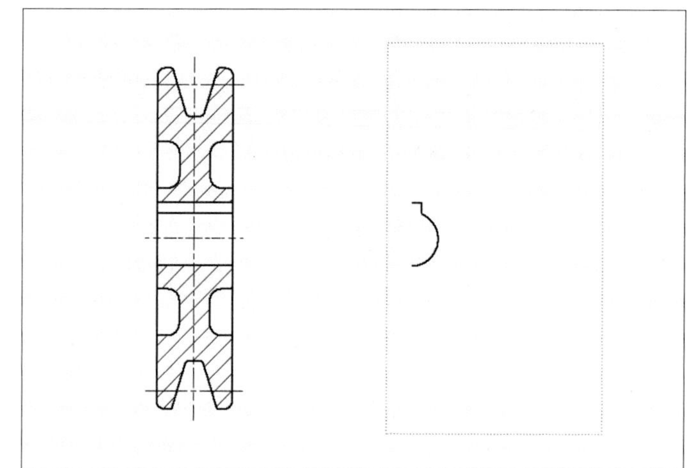

05 V벨트 풀리의 우측면도 선을 모두 클릭한 후 [형상투영] 아이콘을 클릭합니다.

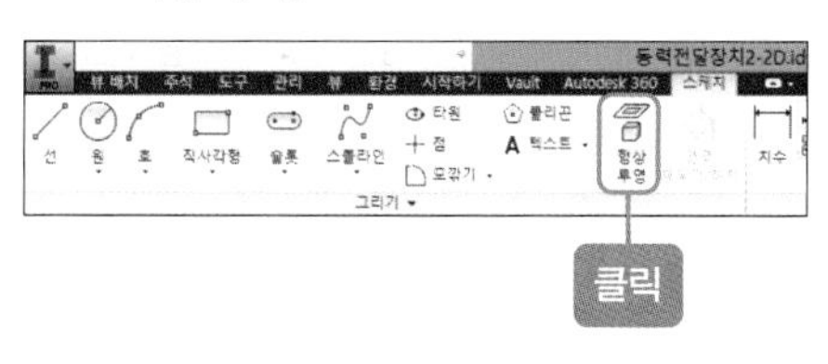

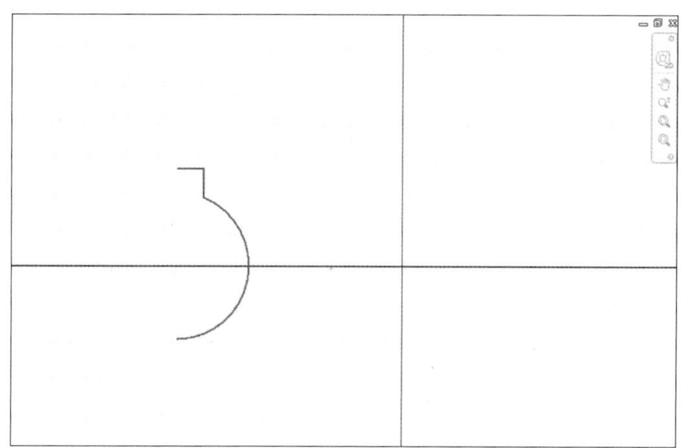

06 [선] 아이콘을 클릭한 후 키홈 세로축 중심선(28.3mm), 가로축 중심선(10mm)을 그립니다. 그리고 위, 아래로 대칭선(가로 2mm, 간격 2mm)을 그립니다.

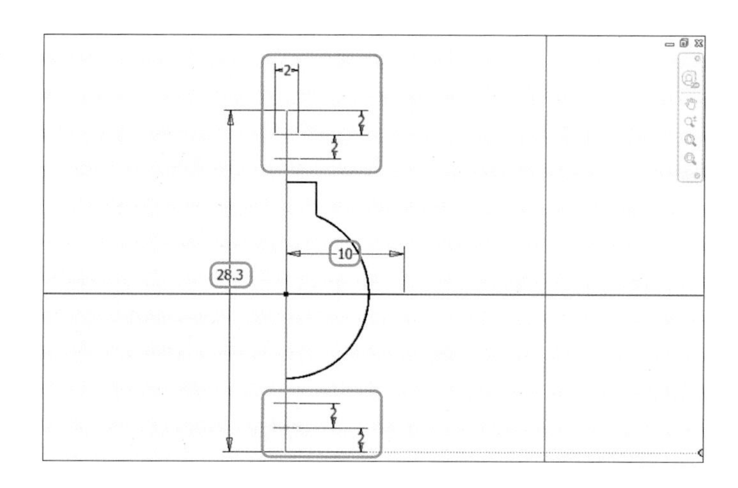

07 키홈의 가로축 중심선과 세로축 중심선을 각각 클릭한 후 선 도면층을 '03 중심선'으로 바꿉니다.

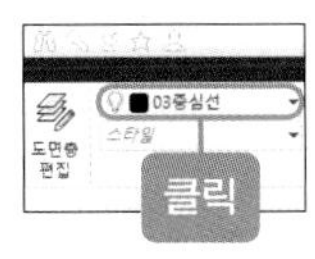

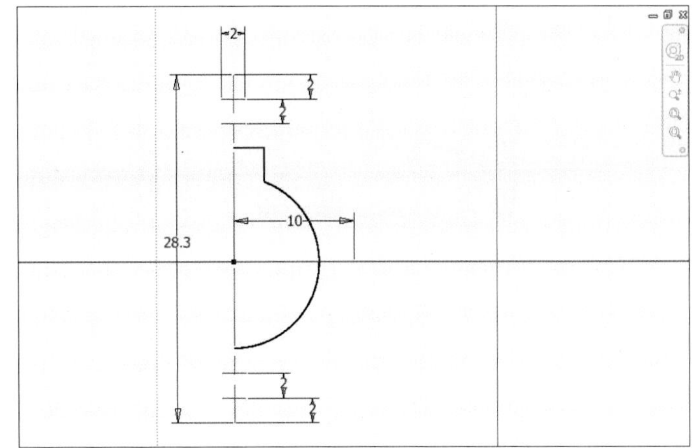

08 대칭선을 각각 클릭한 후 선 도면층을 '06 가는 실선'이나 '08 문자'로 바꿉니다.

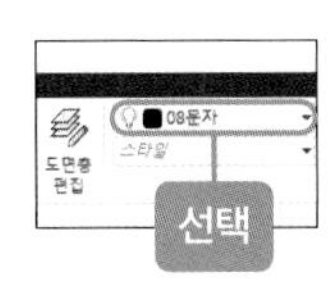

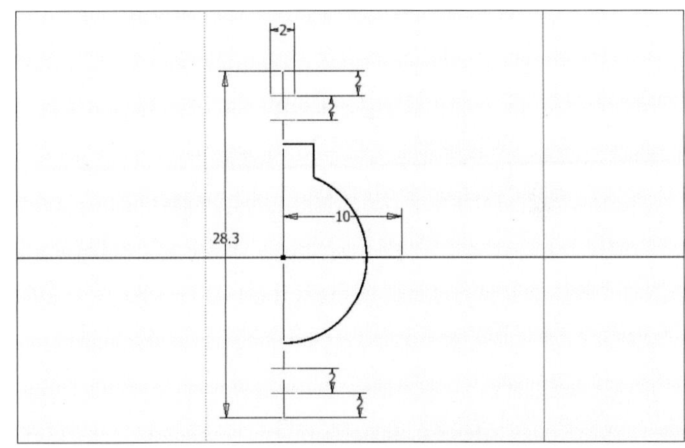

09 마우스 오른쪽 버튼을 눌러 [스케치 마무리]를 클릭합니다.

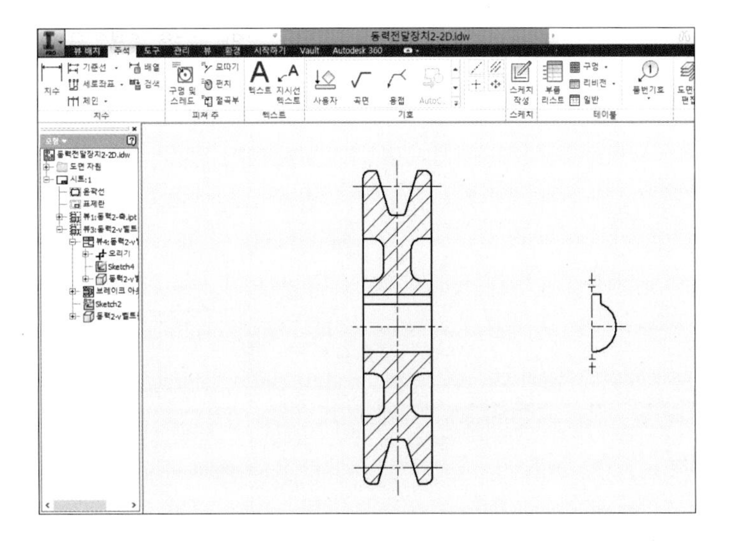

5 V벨트 풀리 상세도 작성하기

01 V벨트 풀리의 정면도를 클릭한 후 [상세] 아이콘을 클릭합니다.

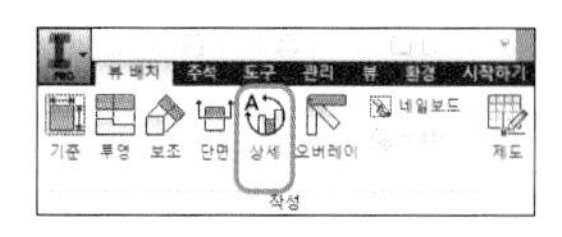

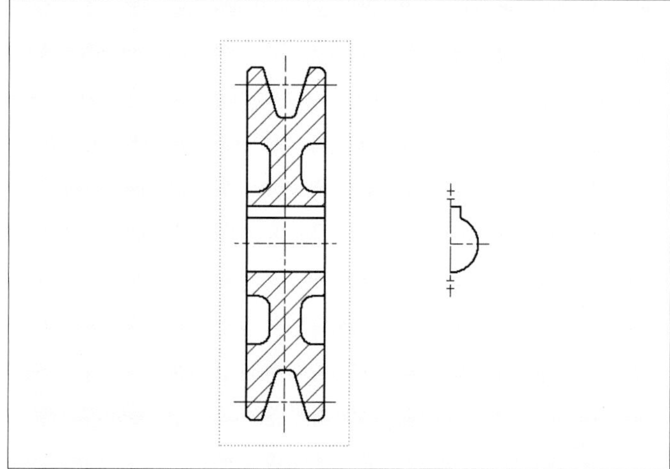

02 상세 뷰 상자에서 뷰 식별자에 'C'를 입력하고, 축척을 '2:1', 스타일은 '은선'만 체크하고 [확인] 버튼을 클릭합니다.

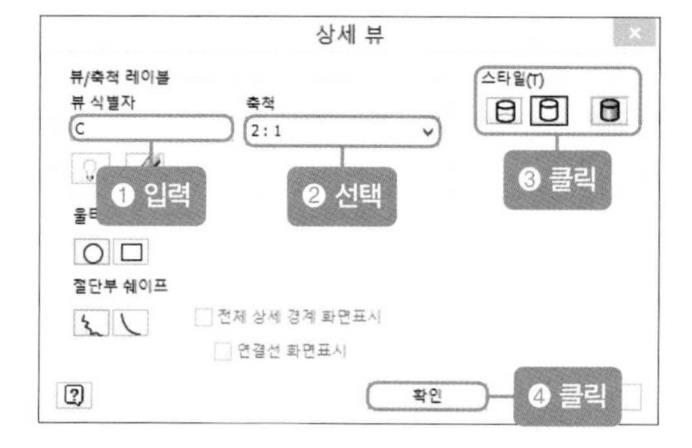

03 확대도를 원하는 위치로 이동한 후 마우스를 클릭합니다.

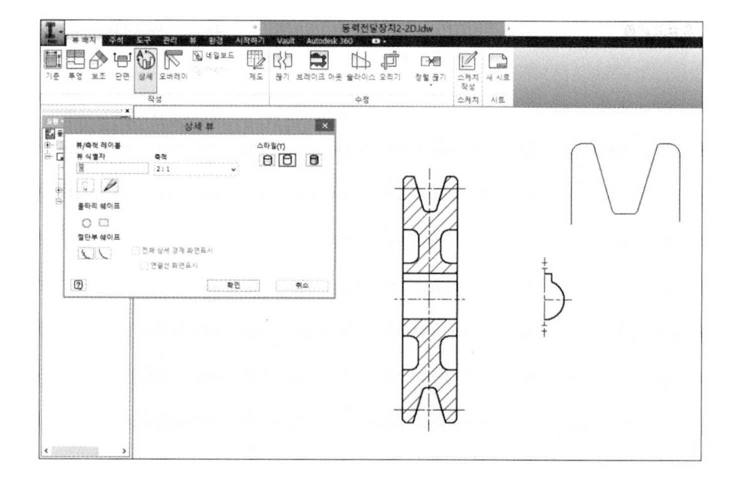

04 원으로 감싸진 V홈의 확대도(2:1)가 생성됩니다.

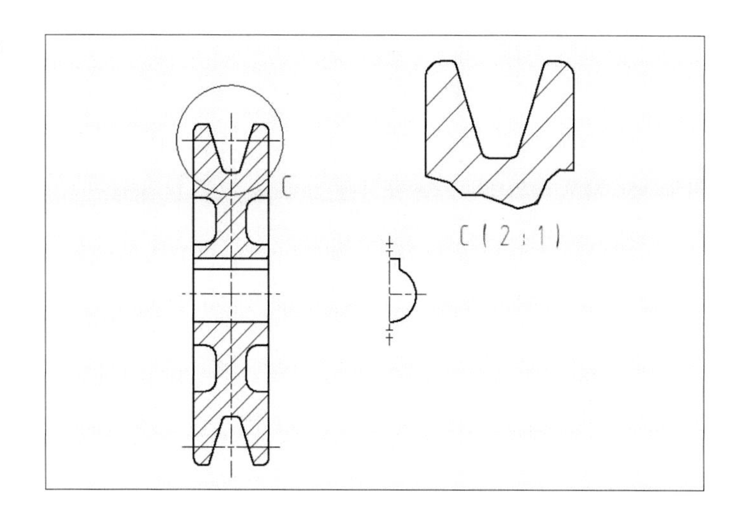

6 V벨트 풀리 치수 및 공차 기입하기(품번 ③)

01 축 치수 기입을 참고하여 V벨트 풀리에 치수를 기입합니다.

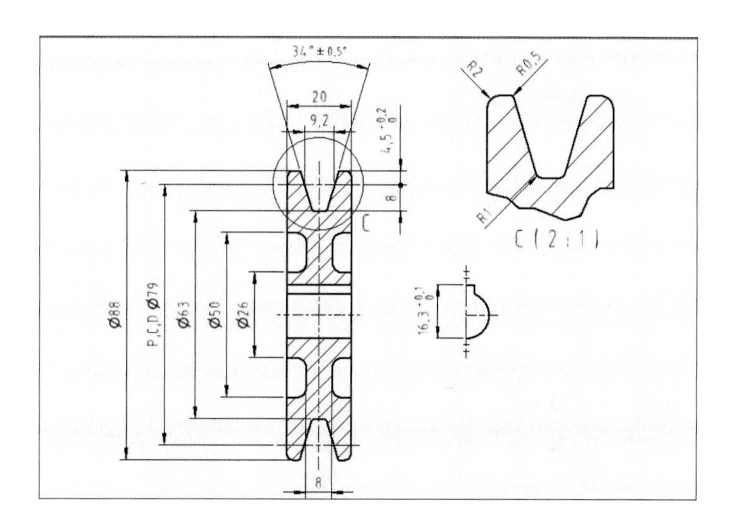

02 키홈부 치수를 기입한 후 치수를 '2.5mm'에서 '5Js9'로 수정합니다.

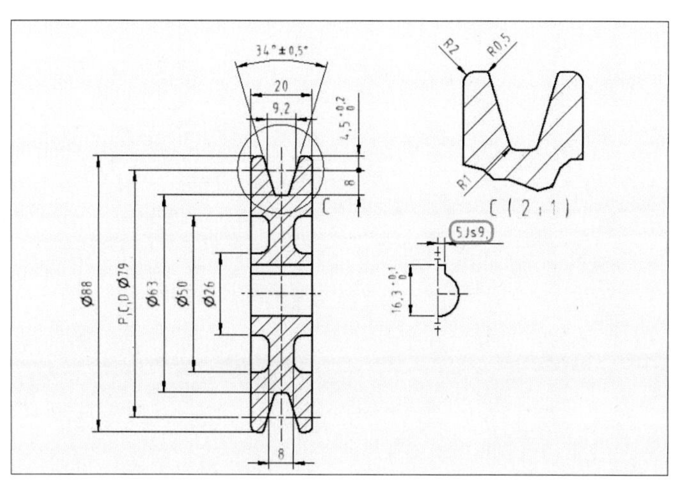

03 [치수] 아이콘을 클릭한 후 V벨트 풀리의 정면도에서 축 구멍 아래 선과 바로 위에 있는 가로축 중심선을 클릭하고 마우스 오른쪽 버튼을 눌러 [치수 유형 – 선형 지름]을 클릭합니다.

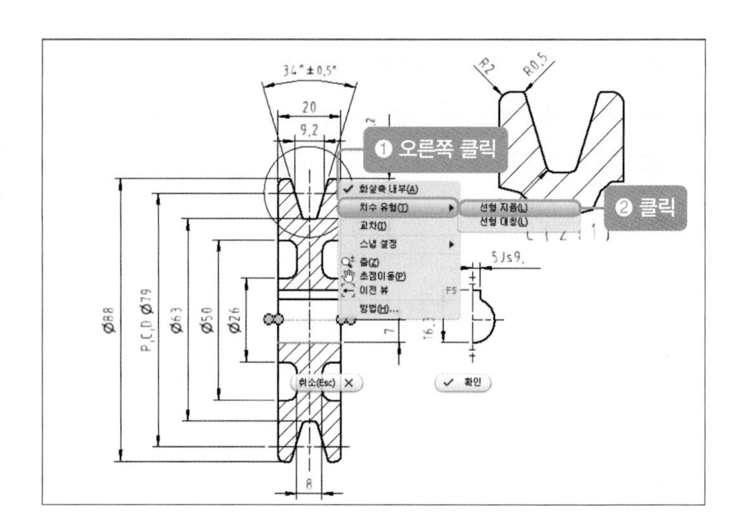

04 선형 지름으로 기입하면 치수가 Ø14로 바뀝니다. 치수를 더블클릭하여 'H7'를 기입합니다. 그리고 V벨트 풀리의 우측면도에서 5Js9, 왼쪽 치수 보조선을 클릭한 후, 마우스 오른쪽 버튼을 눌러 [치수 보조선 숨기기]를 클릭합니다.

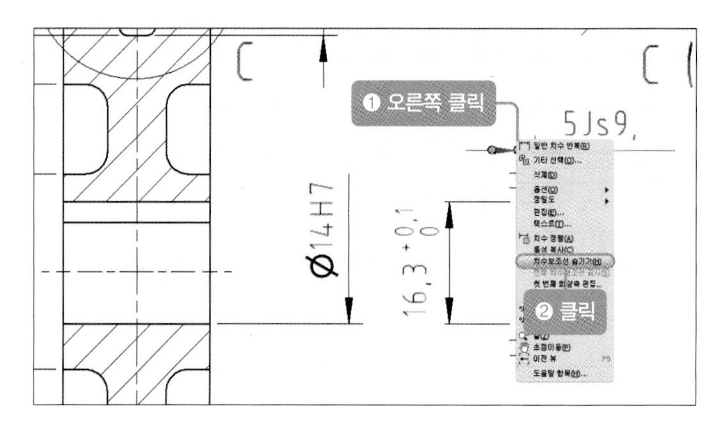

05 왼쪽 치수 보조선이 없어집니다. 5Js9, 치수선을 클릭한 후 마우스 오른쪽 버튼을 눌러 [첫 번째 화살촉 편집]을 클릭합니다.

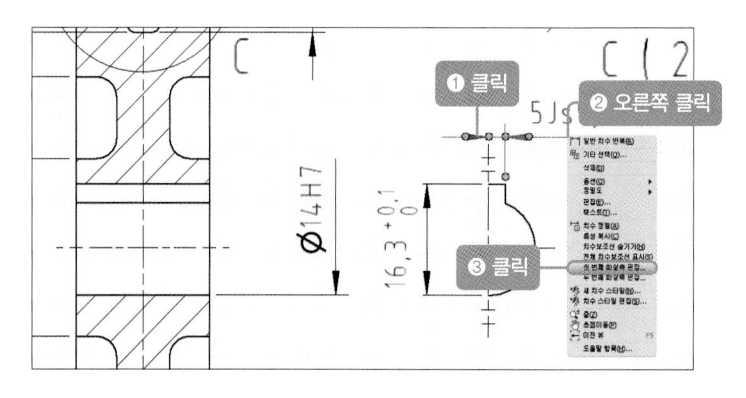

06 화살촉을 '없음'으로 선택한 후 [✓]를 클릭합니다.

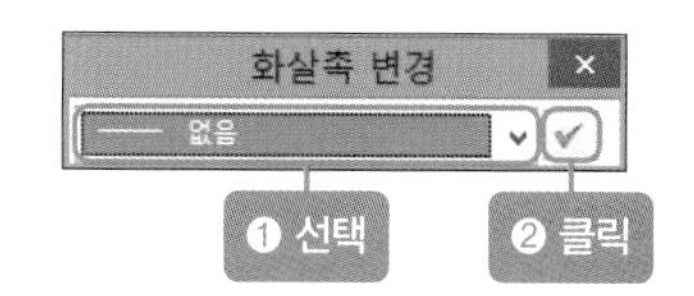

07 표면 거칠기, 형상 기호, 데이텀은 축 부분을 참고하여 다음 그림과 같이 기입합니다.

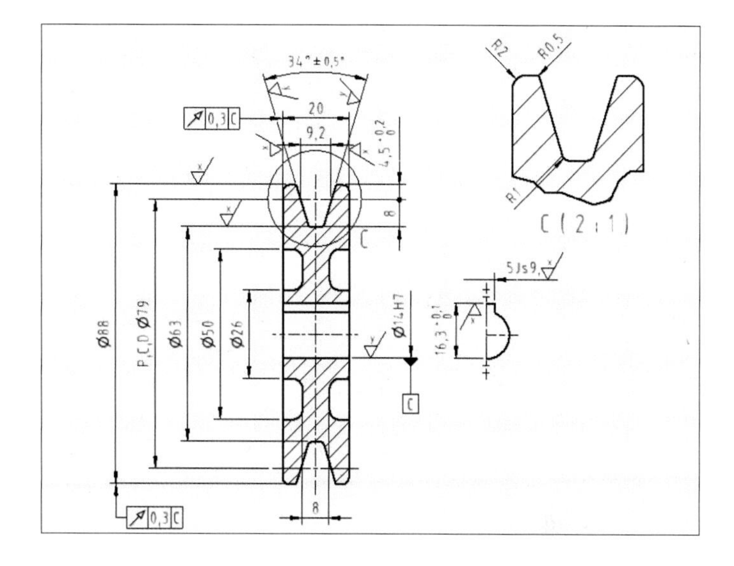

7 스퍼기어 가져 오기

01 [기준] 아이콘을 클릭한 후 파일 경로(스퍼기어 2D용 3D)를 클릭하고 [뷰 방향 변경] 아이콘을 클릭합니다.

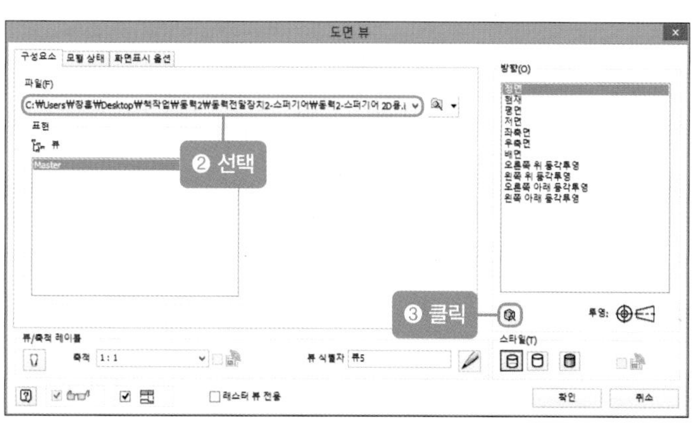

02 F6을 누른 후 투영([뷰 방향] 아이콘을 이용하여 일반도 클릭)하고 [사용자 뷰 마침] 아이콘을 클릭합니다(단, 키홈이 위로 갈 것).

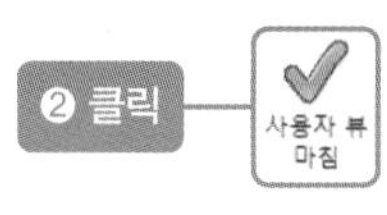

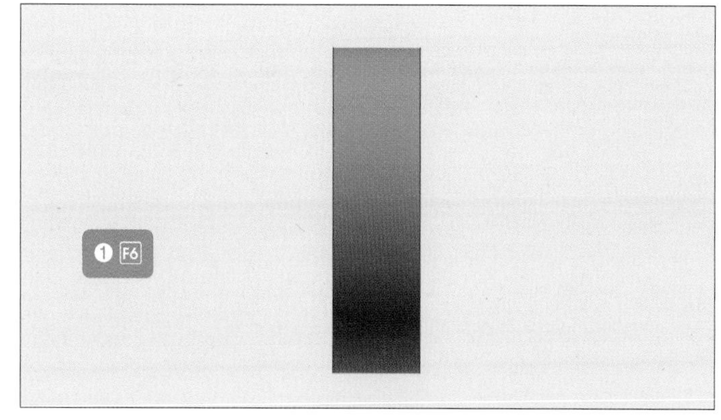

03 스타일에서 은선만 클릭한 후 축척을 1:1로 하고, [확인] 버튼을 클릭합니다.

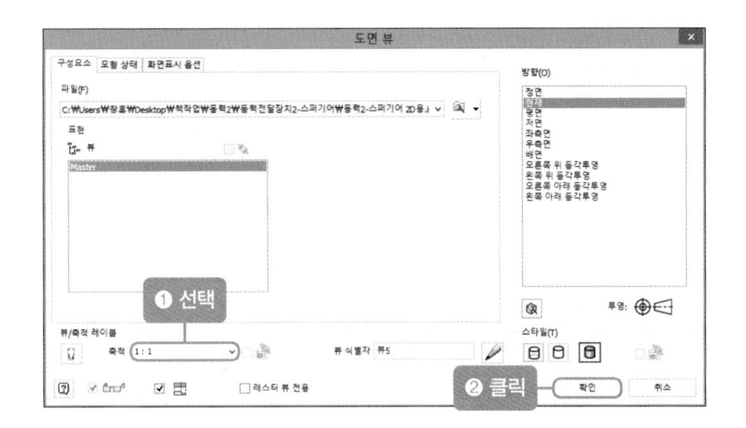

04 마우스를 오른쪽으로 옮겨 스퍼기어의 우측면도가 생기면 마우스 왼쪽 버튼을 누릅니다. 그 다음 스퍼기어의 우측면도를 생성하기 위해 마우스 오른쪽 버튼을 눌러 [작성]을 클릭합니다.

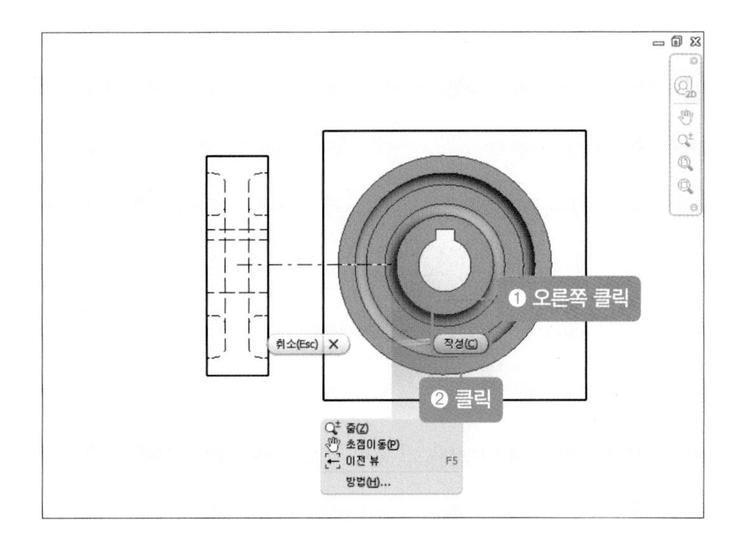

05 스퍼기어의 정면도를 클릭한 후 [스케치 작성] 아이콘을 클릭합니다.

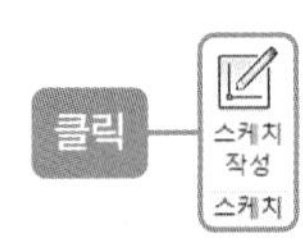

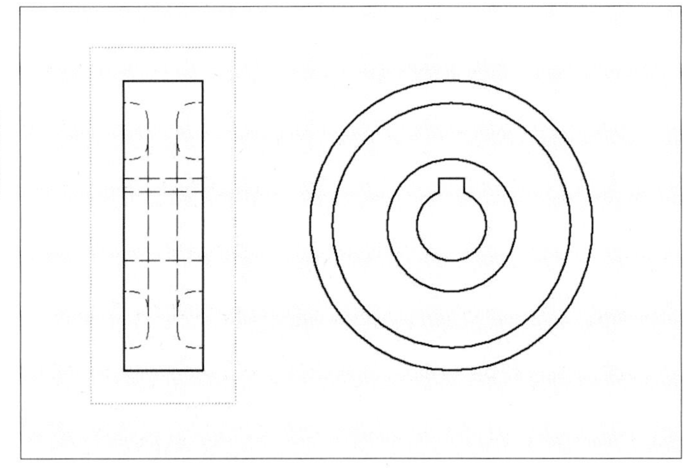

06 [직사각형] 아이콘을 클릭한 후 임의의 직사각형을 그립니다. 그런 다음 마우스 오른쪽 버튼을 눌러 [스케치 마무리]를 클릭합니다.

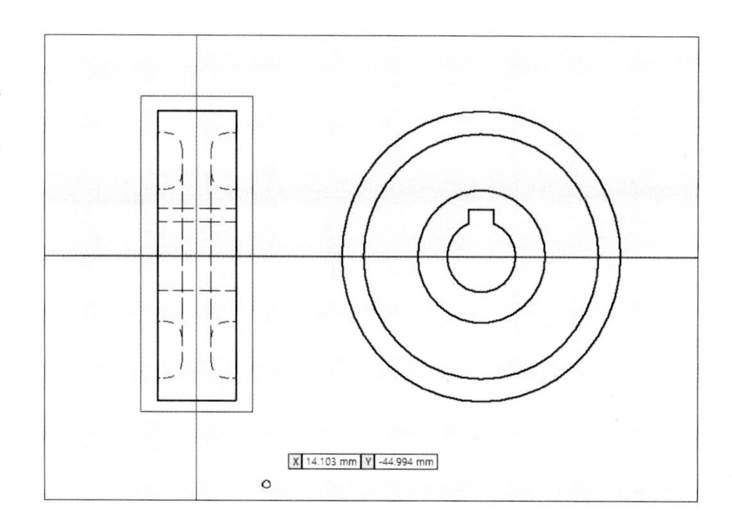

⑧ 스퍼기어 단면도 만들기

01 스퍼기어의 정면도를 클릭한 후 [브레이크 아웃] 아이콘을 클릭합니다.

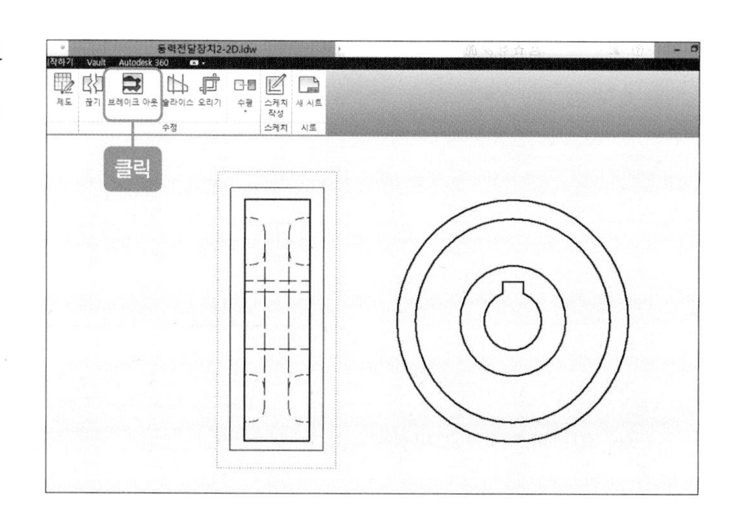

02 방금 전에 그렸던 직사각형이 선택됩니다. [브레이크 아웃] 대화상자에서 '깊이'를 클릭한 후 스퍼기어의 우측면도에서 키홈의 위 부분 선(빨간색 선)을 클릭하고 [확인] 버튼을 클릭합니다.

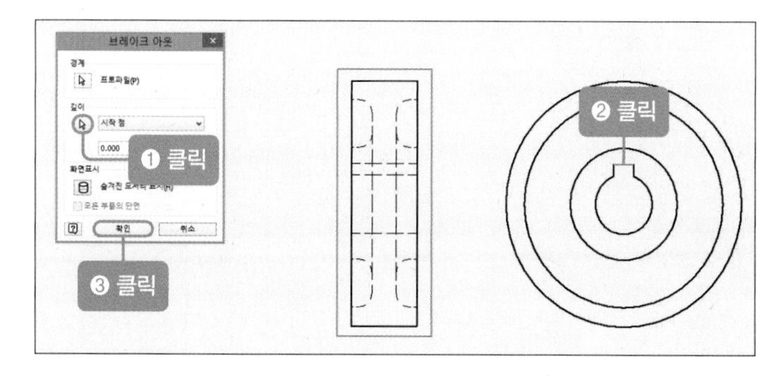

03 스퍼기어의 내부에 해칭(단면)이 나타납니다. 그리고 중간에 있는 숨은선 2개를 클릭하고 마우스 오른쪽 버튼을 눌러 [가시성]의 체크를 해제합니다.

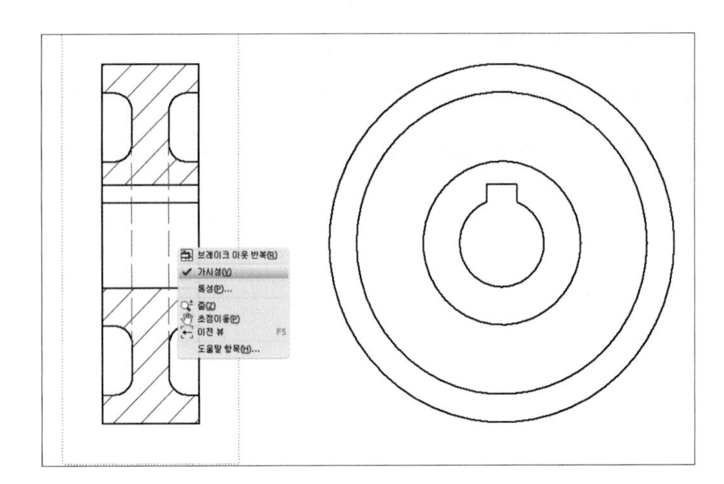

04 스퍼기어의 모든 선을 클릭한 후 선 도면층을 '02 외형선'으로 바꿉니다.

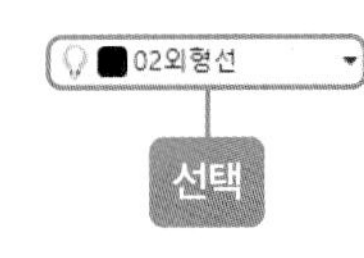

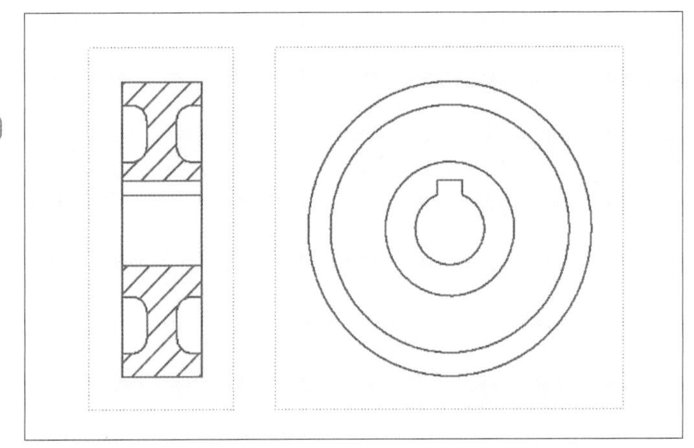

05 해칭(단면) 선을 클릭한 후 선 도면층을 '07 해칭선'으로 바꿉니다.

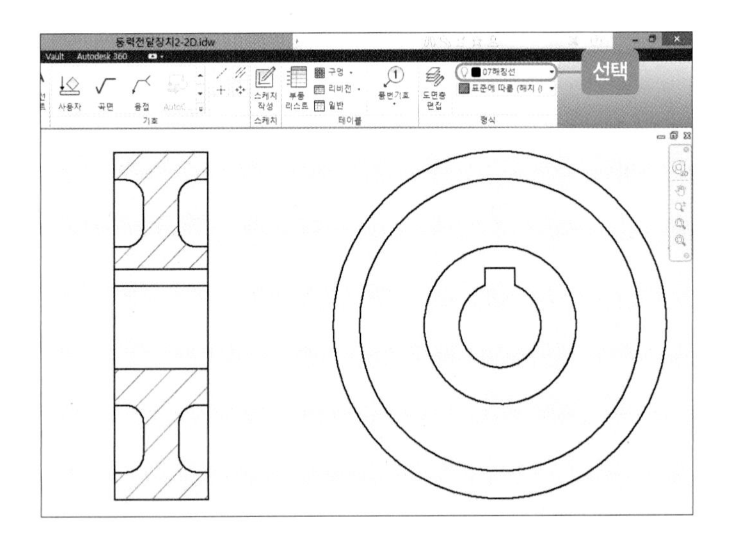

06 스퍼기어의 정면도를 클릭한 후 [스케치 작성] 아이콘을 클릭합니다.

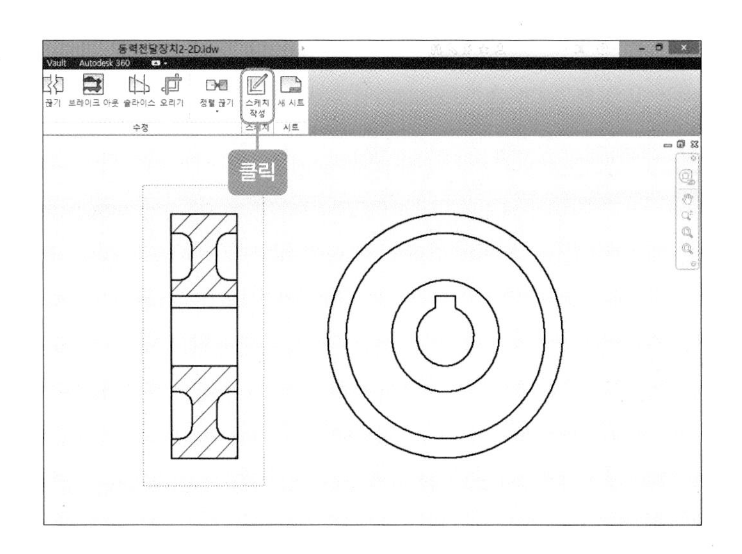

07 스퍼기어의 정면도 선을 모두 클릭한 후 [형상투영] 아이콘을 클릭합니다.

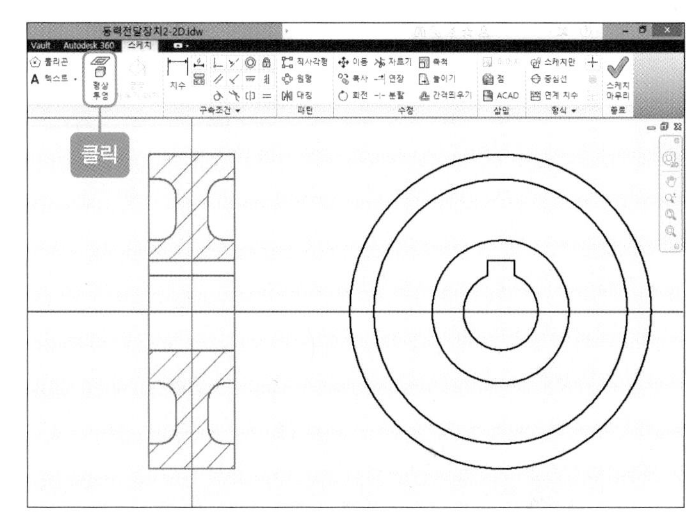

9 스퍼기어 중심선 및 외형선 작성하기(품번 ④)

01 [선] 아이콘을 클릭한 후 피치원(가로: 22mm, 높이: 원점에서 31mm) / 이끝원(가로: 16mm, 높이: 이뿌리원에서 4.5mm) / 스퍼기어의 가로축(가로: 22mm) 및 세로축(세로: 36mm) 중심선을 그립니다. [모따기] 아이콘을 클릭한 후 이끝원 양 사이드를 1mm(가로 및 세로 길이)씩 모따기합니다.

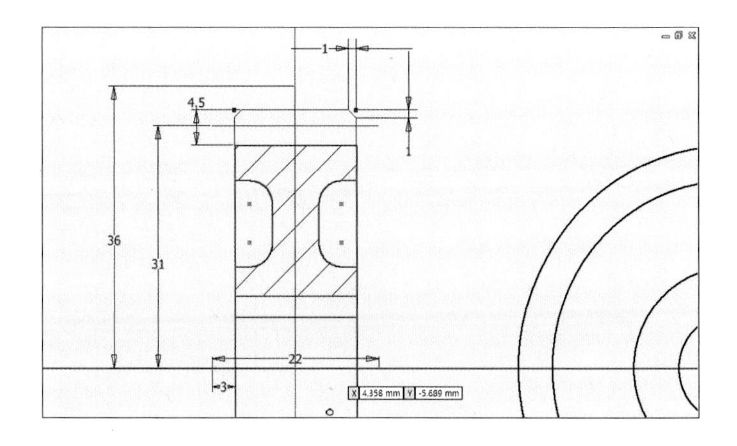

02 피치원 선과 스퍼기어의 가로축 및 세로축 중심선을 클릭한 후 선 도면층을 '03 중심선'으로 바꿉니다.

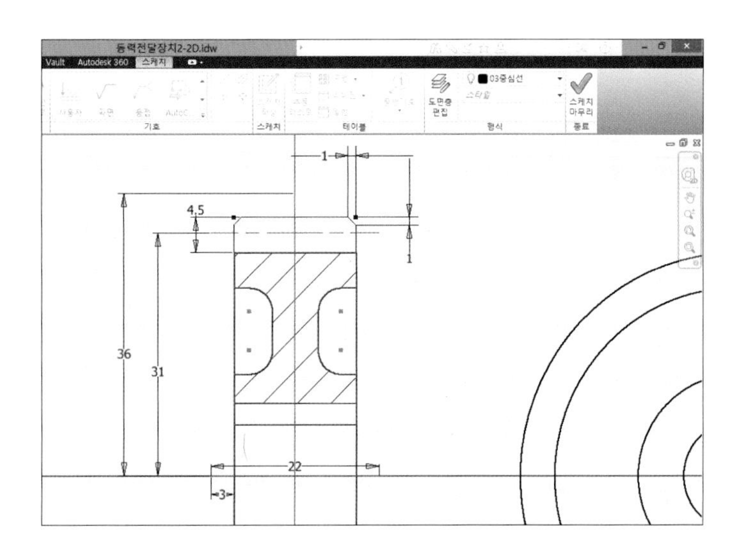

03 치형부 선을 모두 클릭한 후 선 도면층을 '02 외형선'으로 바꿉니다.

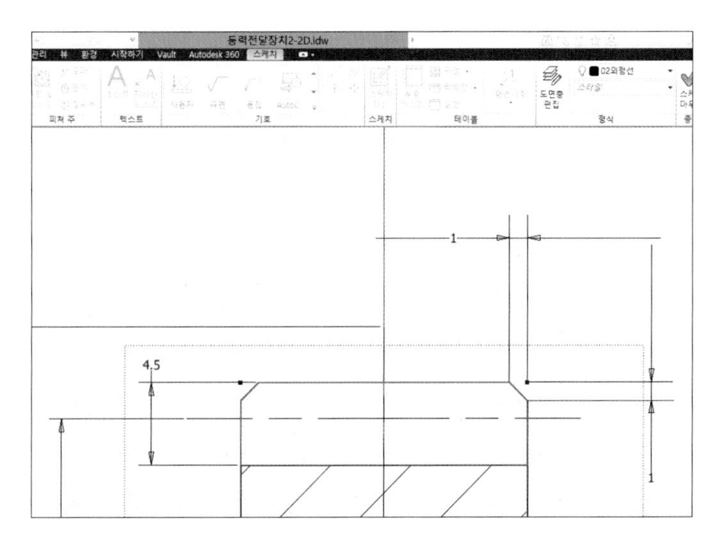

04 [대칭] 아이콘을 이용하여 치형부 선과 중심선을 아래로 대칭시킵니다.

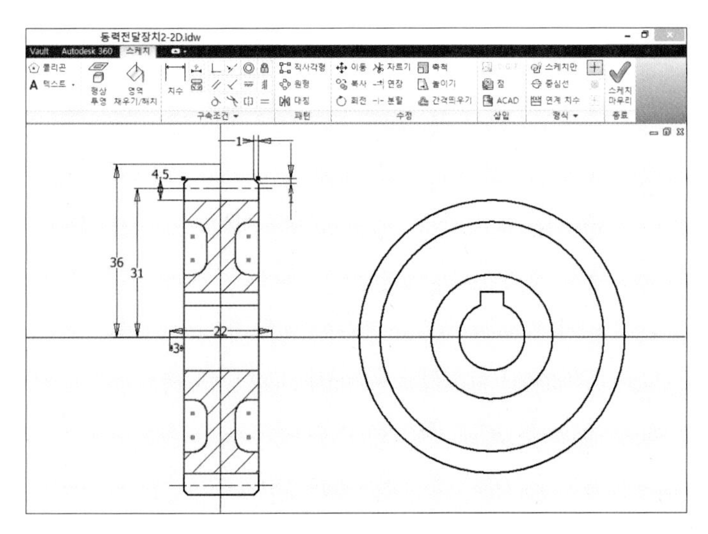

05 마우스 오른쪽 버튼을 눌러 [스케치 마무리]를 클릭합니다.

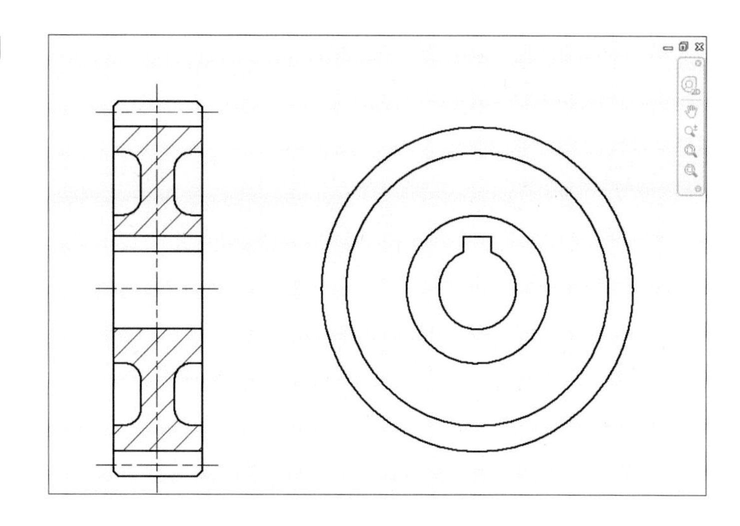

⑩ 스퍼기어 키홈 작성하기(품번 ❹)

01 스퍼기어의 우측면도를 클릭한 후 [오리기] 아이콘을 클릭합니다.

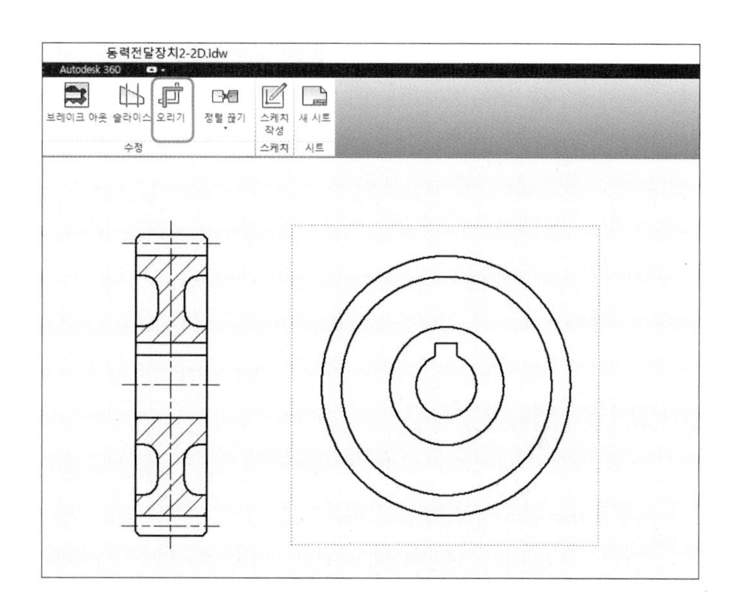

02 키홈의 중심점에서 마우스를 임의의 위치까지 위로 올린 후 클릭합니다(단, 마우스를 위로 올릴 때 스퍼기어의 이끝원을 벗어나야 합니다).

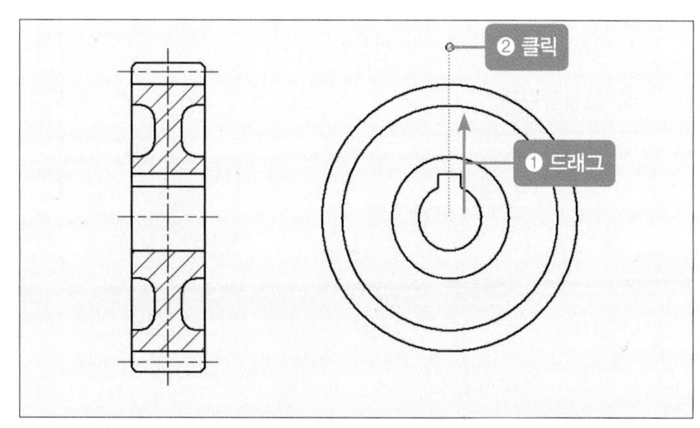

03 오른쪽에 임의의 직사각형을 그립니다(단, 직사각형이 스퍼기어의 이끝원을 지나야 합니다).

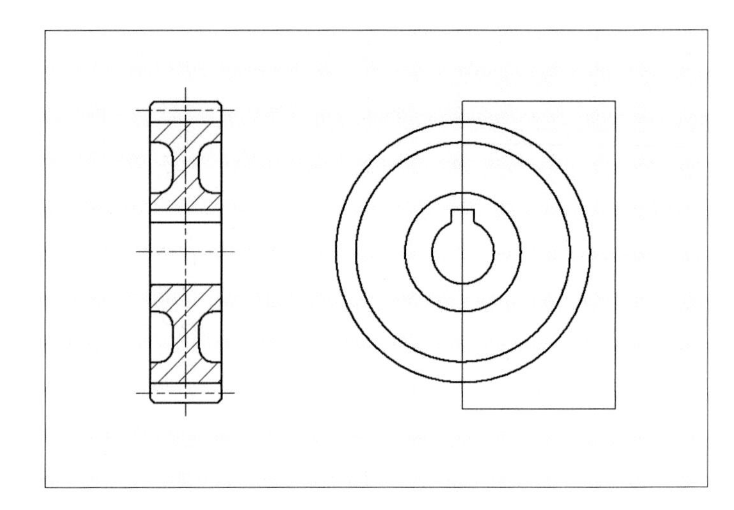

04 직사각형으로 덮여 있던 부분만 투영됩니다.

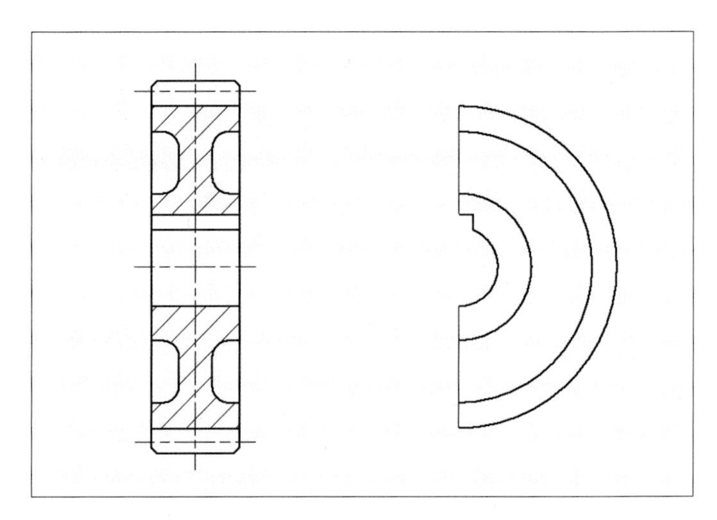

05 키홈 부분만 남겨두고 나머지 선들은 클릭한 후 마우스 오른쪽 버튼을 눌러 [가시성]의 체크를 해제합니다. 그런 다음 스퍼기어의 우측면도를 클릭하고 [스케치 작성] 아이콘을 클릭합니다.

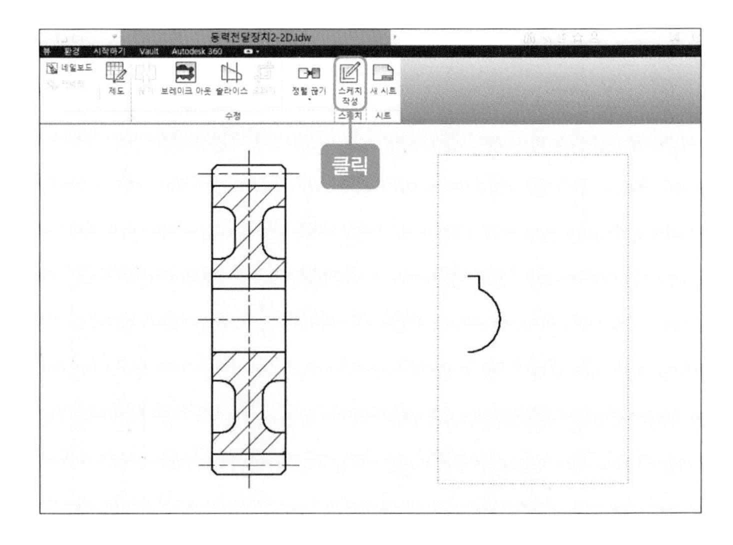

06 스퍼기어 우측면도 선을 모두 클릭한 후 [형상투영] 아이콘을 클릭합니다. 그런 다음 [선] 아이콘을 클릭하고 키홈 세로축 중심선(28.3mm), 가로축 중심선(10mm)을 그립니다. 그리고 위, 아래로 대칭선(가로 2mm, 간격 2mm)을 그립니다.

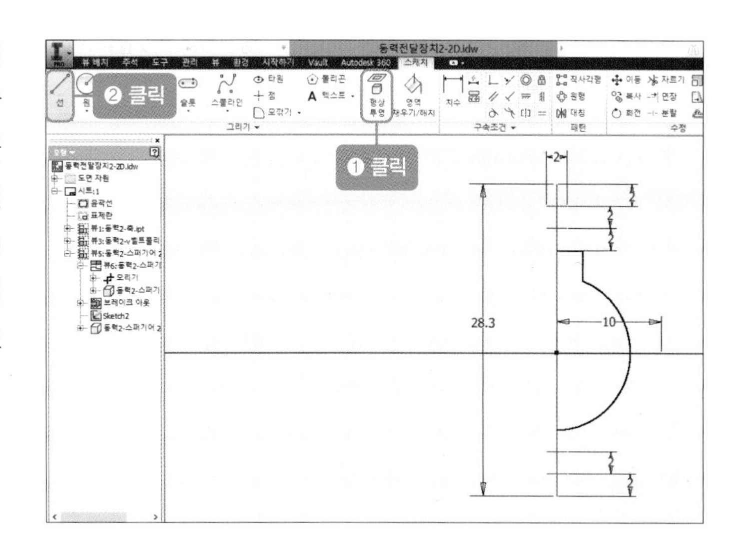

07 키홈의 가로축 중심선과 세로축 중심선을 각각 클릭한 후 선 도면층을 '03 중심선'으로 바꿉니다.

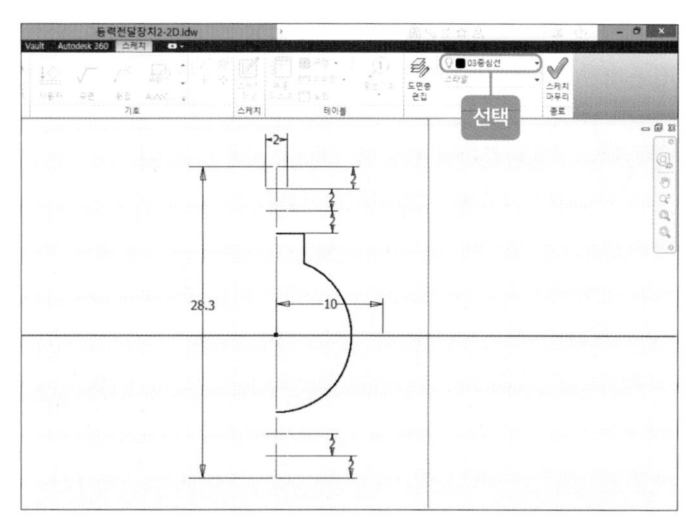

08 대칭선을 각각 클릭한 후 선 도면층을 '06 가는 실선'이나 '08 문자'로 바꿉니다.

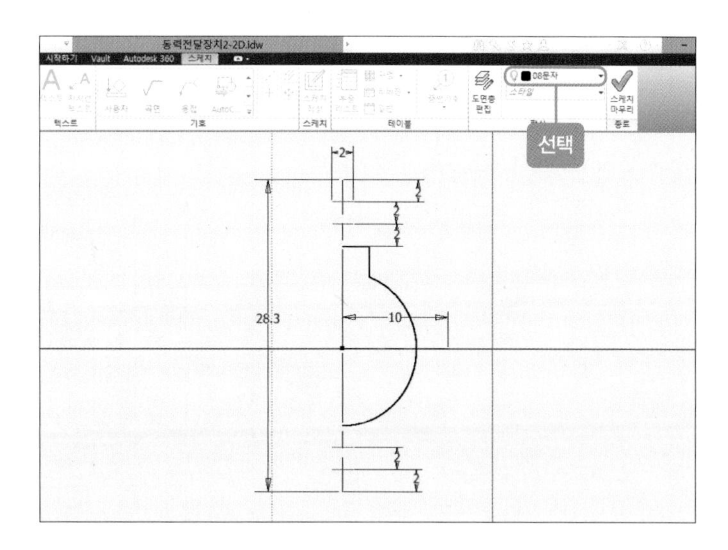

09 마우스 오른쪽 버튼을 눌러 [스케치 마무리]를 클릭합니다.

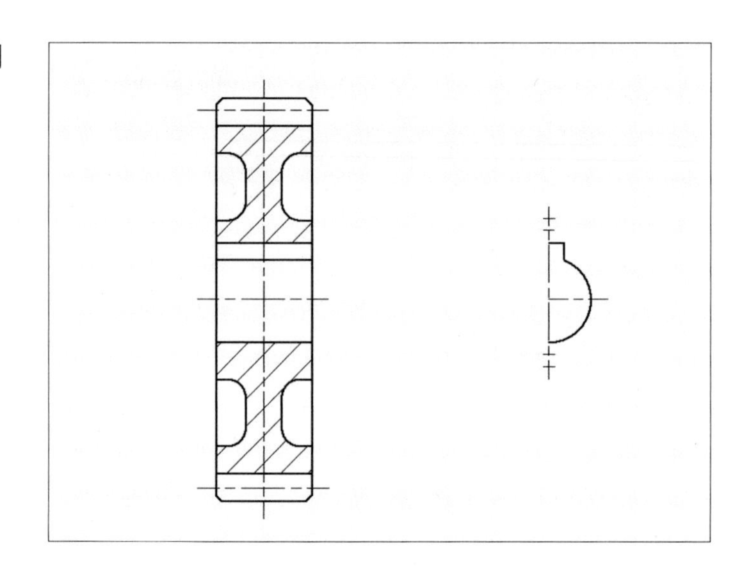

11 스퍼기어 치수 기입하기(품번 ④)

01 축과 V벨트 풀리의 치수 기입을 참고하여 스퍼기어의 치수를 기입합니다.

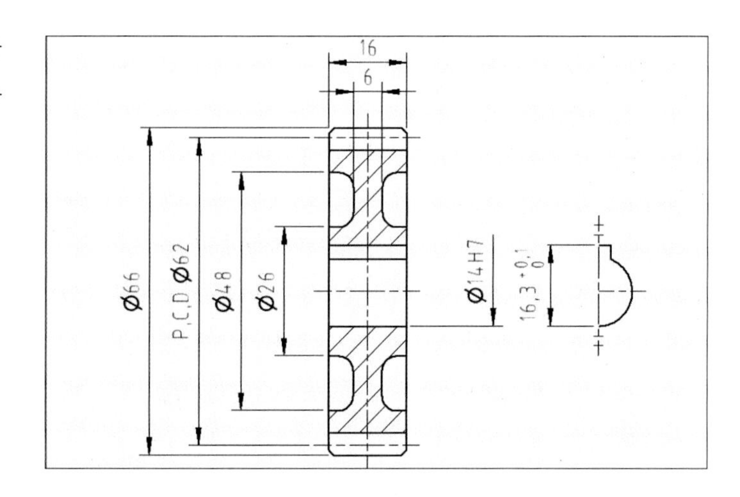

02 키홈부의 치수를 기입한 후 치수를 '2.5mm'에서 '5Js9'로 수정합니다.

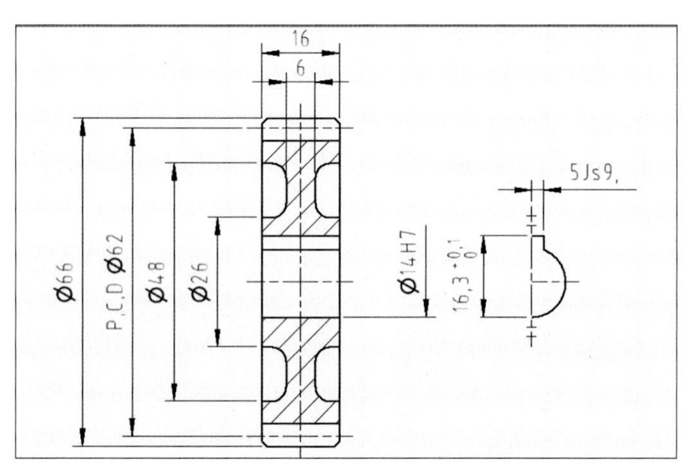

03 스퍼기어의 우측면도에서 5Js9, 왼쪽 치수 보조선을 클릭한 후, 마우스 오른쪽 버튼을 눌러 [치수 보조선 숨기기]를 클릭합니다.

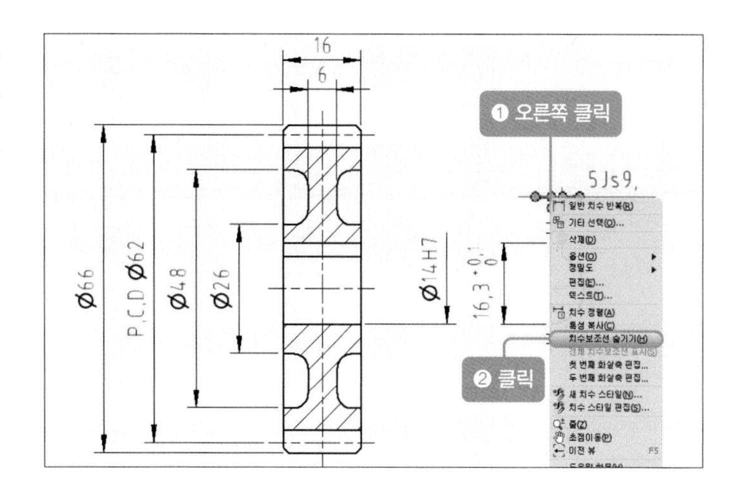

04 5Js9, 치수선을 클릭한 후 마우스 오른쪽 버튼을 눌러 [첫 번째 화살촉 편집]을 클릭합니다.

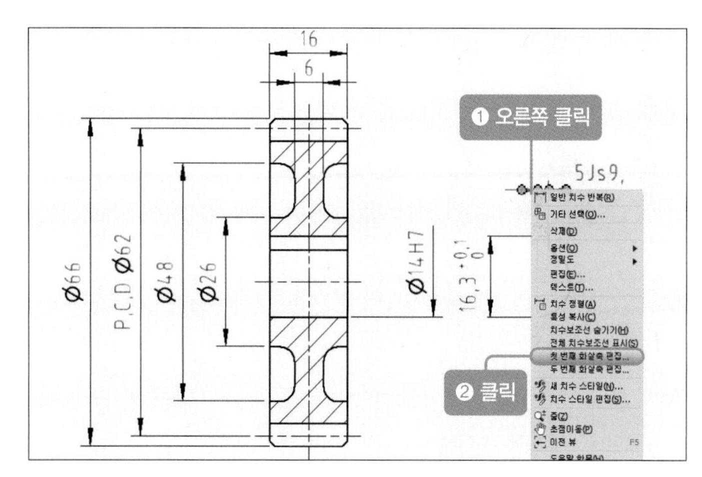

05 화살촉을 '없음'으로 선택하고 [✔]를 클릭합니다.

⑫ 스퍼기어 표면 거칠기, 공차 기입하기(품번 ❹)

01 표면 거칠기, 형상 기호, 데이텀은 축과 V벨트 풀리 부분을 참고하여 기입합니다.

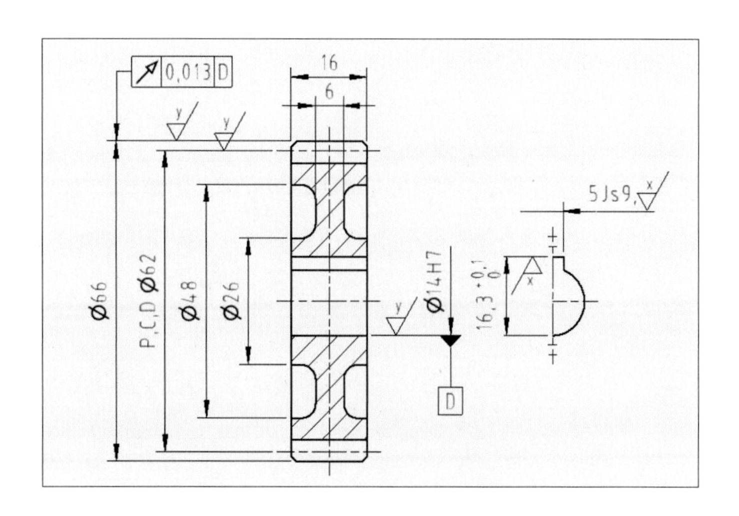

02 [스케치 작성] 아이콘을 클릭하여 스케치 화면으로 돌아옵니다.

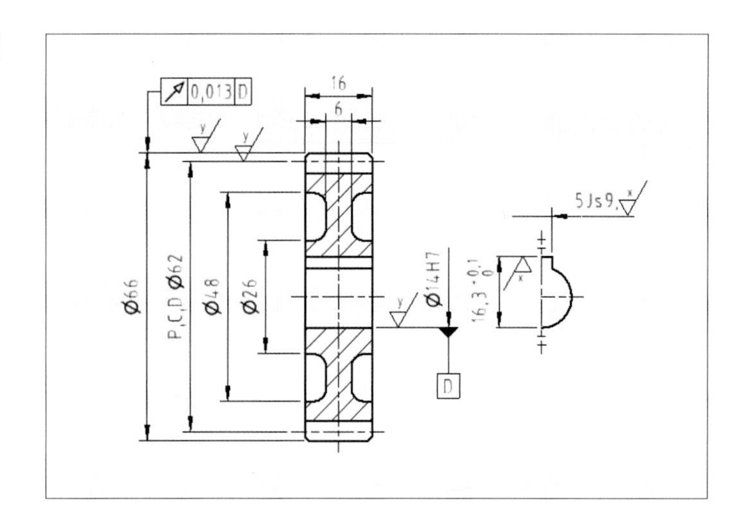

⑬ 스퍼기어 요목표 작성하기

01 '선'과 [텍스트] 아이콘을 이용하여 스퍼기어의 요목표를 작성합니다.

- 가로: 80mm/40mm, 세로: 87mm, 간격: (1) 스퍼기어 요목표 부분-15mm, (2) 나머지-8mm
- 텍스트: 스퍼기어 요목표(스타일=레이블 문자) / 나머지(스타일=굴림) KS B ISO 1328 -1,4급(늘이기=92%)

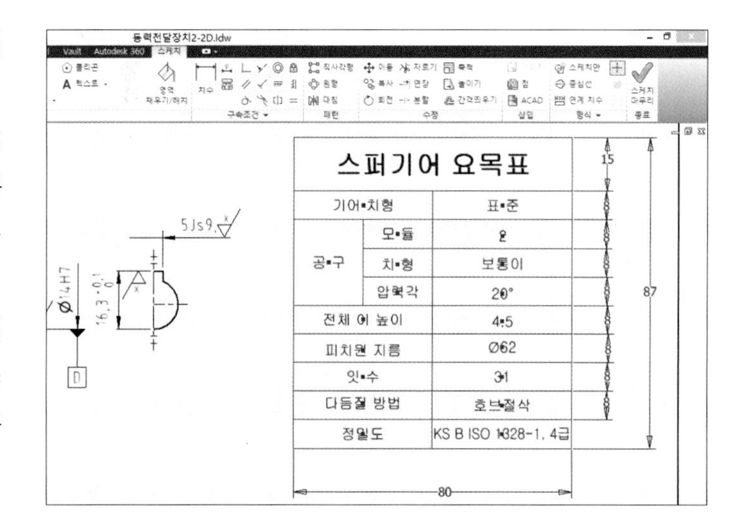

02 스퍼기어 요목표의 테두리 선만 클릭한 후 선 도면층을 '02 외형선'으로 바꿉니다.

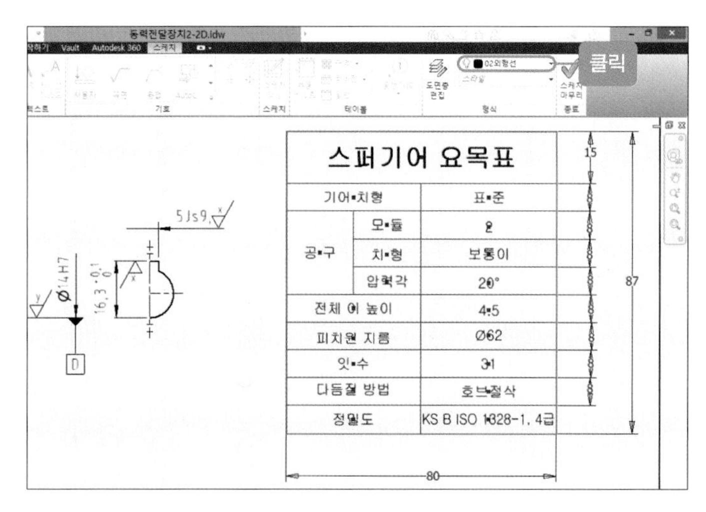

03 스퍼기어 요목표 아래 부분의 선과 테두리 선만 빼고 모든 선을 클릭한 후 선 도면층을 '06 가는 실선'으로 바꿉니다.

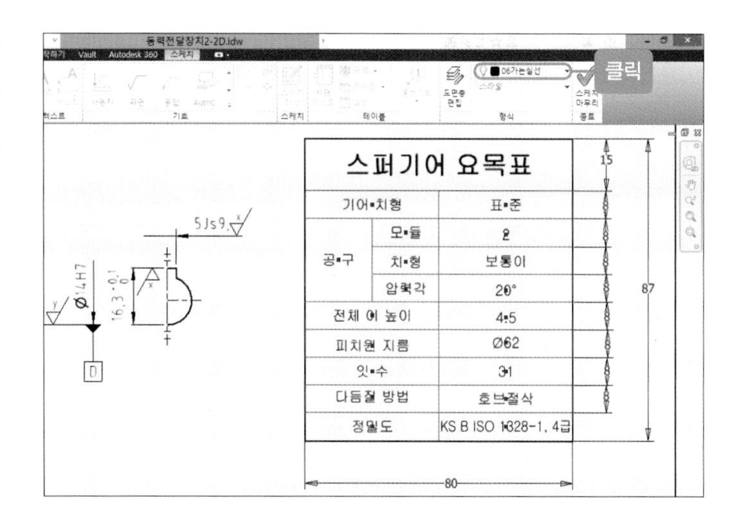

04 스퍼기어 요목표 아래 부분의 선과 그 아래 있는 모든 텍스트를 클릭하고 선 도면층을 '08 문자'로 바꿉니다.

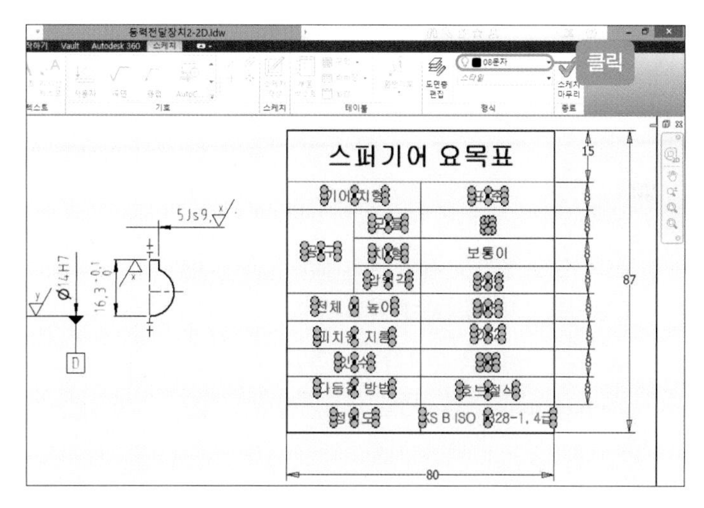

05 마우스 오른쪽 버튼을 눌러 [스케치 마무리]를 클릭합니다.

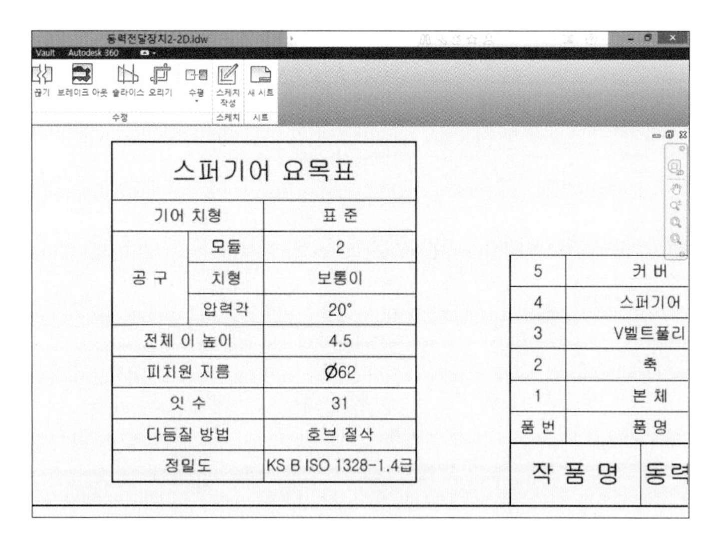

3 | 커버 부품 상세도 작성하기(품번 ⑤)

1 커버 부품 상세도 그리기

01 마우스로 빈 곳으로 이동하여 [스케치 작성] 아이콘을 클릭합니다.

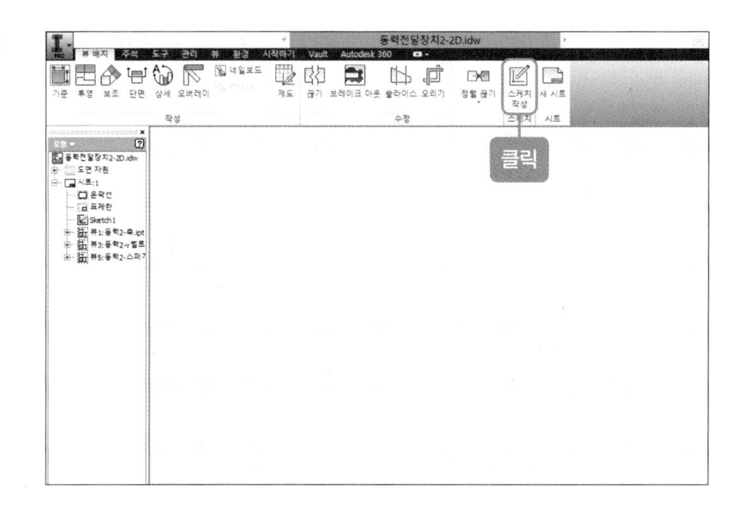

02 문제 도면에서 커버 부분을 투상한 후 투상된 부분을 자로 재서 [선], [모깎기], [치수], [간격 띄우기] 등과 같은 아이콘을 이용하여 반쪽만 그립니다(다음 그림 참고).

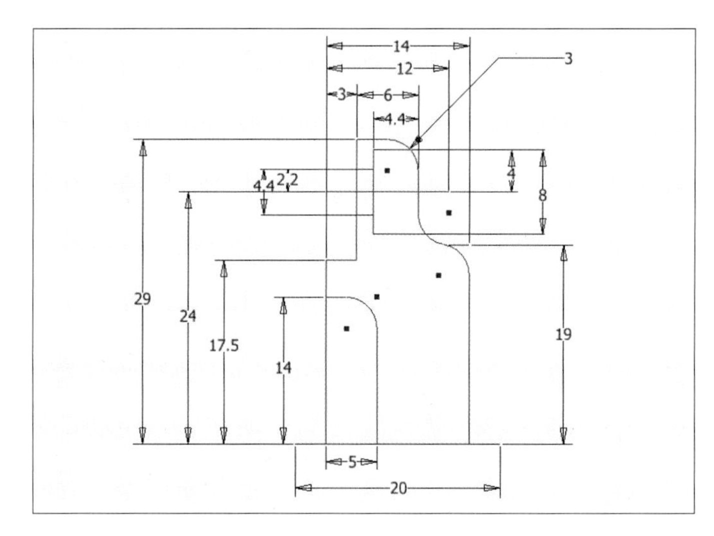

03 치수선을 지운 커버의 투상된 그림입니다.

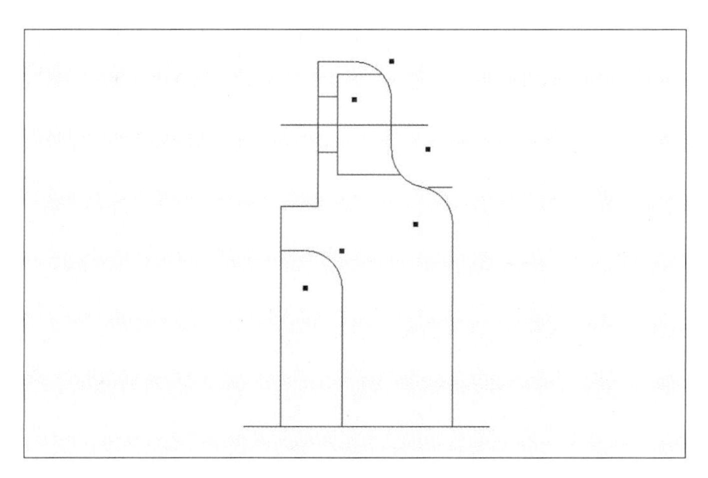

04 [자르기] 아이콘을 클릭한 후 **03**을 보면 오른쪽에 필요 없는 선이 보입니다. 그 선 하나를 지웁니다.

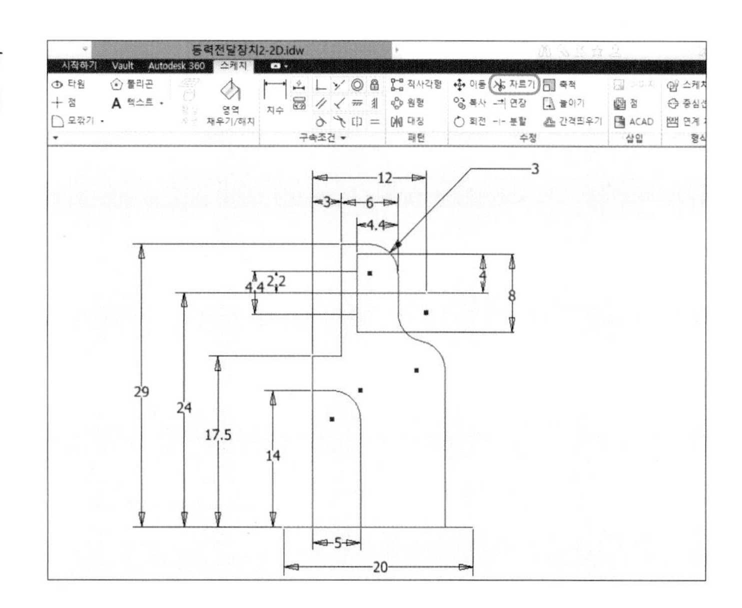

05 선, 모따기, 모깎기 아이콘을 이용하여 오일실 조립 구멍을 그립니다. 오일실은 KS 규격집을 참고하여 그리면 됩니다(폭 0~5mm: 폭+0.2, 폭 6~ 10mm: 폭+0.3).

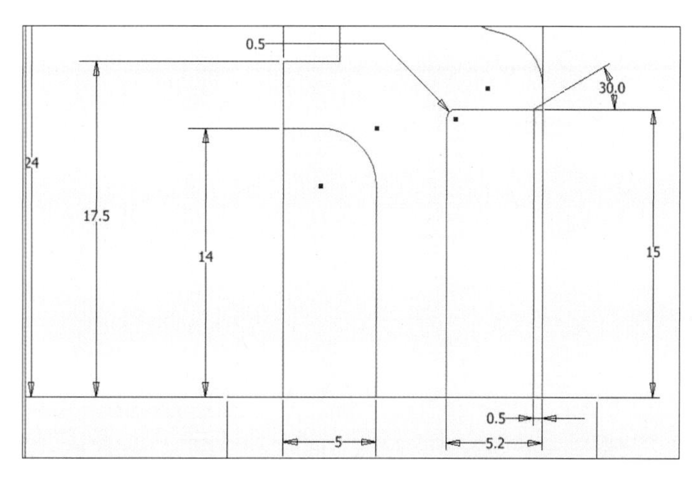

06 [자르기] 아이콘을 클릭한 후 모따기 된 부분의 아래쪽 직선을 지웁니다.

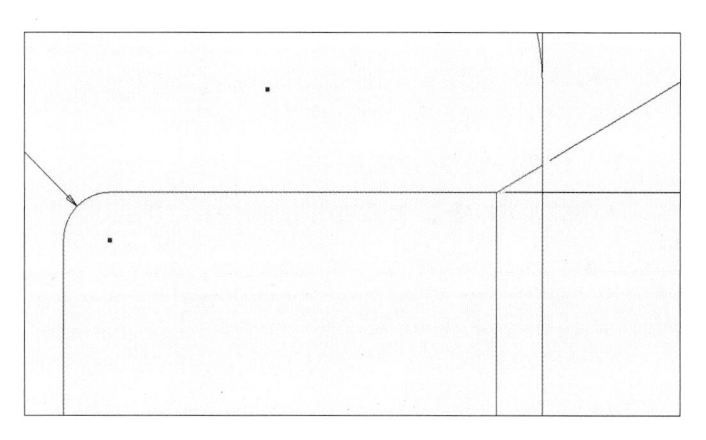

07 [선] 아이콘을 클릭한 후 가운데의 빈 공간에 직선(높이: 9mm)을 1개 그립니다.

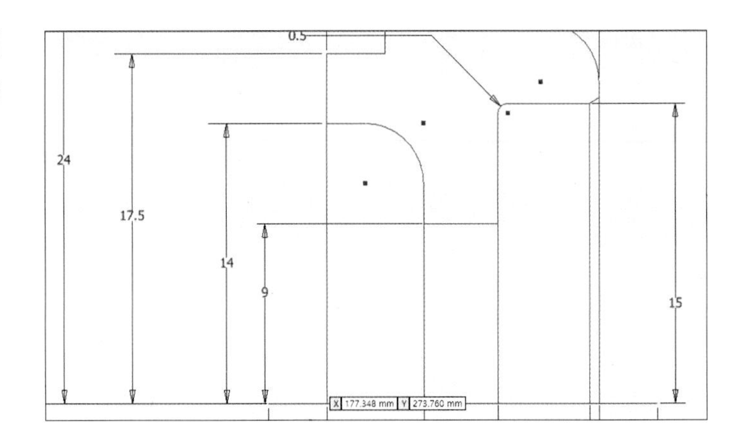

08 [영역 채우기/해치] 아이콘을 클릭한 후 빨간색 테두리 부분을 클릭합니다. 그런 다음 [해치/색상 채우기] 대화상자에서 [해치] 아이콘을 클릭하고 패턴(ANSI31), 각도(45), 축척(1), 선가중치(0.25mm)를 수정한 후 [확인] 버튼을 클릭합니다.

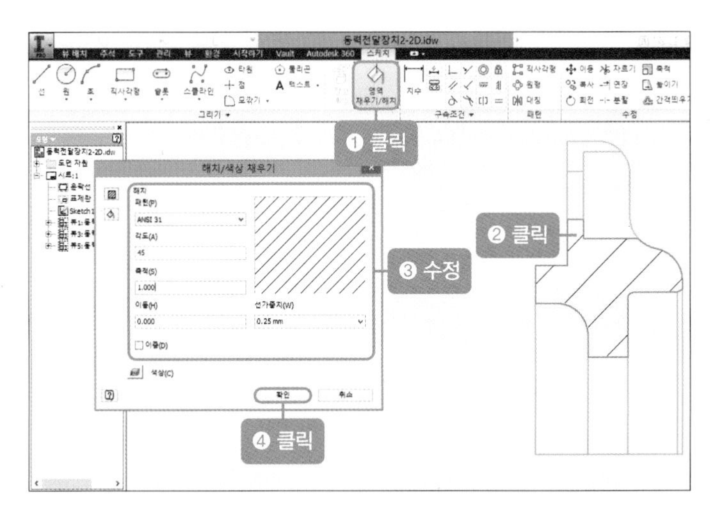

09 빨간색 테두리 부분을 클릭한 후 [해치/색상 채우기] 대화상자에서 [해치] 아이콘을 클릭합니다. 그런 다음 패턴(ANSI31), 각도(45), 축척(1), 선가중치(0.25mm)를 수정하고 [확인] 버튼을 클릭합니다(위 08과 한꺼번에 해치하는 것이 좋습니다).

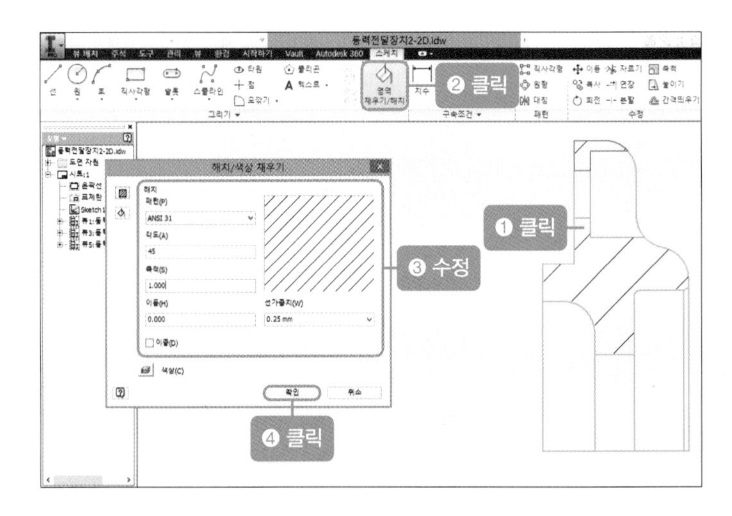

10 해칭선과 중심선을 제외한 나머지 선을 모두 클릭한 후 선 도면층을 '02 외형선'으로 바꿉니다.

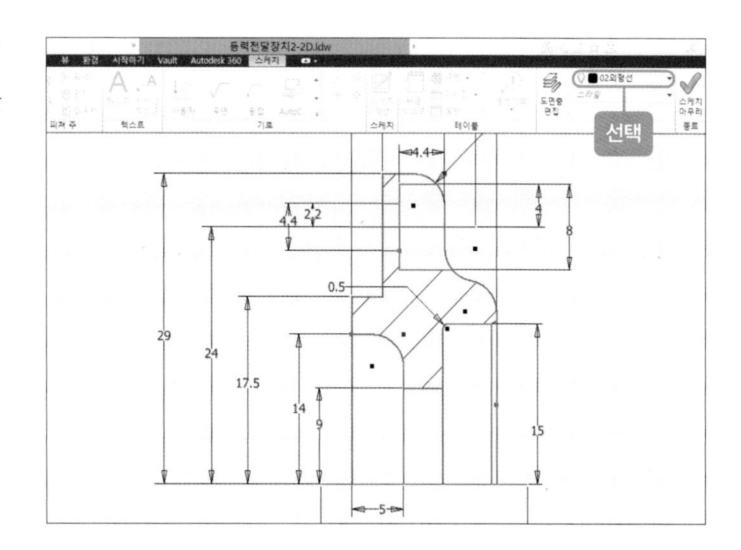

11 해칭(단면)선을 클릭한 후 선 도면층을 '07 해칭선'으로 바꿉니다.

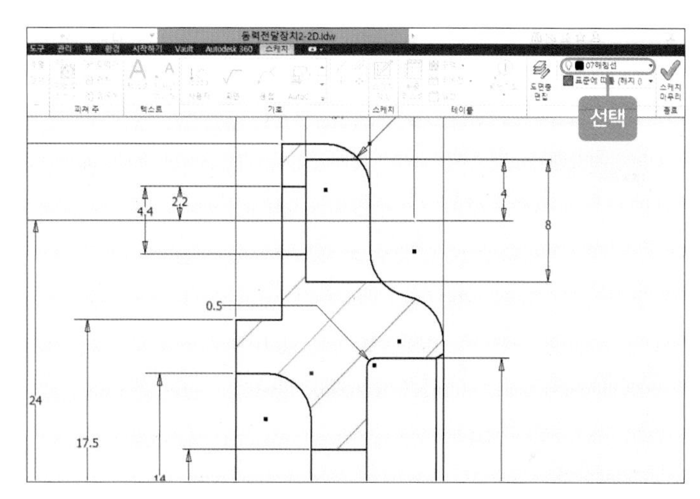

12 중심선을 모두 클릭한 후 선 도면층을 '03 중심선'으로 바꿉니다.

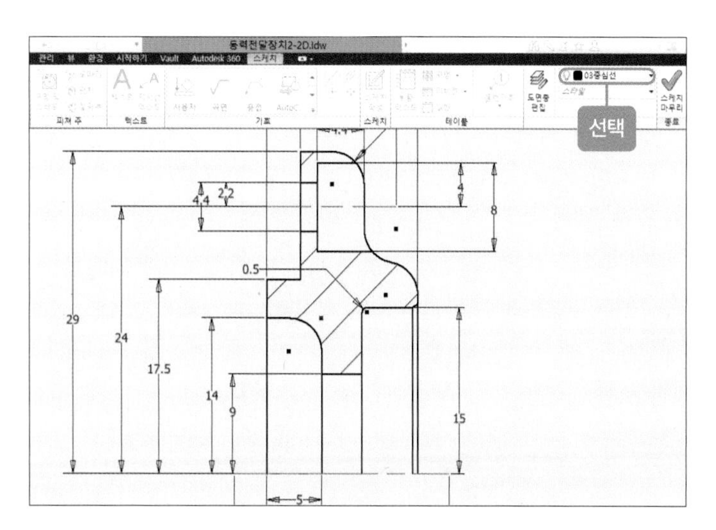

13 [대칭] 아이콘을 이용하여 커버 반쪽을 아래로 대칭시킵니다.

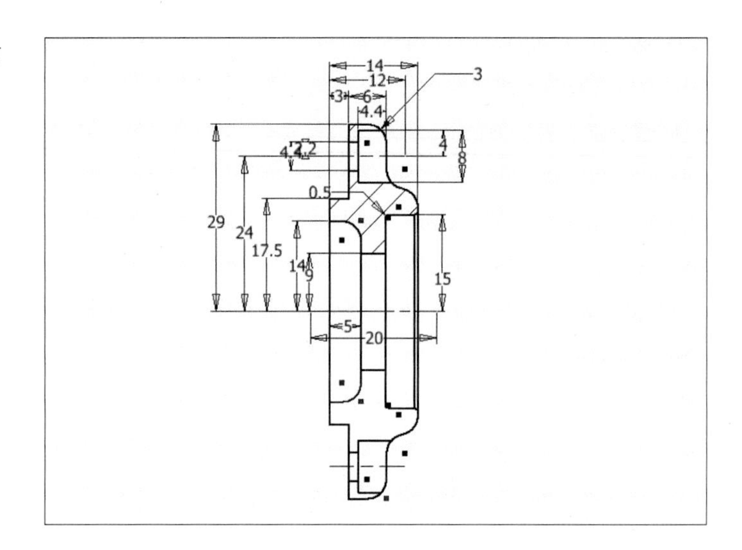

14 해칭(단면) 처리 후 선 도면층을 바꿉니다.

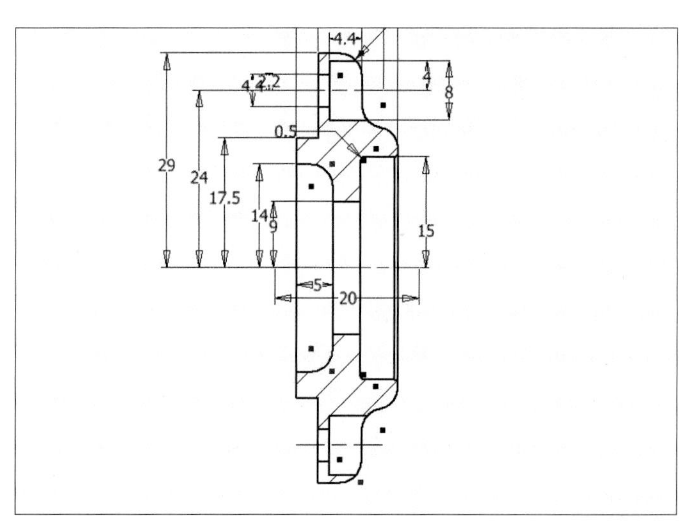

15 [타원] 아이콘을 클릭한 후 오일실의 일부를 확대도로 나타나기 위해 중요한 부분을 타원으로 감싸줍니다.

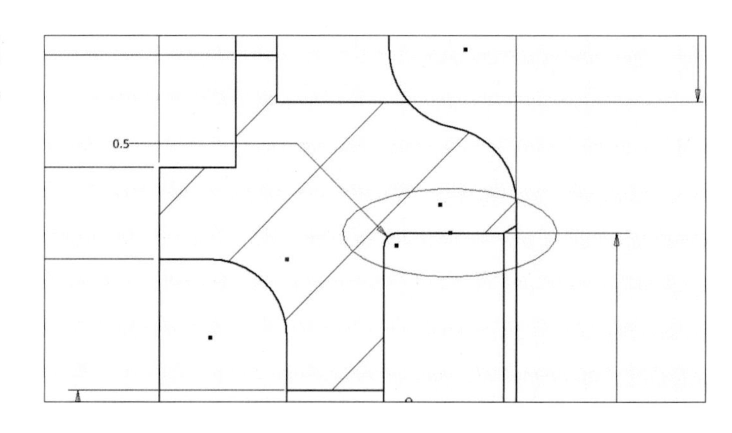

16 타원을 클릭한 후 선 도면층을 '06 가는 실선'으로 바꿉니다.

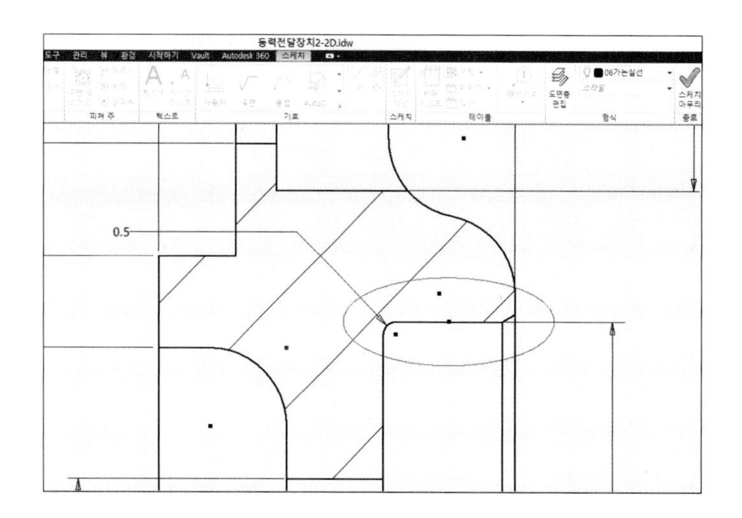

17 [복사] 아이콘을 클릭한 후 [복사] 대화상자에서 '선택'을 클릭하고 오일실과 타원을 블록 지정합니다.

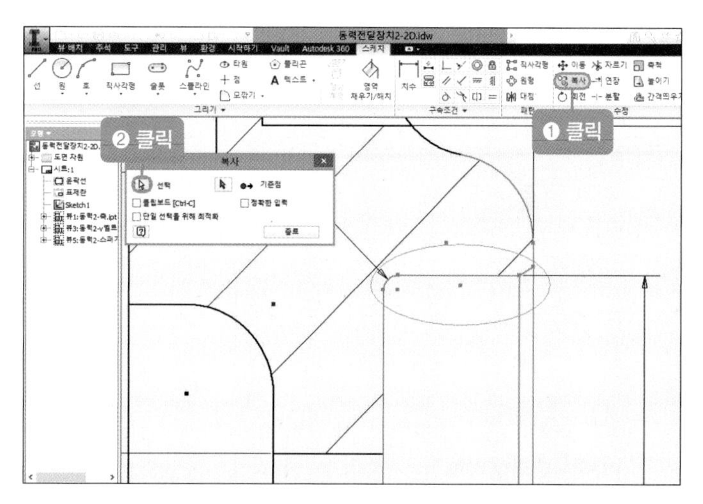

18 [복사] 대화상자에서 '기준점'을 클릭한 후 타원의 중심점을 클릭하고 오른쪽으로 이동하여 클릭합니다.

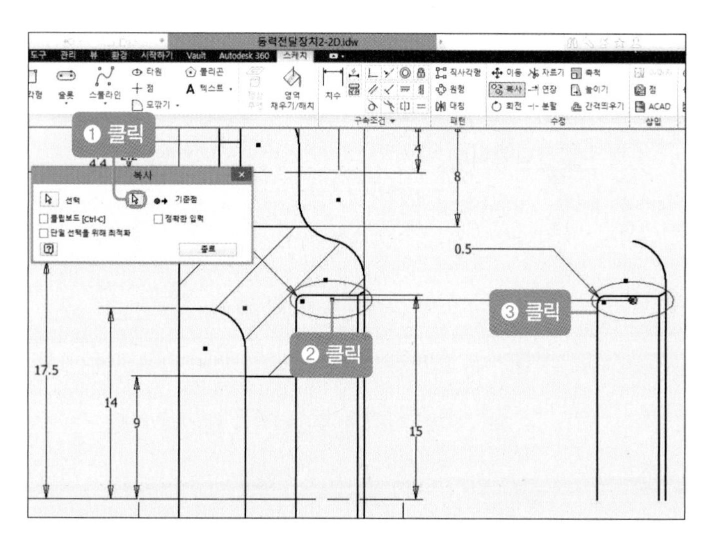

19 [자르기] 아이콘을 클릭한 후 필요 없는 선을 지웁니다.

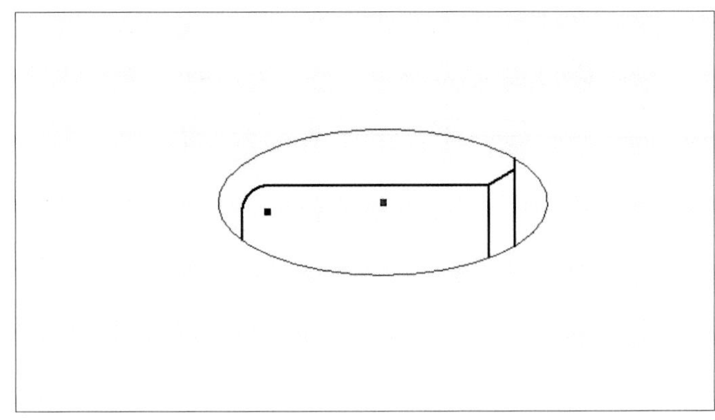

20 [축척] 아이콘을 클릭한 후 [축척] 대화상자에서 '선택'을 클릭하고 오일실의 일부와 타원을 블록 지정합니다.

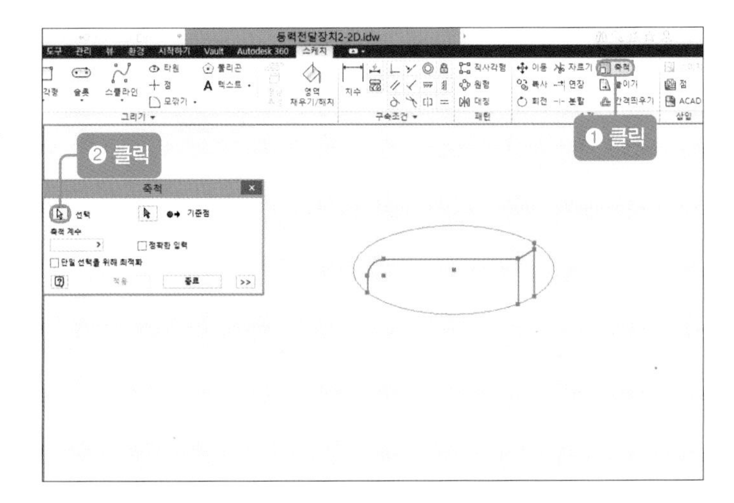

21 [축척] 대화상자에서 '기준점'을 클릭하고 타원의 중심점을 클릭합니다. 그런 다음 [축척] 대화상자의 축척 계수에 '2'를 입력하고 [적용] 버튼을 클릭합니다.

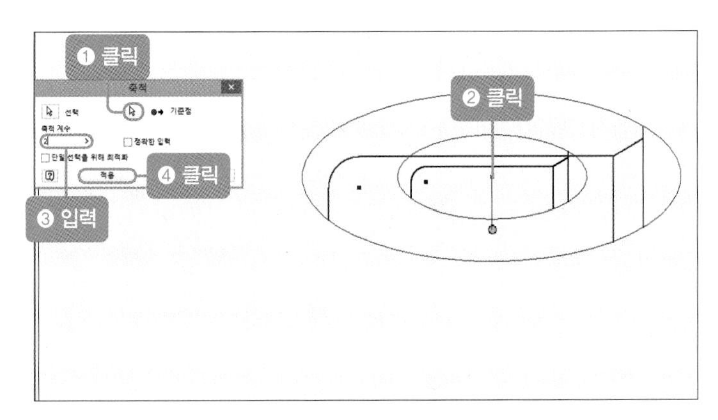

22 오일실의 일부가 2:1로 확대됩니다.

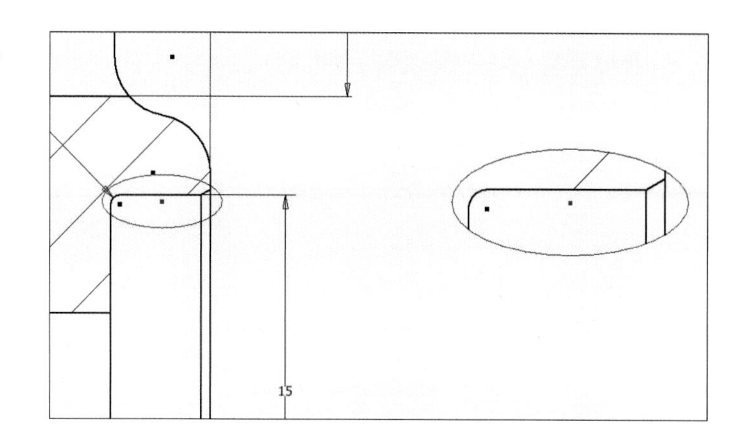

23 확대도를 적당한 위치로 옮긴 후 마우스 오른쪽 버튼을 눌러 [스케치 마무리]를 클릭합니다.

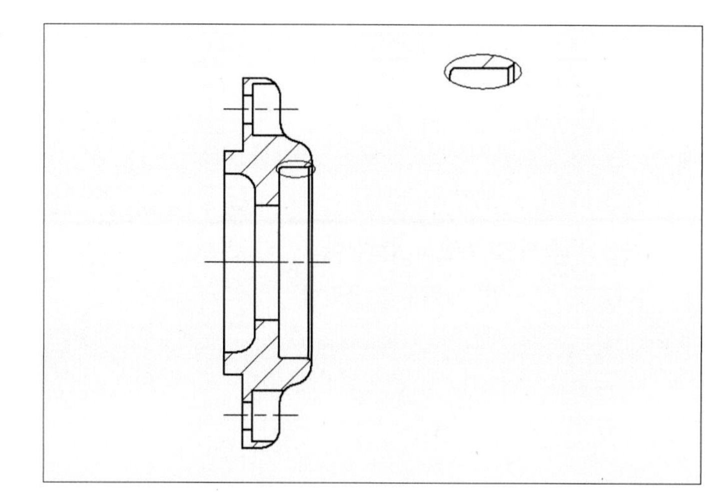

24 축, V벨트 풀리, 스퍼기어의 치수, 형상 기호, 데이텀, 표면 거칠기 등 기입법을 참고하여 기입합니다(확대도 치수 기입은 확대 치수가 아닌 원래 치수로 기입해야 합니다).

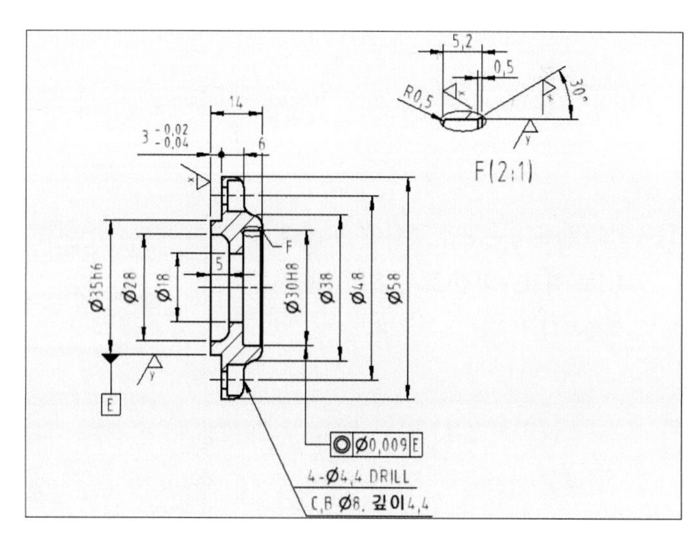

4 | 본체 부품 상세도 작성하기(품번 ❶)

1 본체 가져오기(품번 ❶)

01 [기준] 아이콘을 클릭한 후 파일 경로(본체 3D)를 클릭하고 [뷰 방향 변경] 아이콘을 클릭합니다.

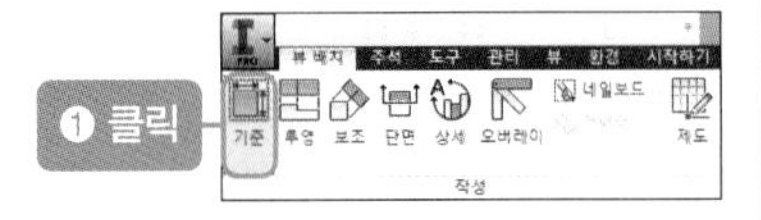

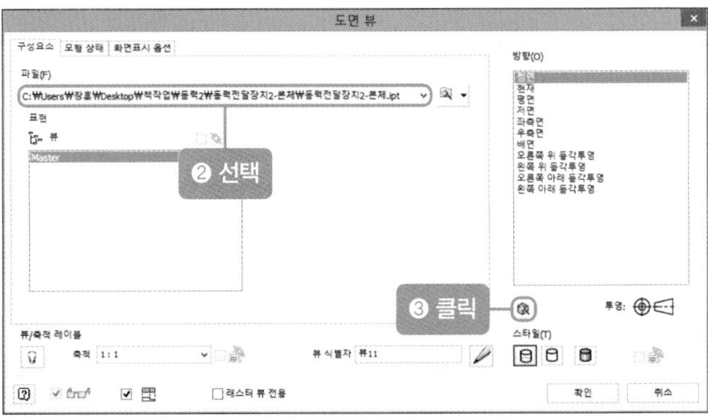

02 F6을 누른 후 투영([뷰 방향] 아이콘을 이용하여 일반도 클릭)하고 [사용자 뷰 마침] 아이콘을 클릭합니다.

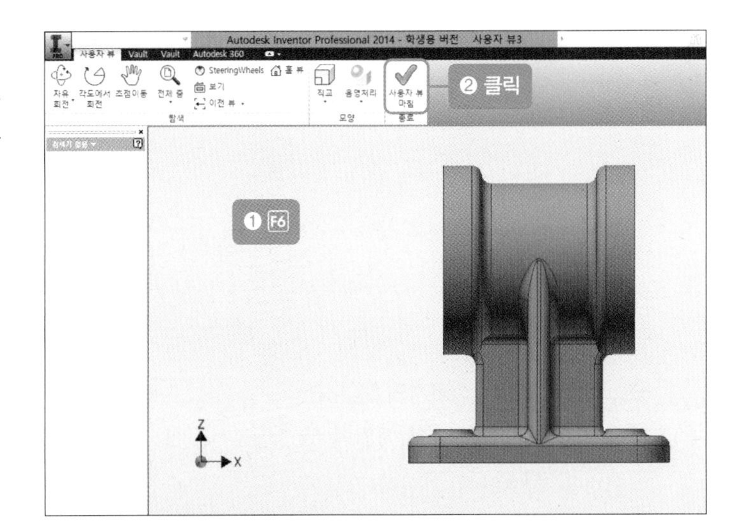

03 스타일에서 은선만 클릭한 후 축척을 1:1로 하고, [화면 표시 옵션] 탭을 클릭합니다.

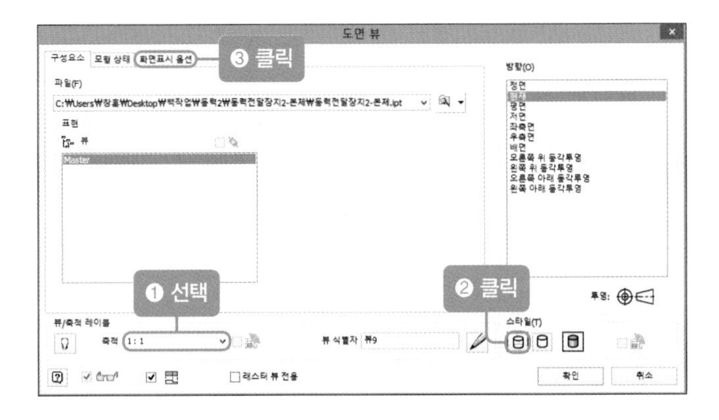

04 접하는 모서리를 체크한 후 [확인] 버튼을 클릭합니다.

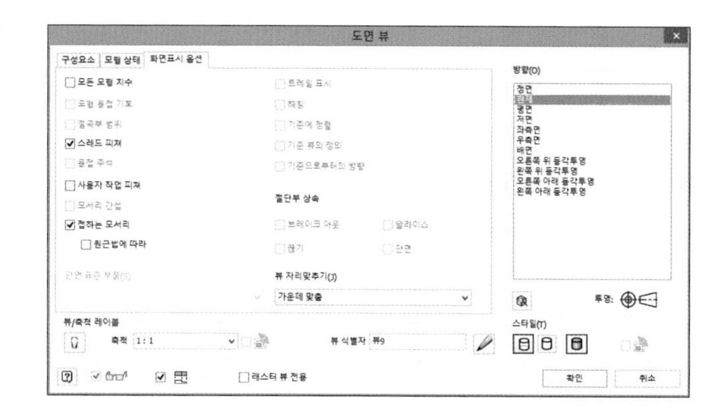

05 마우스를 오른쪽으로 옮겨 본체의 우측면도가 생기면 마우스 왼쪽 버튼을 누릅니다. 그런 다음 본체의 우측면도를 생성하기 위해 마우스 오른쪽 버튼을 눌러 [작성]을 클릭합니다.

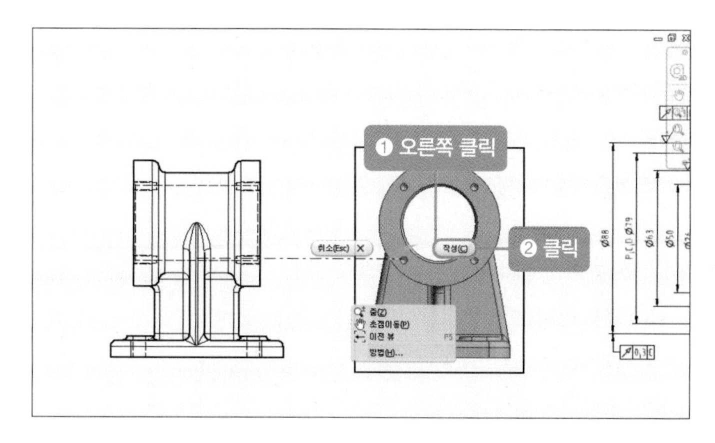

06 본체의 정면도와 우측면도가 생깁니다.

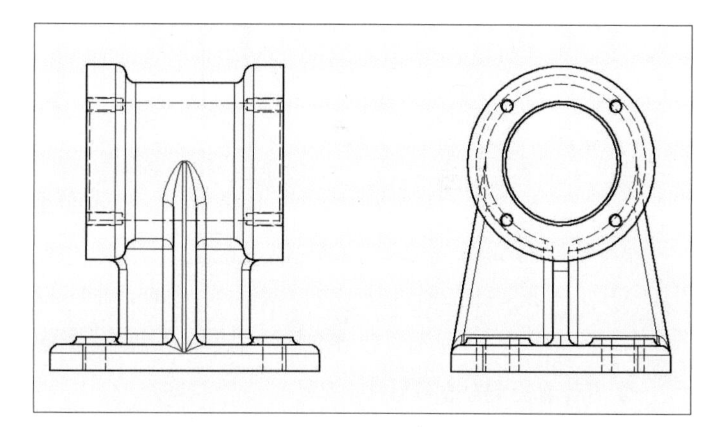

07 본체의 정면도와 우측면도의 선을 모두 클릭한 후 선 도면층을 '02 외형선'으로 바꿉니다.

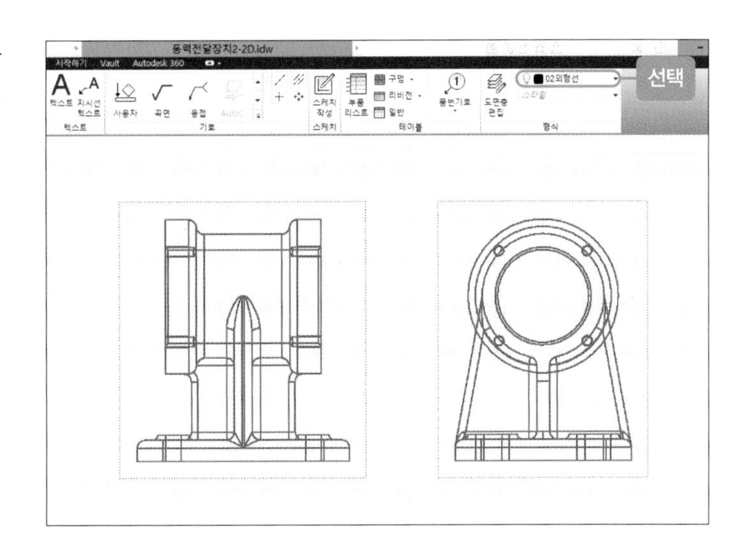

❷ 본체 단면도 만들기(품번 ❶)

01 본체의 정면도를 클릭한 후 [스케치 작성] 아이콘을 클릭합니다.

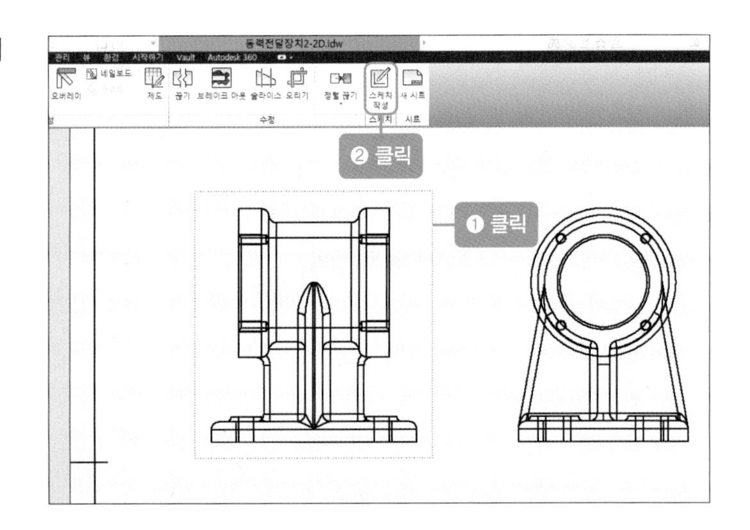

02 [스플라인] 아이콘을 클릭한 후 가장 먼저 짧은 직선을 그립니다(오른쪽에서 왼쪽으로 그려야 합니다).

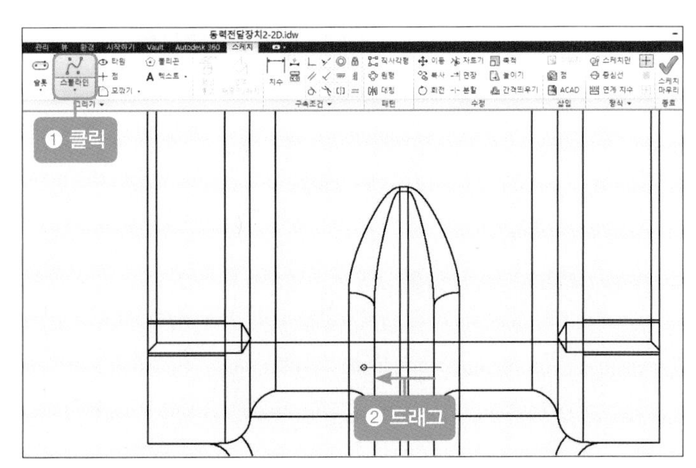

03 직선을 조금 더 연장하여 그린 후 직선이 파괴되지 않도록 자유롭게 선을 그립니다(파괴되면 해칭 처리 시 해칭 처리가 안 될 수도 있습니다.)

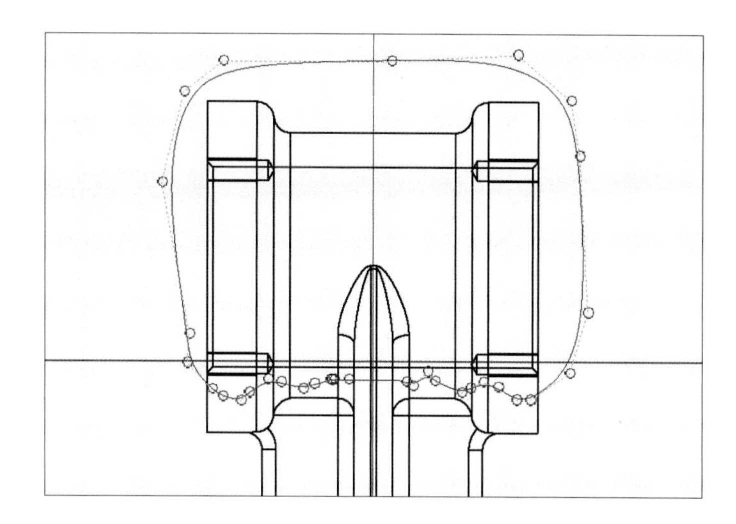

04 마우스 오른쪽 버튼을 눌러 [스케치 마무리]를 클릭합니다. 그런 다음 본체의 정면도를 클릭하고 [브레이크 아웃] 아이콘을 클릭합니다.

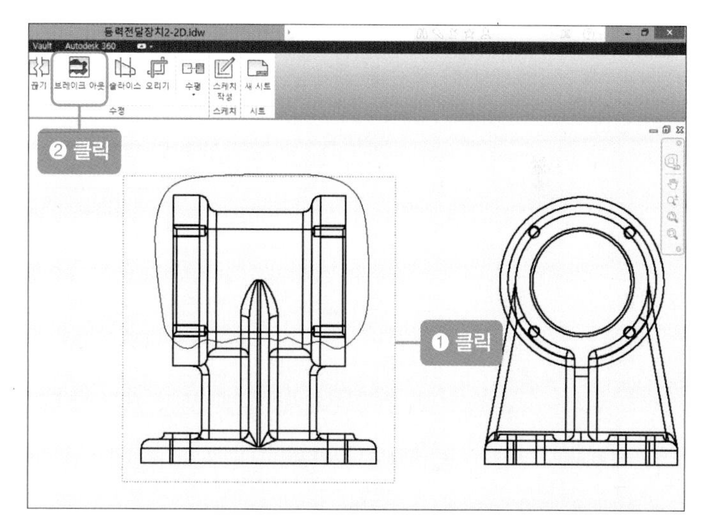

05 방금 전에 그렸던 스플라인이 선택됩니다. [브레이크 아웃] 대화상자에서 '깊이'를 클릭하고 본체의 우측면도에서 안쪽의 작은 원과 위쪽 중심점(빨간색 원)을 클릭한 후 [확인] 버튼을 클릭합니다.

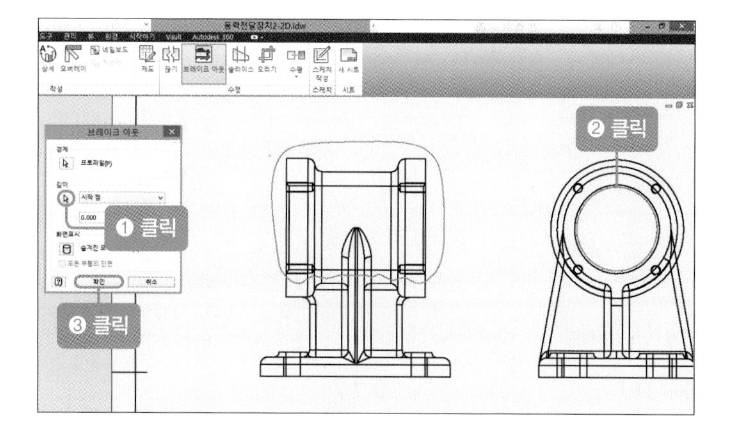

06 본체의 일부가 단면 처리됩니다.

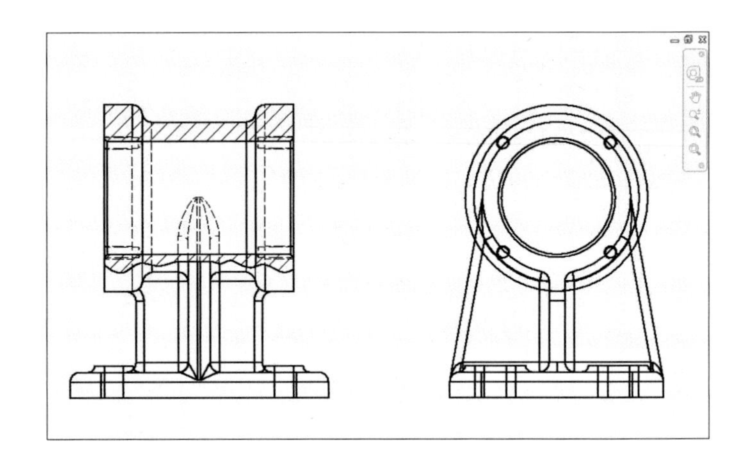

07 본체의 정면도에서 필요 없는 선을 모두 클릭한 후 마우스 오른쪽 버튼을 눌러 [가시성]의 체크를 해제합니다.

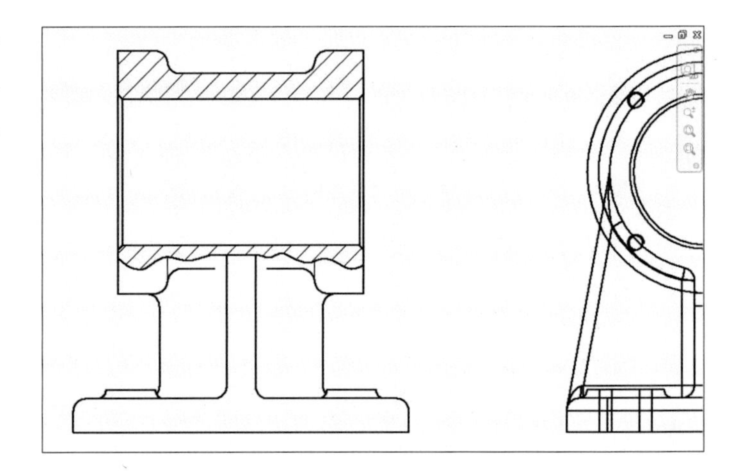

08 해칭선을 클릭한 후 마우스 오른쪽 버튼을 눌러 [숨기기]를 클릭합니다.

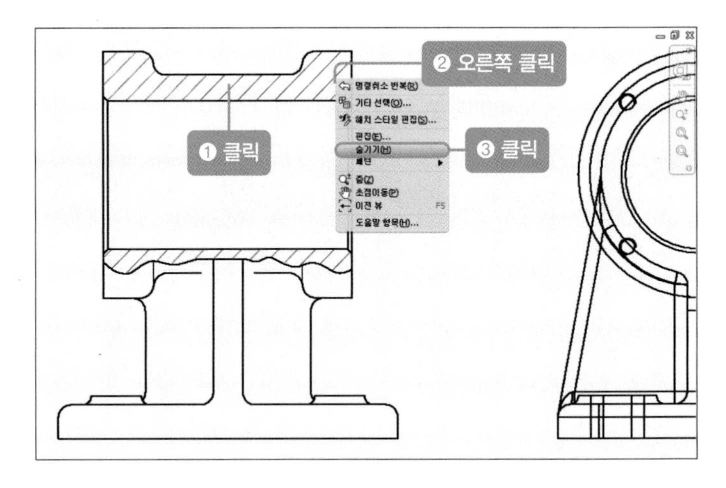

09 스플라인 선을 클릭한 후 선 도면층을 '07 해칭선'으로 바꿉니다.

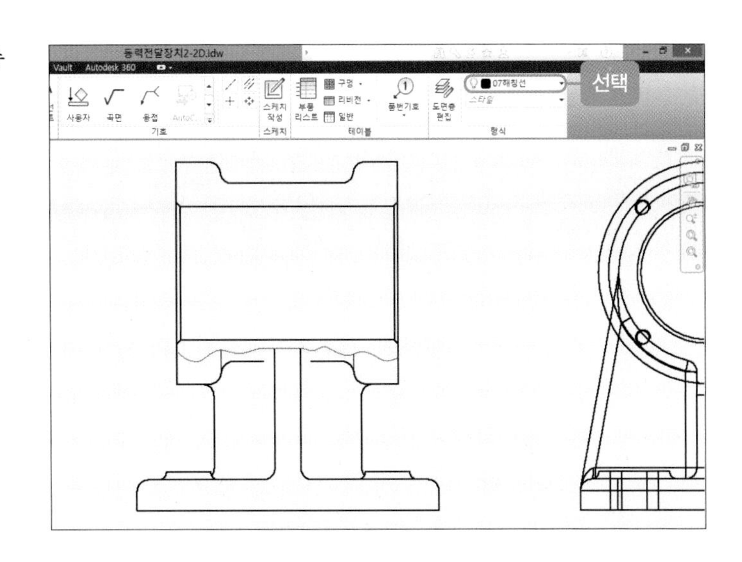

❸ 본체 외형선, 중심선 작성하기(품번 ❶)

01 본체의 아래 부분에 가는 실선으로 되어 있는 2개의 선(모깎기와 스플라인 연결 직선)을 클릭한 후 선 도면층을 '02 외형선'으로 바꿉니다.

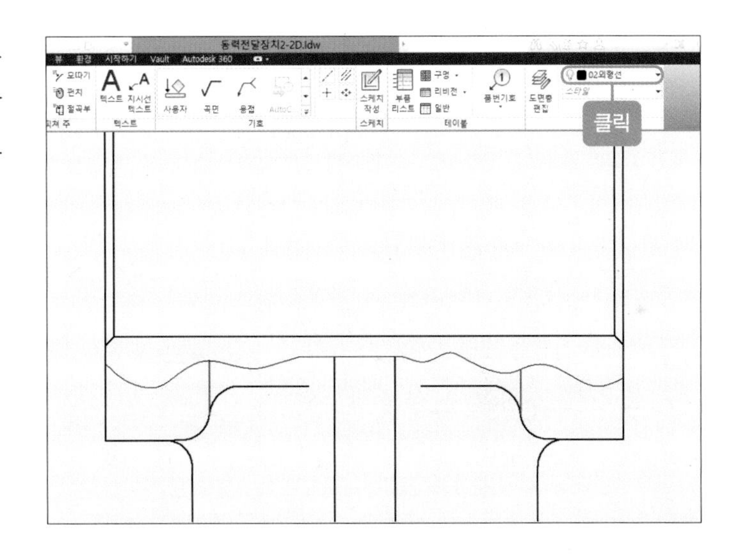

02 본체의 정면도를 클릭한 후 [스케치 작성] 아이콘을 클릭합니다.

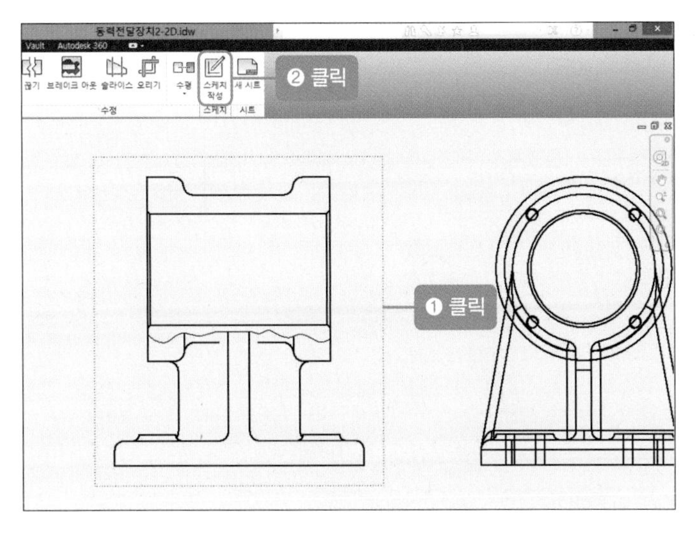

03 본체의 정면도 선을 모두 클릭한 후 [형상투영] 아이콘을 클릭합니다.

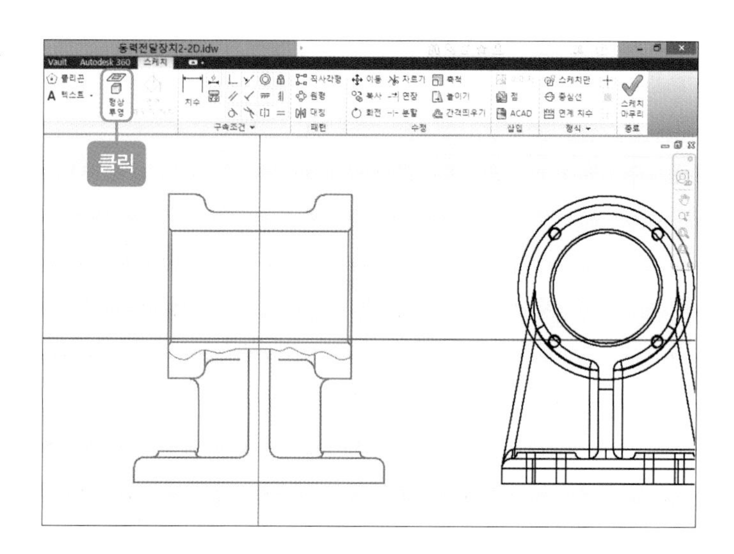

04 '선'과 [치수] 아이콘을 이용하여 나사를 그립니다.

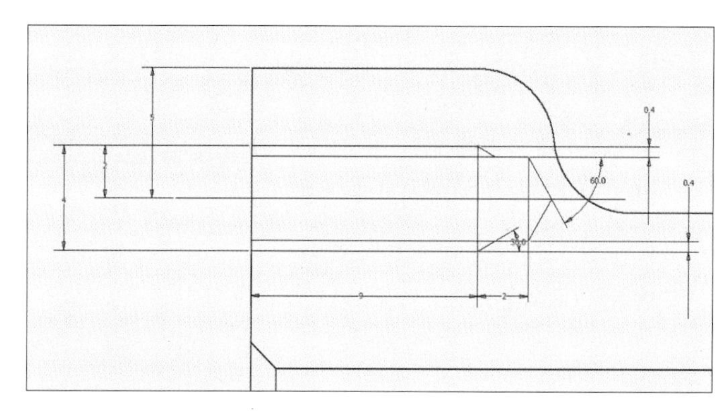

05 나사부 바깥쪽 직선 2개와 30° 대각선 2개를 클릭한 후 선 도면층을 '06 가는 실선'으로 바꿉니다.

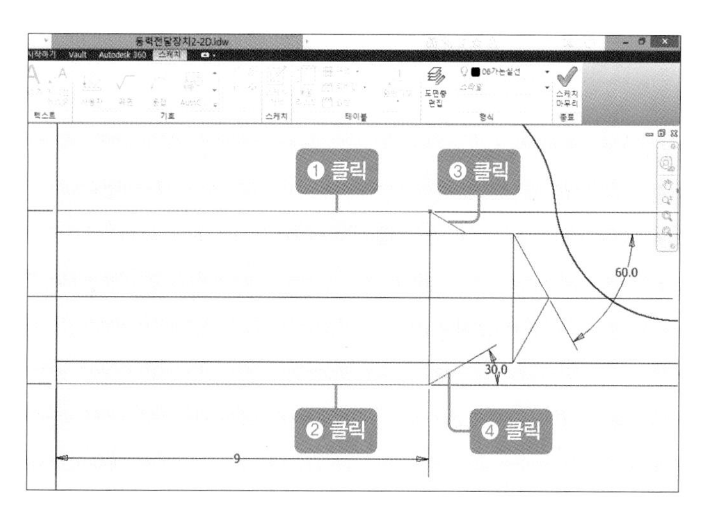

06 05의 선과 중심선을 제외한 나머지 선을 모두 클릭한 후 선 도면층을 '02 외형선'으로 바꿉니다.

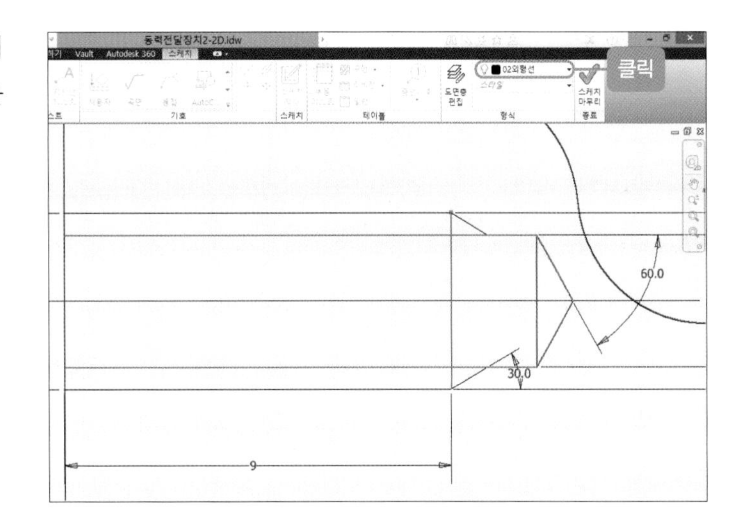

07 나사부 중심선을 클릭한 후 선 도면층을 '03 중심선'으로 바꿉니다.

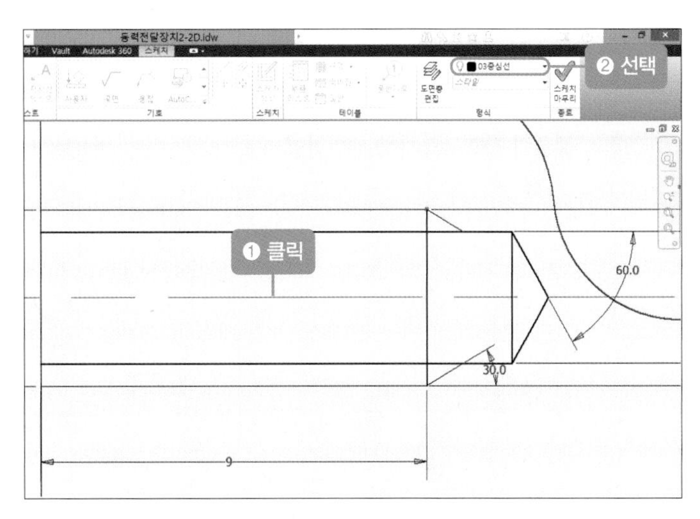

08 04~07을 참고하여 반대쪽에 나사를 그린 후 선 도면층을 바꿉니다.

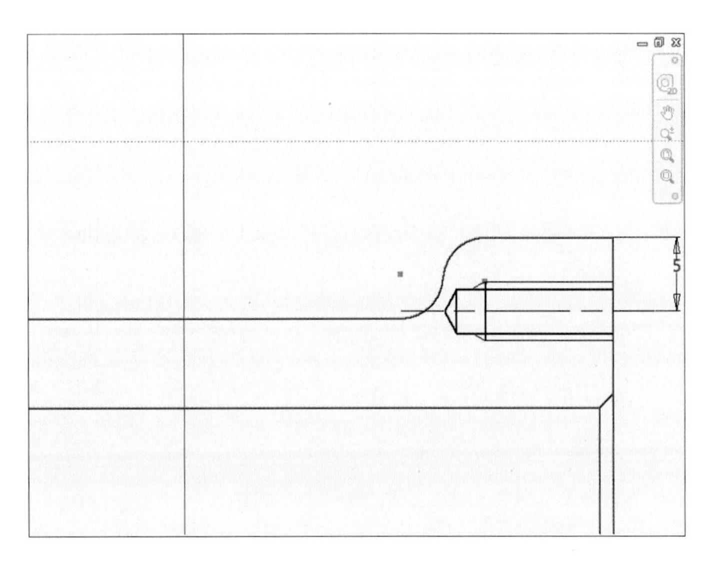

09 [선] 아이콘을 클릭한 후 아래쪽 나사부 중심선 2개와 리브 양쪽의 선이 없는 부분에 짧은 직선 2개를 그립니다.

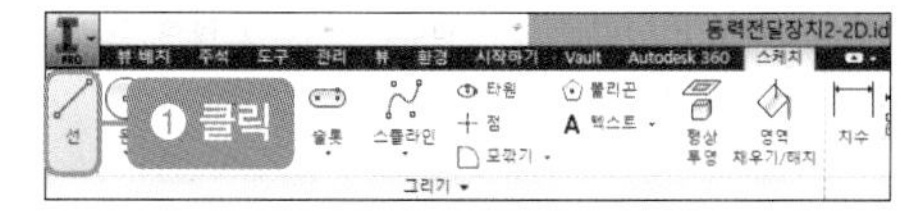

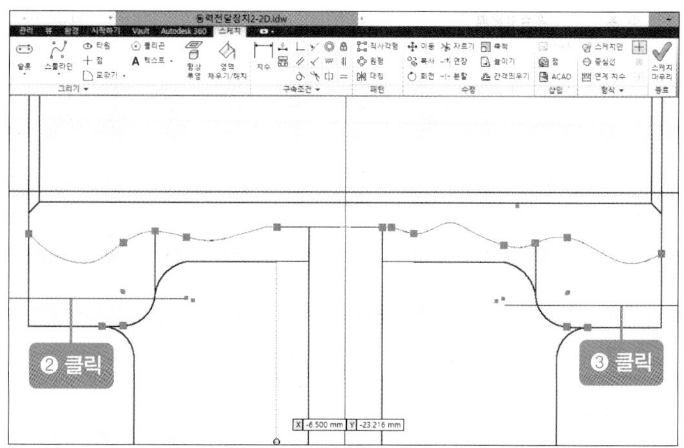

10 [치수] 아이콘을 클릭한 후 위/아래 나사부 중심선을 각각 클릭하고 치수선을 다음과 같이 넣습니다. 치수를 더블클릭하여 '48mm'로 수정합니다.

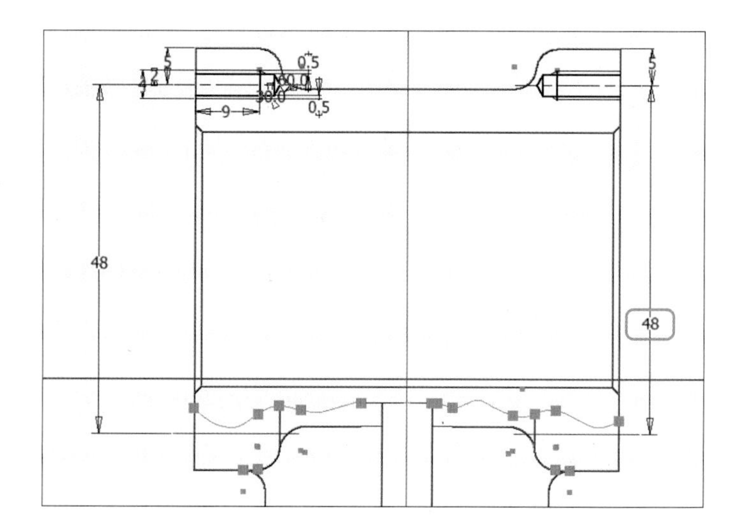

11 [선] 아이콘을 클릭한 후 본체의 원통부 가로축 중심선을 그립니다.

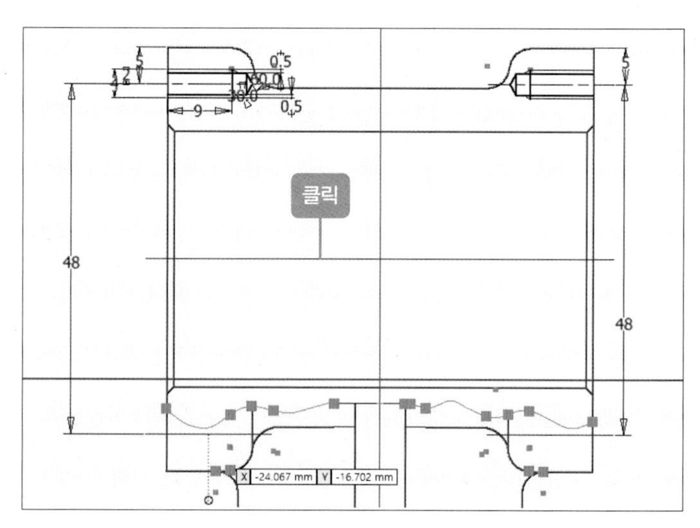

12 본체의 세로축 중심선(91.5mm)을 그립니다.

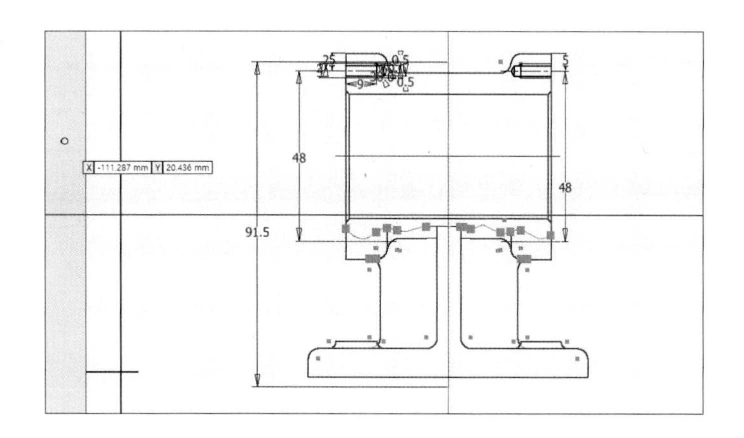

13 양쪽의 중심점에서 16mm의 세로축 중심선을 그립니다.

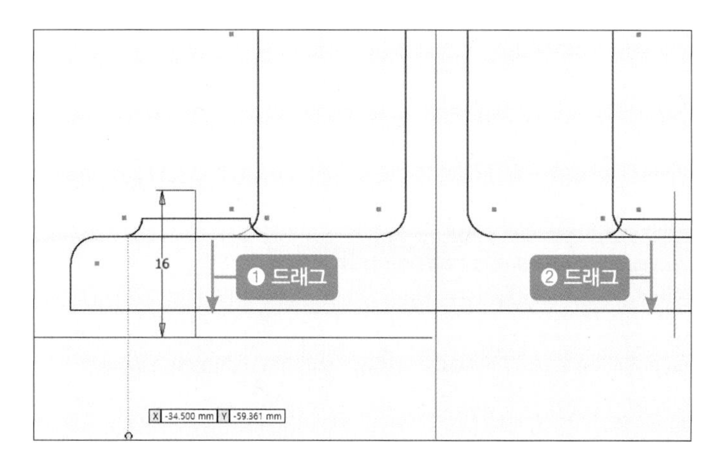

14 중심선을 모두 클릭한 후 선 도면층을 '03 중심선'으로 바꿉니다.

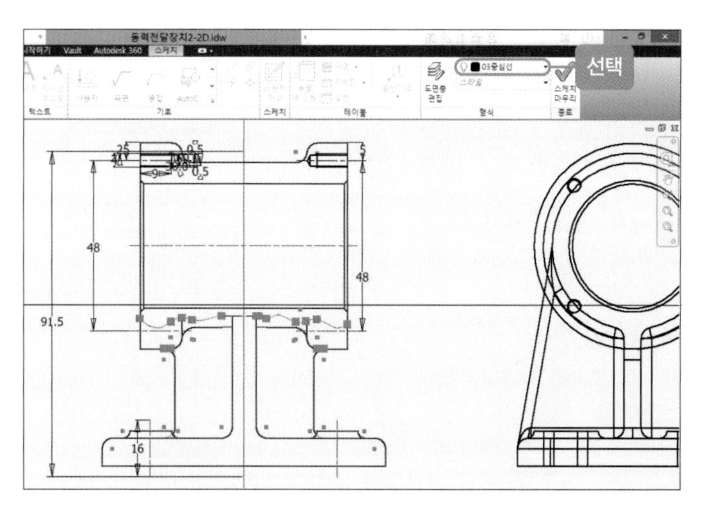

15 리브 양쪽에 그렸던 짧은 직선을 클릭한 후 선 도면층을 '02 외형선'으로 바꿉니다.

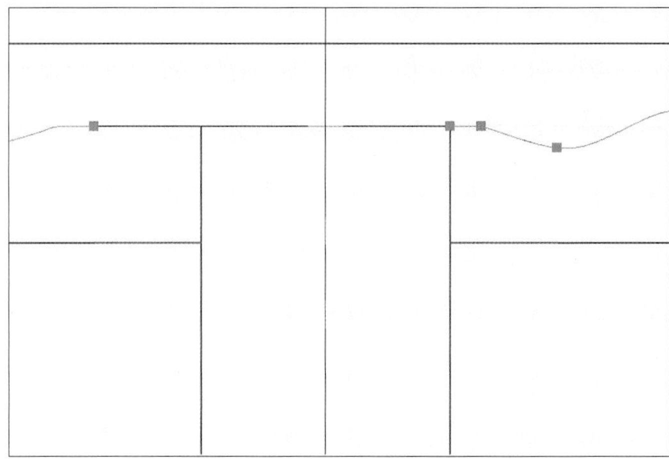

16 [선] 아이콘을 클릭한 후 다음 그림에서 빨간색으로 된 선을 다시 그립니다.

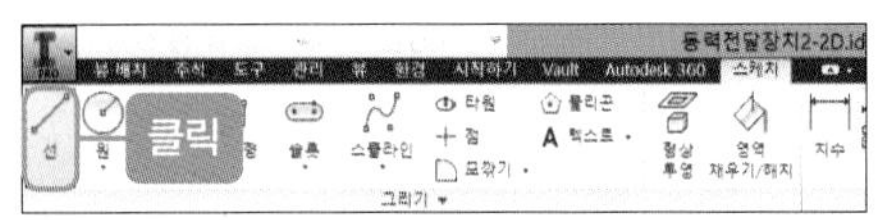

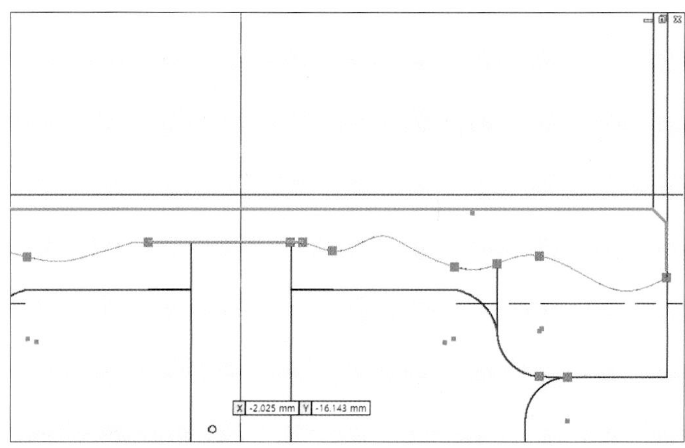

17 16에서 그린 선(스플라인 선 부분)을 클릭한 후 선 도면층을 '07 해칭선'으로 바꿉니다.

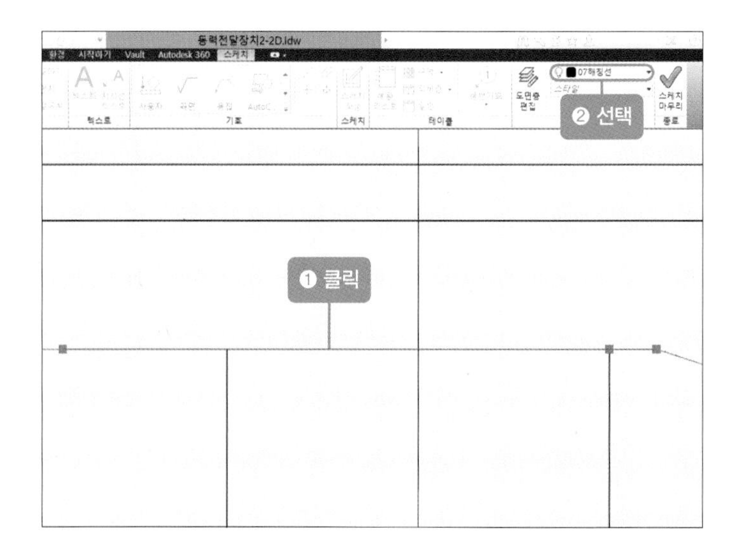

18 [영역 채우기/해치] 아이콘을 클릭한 후 빨간색 테두리 부분을 클릭합니다.

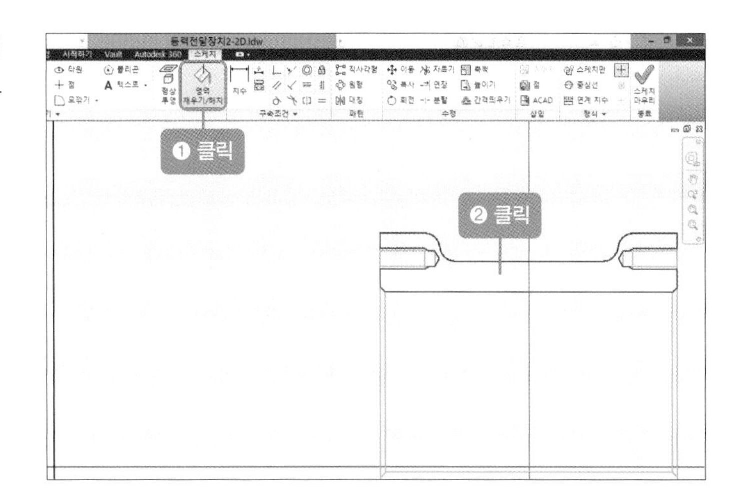

19 [해치/색상 채우기] 대화상자에서 [해치] 아이콘을 클릭한 후 패턴(ANSI31), 각도(45), 축척(1), 선가중치(0.25mm)를 수정한 후 [확인] 버튼을 클릭합니다.

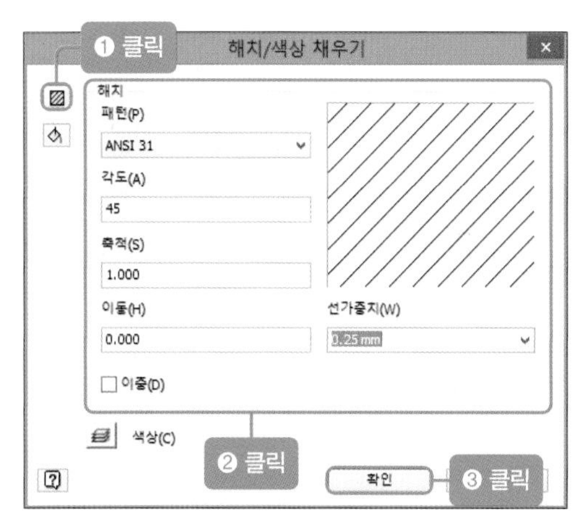

20 빨간색 테두리를 클릭한 후 [해치/색상 채우기] 대화상자에서 [해치] 아이콘을 클릭하고 패턴(ANSI31), 각도(45), 축척(1), 선가중치(0.25mm)를 수정한 후 [확인] 버튼을 클릭합니다.

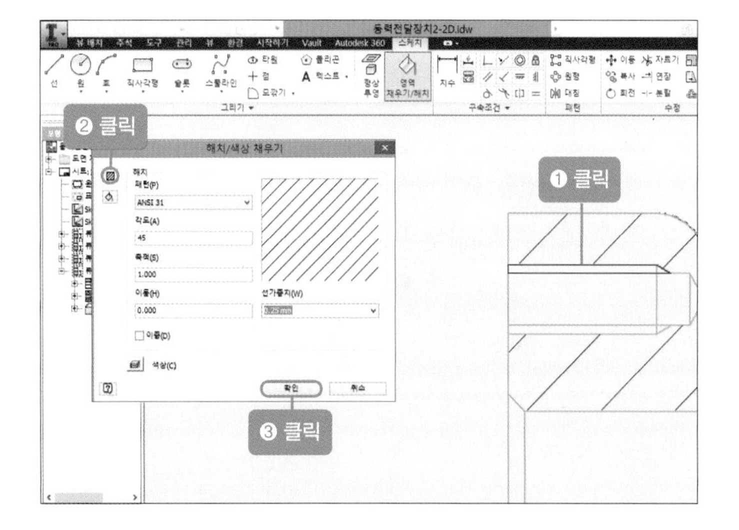

21 20을 참고하여 나머지 나사산 부분도 해칭(단면) 처리합니다.

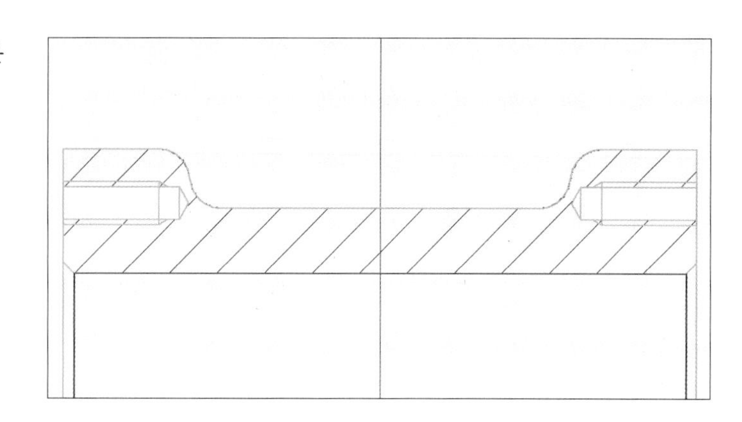

22 빨간색 테두리를 클릭한 후 [해치/색상 채우기] 대화상자에서 [해치] 아이콘을 클릭하고 패턴(ANSI31), 각도(45), 축척(1), 선가중치(0.25mm)를 수정한 후 [확인] 버튼을 클릭합니다.

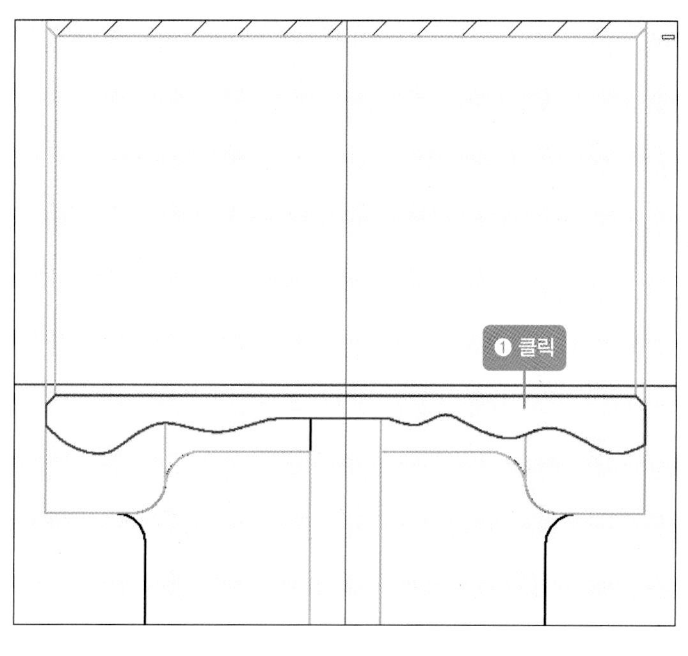

23 해칭(단면)선을 모두 클릭한 후 선 도면층을 '07 해칭선'으로 바꿉니다.

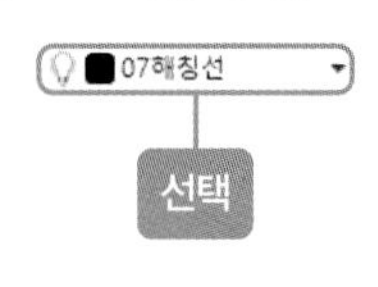

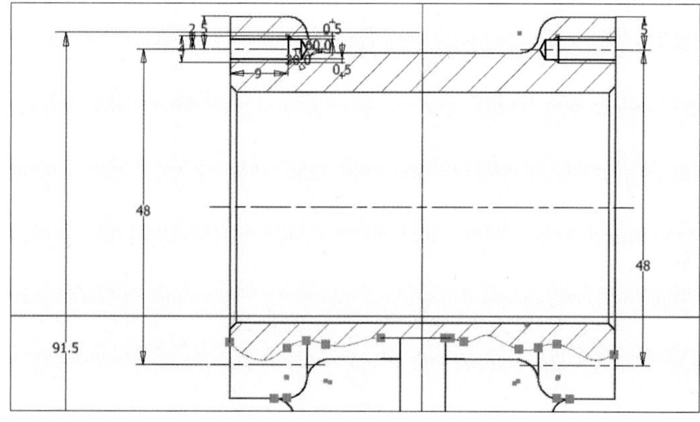

24 마우스 오른쪽 버튼을 눌러 [스케치 마무리]를 클릭합니다.

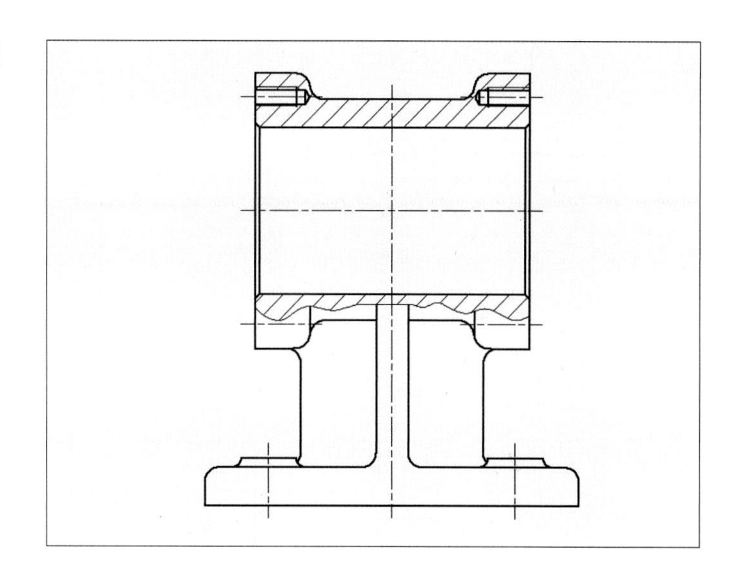

4 본체 평면도 작성하기(품번 ①)

01 본체의 정면도를 클릭한 후 [단면] 아이콘을 클릭합니다.

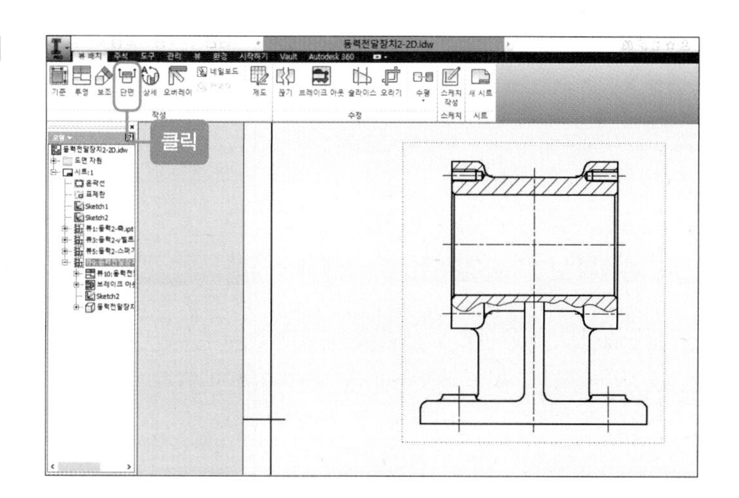

02 왼쪽의 적당한 위치에서 마우스를 클릭한 후 오른쪽으로 이동하여 마우스 왼쪽 버튼을 클릭합니다. 그런 다음 마우스 오른쪽 버튼을 눌러 [계속]을 클릭합니다(이때, 단면 선이 바닥면 왼쪽 선과 오른쪽 선을 지나야 합니다).

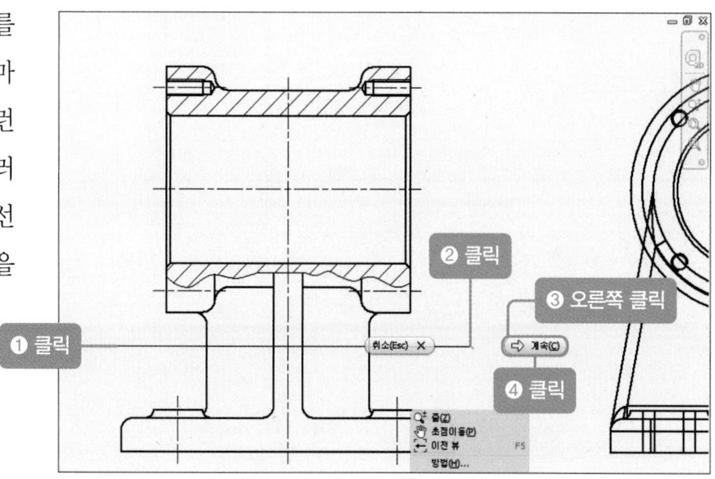

03 단면도 상자에서 뷰 식별자에 'A'를 입력하고 축척은 1:1을 선택합니다. 그런 다음 스타일은 '은선'을 클릭하고 [확인] 버튼을 클릭합니다.

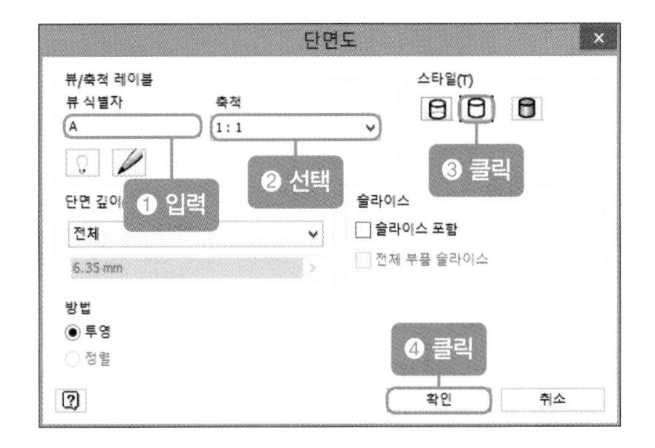

04 본체의 정면도 A-A(1:1) 단면도가 생성됩니다.

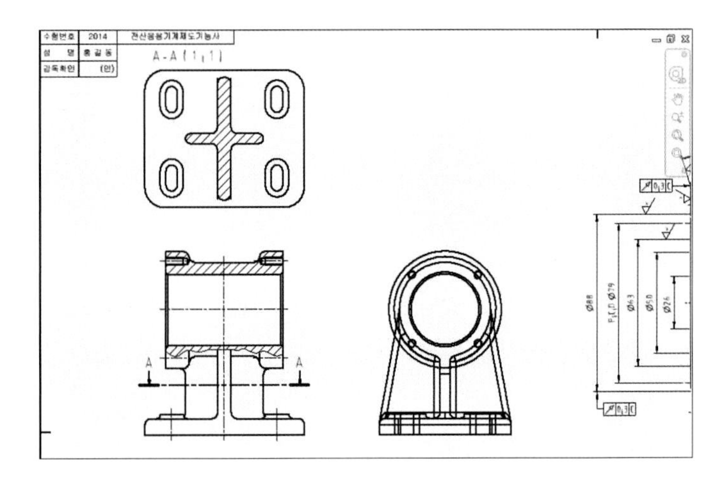

05 본체의 단면도를 클릭한 후 [스케치 작성] 아이콘을 클릭합니다.

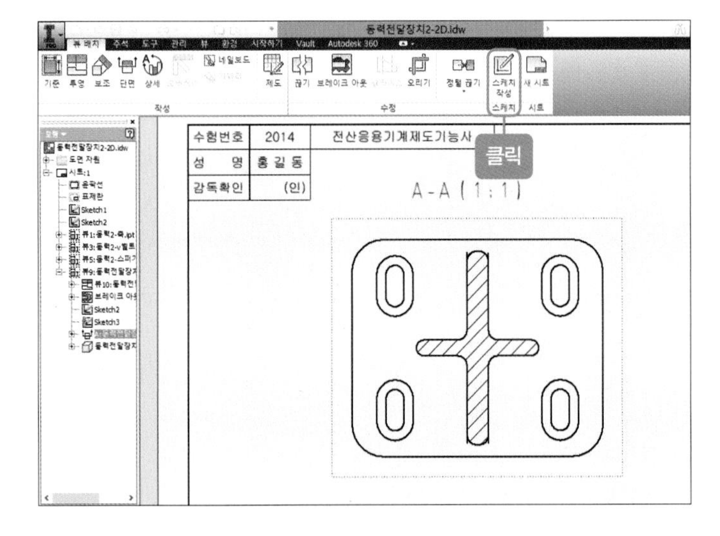

06 [직사각형] 아이콘을 클릭한 후 임의의 위치까지 마우스를 왼쪽으로 이동하고 Y 좌표값에 '0mm'를 입력합니다.

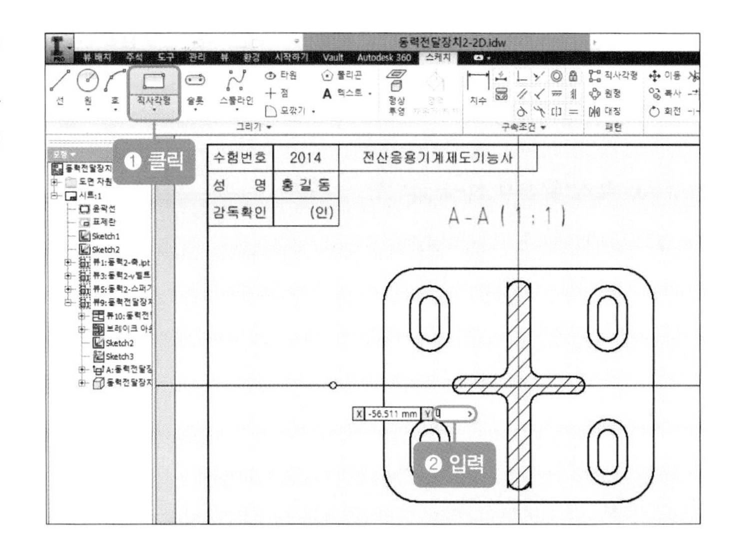

07 임의의 직사각형을 그린 후 마우스 오른쪽 버튼을 눌러 [스케치 마무리]를 클릭합니다.

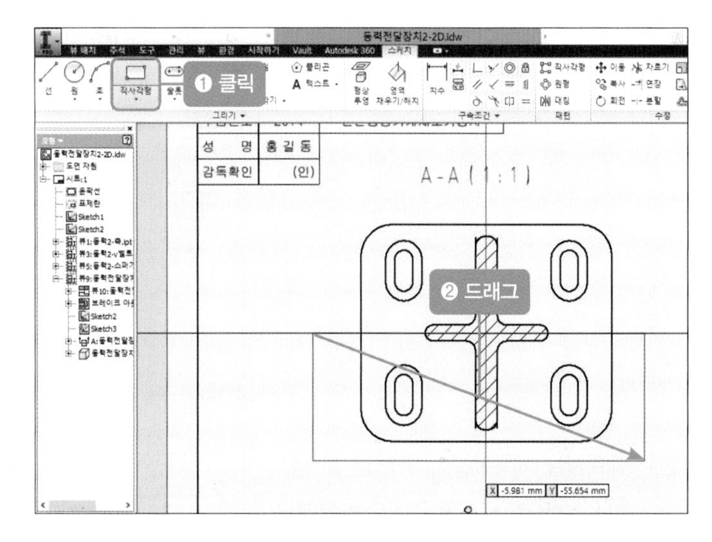

08 본체의 단면도를 클릭한 후 [브레이크 아웃] 아이콘을 클릭합니다.

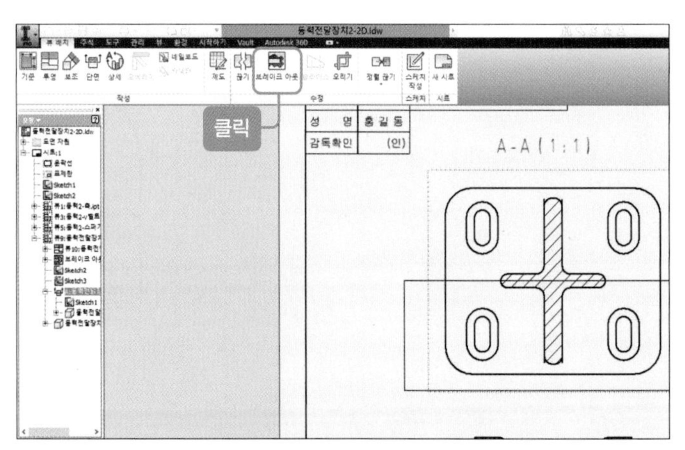

09 단면도의 직사각형을 선택한 후 [브레이크 아웃] 대화상자에서 '깊이'를 클릭하고 본체의 정면도에서 바닥면의 선(빨간색 선)을 클릭한 후 [확인] 버튼을 클릭합니다.

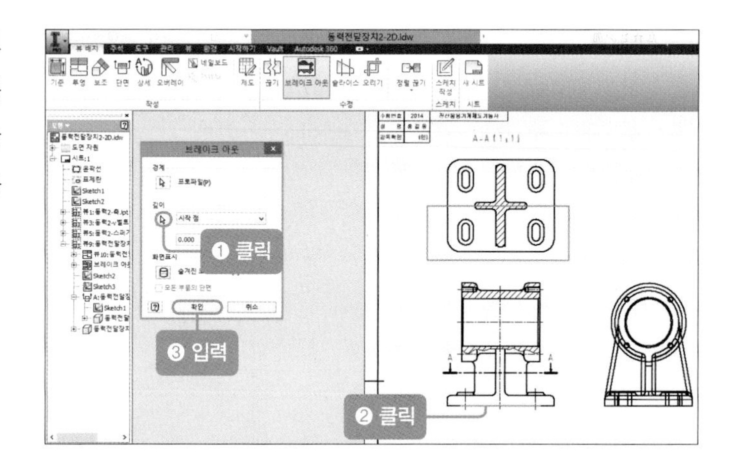

10 한쪽 단면도로 나타납니다(오리기를 사용할 수도 있습니다).

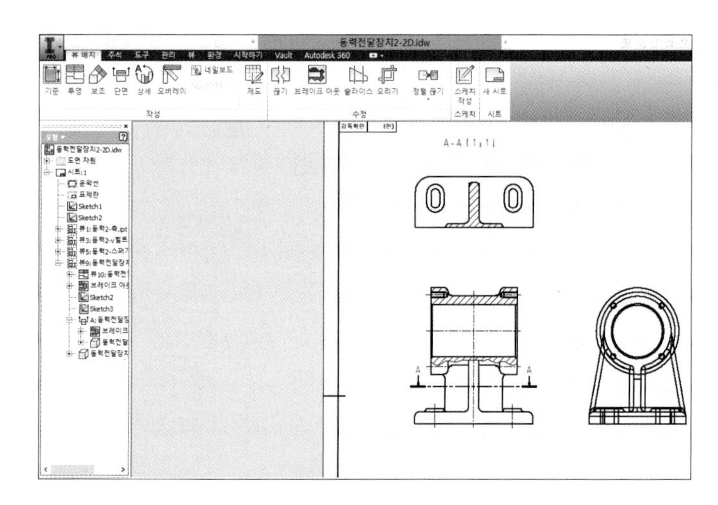

11 필요 없는 선을 모두 클릭한 후 마우스 오른쪽 버튼을 눌러 [가시성]의 체크를 해제합니다.

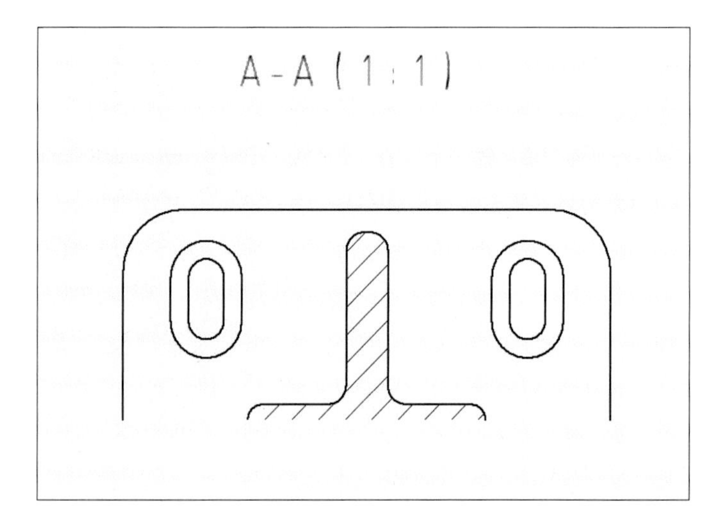

12 본체의 단면도를 클릭한 후 [스케치 작성] 아이콘을 클릭합니다.

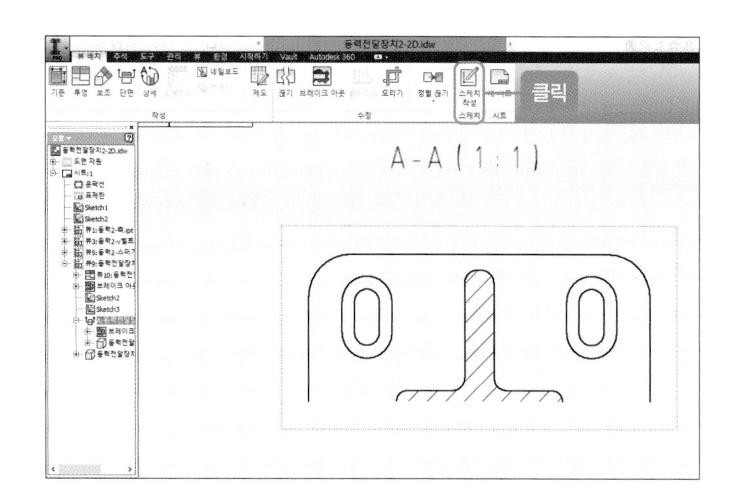

13 본체의 단면도 선을 모두 클릭한 후 [형상투영] 아이콘을 클릭합니다.

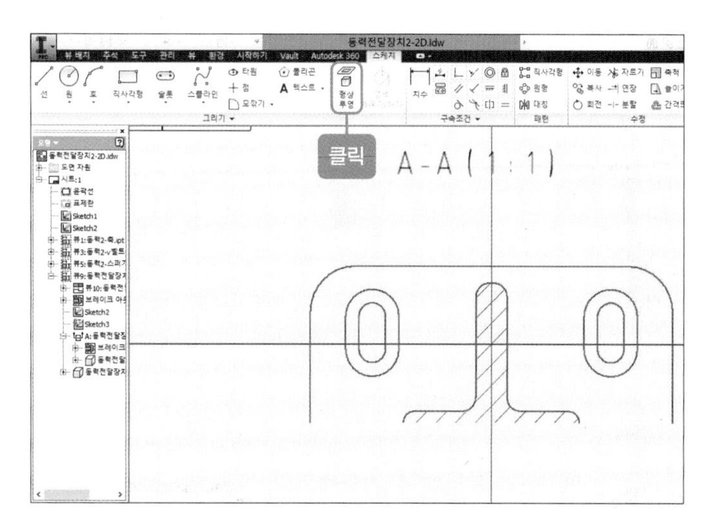

14 [선] 아이콘을 클릭한 후 중심선(8개)과 대칭선(4개)을 그립니다.

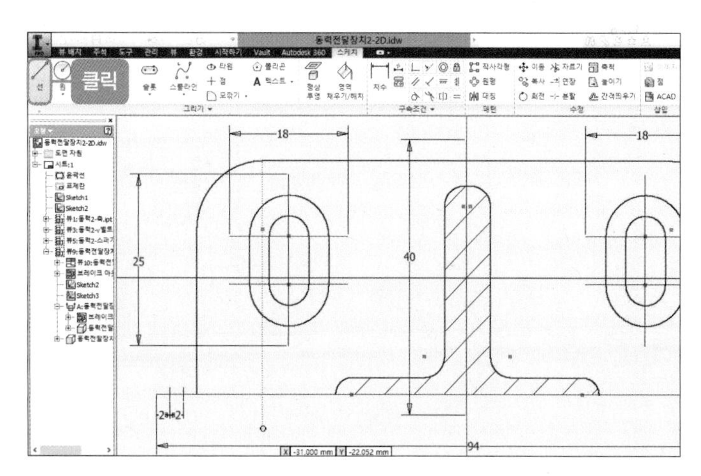

15 대칭선을 제외한 중심선을 클릭한 후 선 도면층을 '03 중심선'으로 바꿉니다.

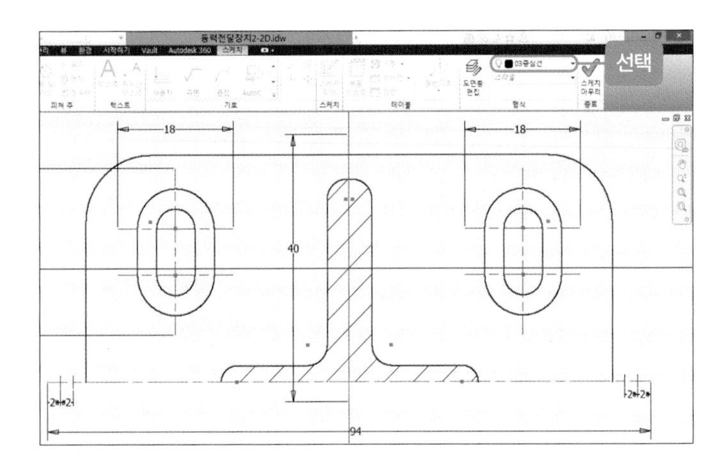

16 대칭선을 클릭한 후 선 도면층을 '06 가는 실선'이나 '08 문자'로 바꿉니다.

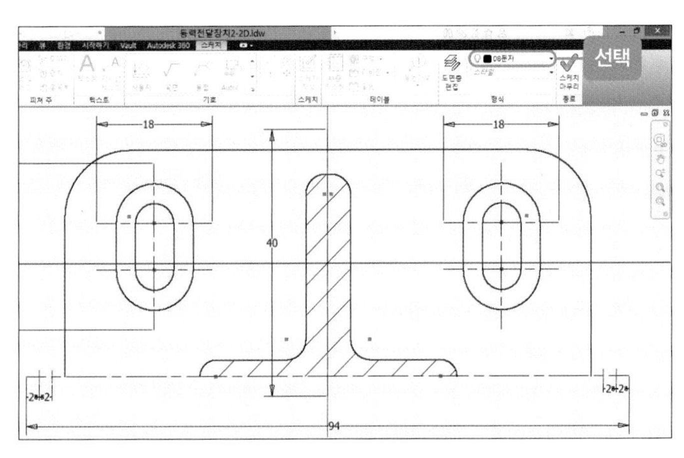

17 [선] 아이콘을 클릭한 후 가운데 있는 리브의 양쪽 위에 선을 각각 그립니다.

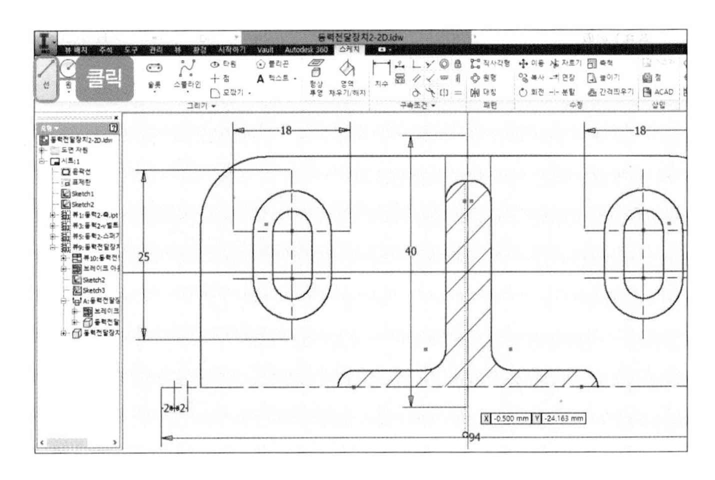

18 가운데 리브의 양쪽 위에 그린 선을 클릭한 후 선 도면층을 '02 외형선'으로 바꿉니다. 그리고 마우스 오른쪽 버튼을 눌러 [스케치 마무리]를 클릭합니다.

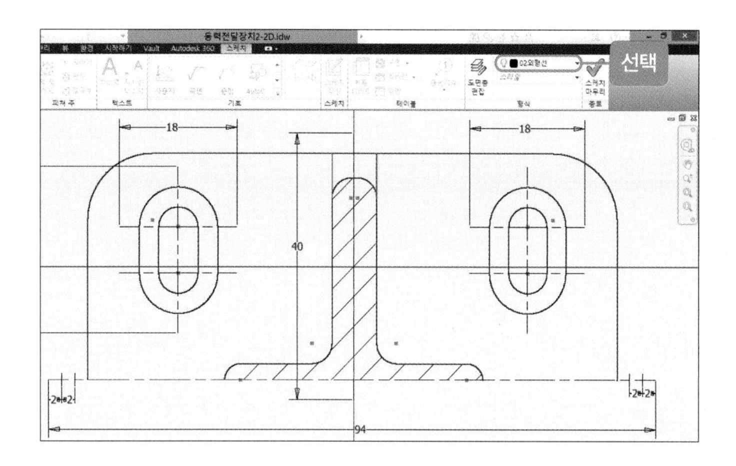

19 본체의 단면도 선을 모두 클릭한 후 선 도면층을 '02 외형선'으로 바꿉니다.

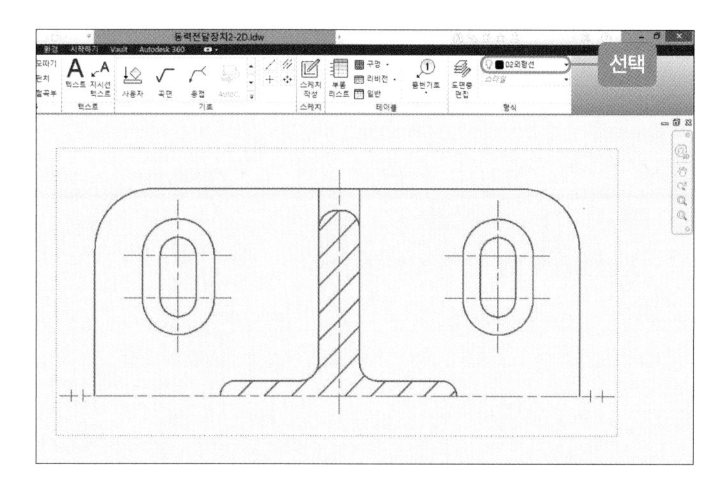

20 리브 안에 있는 해칭(단면)선을 클릭한 후 선 도면층을 '07 해칭선'으로 바꿉니다.

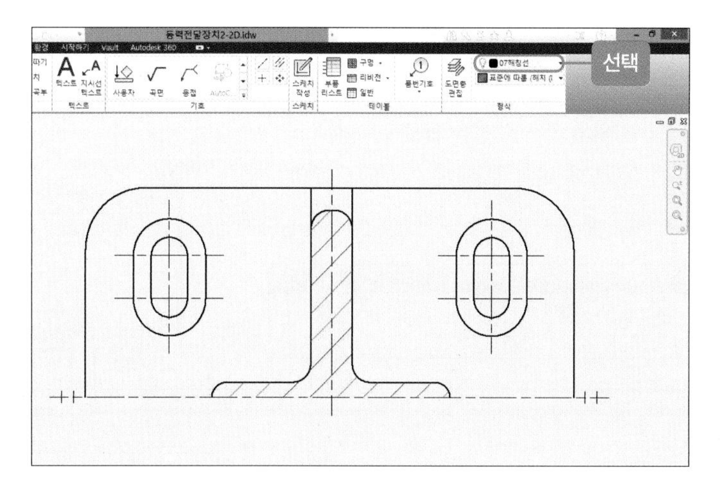

❺ 본체 우측면도 작성하기

01 본체의 우측면도를 클릭한 후 [스케치 작성] 아이콘을 클릭합니다.

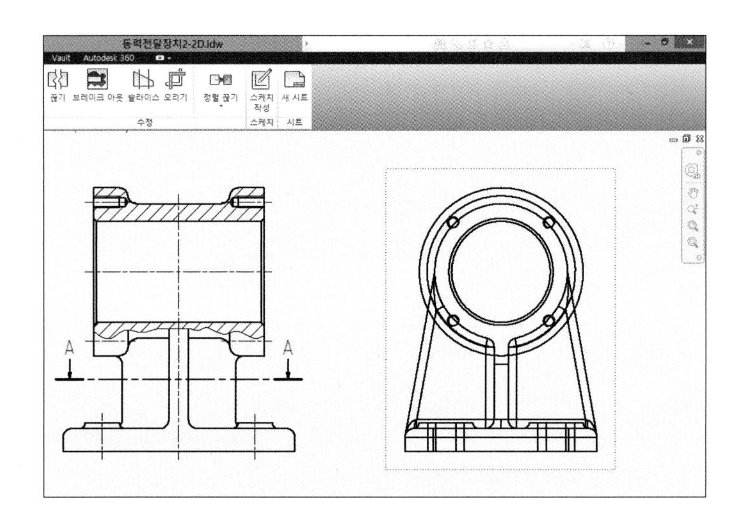

02 [직사각형] 아이콘을 클릭한 후 임의의 위치까지 마우스를 위로 올리고 X 좌표값에 '0mm'를 입력합니다.

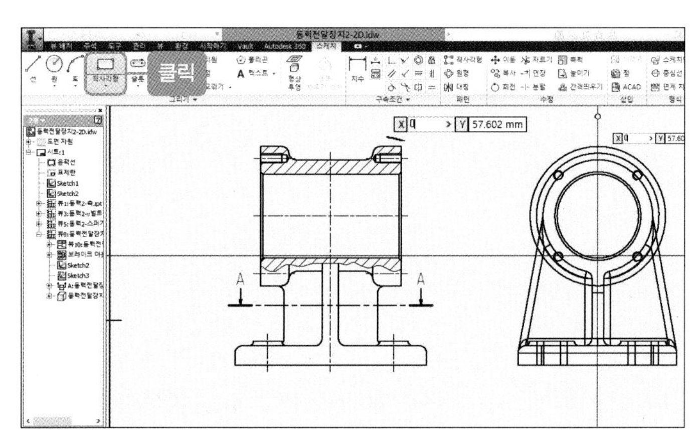

03 임의의 직사각형을 그린 후 마우스 오른쪽 버튼을 눌러 [스케치 마무리]를 클릭합니다.

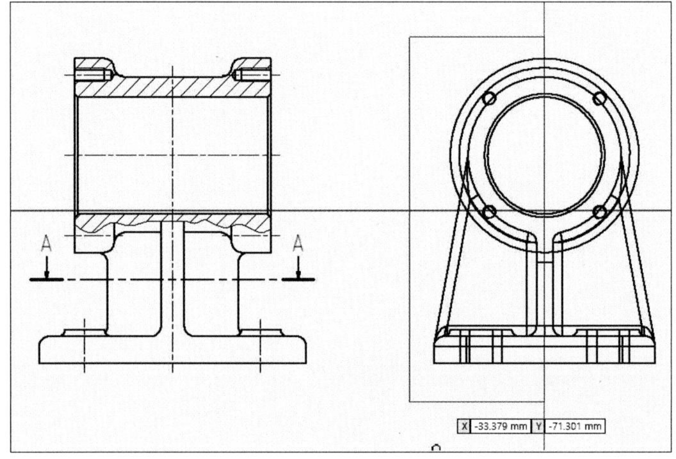

04 본체의 우측면도를 클릭한 후 [브레이크 아웃] 아이콘을 클릭합니다.

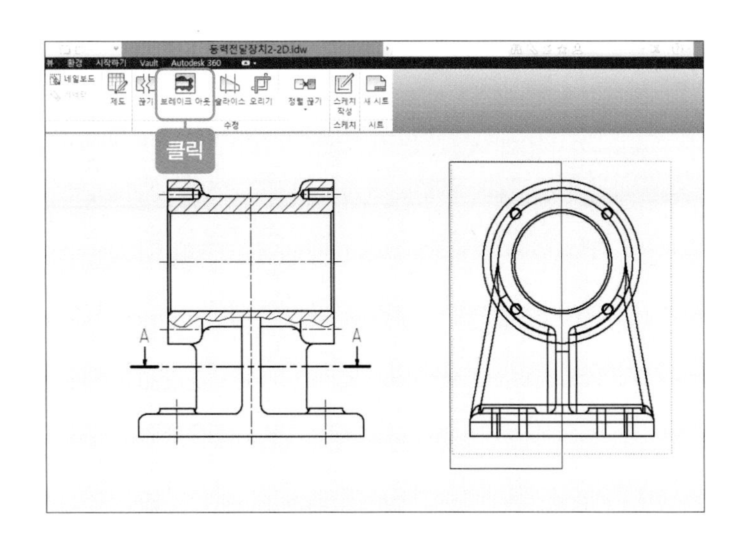

05 우측면도의 직사각형을 선택한 후 [브레이크 아웃] 대화상자에서 '깊이'를 클릭합니다. 그런 다음 본체의 정면도에서 바닥면의 왼쪽 선(빨간색 선)을 클릭하고 [확인] 버튼을 클릭합니다.

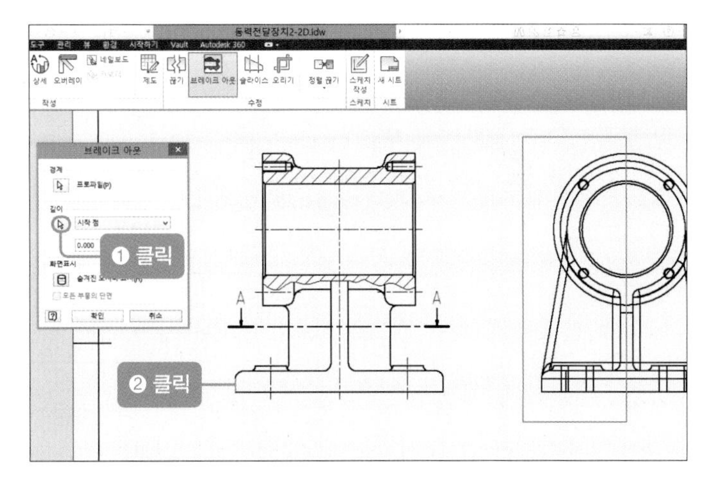

06 한쪽 단면도로 나타납니다.

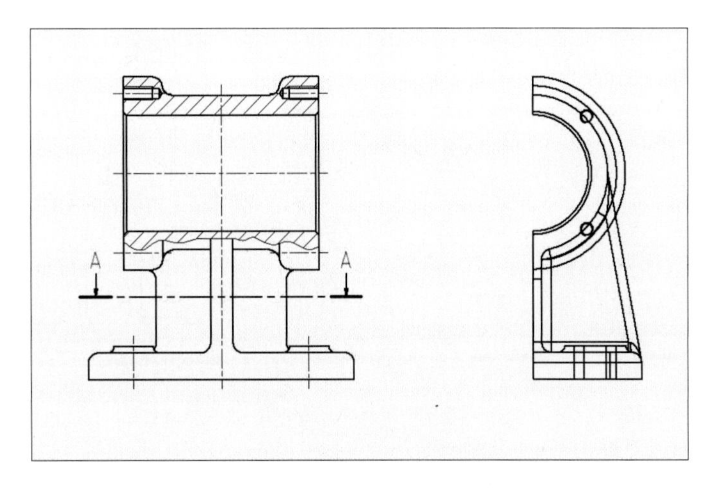

07 필요 없는 본체의 우측면도 선을 모두 클릭한 후 마우스 오른쪽 버튼을 눌러 [가시성]의 체크를 해제합니다.

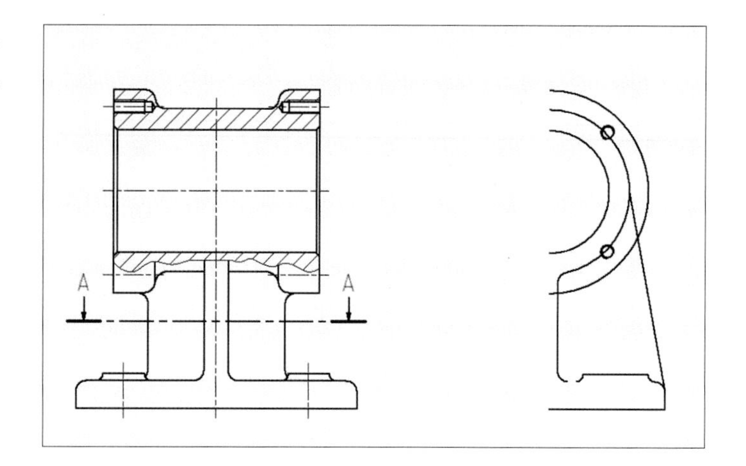

08 Ø47mm인 원과 원 안에 대각선으로 된 리브 선을 클릭한 후 선 도면층을 '04 은선'으로 바꿉니다.

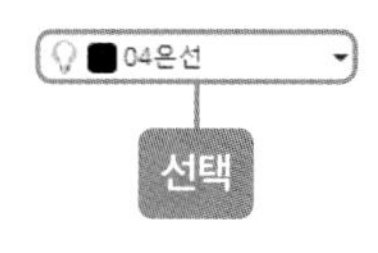

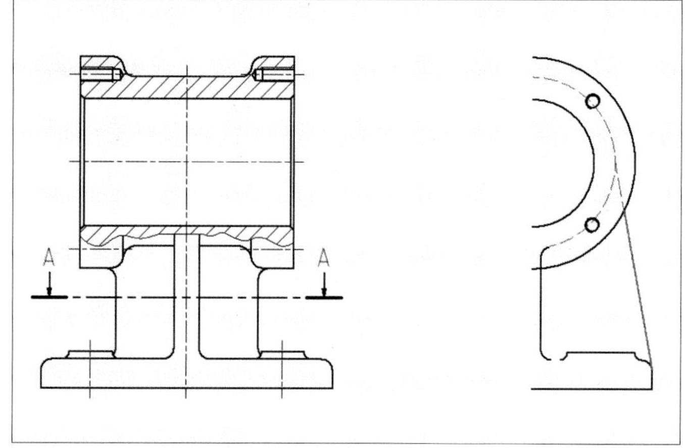

09 본체의 우측면도를 클릭한 후 [스케치 작성] 아이콘을 클릭합니다.

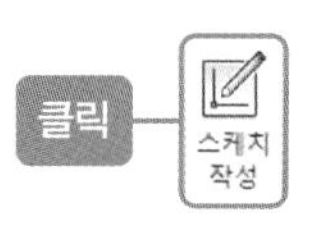

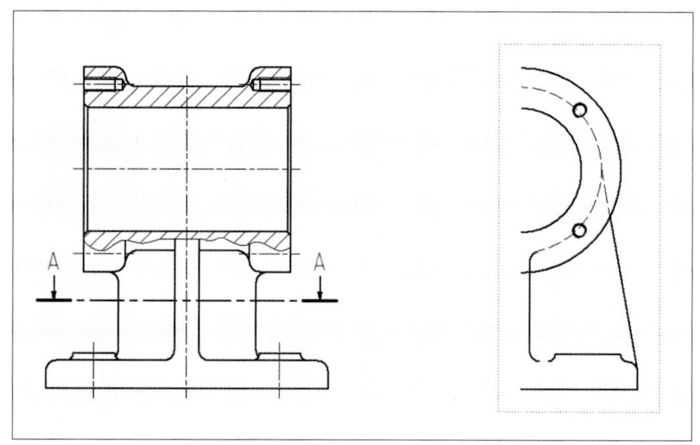

10 본체의 우측면도 선을 모두 클릭한 후 [형상투영] 아이콘을 클릭합니다.

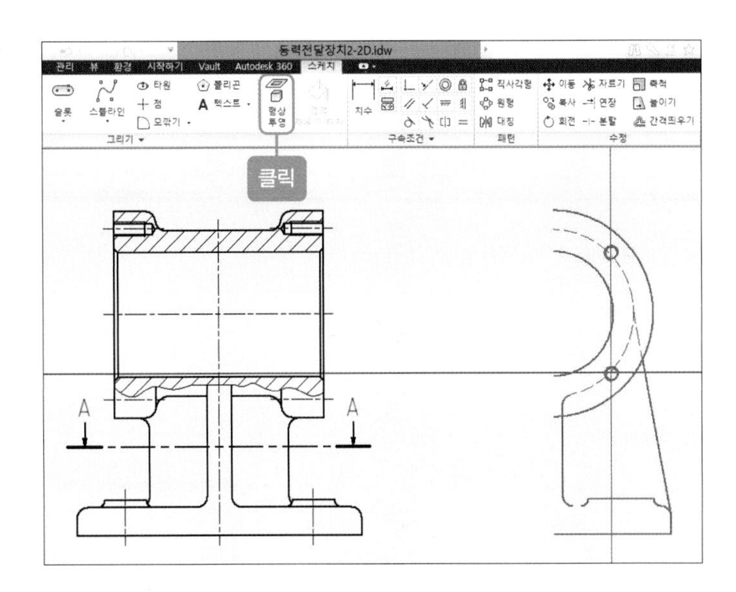

11 [선] 아이콘을 클릭한 후 가로축과 세로축의 중심선(2개)을 그립니다.

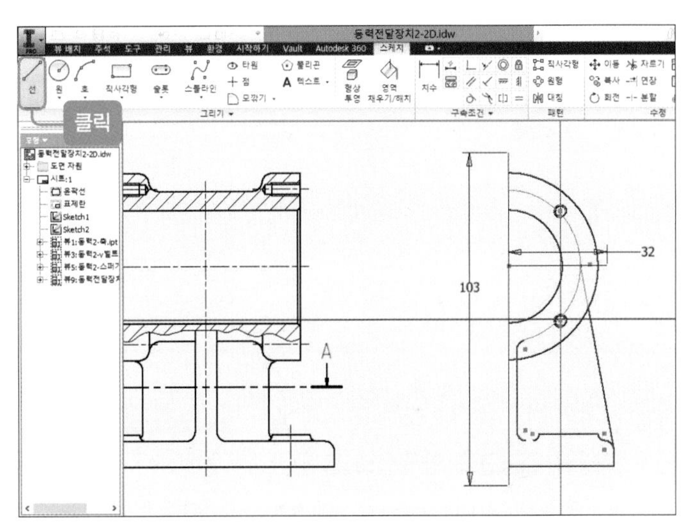

12 길이 2mm, 간격 2mm인 대칭선을 그립니다.

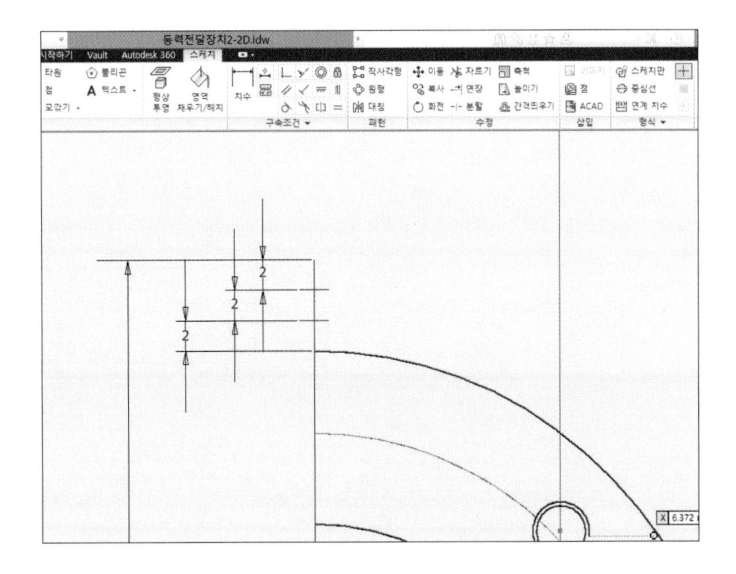

13 12와 동일하게 아래 부분에 대칭선을 그립니다.

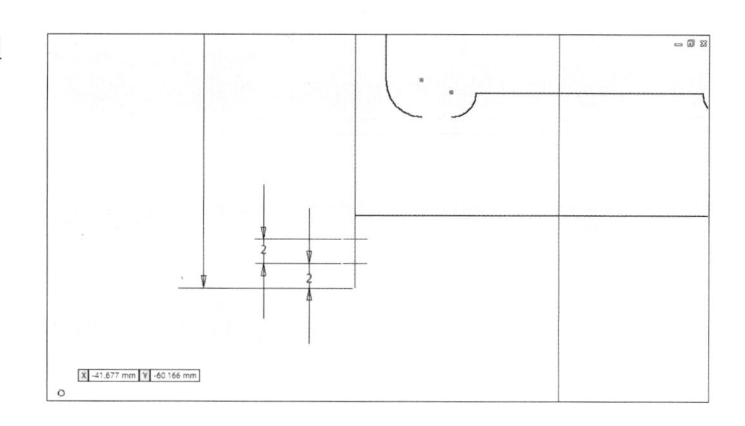

14 바닥면 위 부분의 잘려 있는 부분에 선을 그린 후 바닥면 위로 올라와 있는 홀 안에 선 2개를 그립니다(간격: 3mm/13mm).

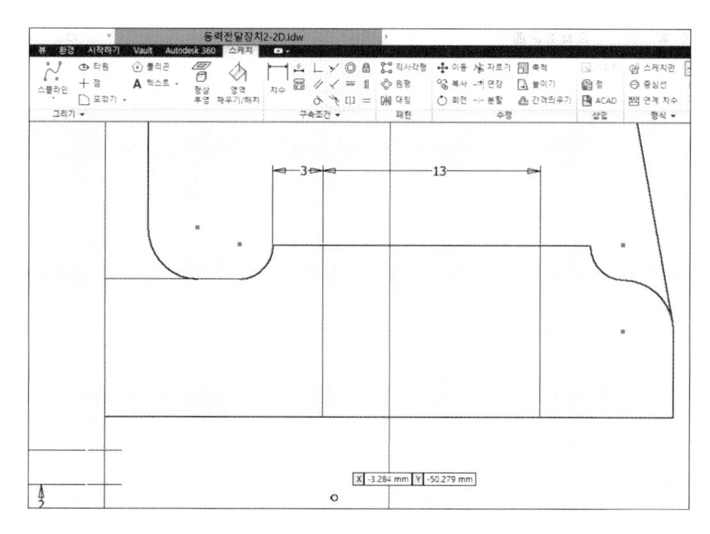

15 바닥면 위로 올라와 있는 홀 안쪽에 구멍의 중심선을 양쪽으로 그립니다(세로축 길이:16mm, 간격: 3mm/3mm).

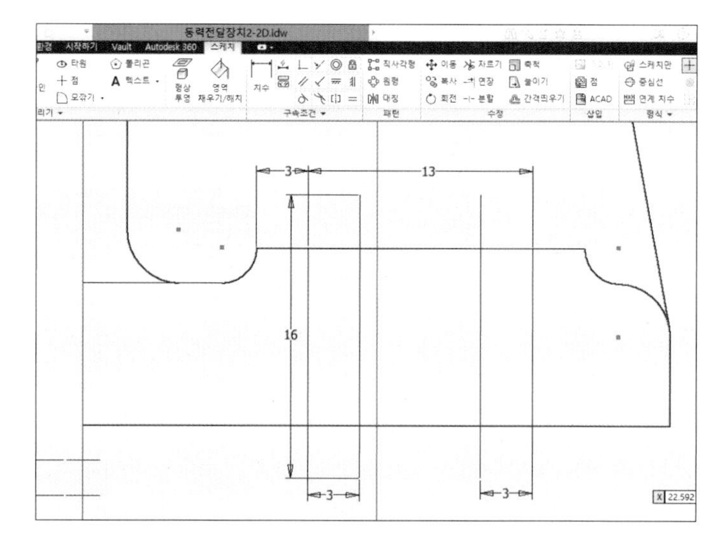

16 [원] 아이콘을 클릭한 후 중심점을 클릭하고 Ø47mm, Ø48mm의 원을 각각 그립니다.

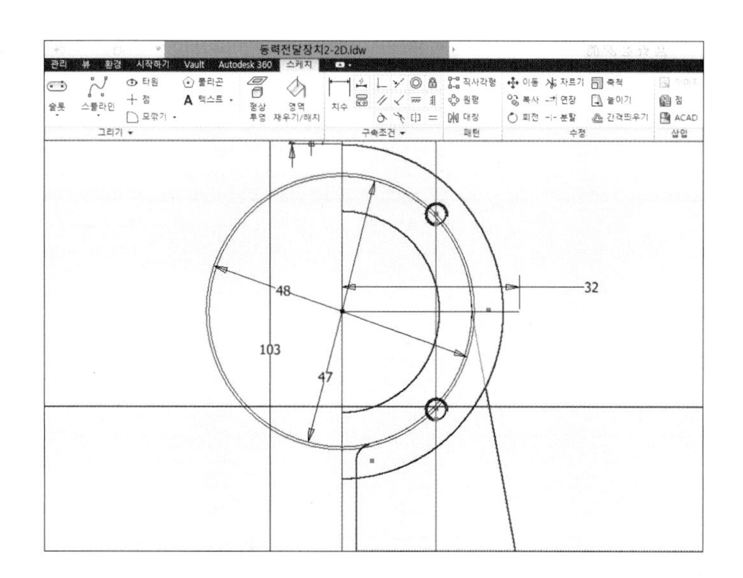

17 [자르기] 아이콘을 클릭한 후 가운데 있는 5mm 리브에서 모깎기된 부분을 기준으로 오른쪽에 있는 선을 남겨두고, Ø47mm 원은 모두 지웁니다. 그리고 Ø48mm 원은 나사의 중심선이므로 양쪽으로 1~1.5mm 선만 남깁니다.

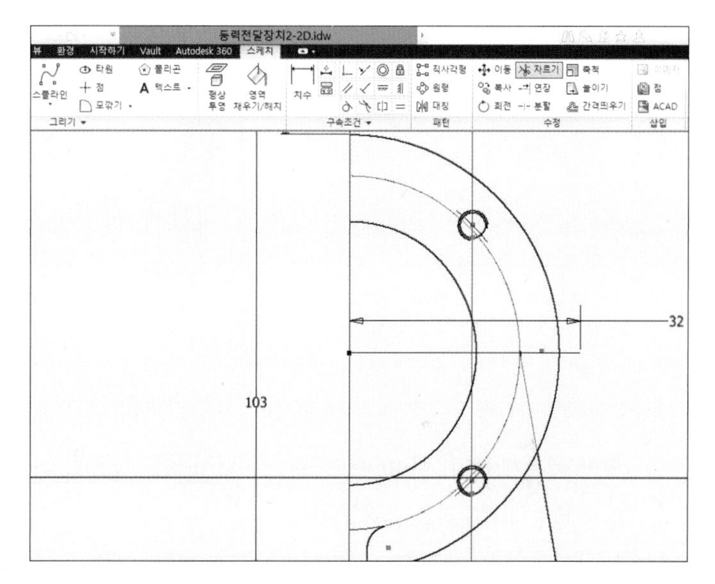

18 [선] 아이콘을 클릭한 후 나사의 중심선을 그립니다.

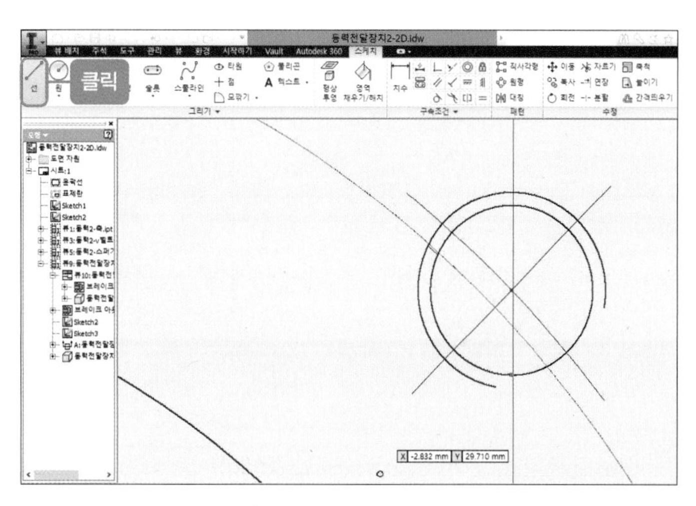

19 18과 동일하게 나사의 중심선을 그립니다.

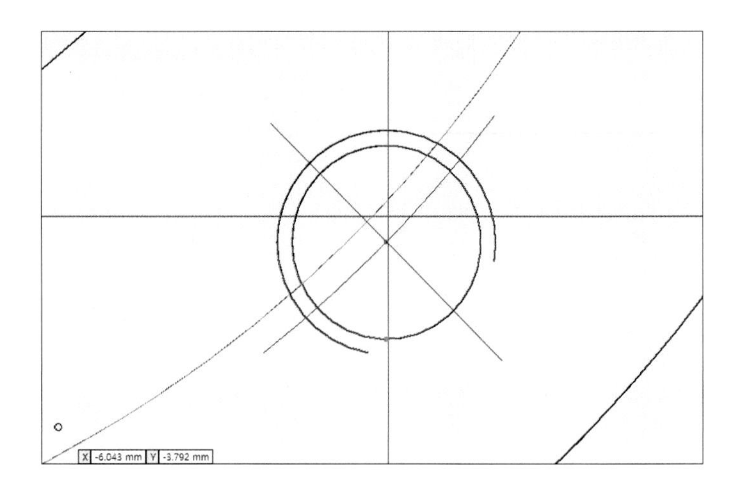

20 [스플라인] 아이콘을 클릭한 후 바닥면에 스플라인을 그립니다.

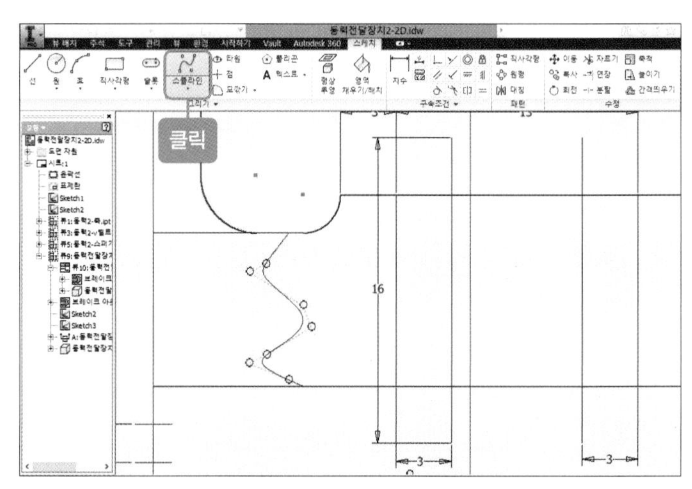

21 [영역 채우기/해치] 아이콘을 클릭한 후 빨간색 테두리를 클릭합니다.

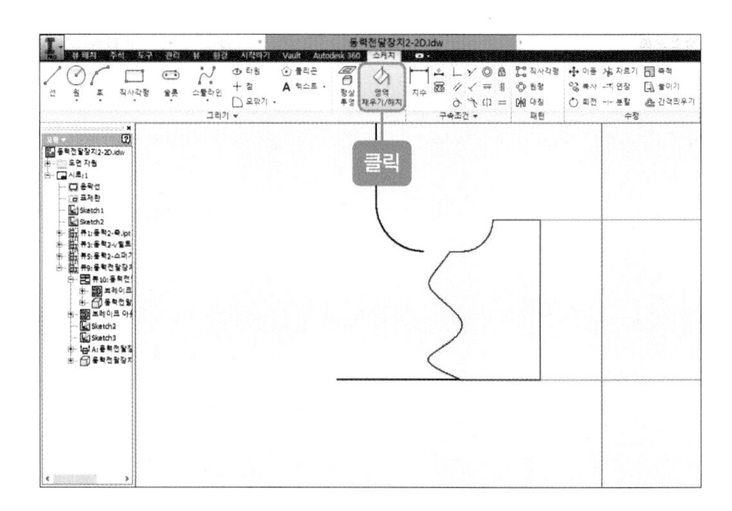

22 [해치/색상 채우기] 대화상자에서 [해치] 아이콘을 클릭한 후 패턴(ANSI31), 각도(45), 축척(1), 선가중치(0.25mm)를 수정하고 [확인] 버튼을 클릭합니다.

23 21, 22를 참고하여 반대쪽도 해칭(단면) 처리를 합니다.

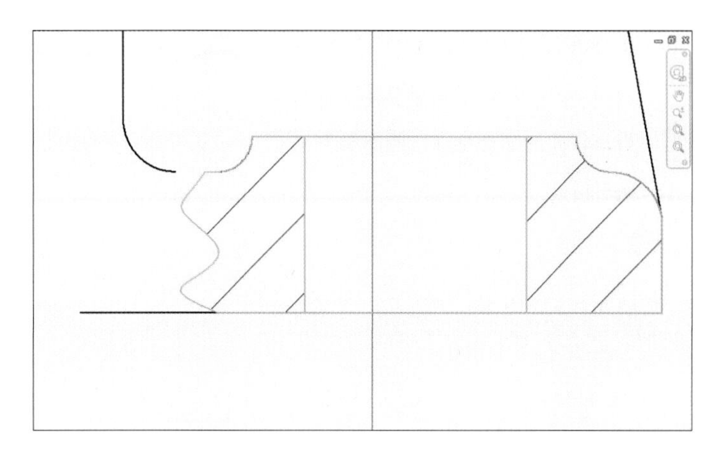

24 스플라인선과 해칭(단면)선을 클릭한 후 선 도면층을 '07 해칭선'으로 바꿉니다.

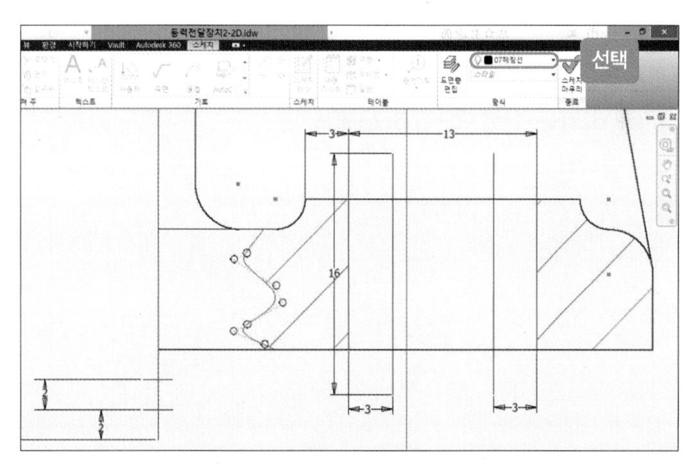

25 바닥면 위에 잘려 있던 부분에 그렸던 선과 바닥면 위에 올라와 있는 홀 안에 그린 선(구멍) 2개를 클릭한 후 선 도면층을 '02 외형선'으로 바꿉니다.

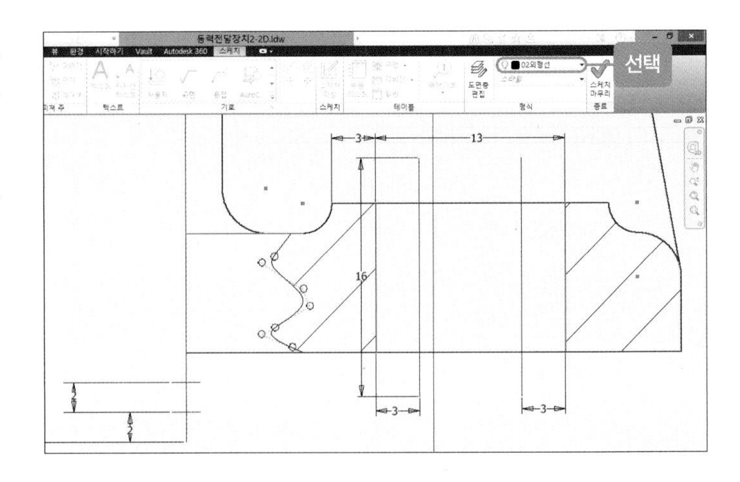

26 바닥면 위에 올라와 있는 홀 안에 그린 선(구멍)의 중심선 2개를 클릭한 후 선 도면층을 '03 중심선'으로 바꿉니다.

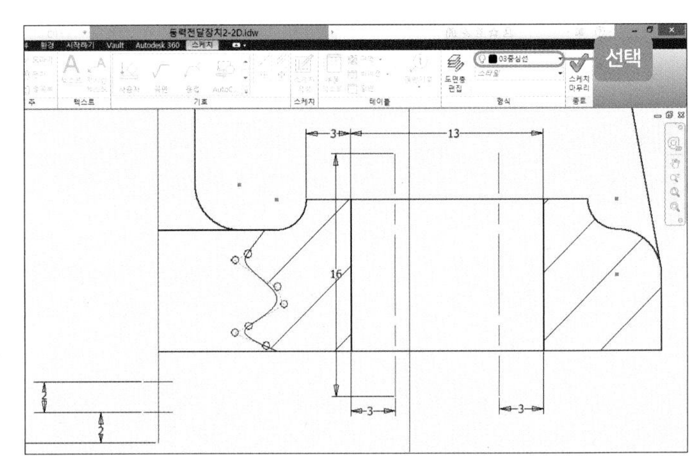

27 대칭선을 클릭한 후 선 도면층을 '06 가는 실선'이나 '08 문자'로 바꿉니다.

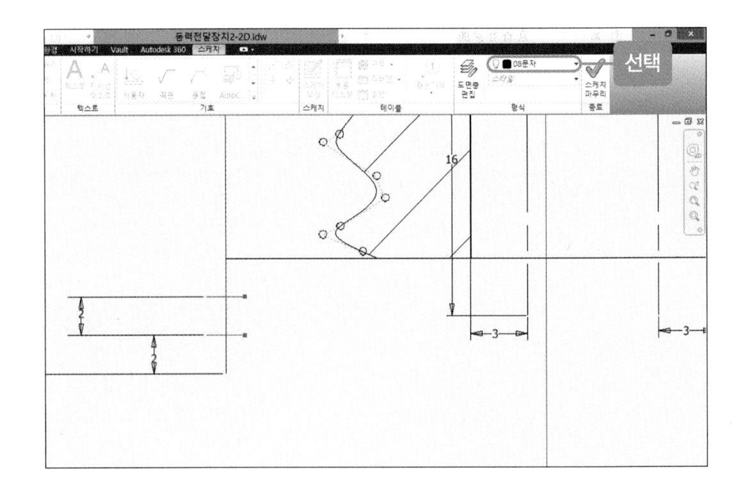

28 27과 동일하게 대칭선의 선 도면층을 바꿉니다.

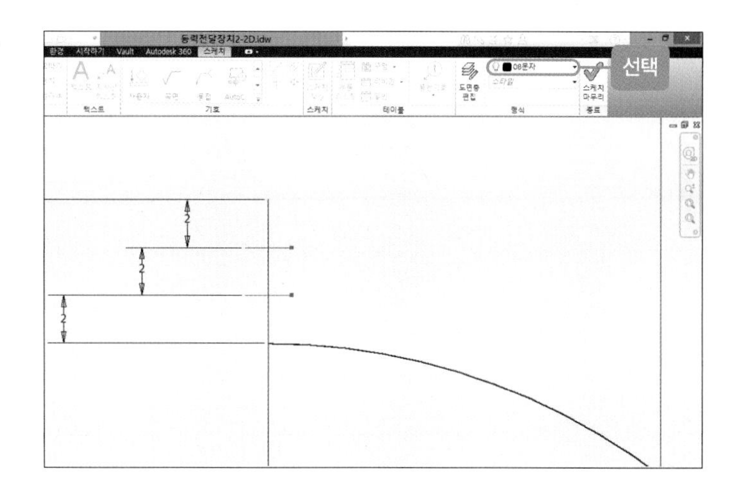

29 오른쪽 면의 가로 중심선과 세로축의 중심선, 나사의 중심선을 모두 클릭한 후 선 도면층을 '03 중심선'으로 바꿉니다.

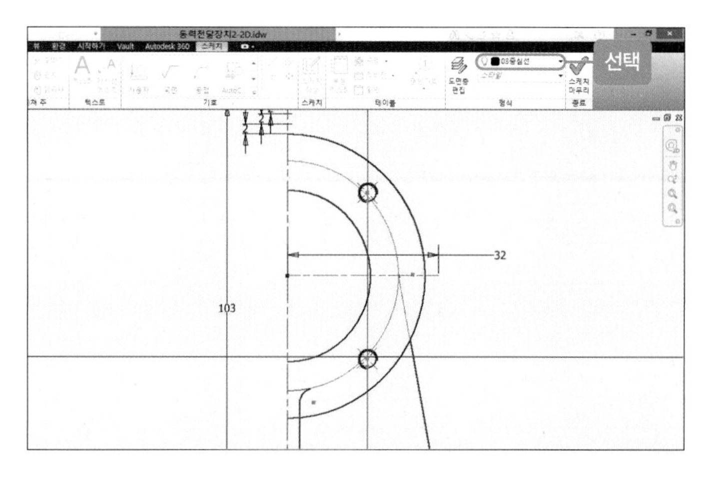

30 우측면도 가운데 있는 리브에서 모깎기된 부분을 기준으로 왼쪽에 남겨두었던 선을 클릭한 후 선 도면층을 '04 은선'으로 바꿉니다.

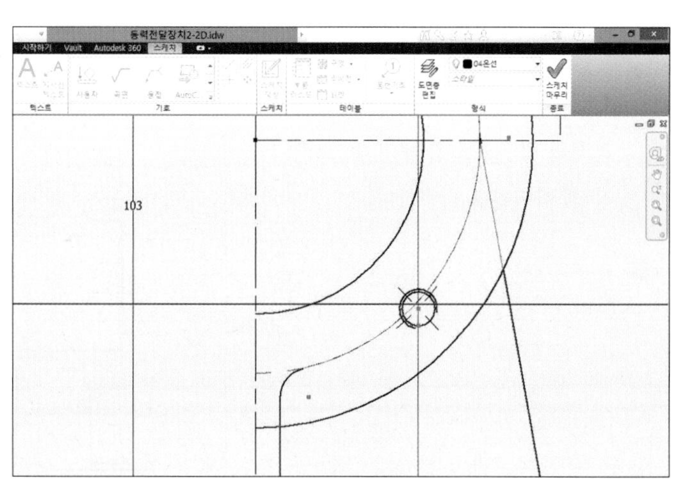

31 마우스 오른쪽 버튼을 눌러 [스케치 마무리]를 클릭합니다.

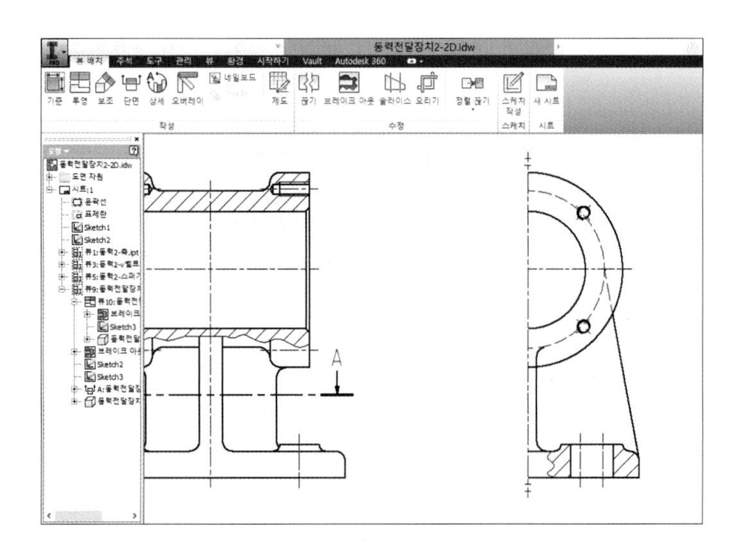

32 원통 안쪽에 있는 5mm 리브선을 클릭한 후 선 도면층을 '06 가는 실선'으로 바꿉니다.

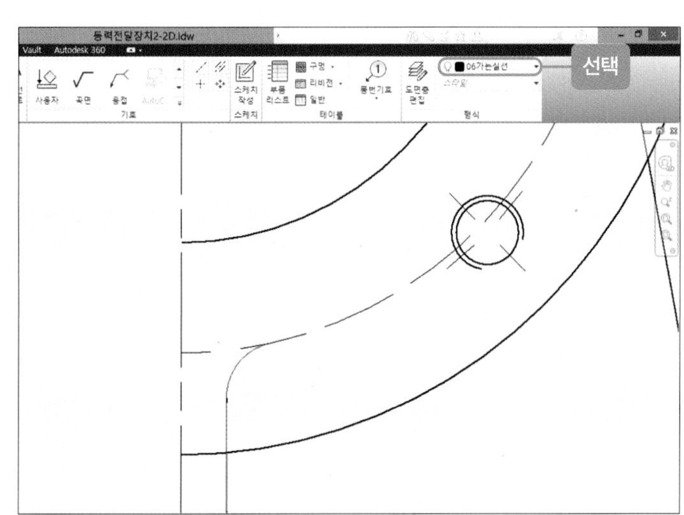

33 본체의 정면도를 클릭한 후 [스케치 작성] 아이콘을 클릭합니다.

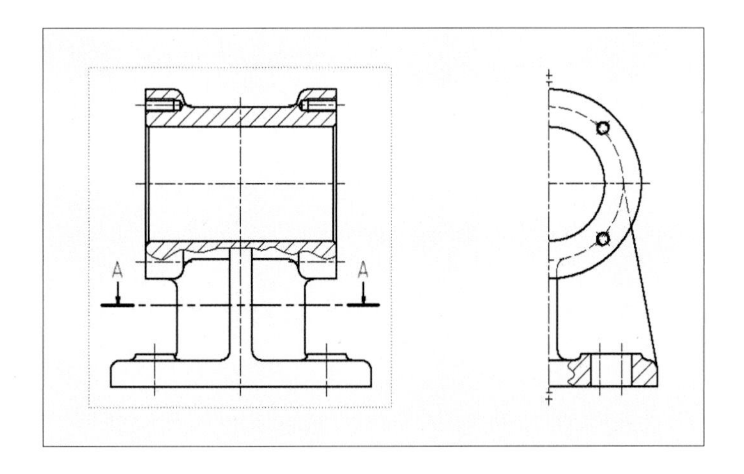

34 본체의 정면도 선을 클릭한 후 [형상투영] 아이콘을 클릭합니다.

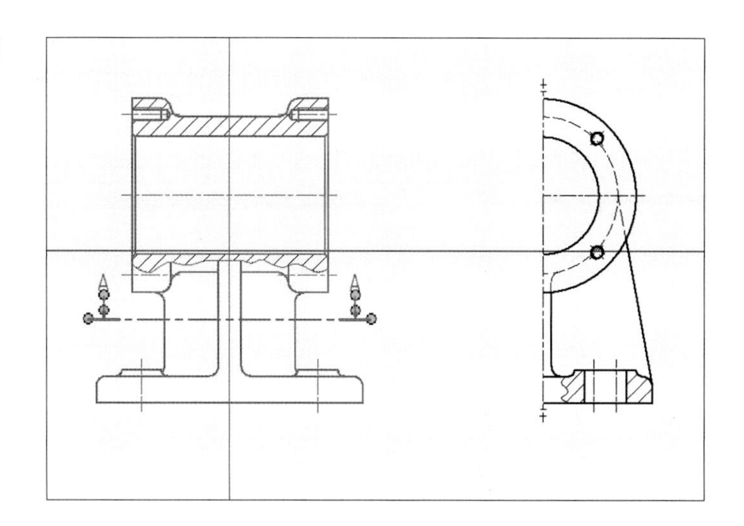

35 [선] 아이콘을 클릭한 후 바닥면과 7mm 리브가 닫는 부분에 선을 그립니다.

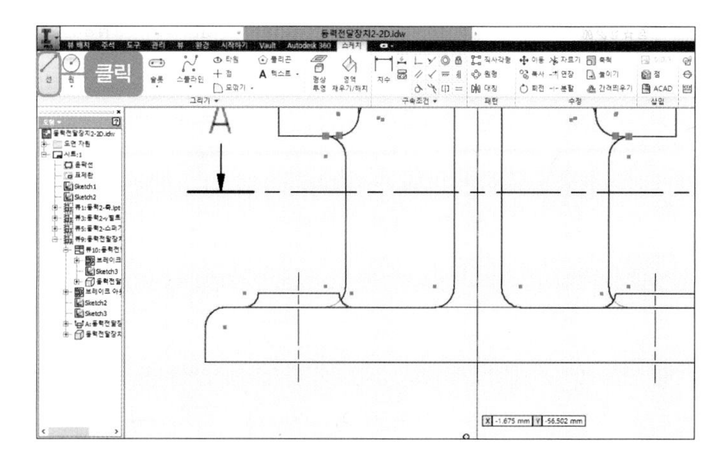

36 바닥면과 7mm 리브가 닫는 부분에 그렸던 선을 클릭한 후 선 도면층을 '02 외형선'으로 바꿉니다.

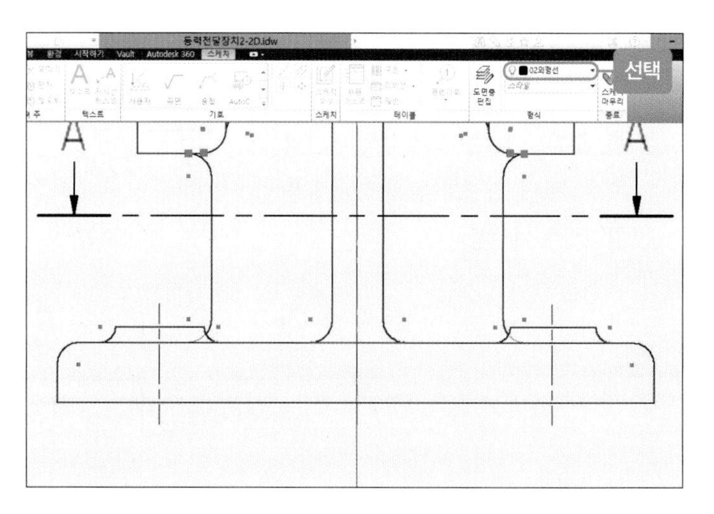

37 마우스 오른쪽 버튼을 눌러 [스케치 마무리]를 클릭합니다.

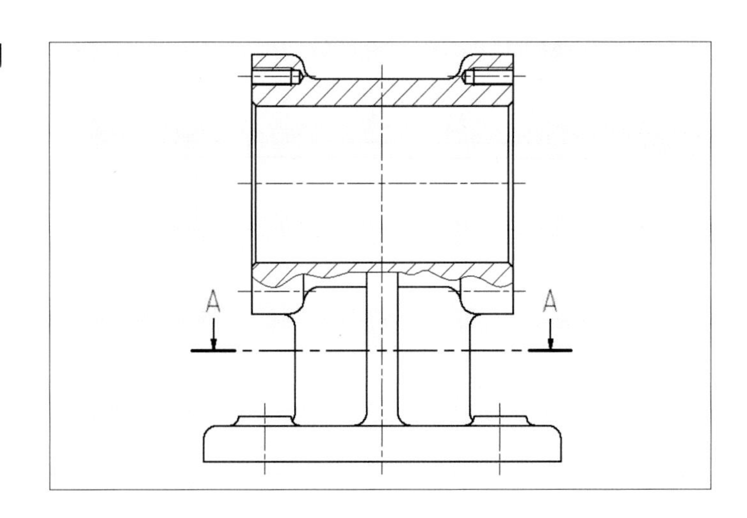

6 동력 전달 장치 2 주서 및 기타 기호 작성하기

01 축, V벨트 풀리, 스퍼기어, 커버의 치수, 형상 기호, 데이텀, 표면 거칠기 등의 기입법을 참고하여 기입합니다.

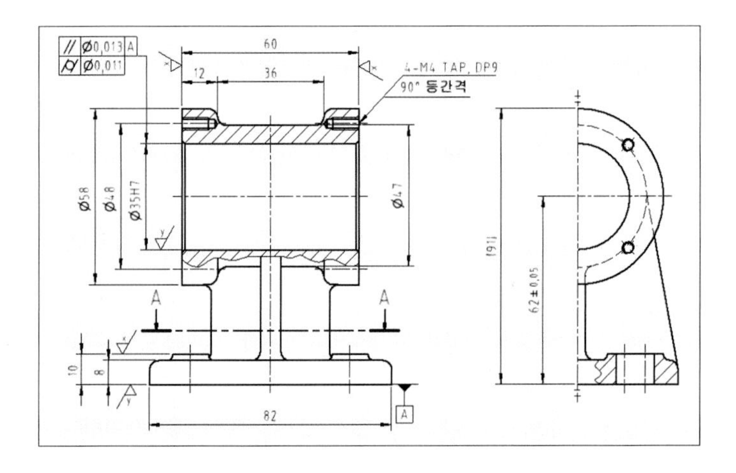

02 축, V벨트 풀리, 스퍼기어, 커버의 치수, 표면 거칠기 등의 기입법을 참고하여 기입합니다.

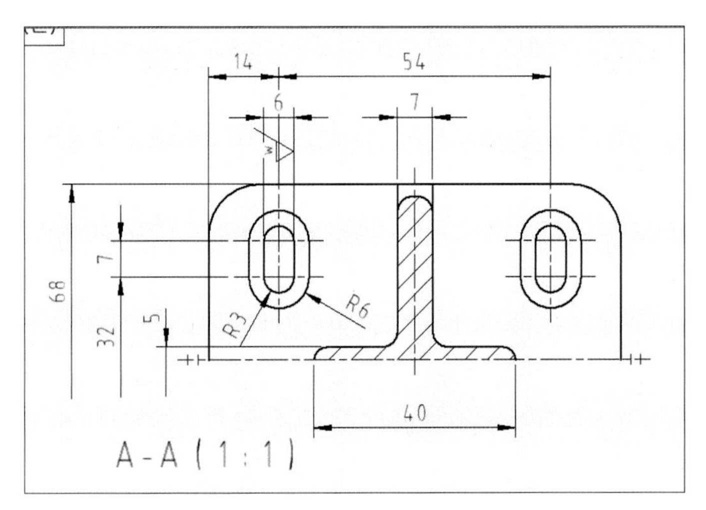

03 치수까지 기입하면 동력 전달 장치 2의 2D 도면이 90% 완성됩니다.

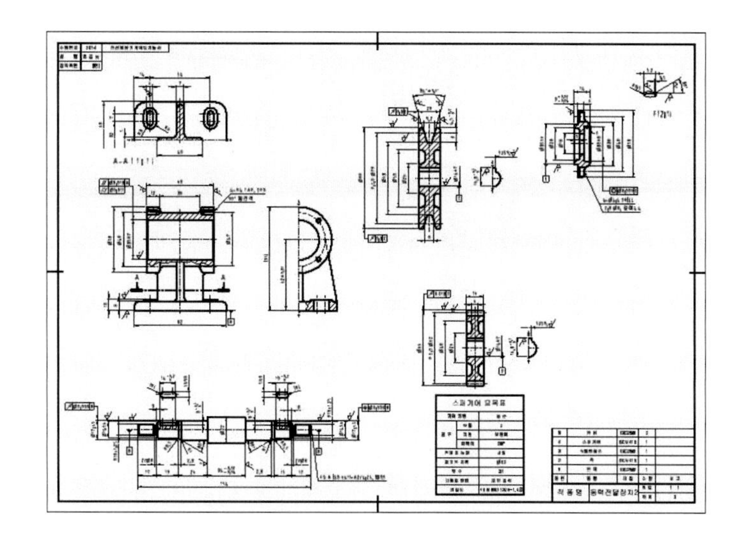

04 다음 그림의 설명문을 참고하여 품번, 전체 표면 거칠기, 주서에 들어가는 거칠기를 만듭니다.

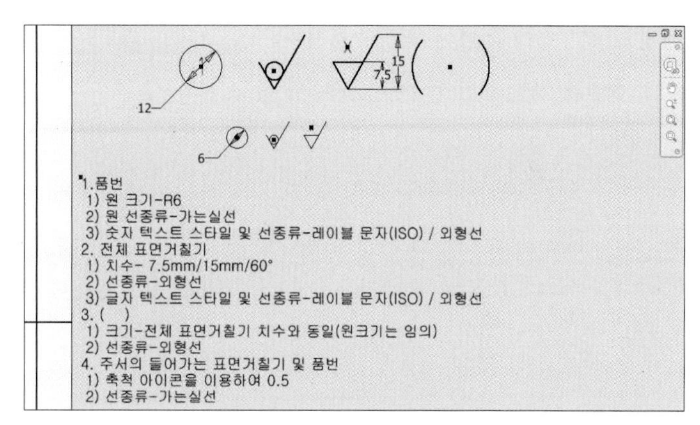

05 본체 주변에 본체의 품번과 전체 표면 거칠기를 기입합니다.

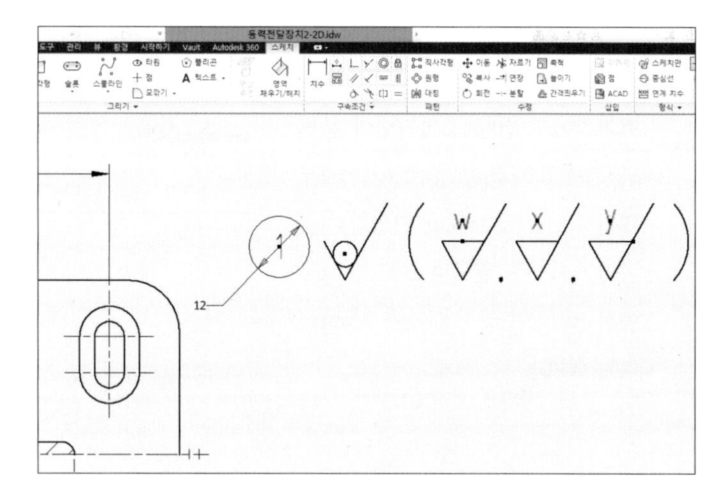

06 축 주변에 축의 품번과 전체 표면 거칠기, 주) 전체 열처리 HRC50±2를 기입합니다('주) 전체 열처리 HRC50±2'에서 R, ±2는 글자 크기가 2.5mm라는 의미).

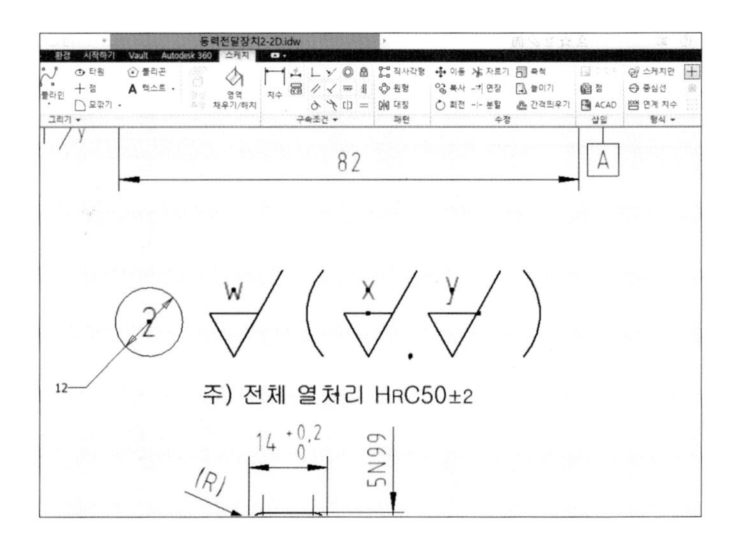

07 V벨트 풀리 주변에 V벨트 풀리의 품번과 전체 표면 거칠기를 기입합니다.

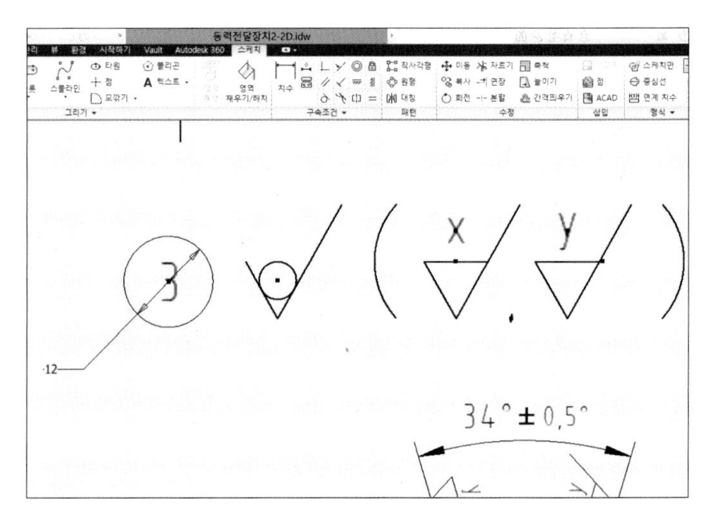

08 스퍼기어 주변에 스퍼기어의 품번과 전체 표면 거칠기, 주) 기어치부 열처리 HRC50±2를 기입합니다('주) 기어치부 열처리 HRC50±2'에서 R, ±2는 글자 크기가 2.5mm라는 의미).

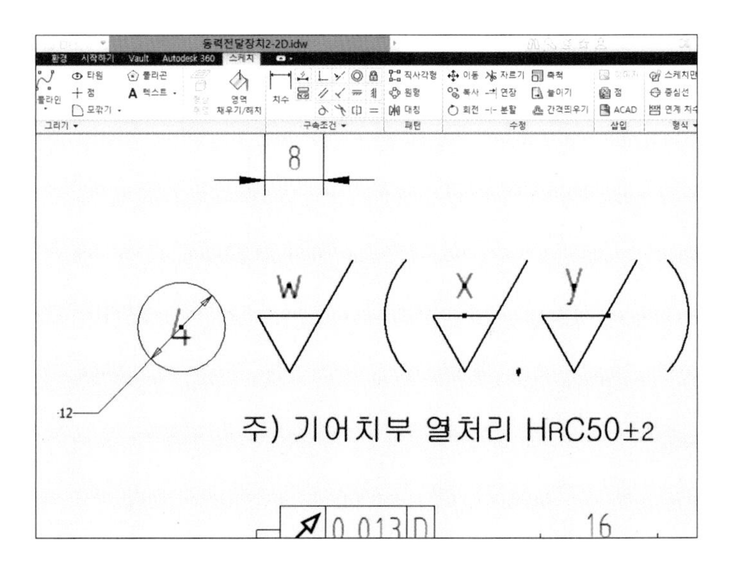

09 커버 주변에 커버의 품번과 전체 표면 거칠기를 기입합니다.

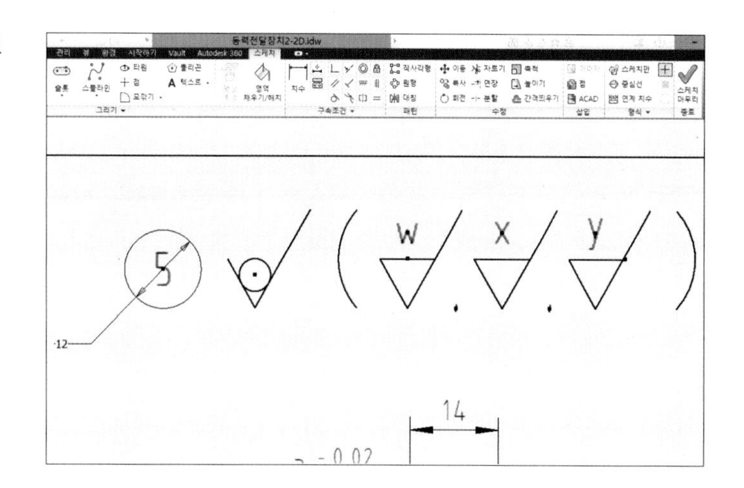

10 KS 규격집을 참고하여 주서를 작성합니다.

주 서

1. 일반공차 - 가) 가공부 : KS B ISO 2768-m
   나) 주조부 : KS B 0250-CT11
2. 도시되고 지시없는 모떼기는 1x45°,
   필렛과 라운드는 R3
3. 일반 모떼기는 0.2x45°
4. 부위 외면 명녹색 도장
   내면 광명단 도장
5. 전체 열처리 : ②
6. 표면 거칠기

11 0.5로 축소한 거칠기를 이용하여 작성합니다.

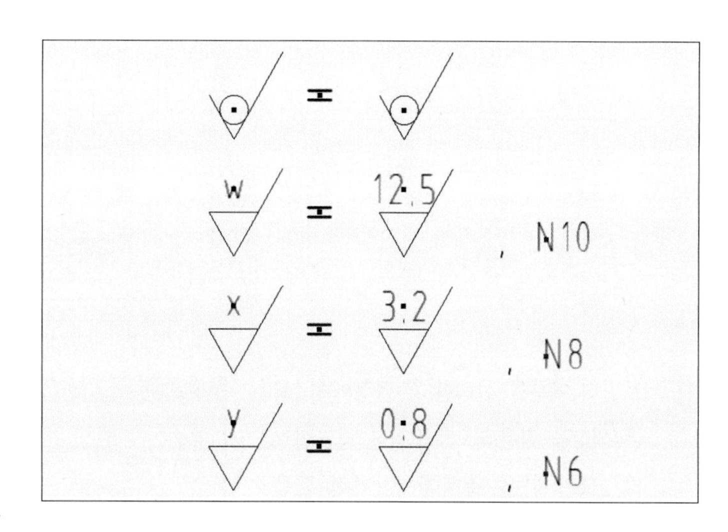

12 동력 전달 장치 2의 2D 도면이 완성됩니다.

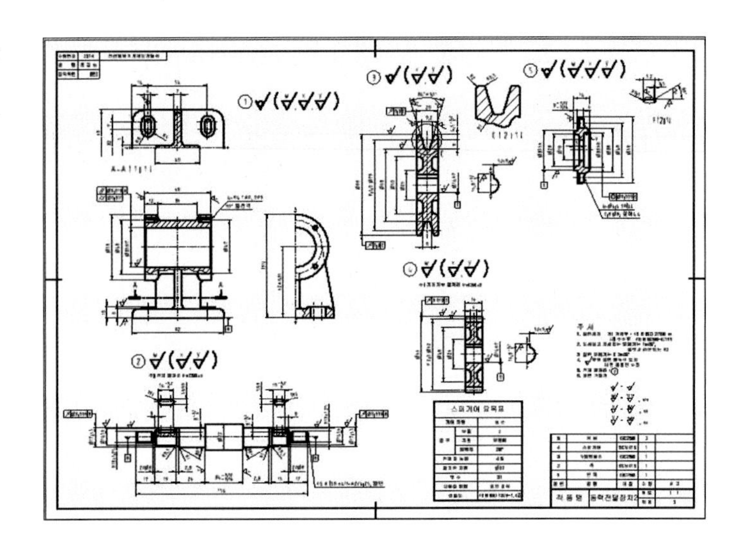

5 | 부품 상세도를 인벤터에서 출력하기

1 2D 부품 상세도 출력하기

01 [인쇄] 아이콘을 클릭합니다.

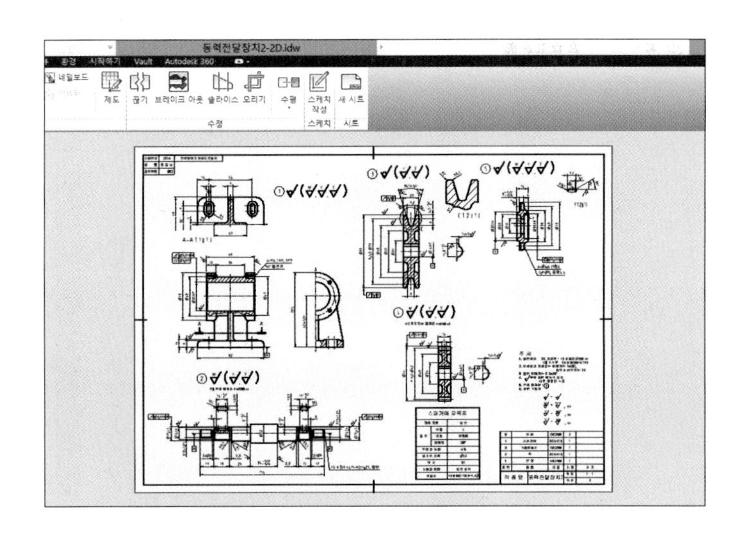

02 프린터 이름을 선택한 후 설정에서 [모든 색상을 검은색으로(K)]를 체크합니다. 그런 다음 축척에서 [최적 맞춤(B)]을 클릭하고 [미리 보기] 버튼을 클릭합니다.

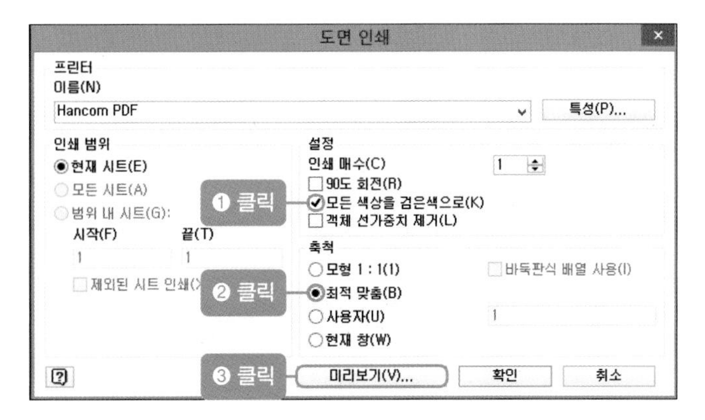

03 인쇄 미리 보기 화면이 나타납니다. 확인한 후 [인쇄]를 클릭합니다.

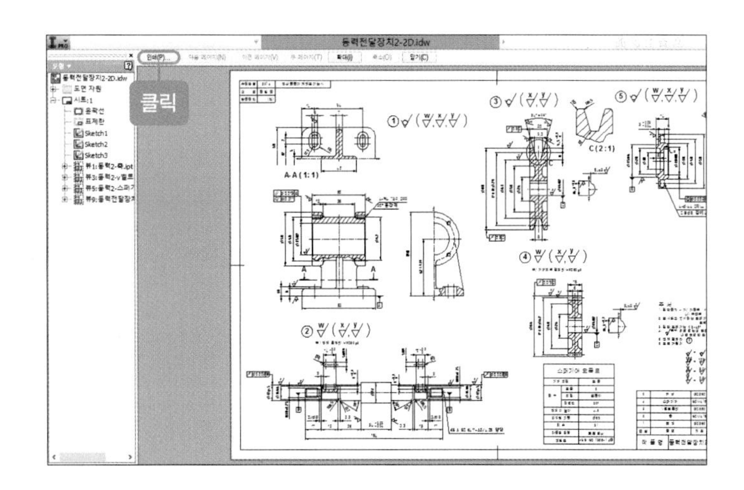

04 [확인] 버튼을 클릭합니다.

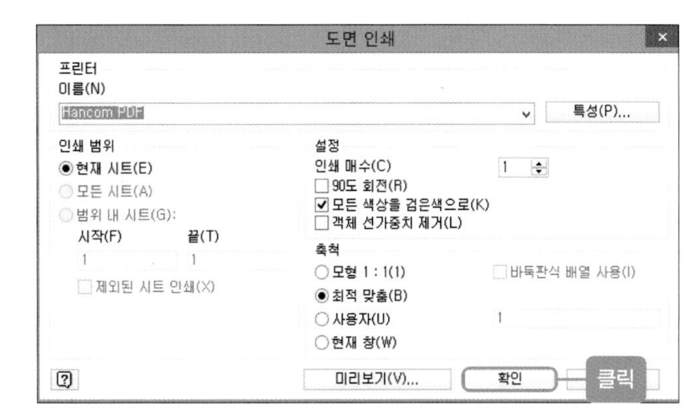

05 [파일-다른 이름으로 저장-다른 이름으로 사본 저장]을 클릭합니다(PDF 파일로 출력하는 방법입니다).

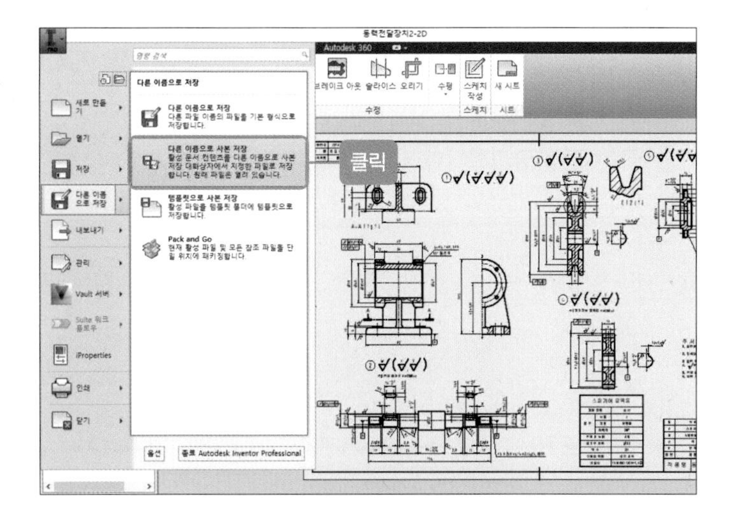

06 저장 위치를 선택한 후 파일 이름을 입력합니다. 그런 다음 파일 형식을 PDF 파일로 바꾸고 [저장] 버튼을 클릭합니다.

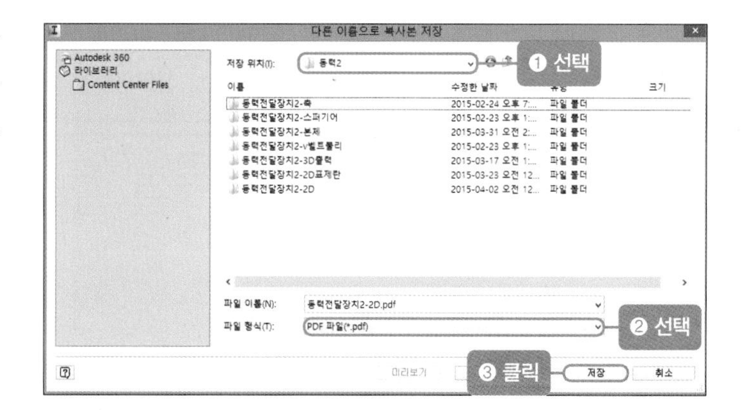

07 PDF 파일로 저장된 동력 전달 장치 2의 2D 도면을 불러온 후 [인쇄]를 누릅니다(레이어 부분의 도면 안에 들어간 선의 도면층이므로 신경 쓰지 않아도 됩니다).

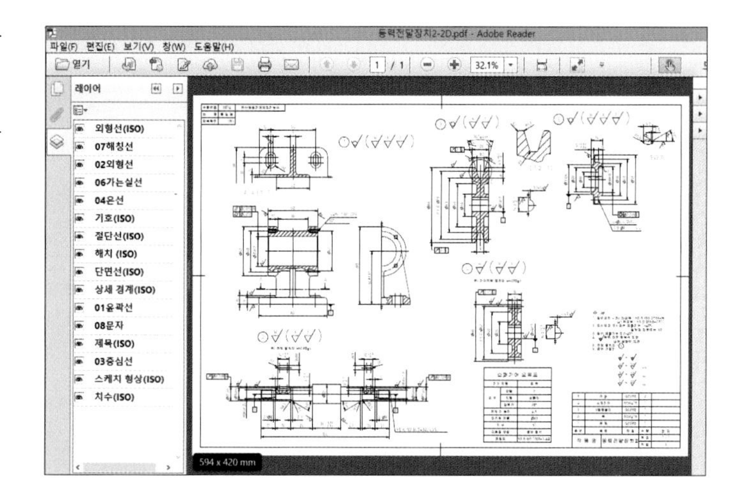

08 프린터를 선택한 후 [회색 명암(흑백)으로 인쇄(Y)]를 클릭하고 [고급] 버튼을 클릭합니다.

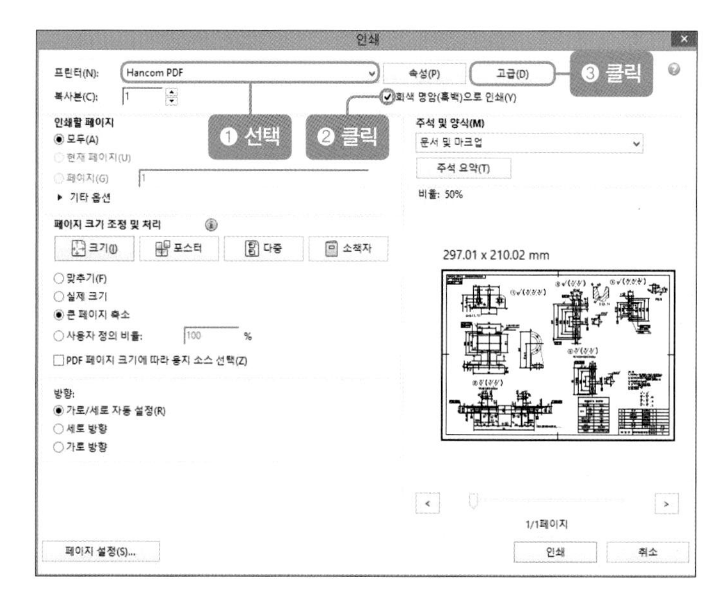

09 [고급 인쇄 설정] 대화상자에서 색상 관리 부분의 [검정 보존]을 클릭합니다.

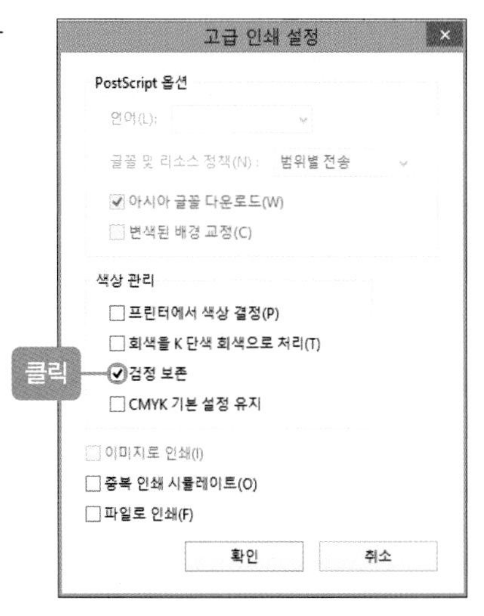

10 [크기] 버튼을 클릭한 후 맞추기나 큰 페이지 축소를 클릭합니다. 그런 다음 [가로/세로 자동 설정(R)]을 클릭하고 [페이지 설정] 버튼을 클릭합니다.

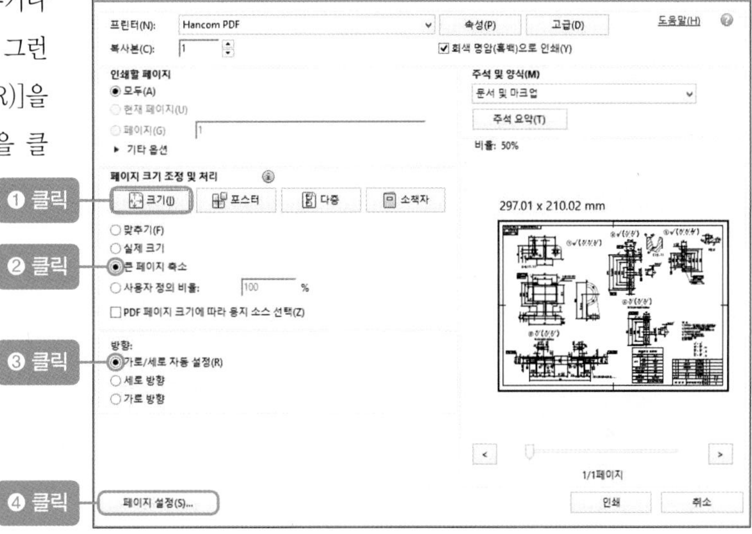

11 용지 크기를 'A3'로 선택한 후 방향을 가로로 선택하고 [확인] 버튼을 클릭합니다.

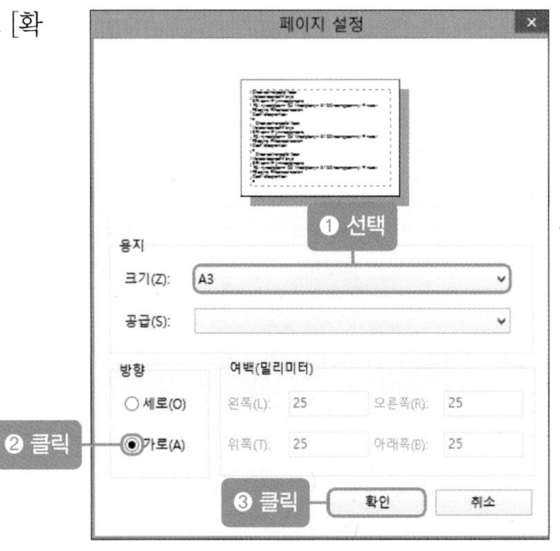

12 [인쇄] 버튼을 클릭하면 동력 전달 장치 2의 2D 도면이 출력됩니다.

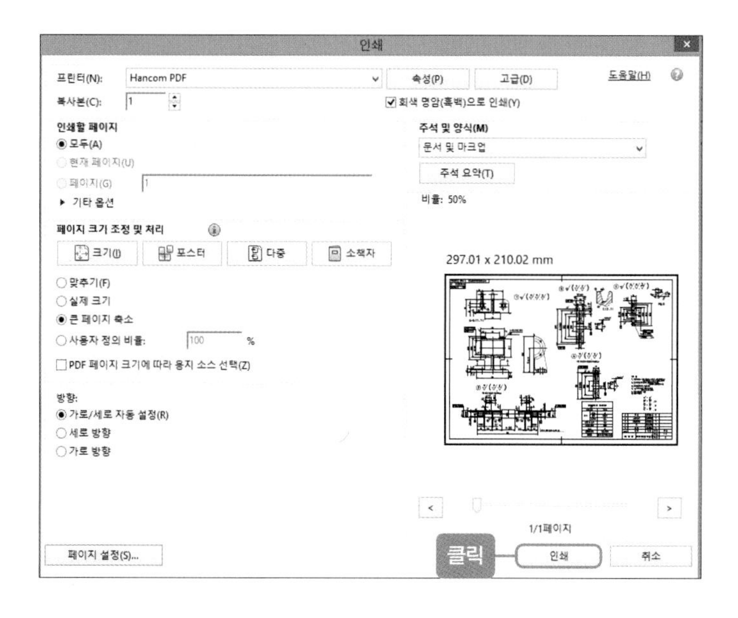

[3] 동력 전달 장치 2 부품 상세도 작성 시 필요한 공차 기입하기 (KS 규격을 적용하는 방법)

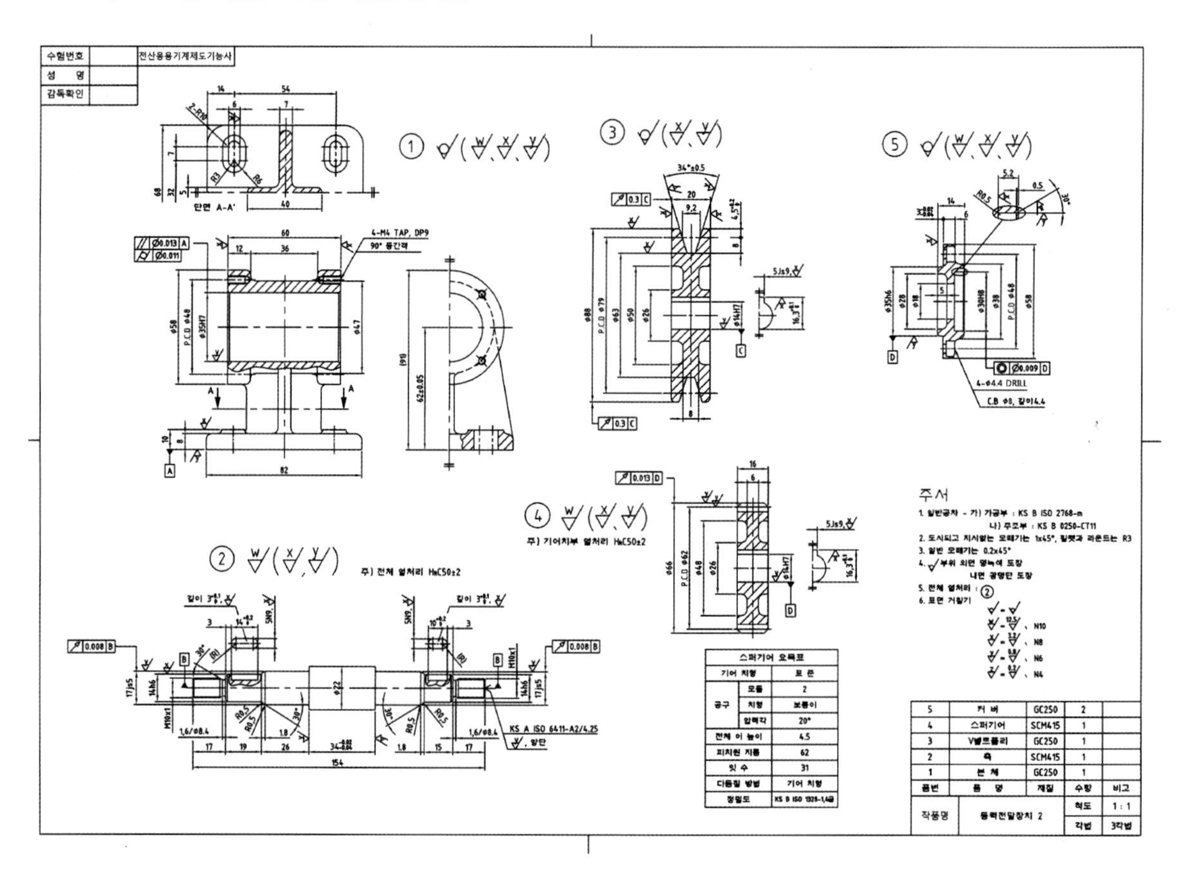

1 | 축의 제도(품번 ❷)

1 키(평행 키)홈(품번 ❷)

① 평행 키가 적용된 축의 지름(d=14mm)을 자를 사용하여 다음과 같이 측정합니다.

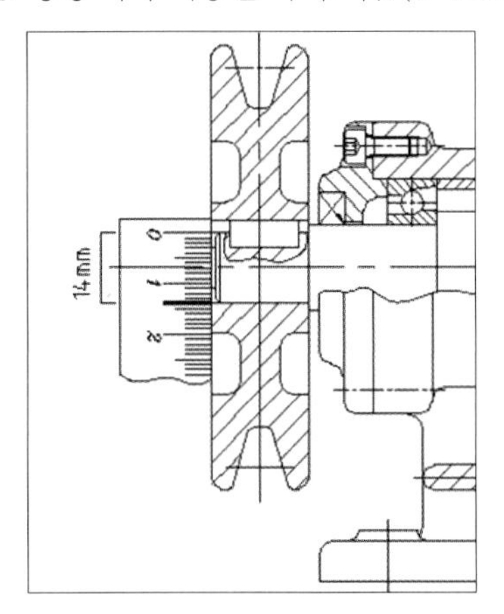

② KS 규격 '21 평행 키(키홈)'을 참조하면, 적용하는 축 지름 d가 12 초과~17 이하에 해당하므로 기준 치수(5mm) 및 허용차(보통형, N9), t1의 기준 치수(3mm) 및 허용차를 확인합니다.

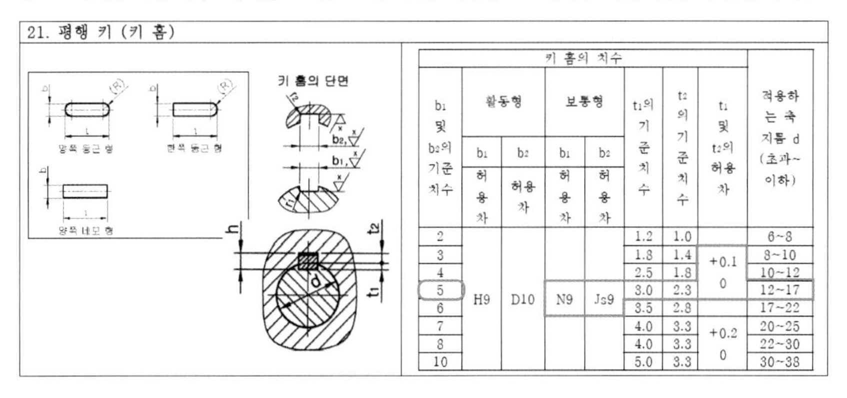
21. 평행 키 (키 홈)

b_1 및 b_2의 기준 치수	키 홈의 치수 활동형 b_1 허용차	활동형 b_2 허용차	보통형 b_1 허용차	보통형 b_2 허용차	t_1의 기준 치수	t_2의 기준 치수	t_1 및 t_2의 허용차	적용하는 축 지름 d (초과~이하)
2	H9	D10			1.2	1.0		6~8
3					1.8	1.4	+0.1 0	8~10
4					2.5	1.8		10~12
5			N9	Js9	3.0	2.3		12~17
6					3.5	2.8		17~22
7					4.0	3.3	+0.2 0	20~25
8					4.0	3.3		22~30
10					5.0	3.3		30~38

③ 다음과 같이 제도합니다(14mm는 자로 잰다).

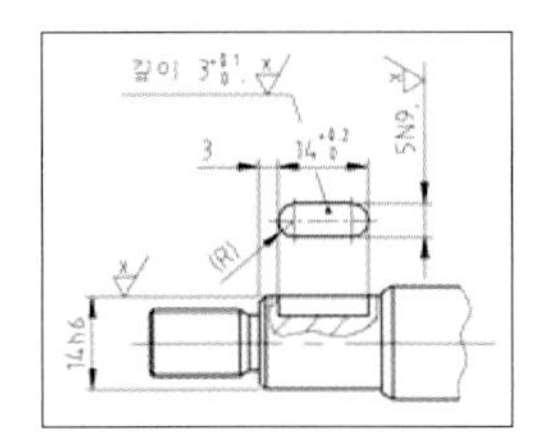

2 오일실 조립부

① 오일실이 적용된 축의 지름을 자로 측정하면 17mm임을 알 수 있고, 다른 방법으로 같은 원통에 적용된 앵귤러 볼베어링(7003A)의 안지름 번호가 '03'이므로 '17mm'임을 알 수 있습니다.

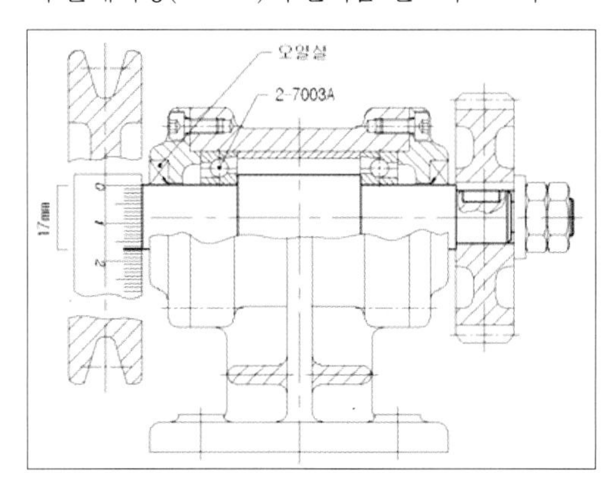

② 오일실의 폭을 자로 측정합니다(5mm).

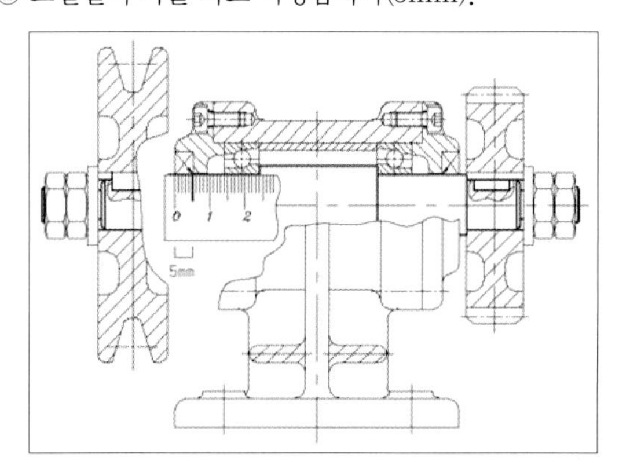

③ KS 규격 '38. 오일 실 부착 관계'를 참조하여 치수를 확인합니다.

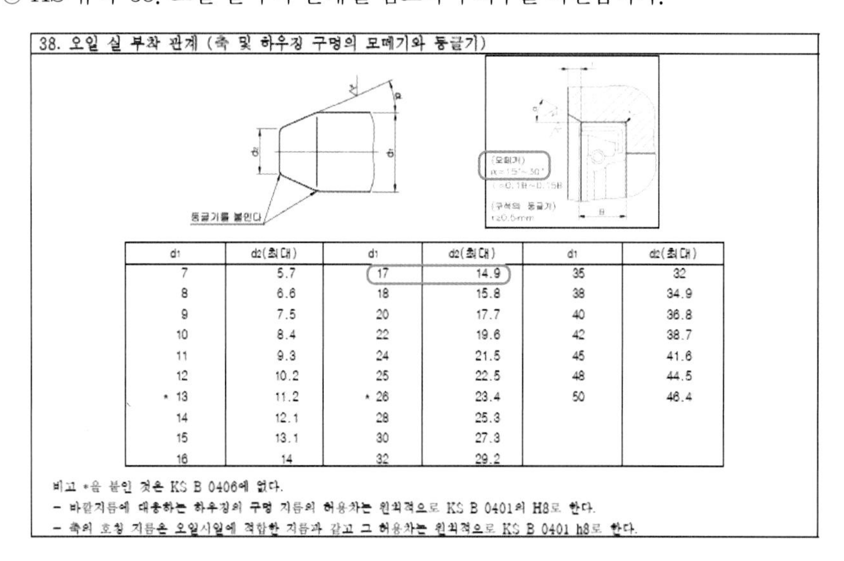

38. 오일 실 부착 관계 (축 및 하우징 구멍의 모떼기와 둥글기)

d1	d2(최대)	d1	d2(최대)	d1	d2(최대)
7	5.7	17	14.9	35	32
8	6.6	18	15.8	38	34.9
9	7.5	20	17.7	40	36.8
10	8.4	22	19.6	42	38.7
11	9.3	24	21.5	45	41.6
12	10.2	25	22.5	48	44.5
* 13	11.2	* 26	23.4	50	46.4
14	12.1	28	25.3		
15	13.1	30	27.3		
16	14	32	29.2		

비고 *을 붙인 것은 KS B 0406에 없다.
- 바깥지름에 대응하는 하우징의 구멍 지름의 허용차는 원칙적으로 KS B 0401의 H8로 한다.
- 축의 호칭 지름은 오일시일에 적합한 지름과 같고 그 허용차는 원칙적으로 KS B 0401 h8로 한다.

④ 다음과 같이 제도합니다.

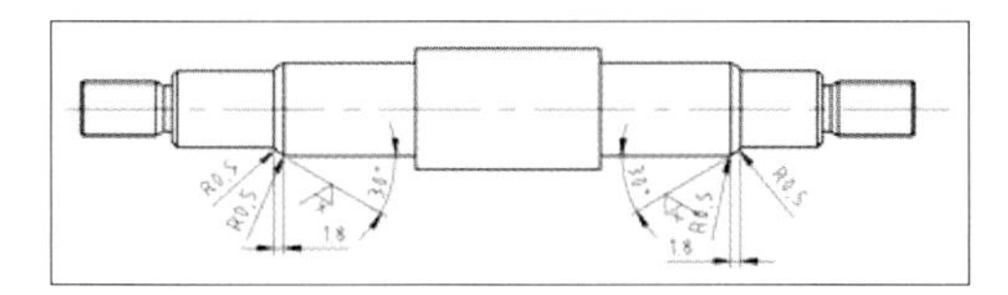

3 베어링의 끼워맞춤 공차

① 베어링의 호칭 번호 7003에서 안지름 번호가 '03'이므로 안지름은 '17mm'입니다.

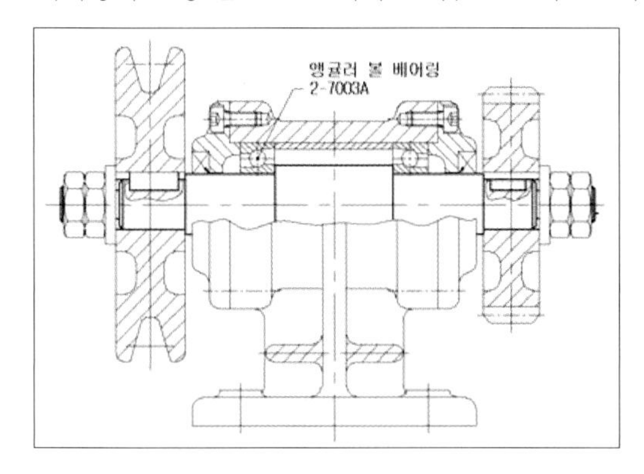

② KS 규격 '32. 베어링의 끼워맞춤 – 내륜 회전 하중 또는 부정 하중 – 볼 베어링'을 참조하면, 베어링의 안지름이 17mm일 경우 축의 지름도 같으므로 '18 이하'에 해당하며 허용차 등급은 'js5'가 됩니다.

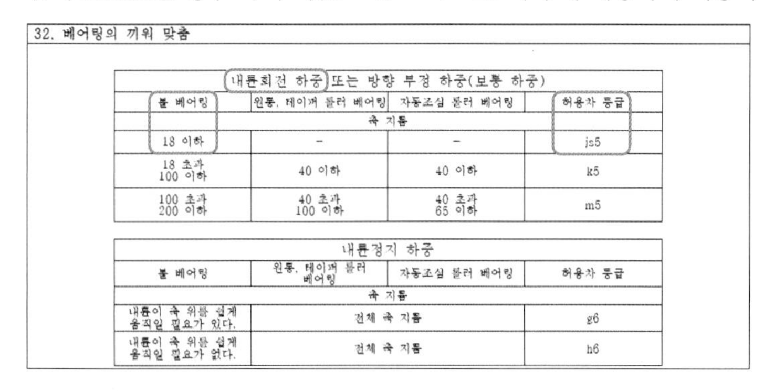

32. 베어링의 끼워 맞춤

내륜회전 하중 또는 방향 부정 하중(보통 하중)			
볼 베어링	원통, 테이퍼 롤러 베어링	자동조심 롤러 베어링	허용차 등급
축 지름			
18 이하	–	–	js5
18 초과 100 이하	40 이하	40 이하	k5
100 초과 200 이하	40 초과 100 이하	40 초과 65 이하	m5

내륜정지 하중			
볼 베어링	원통, 테이퍼 롤러 베어링	자동조심 롤러 베어링	허용차 등급
축 지름			
내륜이 축 위를 쉽게 움직일 필요가 있다.	전체 축 지름		g6
내륜이 축 위를 쉽게 움직일 필요가 없다.	전체 축 지름		h6

③ 다음과 같이 제도합니다.

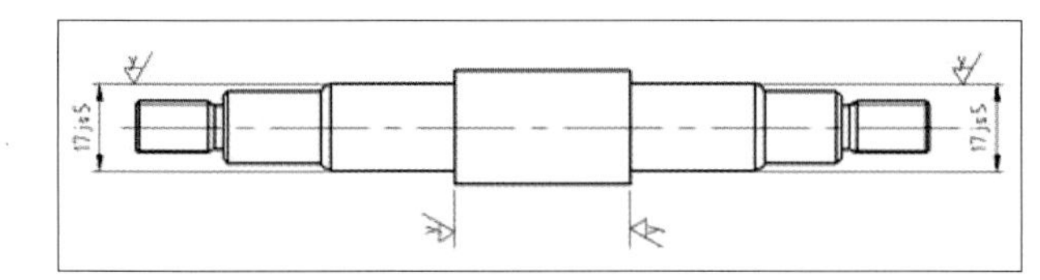

4 베어링 구석 홈 부 둥글기

① 베어링의 호칭 번호가 7003A이므로 KS 규격 '24. 앵귤러 볼 베어링'에서 베어링의 내 · 외륜의 모깎기 치수가 r=0.3임을 확인합니다.

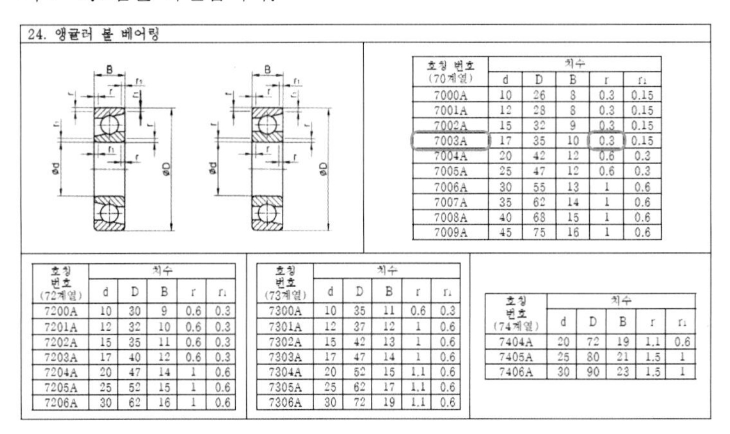

24. 앵귤러 볼 베어링

호칭 번호 (70계열)	치수 d	D	B	r	r_1
7000A	10	26	8	0.3	0.15
7001A	12	28	8	0.3	0.15
7002A	15	32	9	0.3	0.15
7003A	17	35	10	0.3	0.15
7004A	20	42	12	0.6	0.3
7005A	25	47	12	0.6	0.3
7006A	30	55	13	1	0.6
7007A	35	62	14	1	0.6
7008A	40	68	15	1	0.6
7009A	45	75	16	1	0.6

호칭 번호 (72계열)	치수 d	D	B	r	r_1
7200A	10	30	9	0.6	0.3
7201A	12	32	10	0.6	0.3
7202A	15	35	11	0.6	0.3
7203A	17	40	12	0.6	0.3
7204A	20	47	14	1	0.6
7205A	25	52	15	1	0.6
7206A	30	62	16	1	0.6

호칭 번호 (73계열)	치수 d	D	B	r	r_1
7300A	10	35	11	0.6	0.3
7301A	12	37	12	1	0.6
7302A	15	42	13	1	0.6
7303A	17	47	14	1	0.6
7304A	20	52	15	1.1	0.6
7305A	25	62	17	1.1	0.6
7306A	30	72	19	1.1	0.6

호칭 번호 (74계열)	치수 d	D	B	r	r_1
7404A	20	72	19	1.1	0.6
7405A	25	80	21	1.5	1
7406A	30	90	23	1.5	1

② KS 규격 '31. 베어링 구석 홈 부 둥글기'에서 베어링의 모깎기 치수(r 또는 r1)가 r=0.3이므로 축의 홈부 둥글기는 '0.3'입니다.

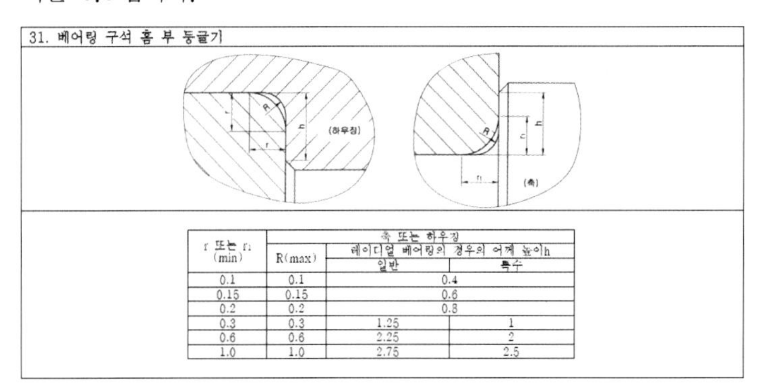

31. 베어링 구석 홈 부 둥글기

r 또는 r_1 (min)	축 또는 하우징 R(max)	레이디얼 베어링의 경우의 어깨 높이h 일반	특수
0.1	0.1	0.4	
0.15	0.15	0.6	
0.2	0.2	0.8	
0.3	0.3	1.25	1
0.6	0.6	2.25	2
1.0	1.0	2.75	2.5

③ 다음과 같이 제도합니다.

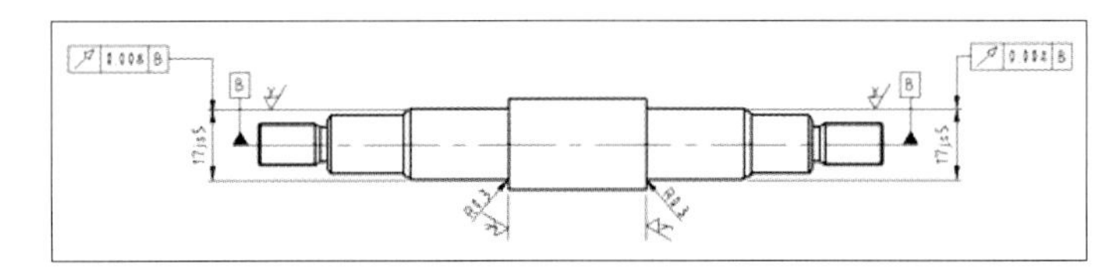

5 흔들림 공차

① 베어링 조립부는 베어링의 내륜과 접촉하여 고속으로 회전하는 부분으로, 흔들림이 있을 경우 진동과 소음이 발생하여 베어링의 수명이 단축될 수 있으므로 흔들림 공차를 반드시 적용해야 합니다.

② 베어링 조립부의 지름이 17mm이므로 KS 규격 '3. IT 공차'를 참조하는데, 앞에서 베어링의 끼워맞춤 허용차 등급이 5등급이었으므로, 같은 IT 5급인 8㎛(0.008mm)를 적용합니다.

3. IT 공차 단위 : ㎛

치수 등급 초과	이하	IT4 4급	IT5 5급	IT6 6급	IT7 7급
-	3	3	4	6	10
3	6	4	5	8	12
6	10	4	6	9	15
10	18	5	8	11	18
18	30	6	9	13	21
30	50	7	11	16	25
50	80	8	13	19	30
80	120	10	15	22	35
120	180	12	18	25	40
180	250	14	20	29	46
250	315	16	23	32	52
315	400	18	25	36	57
400	500	20	27	40	63

③ 다음과 같이 제도합니다.

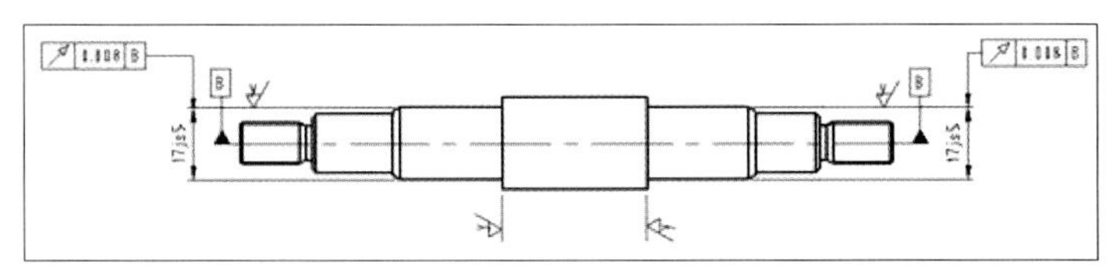

6 양끝 센터

① KS 규격 '47. 센터 구멍'에서 A형, 호칭 지름 d=2, D=4.25를 확인합니다.

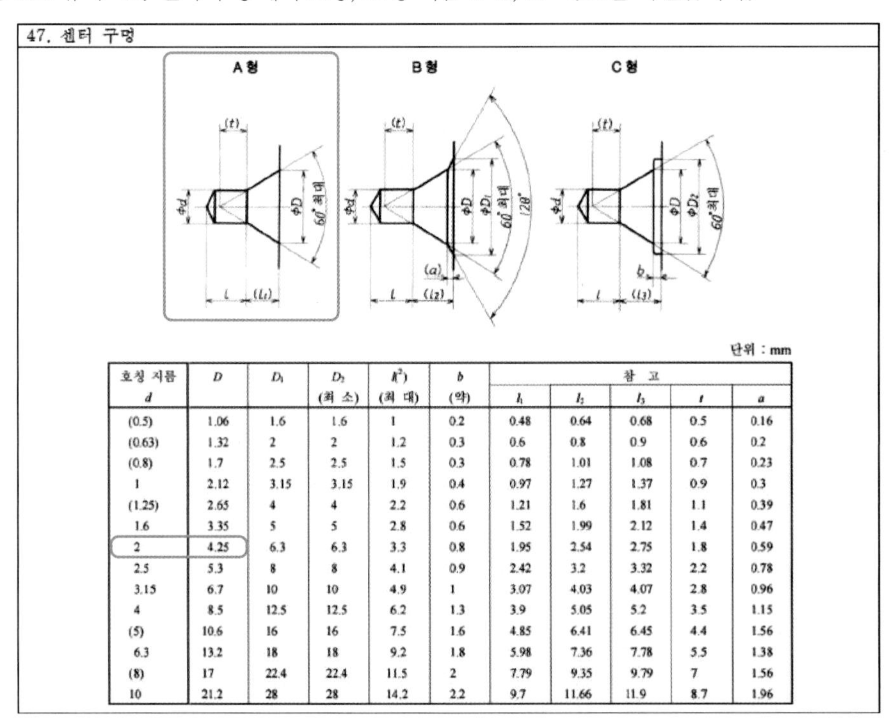

47. 센터 구멍

단위 : mm

호칭 지름 d	D	D_1	D_2 (최 소)	$l^{(2)}$ (최 대)	b (약)	참고 l_1	l_2	l_3	t	a
(0.5)	1.06	1.6	1.6	1	0.2	0.48	0.64	0.68	0.5	0.16
(0.63)	1.32	2	2	1.2	0.3	0.6	0.8	0.9	0.6	0.2
(0.8)	1.7	2.5	2.5	1.5	0.3	0.78	1.01	1.08	0.7	0.23
1	2.12	3.15	3.15	1.9	0.4	0.97	1.27	1.37	0.9	0.3
(1.25)	2.65	4	4	2.2	0.6	1.21	1.6	1.81	1.1	0.39
1.6	3.35	5	5	2.8	0.6	1.52	1.99	2.12	1.4	0.47
2	4.25	6.3	6.3	3.3	0.8	1.95	2.54	2.75	1.8	0.59
2.5	5.3	8	8	4.1	0.9	2.42	3.2	3.32	2.2	0.78
3.15	6.7	10	10	4.9	1	3.07	4.03	4.07	2.8	0.96
4	8.5	12.5	12.5	6.2	1.3	3.9	5.05	5.2	3.5	1.15
(5)	10.6	16	16	7.5	1.6	4.85	6.41	6.45	4.4	1.56
6.3	13.2	18	18	9.2	1.8	5.98	7.36	7.78	5.5	1.38
(8)	17	22.4	22.4	11.5	2	7.79	9.35	9.79	7	1.56
10	21.2	28	28	14.2	2.2	9.7	11.66	11.9	8.7	1.96

② KS 규격 '48. 센터 구멍의 표시 방법'을 숙지합니다.

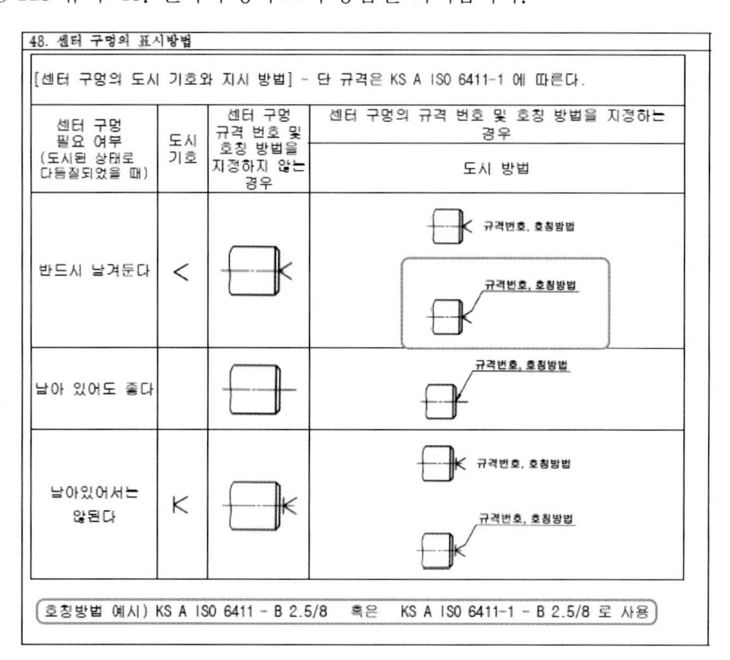

48. 센터 구멍의 표시방법

[센터 구멍의 도시 기호와 지시 방법] - 단 규격은 KS A ISO 6411-1 에 따른다.

센터 구멍 필요 여부 (도시된 상태로 다듬질되었을 때)	도시 기호	센터 구멍 규격 번호 및 호칭 방법을 지정하지 않는 경우	센터 구멍의 규격 번호 및 호칭 방법을 지정하는 경우 – 도시 방법
반드시 남겨둔다	<		규격번호, 호칭방법 규격번호, 호칭방법
남아 있어도 좋다			규격번호, 호칭방법
남아있어서는 안된다	K		규격번호, 호칭방법 규격번호, 호칭방법

(호칭방법 예시) KS A ISO 6411 - B 2.5/8 혹은 KS A ISO 6411-1 - B 2.5/8 로 사용)

③ 다음과 같이 제도합니다.

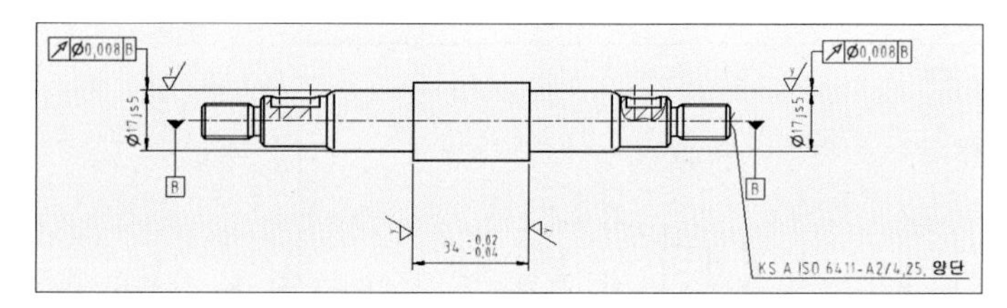

2 | 스퍼기어 제도(품번 ❹)

1 요목표

① KS 규격 '49. 요목표' 중에서 스퍼기어 요목표를 참고하여 요목표를 그립니다.

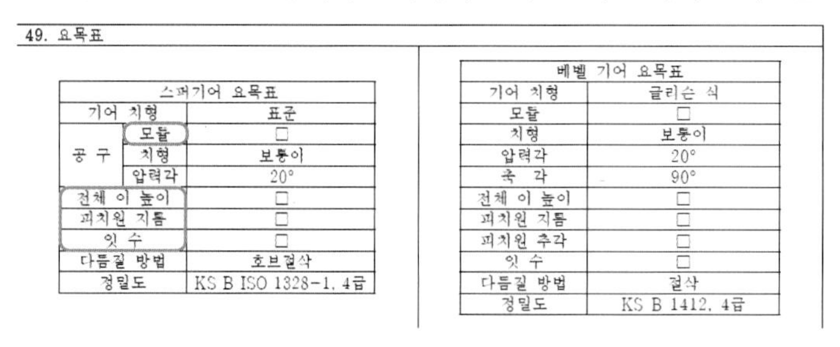

49. 요목표

스퍼기어 요목표		
기어 치형		표준
공 구	모듈	□
	치형	보통이
	압력각	20°
전체 이 높이		□
피치원 지름		□
잇 수		□
다듬질 방법		호브절삭
정밀도		KS B ISO 1328-1, 4급

베벨 기어 요목표	
기어 치형	글리슨 식
모듈	□
치형	보통이
압력각	20°
축 각	90°
전체 이 높이	□
피치원 지름	□
피치원 추각	□
잇 수	□
다듬질 방법	절삭
정밀도	KS B 1412, 4급

② 요목표 중에서 M(모듈)과 Z(잇수)는 다음 그림과 같이 문제지에서 주어지므로 그대로 옮겨 적습니다. 그리고 피치원 지름 D=M(모듈)×Z(잇수)=2×31=62mm입니다.

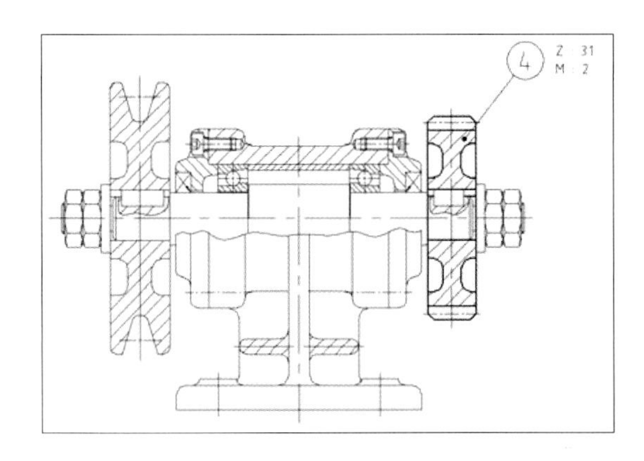

③ 전체 이 높이는 다음 그림과 같이 2.25M=2.25×2=4.5mm입니다.

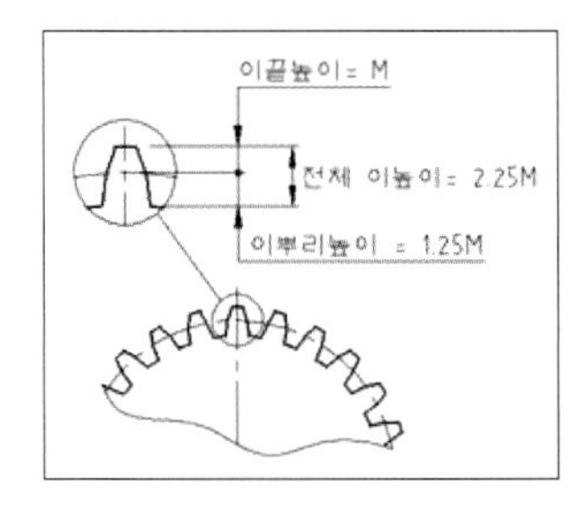

④ 다음과 같이 요목표를 채워 넣습니다.

스퍼기어 요목표		
기어 치형		표 준
공구	모듈	2
	치형	보통이
	압력각	20°
전체 이 높이		4.5
피치원 지름		62
잇 수		31
다듬질 방법		기어 치형
정밀도		KS B ISO 1328-1,4급

2 이끝원 지름

다음 그림과 같이 이끝원 지름=피치원 지름(D)+2M=62+4=φ66이 되므로 다음 그림의 오른쪽과 같이 제도합니다.

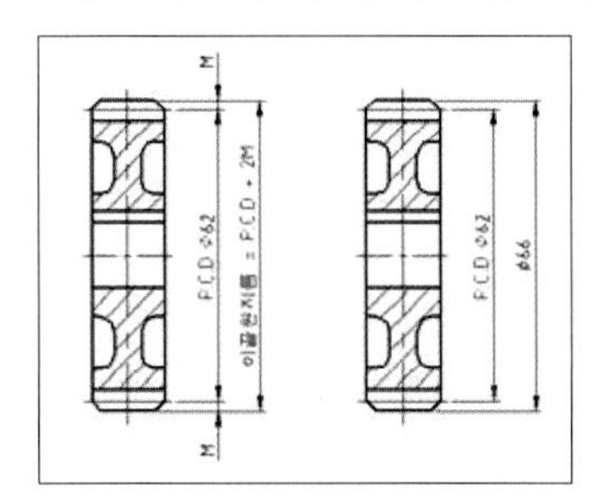

3 흔들림 공차

① 기어는 구동 기어의 이가 회전함에 따라 종동 기어의 이 홈에 들어가 치면을 눌러 회전을 전하는 기계 요소로, 이끝원 지름에 흔들림 공차를 적용해야 합니다.

② 앞에서 계산한 이끝원 지름이 φ66이므로, IT 5급을 적용하면 '0.013mm(13㎛)'입니다.

3. IT 공차 단위 : ㎛

치수 초과	등급 이하	IT4 4급	IT5 5급	IT6 6급	IT7 7급
-	3	3	4	6	10
3	6	4	5	8	12
6	10	4	6	9	15
10	18	5	8	11	18
18	30	6	9	13	21
30	50	7	11	16	25
50	80	8	13	19	30
80	120	10	15	22	35
120	180	12	18	25	40
180	250	14	20	29	46
250	315	16	23	32	52
315	400	18	25	36	57
400	500	20	27	40	63

③ 다음과 같이 제도합니다.

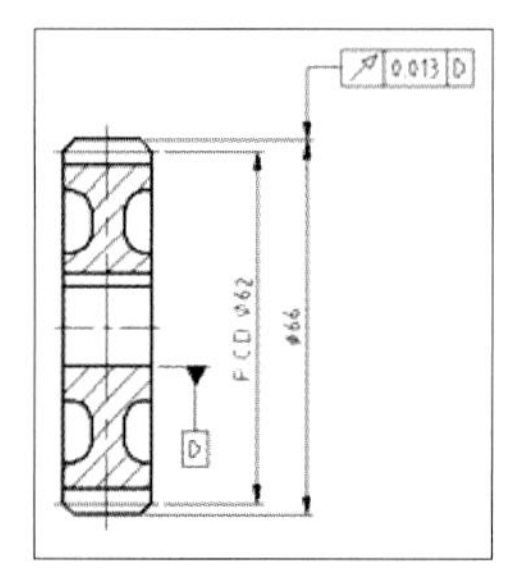

4 평행 키홈

① 다음 그림과 같이 평행 키홈이 적용된 축의 지름은 '14mm'입니다.

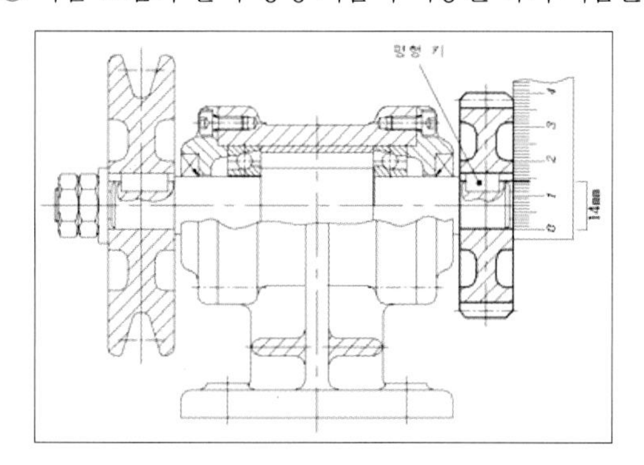

② KS 규격 '21 평행 키(키홈)'에서 해당 부분의 규격을 확인합니다.

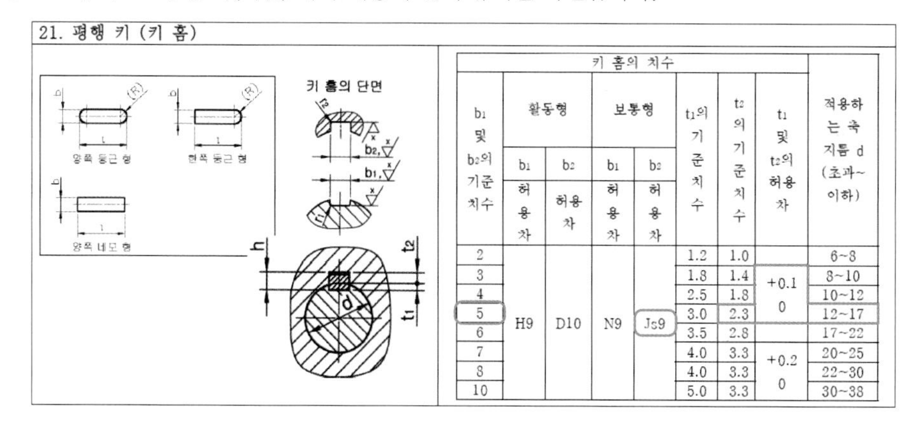

21. 평행 키 (키 홈)

키 홈의 치수								
b_1 및 b_2의 기준치수	활동형		보통형		t_1의 기준치수	t_2의 기준치수	t_1 및 t_2의 허용차	적용하는 축지름 d (초과~이하)
	b_1 허용차	b_2 허용차	b_1 허용차	b_2 허용차				
2	H9	D10	N9	Js9	1.2	1.0		6~8
3					1.8	1.4	+0.1 0	8~10
4					2.5	1.8		10~12
5					3.0	2.3		12~17
6					3.5	2.8		17~22
7					4.0	3.3	+0.2 0	20~25
8					4.0	3.3		22~30
10					5.0	3.3		30~38

③ 다음과 같이 제도합니다.

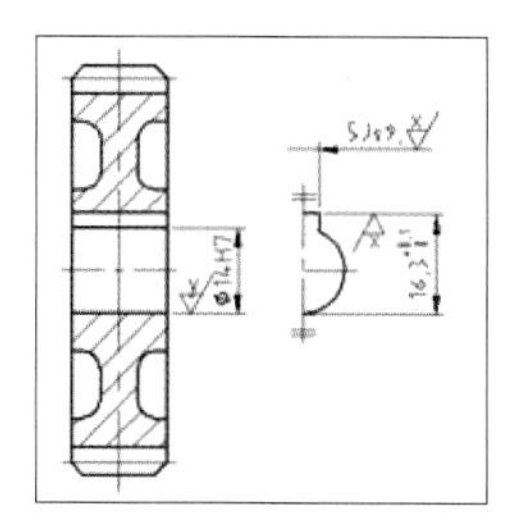

3 | 벨트 풀리 제도

① V벨트 풀리의 홈

- 문제지에서 V벨트 풀리의 형별(A형)을 확인한 후 호칭 지름(79mm)을 자로 측정합니다.

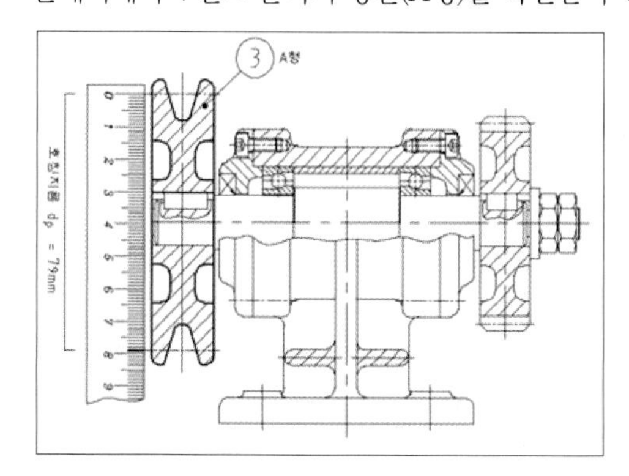

- KS 규격 '40. V벨트 풀리'에서 V벨트 풀리 홈을 그리기 위한 치수들을 확인합니다.

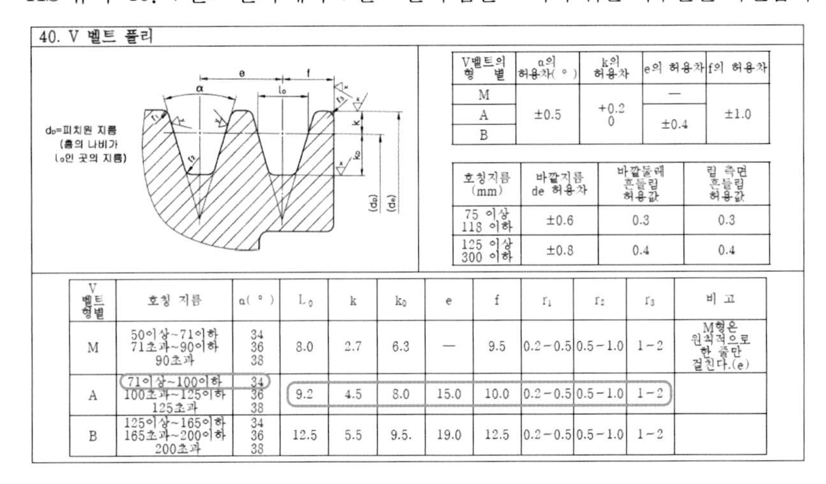

40. V 벨트 풀리

V벨트의 형별	α의 허용차(°)	k의 허용차	e의 허용차	f의 허용차
M	±0.5	+0.2 0	—	±1.0
A			±0.4	
B				

호칭지름 (mm)	바깥지름 de 허용차	바깥둘레 흔들림 허용값	림 측면 흔들림 허용값
75 이상 118 이하	±0.6	0.3	0.3
125 이상 300 이하	±0.8	0.4	0.4

V벨트 형별	호칭 지름	α(°)	l_0	k	k_0	e	f	r_1	r_2	r_3	비 고
M	50이상~71이하 71초과~90이하 90초과	34 36 38	8.0	2.7	6.3	—	9.5	0.2-0.5	0.5-1.0	1-2	M형은 원칙적으로 한 줄만 걸친다.(e)
A	71이상~100이하 100초과~125이하 125초과	34 36 38	9.2	4.5	8.0	15.0	10.0	0.2-0.5	0.5-1.0	1-2	
B	125이상~165이하 165초과~200이하 200초과	34 36 38	12.5	5.5	9.5.	19.0	12.5	0.2-0.5	0.5-1.0	1-2	

- 다음과 같이 제도 후 치수 기입을 합니다.

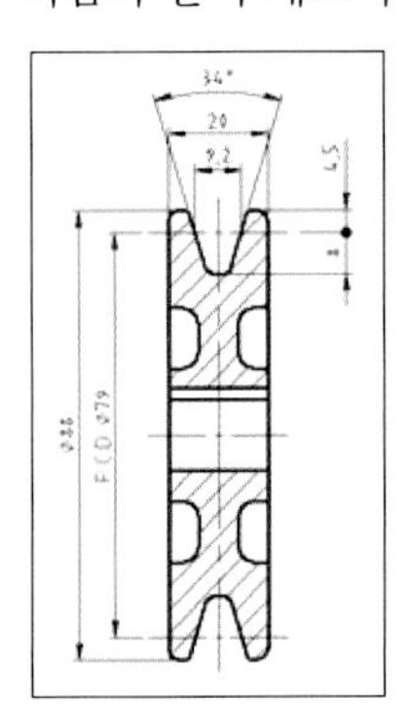

- KS 규격 '40. V벨트 풀리'에서 허용차를 확인한 후 최종 치수 허용차와 표면 거칠기를 기입합니다.

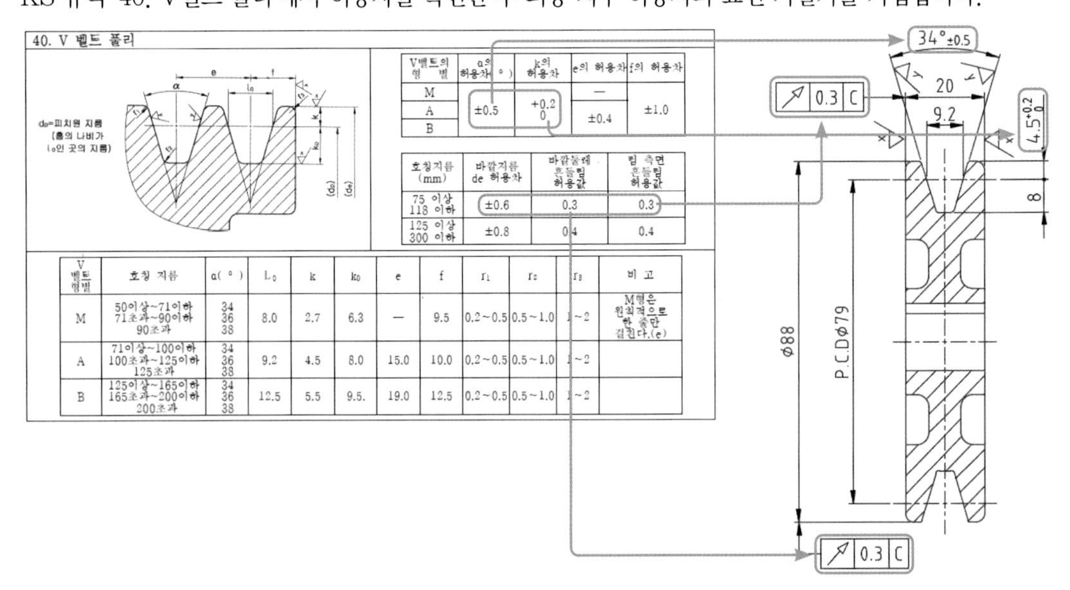

② 평행 키홈

- 다음 그림과 같이 평행 키홈이 적용된 축의 지름은 '14mm'입니다.

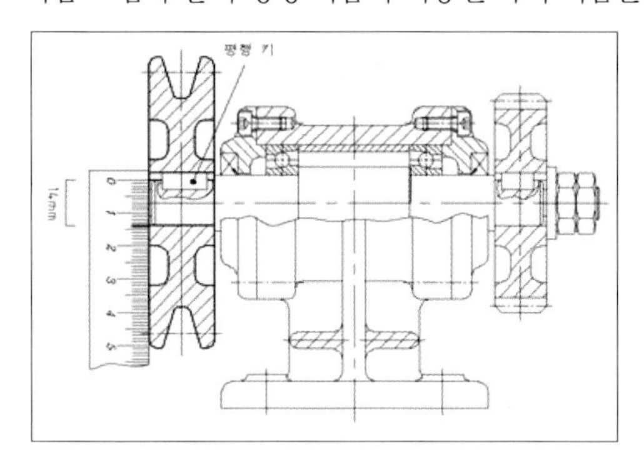

- KS 규격 '21 평행 키(키홈)'에서 해당 부분의 치수를 확인합니다.

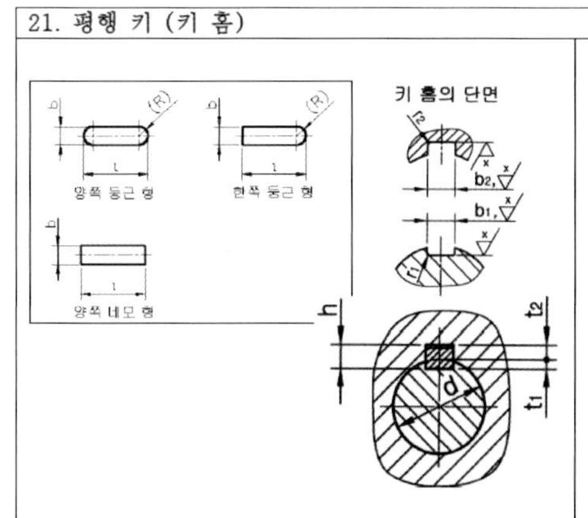
21. 평행 키 (키 홈)

키 홈의 치수								적용하는 축 지름 d (초과~이하)
b_1 및 b_2의 기준 치수	활동형		보통형		t_1의 기준 치수	t_2의 기준 치수	t_1 및 t_2의 허용차	
	b_1 허용차	b_2 허용차	b_1 허용차	b_2 허용차				
2	H9	D10	N9	Js9	1.2	1.0		6~8
3					1.8	1.4	+0.1 0	8~10
4					2.5	1.8		10~12
5					3.0	2.3		12~17
6					3.5	2.8		17~22
7					4.0	3.3	+0.2 0	20~25
8					4.0	3.3		22~30
10					5.0	3.3		30~38

- 다음과 같이 제도합니다.

※ $16.3^{+0.1}_{0} = 14 + 2.3^{+0.1}_{0}$

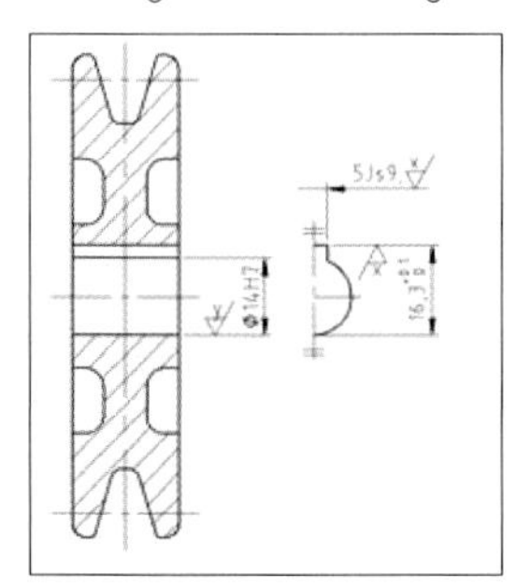

4 | 본체 제도

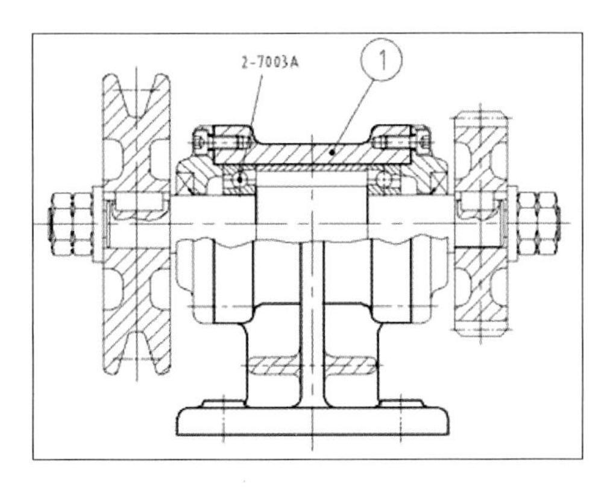

① 베어링 끼워맞춤 공차 적용하기

- 하우징 구멍 안쪽에 조립된 앵귤러 볼 베어링의 호칭 번호가 '7003A'이므로 KS 규격 '24. 앵귤러 볼 베어링'을 확인하면 베어링의 바깥지름이 '35mm'임을 알 수 있습니다.

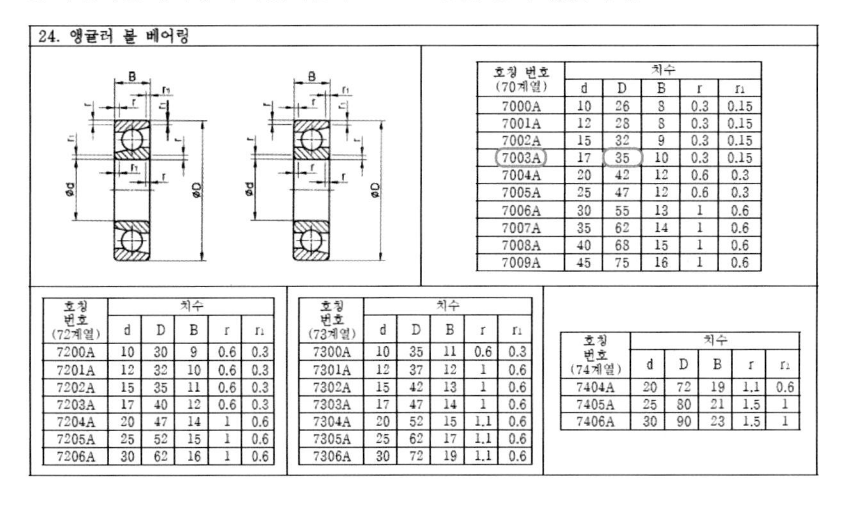

24. 앵귤러 볼 베어링

호칭 번호 (70계열)	d	D	B	r	r1
7000A	10	26	8	0.3	0.15
7001A	12	28	8	0.3	0.15
7002A	15	32	9	0.3	0.15
7003A	17	35	10	0.3	0.15
7004A	20	42	12	0.6	0.3
7005A	25	47	12	0.6	0.3
7006A	30	55	13	1	0.6
7007A	35	62	14	1	0.6
7008A	40	68	15	1	0.6
7009A	45	75	16	1	0.6

호칭 번호 (72계열)	d	D	B	r	r1
7200A	10	30	9	0.6	0.3
7201A	12	32	10	0.6	0.3
7202A	15	35	11	0.6	0.3
7203A	17	40	12	0.6	0.3
7204A	20	47	14	1	0.6
7205A	25	52	15	1	0.6
7206A	30	62	16	1	0.6

호칭 번호 (73계열)	d	D	B	r	r1
7300A	10	35	11	0.6	0.3
7301A	12	37	12	1	0.6
7302A	15	42	13	1	0.6
7303A	17	47	14	1	0.6
7304A	20	52	15	1.1	0.6
7305A	25	62	17	1.1	0.6
7306A	30	72	19	1.1	0.6

호칭 번호 (74계열)	d	D	B	r	r1
7404A	20	72	19	1.1	0.6
7405A	25	80	21	1.5	1
7406A	30	90	23	1.5	1

- KS 규격 '32. 베어링의 끼워맞춤'을 참고하여 외륜 정지 하중 시 구멍의 허용차가 'H7'임을 알 수 있습니다.

32. 베어링의 끼워 맞춤

내륜회전 하중 또는 방향 부정 하중(보통 하중)			
볼 베어링	원통, 테이퍼 롤러 베어링	자동조심 롤러 베어링	허용차 등급
축 지름			
18 이하	–	–	js5
18 초과 100 이하	40 이하	40 이하	k5
100 초과 200 이하	40 초과 100 이하	40 초과 65 이하	m5

내륜정지 하중			
볼 베어링	원통, 테이퍼 롤러 베어링	자동조심 롤러 베어링	허용차 등급
축 지름			
내륜이 축 위를 쉽게 움직일 필요가 있다.	전체 축 지름		g6
내륜이 축 위를 쉽게 움직일 필요가 없다.	전체 축 지름		h6

하우징 구멍 공차		
외륜 정지 하중	모든 종류의 하중	H7
외륜 회전 하중	보통하중 또는 중하중	N7

– 다음과 같이 제도합니다.

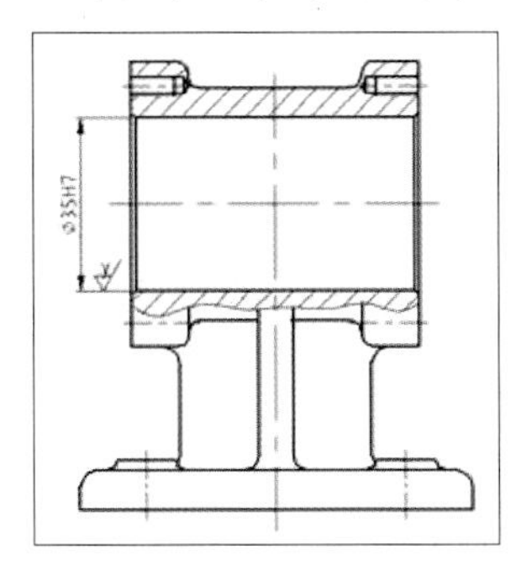

② 기하공차 적용하기

– 평행도 및 동심도 공차

- 바닥면을 기준으로 φ35H7 구멍에 평행도를 규제하는데, 구멍의 길이가 '60mm'이므로 KS 규격 '3. IT 공차'를 참고하여 공차값을 0.013mm(13㎛)로 결정합니다.

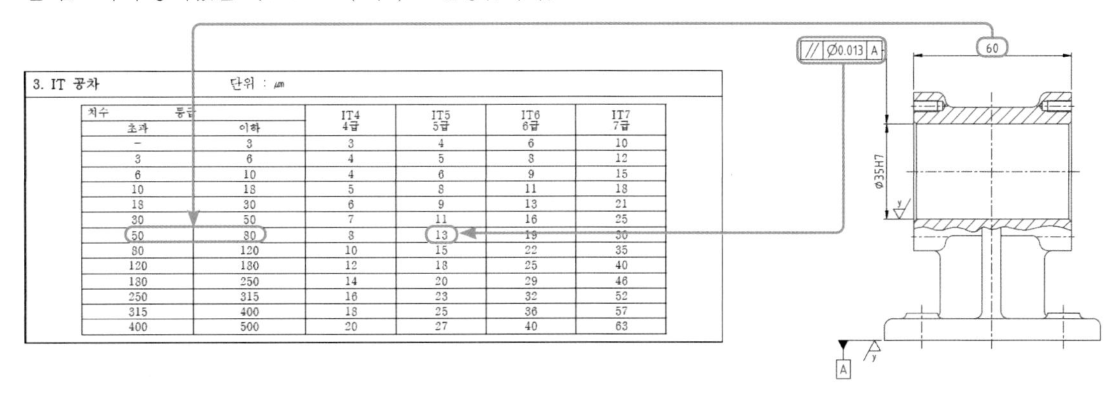

3. IT 공차 단위 : ㎛

치수 초과	등급 이하	IT4 4급	IT5 5급	IT6 6급	IT7 7급
–	3	3	4	6	10
3	6	4	5	8	12
6	10	4	6	9	15
10	18	5	8	11	18
18	30	6	9	13	21
30	50	7	11	16	25
50	80	8	13	19	30
80	120	10	15	22	35
120	180	12	18	25	40
180	250	14	20	29	46
250	315	16	23	32	52
315	400	18	25	36	57
400	500	20	27	40	63

– 이번에는 φ35H7 구멍에 모양 공차인 원통도를 규제합니다. 구멍의 지름이 '35mm'이므로 공차값을 0.011mm(11㎛)으로 선정합니다.

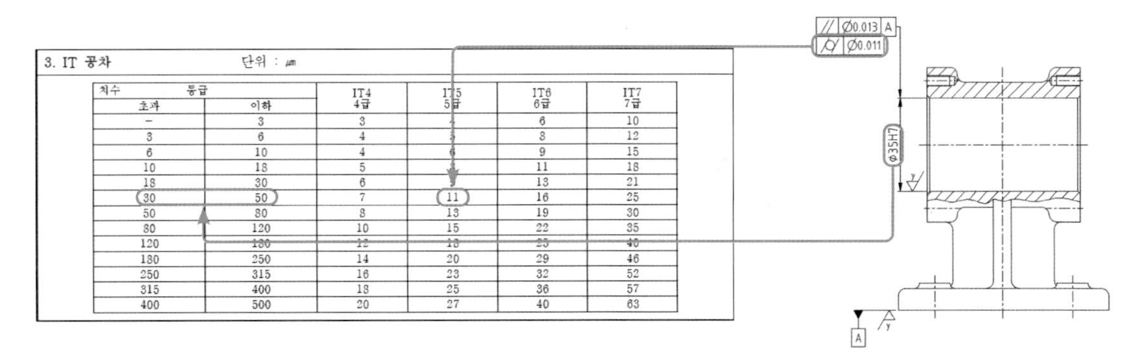

3. IT 공차 단위 : ㎛

치수 초과	등급 이하	IT4 4급	IT5 5급	IT6 6급	IT7 7급
–	3	3	4	6	10
3	6	4	5	8	12
6	10	4	6	9	15
10	18	5	8	11	18
18	30	6	9	13	21
30	50	7	11	16	25
50	80	8	13	19	30
80	120	10	15	22	35
120	180	12	18	25	40
180	250	14	20	29	46
250	315	16	23	32	52
315	400	18	25	36	57
400	500	20	27	40	63

CHAPTER

3

드릴 지그 따라하기

드릴 지그는 드릴을 이용하여 가공 제품에 구멍 가공을 할 때 사용되는 지그입니다. 일반적으로 드릴 작업은 금긋기, 펀칭, 공작물 고정 등의 여러 단계의 공정으로 이루어지는데, 드릴 지그를 사용하면 이와 같은 여러 공정들을 단일 공정으로 줄이면서 공구 안내와 위치 결정을 할 수 있습니다.

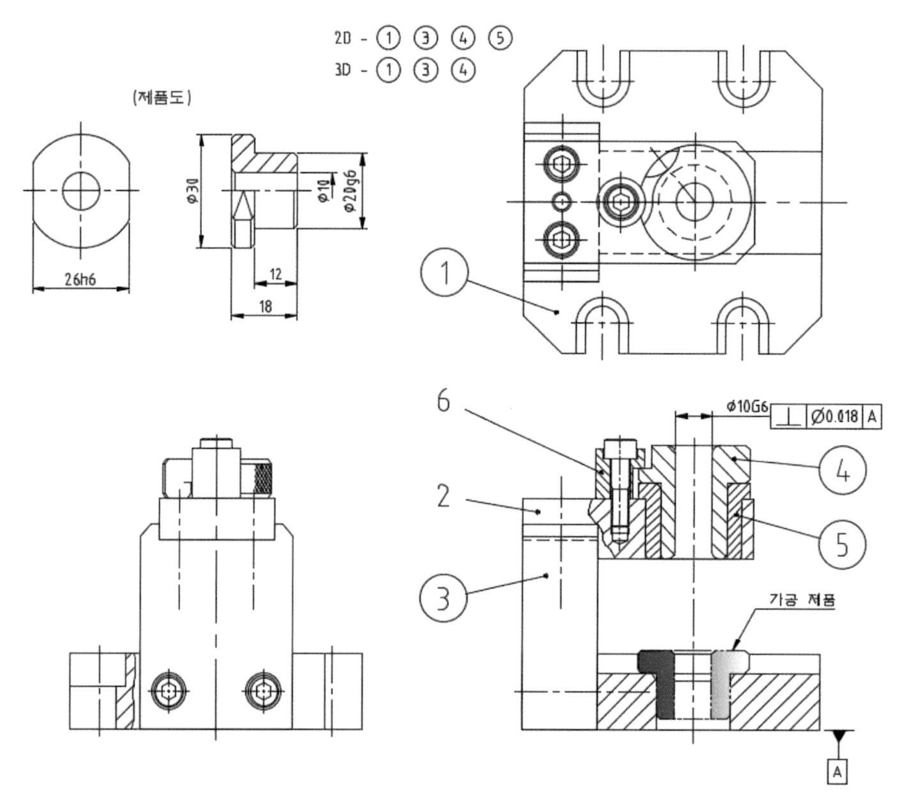

[1] 드릴 지그의 부품 만들기(품번 ❶, ❸, ❹)

1 | 베이스 부품 만들기(품번 ❶)

1 베이스(받침대 품번 ❶) 스케치하기

01 바탕 화면에서 [Inventor] 아이콘을 더블클릭하면 프로그램이 실행됩니다. 다음과 같은 창이 나타나면 [새로 만들기]를 클릭합니다.

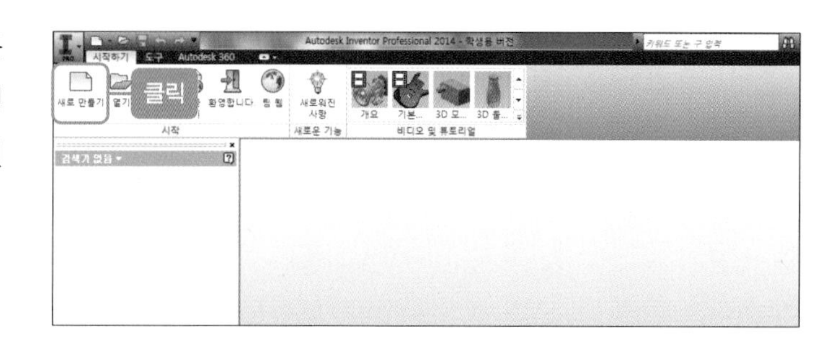

02 [새 파일 작성] 창이 나타나면 'Standard.ipt'를 클릭한 후 [작성] 버튼을 클릭합니다.

03 작업 평면을 선택하기 위해 탐색기의 [원점-XY 평면]을 클릭한 후 [2D 스케치 작성] 아이콘을 클릭합니다.

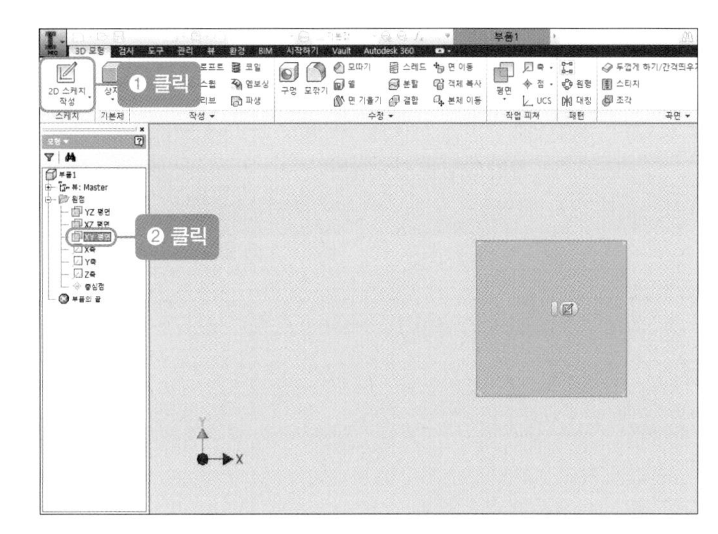

04 [직사각형] 아이콘을 클릭한 후 임의의 사각형을 그립니다.

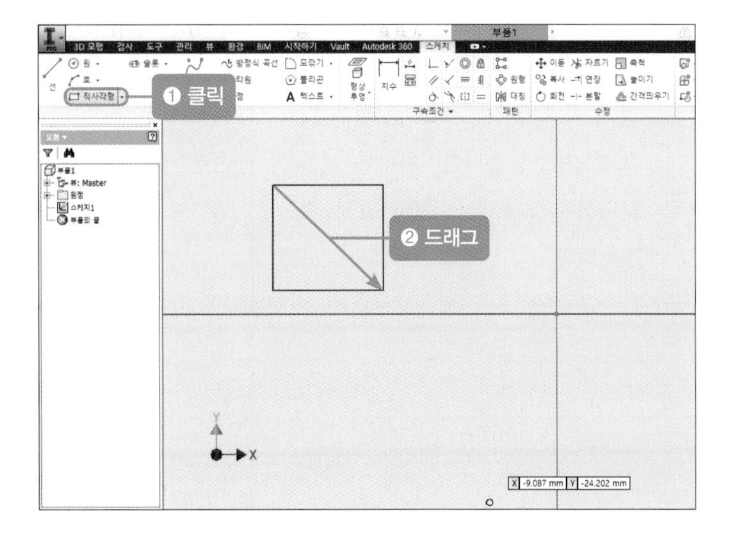

05 [선] 아이콘을 클릭한 후 왼쪽 중심점에서 오른쪽 중심점까지 선을 그립니다. 그런 다음 그 선을 클릭하고 [구성] 아이콘을 클릭합니다

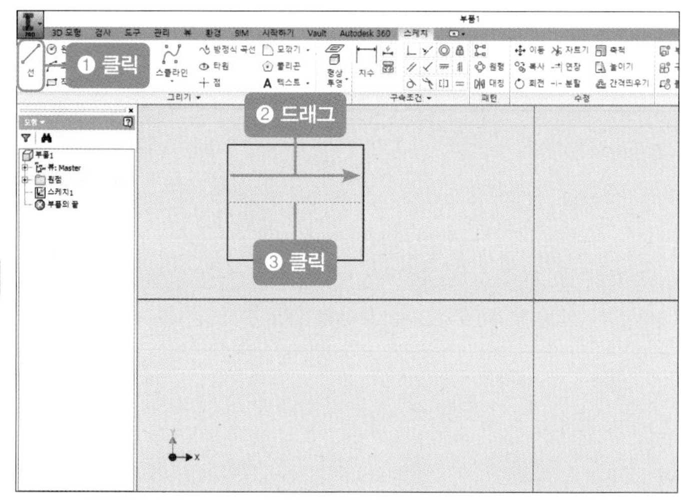

06 [일치 구속 조건] 아이콘을 클릭한 후 직사각형의 중심선에서 중심점을 클릭하고 좌표계의 중심을 클릭합니다.

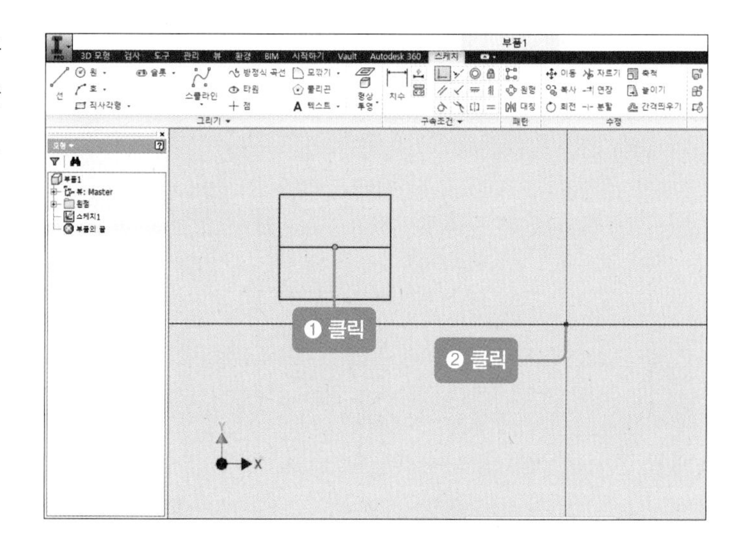

07 [치수] 아이콘을 클릭한 후 직사각형의 가로 및 세로의 치수선을 다음과 같이 넣습니다. 치수를 더블 클릭하여 '80mm', '80mm'로 수정합니다.

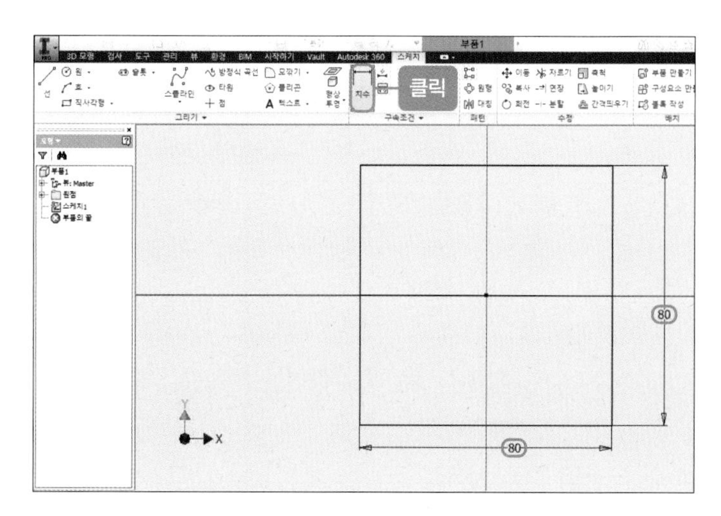

08 마우스 오른쪽 버튼을 눌러 [스케치 마무리]를 클릭합니다.

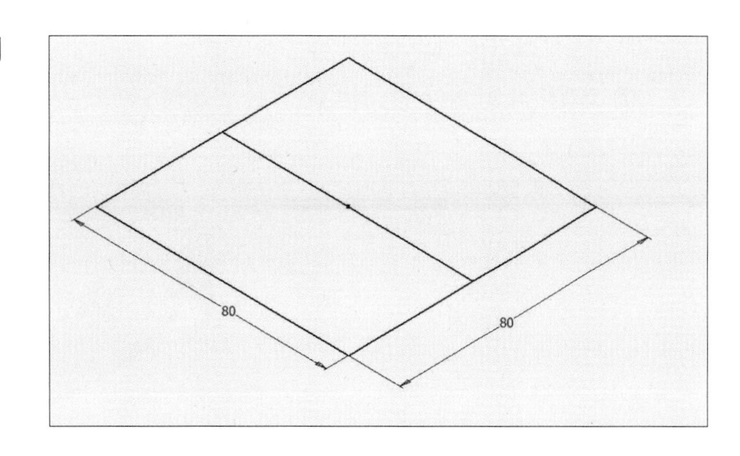

❷ 받침대(베이스) 형상 만들기(품번 ❶)

01 [돌출] 아이콘을 클릭한 후 [프로파일]을 클릭하고 직사각형을 클릭합니다. 치수에 '20mm'를 입력한 후 [확인] 버튼을 클릭합니다.

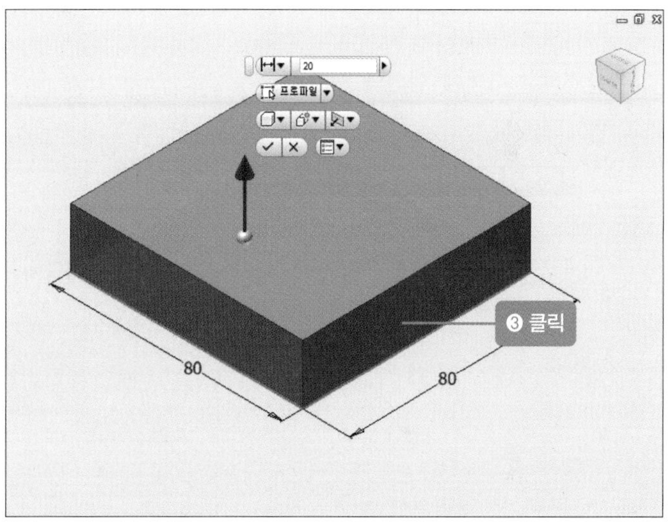

02 돌출시키면 그림과 같이 모델링됩니다.

03 직사각형의 빨간색 면을 클릭한 후 [2D 스케치 작성] 아이콘을 클릭합니다.

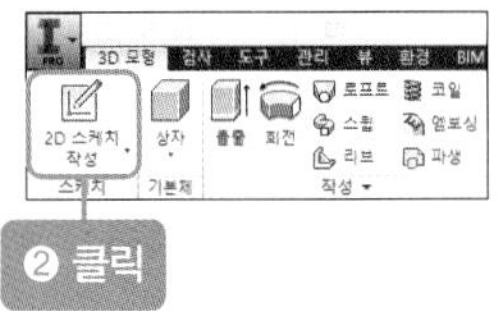

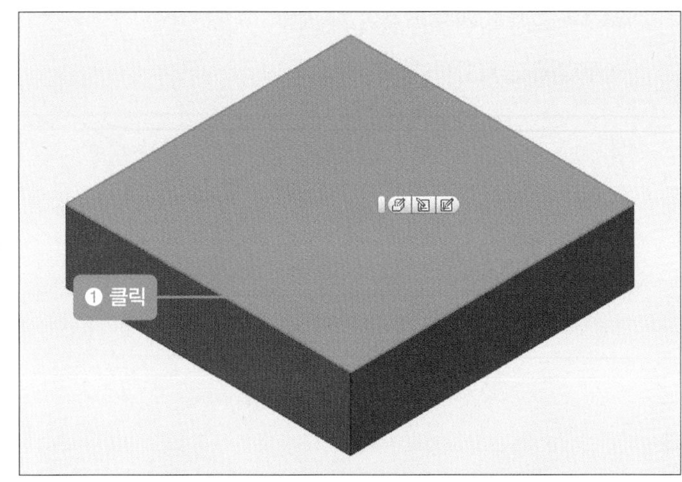

04 [직사각형] 아이콘을 클릭한 후 직사각형 왼쪽의 임의 위치에서 선을 클릭하고 아래에 임의의 직사각형을 그립니다.

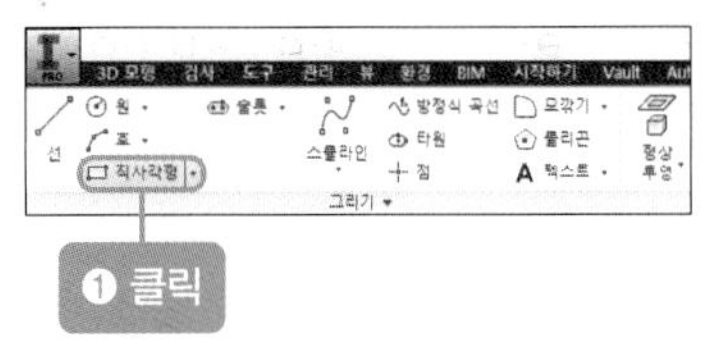

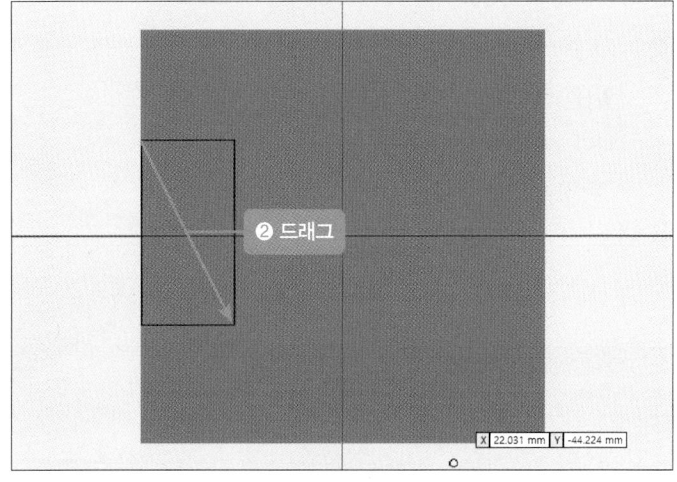

05 [치수] 아이콘을 클릭한 후 작은 직사각형의 가로 및 세로의 치수선을 다음과 같이 넣습니다. 치수를 더블클릭하여 '20mm', '19mm', '42mm'로 수정합니다.

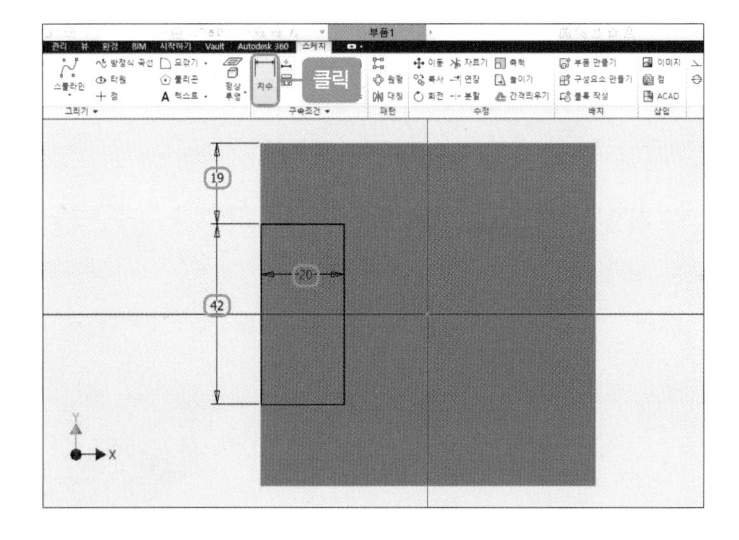

06 [원] 아이콘을 클릭한 후 직사각형의 중심점을 기준으로 오른쪽에 '20mm'의 원을 그립니다.

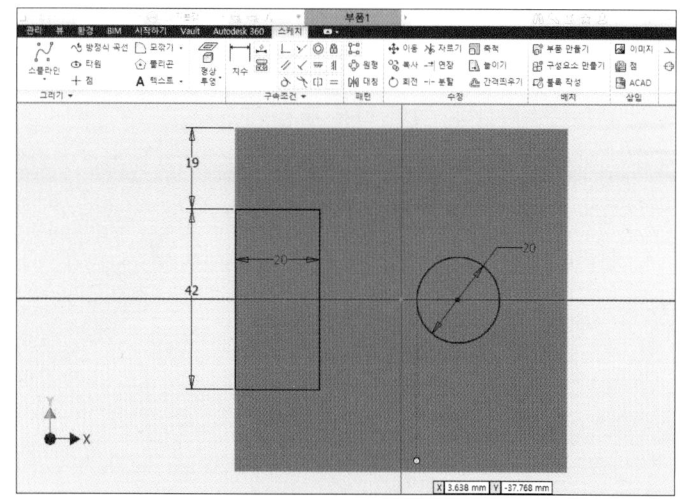

07 [치수] 아이콘을 클릭한 후 작은 직사각형의 오른쪽 선과 원의 중심점을 클릭하고 다음과 같이 치수선을 넣습니다. 치수를 더블클릭하여 '26mm'로 수정합니다.

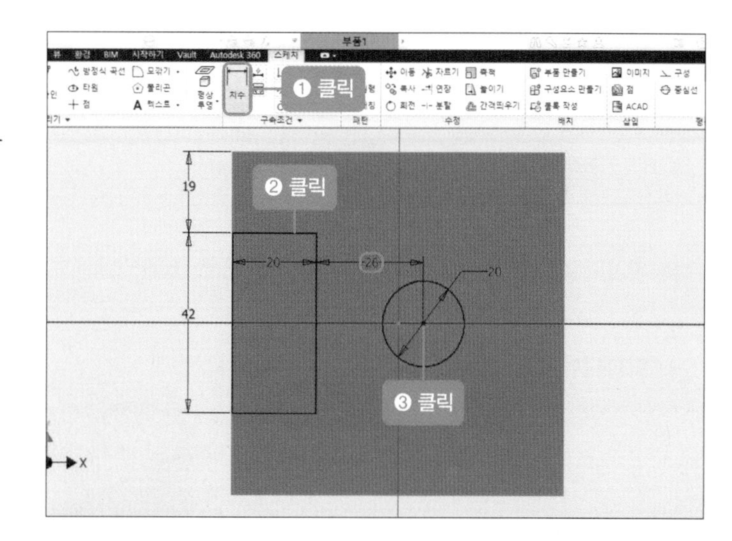

08 마우스 오른쪽 버튼을 눌러 [스케치 마무리]를 클릭합니다.

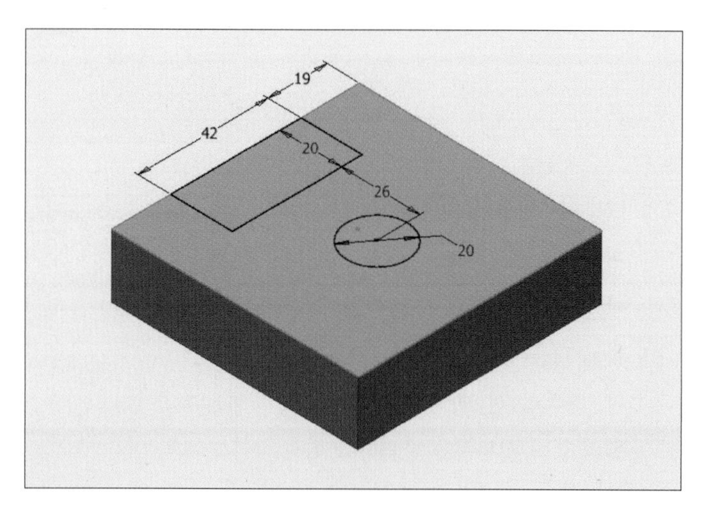

09 [돌출] 아이콘을 클릭한 후 [프로파일]을 클릭하고 모형에서 빨간색 부분을 클릭합니다. 그런 다음 돌출 상자의 빨간색을 클릭하고 치수를 '20mm'로 수정한 후 [확인] 버튼을 클릭합니다.

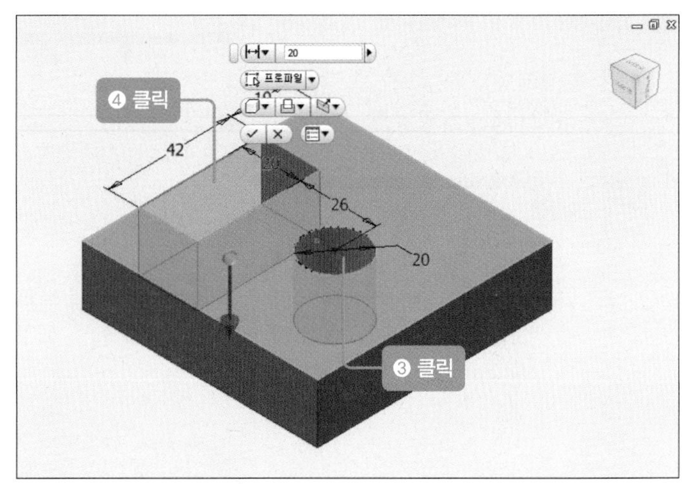

10 직사각형의 빨간색 부분을 클릭한 후 [2D 스케치 작성] 아이콘을 클릭합니다.

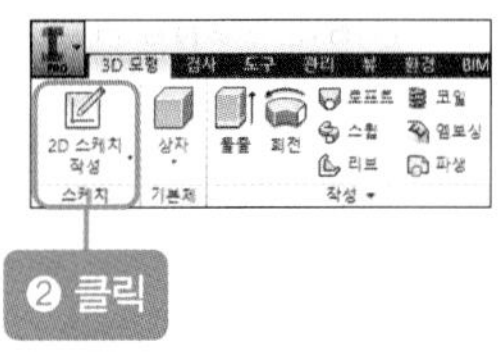

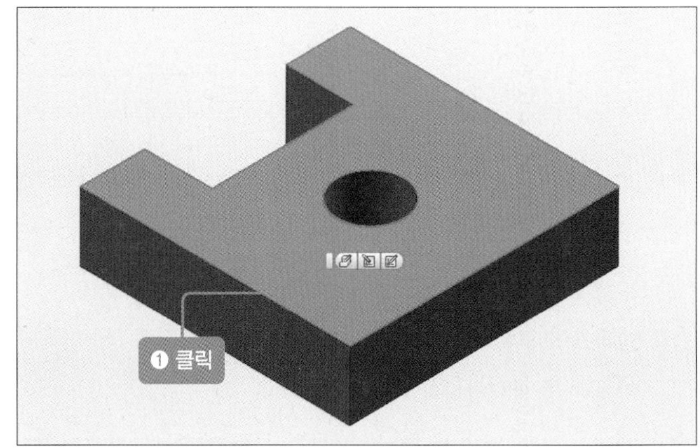

11 [원] 아이콘을 클릭한 후 임의의 위치에 9mm, 14mm 원을 그립니다. 그런 다음 [치수] 아이콘을 클릭하고 다음과 같이 치수를 기입합니다. 그리고 [선] 아이콘을 클릭한 후 원의 한쪽 끝부분을 클릭하고 직사각형의 위 부분을 클릭하여 접선을 그립니다. 같은 방법으로 다음과 같이 나머지 부분도 선을 그립니다.

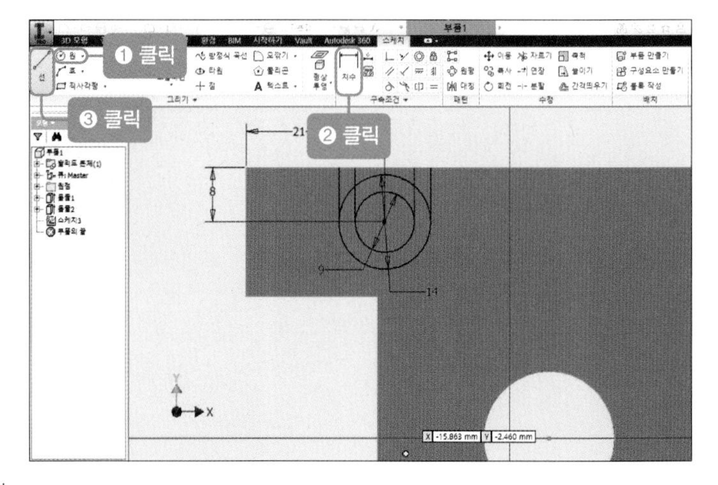

12 [자르기] 아이콘을 클릭한 후 필요 없는 선을 지웁니다(지울 때 모형이 변할 경우, 치수선을 지운 후에 지웁니다).

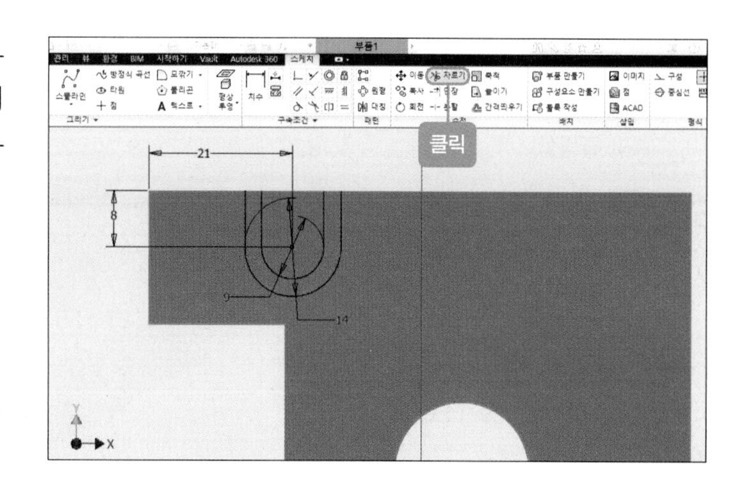

13 [돌출] 아이콘을 클릭한 후 [프로파일]을 클릭하고 모형에서 빨간색 부분을 클릭합니다. 그런 다음 돌출 상자의 빨간색을 클릭하고 치수를 '20mm'로 수정한 후 [확인] 버튼을 클릭합니다.

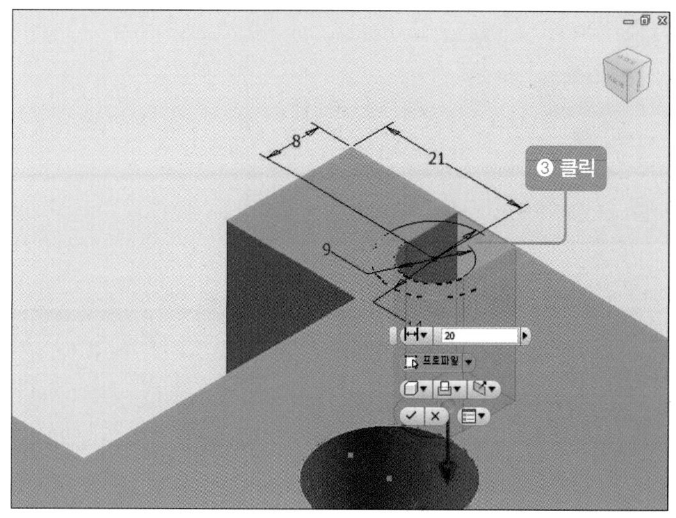

14 [탐색기]에서 [돌출 3-스케치 3]을 클릭한 후 마우스 오른쪽 버튼을 눌러 [스케치 공유]를 클릭합니다.

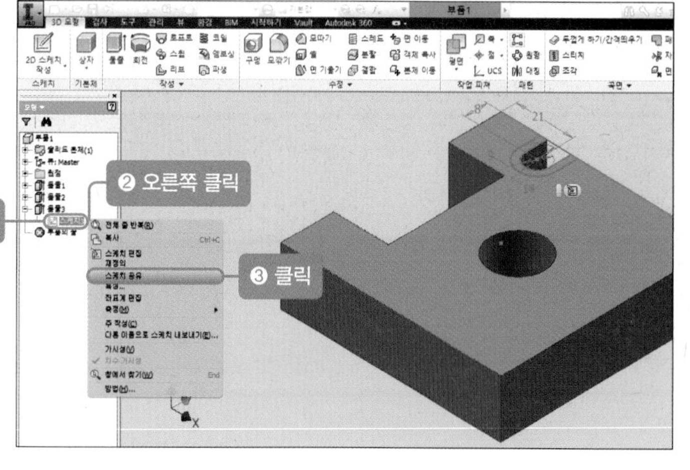

15 [돌출] 아이콘을 클릭한 후 [프로파일]을 클릭하고 모형에서 빨간색 부분을 클릭합니다. 그런 다음 돌출 상자의 빨간색을 클릭하고 치수를 '8.6mm'로 수정한 후 [확인] 버튼을 클릭합니다.

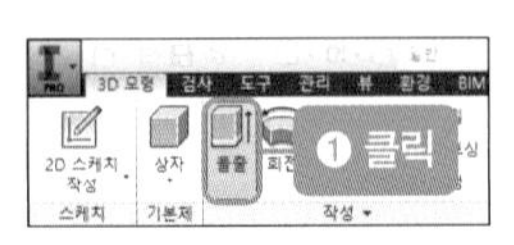

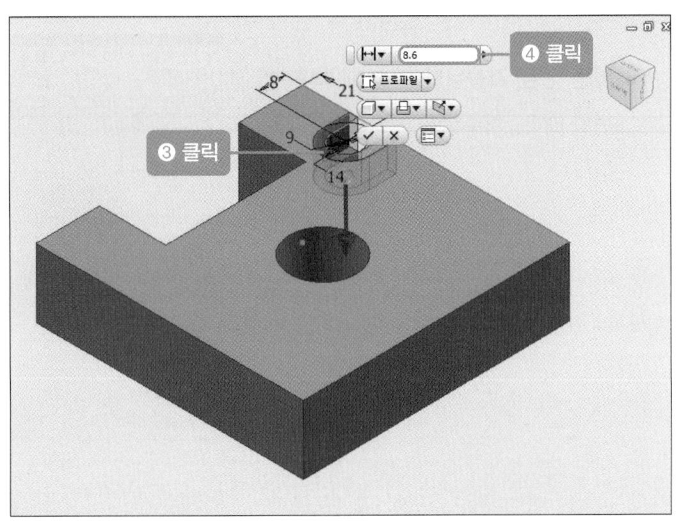

16 [탐색기]에서 [돌출 3-스케치 3]을 클릭한 후 마우스 오른쪽 버튼을 눌러 [가시성]의 체크를 해제합니다.

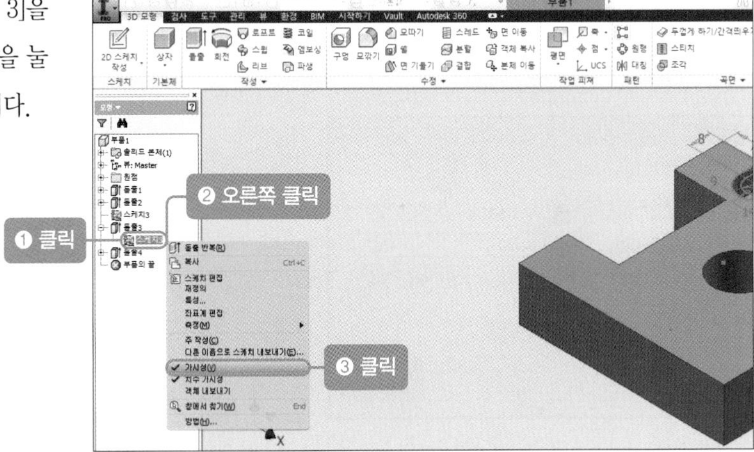

17 [직사각형 패턴] 아이콘을 클릭한 후 직사각형 패턴 상자에서 [피쳐]를 클릭하고 [탐색기]에서 '돌출3', '돌출4'를 클릭합니다.

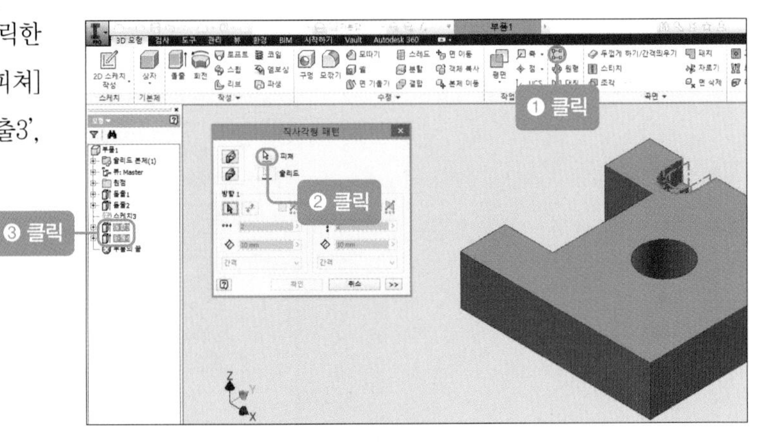

18 [직사각형 패턴] 대화상자에서 방향1 (빨간색 부분)을 클릭한 후 직사각형의 빨간색 부분을 클릭합니다. 그런 다음 개수를 '2', 간격을 '38mm'로 수정하고 [확인] 버튼을 클릭합니다.

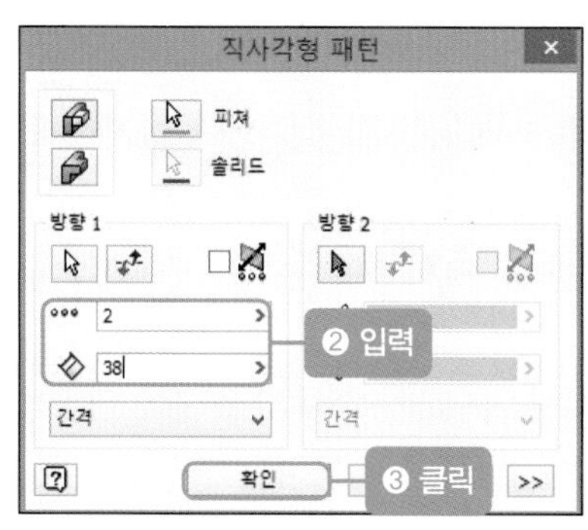

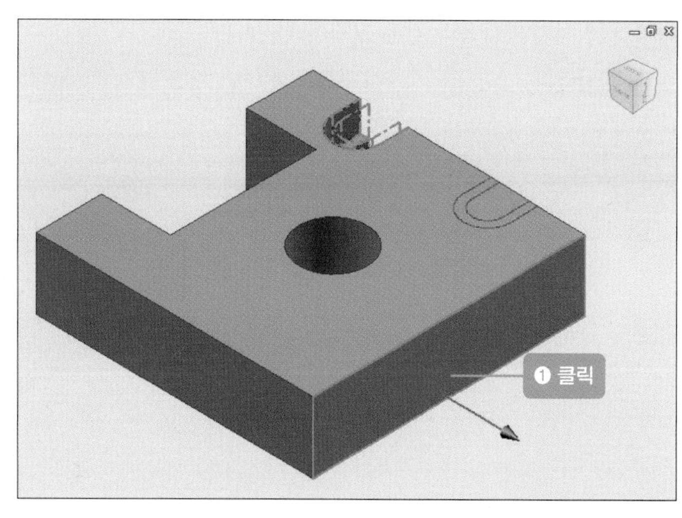

19 [대칭] 아이콘을 클릭한 후 [대칭] 대화상자에서 [피쳐]를 클릭하고 [탐색기]에서 돌출3, 돌출4, 직사각형 패턴1을 클릭합니다.

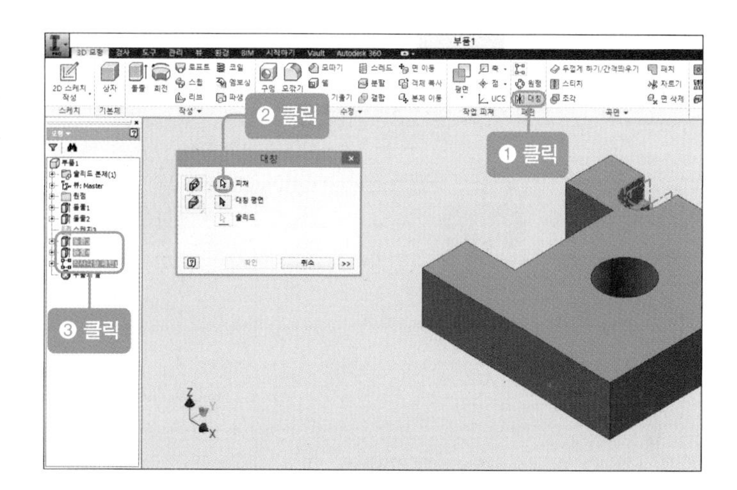

20 [대칭] 대화상자에서 대칭 평면을 클릭한 후 탐색기의 [원점-XZ 평면]을 클릭하고 [확인] 버튼을 클릭합니다.

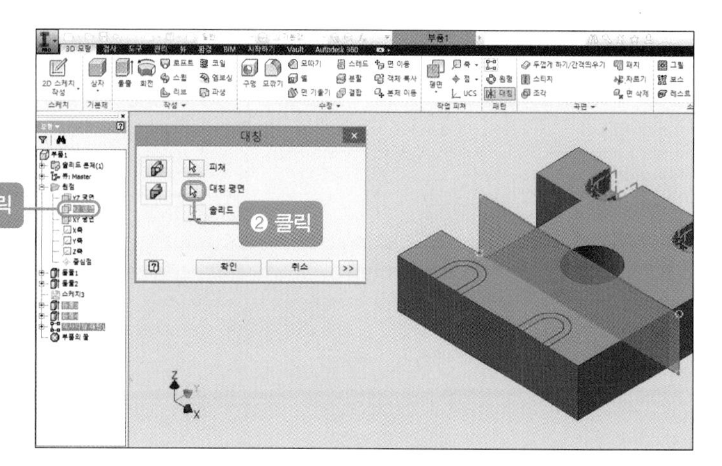

21 대칭시키면 다음과 같은 그림이 나타납니다.

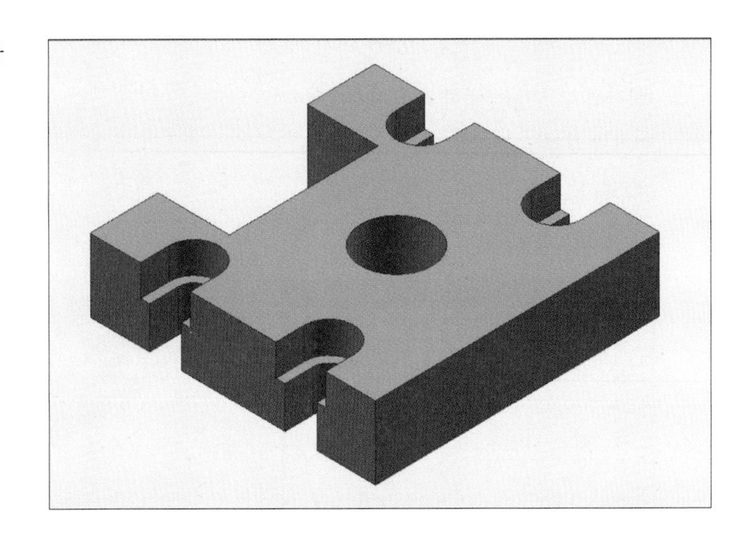

22 직사각형의 빨간색 부분을 클릭한 후 [2D 스케치 작성] 아이콘을 클릭합니다.

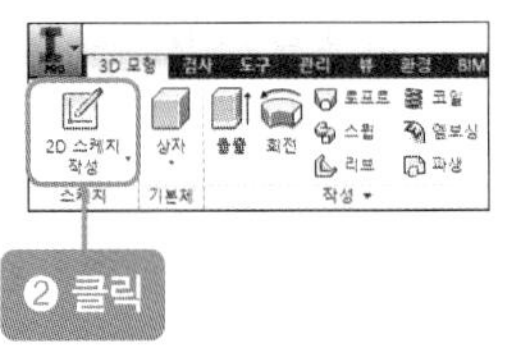

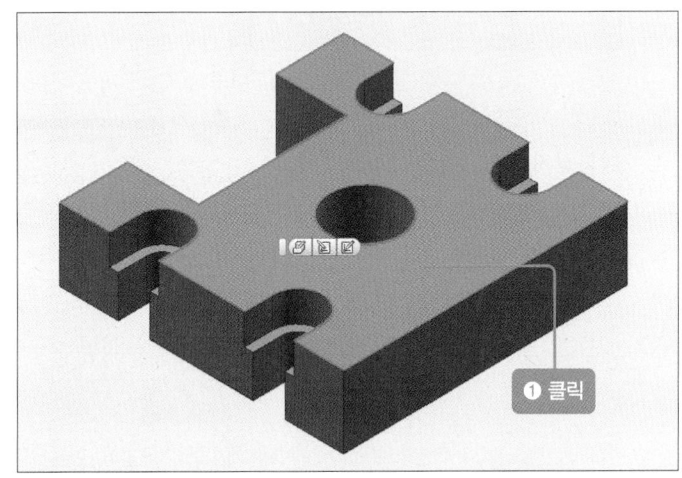

23 [직사각형] 아이콘을 클릭한 후 중앙에 임의의 직사각형을 그립니다.

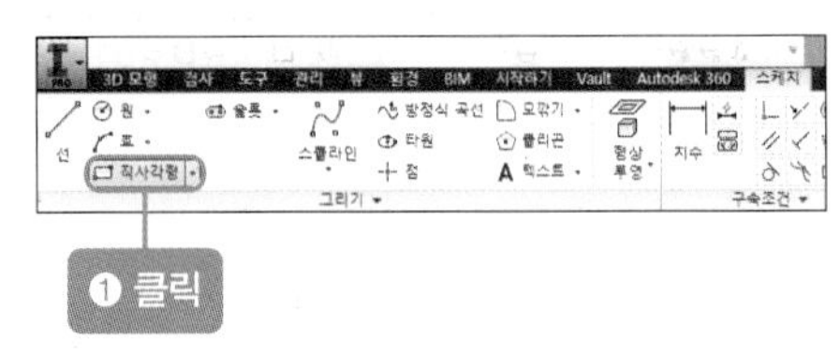

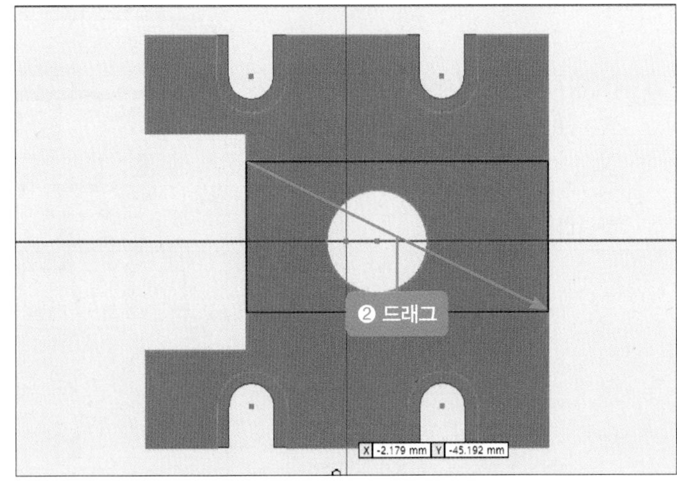

24 [치수] 아이콘을 클릭한 후 작은 직사각형의 세로 및 작은 직사각형의 위 부분 선과 중심점을 클릭하고 다음과 같이 치수선을 넣습니다. 치수를 더블클릭하여 '27mm', '13.5mm'로 수정합니다.

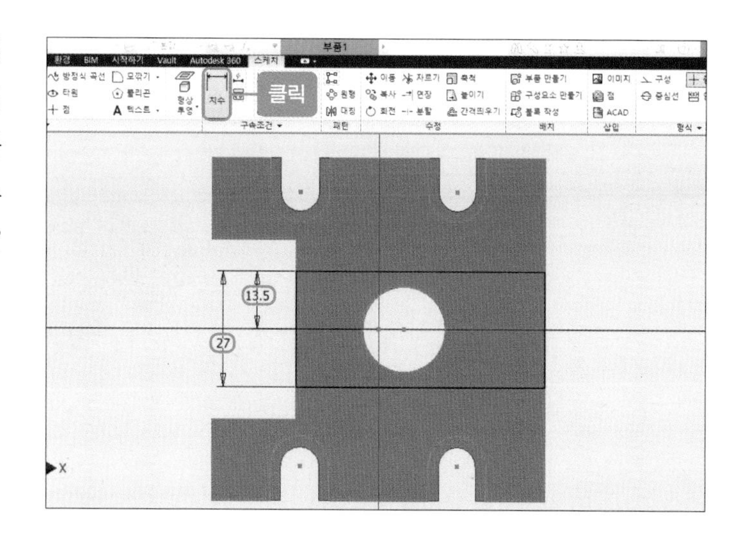

25 마우스 오른쪽 버튼을 눌러 [스케치 마무리]를 클릭합니다.

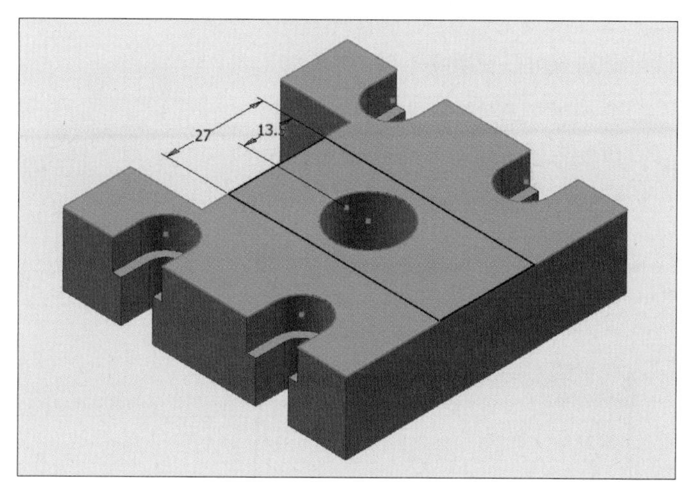

26 [돌출] 아이콘을 클릭한 후 [프로파일]을 클릭하고 모형에서 빨간색 부분을 클릭합니다. 돌출 상자의 빨간색을 클릭하고 치수를 '5mm'로 수정한 후 [확인] 버튼을 클릭합니다.

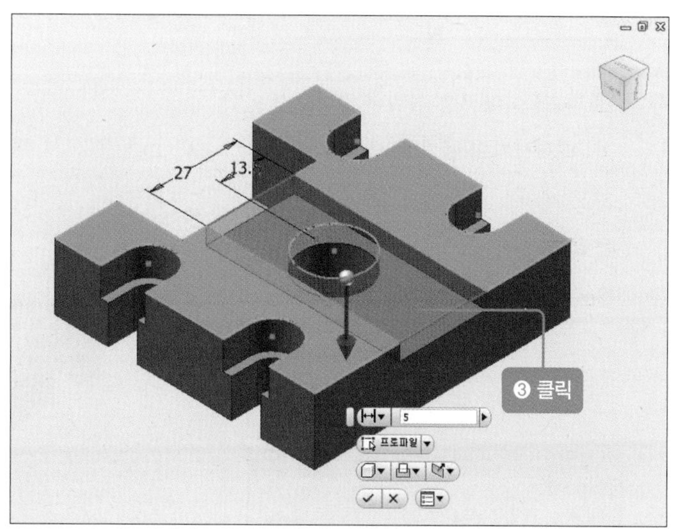

27 돌출시키면 그림과 같이 모델링됩니다.

28 [모따기] 아이콘을 클릭한 후 [모따기] 대화상자의 빨간색 부분을 클릭하고 베이스 모형에서 위 · 아래 양쪽 사이드 모서리를 클릭합니다. 거리 치수를 '10mm'로 수정한 후 [적용] 버튼을 누릅니다.

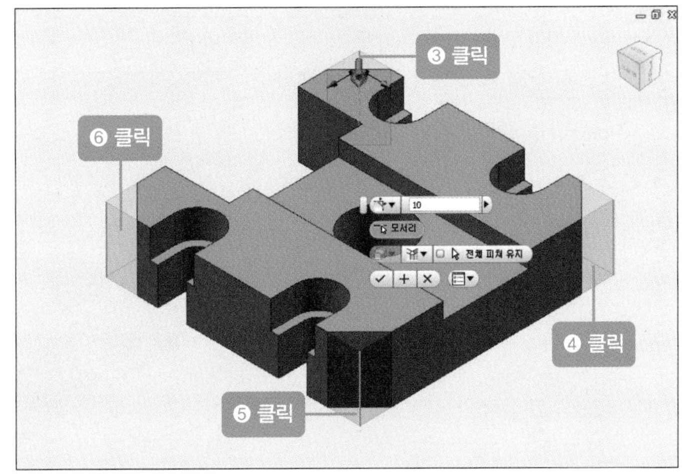

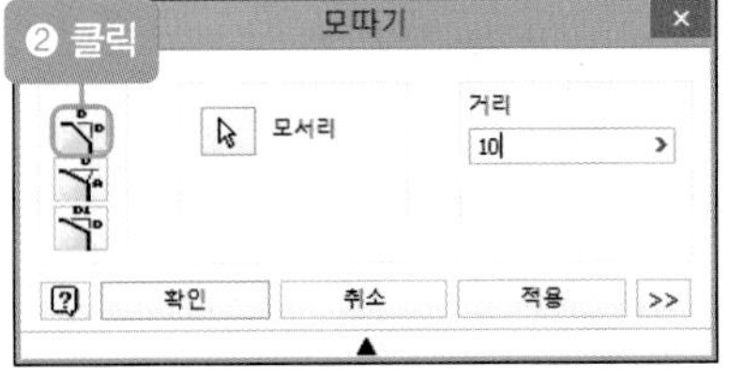

29 [모따기] 아이콘을 클릭한 후 [모따기] 대화상자의 빨간색 부분을 클릭하고 베이스 모형에서 모따기 면을 클릭합니다. 그리고 거리 치수를 '2mm', 각도를 '30°'로 수정합니다.

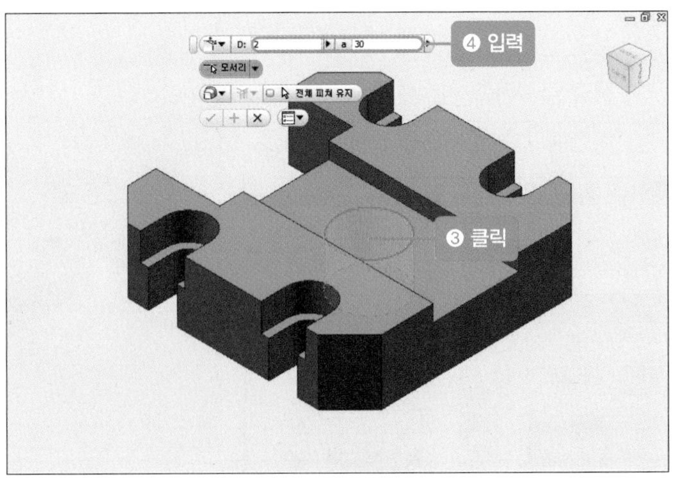

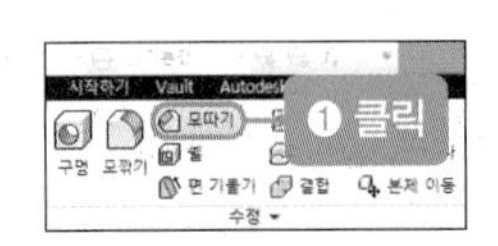

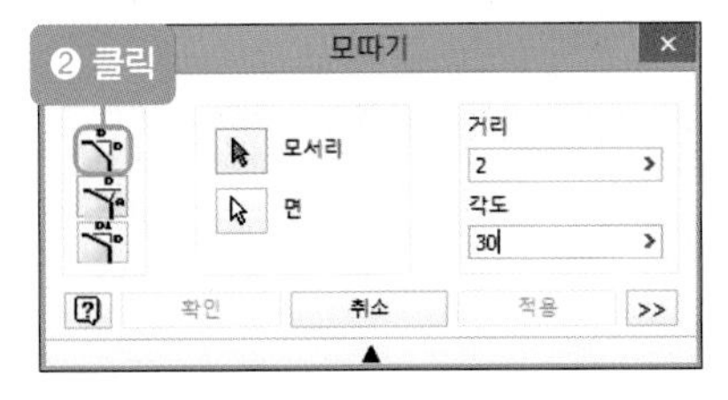

30 [모따기] 대화상자의 빨간색 부분을 클릭한 후 베이스 모형에서 중앙에 있는 원의 모서리를 클릭하고 [확인] 버튼을 클릭합니다.

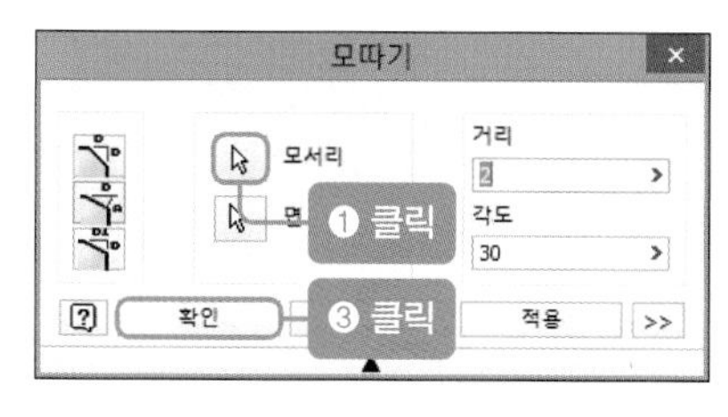

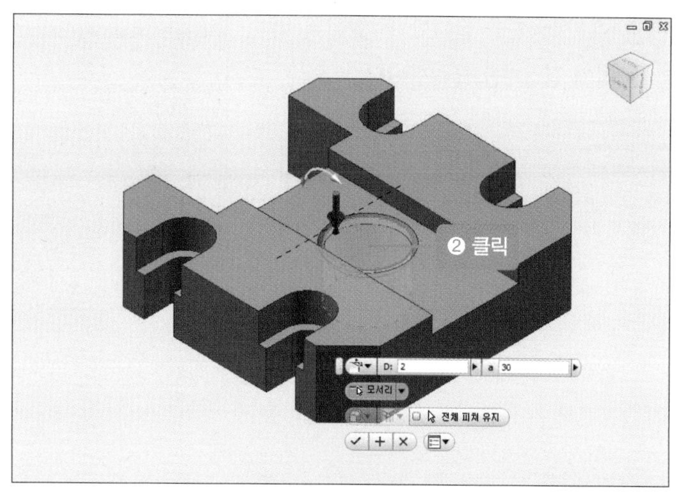

31 모따기를 하면 다음과 같은 그림이 나타납니다.

32 좌측면도의 빨간색 부분을 클릭한 후 [2D 스케치 작성] 아이콘을 클릭합니다.

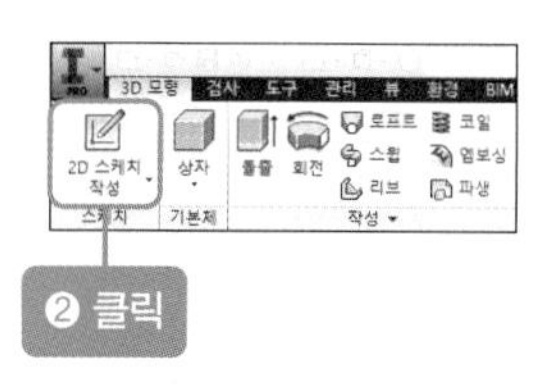

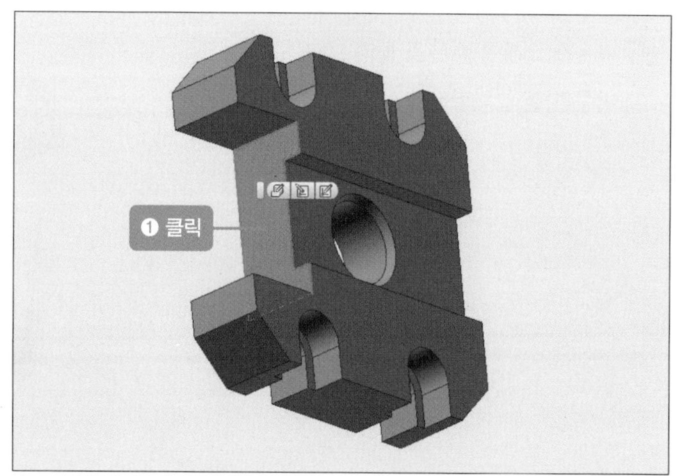

33 [점] 아이콘을 클릭한 후 임의의 위치에 점 2개를 클릭합니다.

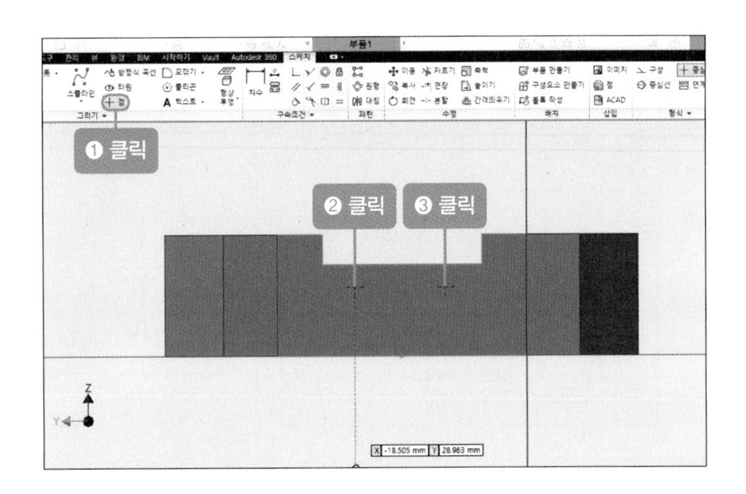

34 [치수] 아이콘을 클릭한 후 직사각형의 아래 부분 선과 점/왼쪽 점과 오른쪽 점/왼쪽 점과 중심점을 클릭하고 치수선을 다음과 같이 넣습니다. 치수를 더블클릭하여 그림과 같이 수정합니다.

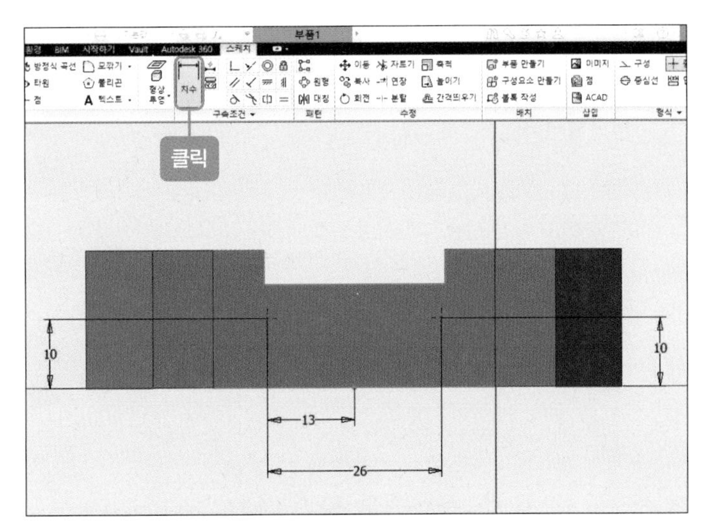

35 마우스 오른쪽 버튼을 눌러 [스케치 마무리]를 클릭합니다.

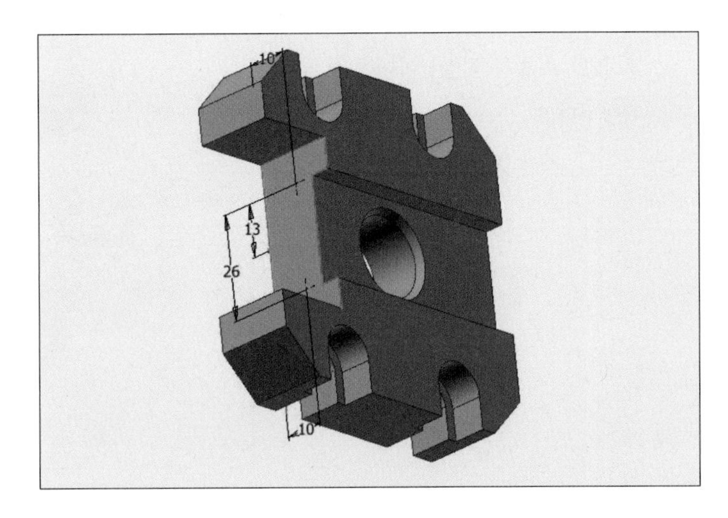

36 [구멍] 아이콘을 클릭한 후 다음과 같이 설정하고 [확인] 버튼을 클릭합니다.

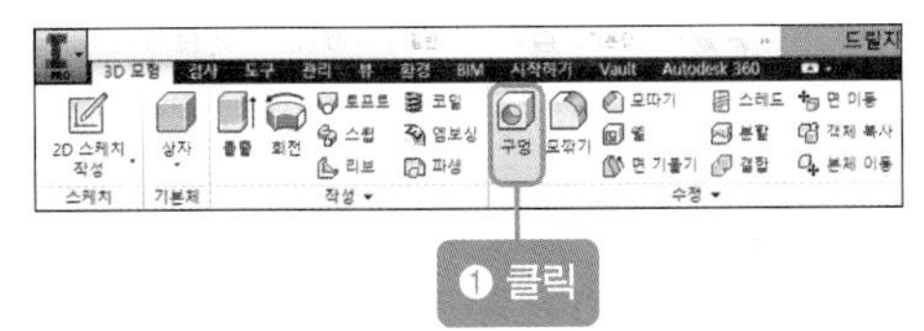

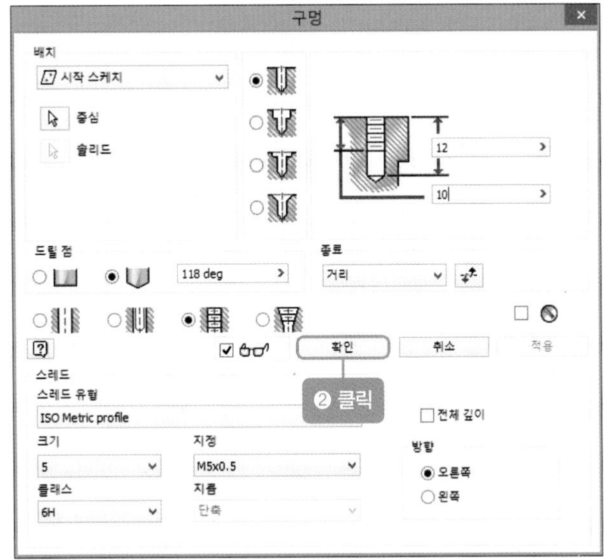

37 구멍을 뚫으면 그림과 같이 모델링 됩니다.

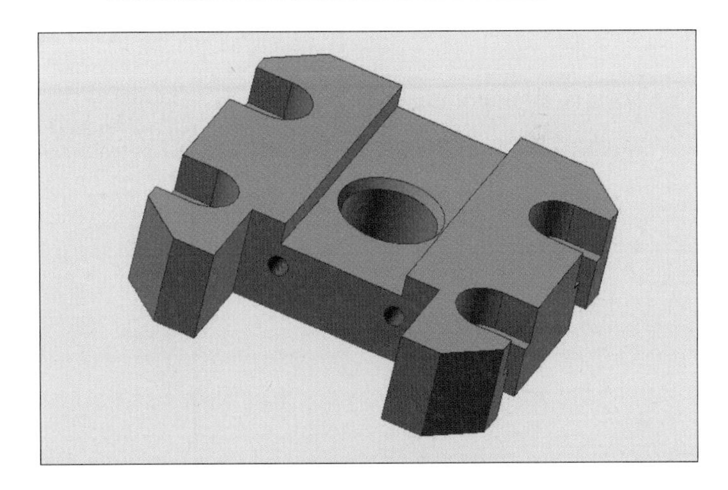

38 그림과 같이 베이스가 완성됩니다.

2 | 칼럼 부품 만들기(품번 ❸)

1 칼럼 스케치하기(품번 ❸)

01 바탕 화면에서 [Inventor] 아이콘을 더블클릭하면 프로그램이 실행됩니다. 다음과 같은 창이 나타나면 [새로 만들기]를 클릭합니다.

02 [새 파일 작성] 창이 나타나면 'Standard.ipt'를 클릭한 후 [작성] 버튼을 클릭합니다.

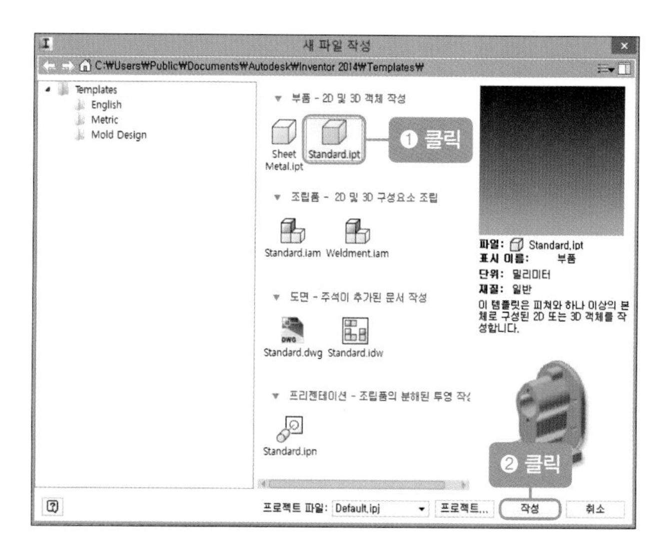

03 탐색기의 [원점-XY 평면]을 클릭한 후 [2D 스케치 작성] 아이콘을 클릭합니다.

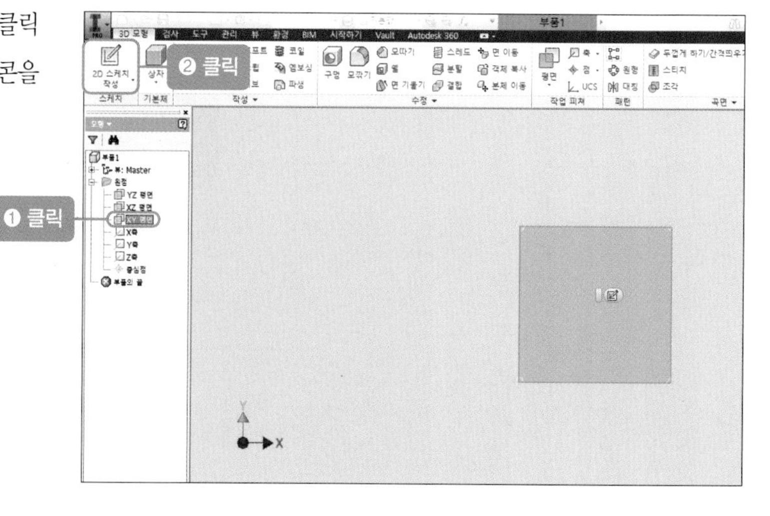

04 [직사각형] 아이콘을 클릭한 후 임의의 사각형을 그립니다.

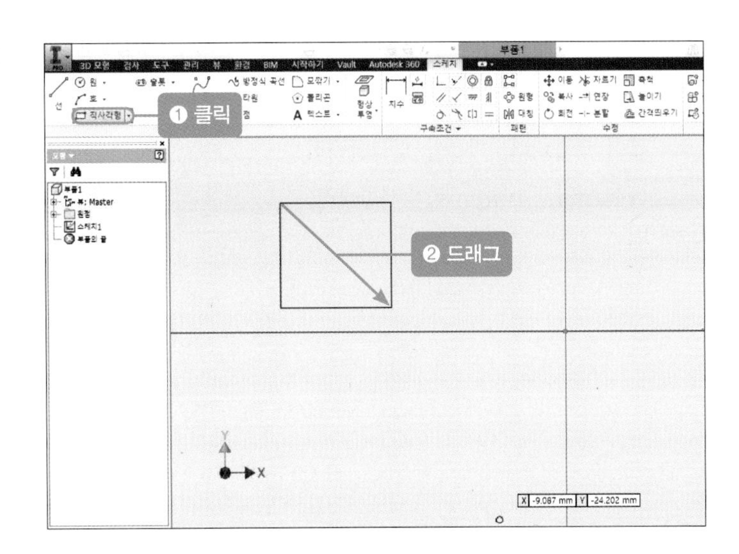

05 [선] 아이콘을 클릭한 후 왼쪽 중심점에서 오른쪽 중심점까지 선을 그립니다. 그런 다음 그 선을 클릭하고 [구성] 아이콘을 클릭합니다.

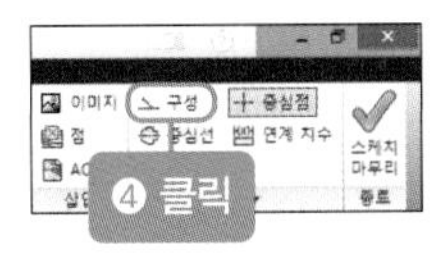

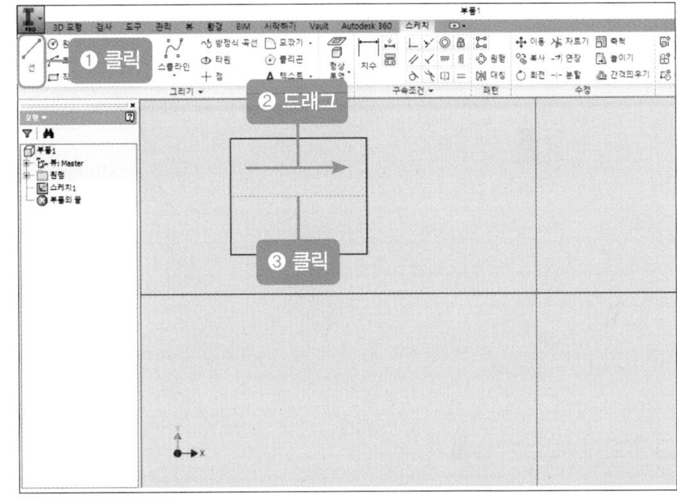

06 [일치 구속 조건] 아이콘을 클릭한 후 직사각형의 중심선에서 중심점을 클릭하고 좌표계의 중심을 클릭합니다.

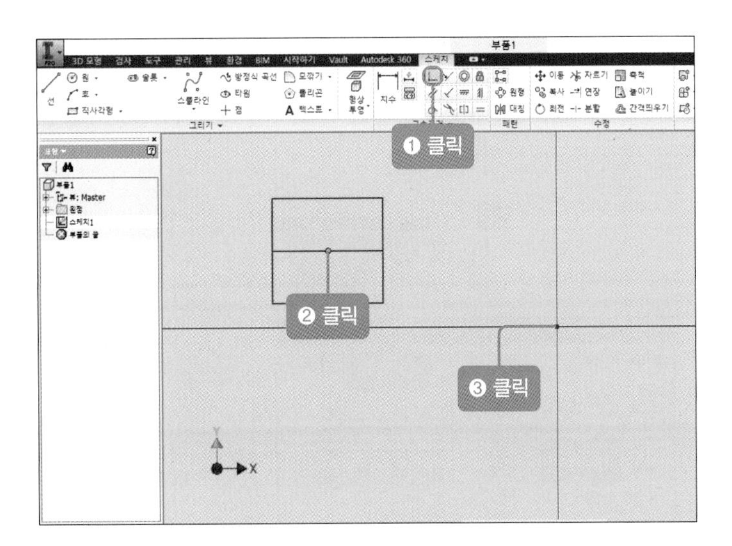

07 [치수] 아이콘을 클릭한 후 직사각형의 가로 및 세로의 치수선을 다음과 같이 넣습니다. 치수를 더블클릭하여 '42mm', '20mm'로 수정합니다.

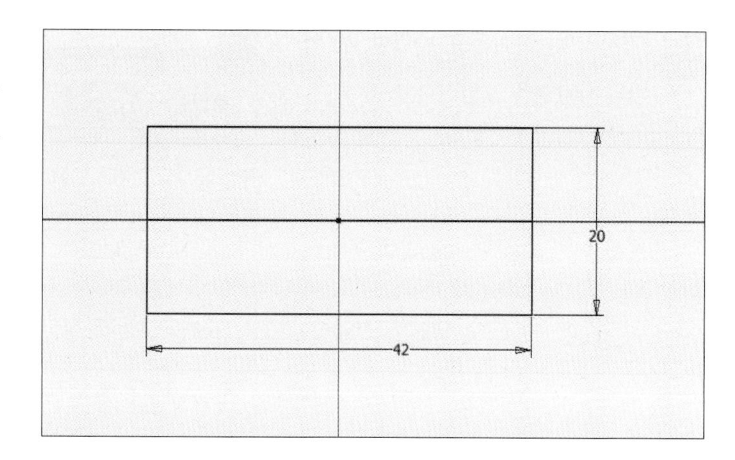

08 마우스 오른쪽 버튼을 눌러 [스케치 마무리]를 클릭합니다.

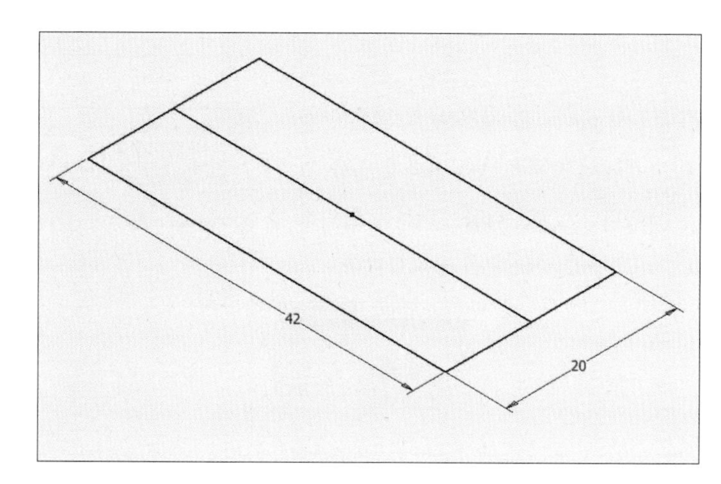

❷ 칼럼 입체 형상 만들기

01 [돌출] 아이콘을 클릭한 후 [프로파일]을 클릭하고 직사각형을 클릭합니다. 치수에 '54mm'를 입력한 후 [확인] 버튼을 클릭합니다.

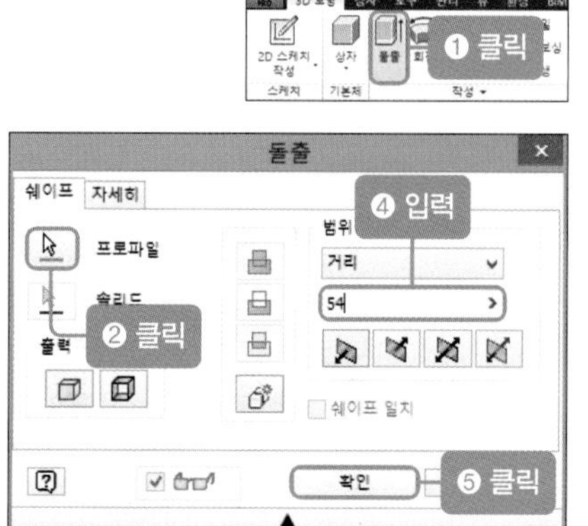

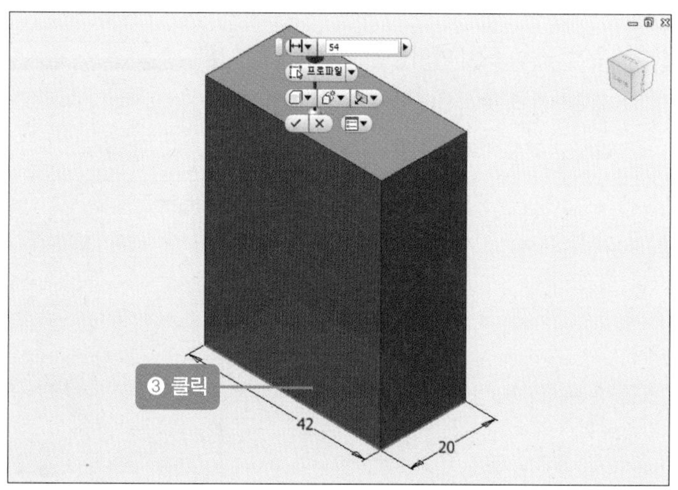

02 돌출시키면 다음과 같은 그림이 나타납니다.

03 [모따기] 아이콘을 클릭한 후 [모따기] 대화상자의 빨간색 부분을 클릭하고 모서리를 클릭합니다. 그런 다음 칼럼 모형의 위에서 왼쪽 · 오른쪽 모서리를 클릭하고 거리 치수를 '3mm'로 수정한 후 [확인] 버튼을 클릭합니다.

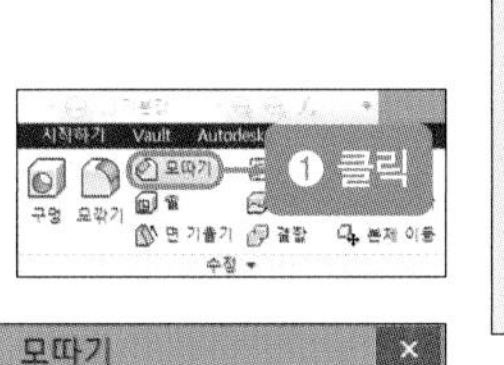

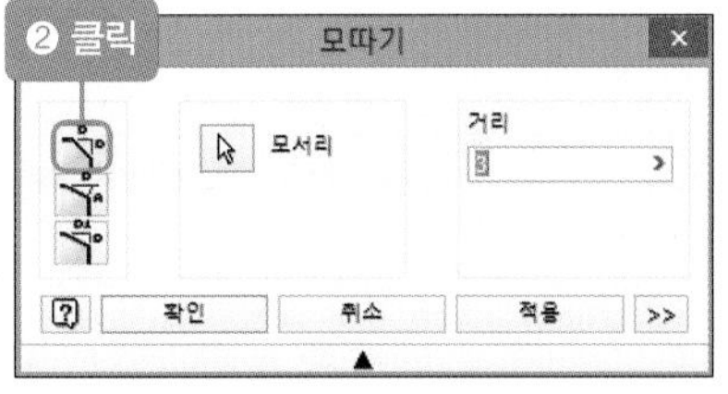

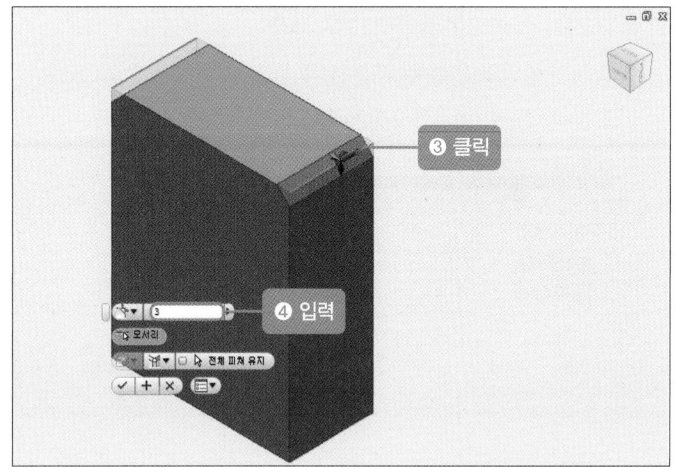

04 모따기를 하면 다음과 같은 그림이 나타납니다.

05 직사각형의 빨간색 면을 클릭한 후 [2D 스케치 작성] 아이콘을 클릭합니다.

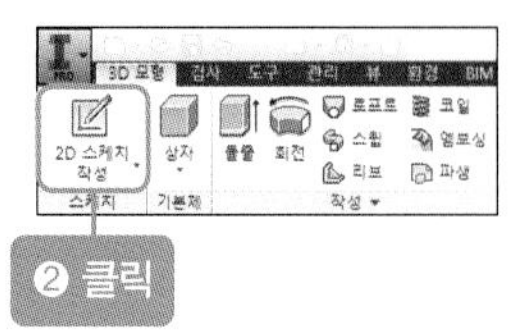

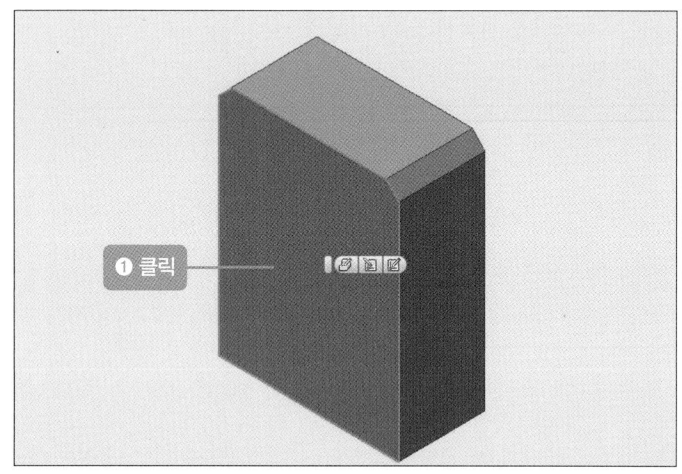

06 [직사각형] 아이콘을 클릭한 후 직사각형의 임의의 왼쪽 위 부분 선을 클릭하여 임의의 직사각형을 그립니다.

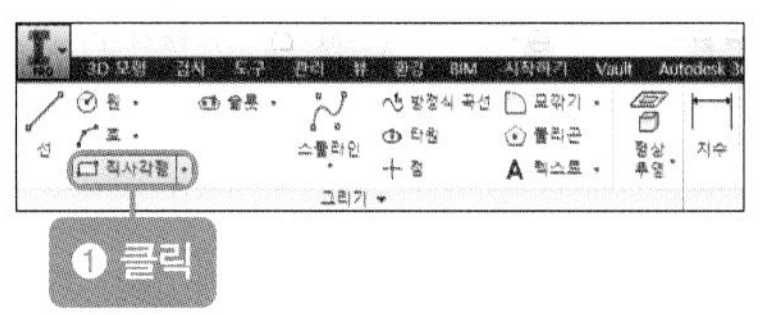

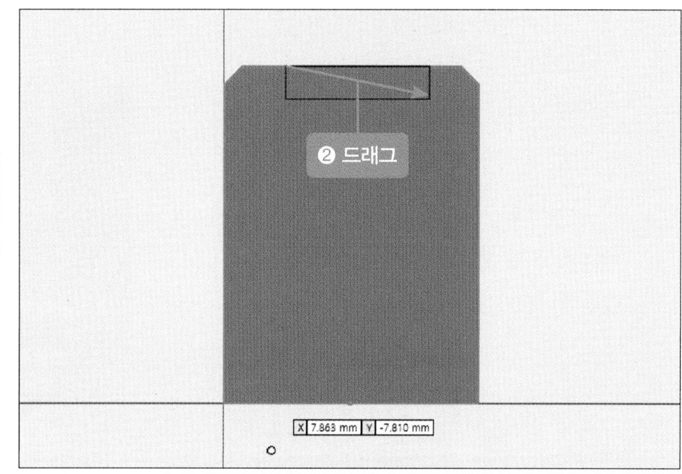

07 [치수] 아이콘을 클릭한 후 직사각형의 가로 및 세로의 치수선을 다음과 같이 넣습니다. 치수를 더블클릭하여 '5mm', '32mm', '4mm'로 수정합니다.

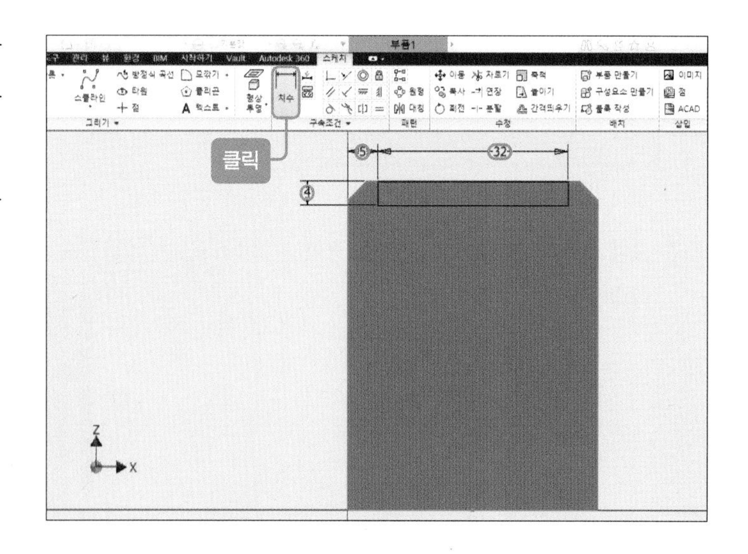

08 마우스 오른쪽 버튼을 눌러 [스케치 마무리]를 클릭합니다.

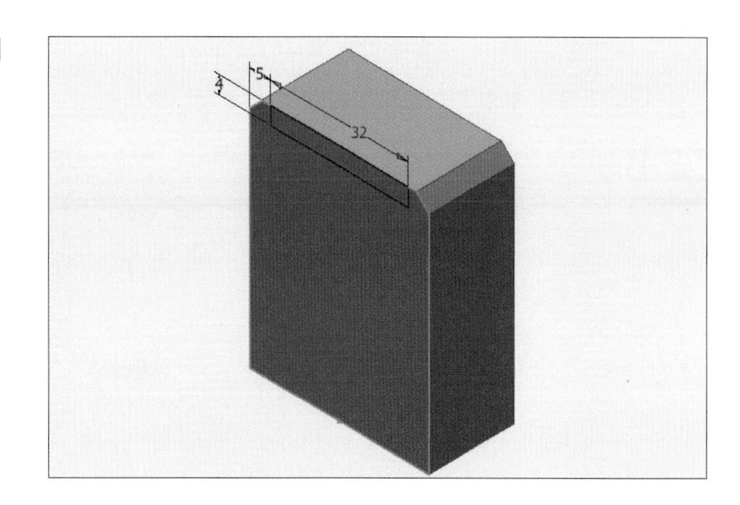

09 [돌출] 아이콘을 클릭한 후 [프로파일]을 클릭하고 작은 직사각형을 클릭합니다. 돌출 상자의 빨간색 부분을 클릭하고 치수를 '20mm'로 수정한 후 [확인] 버튼을 클릭합니다.

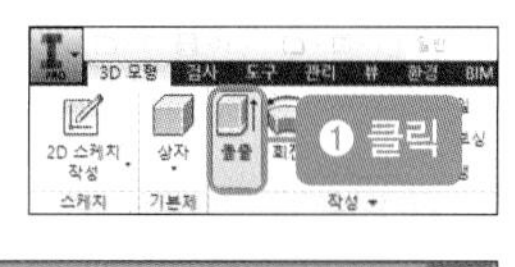

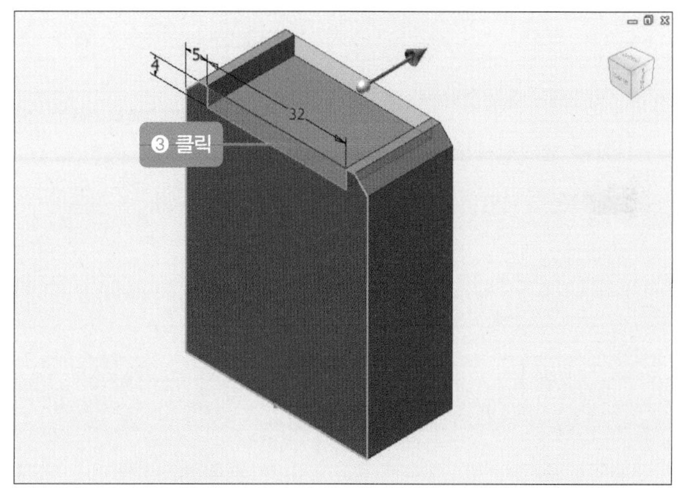

10 돌출시키면 다음과 같은 그림이 나타납니다.

11 직사각형의 빨간색 면을 클릭한 후 [2D 스케치 작성] 아이콘을 클릭합니다.

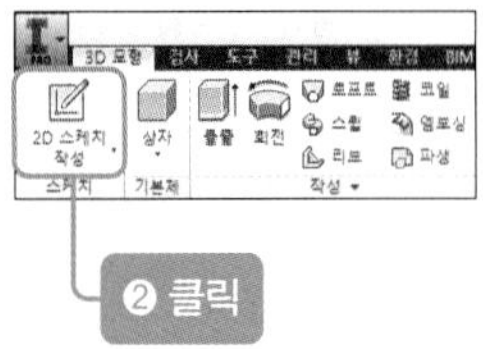

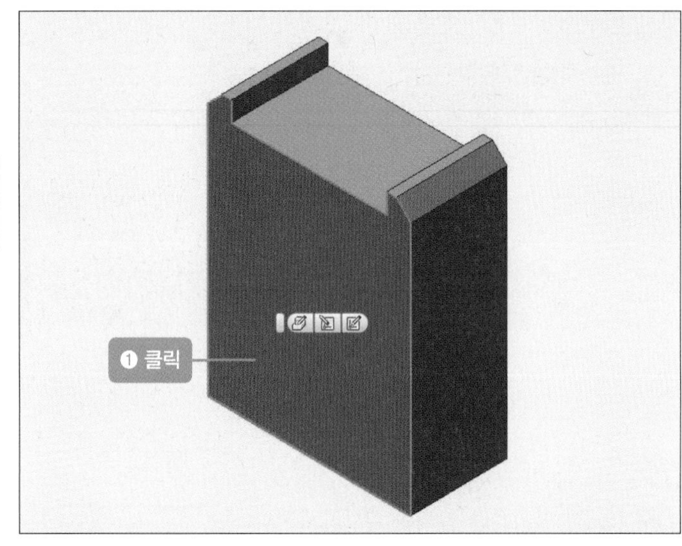

12 [점] 아이콘을 클릭한 후 임의의 위치에 일직선상으로 점 2개를 클릭하여 만듭니다.

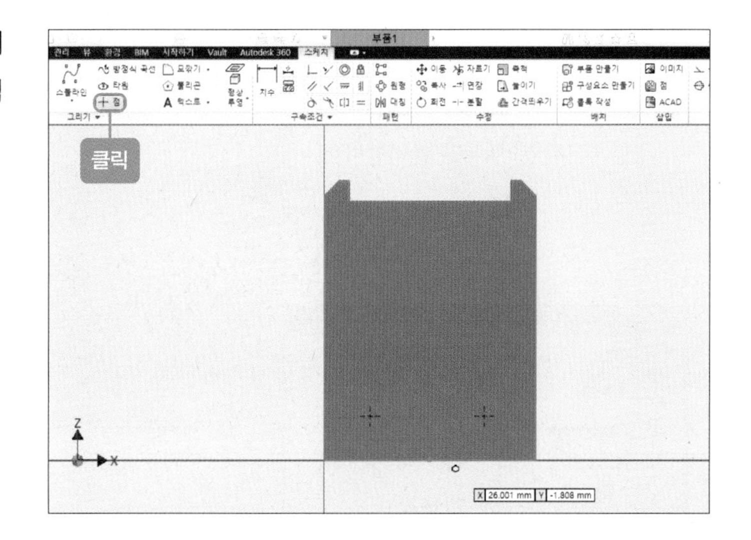

13 [치수] 아이콘을 클릭한 후 점의 가로 및 세로의 치수선을 다음과 같이 넣습니다. 치수를 더블클릭하여 '8mm', '26mm', '10mm'로 수정합니다.

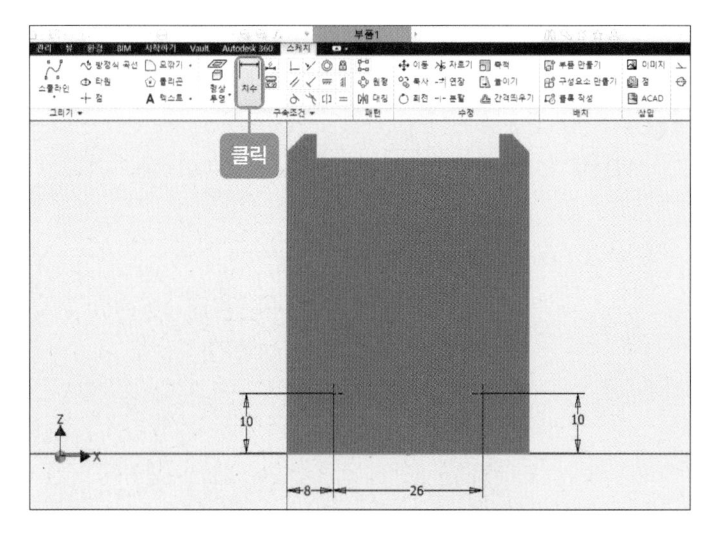

14 마우스 오른쪽 버튼을 눌러 [스케치 마무리]를 클릭합니다.

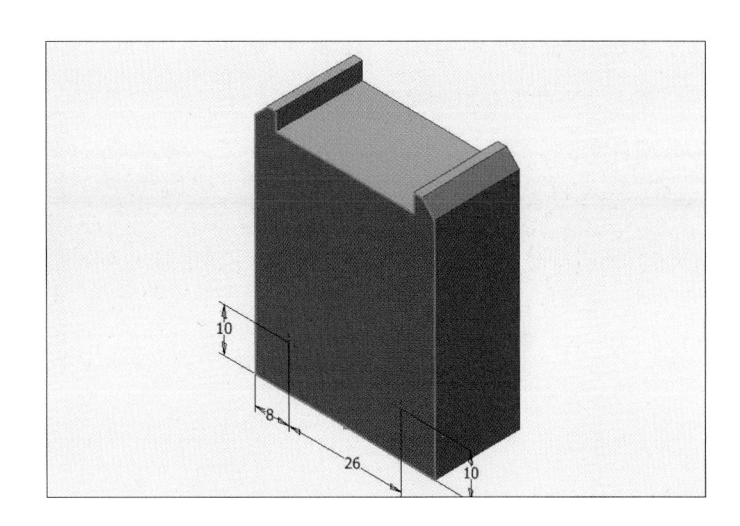

15 [구멍] 아이콘을 클릭한 후 다음과 같이 설정하고 [확인] 버튼을 클릭합니다.

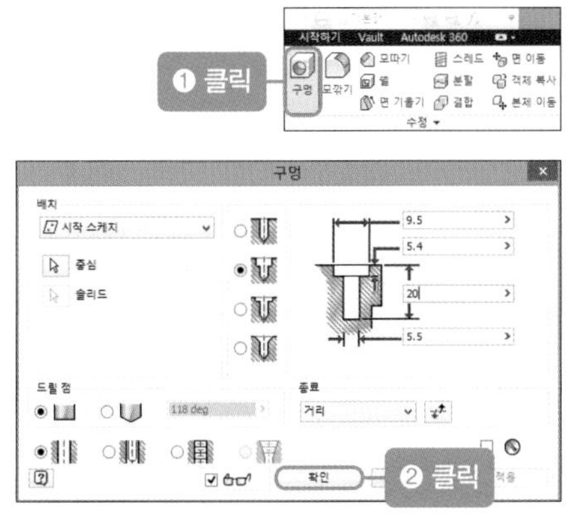

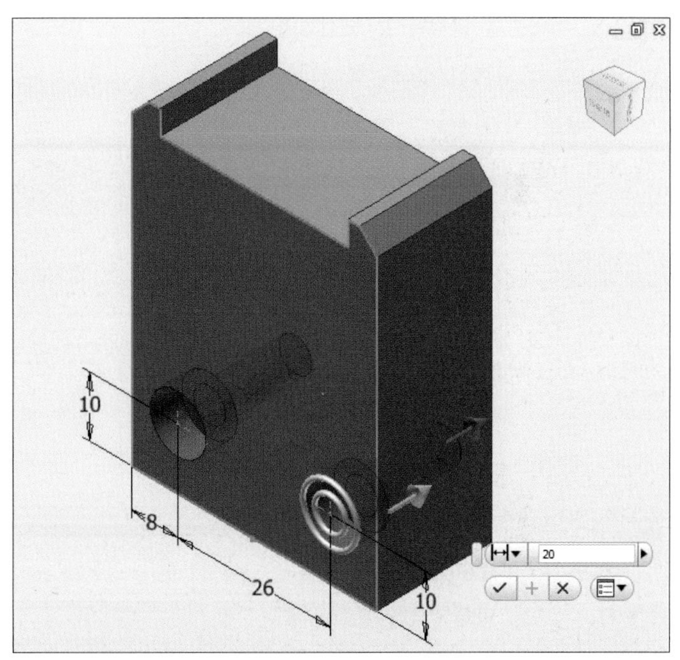

16 구멍을 뚫으면 다음과 같은 그림이 나타납니다.

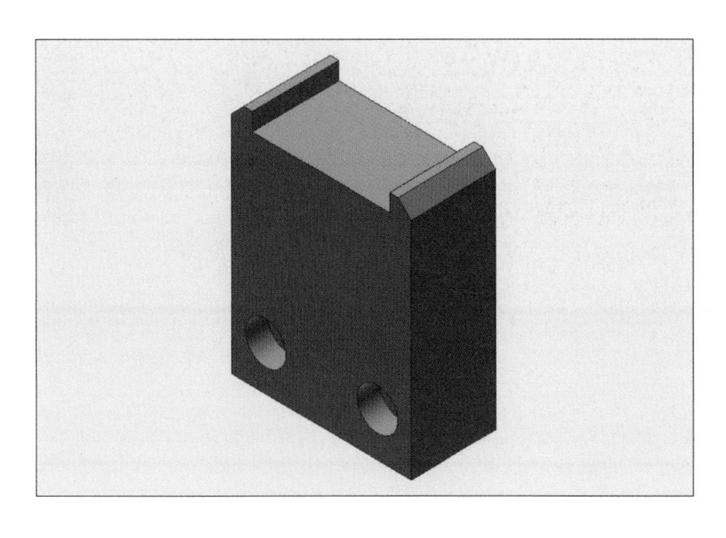

17 직사각형의 빨간색 부분을 클릭한 후 [2D 스케치 작성] 아이콘을 클릭합니다.

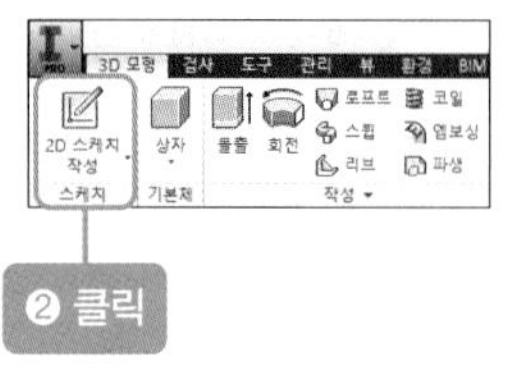

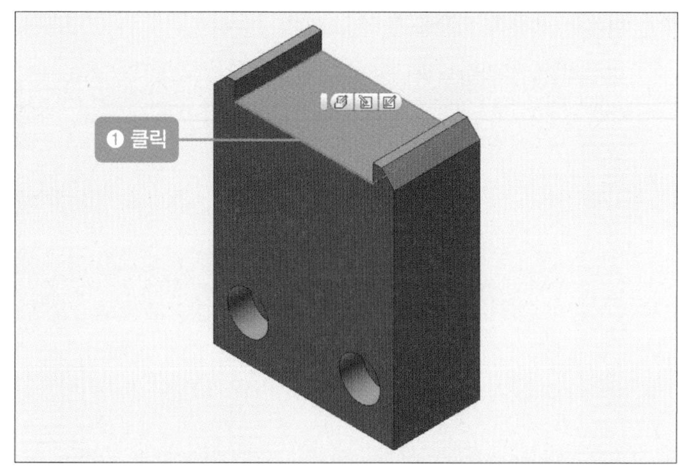

18 [점] 아이콘을 클릭한 후 중심점을 기준으로 일직선상으로 점 3개를 클릭하여 만듭니다.

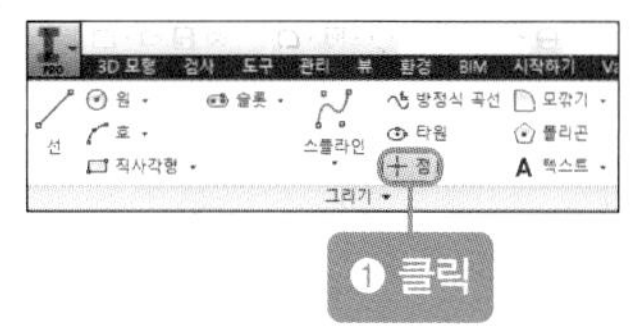

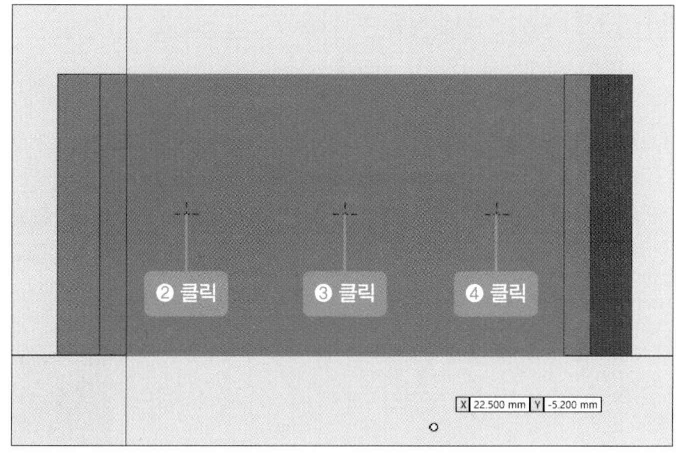

19 [치수] 아이콘을 클릭한 후 점의 가로의 치수선을 다음과 같이 넣습니다. 치수를 더블클릭하여 11mm, '20mm'로 수정합니다.

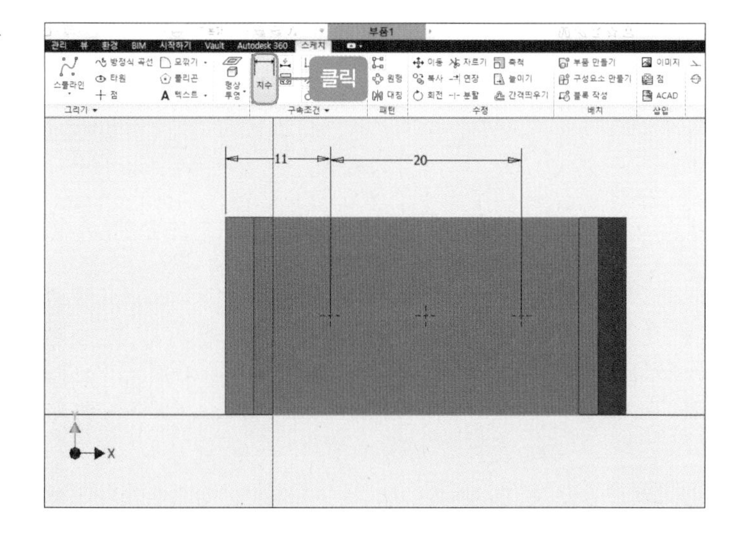

20 마우스 오른쪽 버튼을 눌러 [스케치 마무리]를 클릭합니다.

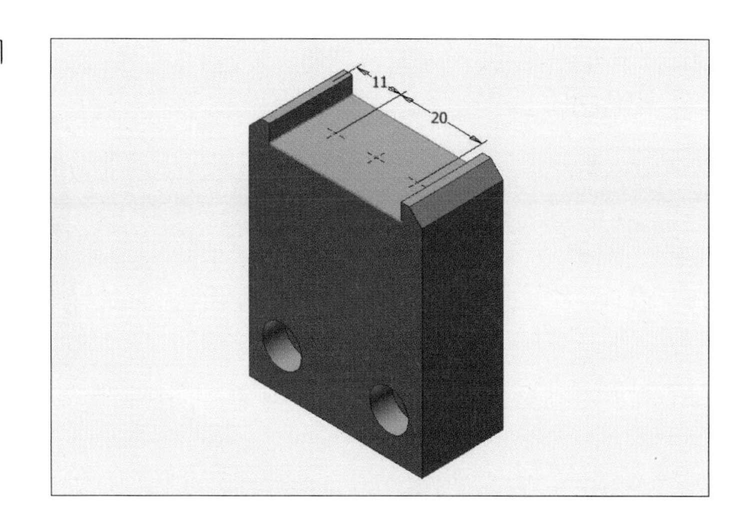

21 빨간색 부분의 중심점을 클릭합니다.

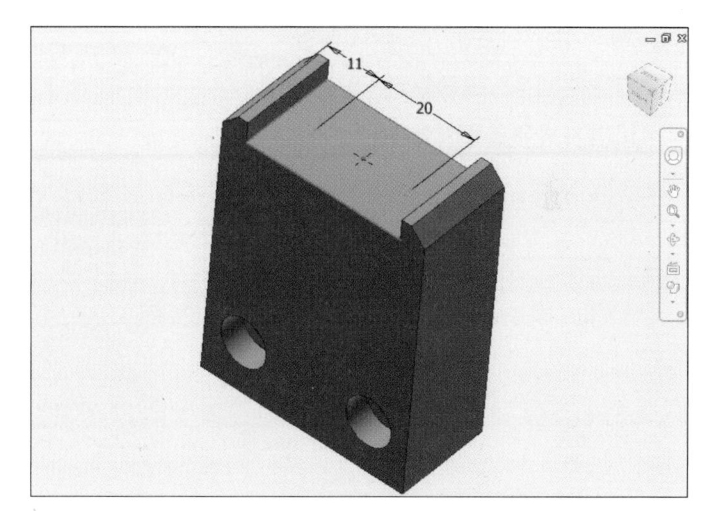

22 [구멍] 아이콘을 클릭한 후 다음과 같이 설정하고 [확인] 버튼을 클릭합니다.

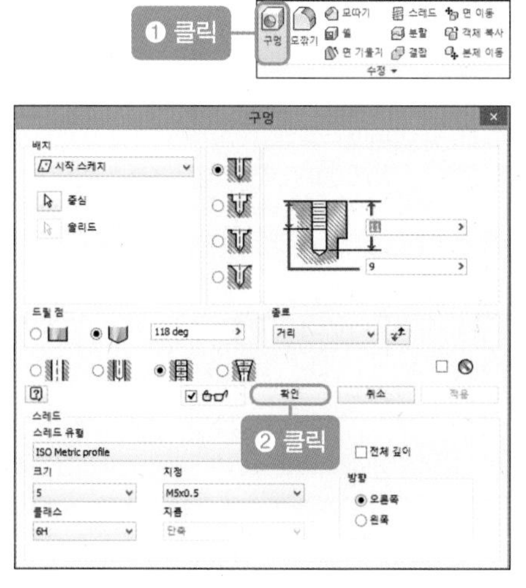

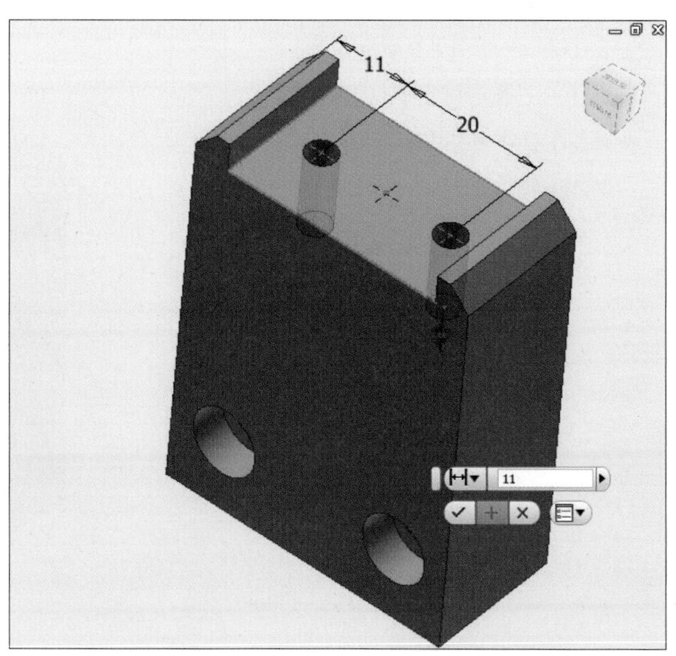

23 구멍을 뚫으면 다음과 같은 그림이 나타납니다.

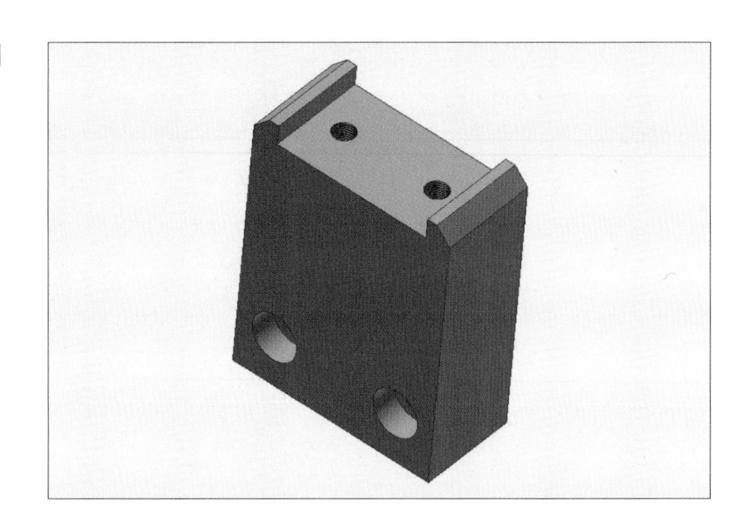

24 [탐색기]에서 [구멍2-스케치4]를 클릭한 후 마우스 오른쪽 버튼을 눌러 [스케치 공유]를 클릭합니다.

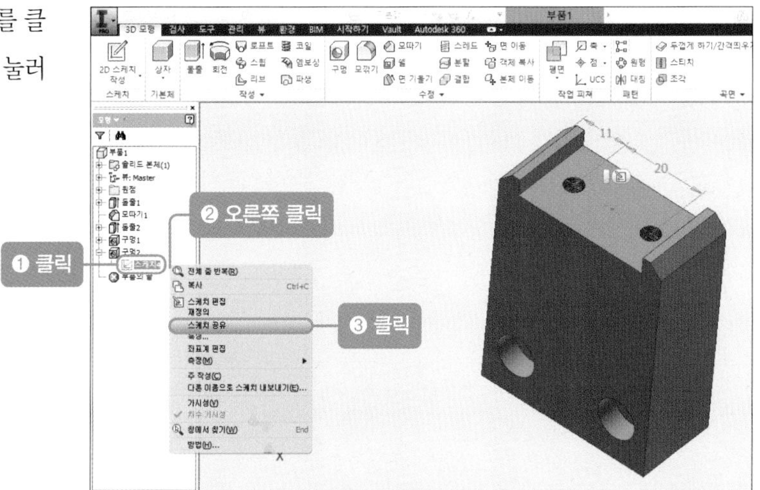

25 중간에 있는 중심점을 클릭한 후 [구멍] 아이콘을 클릭합니다. 그런 다음 다음과 같이 설정하고 [확인] 버튼을 클릭합니다.

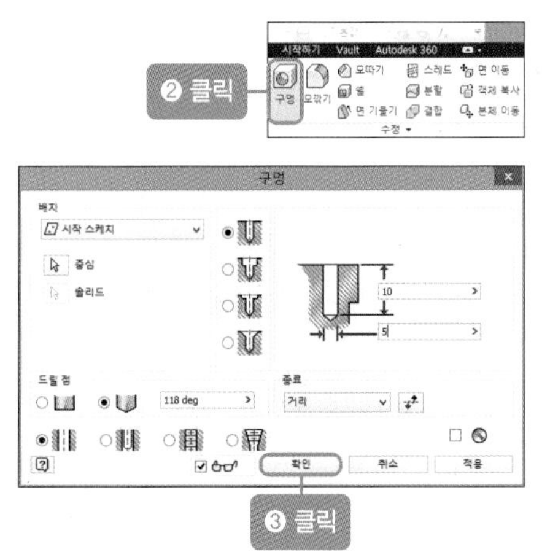

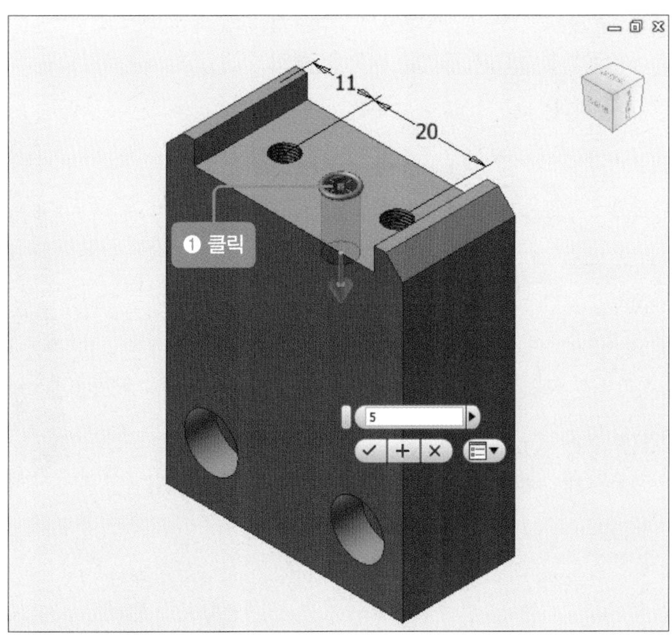

26 구멍을 뚫으면 다음과 같은 그림이 나타납니다.

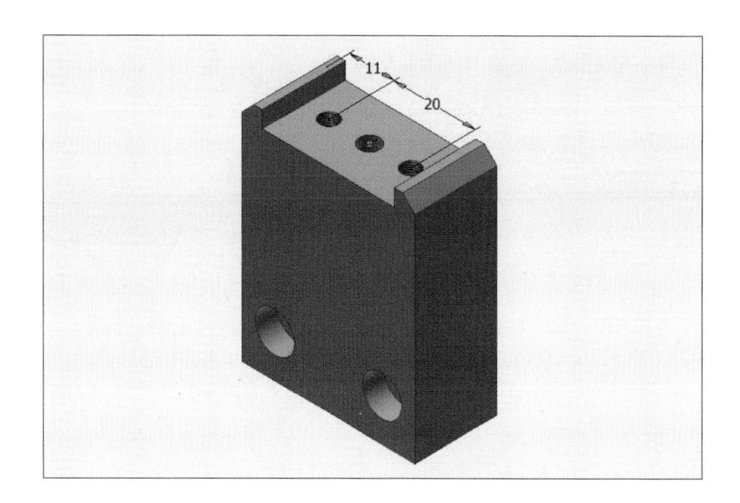

27 [탐색기]에서 [구멍 3-스케치 4]를 클릭하고 마우스 오른쪽 버튼을 눌러 [가시성]의 체크를 해제합니다.

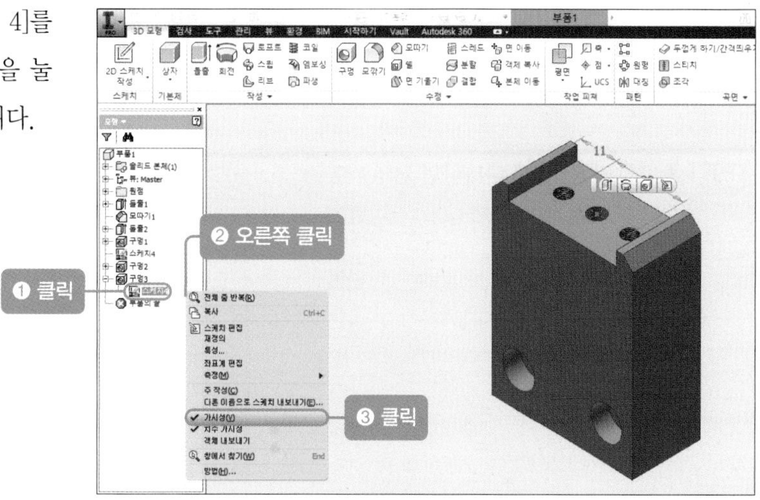

28 칼럼이 완성됩니다.

3 | 삽입부시 부품 만들기(품번 ④)

1 삽입부시 스케치하기(품번 ④)

01 바탕 화면에서 [Inventor] 아이콘을 더블클릭하면 프로그램이 실행되고 다음과 같은 창이 나타나면 [새로 만들기]를 클릭합니다.

02 [새 파일 작성] 창이 나타나면 'Standard.ipt'를 클릭한 후 [작성] 버튼을 누릅니다.

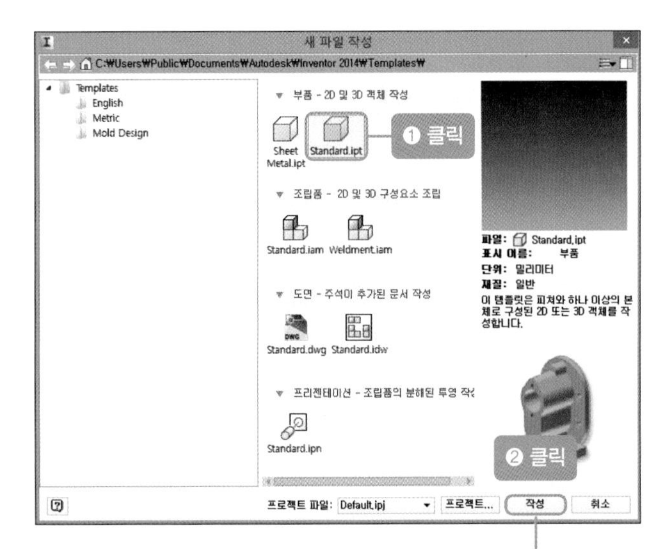

03 탐색기의 [원점-XY 평면]을 클릭한 후 [2D 스케치 작성] 아이콘을 클릭합니다.

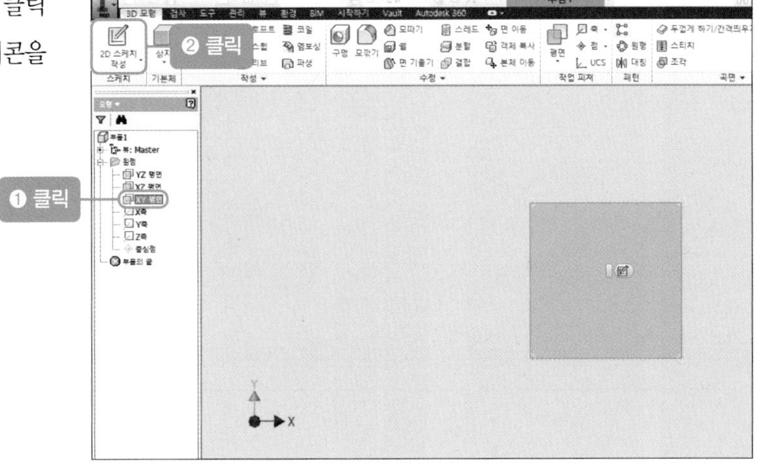

04 [직사각형] 아이콘을 클릭한 후 임의의 사각형을 그립니다.

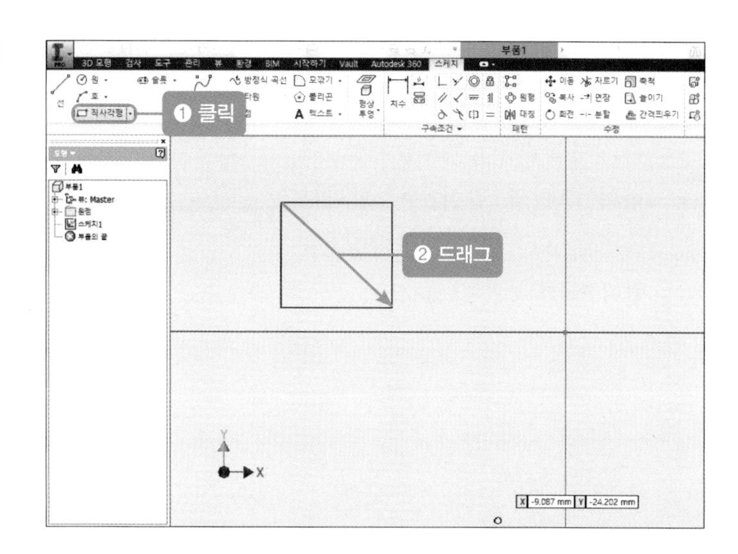

05 [일치 구속 조건] 아이콘을 클릭한 후 직사각형의 중심선에서 중심점을 클릭하고 좌표계의 중심을 클릭합니다.

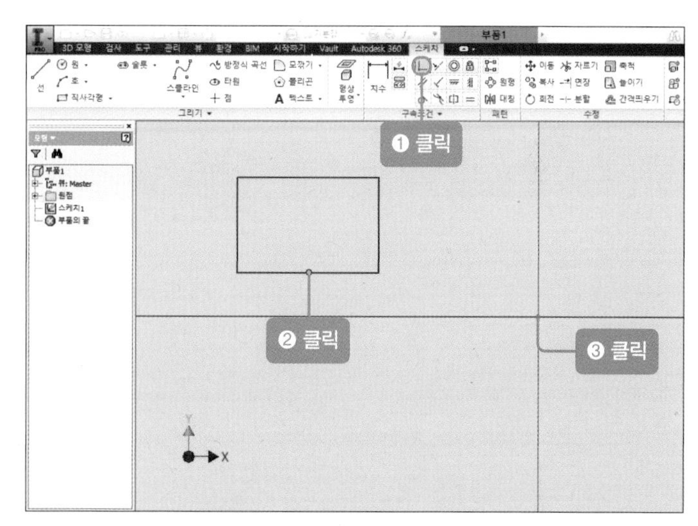

06 직사각형의 아래 부분 선을 클릭한 후 [중심선] 아이콘을 클릭하면 다음과 같이 중심선으로 바뀌어 나타납니다.

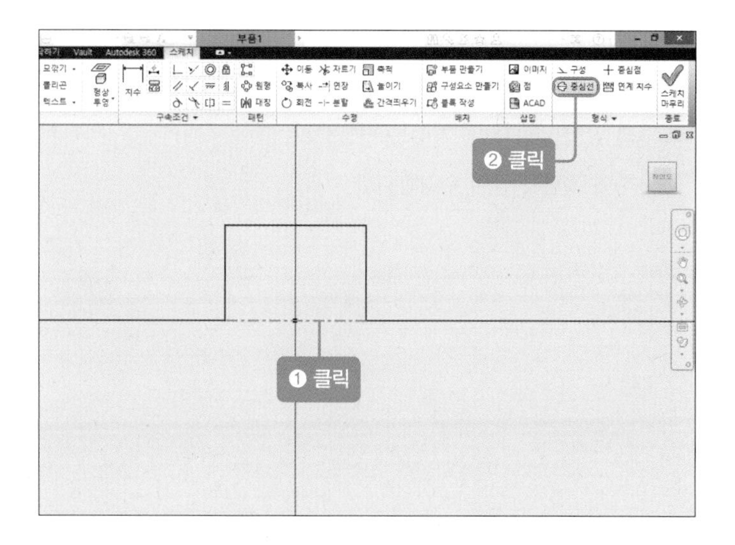

07 [치수] 아이콘을 클릭한 후 직사각형의 가로 및 세로의 치수선을 다음과 같이 넣습니다. 치수를 더블클릭하여 그림과 같이 수정합니다(Ø30mm은 위의 선과 중심선을 클릭합니다).

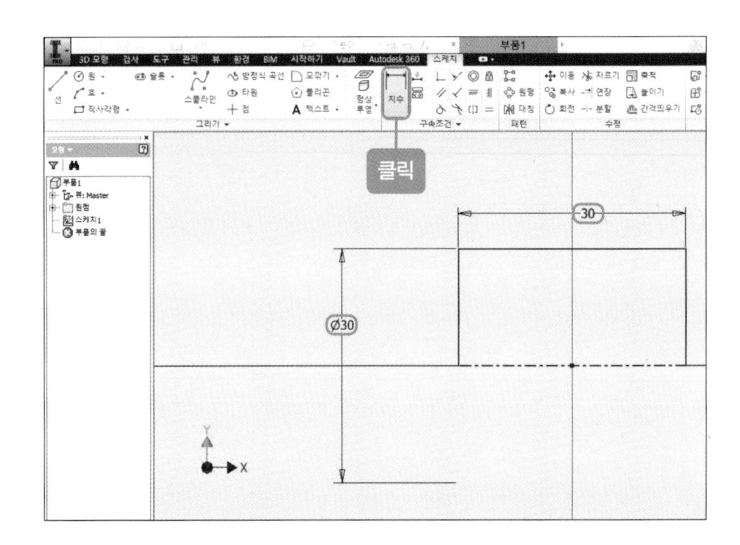

08 [선] 아이콘을 클릭한 후 가로축으로 선 2개와 세로축으로 선 1개를 그립니다.

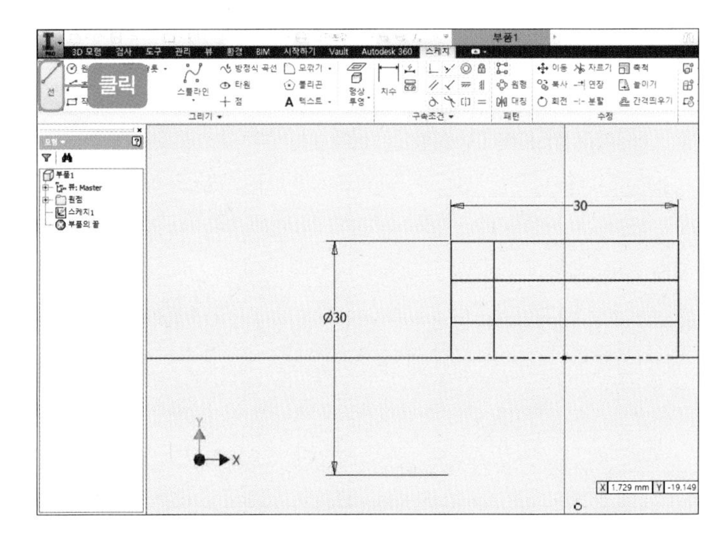

09 [치수] 아이콘을 클릭한 후 직사각형의 가로 및 세로의 치수선을 다음과 같이 넣습니다. 치수를 더블클릭하여 그림과 같이 수정합니다.

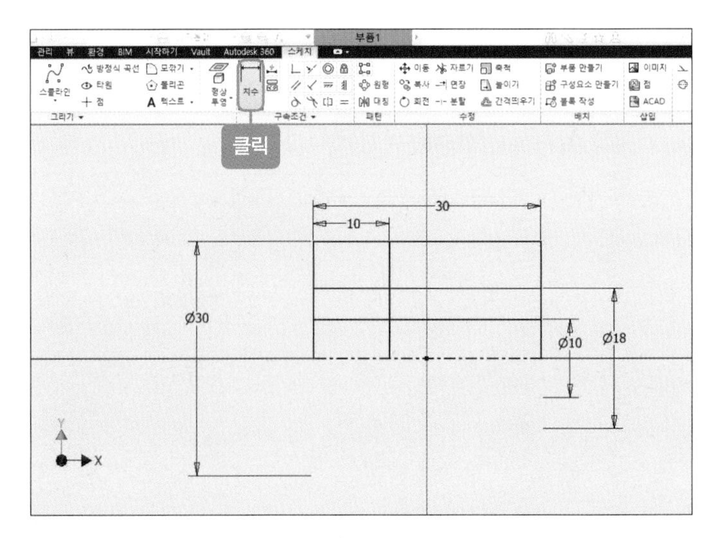

10 [자르기] 아이콘을 클릭한 후 필요 없는 선을 지웁니다(지울 때 모형이 변할 경우, 치수선을 지운 후에 지웁니다).

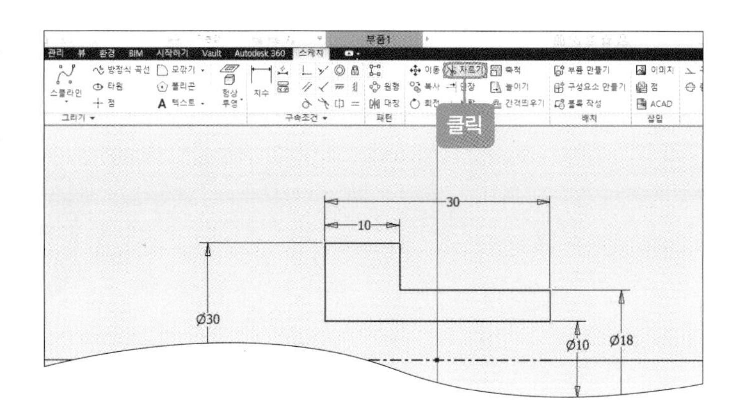

11 마우스 오른쪽 버튼을 눌러 [스케치 마무리]를 클릭합니다.

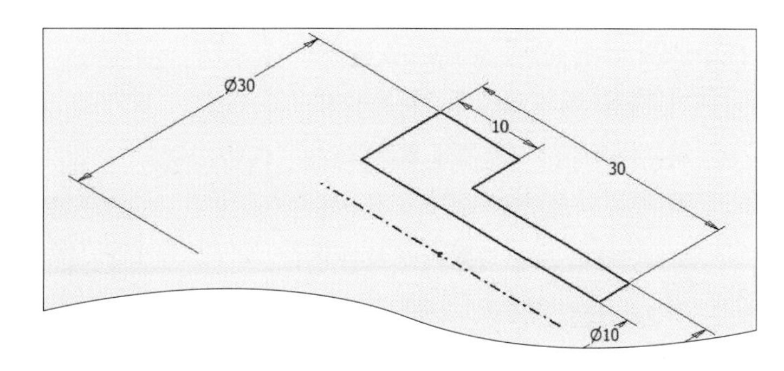

❷ 삽입부시 입체 형상 만들기

01 [회전] 아이콘을 클릭한 후 [프로파일]을 클릭하고 방금 전에 그렸던 것을 클릭합니다. 그런 다음 축을 클릭하고 가로축의 중심선을 클릭한 후 [확인] 버튼을 클릭합니다(만약, 회전 아이콘을 클릭하자마자 다음과 같이 나올 경우, [확인] 버튼을 클릭합니다).

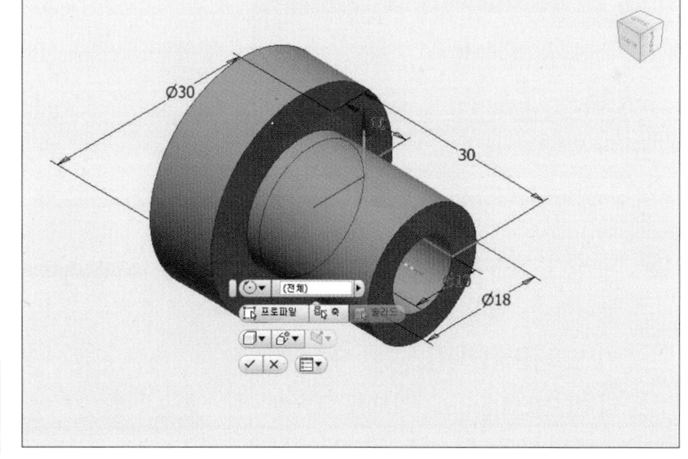

02 회전하면 다음과 같이 모델링됩니다.

03 [모따기] 아이콘을 클릭한 후 [모따기] 대화상자의 빨간색 부분을 클릭하고 삽입부시 모형에서 왼쪽 모서리 끝과 바로 옆에 있는 모서리를 클릭합니다. 그런 다음 거리 치수에 '1mm'를 입력하고 [적용] 버튼을 누릅니다.

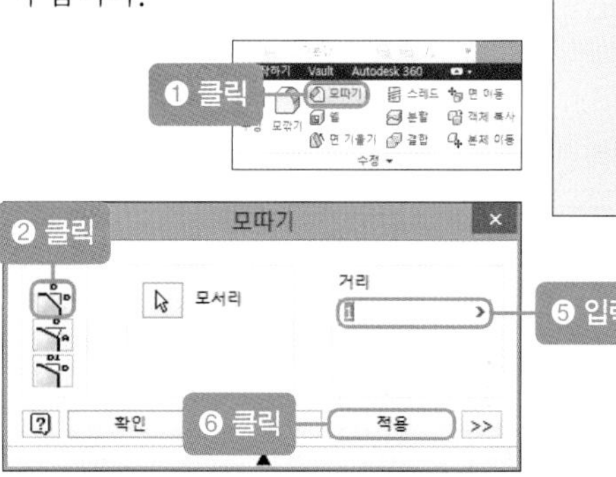

04 [모따기] 대화상자의 빨간색 부분을 클릭한 후, 삽입부시 모형에서 모따기 면을 클릭합니다. 그런 다음 거리 치수를 '1.5mm', 각도를 '30°'로 수정합니다.

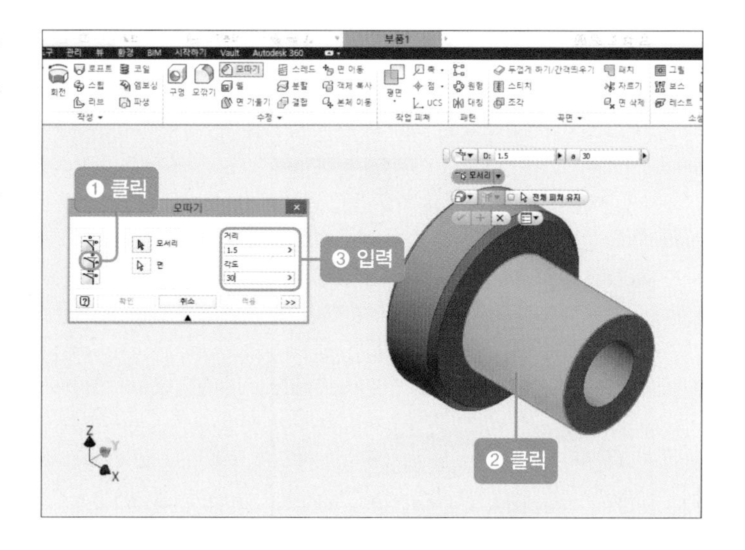

05 [모따기] 대화상자의 빨간색 부분을 클릭한 후 삽입부시 모형에서 오른쪽 끝 모서리를 클릭하고 [확인] 버튼을 클릭합니다.

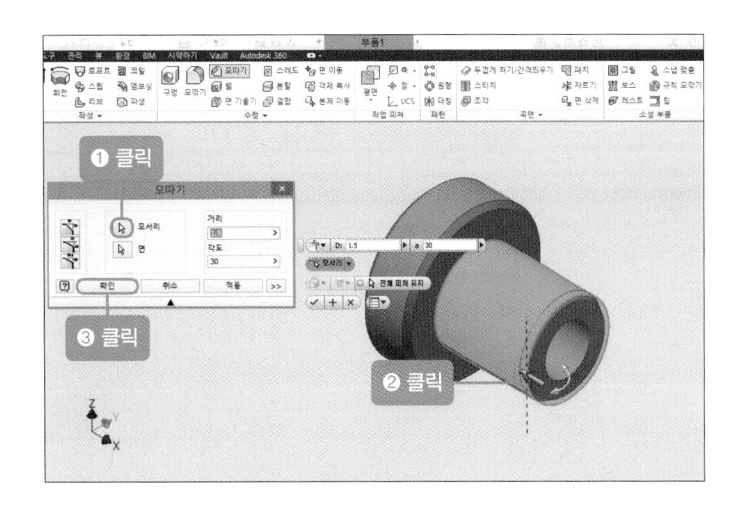

06 모따기를 하면 다음과 같이 모델링 됩니다.

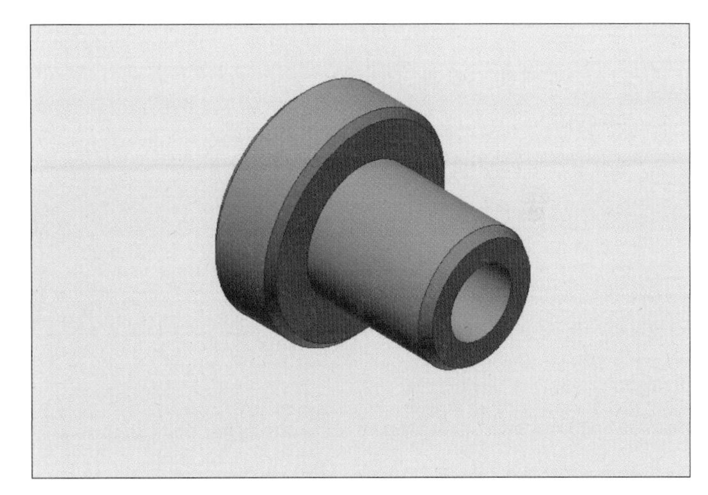

07 [모깎기] 아이콘을 클릭한 후 반지름을 '2mm'로 수정하고 다음과 같이 오른쪽 구멍 모서리를 클릭합니다.

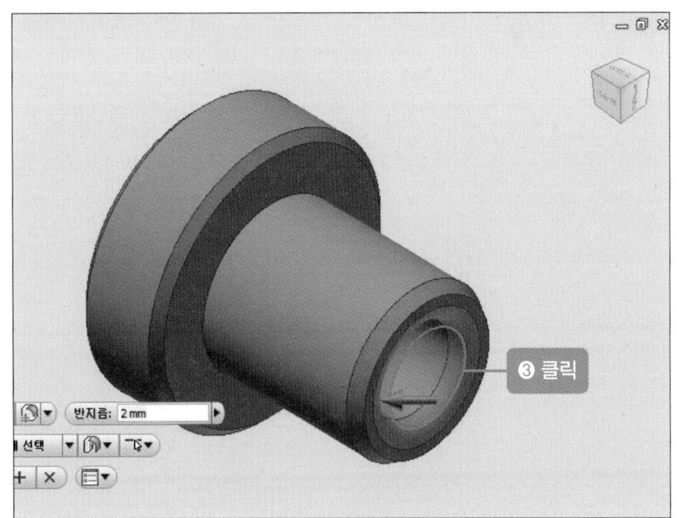

08 회전시켜 왼쪽 구멍 모서리를 클릭한 후 [확인] 버튼을 클릭합니다.

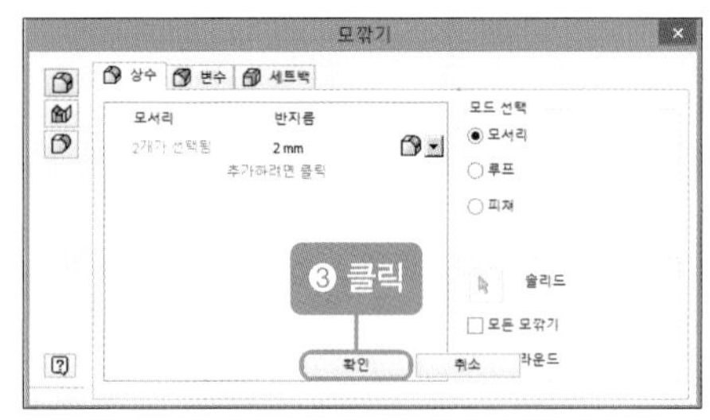

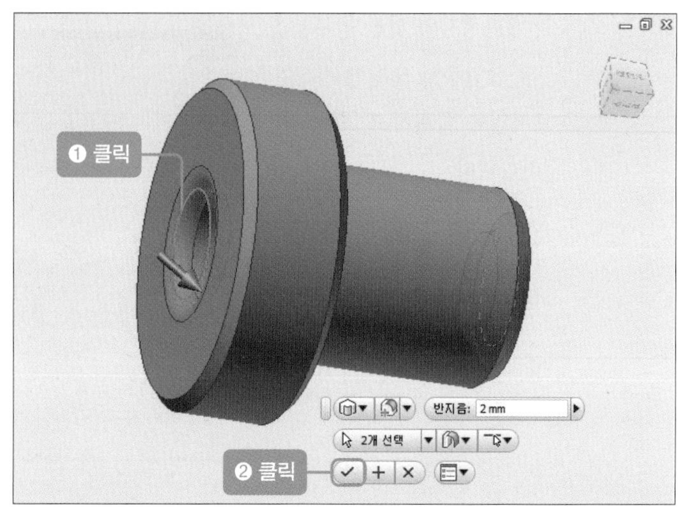

09 모깎기시키면 다음과 같이 모델링 됩니다.

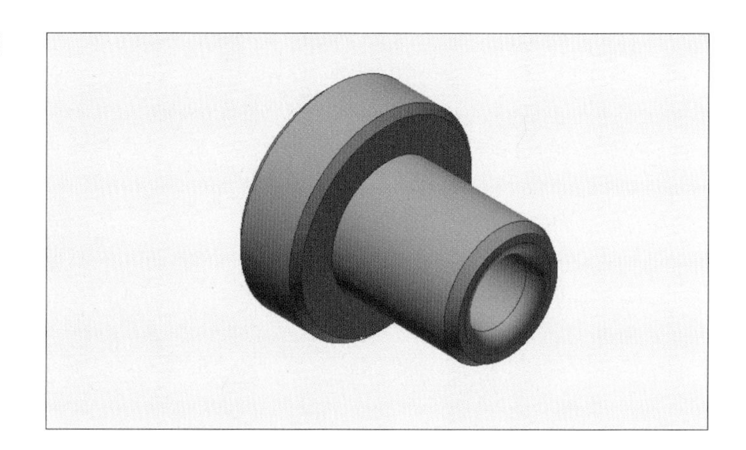

10 원의 빨간색 부분을 클릭한 후 [2D 스케치 작성] 아이콘을 클릭합니다.

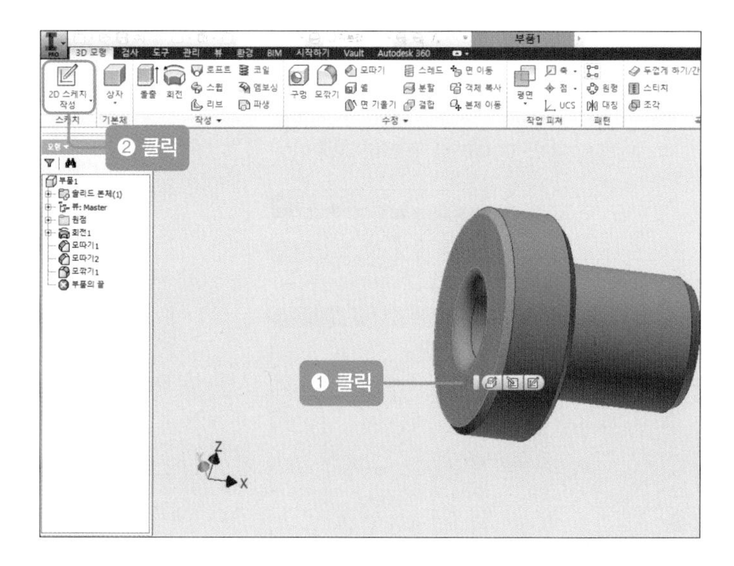

11 [형상투영] 아이콘을 클릭한 후 바깥쪽 원(빨간색 화살표 부분)을 클릭합니다.

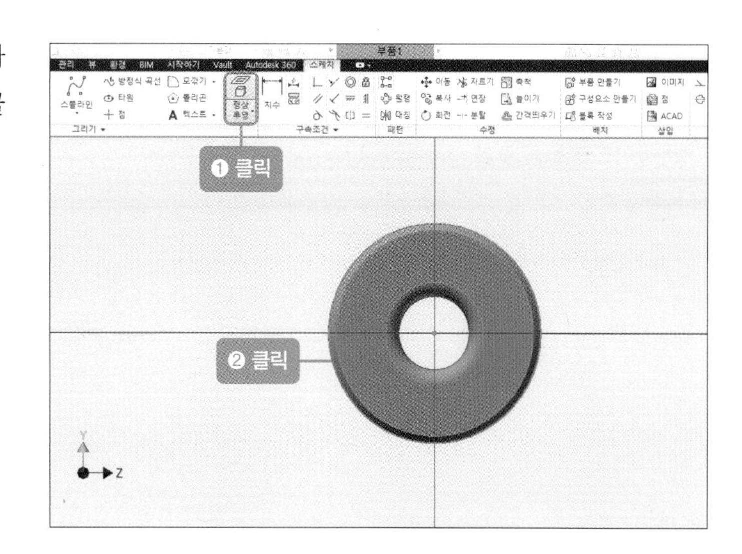

12 [선] 아이콘을 클릭한 후 중심점을 클릭하고 세로축으로 중심선을 그립니다. 그런 다음 중심점을 클릭하고 세로축 중심선의 오른쪽 방향으로 대각선을 그립니다. 그리고 그 2개의 선을 클릭한 후 [구성] 아이콘을 클릭합니다.

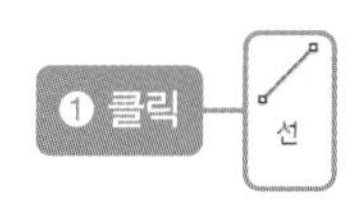

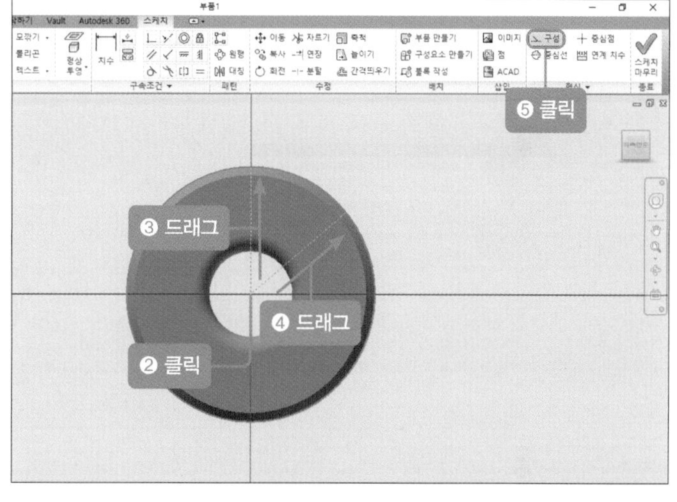

13 [치수] 아이콘을 클릭한 후 세로축의 중심선과 대각선을 클릭하고 다음과 같이 치수선을 넣습니다. 치수를 더블클릭하여 '50°'로 수정합니다.

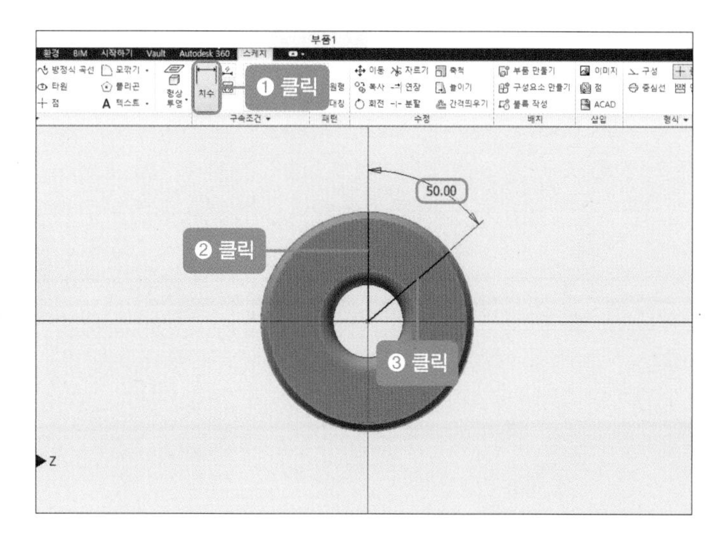

14 [원] 아이콘을 클릭한 후 중간 중심점을 클릭하고 23mm 원을 그립니다.

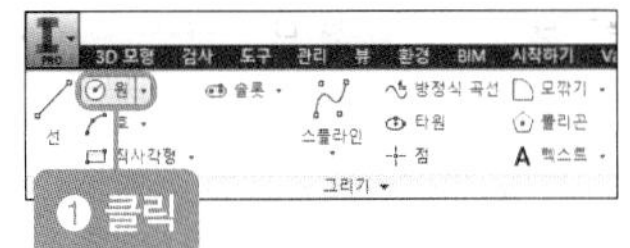

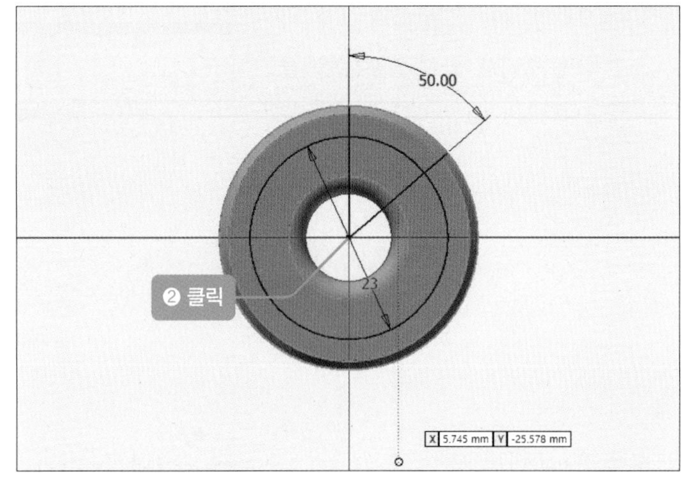

15 [원] 아이콘을 클릭한 후 2개의 직선과 동일한 선상의 17mm 원을 그립니다.

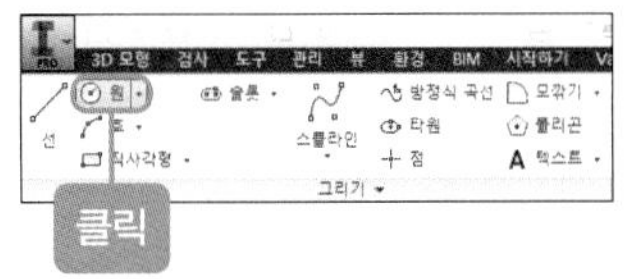

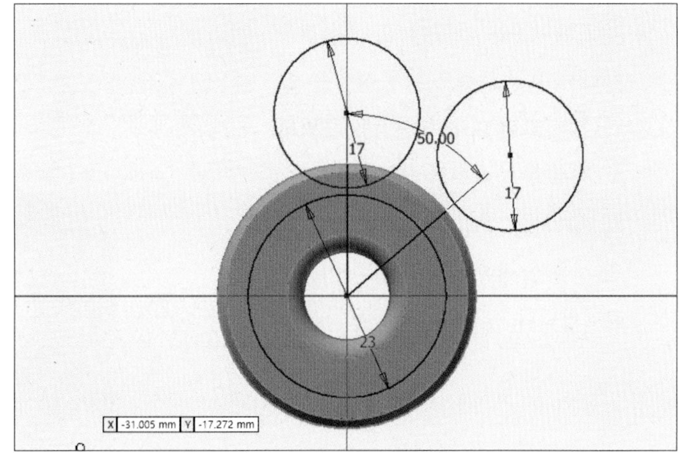

16 [접선] 아이콘을 클릭한 후 23mm 원과 17mm 원 2개를 각각 클릭하여 접선시킵니다.

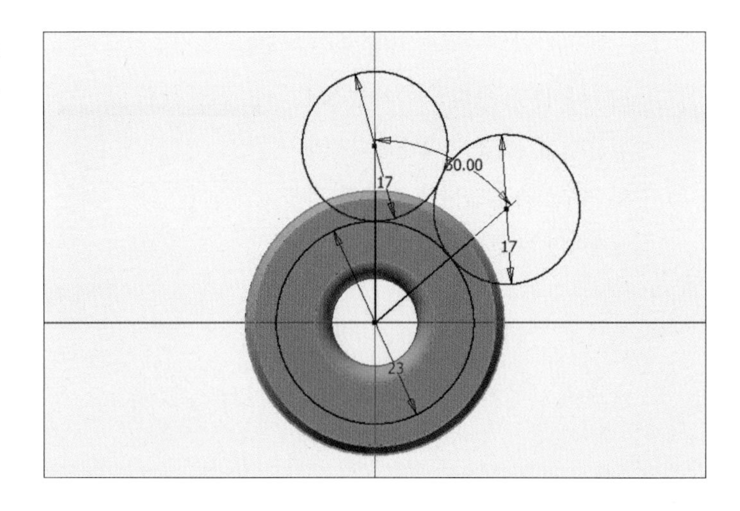

17 [자르기] 아이콘을 클릭한 후 필요 없는 선을 지웁니다(지울 때 모형이 변할 경우, 치수선을 지운 후에 지웁니다).

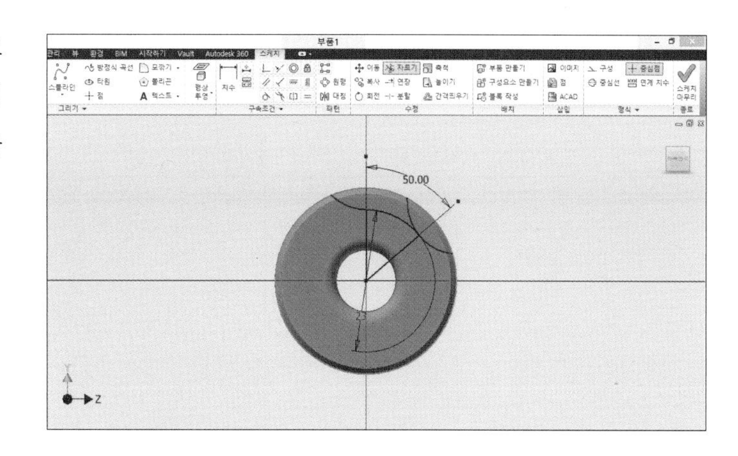

18 마우스 오른쪽 버튼을 눌러 [스케치 마무리]를 클릭합니다.

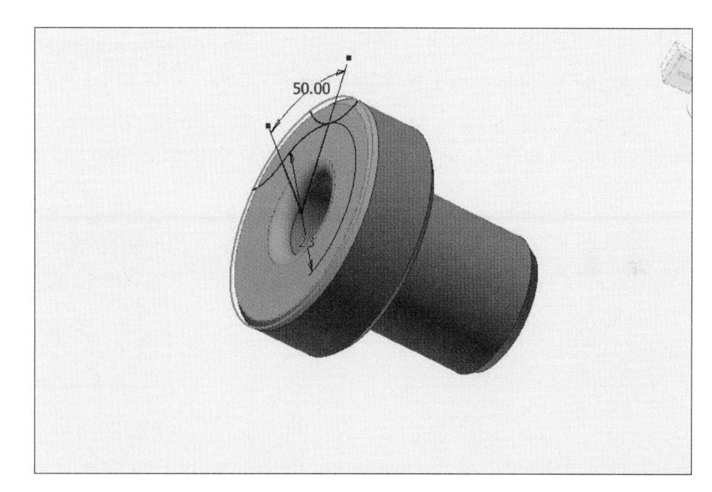

19 [돌출] 아이콘을 클릭한 후 [프로파일]을 클릭하고 세로축의 중심선을 기준으로 왼쪽에 있는 원을 클릭합니다. [돌출] 대화상자의 빨간색 부분을 클릭하고 치수를 '6mm'로 수정한 후 [확인] 버튼을 클릭합니다.

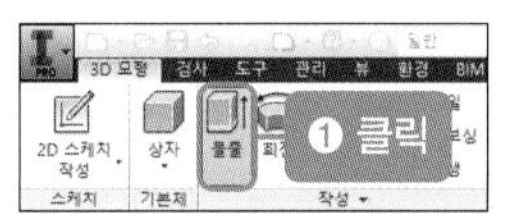

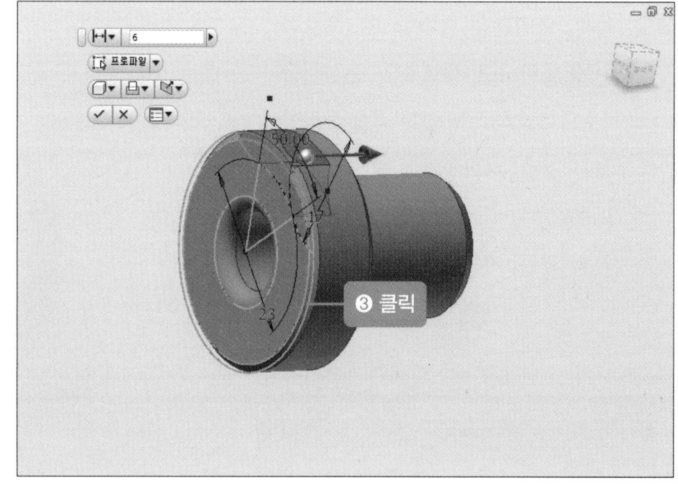

20 돌출시키면 다음과 같은 그림이 나타납니다.

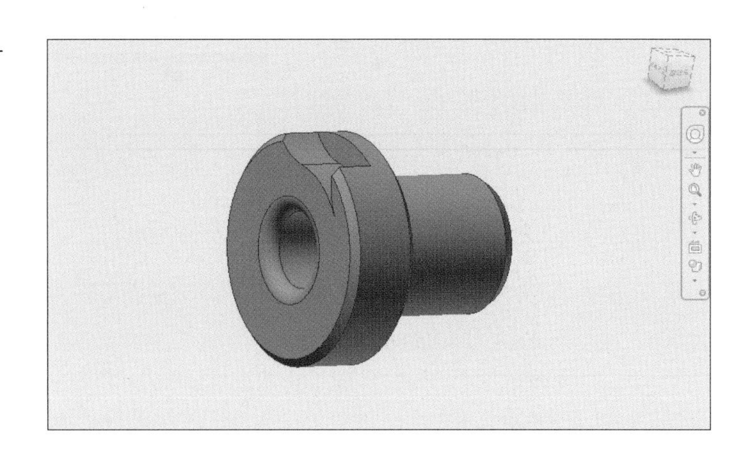

21 [탐색기]에서 [돌출 3-스케치 2]를 클릭한 후 마우스 오른쪽 버튼을 눌러 [스케치 공유]를 클릭합니다.

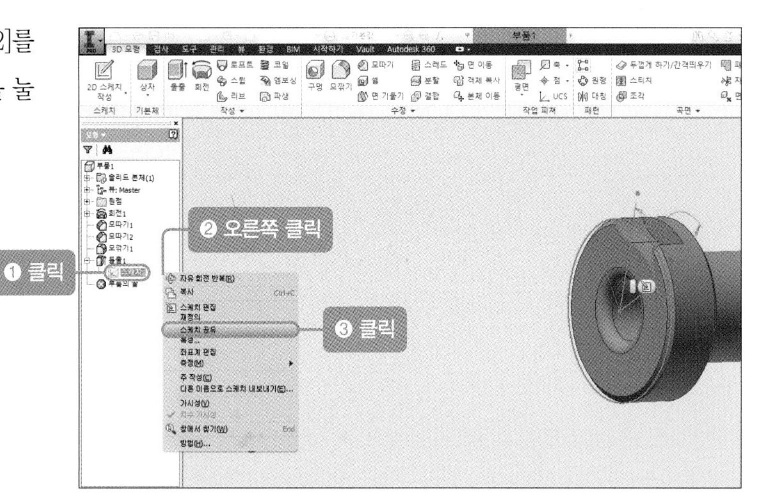

22 [돌출] 아이콘을 클릭한 후 [프로파일]을 클릭하고 세로축의 중심선을 기준으로 오른쪽에 있는 원을 클릭합니다. [돌출] 대화상자의 빨간색 부분을 클릭하고 치수를 '10mm'로 수정한 후 [확인] 버튼을 클릭합니다.

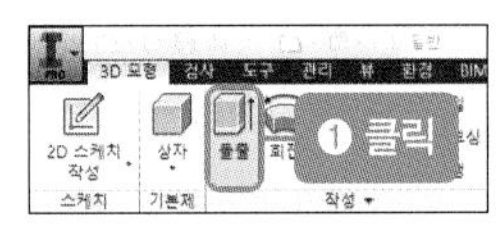

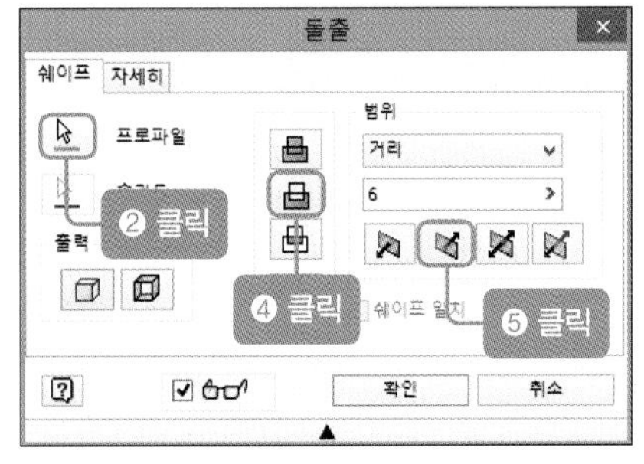

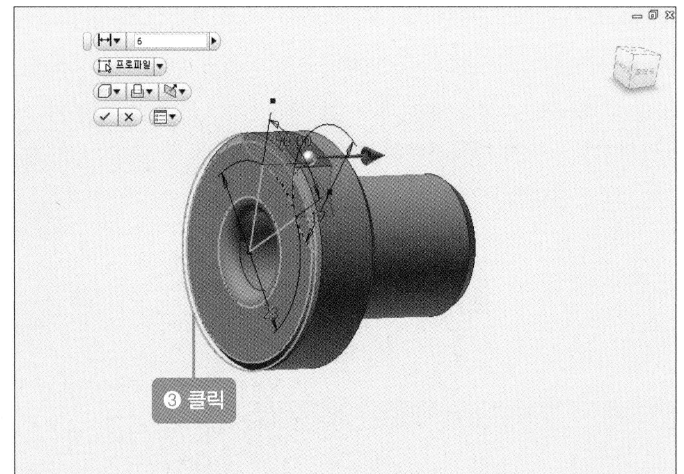

23 돌출시키면 다음과 같은 그림이 나타납니다.

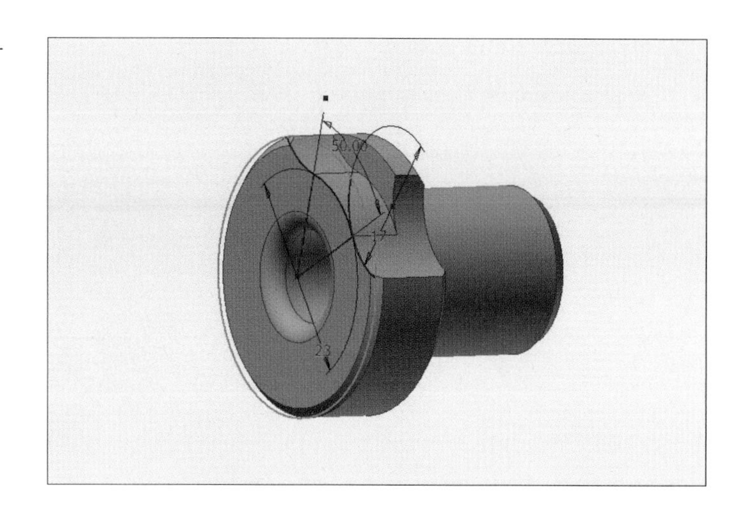

24 [탐색기]에서 [돌출3-스케치2]를 클릭한 후 마우스 오른쪽 버튼을 눌러 [가시성]의 체크를 해제합니다.

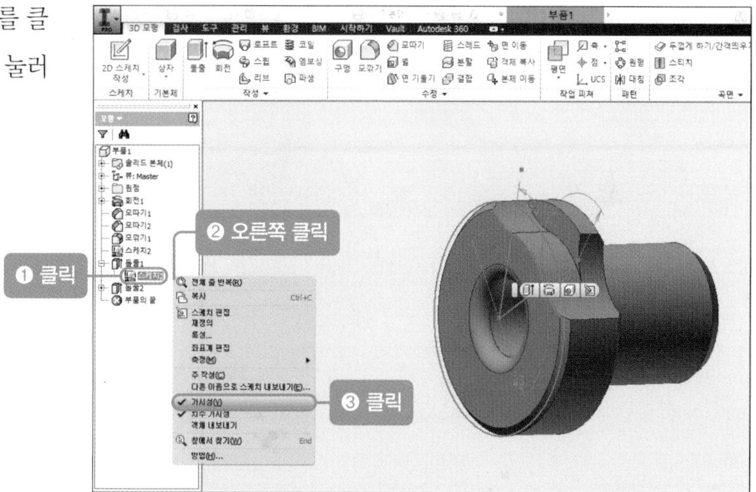

25 다음과 같은 그림이 나타납니다.

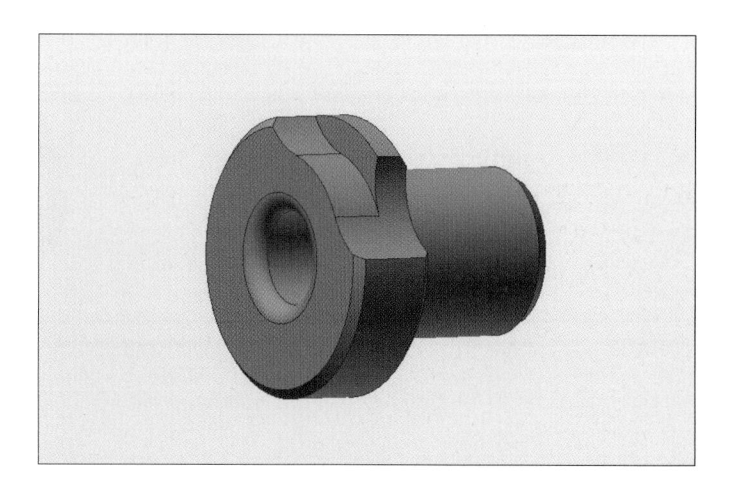

26 빨간색 원을 클릭한 후 마우스 오른쪽 버튼을 눌러 [특성]을 클릭합니다.

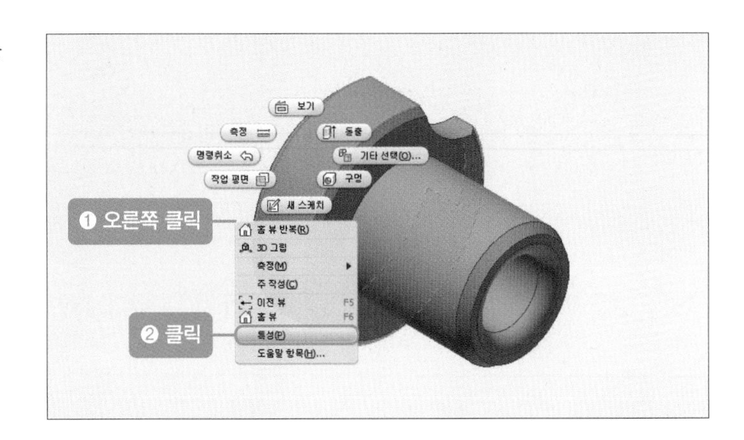

27 면 모양을 [널링 45]로 선택한 후 [확인] 버튼을 클릭합니다.

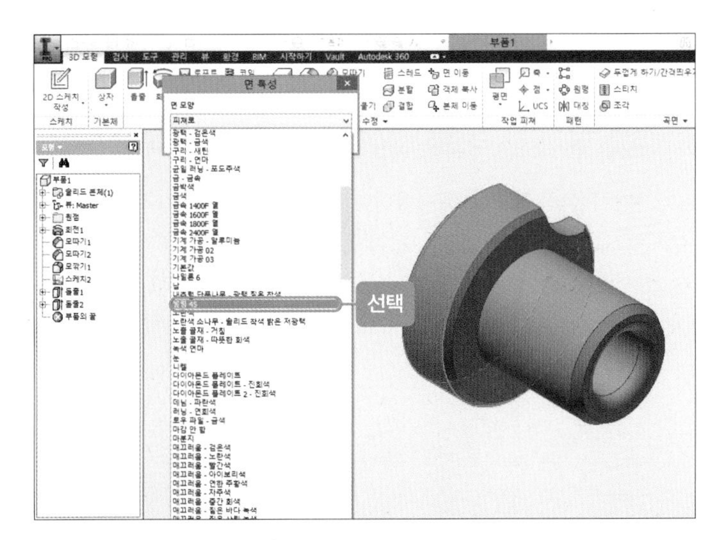

28 우회전용 노치형 삽입부시가 완성됩니다.

[2] 부품 상세도 작성하기(캐드)

01 동력 전달 장치 1과 동일한 방법으로 다음과 같은 그림을 나타냅니다.

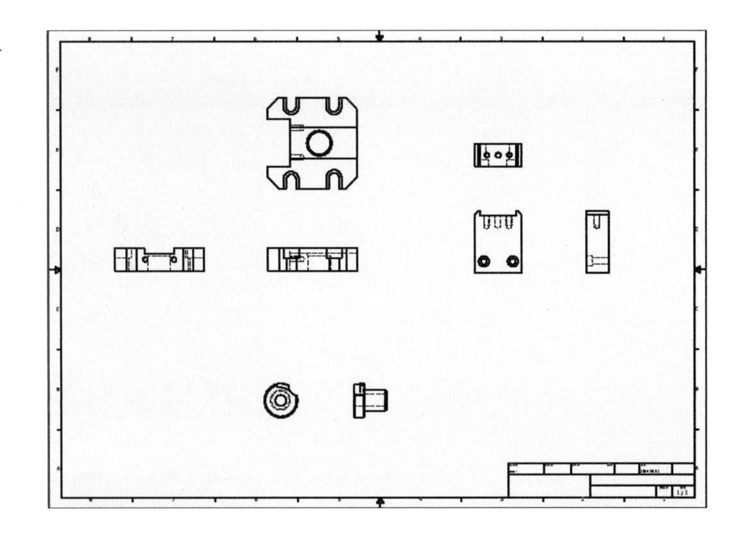

02 동력 전달 장치 1의 2D 작업과 동일한 방법으로 CAD 도면 파일을 열면 다음과 같은 그림이 나타납니다.

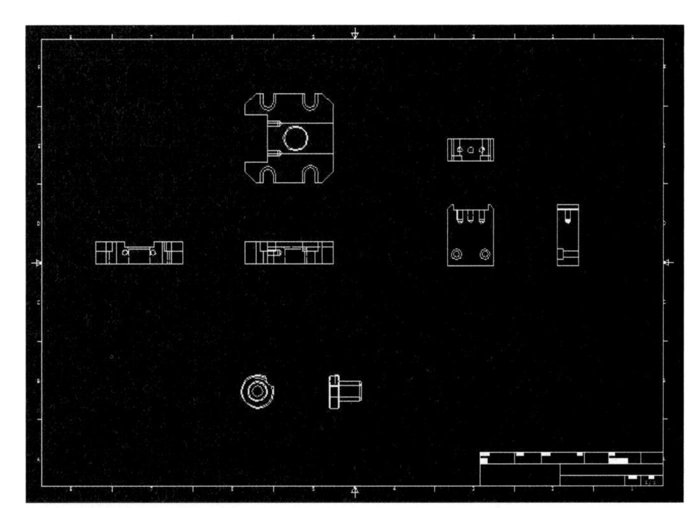

03 동력 전달 장치 1의 2D 도면을 불러와서 도면을 지운 후 표제란을 수정합니다.

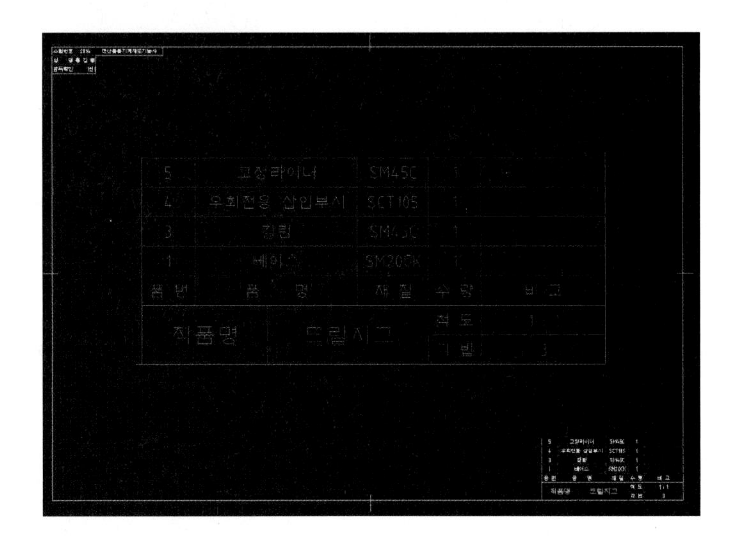

04 3D에서 2D로 변환시켰던 파일을 열어 2D를 복사합니다. 그런 다음 2D 도면 파일에 붙여 넣습니다.

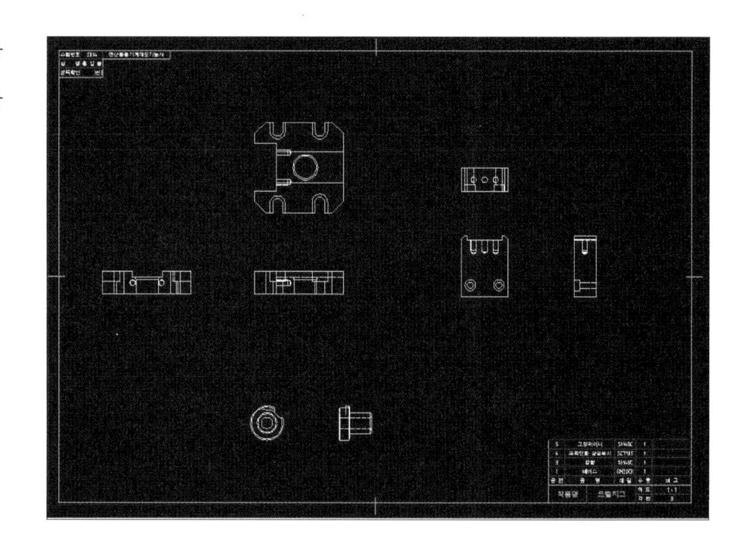

05 윤곽선 안에 있는 2D 도면 전체를 블록으로 지정하여 선을 외형선으로 바꿉니다.

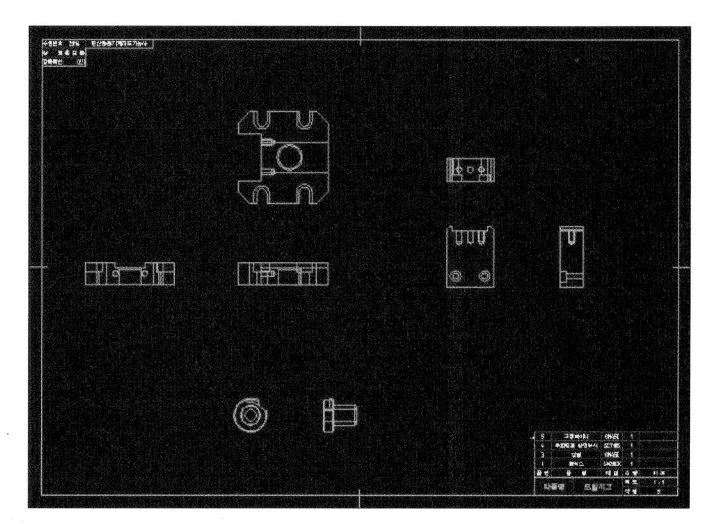

06 문제 도면(베이스)을 보고 베이스의 필요 없는 선을 전부 지웁니다. 평면도를 수정(선, 자르기, 스플라인, 해칭 명령어를 이용)하면서 도면층을 이용해 선을 바꿉니다.

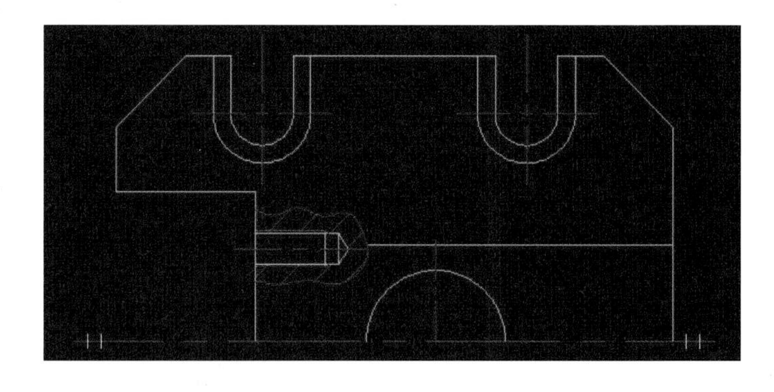

07 그림과 같이 정면도를 수정(선, 자르기, 해칭 명령어를 이용)하면서 도면층을 이용해 선을 바꿉니다.

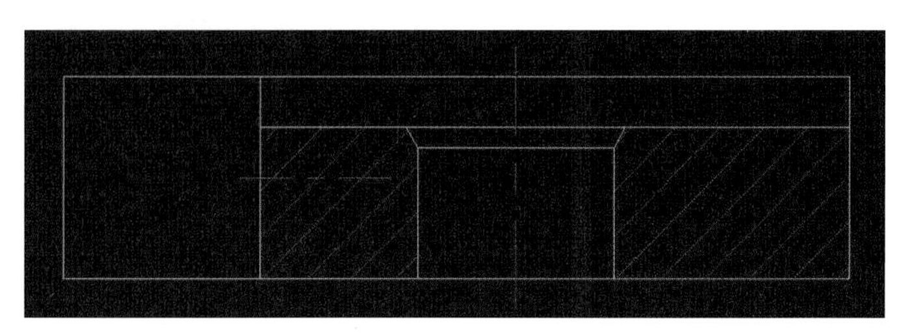

08 그림과 같이 측면도를 수정(선, 해칭, 자르기 명령어를 이용)하면서 도면층을 이용해 선을 바꿉니다.

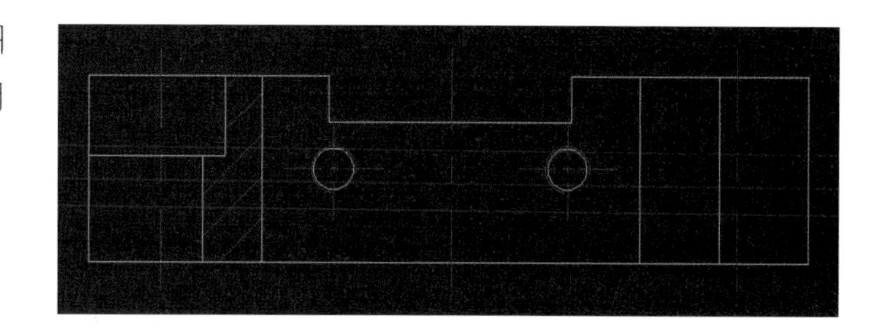

09 그림과 같이 치수 및 끼워맞춤 공차, 기하공차(분해, 문자 수정, 기하학적 공차, 지시선 명령어를 이용)를 기입합니다.

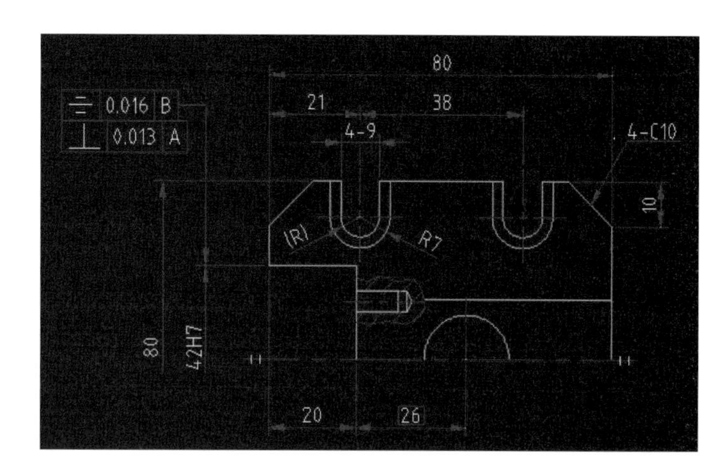

10 그림과 같이 치수 및 데이텀, 끼워맞춤 공차, 기하공차(분해, 문자 수정, 기하학적 공차, 지시선 명령어를 이용)를 기입합니다. 데이텀 화살표는 지시선을 더블클릭하여 [특성] 창의 선 및 화살표로 가서 화살표를 데이텀 삼각형 채우기로 바꿉니다(Ø는 '%%C', °는 '%%D'를 입력합니다).

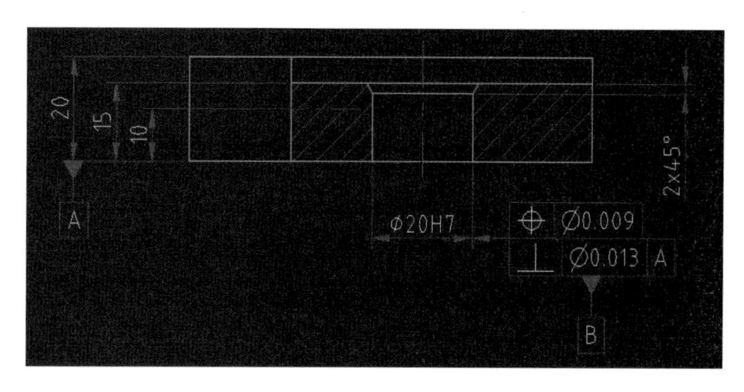

11 치수 및 공차(문자 수정, 단락 문자, 기하학적 공차, 지시선 명령어를 이용)를 기입합니다. 공차에 '+0.05^ 0'을 입력한 후 블록 지정합니다. 그런 다음 글자색을 빨간색으로 바꾸고 마우스 오른쪽 버튼을 눌러 [스택]을 클릭합니다. 다시 블록 지정을 하고 마우스 오른쪽 버튼을 눌러 스택 특성으로 들어가서 문자 크기를 '66%'로 수정합니다.

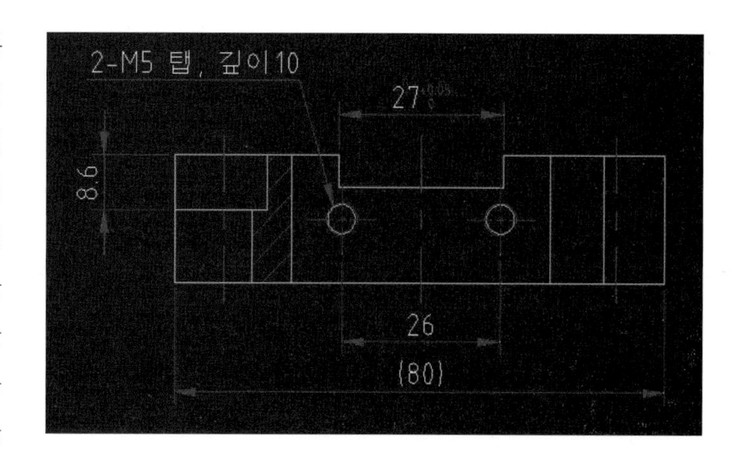

12 문제 도면(칼럼)을 보고 필요 없는 선을 전부 지웁니다. 그림과 같이 평면도를 수정(선, 자르기 명령어를 이용)하면서 도면층을 이용해 선을 바꿉니다.

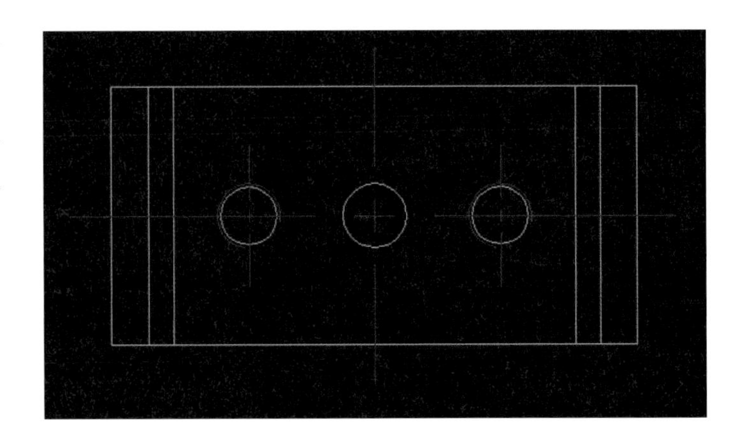

13 그림과 같이 측면도를 수정(선, 자르기, 해칭, 스플라인 명령어를 이용)하면서 도면층을 이용해 선을 바꿉니다.

14 평면도를 수정(선, 자르기, 해칭, 스플라인 명령어를 이용)하면서 도면층을 이용해 선을 바꿉니다.

15 그림과 같이 평면도에 치수 및 끼워맞춤 공차(문자 수정, 단락 문자, 지시선, 선, 원 명령어를 이용)를 기입합니다.

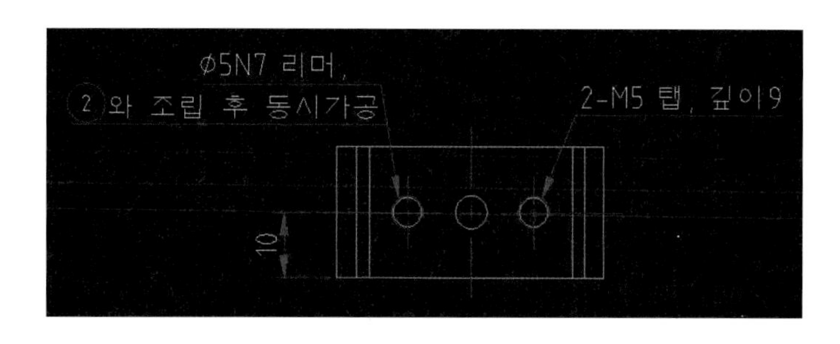

16 그림과 같이 정면도에 치수 및 끼워맞춤 공차, 기하공차(문자 수정, 단락 문자, 선, 지시선, 기하학적 공차 명령어를 이용)를 기입합니다.

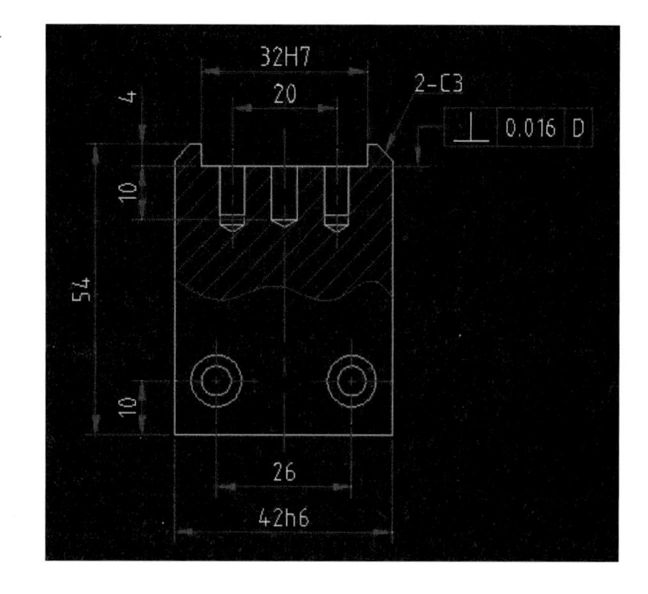

17 그림과 같이 측면도에 치수 및 데이텀(문자 수정, 지시선 명령어를 이용)를 기입합니다. 데이텀 화살표는 지시선을 더블클릭하여 [특성] 창에서 선 및 화살표로 가서 화살표를 데이텀 삼각형 채우기로 바꿉니다(Ø에 '%%C'를 입력합니다).

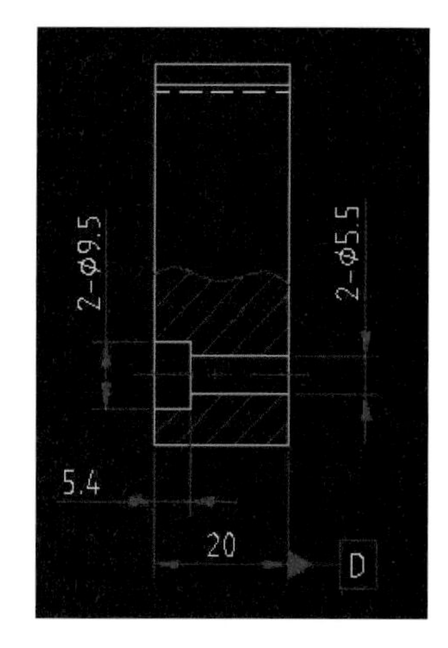

18 문제 도면(삽입부시)을 보고 필요 없는 선을 전부 지웁니다. 측면도를 수정(선, 자르기 명령어를 이용)하면서 도면층을 이용해 선을 바꿉니다.

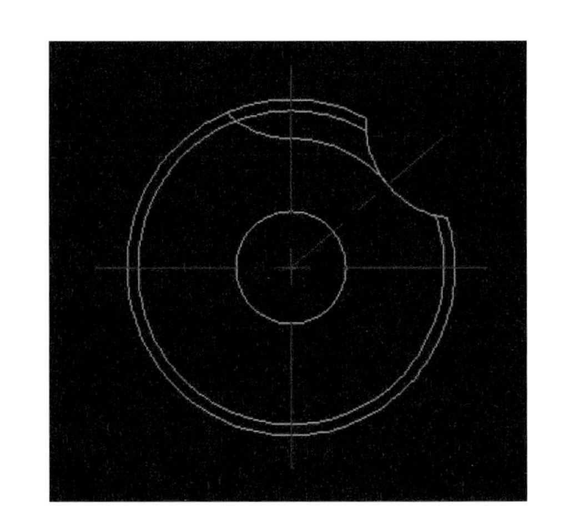

19 그림과 같이 정면도를 수정(선, 자르기, 해칭 명령어를 이용)하면서 도면층을 이용해 선을 바꿉니다.

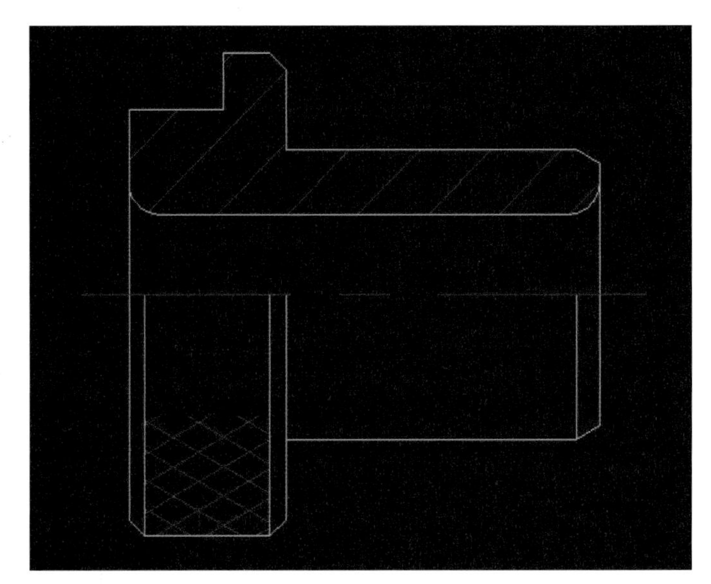

20 그림과 같이 치수를 기입합니다.

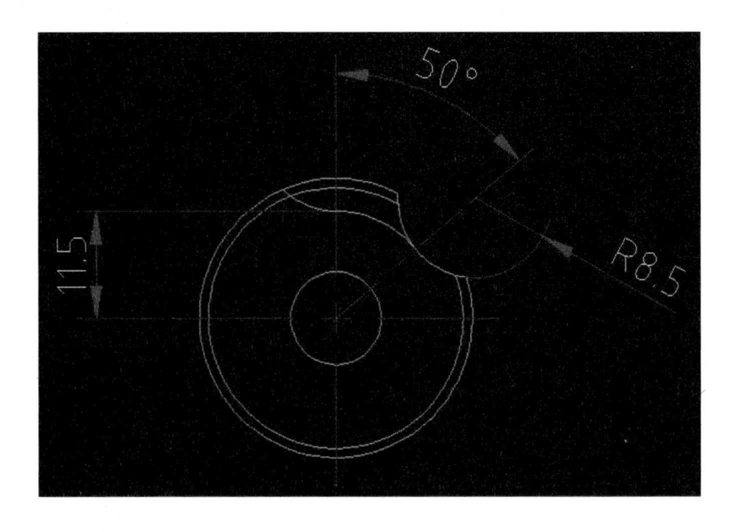

21 그림과 같이 치수 및 기하공차, 공차, 데이텀, 끼워맞춤 공차(분해, 문자 수정, 단락 문자, 기하학적 공차, 지시선, 선, 자르기 명령어를 이용)를 기입합니다. 공차에는 '-0.1^-0.2, 0^-0.5'를 입력한 후 블록 지정합니다. 그런 다음 글자색을 빨간색으로 바꾸고 마우스 오른쪽 버튼을 눌러 [스택]을 클릭합니다. 다시 블록 지정을 하고 마우스 오른쪽 버튼을 눌러 스택 특성으로 들어가서 문자 크기를 '66%'로 수정합니다. 데이텀 화살표는 지시선을 더블클릭하여 [특성] 창에서 선 및 화살표로 가서 화살표를 데이텀 삼각형 채우기로 바꿉니다. 널링에 대한 지시선 화살표는 지시선을 더블클릭하여 [특성] 창에서 선 및 화살표로 가서 화살표를 원으로 바꿉니다(Ø에 '%%C', °에 '%%D'를 입력합니다).

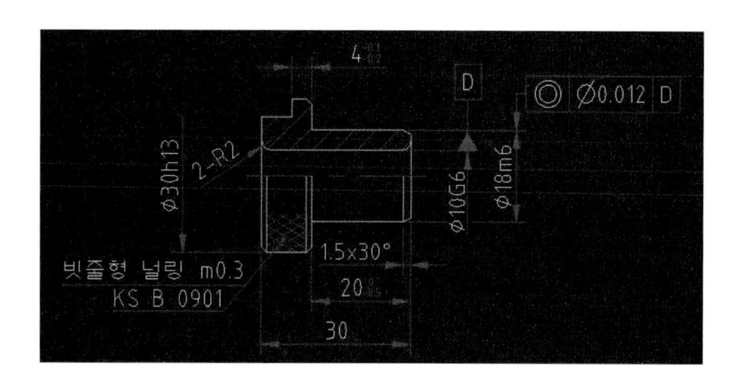

22 문제 도면(고정 라이너)을 보고 고정 라이너를 자로 재서 2D 스케치(선, 자르기, 모깎기, 모따기, 해칭 명령어를 이용)하면서 도면층을 이용해 선을 바꿉니다.

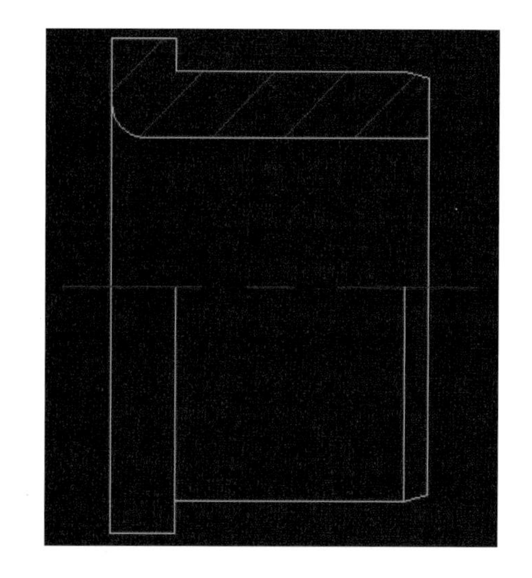

23 치수 및 기하공차, 공차, 데이텀, 끼워맞춤 공차(분해, 문자 수정, 기하학적 공차, 지시선 명령어를 이용)를 기입합니다. 공차에 '0^-0.5'를 입력한 후 블록 지정을 하고 글자색을 빨간색으로 바꾸고 마우스 오른쪽 버튼을 눌러 [스택]을 클릭합니다. 다시 블록 지정을 하고 마우스 오른쪽 버튼을 눌러 스택 특성으로 들어가서 문자 크기를 '66%'로 수정합니다. 데이텀 화살표는 지시선을 더블클릭하여 [특성] 창에서 선 및 화살표로 가서 화살표를 데이텀 삼각형 채우기로 바꿉니다(Ø에 '%%C', °에 '%%D'를 입력합니다).

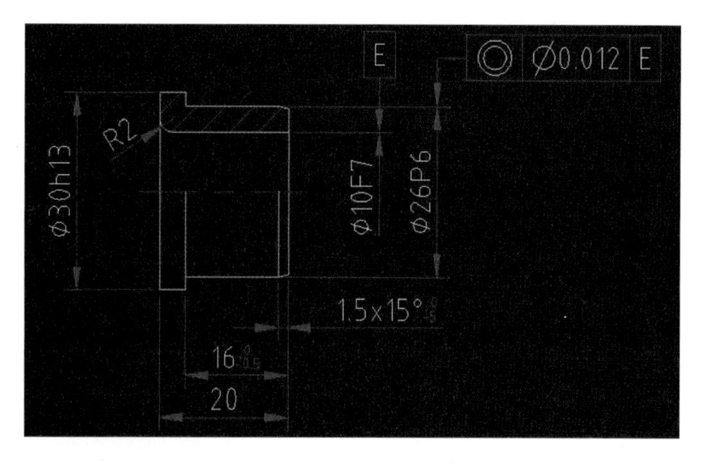

24 품번, 표면 거칠기 기호를 그립니다.

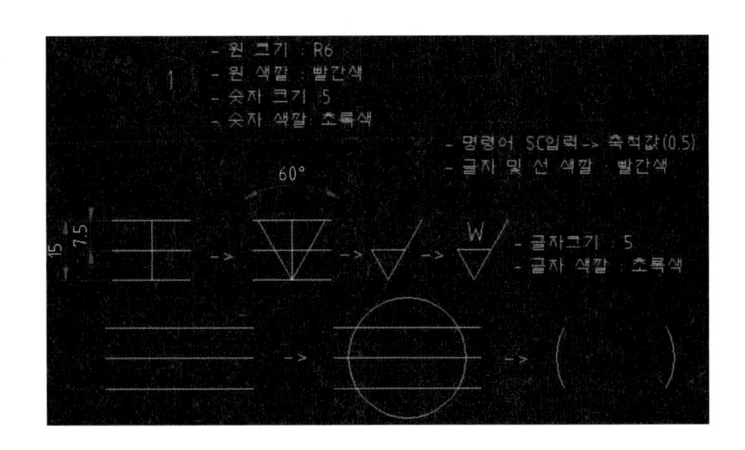

25 w는 서로 끼워맞춤이 없는 기계 가공 부분, 자리 파기 부분 등에 기입합니다. x는 끼워맞춤만 있고 마찰 운동은 하지 않는 가공면 부분, 커버와 몸체의 끼워맞춤 부분, 키홈 부분, 기타 축과 회전체와의 끼워맞춤 부분 등에 기입합니다. y는 래핑 부분, 데이텀 부분, 베어링 부분, 베어링과 같이 정밀 가공된 기계 요소의 끼워맞춤 부분, 끼워맞춤 후 서로 마찰 운동하는 부분, 기타 KS · ISO와 같이 정밀한 규격품의 끼워맞춤 부분 등에 기입합니다. 그리고 품번, 전체 표면 거칠기를 기입하고, 열처리를 기입합니다.

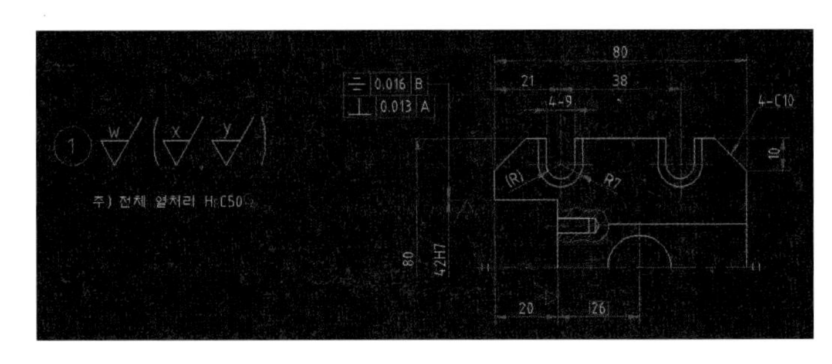

26 25를 참고하여 표면 거칠기를 기입합니다.

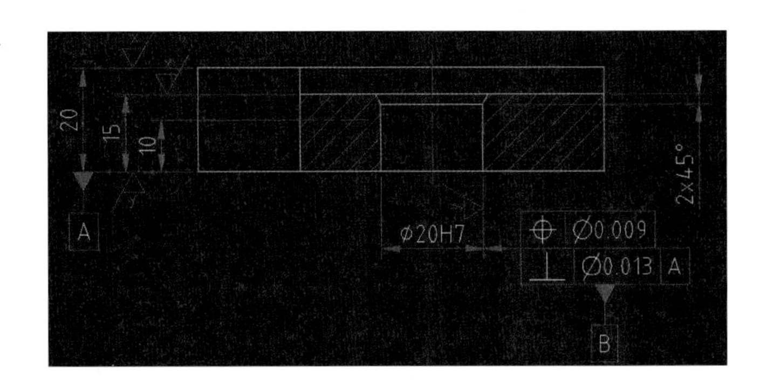

27 25를 참고하여 표면 거칠기를 기입합니다.

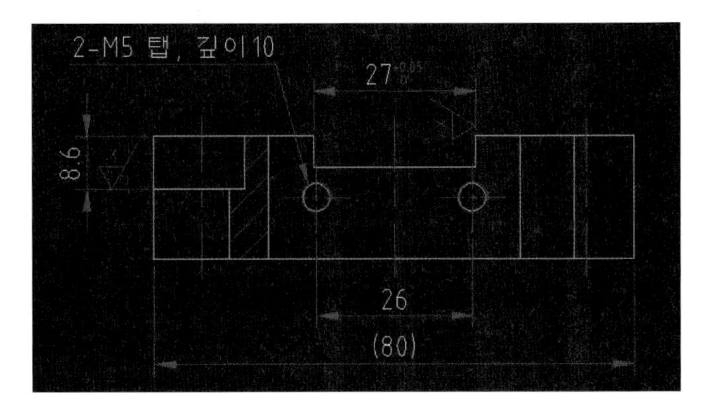

28 25를 참고하여 표면 거칠기를 기입합니다. 그리고 품번, 전체 표면 거칠기를 기입합니다.

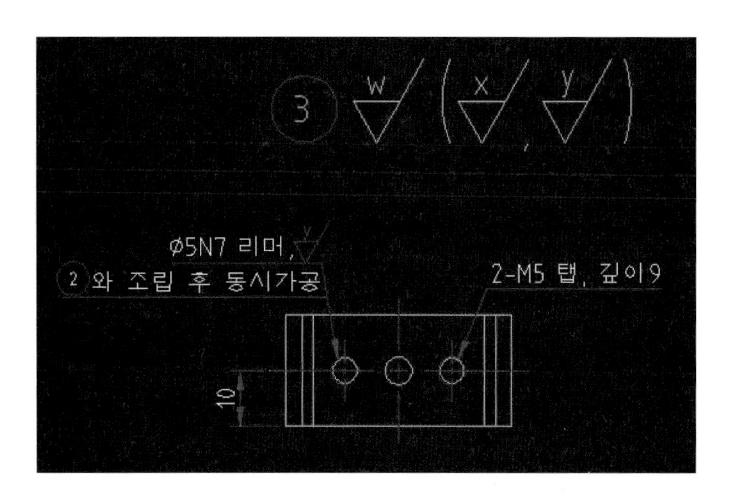

29 25를 참고하여 표면 거칠기를 기입합니다.

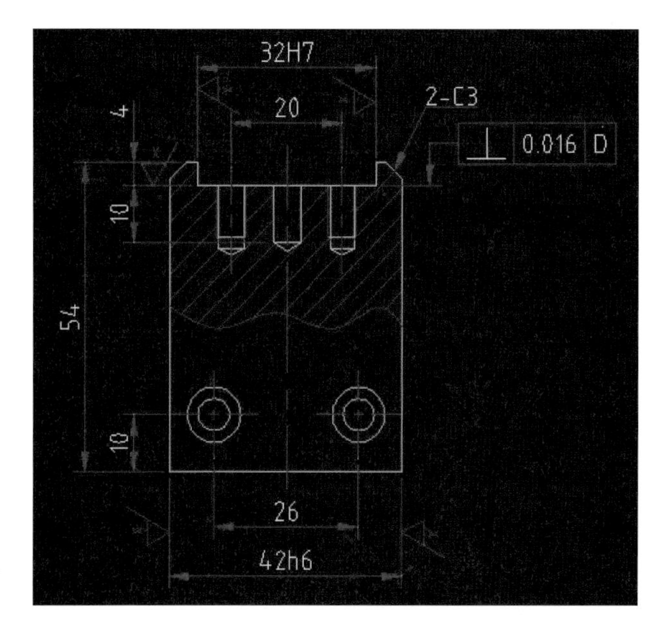

30 25를 참고하여 표면 거칠기를 기입합니다.

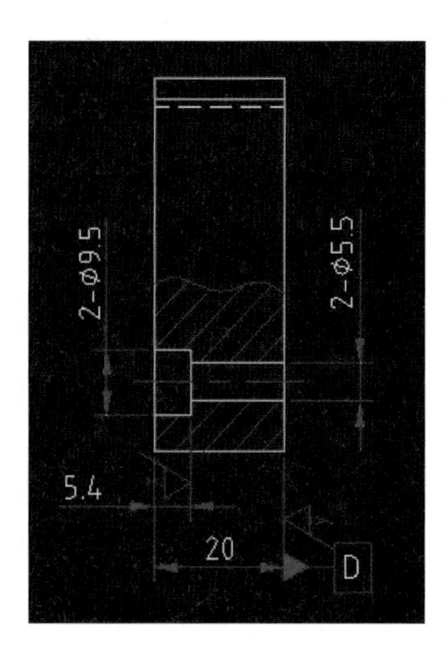

31 품번, 전체 표면 거칠기를 기입하고, 열처리를 기입합니다.

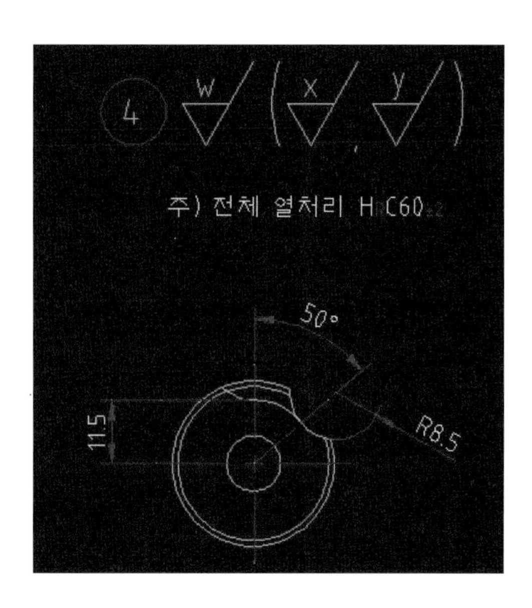

32 25를 참고하여 표면 거칠기를 기입합니다.

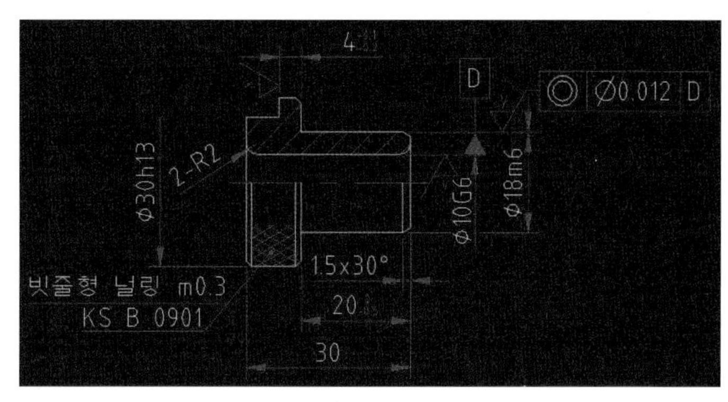

33 25를 참고하여 표면 거칠기를 기입합니다. 그런 다음 품번, 전체 표면 거칠기를 기입합니다.

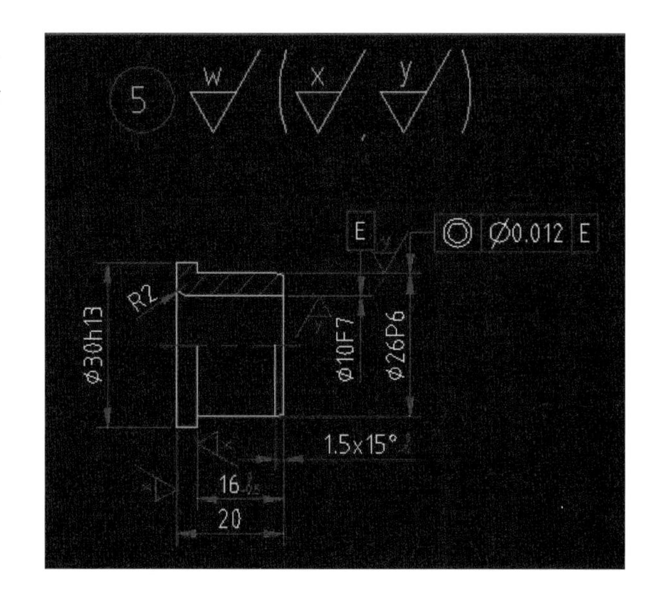

34 주서를 작성합니다(KS 규격집 참고).

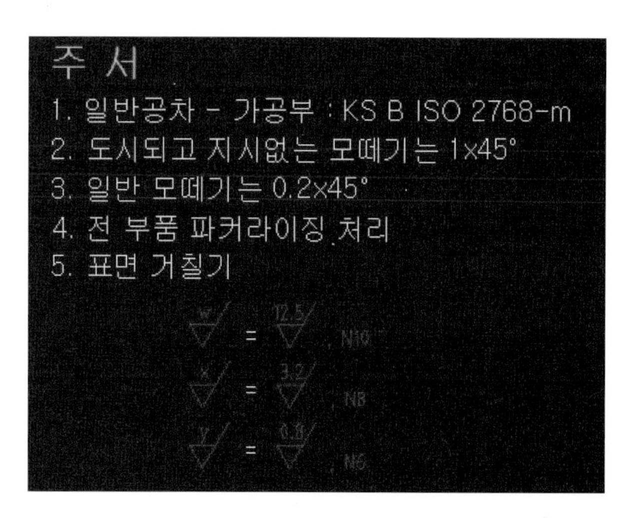

35 드릴 지그에 대한 전체 2D 도면이 완성됩니다.

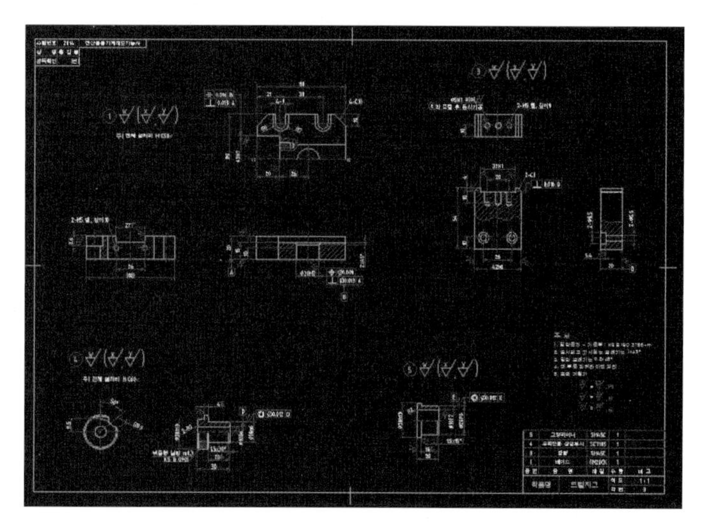

[3] 드릴 지그 부품 상세도 작성 시 필요한 공차 기입하기 (KS 규격을 적용하는 방법)

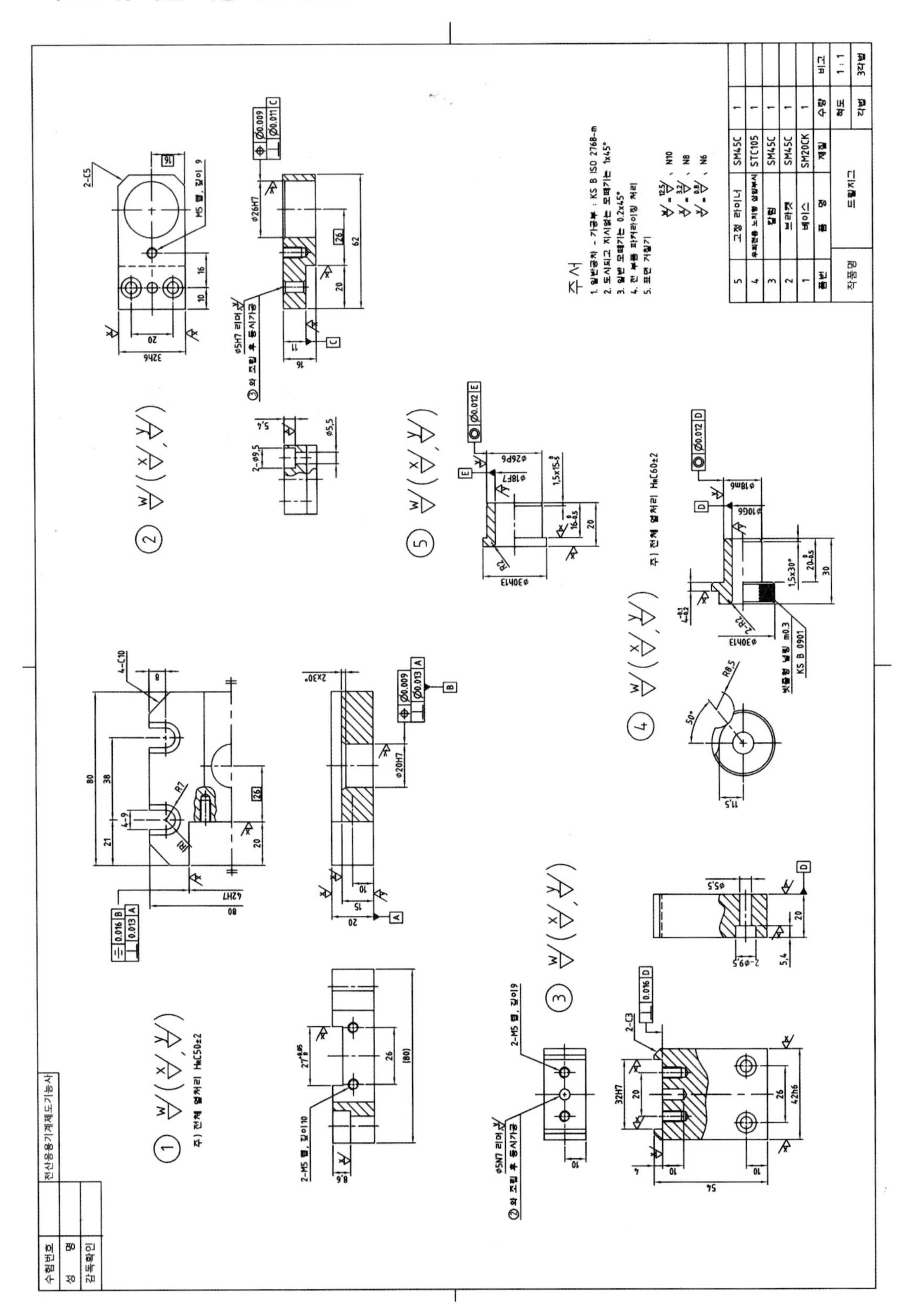

1 베이스의 제도(품번 ❶)

1. 베이스의 재질

① 드릴 지그는 베이스 판 위에 다른 부품들을 조립하여 만들어지는 지그로, 드릴링 머신의 테이블이나 전용 공작 기계의 테이블에 설치되어 대량의 제품에 구멍을 뚫는 지그입니다. 드릴 지그의 베이스에 금속제 제품을 오랜 시간에 걸쳐 탈부착하면서 구멍을 뚫으면 마모와 함께 충격이 가해집니다. 따라서 베이스는 내마모성과 함께 인성을 갖춘 재질을 선택할 필요성이 있습니다.

② 겉은 단단하여 내마모성을 가지면서 내부는 충격에 견디는 성질인 인성을 금속 재료에 부여하기 위해서는 표면 경화용 강 중에서 침탄용 기계 구조용 탄소 강재를 표면 경화법을 이용하여 표면층은 고탄소강 조직으로, 중심부는 저탄소강의 조직을 만든 후 최종적으로 열처리하게 되면 표면을 로크웰(HrC) 경도 50 정도로 단단하게 만들 수 있습니다.

50. 기계재료 기호 예시 (KS D)
– 본 예시 이외에 해당 부품에 적절한 재료라 판단되면, 다른 재료기호를 사용해도 무방함

명 칭	기 호	명 칭	기호
회 주철품	GC100, GC150 GC200, GC250	탄소 단강품	SF390A, SF440A SF490A
탄소 주강품	SC360, SC410 SC450, SC480	청동 주물	CAC402
인청동 주물	CAC502A CAC502B	알루미늄 합금주물	AC4C, AC5A
침탄용 기계구조용 탄소강재	SM9CK, SM15CK SM20CK	기계구조용 탄소강재	SM25C, SM30C, SM35C, SM40C, SM45C
탄소공구강 강재	STC85, STC90 STC105, STC120	탄소 공구강	SK3

2 기하공차(품번 ❶)

1. 직각도

베이스(①)의 바닥면을 기준으로 칼럼(③)이 조립되는 부분과 가공 제품이 놓이는 φ20 구멍에 직각도를 규제해야 합니다.

① 칼럼 조립부

조립부 홈의 높이가 '20mm'이므로 IT5급 공차에 따라 0.009mm(9㎛)를 규제합니다.

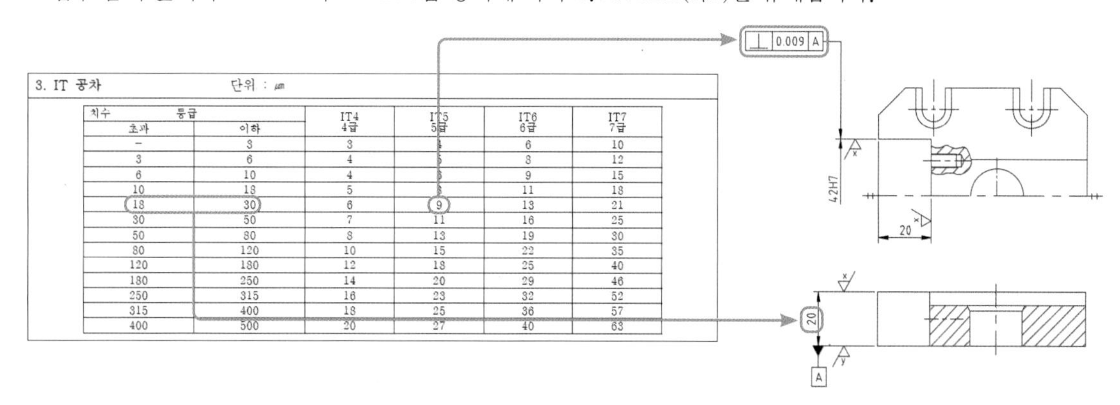
3. IT 공차　　단위 : ㎛

치수 초과	치수 이하	IT4 4급	IT5 5급	IT6 6급	IT7 7급
–	3	3	4	6	10
3	6	4	5	8	12
6	10	4	6	9	15
10	18	5	8	11	18
18	30	6	9	13	21
30	50	7	11	16	25
50	80	8	13	19	30
80	120	10	15	22	35
120	180	12	18	25	40
180	250	14	20	29	46
250	315	16	23	32	52
315	400	18	25	36	57
400	500	20	27	40	63

② φ20 구멍

φ20 구멍의 깊이가 15mm이므로 IT5급 공차의 0.008mm(8㎛)을 적용합니다.

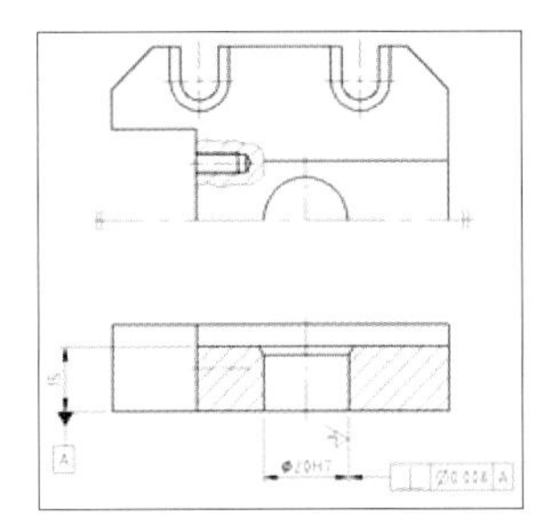

2. 대칭도

① 칼럼 조립부

칼럼 조립부 폭의 치수가 42H7인데, 보통 대칭도 공차는 치수공차의 1/2 이하를 적용하므로 Φ20 구멍 기준으로 대칭도 공차 0.012mm로 결정합니다.

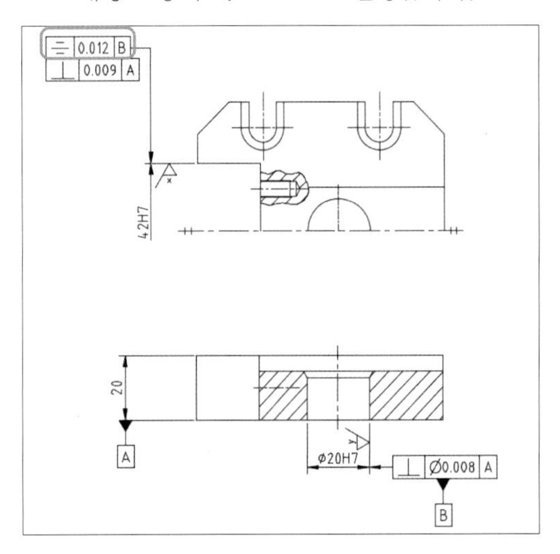

② 27H7 홈 부

홈 부의 폭 치수가 27H7이므로 대칭도 공차는 치수공차의 1/2인 0.01을 대칭도 공차로 결정합니다.

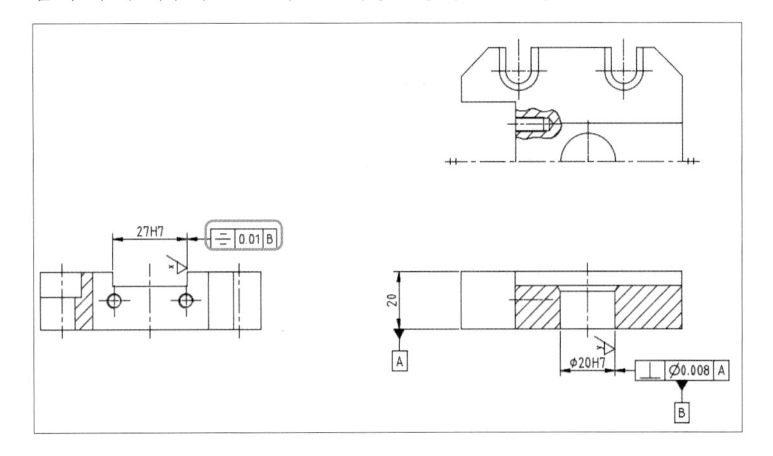

③ 위치도

Φ20H7 구멍의 위치를 나타내는 치수가 26mm이므로 IT5급에 해당하는 0.009mm(9㎛)를 위치도 공차로 결정합니다.

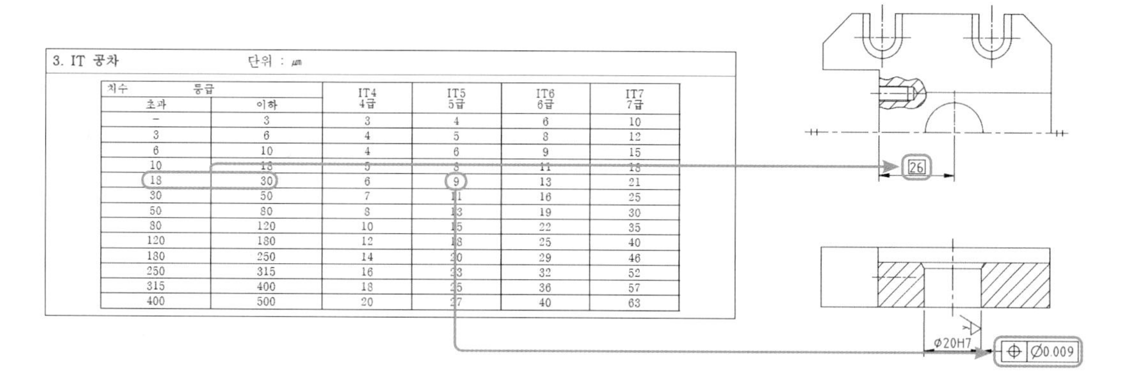

3. IT 공차 단위 : ㎛

치수 초과	등급 이하	IT4 4급	IT5 5급	IT6 6급	IT7 7급
–	3	3	4	6	10
3	6	4	5	8	12
6	10	4	6	9	15
10	18	5	8	11	18
18	30	6	9	13	21
30	50	7	11	16	25
50	80	8	13	19	30
80	120	10	15	22	35
120	180	12	18	25	40
180	250	14	20	29	46
250	315	16	23	32	52
315	400	18	25	36	57
400	500	20	27	40	63

2 브라켓의 제도(품번 ②)

1. 브라켓의 재질

사용 재질은 SM45C를 열처리하지 않고 사용합니다.

50. 기계재료 기호 예시 (KS D)

– 본 예시 이외에 해당 부품에 적절한 재료라 판단되면, 다른 재료기호를 사용해도 무방함

명 칭	기 호	명 칭	기호
회 주철품	GC100, GC150 GC200, GC250	탄소 단강품	SF390A, SF440A SF490A
탄소 주강품	SC360, SC410 SC450, SC480	청동 주물	CAC402
인청동 주물	CAC502A CAC502B	알루미늄 합금주물	AC4C, AC5A
침탄용 기계구조용 탄소강재	SM9CK, SM15CK SM20CK	기계구조용 탄소강재	SM25C, SM30C, SM35C, SM40C, SM45C
탄소공구강 강재	STC85, STC90 STC105, STC120	탄소 공구강	SK3

2. 기하공차

① 직각도

브라켓의 두께가 16mm이므로, IT5급 0.008mm(8㎛)를 직각도 공차로 결정합니다.

3. IT 공차 단위 : ㎛

치수 초과	등급 이하	IT4 4급	IT5 5급	IT6 6급	IT7 7급
–	3	3	4	6	10
3	6	4	5	8	12
6	10	4	6	9	15
10	18	5	8	11	18
18	30	6	9	13	21
30	50	7	11	16	25
50	80	8	13	19	30
80	120	10	15	22	35
120	180	12	18	25	40
180	250	14	20	29	46
250	315	16	23	32	52
315	400	18	25	36	57
400	500	20	27	40	63

② 위치도

Φ26H7 구멍의 위치를 나타내는 치수가 가로 26mm, 세로 16mm인데, 둘 중에서 가장 큰 26mm 기준으로 IT5급에 해당하는 0.009mm(9㎛)를 위치도 공차로 결정합니다.

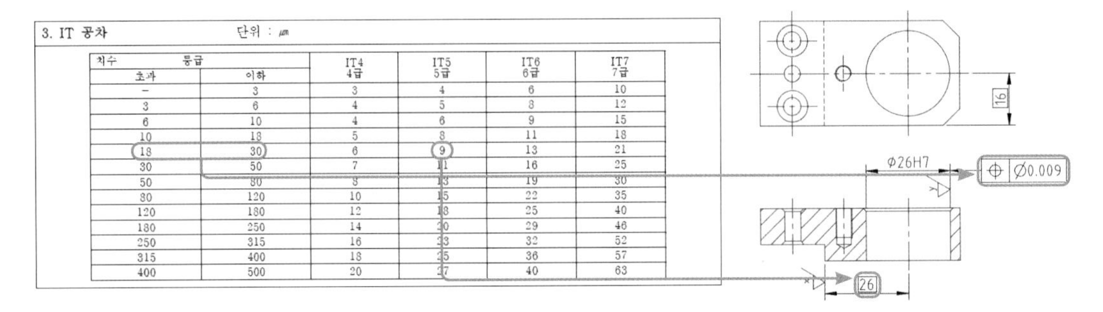

3. IT 공차 단위 : ㎛

치수 초과	등급 이하	IT4 4급	IT5 5급	IT6 6급	IT7 7급
–	3	3	4	6	10
3	6	4	5	8	12
6	10	4	6	9	15
10	18	5	8	11	18
18	30	6	9	13	21
30	50	7	11	16	25
50	80	8	13	19	30
80	120	10	15	22	35
120	180	12	18	25	40
180	250	14	20	29	46
250	315	16	23	32	52
315	400	18	25	36	57
400	500	20	27	40	63

3 칼럼의 제도(품번 ③)

1. 칼럼의 재질

사용 재질은 SM45C를 열처리하지 않고 사용합니다.

50. 기계재료 기호 예시 (KS D)
– 본 예시 이외에 해당 부품에 적절한 재료라 판단되면, 다른 재료기호를 사용해도 무방함

명 칭	기 호	명 칭	기호
회 주철품	GC100, GC150 GC200, GC250	탄소 단강품	SF390A, SF440A SF490A
탄소 주강품	SC360, SC410 SC450, SC480	청동 주물	CAC402
인청동 주물	CAC502A CAC502B	알루미늄 합금주물	AC4C, AC5A
침탄용 기계구조용 탄소강재	SM9CK, SM15CK SM20CK	기계구조용 탄소강재	SM25C, SM30C, SM35C, SM40C, SM45C
탄소공구강 강재	STC85, STC90 STC105, STC120	탄소 공구강	SK3

2. 직각도 공차

칼럼의 두께가 20mm이므로 IT5급 0.009mm(9㎛)를 직각도 공차로 결정합니다.

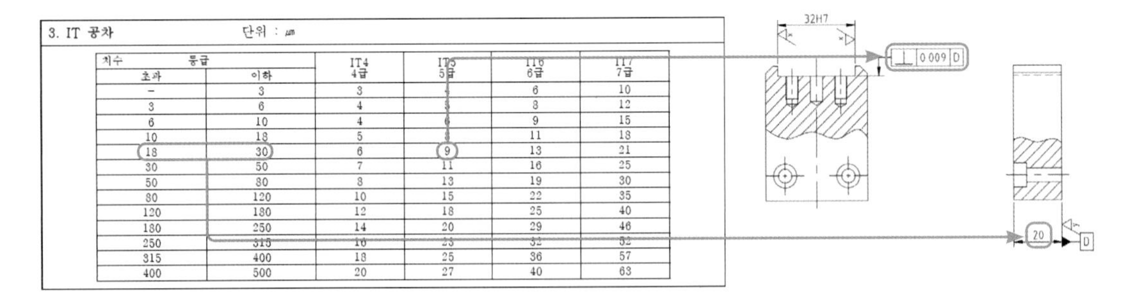

3. IT 공차 단위 : ㎛

치수 초과	등급 이하	IT4 4급	IT5 5급	IT6 6급	IT7 7급
–	3	3	4	6	10
3	6	4	5	8	12
6	10	4	6	9	15
10	18	5	8	11	18
18	30	6	9	13	21
30	50	7	11	16	25
50	80	8	13	19	30
80	120	10	15	22	35
120	180	12	18	25	40
180	250	14	20	29	46
250	315	16	23	32	52
315	400	18	25	36	57
400	500	20	27	40	63

④ 삽입부시의 제도(품번 ④)

1. 삽입부시의 재질

재질은 STC105을 선정하는데, 전체 열처리를 하여 경도를 HRC60로 맞춰 사용합니다.

50. 기계재료 기호 예시 (KS D)

– 본 예시 이외에 해당 부품에 적절한 재료라 판단되면, 다른 재료기호를 사용해도 무방함

명 칭	기 호	명 칭	기호
회 주철품	GC100, GC150 GC200, GC250	탄소 단강품	SF390A, SF440A SF490A
탄소 주강품	SC360, SC410 SC450, SC480	청동 주물	CAC402
인청동 주물	CAC502A CAC502B	알루미늄 합금주물	AC4C, AC5A
침탄용 기계구조용 탄소강재	SM9CK, SM15CK SM20CK	기계구조용 탄소강재	SM25C, SM30C, SM35C, SM40C, SM45C
탄소공구강 강재	STC85, STC90 STC105, STC120	탄소 공구강	SK3

2. 각 부위 치수

삽입부시의 각 부위 치수는 KS 규격의 '43. 삽입부시'를 참조하여 제도합니다.

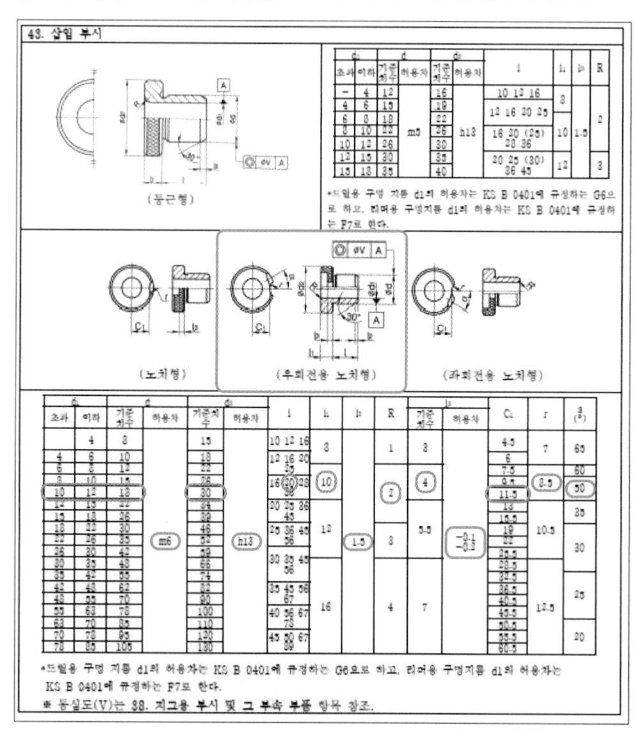

43. 삽입 부시

d1 초과	d1 이하	d 기준치수	d 허용차	d2 기준치수	d2 허용차	l	l1	l2	R
–	4	12	m5	16	h13	10 12 16	8	1.5	2
4	6	15		19		12 16 20 25			
6	8	18		22			10		
8	10	22		26		16 20 (25) 28 36			
10	12	26		30					
12	15	30		35		20 25 (30) 36 45	12		3
15	18	35		40					

*드릴용 구멍 지름 d1의 허용차는 KS B 0401에 규정하는 G6으로 하고, 리머용 구멍지름 d1의 허용차는 KS B 0401에 규정하는 F7로 한다.

d1 초과	d1 이하	d 기준치수	d 허용차	d2 기준치수	d2 허용차	l	l1	l2	R	l3 기준치수	l3 허용차	C1	r	α (°)
	4	8	m6	15	h13	10 12 16	8	1.5	1	3	−0.1 −0.2	4.5	7	65
4	6	10		18		12 16 20 25						6		
6	8	12		22								7.5	8.5	60
8	10	15		26		16 20 28 36	10		2	4		9.5		50
10	12	18		30								11.5		
12	15	22		34		20 25 36 45	12			5.5		13	10.5	35
15	18	26		39								15.5		
18	22	30		46		25 36 45 56			3			19		30
22	26	35		52								22		
26	30	42		59		30 35 45 56						25.5		
30	35	48		66								28.5	12.5	
35	42	55		74		35 45 56 67	16		4	7		32.5		25
42	48	62		82								36.5		
48	55	70		90		40 56 67 78						40.5		
55	63	78		100								45.5		
63	70	85		110		45 50 67 89						50.5		20
70	78	95		120								55.5		
78	85	105		130								60.5		

*드릴용 구멍 지름 d1의 허용차는 KS B 0401에 규정하는 G6으로 하고, 리머용 구멍지름 d1의 허용차는 KS B 0401에 규정하는 F7로 한다.

※ 동심도(V)는 38. 지그용 부시 및 그 부속 부품 항목 참조.

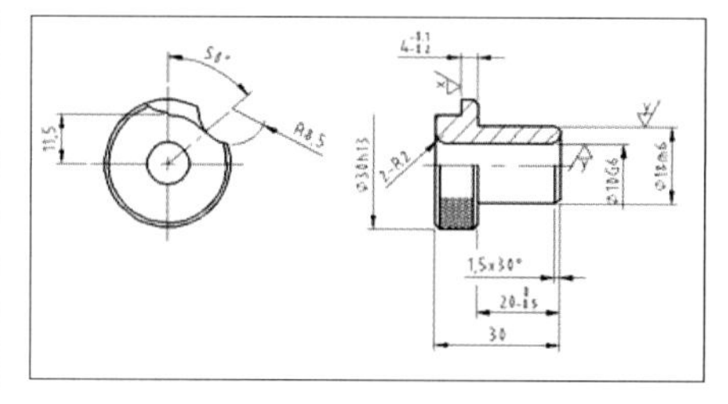

3. 원통도 공차

동심도는 KS 규격의 '42. 지그용 부시 및 그 부속 부품(고정부시)'을 참조하여 제도합니다.

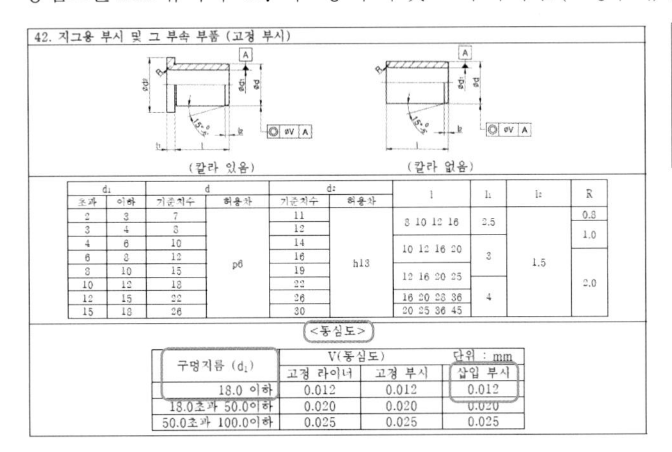

42. 지그용 부시 및 그 부속 부품 (고정 부시)

(칼라 있음) (칼라 없음)

d_1		d		d_2		l	l_1	l_2	R
초과	이하	기준치수	허용차	기준치수	허용차				
2	3	7	p6	11	h13	8 10 12 16	2.5	1.5	0.8
3	4	8		12					1.0
4	6	10		14		10 12 16 20	3		
6	8	12		16					2.0
8	10	15		19		12 16 20 25			
10	12	18		22			4		
12	15	22		26		16 20 28 36			
15	18	26		30		20 25 36 45			

<동심도>

구멍지름 (d_1)	V(동심도)		단위 : mm
	고정 라이너	고정 부시	삽입 부시
18.0 이하	0.012	0.012	0.012
18.0초과 50.0이하	0.020	0.020	0.020
50.0초과 100.0이하	0.025	0.025	0.025

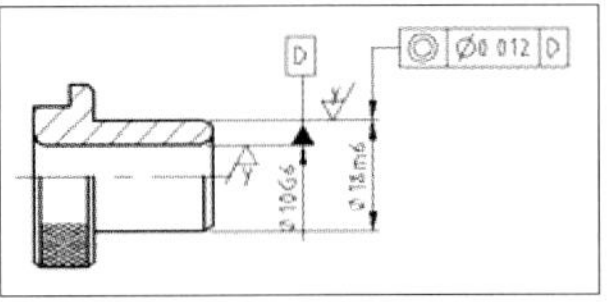

5 고정 라이너의 제도(품번 ⑤)

1. 고정 라이너의 재질

사용 재질은 SM45C를 열처리하지 않고 사용합니다.

50. 기계재료 기호 예시 (KS D)
- 본 예시 이외에 해당 부품에 적절한 재료라 판단되면, 다른 재료기호를 사용해도 무방함

명 칭	기 호	명 칭	기호
회 주철품	GC100, GC150 GC200, GC250	탄소 단강품	SF390A, SF440A SF490A
탄소 주강품	SC360, SC410 SC450, SC480	청동 주물	CAC402
인청동 주물	CAC502A CAC502B	알루미늄 합금주물	AC4C, AC5A
침탄용 기계구조용 탄소강재	SM9CK, SM15CK SM20CK	기계구조용 탄소강재	SM25C, SM30C, SM35C, SM40C, SM45C
탄소공구강 강재	STC85, STC90 STC105, STC120	탄소 공구강	SK3

2. 각 부위 치수

고정 라이너의 각 부위 치수는 KS 규격의 '41. 지그용 부시 및 그 부속 부품(고정 라이너)'을 참조하여 제도합니다.

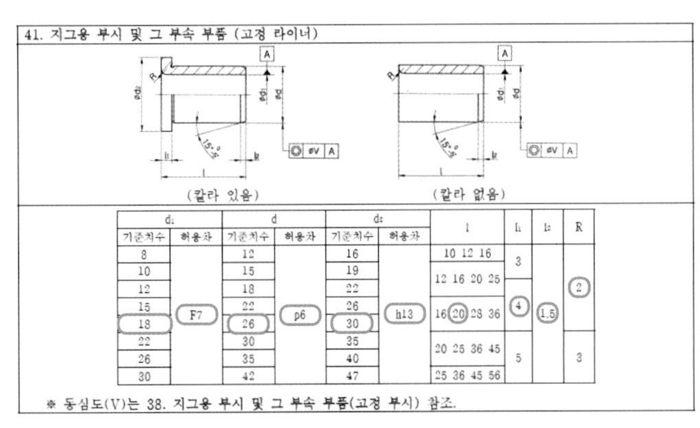

41. 지그용 부시 및 그 부속 부품 (고정 라이너)

(칼라 있음) (칼라 없음)

d_1		d		d_2		l	l_1	l_2	R
기준치수	허용차	기준치수	허용차	기준치수	허용차				
8	F7	12	p6	16	h13	10 12 16	3	1.5	2
10		15		19		12 16 20 25			
12		18		22			4		
15		22		26		16 20 28 36			
18		26		30					
22		30		35		20 25 36 45	5		3
26		35		40					
30		42		47		25 36 45 56			

※ 동심도(V)는 38. 지그용 부시 및 그 부속 부품(고정 부시) 참조.

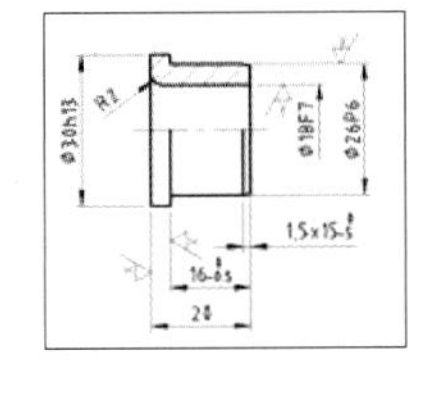

3. 원통도 공차

동심도는 KS 규격의 '42. 지그용 부시 및 그 부속 부품(고정부시)'을 참조하여 제도합니다.

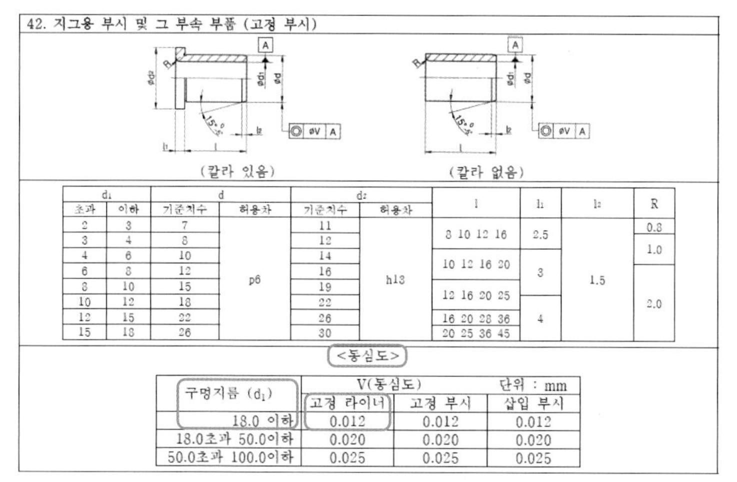

42. 지그용 부시 및 그 부속 부품 (고정 부시)

d_1		d		d_2		l	l_1	l_2	R
초과	이하	기준치수	허용차	기준치수	허용차				
2	3	7	p6	11	h13	8 10 12 16	2.5	1.5	0.8
3	4	8		12					1.0
4	6	10		14		10 12 16 20	3		
6	8	12		16					2.0
8	10	15		19		12 16 20 25			
10	12	18		22					
12	15	22		26		16 20 28 36	4		
15	18	26		30		20 25 36 45			

<동심도>

구멍지름 (d_1)	V(동심도)		단위 : mm
	고정 라이너	고정 부시	삽입 부시
18.0 이하	0.012	0.012	0.012
18.0초과 50.0이하	0.020	0.020	0.020
50.0초과 100.0이하	0.025	0.025	0.025

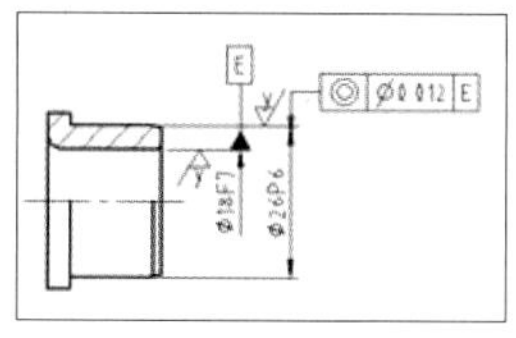

CHAPTER 4

탁상 바이스 따라하기

바이스는 작업대에 공작물을 물려 고정한 후 손다듬질 · 조립 작업 등을 할 때에 사용하며, 대체로 손잡이, 이동 턱, 고정 턱 등으로 구성되어 있습니다. 바이스에는 상자형 바이스, 다리붙이 바이스 등이 있는데, 그중에서 작은 부품을 쉽게 고정하는 데 사용하는 것을 '핸드 바이스' 또는 '탁상 바이스'라고 합니다.

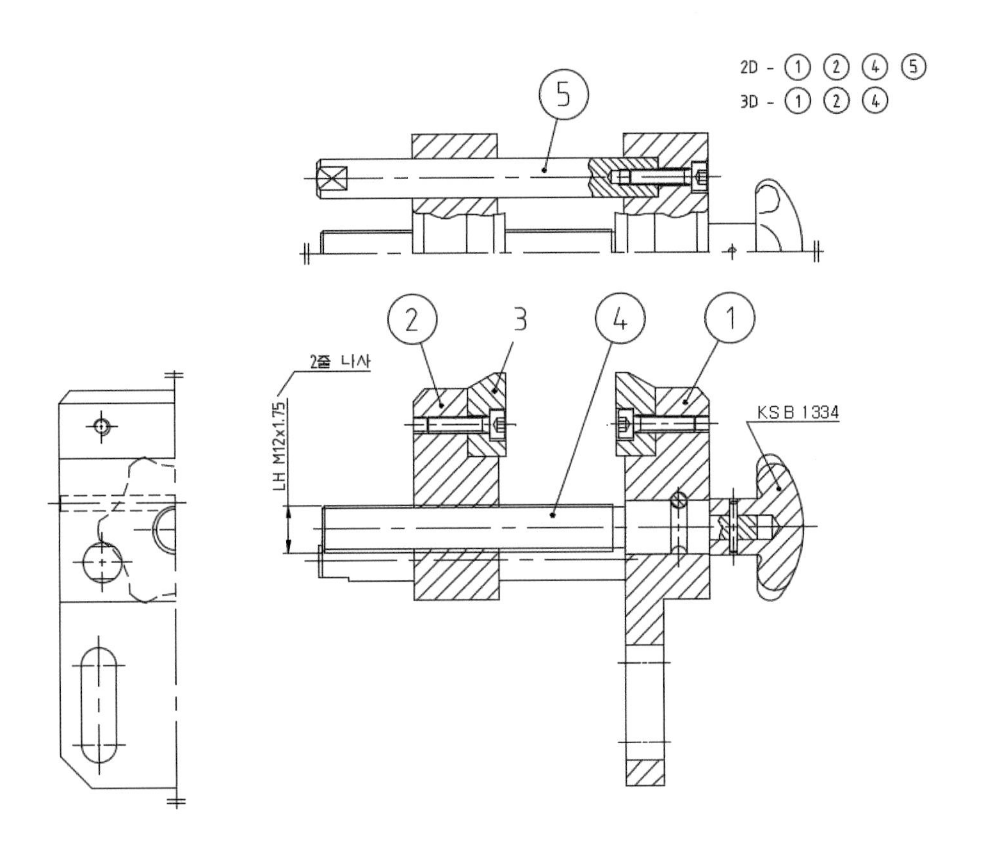

[1] 탁상 바이스 부품 만들기(품번 ❶, ❷, ❹)

1 | 고정조 만들기(품번 ❶)

01 바탕 화면에서 [Inventor] 아이콘을 더블클릭하면 프로그램이 실행됩니다. 다음과 같은 창이 나타나면 [새로 만들기]를 클릭합니다.

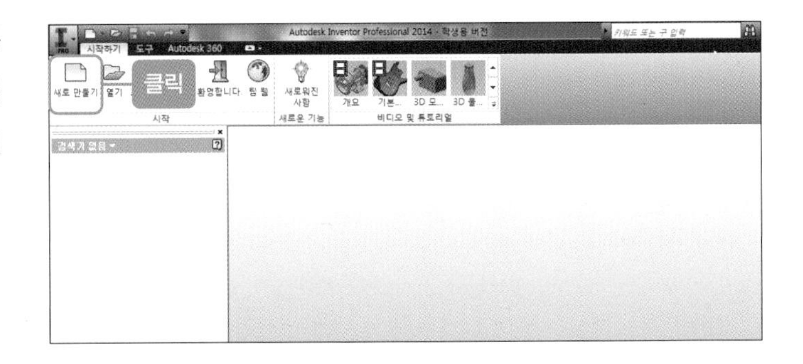

02 [새 파일 작성] 창이 나타나면 'Standard.ipt'를 클릭한 후 [작성] 버튼을 클릭합니다.

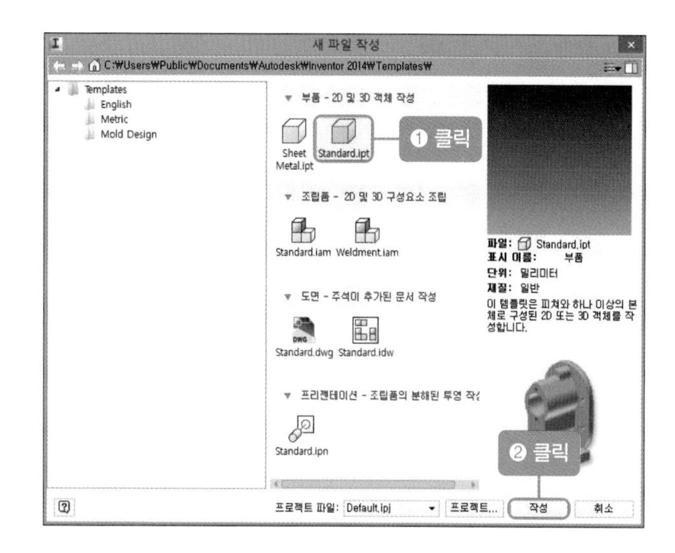

03 탐색기의 [원점-XY 평면]을 클릭한 후 [2D 스케치 작성] 아이콘을 클릭합니다.

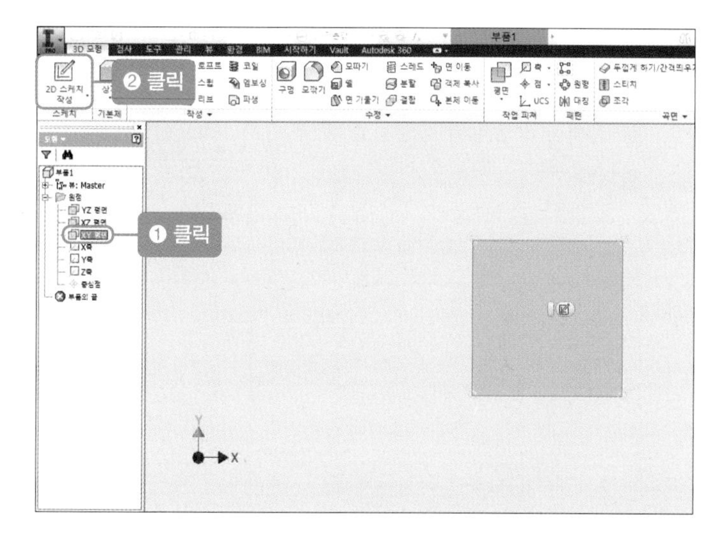

04 [직사각형] 아이콘을 클릭한 후 임의의 사각형을 그립니다.

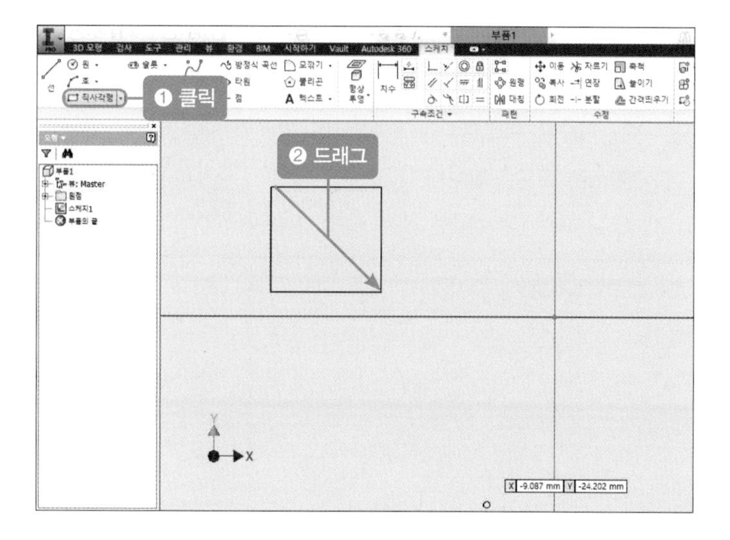

05 [선] 아이콘을 클릭한 후 좌측 중심점에서 우측 중심점까지 선을 그립니다.

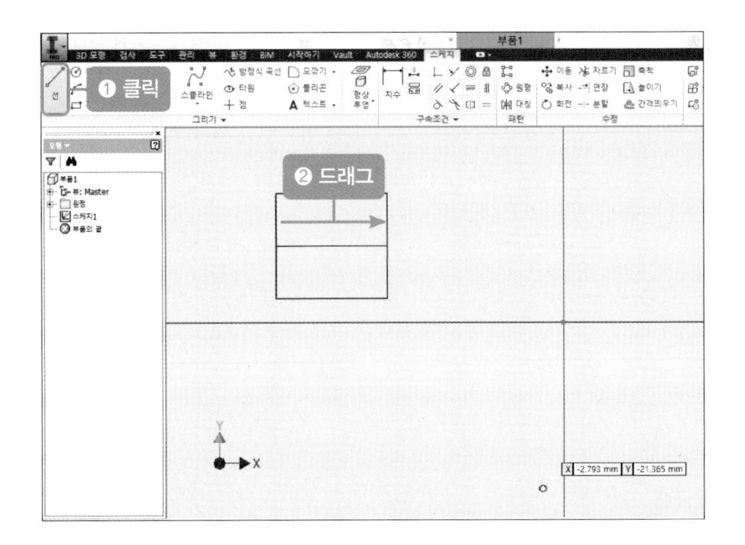

06 [일치 구속 조건] 아이콘을 클릭한 후 직사각형의 중심선에서 중심점을 클릭하고 중앙의 중심점을 클릭합니다.

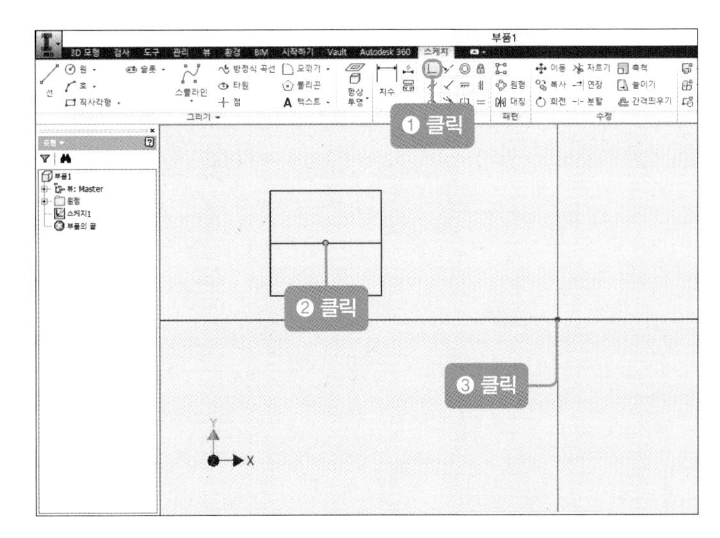

07 [치수] 아이콘을 클릭한 후 직사각형의 가로 및 세로의 치수선을 넣습니다. 치수를 더블클릭하여 '22mm', '60mm'로 수정합니다.

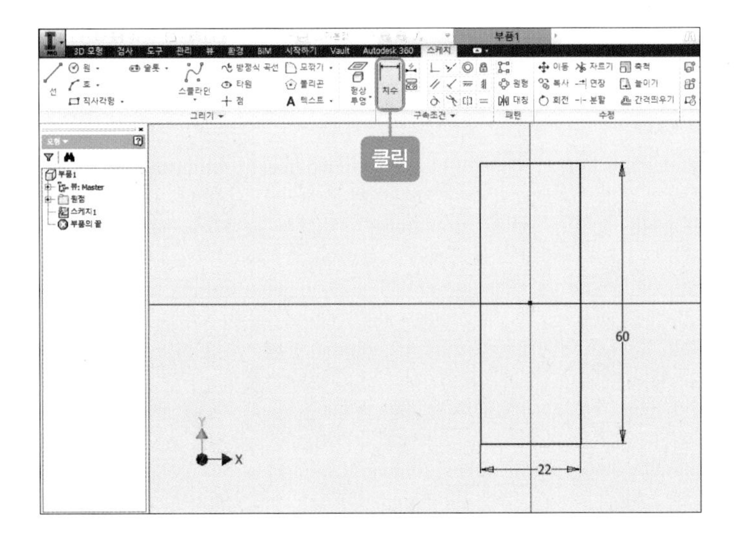

08 마우스 오른쪽 버튼을 눌러 [스케치 마무리]를 클릭합니다.

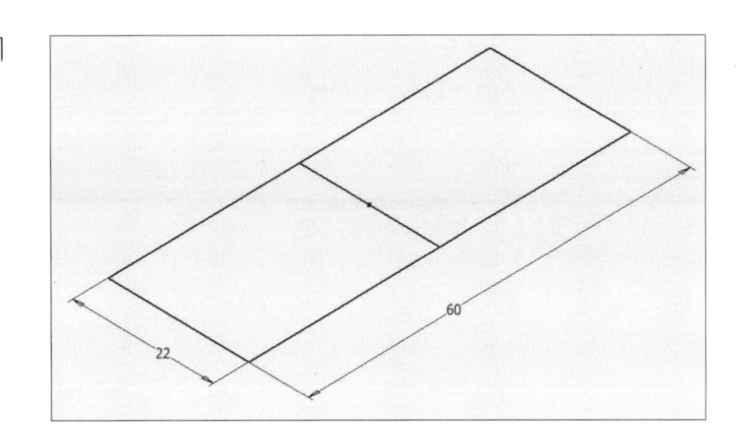

09 [돌출] 아이콘을 클릭한 후 [프로파일]을 클릭하고 직사각형을 클릭합니다. 그런 다음 치수에 '100mm'를 입력하고 [확인] 버튼을 클릭합니다.

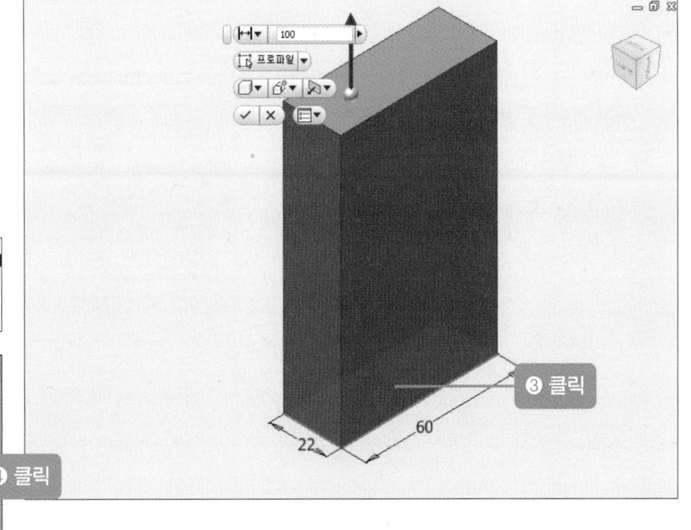

10 돌출시키면 다음과 같은 그림이 나타납니다.

11 직사각형의 빨간색 면을 클릭한 후 [2D 스케치 작성] 아이콘을 클릭합니다.

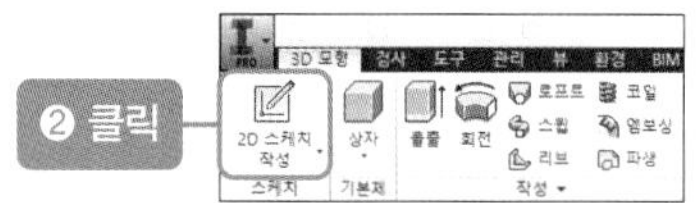

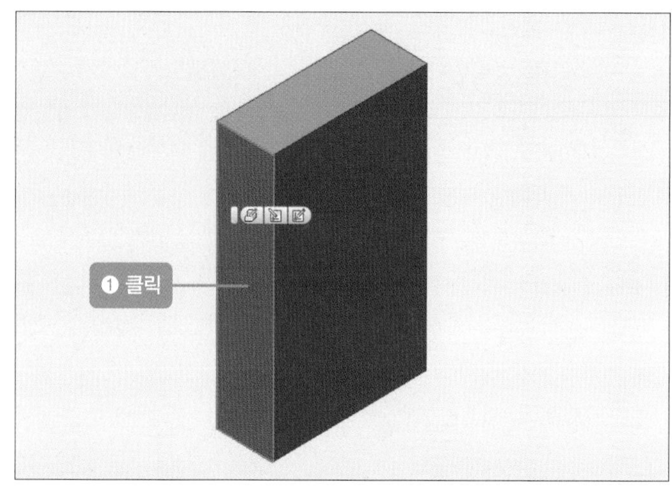

12 [직사각형] 아이콘을 클릭한 후 좌측 위 꼭짓점을 클릭하고 임의의 직사각형을 그립니다. 그런 다음 우측 아래의 꼭짓점을 클릭하고 임의의 직사각형을 그립니다.

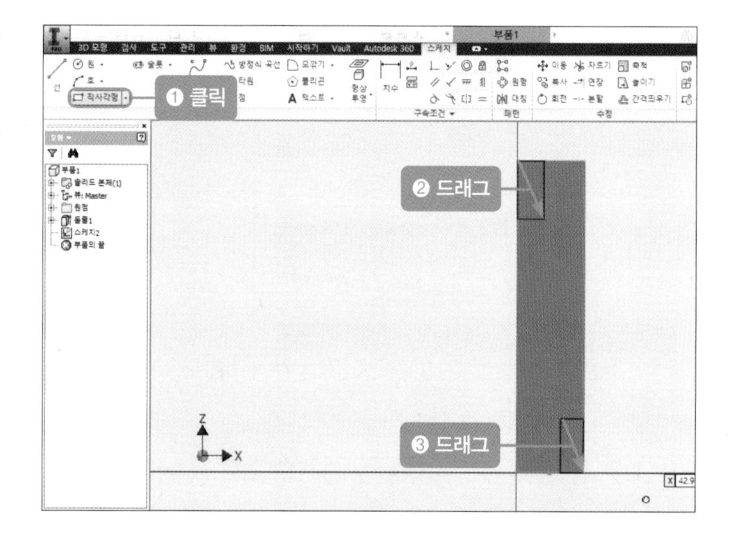

13 [치수] 아이콘을 클릭한 후 좌측 위와 우측 아래 있는 작은 직사각형의 가로 및 세로의 치수선을 넣습니다. 그런 다음 치수를 더블클릭하여 '8mm', '17mm', '12mm', '47mm'로 수정합니다.

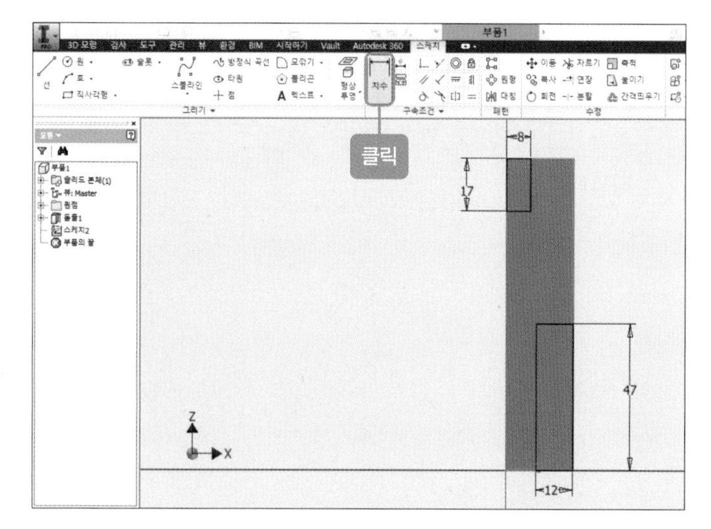

14 마우스 오른쪽 버튼을 눌러 [스케치 마무리]를 클릭합니다.

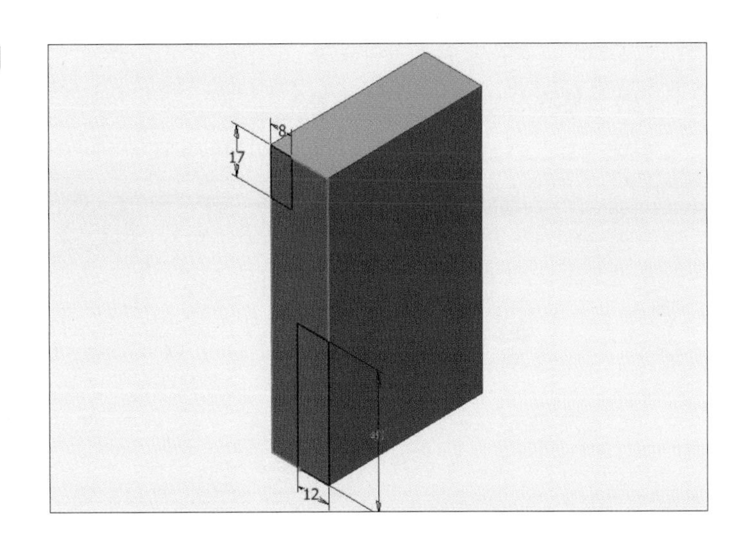

15 [돌출] 아이콘을 클릭한 후 프로파일을 클릭하고 방금 전에 그렸던 직사각형 2개를 클릭합니다. 그런 다음 [돌출] 대화상자의 '차집합'과 '방향2'를 클릭하고 치수를 '60mm'로 수정한 후 [확인] 버튼을 클릭합니다.

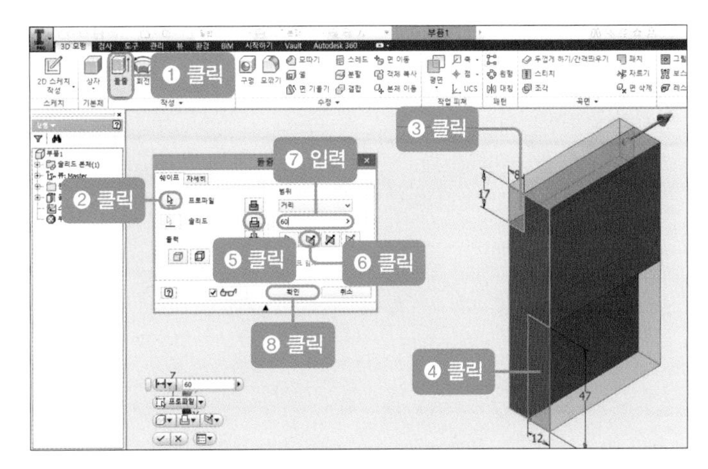

16 돌출시키면 다음과 같은 그림이 나타납니다.

17 직사각형의 빨간색 면을 클릭한 후 [2D 스케치 작성] 아이콘을 클릭합니다.

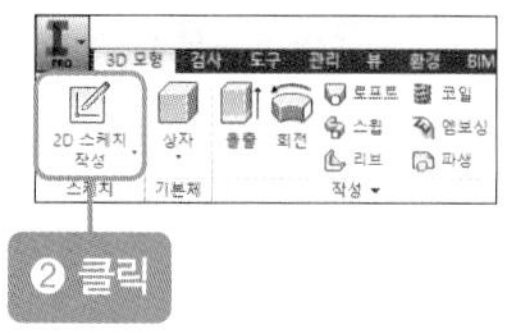

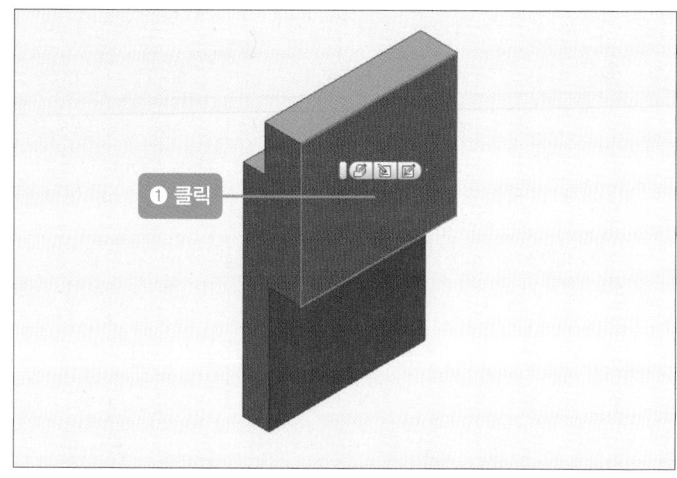

18 [형상투영] 아이콘을 클릭한 후 아랫부분에 있는 직사각형의 선을 각각 클릭합니다.

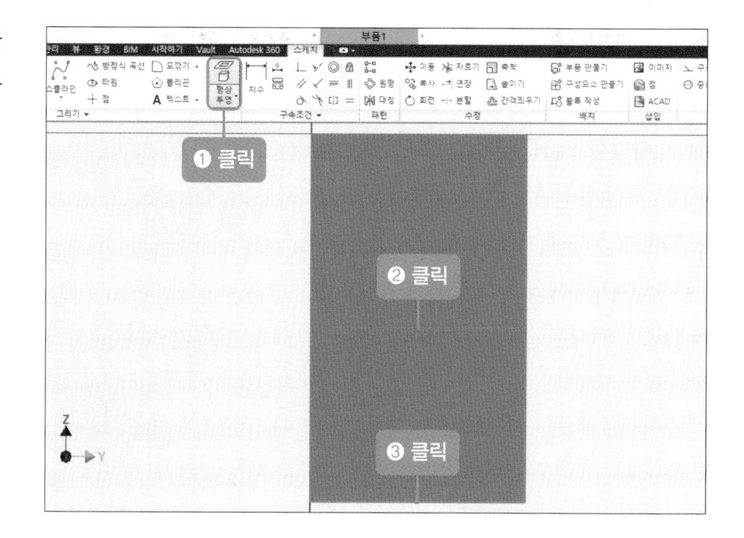

19 [점] 아이콘을 클릭한 후 다음과 같이 9개의 점을 클릭합니다(위에서 중앙에 있는 점은 중심점을 따라올라가 임의의 위치를 클릭합니다).

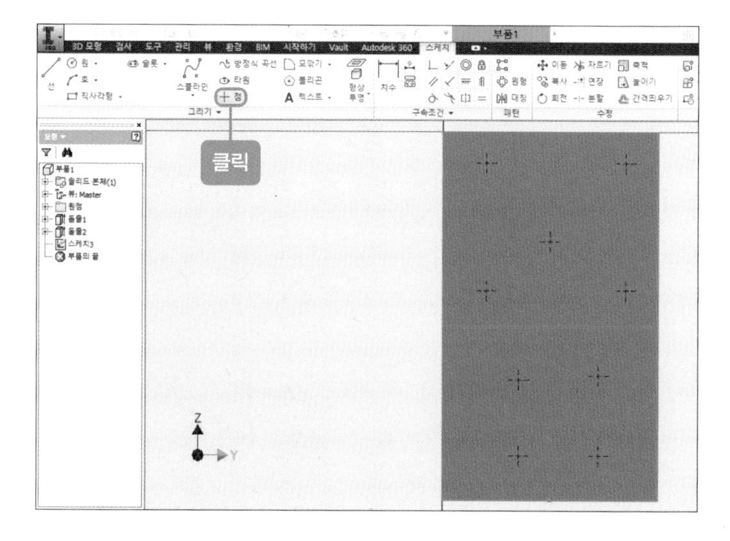

20 [치수] 아이콘을 클릭한 후 다음과 같이 치수를 기입합니다.

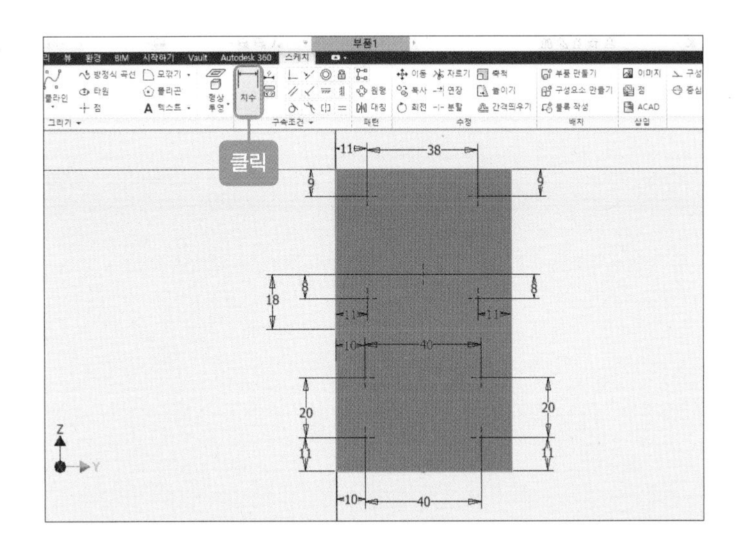

21 [원] 아이콘을 클릭한 후 아랫부분에 있는 중심점 4개에 9mm 원을 그립니다.

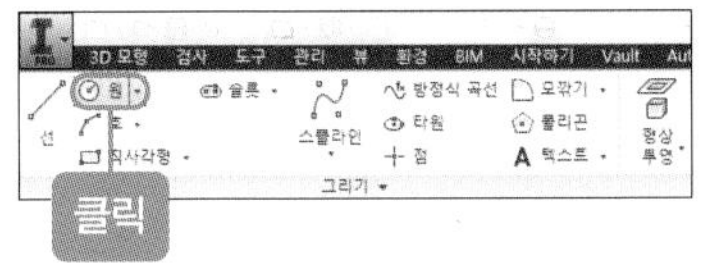

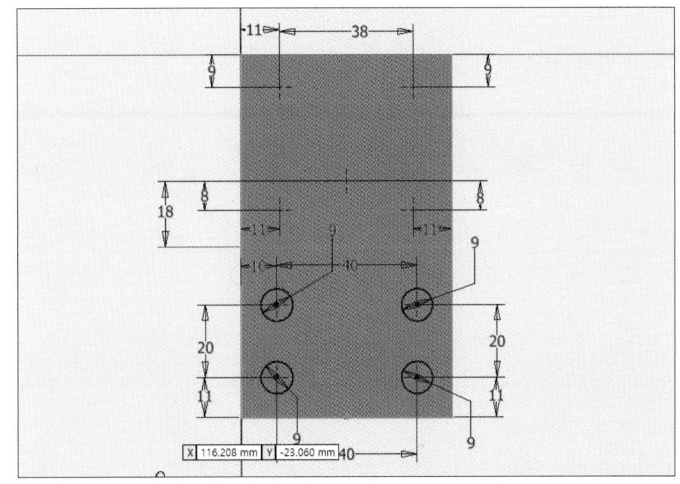

22 [선] 아이콘을 클릭한 후 원과 원의 접점을 클릭해 다음과 같이 선을 그립니다.

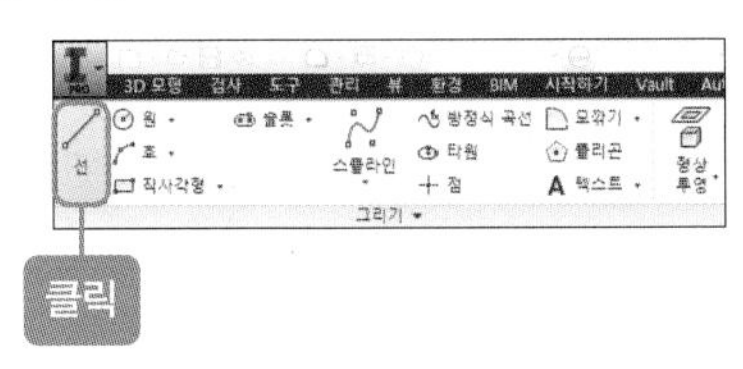

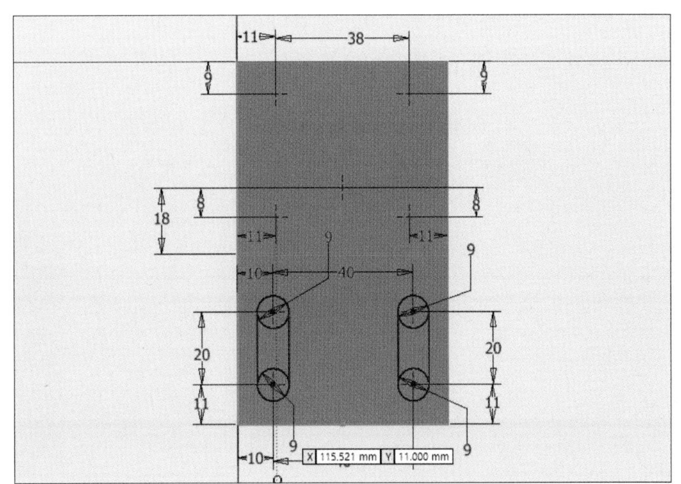

23 [자르기] 아이콘을 클릭한 후 다음과 같이 아랫부분에 있는 원 반쪽을 지웁니다.

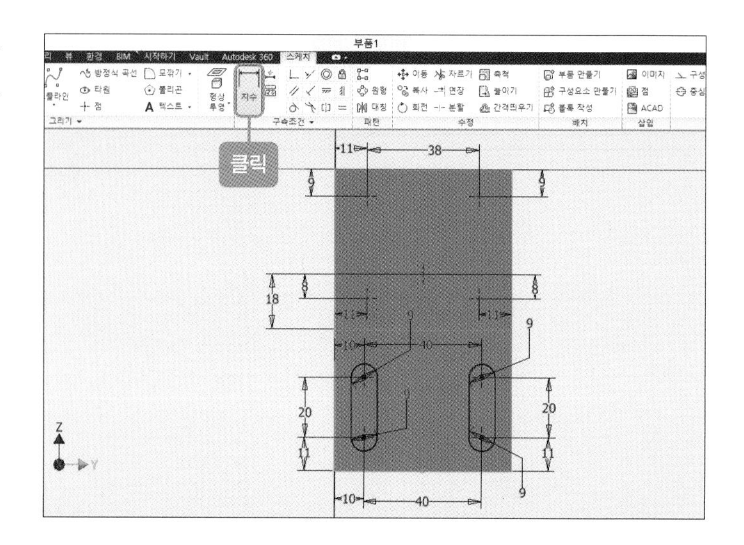

24 마우스 오른쪽 버튼을 눌러 [스케치 마무리]를 클릭합니다.

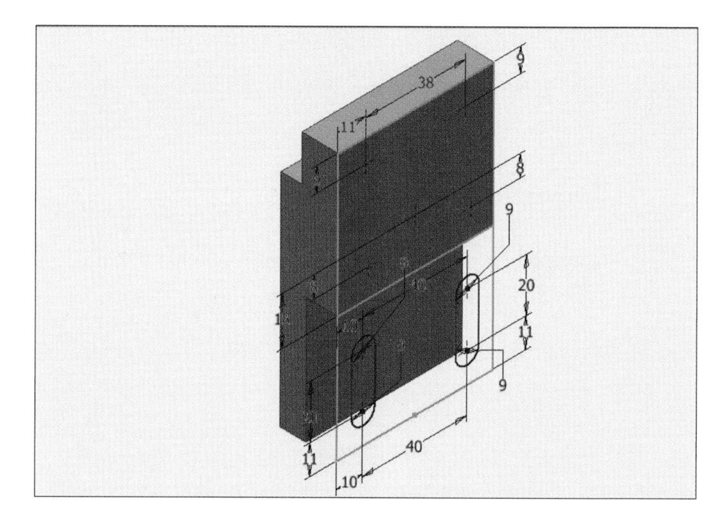

25 빨간색으로 된 2개의 중심점을 클릭한 후 [구멍] 아이콘을 클릭합니다.

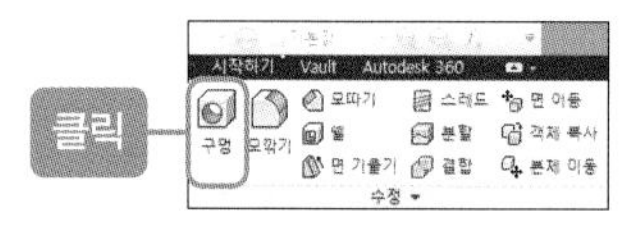

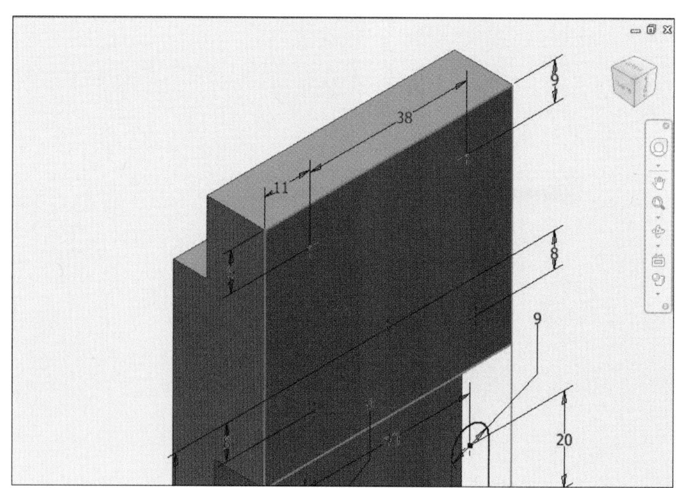

26 그림과 같이 설정한 후 [확인] 버튼을 클릭합니다.

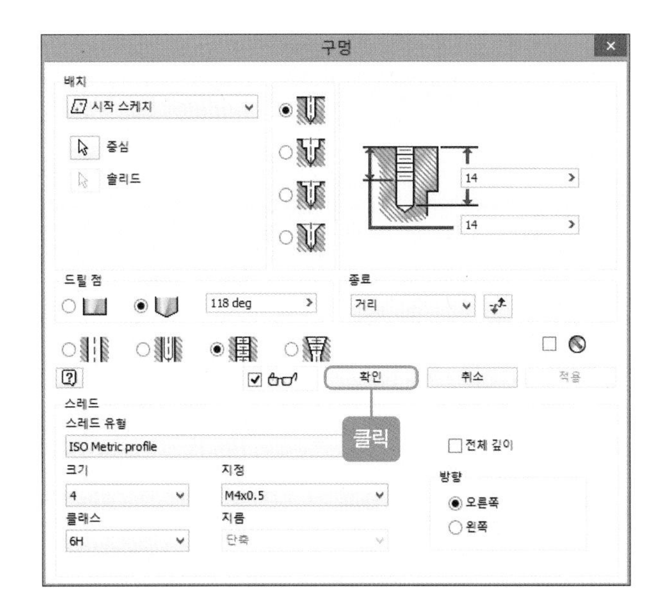

27 구멍을 뚫으면 다음과 같은 그림이 나타납니다.

28 [구멍1-스케치3]을 클릭한 후 마우스 오른쪽 버튼을 눌러 [스케치 공유]를 클릭합니다.

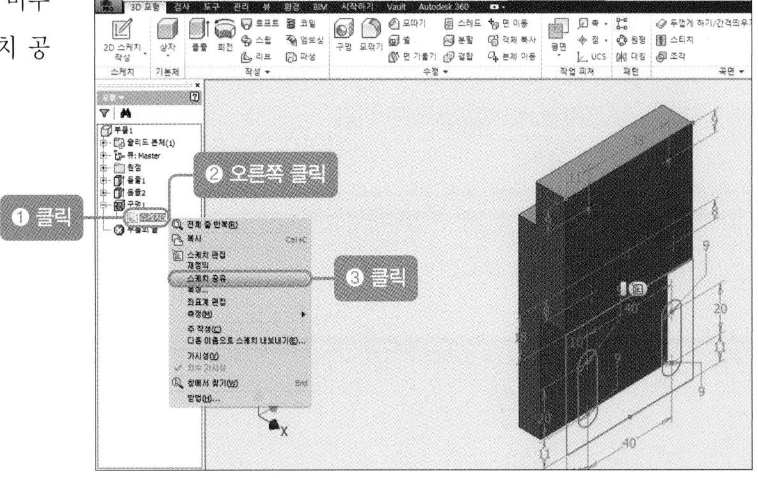

29 빨간색으로 된 중심점을 클릭한 후 [구멍] 아이콘을 클릭합니다.

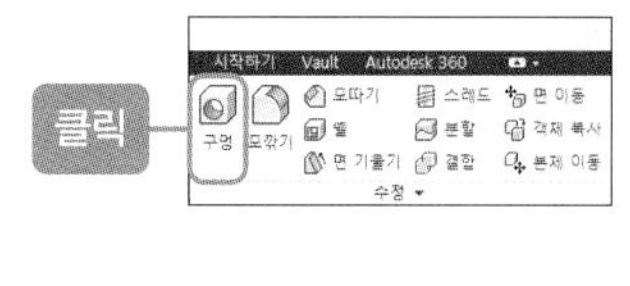

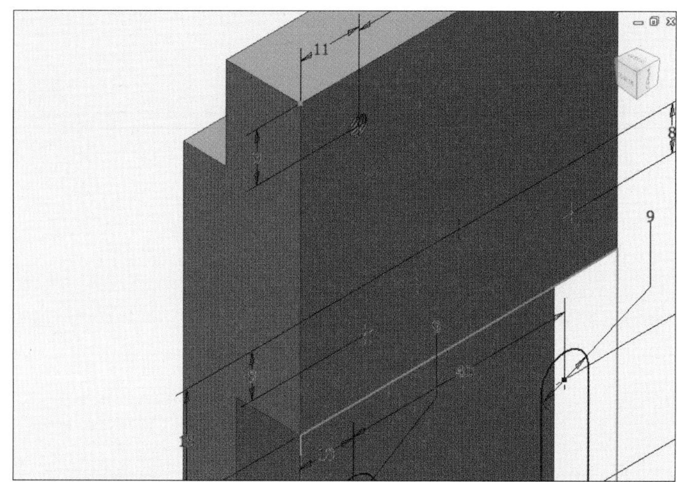

30 다음과 같이 설정한 후 [적용] 버튼을 누릅니다.

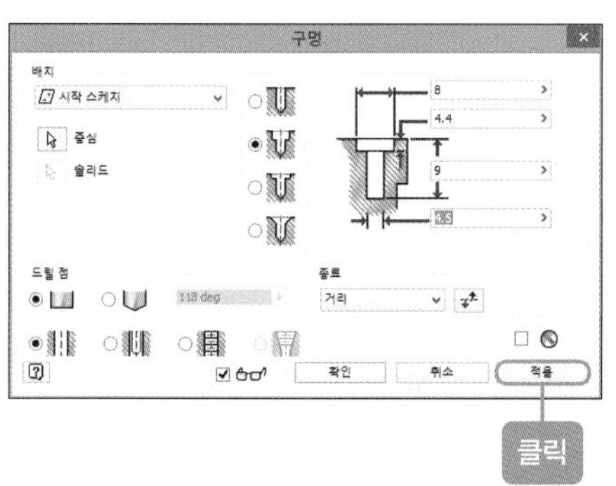

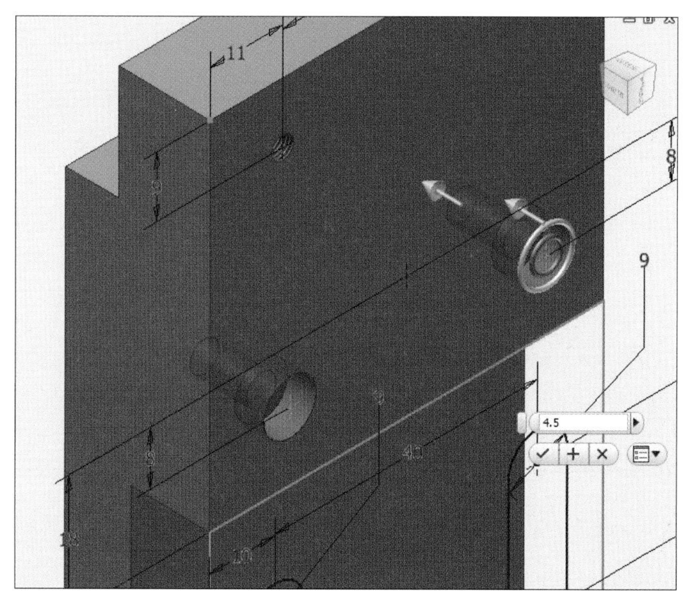

31 다음과 같이 설정한 후 [확인] 버튼을 누릅니다.

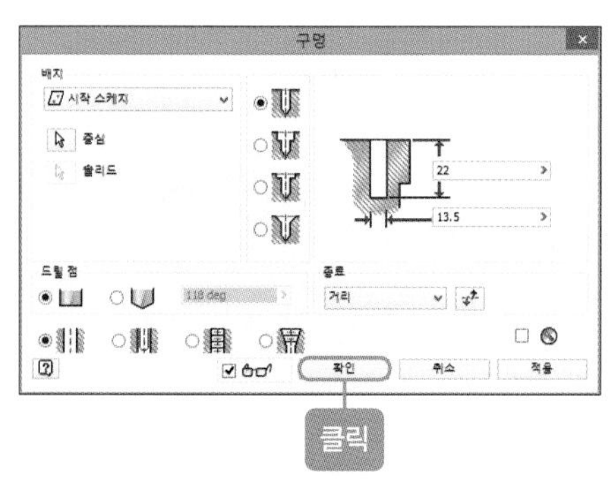

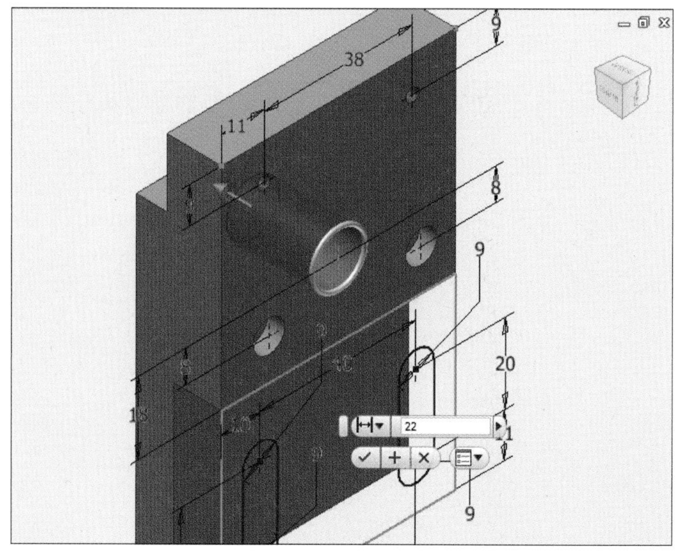

32 [돌출] 아이콘을 클릭한 후 [프로파일]을 클릭하고 빨간색 부분의 홈을 클릭합니다. [돌출] 대화상자의 '차집합'과 '방향2'를 클릭하고 치수를 '22mm'로 수정한 후 [확인] 버튼을 클릭합니다.

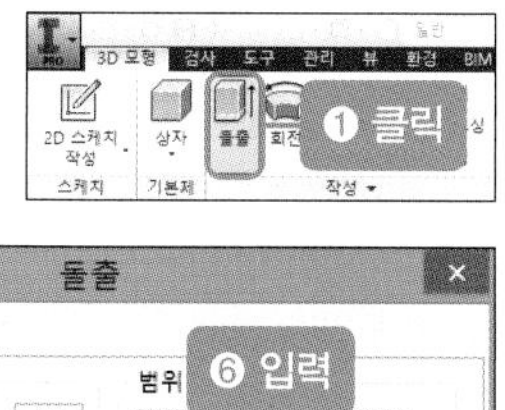

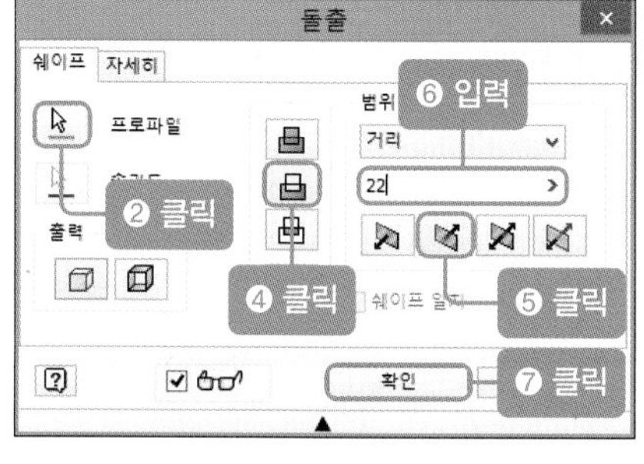

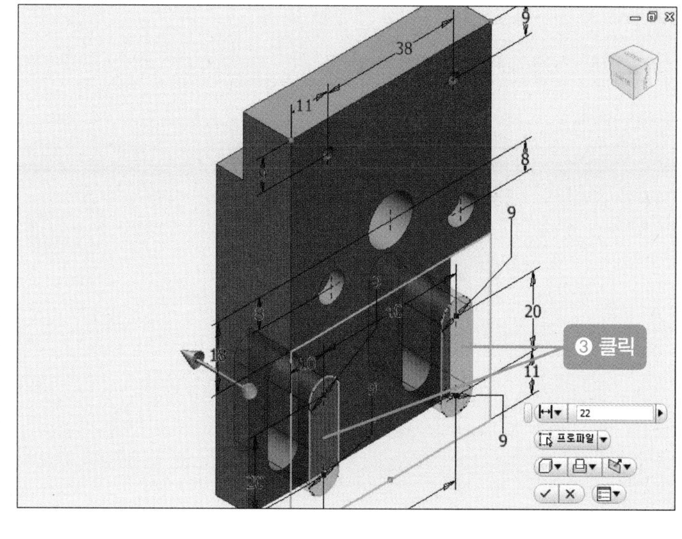

33 돌출시키면 다음과 같은 그림이 나타납니다.

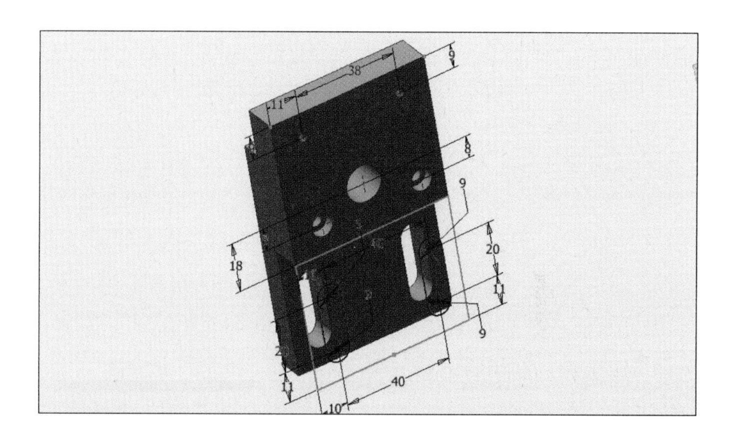

34 [구멍1-스케치3]을 클릭한 후 마우스 오른쪽 버튼을 눌러 [가시성]의 체크를 해제합니다.

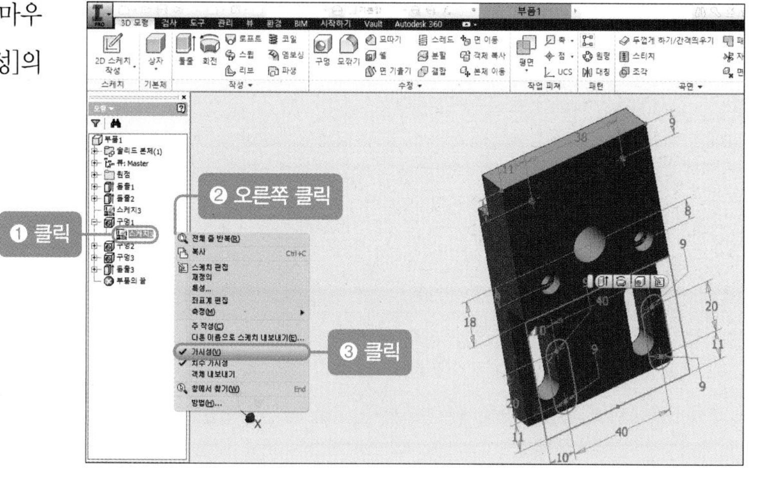

35 직사각형의 빨간색 면을 클릭한 후 [2D 스케치 작성] 아이콘을 클릭합니다.

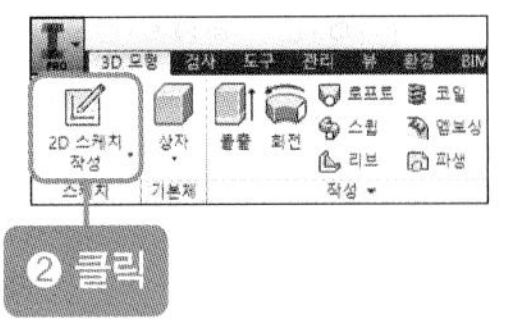

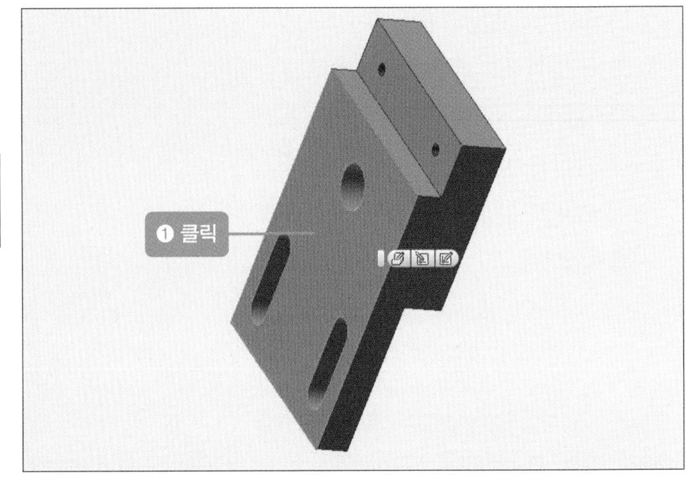

36 [점] 아이콘을 클릭한 후 2개의 점을 클릭합니다.

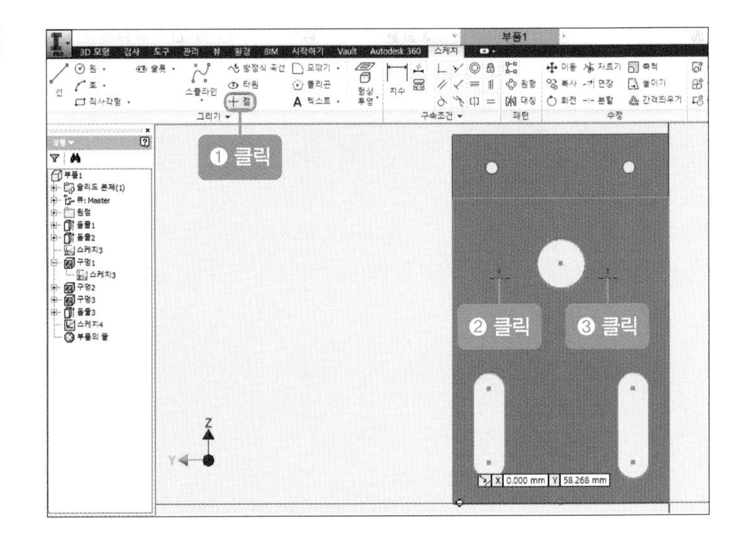

37 [치수] 아이콘을 클릭한 후 ①과 ②/②와 ④/②과 ③/①과 ③의 치수선을 다음과 같이 놓습니다. 치수를 더블클릭하여 '8mm', '11mm', '38mm', '8mm'로 수정합니다.

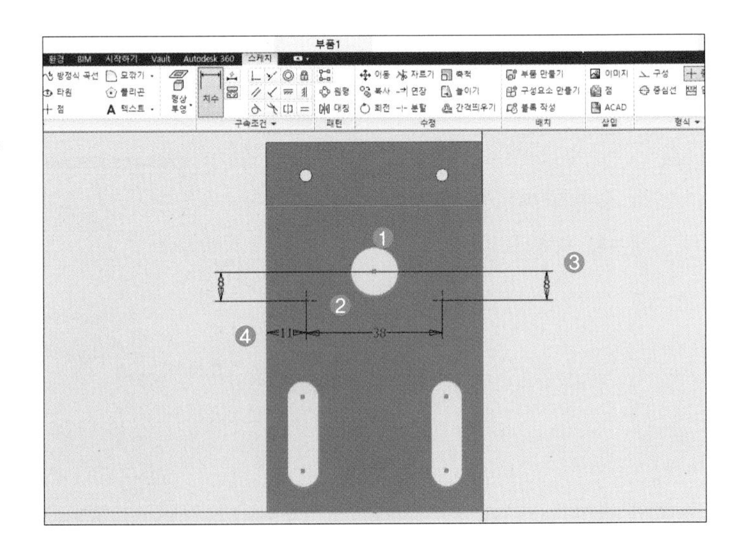

38 마우스 오른쪽 버튼을 눌러 [스케치 마무리]를 클릭합니다.

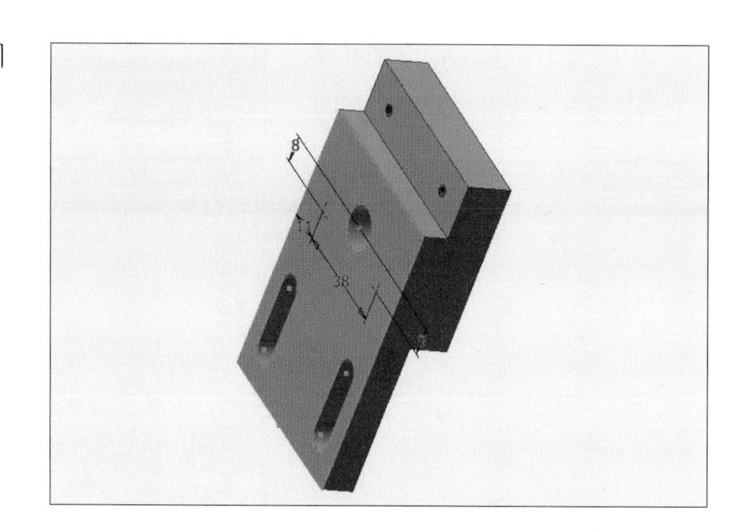

39 [구멍] 아이콘을 클릭한 후 다음과 같이 설정하고 [확인] 버튼을 클릭합니다.

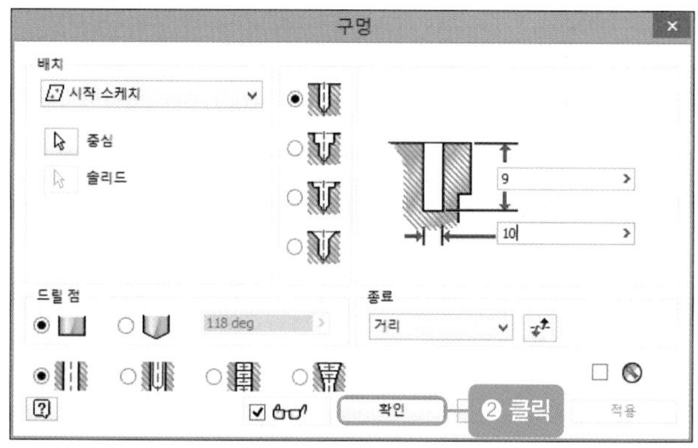

40 구멍을 뚫으면 다음과 같은 그림이 나타납니다.

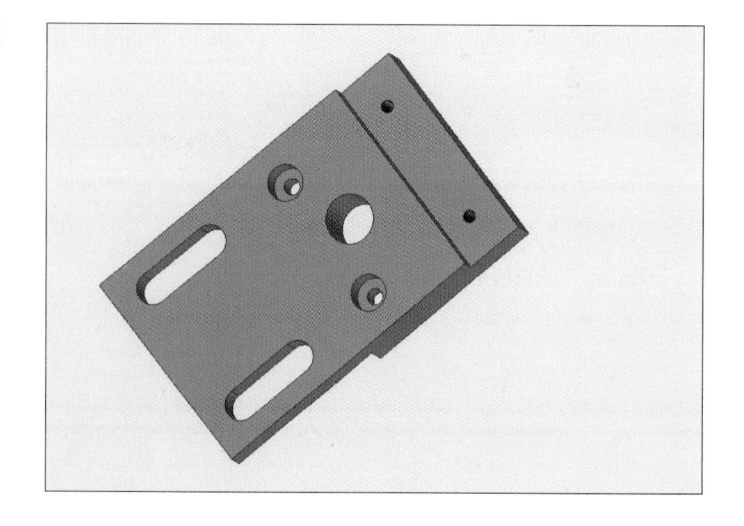

41 직사각형의 빨간색 면을 클릭한 후 [2D 스케치 작성] 아이콘을 클릭합니다.

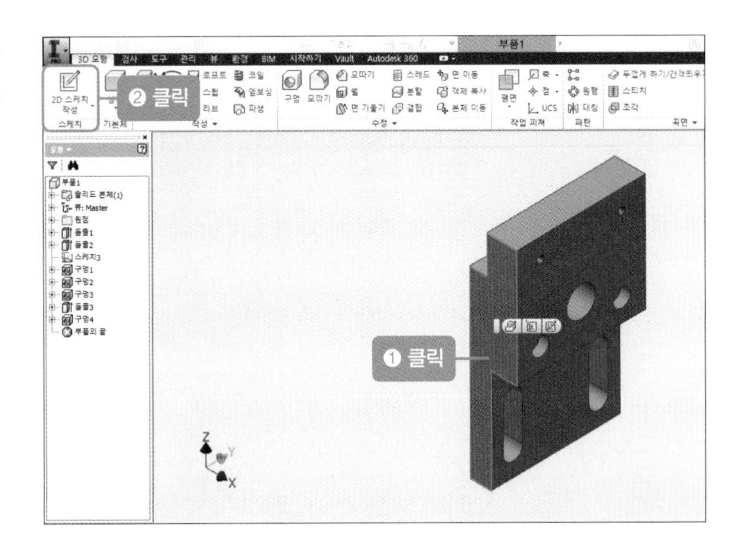

42 [점] 아이콘을 클릭한 후 1개의 점을 클릭합니다.

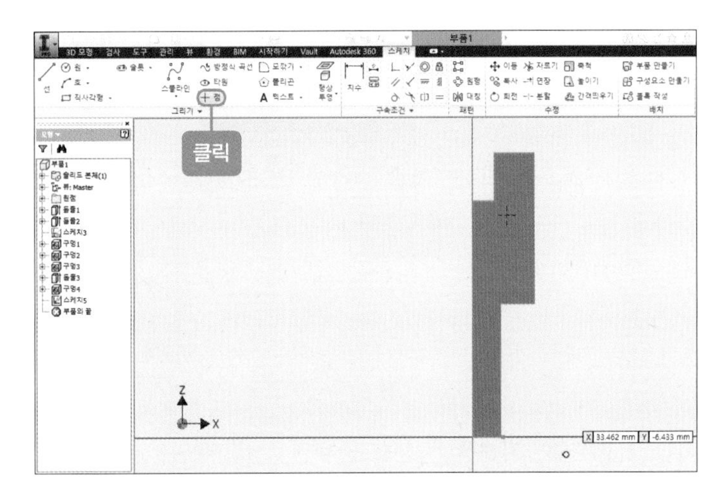

43 [치수] 아이콘을 클릭한 후 중심점에 가로 및 세로의 치수선을 다음과 같이 넣습니다. 치수를 더블클릭하여 '8mm', '24.8mm'로 수정합니다.

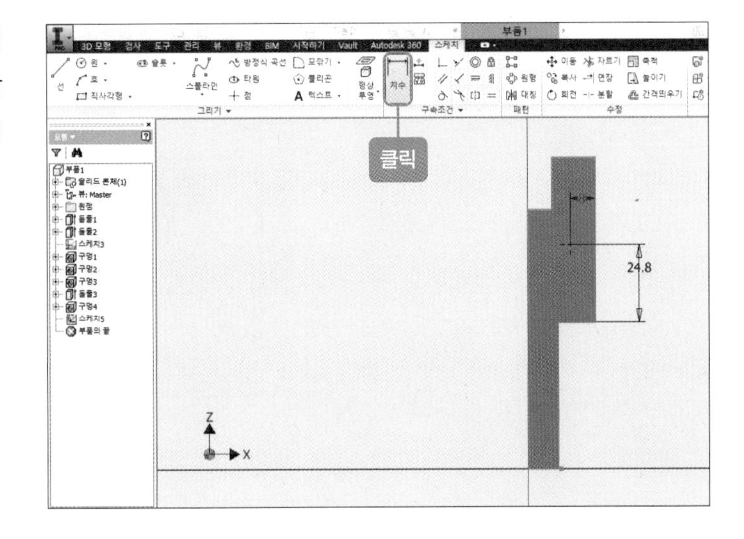

44 마우스 오른쪽 버튼을 눌러 [스케치 마무리]를 클릭합니다.

45 [구멍] 아이콘을 클릭한 후 다음과 같이 설정하고 [확인] 버튼을 클릭합니다.

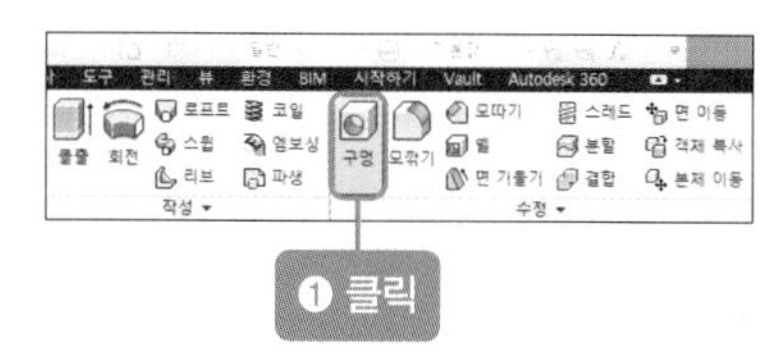

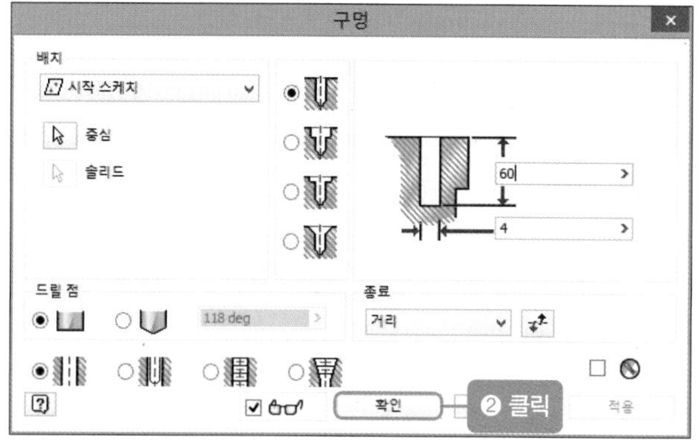

46 구멍을 뚫으면 다음과 같은 그림이 나타납니다.

47 [모따기] 아이콘을 클릭한 후 고정조 모형에서 다음과 같이 윗부분에 있는 3개의 모서리를 클릭합니다. 그런 다음 거리 치수에 '3mm'를 입력하고 [적용] 버튼을 클릭합니다.

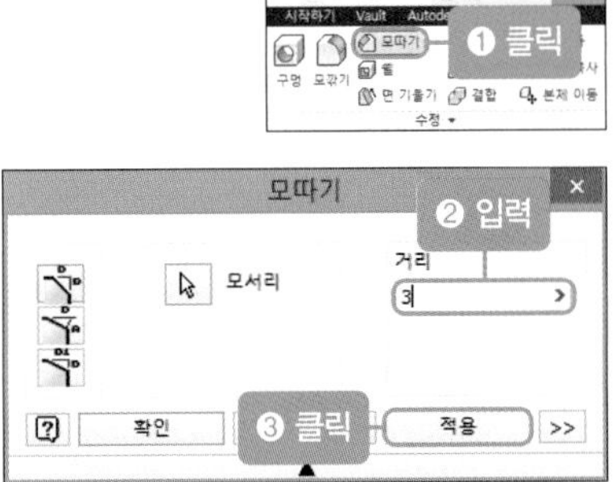

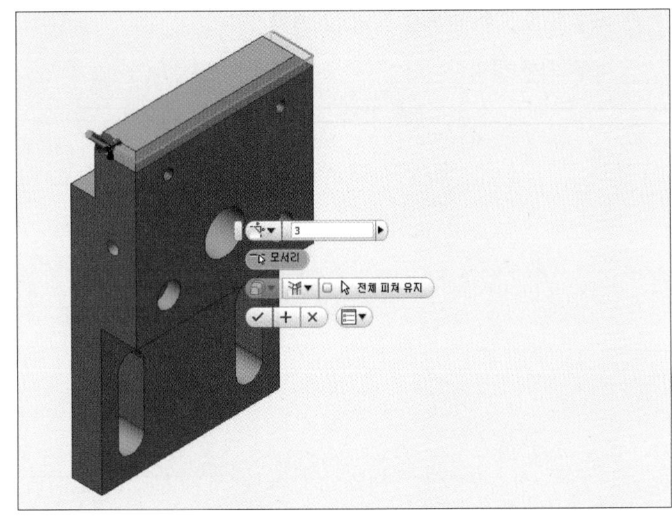

48 고정조 모형에서 중앙의 있는 원 모서리와 위의 있는 2개의 원 모서리, 좌측 면에 있는 원 모서리를 클릭합니다. 거리 치수에 '1mm'를 입력한 후 [적용] 버튼을 클릭합니다.

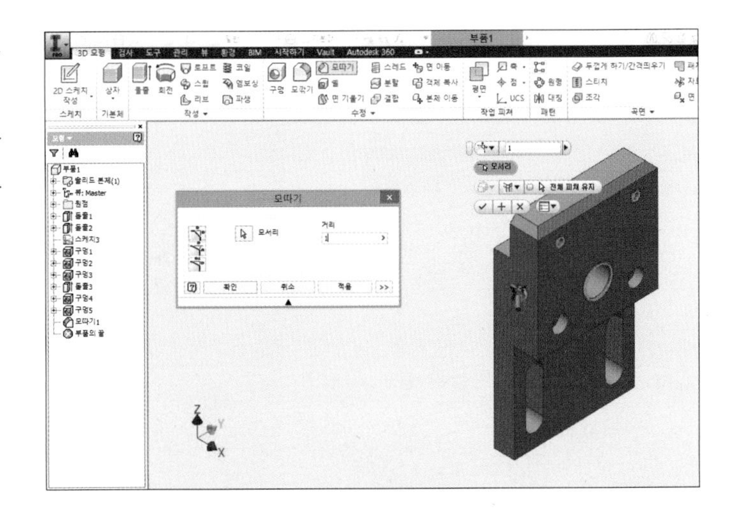

49 반대쪽으로 회전시켜 반대쪽 원 모서리도 클릭하고 [적용] 버튼을 클릭합니다.

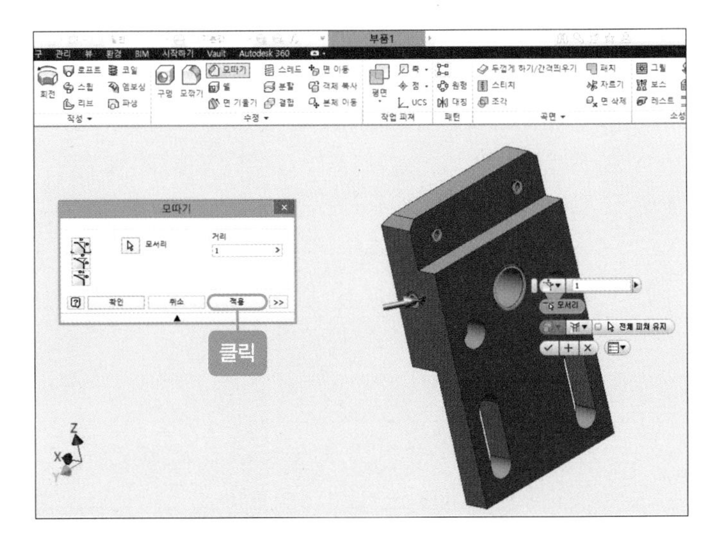

50 고정조 모형에서 다음 그림과 같이 아랫부분에 있는 2개의 모서리를 클릭합니다. 그런 다음 거리 치수에 '8mm'를 입력하고 [확인] 버튼을 클릭합니다.

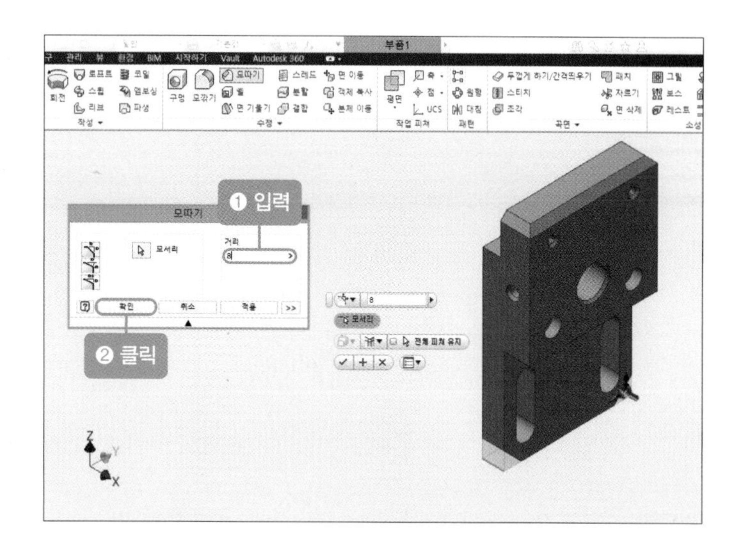

51 다음과 같이 고정조가 완성됩니다.

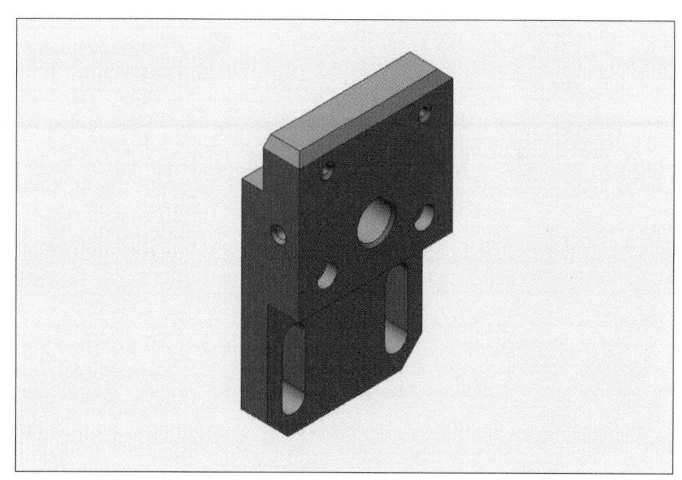

2 | 이동조 만들기(품번 ❷)

01 바탕 화면에서 [Inventor] 아이콘을 더블클릭하면 프로그램이 실행됩니다. 다음과 같은 창이 나타나면 [새로 만들기]를 클릭합니다.

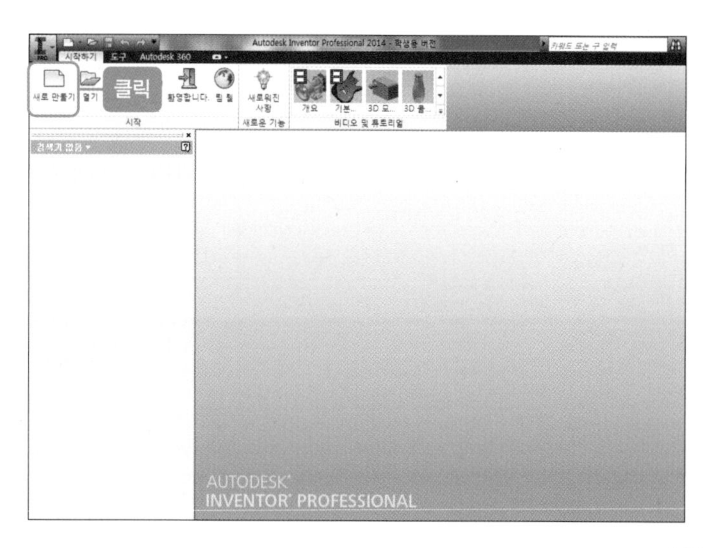

02 [새 파일 작성] 창이 나타나면 'Standard.ipt'를 클릭한 후 [작성] 버튼을 클릭합니다.

03 탐색기의 [원점-XY 평면]을 클릭한 후 [2D 스케치 작성] 아이콘을 클릭합니다.

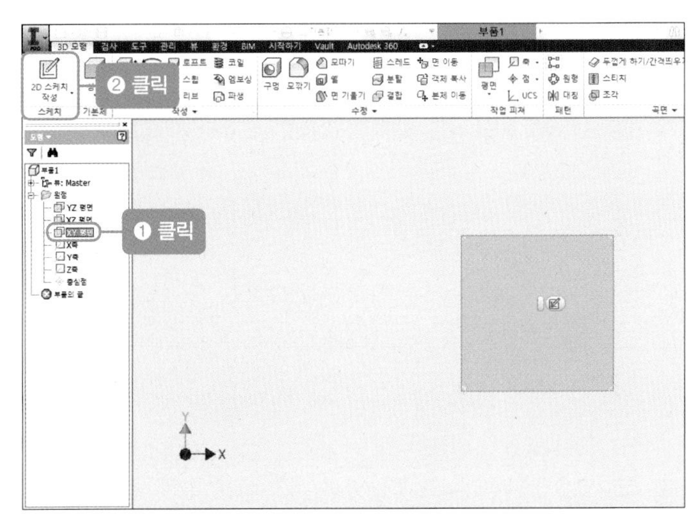

04 [직사각형] 아이콘을 클릭한 후 임의의 사각형을 그립니다.

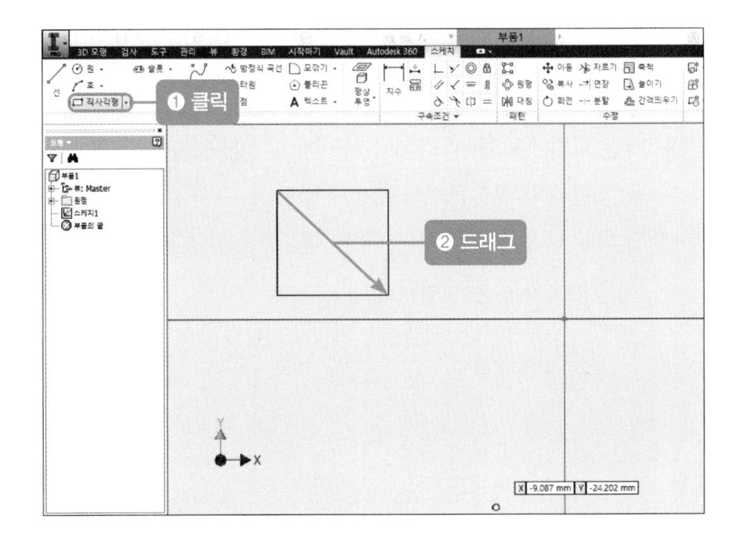

05 [선] 아이콘을 클릭한 후 좌측 중심점에서 우측 중심점까지 선을 그립니다.

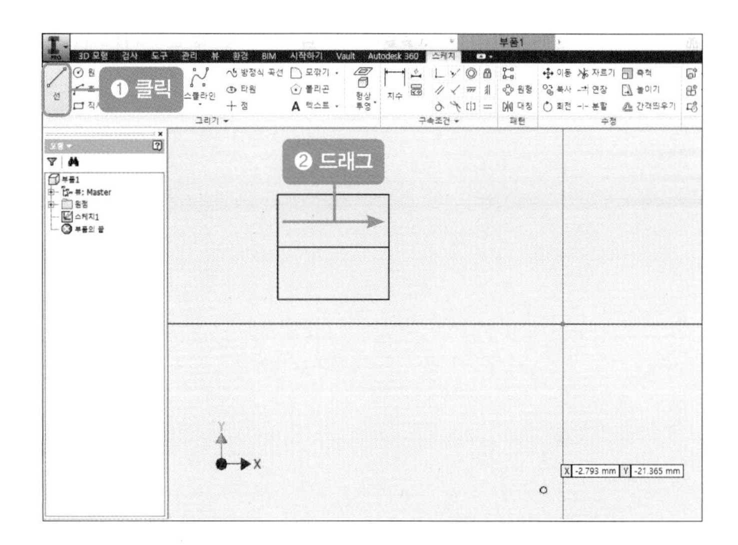

06 [일치 구속 조건] 아이콘을 클릭한 후 직사각형의 중심선에서 중심점을 클릭하고 중앙의 중심점을 클릭합니다.

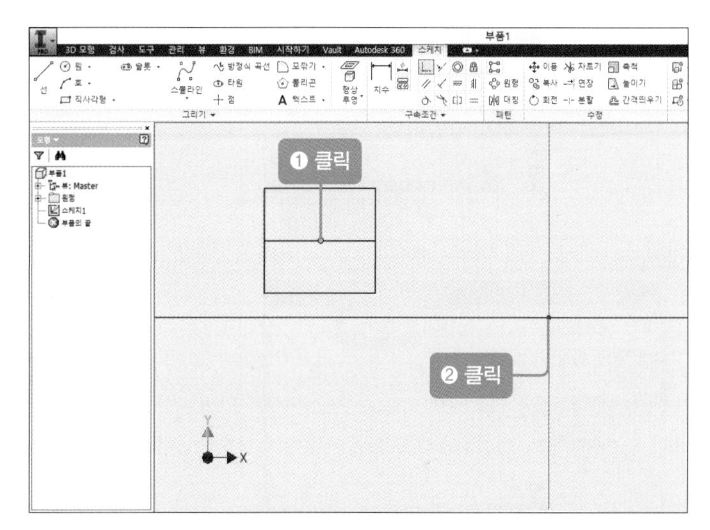

07 [치수] 아이콘을 클릭한 후 직사각형의 가로 및 세로의 치수선을 다음과 같이 넣습니다. 치수를 더블클릭하여 '22mm', '60mm'로 수정합니다.

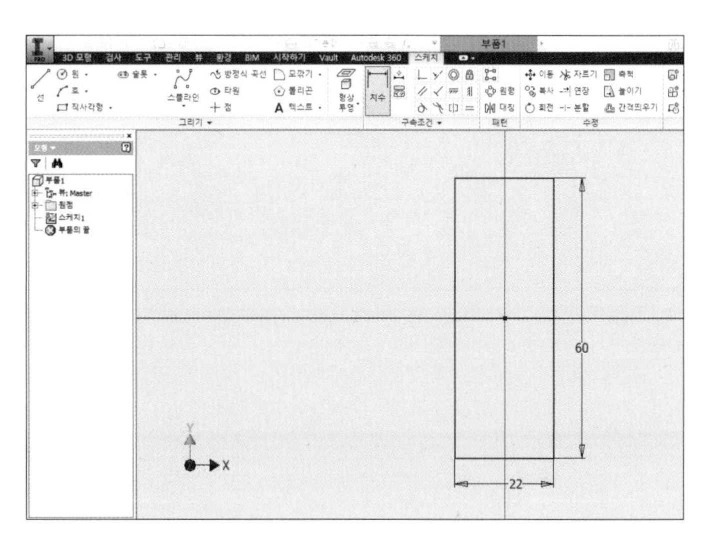

08 마우스 오른쪽 버튼을 눌러 [스케치 마무리]를 클릭합니다.

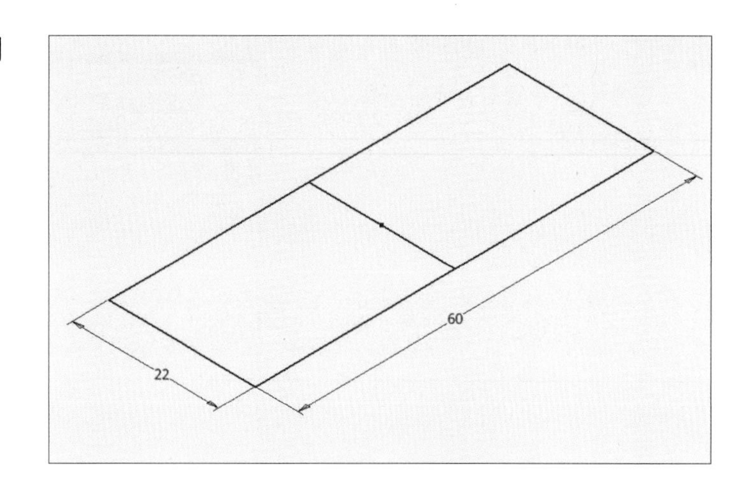

09 [돌출] 아이콘을 클릭한 후 [프로파일]을 클릭하고 직사각형을 클릭합니다. 치수에 '53mm'를 입력한 후 [확인] 버튼을 클릭합니다.

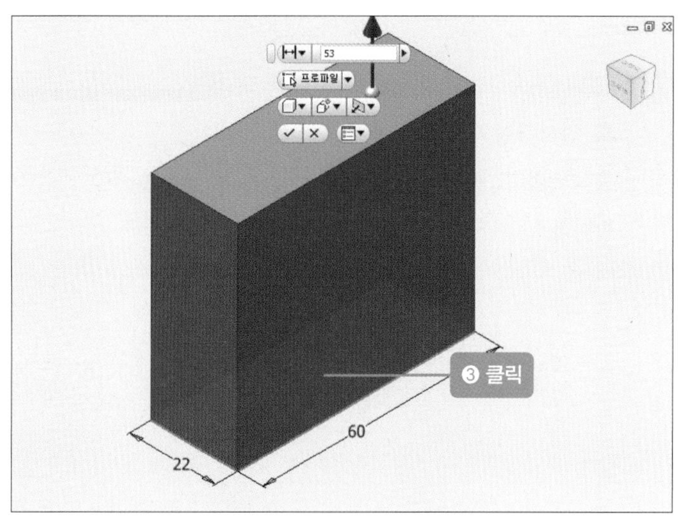

10 돌출시키면 다음과 같은 그림이 나타납니다.

11 직사각형의 빨간색 면을 클릭한 후 [2D 스케치 작성] 아이콘을 클릭합니다.

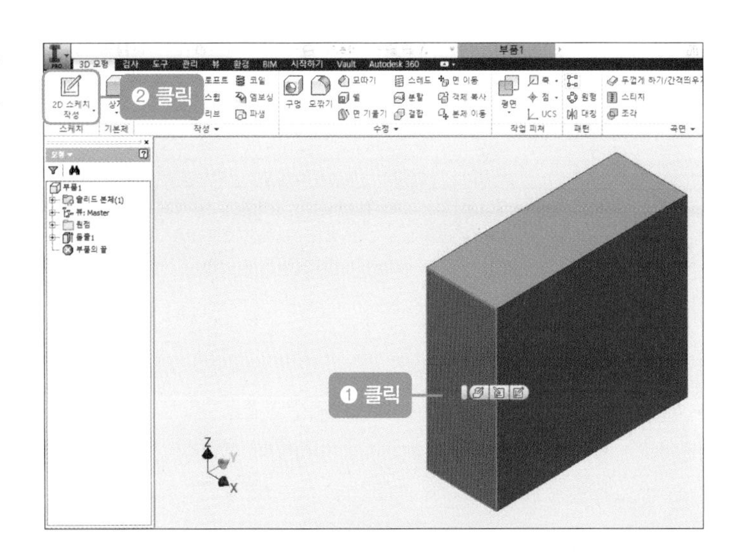

12 [직사각형] 아이콘을 클릭한 후 우측 위 꼭짓점을 클릭하고 임의의 직사각형을 그립니다.

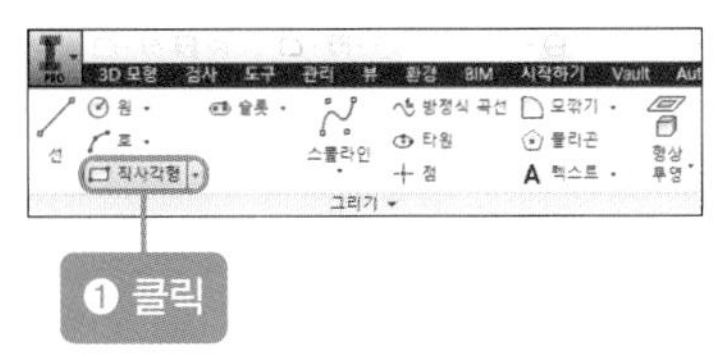

13 [치수] 아이콘을 클릭한 후 작은 직사각형의 가로 및 세로의 치수선을 다음과 같이 놓습니다. 치수를 더블 클릭하여 '8mm', '17mm'로 수정합니다.

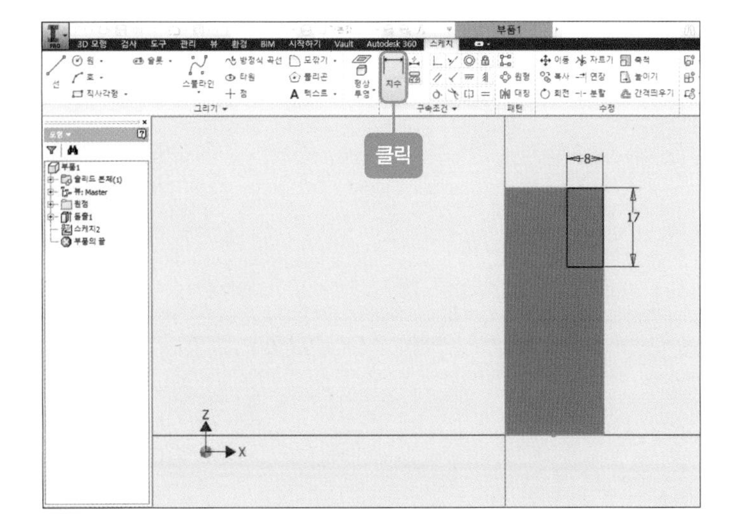

14 마우스 오른쪽 버튼을 눌러 [스케치 마무리]를 클릭합니다.

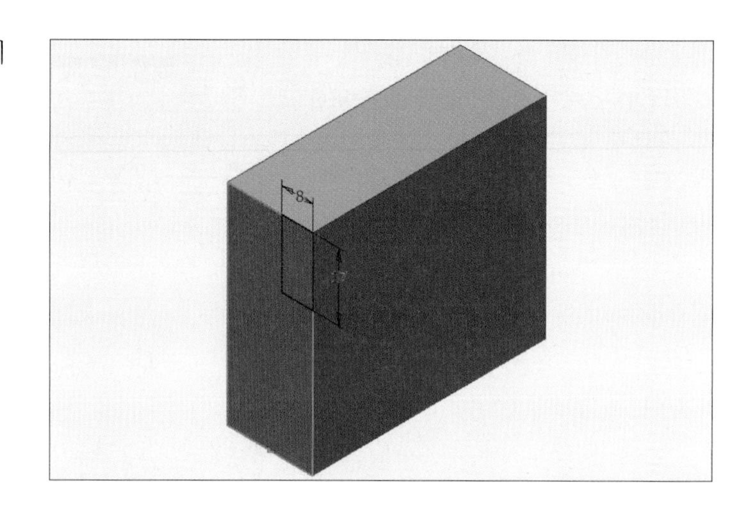

15 [돌출] 아이콘을 클릭한 후 [프로파일]을 클릭하고 방금 전에 그렸던 직사각형을 클릭합니다. [돌출] 대화상자의 '차집합'과 '방향2'를 클릭하고 치수를 '60mm'로 수정한 후 [확인] 버튼을 클릭합니다.

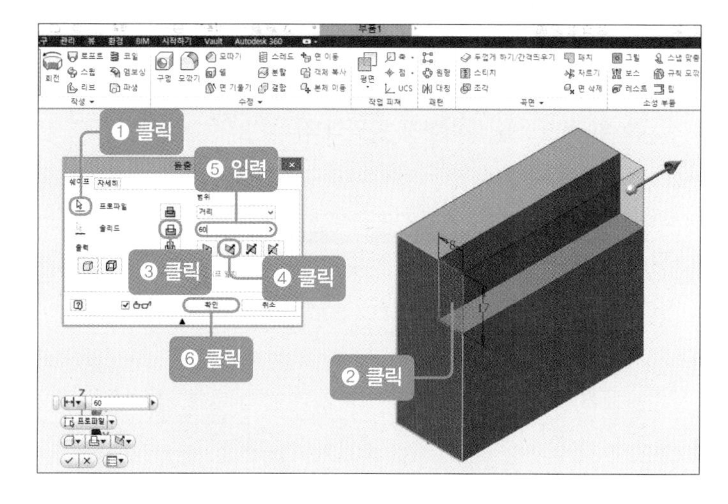

16 돌출시키면 다음과 같은 그림이 나타납니다.

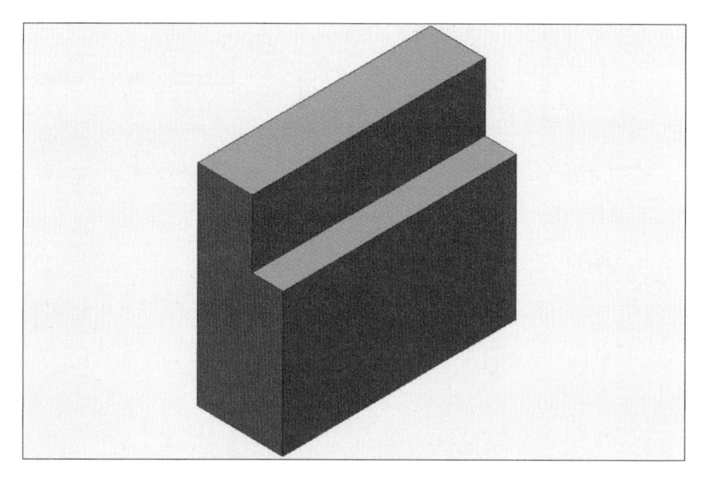

17 직사각형의 빨간색 부분을 클릭한 후 [2D 스케치 작성] 아이콘을 클릭합니다.

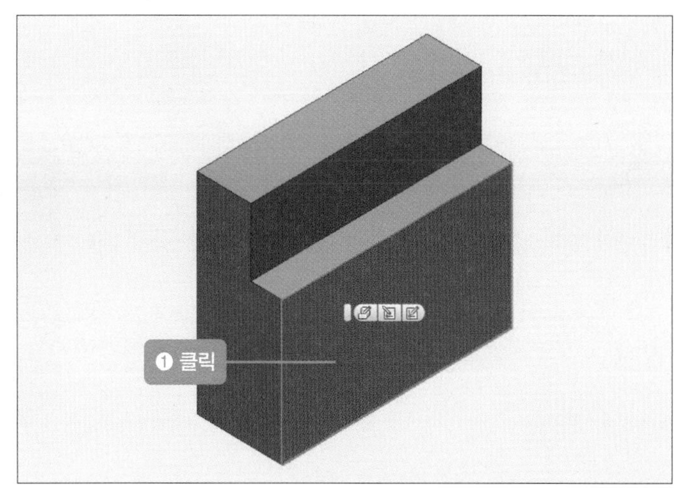

18 [점] 아이콘을 클릭한 후 점 3개를 클릭합니다(중앙의 점은 중심점을 따라 올라가 임의의 위치에 클릭합니다).

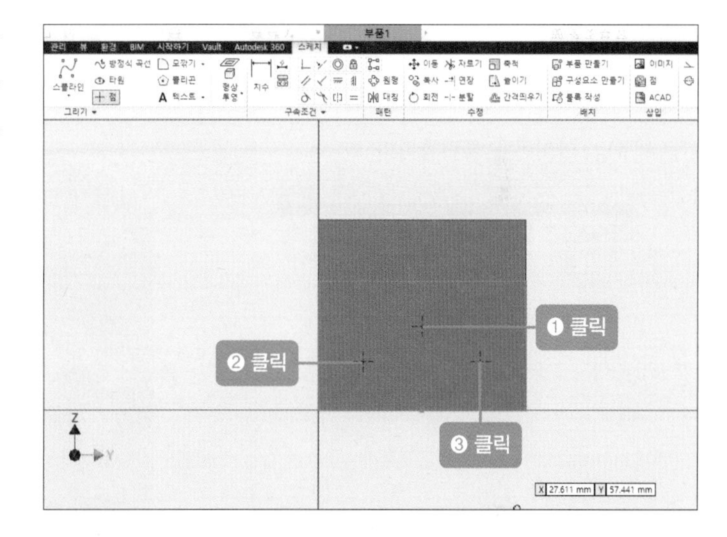

19 [치수] 아이콘을 클릭한 후 ①과 ②/②와 ④/②와 ③/①과 ②/③과 ④의 치수선을 다음과 같이 놓습니다. 치수를 더블클릭하여 '8mm', '10mm', '38mm', '19mm', '10mm'로 수정합니다.

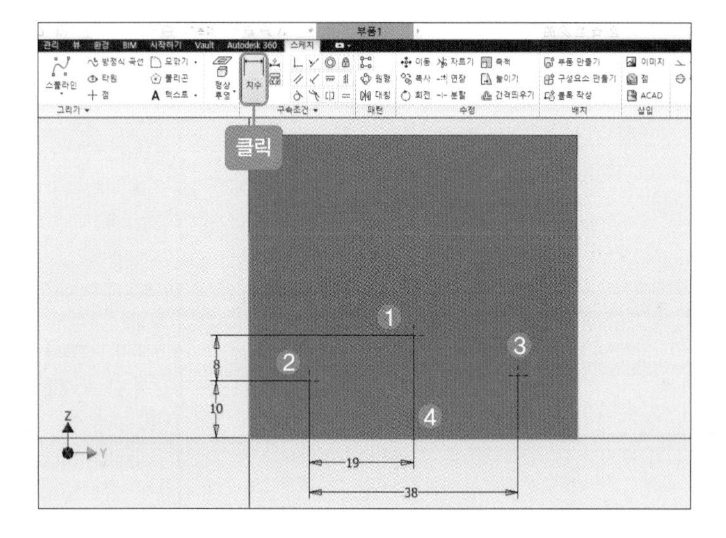

20 마우스 오른쪽 버튼을 눌러 [스케치 마무리]를 클릭합니다.

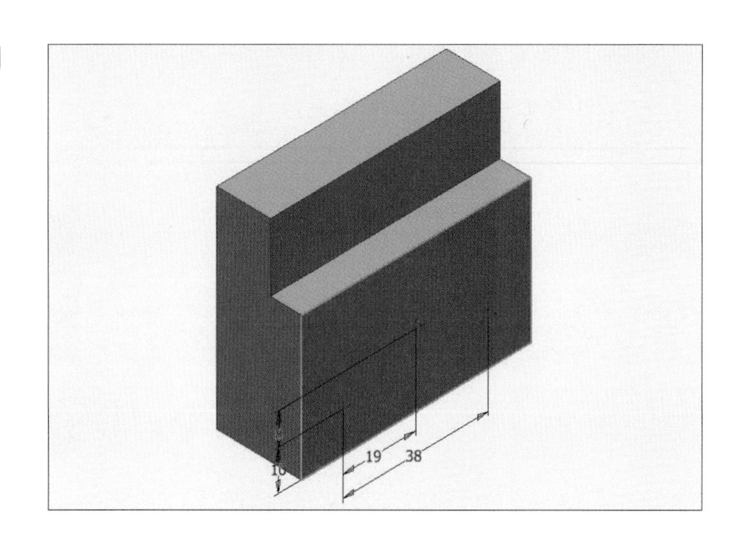

21 빨간색 부분의 중심점을 클릭한 후 [구멍] 아이콘을 클릭합니다.

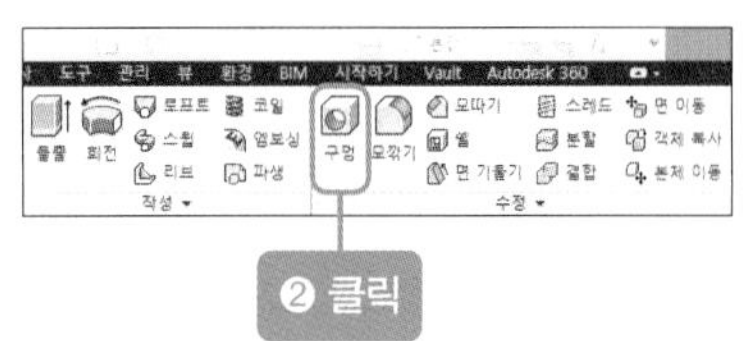

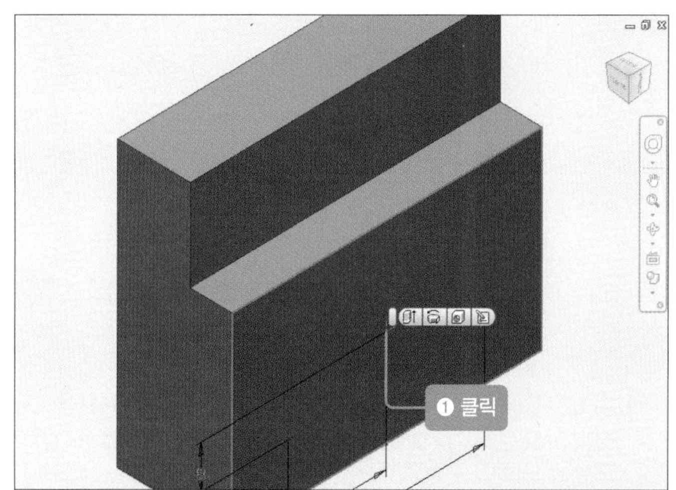

22 다음과 같이 설정한 후 [확인] 버튼을 클릭합니다.

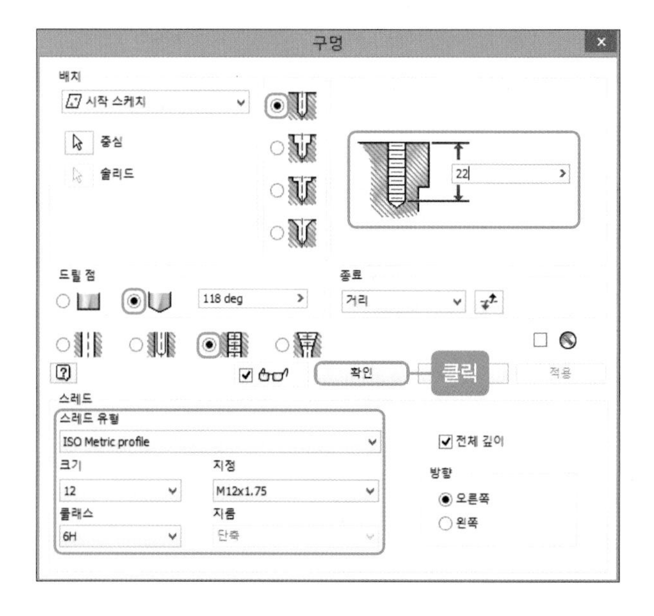

23 구멍을 뚫으면 다음과 같은 그림이 나타납니다.

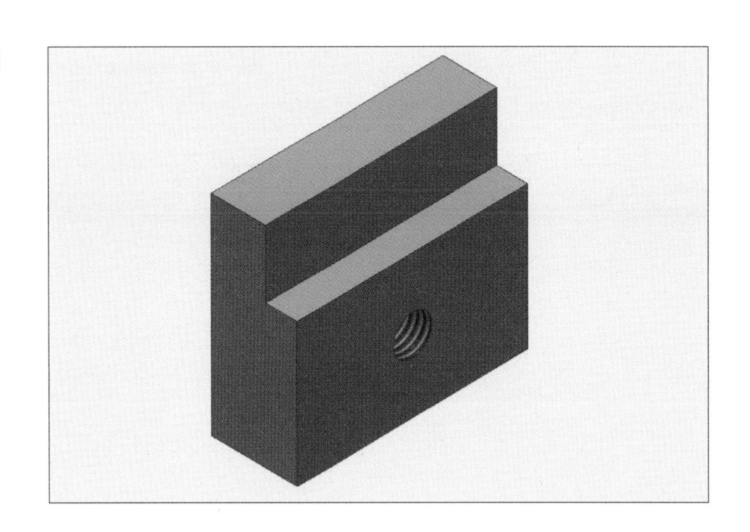

24 [구멍1-스케치3]을 클릭한 후 마우스 오른쪽 버튼을 눌러 [스케치 공유]를 클릭합니다.

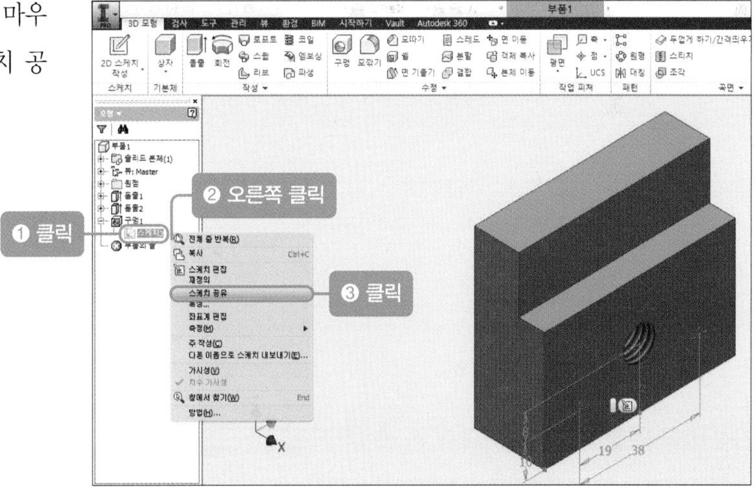

25 빨간색 부분의 중심점 2개를 클릭한 후 [구멍] 아이콘을 클릭합니다.

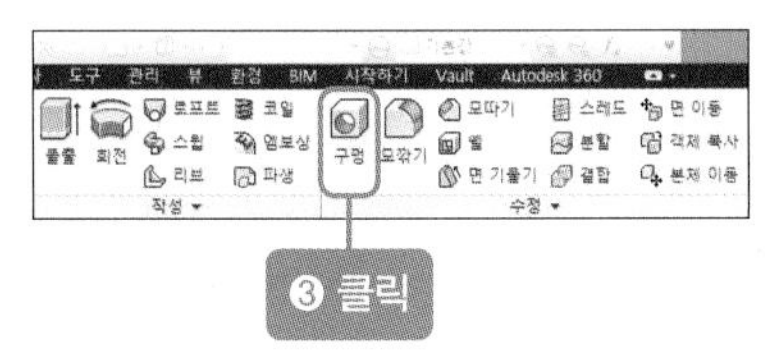

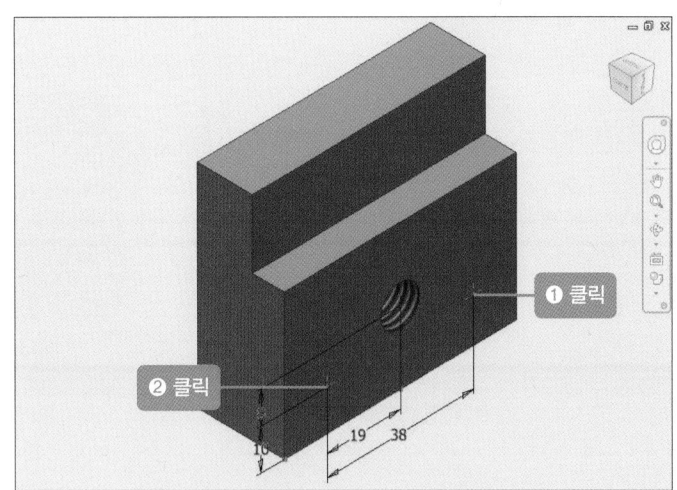

26 [구멍] 아이콘을 클릭한 후 다음과 같이 설정하고 [확인] 버튼을 클릭합니다.

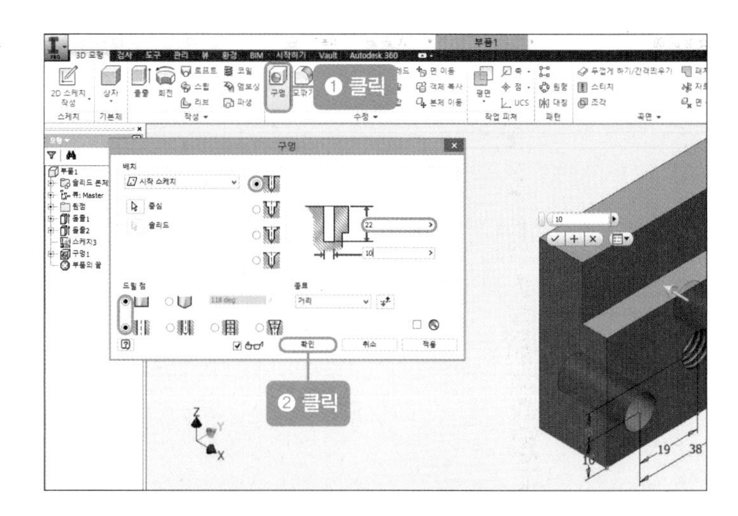

27 구멍을 뚫으면 다음과 같은 그림이 나타납니다.

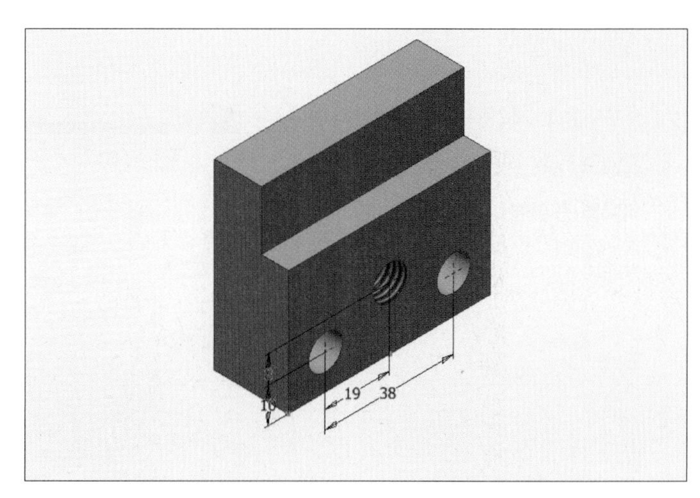

28 [구멍1-스케치3]을 클릭한 후 마우스 오른쪽 버튼을 눌러 [가시성]의 체크를 해제합니다.

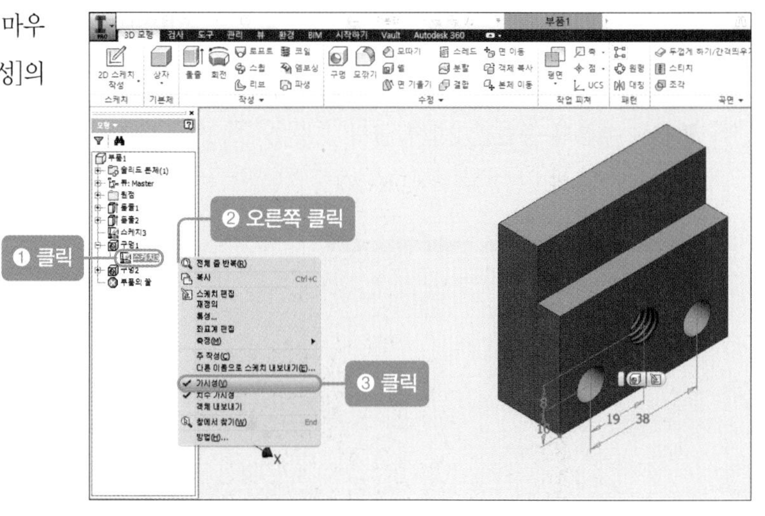

29 직사각형의 빨간색 부분을 클릭한 후 [2D 스케치 작성] 아이콘을 클릭합니다.

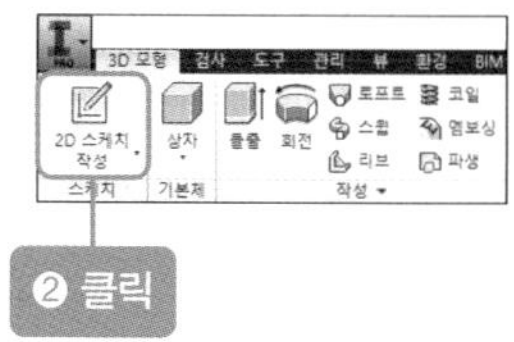

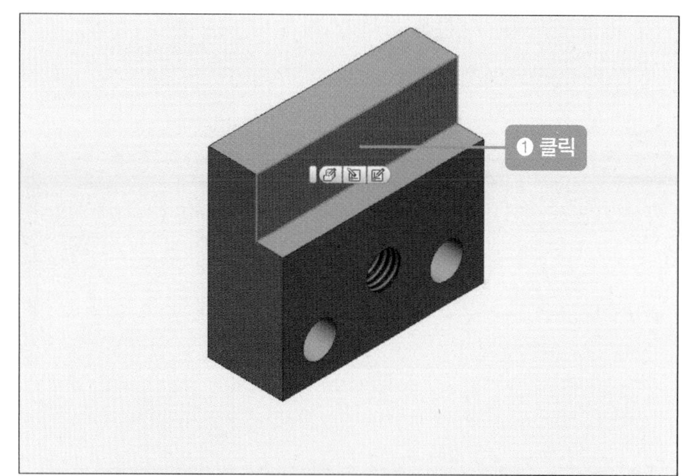

30 [점] 아이콘을 클릭한 후 그림과 같이 2개의 점을 클릭합니다.

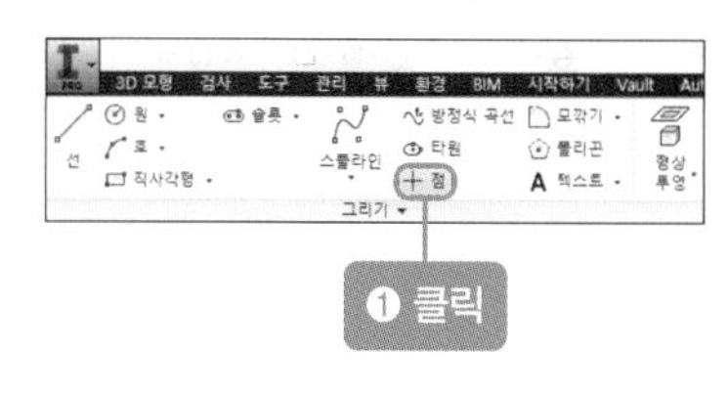

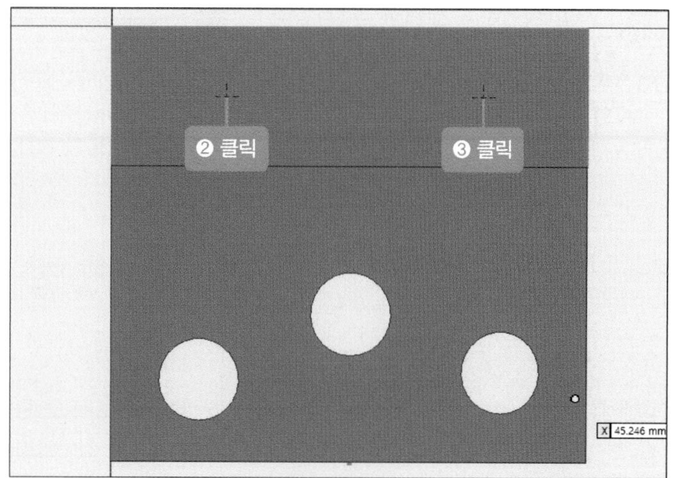

31 [치수] 아이콘을 클릭한 후 ①과 ②/①과 ②/②와 ③/①과 ③의 치수선을 다음과 같이 놓습니다. 치수를 더블클릭하여 '9mm', '11mm', '38mm', '9mm'로 수정합니다.

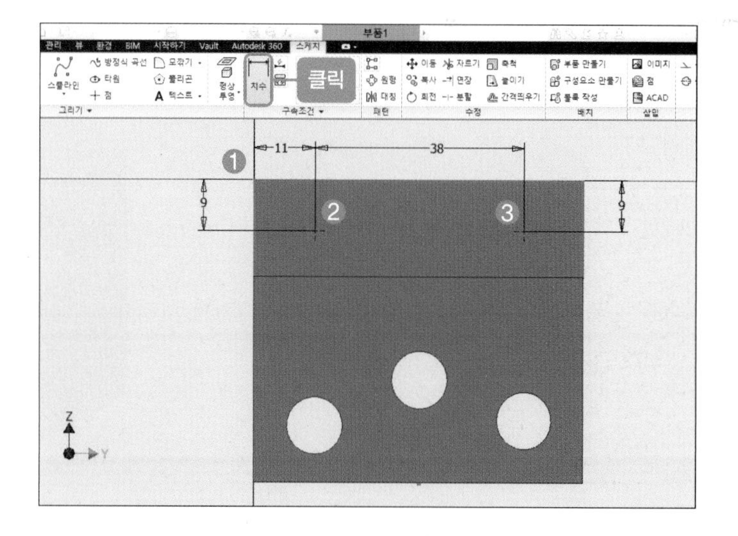

32 마우스 오른쪽 버튼을 눌러 [스케치 마무리]를 클릭합니다.

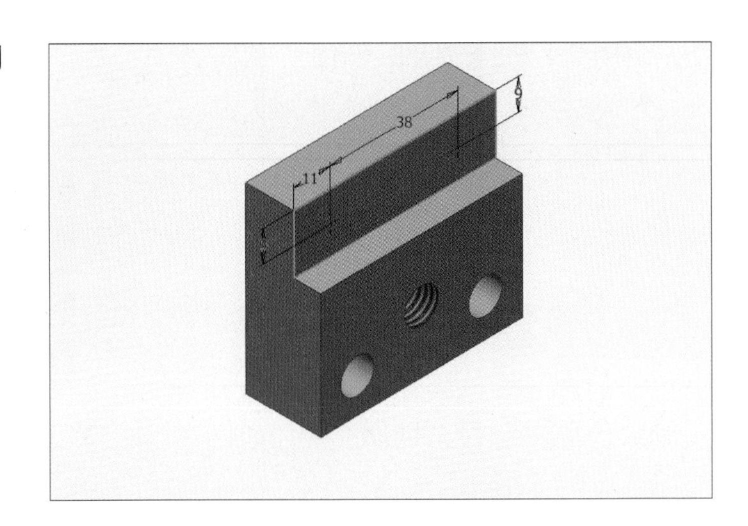

33 [구멍] 아이콘을 클릭한 후 다음과 같이 설정하고 [확인] 버튼을 클릭합니다.

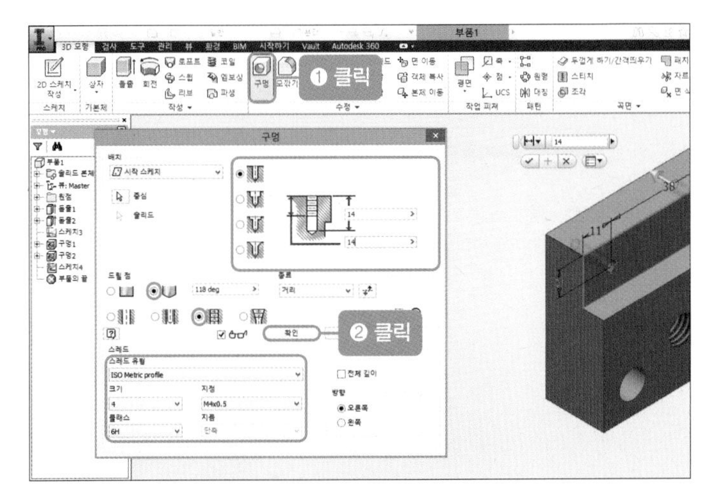

34 구멍을 뚫으면 다음과 같은 그림이 나타납니다.

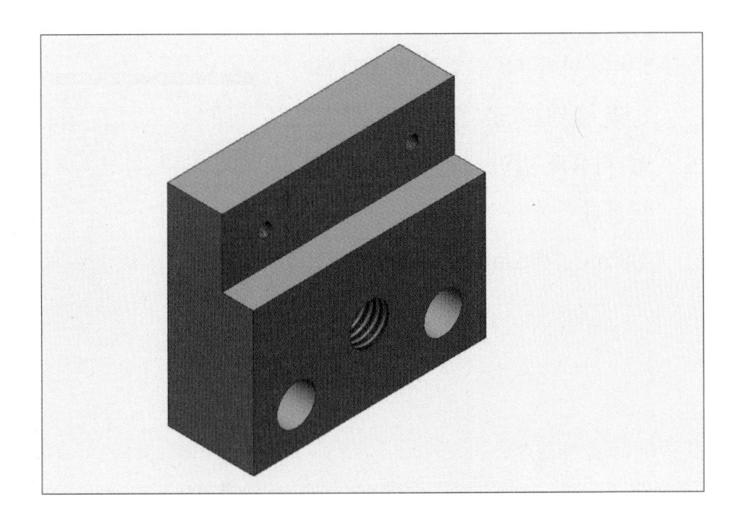

35 [모따기] 아이콘을 클릭한 후 그림과 같이 직사각형의 윗면에서 3개의 모서리 클릭합니다. 그런 다음 거리 치수에 '3'을 입력하고 [확인] 버튼을 클릭합니다.

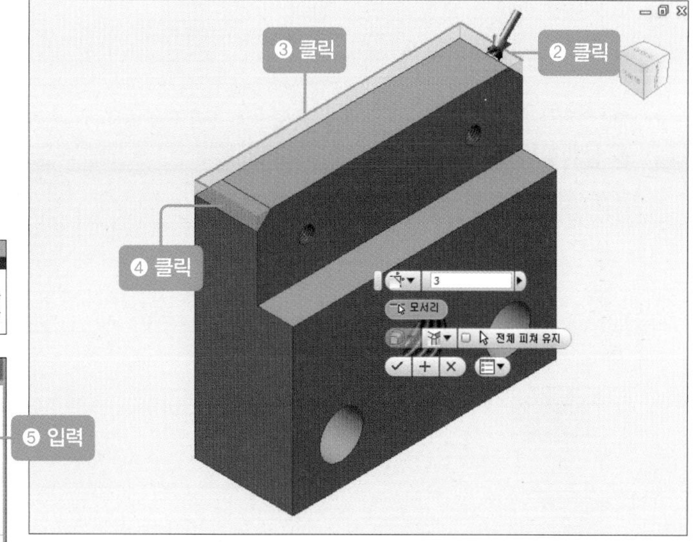

36 모따기를 하면 다음과 같은 그림이 나타납니다.

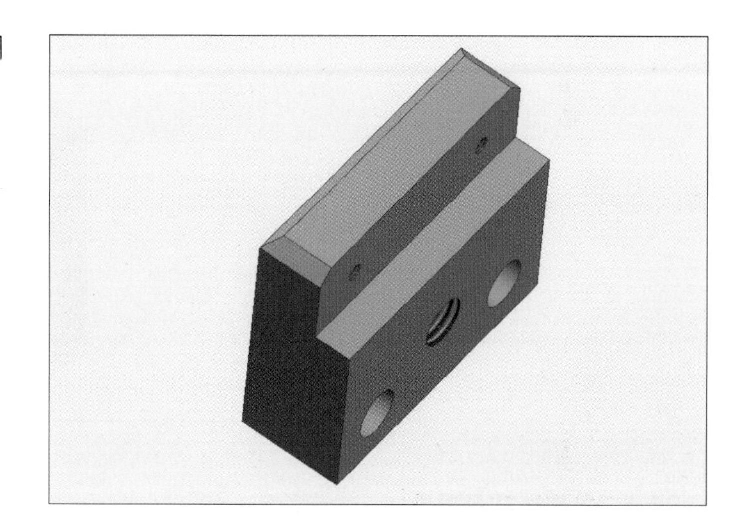

37 [모따기] 아이콘을 클릭한 후 이동조 모형에서 윈의 모서리(5개)를 클릭합니다. 그런 다음 거리 치수를 '1mm'로 수정하고 [적용] 버튼을 클릭합니다.

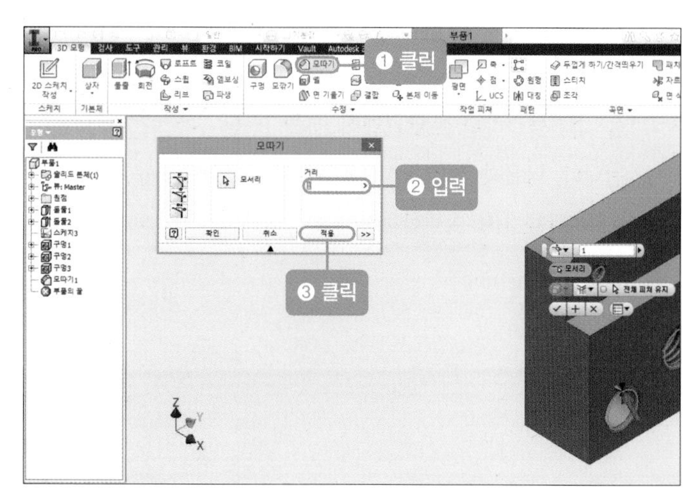

38 회전시켜 이동조 모형 뒷면도 원의 모서리(5개)를 클릭한 후 거리 치수를 '1mm'로 수정하고 [확인] 버튼을 클릭합니다.

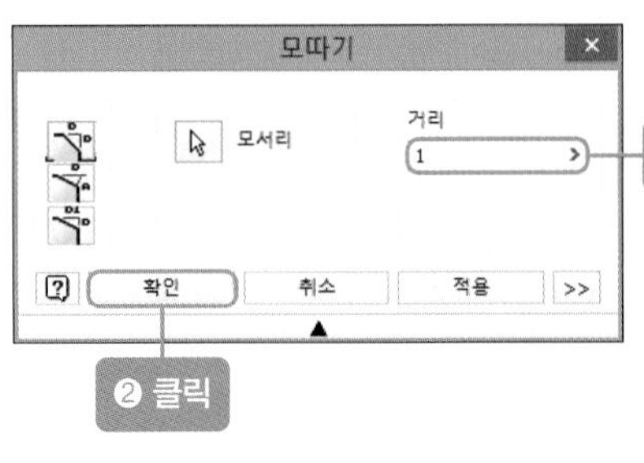

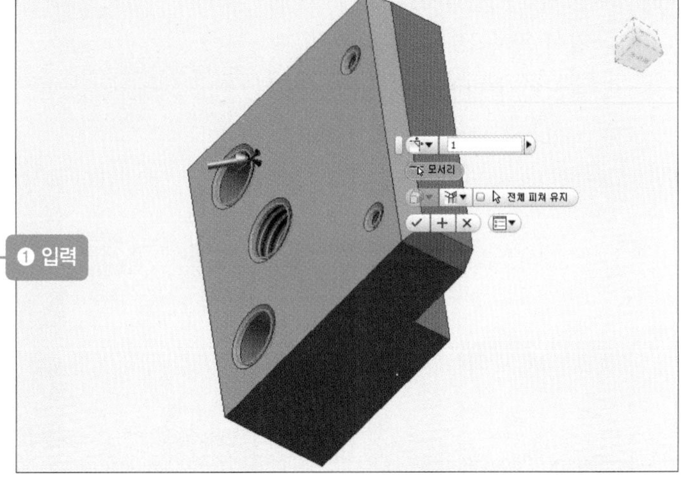

39 이동조가 완성됩니다.

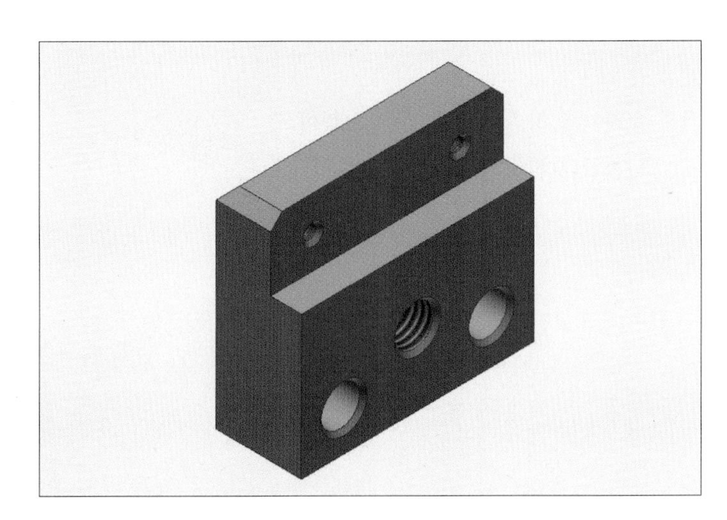

3 | 스크류 만들기(품번 ④)

01 바탕 화면에서 [Inventor] 아이콘을 더블클릭하면 프로그램이 실행됩니다. 다음과 같은 창이 나타나면 [새로 만들기]를 클릭합니다.

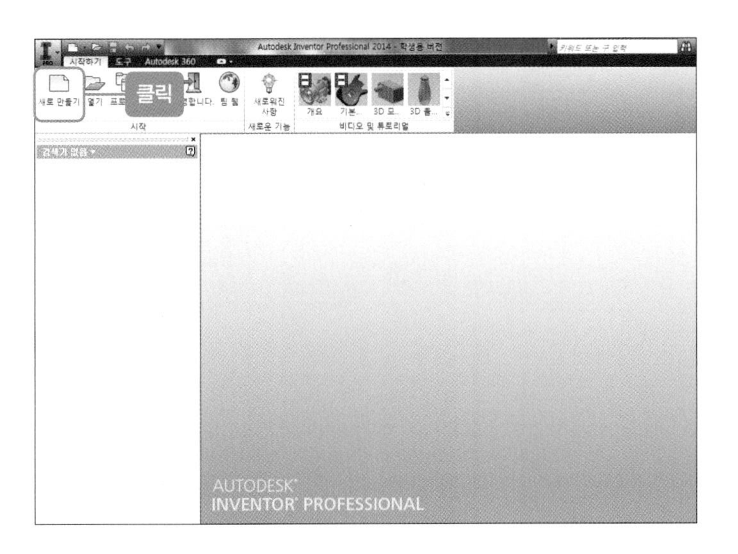

02 [새 파일 작성] 창이 나타나면 'Standard.ipt'를 클릭한 후 [작성] 버튼을 클릭합니다.

03 탐색기의 [원점-XY 평면]을 클릭한 후 [2D 스케치 작성] 아이콘을 클릭합니다.

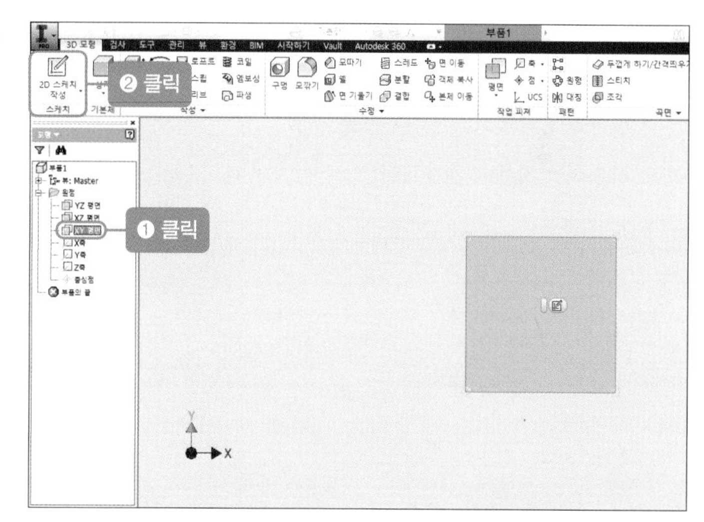

04 [선] 아이콘을 클릭한 후 증분 좌표로 다음 그림과 같이 그립니다.

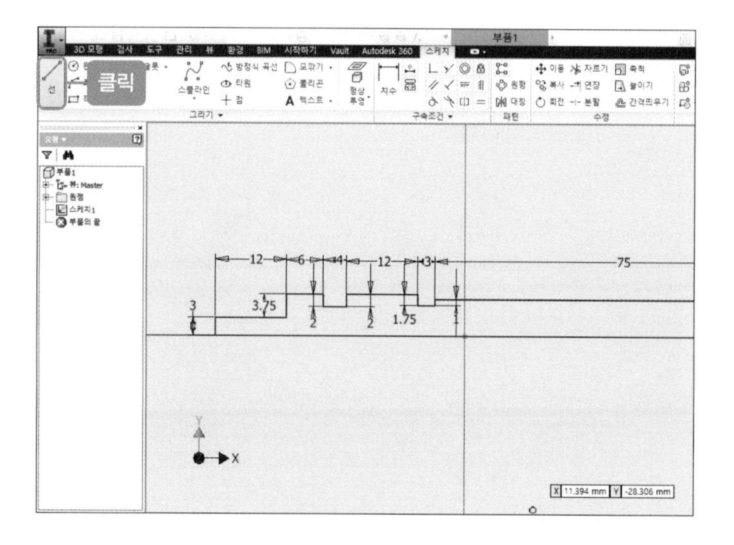

05 [원] 아이콘을 클릭한 후 점1과 점2가 만나는 점을 중심점으로 잡고, 4mm의 원을 그립니다.

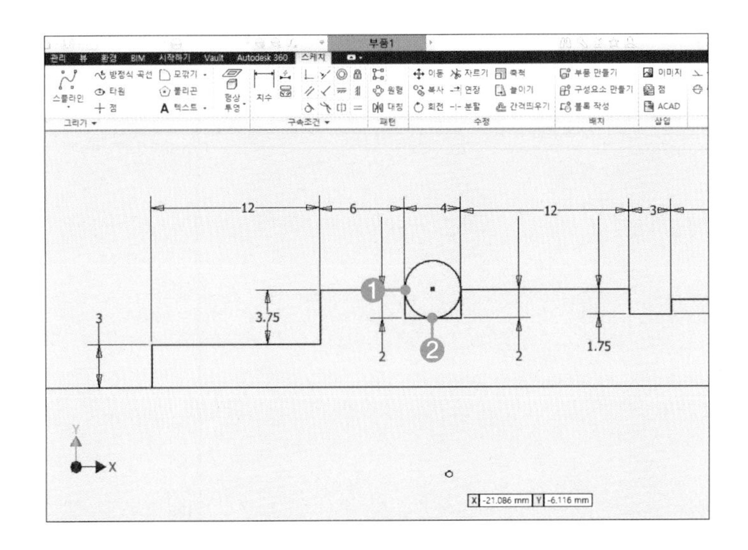

06 [자르기] 아이콘을 클릭한 후 필요 없는 선을 지웁니다(지울 때 모형이 변하거나 자르기를 할 수 없을 경우 치수선을 지우고 지웁니다).

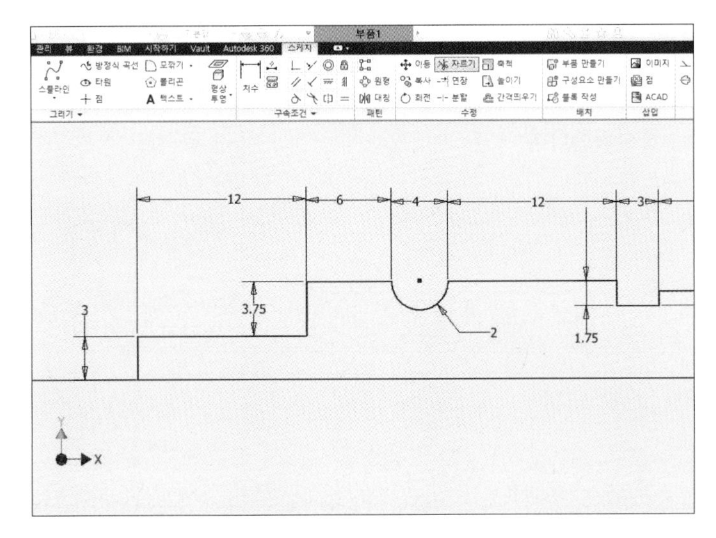

07 빨간색 부분의 선을 클릭한 후 [중심선] 아이콘을 클릭하고 스케치 마무리를 클릭합니다.

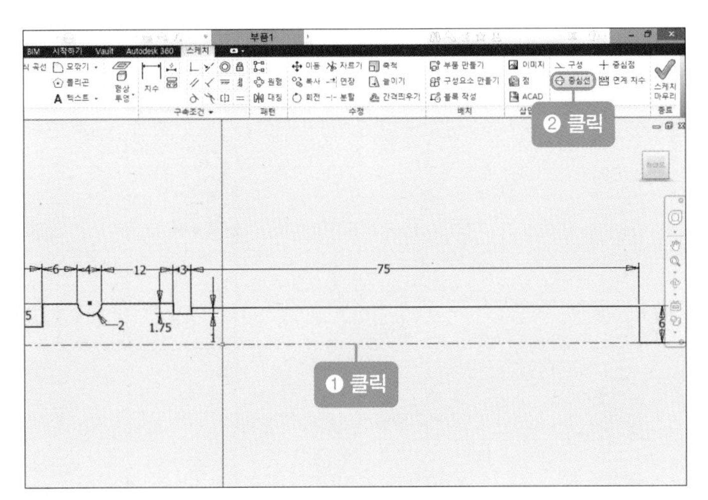

08 [회전] 아이콘을 클릭한 후 [프로파일]을 클릭하고 스케치를 클릭합니다. 그런 다음 축을 선택하고 중심선을 클릭한 후 [확인] 버튼을 클릭합니다.

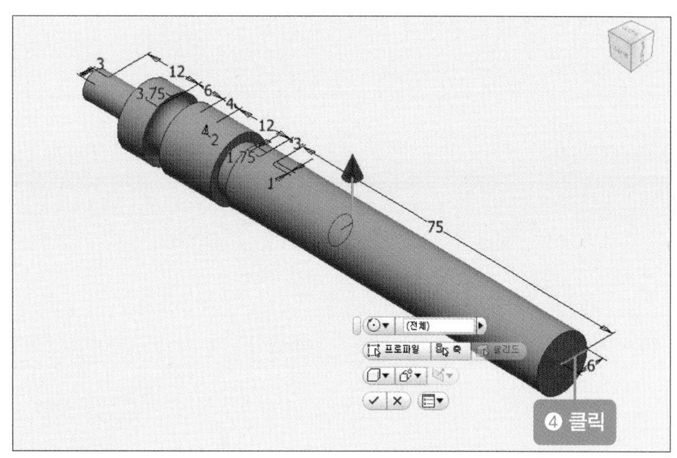

09 회전시키면 다음과 같은 그림이 나타납니다.

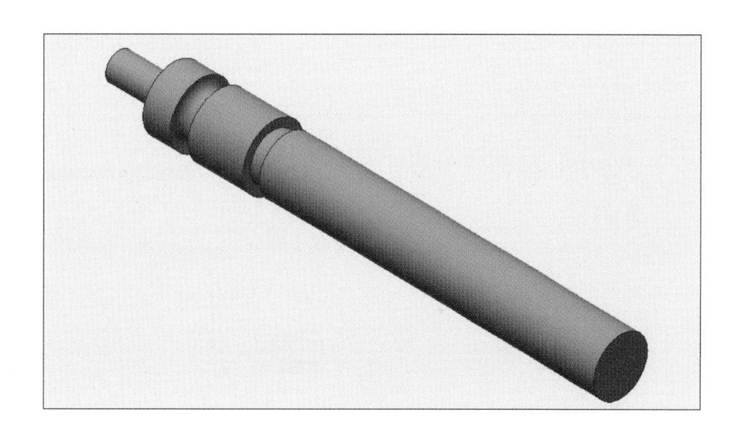

10 [스레드] 아이콘을 클릭한 후 [스레드] 대화상자에서 면을 클릭합니다. 그런 다음 우측 끝 면을 클릭하고 스레드 상자의 사양으로 들어갑니다.

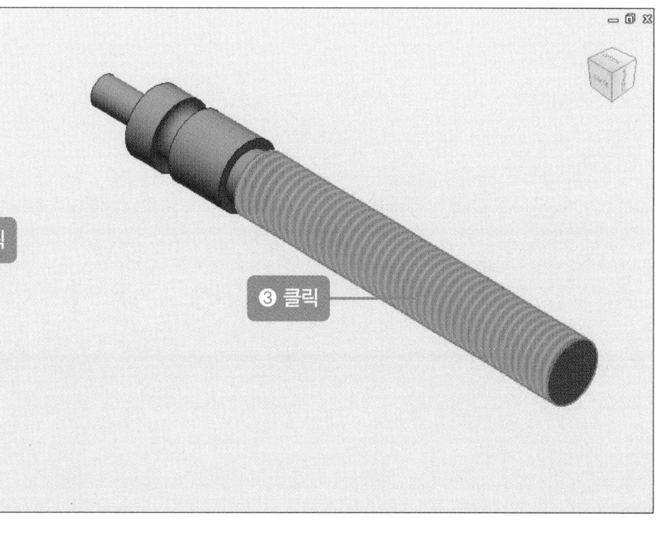

11 그림과 같이 설정한 후 [확인] 버튼을 클릭합니다.

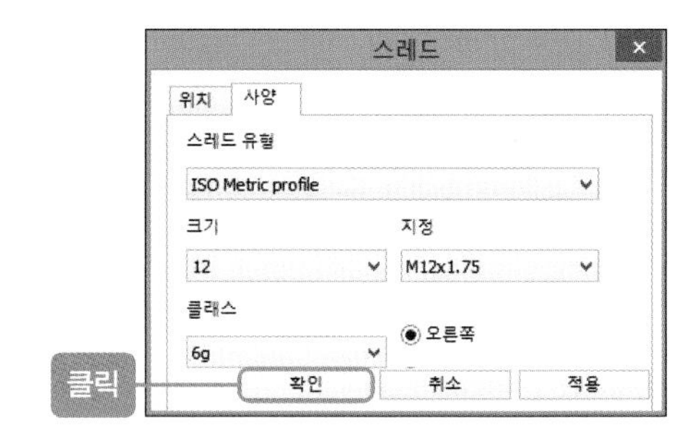

12 스레드시키면 다음과 같은 그림이 나타납니다.

13 탐색기의 [원점-XY 평면]을 클릭합니다.

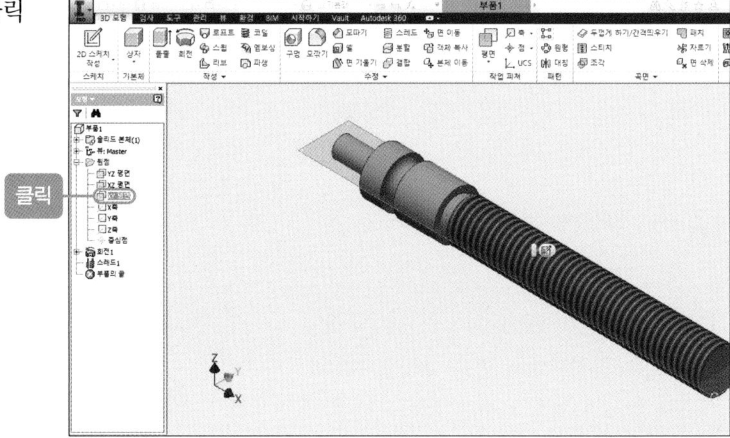

14 [평면] 아이콘을 클릭한 후 작업 평면을 위로 올립니다. 그런 다음 치수를 '3mm'로 수정하고 ✓를 클릭합니다.

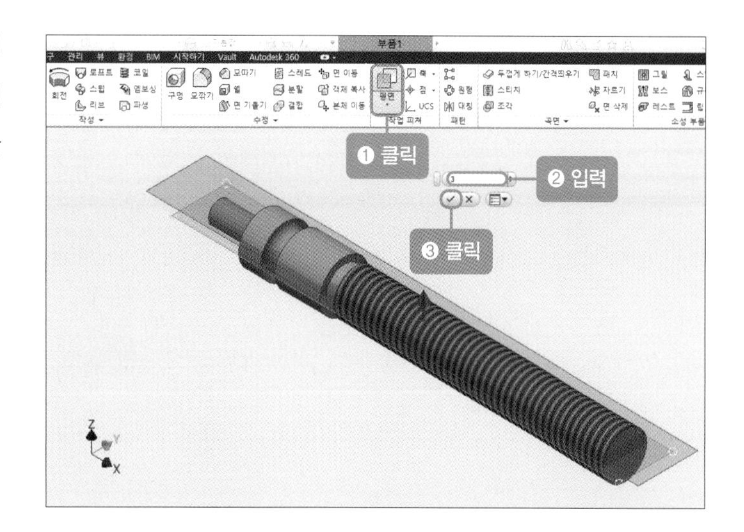

15 작업 평면을 잡으면 다음과 같은 그림이 나타납니다.

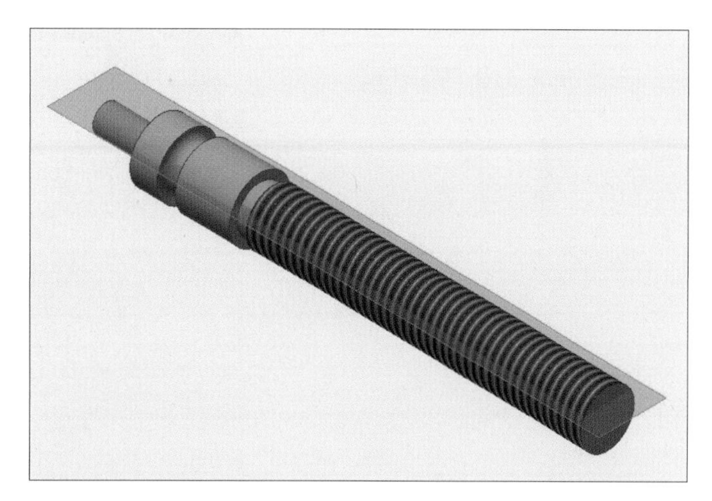

16 작업 평면을 클릭한 후 [2D 스케치 작성] 아이콘을 클릭합니다.

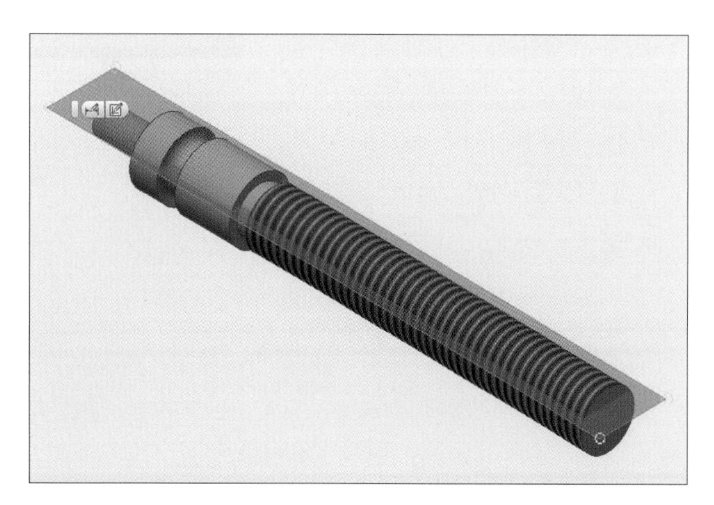

17 [절단 모서리 투영]을 클릭합니다.

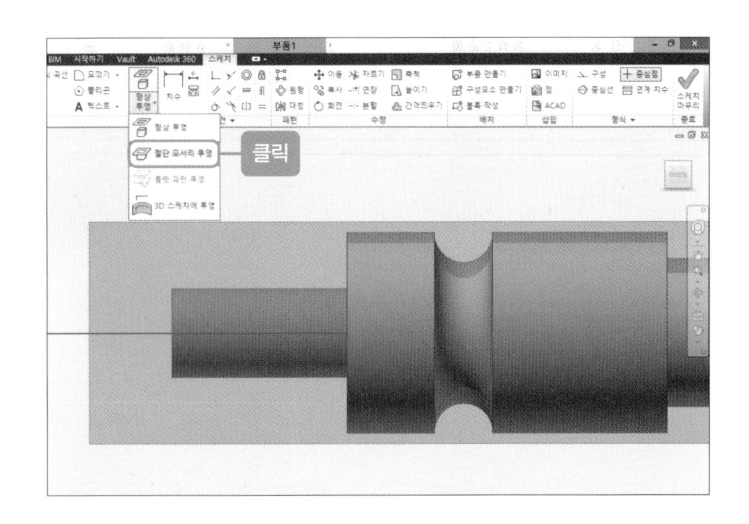

18 [원] 아이콘을 클릭한 후 임의의 위치에 3mm 원을 그립니다.

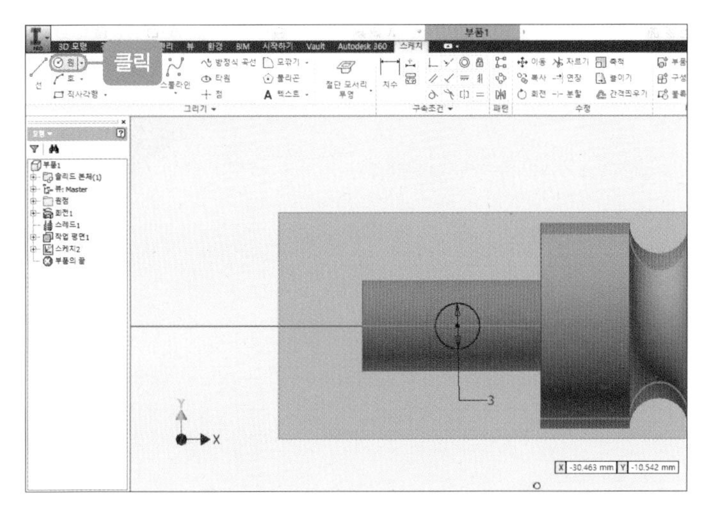

19 [치수] 아이콘을 클릭한 후 원의 중심점과 우측 선을 클릭하고 다음과 같이 치수선을 위로 놓습니다. 치수를 더블클릭하여 '6mm'로 수정합니다.

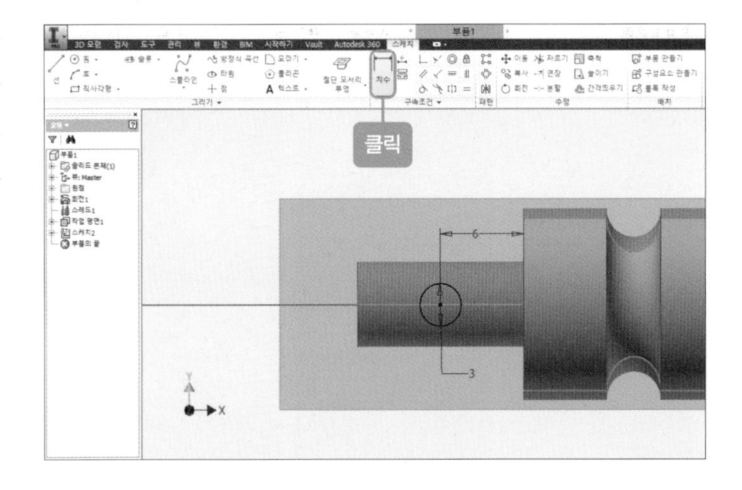

20 마우스 오른쪽 버튼을 눌러 [스케치 마무리]를 클릭합니다.

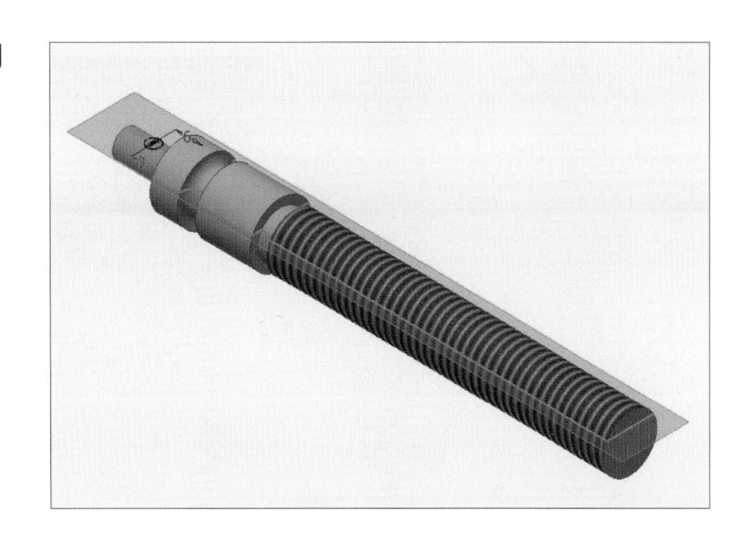

21 [돌출] 아이콘을 클릭한 후 [프로파일]을 클릭하고 원을 클릭합니다. 그런 다음 [돌출] 대화상자의 '차집합'과 '방향2'를 클릭하고 치수를 '6mm'로 수정한 후 [확인] 버튼을 클릭합니다.

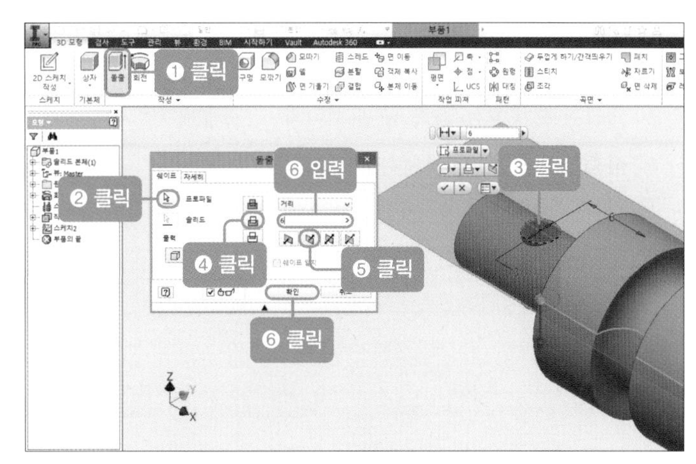

22 원을 돌출시키면 다음과 같은 그림이 나타납니다.

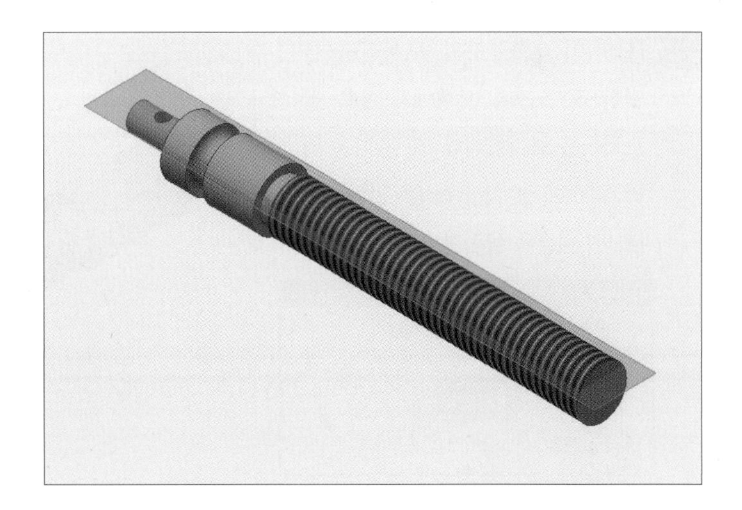

23 '작업 평면2'를 클릭한 후 마우스 오른쪽 버튼을 눌러 [가시성]의 체크를 해제합니다.

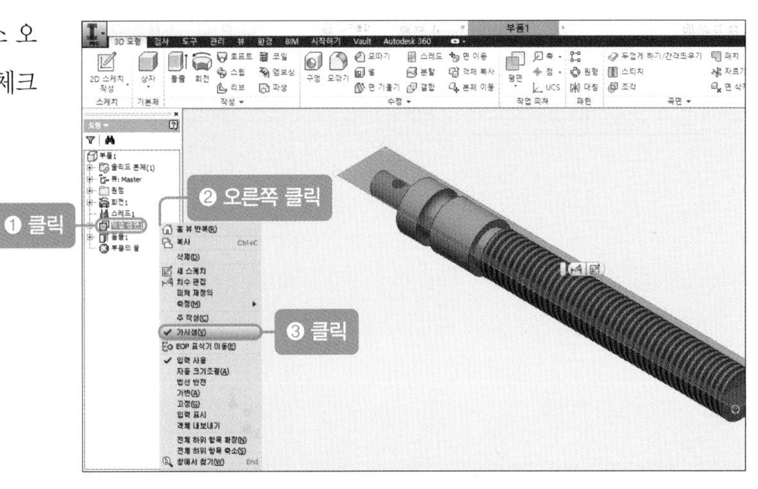

24 [모따기] 아이콘을 클릭한 후 [모따기] 대화상자의 '모서리'를 클릭하고 스크류 모형에서 좌측 끝 모서리와 좌측에서 두 번째 모서리를 클릭합니다. 그런 다음 거리 치수에 '1mm'를 입력하고 [적용] 버튼을 클릭합니다.

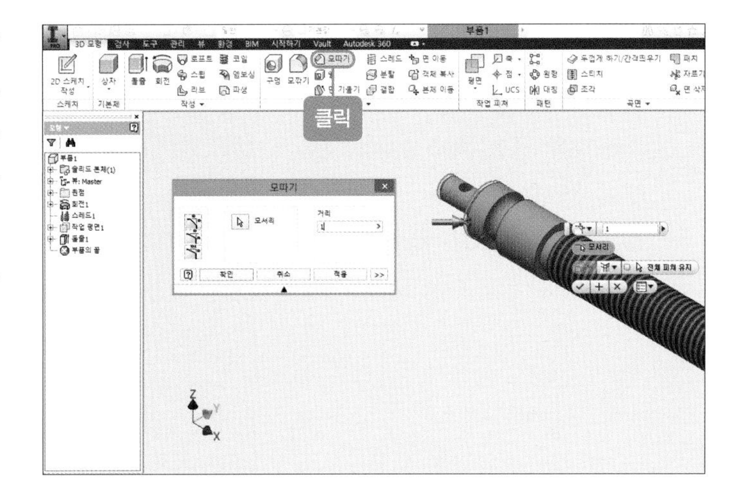

25 [모따기] 대화상자의 '모서리'를 클릭한 후 스크류 모형에서 우측 끝 모서리를 클릭합니다. 그런 다음 거리 치수에 '1.75mm'를 입력하고 [확인] 버튼을 클릭합니다.

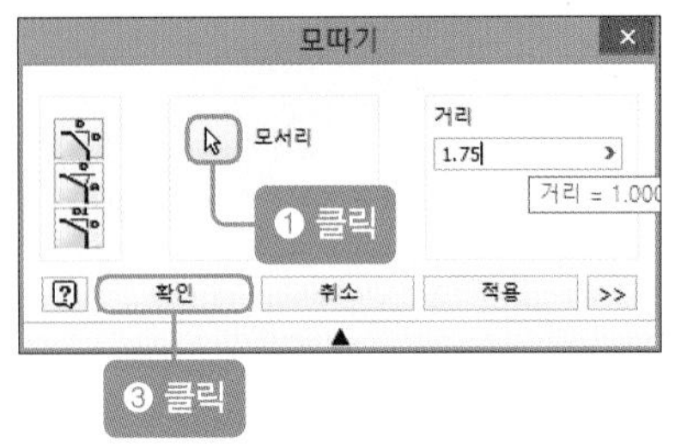

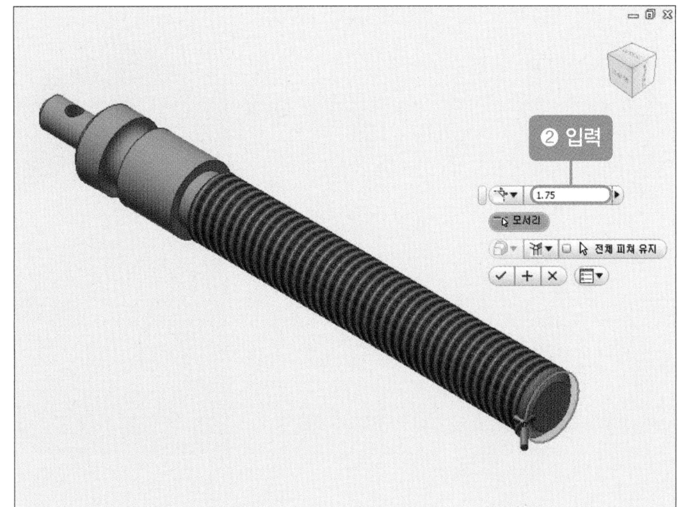

26 스크류가 완성됩니다.

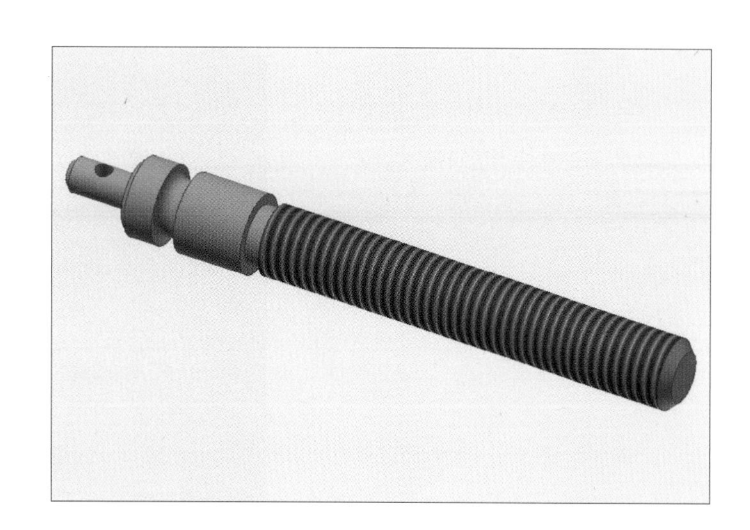

[2] 탁상 바이스 부품 상세도 작성하기(캐드)

01 앞과 동일한 방법으로 다음과 같은 그림을 나타냅니다.

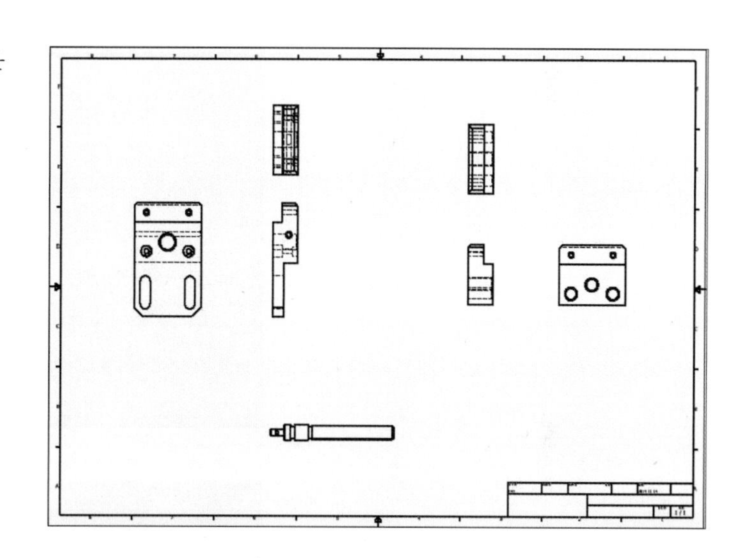

02 앞과 동일한 방법으로 CAD 도면 파일을 열면 다음과 같은 그림이 나타납니다.

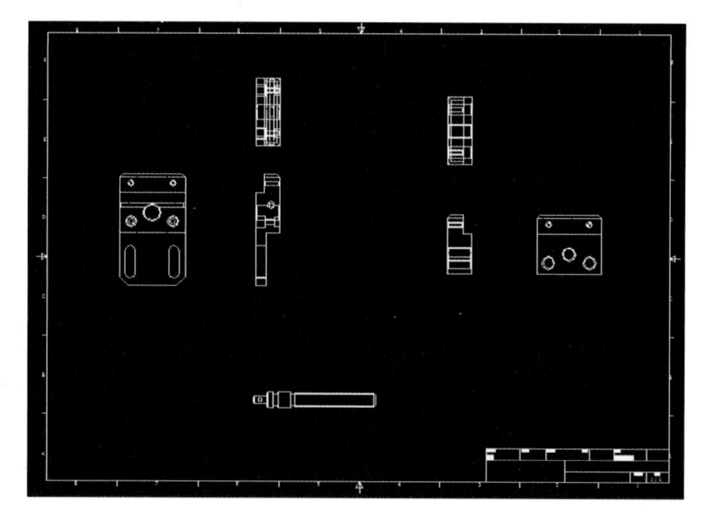

03 동력 전달 장치 1의 2D 도면을 불러온 후 도면을 지우고, 표제란을 그림과 같이 수정합니다.

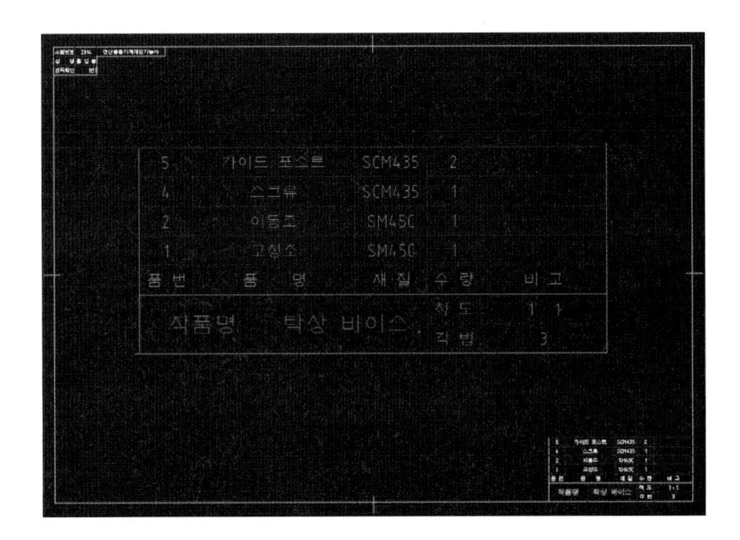

04 3D에서 2D로 변환시켰던 파일을 열어 2D를 복사한 후 2D 도면 파일에 붙여 넣습니다.

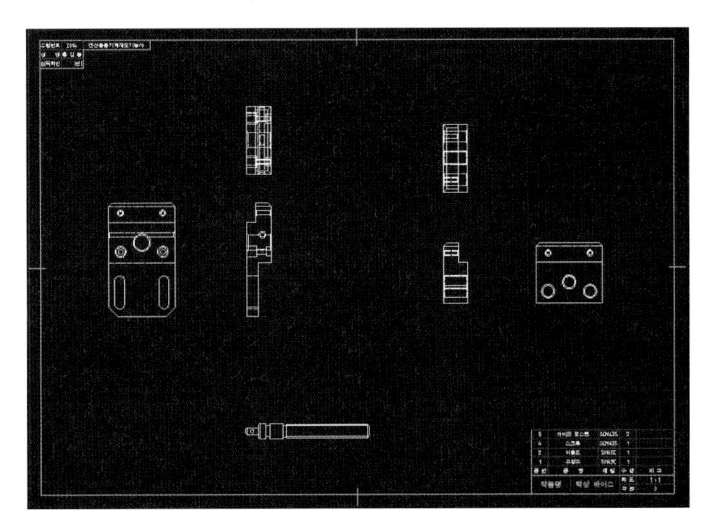

05 윤곽선 안에 있는 2D 도면을 전체 블록으로 지정하여 선을 외형선으로 바꿉니다.

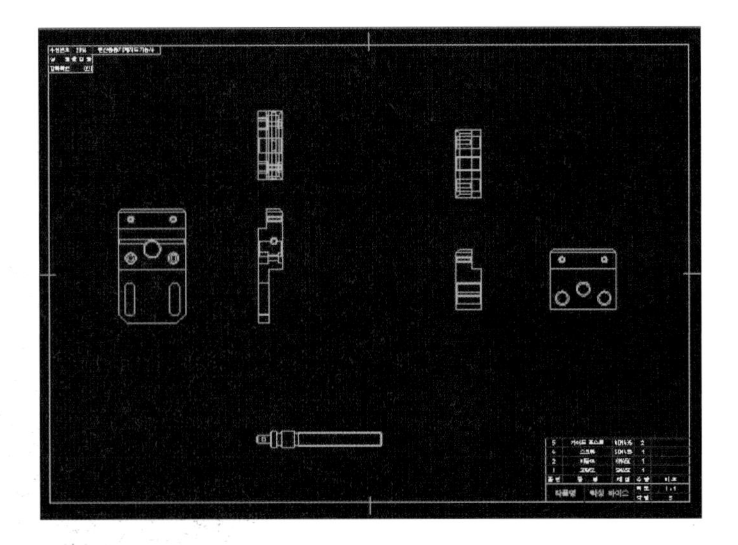

06 문제 도면(고정조)을 보고 고정조의 필요 없는 선을 전부 지웁니다. 그런 다음 평면도를 수정(선, 자르기, 스플라인, 해칭 명령어를 이용)하면서 도면층을 이용해 선을 바꿉니다.

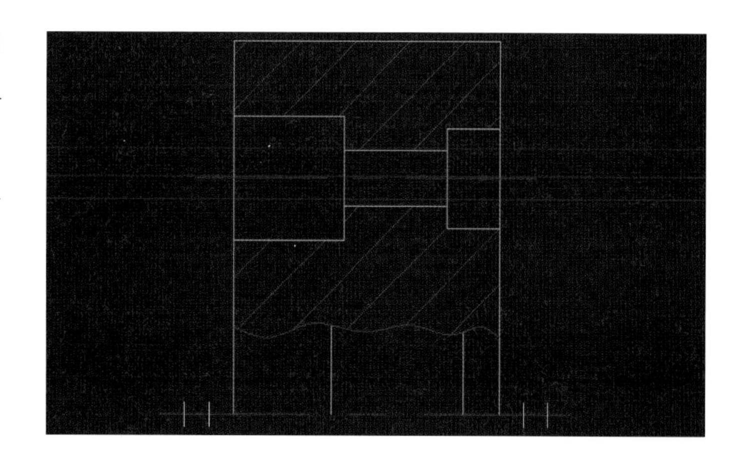

07 그림과 같이 정면도를 수정(선, 자르기, 해칭 명령어를 이용)하면서 도면층을 이용해 선을 바꿉니다.

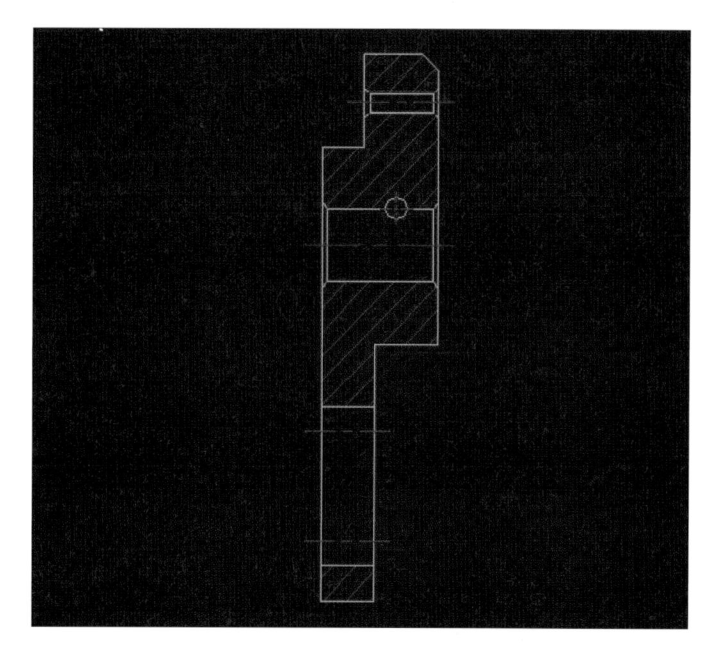

08 측면도를 수정(선, 자르기 명령어를 이용)하면서 도면층을 이용해 선을 바꿉니다.

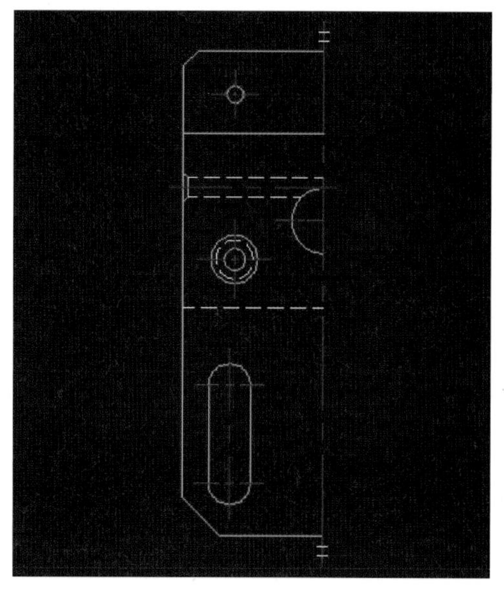

09 평면도에 치수 및 끼워맞춤 공차, 기하 공차(문자 수정, 기하학적 공차, 지시선 명령어를 이용)를 기입합니다. Ø에 '%%C'를 입력합니다.

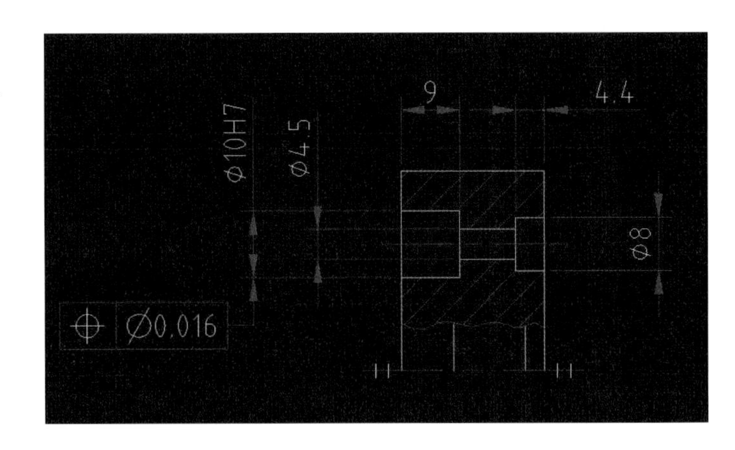

10 정면도에 치수 및 끼워맞춤 공차, 공차, 기하 공차(문자 수정, 단락 문자, 기하 공차, 지시선 명령어를 이용)를 기입합니다. 데이텀 화살표는 지시선을 더블클릭하여 [특성] 창에서 선 및 화살표로 가서 화살표를 데이텀 삼각형 채우기로 바꿉니다. Ø에 '%%C', ±에 '%%P'를 입력합니다.

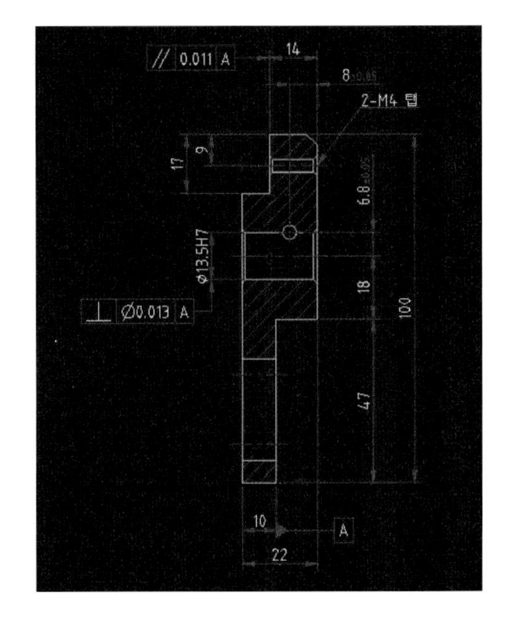

11 측면도에 치수 및 끼워맞춤 공차(분해, 문자 수정, 단락 문자, 지시선, 직사각형 명령어를 이용)를 기입합니다. Ø에 '%%C'를 입력합니다.

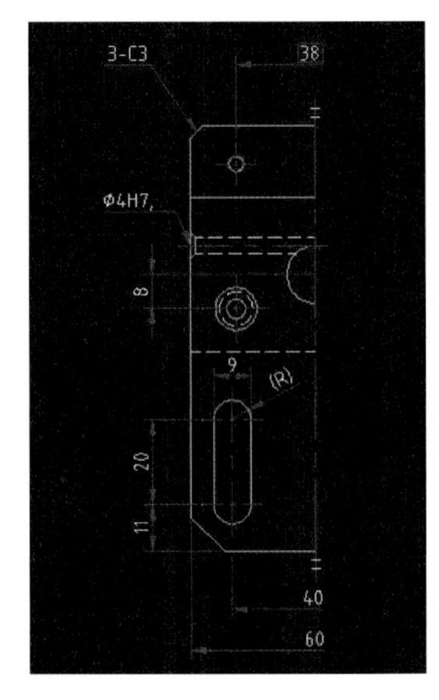

12 문제 도면(이동조)을 보고 필요 없는 선을 전부 지웁니다. 그런 다음 평면도를 수정(선, 자르기, 해칭, 스플라인 명령어를 이용)하면서 도면층을 이용해 선을 바꿉니다.

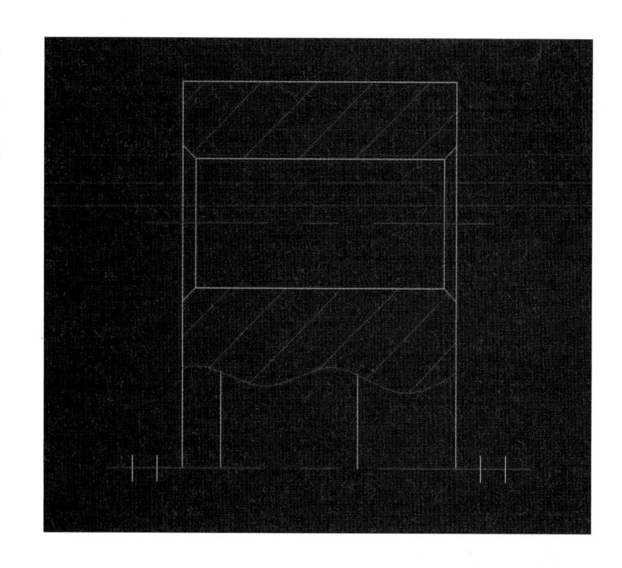

13 그림과 같이 정면도를 수정(선, 자르기, 해칭 명령어를 이용)하면서 도면층을 이용해 선을 바꿉니다.

14 측면도를 수정(선, 자르기 명령어를 이용)하면서 도면층을 이용해 선을 바꿉니다.

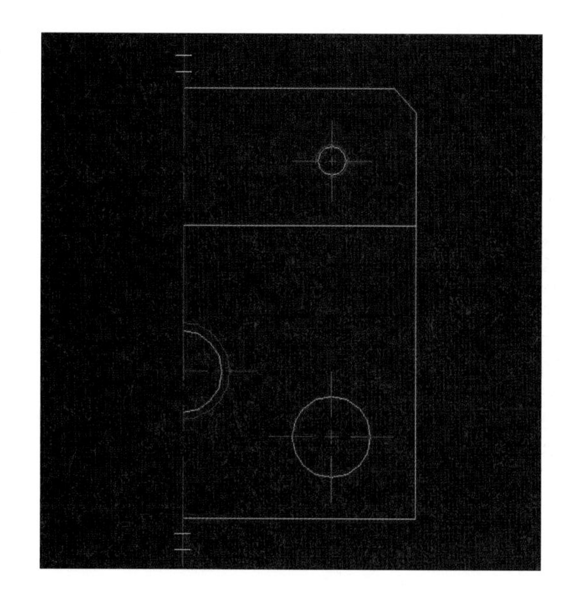

15 평면도에 치수 및 끼워맞춤 공차, 기하 공차(문자 수정, 지시선, 기하학적 공차 명령어를 이용)를 기입합니다. Ø에 '%%C'를 입력합니다.

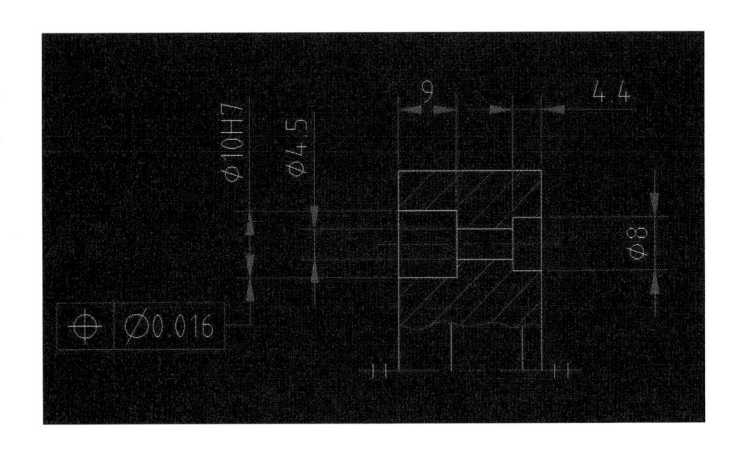

16 정면도에 치수 및 데이텀(문자 수정, 단락 문자, 지시선, 기하학적 공차 명령어를 이용)을 기입합니다. 데이텀 화살표는 지시선을 더블클릭하여 [특성] 창에서 선 및 화살표로 가서 화살표를 데이텀 삼각형 채우기로 바꿉니다.

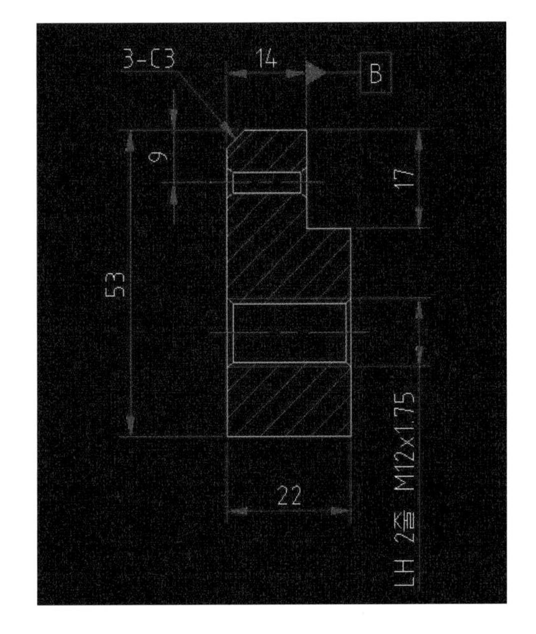

17 그림과 같이 측면도에 치수(분해, 문자 수정, 단락 문자, 지시선, 직사각형 명령어를 이용)를 기입합니다.

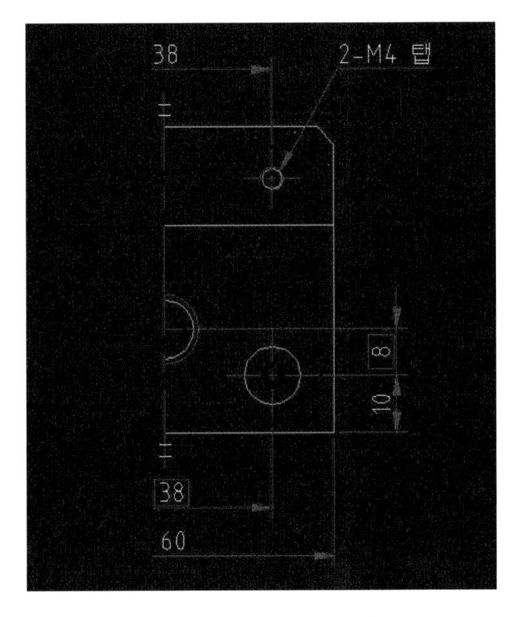

18 문제 도면(스크류)을 보고 필요 없는 선을 전부 지웁니다. 그런 다음 정면도를 수정(선, 자르기 명령어를 이용)하면서 도면층을 이용해 선을 바꿉니다.

19 정면도에 치수, 데이텀, 기하 공차, 끼워맞춤 공차(문자 수정, 단락 문자, 기하학적 공차, 지시선, 선 명령어를 이용)를 기입합니다. 데이텀 화살표는 지시선을 더블클릭하여 [특성] 창에서 선 및 화살표로 가서 화살표를 데이텀 삼각형 채우기로 바꿉니다. Ø에 '%%C'를 입력합니다.

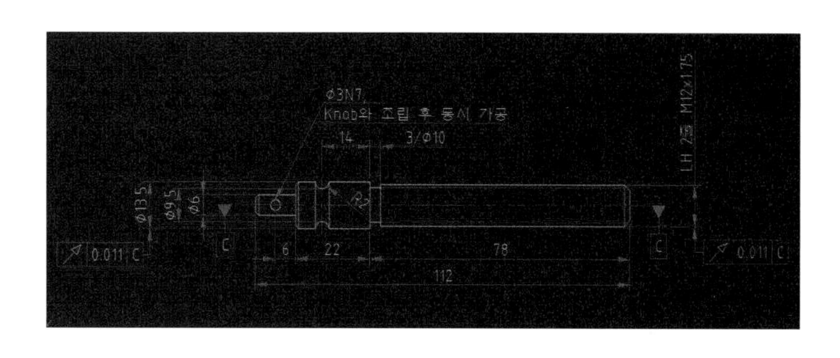

20 문제 도면(가이드 포스트)을 보고 가이드 포스트를 자로 잰 후 2D 스케치(선, 자르기, 모따기, 해칭, 스플라인, 원호, 원 명령어를 이용)를 하면서 도면층을 이용해 선을 바꿉니다.

21 정면도 및 측면도에 치수, 기하 공차, 끼워맞춤 공차(문자 수정, 기하학적 공차, 지시선 명령어를 이용)를 기입합니다. Ø에 '%%C'를 입력합니다.

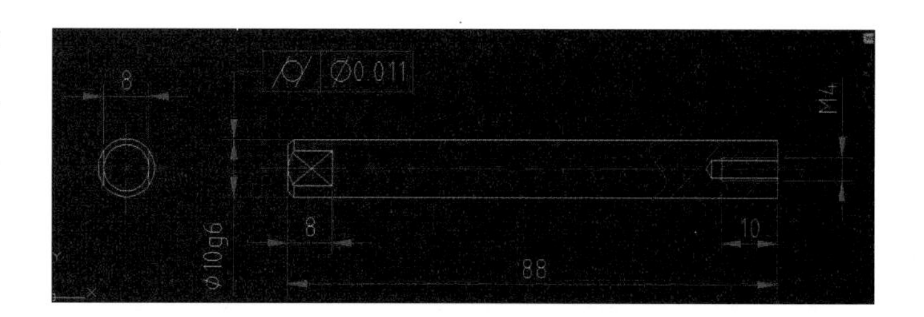

22 품번, 표면 거칠기 기호를 그립니다.

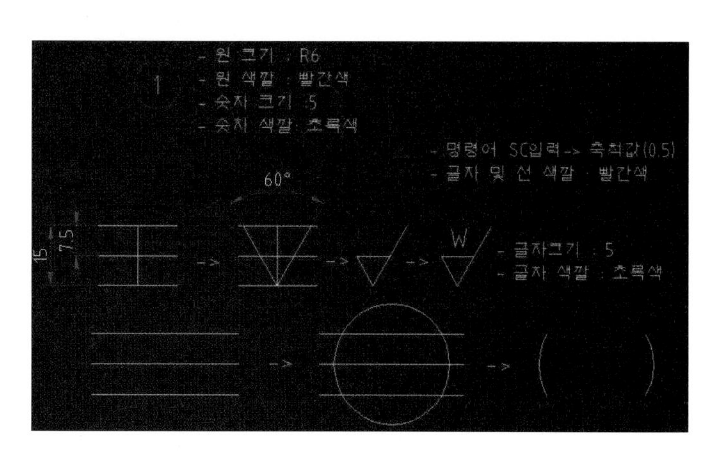

23 w는 서로 끼워 맞춤이 없는 기계 가공 부분, 자리 파기 부분 등에 기입합니다. x는 끼워 맞춤만 있고 마찰 운동은 하지 않는 가공면 부분, 커버와 몸체의 끼워 맞춤 부분, 키 홈 부분, 기타 축과 회전체와의 끼워맞춤 부분 등에 기입합니다. y는 래핑 부분, 데이텀 부분, 베어링 부분, 베어링과 같이 정밀 가공된 기계 요소의 끼워 맞춤 부분, 끼워 맞춤 후 서로 마찰 운동하는 부분, 기타 KS · ISO와 같이 정밀한 규격품의 끼워 맞춤 부분 등에 기입합니다. 그리고 품번, 전체 표면 거칠기를 기입합니다.

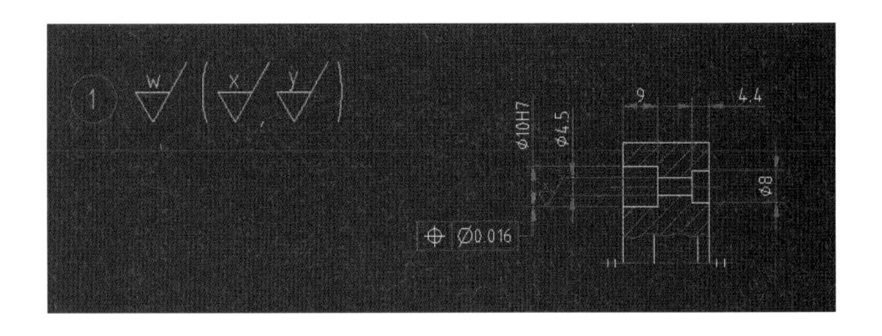

24 23의 설명문을 참고하여 거칠기를 기입합니다.

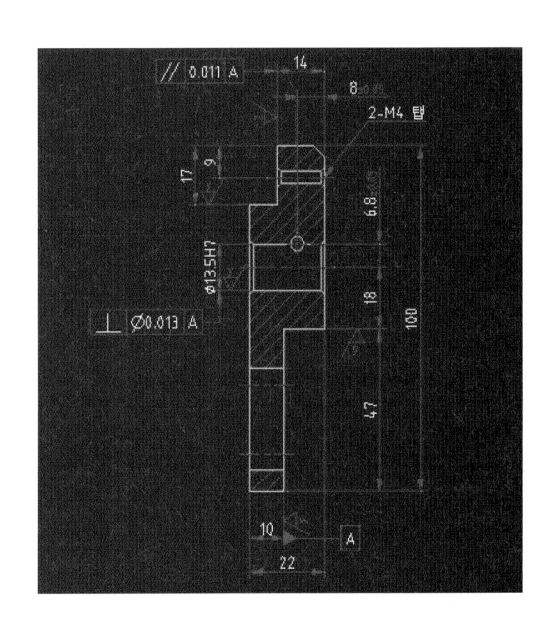

25 23의 설명문을 참고하여 거칠기를 기입합니다.

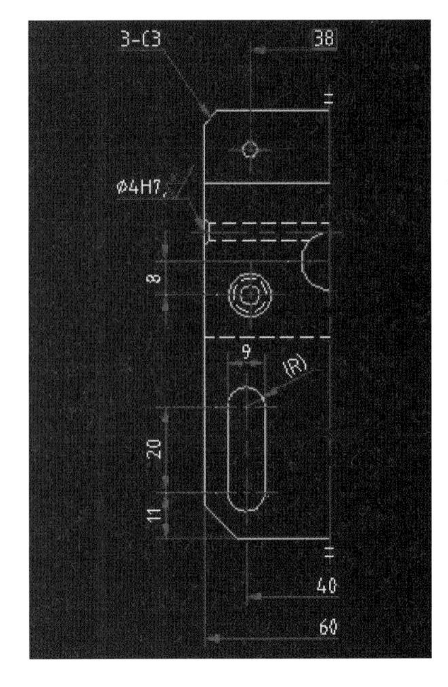

26 23의 설명문을 참고하여 거칠기를 기입합니다. 그런 다음 품번, 전체 표면 거칠기를 기입을 합니다.

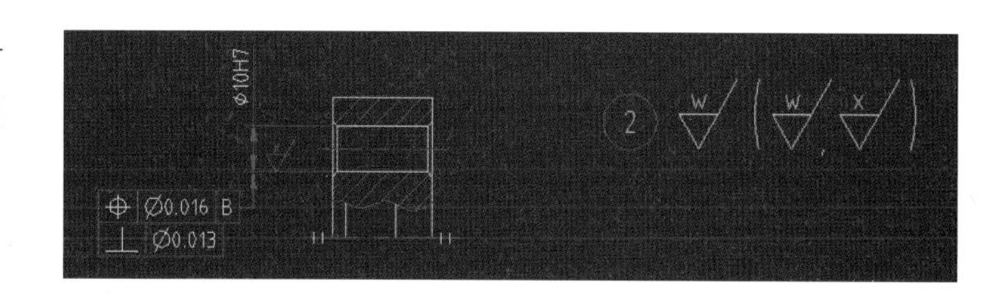

27 23의 설명문을 참고하여 거칠기를 기입합니다.

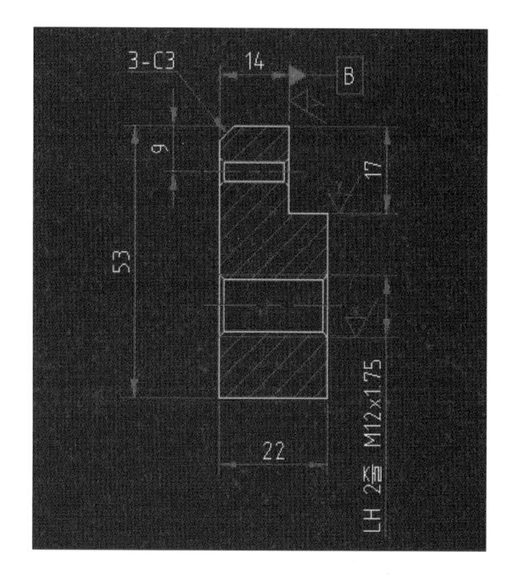

28 23의 설명문을 참고하여 거칠기를 기입합니다.

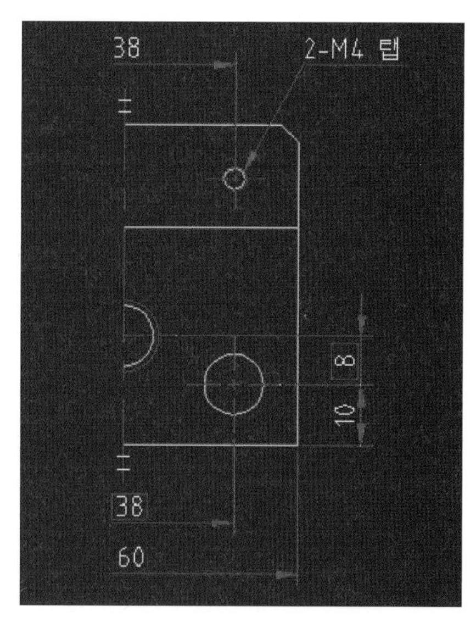

29 23의 설명문을 참고하여 거칠기를 기입합니다. 그런 다음 품번, 전체 표면 거칠기를 기입하고, 열처리를 기입합니다.

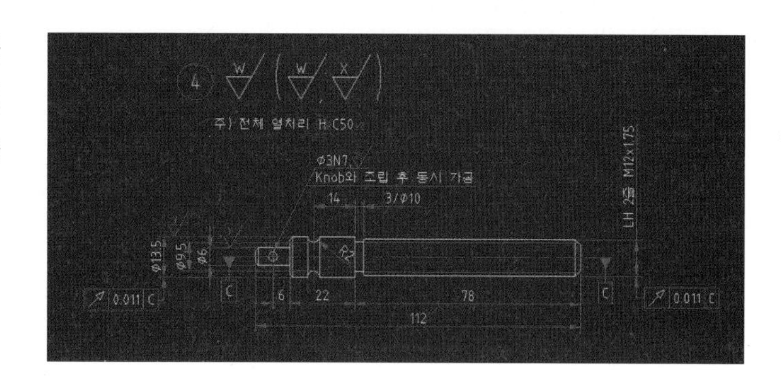

30 23의 설명문을 참고하여 거칠기를 기입합니다. 그런 다음 품번, 전체 표면 거칠기를 기입하고, 열처리를 기입합니다.

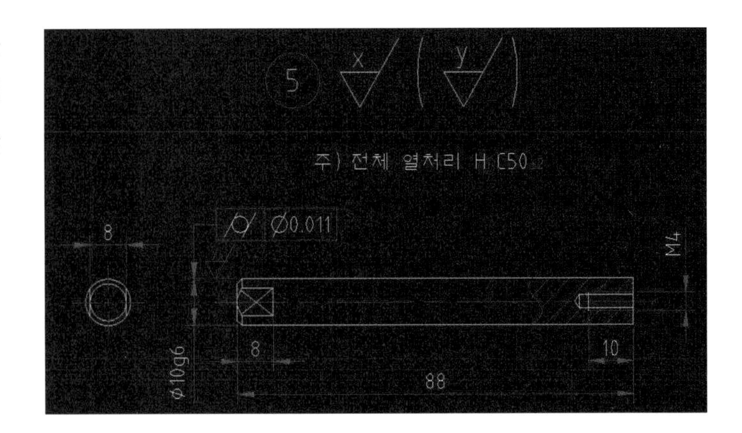

31 주서는 다음 그림과 같이 작성합니다(KS 규격집을 참고).

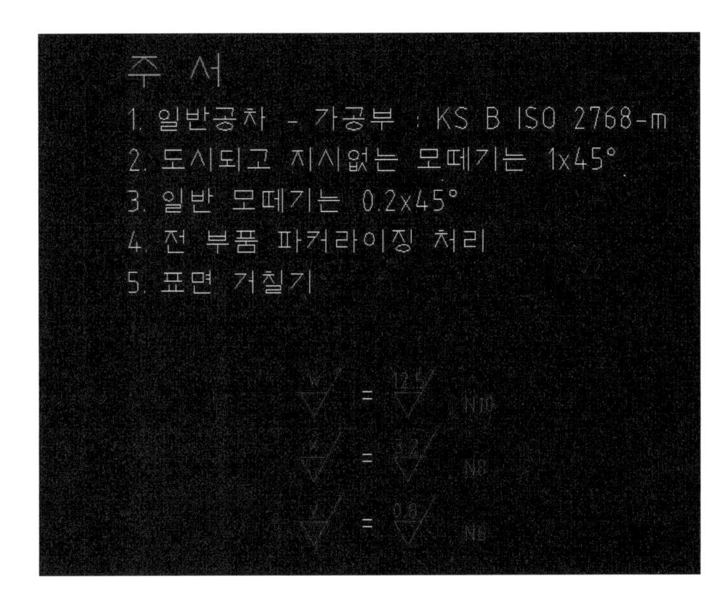

32 탁상 바이스에 대한 전체 2D 도면이 완성됩니다(인쇄 방법은 동력 전달 장치 1의 2D 작업과 동일합니다).

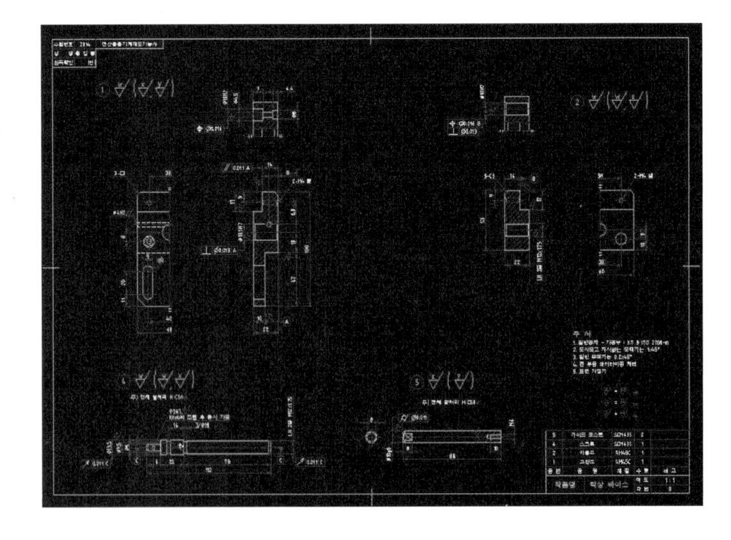

[3] 탁상 바이스 부품 상세도 작성 시 필요한 공차 기입하기

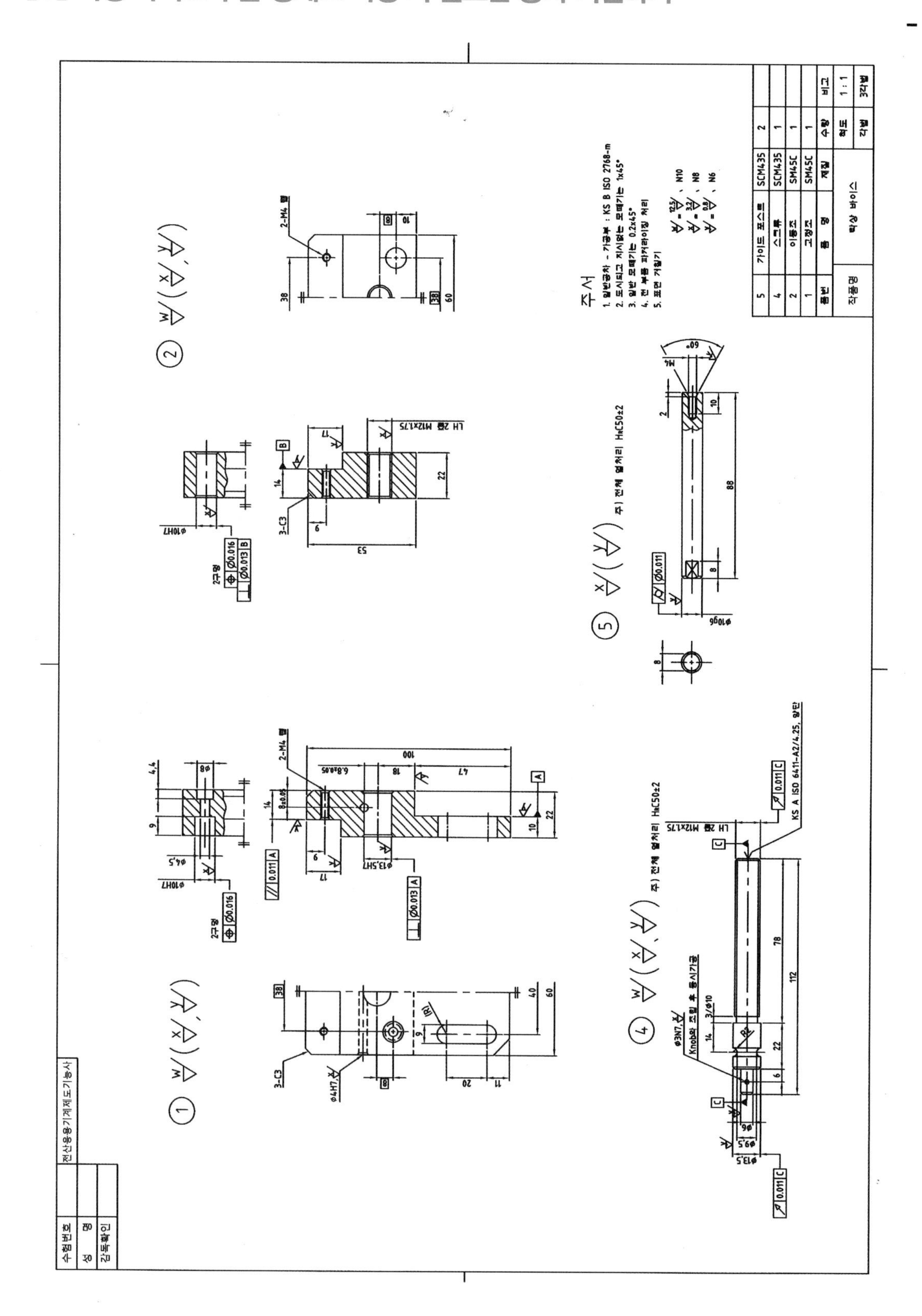

1 | 고정조의 제도(품번 ❶)

1 고정조의 재질(품번 ❶)

사용 재질은 SM45C를 열처리하지 않고 사용합니다.

50. 기계재료 기호 예시 (KS D)
 - 본 예시 이외에 해당 부품에 적절한 재료라 판단되면, 다른 재료기호를 사용해도 무방함

명 칭	기 호	명 칭	기호
회 주철품	GC100, GC150 GC200, GC250	탄소 단강품	SF390A, SF440A SF490A
탄소 주강품	SC360, SC410 SC450, SC480	청동 주물	CAC402
인청동 주물	CAC502A CAC502B	알루미늄 합금주물	AC4C, AC5A
침탄용 기계구조용 탄소강재	SM9CK, SM15CK SM20CK	기계구조용 탄소강재	SM25C, SM30C, SM35C, SM40C, SM45C
탄소공구강 강재	STC85, STC90 STC105, STC120	탄소 공구강	SK3

2 기하 공차(품번 ❶)

① 직각도: 고정 클램프가 설치될 장소에 결합되는 면을 기준으로 하여 φ13.5 구멍에 직각도 공차를 규제합니다. 기준 치수로 φ13.5 구멍이 관통되는 고정 클램프의 두께가 '22mm'이므로, IT5급에 해당하는 0.009mm(9㎛)를 직각도 공차로 결정합니다.

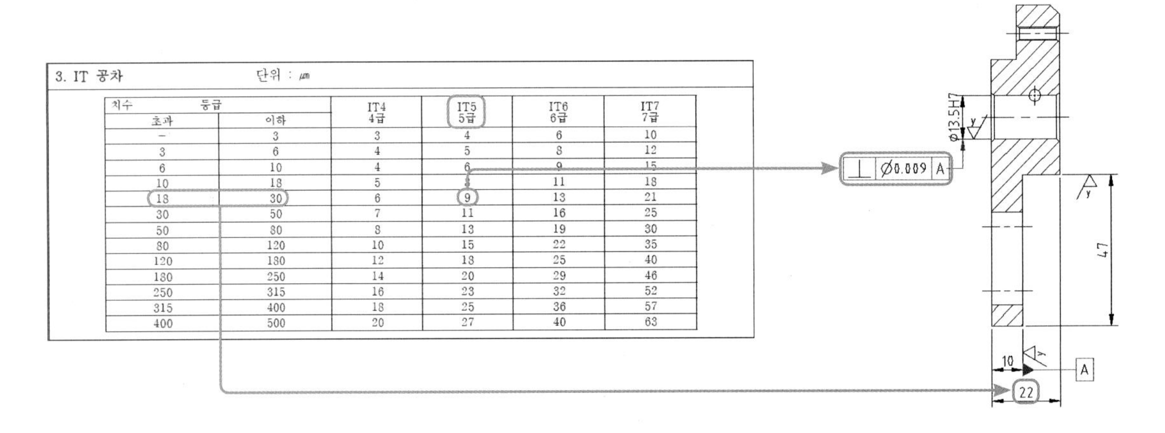
3. IT 공차 단위 : ㎛

치수 초과	등급 이하	IT4 4급	IT5 5급	IT6 6급	IT7 7급
–	3	3	4	6	10
3	6	4	5	8	12
6	10	4	6	9	15
10	18	5	8	11	18
18	30	6	9	13	21
30	50	7	11	16	25
50	80	8	13	19	30
80	120	10	15	22	35
120	180	12	18	25	40
180	250	14	20	29	46
250	315	16	23	32	52
315	400	18	25	36	57
400	500	20	27	40	63

3 평행도(품번 ❶)

조오가 결합되는 부위에 평행도 공차를 규제합니다. 조오가 결합되는 부위 평면의 치수가 가로 60mm, 세로 17mm인데, 기준 치수로 60mm를 선택하여 IT5급에 해당하는 0.013mm(13㎛)를 평행도 공차로 선정합니다.

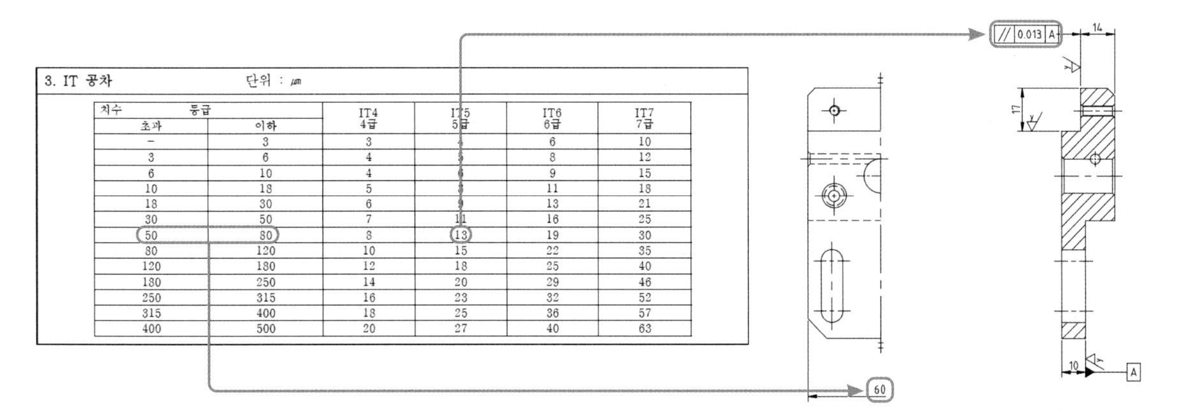

3. IT 공차 단위 : ㎛

치수 등급 초과	이하	IT4 4급	IT5 5급	IT6 6급	IT7 7급
–	3	3	4	6	10
3	6	4	5	8	12
6	10	4	6	9	15
10	18	5	8	11	18
18	30	6	9	13	21
30	50	7	11	16	25
50	80	8	13	19	30
80	120	10	15	22	35
120	180	12	18	25	40
180	250	14	20	29	46
250	315	16	23	32	52
315	400	18	25	36	57
400	500	20	27	40	63

4 위치도(품번 ❶)

Φ10H7 구멍의 위치를 나타내는 치수가 가로 38mm, 세로 8mm인데, 그중에서 큰 38mm를 기준 치수로 하여 IT5급에 해당하는 0.011mm(11㎛)를 위치도 공차로 결정합니다.

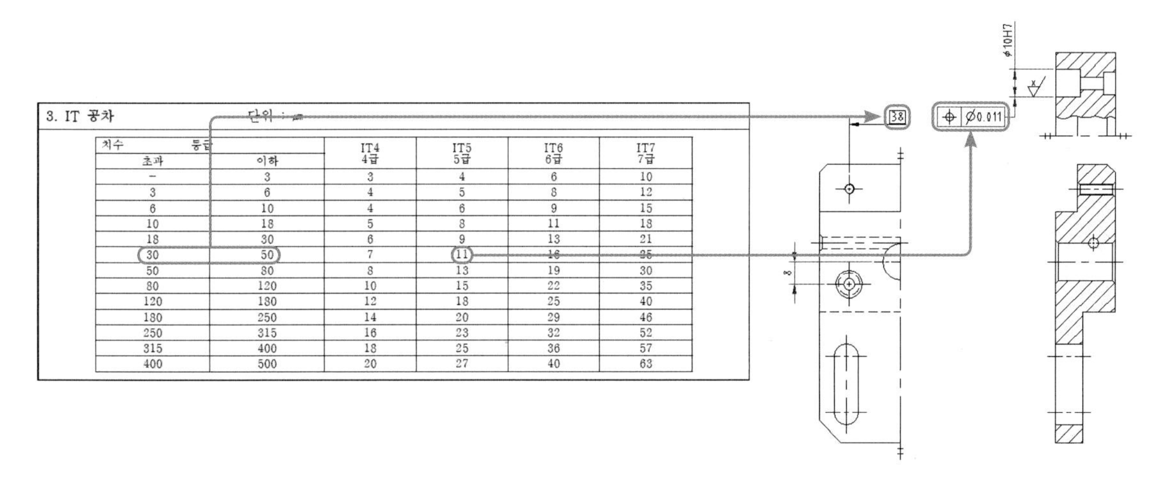

3. IT 공차 단위 : ㎛

치수 등급 초과	이하	IT4 4급	IT5 5급	IT6 6급	IT7 7급
–	3	3	4	6	10
3	6	4	5	8	12
6	10	4	6	9	15
10	18	5	8	11	18
18	30	6	9	13	21
30	50	7	11	16	25
50	80	8	13	19	30
80	120	10	15	22	35
120	180	12	18	25	40
180	250	14	20	29	46
250	315	16	23	32	52
315	400	18	25	36	57
400	500	20	27	40	63

2 | 이동조의 제도(품번 ❷)

1 이동조의 재질(품번 ❷)

사용 재질은 SM45C를 열처리하지 않고 사용합니다.

50. 기계재료 기호 예시 (KS D)
  – 본 예시 이외에 해당 부품에 적절한 재료라 판단되면, 다른 재료기호를 사용해도 무방함

명 칭	기 호	명 칭	기호
회 주철품	GC100, GC150 GC200, GC250	탄소 단강품	SF390A, SF440A SF490A
탄소 주강품	SC360, SC410 SC450, SC480	청동 주물	CAC402
인청동 주물	CAC502A CAC502B	알루미늄 합금주물	AC4C, AC5A
침탄용 기계구조용 탄소강재	SM9CK, SM15CK SM20CK	기계구조용 탄소강재	SM25C, SM30C, SM35C, SM40C, SM45C
탄소공구강 강재	STC85, STC90 STC105, STC120	탄소 공구강	SK3

2 기하 공차(품번 ❷)

① 직각도: 조오가 결합되는 부위에 직각도 공차를 규제합니다. 조오가 결합되는 부위 평면의 치수가 가로 60mm, 세로 17mm인데, 기준 치수로 '60mm'를 선택하여 IT5급에 해당하는 0.013mm(13㎛)를 평행도 공차로 선정합니다.

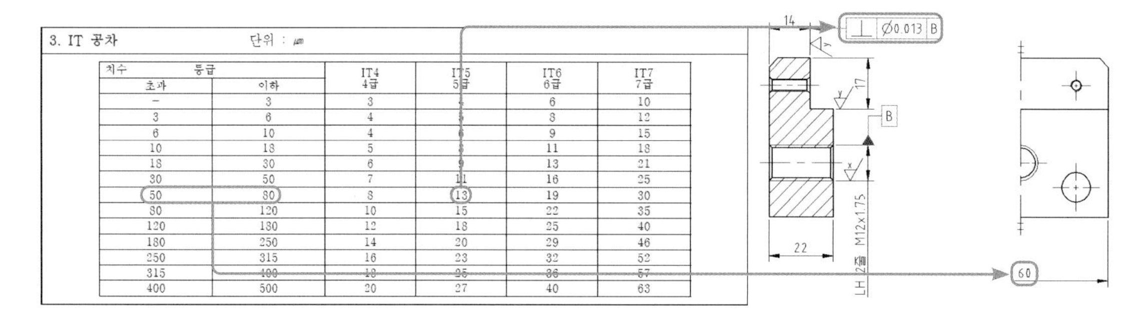

3. IT 공차 단위 : ㎛

치수 초과	등급 이하	IT4 4급	IT5 5급	IT6 6급	IT7 7급
–	3	3	4	6	10
3	6	4	5	8	12
6	10	4	6	9	15
10	18	5	8	11	18
18	30	6	9	13	21
30	50	7	11	16	25
50	80	8	13	19	30
80	120	10	15	22	35
120	180	12	18	25	40
180	250	14	20	29	46
250	315	16	23	32	52
315	400	18	25	36	57
400	500	20	27	40	63

❸ 위치도(품번 ❷)

Φ10H7 구멍의 위치를 나타내는 치수가 가로 38mm, 세로 8mm인데, 그중에서 큰 38mm를 기준 치수로 하여 IT5급에 해당하는 0.011mm(11㎛)를 위치도 공차로 결정합니다.

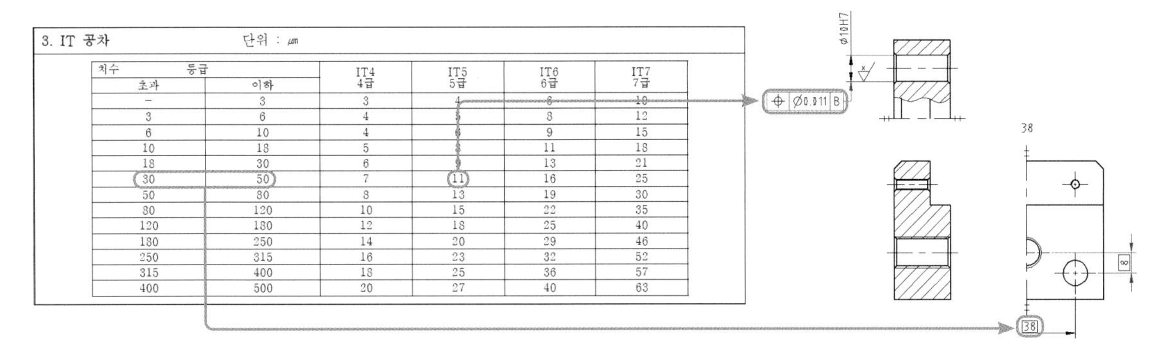

3. IT 공차　　　단위 : ㎛

치수 초과	등급 이하	IT4 4급	IT5 5급	IT6 6급	IT7 7급
–	3	3	4	6	10
3	6	4	5	8	12
6	10	4	6	9	15
10	18	5	8	11	18
18	30	6	9	13	21
30	50	7	11	16	25
50	80	8	13	19	30
80	120	10	15	22	35
120	180	12	18	25	40
180	250	14	20	29	46
250	315	16	23	32	52
315	400	18	25	36	57
400	500	20	27	40	63

3 | 스크류의 제도(품번 ❹)

❶ 스크류의 재질(품번 ❹)

사용 재질은 SCM435를 전체 열처리를 하여 HRC50±2로 하여 사용합니다.

50. 기계재료 기호 예시 (KS D)
– 본 예시 이외에 해당 부품에 적절한 재료라 판단되면, 다른 재료기호를 사용해도 무방함

명 칭	기 호	명 칭	기호
회 주철품	GC100, GC150 GC200, GC250	탄소 단강품	SF390A, SF440A SF490A
탄소 주강품	SC360, SC410 SC450, SC480	청동 주물	CAC402
인청동 주물	CAC502A CAC502B	알루미늄 합금주물	AC4C, AC5A
침탄용 기계구조용 탄소강재	SM9CK, SM15CK SM20CK	기계구조용 탄소강재	SM25C, SM30C, SM35C, SM40C, SM45C
탄소공구강 강재	STC85, STC90 STC105, STC120	탄소 공구강	SK3
합금공구강	STS3, STD4	화이트메탈	WM3, WM4
크롬 몰리브덴강	SCM415, SCM430 SCM435	니켈 크롬 몰리브덴강	SNCM415, SNCM431

2 흔들림 공차(품번 ④)

스크류의 나사부 길이가 78mm이므로, 이를 기준으로 IT5급에 해당하는 0.013(13㎛)을 흔들림 공차로 결정합니다. Φ13.5 부위의 길이 치수가 22mm이므로, 이를 기준으로 IT5급에 해당하는 0.009mm(9㎛)를 흔들림 공차로 결정합니다.

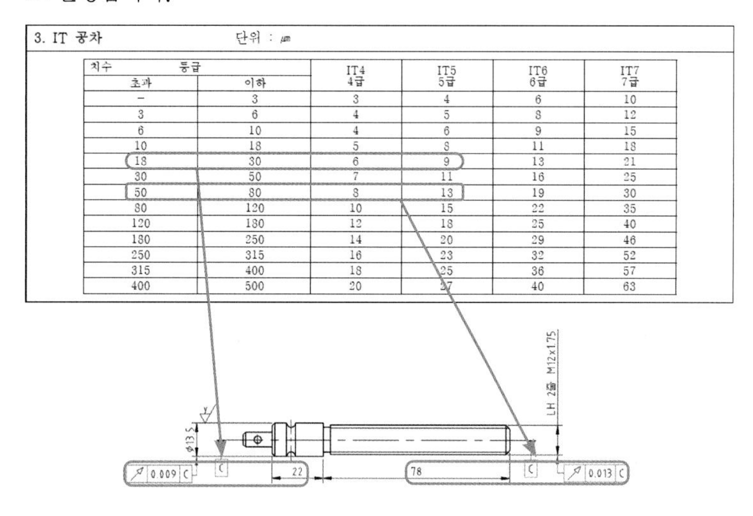

3. IT 공차 단위 : ㎛

치수 초과	등급 이하	IT4 4급	IT5 5급	IT6 6급	IT7 7급
–	3	3	4	6	10
3	6	4	5	8	12
6	10	4	6	9	15
10	18	5	8	11	18
18	30	6	9	13	21
30	50	7	11	16	25
50	80	8	13	19	30
80	120	10	15	22	35
120	180	12	18	25	40
180	250	14	20	29	46
250	315	16	23	32	52
315	400	18	25	36	57
400	500	20	27	40	63

3 양끝 센터(품번 ④)

① KS 규격 '47. 센터 구멍'에서 A형, 호칭 지름 d=2, D=4.25를 확인합니다.

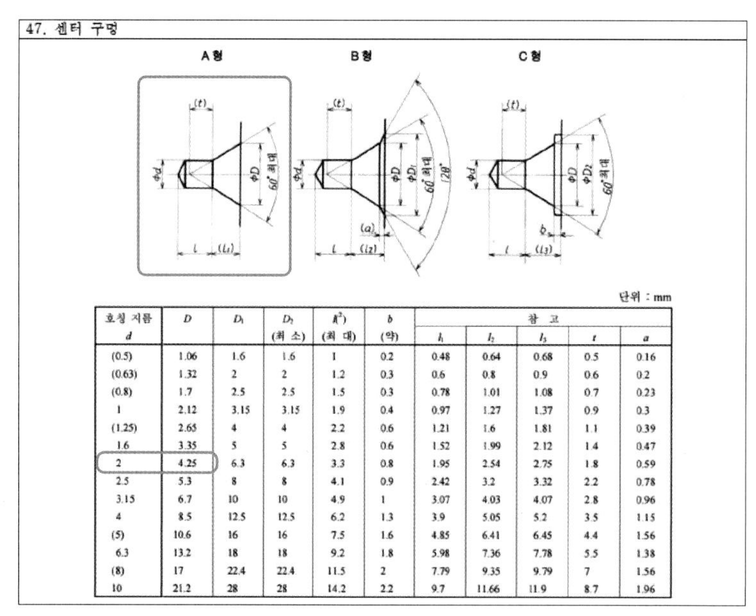

47. 센터 구멍

단위 : mm

호칭 지름 d	D	D_1	D_2 (최 소)	l (최 대)	b (약)	참 고 l_1	l_2	l_3	t	a
(0.5)	1.06	1.6	1.6	1	0.2	0.48	0.64	0.68	0.5	0.16
(0.63)	1.32	2	2	1.2	0.3	0.6	0.8	0.9	0.6	0.2
(0.8)	1.7	2.5	2.5	1.5	0.3	0.78	1.01	1.08	0.7	0.23
1	2.12	3.15	3.15	1.9	0.4	0.97	1.27	1.37	0.9	0.3
(1.25)	2.65	4	4	2.2	0.6	1.21	1.6	1.81	1.1	0.39
1.6	3.35	5	5	2.8	0.6	1.52	1.99	2.12	1.4	0.47
2	4.25	6.3	6.3	3.3	0.8	1.95	2.54	2.75	1.8	0.59
2.5	5.3	8	8	4.1	0.9	2.42	3.2	3.32	2.2	0.78
3.15	6.7	10	10	4.9	1	3.07	4.03	4.07	2.8	0.96
4	8.5	12.5	12.5	6.2	1.3	3.9	5.05	5.2	3.5	1.15
(5)	10.6	16	16	7.5	1.6	4.85	6.41	6.45	4.4	1.56
6.3	13.2	18	18	9.2	1.8	5.98	7.36	7.78	5.5	1.38
(8)	17	22.4	22.4	11.5	2	7.79	9.35	9.79	7	1.56
10	21.2	28	28	14.2	2.2	9.7	11.66	11.9	8.7	1.96

② KS 규격 '48. 센터 구멍의 표시 방법'을 숙지합니다.

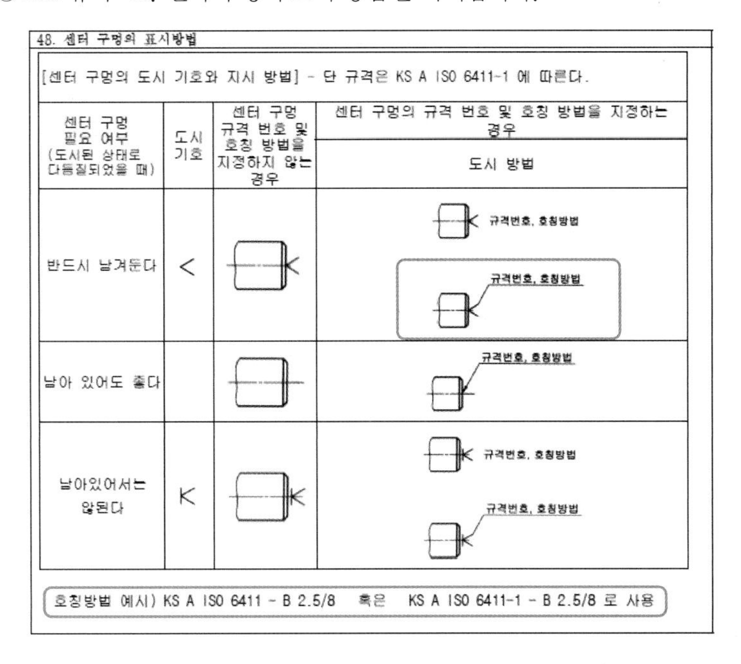

48. 센터 구멍의 표시방법

[센터 구멍의 도시 기호와 지시 방법] - 단 규격은 KS A ISO 6411-1 에 따른다.

센터 구멍 필요 여부 (도시된 상태로 다듬질되었을 때)	도시 기호	센터 구멍 규격 번호 및 호칭 방법을 지정하지 않는 경우	센터 구멍의 규격 번호 및 호칭 방법을 지정하는 경우 도시 방법
반드시 남겨둔다	<		규격번호, 호칭방법 규격번호, 호칭방법
남아 있어도 좋다			규격번호, 호칭방법
남아있어서는 안된다	K		규격번호, 호칭방법 규격번호, 호칭방법

호칭방법 예시) KS A ISO 6411 - B 2.5/8 혹은 KS A ISO 6411-1 - B 2.5/8 로 사용

③ 다음과 같이 제도합니다.

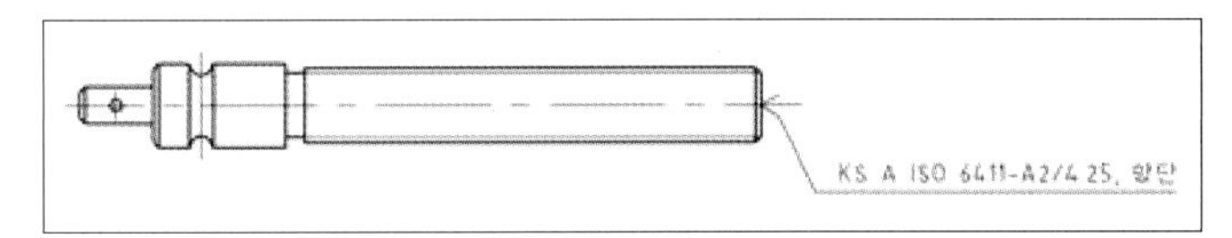

4 | 가이드 포스트의 제도(품번 ⑤)

1 가이드 포스트의 재질(품번 ⑤)

① 사용 재질은 SCM435를 전체 열처리를 하여 HRC50±2로 하여 사용합니다.

50. 기계재료 기호 예시 (KS D)
- 본 예시 이외에 해당 부품에 적절한 재료라 판단되면, 다른 재료기호를 사용해도 무방함

명 칭	기 호	명 칭	기호
회 주철품	GC100, GC150 GC200, GC250	탄소 단강품	SF390A, SF440A SF490A
탄소 주강품	SC360, SC410 SC450, SC480	청동 주물	CAC402
인청동 주물	CAC502A CAC502B	알루미늄 합금주물	AC4C, AC5A
침탄용 기계구조용 탄소강재	SM9CK, SM15CK SM20CK	기계구조용 탄소강재	SM25C, SM30C, SM35C, SM40C, SM45C
탄소공구강 강재	STC85, STC90 STC105, STC120	탄소 공구강	SK3
합금공구강	STS3, STD4	화이트메탈	WM3, WM4
크롬 몰리브덴강	SCM415, SCM430 SCM435	니켈 크롬 몰리브덴강	SNCM415, SNCM431

❷ 원통도 공차(품번 ❺)

가이드 포스트의 전체 길이가 '88mm'이므로, 이를 기준으로 IT5급에 해당하는 0.015mm(15㎛)를 원통도 공차로 결정합니다.

3. IT 공차　　단위 : ㎛

치수 등급		IT4 4급	IT5 5급	IT6 6급	IT7 7급
초과	이하				
–	3	3	4	6	10
3	6	4	5	8	12
6	10	4	6	9	15
10	18	5	8	11	18
18	30	6	9	13	21
30	50	7	11	16	25
50	80	8	13	19	30
80	120	10	15	22	35
120	180	12	18	25	40
180	250	14	20	29	46
250	315	16	23	32	52
315	400	18	25	36	57
400	500	20	27	40	63

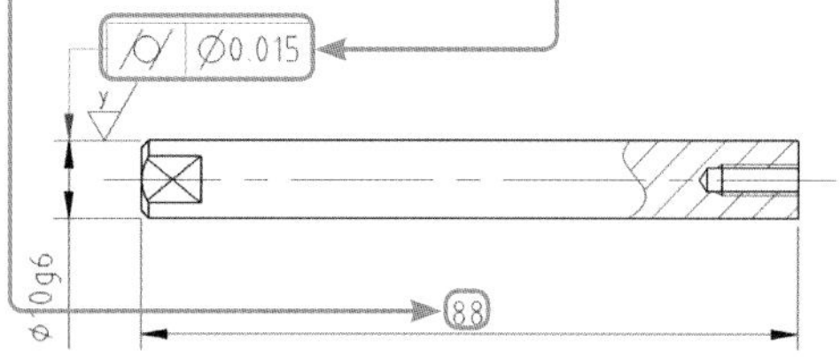

5

CHAPTER

질량 구하기(계산기 사용)

보통 자동차의 무게가 10% 줄어들면 연비는 6% 증가하는 것으로 알려져 있습니다. 이런 이유로 자동차 제조업체들은 연비 개선을 최우선 과제로 놓고 차량의 경량화에 집중하고 있습니다. 경량화의 첫 시작은 부품들의 무게를 아는 것이므로 이번 장에서는 모델링된 부품의 질량을 확인하는 방법을 학습하도록 하겠습니다.

1 | 파일 열기

01 바탕화면에서 [Autodesk Inven -tor Professional]를 더블클릭하여 실행시킵니다.

02 인벤터를 실행시켜 다음과 같은 화면이 나타나면 [열기]를 클릭합니다.

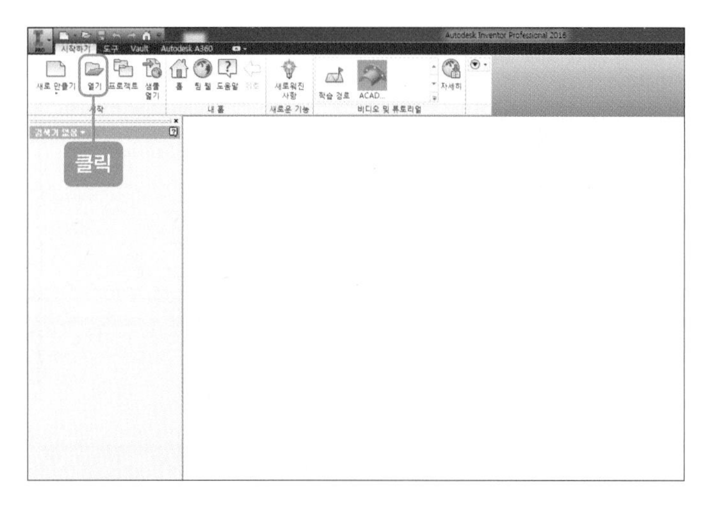

03 저장 폴더에서 질량을 구하고자 하는 모델링한 부품(본체.ipt) 파일을 선택합니다.

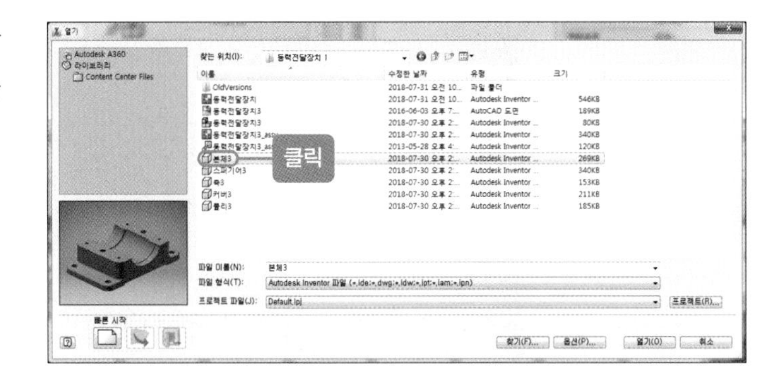

2 | 단위 지정

01 [도구–문서설정]을 클릭합니다.

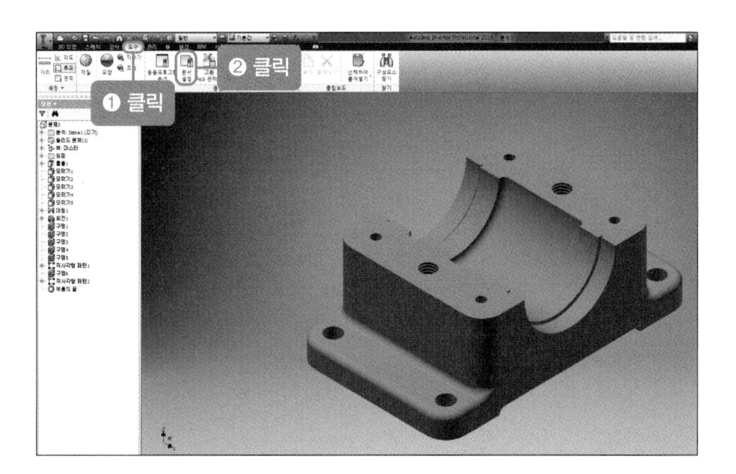

02 [단위–질량–킬로그램–그램]을 클릭합니다.

3 | 질량 구하기

01 탐색기의 '본체3'에서 마우스 오른쪽 버튼을 눌러 [iProperties]을 클릭합니다.

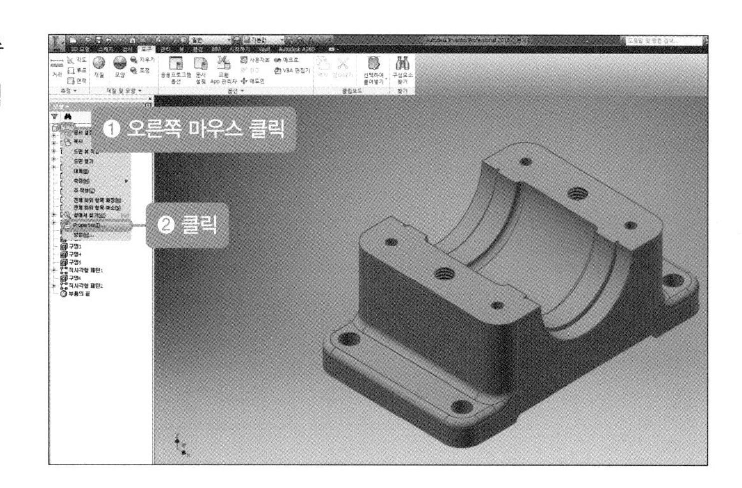

02 [물리적] 탭을 클릭 후 [요청된 정확도- 매우 높음]으로 선택한 후 '업데이트'를 클릭합니다.

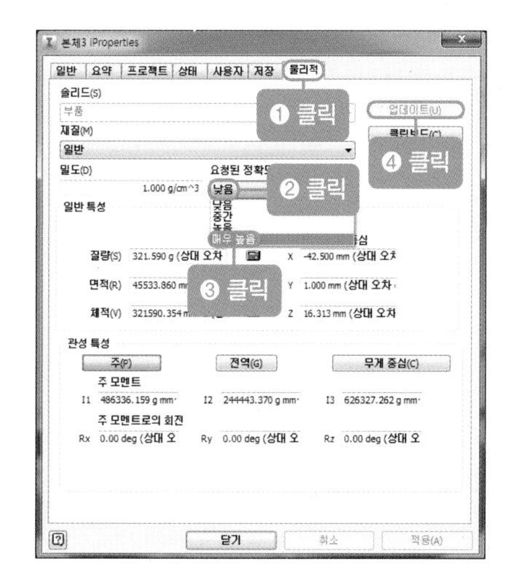

03 보조프로그램에서 '계산기'를 클릭합니다(수험자가 계산기 준비 가능).

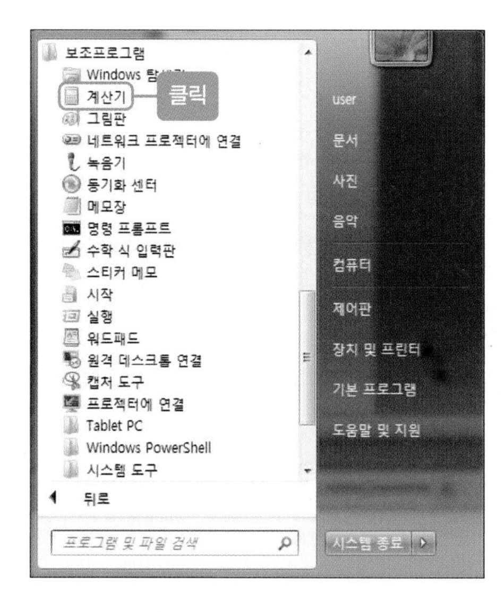

04 질량값을 복사(Ctrl+C)한 후 계산기에 붙여넣기(Ctrl+V)하여 국가기술자격 실기시험 문제에서 제시된 값(주로 7.85가 주어짐)을 곱해 값을 구합니다.

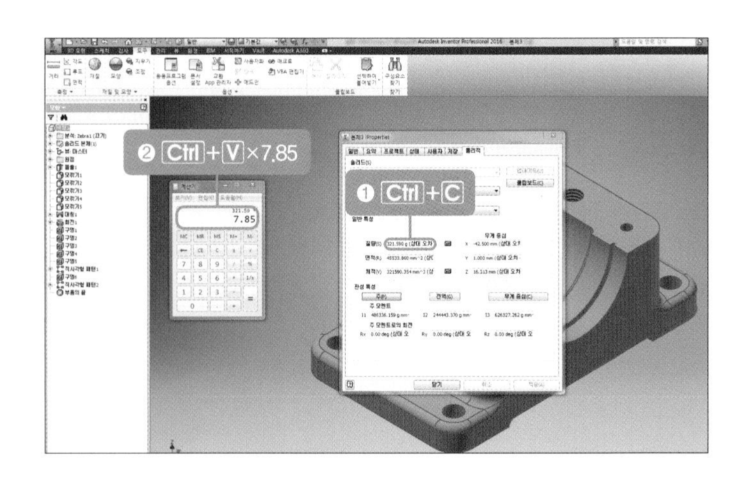

> **Tip** 7.85(문제지 제시)×질량값 321.590g(복사: Ctrl+C)=2524.4815

05 [파일–열기]를 클릭합니다.

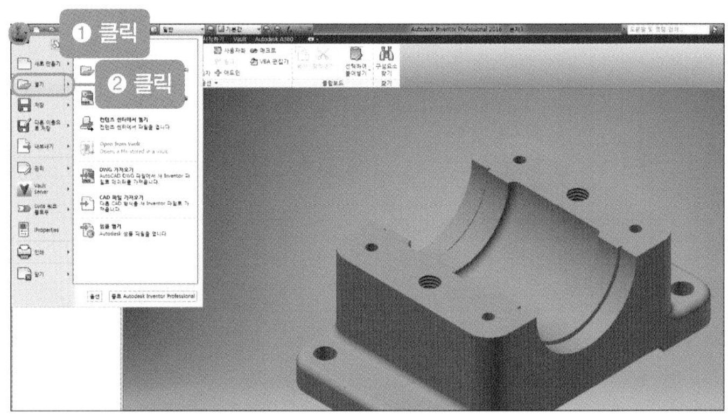

06 3D 렌더링 등각 투상도(동력전달장치.idw)도면 파일을 선택하고 [열기] 버튼을 클릭합니다.

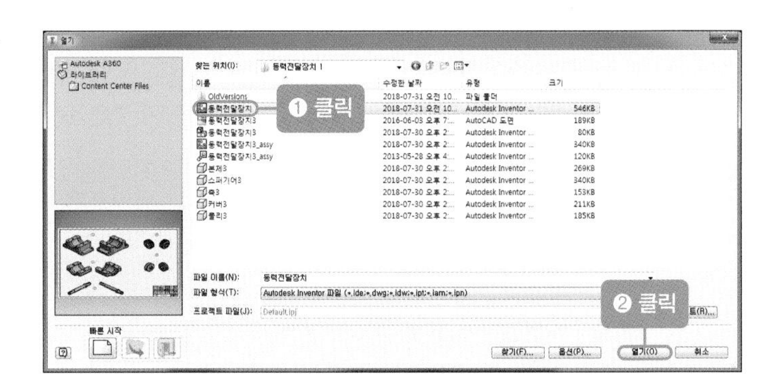

07 탐색기 시트 : [표제란]을 클릭하고 오른쪽 버튼을 눌러 [정의 편집]을 클릭합니다.

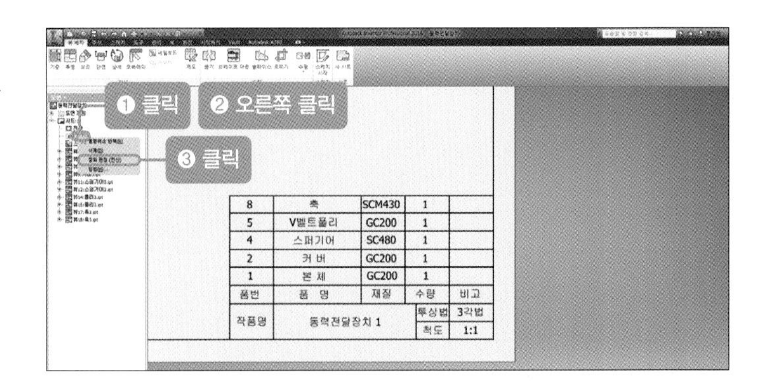

08 '텍스트'를 클릭하고, 글씨 크기는 3~3.5로 비고란 칸 중간에 작성합니다.

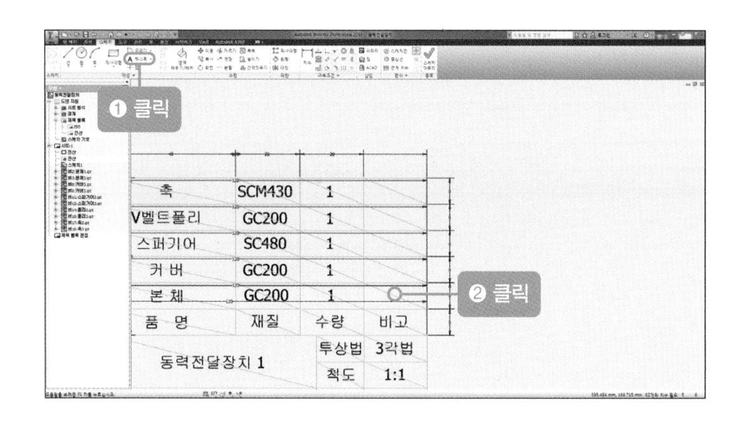

09 계산하여 구한 값(2524.4815)을 문제지에서 주어진 자리에서 반올림 후(2524.48g) 단위(g)와 함께 적고(주로 3번째 자리에서 반올림한다), '중심자리 맞추기'와 '중간자리 맞추기'를 한 후 [확인] 버튼을 클릭합니다.

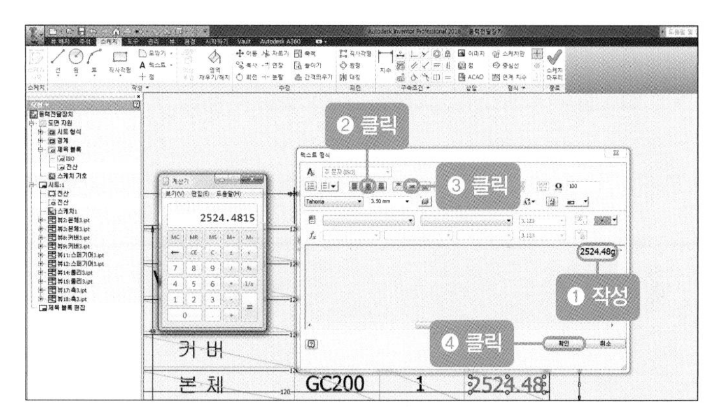

10 '스케치 마무리'를 클릭합니다.

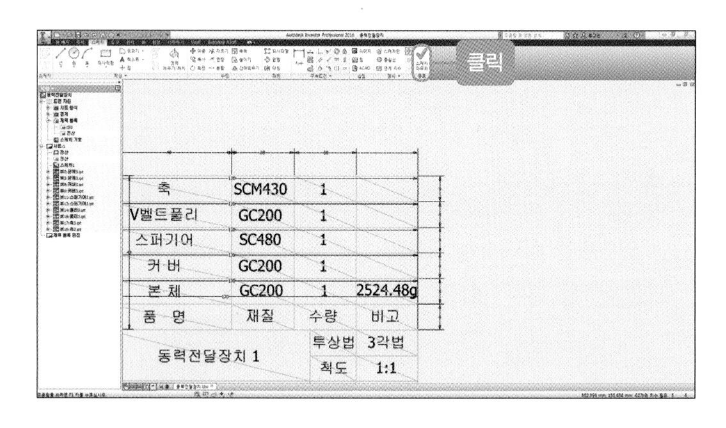

11 이상으로 렌더링 등각 투상도(3D) 비고란에 부품 질량을 구하여 작성하는 방법을 설명하였습니다.

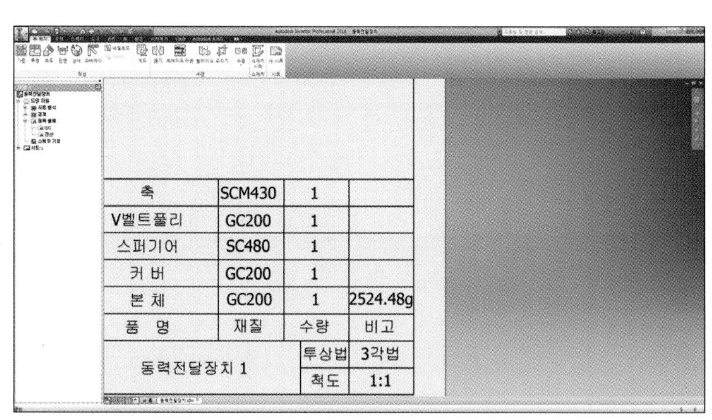

CHAPTER 6

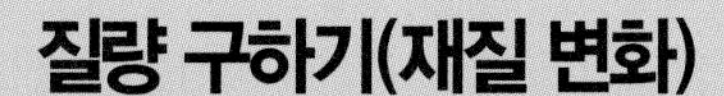

질량 구하기(재질 변화)

앞 장의 질량 구하기(계산기 사용)에서는 기본값으로 물의 밀도(1g/cm^2)를 이용해서 질량을 구한 후 비중(7.85)을 곱하여 부품의 질량을 구하였습니다. 이번 장에서는 부품에 재질(강철)을 부여하여 질량을 구하는 방법을 학습하도록 하겠습니다.

1 | 파일 열기

01 바탕화면에서 [Autodesk Inventor Professional]를 더블클릭하여 실행시킵니다.

02 인벤터를 실행시켜 다음과 같은 화면이 나타나면 [열기]를 클릭합니다.

03 저장 폴더에서 질량을 구하고자 하는 모델링한 부품(본체.ipt) 파일을 선택합니다.

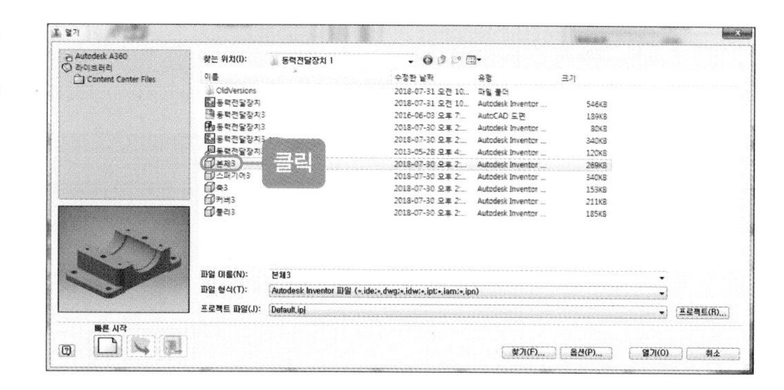

2 | 단위 지정

01 [도구–문서설정]을 클릭합니다.

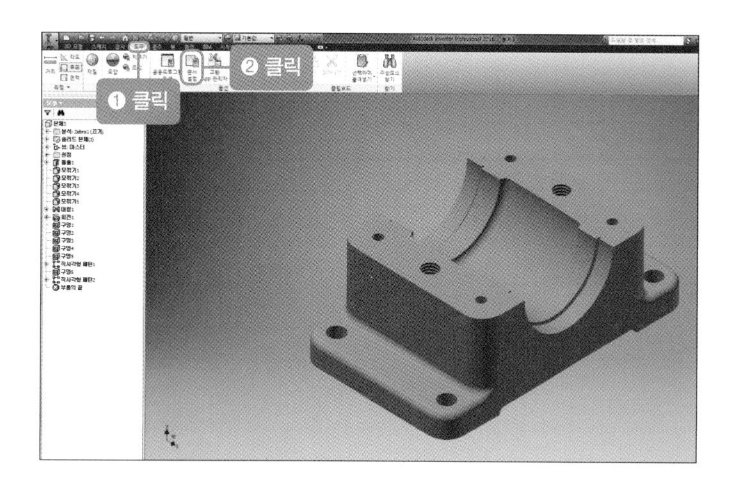

02 [단위–질량–킬로그램–그램]을 클릭합니다.

3 | 질량 구하기

01 탐색기의 '본체3'을 마우스 오른쪽 버튼을 눌러 [iProperties]을 클릭합니다.

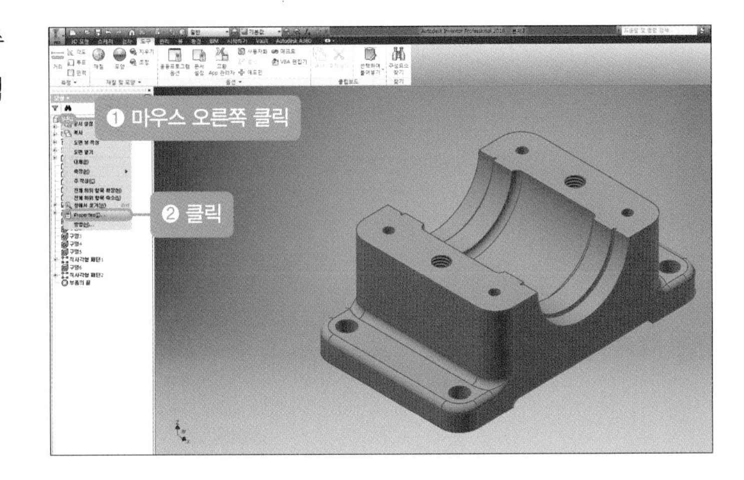

02 [물리적] 탭을 클릭 후 [요청된 정확도- 매우 높음]으로 선택한 후 '업데이트'를 클릭합니다.

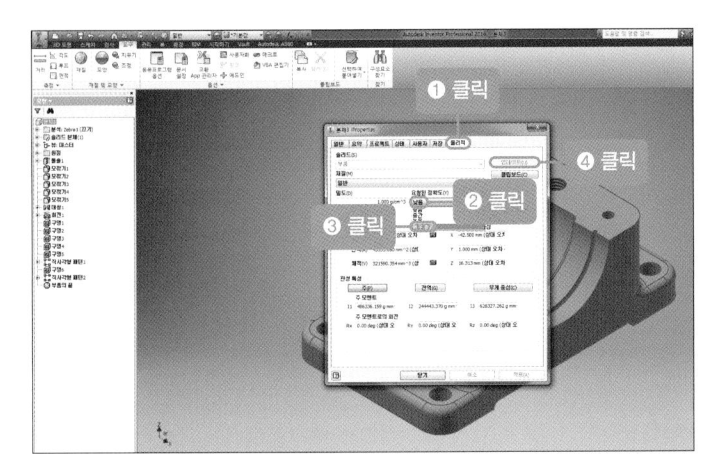

03 '재질'을 클릭합니다.

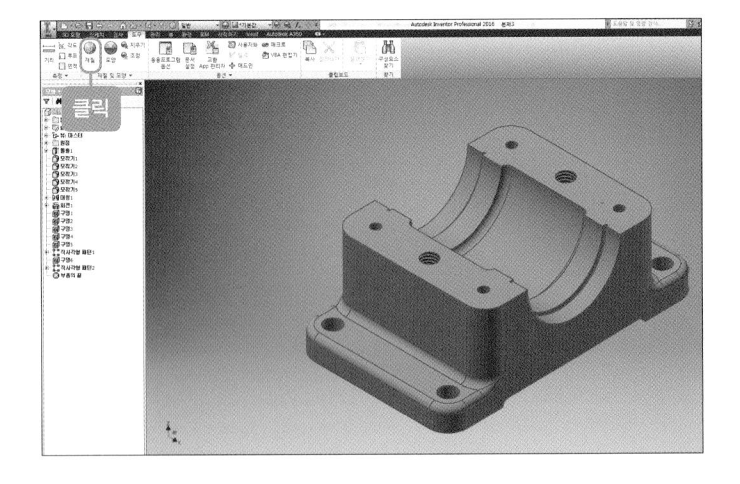

04 [강철-선택에 지정]을 클릭하고 나갑니다.

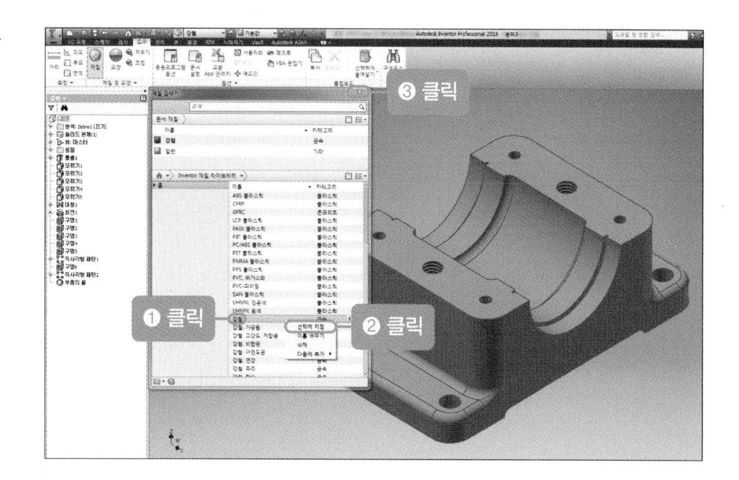

05 다시 탐색기의 '본체3'에서 마우스 오른쪽 버튼을 눌러 [iProperties]을 클릭합니다.

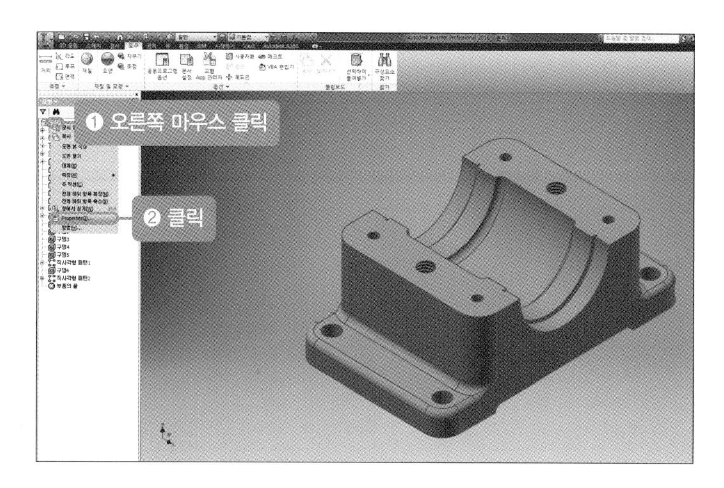

06 질량을 확인하고 [닫기] 버튼을 클릭합니다.

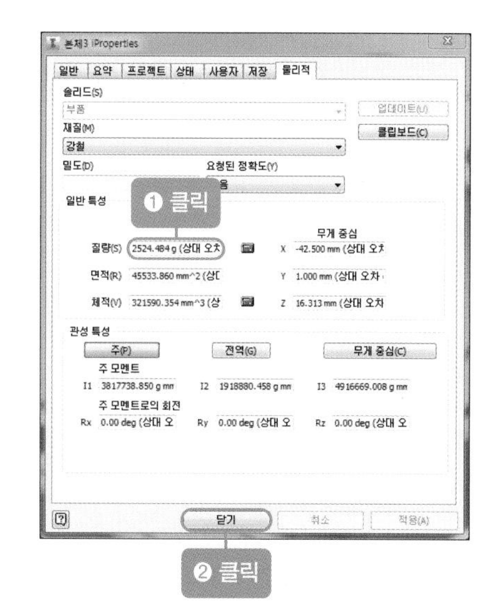

07 [파일-열기]를 클릭합니다.

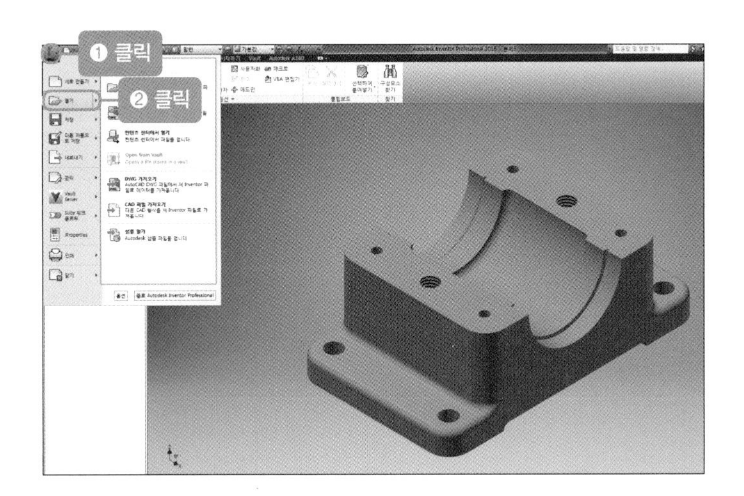

08 3D 렌더링 등각 투상도(동력전달장치.idw) 도면 파일을 선택하고 [열기] 버튼을 클릭합니다.

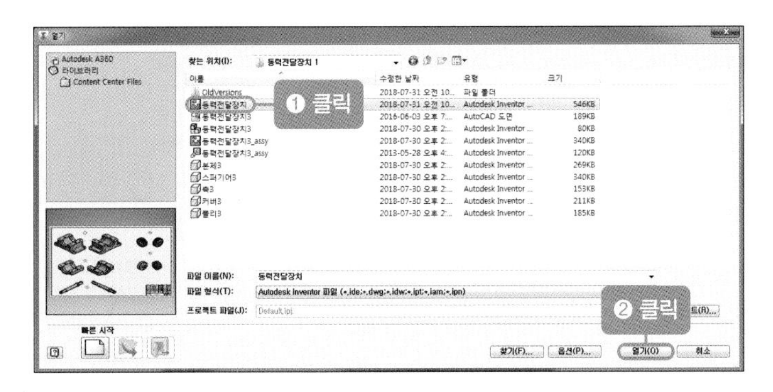

09 탐색기 시트 : [표제란]을 클릭하고 오른쪽 버튼을 눌러 [정의 편집]을 클릭합니다.

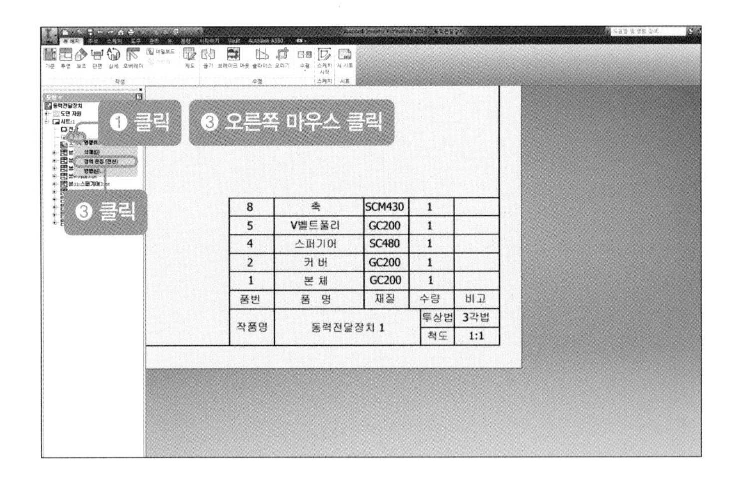

10 '텍스트'를 클릭하고, 글씨 크기는 3~3.5로 비고란 칸 중간에 작성합니다.

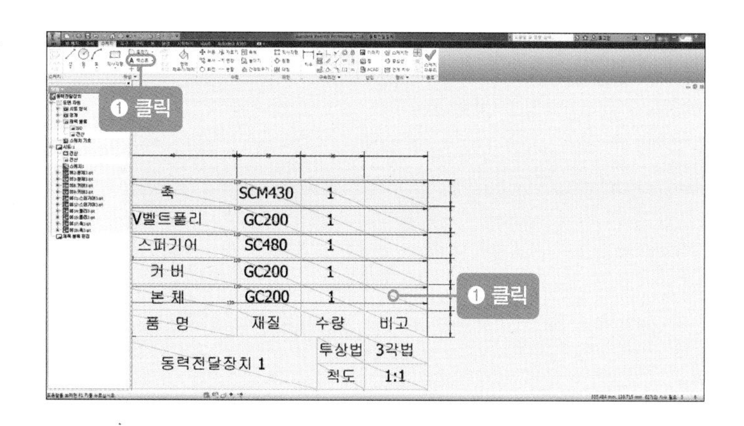

11 확인한 질량 값(본체3.ipt 파일의 [iProperties])을 문제지의 주어진 자리에서 반올림 후 단위(g)와 함께 적고(주로 3번째 자리에서 반올림한다), '중심자리 맞추기'와 '중간자리 맞추기'를 한 후 [확인] 버튼을 클릭합니다.

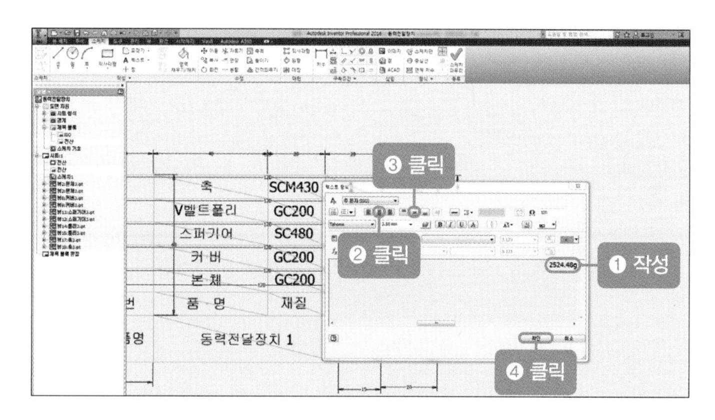

12 '스케치 마무리'를 클릭합니다.

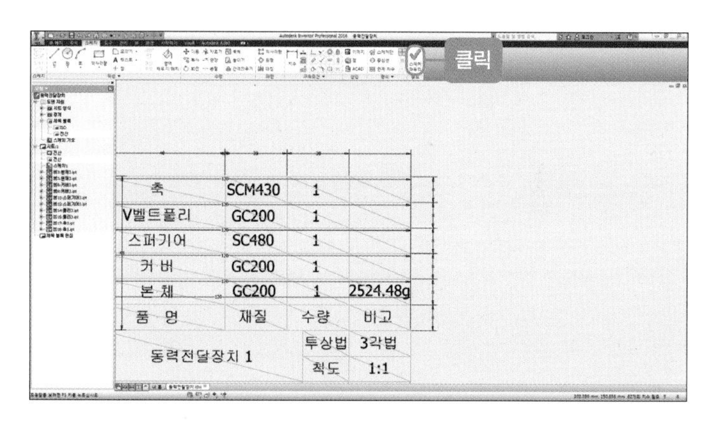

13 이상으로 렌더링 등각 투상도(3D) 비고란에 부품 질량을 구하여 작성하는 방법을 설명하였습니다.

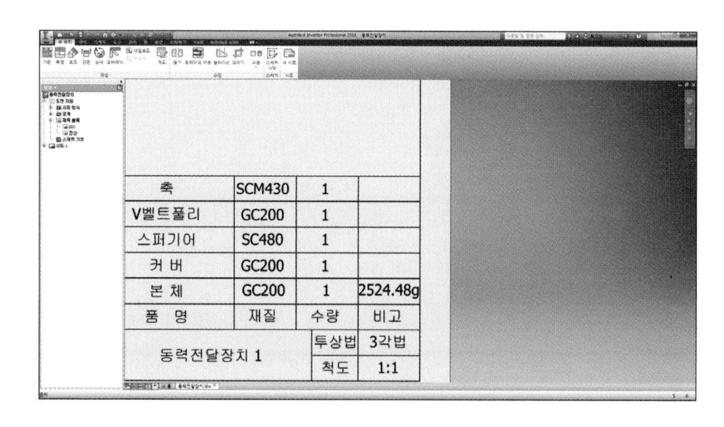

4
PART
전산응용기계제도기능사

기출 복원 문제에 따른 모범 답안

자주 출제되는 문제의 조립도와 이와 관련 상세 모범 답안지를 수록하였습니다.
문제의 조립도를 보고 많은 연습을 통해 실력을 향상하기 바랍니다.

Craftsman Compter Aided Architectural Drawing

기출 복원 문제 1 | 동력 전달 장치 3 문제 조립도

자격 종목	전산응용기계제도기능사	과제명	동력 전달 장치 3	척도	1 : 1

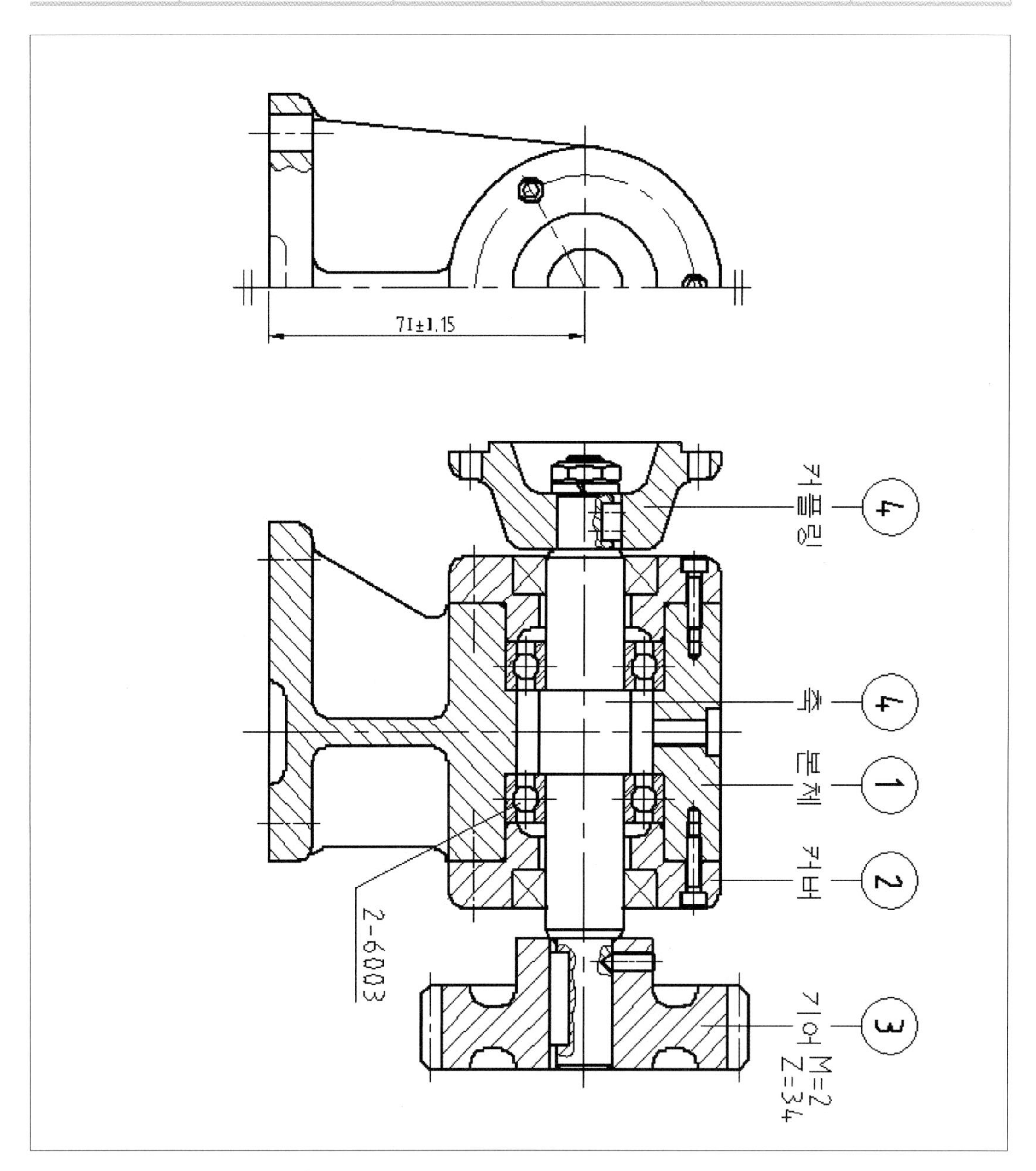

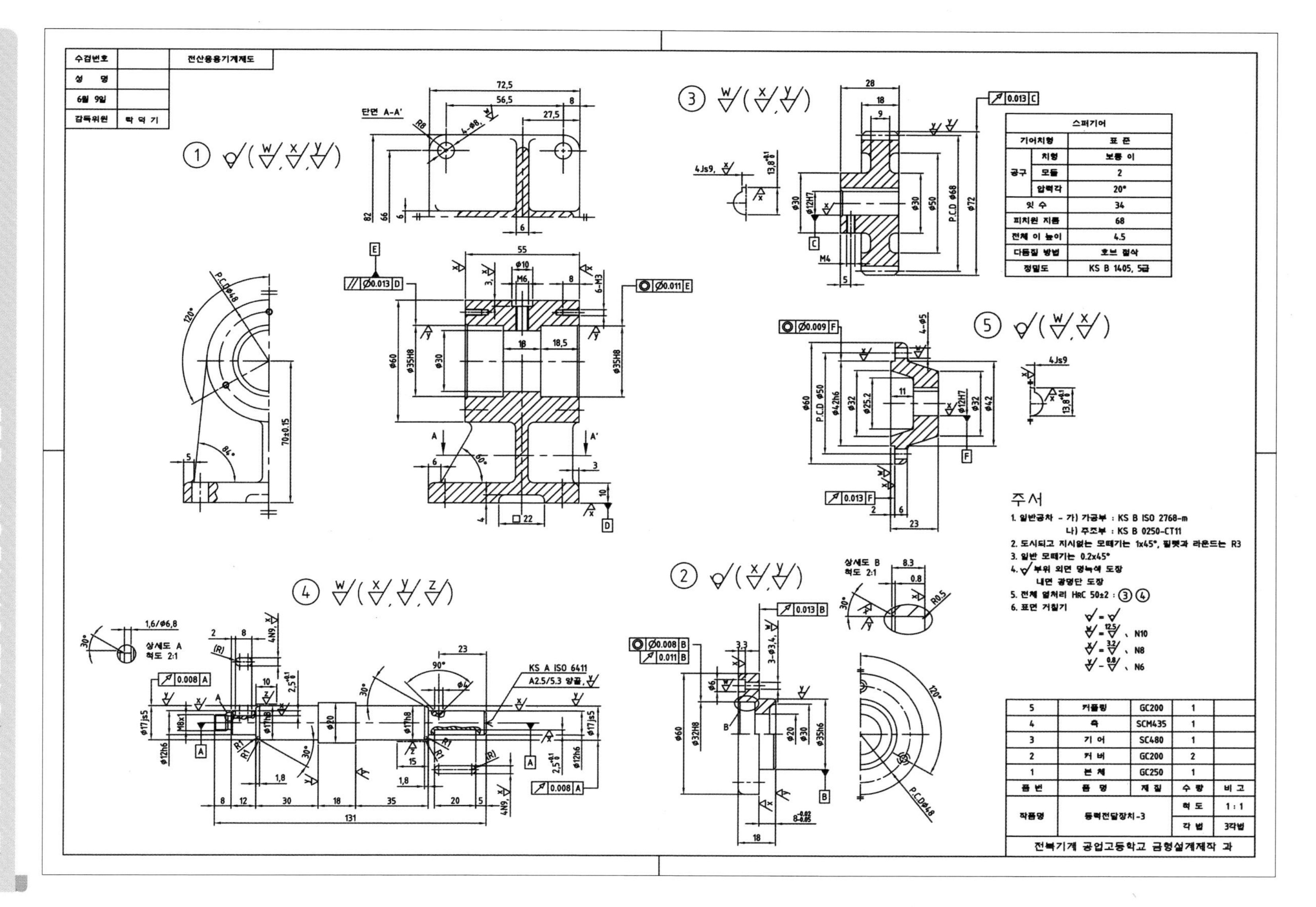
수검번호
성 명
6월 9일
감독위원 박 덕 기
전산응용기계제도
단면 A-A'
스퍼기어
기어치형 표준
공구 치형 보통 이
모듈 2
압력각 20°
잇수 34
피치원 지름 68
전체 이 높이 4.5
다듬질 방법 호브 절삭
정밀도 KS B 1405, 5급
주서
1. 일반공차 - 가) 가공부 : KS B ISO 2768-m
나) 주조부 : KS B 0250-CT11
2. 도시되고 지시없는 모떼기는 1x45°, 필렛과 라운드는 R3
3. 일반 모떼기는 0.2x45°
4. 부위 외면 명녹색 도장
내면 광명단 도장
5. 전체 열처리 HRC 50±2 : ③ ④
6. 표면 거칠기
N10
N8
N6
상세도 A
척도 2:1
상세도 B
척도 2:1
KS A ISO 6411
A2.5/5.3 양끝
5 커플링 GC200 1
4 축 SCM435 1
3 기어 SC480 1
2 커버 GC200 2
1 본체 GC250 1
품번 품명 재질 수량 비고
작품명 동력전달장치-3 척도 1:1 각법 3각법
전북기계 공업고등학교 금형설계제작 과

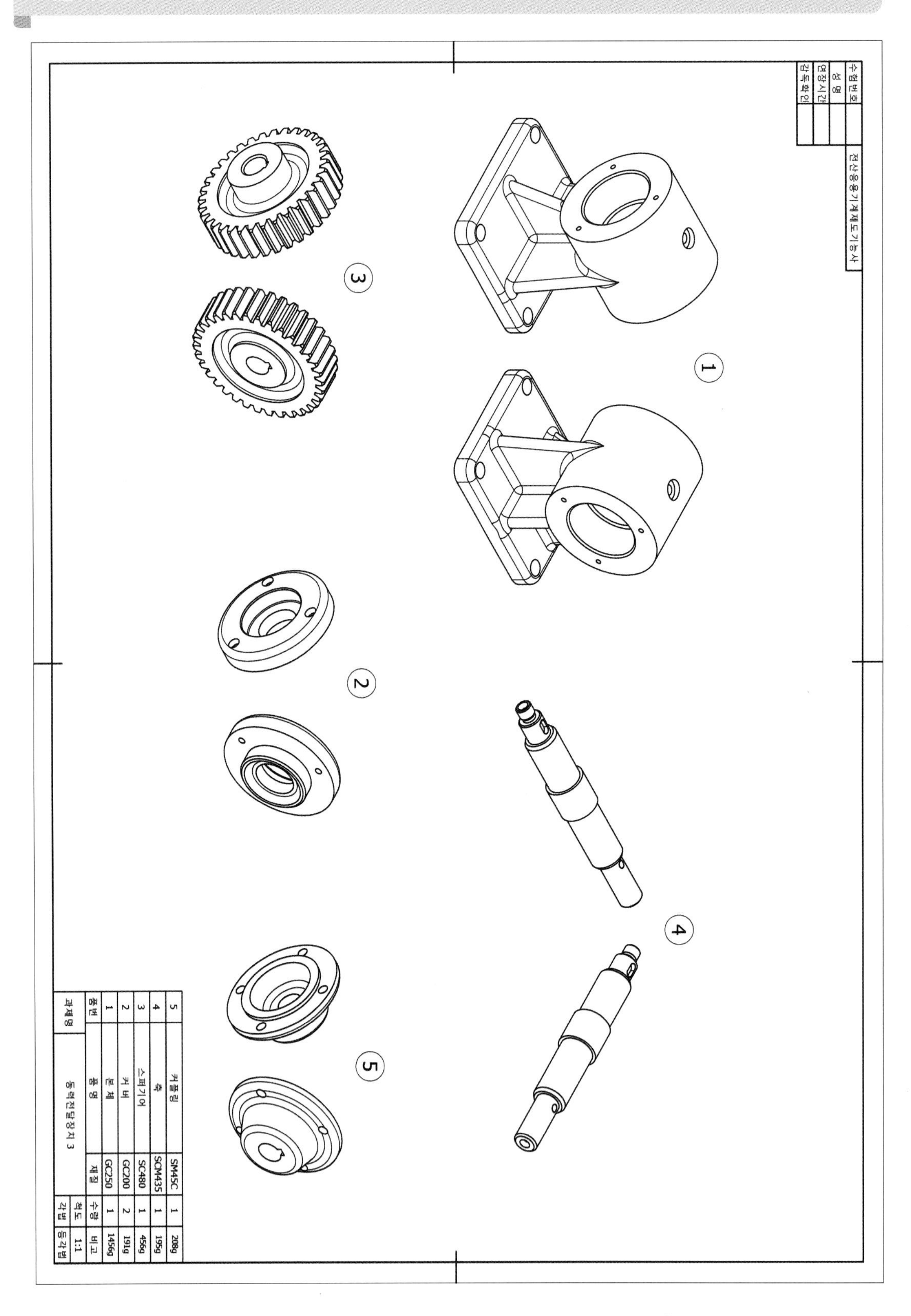
수험번호
성 명
연장시간
감독확인
전산응용기계제도기능사
1
2
3
4
5
5 커플링 SM45C 1 208g
4 축 SCM435 1 195g
3 스퍼기어 SC480 1 456g
2 커버 GC200 2 191g
1 본체 GC250 1 1456g
품번 품명 재질 수량 비고
과제명 동력전달장치 3
척도 1:1
각법 등각법

자격 종목	전산응용기계제도기능사	과제명	동력 전달 장치 4	척도	1 : 1

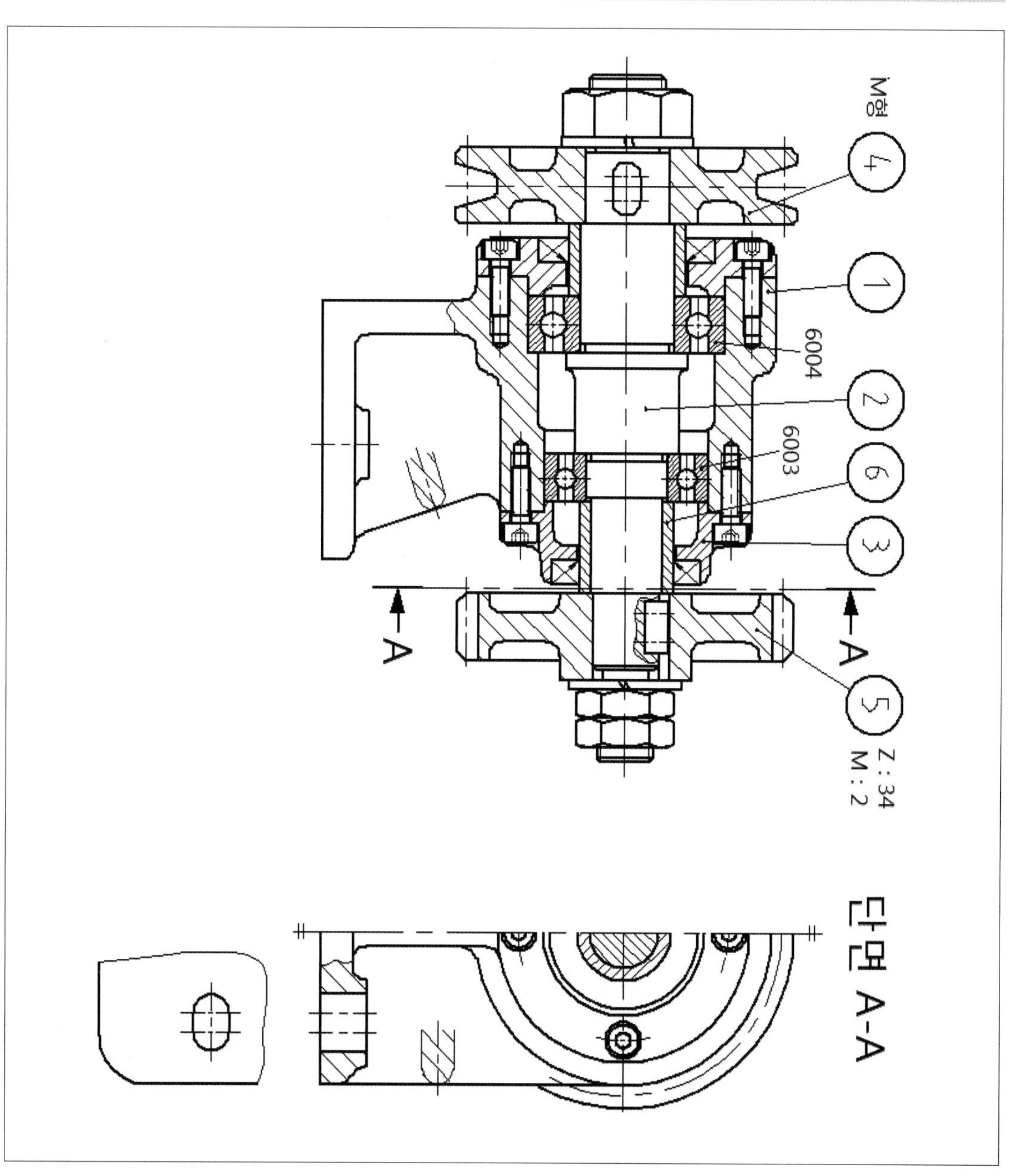

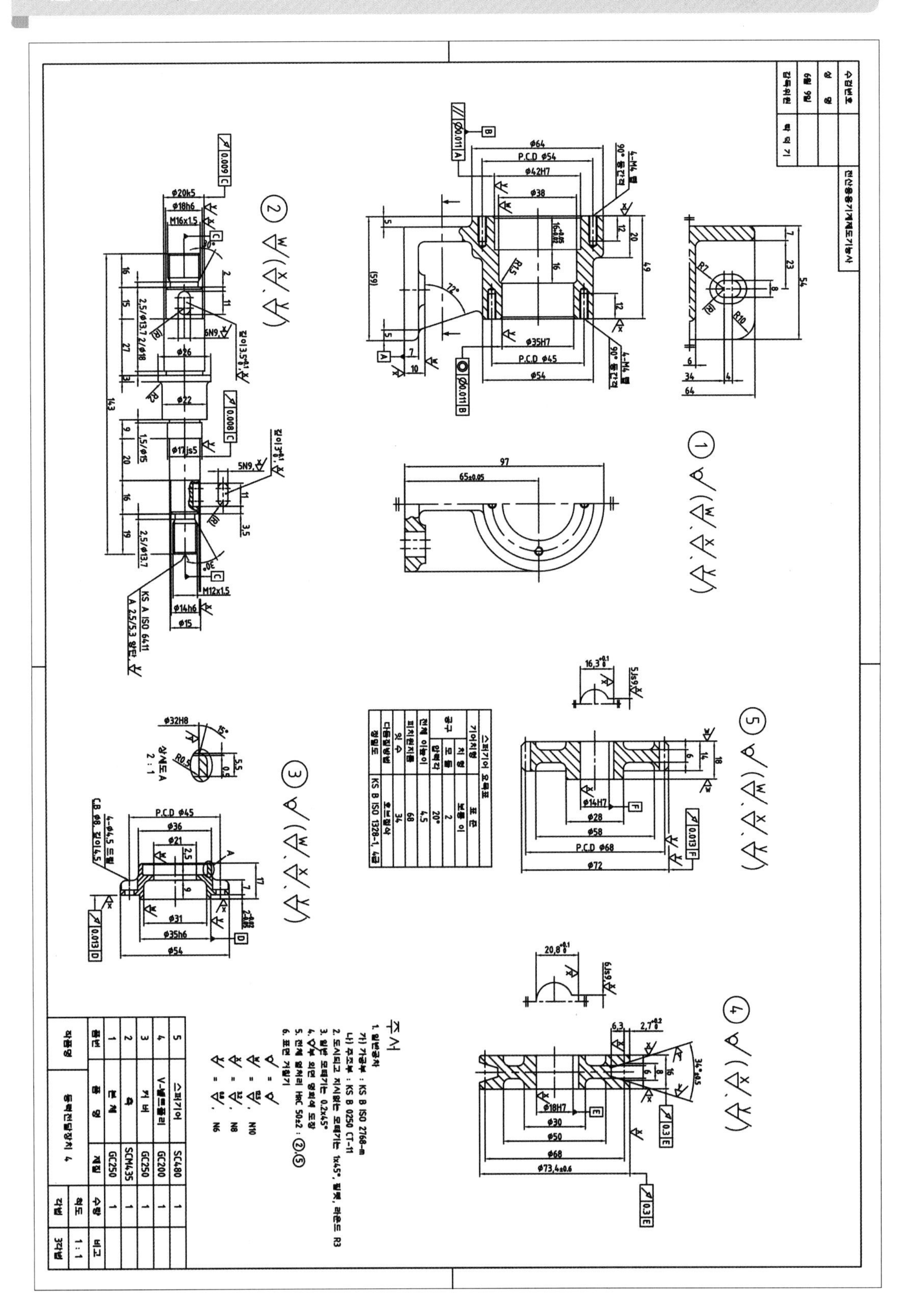

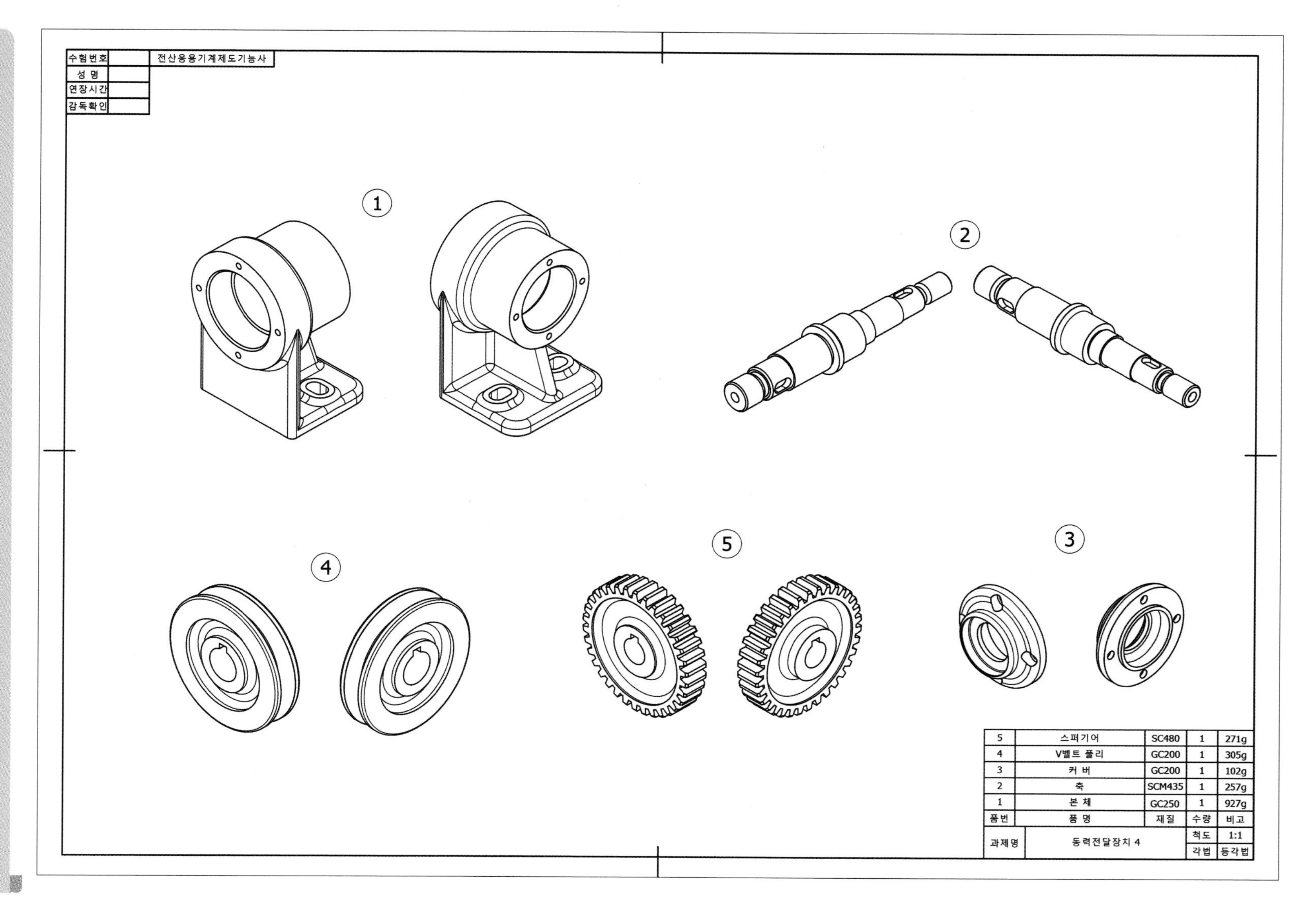
수험번호
성 명
연장시간
감독확인
전산응용기계제도기능사
1
2
4
5
3
5 스퍼기어 SC480 1 271g
4 V벨트 풀리 GC200 1 305g
3 커 버 GC200 1 102g
2 축 SCM435 1 257g
1 본 체 GC250 1 927g
품번 품 명 재질 수량 비고
과제명 동력전달장치 4 척도 1:1
각법 등각법

기출 복원 문제 3 | 동력 전달 장치 5 문제 조립도

자격 종목	전산응용기계제도기능사	과제명	동력 전달 장치 5	척도	1 : 1

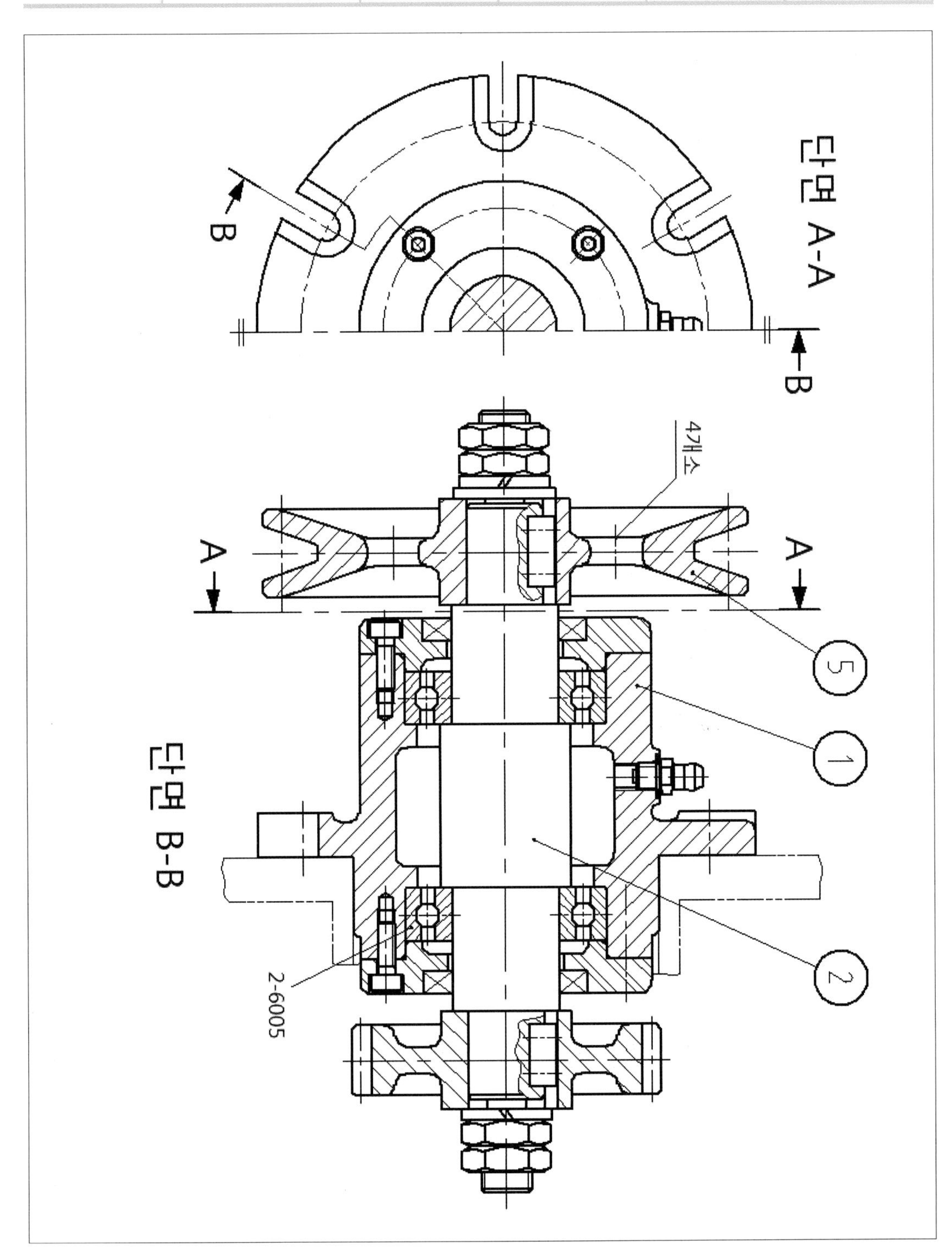

기출 복원 문제 3 | 동력 전달 장치 5 부품 상세도 모범 답안

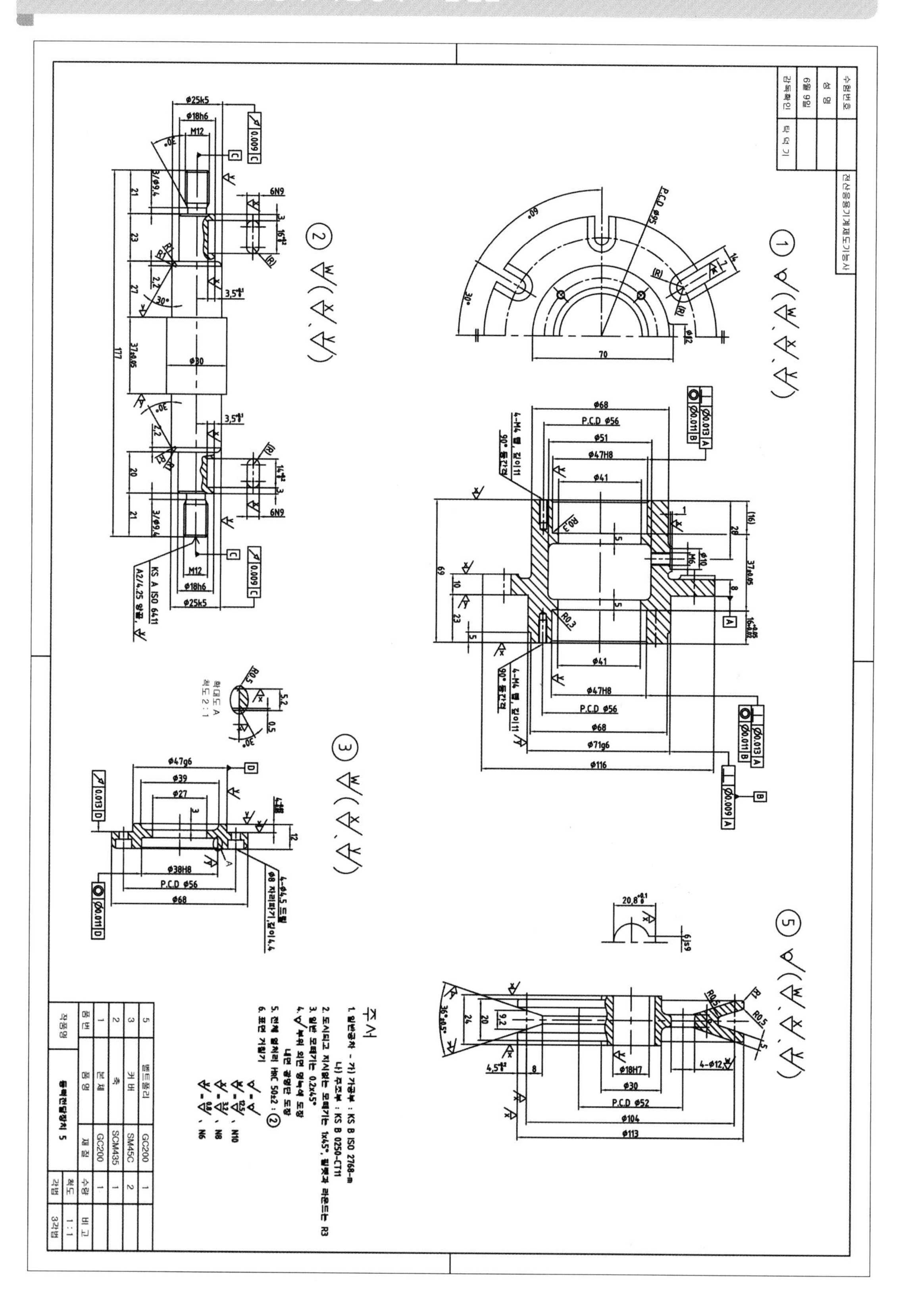

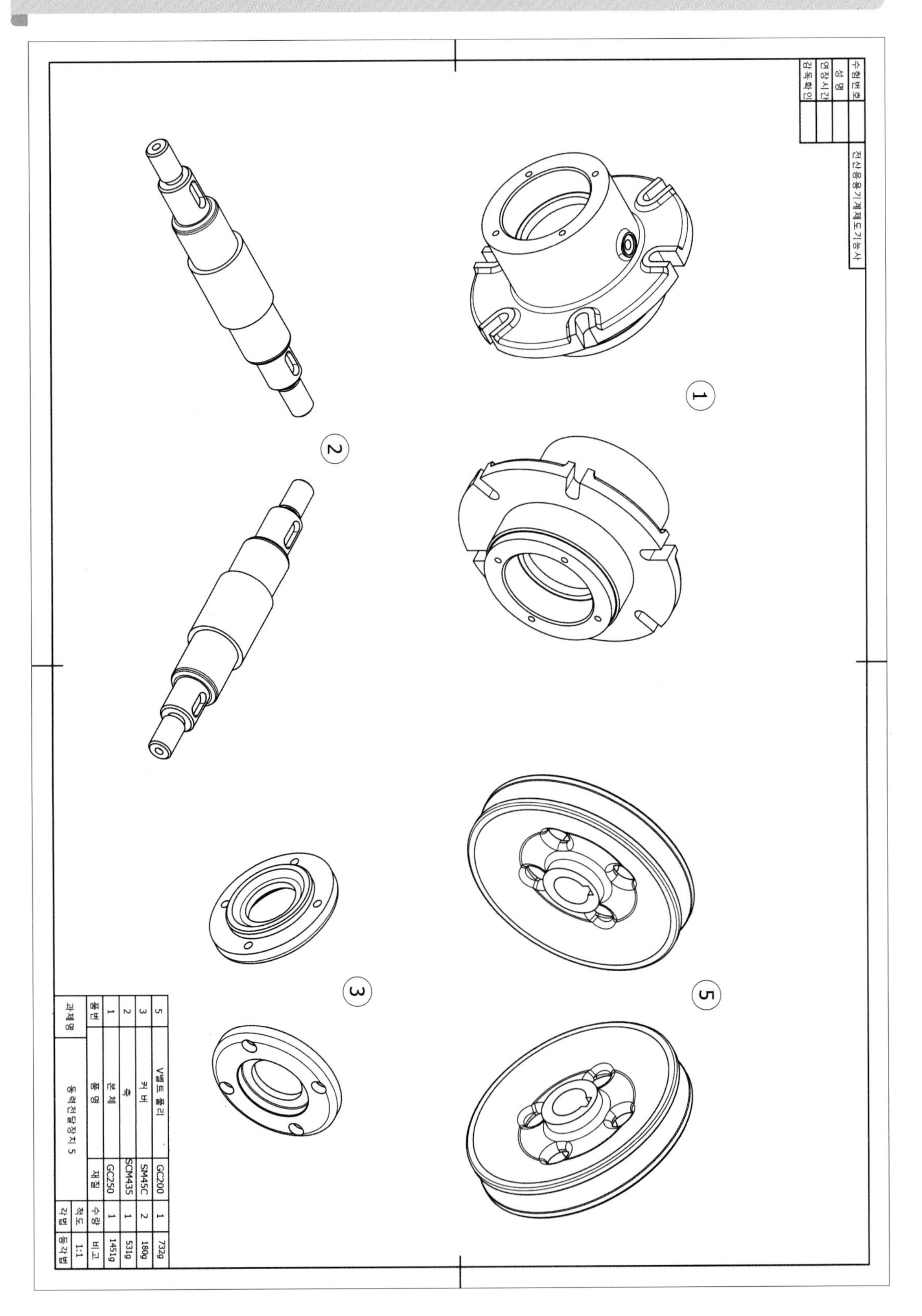
수험번호
성 명
연장시간
감독확인
전산응용기계제도기능사
1
2
3
5
5 V벨트 풀리 GC200 1 732g
3 커 버 SM45C 2 180g
2 축 SCM435 1 531g
1 본 체 GC250 1 1451g
품번 품 명 재질 수량 비고
과제명 동력전달장치 5 척도 1:1
각법 3각법

기출 복원 문제 4 | 동력 전달 장치 6 문제 조립도

자격 종목	전산응용기계제도기능사	과제명	동력 전달 장치 6	척도	1 : 1

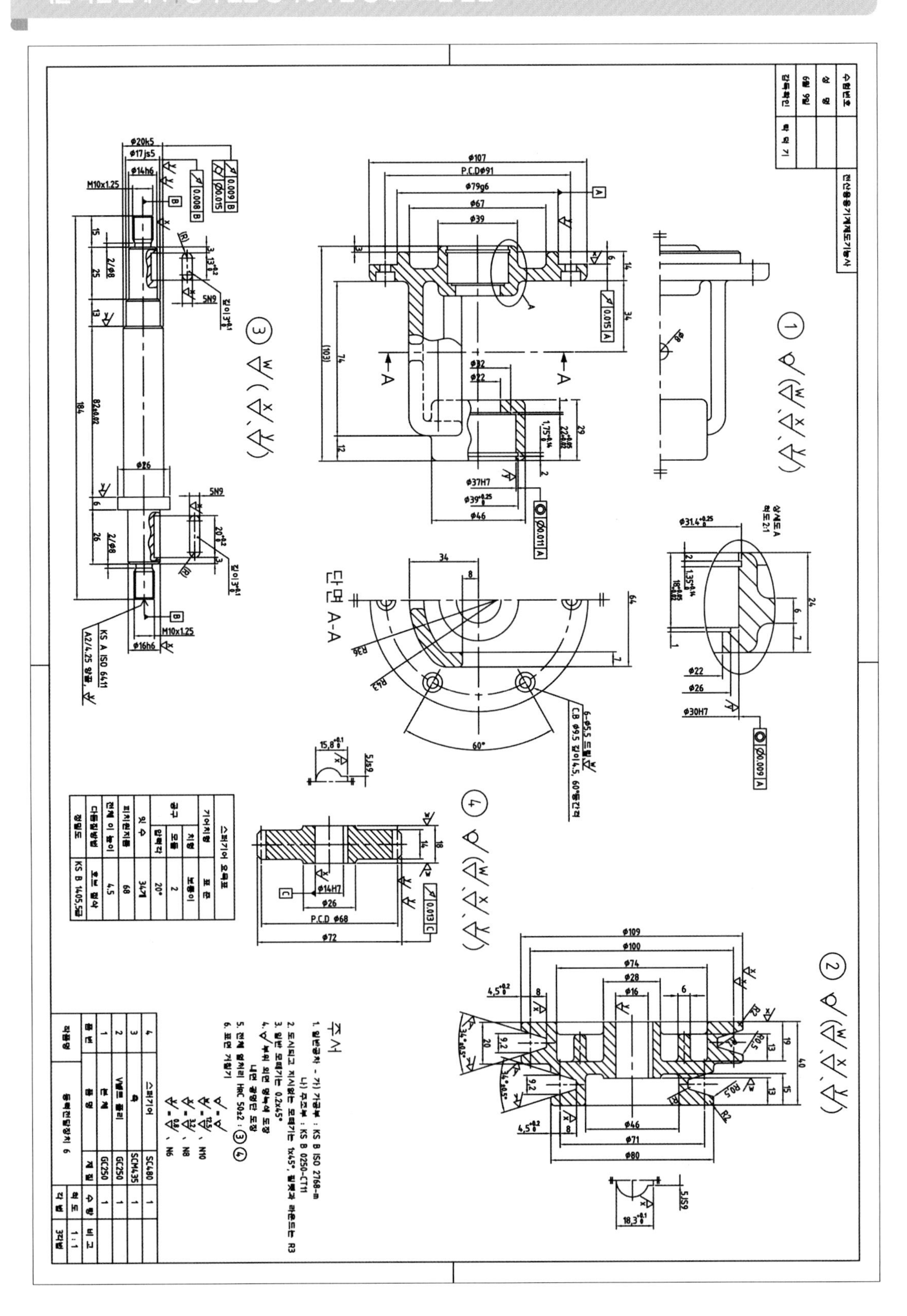

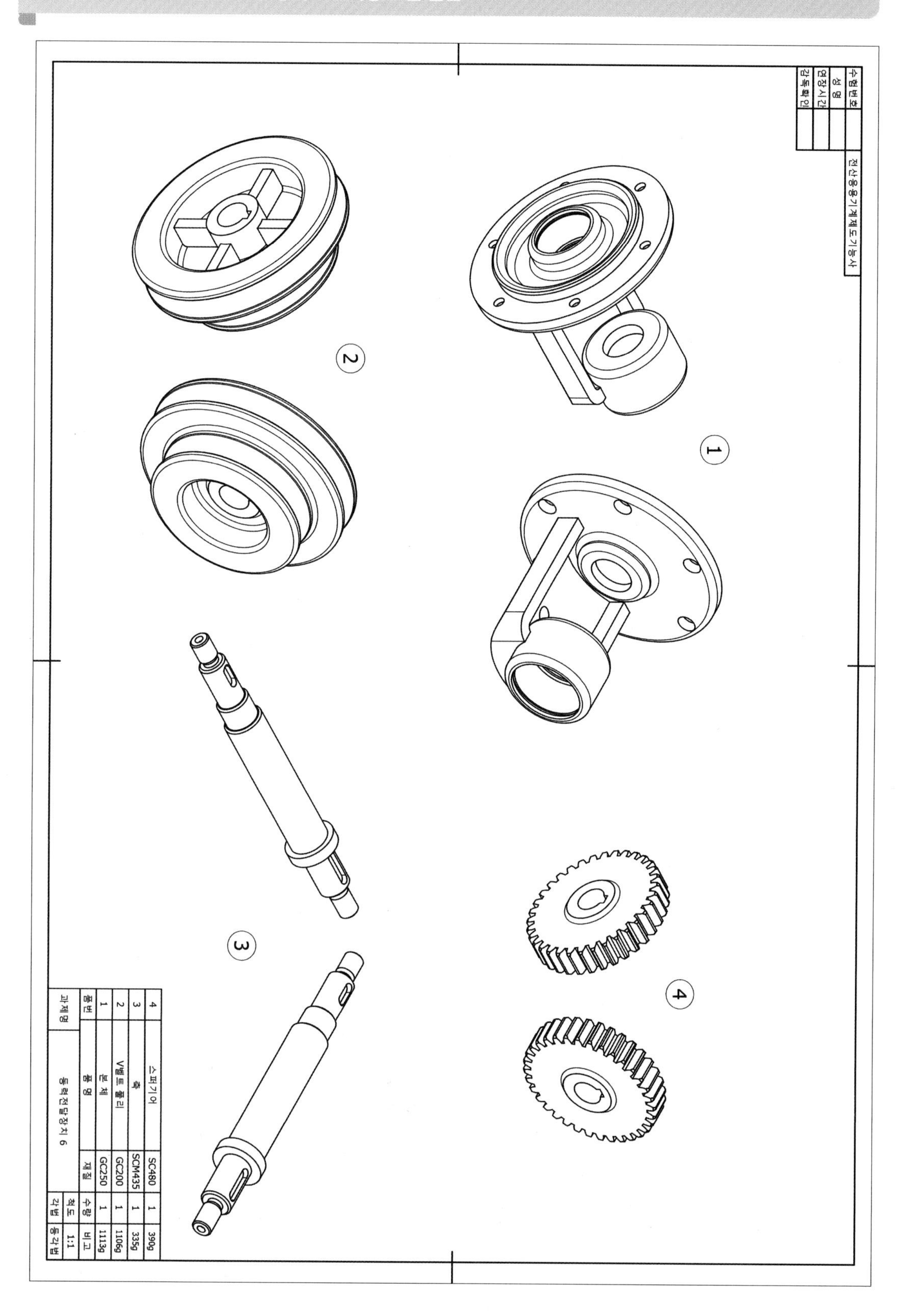
수험번호
성명
연장시간
감독확인
전산응용기계제도기능사
1
2
3
4
4 스퍼기어 SC480 1 390g
3 축 SCM435 1 335g
2 V벨트 풀리 GC200 1 1106g
1 본체 GC250 1 1113g
품번 품명 재질 수량 비고
과제명 동력전달장치 6
척도 1:1
각법 등각법

기출 복원 문제 5 | 동력 전달 장치 7 문제 조립도

자격 종목	전산응용기계제도기능사	과제명	동력 전달 장치 7	척도	1 : 1

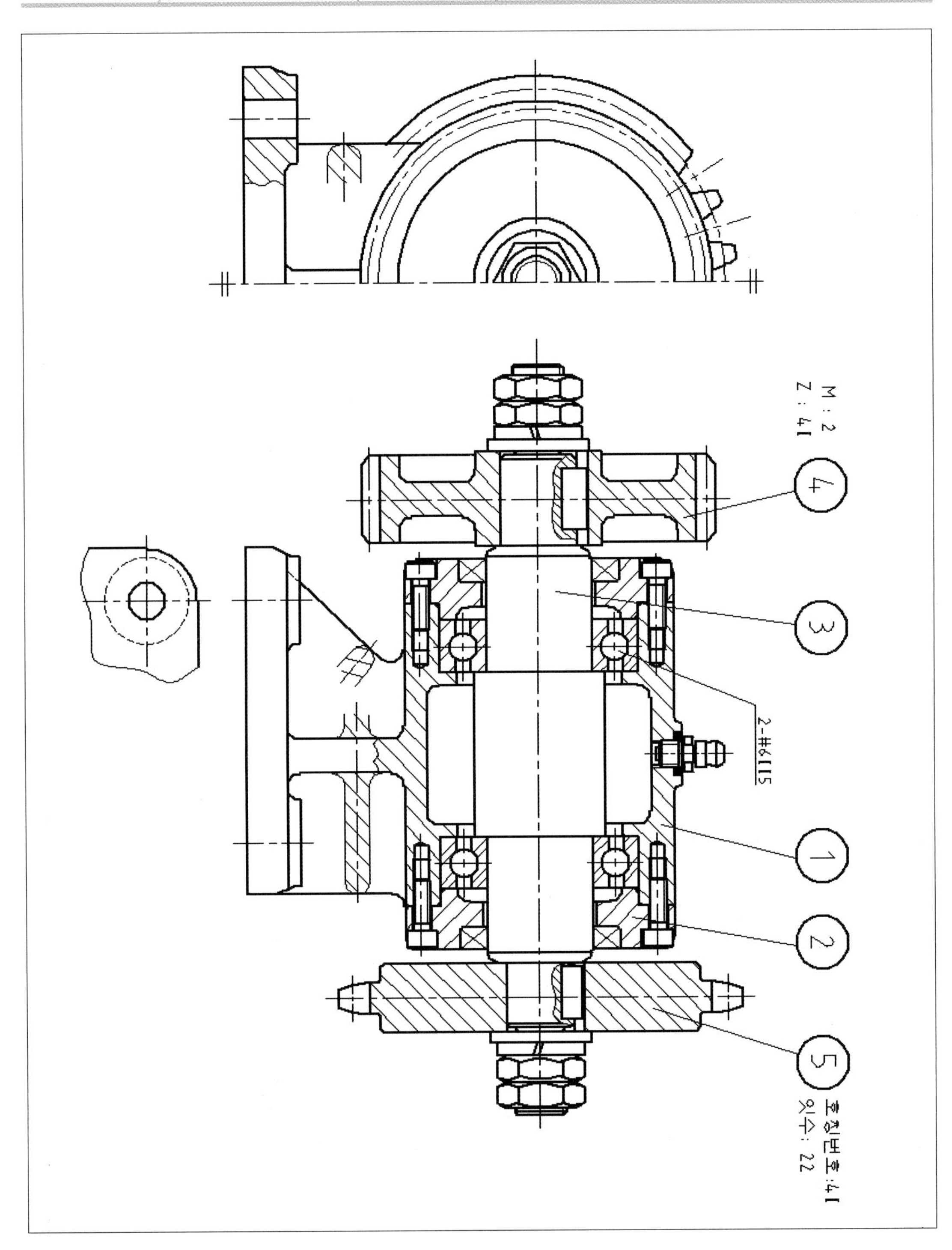

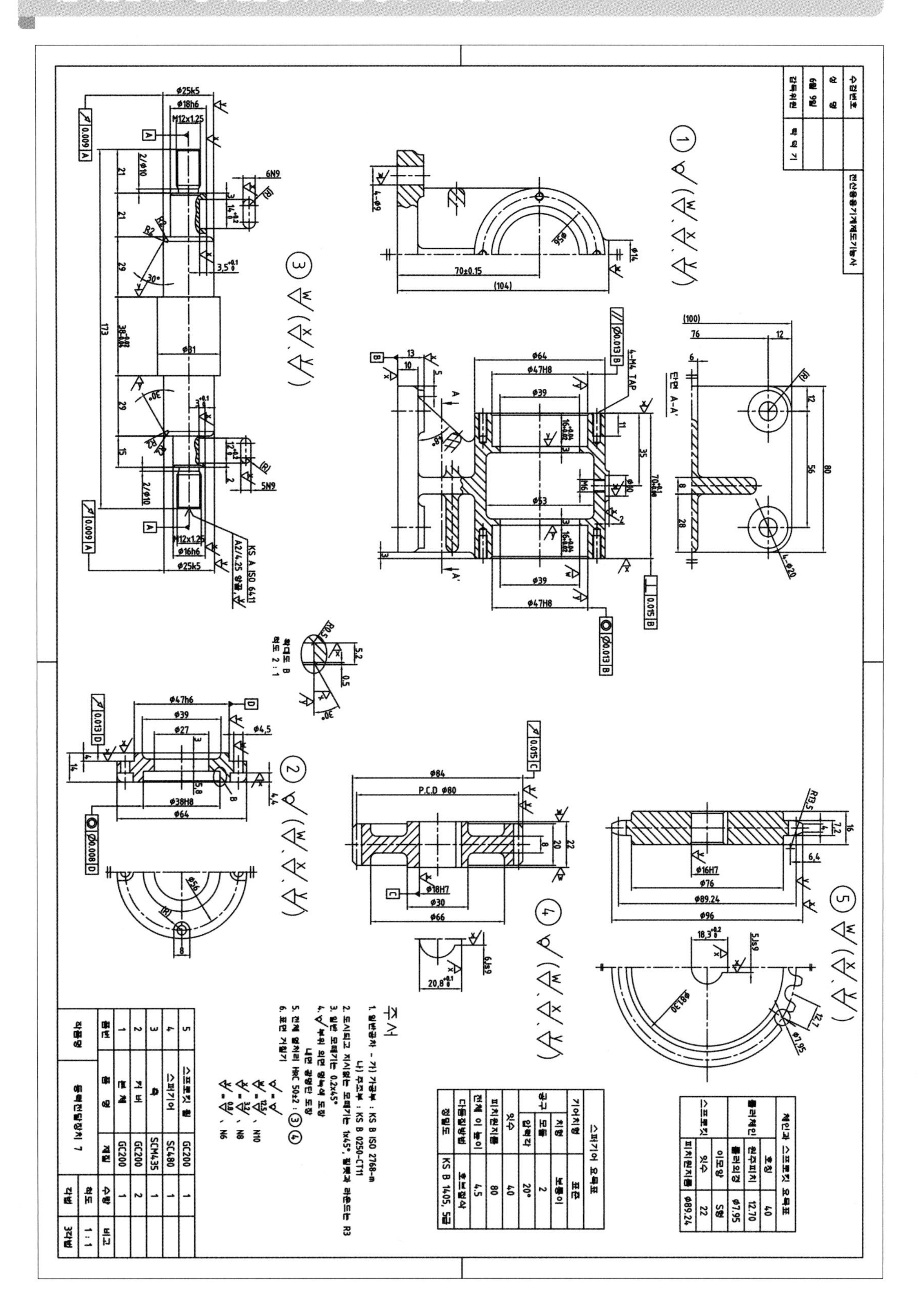

주서
1. 일반공차 - 가) 가공부 : KS B ISO 2768-m
나) 주조부 : KS B 0250-CT11
2. 도시되고 지시없는 모떼기는 1x45°, 필렛과 라운드는 R3
3. 일반 모떼기는 0.2x45°
5. 전체 열처리 HRC 50±2 : ③ ④
6. 표면 거칠기
스퍼기어 요목표
스프로킷 요목표
5 스프로킷 휠 GC200 1
4 스퍼기어 SC480 1
3 축 SCM435 1
2 커버 GC200 2
1 본체 GC200 1
품번 품명 재질 수량 비고
작품명 동력전달장치 7
척도 1 : 1
각법 3각법

기출 복원 문제 5 | 동력 전달 장치 7 렌더링 모범 답안

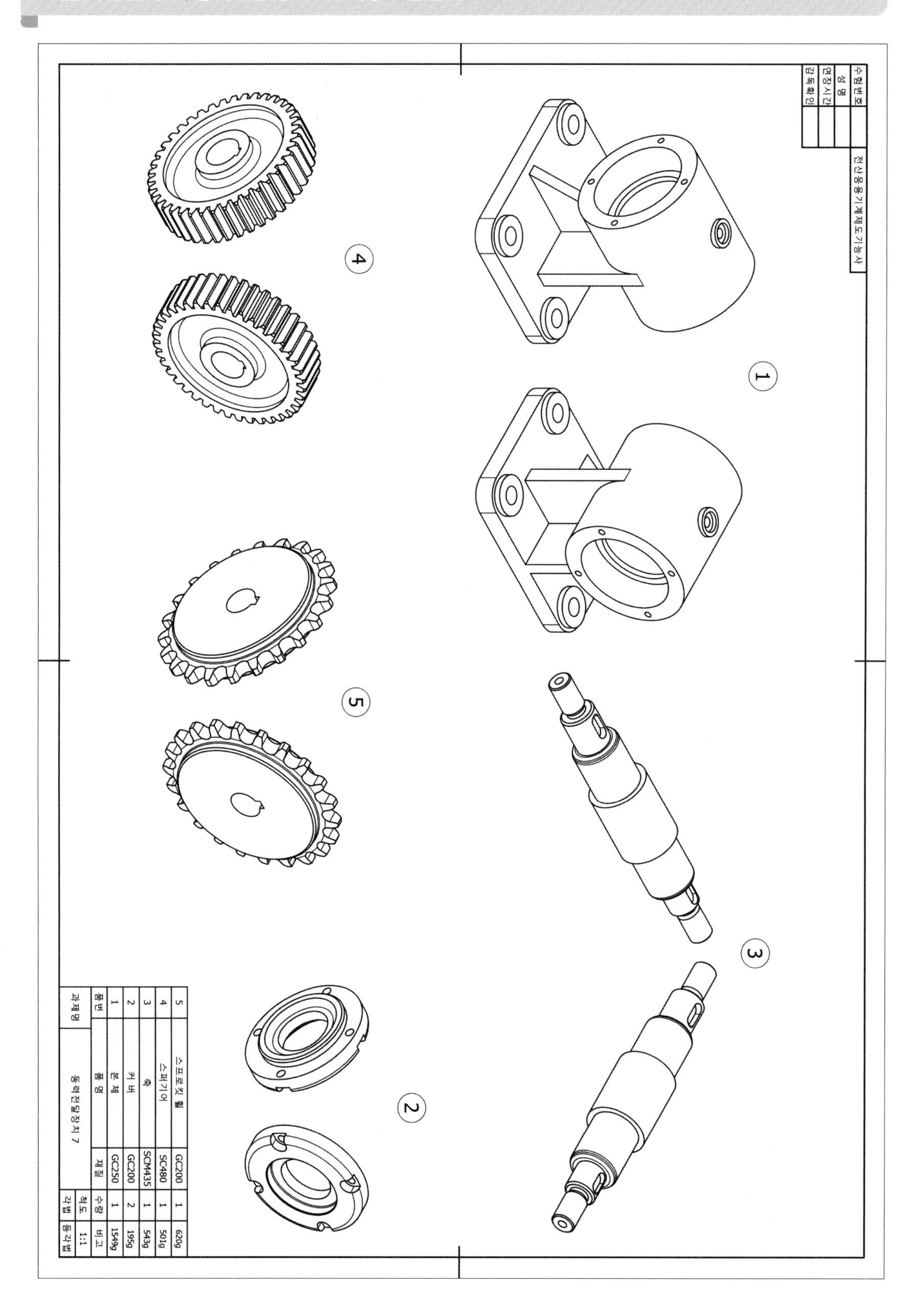

자격 종목	전산응용기계제도기능사	과제명	동력 전달 장치 8	척도	1 : 1

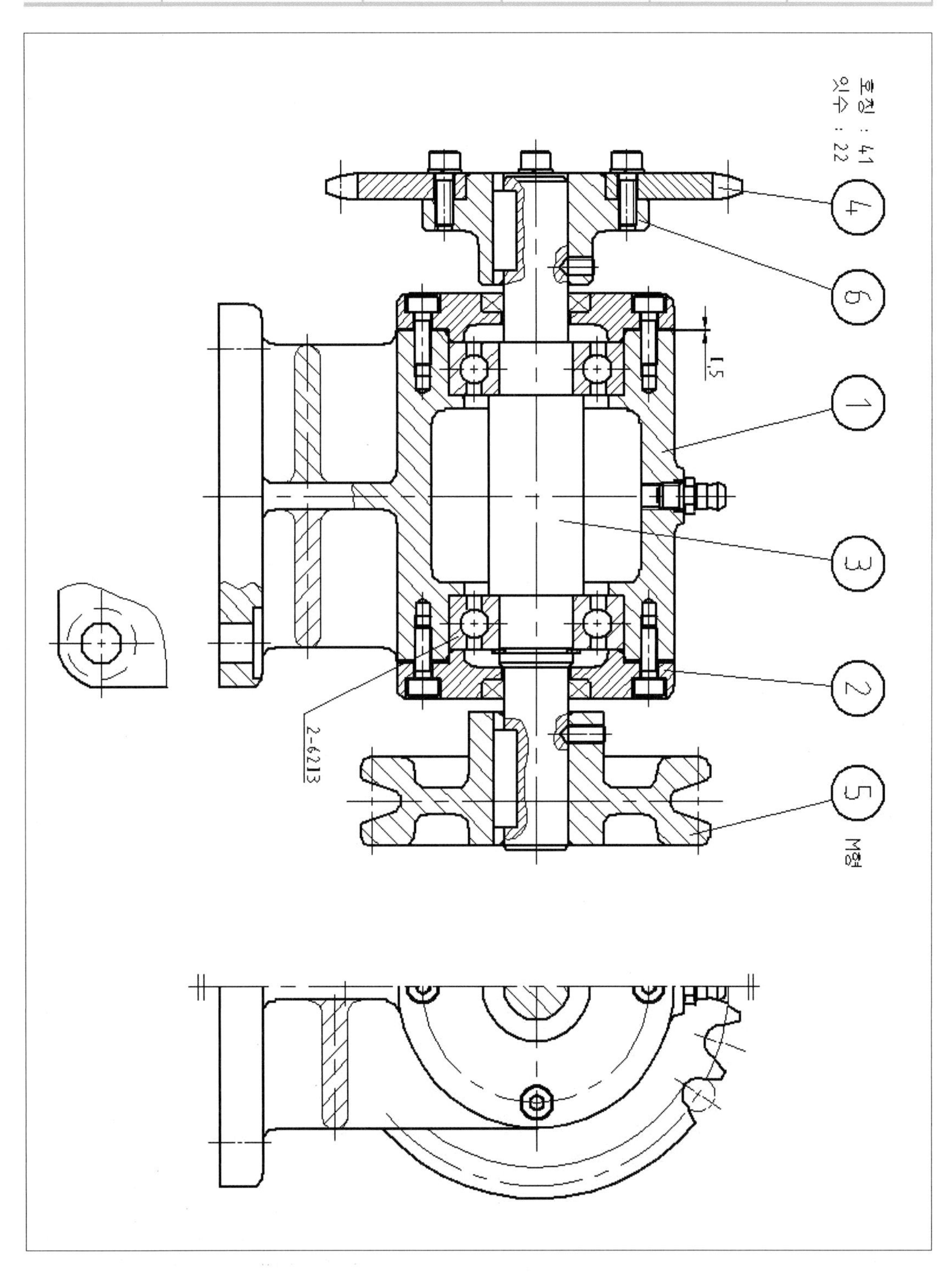

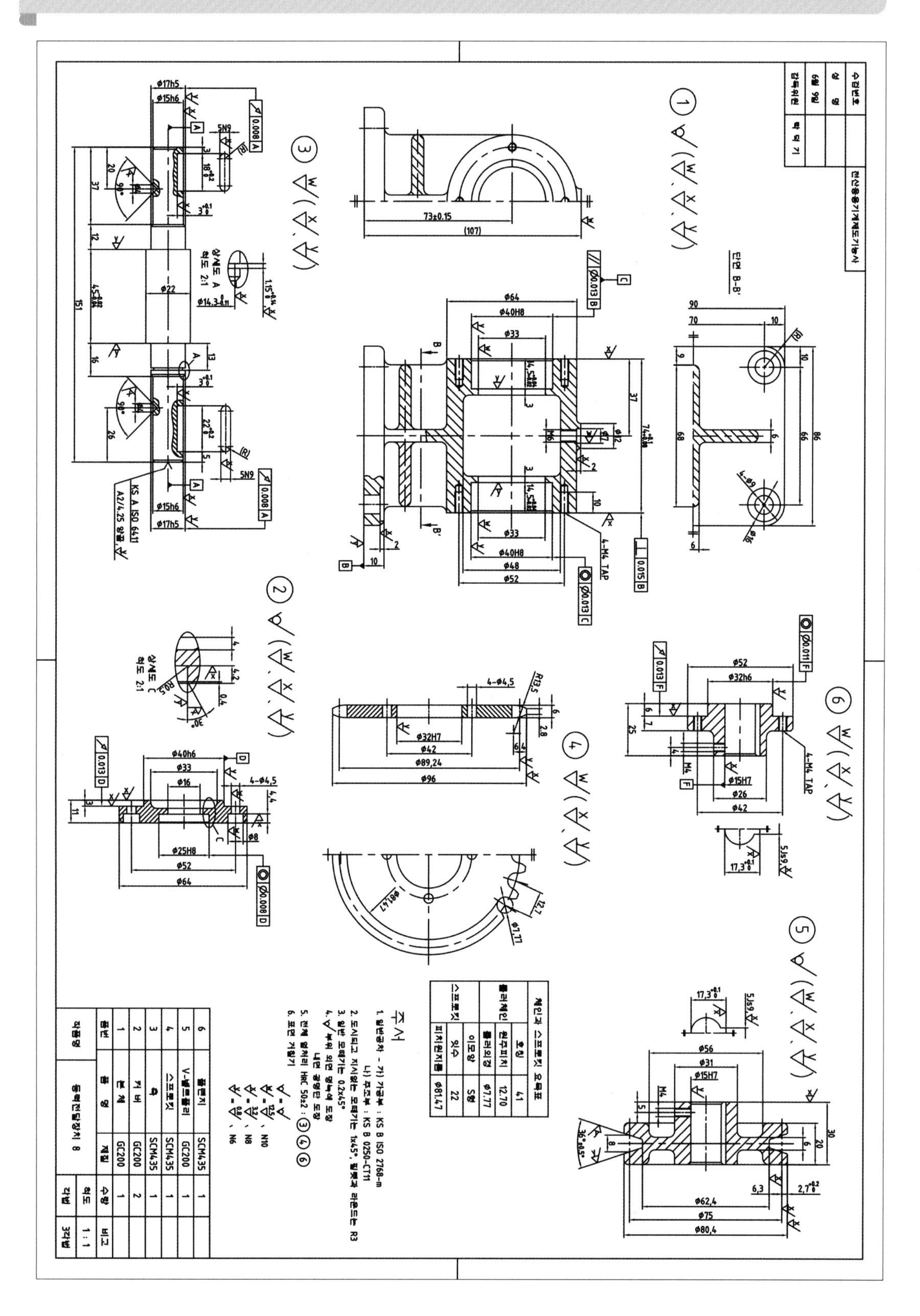

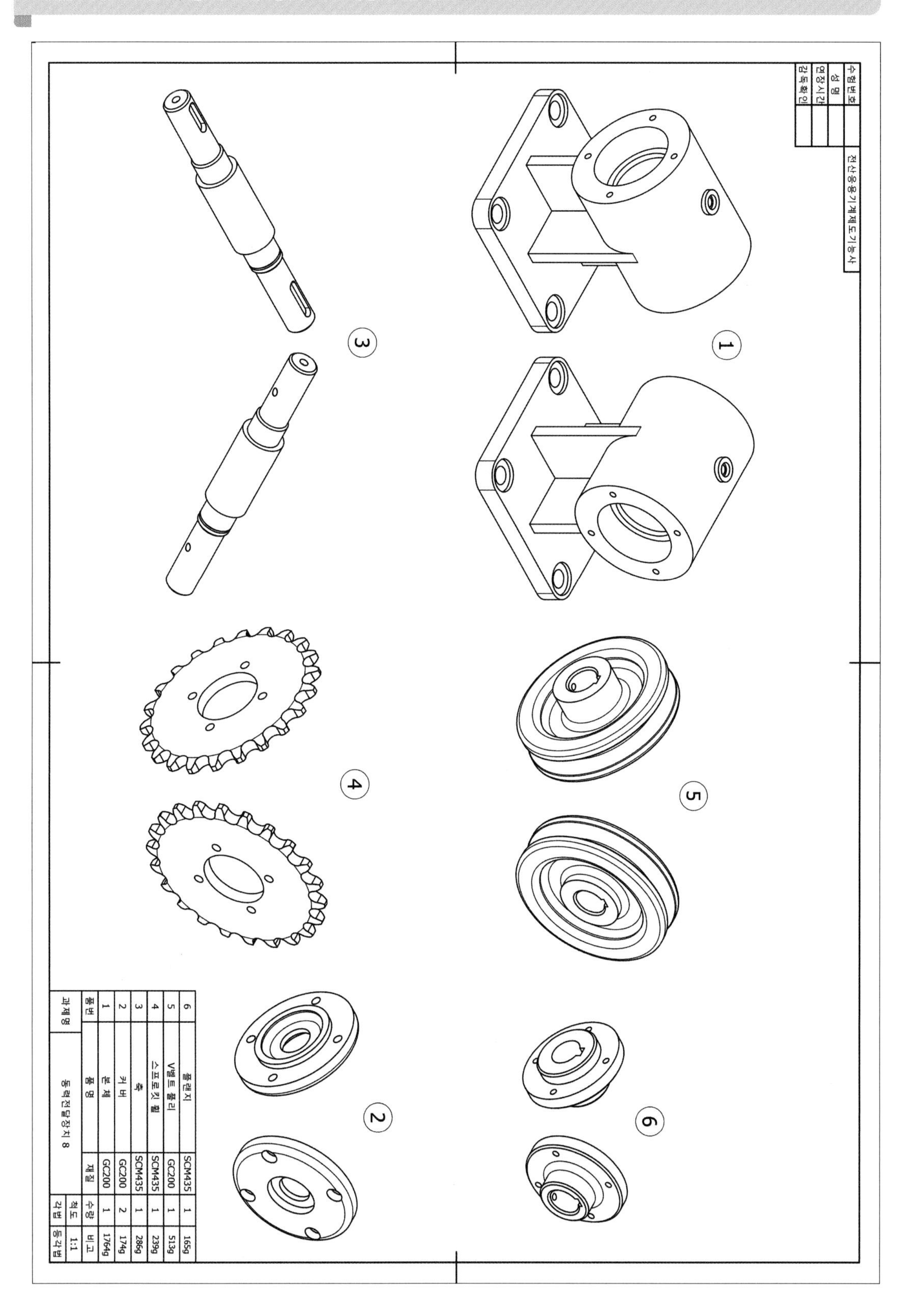
수험번호
성명
연장시간
감독확인
전산응용기계제도기능사
1
2
3
4
5
6
6 플랜지 SCM435 1 165g
5 V벨트 풀리 GC200 1 513g
4 스프로킷 휠 SCM435 1 239g
3 축 SCM435 1 286g
2 커버 GC200 2 174g
1 본체 GC200 1 1764g
품번 품명 재질 수량 비고
과제명 동력전달장치 8
척도 1:1
각법 등각법

기출 복원 문제 7 | 동력 전달 장치 9 문제 조립도

자격 종목	전산응용기계제도기능사	과제명	동력 전달 장치 9	척도	1 : 1

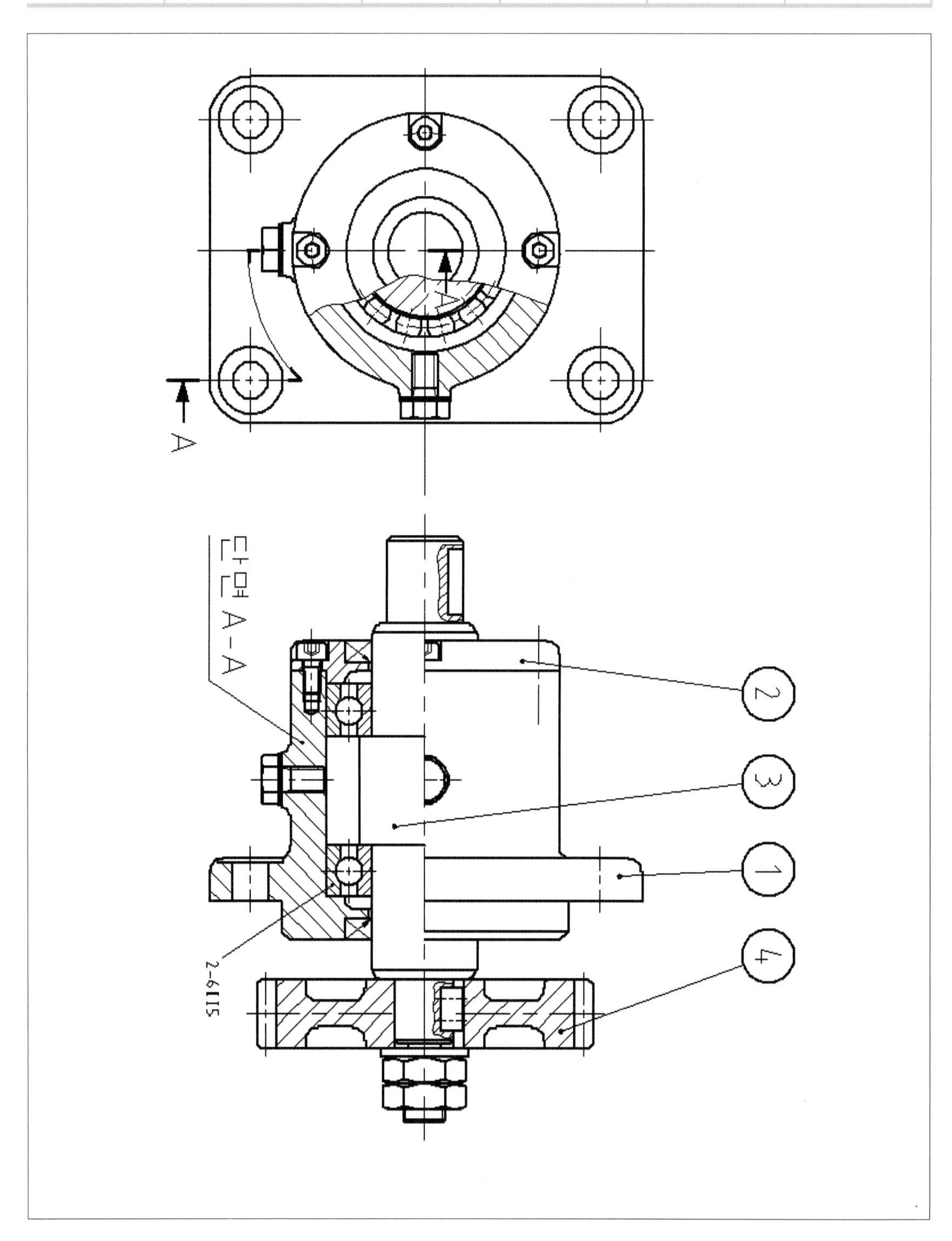

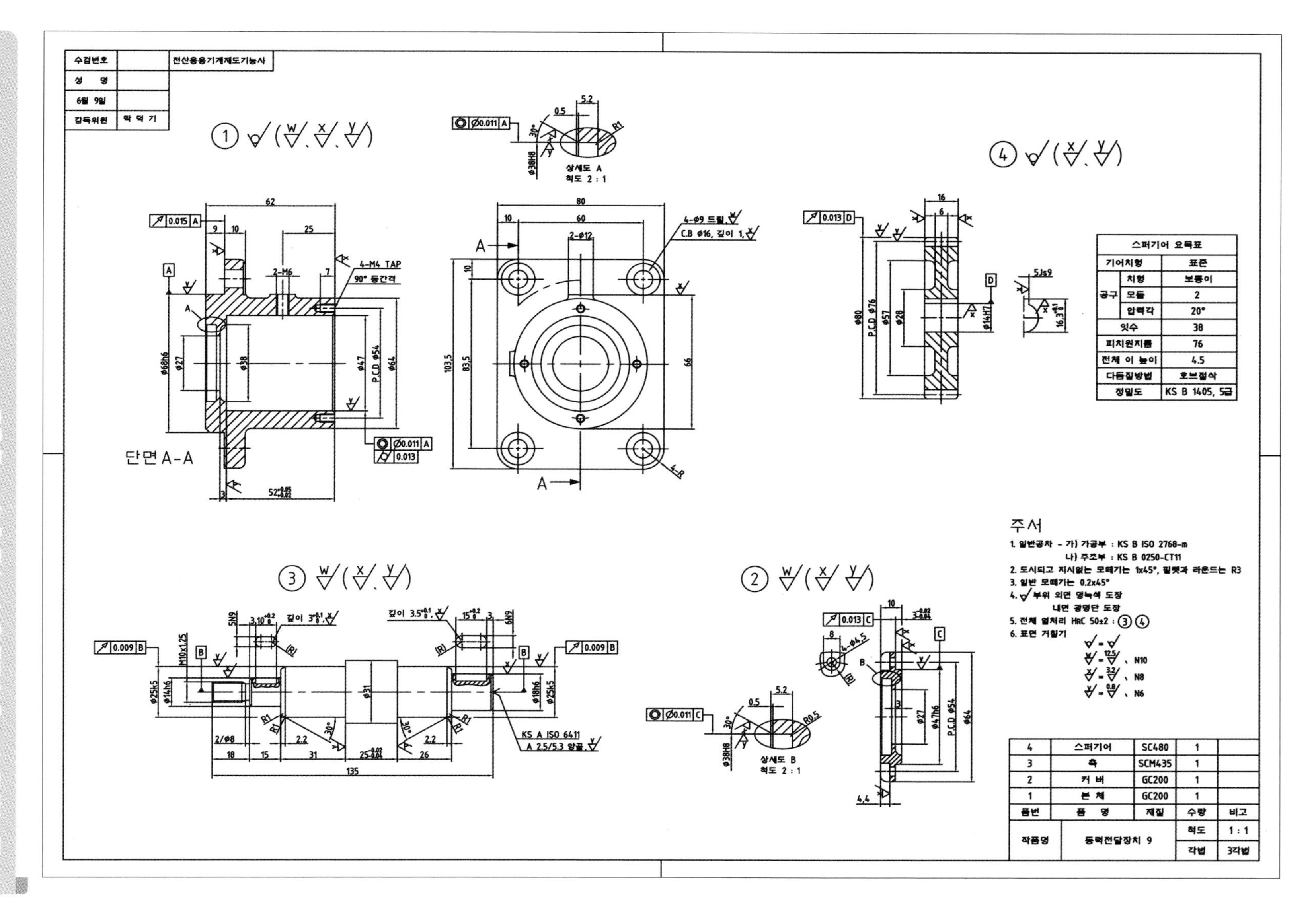

단면 A-A
상세도 A 척도 2 : 1
상세도 B 척도 2 : 1
주서
1. 일반공차 - 가) 가공부 : KS B ISO 2768-m
나) 주조부 : KS B 0250-CT11
2. 도시되고 지시없는 모떼기는 1x45°, 필렛과 라운드는 R3
3. 일반 모떼기는 0.2x45°
4. 부위 외면 명녹색 도장
내면 광명단 도장
5. 전체 열처리 HRC 50±2 : ③ ④
6. 표면 거칠기
스퍼기어 요목표
기어치형 표준
치형 보통이
공구 모듈 2
압력각 20°
잇수 38
피치원지름 76
전체 이 높이 4.5
다듬질방법 호브절삭
정밀도 KS B 1405, 5급
4 스퍼기어 SC480 1
3 축 SCM435 1
2 커버 GC200 1
1 본체 GC200 1
품번 품명 재질 수량 비고
작품명 동력전달장치 9 척도 1 : 1 각법 3각법

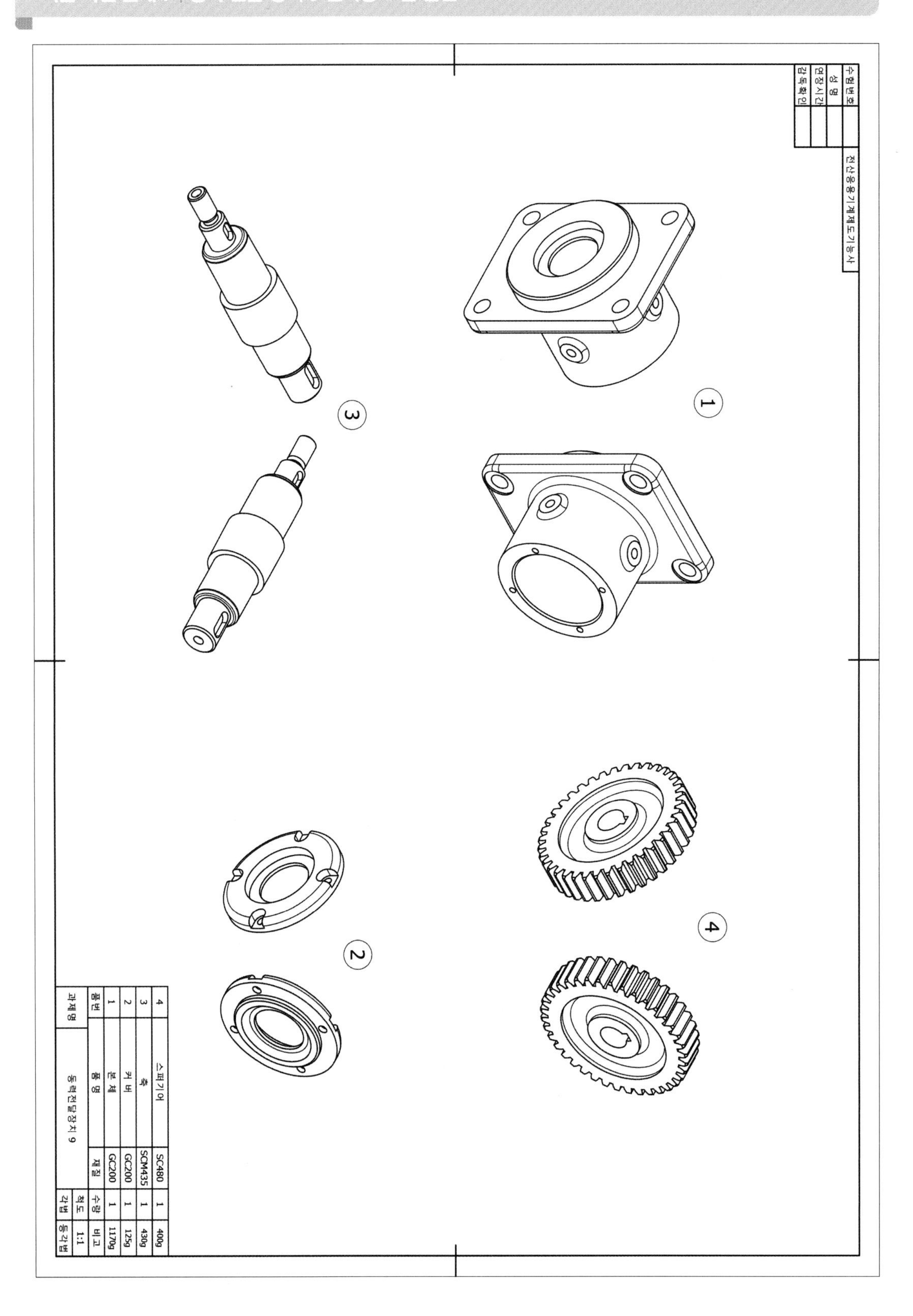
수험번호
성명
연장시간
감독확인
전산응용기계제도기능사
1
2
3
4
4 스퍼기어 SC480 1 400g
3 축 SCM435 1 430g
2 커버 GC200 1 125g
1 본체 GC200 1 1170g
품번 품명 재질 수량 비고
과제명 동력전달장치 9 척도 1:1
각법 등각법

기출 복원 문제 8 | 동력 전달 장치 10 문제 조립도

자격 종목	전산응용기계제도기능사	과제명	동력 전달 장치 10	척도	1 : 1

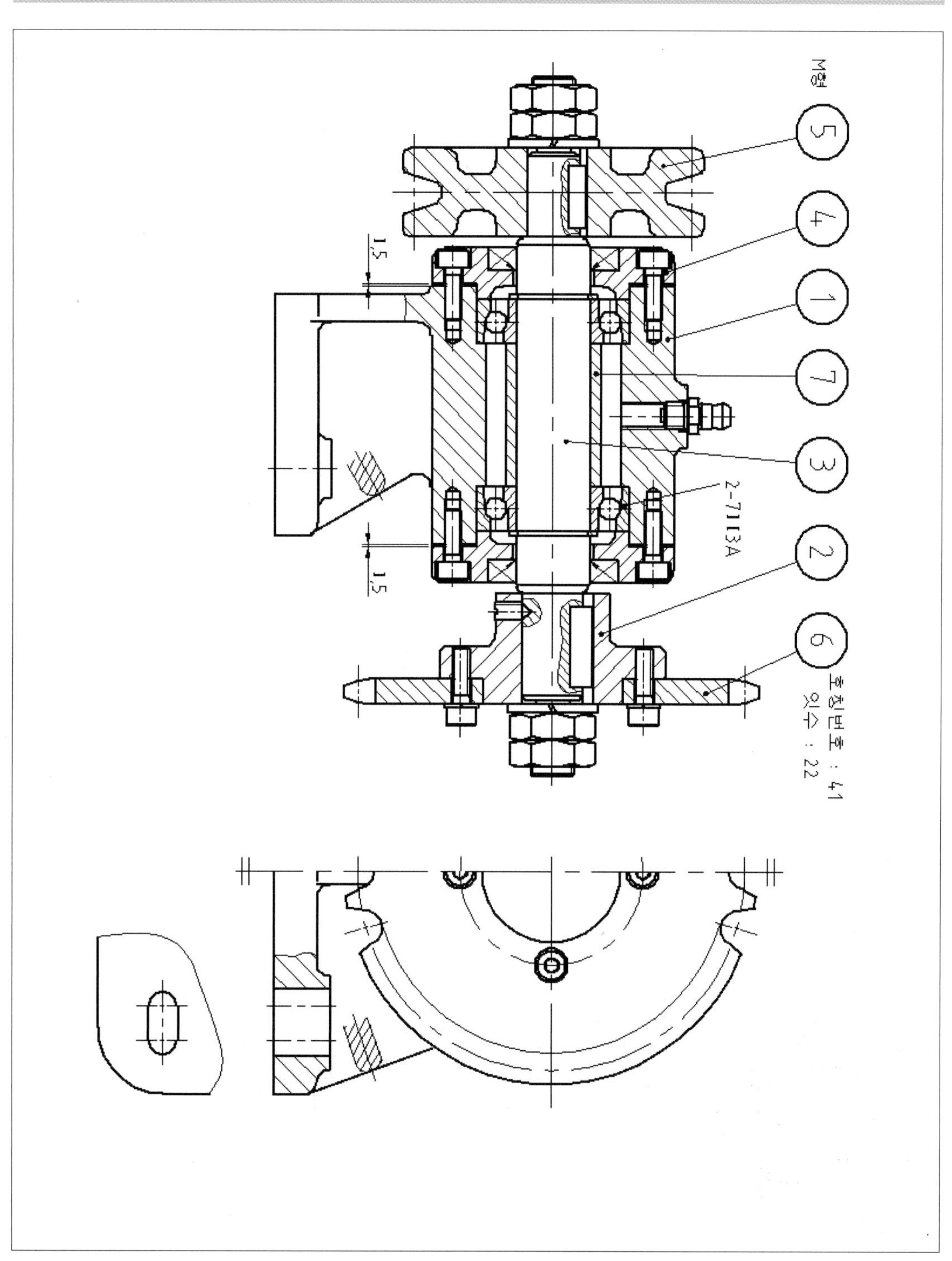

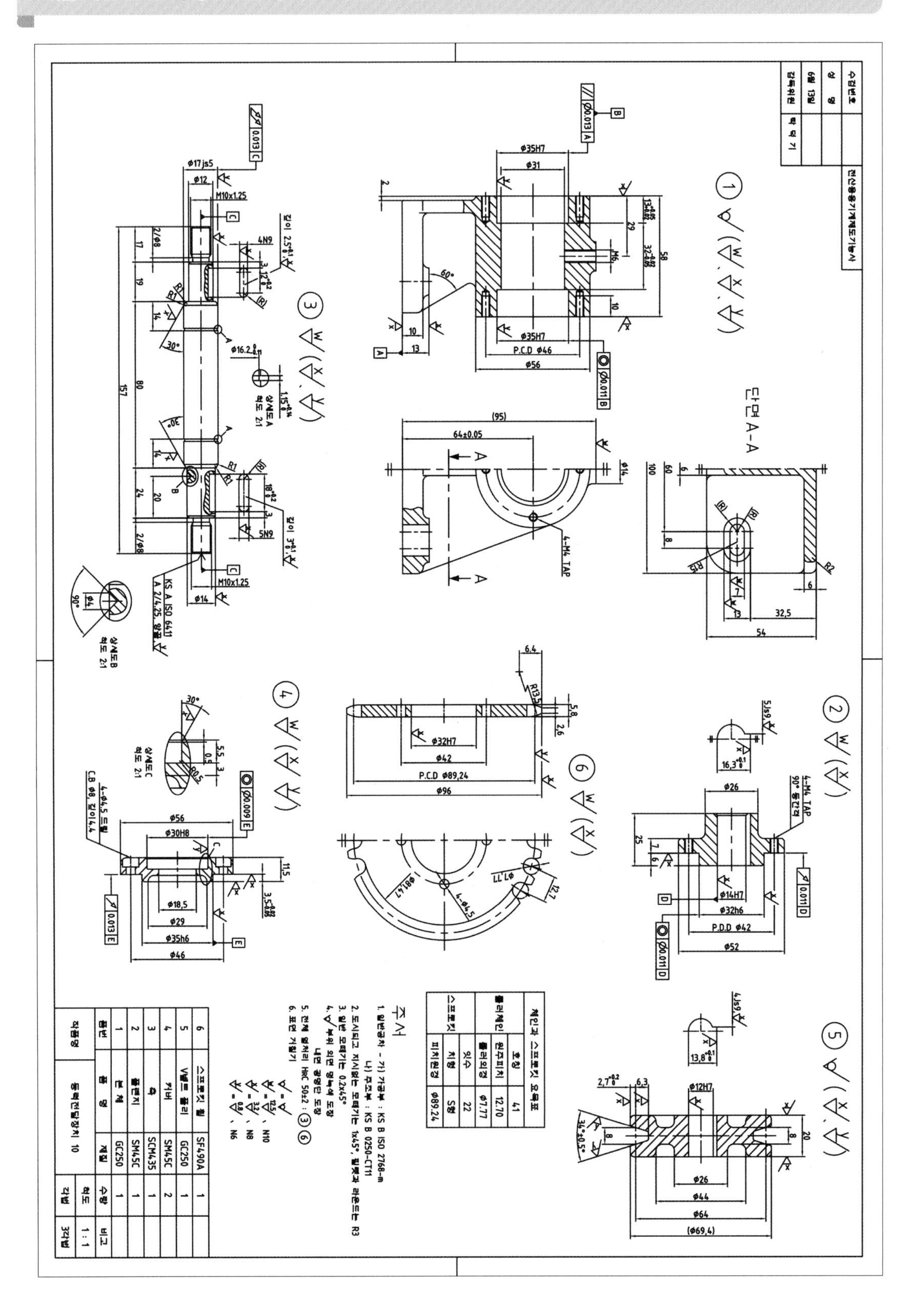

수험번호
성명
감독확인
전산응용기계제도기능사
단면 A-A
상세도 A 척도 2:1
상세도 B 척도 2:1
상세도 C 척도 2:1
4-M4 TAP
KS A ISO 6411 A 2/4.25
체인과 스프로킷 요목표
롤러체인 호칭 41
원주피치 12.70
롤러외경 φ7.77
스프로킷 잇수 22
치형 S형
피치원경 φ89.24
주서
1. 일반공차 - 가) 가공부 : KS B ISO 2768-m
나) 주조부 : KS B 0250-CT11
2. 도시되고 지시없는 모떼기는 1x45°, 필렛과 라운드는 R3
3. 일반 모떼기는 0.2x45°
4. 부위 외면 명녹색 도장
내면 광명단 도장
5. 전체 열처리 HRC 50±2 : ③ ⑥
6. 표면 거칠기
N10
N8
N6
6 스프로킷 휠 SF490A 1
5 V벨트 풀리 GC250 1
4 커버 SM45C 2
3 축 SCM435 1
2 플랜지 SM45C 1
1 본체 GC250 1
품번 품명 재질 수량 비고
작품명 동력전달장치 10
척도 1 : 1
각법 3각법

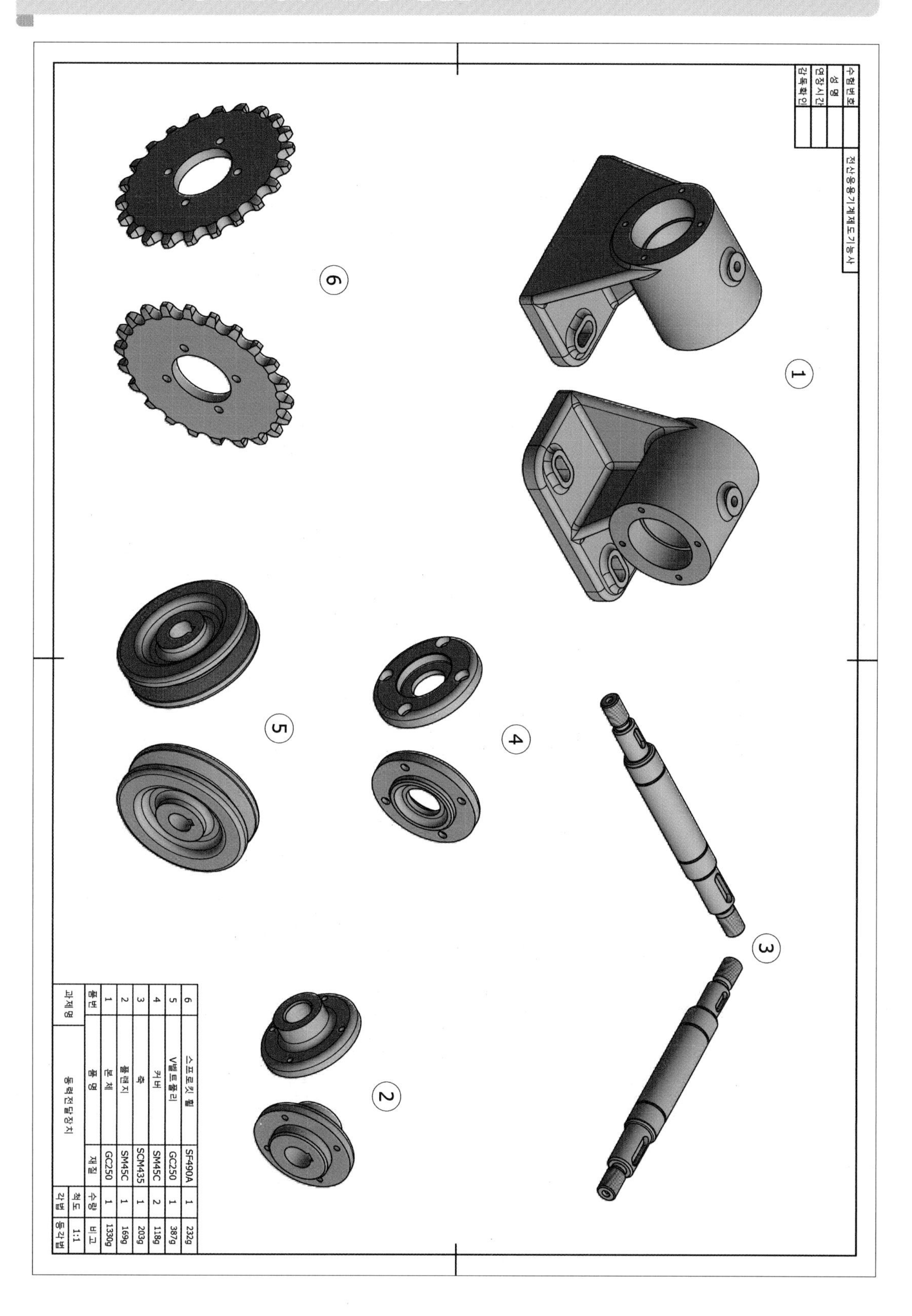
수험번호
성명
연장시간
감독확인
전산응용기계제도기능사
①
②
③
④
⑤
⑥
6 스프로킷 휠 SF490A 1 232g
5 V벨트 풀리 GC250 1 387g
4 커버 SM45C 2 118g
3 축 SCM435 1 203g
2 플랜지 SM45C 1 169g
1 본체 GC250 1 1330g
품번 품명 재질 수량 비고
과제명 동력전달장치 척도 1:1
각법 등각법

기출 복원 문제 9 | 동력 전달 장치 11 문제 조립도

자격 종목	전산응용기계제도기능사	과제명	동력 전달 장치 11	척도	1 : 1

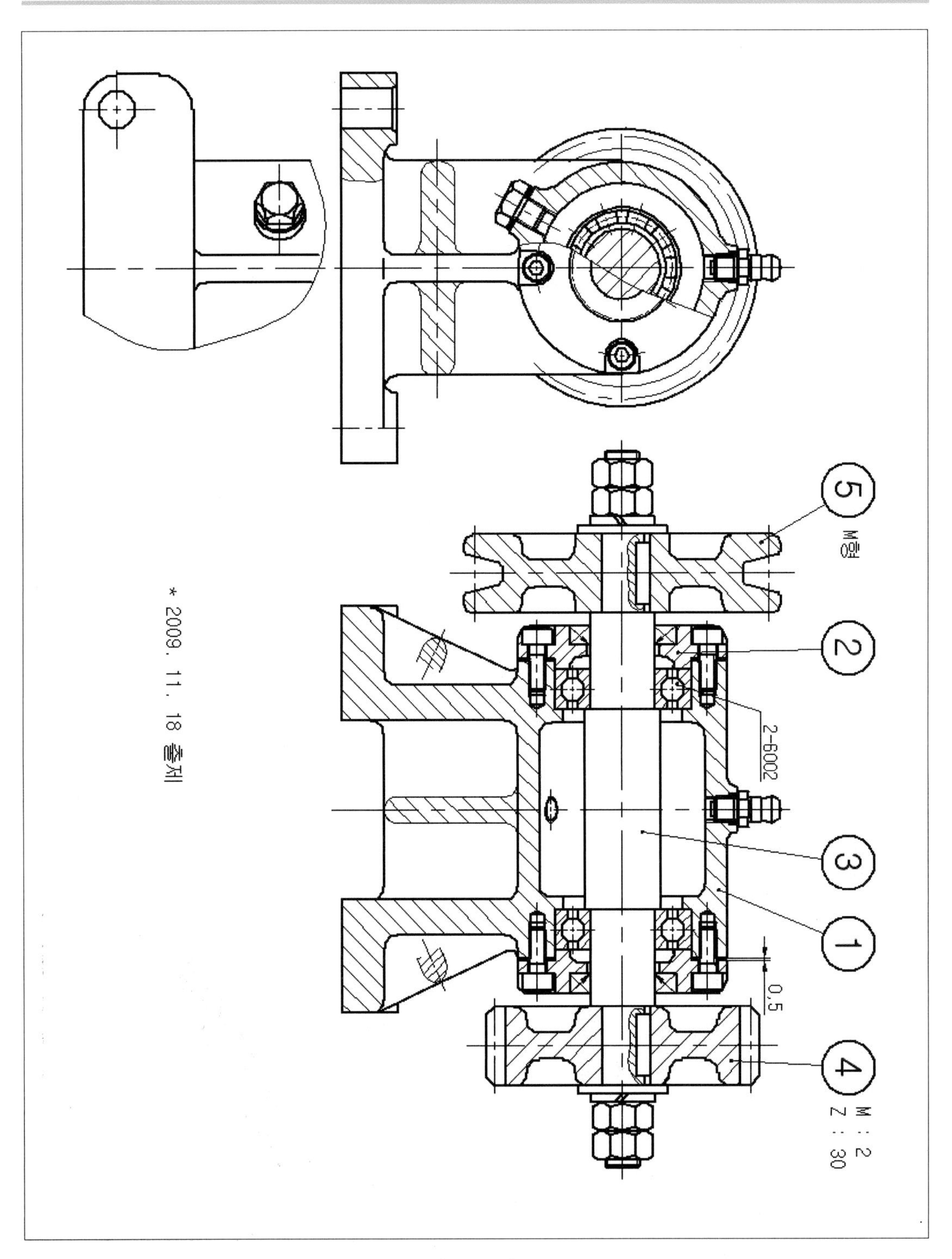

기출 복원 문제 9 | 동력 전달 장치 11 부품 상세도 모범 답안

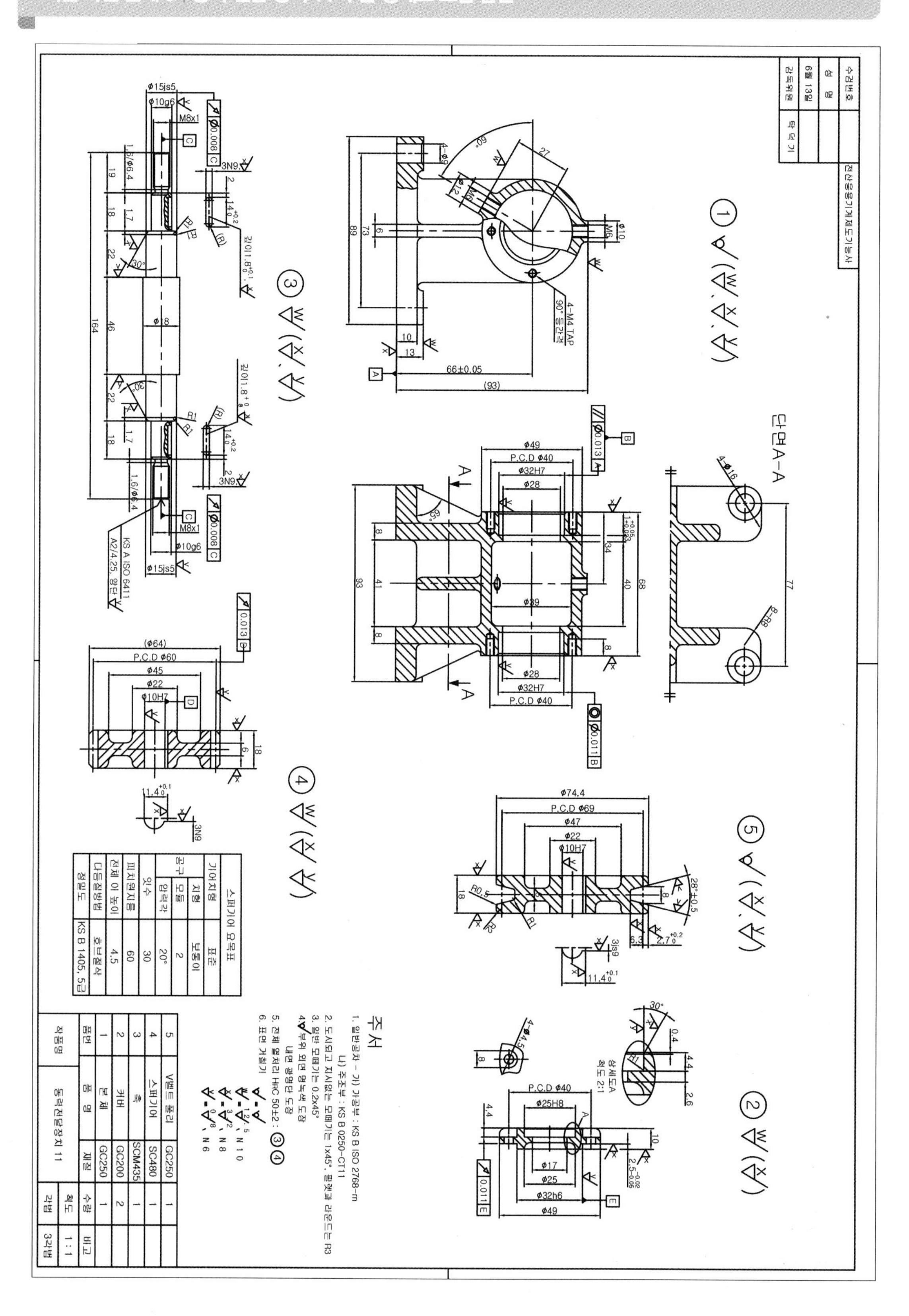

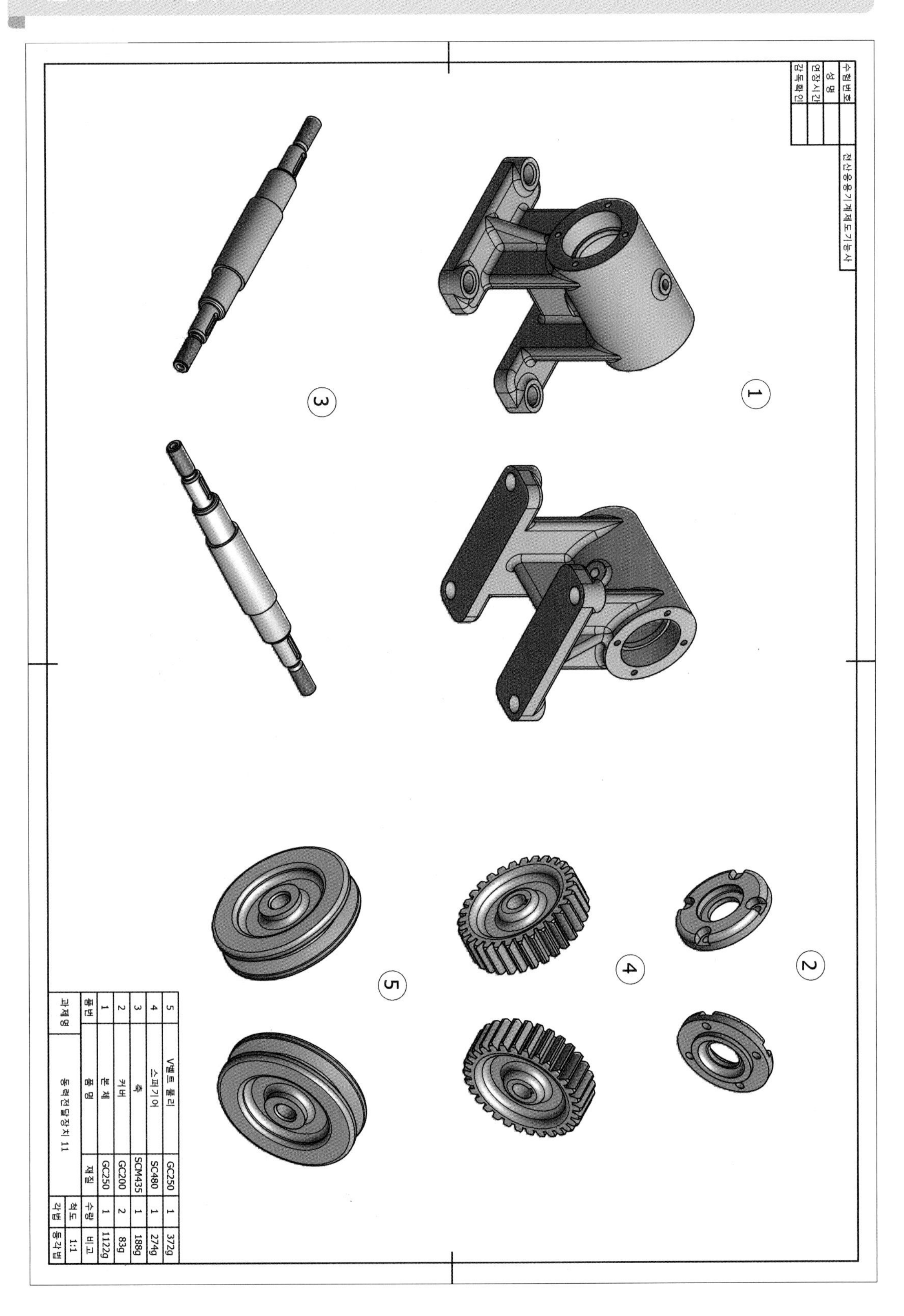
수험번호
성명
연장시간
감독확인
전산응용기계제도기능사
1
2
3
4
5
5 V벨트 풀리 GC250 1 372g
4 스퍼기어 SC480 1 274g
3 축 SCM435 1 188g
2 커버 GC200 2 83g
1 본체 GC250 1 1122g
품번 품명 재질 수량 비고
과제명 동력전달장치 11 척도 1:1
각법 등각법

기출 복원 문제 10 | 동력 전달 장치 12 문제 조립도

자격 종목	전산응용기계제도기능사	과제명	동력 전달 장치 12	척도	1 : 1

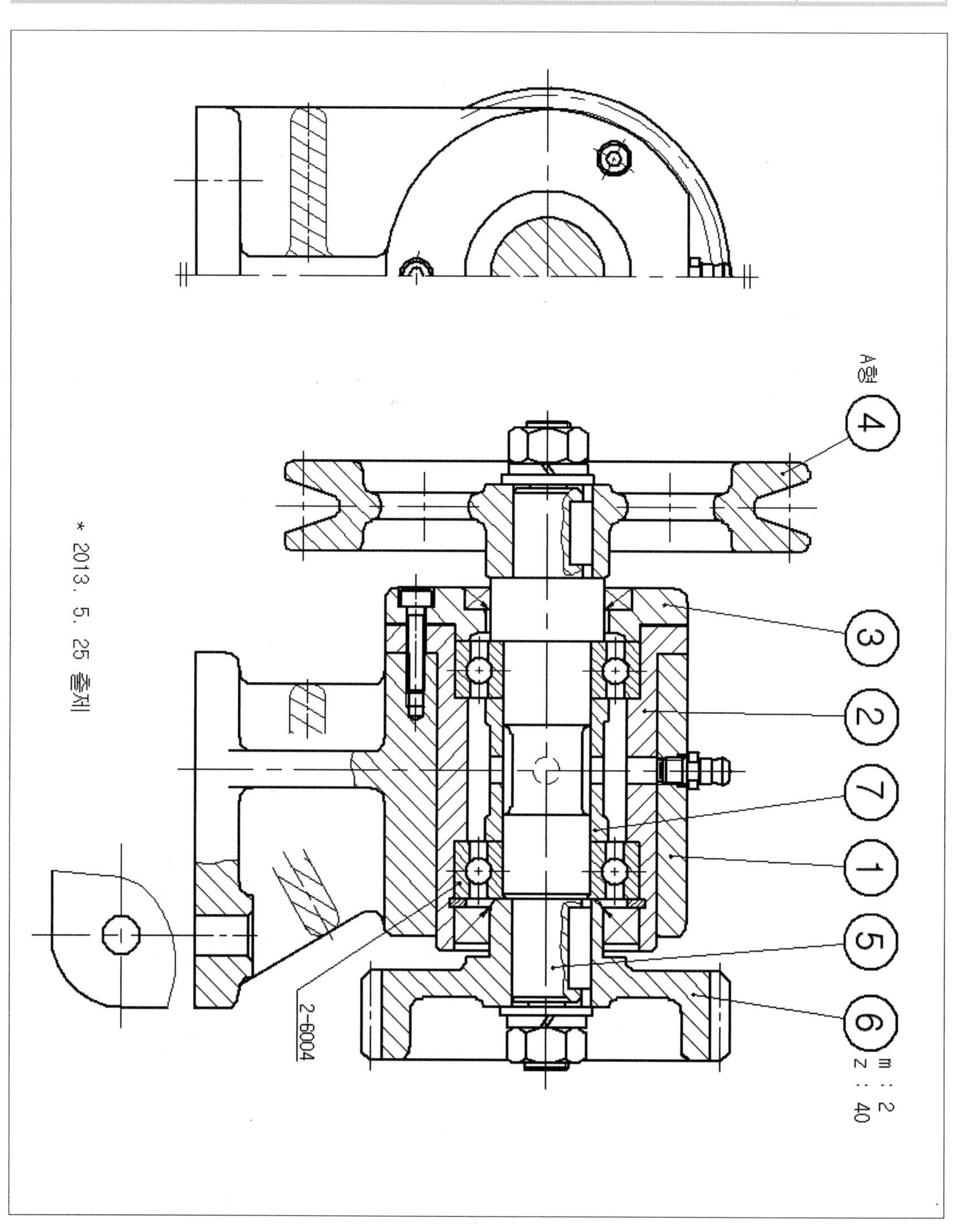

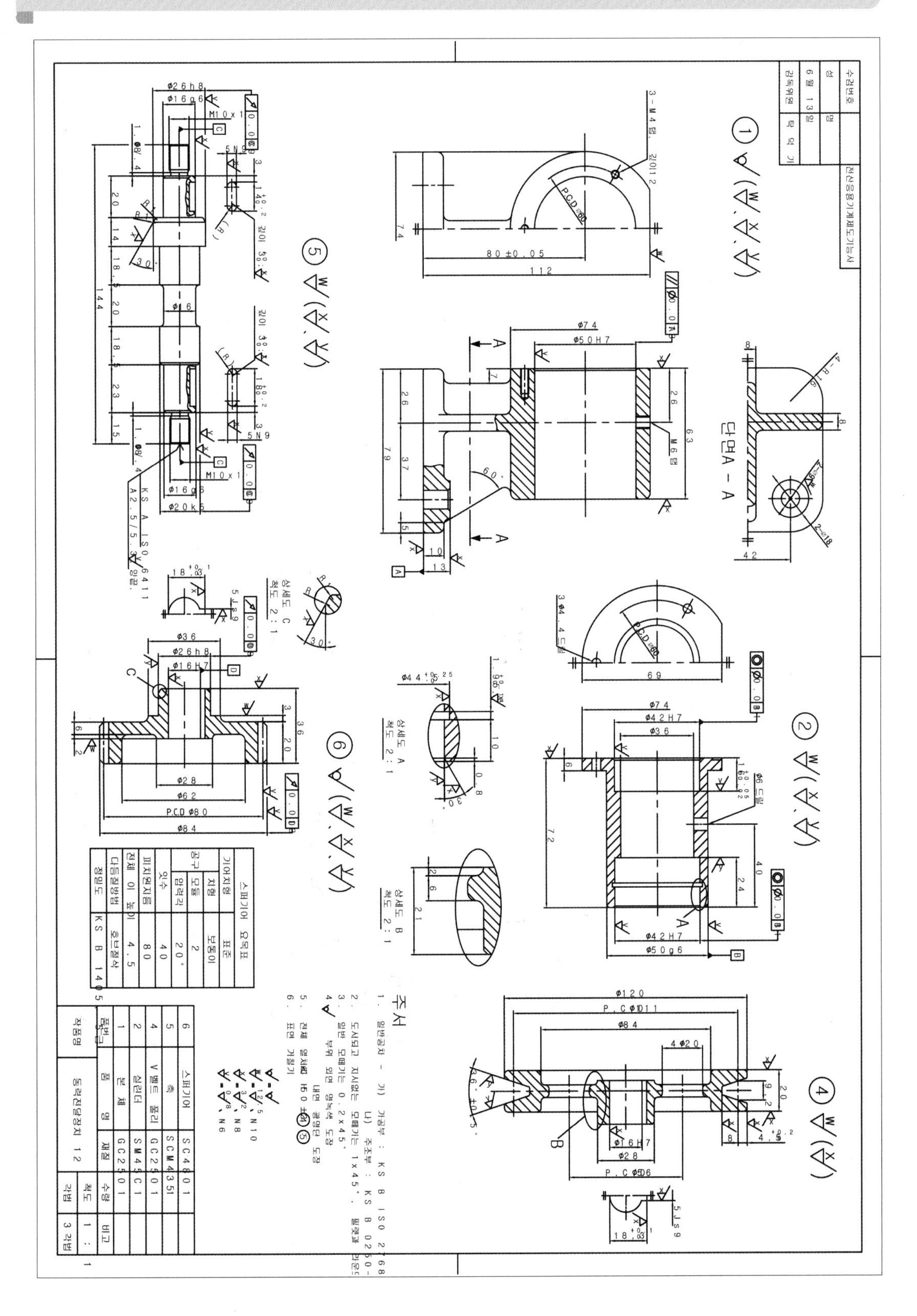

수검번호
성명
감독위원 확인
전산응용기계제도기능사
단면A - A
상세도 A 척도 2 : 1
상세도 B 척도 2 : 1
상세도 C 척도 2 : 1
주서
6 스퍼기어 SC480 1
5 축 SCM435 1
4 V벨트 풀리 GC250 1
2 실린더 SM45C 1
1 본체 GC250 1
품번 품명 재질 수량 비고
작품명 동력전달장치 12 척도 1 : 1 각법 3각법
스퍼기어 요목표
기어치형 표준
공구 치형 보통이
모듈 2
압력각 20°
잇수 40
피치원지름 80
전체 이 높이 4.5
다듬질방법 호브절삭
정밀도 KS B 1405

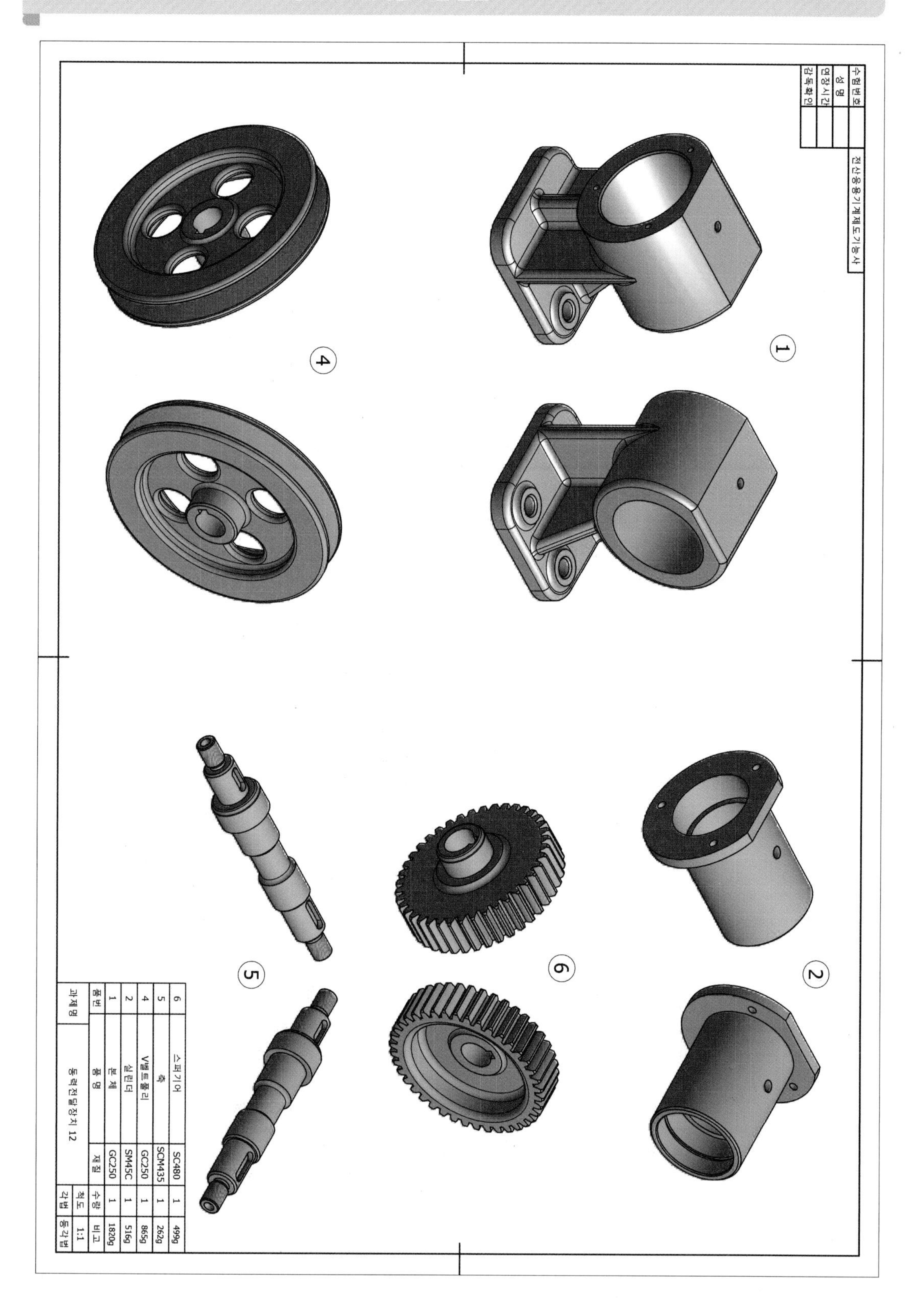

수험번호
성명
연장시간
감독확인
전산응용기계제도기능사
①
②
④
⑤
⑥
6 스퍼기어 SC480 1 499g
5 축 SCM435 1 262g
4 V벨트풀리 GC250 1 865g
2 실린더 SM45C 1 516g
1 본체 GC250 1 1820g
품번 품명 재질 수량 비고
과제명 동력전달장치 12 척도 1:1
각법 등각법

자격 종목	전산응용기계제도기능사	과제명	동력전달장치 2	척도	1 : 1

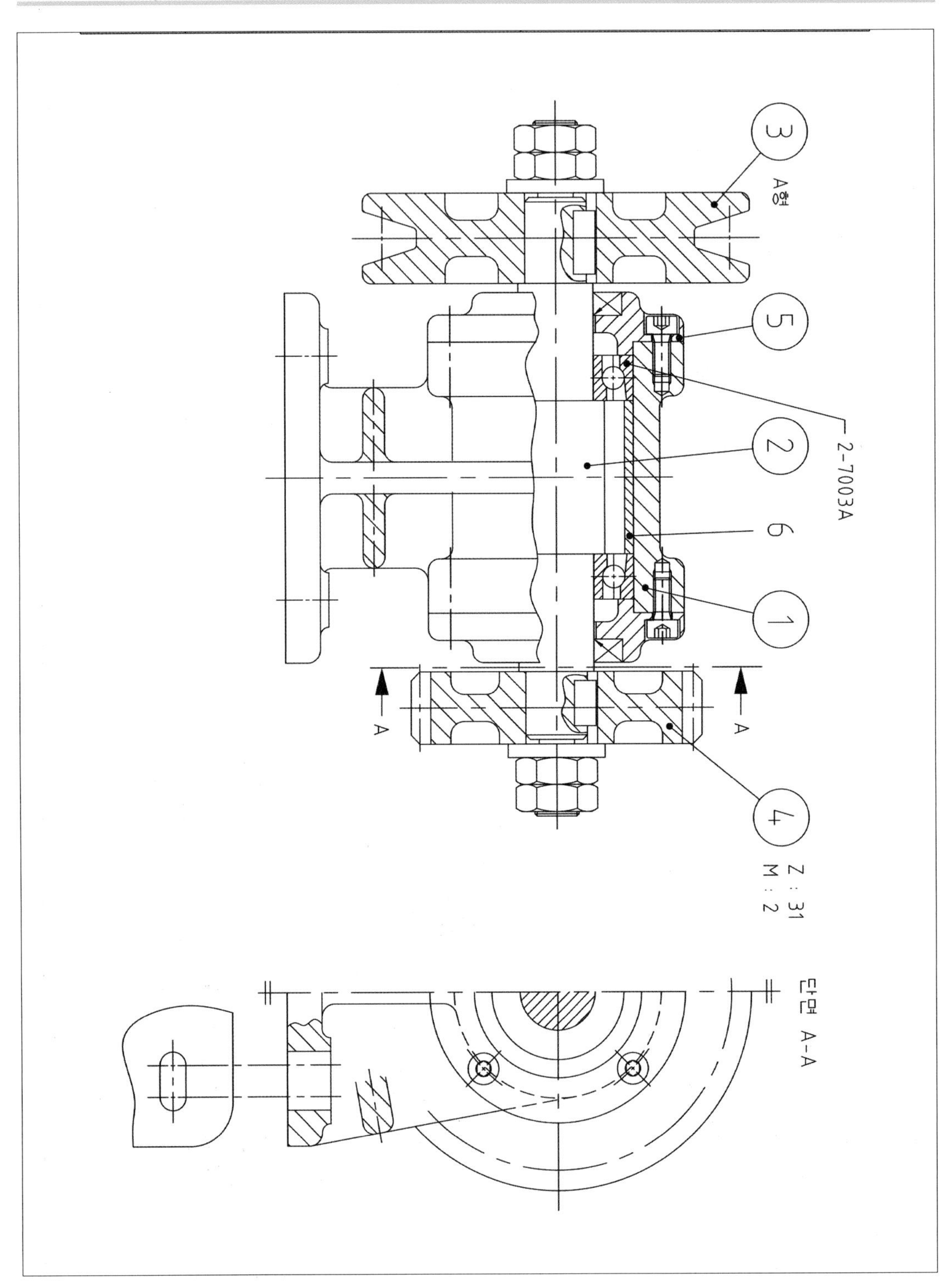

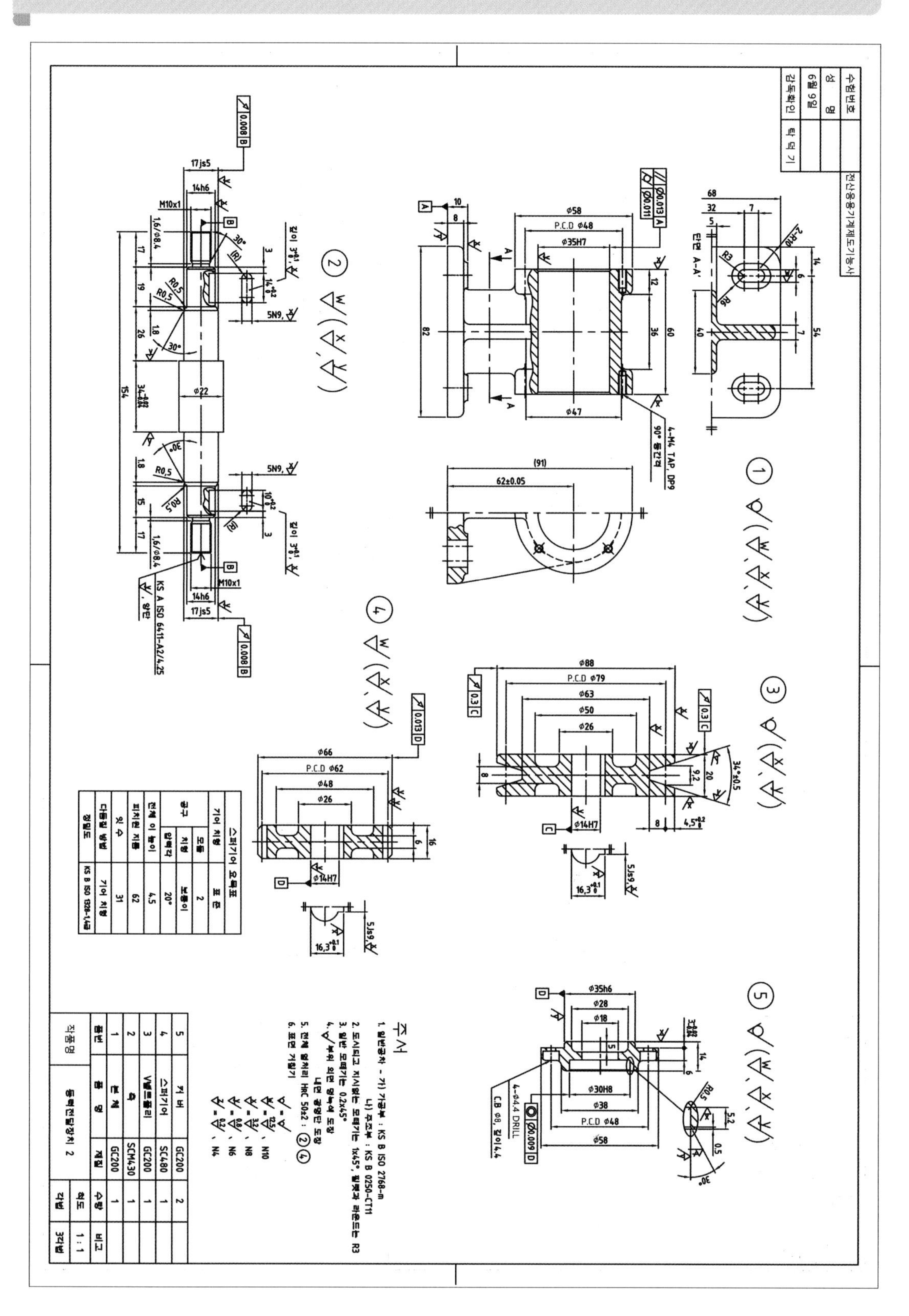

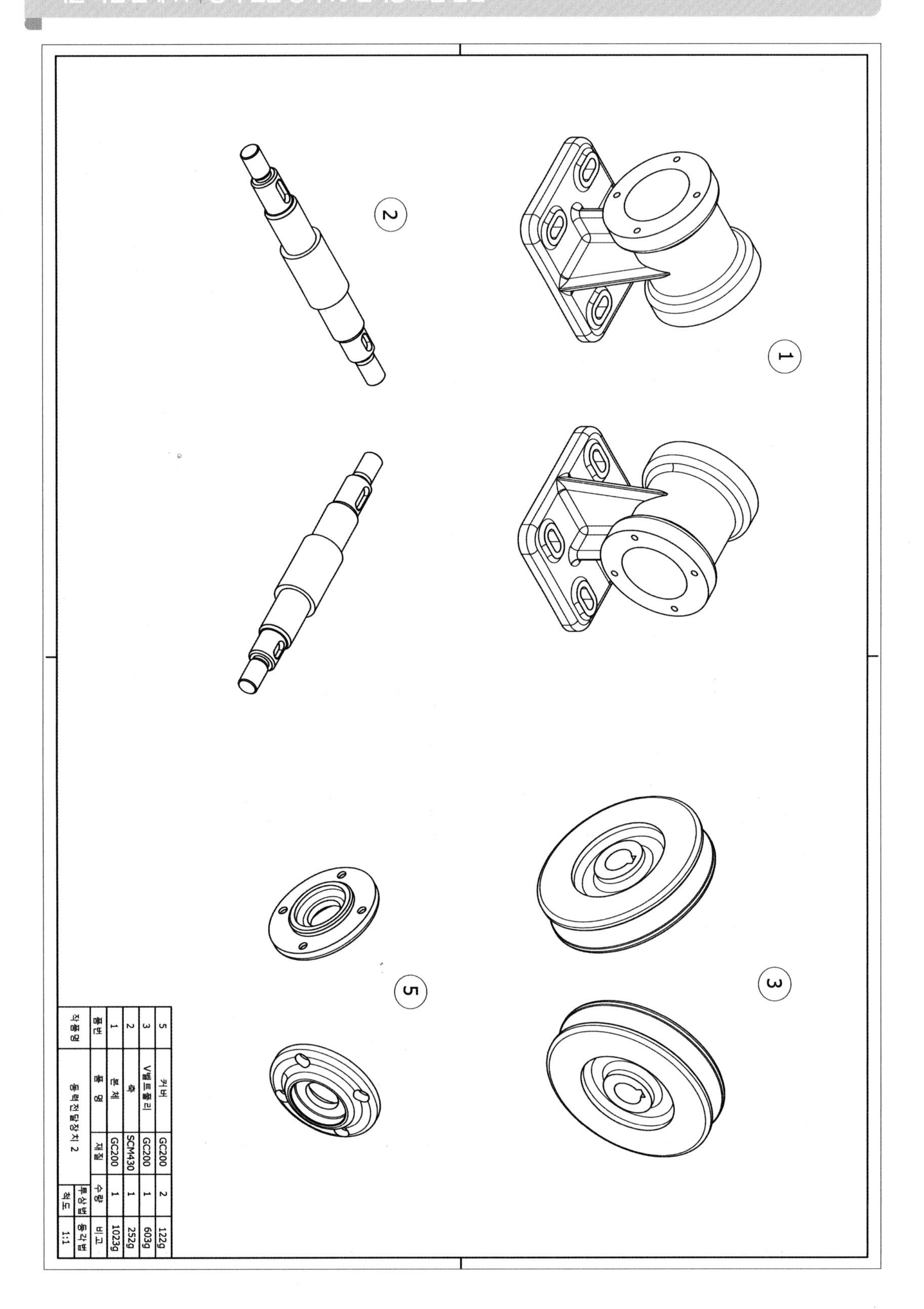

5	커버	GC200	2	122g
3	V벨트풀리	GC200	1	603g
2	축	SCM430	1	252g
1	본체	GC200	1	1023g
품번	품 명	재질	수량	비고
작품명	동력전달장치 2		투상법	동각법
			척도	1:1

기출 복원 문제 12 | 클램프 1 문제 조립도

자격 종목	전산응용기계제도기능사	과제명	클램프 1	척도	1 : 1

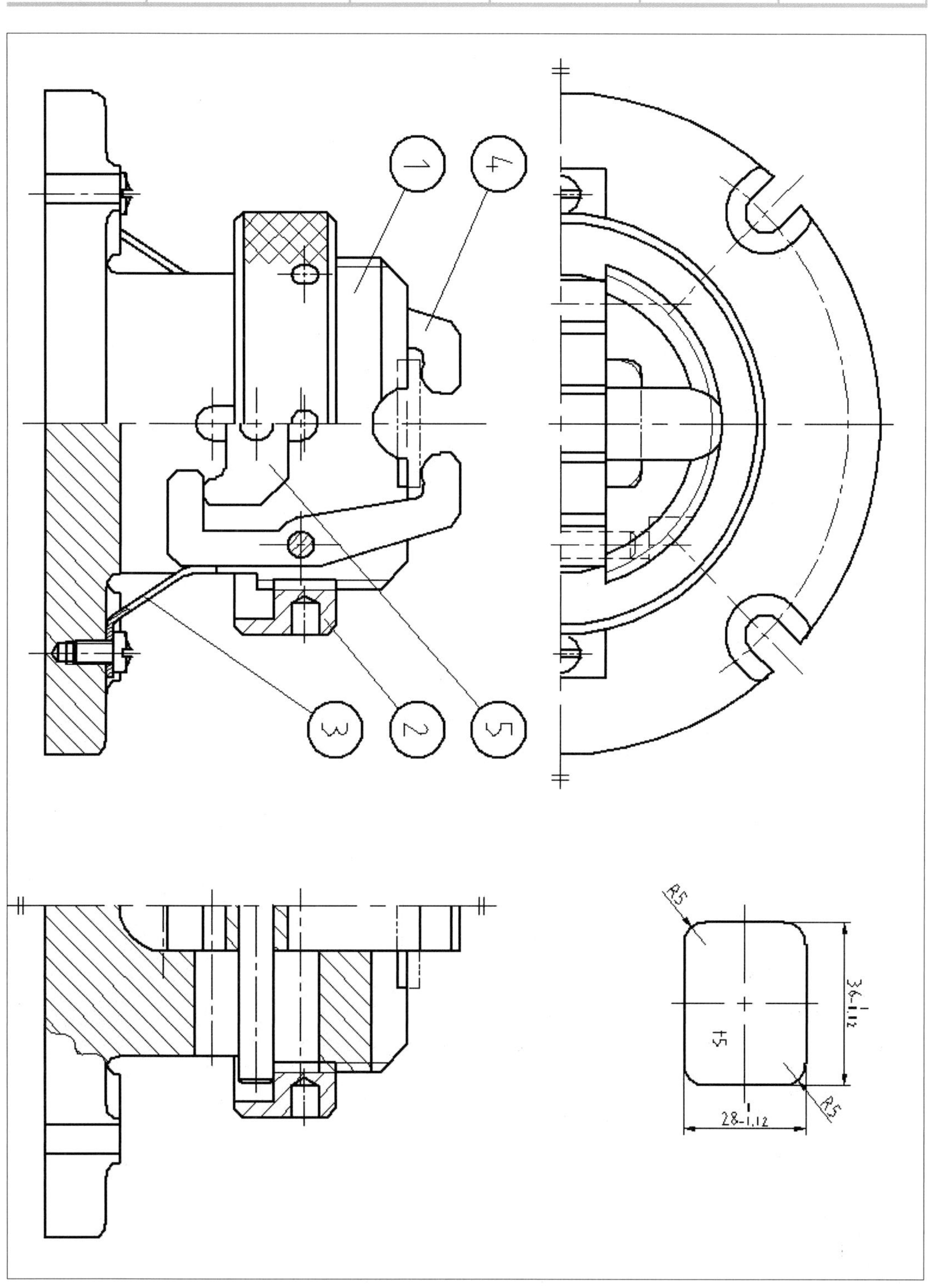

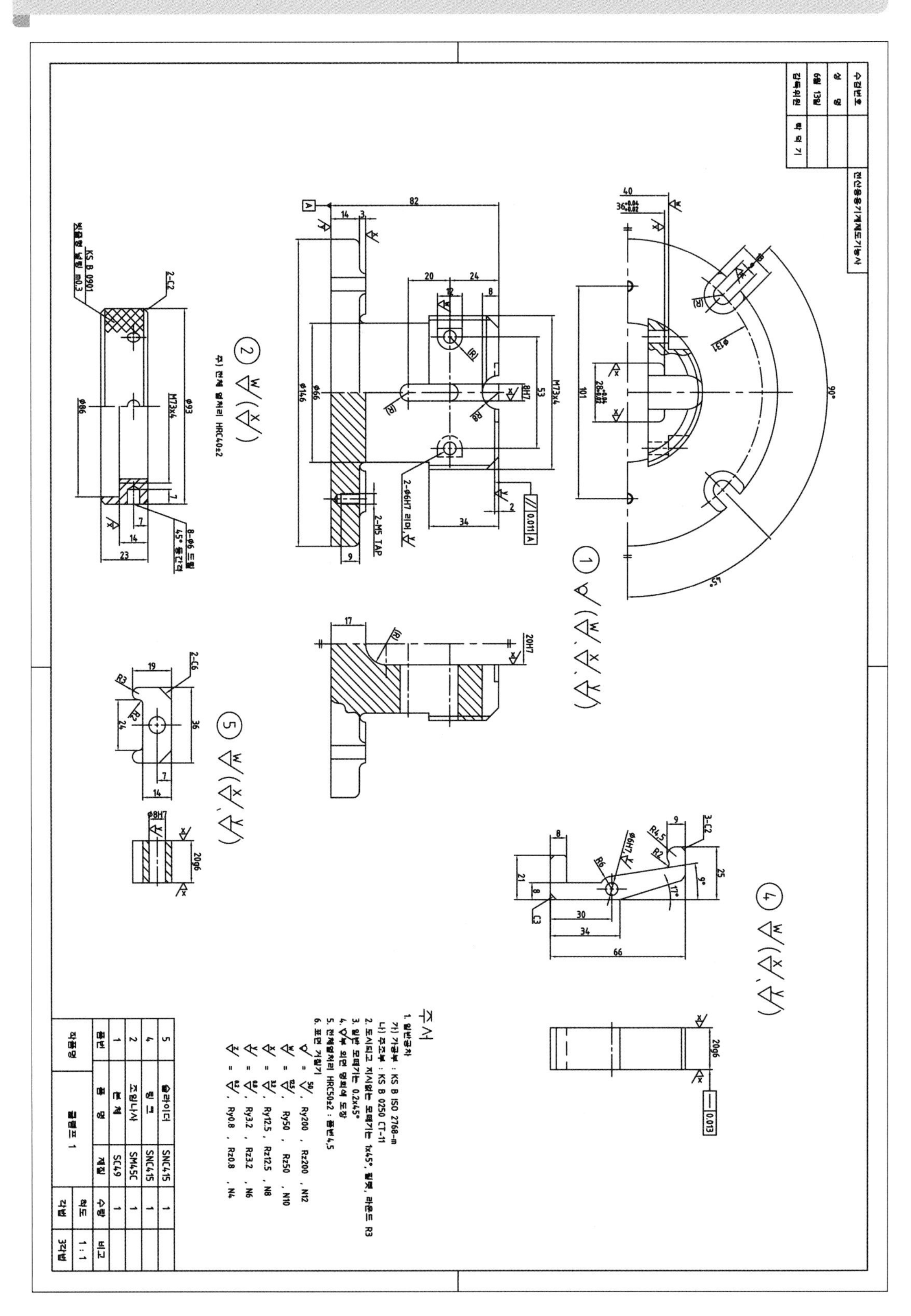

전산응용기계제도기능사
주서
1. 일반공차
가) 가공부 : KS B ISO 2768-m
나) 주조부 : KS B 0250 CT-11
2. 도시되고 지시없는 모떼기는 1x45°, 필렛, 라운드 R3
3. 일반 모떼기는 0.2x45°
5. 전체열처리 HRC50±2 : 품번4,5
6. 표면 거칠기
5 슬라이더 SNC415 1
4 링크 SNC415 1
2 조임나사 SM45C 1
1 본체 SC49 1
품번 품명 재질 수량 비고
작품명 클램프 1 척도 1:1 투상법 3각법

기출 복원 문제 12 | 클램프 1 렌더링 모범 답안

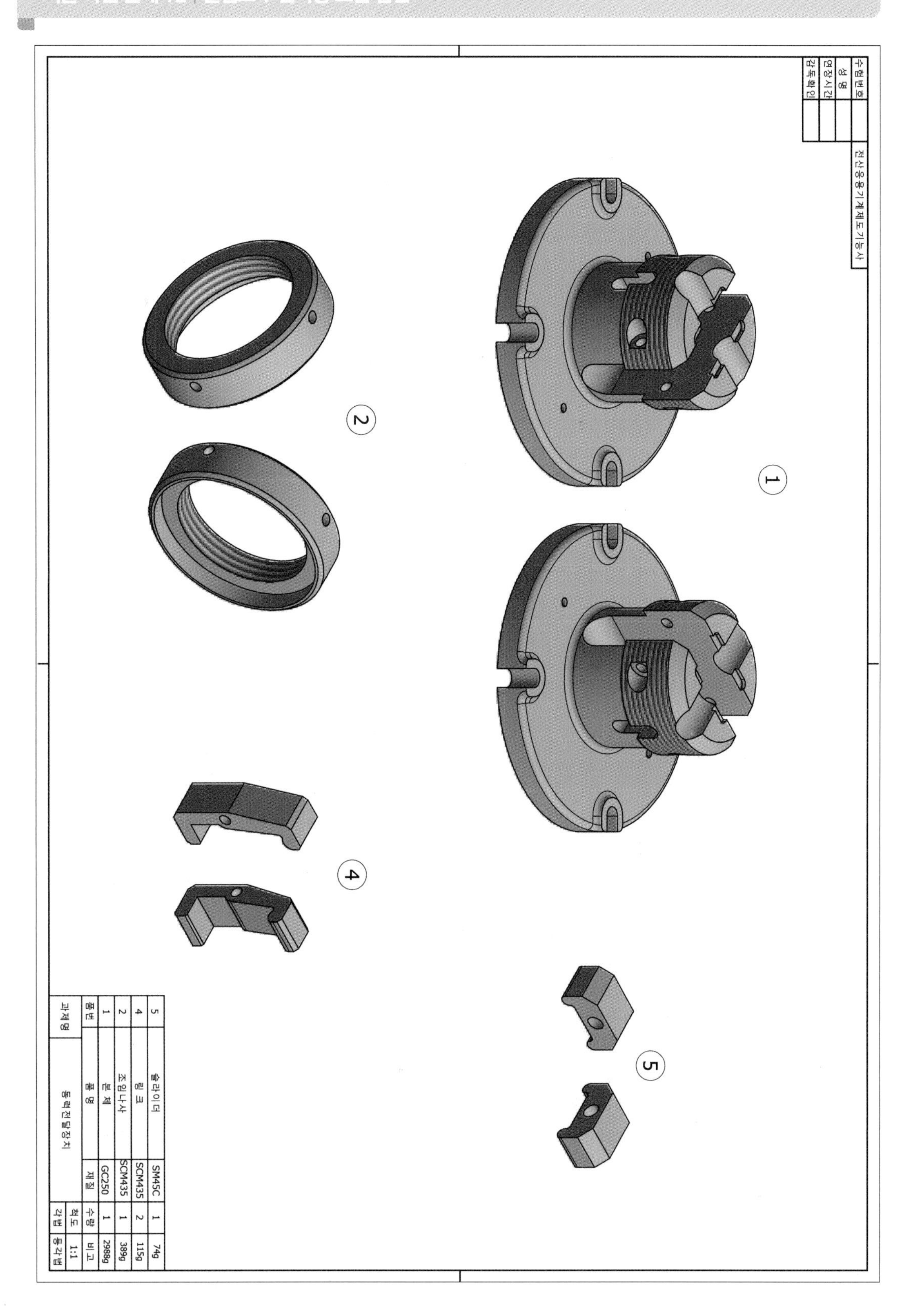

기출 복원 문제 13 | 클램프 2 문제 조립도

자격 종목	전산응용기계제도기능사	과제명	클램프 2	척도	1 : 1

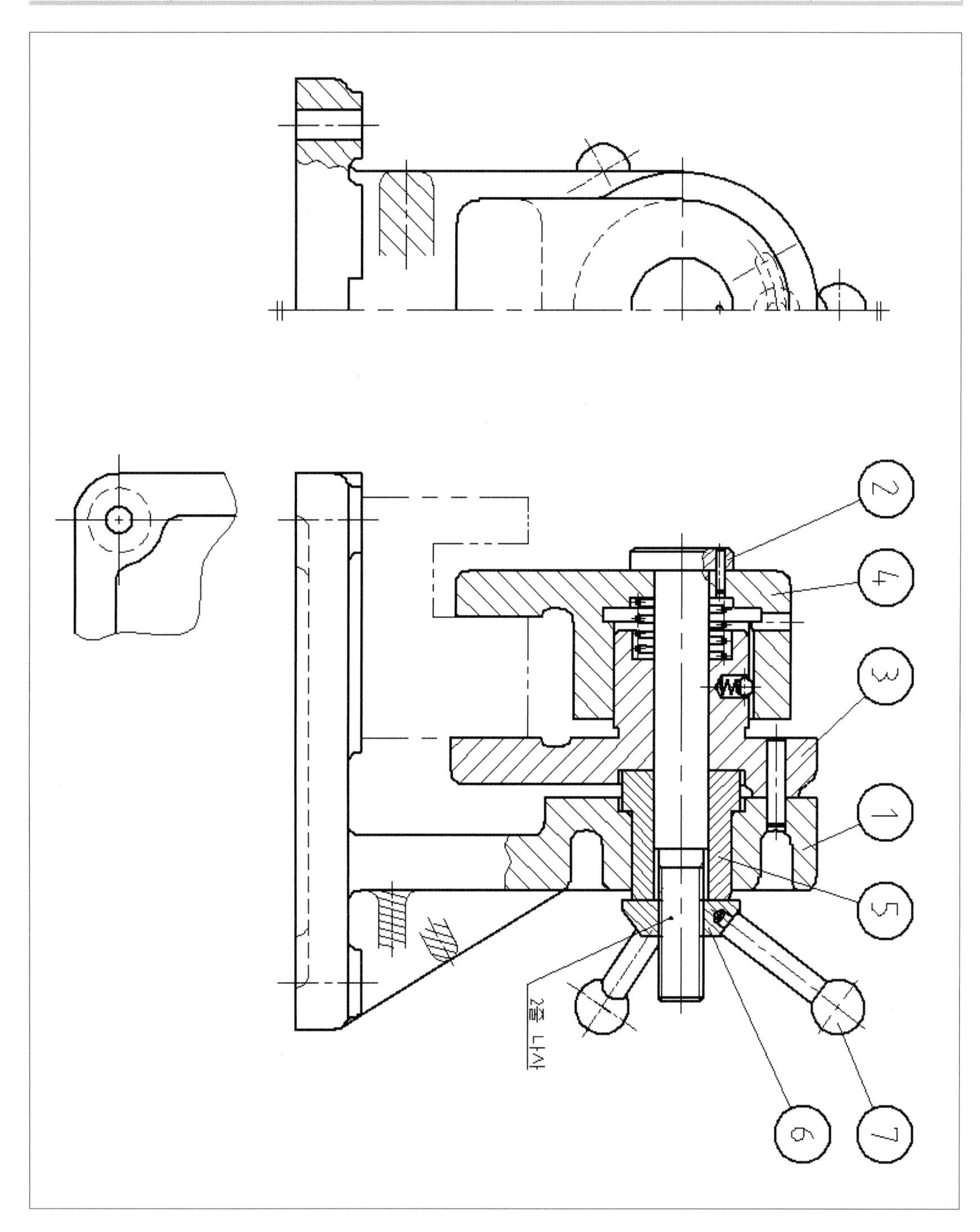

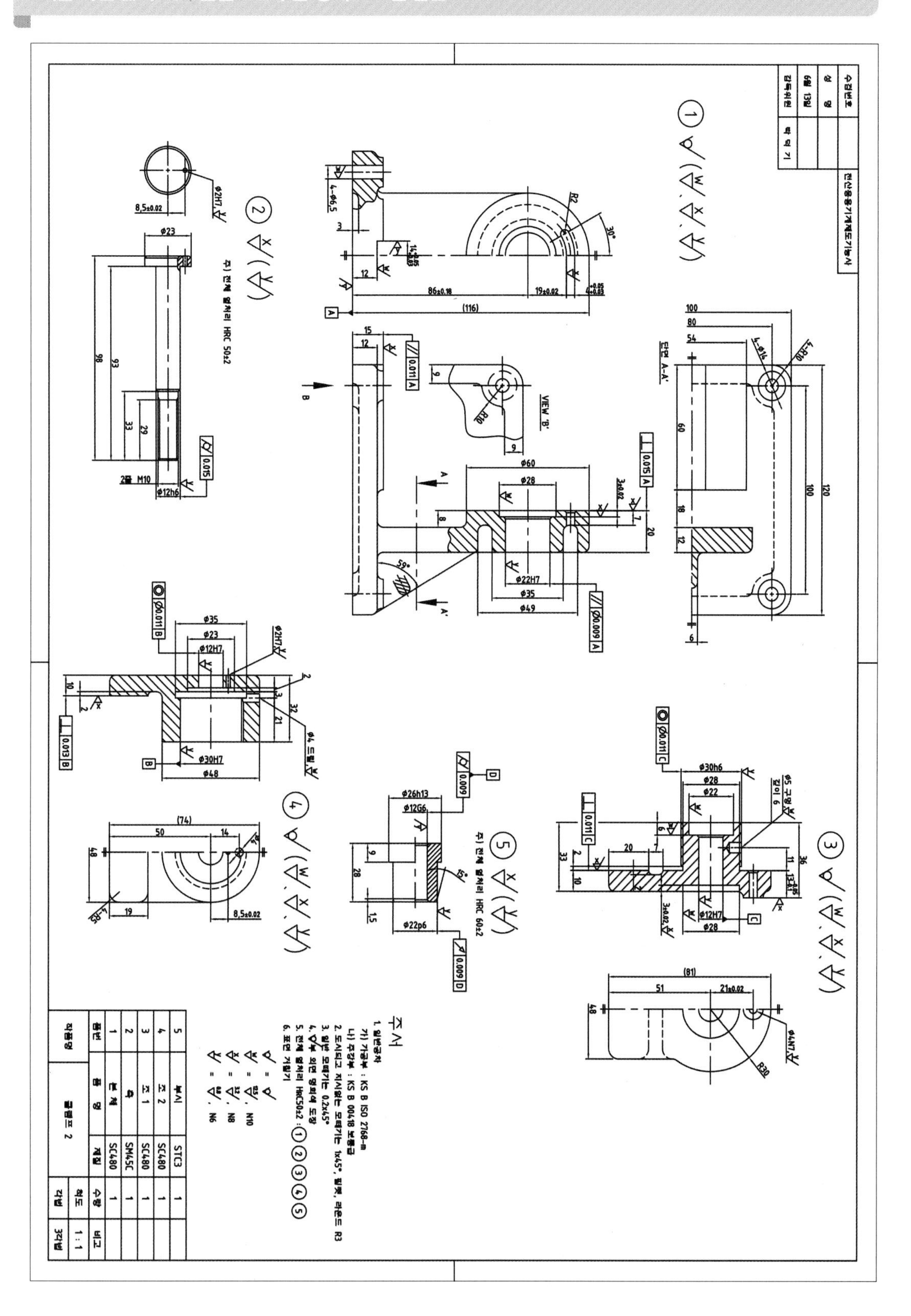
주서
1. 일반공차
가) 가공부 : KS B ISO 2768-m
나) 주강부 : KS B 0418 보통급
2. 도시되고 지시없는 모떼기는 1x45°, 필렛, 라운드 R3
3. 일반 모떼기는 0.2x45°
5. 전체 열처리 HRC50±2
6. 표면 거칠기
주) 전체 열처리 HRC 50±2
주) 전체 열처리 HRC 60±2
VIEW 'B'
단면 A-A'
5 부시 STC3 1
4 조 2 SC480 1
3 조 1 SC480 1
2 축 SM45C 1
1 본체 SC480 1
품번 품명 재질 수량 비고
작품명 클램프 2
척도 1:1
각법 3각법
전산응용기계제도기능사

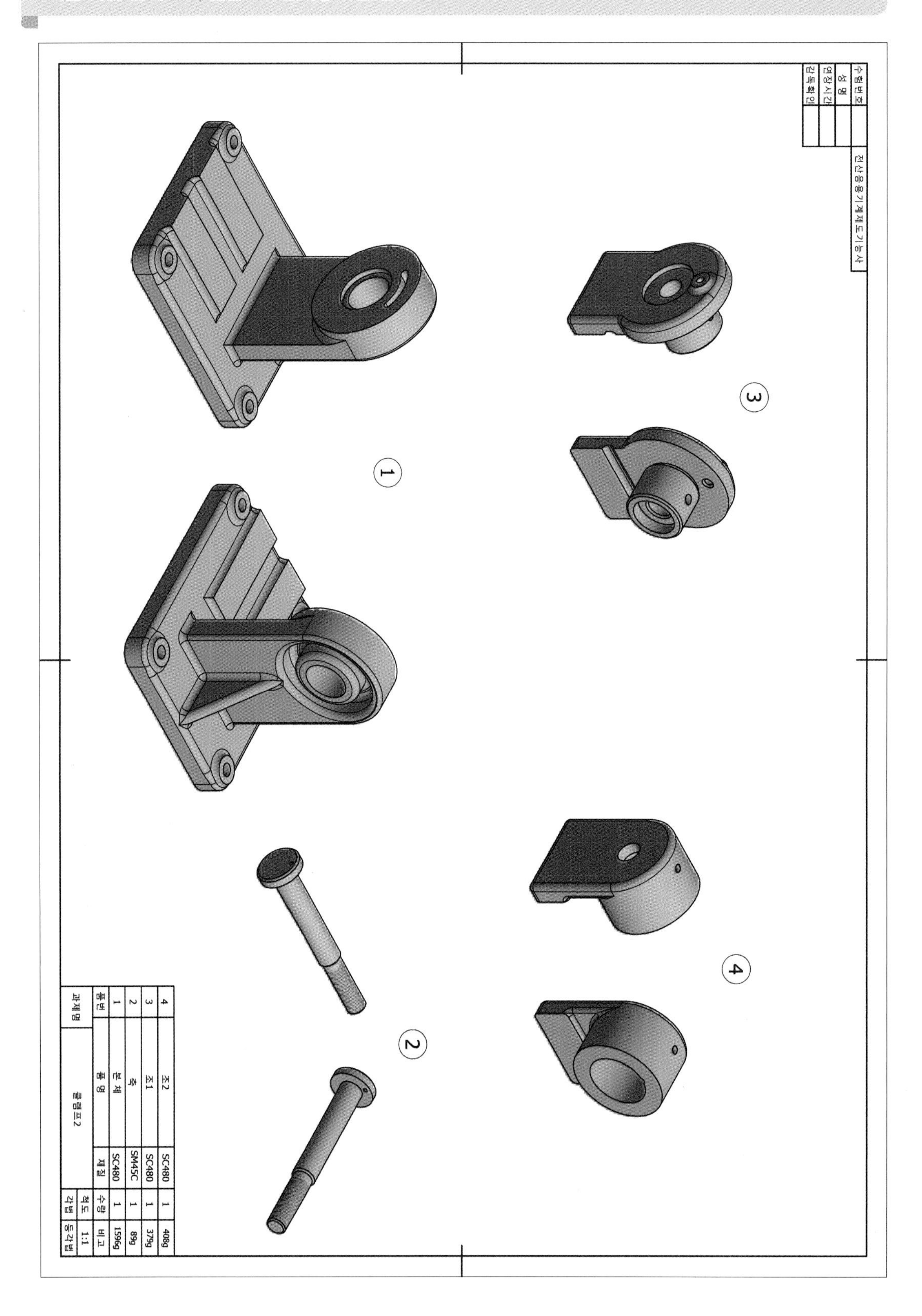

4	조2	SC480	1	408g
3	조1	SC480	1	379g
2	축	SM45C	1	89g
1	본체	SC480	1	1596g
품번	품명	재질	수량	비고
과제명	클램프2		척도	1:1
			각법	등각법

구멍 가공용 공구의 모든 것

툴엔지니어 편집부 편저 | 김하룡 역 | 4 · 6배판 | 288쪽 | 25,000원

이 책은 드릴, 리머, 보링공구, 탭, 볼트 등 구멍가공에 관련된 공구의 종류와 사용 방법 등을 자세히 설명하였습니다. 책의 구성은 제1부 드릴의 종류와 절삭 성능, 제2부 드릴을 선택하는 법과 사용하는 법, 제3부 리머와 그 활용, 제4부 보링 공구와 그 활용, 제5부 탭과 그 활용, 제6부 공구 홀더와 그 활용으로 이루어져 있습니다.

지그·고정구의 제작 사용방법

툴엔지니어 편집부 편저 | 서병화 역 | 4 · 6배판 | 248쪽 | 25,000원

이 책은 공작물을 올바르게 고정하는 방법 외에도 여러 가지 절삭 공구를 사용하는 방법에 대해서 자세히 설명하고 있습니다. 제1부는 지그 · 고정구의 역할, 제2부는 선반용 고정구, 제3부는 밀링 머신 · MC용 고정구, 제4부는 연삭기용 고정구로 구성하였습니다.

절삭 가공 데이터 북

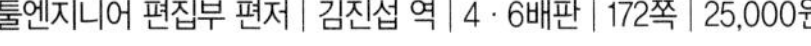

툴엔지니어 편집부 편저 | 김진섭 역 | 4 · 6배판 | 172쪽 | 25,000원

이 책은 절삭 가공에 있어서의 가공 데이터의 설정과 동향을 자세히 설명하였습니다. 크게 제2편으로 나누어 절삭 가공 데이터의 읽는 법과 사용하는 법, 밀링 가공의 동향과 가공 데이터의 활용, 그리고 공구 가공상의 트러블과 대책 등을 제시하였습니다.

선삭 공구의 모든 것

툴엔지니어 편집부 편저 | 심증수 역 | 4 · 6배판 | 220쪽 | 25,000원

이 책은 선삭 공구의 종류와 공구 재료, 선삭의 메커니즘, 공구 재료 종류와 그 절삭 성능, 선삭 공구 활용의 실제, 선삭의 주변 기술을 주내용으로 선삭 공구의 기초에서부터 현장실무까지 모든 부분을 다루었습니다.

기계도면의 그리는 법·읽는 법

툴엔지니어 편집부 편저 | 김하룡 역 | 4 · 6배판 | 264쪽 | 25,000원

도면의 기능과 역할, 제도 용구의 종류와 사용법, 그리는 법, 읽는 법 등 도면의 모든 것을 다루었습니다.

- 기계 제도에 대한 접근
- 형상을 표시
- 치수를 표시
- 가공 정밀도를 표시
- 기계 도면의 노하우
- 자동화로 되어 가는 기계 제도

엔드 밀의 모든 것

툴엔지니어 편집부 편저 | 김하룡 역 | 4 · 6배판 | 244쪽 | 25,000원

- 엔드 밀은 어떤 공구인가
- 엔드 밀은 어떻게 절삭할 수 있는가
- 엔드 밀 활용의 노하우
- 엔드 밀을 살리는 주변 기술

BM (주)도서출판 성안당 04032 서울시 마포구 양화로 127 첨단빌딩 3층(출판기획 R&D센터) TEL_02.3142.0036
10881 경기도 파주시 문발로 112 파주 출판 문화도시(제작 및 물류) TEL_도서 : 031.950.6300 I 동영상 : 031.950.6332

【저자 약력】

■ 김철희
• 전남공업고등학교 재직 중

■ 탁덕기
• 줄포자동차공업고등학교 재직 중

■ 정창훈
• (주)현대모비스 재직 중

■ 허대호
• 여수석유화학고등학교 재직 중

전산응용기계제도기능사 실기

2016. 4. 12. 초 판 1쇄 발행
2019. 1. 7. 개정증보 1판 1쇄 발행
2022. 1. 5. 개정증보 2판 1쇄 발행

저자와의
협의하에
검인생략

지은이 | 김철희, 정창훈, 탁덕기, 허대호
펴낸이 | 이종춘
펴낸곳 | BM (주)도서출판 성안당
주소 | 04032 서울시 마포구 양화로 127 첨단빌딩 5층(출판기획 R&D 센터)
10881 경기도 파주시 문발로 112 파주 출판 문화도시(제작 및 물류)
전화 | 02) 3142-0036
031) 950-6300
팩스 | 031) 955-0510
등록 | 1973. 2. 1. 제406-2005-000046호
출판사 홈페이지 | **www.cyber.co.kr**
도서 내용 문의 | tak7355@daum.net
ISBN | 978-89-315-3386-6 (13550)
정가 | 32,000원

이 책을 만든 사람들
책임 | 최옥현
진행 | 최창동, 안종군
본문 디자인 | 앤미디어
표지 디자인 | 박원석
홍보 | 김계향, 유미나, 서세원
국제부 | 이선민, 조혜란, 권수경
마케팅 | 구본철, 차정욱, 나진호, 이동후, 강호묵
마케팅 지원 | 장상범, 박지연
제작 | 김유석

■ **도서 A/S 안내**

성안당에서 발행하는 모든 도서는 저자와 출판사, 그리고 독자가 함께 만들어 나갑니다.
좋은 책을 펴내기 위해 많은 노력을 기울이고 있습니다. 혹시라도 내용상의 오류나 오탈자 등이 발견되면 **"좋은 책은 나라의 보배"**로서 우리 모두가 함께 만들어 간다는 마음으로 연락주시기 바랍니다. 수정 보완하여 더 나은 책이 되도록 최선을 다하겠습니다.
성안당은 늘 독자 여러분들의 소중한 의견을 기다리고 있습니다. 좋은 의견을 보내주시는 분께는 성안당 쇼핑몰의 포인트(3,000포인트)를 적립해 드립니다.
잘못 만들어진 책이나 부록 등이 파손된 경우에는 교환해 드립니다.